한솔아카데미가 답이다!
건설재료시험기사 인터넷 강좌

한솔과 함께하면 빠르게 합격 할 수 있습니다.

건설재료시험기사 필기 유료 동영상 강의

구분	과목	담당강사	강의시간	동영상	교재
필기	콘크리트 공학	김지우	약 14시간		
	건설시공 및 관리	이상도	약 15시간		
	건설재료 및 시험	김지우	약 13시간		
	토질 및 기초	박광진	약 37시간		
	과년도 출제문제	과목별 교수님	약 45시간		

• 유료 동영상강의 수강방법 : www.inup.co.kr

한솔아카데미에서 제공하는
교재 학습플랜 길잡이

200% 학습법

3단계 전과목 마스터

1단계 이론과 2단계 문제의 종합편인
전과목을 총체적으로 실전문제 마스터

홈페이지

www.bestbook.co.kr
자료실을 통해 오류제보 및 정오표 확인

---

4 3단계 전과목 마스터 **5** 4단계 CBT 실전테스트 **6** 홈페이지

SI단위 적용

국제단위 변환규정
SI단위 적용

4단계 CBT 실전테스트

CBT 실전테스트를 통해 실전에
철저히 대비하여 합격 직코스

KCS 규정 적용

콘크리트 표준시방서
시방코드 KCS 적용

본 도서를 구매하신 분께 드리는 혜택

본 도서를 구매하신 후 홈페이지에 회원등록을 하시면 아래와 같은
학습 관리시스템을 이용하실 수 있습니다.

01 365일 질의응답

본 도서 학습시 궁금한 사항은 전용 홈페이지를 통해 질문하시면 담당 교수님으로부터 365일 답변을 받아 볼 수 있습니다.

> **전용홈페이지(www.inup.co.kr)** – 학습게시판

02 무료 동영상 강좌

교재구매 회원께는 아래의 동영상강의 3개월 무료수강을 제공합니다.

> ① 건설재료시험기사 4주완성 합격전략특강 동영상강의 무료제공
> ② 건설재료시험기사 4주완성 3개년 기출문제 동영상강의 무료제공

03 CBT대비 온라인 실전테스트

CBT 시험을 대비하여 필기시험 문제를 한솔아카데미 홈페이지(www.inup.co.kr)에서 수시로 테스트하여 자신의 풀이 능력을 실전에 대비합니다.

> - CBT 실전테스트 제1회(2016년 제1회)
> - CBT 실전테스트 제2회(2016년 제2회)
> - CBT 실전테스트 제3회(2016년 제4회)
> - CBT 실전테스트 제4회(2017년 제1회)
> - CBT 실전테스트 제5회(2017년 제2회)
> - CBT 실전테스트 제6회(2017년 제4회)
> - CBT 실전테스트 제7회(2022년 제1회)
> - CBT 실전테스트 제8회(2022년 제2회)
> - CBT 실전테스트 제9회(2022년 제4회)
> - CBT 실전테스트 제10회(2023년 제1회)
> - CBT 실전테스트 제11회(2023년 제2회)
> - CBT 실전테스트 제12회(2023년 제4회)
> - CBT 실전테스트 제13회(2024년 제1회)
> - CBT 실전테스트 제14회(2024년 제2회)
> - CBT 실전테스트 제15회(2024년 제3회)

04 전국모의고사

인터넷 홈페이지를 통한 전국모의고사를 실시하여 학습자의 객관적 평가 및 분석결과를 알려드림으로써 시험 전 부족한 부분에 대해 충분히 보완할 수 있도록 합니다.

> • 시행일시 : 건설재료시험기사 1회 시험(2월) 시험일 2주 전 실시(세부일정은 인터넷 전용 홈페이지 참고)

| 등록 절차 |

도서구매 후 본권 뒤표지 회원등록 인증번호 확인

인터넷 홈페이지(www.inup.co.kr)에 인증번호 등록

교재 인증번호 등록을 통한 학습관리 시스템

❶ 365일 학습질의응답 　　❷ 합격전략 및 기출문제 무료동영상
❸ CBT 대비 실전테스트 　　❹ 전국모의고사 실시

01 사이트 접속

인터넷 주소창에 https://www.inup.co.kr 을 입력하여 한솔아카데미 홈페이지에 접속합니다.

⌄

02 회원가입 로그인

홈페이지 우측 상단에 있는 **회원가입** 또는 아이디로 **로그인**을 한 후, [토목] 사이트로 접속을 합니다.

⌄

03 나의 강의실

나의강의실로 접속하여 왼쪽 메뉴에 있는 [쿠폰/포인트관리]–[쿠폰등록/내역]을 클릭합니다.

⌄

04 쿠폰 등록

도서에 기입된 **인증번호 12자리** 입력(–표시 제외)이 완료되면 [나의강의실]에서 학습가이드 관련 응시가 가능합니다.

■ 모바일 동영상 수강방법 안내

❶ QR코드 이미지를 모바일로 촬영합니다.
❷ 회원가입 및 로그인 후, 쿠폰 인증번호를 입력합니다.
❸ 인증번호 입력이 완료되면 [나의강의실]에서 강의 수강이 가능합니다.

※ 인증번호는 표지 뒷면에서 확인하시길 바랍니다.
※ QR코드를 찍을 수 있는 앱을 다운받으신 후 진행하시길 바랍니다.

건설재료시험기사 년도별 출제 분석 빈도율

완벽 출제빈도표

1과목 콘크리트공학

구 분	출제율(%)
콘크리트의 특성	8
굳지 않은 콘크리트	8
굳은 콘크리트	0
배합설계	10
배합강도	6
재료 계량 및 혼합	5
콘크리트 운반 및 타설	8
콘크리트 이음	1
거푸집 및 동바리	2
콘크리트 양생	5
콘크리트 균열	2
PS 콘크리트	9
한중, 서중, 고강도	6
콘크리트 매스	2
콘크리트 숏크리트	3
유동화 및 고유동	4
수중 및 프리플레이스트	4
경량골재, 팽창, 해양	4
섬유보강, 폴리머	4
유지관리, 비파괴	2
콘크리트 품질관리	3
콘크리트 강도시험	7
전체	100%

2과목 건설시공 및 관리

구 분	출제율(%)
토공	14
기초공	18
건설기계	15
터널	5
발파공	5
교량공	5
포장공	11
옹벽	8
흙막이공	0
댐	3
항만	1
암거	6
공정관리	6
품질관리	3
계측관리	0
전체	100

4과목 토질역학

구 분	출제율(%)
흙의 구조	2
흙의 성질	3
흙의 분류	6
투수계수	6
유선망	2
지중응력	6
유효응력(간극수압)	3
모관현상(분사현상)	2
흙의 동상	1
압밀(압밀도)	10
흙의 전단강도	11
인장균열(점착력)	1
토압	5
흙의 다짐	5
CBR	1
사면의 안정	6
토질조사(사운딩)	11
얕은기초	7
깊은기초	5
연약지반개량공법	7
전체	100

3과목 건설재료 및 시험

구 분	출제율(%)
재료일반	6
시멘트	13
골재	21
혼화재료	15
목재	3
석재	9
합판	2
역청재료	14
금속재료	6
토목섬유	6
화약	5
전체	100

완전학습플랜

4주 학습플랜

주차	일차	단계	중요 학습 내용	학습한 날	부족	완료
1주차	1일차	1과목 콘크리트 공학	CHAPTER 01 – 02	월 일	☐	☐
	2일차		CHAPTER 03 – 04	월 일	☐	☐
	3일차		CHAPTER 05 – 07	월 일	☐	☐
	4일차		CHAPTER 08 – 10	월 일	☐	☐
	5일차		CHAPTER 01 – 10 / 복습하기	월 일	☐	☐
2주차	6일차	2과목 건설시공 및 관리	CHAPTER 01 – 02	월 일	☐	☐
	7일차		CHAPTER 03 – 05	월 일	☐	☐
	8일차		CHAPTER 06 – 08	월 일	☐	☐
	9일차		CHAPTER 09 – 12	월 일	☐	☐
	10일차		CHAPTER 01 – 12 / 복습하기	월 일	☐	☐
	11일차	3과목 건설재료 및 시험	CHAPTER 01 – 03	월 일	☐	☐
	12일차		CHAPTER 04 – 05	월 일	☐	☐
	13일차		CHAPTER 06 – 07	월 일	☐	☐
	14일차		CHAPTER 08 – 10	월 일	☐	☐
3주차	15일차		CHAPTER 01 – 10 / 복습하기	월 일	☐	☐
	16일차	4과목 토질 및 기초	CHAPTER 01 – 04	월 일	☐	☐
	17일차		CHAPTER 05 – 07	월 일	☐	☐
	18일차		CHAPTER 08 – 10	월 일	☐	☐
	19일차		CHAPTER 11 – 13	월 일	☐	☐
	20일차		CHAPTER 14 – 15	월 일	☐	☐
	21일차		CHAPTER 01 – 15 / 복습하기	월 일	☐	☐
4주차	22일차	과년도 출제문제	2018년(1, 2, 4회차) / 2019년(1회차)	월 일	☐	☐
	23일차		2019년(2, 4회차) / 2020년(1·2, 3회차)	월 일	☐	☐
	24일차		2020년(4회차) / 2021년(1, 2, 4회차)	월 일	☐	☐
	25일차		2022년(1, 2, 4회차)	월 일	☐	☐
	26일차		2023년(1, 2, 4회차)	월 일	☐	☐
	27일차		2024년(1, 2, 3회차)	월 일	☐	☐
	28일차	Final	☑☑☑ 체크된 문제확인	월 일	☐	☐

6주 학습플랜

주차	일차	과목	중요 학습 내용	학습한 날	부족	완료
1주차	1일차	1과목 콘크리트 공학	CHAPTER 01 – 01	월 일	☐	☐
	2일차		CHAPTER 02 – 03	월 일	☐	☐
	3일차		CHAPTER 04 – 05	월 일	☐	☐
	4일차		CHAPTER 06 – 07	월 일	☐	☐
	5일차		CHAPTER 08 – 08	월 일	☐	☐
	6일차		CHAPTER 09 – 10	월 일	☐	☐
	7일차		CHAPTER 01 – 10 / 복습하기	월 일	☐	☐
2주차	8일차	2과목 건설시공 및 관리	CHAPTER 01 – 01	월 일	☐	☐
	9일차		CHAPTER 02 – 02	월 일	☐	☐
	10일차		CHAPTER 03 – 04	월 일	☐	☐
	11일차		CHAPTER 05 – 07	월 일	☐	☐
	12일차		CHAPTER 08 – 10	월 일	☐	☐
	13일차		CHAPTER 11 – 12	월 일	☐	☐
	14일차		CHAPTER 01 – 12 / 복습하기	월 일	☐	☐
3주차	15일차	3과목 건설재료 및 시험	CHAPTER 01 – 02	월 일	☐	☐
	16일차		CHAPTER 03 – 04	월 일	☐	☐
	17일차		CHAPTER 05 – 05	월 일	☐	☐
	18일차		CHAPTER 06 – 06	월 일	☐	☐
	19일차		CHAPTER 07 – 08	월 일	☐	☐
	20일차		CHAPTER 09 – 10	월 일	☐	☐
	21일차		CHAPTER 01 – 10 / 복습하기	월 일	☐	☐
4주차	22일차	4과목 토질 및 기초	CHAPTER 01 – 02	월 일	☐	☐
	23일차		CHAPTER 03 – 04	월 일	☐	☐
	24일차		CHAPTER 05 – 07	월 일	☐	☐
	25일차		CHAPTER 08 – 09	월 일	☐	☐
	26일차		CHAPTER 10 – 12	월 일	☐	☐
	27일차		CHAPTER 13 – 15	월 일	☐	☐
	28일차		CHAPTER 01 – 15 / 복습하기	월 일	☐	☐
5주차	29일차	전 과목 복습 (문제위주)	1과목 : 콘크리트 공학	월 일	☐	☐
	30일차		2과목 : 건설시공 및 관리	월 일	☐	☐
	31일차		3과목 : 건설재료 및 시험	월 일	☐	☐
	32일차		4과목 : 토질 및 기초	월 일	☐	☐
	33일차		4과목 : 토질 및 기초	월 일	☐	☐
	34일차	과년도 출제문제	2018년(1, 2, 4회차)	월 일	☐	☐
	35일차		2019년(1, 2, 4회차)	월 일	☐	☐
6주차	36일차		2020년(1·2, 3, 4회차)	월 일	☐	☐
	37일차		2021년(1, 2, 4회차)	월 일	☐	☐
	38일차		2022년(1, 2, 4회차)	월 일	☐	☐
	39일차		2023년(1, 2, 4회차)	월 일	☐	☐
	40일차		2024년(1, 2, 3회차)	월 일	☐	☐
	41일차	Final	Remember 할 문제 확인	월 일	☐	☐
	42일차		☑☑☑ 체크된 문제확인	월 일	☐	☐

❶ **신분증** 지참은 반드시 필수입니다.

❷ **계산기**(SOLVE기능) 지참은 필수입니다.

❸ **[년도별 · 회별]** 표시로 출제빈도를 알 수 있습니다.

1주차　　핵심이론과 문제 중심

■ 1차적으로 **핵심이론과 문제 중심**에 접근한다.

　• 핵심문제를 먼저 풀어본 후에 핵심이론을 1회독(정독) 한다.
　• 외우려 하지 말고 자연스럽게 풀어본다.
　• 핵심 문제를 3회독 하면 이론과 문제의 내용이 파악될 것이다.
　　즉 어떻게 문제가 구성되어 있으며, 출제경향의 파악이 중요하다.

2주차　　핵심문제 중심

■ 2차적으로 『건설재료시험기사 4주 완성』에 **핵심문제 중심**으로 접근한다.

　• 과목별로 핵심문제를 풀고 [답] 확인후 틀린 문제는 반드시 다시 풀어본다.
　• 3회독을 권하고 싶다. 체크한다.
　• 2주차에서 과목별 문제를 마스터 한다.

3주차　　과년도 문제 완독

■ **과년도 문제 완독**을 통해서 어느 정도 알고 있는지 파악한다.

　• 3주차에서는 반드시 알아야 할 내용의 노트를 만든다.
　• 미진한 부분은 어느 과목인지, 어느 부분인지를 반드시 체크한다.
　• 미진한 과목이나 미진한 부분은 집중적으로 시간투자를 한다.

4주차　　반복적인 연습

■ 연습용 답안카드를 이용해서 **반복적인 연습**을 한다.

　• 틀리는 부분은 핵심이론과 핵심문제에서 해결되도록 한다.
　• 수시로 CBT 실전테스트를 통해서 실전에 익숙하도록 한다.
　• 체크된 부분과 걱정되는 과목은 반드시 점검한다.

머 리 말

이 세상에는
거미 같은 사람,
개미 같은 사람,
꿀벌 같은 사람이 있습니다.

진득 진득한 줄을 쳐놓고 어두운 곳에 숨어 있다가 지나가는 파리, 모기, 잠자리 등 곤충을 잡아먹는 거미 같은 인생도 있습니다.

겨울을 위해 여름에 일하는 지혜가 있고, 동료간에 협동이 뛰어난 개미 같은 인생도 있습니다. 꿀벌은 꽃들로부터 자기에게 필요한 꿀을 가져오고 자기 몸에 꽃가루를 묻혀 열매를 맺게 해줍니다.

저자는 자격증의 필요성을 절실히 느끼고 있는 여러분들께 나아가야 할 방향을 명확히 제시하고 효과적이고 효율적인 방법으로 그 필요성을 채워 드려야 한다고 생각합니다.

그래서 건설재료시험기사 필기를 최단시간 내에 마스터하여 수험자의 최종 목적에 도달할 수 있도록 본서를 정성을 다해 기획하고 마지막까지 혼신의 힘을 기울여 편집하였습니다. 혹시 오류가 있다면 신속히 보완하여 더욱 좋은 책으로 거듭날 수 있도록 최선을 다하겠으며, 항상 조언을 부탁드립니다. 또한 본 CBT 필기복원문제는 다양한 방식(수험자의 기억, 랜덤 등)으로 복원한 문제이므로 실제문제와 다를 수 있음을 미리 알려드립니다.

이 책의 특징은
첫째, "문제의 핵심을 파악할 수 있는 해설"입니다. 해설을 통해 문제를 완전히 이해하도록 하였습니다.
둘째, 나오고 또 나오는 문제만 공부하도록 하였습니다. 지금껏 출제 되었던 기출문제를 토대로 하여 요점 정리를 하였습니다.
셋째, 토목기사 실기를 위한 지름길입니다. 건설재료시험기사를 학습하면서 토목기사 실기도 공부하는 일거양득을 얻도록 하였습니다.
넷째, 한솔아카데미가 자격증의 효율적 목표달성을 위하여 알찬 편집체제와 신선한 디자인을 갖추었습니다.

느리지만 꾸준히 ……
더딘 것을 염려하지 말고, 멈출 것을 두려워하라.
가장 중요한 것은 포기하지 않는 것입니다.
반드시 필요한 꿀벌 같이 공부하시길 소망합니다.

한 권의 책이 나올 수 있도록 최선을 다해 도와주신 한국콘크리트학회, 대한토목학회 지인들, 여러 교수님께 진심으로 감사드립니다. 그리고, 좋은 책이 나올 수 있도록 도움을 주신 한솔아카데미 편집부 직원 여러분, 이 책의 얼굴을 예쁘게 디자인 해주신 강수정 실장님, 한 시간을 하루처럼 편집에 정성을 쏟아주신 안주현 부장님, 언제나 가교 역할을 해 주시는 최상식 이사님, 항상 큰 그림을 그려 주시는 이종권 사장님, 사랑받는 수험서로 출판될 수 있도록 아낌없이 지원해 주신 한병천 대표이사님께 감사드립니다.
저자 드림

건설재료시험기사 출제기준

1 건설재료시험기사 필기 출제기준

중직무분야	토목	자격종목	건설재료 시험기사	적용기간	2023.1.1~2025.12.31

○직무내용: 건설공사를 수행함에 있어서 품질을 확보하고 이를 향상시켜 합리적·경제적·내구적인 구조물을 만들어 냄으로써, 건설공사 품질에 대한 신뢰성을 확보하고 수행하는 직무

필기검정방법	객관식	문제수	80	시험시간	2시간

필기과목명	문제수	주요항목		세부항목	
콘크리트 공학	20	1. 콘크리트의 성질, 용도, 배합, 시험, 시공 및 품질관리에 관한 지식		1. 콘크리트의 특성 및 시험 2. 배합설계 3. 콘크리트 혼합, 운반, 타설 4. 콘크리트 양생 5. 프리스트레스트 콘크리트 6. 특수 콘크리트 7. 콘크리트 유지관리 8. 콘크리트의 품질관리	
건설시공 및 관리	20	1. 토공사 및 기초 공사		1. 토공사 2. 기초 공사 3. 건설기계	
		2. 구조물 시공		1. 터널 시공 2. 암거 및 배수 구조물 시공 3. 교량 시공 4. 포장 시공 5. 옹벽 및 흙막이 시공 6. 하천, 댐 및 항만 시공	
		3. 공사, 공정, 품질 및 계측관리		1. 공사 및 공정관리 2. 품질관리 3. 계측관리	
건설재료 및 시험		1. 건설재료의 종류, 성질, 용도 및 시험		1. 재료일반 2. 시멘트 3. 골재 4. 혼화재료 5. 목재 6. 석재 및 점토질 재료 7. 역청재료 및 혼합물 8. 금속재료 9. 토목섬유 10. 화약 및 폭약	

필기과목명	문제수	주요항목	세부항목
토질 및 기초	20	1. 토질역학	1. 흙의 물리적 성질과 분류 2. 흙속에서의 물의 흐름 3. 지반내의 응력분포 4. 압밀　　　　　5. 흙의 전단강도 6. 토압　　　　　7. 흙의 다짐 8. 사면의 안정　　9. 토질조사 및 시험
		2. 기초공학	1. 기초일반　　　　2. 얕은기초 3. 깊은기초　　　　4. 연약지반개량공법

2 건설재료시험기사 실기 출제기준

중직무분야	토목	자격종목	건설재료 시험기사	적용기간	2023.1.1~2025.12.31

○ 직무내용: 건설공사를 수행함에 있어서 품질을 확보하고 이를 향상시켜 합리적·경제적·내구적인 구조물을 만들어 냄으로써, 건설공사 품질에 대한 신뢰성을 확보하고 수행하는 직무

○ 수행준거: 1. 토질 및 기초에 대한 이론적인 지식을 바탕으로 토질 및 기초시험을 수행하고 결과를 판정할 수 있다.
2. 콘크리트용 재료 및 각종 콘크리트에 대한 이론적 지식을 바탕으로 콘크리트 관련 실험을 수행하고 결과를 판정할 수 있다.
3. 아스팔트 및 아스팔트 혼합물에 대한 이론적인 지식을 바탕으로 관련 시험을 수행하고 결과를 판정할 수 있다.

실기검정방법	복합형	시험시간	필답형: 2시간, 작업형: 3시간 정도

실기과목명	주요항목	세부항목
토질 및 건설재료시험	1. 토질 및 기초시험	1. 토성시험 이해하기 2. 압밀시험하기 3. 흙의 전단강도시험하기 4. 다짐 및 현장밀도 시험하기 5. 노상토 지지력비 시험하기 6. 토공관리시험하기 7. 평판재하시험하기 8. 표준관입시험하기 9. 말뚝재하시험하기
	2. 콘크리트 재료 및 콘크리트 시험	1. 시멘트 시험하기 2. 골재 시험하기 3. 콘크리트 시험하기
	3. 아스팔트 및 아스팔트 혼합물 시험	1. 아스팔트 시험하기 2. 아스팔트 혼합물 시험하기

CONTENTS

2 과목   건설시공 및 관리

3 과목   건설재료 및 시험

부록 (과년도 출제문제

온라인 (CBT 실전테스트

CBT 시험을 대비하여 필기시험 문제를 한솔아카데미 홈페이지(www.inup.co.kr)에서 수시로 테스트하여 자신의 풀이 능력을 실전에 대비합니다.

공학용계산기 기종 허용군

연번	제조사	허용기종군	[예] FX-570 ES PLUS 계산기
1	카시오(CASIO)	FX-901~999	
2	카시오(CASIO)	FX-501~599	
3	카시오(CASIO)	FX-301~399	
4	카시오(CASIO)	FX-80~120	
5	샤프(SHARP)	EL-501~599	
6	샤프(SHARP)	EL-5100, EL-5230, EL-5250, EL-5500	
7	유니원(UNIONE)	UC-600E, UC-400M	
8	캐논(Canon)	F-715SG, F-788SG, F-792SGA	

1 $K \times \dfrac{30}{15} \times \dfrac{\pi \times 10^2}{4} = \dfrac{62.8}{10}$

먼저 ☞ ALPHA $\quad X \times \dfrac{30}{15} \times \dfrac{\pi \times 10^2}{4}$

ALPHA ☞ SOLVE ☞ $= \dfrac{62.8}{10}$

SHIFT ☞ SOLVE ☞ = ☞ 잠시 기다리면

$X = 0.039979 \quad \therefore K = 4.0 \times 10^{-2}\,\mathrm{cm/sec}$

2 $\dfrac{8 + 1.8 \times x \times \dfrac{4}{2}}{4.8} = 3$

먼저 ☞ $\dfrac{8 + 1.8 \times \mathrm{ALPHA}\ X \times \dfrac{4}{2}}{4.8}$ ☞ ALPHA ☞ SOLVE ☞ = 3

SHIFT ☞ SOLVE ☞ = ☞ 잠시 기다리면

$X = 1.7778 \quad \therefore x = 1.8\,\mathrm{m}$

3 $\dfrac{1 \times \tan\phi}{2\tan(20°)} = 1$

먼저 ☞ $\dfrac{1 \times \tan(ALPHA\ X)}{2\tan(20°)}$

☞ ALPHA ☞ SOLVE ☞ = ☞ $\dfrac{1 \times \tan(ALPHA\ X)}{2\tan(20°)} = 1$

SHIFT ☞ SOLVE ☞ = ☞ 잠시 기다리면

$X = 36.0523$ ∴ $\phi = 36.05°$

4 $\gamma_t = \dfrac{G_s + 0.20 G_s}{1 + 0.20 G_s} \times 1 = 2.04\,\mathrm{t/m^3}$

먼저 2.04 ☞ ALPHA ☞ SOLVE = ☞

$2.04 = \dfrac{ALPHA\ X + 0.20 \times ALPHA\ X}{1 + 0.20 \times ALPHA\ X} \times 1$ ☞

☞ SHIFT ☞ SOLVE ☞ = ☞ 잠시 기다리면

$X = 2.5757$ ∴ $G_s = 2.58$

5 $\dfrac{150}{B^2} = \dfrac{14.1B + 62.1}{3}$

먼저 ☞ $\dfrac{150}{ALPHA\ X^2}$ ☞ ALPHA ☞ SOLVE ☞

= ☞ $\dfrac{150}{ALPHA\ X^2} = \dfrac{14.1 \times ALPHA\ X + 62.1}{3}$

SHIFT ☞ SOLVE ☞ = ☞ 잠시 기다리면

$X = 2.1985$ ∴ $B = 2.2\,\mathrm{m}$

6 $V = 20\sqrt{\dfrac{0.20 \times h}{300}} = 0.6\,\mathrm{m/sec}$

먼저 ☞ 0.6 ☞ ALPHA ☞ SOLVE ☞ = ☞

$0.6 = 20\sqrt{\dfrac{0.20 \times ALPHA\ X}{300}}$

☞ SHIFT ☞ SOLVE ☞ = ☞ 잠시 기다리면

$X = 1.35$ ∴ $h = 1.35\,\mathrm{m}$

SI단위 적용

1 읽기

- G(giga : 기가), M(mega : 메가), k(kilo : 킬로), N(newton)
- GPa : gigapacal, MPa : megapacal, kPa : kilopacal, kN : kilonewton

2 응력 또는 압력(단위면적당 하중)

- $1cc = 1mL$, $1mL = 1000mg = 1g$, $1m^3 = 1000l$
- $1kgf/cm^2 = 9.8N/cm^2 = 10N/cm^2 = 0.1N/mm^2 = 0.1MPa = 100kN/m^2 = 100kPa$
- $1kN/mm^2 = 1GPa = 1000N/mm^2 = 1000MPa$
- $1kgf/cm^2 = 9.8N/m^2 = 10N/m^2 = 10Pa(pascal)$
- $1tf/m^2 = 9.8kN/m^2 = 10kN/m^2 = 10kPa$
- 탄성계수 $E = 2.1 \times 10^5 kg/cm^2 \Rightarrow E = 2.1 \times 10^4 MPa$

  $$E = 2.1 \times 10^4 MPa = 21 \times 10^3 N/mm^2$$

  $$E = 21 \times 10^3 MPa = 21kN/mm^2 = 21GPa$$

3 단위 부피당 하중(단위중량)

- $1kgf/cm^3 = 9.8N/cm^3 = 10N/cm^3$
- $1kgf/m^3 = 9.8N/m^3 = 10N/m^3$
- $1tf/m^3 = 9.8kN/m^2 = 10kN/m^3$
- $1t/m^3 = 1g/cm^3 = 9.8kN/m^3 = 10kN/m^3$
- 물의 단위중량 $\gamma_w = 9.8kN/m^3 = 9.81kN/m^3$
- 물의 밀도 $\rho_w = 1g/cm^3 = 1000kg/m^3$

4 문제를 학습하는 방법

- ☑☐☐ 틀린문제를 확인한다.
- ☑☑☐ 마킹된 문제를 검토한다.
- ☑☑☑ 마킹된 문제를 최종확인한다.

1 과목

콘크리트 공학

01 콘크리트의 역학적 특성

001 강도 특성

- **정적 강도** : 비교적 느린 속도로 하중을 가하여 파괴되었을 때의 응력을 말한다.
- **충격 강도**(impact strength) : 충격적인 하중에 대한 저항성을 의미하며, 파괴에 요구되는 에너지인 충격치(impact value)로 나타낸다.
- **크리프 강도** : 어느 규정 시간 내에 크리프 파괴를 일으키는 응력을 의미한다.
- **피로 파괴** : 하중을 반복해서 받는 콘크리트가 반복 하중에 의하여 정적 강도보다 작은 하중에서 파괴되는데 이 현상을 피로 파괴라 한다.

□□□ 기03

01 콘크리트의 역학적 특성에 관한 설명으로 잘못된 것은?

① 콘크리트의 강도가 클수록 탄성 계수도 커진다.
② 저강도의 콘크리트는 파괴가 서서히 일어난다.
③ 경량 콘크리트의 경우 탄성 계수가 일반 콘크리트보다 작다.
④ 콘크리트의 최대 응력에서 변형도는 약 0.03% 정도이다.

해설 콘크리트의 최대 응력에서 변형도는 약 0.2%이다.

□□□ 기04

02 강도(強度)에 대한 설명 중 틀린 것은?

① 정적 강도란 비교적 느린 속도로 하중을 가하여 파괴되었을 때의 응력을 말한다.
② 크리프 강도란 어느 규정 시간 내에 크리프 파괴를 일으키는 응력을 의미한다.
③ 피로 강도란 반복 하중에 의하여 정적 강도보다 큰 하중에서 피로 파괴될 경우의 강도를 의미한다.
④ 충격 강도(impact strength)란 충격적인 하중에 대한 저항성을 의미하며, 파괴에 요구되는 에너지인 충격치(impact value)로 나타낸다.

해설 · 피로 파괴란 하중을 반복해서 받는 콘크리트가 반복 하중에 의하여 정적 강도보다 작은 하중에서 파괴되는 현상이다.
· 피로 강도란 반복 하중에 의하여 정적 강도보다 작은 하중에서 피로 파괴될 경우의 강도를 말한다.

002 콘크리트의 응력 – 변형률 곡선

콘크리트에 일정한 하중을 지속적으로 주면 응력의 변화가 없어도 시간이 경과함에 따라 변형이 되는데, 이와 같은 응력과 변형률의 관계를 나타낸 것을 응력–변형률 곡선이라 한다.

- 콘크리트의 구성 재료인 골재, 시멘트 경화체의 응력–변형률 곡선은 직선적이다.
- 경량 콘크리트는 초기 기울기가 작고, 응력–변형률 곡선은 보다 직선적이며 최대 응력 이후 급격한 내력 저하를 보인다.
- 콘크리트의 응력–변형률의 관계가 곡선적인 이유는 골재 입자와 시멘트풀의 계면에 존재하는 결함 및 하중의 상승에 따른 부착 균열의 발달 때문이다.
- 경량 콘크리트는 보통 콘크리트보다 곡선의 기울기가 작고 탄성 계수도 작다.
- 콘크리트의 응력–변형률의 관계는 하중재하의 초기 단계에서부터 곡선을 나타내며, 엄밀히 말해서 직선 부분은 존재하지 않는 비선형 재료이다.

□□□ 기10

01 경량 골재 콘크리트에 대한 설명으로 틀린 것은?

① 보통 콘크리트의 응력–변형 관계는 직선적이나, 경량 골재 콘크리트는 곡선적인 변형을 나타낸다.
② 경량 골재 콘크리트의 탄성 계수는 보통 콘크리트의 40~70% 정도이다.
③ 콘크리트를 제조하기 전에 인공 경량 골재를 충분히 흡수시켜 콘크리트의 비빔 시나 운반 도중에 골재의 흡수가 일어나지 않도록 해야 한다.
④ 경량 골재 콘크리트의 선팽창률은 일반적으로 보통 콘크리트의 60~70% 정도이며 열확산율도 보통 콘크리트에 비하여 상당히 낮다.

해설 경량 콘크리트는 보통 콘크리트보다 곡선의 기울기가 작고 응력–변형률은 보다 직선적이다.

003 콘크리트의 탄성 계수

■ 콘크리트의 탄성 계수

· 탄성 계수 $E = \dfrac{응력(f)}{변형률(\varepsilon)}$

· 콘크리트의 탄성 계수

$$E_c = 0.077 m_c^{1.5} \sqrt[3]{f_{cu}} \ (\text{MPa}) = 8500 \sqrt[3]{f_{cu}} \ (\text{MPa})$$

(보통 중량 골재의 $m_c = 2,300 \text{kg/m}^3$을 사용할 때)

여기서, $f_{cu} = f_{ck} + \Delta f$

Δf : $f_{ck} < 40\,\text{MPa}$ 이면 $4\,\text{MPa}$

Δf : $f_{ck} > 60\,\text{MPa}$ 이면 $6\,\text{MPa}$

Δf : $40\,\text{MPa} < f_{ck} < 60\,\text{MPa}$ 이면 직선 보간으로 구한다.

· 철근의 탄성 계수　　　$E_s = 200,000\,\text{MPa}$

· 긴장재의 탄성 계수　　$E_{ps} = 200,000\,\text{MPa}$

· 형강의 탄성 계수　　　$E_{ss} = 205,000\,\text{MPa}$

· 콘크리트의 초기 접선 탄성 계수와 할선 탄성 계수 $E_{ci} = 1.18 E_c$

■ 콘크리트의 탄성 계수의 특징

· 콘크리트가 물로 포화되어 있을 때의 탄성 계수는 건조해 있을 때의 탄성 계수보다 크다.

· 콘크리트의 압축강도가 클수록 탄성 계수 값도 크다.

· 콘크리트의 탄성계수라 함은 할선 탄성 계수를 말한다.

· 콘크리트의 밀도가 클수록 탄성 계수 값은 크다.

---

01 다음 중 콘크리트의 탄성 계수에 대한 설명으로 잘못된 것은?

① 콘크리트의 탄성 계수는 일반적으로 응력–변형도 곡선의 1/3~1/4 점에 있는 할선 계수를 이용한다.

② 같은 종류의 콘크리트에서는 압축 강도가 클수록 탄성 계수도 크게 나타난다.

③ 같은 강도의 콘크리트에서는 보통 콘크리트보다도 경량 콘크리트 쪽이 탄성 계수가 작다.

④ 콘크리트의 탄성 계수가 큰 것일수록 같은 응력을 가할 때 변형량이 크다는 것을 의미한다.

해설 탄성 계수 $E = \dfrac{응력(f)}{변형률(\varepsilon)}$ 에서

변형률$(\varepsilon) = \dfrac{응력(f)}{탄성\ 계수(E)}$

∴ 콘크리트의 탄성 계수(E)가 크면 변형률(ε)은 작아진다.

---

02 콘크리트의 탄성 계수에 대한 설명으로 옳은 것은?

① 일반적으로 콘크리트의 탄성 계수라 함은 초기 접선 계수를 말한다.

② 콘크리트가 물로 포화되어 있을 때의 탄성 계수는 건조해 있을 때의 탄성 계수보다 작다.

③ 콘크리트의 밀도가 클수록 탄성 계수 값은 크다.

④ 콘크리트의 압축 강도가 클수록 탄성 계수 값은 작다.

해설 · 일반적으로 콘크리트의 탄성 계수라 함은 할선 탄성 계수이다.

· 콘크리트가 물로 포화되어 있을 때의 탄성 계수는 건조해 있을 때의 탄성 계수보다 크다.

· 콘크리트의 압축 강도가 클수록 탄성 계수의 값은 크다.

---

03 그림과 같은 양단이 구속된 콘크리트보에 건조 수축 변형률 $\varepsilon_{sh} = 0.00015$만큼 발생할 경우 콘크리트에 생기는 인장 응력은?

(단, 콘크리트의 탄성 계수 $E_c = 2.1 \times 10^4\,\text{MPa}$ 이다.)

① 0 MPa

② 1.62 MPa

③ 3.15 MPa

④ 6.30 MPa

해설 인장 응력 $f_{ct} = \varepsilon_{sh} \cdot E_c$

$= 0.00015 \times 2.1 \times 10^4 = 3.15\,\text{MPa}$

---

04 $f_{ck} = 20\,\text{MPa}$인 보통 콘크리트의 탄성 계수는 몇 MPa인가? (단, 보통 골재를 사용한 콘크리트(단위 질량 2,300 kg/m³)의 경우)

① 1.58×10^4　　　　② 2.45×10^4

③ 3.58×10^4　　　　④ 4.58×10^4

해설 $E_c = 8,500 \sqrt[3]{f_{cu}} \ (\text{MPa})$

· $f_{cu} = f_{ck} + \Delta f = 20 + 4 = 24\,\text{MPa}$

($\because \Delta f$: $f_{ck} < 40\,\text{MPa}$ 이므로 $4\,\text{MPa}$)

$E_c = 8,500 \sqrt[3]{24} = 24,518\,\text{MPa} = 2.45 \times 10^4\,\text{MPa}$

004 콘크리트의 크리프

콘크리트에 일정한 하중을 지속적으로 주면 응력의 변화가 없어도 시간이 경과함에 따라 소성 변형이 증대되는 현상을 크리프(creep)라 한다.

■ 크리프에 영향을 미치는 요인

- 재하 기간 중의 대기의 습도가 낮을수록 크리프가 크다.
- 재하 기간 중의 대기의 온도가 높을수록 크리프가 크다.
- 인공 경량 골재 콘크리트는 보통 콘크리트보다 크리프가 크다.
- 부재 치수가 작을수록 크리프가 크다.
- 재하 응력이 클수록 크리프가 크다.
- 물−시멘트비가 클수록 크리프가 크다.
- 단위 시멘트량이 많을수록 크리프는 크다.
- 공극이 많으면 크리프는 크게 된다.
- 재하 시의 재령이 작을수록 크리프가 크다.
- 조강 시멘트는 보통 시멘트보다 크리프가 작다.

■ 크리프 계수

- 크리프 계수 $\varphi = \dfrac{\text{크리프 변형률}}{\text{탄성 변형률}}$

- 크리프 변형률 = 크리프 계수 × 탄성 변형률
- 최종 변형량 = 탄성 변형량 + 크리프 변형량

□□□ 기 03,09

01 크리프(creep)에 대한 설명으로 틀린 것은?

① 대기 중에 습도가 높을수록 크리프는 크다.
② 단위 시멘트량이 많을수록 크리프는 크다.
③ 작용하는 응력의 크기에 비례한다.
④ 장기간에 걸쳐 진행한다.

해설 ・대기 중에 습도가 높을수록 크리프는 작다.
　　 ・재하 시의 재령이 클수록 크리프는 작다.
　　 ・고강도가 클수록 크리프는 작다.

□□□ 기 10

02 콘크리트의 크리프(creep)에 대한 설명 중 옳지 않은 것은?

① 물−결합재비가 큰 콘크리트는 물−결합재비가 작은 콘크리트보다 크리프가 크게 일어난다.
② 응력은 변화가 없는데 변형은 계속 진행되는 현상을 크리프라 한다.
③ 조강 시멘트는 보통 시멘트보다 크리프가 크다.
④ 재하 기간 중의 대기의 습도가 낮을수록 크리프가 크다.

해설 ・조강 시멘트는 보통 시멘트보다 크리프가 작다.
　　 ・조강 시멘트는 중용열 시멘트나 혼합 시멘트보다 크리프가 크다.

□□□ 기 07,12

03 콘크리트의 크리프에 영향을 미치는 요인 중 틀린 것은?

① 온도가 높을수록 크리프는 증가한다.
② 조강 시멘트는 보통 시멘트보다 크리프가 작다.
③ 단위 시멘트량이 많을수록 크리프는 감소한다.
④ 물−시멘트비, 응력이 클수록 크리프는 증가한다.

해설 단위 시멘트량이 많을수록 크리프는 크다.

□□□ 기 00,05,06,09

04 콘크리트의 크리프 변형에 관한 설명 중 틀린 것은?

① 지속 응력이 클수록 콘크리트의 크리프는 커진다.
② 재하 시의 콘크리트 재령이 작을수록 크리프는 작다.
③ 구조물 설계 시 콘크리트의 크리프 변형은 탄성 변형에 비례한다고 본다.
④ 크리프는 외부 습도가 높을수록 작으며, 온도가 높을수록 크다.

해설 ・재하 시의 콘크리트 재령이 작을수록 크리프는 크다.
　　 ・인공 경량 골재 콘크리트는 보통 콘크리트보다 크리프가 크다.
　　 ・부재의 단면적에 비하여 표면적이 큰 것일수록 크리프가 크다.

□□□ 기 12,15

05 다음 중 콘크리트의 크리프에 대한 설명으로 잘못된 것은?

① 콘크리트의 크리프란 일정한 지속 응력하에 있는 콘크리트의 시간적인 소성 변형을 말한다.
② 일반적으로 콘크리트의 크리프는 지속 응력이 클수록 크게 된다.
③ 조강 시멘트를 사용한 콘크리트는 보통 시멘트를 사용한 경우보다 크리프가 작다.
④ 배합 시 시멘트량이 많을수록 크리프가 작다.

해설 배합 시 단위 시멘트량이 많을수록 크리프는 크다.

□□□ 기 07,12,13,16

06 크리트에 발생되는 크리프에 대한 설명 중 틀린 것은?

① 시멘트량이 많을수록 크리프는 증가한다.
② 온도가 낮을수록 크리프는 증가한다.
③ 조강 시멘트는 보통 시멘트보다 크리프가 작다.
④ 부재의 치수가 작을수록 크리프는 증가한다.

해설 온도가 높을수록 크리프는 증가한다.

005 콘크리트의 건조 수축

콘크리트는 공기 중에서 건조하면 수축하는데 이를 건조 수축 (dry shrinkage)이라 한다.

■ 건조 수축에 영향을 미치는 요인
· 건조 수축에는 단위 수량이 가장 큰 영향을 미친다.
· 단면 치수가 작을수록 건조 수축이 크다.
· 분말도가 큰 시멘트일수록 건조 수축이 크다.
· 흡수량이 많은 골재일수록 건조 수축이 크다.
· 온도가 높을수록, 습도가 낮을수록 건조 수축이 크다.
· 동일 단위 수량에서 시멘트량이 많은 경우 건조 수축이 크다.
· 시멘트 화학 성분 중에서 C_3A의 함유량이 많으면 건조 수축이 크다.
· 일반적으로 증기 양생을 한 콘크리트가 상온에서 습윤 양생을 한 콘크리트보다 건조 수축이 작다.
· 건조 수축은 표면으로부터 내부로 향하여 건조하므로 표면에는 인장 응력이, 내부 콘크리트에는 압축 응력이 일어난다.

□□□ 기 00,05
01 다음 건조 수축에 대한 설명 중 옳지 않은 것은?

① 콘크리트는 습기를 흡수하면 팽창하고 건조하면 수축한다.
② 건조 수축을 적게 하려면 단위 수량을 적게 하는 것이 중요하다.
③ 건조 수축은 표면으로부터 내부로 향하여 건조하므로 표면에는 압축 응력이, 내부 콘크리트에는 인장 응력이 일어난다.
④ 건조가 계속되어 철근 둘레의 콘크리트까지 이르게 되면 철근이 건조 수축을 방해한다.

해설 건조 수축은 표면으로부터 내부로 향하여 건조하므로 표면에는 인장 응력이, 내부 콘크리트에는 압축 응력이 일어난다.

□□□ 기 06,10,13,18
02 콘크리트의 건조 수축량에 관한 다음 설명 중 옳은 것은?

① 단위 굵은 골재량이 많을수록 건조 수축량은 크다.
② 분말도가 큰 시멘트일수록 건조 수축량은 크다.
③ 습도가 낮을수록 온도가 높을수록 건조 수축량은 작다.
④ 물-시멘트비가 동일할 경우 단위 수량의 차이에 따라 건조 수축량이 달라지는 않는다.

해설 · 단위 굵은 골재량이 많을수록 건조 수축이 작다.
· 분말도가 큰 시멘트일수록 건조 수축이 크다.
· 습도가 낮을수록 온도가 높을수록 건조 수축이 크다.
· 물-시멘트비가 동일할 경우 단위 수량이 많을수록 건조 수축이 커진다.

□□□ 기 92,01,06
03 콘크리트의 수축에 관한 다음 설명 중 옳지 않은 것은?

① 흡수율이 큰 골재일수록 수축은 커진다.
② 단위 수량이 작을수록 수축은 작다.
③ 양생 초기에 충분한 습윤 양생을 하면 수축이 작아진다.
④ 단위 시멘트량이 작으면 수축이 커진다.

해설 · 흡수량이 많은 골재일수록 건조 수축이 크다.
· 단위 시멘트량이 많은 경우 건조 수축이 크다.

□□□ 기 07,10
04 콘크리트의 건조 수축을 크게 하는 요인이 아닌 것은?

① 흡수량이 적은 골재　② 높은 온도
③ 낮은 습도　④ 작은 단면 치수

해설 · 흡수량이 적은 골재일수록 건조 수축이 작다.
· 온도가 높을수록 건조 수축이 크다.
· 습도가 낮을수록 건조 수축이 크다.
· 단면 치수가 작을수록 건조 수축이 크다.

□□□ 기 14
05 일반적인 경우 콘크리트의 건조 수축에 가장 큰 영향을 미치는 요인은?

① 단위 시멘트량　② 단위 수량
③ 잔골재율　④ 단위 굵은 골재량

해설 건조 수축에는 단위 수량이 가장 큰 영향을 미친다.

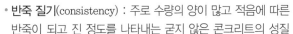

006 콘크리트 구조물의 내화성

철근 콘크리트 구조물을 내화적으로 만들기 위한 방법이다.
• 콘크리트 표면을 단열재로 보호한다.
• 골재는 내화적인 화산암, 슬래그 등이 좋다.
• 철근의 외측 콘크리트가 벗겨지는 것을 방지하기 위하여 팽창성 금속(expanded metal)을 콘크리트 표층부에 넣는다.
• 내화성이 작은 철근을 충분히 보호하기 위해서는 슬래브는 2.0~2.5cm 이상, 기둥 및 보는 4.0~4.5cm 이상의 덮개가 필요하다.

☐☐☐ 기10,14
01 콘크리트 구조물의 내화성을 향상시키기 위한 방안으로 틀린 것은?

① 제조 시에 골재는 화강암이나 사암을 사용하면 좋다.
② 콘크리트 표면을 단열재로 보호한다.
③ 내화 성능이 약한 강재는 보호하여 피복 두께를 충분히 취한다.
④ 철근의 외측 콘크리트가 벗겨지는 것을 방지하기 위하여 팽창성 금속(expanded metal)을 표층부에 넣는다.

해설 • 골재는 내화적인 화산암, 슬래그 등이 좋다.
　　• 화강암은 내화성에 약하다.

☐☐☐ 기05
02 내화 구조물에 사용되는 콘크리트용 골재로 적당하지 않은 것은?

① 현무암　　　　② 안산암
③ 경질 응회암　　④ 화강암

해설 화강암
　　• 석질이 단단하고, 내구성이 크며, 겉모양이 아름답고 큰 석재를 채취할 수 있으나 내화성이 약하다.
　　• 내화성이 약해 고열을 받는 곳에는 적당하지 못하다.

☐☐☐ 기99,08,12
03 S-N곡선은 콘크리트의 어떤 성질을 나타내는 데 사용되는가?

① 피로　　　　② 부착 강도
③ 크리프　　　④ 충격 강도

해설 • S-N곡선 : 횡축에 반복 횟수 $\log N$, 종축에 응력 진폭을 나타낸다.
　　• S-N곡선으로 재료의 피로 한도를 나타낸다.
　　• 큰 하중을 되풀이해서 받는 구조물의 설계 시공에는 피로를 고려해야 한다.

007 굳지 않은 콘크리트 성질

• **반죽 질기**(consistency) : 주로 수량의 양이 많고 적음에 따른 반죽이 되고 진 정도를 나타내는 굳지 않은 콘크리트의 성질
• **워커빌리티**(workability) : 반죽 질기에 따른 작업의 난이성 및 재료의 분리성 정도를 나타내는 굳지 않은 콘크리트의 성질
• **성형성**(plasticity) : 거푸집에서 쉽게 다져 넣을 수 있고 거푸집을 제거하면 천천히 형상이 변하기는 하지만 허물어지거나 재료의 분리가 일어나는 일이 없는 정도의 굳지 않은 콘크리트의 성질
• **피니셔빌리티**(finishability) : 굵은 골재의 최대 치수, 잔 골재율, 잔 골재의 입도, 반죽 질기 등에 따르는 마무리하기 쉬운 정도를 나타내는 굳지 않은 콘크리트의 성질

☐☐☐ 기03
01 굵은 골재의 최대 치수, 잔 골재율, 잔 골재의 입도, 반죽 질기 등에 의한 마무리하기 쉬운 정도를 나타내는 굳지 않은 콘크리트의 성질을 무엇이라 하는가?

① workability　　② consistency
③ sand percentage　　④ finishability

해설 • 워커빌리티(workability) : 반죽 질기에 따른 작업의 난이성 및 재료의 분리성 정도를 나타내는 굳지 않은 콘크리트의 성질
　　• 반죽 질기(consistency) : 주로 수량의 양이 많고 적음에 따른 반죽이 되고 진 정도를 나타내는 굳지 않은 콘크리트의 성질
　　• 피니셔빌리티(finishability) : 굵은 골재의 최대 치수, 잔 골재율, 잔 골재의 입도, 반죽 질기 등에 따르는 마무리하기 쉬운 정도를 나타내는 굳지 않은 콘크리트의 성질

☐☐☐ 기98,99,13
02 거푸집에 쉽게 다져 넣을 수 있고 거푸집을 제거하면 천천히 형상이 변하기는 하지만 허물어지거나 재료 분리하거나 하는 일이 없는 굳지 않는 콘크리트의 성질은?

① 반죽 질기(consistency)　　② 워커빌리티(workbility)
③ 성형성(plasticity)　　④ 마무리성(finishability)

해설 • 워커빌리티(workability) : 반죽 질기에 따른 작업의 난이성 및 재료의 분리성 정도를 나타내는 굳지 않는 콘크리트의 성질
　　• 반죽 질기(consistency) : 주로 수량의 양이 많고 적음에 따른 반죽이 되고 진 정도를 나타내는 굳지 않는 콘크리트의 성질
　　• 성형성(plasticity) : 거푸집에서 쉽게 다져넣을 수 있고 거푸집을 제거하면 천천히 형상이 변하기는 하지만 허물어지거나 재료의 분리가 일어나는 일이 없는 정도의 굳지 않는 콘크리트의 성질
　　• 피니셔빌리티(finishability) : 굵은 골재의 최대 치수, 잔 골재율, 잔 골재의 입도, 반죽 질기 등에 따르는 마무리하기 쉬운 정도를 나타내는 굳지 않는 콘크리트의 성질

■ 단위 수량

단위 수량이 많을수록 콘크리트의 반죽 질기는 크게 된다. 그러나 단위 수량을 증가시키면 재료 분리가 생기기 쉽고, 워커빌리티가 좋아진다고는 말할 수 없다.

■ 단위 시멘트량

- 단위 시멘트량이 많아질수록 워커빌리티가 좋다.
- 풍화된 시멘트는 워커빌리티가 좋지 않다.

■ 공기량

공기량의 워커빌리티 개선 효과는 빈배합의 경우에는 현저하다.

■ 비빔 시간

비빔이 불충분하고 불균질한 상태의 콘크리트는 워커빌리티가 나쁘다.

■ 시간과 온도

- 콘크리트의 온도가 높을수록 반죽 질기가 저하한다.
- 시간이 지남에 따라 워커빌리티가 감소한다.

■ 시멘트의 성질

- 분말도가 높은 시멘트일수록 워커빌리티가 좋다.
- 혼합 시멘트(고로 시멘트나 실리카 시멘트)를 사용하면 보통 시멘트보다 워커빌리티가 좋아진다.

■ 골재의 입도

- 골재 중의 세립분은 콘크리트에 점성을 주고 성형성(plasticity)를 좋게 한다.
- 둥글둥글한 강자갈의 경우는 워커빌리티가 가장 좋다. 편평하고 세장한 입형의 골재는 분리하기 쉬워 유동성이 나빠서 워커빌리티가 불량하게 된다.

■ 혼화 재료

- 포졸란, 플라이 애시, 고로 슬래그 미분말 등을 사용하면 워커빌리티가 좋다.
- AE제나 감수제 등의 혼화제를 사용하면 워커빌리티가 좋다.

---

01 굳지 않은 콘크리트의 성질에 대한 설명으로 잘못된 것은?

① 단위 시멘트량이 큰 콘크리트일수록 성형성이 좋다.
② 온도가 높을수록 슬럼프는 감소된다.
③ 둥근 입형의 잔 골재를 사용한 콘크리트는 모가진 부순 모래를 사용한 것에 비해 워커빌리티가 나쁘다.
④ 일반적으로 플라이 애시를 사용한 콘크리트는 워커빌리티가 개선된다.

[해설] 둥글둥글한 강자갈의 경우는 워커빌리티가 좋고, 모진 것이나 굴곡이 큰 골재는 유동성이 나빠져 워커빌리티가 불량하게 된다.

---

02 굳지 않은 콘크리트의 워커빌리티에 영향을 미치는 요인에 대한 설명 중 맞는 것은?

① 시멘트의 비표면적이 크면 워커빌리티가 나빠진다.
② 모양이 각진 골재를 사용하면 워커빌리티가 좋아진다.
③ AE제, 플라이 애시를 사용하면 워커빌리티가 개선된다.
④ 콘크리트의 온도가 높을수록 슬럼프는 증가한다.

[해설]
- 시멘트의 비표면적 $2,800 \, cm^2/g$ 이하의 시멘트는 워커빌리티가 나쁘고 블리딩이 크다.
- 모가 난 골재는 워커빌리티가 나쁘며 부순 골재 사용 시에는 잔 골재량을 증가시켜야 한다.
- AE제, 플라이 애시 등은 공기 연행, 유동 효과 등에 따라서 워커빌리티를 개선한다.
- 온도가 높을수록 슬럼프는 감소되고 또 수송에 의한 슬럼프의 감소도 현저하다.

---

03 다음 중 콘크리트의 작업성(workability)을 증진시키기 위한 방법으로서 적당하지 않은 것은?

① 일정한 슬럼프의 범위에서 시멘트량을 줄인다.
② 일반적으로 콘크리트 반죽의 온도 상승을 막아야 한다.
③ 입도나 입형이 좋은 골재를 사용한다.
④ 혼화 재료로서 AE제나 분산제를 사용한다.

[해설]
- 단위 시멘트량이 큰 부배합이 빈배합보다 작업성과 성형성이 좋다.
- 일정한 슬럼프의 범위에서 시멘트량을 늘리면 콘크리트의 작업성을 증진시킨다.

---

04 균질의 좋은 콘크리트를 제조하기 위한 조건에 해당하지 않은 것은?

① 좋은 재료의 사용
② 적절한 재료의 배합
③ 경제성과 시공성의 확보
④ 양호한 취급(치기 및 양생 등)

[해설] 균질의 좋은 콘크리트는 양질의 재료와 배합이 기초가 되어 양호한 취급이 되어야 한다.

009 워커빌리티의 측정 방법

■ 슬럼프 시험(slump test)
콘크리트의 반죽 질기를 간단히 측정할 수 있는 방법이다.

■ 구관입 시험(ball penetration test)
• kelly ball 관입시험이라고도 하며 관입값의 1.5 ～ 2배가 슬럼프값과 거의 비슷하다.
• 포장 콘크리트와 같이 평면으로 타설된 콘크리트의 반죽질기를 측정하는데 편리하다.

■ 비비시험(vee-bee test)
• 반죽질기 시험이라고도 한다.
• 포장 콘크리트와 같이 슬럼프 시험으로 측정하기 어려운 비교적 된 비빔 콘크리트에 적용하기가 좋다.

■ 유동성 시험
주로 PS 콘크리트용 반죽 질기 시험에 사용된다.

■ 다짐 계수 시험(compacting factor test)
어느 높이에서 콘크리트를 용기 속으로 떨어뜨려서 용기에 채워진 콘크리트의 무게를 측정하여 워커빌리티를 측정하는 시험이다.

■ 리몰딩 시험(remolding test)
• 콘크리트의 표면의 내외가 동일한 높이가 될 때까지 반복하여 낙하횟수로써 반죽질기를 나타낸다.
• 점성이 큰 AE 콘크리트에 사용하면 효과적이다.

■ 흐름 시험(flow test)
• 콘크리트에 상하운동을 주어 콘크리트가 흘러 퍼지는 데에 따라 변형저항을 측정한다.
• 흐름값 $= \dfrac{\text{시험 후 지름} - 254(\text{mm})}{254(\text{mm})} \times 100$

□□□ 기 01, 07
01 슬럼프 시험에 대한 내용 중에서 옳지 않은 것은?

① 콘크리트 시료를 큰 용적의 약 1/3씩 되도록 3층으로 나누어 각 층을 다짐대로 25회씩 골고루 다진다.
② 슬럼프 콘은 밑면의 안지름이 200mm, 윗면의 안지름이 100mm, 높이가 300mm인 원추형을 사용한다.
③ 다짐대는 지름이 16mm이고 길이 600mm인 곧은 원형 강봉으로 한쪽 끝은 반구형으로 둥글게 되어 있는 것을 사용해야 한다.
④ 슬럼프는 콘크리트를 다진 후 콘을 윗방향으로 들어 올렸을 때 무너지고 난 후의 시료의 높이를 말한다.

해설 슬럼프 몰드의 높이(300mm)에서 콘크리트가 내려앉은 높이를 슬럼프값이라 한다.

□□□ 기 05
02 다음 중 굳지 않은 콘크리트의 워커빌리티 시험 방법으로 적당하지 않은 것은?

① 슬럼프 시험
② Vee-Bee 컨시스턴시 시험
③ Vicat 장치에 의한 시험
④ 구관입 시험

해설 Vicat 장치에 의한 시험 : 시멘트의 응결 시험 방법이다.

□□□ 기 09
03 굳지 않은 콘크리트의 워커빌리티를 측정하기 위한 시험 방법이 아닌 것은?

① 슬럼프 시험
② 앵글러 점도 시험
③ VB 컨시스턴시 시험
④ 켈리볼 관입 시험

해설 앵글러 점도 시험은 아스팔트를 뿌리거나 또는 혼합할 때 아스팔트가 필요한 점성을 가지고 있는지 알아보기 위하여 한다.

□□□ 기 06
04 포장 콘크리트와 같이 평면으로 타설된 비교적 된비빔 콘크리트에 적용하는 워커빌리티 시험 방법은?

① 다짐 계수 시험
② 구관입 시험
③ 리몰딩 시험
④ 흐름 시험

해설 구관입 시험 : 포장 콘크리트와 같이 평면으로 타설된 콘크리트의 반죽 질기를 측정하는 데 편리하며 관입값의 1.5 ～ 2배가 슬럼프값이다.

□□□ 기 17
05 콘크리트의 슬럼프시험에 대한 설명으로 틀린 것은?

① 다짐봉은 지름 16mm, 길이 500 ～ 600mm의 강 또는 금속제 원형봉으로 그 앞 끝을 반구모양으로 한다.
② 슬럼프 콘에 콘크리트 시료를 거의 같은 양의 3층으로 나눠서 채운다.
③ 콘크리트 시료의 각 층을 다질 때 다짐봉의 깊이는 그 앞층에 거의 도달할 정도로 한다.
④ 슬럼프는 1mm 단위로 표시한다.

해설 슬럼프는 5mm 단위로 표시한다.

■ 공기 연행제, 공기 연행 감수제 등에 의하여 콘크리트 속에 생긴 공기를 공기 연행 공기 또는 연행 공기라 한다. 그 밖의 공기를 갇힌 공기라 한다.

■ AE 콘크리트의 알맞은 공기량은 굵은 골재의 최대 치수에 따라 다르며, 콘크리트 부피의 4 ~ 7%를 표준으로 하고 있다.

■ AE 공기에 영향을 미치는 영향
- 단위 시멘트량이 많으면 공기량은 감소한다.
- 포졸란을 사용하면 공기량은 감소한다.
- 플라이 애시를 사용하면 공기량은 감소한다.
- 물–시멘트비가 커지면 공기량은 커진다.

■ 공기량 측정법
- **공기실 압력법** : 워싱턴형 공기량 측정기를 사용하며, 보일(Boyle)의 법칙에 의하여 공기실에 일정한 압력을 콘크리트에 주었을 때 공기량으로 인하여 압력이 저하하는 것으로부터 공기량을 구하는 것이다.
- **무게법** : 공기량이 전혀 없는 것으로 하여 시방 배합에서 계산한 콘크리트의 단위 무게와 실제로 측정한 단위 무게와의 차이로 공기량을 구하는 것이다.
- **부피법** : 콘크리트 속의 공기량을 물로 치환하여 치환한 물의 부피로부터 공기량을 구하는 것이다.

□□□ 기 01
01 심한 기상 작용을 받는 경우에 콘크리트의 적당한 공기량은 콘크리트를 친 후에 콘크리트 용적의 ( ) 정도의 값이 일반적인 표준이다. ( ) 속에 적당한 값은?

① 1 ~ 3% 　　　　② 2 ~ 4%
③ 4 ~ 7% 　　　　④ 7 ~ 10%

해설 심한 기상 작용을 받는 경우에 적당한 공기량은 콘크리트를 친 후에 콘크리트 용적의 4 ~ 7% 정도일 때 워커빌리티와 내구성이 좋은 콘크리트가 된다.

□□□ 기 03
02 단위 공기 연행 제량이 동일한 경우 콘크리트의 공기량에 관한 설명 중 틀린 것은?

① 단위 시멘트량을 증가시키면 공기량은 적게 된다.
② 플라이 애시를 혼합하면 공기량은 증가한다.
③ 온도가 저하되면 공기량은 증가한다.
④ 조강 포틀랜드 시멘트를 사용하면 보통 포틀랜드 시멘트를 사용한 경우보다 공기량은 적게 든다.

해설 플라이 애시를 사용하면 플라이 애시 속의 탄소량 때문에 공기 연행을 막는다.

□□□ 기 00
03 워싱턴형 에어미터를 사용해서 굳지 않은 콘크리트의 공기 함유량을 측정하는 방법은 어떤 방법인가?

① 중량 방법 　　　　② 압력 방법
③ 체적 방법 　　　　④ 진동 방법

해설 공기실 압력법 : 워싱턴형 공기량 측정기를 사용하며, 보일의 법칙에 의하여 공기실에 일정한 압력을 콘크리트에 주었을 때 공기량으로 인하여 압력이 저하하는 것으로부터 공기량을 구하는 것이다.

□□□ 기 02
04 콘크리트의 공기량에 대한 설명으로 틀린 것은?

① 혼합, 타설 시에 따라 들어가는 자연 공기를 갇힌 공기(entrained air)라 한다.
② 공기 연행제 사용 등으로 인위적으로 콘크리트 속에 만들어 놓은 공기를 연행 공기(entrained air)라 한다.
③ 공기 연행제에 의한 공기량은 4 ~ 7%를 표준으로 한다.
④ 공기 연행제 공기량이 1% 증가하면 슬럼프는 2.5 cm 증가하고 압축 강도는 4 ~ 6% 정도 증가한다.

해설 공기 연행제 공기량의 1% 증가에 따라 슬럼프는 약 2.5 cm 정도 증가되고 압축강도는 4 ~ 6% 정도 감소한다.

□□□ 기 04,14
05 압력법에 의한 굳지 않은 콘크리트의 공기량 시험(KS F 2421)에 대한 설명으로 틀린 것은?

① 물은 붓지 않고 시험(무주수법)하는 경우 용기의 용적은 7L 정도 이상으로 한다.
② 물을 붓고 시험(주수법)하는 경우 용기의 용적은 적어도 5L로 한다.
③ 인공 경량 골재와 같은 다공질 골재를 사용한 콘크리트에 대해서도 적용된다.
④ 결과의 계산에서 콘크리트의 공기량은 겉보기 공기량에서 골재 수정계수를 뺀 값이다.

해설 굳지 않은 콘크리트의 공기량 시험법(공기실 압력 방법)
보통의 골재를 사용한 콘크리트 또는 모르타르에 대해서는 적당하나 골재 수정 계수를 정확히 구할 수 없는 다공질의 골재를 사용한 콘크리트 또는 모르타르에 대해서는 적당하지 않다.

정답 **010** 01 ③ 02 ② 03 ② 04 ④ 05 ③

011 콘크리트의 재료 분리

블리딩(bleeding)
- 콘크리트를 친 뒤 시멘트와 골재가 가라앉으면서 물이 위로 올라오는 현상
- 블리딩이 큰 콘크리트는 강도와 수밀성이 작아지고 철근 콘크리트에서는 철근과의 부착을 나쁘게 한다.
- 블리딩 저감 방법
  - 분말도가 높은 시멘트를 사용한다.
  - 공기 연행제, 감수제를 사용하여 단위 수량을 적게 한다.
  - 세립분이 많은 잔 골재의 사용을 피한다.
  - 타설 속도를 빠르게 하지 않는다.
  - 과도한 진동 다짐 작업을 피한다.
  - 소요의 워커빌리티를 얻을 수 있는 범위 내에서 단위 수량을 줄인다.

레이턴스(laitance)
블리딩에 의하여 콘크리트 표면에 떠올라서 침전된 미세한 물질을 말한다.

작업 중의 재료 분리의 원인
- 단위 수량이 너무 많을 경우
- 단위 골재량이 너무 많을 경우
- 단위 시멘트량이 너무 적을 경우
- 굵은 골재의 최대 치수가 너무 큰 경우
- 입형이나 입도가 나쁜 골재를 사용하는 경우

재료 분리의 감소 대책
- 잔 골재율을 크게 한다.
- 물-결합재비를 작게 한다.
- 콘크리트의 성형성을 증가시킨다.
- 굵은 골재는 입자가 너무 크지 않도록 한다.
- 잔골재는 미립분이 너무 적지 않은 것을 사용한다.
- 공기 연행제, 감수제, 포졸란 등을 사용하면 응집성을 증가시켜 재료 분리가 감소한다.

□□□ 기 99,05,08,11,17,20

01 콘크리트의 재료 분리 현상을 줄이기 위한 사항이 아닌 것은?

① 잔 골재율을 증가시킨다.
② 물-결합재비를 작게 한다.
③ 굵은 골재를 많이 사용한다.
④ 포졸란을 적당량 혼합한다.

해설 최대 치수가 너무 큰 굵은 골재를 사용하거나 단위 골재량이 너무 크면 콘크리트는 재료 분리되기 쉽다.

□□□ 기 02,06,10,12,16

02 블리딩에 관한 사항 중 잘못된 것은?

① 블리딩이 많으면 레이턴스도 많아지므로 콘크리트의 이음부에서는 블리딩이 큰 콘크리트는 불리하다.
② 시멘트의 분말도가 높고 단위 수량이 적은 콘크리트는 블리딩이 작아진다.
③ 블리딩이 큰 콘크리트는 강도와 수밀성이 작아지나 철근콘크리트에서는 철근과의 부착을 증가시킨다.
④ 콘크리트 치기가 끝나면 블리딩이 발생하며 대략 2~4시간에 끝난다.

해설 블리딩이 큰 콘크리트는 강도와 수밀성이 작아지고 철근 콘크리트에서는 철근과의 부착을 나쁘게 한다.

□□□ 기 02,09,17

03 다음 중 블리딩(bleeding) 방지법으로 옳지 않은 것은?

① 단위 수량이 적은 된비빔의 콘크리트로 한다.
② 단위 시멘트량을 적게 한다.
③ 혼화제 중에서 공기 연행제나 감수제를 사용한다.
④ 골재의 입도 분포가 양호한 것을 사용한다.

해설 · 콘크리트의 블리딩은 단위 수량이 클수록, 단위 시멘트량과 잔 골재량이 작을수록 크다.
· 콘크리트의 온도가 낮을수록 블리딩이 크기 때문에 동일한 배합이라도 겨울철의 블리딩이 여름철보다 크게 된다.

□□□ 기 15,17

04 콘크리트의 블리딩시험(KS F 2414)에 대한 설명으로 틀린 것은?

① 시험 중에는 실온(20±3)℃로 한다.
② 용기에 콘크리트를 채울 때 콘크리트 표면이 용기의 가장자리에서 (30±3)mm 높아지도록 고른다.
③ 최초로 기록한 시각에서부터 60분 동안 10분마다 콘크리트 표면에서 스며 나온 물을 빨아낸다.
④ 물을 쉽게 빨아내기 위하여 2분 전에 두께 약 50mm의 블록을 용기 한쪽 밑에 주의 깊게 괴어 용기를 기울이고, 물을 빨아낸 후 수평위치로 되돌린다.

해설 용기에 콘크리트를 채울 때 콘크리트 표면이 용기의 가장자리에서 (30±3)mm 낮아지도록 고른다.

012　굳은 콘크리트의 강도

콘크리트의 강도라 하면 일반적으로 압축 강도를 말한다. 콘크리트의 압축 강도는 재령 28일(댐 콘크리트에서는 91일)의 강도를 설계 기준 강도로 하고 있다.

■ 재료의 품질
- 분말도가 클수록 초기 강도가 증가한다.
- 부순돌은 강자갈을 사용한 콘크리트보다 강도가 높다.
- 물-결합재(W/B) 비가 작아질수록 강도가 증가된다.
- 물-결합재비가 일정한 경우 공기량 1% 증가에 따라 압축 강도는 4~6% 감소한다.

■ 시공 방법의 영향
- 혼합 시간이 길수록 시멘트와 물의 접촉을 좋게 하기 때문에 일반적으로 강도는 증대한다.
- 콘크리트의 성형 시에 가압하여 경화시키면 일반적으로 강도가 크게 된다.

■ 공시체
- 공시체 치수가 작을수록 강도가 크게 된다.
- 공시체의 높이(H)와 지름(D)의 비(H/D)가 클수록 강도는 저하한다.
- 표준비(H/D)는 2.0이다.
- H/D가 동일하면 원주형 공시체가 각주형보다 압축 강도가 크다.
- 15cm 입방체 공시체의 강도는 $\phi15\times30$cm의 원주형 공시체 강도의 1.16배 정도 크다.
- 재하 속도가 빠를수록 강도가 크게 된다.

■ 양생 방법의 영향
- 습윤 양생은 건조 양생보다 강도가 증대된다.
- 재령이 길어질수록 강도는 증대된다.

□□□ 기 01,04,06
01 댐 콘크리트 등 몇 가지를 제외하고는 일반적인 경우에 표준 양생한 재령 28일 공시체의 압축 강도를 콘크리트의 설계 기준 강도로 정하고 있다. 그 이유로서 가장 적당한 것은?

① 크리프와 건조 수축이 장기적으로 발생하므로
② 양생 방법에 따라 다르나 재령 28일에서 강도 발현이 최대가 되므로
③ 실제 구조물에서 재령 28일 이후의 강도 증진을 크게 기대할 수가 없으므로
④ 거푸집 및 동바리 제거의 시기가 타설 후 28일이므로

해설 실제 구조물에서 재령 28일 이후의 강도 증진을 크게 기대할 수가 없으므로 28일 공시체의 압축 강도를 콘크리트의 설계 기준 강도(f_{ck})로 정하고 있다.

□□□ 기 03,06,17
02 품질이 동일한 콘크리트 공시체의 압축 강도 시험에 대한 설명으로 옳은 것은? (단, 공시체의 높이 : H, 공시체의 지름 : D)

① 품질이 동일한 콘크리트는 공시체의 모양, 크기 및 재하 방법이 달라져도 압축 강도가 항상 같다.
② H/D비가 작으면 압축 강도는 작다.
③ H/D비가 일정해도 공시체의 치수가 커지면 압축 강도는 작아진다.
④ H/D비가 2.0에서 압축 강도는 최대값을 나타낸다.

해설 · 15cm 입방체 공시체의 강도는 $\phi15\times30$cm의 원주형 공시체 강도의 1.16배 정도 크다.
· H/D비가 작을수록 즉 높이가 낮을수록 압축 강도가 크다.
· H/D비가 일정해도 공시체의 치수가 커지면 압축 강도는 작아진다.
· H/D비가 2.0에서 압축 강도비의 변화는 적어진다.

□□□ 기 01,04,06,13,16
03 콘크리트 압축 강도 평가에 대한 설명 중 틀린 것은?

① 재하 속도가 빠를수록 압축 강도는 높게 평가된다.
② 모양이 다르면 크기가 작은 공시체의 압축 강도가 높게 평가된다.
③ 공시체 직경(D)과 높이(H)의 비(H/D)가 동일하면 원주형 공시체가 각주형 공시체보다 압축 강도는 작게 평가된다.
④ 원주형과 각주형 공시체는 직경 또는 한 변의 길이(D)와 높이(H)의 비(H/D)가 작을수록 압축 강도는 높게 평가된다.

해설 공시체 직경(D)과 높이(H)의 비(H/D)가 동일하면 원주형 공시체가 각주형 공시체보다 압축 강도는 높게 평가된다.

□□□ 기 01,07,18
04 콘크리트의 압축 강도 특성에 대한 설명으로 틀린 것은?

① 시멘트의 분말도가 높아지면 초기 압축 강도는 커진다.
② 물-결합재비가 일정하더라도 굵은 골재의 최대 치수가 클수록 콘크리트의 강도는 작아진다.
③ 일반적으로 부순 돌을 사용한 콘크리트의 강도는 강자갈을 사용한 콘크리트의 강도보다 작다.
④ 콘크리트의 강도는 일반적으로 표준 양생을 한 재령 28일 압축 강도를 기준으로 하고 댐 콘크리트의 경우는 재령 91일 압축 강도를 기준으로 한다.

해설 골재의 표면이 거칠수록 골재와 시멘트풀과의 부착이 좋기 때문에 일반적으로 부순돌을 사용한 콘크리트의 강도는 강자갈을 사용한 콘크리트보다 크다.

□□□ 기03

05 콘크리트의 강도에 대한 설명 중 잘못된 것은?

① 콘크리트의 강도가 크면 클수록 취성 파괴 거동을 나타낸다.
② 콘크리트 강도가 크면 클수록 콘크리트의 탄성 계수도 증가한다.
③ 콘크리트의 설계 기준 강도는 일반적으로 표준 양생한 재령 28일 표준 공시체의 일축 압축 강도를 말한다.
④ 콘크리트 강도의 단위는 kg 또는 ton으로 표현한다.

해설 콘크리트의 강도는 일반적으로 표준 양생을 실시한 공시체의 재령 28일에서의 시험값을 기준으로 하며 MPa로 표현한다.

□□□ 기00,04,11

06 콘크리트의 압축 강도에 영향을 미치는 요인에 대한 설명 중 틀린 것은?

① 물-시멘트비가 동일한 경우 부순돌을 사용한 콘크리트의 압축 강도는 강자갈을 사용한 콘크리트보다 강도가 증가된다.
② 물-시멘트비가 클수록 압축 강도는 저하된다.
③ 콘크리트 성형 시 압력을 가하여 경화시키면 압축 강도는 저하된다.
④ 습윤 양생이 공기 중 양생보다 압축 강도가 증가된다.

해설 콘크리트를 성형할 때 가압에 의하여 기포나 잉여 수분을 배출시키면 압축 강도가 증가한다.

□□□ 기09

07 콘크리트의 강도에 영향을 미치는 요인에 대한 설명으로 옳지 않은 것은?

① 물-결합재비가 일정할 때 굵은 골재의 최대 치수가 클수록 콘크리트의 강도는 커진다.
② 물-결합재비가 일정할 때 공기량이 증가하면 압축 강도는 감소한다.
③ 부순돌을 사용한 콘크리트의 강도는 강자갈을 사용한 콘크리트의 강도보다 크다.
④ 성형 시에 가압 양생하면 콘크리트의 강도가 크게 된다.

해설 물-시멘트비가 일정할 때 굵은 골재의 최대 치수가 클수록 콘크리트의 강도는 작아진다.

013 탄산화(중성화)

콘크리트 중의 수산화칼슘($Ca(OH)_2$)이 콘크리트 표면의 이산화탄소와 반응하여 탄산칼슘을 만드는 것을 탄산화 반응이라 하며 이 반응에 따라 알칼리성을 손실하는 것을 탄산화(중성화)라 한다.

$$Ca(OH)_2 + CO_2 \rightarrow CaCO_3 + H_2O$$

■ 탄산화(중성화)의 특징
• 콘크리트가 탄산화되면 철근의 보호막이 파괴되어 부식되기 쉽다.
• 천연 경량 골재 사용 콘크리트는 탄산화가 빠르다.
• 콘크리트가 탄산화가 되면 철근이 부식하기 쉽다.
• 물-시멘트비를 작게 하고 AE제, 감수제를 사용하면 탄산화가 억제된다.
• 혼합 시멘트를 사용하면 수산화칼슘이 적기 때문에 탄산화 속도는 빠르게 된다.
• 공기 중의 탄산가스의 농도가 높을수록, 온도가 높을수록 탄산화 속도는 빨라진다.

■ 탄산화(중성화)에 대한 대책
• 양질의 골재를 사용하고 물-시멘트비를 적게 한다.
• 콘크리트의 다지기를 충분히 하여 결함을 발생시키지 않도록 한 후 습윤 양생을 한다.
• 철근 피복 두께를 확보한다.
• 탄산화 억제 효과가 큰 투기성이 낮은 마감재를 사용한다.

■ 탄산화(중성화) 속도

$$X = R\sqrt{t}$$

여기서, X : 기준이 되는 콘크리트 탄산화 깊이(cm)
　　　　R : 시멘트, 골재의 종류, 환경 조건, 혼화 재료, 표면 마감재 등의 정도를 나타내는 상수로서 실험에 의하여 구할 수 있음.
　　　　t : 경과 년수(년)

■ 탄산화(중성화) 시험
• 콘크리트 단면에 페놀프탈레인 1% 에탄올 용액을 분무 또는 적하하여 적색으로 착색되지 않는 부분을 탄산화(중성화)라 한다.
• 탄산칼슘으로 변화한 부분의 pH가 8.5 ～ 10 정도로 낮아지는 것으로 인하여 이를 탄산화라고 불린다.
• 콘크리트 파쇄면에 페놀프탈레인 1%의 알콜 용액을 뿌리면 탄산화되지 않은 부분은 붉은 색으로 착색되며 탄산화된 부분은 색의 변화가 없다.

01 콘크리트의 탄산화 반응에 대한 설명 중 잘못된 것은?

① 경화한 콘크리트의 표면에서 공기 중의 탄산가스에 의해 수산화칼슘이 탄산칼슘으로 바뀌는 반응이다.
② 보통 포틀랜드 시멘트의 탄산화 속도는 혼합 시멘트의 탄산화 속도보다 빠르다.
③ 이 반응으로 시멘트의 알칼리성이 상실되어 철근의 부식을 촉진시킨다.
④ 온도가 높을수록 탄산화 속도는 빨라진다.

해설 일반적으로 조강 포틀랜트 시멘트를 사용한 경우 탄산화가 가장 느리게 진행되고, 보통 포틀랜드 시멘트는 조금 빠르며, 혼합 시멘트를 사용하면 수산화칼슘이 적기 때문에 탄산화 속도는 빠르게 된다.

□□□ 기 01,04,06,14,15,19
02 시멘트의 수화반응에 의해 생성된 수산화칼슘이 대기 중의 이산화탄소와 반응하여 콘크리트의 성능을 저하시키는 현상을 무엇이라고 하는가?

① 염해   ② 탄산화
③ 동결 융해   ④ 알칼리 – 골재 반응

해설 콘크리트 중의 수산화칼슘이 콘크리트 표면의 이산화탄소와 반응하여 탄산칼슘을 만드는 것을 탄산화 반응이라 하며 이 반응에 따라 알칼리성을 손실하는 것을 탄산화라 한다.

□□□ 기 01,04,06,11,15
03 공기 중의 탄산가스의 작용을 받아 콘크리트 중의 수산화칼슘이 서서히 탄산칼슘으로 되어 콘크리트가 알칼리성을 상실하는 것을 무엇이라 하는가?

① 알칼리 반응   ② 염해
③ 손식   ④ 탄산화

해설 콘크리트에 포함된 수산화칼슘($Ca(OH)_2$)이 공기 중의 탄산가스(CO_2)와 반응하여 수산화칼슘이 소비되어 알칼리성을 잃는 현상이 탄산화 현상이고, 콘크리트가 탄산화되면 철근의 보호막이 파괴되어 부식되기 쉽다.

□□□ 기 03,10,12,16
04 페놀프탈레인 1% 알코올 용액을 구조체 콘크리트 또는 코어 공시체에 분무하여 측정할 수 있는 것은?

① 균열 폭과 깊이   ② 철근의 부식 정도
③ 콘크리트의 투수성   ④ 콘크리트의 탄산화 깊이

해설 ·탄산화되지 않은 부분은 붉은색으로 착색되며 탄산화된 부분은 색의 변화가 없다.
·공시체 단면을 촬영한 것에 대해 착색되지 않은 부분의 면적을 면적계로 측정하여 콘크리트의 평균 탄산화 깊이를 구한다.

□□□ 기 02,04,08
05 콘크리트의 탄산화에 관한 설명 중 틀린 것은?

① 콘크리트 중의 수산화칼슘이 공기 중의 탄산가스와 반응하면 탄산화가 진행된다.
② 탄산화가 철근의 위치까지 도달하면 철근은 부식되기 시작한다.
③ 공기 중의 탄산가스의 농도가 높을수록, 온도가 높을수록 탄산화 속도는 빨라진다.
④ 탄산화의 대책으로는 플라이 애시와 같은 실리카질 혼화재를 시멘트와 혼합하여 사용하는 것이 좋다.

해설 ·혼합 시멘트를 사용하면 수산화칼슘량이 적기 때문에 탄산화 속도는 빠르게 된다.
·혼합 시멘트는 고로 슬래그 시멘트, 플라이 애시 시멘트, 실리카 시멘트 등이 있다.

□□□ 기 03,08,11
06 콘크리트 구조물의 내구성을 향상시키기 위해 유의하여야 할 사항 중 옳지 않은 것은?

① 배합 시 단위 수량을 될 수 있는 한 적게 사용한다.
② 충분한 피복 두께를 확보한다.
③ 가능한 한 밀도가 작은 골재를 사용한다.
④ 콜드 조인트를 만들지 않는다.

해설 가능한 한 내구성이 우수한 밀도가 큰 골재를 사용한다.

□□□ 기 05,07,16
07 페놀프탈레인 용액을 사용한 콘크리트의 탄산화 판정시험에서 탄산화된 부분에서 나타나는 색은?

① 붉은색   ② 노란색
③ 청색   ④ 착색되지 않음

해설 콘크리트 파쇄면에 페놀프탈레인 1%의 알콜 용액을 뿌리면 탄산화되지 않은 부분은 붉은 색으로 착색되며 탄산화된 부분은 색의 변화가 없다.

014 알칼리 골재 반응

- 포틀랜드 시멘트 속의 알칼리 성분이 골재 중에 있는 실리카와 화학 반응하여 콘크리트가 과도하게 팽창함으로써 콘크리트에 균열을 발생시키는 현상을 알칼리 골재 반응이라 한다.
- 알칼리 함유량이 0.6% 이하인 시멘트를 사용하는 것이 가장 유효하다.
- 알칼리 골재 반응은 콘크리트가 습도가 높거나 습윤 상태일 경우 발생하기 쉽다.

■ 알칼리 골재 반응의 종류
- **알칼리 실리카 반응** : 시멘트 중의 알칼리와 골재 암석 중의 비석영질계의 반응성 실리카 광물(Opal) 사이에서 반응
- **알칼리 탄산염 반응** : 알칼리 실리카 반응과는 달리 점토를 포함한 백운석질 석회암과 알칼리와의 반응
- **알칼리 실리케이트 반응** : 알칼리와 실리케이트(균산염) 광물과의 반응

■ 알칼리 골재 반응의 판결법
- **화학법** : 비교적 신속히 결과를 얻을 수 있으나 실제적으로 해가 없는 골재가 유해로 판정되는 경우가 있다.
- **모르타르 봉법** : 모르타르의 길이 변화를 측정함에 의해 골재 반응성을 판정으로 시험에 6개월 정도의 오랜 기간이 소요되는 결점이 있다.
- **암석학적 방법** : 주로 편광 현미경을 이용하여 골재 내에 포함된 유해 광물을 조사 분석하는 시험법이다.
- **신속법** : 포틀랜드 시멘트, 입도 조정한 표준사, NaCH 수용액을 사용하여 3개의 공시체를 제작하여 시험하는 것으로 시험 기간이 짧고(4일) 정확도가 높으나 다른 시험에 비해 고가의 장비가 필요하다.

■ 알칼리 골재 반응의 대책
- 포졸란(고로 슬래그, 플라이 애시) 사용
- 콘크리트 $1m^3$당 알칼리 총량으로 3.0kg 이하로 사용
- 습도를 낮추고 콘크리트 중의 수분 이동을 방지
- 단위 시멘트량을 낮추어 배합
- 저알칼리형의 시멘트로 0.6% 이하로 사용
- 콘크리트 표면은 마감재(타일, 돌 붙임)로 시공하는 것이 유리

□□□ 기10
01 알칼리 골재 반응이 발생하기 위해 필요한 조건으로 거리가 먼 것은?

① 반응성 골재
② 수분
③ 부재의 충분한 두께
④ 시멘트 및 그 밖의 재료에서 공급되는 알칼리

해설 알칼리 골재 반응의 원인
　・반응성 골재를 사용하는 경우
　・습도가 높거나 습윤 상태일 경우
　・0.6% 이상의 알칼리량을 함유한 시멘트를 사용하는 경우

02 알칼리 골재 반응에 대한 설명 중 잘못된 것은?

① 주로 포틀랜드 시멘트 속의 알칼리 성분과 골재 중에 있는 실리카와의 화학 반응으로 나타난다.
② 콘크리트가 과도하게 팽창하여 균열이 발생하는 현상이 나타난다.
③ 광물의 종류에 따라 알칼리-실리카 반응, 알칼리-탄산염 반응, 알칼리-실리케이트 반응으로 대별할 수 있다.
④ 반응성 골재를 사용할 경우에는 1.0% 이하의 저알칼리형 시멘트를 사용한다.

해설 반응성 골재를 사용할 경우에는 0.6% 이하인 낮은 알칼리량의 시멘트를 사용한다.

□□□ 기 03,07,12
03 콘크리트에서 알칼리 골재 반응에 대한 설명으로 잘못된 것은?

① 알칼리 골재 반응이 진행되면 콘크리트 구조물에 균열이 생긴다.
② 콘크리트 중 알칼리의 주된 공급원은 골재에 부착된 염분(NaCl)이다.
③ 알칼리 골재 반응은 포졸란의 사용에 의해 억제된다.
④ 알칼리 골재 반응이 진행되기 위해서는 반응성 골재와 알칼리 및 수분이 필요하다.

해설 알칼리 골재 반응 : 포틀랜드 시멘트 속의 알칼리 성분이 골재 중에 있는 실리카와 화학 반응하여 콘크리트가 과도하게 팽창함으로써 콘크리트에 균열을 발생시키는 현상이다.

□□□ 기 00,04,09,10,15
04 알칼리 골재 반응(alkali-aggregate reaction)에 대한 설명 중 틀린 것은?

① 콘크리트 중의 알칼리 이온이 골재 중의 실리카 성분과 결합하여 구조물에 균열을 발생시키는 것을 말한다.
② 알칼리 골재 반응의 진행에 필수적인 3요소는 반응성 골재의 존재와 알칼리량 및 반응을 촉진하는 수분의 공급이다.
③ 알칼리 골재 반응이 진행되면 구조물의 표면에 불규칙한 (거북이등 모양 등) 균열이 생기는 등의 손상이 발생한다.
④ 알칼리 골재 반응을 억제하기 위하여 포틀랜드 시멘트의 등가 알칼리량이 6% 이하의 시멘트를 사용하는 것이 좋다.

해설 알칼리 골재 반응을 억제하기 위하여 포틀랜드 시멘트의 등가 알칼리량이 0.6% 이하의 시멘트를 사용하는 것이 좋다.

015 염해

콘크리트 중에 염화물이 존재하여 강재(철근이나 PC 강재 등)가 부식함으로써 콘크리트 구조물에 손상을 끼치는 현상을 염해(鹽害)라 한다.

■ 염해에 대한 시방서 규정
- 굳지 않은 콘크리트 중의 전 염화물 이온량은 $0.3 \, kg/m^3$ 이하로 한다.
- 잔 골재만에 대한 절대 건조 중량에 대한 백분율의 최대치는 0.02%이다.
- 염화물 함유량(바닷모래인 경우) 시험 빈도는 공급 회사별 1일 3회 이상이다.

■ 염화물에 대한 대책
- 물-시멘트비를 작게 한다.
- 슬럼프치를 작게 배합한다.
- 충분한 피폭 두께를 둔다.
- 균열 폭을 작게 만든다.
- 굵은 골재 최대치수를 크게 사용한다.

□□□ 기 03,05,07,08,10,12,19
01 굳지 않은 콘크리트 중의 전 염소 이온량은 몇 kg/m^3 이하를 원칙으로 하는가?

① $0.10 \, kg/m^3$　　　② $0.20 \, kg/m^3$
③ $0.30 \, kg/m^3$　　　④ $0.40 \, kg/m^3$

해설 굳지 않은 콘크리트 중의 전 염화물 이온량은 원칙적으로 $0.3 \, kg/m^3$ 이하로 한다.

□□□ 기 99,04,06,17
02 콘크리트 재료에 염화물이 많이 함유되어 시공할 구조물이 염해를 받을 가능성이 있는 경우에 대한 조치로서 틀린 것은?

① 물-결합재비를 작게 하여 사용한다.
② 충분한 철근 피복 두께를 두어 열화에 대비한다.
③ 가능한 균열 폭을 작게 만든다.
④ 단위 수량을 늘려 염분을 희석시킨다.

해설 ■ 염화물에 대한 대책
- 물-시멘트비를 작게 한다.
- 슬럼프치를 작게 배합한다.
- 충분한 피폭 두께를 둔다.
- 균열 폭을 작게 만든다.
- 굵은 골재 최대 치수를 크게 사용한다.
■ 단위 수량을 늘리면 물-시멘트비가 크게 되어 콘크리트의 강도가 저하된다. 따라서 염화물이 많이 함유되어 있는 재료는 충분히 세척하여 사용한다.

□□□ 기 03,06
03 콘크리트에서 염화물 함유량에 대한 기준으로 옳은 것은?

① 철근 콘크리트에서는 염분량이 0.01% 이하이어야 한다.
② 프리스트레스트 콘크리트에서의 염분량은 0.1% 이하이어야 한다.
③ 해사에 포함되는 염분량은 0.03% 이하이어야 한다.
④ 굳지 않은 콘크리트 중의 전 염화물 이온량은 $0.3 \, kg/m^3$ 이하이어야 한다.

해설 · 철근 콘크리트에서는 염분량이 1.0% 이하이어야 한다.
· 프리스트레스트 콘크리트에서의 염분량은 0.06% 이하이어야 한다.
· 염화물에 노출된 철근 콘크리트 염분량은 0.15% 이하이어야 한다.
· 굳지 않은 콘크리트 중의 전 염화물 이온량은 원칙적으로 $0.3 \, kg/m^3$ 이하로 한다.

□□□ 기 99,07,09
04 다음의 비파괴 검사 방법 중 다른 방법과 복합적으로 강도를 추정하는 데 사용될 뿐만 아니라 단독으로 콘크리트의 공극 유무, 균열 깊이 등을 판정하는 데 사용되는 것은?

① 인발법　　　　　② 초음파법
③ 관입 저항법　　　④ 자연 전위법

해설 초음파법 : 콘크리트 속을 전파하는 파동의 속도에서 콘크리트의 균일성, 내구성 등의 판정, 콘크리트 내부의 공동이나 균열 추정 및 강도의 추정에 이용된다.

---

016 동결 융해

콘크리트는 온도, 습도, 수분, 탄산가스, 염분 및 각종 화학 물질 등의 영향을 장기간 받음으로 인하여 점차적으로 내구성이 저하된다.

■ 동결 융해의 특징
- 콘크리트의 표층 박리(scaling)는 동결 융해 작용에 의한 피해의 일종이다.
- 동결 융해에 의한 콘크리트의 피해는 콘크리트가 물로 포화되었을 때 가장 크다.
- 다공질의 골재를 사용한 콘크리트는 일반적으로 동결 융해에 대한 저항성이 떨어진다.
- 물－시멘트비를 작게 하여 치밀한 조직의 콘크리트로 만들면 동결 융해에 대한 저항성이 커진다.

■ 동결 융해의 대책
- AE제를 사용하여 적당량의 공기를 연행시킨다.
- 기포의 특성이 동일한 경우 물－시멘트비를 작게 하여 치밀한 조직의 콘크리트로 만들면 동결 융해에 대한 저항성이 커진다.

■ 콘크리트의 동결 융해 시험
- 동결 융해 시험 방법으로는 수중 동결·수중 융해법과 기중 동결·수중 융해법이 있다.
- 동결 융해 사이클로서 동결 융해 시험조 내부의 온도 및 유지 시간은 2～4시간 사이에 4℃에서 −18℃로 급속 동결시키고 연속해서 −18℃에서 4℃로 급속 융해시킨다.

□□□ 기 10,12,18
01 급속 동결융해에 대한 콘크리트의 저항시험(KS F 2456)에서 동결 융해 사이클에 대한 설명으로 틀린 것은?

① 동결 융해 1사이클은 공시체 중심부의 온도를 원칙적으로 하며 원칙적으로 4℃에서 −18℃로 떨어지고, 다음에 −18℃에서 4℃로 상승되는 것으로 한다.
② 동결 융해 1사이클의 소요 시간은 2시간 이상, 4시간 이하로 한다.
③ 공시체의 중심과 표면의 온도차는 항상 28℃를 초과해서는 안된다.
④ 동결 융해에서 상태가 바뀌는 순간의 시간이 5분을 초과해서는 안된다.

해설 · 동결융해 사이클로서 동결융해 시험조 내부의 온도 및 유지시간은 2～4시간 사이에 4℃에서 −18℃로 급속 동결시키고 연속해서 −18℃에서 4℃로 급속 융해시킨다.
· 동결 융해에서 상태가 바뀌는 순간의 시간이 10분을 초과해서는 안된다.

□□□ 기 10,12,15
02 급속 동결 융해에 대한 콘크리트의 저항 시험 방법에서 동결 융해 1사이클의 소요 시간으로 옳은 것은?

① 1시간 이상, 2시간 이하로 한다.
② 2시간 이상, 4시간 이하로 한다.
③ 4시간 이상, 5시간 이하로 한다.
④ 5시간 이상, 7시간 이하로 한다.

해설 동결 융해 사이클로서 동결 융해 시험조 내부의 온도 및 유지 시간은 2～4시간 사이에 4℃에서 −18℃로 급속 동결시키고 연속해서 −18℃에서 4℃로 급속 융해시킨다.

□□□ 기 05,08,09,12,14,19
03 콘크리트의 동결 융해에 대한 설명 중 틀린 것은?

① 다공질의 골재를 사용한 콘크리트는 일반적으로 동결 융해에 대한 저항성이 떨어진다.
② 콘크리트의 표층 박리(scaling)는 동결 융해 작용에 의한 피해의 일종이다.
③ 동결 융해에 의한 콘크리트의 피해는 콘크리트가 물로 포화되었을 때 가장 크다.
④ 콘크리트의 초기 동결 융해에 대한 저항성을 높이기 위해서는 물－시멘트비를 크게 한다.

해설 물－시멘트비를 작게 하여 치밀한 조직의 콘크리트로 만들면 동결 융해에 대한 저항성이 커진다.

❶ 초기 균열

초기 균열에는 콘크리트의 부등 침하에 의하여 생기는 침하 수축 균열과 표면의 급속 건조에 의하여 생기는 플라스틱 수축 균열, 거푸집 변형에 따른 균열 및 진동 재하에 따른 균열 등이 있다.

- **침하 수축 균열** : 콘크리트 타설 후 콘크리트의 표면 가까이에 있는 철근, 매설물 또는 입자가 큰 골재 등이 콘크리트의 침하를 국부적으로 방해하기 때문에 일어난다.
- 침하 균열은 철근의 직경이 클수록 슬럼프가 클수록, 피복 두께가 작을수록 증가한다.
- 콘크리트 타설 후 1~3시간에 주로 발생한다.
- 블리딩이 클수록 균열 발생의 정도가 높다.

- **플라스틱 수축 균열(소성 수축 균열)** : 콘크리트 표면수의 증발 속도가 블리딩 속도보다 빠른 경우와 같이 급속한 수분 증발이 일어나는 경우에 콘크리트 마무리 면에 생기는 가늘고 얇은 균열이다.

- **거푸집 변화에 의한 균열** : 콘크리트가 점차로 유동성을 잃고 굳어져 가는 시점에서 거푸집 긴결 철물의 부족, 동바리의 부적절한 설치에 의한 부등 침하, 콘크리트의 측압에 따른 거푸집의 변형 등에 의해 발생한다.

- **진동 및 재하에 따른 균열** : 콘크리트 타설을 완료할 즈음에 근처에서 말뚝을 박거나 기계류 등의 진동이 원인이 되어 균열이 발생한다.

- **침하 수축 균열의 방지 대책**
- 단위 수량을 되도록 적게 하고, 슬럼프가 작은 콘크리트를 잘 다짐해서 시공한다.
- 침하 종료 이전에 점착력을 잃지 않는 시멘트와 혼화재를 선정한다.
- 타설 속도를 늦게 하고 1회 타설 높이를 작게 한다.
- 침하 종료 단계에서 다시 표면 마무리를 하여 균열을 제거한다.

❷ 온도 균열

온도 상승이 원인으로 인해 생기는 균열을 온도 균열이라 한다.

- **온도 균열이 다른 균열과 구분되는 특징**
- 온도 균열을 일으킨 콘크리트에서는 상당히 큰 온도 상승이 일어난다.
- 온도 균열은 재령이 적은 시기에 발생한다.
- 발생한 온도 균열의 방향, 위치 및 규칙성이 있다.

- **온도 균열에 대한 시공상의 대책**
- 단위 시멘트량을 적게 할 것
- 수화열이 낮은 시멘트를 사용할 것
- 1회의 콘크리트 타설 높이를 줄일 것
- 재료를 사용하기 전에 미리 온도를 낮추어 사용할 것
- 수축 이음부를 설치하고, 콘크리트의 내부 온도를 낮추어 사용할 것

❸ 하중에 의한 휨 균열

- 철근 지름의 영향은 거의 없다.
- 균열 폭은 철근의 응력에 거의 비례하여 증대한다.
- 보의 인장 부분에 철근을 많이 배치하는 것이 균열 분산에 효과적이다.
- 균열 폭은 철근의 피복 두께에 지배되고, 철근 위치의 균열 폭은 피복 두께에 거의 비례한다.

□□□ 기 11,16
01 콘크리트의 균열에 대한 설명으로 틀린 것은?

① 굳지 않은 콘크리트에 발생하는 침하 균열은 철근의 직경이 작을수록, 슬럼프가 작을수록, 피복 두께가 클수록 증가한다.
② 단위 수량이 클수록 건조 수축에 의한 균열량이 많아진다.
③ 콘크리트 타설 후 경화되기 이전에 건조한 바람이나 고온 저습한 외기에 의하여 발생하는 균열을 소성 수축 균열이라고 한다.
④ 알칼리 골재 반응에 의하여 콘크리트는 팽창되며 균열이 유발될 수 있다.

해설 굳지 않은 콘크리트에 발생하는 침하 균열은 철근의 직경이 클수록, 슬럼프가 클수록, 피복 두께가 작을수록 증가한다.

□□□ 기 03,06,13
02 콘크리트의 균열은 재료, 시공, 설계 및 환경 등 여러 가지 요인에 의해 발생한다. 다음 중 재료적 요인과 가장 관련이 많은 균열 현상은?

① 알칼리 골재 반응에 의한 거북등 형상의 균열
② 온도 변화, 화학 작용 및 동결 융해 현상에 의한 균열
③ 콘크리트 피복 두께 및 철근의 정착길이 부족에 의한 균열
④ 재료 분리, 콜드 조인트(cold joint) 발생에 의한 균열

해설 포틀랜드 시멘트 속의 알칼리 성분이 골재 중에 있는 실리카와 화학 반응하여 콘크리트가 과도하게 팽창함으로써 콘크리트에 균열을 발생시키는 알칼리 골재 반응에 의해 콘크리트에 거북등 현상의 균열을 발생시킨다.

□□□ 기 02,07,12
03 콘크리트 표면의 물의 증발 속도가 블리딩 속도보다 빠른 경우와 같이 급속한 수분 증발이 일어나는 경우에 콘크리트 표면에 발생하는 균열은?

① 소성 수축 균열　　　② 침하 균열
③ 온도 균열　　　　　④ 건조 수축 균열

해설 소성 수축 균열 (플라스틱 수축 균열) : 콘크리트를 칠 때 또는 치고 난 직후 표면에서의 급속한 수분의 증발로 인하여 수분이 증발되는 속도가 콘크리트 표면의 블리딩 속도보다 빨라질 때 콘크리트 표면에 생기는 미세한 균열을 말한다.

□□□ 기 03,05,08
04 다음 중 콘크리트의 초기 균열의 원인이 아닌 것은?

① 소성 수축　　　　　② 소성 침하
③ 수화열　　　　　　④ 알칼리−골재 반응

해설 ・경화 전에 발생하는 초기 균열 : 소성 수축 균열, 소성 침하 균열, 수화열에 의한 온도 균열
・콘크리트가 경화 후에 발생하는 균열 : 건조 수축에 의한 경우, 알칼리 골재 반응, 이상 물질의 혼입, 철근의 녹 등의 화학 반응에 의하여 일어나는 경우

□□□ 기 05,20
05 온도 균열의 발생을 억제하기 위한 시공상의 대책으로 옳지 않은 것은?

① 1회 타설 높이를 크게 할 것
② 재료를 사용하기 전에 미리 온도를 낮추어 사용할 것
③ 수화열이 낮은 시멘트를 선택할 것
④ 단위 시멘트량을 적게 할 것

해설 타설 속도가 빠르면 블리딩이 많아지기 때문에 1회의 타설 높이를 낮게 할 것

□□□ 기 10,15
06 콘크리트를 거푸집에 타설한 후부터 응결이 종료할 때까지 발생하는 균열을 초기 균열이라고 한다. 다음 중 초기 균열을 올바르게 묶은 것은?

① 침하 수축 균열 − 온도 균열
② 침하 수축 균열 − 플라스틱 수축 균열
③ 플라스틱 수축 균열 − 온도 균열
④ 플라스틱 수축 균열 − 건조 수축 균열

해설 초기 균열에는 콘크리트의 타설 후 콘크리트의 부등 침하에 의하여 생기는 침하 수축 균열과 표면의 급속 건조에 의하여 생기는 플라스틱 수축 균열이 있다.

□□□ 기 04,13
07 콘크리트 구조물의 온도 균열에 대한 시공상의 대책으로 틀린 것은?

① 단위 시멘트량을 적게 한다.
② 1회의 콘크리트 타설 높이를 줄인다.
③ 수축 이음부를 설치하고, 콘크리트 내부 온도를 낮춘다.
④ 기존의 콘크리트로 새로운 콘크리트의 온도에 따라 이동을 구속시킨다.

해설 ① 단위 시멘트량은 될 수 있는 대로 적게 한다.
② 콘크리트 1회 치기 높이는 낮게 하고, 이음의 위치 및 구조는 온도 균열을 억제할 수 있도록 한다.

□□□ 기 05,07,11
08 페놀프탈레인 용액을 사용한 콘크리트의 탄산화 판정 시험에서 탄산화된 부분에서 나타나는 색은?

① 붉은색　　　　　　② 노란색
③ 청색　　　　　　　④ 착색되지 않음

해설 콘크리트 파쇄면에 페놀프탈레인 1%의 알코올 용액을 뿌리면 탄산화되지 않은 부분은 붉은색으로 착색되며, 탄산화된 부분은 색의 변화가 없다.

□□□ 기 02,07,12,18
09 콘크리트의 초기균열 중 콘크리트 표면수의 증발속도가 블리딩 속도보다 빠른 경우와 같이 급속한 수분 증발이 일어나는 경우 발생하기 쉬운 균열은?

① 거푸집 변형에 의한 균열
② 침하수축균열
③ 소성수축균열
④ 건조수축균열

해설 소성 수축균열(플라스틱 수축 균열)
콘크리트를 칠 때 또는 친 직후 표면에서의 급속한 수분의 증발로 인하여 수분이 증발되는 속도가 콘크리트 표면의 블리딩 속도보다 빨라질 때 콘크리트 표면에 생기는 미세한 균열을 말한다.

| memo |

CHAPTER 02 콘크리트의 재료

018 시멘트의 성질

■ 시멘트의 응결
- 시멘트풀이 시간이 경과함에 따라 수화에 의하여 유동성과 점성을 상실하고 고화하는 현상을 응결이라 한다.
- 수량이 많으면 응결이 늦어진다.
- 온도가 높을수록 응결이 빨라진다.
- 분말도가 클수록 응결이 빨라진다.
- 습도가 낮을수록 응결이 빨라진다.
- 물−시멘트비가 클수록 응결이 늦어진다.
- 석고의 양이 많을수록 응결이 늦어진다.
- 알루민산3석회(C_3A)가 많을수록 응결이 빨라진다.

■ 클링커 화합물
- 규산3석회($3CaO \cdot SiO_2$) : 수화열이 알루민산3석회에 비해 크며, 조기 강도가 크다.
- 규산2석회($2CaO \cdot SiO_2$) : 수화열이 작아서 강도 발현은 늦지만 장기 강도의 발현성과 화학 저항성이 우수하다.
- 알루민산3석회($3CaO \cdot Al_2O_3$) : 수화 속도는 매우 빠르고, 수화열과 수축이 크다.
- 알루민산철4석회($4CaO \cdot Al_2O_3 \cdot Fe_2O_3$)는 수화 속도가 늦고, 화학적 저항성이 크다.

■ 수경률
- 시멘트 원료의 조합비인 수경률(H.M : hydraulic modulus)의 계산식은 다음과 같다.

$$수경률 = \frac{CaO - 0.7 \times SO_3}{SiO_2 + Al_2O_3 + Fe_2O_3}$$

- 수경률이 크면 알루민산3석회(C_3A) 양이 많아져 초기 강도가 높고 수화열이 큰 시멘트가 된다.
- 보통 포틀랜드 시멘트의 수경률 : 2.05 ~ 2.15
- 조강 포틀랜드 시멘트의 수경률 : 2.20 ~ 2.27

□□□ 기 08,10

01 시멘트의 제조 시 필요한 각종 원료를 소성로에서 소성하여 1차로 생산되는 것을 무엇이라고 하는가?

① 클링커(clinker) ② 킬른(kiln)
③ 소석회 ④ 석고

해설 클링커(clinker)는 석회석, 점토, 규석 및 철광석 등 시멘트의 원료를 소성로에서 소성한 것으로서 여기에 석고를 첨가하여 미분쇄하면 시멘트가 제조된다.

□□□ 기 07

02 시멘트 화합물 조성 광물의 특징에 대한 설명 중 틀린 것은?

① 규산3석회($3CaO \cdot SiO_2$)는 조기 강도를 작게 하는 데 도움이 된다.
② 규산2석회($2CaO \cdot SiO_2$)는 수화 속도는 느리게 하나 장기 강도의 발현에 도움이 된다.
③ 알루민산3석회($3CaO \cdot Al_2O_3$)는 수화 속도는 빠르고, 수화열도 매우 높다.
④ 알루민산철4석회($4CaO \cdot Al_2O_3 \cdot Fe_2O_3$)는 수화 속도가 늦고, 화학적 저항성이 크다.

해설 규산3석회는 규산2석회보다 수화열이 크므로 조기 강도를 증가시킨다.

□□□ 기 01,07,10

03 시멘트 원료의 조합비를 정하는 데 일반적으로 사용되는 수경률의 계산식은?

① $수경률 = \dfrac{CaO - 0.7 \times SO_3}{SiO_2 + Al_2O_3 + Fe_2O_3}$

② $수경률 = \dfrac{SO_3 - 0.7 \times CaO}{SiO_2 + Al_2O_3 + Fe_2O_3}$

③ $수경률 = \dfrac{Al_2O_3 + Fe_2O_3}{SiO_2}$

④ $수경률 = \dfrac{SiO_2}{Al_2O_3 + Fe_2O_3}$

해설
- $규산율(S.M) = \dfrac{SiO_3}{Al_2O_3 + Fe_2O_3}$
- $철률 = \dfrac{Al_2O_3}{Fe_2O_3}$
- $석회석 포화도 = \dfrac{CaO - 0.7 \times SO_3}{2.8 \times SiO_2 + 1.2Al_2O_3 + 0.65 \times Fe_2O_3}$

□□□ 기 08

04 시멘트풀의 응결 경향에 대한 설명 중 틀린 것은?

① 분말도가 크면 응결이 빨라진다.
② C_3A가 많을수록 응결은 지연된다.
③ 풍화된 시멘트일수록 응결은 지연된다.
④ 석고 첨가량이 많을수록 응결은 지연된다.

해설 알루민산3석회(C_3A)가 많을수록 응결이 빨라진다.

---

019 특수 시멘트

■ 알루미나 시멘트
- 초조 강성으로 재령 24시간에 보통 포틀랜드 시멘트의 28일 강도를 낸다.
- 해수, 산, 기타 화학 작용에 저항성이 크기 때문에 해수 공사에 적합하다.
- 내화성이 우수하므로 내화용 콘크리트에 적합하다.
- 발열량이 크기 때문에 긴급을 요하는 공사나 한중 공사의 시공에 적합하다.
- 포틀랜드 시멘트와 혼합하여 사용하면 순결성이 있으므로 주의해야 한다.

■ 초속경 시멘트
- 응결 시간이 짧고 경화 시 발열량이 크다.
- 조기 강도가 크며, 건조 수축이 작다.
- 알루미나 시멘트와 같은 전이 현상이 없다.
- 물을 넣은 후 2~3시간 내에 압축 강도가 약 10~20 MPa에 달하므로 거푸집을 빨리 제거할 수 있다.
- 포틀랜드 시멘트와 혼합하여 사용하지 않도록 주의할 필요가 있다.

■ 팽창 시멘트
- 그라우트에 사용할 경우 팽창으로 부착 강도가 커진다.
- 응결, 블리딩 및 워커빌리티는 보통 콘크리트와 비슷하다.
- 수축률은 보통 콘크리트에 비하여 20~30% 작다.

□□□ 기 01,07

01 시멘트 수화 반응 시 발열량이 가장 적은 것은?

① 중용열 포틀랜드 시멘트　② 조강 포틀랜드 시멘트
③ 알루미나 시멘트　　　　④ 보통 포틀랜드 시멘트

해설 ·중용열 포틀랜드 시멘트는 수화 반응 시 발열량이 가장 적으므로 댐이나 매시브한 콘크리트에 알맞다.
　　·시멘트가 물과 혼합하면서 수화하여 발생하는 열이 수화열이며, 이 수화열은 시멘트가 응결, 경화하는 과정에서 발열하는 열을 발열량이라 한다.

□□□ 기 00,09

02 초속경 시멘트에 대한 설명 중 틀린 것은?

① 응결 시간이 짧고 경화 시 발열이 크다.
② 2~3시간 만에 압축 강도가 10 MPa에 달하는 콘크리트를 만들 수 있다.
③ 알루미나 시멘트와 같은 전이 현상이 없다
④ 포틀랜드 시멘트와 혼합하여 사용할 수 있다.

해설 초속경 시멘트는 보통 포틀랜드 시멘트와 달리 외기 노출 시 반응이 빠르므로 포틀랜드 시멘트와 혼합하여 사용하지 않도록 주의할 필요가 있다.

020 혼합 시멘트

혼합 시멘트는 포틀랜드 시멘트의 클링커에 슬래그, 플라이 애시, 포촐라나 등을 넣어 만든 것으로서, 포틀랜드 시멘트의 결점을 보완하고, 특유의 성질을 가지게 한 것이다.

■ 고로 슬래그 시멘트
- 포틀랜드 시멘트 클링커에 고로 슬래그와 석고를 알맞게 섞어 만든 것이다.
- 이 시멘트는 포틀랜드 시멘트에 비해서 응결 시간이 느리고 초기강도가 작으나, 수화열이 적고 장기 강도가 크다.
- 내열성, 수밀성 및 화학적 저항성이 크다.
- 이것은 주로 댐, 하천, 항만 등의 구조물에 쓰이며, 해수, 하수, 공장 폐수와 닿는 콘크리트 공사에 알맞다.

■ 플라이 애시 시멘트
- 포틀랜드 시멘트 클링커에 플라이 애시와 석고를 알맞게 섞어 만든 것이다.
- 이 시멘트는 워커빌리티가 좋고, 장기 강도가 크며 수밀성이 좋다.
- 수화열이 적고 해수에 대한 화학 저항성이 크므로, 댐 및 방파제 공사나 지하철 공사 등에 사용된다.

■ 실리카 시멘트(Silca cement)
- 포틀랜드 시멘트 클링커에 포촐라나와 석고를 알맞게 섞어 만든 것으로 포틀랜드 포촐라나 시멘트라고도 한다.
- 이 시멘트는 플라이 애시 시멘트와 성질이 비슷하며, 워커빌리티가 좋고, 수화열이 적다.
- 수밀성과 장기 강도가 크고, 황산염에 대한 저항성이 크다.
- 주로 해수, 하수 공장 폐수 등에 접하는 콘크리트에 사용된다.

□□□ 기 03,09

01 다음 중 혼합 시멘트가 아닌 것은?

① AE 시멘트　　　　② 고로 슬래그 시멘트
③ 실리카 시멘트　　　④ 플라이 애시 시멘트

해설 ·혼합 시멘트 : 고로 시멘트, 실리카 시멘트, 플라이 애시 시멘트
　　·특수 시멘트 : 알루미나 시멘트, 초속경 시멘트, 팽창 시멘트

■ **굵은 골재의 최대 치수**
　질량비로 90% 이상을 통과시키는 체 중에서 최소 치수의 체눈인 호칭 치수로 나타낸 굵은 골재의 치수

■ **골재의 물리적 성질**

시험 항목	굵은 골재	잔 골재
절대 건조 밀도(g/cm³)	2.50 이상	2.50 이상
흡수율(%)	3.0 이하	3.0 이하
안정성(%)	12 이하	10 이하
마모율(%)	40 이하	–
0.08mm 체 통과량(%)	1.0 이하	3.0 이하

■ **굵은 골재의 최대 치수**

구조물의 종류		굵은 골재의 최대 치수
철근 콘크 리트	일반적인 경우	20mm 또는 25mm
	단면이 큰 경우	40mm
	부재 간격 (초과하지 않을 것)	• 거푸집 양 측면 사이의 최소 거리의 1/5 • 슬래브 두께의 1/3 • 개별 철근, 단발 철근, 긴장재 또는 덕트 사이 최소 순간격의 3/4
무근 콘크리트		• 40mm • 부재 최소 치수의 1/4을 초과해서는 안 됨

■ **골재의 함수 상태**

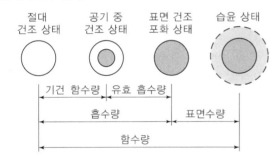

• 함수량 : 골재의 안과 바깥에 들어 있는 물의 양
• 흡수량 : 노건조 상태에서 표면 건조 포화 상태로 되기까지 흡수된 물의 양

• 유효 흡수량 : 공기 중 건조 상태에서 골재의 알이 표면 건조 포화 상태로 되기까지 흡수된 물의 양
• 표면수량 : 골재의 표면에 묻어 있는 물의 양
• 표면수율 $= \dfrac{\text{습윤 상태} - \text{표면 건조 포화 상태}}{\text{표면 건조 포화 상태}} \times 100$
• 흡수율 $= \dfrac{\text{표면 건조 포화 상태} - \text{절대 건조 상태}}{\text{절대 건조 상태}} \times 100$

■ **공극률**
• 골재의 공극률이 작으면 시멘트풀의 양이 적게 든다.
• 골재의 공극률이 작으면 콘크리트의 밀도, 마모 저항, 수밀성, 내구성이 증대된다.
• 실적률
$$G = \frac{T}{d_D} \times 100$$
　또는　$G = 100 - \text{공극률}$
• 공극률
$$v = 100 - G$$
　또는　$v = \left(1 - \dfrac{T}{d_D}\right) \times 100$

　여기서, T : 골재의 단위 질량
　　　　　d_D : 골재의 절건 밀도

■ **골재의 저장**
• 잔 골재, 굵은 골재 및 종류와 입도가 다른 골재는 각각 구분하여 따로 따로 저장하여야 한다.
• 골재의 받아들이기, 저장 및 취급에 있어서는 대소의 알이 분리하지 않도록 먼지, 잡물 등이 혼입되지 않도록 해야 한다.
• 골재의 저장 설비에는 적당한 배수 시설을 설치하고 골재의 표면수량이 균등하게 되도록 저장할 수 있어야 한다.
• 겨울에는 동결되어 있는 골재나 빙설이 혼입되지 않도록 하여야 한다.
• 여름에는 장기간 뙤약볕에 방치되지 않도록 적절한 시설을 하여 저장한다.

□□□ 기 08

01 굵은 골재 최대 치수는 질량비로서 전체 골재량의 몇 % 이상을 통과시키는 체의 최소 공칭 치수를 의미하는가?

① 80%　　　　　② 85%
③ 90%　　　　　④ 95%

해설 굵은 골재의 최대 치수 : 질량비로 90% 이상을 통과시키는 체 중에서 최소 치수의 체눈의 호칭 치수로 나타낸 굵은 골재의 치수

□□□ 기 04

02 치수가 20cm×40cm인 철근 콘크리트 부재를 만들 경우 사용 가능한 최대의 굵은 골재 최대 치수는?

① 25mm　　　　② 40mm
③ 50mm　　　　④ 60mm

해설 • 단면이 큰 경우 40mm
　　• 부재 최소 치수의 1/5을 초과해서는 안 된다.
　　• 굵은 골재의 최대 치수 $= 200 \times \dfrac{1}{5} = 40\text{mm}$

03 습윤 상태인 모래 시료 500g을 건조기에서 완전 건조한 상태의 질량이 470g이었다. 이 모래의 표면수율이 표면건조 포화 상태 기준으로 3%라면 흡수율은 얼마인가?

① 1.5% ② 3.3%
③ 4.5% ④ 5.7%

해설 · 표면수율 = $\dfrac{\text{습윤 상태} - \text{표면 건조 포화 상태}}{\text{표면 건조 포화 상태}} \times 100$

$= \dfrac{500 - x}{x} \times 100 = 3\%$

참고 SOLVE 사용 ∴ $x = 485.44g$

· 흡수율 = $\dfrac{\text{표면 건조 포화 상태} - \text{절대 건조 상태}}{\text{절대 건조 상태}} \times 100$

$= \dfrac{485.44 - 470}{470} \times 100 = 3.3\%$

기 05,09

04 골재의 밀도가 2.65kg/L이고 단위 용적 질량이 1.5kg/L인 굵은 골재의 실적률과 공극률은?

① 실적률 = 176.7%, 공극률 = 76.7%
② 실적률 = 56.6%, 공극률 = 43.4%
③ 실적률 = 43.4%, 공극률 = 56.6%
④ 실적률 = 76.7%, 공극률 = 23.3%

해설 · 실적률 $G = \dfrac{T}{d_D} \times 100 = \dfrac{1.5}{2.65} \times 100 = 56.6\%$

· 공극률 $v = 100 - G = 100 - 56.6 = 43.4\%$

기 03,04,08

05 콘크리트용 골재의 저장과 취급에 관한 다음 설명 중 적절하지 않은 것은?

① 잔 골재, 굵은 골재 및 종류와 입도가 다른 골재는 각각 구분하여 저장해야 한다.
② 골재의 받아들이기, 저장 및 취급 시에는 대소의 알이 분리하지 않도록 주의하고 먼지, 잡물 등이 혼입하지 않도록 해야 한다.
③ 겨울에는 빙설의 혼입이나 동결하지 않도록 해야 한다.
④ 여름에는 일광의 직사를 피할 수 있는 적절한 시설을 하여야 하고, 반드시 표면 건조 포화 상태로 관리하여야 한다.

해설 여름철에 장기간 햇볕에 방치된 골재를 사용하면 콘크리트의 온도가 높아져서 운반 중에 슬럼프의 저하, 연행 공기의 감소, 콜드 조인트의 발생, 표면 수분의 급격한 증발로 인한 균열의 발생 등으로 위험을 초래하게 되므로 저장 시에는 적당한 옥상 시설을 설치하여 직사광선을 방지하거나 살수 등 시설을 갖추어야 한다.

---

022 조립률(F.M)

■ 조립률(F.M)
· 조립률(F.M : fineness modulus)은 골재의 입도를 수량적으로 나타내는 방법이다.
· 75mm, 40mm, 20mm, 10mm, 5mm, 2.5mm, 1.2mm, 0.6mm, 0.3mm, 0.15mm의 10개 체를 사용한다.
· F.M = $\dfrac{\text{각 체에 남는 양의 누계}}{100}$
· 일반적으로 잔 골재의 조립률은 2.6 ~ 3.1, 굵은 골재는 6 ~ 8이 되면 입도가 좋은 편이다.
· 혼합 골재의 조립률

$$f_a = \dfrac{m}{m+n}f_s + \dfrac{n}{m+n}f_g$$

여기서, $m : n$; 잔 골재와 굵은 골재의 중량비
f_s : 잔 골재 조립률
f_g : 굵은 골재 조립률

기 08

01 조립률을 계산하기 위한 체의 조합으로 옳은 것은?

① 50mm, 30mm, 10mm, 5mm, 2.5mm, 1.2mm, 0.6mm, 0.3mm, 0.15mm
② 60mm, 30mm, 10mm, 5mm, 2.5mm, 1.2mm, 0.6mm, 0.3mm
③ 75mm, 40mm, 20mm, 10mm, 5mm, 2.5mm, 1.2mm, 0.6mm, 0.3mm, 0.15mm
④ 100mm, 50mm, 25mm, 10mm, 5mm, 2.5mm, 1.2mm, 0.6mm, 0.3mm, 0.15mm

해설 조립률 표준체(10조) : 75mm, 40mm, 20mm, 10mm, 5mm, 2.5mm, 1.2mm, 0.6mm, 0.3mm, 0.15mm

기 03

02 조립률이 2.70인 굵은 골재 1kg과 조립률이 2.40인 잔 골재 500g을 혼합한 골재의 조립률은 얼마인가?

① 2.40 ② 2.50
③ 2.60 ④ 2.70

해설 $f_a = \dfrac{m}{m+n} \times f_s + \dfrac{n}{m+n} \times f_g$

$= \dfrac{0.5}{1+0.5} \times 2.40 + \dfrac{1}{1+0.5} \times 2.7 = 2.60$

023 혼화 재료

▪ 혼화 재료
- 혼화재 : 사용량이 시멘트 무게의 5% 이상으로 비교적 많아서 그 자체의 부피가 콘크리트의 배합 계산에 관계되는 것이다.
- 혼화제 : 사용량이 시멘트 무게의 1% 이하로 적어서 콘크리트 배합 계산에 무시되는 것이다.

▪ 플라이 애시를 사용한 콘크리트의 특징
- 콘크리트의 워커빌리티를 좋게 하고, 사용 수량을 감소시킨다.
- 초기 강도는 작아지나 장기 강도가 향상된다.
- 수밀성이 크므로 수리 구조물에 적합하다.
- 수화열이 적고 건조 수축이 작다.
- 해수에 대한 내화학성이 크다.
- 동결 융해 저항성이 향상된다.

▪ 실리카퓸의 특성
- 블리딩과 재료 분리를 감소시킨다.
- 플라스틱 수축 균열이 발생한다.
- 내화학 저항성이 향상된다.
- 탄산화가 거의 발생하지 않는다.
- 건조 수축이 커진다.
- 단위 수량이 증가한다.
- 워커빌리티가 나빠진다.

▪ 포졸란
그 자체는 수경성이 없지만, 콘크리트 속에서 물에 녹아 있는 수산화칼슘과 상온에서 천천히 화합하여 불용성 화합물을 만든다. 이것을 포졸라나(pozzolana) 반응이라 한다.
- 포졸라나의 종류
  - 천연산 : 화산재, 규조토, 규산백토
  - 인공산 : 플라이 애시, 고로 슬래그
- 포졸라나의 특징
  - 콘크리트의 워커빌리티를 좋게 하고, 내구성이 크다.
  - 수밀성이 크고 해수에 대한 화학적 저항성이 크다.
  - 발열량이 적어서 단위 수량을 증가시키므로 건조 수축이 크다.
  - 초기 강도는 작으나 장기 강도, 수밀성 및 화학 저항성이 크다.

□□□ 기 05,09

01 일정량의 공기 연행제를 사용할 때 공기량이 증대되는 경우로 옳은 것은?

① 단위 시멘트량이 많을수록
② 슬럼프가 작을수록
③ 콘크리트의 온도가 낮을수록
④ 단위 잔 골재량이 작을수록

해설 AE(공기 연행)제를 사용한 경우 공기량이 증대되는 경우
- 물-시멘트비가 클수록
- 슬럼프가 클수록
- 시멘트의 분말도가 거칠수록
- 단위 잔 골재량이 많을수록
- 콘크리트의 온도가 낮을수록

□□□ 기 03,07

02 AE제(air entraining admixture)가 콘크리트의 성질에 미치는 영향 중 틀린 것은?

① 동일한 워커빌리티를 얻기 위한 단위 수량이 감소되어 일반적으로 블리딩도 감소된다.
② 염화칼슘 등이 주로 사용되며, 황산염에 대한 화학적 저항성이 크다.
③ AE제에 의한 연행 공기는 볼베어링과 같은 역할을 하여 워커빌리티를 개선한다.
④ 물의 동결에 의한 팽창 응력을 기포가 흡수함으로써 동결 융해에 대한 저항성이 커진다.

해설 촉진제로 염화칼슘을 사용한 콘크리트는 황산염에 대한 화학 저항성이 적다.

□□□ 기 02,05

03 콘크리트의 품질을 개선할 목적으로 사용하는 혼화 재료는 혼화재와 혼화제로 분류한다. 분류의 기준은 무엇인가?

① 사용량   ② 사용 용도
③ 사용 방법   ④ 사용 재료

해설 ·혼화재 : 사용량이 시멘트 무게의 5% 이상으로 비교적 많아서 그 자체의 부피가 콘크리트의 배합 계산에 관계되는 것이다.
·혼화제 : 사용량이 시멘트 무게의 1% 이하로 적어서 콘크리트 배합 계산에 무시되는 것이다.

□□□ 기 03,06

04 실리카퓸에 대한 설명으로 맞지 않는 것은?

① 성분 중 실리카(SiO_2)가 80~90% 정도를 차지한다.
② 평균 입경은 보통 포틀랜드 시멘트와 비슷하다.
③ 포졸란 반응성이 있다.
④ 콘크리트 강도 증진에 대한 기여도가 높아 고강도 콘크리트 제조에 사용된다.

해설 실리카퓸은 구형으로 평균 지름은 $0.2\,\mu m$ 정도로 비표면적이 보통 포틀랜드 시멘트의 약 20~30배이다.

□□□ 기 02,05,08

05 AE 콘크리트에서 공기량에 영향을 미치는 요인들에 대한 설명으로 잘못된 것은?

① 단위 시멘트량이 증가할수록 공기량은 감소한다.
② 배합과 재료가 일정하면 슬럼프가 작을수록 공기량은 증가한다.
③ 콘크리트의 온도가 낮을수록 공기량은 증가한다.
④ 콘크리트가 응결·경화되면 공기량은 증가한다.

해설 콘크리트가 응결·경화되면 공기량은 감소한다.

□□□ 기 01,04

06 포졸란(pozzolan) 반응에 대한 설명 중 틀린 것은?

① 미분말이어서 초기 수화 발열량이 많아지고, 단위 수량을 증가시킬 수 있다.
② 화산재, 규조토, 규산백토 등은 포졸란(pozzolan) 반응을 하는 천연재료이다.
③ 고로 슬래그, 소성 점토, 플라이 애시 등은 포졸란(pozzolan) 반응을 하는 인공 재료이다.
④ 포졸란(pozzolan) 반응이란 자체는 수경성이 없으나 시멘트의 수화에 의하여 생기는 수산화칼슘과 서서히 반응하여 불용성 화합물을 만드는 것을 말한다.

해설 포졸란 반응은 발열량이 적고 단위 수량을 증가시키므로 건조 수축이 크다.

□□□ 기 06

07 혼화재에 대한 다음 설명 중 옳은 것은?

① 플라이 애시는 항상 유동성을 증가시킨다.
② 실리카품은 강도는 증가시키나 내구성은 약간 떨어진다.
③ 플라이 애시는 초기 강도와 장기 강도 모두가 약간 떨어진다.
④ 플라이 애시는 수화열 발생을 억제한다.

해설 ·플라이 애시는 품질의 변동이 크게 되기 쉬우므로 품질을 확인할 필요가 있다.
·실리카품은 조직이 치밀하므로 강도가 커지고, 수밀성, 화학적 저항성 등이 향상된다.
·플라이 애시는 초기 강도는 작아지나 장기 강도가 향상된다.
·플라이 애시는 수화열 저감에 의한 균열 발생을 억제하는 데 유효하다.

□□□ 기 05,13

08 콘크리트용 화학 혼화제의 일반적인 특성에 관한 설명 중 옳지 않은 것은?

① 고성능 AE 감수제는 감수 효과가 현저히 크지만, 시간 경과와 더불어 콘크리트의 슬럼프가 AE 감수제보다 저하되기 쉽다.
② AE제는 독립된 미세한 공기포를 연행시키는 기능을 갖고, 콘크리트의 동결 융해 저항성을 현저히 증대시킨다.
③ 감수제는 시멘트입자를 정전기적인 반발 작용에 따라 분산시켜 콘크리트의 단위 수량을 감소시킨다.
④ AE 감수제는 시멘트 분산 작용과 공기 연행 작용을 병행하여 감수 효과가 크다.

해설 고성능 AE 감수제는 단위 수량을 15 ~ 20% 정도 줄일 수 있는 높은 감수율과 슬럼프 손실이 적은 특성을 가지고 있다.

024 시멘트 시험

▪ 시멘트의 비중 시험

$$시멘트\ 비중 = \frac{시멘트의\ 무게\,(g)}{비중병의\ 눈금\ 차\,(mL)}$$

- 르 샤틀리에(Le Chatlier) 플라스크에 광유를 사용하여 시멘트 비중을 측정한다.
- 동일 시험자가 동일 재료에 대하여 2회 측정한 결과가 ±0.03 이내이어야 한다.
- 광유는 온도 23±2℃에서 비중 약 0.73 이상인 완전히 탈수된 등유나 나프타를 사용한다.

▪ 시멘트의 분말도 시험

시멘트 입자의 가는 정도를 나타내는 것을 분말도(fineness)라 한다.
- 표준체(No.325)에 의한 방법
- 비표면적을 구하는 블레인 방법
- 시멘트의 분말도는 비표면적으로 나타낸다.

▪ 시멘트의 응결 시험
- 비이카(Vicat) 침에 의한 수경성 시멘트의 응결 시간 시험 방법
- 길모어(Gillmore) 침에 의한 시멘트의 응결 시간 시험 방법

▪ 시멘트 모르타르 시험의 배합비
- 시멘트 모르타르 압축강도 시험 : (무게비로 1 : 2.45)
- 시멘트 모르타르 인장강도 시험 : (무게비로 1 : 2.7)
- 모르타르의 제작방법 : (배합 1 : 3)

□□□ 기 99,16,17

01 시멘트의 응결 시간 측정에 사용하는 기구로 적당한 것은?

① 길모어 침 시험 장치
② 오토클레이브 시험 장치
③ 프록타 관입 시험 장치
④ 구관입 시험 장치

[해설] · 시멘트의 응결 시험 : 비이카 침에 의한 수경성 시멘트의 응결 시간 시험 방법과 길모어 침에 의한 시멘트의 응결 시간 시험 방법이 있다.
· 프록타 관입 시험 장치 : 슬럼프가 0보다 큰 콘크리트에서 체로 쳐서 얻은 모르타르에 대해 관입 저항을 측정함으로써 콘크리트의 응결 시간을 측정하는 시험 방법이다.

025 잔 골재의 밀도 및 흡수율 시험

- 잔 골재의 밀도는 표면 건조 포화 상태의 밀도를 말한다.
- 정밀도 : 시험값의 평균과의 차이가 밀도의 경우 0.01 g/cm³ 이하, 흡수율의 경우 0.05% 이하이어야 한다.
- 표면 건조 포화 상태의 밀도

$$d_s = \frac{m}{B+m-C} \times \rho_w$$

- 절대 건조 상태의 밀도

$$d_d = \frac{A}{B+m-C} \times \rho_w$$

- 상대 겉보기 밀도

$$d_A = \frac{A}{B+A-C} \times \rho_w$$

- 흡수율

$$Q = \frac{m-A}{A} \times 100$$

여기서, m : 표면 건조 포화 상태의 질량(g)
A : 절대 건조 상태의 시료의 질량(g)
B : 물을 검정선까지 채운 플라스크의 질량(g)
C : 시료와 물을 검정선까지 채운 플라스크의 질량(g)
ρ_w : 시험 온도에서의 물의 밀도(g/cm³)

□□□ 기 00

01 잔 골재 밀도 시험에 표면 건조 포화 상태 시료 500g을 사용하여 아래 보기와 같은 결과를 얻었다. 표면 건조 포화 상태의 밀도는?

- 검정선까지 물을 채운 플라스크의 질량 : 760g
- 시료를 넣고 검정선까지 물을 채운 플라스크의 질량 : 1,060g
- 시험 온도에서의 물의 온도 : 1g/cm³

① 2.50g/cm³   ② 2.55g/cm³
③ 2.60g/cm³   ④ 2.65g/cm³

[해설] 표면 건조 포화 상태의 밀도
$$= \frac{500}{B+500-C} \times \rho_w = \frac{500}{760+500-1,060} \times 1 = 2.50\text{g/cm}^3$$

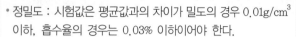
- 정밀도 : 시험값은 평균값과의 차이가 밀도의 경우 0.01g/cm^3 이하, 흡수율의 경우는 0.03% 이하이어야 한다.
- 표면 건조 포화 상태의 시료 밀도

$$D_s = \frac{B}{B-C} \times \rho_w$$

- 절대 건조 상태의 시료 밀도

$$D_d = \frac{A}{B-C} \times \rho_w$$

- 겉보기 밀도(진밀도)

$$D_A = \frac{A}{A-C} \times \rho_w$$

- 흡수율

$$Q = \frac{B-A}{A} \times 100$$

여기서, A : 절대 건조 상태의 시료 질량(g)
B : 표면 건조 포화 상태 시료의 질량(g)
C : 시료의 수중 질량(g)
ρ_w : 시험 온도에서의 물의 밀도(g/cm^3)

□□□ 기00

01 다음은 굵은 골재의 밀도 및 흡수량 시험의 결과이다. 이 결과에 따라 구한 진밀도와 흡수율으로 옳은 것은?

- 절대건조 상태의 시료 질량 : 3,990g
- 공기 중 시료의 표면 건조 포화 상태의 질량 : 4,040g
- 시료의 수중 질량 : 2,650g
- 시험 온도에서의 물의 밀도 : 1g/cm^3

① 진밀도 2.8g/cm^3, 흡수량 1.2%
② 진밀도 2.87g/cm^3, 흡수량 1.2%
③ 진밀도 2.9g/cm^3, 흡수량 1.25%
④ 진밀도 2.98g/cm^3, 흡수량 1.25%

해설 · 진밀도 (겉보기 밀도)

$$D_A = \frac{A}{A-C} \times \rho_w$$
$$= \frac{3,990}{3,990-2,650} \times 1 = 2.98\text{g/cm}^3$$

· 흡수율 $= \frac{B-A}{A} \times 100$
$$= \frac{4,040-3,990}{3,990} \times 100 = 1.25\%$$

- 골재의 내구성을 알기 위해서 황산나트륨 포화 용액으로 인한 골재의 부서짐 작용에 대한 저항성을 시험하는 것이다.
- 시험 용액 만들기 : 25 ~ 30℃의 깨끗한 물 1L에 황산나트륨을 750g의 비율로 넣어 시험 용액을 만든다.
- 시험에 사용할 때의 용액의 비중은 1.151 ~ 1.174이어야 한다.
- 시료를 금속제 망태에 넣고 시험용 용액을 16 ~ 18시간 동안 담가 둔다.
- 질량비가 5% 이상인 무더기에 대해서만 시험을 한다.
- 용액은 자주 휘저으면서 (20 ± 1)℃의 온도로 48시간 이상 보존 후 시험에 사용한다.

■ 손실 질량비의 한도

시험 용액	손실 질량비(%)	
	잔 골재	굵은 골재
황산나트륨	10% 이하	12% 이하
평 가	황산나트륨으로 5회 시험	

■ 골재의 손실질량 백분율(%)

$$P_1 = \left(1 - \frac{m_2}{m_1}\right) \times 100$$

여기서, P_1 : 골재의 손실질량 백분율(%)
m_1 : 시험 전의 시료의 질량(g)
m_2 : 시험 전에 시료가 남은 체에 남은 시험 후의 시료의 질량(g)

□□□ 기 04,08,21

01 골재의 내구성 시험 중 황산나트륨에 의한 안정성 시험의 경우 조작을 5회 반복하였을 때 굵은 골재의 손실 질량의 한도는 일반적으로 얼마로 하나?

① 4% ② 7% ③ 12% ④ 15%

해설 안정성 시험을 5회 하였을 때 골재의 손실 질량비(%)

시험 용액	손실 질량비(%)	
	잔 골재	굵은 골재
황산나트륨	10% 이하	12% 이하

□□□ 기 05

02 황산나트륨에 의한 안정성 시험을 할 경우, 조작을 5번 반복했을 때 잔골재의 손실 중량 백분율의 한도는 일반적으로 몇 % 이하로 하여야 하는가?

① 5% ② 10% ③ 15% ④ 20%

해설 · 잔 골재 : 10% 이하 · 굵은 골재 : 12% 이하

■ 슬럼프 시험
• 굵은 골재의 최대 치수가 40mm를 넘는 콘크리트의 경우에는 40mm를 넘는 굵은 골재를 제거한다.
• 슬럼프 콘은 밑면의 안지름이 200mm, 윗면의 안지름이 100mm, 높이가 300mm인 원추형을 사용한다.
• 다짐봉은 지름이 16mm이고 길이 600mm의 강 또는 금속제 원형봉으로 그 앞 끝을 반구 모양으로 한다.
• 콘크리트 시료를 콘 용적의 약 1/3씩 되도록 3층으로 나누어 각 층을 다짐대로 25회씩 골고루 다진다.
• 슬럼프는 콘크리트를 다진 후 콘을 윗 방향으로 들어 올렸을 때 무너진 시료의 높이를 슬럼프값이라 한다.
• 슬럼프는 5mm 단위로 표시한다.
• 슬럼프 콘에 시료를 채우기 시작하고 나서 슬럼프 콘을 들어 올리기를 종료할 때까지의 시간은 3분 이내로 한다.
• 슬럼프 콘을 벗기는 작업은 2 ~ 5초(3.5±1.5) 이내로 끝내야 한다.
• 시험체 만들기

• 슬럼프 시험

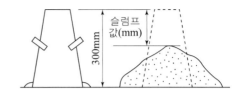

■ 콘크리트 공기량 시험
• 질량법 : 공기량이 전혀 없는 것으로 하여 시방 배합에서 계산한 콘크리트의 단위 무게와 실제로 측정한 단위 무게와의 차이로 공기량을 구하는 것이다.
• 부피법 : 콘크리트 속의 공기량을 물로 치환하여 치환한 물의 부피로부터 공기량을 구하는 것이다.
• 공기실 압력법 : 워싱턴형 공기량 측정기를 사용하며, 보일(Boyle)의 법칙에 의하여 공기실에 일정한 압력을 콘크리트에 주었을 때 공기량으로 인하여 법칙에 저하하는 것으로부터 공기량을 구하는 것이다.
• 공기량 계산

$$A(\%) = A_1 - G$$

여기서, A : 콘크리트의 공기량(%)
A_1 : 콘크리트의 겉보기 공기량(%)
G : 골재의 수정 계수(%)

□□□ 기10,13

01 다음 중 콘크리트의 작업성(워커빌리티)을 측정하기 위한 시험 방법이 아닌 것은?

① 프록터(proctor) 관입 시험
② 비비(Vee-Bee) 시험
③ 흐름(flow) 시험
④ 다짐 계수 측정 시험

해설 프록터 관입 시험 : 관입 저항침에 의한 콘크리트의 응결 시간 시험 방법

□□□ 기07

02 워싱턴형 에어미터를 사용해서 굳지 않은 콘크리트의 공기 함유량을 측정하는 방법은 어떤 방법인가?

① 중량 방법   ② 압력 방법
③ 체적 방법   ④ 진동 방법

해설 공기실 압력 방법의 공기량 측정기
• 워싱톤형 에어미터 용기는 플랜지 부착
• 굵은 골재의 최대 치수 50mm 이하일 경우는 용기의 최소 용량 6L, 용기의 지름은 높이의 0.9 ~ 1.1배로 한다.

□□□ 기01,07

03 슬럼프 시험에 대한 내용 중에서 옳지 않은 것은?

① 콘크리트 시료를 콘 용적의 약 1/3씩 되도록 3층으로 나누어 각 층을 다짐대로 25회씩 골고루 다진다.
② 슬럼프 콘은 밑면의 안지름이 200mm, 윗면의 안지름이 100mm, 높이가 300mm인 원추형을 사용한다.
③ 다짐봉은 지름이 16mm이고 길이 500 ~ 600mm의 강 또는 금속제 원형봉으로 그 앞 끝을 반구 모양으로 한다.
④ 슬럼프는 콘크리트를 다진 후 콘을 윗 방향으로 들어 올렸을 때 무너지고 난 후 남은 시료의 높이를 말한다.

해설 슬럼프 몰드의 높이(300mm)에서 콘크리트가 내려앉은 높이를 슬럼프값이라 한다.

□□□ 기13

04 압력법에 의한 굳지 않은 콘크리트의 공기량 시험(KS F 2421) 중 물을 붓고 시험하는 경우(주수법)의 공기량 측정기 용량은 최소 얼마 이상으로 하여야 하는가?

① 3L   ② 5L   ③ 7L   ④ 9L

해설 • 물을 붓고 시험하는 주수법은 적어도 5L로 한다.
• 물을 붓지 않고 시험하는 무주수법은 7L로 한다.

1 콘크리트의 강도 시험용 공시체

■ 압축 강도 시험을 위한 공시체
- 공시체는 지름의 2배의 높이를 가진 원기둥형으로 한다.
- 지름은 굵은 골재의 최대 치수의 3배 이상, 100mm 이상으로 한다.
- 공시체의 지름의 표준은 100mm, 125mm, 150mm이다.
- 굵은 골재의 최대 치수가 40mm 넘는 경우에는 40mm의 망체로 쳐서 40mm를 넘는 입자를 제거한 시료를 사용하여 150mm의 공시체를 이용할 수 있다.
- 콘크리트는 2층 이상으로 거의 동일한 두께로 나눠서 채운다.
- 각 층의 두께는 160mm를 초과해서는 안 된다.
- 각 층은 적어도 $1,000\text{mm}^2(10\text{cm}^2)$에 1회의 비율로 다지도록 하고 바로 아래층까지 다짐봉이 닿도록 한다.

■ 쪼갬 인장 강도 시험을 위한 공시체
- 공시체는 원기둥 모양으로 한다.
- 공시체 지름은 굵은 골재의 최대 치수의 4배 이상이며, 150mm 이상으로 한다.
- 공시체의 길이는 공시체의 지름 이상, 2배 이하로 한다.
- 각 층은 적어도 $1,000\text{mm}^2(10\text{cm}^2)$에 1회의 비율로 다지도록 하고 바로 아래층까지 다짐봉이 닿도록 한다.

■ 휨 강도 시험을 위한 공시체
- 공시체는 단면이 정사각형인 각주로 한다.
- 한 변의 길이는 굵은 골재 최대 치수의 4배 이상이며 100mm 이상으로 한다.
- 공시체의 길이는 단면의 한 변의 길이의 3배보다 80mm 이상 긴 것으로 한다.
- 공시체의 표준 단면 치수는 100mm×100mm 또는 150mm×150mm이다.
- 각 층은 적어도 $1,000\text{mm}^2(10\text{cm}^2)$에 1회의 비율로 다지도록 하고 바로 아래층까지 다짐봉이 닿도록 한다.

■ 몰드의 제거 및 양생
- 몰드를 떼는 시기는 콘크리트 채우기가 끝나고 나서 16시간 이상 3일 이내로 한다.
- 공시체의 양생 온도는 $(20\pm2)℃$로 한다.
- 공시체는 몰드를 뗀 후 강도 시험을 할 때까지 습윤 상태의 장소에 두어야 한다.
- 공시체를 습윤 상태로 유지하려면 수중 또는 상대 습도 95% 이상의 장소에 두어야 한다.

2 콘크리트 압축 강도 시험
- 공시체의 지름을 0.1mm까지 측정한다.
- 지름은 공시체 높이의 중앙에서 서로 직교하는 2방향에 대하여 측정한다.
- 상하의 가압판의 크기는 공시체의 지름 이상으로 하고 두께는 25mm 이상으로 한다.
- 하중을 가하는 속도는 압축 응력도의 증가율이 매초 (0.6 ± 0.2) MPa(N/mm^2)가 되도록 한다.

- 굵은 골재 최대 치수가 40mm일 경우에는 $\phi150\times300\text{mm}$의 공시체를 사용한다.
- 굵은 골재 최대 치수가 25mm일 경우에는 $\phi100\times200\text{mm}$의 공시체를 사용한다.

$$f_c = \frac{P}{A}$$

여기서, f_c : 압축 강도(MPa)
      P : 최대 하중(N)
      A : 공시체의 단면적(mm^2)

3 콘크리트 인장 강도 시험
- 할렬 인장 시험 방법은 직접 인장 시험 방법과 같이 특별한 기구 및 장치가 필요 없고 간단히 인장 강도를 측정할 수 있어 현재 세계 각국에서 표준 시험 방법으로 규격화되어 있는 간접적인 콘크리트 인장 강도 시험법이다.
- 콘크리트의 강도는 공시체의 건조 상태나 온도에 따라 상당히 변화하는 경우가 있으므로 양생을 끝낸 직후의 상태에서 시험을 하여야 한다.
- 공시체에 충격을 가하지 않도록 똑같은 속도로 하중을 가한다.
- 하중을 가하는 속도는 인장 응력도의 증가율이 매초 (0.06 ± 0.04) MPa(N/mm^2)이 되도록 조정한다.
- 인장 강도는 압축 강도의 약 1/10 ~ 1/13 정도이다.
- 콘크리트 인장 강도

$$f_t = \frac{2P}{\pi dl}$$

여기서, f_t : 인장 강도(MPa)
      P : 시험기에 나타난 최대 하중(N)
      d : 공시체의 지름(mm)
      l : 공시체의 길이(mm)

4 콘크리트 휨 강도 시험
- 공시체에 충격을 주지 않도록 일정하게 하중을 가한다. 하중을 가하는 속도는 가장자리 응력도의 증가가 표준으로서 매초 (0.06 ± 0.04)MPa(N/mm^2)이 되도록 한다.
- 지간은 공시체 높이의 3배로 한다.
- 휨 강도는 압축 강도의 1/5 ~ 1/8 정도이다.
- 공시체가 인장쪽 표면 지간 방향 중심선의 4점 사이에서 파괴되었을 경우

$$f_b = \frac{Pl}{bd^2}$$

여기서, f_b : 콘크리트의 휨 강도(MPa)
      P : 시험기가 표시하는 최대 하중(N)
      b : 파괴 단면의 나비(mm)
      d : 파괴 단면의 높이(mm)
      l : 지간의 길이(mm)

□□□ 기10,13

01 콘크리트 압축 강도 시험용 공시체를 제작하는 방법에 대한 설명으로 틀린 것은?

① 공시체는 지름의 2배의 높이를 가진 원기둥형으로 한다.
② 콘크리트를 몰드에 채울 때 2층 이상의 거의 같은 층으로 나눠서 채운다.
③ 콘크리트를 몰드에 채울 때 다짐봉을 사용하는 경우 각 층을 25회씩 다진다.
④ 몰드를 떼는 시기는 콘크리트 채우기가 끝나고 나서 16시간 이상 3일 이내로 한다.

해설 · 지름 100mm, 높이 200mm 시험체인 경우에는 콘크리트를 몰드에 2층으로 나누어 넣고, 각 층을 11번 다진다.
· 지름 150mm, 높이 300mm 시험체인 경우에는 콘크리트를 몰드에 3층으로 나누어 넣고, 각 층을 25번 다진다.

□□□ 기07,09,17

02 콘크리트 압축 강도 시험에서 하중은 공시체에 충격을 주지 않도록 똑같은 속도로 가하여야 한다. 이때 하중을 가하는 속도는 압축 응력도의 증가율이 매초 얼마가 되도록 하여야 하는가?

① 0.4 ~ 0.8 MPa ② 1.2 ~ 2.0 MPa
③ 2.0 ~ 2.6 MPa ④ 2.8 ~ 3.4 MPa

해설 압축 강도 시험에서 공시체에 충격을 주지 않도록 가하는 압축 응력의 증가율은 매초 (0.6 ± 0.2)MPa이 되도록 한다.
∴ $(0.6 - 0.2) \sim (0.6 + 0.2) = 0.4 \sim 0.8$ MPa

□□□ 기09,11,12,15,16

03 지름이 100mm이고 길이가 200mm인 원주형 공시체에 대한 할렬 인장 시험 결과 최대 하중이 120kN이라고 할 경우 이 공시체의 할렬 인장 강도는?

① 1.87MPa ② 3.82MPa
③ 6.03MPa ④ 7.66MPa

해설 $f_t = \dfrac{2P}{\pi d l} = \dfrac{2 \times 120 \times 10^3}{\pi \times 100 \times 200} = 3.82 \text{N/mm}^2 = 3.82 \text{MPa}$

□□□ 기99,05

04 콘크리트의 인장 강도 측정을 위해 간접적으로 주로 시행하는 시험을 무엇이라고 하는가?

① 초음파 시험 ② 인발 시험
③ 할렬 시험 ④ 휨 인장 시험

해설 할렬 인장 강도 시험 방법은 직접 인장 시험 방법과 같이 특별한 기구 및 장치가 필요 없고 간단히 인장 강도를 측정할 수 있어 현재 세계 각국에서 표준 시험 방법으로 규격화되어 있는 간접적인 콘크리트 인장 강도 시험법이다.

□□□ 기10

05 콘크리트 압축 강도 시험에서 공시체에 하중을 가하는 속도로 옳은 것은?

① 압축 응력도의 증가율이 매초 (6 ± 0.4)MPa이 되도록 한다.
② 가장자리 응력도의 증가율이 매초 (0.4 ± 0.04)MPa이 되도록 한다.
③ 압축 응력도의 증가율이 매초 (0.06 ± 0.04)MPa이 되도록 한다.
④ 압축 응력도의 증가율이 매초 (0.6 ± 0.2)MPa이 되도록 한다.

해설 · 압축 강도 시험에서 공시체에 충격을 주지 않도록 가하는 압축 응력의 증가율은 매초 (0.6 ± 0.2)MPa이 되도록 한다.
· 휨 강도 시험에서는 매초 (0.06 ± 0.04)MPa이 되도록 한다.

□□□ 기09

06 굳은 콘크리트의 압축 강도 시험에 대한 설명으로 잘못된 것은?

① 공시체 양생은 20±2℃에서 습윤 상태로 양생한다.
② 굵은 골재 최대 치수가 50mm 경우에는 $\phi 100 \times 200$mm의 공시체를 사용한다.
③ 몰드를 떼는 시기는 채우기가 끝나고 나서 16시간 이상 3일 이내로 한다.
④ 하중을 가하는 속도는 압축 응력도의 증가율이 매초 (0.6 ± 0.2)MPa이 되도록 한다.

해설 굵은 골재 최대 치수가 40mm 경우에는 $\phi 150 \times 300$mm의 공시체를 사용한다.

□□□ 기08

07 다음 중 콘크리트의 휨 강도 시험 방법에 대한 설명으로 잘못된 것은?

① 공시체는 단면이 정사각형인 각기둥체로 하고, 그 한 변의 길이는 굵은 골재의 최대 치수의 4배 이상이며 10cm 이상으로 하여야 한다.
② 콘크리트를 몰드에 채울 때는 3층으로 나누어 층당 25회씩 다짐대로 다진다.
③ 공시체의 양생 온도는 20±2℃로 하며, 공시체는 몰드를 뗀 후 강도 시험을 할 때까지 습윤 상태에서 양생을 하여야 한다.
④ 공시체가 인장쪽 표면의 지간 방향 중심선의 3등분점의 바깥쪽에서 파괴된 경우에는 그 시험 결과를 무효로 한다.

해설 콘크리트의 휨 강도 시험에서 몰드 제작은 콘크리트를 대략 같은 두께의 2층으로 나누어 채우고 규정된 다짐 횟수로 각층을 다진다.

08 굳은 콘크리트의 압축 강도 시험에 대한 설명으로 잘못된 것은?

① 공시체 양생은 20±2℃에서 습윤 상태로 양생한다.
② 공시체는 지름의 3배의 높이를 가진 원기둥형으로 하며, 그 지름은 굵은 골재의 최대 치수의 3배 이상, 150mm 이상으로 한다.
③ 몰드를 떼는 시기는 채우기가 끝나고 나서 16시간 이상 3일 이내로 한다.
④ 하중을 가하는 속도는 압축 응력도의 증가율이 매초 (0.6±0.2)MPa이 되도록 한다.

해설 공시체는 지름의 2배의 높이를 가진 원기둥형으로 하며, 그 지름은 굵은 골재의 최대 치수의 3배 이상, 100mm 이상으로 한다.

09 콘크리트 휨 강도 시험에 대한 설명으로 틀린 것은?

① 공시체 한 변의 길이는 굵은 골재 최대 치수의 4배 이상이며, 10cm 이상으로 하여야 한다.
② 공시체의 길이는 단면의 한 변의 길이의 3배보다 8cm 이상 긴 것으로 한다.
③ 공시체에 하중을 가하는 속도는 가장자리 응력도의 증가율이 매초 0.6±0.4MPa이 되도록 조정하여야 한다.
④ 공시체가 인장쪽 표면의 지간 방향 중심선의 3등분점의 바깥쪽에서 파괴된 경우는 그 시험 결과를 무효로 한다.

해설 휨 강도 시험에서 공시체에 하중을 가하는 속도는 가장자리 응력도의 증가율이 매초 (0.06±0.40)MPa이 되도록 조정하여야 한다.

10 콘크리트의 휨 강도 시험에 대한 설명으로 틀린 것은?

① 지간은 공시체 높이의 3배로 한다.
② 재하 장치의 설치면과 공시체면과의 사이에 틈새가 생기는 경우 접촉부의 공시체 표현을 평평하게 갈아서 잘 접촉할 수 있도록 한다.
③ 공시체에 하중을 가하는 속도는 가장자리 응력도의 증가율이 매초 0.6±0.4MPa이 되도록 한다.
④ 공시체가 인장쪽 표면의 지간 방향 중심선의 3등분점의 바깥쪽에서 파괴된 경우는 그 시험 결과를 무효로 한다.

해설 공시체의 하중을 가하는 속도는 가장자리 응력도의 증가율이 매초 (0.06±0.04)MPa이 되도록 조정하여야 한다.

11 콘크리트 휨 강도 시험에서 공시체가 인장쪽 표면 지간 방향 중심선의 4점 사이에 파괴되고 최대 하중이 35kN이었을 때 휨 강도는 얼마인가? (단, 공시체의 크기는 150×150×530mm이고, 지간은 450mm이다.)

① 3.7MPa
② 4.7MPa
③ 5.5MPa
④ 6.5MPa

해설 휨 강도 $f_b = \dfrac{Pl}{b\,d^2}$

$$= \frac{35 \times 10^3 \times 450}{150 \times 150^2} = 4.7\text{N/mm}^2 = 4.7\text{MPa}$$

12 콘크리트의 강도에 대한 일반적인 설명으로 틀린 것은?

① 일반적으로 재령이 클수록 강도도 증가한다.
② 인장 강도는 압축 강도의 약 1/10 ~ 1/13 정도이다.
③ 휨 강도는 압축 강도의 약 1/2 정도이다.
④ 직접 전단 강도는 압축 강도의 약 1/4 ~ 1/6 정도이다.

해설 휨 강도는 압축 강도의 1/5 ~ 1/8 정도이다.

13 휨 강도 시험을 실시하기 위하여 150×150×550mm의 장방형 공시체를 4점 재하장치에 의해 시험한 결과 지간 방향 중심선의 4점 사이에서 재하 하중(P)이 30kN에서 공시체가 파괴되었다. 공시체의 휨 강도는 얼마인가? (단, 지간 길이는 450mm이다.)

① 4MPa
② 4.5MPa
③ 5MPa
④ 5.5MPa

해설 휨 강도 $f_b = \dfrac{Pl}{b\,d^2}$

$$= \frac{30 \times 10^3 \times 450}{150 \times 150^2} = 4.0\text{N/mm}^2 = 4.0\text{MPa}$$

■ 슈미트 해머

스프링의 복원력을 이용하여 타격봉이 콘크리트의 표면에 충격을 주었을 때, 그 반발 경도로 압축 강도를 추정하는 것이다.

• 슈미트 해머의 종류

종류	용도
N형 슈미트 해머	보통 콘크리트용
P형 슈미트 해머	저강도 콘크리트용
L형 슈미트 해머	경량 콘크리트용
M형 슈미트 해머	매스 콘크리트용

• 슈미트의 시험법
  • 측정면은 다공질의 조악한 면은 피하고 평활한 면을 선택해야한다.
  • 1개소의 측정은 3cm 이상의 간격으로 20개 이상의 시험값을 취한다.
  • 시험할 콘크리트 부재는 두께가 10cm 이상이어야 한다.
  • 보의 경우에는 단부, 중앙부 등의 양측면에서 측정한다.
  • 콘크리트는 함수율이 증가함에 따라 강도가 저하되고, 반발 경도도 저하되므로, 표면이 젖어있지 않은 상태에서 시험을 해야한다.

■ 초음파법

• 콘크리트 비파괴 시험법으로서 초음파 전파 속도법(음속법)은 다른 방법과 복합적으로 강도를 추정하는 데 사용될 뿐만 아니라 단독으로 콘크리트의 공극 유무, 균열 깊이 등을 판정하는 데 이용된다.
• 콘크리트 속을 전파하는 파동의 속도에서 콘크리트의 균일성, 내구성 등의 판정, 콘크리트 내부의 공동이나 균열 추정 및 강도의 추정에 이용된다.
• 측정법 : 대칭(직접)법, 시각(간접)법, 표면법

■ 인발법(pull-out)

콘크리트 중에 파묻힌 가력 Head를 지닌 Inset와 반력 Ring을 사용하여 원추 대상의 콘크리트 덩어리를 뽑아낼 때의 최대 내력에서 콘크리트의 압축 강도를 추정하는 방법

■ 철근 부식량을 조사하는 비파괴 방법

• 직접법 : 철근을 콘크리트에서 직접 채취하여 철근의 발정 면적이나 철근 중량의 감소량을 조사하는 직접법
• 자연 전위법 : 콘크리트 표면에 닿는 외부 전극에서 내부 철근에 미약한 철근이 부식하는 것에 의해 변화한 철근 표면의 전위로부터 강재 부식을 진단하도록 하는 전기 화학적인 자연 전위법
• 분극 저항법 : 전류 변화량에서도 분극 저항을 구하고, 내부 철근의 부식 속도를 추정하도록 하는 전기 화학적인 분극 저항법
• 전기 저항법 : 피복 콘크리트의 전지 저항을 측정하는 것에 의해 그 부식 및 철근의 부식 진행 용이도에 대하여 평가하는 전지적인 전지 저항법

■ 레슬리법(leslie)

종파 진동자를 사용하여, 측정간 전파시간에서 표면 균열 깊이를 측정한다.

■ 전자파 레이더법

• 콘크리트 구조물 내의 매설물 및 콘크리트 성상 조사 방법의 하나로서 취급이 간단하면서 단시간에 광범위한 조사가 가능하고 바로 결과가 얻어지는 방법이다.
• 전자파 레이더법의 이용
  • 철근의 위치와 피복 두께를 조사할 수 있다.
  • 철근 배근 조사인 철근 탐사 혹은 골재 노출(충전 불량), 허니콤 등의 결함부 파악에 이용되고 있다.
• 콘크리트 내의 전자파 속도

$$V = \frac{C}{\sqrt{\varepsilon_r}} \text{(m/s)}$$

여기서, C : 진공 중에서의 전자파 속도
  ε_r : 콘크리트의 비유 전율

• 반사 물체까지의 거리

$$D = \frac{V \cdot T}{2}$$

여기서, D : 반사 물체까지의 거리(m)
  V : 콘크리트 내의 전자파 속도(m/s)
  T : 입사파와 반사파의 왕복 전파 시간

■ 초음파법에 의한 균열 깊이 측정

• $T_c - T_o$법 : 수진자와 발진자를 균열의 중심으로 등간격 $\frac{L}{2}$로 배치한 경우의 전파 시간 T_c와 균열이 없는 부근 L에서의 전파 시간 T_o로부터 균열 깊이를 추정하는 방법이다.

$$d = \frac{L}{2}\sqrt{\left(\frac{T_c}{T_o}\right)^2 - 1}$$

여기서, T_c : 균열을 사이에 두고 측정한 전파 시간(μs)
  T_o : 건전부 표면에서의 전파 시간(μs)
  L : 송·수 양 탐촉자의 거리(mm)

• BS법 : 균열 부분을 중심으로 발진자와 수진자를 일정 간격으로 설치하고, 각각 전파 시간을 구하는 방식이다.
• T법 : 수진자를 순차적으로 이동시켜 균열에 의한 초음파 전파 시간 지체를 나타낸 그래프상으로부터 데이터를 읽는 방법이다.

■ 철근 탐사 시험

• Ferronscan   • Profometer   • RC-Rader

01 구조체 콘크리트의 압축 강도 비파괴 시험에 사용되는 슈미트 해머로서 구조체가 경량 콘크리트인 경우에 사용하는 슈미트 해머는?

① N형 슈미트 해머　　② L형 슈미트 해머
③ P형 슈미트 해머　　④ M형 슈미트 해머

해설 슈미트 해머의 종류
· N형 슈미트 해머 : 보통 콘크리트용
 (일반적으로 많이 사용하고 있는 것)
· P형 슈미트 해머 : 저강도 콘크리트용(전자식 해머)
· L형 슈미트 해머 : 경량 콘크리트용
· M형 슈미트 해머 : 매스 콘크리트용

□□□ 기 06
02 슈미트 해머에 의한 콘크리트 비파괴 시험 시 유의 사항으로 잘못된 것은?

① 측정면은 다공질의 조악한 면은 피하고 평활한 면을 선택해야 한다.
② 1개소의 측정은 3 cm 이상의 간격으로 20개의 시험값을 취한다.
③ 보의 경우에는 그 밑면에 실시하는 것을 원칙으로 한다.
④ 시험할 콘크리트 부재는 두께가 10cm 이상이어야 한다.

해설 보의 경우에는 단부, 중앙부 등의 양측면에서 측정한다.

□□□ 기 99,07,09,13
03 다음의 비파괴 검사 방법 중 다른 방법과 복합적으로 강도를 추정하는 데 사용될 뿐만 아니라 단독으로 콘크리트의 공극 유무, 균열 깊이 등을 판정하는 데 사용되는 것은?

① 인발법　　　　　② 초음파법
③ 관입 저항법　　　④ 자연 전위법

해설 초음파법 : 콘크리트 속을 전파하는 파동의 속도에서 콘크리트의 균일성, 내구성 등의 판정, 콘크리트 내부의 공동이나 균열 추정 및 강도의 추정에 이용된다.

□□□ 기 11,14,16,18
04 콘크리트의 비파괴 시험 중 철근 부식 여부를 조사할 수 있는 방법이 아닌 것은?

① 전위차 적정법　　② 자연 전위법
③ 분극 저항법　　　④ 전기 저항법

해설 콘크리트 내부에 매입된 철근의 부식 상황을 파악하는 비파괴 검사 방법은 자연 전위법, 분극 저항법, 전기 저항법, 콘크리트의 비저항 측정법 등이 있다.

□□□ 기 12
05 초음파 탐상에 의한 콘크리트 비파괴 시험의 적용 가능한 분야로서 거리가 먼 것은?

① 콘크리트 두께 탐상
② 콘크리트와 철근의 부착 유무 조사
③ 콘크리트 내부의 공극 탐상
④ 콘크리트 내의 철근 부식 정도 조사

해설 · 콘크리트 두께 탐상
· 콘크리트 내부의 균열, 공극 탐상
· 콘크리트와 철근의 부착 유무 조사

□□□ 기 09,13,16
06 콘크리트 구조물의 전자파 레이더법에 의한 비파괴 시험에서 진공 중에서 전자파의 속도를 C, 콘크리트의 비유전율을 ε_r 이라고 할 때 콘크리트 내의 전자파의 속도 V를 구하는 식으로 맞는 것은?

① $V = C \cdot \varepsilon_r \, (m/s)$　　② $V = C/\varepsilon_r \, (m/s)$
③ $V = C\sqrt{\varepsilon_r} \, (m/s)$　　④ $V = C/\sqrt{\varepsilon_r} \, (m/s)$

해설 전자파의 속도 $V = \dfrac{C}{\sqrt{\varepsilon_r}} \, (m/s)$

□□□ 기 11
07 경화 한 콘크리트는 건전부와 균열부에서 측정되는 초음파 전파 시간이 다르게 되어 전파 속도가 다르다. 이러한 전파 속도의 차이를 분석함으로써 균열의 깊이를 평가할 수 있는 비파괴 시험 방법은?

① Tc－To법　　　② 전자파 레이더법
③ 분극저항법　　　④ RC－Radar법

해설 Tc－To법 : 수진자와 발진자를 균열의 중심으로 등간격 $\dfrac{L}{2}$ 로 배치한 경우의 전파 시간 Tc와 균열이 없는 부근 L에서의 전파 시간 To로부터 균열 깊이를 추정하는 방법이다.

□□□ 기 11,15,17
08 콘크리트의 비파괴 시험 중 초음파법에 의한 균열 깊이를 평가하는 방법이 아닌 것은?

① T법　　　　　② Tc－To법
③ Pull－out법　　④ BS법

해설 · 초음파법에 의한 균열 깊이 평가 방법 : T법, Tc－To법, BS법, 레슬리법
· 인발(Pull-out)법은 원주 시험체에 인장 하중을 가하고, 그때의 인장 강도로부터 콘크리트 압축 강도를 추정하는 방법이다.

 Engineer Construction Material Testing

■ 시방 배합 설계의 순서

- 시멘트 및 골재의 밀도, 흡수량 및 단위 용적 중량, 마모율 등 사용 재료의 품질 시험을 실시한다.
- 굵은 골재의 최대 치수와 굳지 않은 콘크리트의 슬럼프 및 공기량을 결정한다.
- 구조물의 종류와 용도를 고려하여 물−시멘트비를 결정한다.
- 단위 수량이나 단위 시멘트량 및 혼화 재량을 결정한다.
- 잔 골재율은 콘크리트의 워커빌리티를 얻는 범위에서 최소가 되도록 결정한다.
- 잔 골재량 및 굵은 골재량을 결정한다.
- 단위 시멘트량을 선정한다.

■ 배합 설계 용어

- 물−결합재비(W/B) : 굳지 않은 콘크리트 또는 굳지 않은 모르타르에 포함되어 있는 시멘트 페이스트 속의 물과 결합재의 질량비
- 단위량(kg/m^3) : 콘크리트 또는 모르타르 $1\,m^3$를 만들 때 쓰이는 각 재료의 사용량
- 배합 강도(f_{cr}) : 콘크리트의 배합을 정하는 경우에 목표로 하는 강도
- 품질기준강도(f_{cq}) : 콘크리트 부재의 설계에서 기준으로 한 압축 강도를 말하며, 일반적으로 재령 28일의 압축 강도를 기준으로 한다.

- 호칭 강도(f_{cn}) : 레디믹스트 콘크리트 주문시 KS F 4009의 규정에 따라 사용되는 콘크리트 강도로서, 구조물 설계에서 사용되는 설계기준압축강도나 배합 설계 시 사용되는 배합 강도와는 구분되며, 기온, 습도, 양생 등 시공적인 영향에 따른 보정값을 고려하여 주문한 강도
- 시방 배합 : 시방서 또는 책임 기술자가 지시한 배합으로서, 이때 골재는 표면 건조 포화 상태에 있다.
- 현장 배합 : 시방 배합의 콘크리트가 얻어지도록 현장에서 재료의 상태 및 계량 방법에 따라 정한 배합

■ 배합의 표시 방법

- 콘크리트의 배합은 소요의 강도, 내구성, 수밀성, 균열 저항성, 철근 또는 강재를 보호하는 성능을 갖도록 정하여야 한다.
- 배합은 중량으로 표시하는 것을 원칙으로 하고 시방 배합에서는 콘크리트 $1\,m^3$당의 재료의 단위량을 표시하는 것으로 한다.

배합의 표시 방법

굵은 골재의 최대 치수 (mm)	슬럼프 범위 (mm)	공기량 범위 (%)	물−결합재비 W/B (%)	잔 골재율 S/a (%)	단위 질량(kg/m^3)				
					물	시멘트	잔골재	굵은골재	혼화재	혼화제

---

01 골재의 품질이 콘크리트의 배합 또는 성질에 미치는 영향에 대하여 기술한 다음 내용 중 잘못된 것은?

① 실적률이 작은 쇄사를 이용하면, 콘크리트의 워커빌리티가 나빠진다.

② 같은 슬럼프의 콘크리트를 얻으려 하는 경우, 굵은 골재 최대 치수가 클수록 단위 수량은 적게 된다.

③ 콘크리트 배합 설계 시의 단위 수량은 골재의 기건 상태를 기준으로 한다.

④ 잔 골재의 조립률 변동이 커지면, 콘크리트의 워커빌리티 변동이 커진다.

해설 시방 배합에서 사용하는 단위 수량은 골재의 표면 건조 포화 상태를 기준으로 한다.

02 콘크리트의 배합에 대한 설명 중 옳지 않은 것은?

① 현장 콘크리트의 품질 변동을 고려하여 콘크리트의 설계 기준 강도를 배합 강도보다 충분히 크게 정해야 한다.

② 콘크리트의 배합 강도를 정할 때 사용하는 콘크리트 압축 강도의 표준 편차는 실제 사용한 콘크리트의 30회 이상의 시험 실적으로부터 결정하는 것을 원칙으로 한다.

③ 콘크리트의 배합은 소요의 강도, 내구성, 수밀성, 균열 저항성, 철근 또는 강재를 보호하는 성능을 갖도록 정해야 한다.

④ 압축 강도의 시험 횟수가 15회인 경우에 그것으로 계산한 표준 편차에 보정 계수 1.16을 곱하여 콘크리트의 배합 강도를 정할 때 사용하는 표준 편차로 활용할 수 있다.

해설 구조물에 사용된 콘크리트의 압축 강도가 호칭 강도보다 작아지지 않도록 현장 콘크리트 품질 변동을 고려하여 콘크리트의 배합 강도(f_{cr})를 호칭 강도(f_n)보다 충분히 크게 정하여야 한다.

03 콘크리트 배합 설계에 관한 설명으로 틀린 것은?

① 단위 시멘트량은 물−시멘트비에서 결정한다.
② 굵은 골재의 최대 치수는 부재 최소 치수의 1/5, 피복 두께
및 철근의 최소 순간의 3/4을 초과해서는 안 된다.
③ 콘크리트의 슬럼프는 운반, 치기, 다짐 등의 작업이 알맞은
범위에서 될 수 있는 대로 작은 값을 정한다.
④ AE제 또는 AE 감수제 등을 사용한 콘크리트의 공기량은
콘크리트 용적의 2~4%를 표준으로 한다.

해설 AE제 또는 AE 감수제 등을 사용한 콘크리트의 공기량은 콘크리
트 용적의 4~7%를 표준으로 한다.

04 콘크리트의 시방 배합에 대한 설명으로 옳은 것은?

① 배합에 사용된 골재는 표면수 및 흡수량을 고려하여 보정
한 배합이다.
② 실제 현장의 조건을 충분히 고려하여 보정한 배합이다.
③ 시방서 기준을 따르며 현장 조건도 고려한 배합이다.
④ 소정의 품질을 갖는 콘크리트가 얻어지도록 된 배합으로서
시방서 또는 책임 기술자가 지시한 배합을 말한다.

해설 시방 배합 : 소정의 품질을 갖는 콘크리트가 얻어지도록 된 배합
으로서 시방서 또는 책임기술자가 지시한 배합이며 비빈 콘크리트의
1m³에 대한 재료 사용량으로 나타낸다.

05 다음 중 시험 배합에 따르는 일반적인 콘크리트 배합 설계 순서 중 가장 먼저 해야 할 것은?

① 사용 재료의 품질 시험을 실시한다.
② 굵은 골재의 최대 치수와 굳지 않은 콘크리트의 슬럼프 및
공기량을 결정한다.
③ 물−시멘트비를 결정한다.
④ 잔 골재량 및 굵은 골재량을 결정한다.

해설 배합 설계 순서에 들어가기 전 사용 재료인 시멘트 및 골재의 밀
도, 골재의 입도, 조립률, 표면 수량, 흡수량 및 단위 용적 중량의
품질 시험을 실시한다.

06 콘크리트의 시방배합을 현장배합으로 수정할 때 고려할 것은?

① 슬럼프 값   ② 골재의 표면수
③ 골재의 마모   ④ 시멘트량

해설 현장 골재의 입도, 표면 수량 상태에 따라 시방 배합을 현장 배합
으로 수정해야 한다.

07 시방 배합에서 규정된 배합의 표시법에 포함되지 않는 것은?

① 물−시멘트비   ② 슬럼프
③ 잔 골재의 최대 치수   ④ 잔 골재율

해설 배합의 표시법

굵은 골재의 최대치수 (mm)	슬럼프 (mm)	W/C (%)	잔골 재율 S/a(%)	단위량(kg/m³)				
				물 (W)	시멘트 (C)	잔골재 (S)	굵은 골재 (G)	혼화 재료

∴ 굵은 골재의 최대치수를 표시해야 한다.

08 다음 중 콘크리트 배합 설계에서 가장 먼저 결정해야 하는 것은?

① 물−결합재 비   ② 단위수량
③ 골재량   ④ 혼화재량

해설 콘크리트 배합 설계에서 가장 먼저 결정해야 하는 것은 물−결합
재비 이다.

배합 강도의 크기

구조물에 사용된 콘크리트의 압축 강도가 호칭 강도보다 작아지지 않도록 현장 콘크리트의 품질 변동을 고려하여 콘크리트의 배합 강도(f_{cr})를 품질 변동을 고려하여 콘크리트의 호칭 강도(f_{cn})보다 충분히 크게 정하여야 한다.

$$f_{cr} > f_{cn}$$

콘크리트 배합 강도의 결정

- 배합강도(f_{cr})는 호칭강도(f_{cn})를 변동의 크기에 따라 증가시켰을 때 35MPa기준으로 분류한다.
- 현장 배치플랜드인 경우는 호칭강도(f_{cn}) 대신에 기온보정강도(T_n)를 고려한 품질기준강도(f_{cq})를 사용할 수 있다.

　· $f_{cn} \leq 35$MPa인 경우

　　$f_{cr} = f_{cn} + 1.34s \,(\text{MPa})$

　　$f_{cr} = (f_{cn} - 3.5) + 2.33s \,(\text{MPa})$ 둘 중 큰 값 사용

　· $f_{cn} > 35$MPa인 경우

　　$f_{cr} = f_{cn} + 1.34s \,(\text{MPa})$

　　$f_{cr} = 0.9f_{cn} + 2.33s \,(\text{MPa})$ 둘 중 큰 값 사용

　여기서, s : 표준편차(MPa)

표준 편차

$$s = \sqrt{\frac{\sum (X_i - \overline{X})^2}{n-1}}$$

여기서, X_i : 각 강도의 시험값
　　　　$\overline{X}$: n회의 압축 강도 시험값의 평균값
　　　　n : 연속적인 압축 강도 시험 횟수

표준 편차의 보정 계수

콘크리트 압축 강도의 표준 편차는 실제 사용한 콘크리트의 30회 이상의 시험 실적으로부터 결정짓는 것을 원칙으로 한다. 그러나 압축 강도의 시험 횟수가 29회 이하이고 15회 이상인 경우는 그것으로 계산한 표준 편차에 보정 계수를 곱합 값을 표준 편차로 사용할 수 있다.

시험이 29회 이하일 때 표준 편차에 대한 보정 계수

시험 횟수	표준 편차의 보정 계수
15	1.16
20	1.08
25	1.03
30 또는 그 이상	1.00

* 위 표에 명시되지 않은 시험 횟수는 직선 보간한다.

압축 강도의 시험 횟수가 14 이하이거나 기록이 없는 경우의 배합 강도 : 콘크리트 압축 강도의 표준 편차를 알지 못할 때, 또는 압축강도의 시험 횟수가 14회 이하인 경우 콘크리트의 배합 강도는 다음 표와 같이 정한다.

호칭 강도 f_{cn}(MPa)	배합 강도 f_{cr}(MPa)
21 미만	$f_{cn} + 7$
21 이상 35 이하	$f_{cn} + 8.5$
35 초과	$1.1f_{cn} + 5.0$

* 현장 배치플랜드인 경우는 호칭강도(f_{cn})대신해 품질기준강도(f_{cq})를 사용할 수 있다.

□□□ 기 12,15

01 15회의 시험실적으로부터 구한 콘크리트 압축강도의 표준편차가 2.5MPa이고, 콘크리트의 호칭 강도가 30MPa인 경우 콘크리트의 배합강도는?

① 32.3MPa　　　　② 33.3MPa

③ 33.9MPa　　　　④ 34.9MPa

해설 · 시험회수가 29회 이하일 때 표준편차의 보정

　$s = 2.5 \times 1.16 = 2.9$MPa

　($\because$ 시험횟수 15회일 때 표준편차의 보정계수 1.16)

　· $f_{cr} = f_{cn} + 1.34s = 30 + 1.34 \times 2.9 = 33.9$MPa

　· $f_{cr} = (f_{cn} - 3.5) + 2.33s = (30 - 3.5) + 2.33 \times 2.9$

　　$= 33.3$MPa

　$\therefore f_{cr} = 33.9$MPa(두 값 중 큰 값)

□□□ 기 09,11

02 압축 강도의 기록이 없는 현장에서 콘크리트 호칭 강도가 28MPa인 경우 배합 강도는?

① 30.5MPa　　　　② 35MPa

③ 36.5MPa　　　　④ 38MPa

해설 압축 강도의 시험 횟수가 14회 이하이거나 기록이 없는 경우의 배합 강도

호칭 강도 f_{cn}(MPa)	배합 강도 f_{cr}(MPa)
21 미만	$f_{cn} + 7$
21 이상 35 이하	$f_{cn} + 8.5$
35 초과	$1.1f_{cn} + 5.0$

$\therefore$ 배합 강도 $f_{cr} = f_{cn} + 8.5 = 28 + 8.5 = 36.5$MPa

□□□ 기 10,11,12,14,15,17,18,19,21

03 30회 이상의 시험 실적으로부터 구한 콘크리트 압축 강도의 표준 편차가 4.5MPa이고, 호칭 강도가 40 MPa인 경우 배합 강도는?

① 46.1MPa

② 46.5MPa

③ 47.0MPa

④ 48.5MPa

해설 $f_{cn} > 35$MPa일 때

・$f_{cr} = f_{cn} + 1.34 s = 40 + 1.34 \times 4.5 = 46.0$MPa

・$f_{cr} = 0.9 f_{cn} + 2.33 s$

   $= 0.9 \times 40 + 2.33 \times 4.5 = 46.5$MPa ⎦ 큰 값

∴ 배합 강도 $f_{cr} = 46.5$MPa

□□□ 기 07,09,10

04 콘크리트 배합 설계에서 압축 강도의 표준 편차를 알지 못하고 호칭 강도 25MPa일 때 콘크리트 표준 시방서에 따른 배합강도는?

① 30.5MPa

② 32MPa

③ 33.5MPa

④ 35MPa

해설 ・콘크리트 압축 강도의 표준 편차를 알지 못할 때

・호칭 강도가 21MPa 이상 35MPa 이하일 때

   배합 강도 $f_{cr} = f_{cn} + 8.5$

      $= 25 + 8.5 = 33.5$MPa

□□□ 기 12,13,15,17

05 호칭강도 $f_{cn} = 21$MPa로 배합한 콘크리트 공시체 20개에 대한 압축 강도 시험 결과, 표준 편차가 3.0MPa이었을 때 콘크리트의 배합 강도는?

① 24.08MPa

② 24.49MPa

③ 25.05MPa

④ 25.34MPa

해설 시험 횟수가 29회 이하일 때 표준 편차의 보정 계수

시험횟수	표준 편차의 보정 계수
15	1.16
20	1.08
25	1.03
30 이상	1.00

$s = 3 \times 1.08 = 3.24$MPa

(∵ 시험 횟수 20회일 때 표준편차의 보정 계수 1.08)

$f_{cn} \leq 35$MPa일 때 두 식에 의한 값 중 큰 값을 배합 강도로 한다.

・$f_{cr} = f_{cn} + 1.34 s = 21 + 1.34 \times 3.24 = 25.34$MPa

・$f_{cr} = (f_{cn} - 3.5) + 2.33 s$

   $= (21 - 3.5) + 2.33 \times 3.24 = 25.05$MPa

∴ 배합 강도 $f_{cr} = 25.34$MPa

□□□ 기 99,00,02,08

06 f_{cq}는 24MPa이고, 30회 이상의 시험 실적으로부터 결정된 압축 강도의 표준 편차가 1.4MPa일 때 배합 강도는?

① 21MPa

② 23MPa

③ 26MPa

④ 29MPa

해설 $f_{cq} \leq 35$MPa일 때

・$f_{cr} = f_{cq} + 1.34 s = 24 + 1.34 \times 1.4 = 25.88$MPa

・$f_{cr} = (f_{cq} - 3.5) + 2.33 s$

   $= (24 - 3.5) + 2.33 \times 1.4 = 23.76$MPa ⎦ 큰 값

∴ 배합 강도 $f_{cr} = 25.88$ MPa $= 26$MPa

□□□ 기 10,11,12,14,15,16

07 아래의 조건에서 콘크리트의 배합강도를 결정하면?

・품질기준강도(f_{cq}) : 40MPa

・압축강도의 시험횟수 : 23회

・23회의 압축강도시험으로부터 구한 표준편차 : 6MPa

・압축강도 시험회수 20회, 25회인 경우 표준편차의 보정계수 : 1.08, 1.03

① 48.5MPa

② 49.6MPa

③ 50.7MPa

④ 51.2MPa

해설 ・시험횟수가 23회일 때 표준편차의 보정계수

∴ 23회의 보정계수 $= 1.03 + \dfrac{1.08 - 1.03}{25 - 20} \times (25 - 23) = 1.05$

■ 시험회수가 23회 이하일 때 표준편차의 보정

$s = 6 \times 1.05 = 6.3$MPa

(∵ 시험횟수 23회일 때 표준편차의 보정계수 1.05)

・$f_{cq} > 35$MPa일 때

・$f_{cr} = f_{cq} + 1.34 s = 40 + 1.34 \times 6.3 = 48.4$MPa

・$f_{cr} = 0.9 f_{cq} + 2.33 s = 0.9 \times 40 + 2.33 \times 6.3 = 50.7$MPa

∴ 배합강도 $f_{cr} = 50.7$MPa(두 값 중 큰 값)

□□□ 기 12,15

08 15회의 시험실적으로부터 구한 콘크리트 압축강도의 표준편차가 2.5MPa이고, 콘크리트의 품질기준 강도가 30MPa인 경우 콘크리트의 배합강도는?

① 32.3MPa

② 33.3MPa

③ 33.9MPa

④ 34.9MPa

해설 ・시험회수가 29회 이하일 때 표준편차의 보정

$s = 2.5 \times 1.16 = 2.9$MPa

(∵ 시험횟수 15회일 때 표준편차의 보정계수 1.16)

$f_{cq} \leq 35$MPa

・$f_{cr} = f_{cq} + 1.34 s = 30 + 1.34 \times 2.9 = 33.9$MPa

・$f_{cr} = (f_{cq} - 3.5) + 2.33 s = (30 - 3.5) + 2.33 \times 2.9 = 33.3$MPa

∴ $f_{cr} = 33.9$MPa(두 값 중 큰 값)

033 물-결합재비(W/B)

■ 물-결합재비(W/B)

- 물-결합재비는 소요의 강도, 내구성, 수밀성 및 균열 저항성 등을 고려하여 정하여야 한다.
- 콘크리트의 압축 강도를 기준으로 하여 물-결합재비를 정할 경우
  - 압축 강도와 물-결합재비와의 관계는 시험에 의하여 정하는 것을 원칙으로 한다.
  - 시험에 의하여 정하는 경우 공시체는 재령 28일을 표준으로 한다.
  - 콘크리트의 압축 강도와 결합재-물비와의 관계를 나타내는 직선을 시험에 의하여 정하는 것을 원칙으로 한다.
  - 배합에 사용할 물-결합재비는 기준 재령의 결합재-물비와 압축 강도와의 관계식(W/B-f_{ck})에서 배합 강도에 해당하는 결합재-물비 값의 역수로 한다.
- 물-결합재비(W/B)의 한도
  - 제빙 화학제가 사용되는 콘크리트의 물-결합재비는 45% 이하이다.
  - 콘크리트의 수밀성을 기준으로 하는 경우의 물-결합재비는 50% 이하이다.
  - 콘크리트의 탄산화 저항성을 고려하여 정하는 경우 물-결합재비는 55% 이하이다.

■ 단위 수량

- 단위 수량은 작업이 가능한 범위 내에서 될 수 있는 대로 적게 되도록 시험을 통해 정하여야 한다.
- 단위 수량은 굵은 골재 치수, 골재의 입도와 입형, 혼화 재료의 종류, 콘크리트의 공기량 등에 따라 다르므로, 실제의 시공에 사용되는 재료를 사용하여 시험을 실시한 다음 정하여야 한다.

■ 단위 시멘트량

- 단위 시멘트량은 원칙적으로 단위 수량과 물-결합재비로부터 정하여야 한다.
- 단위 시멘트량은 소요의 강도, 내구성, 수밀성, 균열 저항성, 강재를 보호하는 성능 등을 갖는 콘크리트가 얻어지도록 시험에 의하여 정하여야 한다.
- 단위 시멘트량의 하한값 혹은 상한값이 규정되어 있는 경우에는 이들의 조건이 충족되도록 한다.

□□□ 기 07,14,17

01 일반적인 콘크리트에서 제빙 화학제가 사용되는 콘크리트의 물-결합재비를 얼마 이하로 하는 것이 표준인가?

① 55%   ② 50%
③ 45%   ④ 40%

해설 제빙 화학제가 사용되는 콘크리트의 물-시멘트비는 45% 이하로 하여야 한다.

□□□ 기 04,06

02 콘크리트를 배합 설계할 때 물-결합재비를 정하는 기준이 아닌 것은?

① 단위 시멘트량   ② 압축 강도
③ 내동해성   ④ 내구성

해설 물-시멘트비를 결정하는 기준
- 압축 강도를 기준으로 정하는 경우
- 콘크리트의 내동해성을 기준으로 정하는 경우
- 콘크리트의 황산염에 대한 내구성을 기준으로 정하는 경우

□□□ 기 00,06

03 콘크리트 배합 시 단위 수량을 감소함으로써 얻는 이점이 아닌 것은?

① 압축과 휨 강도를 증진시킨다.
② 철근과 다른 층의 콘크리트 간의 접착력을 증가시킨다.
③ 투수율을 증진시킨다.
④ 건조 수축이 줄어든다.

해설 콘크리트 배합 시 단위 수량이 감소되면 투수율은 감소된다.

□□□ 기 04,08

04 일정 슬럼프의 콘크리트를 얻기 위해 필요한 단위 수량에 관한 다음 설명 중 옳은 것은?

① 외기 온도가 높을수록 필요한 단위 수량은 작아진다.
② 굵은 골재 최대 치수를 크게 하면 필요한 단위 수량은 커진다.
③ 공기 연행제를 사용하면 필요한 단위 수량은 커진다.
④ 쇄사를 사용하면 강모래를 사용한 경우보다도 필요한 단위 수량은 커진다.

해설 ·외기 온도가 높을수록 필요한 단위 수량은 커진다.
- 굵은 골재 최대 치수를 크게 하면 필요한 단위 수량은 작아진다.
- 공기 연행제를 적당히 사용하면 단위 수량을 상당히 감소시킬 수 있다.
- 부순 돌이나 고로 슬래그 굵은 골재를 사용할 경우의 단위 수량은 자갈을 사용했을 경우에 비하여 10% 증가한다.

굵은 골재의 최대치의 정의

굵은 골재의 최대 치수는 중량비로 90% 이상을 통과시키는 체 중에서 최소 치수의 체눈의 호칭 치수로 나타낸 굵은골재의 치수

굵은 골재의 최대 치수

콘크리트의 종류		굵은 골재의 최대 치수
철근 콘크리트	일반적인 경우	20mm 또는 25mm
	단면이 큰 경우	40mm
무근 콘크리트		• 40mm • 부재 최소 치수의 1/4을 초과해서는 안된다.

굵은 골재의 공칭 최대 치수는 다음 값을 초과하지 않아야 한다.
• 거푸집 양 측면 사이의 최소 거리의 1/5
• 슬래브 두께의 1/3
• 개별 철근, 단발 철근, 긴장재 또는 덕트 사이 최소 순간격의 3/4

굵은 골재의 최대 치수가 클수록 다음과 같은 특징을 갖는다.
• 강도가 증가한다.
• 워커빌리티가 좋아진다.
• 단위 수량이 적어진다.
• 단위 시멘트량을 줄일 수 있다.

□□□ 기 05,08,19②

01 굵은 골재 최대 치수는 질량비로서 전체 골재량의 몇 % 이상을 통과시키는 체의 최소 공칭 치수를 의미하는가?

① 80%　　　　② 85%
③ 90%　　　　④ 95%

해설 질량비로 90% 이상을 통과시키는 체 중에서 최소 치수의 체눈의 호칭 치수로 나타낸 굵은 골재의 치수

□□□ 기 10,13

02 콘크리트 배합 설계 시 굵은 골재 최대 치수의 선정 방법 중 틀린 것은?

① 단면이 큰 구조물인 경우 40mm를 표준으로 한다.
② 일반적인 구조물의 경우 20mm 또는 25mm를 표준으로 한다.
③ 거푸집 양 측면 사이의 최소 거리의 1/3을 초과해서는 안 된다.
④ 개별 철근, 다발 철근, 긴장재 또는 덕트 사이 최소 순간격의 3/4을 초과해서는 안 된다.

해설 거푸집 양 측면 사이의 최소 거리의 1/5을 초과해서는 안 된다.

□□□ 기 10,17

03 굵은 골재의 최대 치수에 관한 설명으로 옳은 것은?

① 거푸집 양 측면 사이의 최소 거리의 3/4을 초과하지 않아야 한다.
② 단면이 큰 구조물인 경우 25mm를 표준으로 한다.
③ 무근 콘크리트인 경우 20mm를 표준으로 하며, 또한 부재 최소 치수의 1/5을 초과해서는 안된다.
④ 개별 철근, 다발 철근, 긴장재 또는 덕트 사이 최소 순간격의 3/4을 초과하지 않아야 한다.

해설 • 거푸집 양 측면 사이의 최소 거리의 1/5을 초과하지 않아야 한다.
• 단면이 큰 구조물인 경우 40mm를 표준으로 한다.
• 무근 콘크리트인 경우 40mm를 표준으로 하며, 또한 부재 최소 치수의 1/5을 초과해서는 안 된다.

□□□ 기 12,17

04 콘크리트 배합에 관한 일반적인 설명으로 틀린 것은?

① 콘크리트를 경제적으로 제조한다는 관점에서 될 수 있는 대로 최대 치수가 작은 굵은 골재를 사용하는 것이 유리하다.
② 고성능 공기 연행 감수제를 사용한 콘크리트의 경우로서 물-결합재비 및 슬럼프가 같으면, 일반적인 공기 연행 감수제를 사용한 콘크리트와 비교하여 잔 골재율을 1~2% 정도 크게 하는 것이 좋다.
③ 공사 중에 잔 골재의 입도가 변하여 조립률이 ±0.20 이상 차이가 있을 경우에는 워커빌리티가 변화하므로 배합을 수정할 필요가 있다.
④ 유동화 콘크리트의 경우, 유동화 후 콘크리트의 워커빌리티를 고려하여 잔 골재율을 결정할 필요가 있다.

해설 콘크리트를 경제적으로 제조한다는 관점에서 될 수 있는 대로 최대 치수가 큰 굵은 골재를 사용하는 것이 일반적으로 유리하다.

□□□ 기 16

05 콘크리트의 배합에서 굵은 골재의 최대치수를 증대시켰을 경우 발생되는 사항으로 틀린 것은?

① 단위시멘트량이 증가한다.
② 공기량이 작아진다.
③ 잔골재율이 작아진다.
④ 단위수량을 줄일 수 있다.

해설 굵은 골재의 최대 치수가 클수록 단위 시멘트량을 줄일 수 있다.

---

035 콘크리트의 슬럼프

- 콘크리트의 슬럼프는 운반, 치기, 다짐 등의 작업에 알맞은 범위 내에서 될 수 있는 대로 작은 값으로 정해야 한다.
- 물-시멘트비(W/C)의 증가 없이 슬럼프값을 크게하는 방법
  - AE제를 사용하여 공기량을 증가시킨다.
  - 잔 골재율을 증가시킨다.
  - 감수제를 첨가한다.
  - 분말도가 큰 시멘트를 사용한다.
- 슬럼프값의 표준

콘크리트의 종류		슬럼프값(mm)
철근 콘크리트	일반적인 경우	80~150
	단면이 큰 경우	60~120
무근 콘크리트	일반적인 경우	50~150
	단면이 큰 경우	50~100

□□□ 기 10,14

01 굳지 않은 콘크리트의 슬럼프(slump) 및 슬럼프 시험에 대한 설명으로 옳지 않은 것은?

① 슬럼프 콘의 규격은 밑면의 안지름 200mm, 윗면의 안지름은 100mm, 높이는 300mm이다.
② 슬럼프 콘에 콘크리트를 채우기 시작하고 나서 슬럼프 콘의 들어 올리기를 종료할 때까지의 시간은 3분 이내로 한다.
③ 슬럼프의 표준값은 철근 콘크리트에서 일반적인 단면인 경우 40~120mm이다.
④ 슬럼프 콘을 가만히 연직으로 들어 올리고, 콘크리트의 중앙부에서 공시체 높이와의 차를 5mm 단위로 측정하여 이것을 슬럼프값으로 한다.

해설 슬럼프의 표준값은 철근 콘크리트에서 일반적인 단면인 경우 80~150mm이다.

□□□ 기 00,06,17

02 콘크리트 배합 시 단위수량을 감소시킬 경우 얻는 이점이 아닌 것은?

① 압축과 휨강도를 증진시킨다.
② 철근과 다른 층의 콘크리트 간의 접착력을 증가시킨다.
③ 투수율을 증가시킨다.
④ 건조수축이 줄어든다.

해설 단위 수량이 크면 재료 분리가 일어나기 쉬워서 경화한 콘크리트에 공극이 생겨 강도나 수밀성을 감소시키고 철근을 녹슬게 하는 원인이 되며, 콘크리트 균열이 생길 우려가 크다.

036 잔 골재율과 공기량

- 잔 골재율은 소요의 워커빌리티를 얻을 수 있는 범위 내에서 단위 수량이 최소가 되도록 시험에 의해 정하여야 한다.
- 공사 중에 잔 골재의 입도가 변하여 조립률이 ±0.20 이상의 차이가 있을 경우에는 워커빌리티가 변하므로 배합을 수정할 필요가 있다.
- 고성능 공기 연행 감수제를 사용한 콘크리트의 경우로서 물-결합재비 및 슬럼프가 같으면, 일반적인 공기 연행 감수제를 사용한 콘크리트와 비교하여 잔 골재율을 1~2% 정도 크게 하는 것이 좋다.

$$잔\ 골재율(S/a) = \frac{S}{S+G} \times 100$$

여기서, S : 잔 골재량의 절대 용적
$\quad\quad\quad G$: 굵은 골재량의 절대 용적

- 공기 연행 콘크리트 공기량의 표준값

굵은 골재의 최대 치수(mm)	공기량(%)	
	심한 노출[1]	보통 노출[2]
10	7.5	6.0
15	7.0	5.5
20	6.0	5.0
25	6.0	4.5
40	5.5	4.5

주 1) 노출 등급 EF2, EF3, EF4
　 2) 노출 등급 EF1

- 운반 후 공기량은 이 값에서 ±1.5% 이내이어야 한다.

□□□ 기 09,11,14

01 콘크리트 배합의 잔 골재율에 대한 설명으로 틀린 것은?

① 고성능 공기 연행 감수제를 사용한 콘크리트의 경우로서 물-결합재비 및 슬럼프가 같으면, 일반적인 공기 연행 감수제를 사용한 콘크리트와 비교하여 잔 골재율을 3~4% 정도 크게 하는 것이 좋다.
② 공사 중에 잔 골재의 입도가 변하여 조립률이 ±0.20 이상 차이가 있을 경우에는 워커빌리티가 변화하므로 배합을 수정할 필요가 있다.
③ 유동화 콘크리트의 경우, 유동화 후 콘크리트의 워커빌리티를 고려하여 잔 골재율을 결정할 필요가 있다.
④ 잔 골재율은 소요의 워커빌리티를 얻을 수 있는 범위 내에서 단위 수량이 최소가 되도록 시험에 의해 정하여야 한다.

해설 고성능 공기 연행 감수제를 사용한 콘크리트의 경우로서 물-결합재비 및 슬럼프가 같으면, 일반적인 공기 연행 감수제를 사용한 콘크리트와 비교하여 잔 골재율을 1~2% 정도 크게 하는 것이 좋다.

□□□ 기 09,13,16

02 잔 골재율에 대한 설명 중 틀린 것은?

① 골재 중 5mm체를 통과한 부분을 잔 골재로 보고, 5mm 체에 남는 부분을 굵은 골재로 보아 산출한 잔 골재량의 전체 골재량에 대한 절대 용적비를 백분율로 나타낸 것을 말한다.
② 잔 골재율이 어느 정도보다 작게 되면 콘크리트가 거칠어 지고, 재료 분리가 일어나는 경향이 있다.
③ 잔 골재율은 소요의 워커빌리티를 얻을 수 있는 범위에서 단위 수량이 최대가 되도록 한다.
④ 잔 골재율을 작게 하면 소요의 워커빌리티를 얻기 위한 단위 수량이 감소되고 단위 시멘트량이 적게 되어 경제적이다.

해설 잔 골재율은 소요의 워커빌리티를 얻을 수 있는 범위 내에서 단위 수량이 최소가 되도록 시험에 의하여 정하여야 한다.

□□□ 기 00,11,15

03 콘크리트 배합 설계에서 잔 골재율(S/a)을 작게 하였을 때 나타나는 현상 중 옳지 않은 것은?

① 소요의 워커빌리티를 얻기 위하여 필요한 단위 시멘트량이 증가한다.
② 소요의 워커빌리티를 얻기 위하여 필요한 단위 수량이 감소한다.
③ 재료 분리가 발생되기 쉽다.
④ 워커빌리티가 나빠진다.

해설 · 일반적으로 잔 골재율(S/a)을 작게 하면 소요의 워커빌리티의 콘크리트를 얻기 위하여 필요한 단위 수량이 감소되고, 아울러 단위 시멘트량이 적어져서 경제적으로 된다.
· 잔 골재율(S/a)을 어느 정도 작게 하면 콘크리트는 거칠어지고 재료의 분리가 일어나는 경향이 커지고 워커빌리티가 나쁜 콘크리트가 된다.

□□□ 기 03

04 콘크리트의 배합 설계 시 제반 요소의 결정 방법에 관하여 기술한 것 중 틀린 것은?

① 콘크리트 품질의 균질성은 공기량이 증가할수록 양호하다.
② 잔 골재율이 너무 작으면 재료 분리가 일어날 가능성이 크다.
③ 부순 모래를 사용할 경우 강모래를 사용할 경우에 비하여 단위 수량이 증가하는 경향이 있다.
④ 경제적인 관점에서는 가능한 한 굵은 골재를 사용하는 것이 일반적으로 유리하다.

해설 콘크리트의 강도는 공기량이 증가하면 작아지며 또 콘크리트의 품질 변동은 공기량이 증가할수록 현저한 경향이 있다.

□□□ 기 12,17,18

05 콘크리트의 배합설계에 대한 설명으로 틀린 것은?

① 콘크리트를 경제적으로 제조한다는 관점에서 될 수 있는 대로 최대 치수가 작은 굵은 골재를 사용하는 것이 일반적으로 유리하다.
② 단위 시멘트량은 원칙적으로 단위수량과 물-결합재비로부터 정하여야 한다.
③ 잔골재율은 소요의 워커빌리티를 얻을 수 있는 범위 내에서 단위수량이 최소가 되도록 시험에 의해 정하여야 한다.
④ 유동화 콘크리트의 경우 유동화 후 콘크리트의 워커빌리티를 고려하여 잔골재율을 결정할 필요가 있다.

해설 콘크리트를 경제적으로 제조한다는 관점에서 될 수 있는 대로 최대치수가 큰 굵은 골재를 사용하는 것이 일반적으로 유리하다.

□□□ 기 12,16

06 공기연행 콘크리트의 공기량에 대한 설명으로 옳은 것은? (단, 굵은 골재의 최대치수는 40mm을 사용한 일반콘크리트로서 보통 노출인 경우)

① 4.0%를 표준으로 하며, 그 허용오차는 ±1.0%로 한다.
② 4.5%를 표준으로 하며, 그 허용오차는 ±1.0%로 한다.
③ 4.0%를 표준으로 하며, 그 허용오차는 ±1.5%로 한다.
④ 4.5%를 표준으로 하며, 그 허용오차는 ±1.5%로 한다.

해설 공기연행 콘크리트 공기량의 표준값

굵은 골재 치대치수 (mm)	공기량(%)		
	심한 노출	보통 노출	허용 오차
20	6.0	5.0	±1.5%
25	6.0	4.5	
40	5.5	4.5	

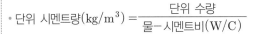

037 시방 배합의 재료량 결정

- 단위 시멘트량(kg/m^3) = $\dfrac{단위\ 수량}{물-시멘트비(W/C)}$

- 시멘트의 절대 용적

$$V_c(l) = \dfrac{단위\ 시멘트량(kg)}{시멘트의\ 밀도(g/mm^3) \times 1,000}$$

- 단위 골재량의 절대 부피(m^3)

$$= 1 - \left(\dfrac{단위\ 수량}{1,000} + \dfrac{단위\ 시멘트량}{시멘트\ 비중 \times 1,000} \right.$$
$$\left. + \dfrac{단위\ 혼화재량}{혼화재의\ 비중 \times 1,000} + \dfrac{공기량}{100} \right)$$

- 단위 잔 골재량의 절대 부피(m^3)
  = 단위 골재량의 절대 부피×잔 골재율(S/a)
- 단위 잔 골재량(kg)
  = 단위 잔 골재량의 절대 부피×잔 골재의 밀도×1,000
- 단위 굵은 골재량의 절대 부피(m^3)
  = 단위 골재량의 절대 부피−단위 잔 골재량의 절대 부피
- 단위 굵은 골재량(kg)
  = 단위 굵은 골재의 절대 부피×굵은 골재의 밀도×1,000

□□□ 기 00,02,05,11

01 단위 골재의 절대 용적이 0.70m^{3}인 콘크리트에서 잔 골재율이 30%일 경우 잔 골재의 표건 밀도가 2.60g/cm^3 이라면 단위 잔 골재량은 얼마인가?

① 485kg ② 546kg
③ 603kg ④ 683kg

해설 잔 골재량 = 단위 잔 골재량의 절대 용적×잔 골재의 밀도×1,000
= (0.70×0.30)×2.60×1,000 = 546kg

□□□ 기 01,03,05,06,10,13

02 물−시멘트비가 40%이고 단위 시멘트량 400kg/m^3, 시멘트의 비중 3.1, 공기량 2%인 콘크리트의 단위 골재량의 절대 부피는?

① 0.48m^3 ② 0.54m^3
③ 0.69m^3 ④ 0.72m^3

해설 · 물−시멘트비 $\dfrac{W}{C}$ = 40%에서

∴ 단위 수량 W = 0.40×400 = 160kg

· 단위 골재의 절대 부피

$$V = 1 - \left(\dfrac{단위\ 수량}{1,000} + \dfrac{단위\ 시멘트량}{시멘트의\ 비중 \times 1,000} + \dfrac{공기량}{100} \right)$$
$$= 1 - \left(\dfrac{160}{1,000} + \dfrac{400}{3.1 \times 1,000} + \dfrac{2}{100} \right) = 0.69\,\mathrm{m}^3$$

□□□ 기 05,12,15

03 콘크리트 시방 배합 설계에서 단위 수량 166kg/m^3 물−시멘트비가 39.4%이고, 시멘트 비중 3.15, 공기량 1.0%로 하는 경우 골재의 절대 용적은?

① 0.690m^3 ② 0.620m^3
③ 0.580m^3 ④ 0.310m^3

해설 · 물−시멘트비 $\dfrac{W}{C}$ = 39.4%에서

∴ 단위 시멘트량 C = $\dfrac{166}{0.394}$ = 421.32kg

· 단위 골재의 절대 용적

$$V = 1 - \left(\dfrac{단위\ 수량}{1,000} + \dfrac{단위\ 시멘트량}{시멘트의\ 비중 \times 1,000} \right.$$
$$\left. + \dfrac{공기량}{100} \right)$$
$$= 1 - \left(\dfrac{166}{1,000} + \dfrac{421.32}{3.15 \times 1,000} + \dfrac{1}{100} \right) = 0.690\,\mathrm{m}^3$$

□□□ 기 12

04 아래 표는 콘크리트 배합 설계의 일부이다. 이 배합표에서 골재의 절대 용적은 약 얼마인가?

- 굵은 골재 최대 치수 : 25mm
- 슬럼프 : 70mm
- 공기량 : 1.2%
- 물−시멘트비 : 50%
- 시멘트 절대 용적 : 103l
- 시멘트 밀도 : 3.14g/cm^3
- 잔 골재율 : 40%

① 692l ② 723l
③ 827l ④ 839l

해설 · 단위 시멘트량 : 103×3.14 = 323.42kg
· 단위 수량 : W = 323.42×0.50 = 161.71kg
· 공기량 : 1,000×0.012 = 12l
· 골재의 절대 용적 : 1,000 − (103 + 161.71 + 12) = 723.29l
또는
· 단위 시멘트량 = 103×3.14 = 323.4kg
· 단위 수량 = C×0.50
= 323.42×0.5 = 161.71kg
∴ 단위 골재의 절대 용적

$$V = 1 - \left(\dfrac{161.71}{1,000} + \dfrac{323.42}{3.14 \times 1,000} + \dfrac{1.2}{100} \right)$$
$$= 0.723\,\mathrm{m}^3 = 0.723 \times 1,000 = 723l$$

---

05 프리스트레스트 콘크리트에 관한 다음 설명 중 잘못된 것은?

① 포스트텐션 방식에서는 긴장재와 콘크리트와의 부착력에 의해 콘크리트에 압축력이 도입된다.

② 프리텐션 방식에서는 프리스트레스 도입 시의 콘크리트 압축 강도가 일반적으로 30MPa 이상 요구된다.

③ 외력에 의해 인장 응력을 상쇄하기 위하여 미리 인위적으로 콘크리트에 준 응력을 프리스트레스라고 한다.

④ 초기에 도입되는 프리스트레스는 긴장재의 릴랙세이션, 콘크리트의 크리프와 건조 수축 등에 의해 감소한다.

해설 프리텐션 방식에서는 긴장재(PS 강재)와 콘크리트 부재와의 부착력에 의해 콘크리트에 압축력이 도입된다.

06 다음 주어진 자료에서 절대 용적 방법을 이용하여 구한 단위 잔 골재량은 얼마인가?

- 단위 수량 168kg/m³
- 단위 시멘트량 336kg/m³
- 굵은 골재량 934kg/m³
- 공기량 5%
- 시멘트의 비중 3.15
- 굵은 골재 밀도 2.23g/cm³
- 잔 골재 밀도 2.50g/cm³

① 531kg/m³ ② 581kg/m³
③ 766kg/m³ ④ 641kg/m³

해설 · 단위 골재의 절대 용적

$$V = 1 - \left(\frac{\text{단위 수량}}{1,000} + \frac{\text{단위 시멘트량}}{\text{시멘트의 비중} \times 1,000} + \frac{\text{공기량}}{100} \right)$$

$$= 1 - \left(\frac{168}{1,000} + \frac{336}{3.15 \times 1,000} + \frac{5}{100} \right) = 0.6753 \, \text{m}^3$$

· 단위 굵은 골재량
= 단위 굵은 골재의 절대 체적×굵은 골재 밀도×1,000
$934 = V_G \times 2.23 \times 1,000$
∴ 단위 굵은 골재의 절대 체적 $V_G = 0.4189 \text{m}^3$

· 단위 잔 골재량 = 단위 잔 골재의 절대 체적×잔 골재 밀도×1,000
$= (0.6753 - 0.4189) \times 2.50 \times 1,000$
$= 641 \text{kg/m}^3$

07 콘크리트 시방배합설계 계산에서 단위골재의 절대용적이 689ℓ이고, 잔골재율이 41%, 굵은 골재의 표건밀도가 2.65g/cm³일 경우 단위굵은 골재량은?

① 739kg ② 1,021kg
③ 1,077kg ④ 1,137kg

해설 굵은 골재량
=단위 굵은 골재량의 절대 부피×굵은 골재의 밀도×1,000
$= 0.689 \times (1 - 0.41) \times 2.65 \times 1,000 = 1,077 \text{kg/m}^3$

08 아래 표와 같은 조건의 시방배합에서 굵은 골재의 단위량은 약 얼마인가?

- 단위수량 : 189kg, $S/a = 40\%$, $W/C = 50\%$
- 시멘트 밀도=3.15g/cm³
- 잔골재표건밀도=2.6g/cm³
- 굵은 골재표건밀도=2.7g/cm³
- 공기량=1.5%

① 945kg ② 1,015kg
③ 1,052kg ④ 1,095kg

해설 · 물—시멘트비 $\dfrac{W}{C} = 50\%$에서

∴ 단위 시멘트량 $C = \dfrac{189}{0.50} = 378 \text{kg}$

· 단위 골재의 절대 체적

$$V = 1 - \left(\frac{\text{단위수량}}{1,000} + \frac{\text{단위 시멘트량}}{\text{시멘트 밀도} \times 100} + \frac{\text{공기량}}{100} \right)$$

$$= 1 - \left(\frac{189}{1,000} + \frac{378}{3.15 \times 1,000} + \frac{1.5}{100} \right) = 0.676 \, \text{m}^3$$

· 단위 굵은 골재량=단위 굵은 골재의 절대체적×굵은 골재 밀도
×1,000
$= 0.676 \times (1 - 0.40) \times 2.7 \times 1,000$
$= 1,095 \text{kg}$

■ 시방 배합을 현장 배합으로 수정한 경우의 고려 사항
- 골재의 함수 상태
- 잔 골재 중에서 5mm체에 남는 굵은 골재량
- 굵은 골재 중에서 5mm체를 통과하는 잔 골재량
- 혼화제를 희석시킨 희석수량

■ 입도에 대한 보정
현장 골재에서 잔 골재 속에 들어 있는 굵은 골재량(5mm체에 남는 양)과 굵은 골재 속에 들어 있는 잔 골재량(5mm체 통과량)에 따라 입도를 보정한다.

$$X + Y = S + G$$

$$\frac{a}{100}X + \left(1 - \frac{b}{100}\right)Y = G$$

$$\frac{b}{100}Y + \left(1 - \frac{a}{100}\right)X = S$$

여기서, X : 실제 계량할 단위 잔 골재량(kg)
Y : 실제 계량할 단위 굵은 골재량(kg)
a : 잔 골재에서 5mm(No.4)에 남는 굵은 골재량(%)
b : 굵은 골재에서 5mm(No.4)체를 통과하는 잔 골재량(%)

■ 공식에 의한 입도에 대한 보정

$$X = \frac{100S - b(S + G)}{100 - (a + b)}$$

$$Y = \frac{100G - a(S + G)}{100 - (a + b)}$$

여기서, S : 시방 배합의 단위 잔 골재량(kg)
G : 시방 배합의 단위 굵은 골재량(kg)
a : 잔 골재에서 5mm(No.4)체에 남는 굵은 골재량(%)
b : 굵은 골재에서 5mm(No.4)체를 통과하는 잔 골재량(%)

■ 표면수에 대한 보정
골재의 함수 상태에 따라 시방 배합의 물 양과 골재량을 보정한다.

$$S' = X\left(1 + \frac{c}{100}\right)$$

$$G' = Y\left(1 + \frac{d}{100}\right)$$

$$W' = W - \left(\frac{c}{100} \cdot X + \frac{d}{100} \cdot Y\right)$$

여기서, S' : 실제 계량할 단위 잔 골재량(kg)
G' : 실제 계량할 단위 굵은 골재량(kg)
W' : 계량해야 할 단위 수량(kg)
c : 현장 잔 골재의 표면 수량(%)
d : 현장 굵은 골재의 표면 수량(%)
W : 시방 배합의 단위 수량(kg)

□□□ 기 01,04,08,10

01 다음 중 콘크리트의 시방 배합을 현장 배합으로 수정할 때 고려하여야 하는 것은?

① 슬럼프값 ② 골재의 표면수
③ 골재의 마모 ④ 시멘트량

해설 시방 배합을 현장 배합으로 수정할 경우
- 입도 조정 : 잔 골재와 굵은 골재의 수정
- 표면수 조정 : 표면 수량에 따른 표면 수의 단위 수량 수정

□□□ 기 02,03,05,06,11

02 다음 중 시방 배합을 현장 배합으로 수정할 경우에 고려할 사항은?

① 골재의 입도와 표면수
② 구조물의 형상과 치수
③ 골재의 형상과 염분 함유량
④ 콘크리트의 내구성과 수밀성

해설 현장 골재의 입도와 표면 수량 상태에 따라 시방 배합을 현장 배합으로 수정해야 한다.

□□□ 기 03,06,12,16

03 시방 배합상의 잔골재의 양은 500kg/m³이고 굵은 골재량의 양은 1,000kg/m³이다. 표면 수량은 각각 5%와 3%이었다. 현장 배합으로 환산한 잔 골재와 굵은 골재의 양은?

① 잔 골재−525kg/m³, 굵은 골재−1,030kg/m³
② 잔 골재−475kg/m³, 굵은 골재−970kg/m³
③ 잔 골재−470kg/m³, 굵은 골재−975kg/m³
④ 잔 골재−520kg/m³, 굵은 골재−1,025kg/m³

해설 표면 수량에 의한 환산
- 잔 골재의 표면 수량 = 500 × 0.05 = 25kg
  ∴ 잔 골재량 = 500 + 25 = 525kg/m³
- 굵은 골재의 표면 수량 = 1,000 × 0.03 = 30kg
  ∴ 굵은 골재량 = 1,000 + 30 = 1,030kg/m³

04 시방 배합 결과 물 180kg/m³, 잔 골재 650kg/m³, 굵은 골재 1,000kg/m³를 얻었다. 잔골재의 흡수율이 2%, 표면수율이 3%라고 하면 현장 배합상의 단위 잔 골재량은?

① 637.0 kg/m³　　　　② 656.5 kg/m³

③ 663.0 kg/m³　　　　④ 669.5 kg/m³

해설 · 잔 골재의 표면수에 의한 수정

$$= 650 \times \frac{3}{100} = 19.5 \text{kg/m}^3$$

· 단위 잔 골재량 $= 650 + 19.5 = 669.5 \text{kg/m}^3$

05 시방 배합을 통해 단위 수량 174kg/m³, 시멘트량 369kg/m³, 잔 골재 702kg/m³, 굵은 골재 1,049kg/m³를 산출하였다. 현장 골재의 입도를 고려하여 현장 배합으로 수정한다면 잔 골재와 굵은 골재의 양은 각각 얼마가 되겠는가? (단, 현장 골재의 입도는 잔 골재 중 5mm체에 남는 양이 10%이고, 굵은 골재 중 5mm체를 통과한 양이 5%이다.)

① 잔 골재 : 563kg/m³, 굵은 골재 : 1,188kg/m³

② 잔 골재 : 637kg/m³, 굵은 골재 : 1,114kg/m³

③ 잔 골재 : 723kg/m³, 굵은 골재 : 1,028kg/m³

④ 잔 골재 : 802kg/m³, 굵은 골재 : 949kg/m³

해설 · 입도에 의한 조정

　　a : 잔 골재 중 5mm체에 남은 양 : 10%

　　b : 굵은 골재 중 5mm체를 통과한 양 : 5%

· 잔 골재량 $X = \dfrac{100S - b(S+G)}{100 - (a+b)}$

　　　$= \dfrac{100 \times 702 - 5(702+1,049)}{100 - (10+5)} = 723 \text{kg/m}^3$

· 굵은 골재량 $Y = \dfrac{100G - a(S+G)}{100 - (a+b)}$

　　　$= \dfrac{100 \times 1,049 - 10(702+1,049)}{100 - (10+5)} = 1,028 \text{kg/m}^3$

06 시방배합결과 단위 잔 골재량 700kg/m³, 단위 굵은 골재량 1,300kg/m³을 얻었다. 현장골재의 입도 만을 고려하여 현장배합으로 수정하면 굵은 골재의 양은?
(단, 현장 잔골재 : 야적 상태에서 포함된 굵은골재= 2%, 현장 굵은골재 : 야적 상태에 포함된 잔골재= 4%)

① 1,284kg/m³　　　　② 1,316kg/m³

③ 1,340kg/m³　　　　④ 1,400kg/m³

해설 ■ 입도에 의한 조정

　　a : 잔골재 중 5mm체에 남은 양 : 2%

　　b : 굵은 골재 중 5mm체를 통과한 양 : 4%

굵은골재 $Y = \dfrac{100G - a(S+G)}{100 - (a+b)}$

　　$= \dfrac{100 \times 1,300 - 2(700+1,300)}{100 - (2+4)} = 1,340 \text{kg/m}^3$

07 시방배합을 통해 단위수량 170kg/m³, 시멘트량 370 kg/m³, 잔골재 700kg/m³, 굵은 골재 1,050kg/m³을 산출하였다. 현장골재의 입도를 고려하여 현장배합으로 수정한다면 잔골재의 양은?
(단, 현장골재의 입도는 잔골재 중 5mm체에 남는 양이 10%이고, 굵은 골재 중 5mm체를 통과한 양이 5%이다.)

① 721kg/m³　　　　② 735kg/m³

③ 752kg/m³　　　　④ 767kg/m³

해설 입도에 의한 조정

　　a : 잔골재 중 5mm체에 남은 양 : 10%

　　b : 굵은 골재 중 5mm체를 통과한 양 : 5%

잔골재 $S = \dfrac{100S - b(S+G)}{100 - (a+b)}$

　　$= \dfrac{100 \times 700 - 5(700+1,050)}{100 - (10+5)} = 721 \text{kg/m}^3$

08 시방배합 결과 콘크리트 1m³에 사용되는 물은 180kg, 시멘트는 390kg, 잔골재는 700kg, 굵은 골재는 1,100kg 이었다. 현장 골재의 상태가 아래의 표와 같을 때 현장배합에 필요한 굵은 골재량은?

- 현장의 잔골재는 5mm체에 남는 것을 10% 포함
- 현장의 굵은 골재는 5mm체를 통과하는 것을 5% 포함
- 잔골재의 표면수량은 2%
- 굵은 골재의 표면수량은 1%

① 1,060kg　　　　② 1,071kg

③ 1,082kg　　　　④ 1,093kg

해설 ■ 입도에 의한 조정

　　a : 잔골재 중 5mm체에 남은 양 : 10%

　　b : 굵은 골재 중 5mm체를 통과한 양 : 5%

굵은 골재 $Y = \dfrac{100G - a(S+G)}{100 - (a+b)}$

　　$= \dfrac{100 \times 1,100 - 10(700+1,100)}{100 - (10+5)} = 1,082 \text{kg/m}^3$

■ 표면수량에 의한 환산

굵은 골재의 표면 수량 $= 1,082 \times 0.01 = 11 \text{kg}$

∴ 굵은 골재량 $= 1,082 + 11 = 1,093 \text{kg/m}^3$

039 재료의 계량

- 계량은 현장 배합에 의해 실시하는 것으로 한다.
- 유효 흡수율의 시험에서 골재에 흡수시키는 시간은 공사 현장의 사정에 따라 다르나 실용적으로 보통 15~30분간의 흡수율을 유효 흡수율로 보아도 좋다.
- 혼화제를 녹이는 데 사용하는 물이나 혼화제를 묽게 하는 데 사용하는 물은 단위 수량의 일부로 보아야 한다.
- 콘크리트 재료를 1회분씩 혼합하는 배치 믹서(batch mixer)를 사용한다.
- 각 재료는 1배치씩 질량으로 계량하여야 한다. 다만 물과 혼화제 용액은 용적으로 계량해도 좋다.
- 연속 믹서를 사용할 경우 각 재료는 용적으로 계량해도 좋다.

KCS 14 20 10 1회 분의 계량 허용 오차

재료의 종류	측정 단위	허용 오차
물	질량 또는 부피	-2%, +1%
시멘트	질량	-1%, +2%
혼화재	질량	±2%
골재	질량	±3%
혼화제	질량 또는 부피	±3%

□□□ 기 08,09,12
01 현장에서 콘크리트의 재료를 계량할 때 1회 계량분에 대한 허용 오차 기준으로 틀린 것은?

① 물은 -2%, +1%로 한다.
② 시멘트는 -1%, +2%로 한다.
③ 혼화제는 ±3% 이하로 한다.
④ 골재는 ±2% 이하로 한다.

해설 골재는 ±3% 이하로 한다.

□□□ 예상
02 KCS 14 20 10에 따른 콘크리트용 재료의 계량 허용오차가 틀린 것은?

① 물 : -2%, +1%   ② 골재 : ±2%
③ 시멘트 : -1%, +2%   ④ 혼화제 : ±3%

해설 골재 : ±3%

□□□ 기 03,11,17
03 콘크리트 재료 계량의 허용 오차에 대한 설명으로 틀린 것은?

① 혼화재의 계량 허용 오차는 ±3%이다.
② 혼화제의 계량 허용 오차는 ±3%이다.
③ 골재의 계량 허용 오차는 ±3%이다.
④ 시멘트의 계량 허용 오차는 -1%, +2%이다.

해설 혼화재의 계량 허용 오차는 ±2%이다.

□□□ 기 13,15
04 현장 배합에 의한 재료량 및 재료의 계량값이 아래의 표와 같을 때 계량오차를 초과하여 불합격인 재료는?

구분 \ 재료	물	시멘트	플라이 애시	잔골재
현장 배합(kg)	145	272	68	820
계량값(kg)	144	270	65	844

① 물   ② 시멘트
③ 플라이애시   ④ 잔골재

해설 1회분의 계량 허용 오차

재료의 종류	허용 오차	계량오차 $= \dfrac{m_2 - m_1}{m_1} \times 100$
물	±1%	$\dfrac{144-145}{145} \times 100 = -0.69\%$
시멘트	±1%	$\dfrac{270-272}{272} \times 100 = -0.74\%$
혼화재	±2%	$\dfrac{65-68}{68} \times 100 = -4.41\%$
골재	±3%	$\dfrac{844-820}{820} \times 100 = +2.93\%$

∴ 혼화재 허용오차 ±2% < -4.41% : 불합격

040 콘크리트 비비기(혼합)

- 콘크리트의 재료는 반죽된 콘크리트가 균질하게 될 때까지 충분히 비벼야 한다.
- 비비기 시간은 시험에 의해 정하는 것을 원칙으로 한다.
- 비비기 시간에 대한 시험을 실시하지 않는 경우

믹 서	비비기 시간
가경식(중력식) 믹서	1분 30초(90초)
강제식 믹서	1분(60초)

- 비비기는 미리 정해 둔 시간의 3배 이상 계속해서는 안 된다.
- 비비기를 시작하기 전에 미리 믹서 내부를 모르타르로 부착시켜야 한다.
- 믹서안의 콘크리트를 전부 꺼낸 후가 아니면 믹서 안에 다음 재료를 넣지 않아야 한다.
- 믹서는 사용 전후에 잘 청소하여야 한다.
- 연속 믹서를 사용할 경우, 비비기 시작 후 최초에 배출되는 콘크리트는 사용하지 않아야 한다.
- 비벼 놓아 굳기 시작한 콘크리트는 되비비기를 하여 사용하지 않는 것을 원칙으로 한다.

□□□ 기 04,11,15,16
01 콘크리트 비비기에 관한 설명 중 잘못된 것은?

① 되비비기는 응결이 시작된 이후 다시 비비는 경우로서 강도가 저하된다.
② 연속믹서를 사용할 경우 비비기 시작 후 최초에 배출되는 콘크리트는 사용해서는 안 된다.
③ 비비기는 미리 정해 둔 비비기 시간 이상 계속해서는 안 된다.
④ 비비기를 시작하기 전에 미리 믹서에 모르타르를 부착시켜야 한다.

해설 비비기는 미리 정해 둔 비비기 시간의 3배 이상 계속해서는 안 된다.

□□□ 기 00,01,04,06,11,17
02 믹서로 콘크리트를 혼합하는 경우 콘크리트의 혼합 시간과 압축 강도, 슬럼프 및 공기량의 관계를 설명한 것으로 틀린 것은?

① 혼합 시간이 짧으면 압축 강도가 작을 우려가 있다.
② 혼합 시간을 길게 하면 골재가 파쇄되어 강도가 저하될 우려가 있다.
③ 어느 정도 이상 혼합하면 소정의 슬럼프가 얻어지며 추가의 혼합에 의한 슬럼프의 변화는 크지 않다.
④ 공기량은 적당한 혼합 시간에서 최소값을 나타내며 혼합 시간이 길어지면 다시 증가하는 경향이 있다.

해설 공기량은 적당한 혼합 시간에서 최대의 값이 얻어지며 다시 장시간 교반을 하면 일반적으로 감소한다.

□□□ 기 03,07,10,12,16
03 일반 콘크리트의 비비기에서 강제식 믹서일 경우 믹서 안에 재료를 투입한 후 비비는 시간의 표준은?

① 30초 이상
② 1분 이상
③ 1분 30초 이상
④ 2분 이상

해설 · 가경식(중력식) 믹서 : 1분 30초 이상
· 강제식 믹서 : 1분 이상

□□□ 기 01
04 배치 믹서란 어느 것인가?

① 콘크리트 $1\,m^3$를 만들기 위해 혼합하는 것이다.
② 콘크리트 재료를 1회분씩 혼합하는 장치이다.
③ 콘크리트 배합비를 측정하기 위한 장치이다.
④ 콘크리트 $0.5\,m^3$를 만들기 위해 혼합한 것이다.

해설 배치 믹서(batch mixer) : 콘크리트의 재료를 1회분씩 혼합하는 장치

□□□ 기 05,10
05 콘크리트 비비기에 대한 설명으로 잘못된 것은?

① 비비기 시간에 대한 시험을 실시하지 않은 경우 그 최소 시간은 강제식 믹서일 때에는 1분 이상을 표준으로 해도 좋다.
② 비비기는 미리 정해 둔 비비기 시간의 2배 이상 계속해서는 안된다.
③ 믹서 안의 콘크리트를 전부 꺼낸 후가 아니면 믹서 안에 다음 재료를 넣어서는 안 된다.
④ 연속 믹서를 사용할 경우, 비비기 시작 후 최초의 배출되는 콘크리트는 사용해서는 안 된다.

해설 콘크리트를 너무 오래 비비면 골재가 단단하지 못한 경우에 비비는 동안의 골재가 파쇄되어 미분의 양이 많아지거나 공기량이 감소하여 배출 시의 워커빌리티가 나빠지고 슬럼프의 저하량이 커지기 때문에 비비기는 미리 정해 둔 비비기 시간의 3배 이상 계속해서는 안 된다.

□□□ 기 12
06 일반 콘크리트 비비기에 대한 설명으로 틀린 것은?

① 가경식 믹서를 사용하여 비비기를 할 경우 비비기 시간은 최소 1분 30초 이상을 표준으로 한다.
② 강제식 믹서를 사용하여 비비기를 할 경우 비비기 시간은 최소 1분 이상을 표준으로 한다.
③ 비비기는 미리 정해 둔 비비기 시간의 3배 이상 계속하지 않아야 한다.
④ 비비기 시작 후 최초에 배출되는 콘크리트는 사용하지 않는 것을 원칙으로 하나, 연속 믹서를 사용할 경우는 사용할 수 있다.

해설 연속 믹서를 사용할 경우, 비비기 시작 후 최초에 배출되는 콘크리트는 사용하지 않아야 한다.

□□□ 기 00,04,11,15

07 일반 콘크리트의 비비기는 미리 정해 둔 비비기 시간의 최소 몇 배 이상 계속해서는 안 되는가?

① 2배 ② 3배

③ 4배 ④ 5배

해설 비비기는 미리 정해 둔 비비기 시간의 3배 이상 계속해서는 안 된다.

□□□ 기 05,10,15,17,18

08 일반 콘크리트의 비비기에 대한 설명으로 틀린 것은?

① 연속믹서를 사용할 경우, 비비기 시작 후 최초에 배출되는 콘크리트는 사용하지 않아야 한다.
② 비비기 시간에 대한 시험을 실시하지 않은 경우 가경식 믹서일 때에는 1분 이상 비비는 것을 표준으로 한다.
③ 비비기는 미리 정해둔 비비기 시간의 3배 이상 계속하지 않아야 한다.
④ 비비기를 시작하기 전에 미리 믹서 내부를 모르타르로 부착시켜야 한다.

해설 비비기 시간에 대한 시험을 실시하지 않은 경우 그 최소시간은 강제식 믹서일 때에는 1분 이상을 표준으로 한다.

---

041 콘크리트의 운반

■ 콘크리트는 신속하게 운반하여 즉시 타설하고, 충분히 다져야 한다.
■ 비비기로부터 치기가 끝날 때까지의 시간

외기 온도	소요 시간
25℃ 이상일 때	1.5시간 (90분) 을 넘지 않을 것
25℃ 미만일 때	2시간 (120분) 을 넘지 않을 것

■ 콘크리트의 운반 작업이 용이하고, 신속 원활하며, 운반 시간, 운반 거리가 될 수 있는 대로 단축되도록 정하여야 한다.

■ 콘크리트 펌프
• 일반적으로 슬럼프값이 작을수록, 수송관의 직경이 작을수록, 토출량이 많을수록 관 내 압력 손실이 커지게 된다.
• 콘크리트의 수송의 중단은 여름철에는 30분 이내, 겨울철에는 50분 이내가 좋다.
• 콘크리트 펌프의 압송 조건
 • 굵은 골재의 최대 치수는 40mm 이하를 표준으로 한다.
 • 수송관 직경의 최소치는 보통 콘크리트의 경우 100mm, 경량 콘크리트의 경우 125mm로 하며 또 굵은 골재 최대 치수의 3배 이상이어야 한다.
 • 펌프를 사용하는 콘크리트의 잔 골재율은 펌프를 사용하지 않은 경우에 비하여 2~5% 정도 크게 하는 것이 일반적이다.

굵은 골재 최대 치수에 따른 압송관의 최소 호칭 치수

굵은 골재의 최대 치수	압송관의 호칭 치수
20mm	100mm 이상
25mm	100mm 이상
40mm	125mm 이상

□□□ 기 08

01 콘크리트의 운반 및 타설에 관한 설명으로 잘못된 것은?

① 신속하게 운반하여 즉시 치고, 충분히 다져야 한다.
② 공사 개시 전에 운반, 타설 등에 관하여 미리 충분한 계획을 세워야 한다.
③ 비비기로부터 타설이 끝날 때까지의 시간은 원칙적으로 외기 온도가 25℃를 넘었을 때 1.0시간을 넘어서는 안 된다.
④ 운반 중에 재료 분리가 일어났으면 충분히 다시 비벼서 균질한 상태로 콘크리트 타설을 하여야 한다.

해설 • 비비기로부터 치기가 끝날 때까지의 시간
• 원칙적으로 외기 온도가 25℃ 이상일 때는 1.5시간을 넘어서는 안 된다.
• 원칙적으로 외기 온도가 25℃ 미만일 때에는 2시간을 넘어서는 안 된다.

02 다음 중 콘크리트의 운반 시 주의해야 할 사항이 아닌 것은?

① 응결을 방지하기 위해 지연형 혼화제를 반드시 사용해야 한다.
② 재료가 분리되지 않도록 주의해야 한다.
③ 소요의 품질과 소요의 워커빌리티가 유지되도록 해야 한다.
④ 가능한 운반 시간은 짧게 되도록 노력해야 한다.

해설 부득이 양질의 지연제 등을 사용하여 응결을 지연시켜 콘크리트를 타설할 경우에는 콘크리트 품질의 변동이 없는 범위 내에서 책임 기술자의 승인을 얻어 상기 시간 제한을 변경할 수 있다.

03 콘크리트 펌프를 사용할 때 주의 사항으로 틀린 것은?

① 시멘트량이 적은 것이 바람직하다.
② 골재의 입도 분포는 연속이어야 한다.
③ 잔 골재율을 증가시켜야 한다.
④ 슬럼프가 커야 한다.

해설 콘크리트 펌프를 사용할 때 주의사항
· 슬럼프가 커야 한다.
· 골재의 입도 분포는 연속이어야 한다.
· 시멘트량, 잔 골재율은 정해진 조건 내에서 증가시켜야 한다.

04 펌프로 압송할 콘크리트에 관한 설명 중 틀린 것은?

① 경량 골재 콘크리트는 보통 콘크리트에 비해 압송성이 나쁜 경향이 있다.
② 콘크리트의 압송성을 향상시키기 위해 잔 골재율과 단위 시멘트량을 크게 하는 것이 효과적이다.
③ 콘크리트를 압송하면 슬럼프와 공기량이 증가하는 경향이 있다.
④ 수송관은 가능한 수평 또는 상향으로 배치해야 한다.

해설 콘크리트를 압송하면 슬럼프와 공기량이 감소하는 경향이 있다.

05 외기 온도가 25℃를 넘을 때 콘크리트의 비비기로부터 치기가 끝날 때까지 최대 얼마의 시간을 넘어서는 안 되는가?

① 0.5시간
② 1시간
③ 1.5시간
④ 2시간

해설 비비기로부터 치기가 끝날 때까지의 시간

외기 온도	소요 시간
25℃ 이상일 때	1.5시간(90분)을 넘지 않을 것
25℃ 미만일 때	2시간(120분)을 넘지 않을 것

06 일반 콘크리트 비비기로부터 타설이 끝날 때까지의 시간 한도를 옳게 설명한 것은?

① 외기 온도가 25℃ 이상일 때에는 120분 이내, 외기 온도가 25℃ 미만일 때에는 150분 이내
② 외기 온도에 상관없이 90분 이내
③ 외기 온도가 25℃ 이상일 때에는 90분 이내, 외기 온도가 25℃ 미만일 때에는 120분 이내
④ 외기 온도에 상관없이 120분 이내

해설 비비기로부터 치기가 끝날 때까지의 시간

외기 온도	소요 시간
25℃ 이상일 때	1.5시간(90분)을 넘지 않을 것
25℃ 미만일 때	2시간(120분)을 넘지 않을 것

07 양질의 지연제 등을 사용한 경우 외에 일반적으로 비비기로부터 치기가 끝날 때까지의 시간은 원칙적으로 외기 온도가 25℃ 이상일 때는 ( )시간, 25℃ 미만일 때는 ( )시간을 넘어서는 안 된다. 괄호 속에 적당한 값은?

① 0.5, 1
② 1, 1.5
③ 1.5, 2
④ 2, 2.5

해설 비비기로부터 치기가 끝날 때까지의 시간

외기 온도	소요 시간
25℃ 이상일 때	1.5시간(90분)을 넘지 않을 것
25℃ 미만일 때	2시간(120분)을 넘지 않을 것

08 일반 콘크리트의 비비기에 관하여 잘못 설명한 것은?

① 비비기를 시작하기 전에 미리 믹서 내부를 모르타르로 부착시켜야 한다.
② 비비기는 미리 정해 둔 비비기 시간의 3배 이상 계속해서는 안 된다.
③ 믹서 안의 콘크리트를 전부 꺼낸 후에 다음 비비기 재료를 투입하여야 한다.
④ 믹서 안에 재료를 투입한 후의 비비기 시간은 가경식 믹서의 경우 3분 이상을 표준으로 한다.

해설 믹서의 비비기 시간 표준

믹 서	비비기 시간
가경식(중력식) 믹서	1분 30초(90초) 이상
강제식 믹서	1분(60초) 이상

042 콘크리트 치기

- 경사 슈트 사용시 수평2, 경사 1로 한다.
- 콘크리트의 타설은 원칙적으로 시공 계획서에 따라야 한다.
- 콘크리트의 타설 작업을 할 때에는 철근 및 매설물의 배치나 거푸집이 변형 및 손상되지 않도록 주의하여야 한다.
- 타설한 콘크리트는 거푸집 안에서 횡(가로)방향으로 이동시켜서는 안 된다.
- 타설 도중에 심한 재료 분리가 생겼을 때에는 재료 분리를 방지할 방법을 강구하여야 한다.
- 한 구획 내의 콘크리트는 타설이 완료될 때까지 연속해서 타설하여야 한다.
- 콘크리트는 그 표면이 한 구획 내에서는 거의 수평이 되도록 타설하는 것을 원칙으로 한다.
- 경사 슈트의 출구에서 조절판 및 깔때기를 설치해서 재료 분리를 방지하기 위하여 깔때기의 하단과 콘크리트를 치는 표면까지 간격은 1.5m 이하로 한다.
- 벽 또는 기둥과 같이 높이가 높은 콘크리트를 연속해서 타설할 경우 타설 속도는 일반적으로 30분에 1~1.5m 정도로 하는 것이 좋다.
- 콘크리트 타설 도중 표면에 떠올라 고인 블리딩수가 있을 경우에는 적당한 방법으로 이 물을 제거한 후가 아니면 그 위에 콘크리트를 쳐서는 안 되며, 고인 물을 제거하기 위하여 콘크리트 표면에 홈을 만들어 흐르게 해서는 안 된다.
- 콘크리트를 2층 이상으로 나누어 타설할 경우, 상층의 콘크리트 타설은 원칙적으로 하층의 콘크리트가 굳기 시작하기 전에 해야 하며, 상층과 하층이 일체가 되도록 시공한다. 이때 콜드 조인트가 생기지 않도록 주의한다.
- 허용 이어치기 시간 간격의 표준

외기 온도	허용 이어치기 시간 간격
25℃ 초과	2시간
25℃ 이하	2.5시간

□□□ 기 99,03,07

01 콘크리트 치기에 대한 내용 중 옳지 않은 것은?

① 한 구획 내에 콘크리트는 치기가 완료될 때까지 연속해서 쳐야 한다.
② 친 콘크리트는 거푸집 안에서 횡방향으로 이동시켜서는 안 된다.
③ 콘크리트 치기 중 블리딩수가 발생하면 이 물을 제거하고 콘크리트를 쳐야 한다.
④ 콘크리트를 2층 이상 나누어 칠 경우 하층의 콘크리트가 완전히 경화한 후에 시공한다.

해설 2층 이상 콘크리트를 타설할 경우에는 각 층의 콘크리트가 일체로 되도록 아래층의 콘크리트가 경화하기 전에 위층의 콘크리트를 쳐야 한다.

□□□ 기13

02 벽 또는 기둥과 같이 높이가 높은 콘크리트를 연속해서 타설할 경우 콘크리트를 쳐 올라가는 속도로서 가장 적당한 것은?

① 30분에 0.5~1m 정도
② 30분에 1~1.5m 정도
③ 30분에 1.5~2m 정도
④ 30분에 2~2.5m 정도

해설 ・호퍼 등의 배출구와 타설면까지의 높이를 1.5m 이하로 한다.
・벽. 기둥을 타설할 때 30분에 1~1.5m 정도로 타설하는 것이 적당하다.

□□□ 기 04,06,10,12,13,17,19

03 일반 콘크리트 치기에 대한 설명으로 틀린 것은?

① 타설한 콘크리트를 거푸집 안에서 횡방향으로 이동시켜서는 안 된다.
② 한 구획 내의 콘크리트 타설이 완료될 때까지 연속해서 타설해야 한다.
③ 콘크리트는 그 표면이 한 구획 내에서는 거의 수평이 되도록 타설하는 것을 원칙으로 한다.
④ 콘크리트 타설 도중 표면에 떠올라 고인 블리딩수가 있을 경우는 콘크리트 표면에 도랑을 만들어 물을 제거한 후 콘크리트를 타설해야 한다.

해설 콘크리트 타설 중 블리딩수가 표면에 모이게 되면 고인물을 제거한 후가 아니면 그 위에 콘크리트를 타설해서는 안 되며, 고인물을 제거하기 위하여 콘크리트 표면에 홈을 만들어 흐르게 하면 시멘트 풀이 씻겨 나가 골재만 남게 되므로 이를 금하여야 한다.

□□□ 기 04,06,12,16

04 콘크리트 치기에 대한 설명 중 옳지 않은 것은?

① 콘크리트를 2층으로 나누어 칠 경우, 상층의 콘크리트는 원칙적으로 하층의 콘크리트가 굳기 시작하기 전에 쳐야 한다.
② 콘크리트 치기를 하는 중에 표면에 발생된 고인 블리딩수는 표면에 도량을 만들어 제거하여야 한다.
③ 한 구획 내의 콘크리트는 타설이 완료될 때까지의 연속해서 타설해야 한다.
④ 콘크리트는 그 표면이 한 구획 내에서는 거의 수평이 되도록 타설하는 것을 원칙으로 한다.

해설 콘크리트 타설 중 블리딩수가 표면에 모이게 되면 고인물을 제거한 후가 아니면 그 위에 콘크리트를 타설해서는 안 되며, 고인물을 제거하기 위하여 콘크리트 표면에 홈을 만들어 흐르게 하면 시멘트 풀이 씻겨 나가 골재만 남게 되므로 이를 금하여야 한다.

05 일반 콘크리트의 타설 및 다지기에 관한 설명으로 옳은 것은?

① 타설한 콘크리트를 거푸집 안에서 횡방향으로 원활히 이동시켜야 한다.
② 슈트, 펌프 배관 등의 배출구와 타설면까지의 높이는 1.5m 이상을 원칙으로 한다.
③ 깊은 보와 두꺼운 벽 등 부재가 두꺼운 경우 거푸집 진동기의 사용을 원칙으로 한다.
④ 2층으로 나누어 타설할 경우 상층의 콘크리트 타설은 원칙적으로 하층의 콘크리트가 굳기 시작하기 전에 해야 한다.

해설 ·타설한 콘크리트를 거푸집 안에서 횡방향으로 이동시켜서는 안된다.
·슈트, 펌프 배관, 버킷, 호퍼 등의 배출구와 치기면까지의 높이는 1.5m 이하를 원칙으로 한다.
·콘크리트 다지기에는 내부 진동기의 사용을 원칙으로 하나, 얇은 벽 등 내부 진동기의 사용이 곤란한 장소에서는 거푸집 진동기를 사용해도 좋다.
·거푸집 진동기는 높은 벽, 기둥 등에 사용하기 때문에 변형이 일어나지 않도록 단단히 해 두어야 한다.

06 거푸집의 높이가 높아 재료 분리를 방지하기 위하여 연직 슈트를 사용하고자 한다. 이때 슈트의 배출구와 타설면까지의 높이는 원칙적으로 몇 m 이하로 하여야 하는가?

① 1m
② 1.5m
③ 2m
④ 2.5m

해설 연직 슈트 사용 시 재료 분리를 방지하기 위하여 출구에 조절판과 깔때기를 설치하여 깔때기의 하단과 콘크리트를 치는 표면까지 간격은 1.5m 이하로 한다.

07 콘크리트 타설에 대한 설명 중 틀린 것은?

① 25℃ 이하일 경우 허용 이어치기 시간 간격은 2.5시간을 표준으로 한다.
② 콘크리트를 쳐 올라가는 속도는 30분에 1~1.5m 정도로 한다.
③ 콘크리트 표면에 고인 물은 홈을 만들어 흘려보내 제거한다.
④ 콘크리트 배출구와 타설면까지의 높이는 1.5m 이하를 원칙으로 한다.

해설 콘크리트 타설 중 블리딩수가 표면에 모이게 되면 고인물을 제거한 후가 아니면 그 위에 콘크리트를 타설해서는 안 되며, 고인물을 제거하기 위하여 콘크리트 표면에 홈을 만들어 흐르게 하면 시멘트 풀이 씻겨 나가 골재만 남게 되므로 이를 금하여야 한다.

08 콘크리트 타설 및 다지기 작업시 주의해야 할 사항으로 틀린 것은?

① 연직 시공 일 때 슈트 등의 배출구와 타설면까지의 높이는 1.5m 이하를 원칙으로 한다.
② 내부진동기를 이용하여 진동다지기를 할 경우 내부진동기를 하층의 콘크리트 속으로 0.1m 정도 찔러 넣는다.
③ 타설한 콘크리트를 거푸집 안에서 횡방향으로 이동시켜서는 안 된다.
④ 내부진동기를 사용하여 진동다지기를 할 경우 삽입간격은 일반적으로 1m 이하로 하는 것이 좋다.

해설 내부진동기의 삽입간격은 일반적으로 0.5m 이하로 하는 것이 좋다.

09 콘크리트 타설시 유의사항으로 잘못된 것은?

① 콘크리트 타설 도중 블리딩 수가 있을 경우 그 물을 제거하고 그 위에 콘크리트를 친다.
② 콘크리트 타설의 1층 높이는 진동기의 성능을 고려하여 1~1.5m 정도로 한다.
③ 2층 이상으로 나누어 콘크리트를 타설하는 경우 아래층이 굳기 시작하기 전에 윗층의 콘크리트를 친다.
④ 콘크리트의 자유낙하 높이가 너무 크면 콘크리트의 분리가 일어나므로 슈트, 펌프 배관 등의 배출구와 타설면까지의 높이는 1.5m 이하를 원칙으로 한다.

해설 콘크리트 치기의 한층의 타설두께는 내부 진동기의 치수 등을 고려해서 40~50cm 이하로 하는 것이 좋다.

■ 콘크리트 다지기 원칙

• 콘크리트 다지기에는 내부 진동기의 사용을 원칙으로 하나, 얇은 벽 등 내부 진동기의 사용이 곤란한 장소에서는 거푸집 진동기를 사용해도 좋다.

• 콘크리트는 타설 직후 바로 충분히 다져서 밀실한 콘크리트가 되도록 하여야 한다.

■ 내부 진동기의 사용 방법

• 진동 다지기를 할 때 내부 진동기를 아래층의 콘크리트 속으로 0.1m 정도 찔러 넣는다.

• 내부 진동기 삽입 간격은 일반적으로 0.5m 이하로 하는 것이 좋다.

• 내부 진동기는 콘크리트로부터 천천히 빼내어 구멍이 남지 않도록 해야 한다.

• 내부 진동기는 콘크리트를 횡방향으로 이동시킬 목적으로 사용하지 않아야 한다.

• 콘크리트를 타설한 후 즉시 거푸집의 외측을 가볍게 두드려 콘크리트를 거푸집 구석구석까지 잘 채워지도록 한다.

• [구] 내부 진동기의 1개소당 진동 시간은 5 ~ 15초로 한다.

• [신] 1개소당 진동시간은 다짐할 때 시멘트 풀이 표면 상부로 약간 부상하기까지로 한다.

• 한 층의 높이는 진동기의 성능 등을 고려해서 40 ~ 50cm 이하로 하는 것이 좋다.

• 재진동을 할 경우에는 콘크리트에 나쁜 영향이 생기지 않도록 초결이 일어나기 전에 실시하여야 한다.

■ 내부 진동기의 찔러 다지기

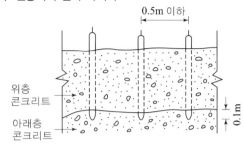

■ 콘크리트 다짐 방법의 종류

• 봉 다짐 : 묽은 반죽 콘크리트에 사용하며 많은 횟수 다지는 것이 효과적이다.

• 진동 다짐 : 진동기를 사용하면 콘크리트에 기포가 없어지고 철근이나 매설물과의 부착이 좋다.

• 가압 다짐 : 고강도 제품에 주로 사용된다.

• 원심력 다짐 : 원심력을 이용하여 원통형 고강도 제품에 사용한다.

---

01 콘크리트 타설 및 다지기 작업 시 주의해야 할 사항으로 틀린 것은?

① 연직 시공일 때 슈트 등의 배출구와 타설면까지의 높이는 1.5m 이하를 원칙으로 한다.

② 내부 진동기를 이용하여 진동 다지기를 할 경우 내부 진동기를 하층의 콘크리트 속으로 0.1m 정도 찔러 넣는다.

③ 타설한 콘크리트를 거푸집 안에서 횡방향으로 이동시켜서는 안 된다.

④ 내부 진동기를 사용하여 진동 다지기를 할 경우 삽입 간격은 일반적으로 1m 이하로 하는 것이 좋다.

[해설] 내부 진동기는 연직으로 일정한 간격으로 찔러 넣고, 삽입 간격은 진동이 유효하다고 인정되는 범위의 지름 0.5m 이하로 한다.

02 일반 콘크리트의 타설 후 다지기에서 내부 진동기를 사용할 경우 진동 다지기는 얼마 정도의 간격으로 찌르는가?

① 0.2m 이하   ② 0.5m 이하
③ 1.0m 이하   ④ 1.5m 이하

[해설] 내부 진동기는 연직으로 일정한 간격으로 찔러 넣고, 삽입 간격은 진동이 유효하다고 인정되는 범위의 지름 0.5m 이하로 한다.

03 콘크리트 다지기는 주로 진동기(Vibrator)를 사용한다. 다음 중 진동 다지기를 할 때 유의 사항으로 잘못된 것은?

① 연직 방향으로 일정한 간격으로 찔러 넣는다.

② 진동기를 콘크리트 횡방향으로 이동시켜서는 안 된다.

③ 콘크리트를 친 직후에는 거푸집의 외측에 진동기로 충격을 주어서는 안 된다.

④ 내부 진동기를 하층의 콘크리트 속으로 0.1m 정도 찔러 넣는다.

[해설] • 콘크리트를 타설한 후 즉시 거푸집의 외측을 가볍게 두드리는 것은 콘크리트를 거푸집 구석구석까지 잘 채워지도록 하여 평평한 표면을 만드는 데 유효한 방법이다.

• 너무 강하게 두드리거나 오랫동안 두드리면 콘크리트 표면에 잔골재의 선이나 기포가 생기기 쉽고, 또 굳기 시작한 콘크리트에 해를 줄 염려가 있으므로 주의한다.

□□□ 기 09,13,18
04 콘크리트의 다지기에서 내부진동기를 사용하여 다짐하는 방법에 대한 설명으로 옳지 않은 것은?

① 진동 다지기를 할 때에는 내부 진동기를 하층의 콘크리트 속으로 0.1m 정도 찔러 넣는다.
② 1개소당 진동 시간은 5~15초로 한다.
③ 내부 진동기의 삽입 간격은 일반적으로 1m 이상으로 하는 것이 좋다.
④ 내부 진동기는 콘크리트를 횡방향으로 이동시킬 목적으로 사용해서는 안 된다.

해설 내부 진동기의 찔러 넣는 간격은 진동이 유효하다고 인정되는 범위의 지름 이하인 0.5 m 이하로 하는 것이 좋다.

□□□ 기 07,16
05 콘크리트 다지기에 대한 설명 중 옳지 않은 것은?

① 콘크리트 다지기에는 내부 진동기 사용을 원칙으로 한다.
② 진동기는 콘크리트로부터 천천히 빼내어 구멍이 남지 않도록 해야 한다.
③ 내부 진동기는 될 수 있는 대로 연직으로 일정한 간격으로 찔러 넣는다.
④ 콘크리트가 한쪽에 치우쳐 있을 때는 내부 진동기로 평평하게 이동시켜야 한다.

해설 ·내부 진동기는 콘크리트를 횡방향으로 이동시킬 목적으로 사용해서는 안 된다.
·콘크리트를 내부 진동기로 횡방향으로 이동시키면 재료 분리의 원인이 된다.

□□□ 기 04,05,07,10,21
06 콘크리트 다지기에 대한 설명으로 잘못된 것은?

① 내부 진동기는 연직 방향으로 일정한 간격으로 찔러 넣는다.
② 내부 진동기는 콘크리트를 횡방향으로 이동시킬 목적으로 사용해서는 안 된다.
③ 콘크리트를 타설한 직후에는 절대 거푸집의 외측에 충격을 주어서는 안 된다.
④ 내부 진동기를 하층의 콘크리트 속으로 0.1m 정도 찔러 넣는다.

해설 콘크리트를 친 직후에 거푸집의 외측을 가볍게 두드리는 것은 거푸집 구석구석까지 콘크리트가 잘 채워지도록 하여 평평한 표면을 만드는 데 유효한 방법이다.

□□□ 기 12,17
07 일반 콘크리트 다지기에 대한 설명으로 틀린 것은?

① 콘크리트 다지기에는 내부 진동기의 사용을 원칙으로 하나, 얇은 벽 등 내부 진동기의 사용이 곤란한 장소에서는 거푸집 진동기를 사용해도 좋다.
② 내부 진동기는 연직으로 찔러 넣으며, 삽입 간격은 일반적으로 0.5m 이하로 하는 것이 좋다.
③ 내부 진동기를 사용할 때 하층의 콘크리트 속으로 진동기가 삽입되지 않도록 하여야 한다.
④ 내부 진동기를 사용할 때 1개소당 진동 시간은 다짐할 때 시멘트 페이스트가 표면 상부로 약간 부상하기까지 한다.

해설 내부 진동기를 하층의 콘크리트 속으로 진동기가 0.1 m 정도 삽입되도록 찔러 넣는다.

□□□ 기 13
08 콘크리트 다지기에 대한 설명 중 옳지 않은 것은?

① 콘크리트 다지기에는 내부 진동기의 사용을 원칙으로 한다.
② 콘크리트는 타설 직후 바로 충분히 다져서 구석구석까지 잘 채워지도록 해야 한다.
③ 진동 다지기를 할 때에는 내부 진동기를 하층의 콘크리트 속으로 0.1m 정도 찔러 넣는다.
④ 재진동은 콘크리트에 나쁜 영향이 생기므로 하지 않는 것을 원칙으로 한다.

해설 재진동을 할 경우에는 콘크리트에 나쁜 영향이 생기지 않도록 초결이 일어나기 전에 실시하여야 한다.

□□□ 기 07,13
09 거푸집의 높이가 높을 경우, 재료 분리를 막고 상부의 철근 또는 거푸집에 콘크리트가 부착하여 경화하는 것을 방지하기 위해 거푸집에 투입구를 설치하거나, 연직 슈트 또는 펌프 배관의 배출구를 타설면 가까운 곳까지 내려서 콘크리트를 타설해야 한다. 이 경우 슈트, 펌프 배관, 버킷, 호퍼 등의 배출구와 타설면까지의 높이는 최대 몇 m 이하를 원칙으로 하는가?

① 0.5m
② 1.0m
③ 1.5m
④ 2.0m

해설 콘크리트를 높은 곳에서 떨어뜨리는 데 따른 재료 분리를 방지하기 위하여 배출구에서 타설면까지의 낙하 높이를 1.5 m 이하로 규정한 것이다.

정답 **043** 04 ③ 05 ④ 06 ③ 07 ③ 08 ④ 09 ③

CHAPTER

06 양생, 이음, 거푸집 및 동바리

044 양생

Engineer Construction Material Testing

■ 양생의 기본

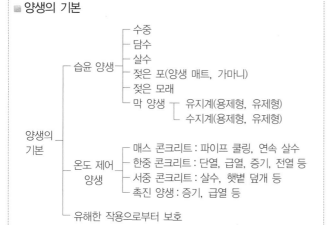

양생의 기본
- 습윤 양생
  - 수중
  - 담수
  - 살수
  - 젖은 포(양생 매트, 가마니)
  - 젖은 모래
  - 막 양생 ┬ 유지계(용제형, 유제형)
             └ 수지계(용제형, 유제형)
- 온도 제어 양생
  - 매스 콘크리트 : 파이프 쿨링, 연속 살수
  - 한중 콘크리트 : 단열, 급열, 증기, 전열 등
  - 서중 콘크리트 : 살수, 햇볕 덮개 등
  - 촉진 양생 : 증기, 급열 등
- 유해한 작용으로부터 보호

- 타설이 끝난 콘크리트가 시멘트의 수화 작용에 의하여 충분한 강도를 발현하고 균열이 생기지 않도록 하기 위해서 타설이 끝난 후 일정한 기간 동안 콘크리트를 적당한 온도하에서 충분한 습윤 상태로 유지하는 것을 양생이라 한다.
- 콘크리트의 경화를 촉진시키고 초기 수축 균열을 방지하기 위해 적절한 수분을 공급하고, 직사광선이나 바람에 의해서 수분이 증발하는 것을 방지해야 한다.

■ 습윤 양생

콘크리트의 노출면을 양생용 가마니, 마포, 모래 등을 적셔서 콘크리트 표면을 덮고 살수하여 양생하는 방법이다.
- 습윤 상태의 보호 기간은 보통 포틀랜드 시멘트를 사용한 경우 5일간 이상을 표준으로 한다.
- 습윤 상태의 보호 기간은 조강 포틀랜드 시멘트를 사용한 경우 3일간 이상을 표준으로 한다.
- 거푸집 판이 건조할 염려가 있을 때에는 살수해야 한다.

습윤 양생 기간의 표준

일평균 기온	보통 포틀랜드 시멘트	고로 슬래그 시멘트 2종 플라이 애시 시멘트 2종	조강 포틀랜드 시멘트
15℃ 이상	5일	7일	3일
10℃ 이상	7일	9일	4일
5℃ 이상	9일	12일	5일

- **막 양생** : 콘크리트 표면에 아스팔트 유제, 비닐 유제 등으로 콘크리트 표면에 불투수성의 피막을 만들어서 수분의 증발을 막는 양생 방법이다.

■ 고압 증기 양생

고압 증기 양생(Autoclave curing)은 양생 온도 180℃ 정도, 증기압 0.8MPa 정도의 고온 고압 상태에서 양생하는 방법이다.
- 건조 수축 감소 및 수분 이동 감소한다.
- 내동결 융해성 및 백태 현상이 감소한다.
- 고압 증기 양생은 포틀랜드 시멘트만 적용된다.
- 고압 증기 양생한 콘크리트는 어느 정도의 취성이 있다.
- 표준 양생 콘크리트의 1/2 정도로 철근의 부착 강도가 감소한다.
- 고압 증기 양생은 치밀하고 내구성이 있는 양질의 콘크리트를 만든다.
- 과열 증기가 콘크리트에 접촉해서는 안 되므로 여분의 물이 필요하다.
- 콘크리트의 열팽창 계수와 탄성 계수는 고압 증기 양생에 따른 영향을 받지 않는 것으로 본다.
- 고압 증기 양생은 표준 양생의 28일 강도를 약 24시간 만에 달성할 수 있어 조기 강도가 높다.
- 내구성이 좋고, 황산염 반응에 대한 저항성이 크다.

□□□ 기 00, 03, 06, 09, 11, 16

01 일반 콘크리트를 친 후 습윤 양생을 하는 경우 습윤 상태의 보호 기간은 조강 포틀랜드 시멘트를 사용한 때 얼마 이상을 표준으로 하는가? (단, 일평균 기온이 15℃ 이상인 경우)

① 1일　　　　　② 3일
③ 5일　　　　　④ 7일

해설 일평균 기온이 15℃ 이상일 때 조강 포틀랜드 시멘트의 습윤 양생 표준은 3일 이상이다.

□□□ 기 10, 12, 16

02 고압 증기 양생을 한 콘크리트의 특징을 설명한 것으로 틀린 것은?

① 매우 짧은 기간에 고강도가 얻어진다.
② 황산염에 대한 저항성이 증대된다.
③ 건조 수축이 증가한다.
④ 철근의 부착 강도가 감소한다.

해설 고압 증기 양생한 콘크리트의 건조 수축은 크게 감소한다.

정답 044 01 ② 02 ③　　　　　CHAPTER 06 · 양생, 이음, 거푸집 및 동바리 **1-55**

03 콘크리트 양생 중 적절한 수분 공급을 하지 않은 경우 발생할 수 있는 결함은?

① 초기 건조 균열이 발생한다.
② 콘크리트의 부등 침하에 의한 침하 수축 균열이 발생한다.
③ 시멘트, 골재 입자 등이 침하함으로써 물의 분리 상승 정도가 증가한다.
④ 블리딩에 의하여 콘크리트 표면에 미세한 물질이 떠올라 이음부의 약점이 된다.

해설 콘크리트의 경화를 촉진시키고 초기 수축 균열을 방지하기 위해 적절한 수분을 공급하고, 직사광선이나 바람에 의해서 수분이 증발하는 것을 방지해야 한다.

04 콘크리트 양생의 영향에 대하여 기술한 다음 설명 중 잘못된 것은?

① 습윤 양생 기간을 길게 하면 탄산화 속도가 늦어진다.
② 습윤 양생 기간을 길게 하면 장기 강도가 커진다.
③ 양생 온도를 높게 하면 조기 강도가 커진다.
④ 양생 온도를 높게 하면 장기 강도의 증가율이 커진다.

해설 양생 온도를 높게 하면 단기 강도는 증가하나 장기 강도가 감소하면서 수축과 균열이 발생한다.

05 고압 증기 양생에 대한 설명으로 틀린 것은?

① 고압 증기 양생을 실시하면 황산염에 대한 저항성이 향상된다.
② 고압 증기 양생을 실시하면 보통 양생한 콘크리트에 비해 철근의 부착 강도가 크게 향상된다.
③ 고압 증기 양생을 실시하면 백태 현상을 감소시킨다.
④ 고압 증기 양생을 실시한 콘크리트는 어느 정도의 취성이 있다.

해설 고압 증기 양생을 실시한 콘크리트는 보통 양생한 것에 비해 철근의 부착강도가 약 1/2이 되므로 철근 콘크리트 부재에 적용하는 것은 바람직하지 못하다.

06 고압 증기 양생에 대한 설명으로 틀린 것은?

① 고압 증기 양생한 콘크리트는 어느 정도의 취성을 갖는다.
② 고압 증기 양생한 콘크리트는 보통 양생한 것에 비해 철근의 부착 강도가 약 1/2이 되므로 철근 콘크리트 부재에 적용하는 것은 바람직하지 못하다.
③ 고압 증기 양생한 콘크리트는 보통 양생한 것에 비해 백태 현상이 감소된다.
④ 고압 증기 양생한 콘크리트는 보통 양생한 것에 비해 열팽창 계수와 탄성 계수가 매우 작다.

해설 콘크리트의 열팽창 계수와 탄성 계수는 고압 증기 양생에 따른 영향을 받지 않는 것으로 본다.

07 콘크리트 양생에 관한 설명으로 옳은 것은?

① 강한 햇빛이나 바람의 영향을 받는 콘크리트 표면은 소성 수축 균열을 일으키지 않도록 양생한다.
② 초기 재령 시의 건조는 단기적으로는 강도 발현을 저하시키지만, 장기적인 강도 발현과 내구성에는 영향을 미치지 않는다.
③ 고로 시멘트나 플라이 애시 시멘트를 이용하는 경우의 습윤 양생 기간은 보통 포틀랜드 시멘트의 경우보다 짧게 한다.
④ 콘크리트가 빙점하의 온도에만 노출되지 않으면 응결 및 경화에는 전혀 지장이 없다.

해설 ·초기 재령 시의 건조는 단기적으로 강도 발현이 저하되고 장기적인 강도 발현과 내구성에도 영향을 미친다.
·일평균 기온 15℃ 이상일 시 고로 시멘트나 플라이 애시 시멘트의 습윤 양생 기간은 7일이며, 보통 포틀랜드 시멘트의 습윤 양생 기간은 5일이다.
·콘크리트가 빙점 하의 온도 이외에도 양생 온도 및 양생 기간을 정해야 응결 및 경화에 전혀 지장이 없다.

08 콘크리트 양생 방법 중 고압 증기 양생에 대한 설명으로 틀린 것은?

① 고압 증기 양생을 실시하면 보통 양생한 것에 비해 철근의 부착 강도가 약 2배 정도로 향상된다.
② 고압 증기 양생은 치밀하고, 내구성이 있는 양질의 콘크리트를 만든다.
③ 고압 증기 양생을 실시한 콘크리트의 외관은 보통 양생한 포틀랜드 시멘트 콘크리트 색의 특징과 다르며, 흰색을 띤다.
④ 고압 증기 양생 기간에 가열 속도가 너무 빠르면 응결 경화 과정에서 해를 발생시킬 수 있으므로 빨라지지 않도록 하는 것이 좋다.

해설 고압 증기 양생한 콘크리트는 보통 양생한 것에 비해 철근의 부착 강도가 약 1/2이 되므로 철근 콘크리트 부재에 적용하는 것은 바람직하지 못하다.

09 오토클레이브(Autoclave) 양생에 대한 설명으로 틀린 것은?

① 양생 온도 180℃ 정도, 증기압 0.8MPa 정도의 고온 고압 상태에서 양생하는 방법이다.
② 오토클레이브 양생은 고강도 콘크리트를 얻을 수 있어 철근 콘크리트 부재에 적용할 경우 특히 유리하다.
③ 오토클레이브 양생을 실시한 콘크리트는 어느 정도의 취성을 가지게 된다.
④ 오토클레이브 양생을 실시한 콘크리트의 외관은 보통 양생한 포틀랜드 시멘트 콘크리트 색의 특징과 다르며, 흰색을 띤다.

해설 고압 증기(오토클레이브) 양생한 콘크리트는 보통 양생한 것에 비해 철근의 부착 강도가 약 1/2이 되므로 철근 콘크리트 부재에 적용하는 것은 바람직하지 못하다.

■ **시공 이음**
- 먼저 친 콘크리트 표면에 돌, 철근 등을 끼워 놓고 새로운 콘크리트를 타설하면 신, 구 콘크리트가 일체로 되어 수평력에 지장이 없게 된다.
- 시공 이음은 될 수 있는 대로 전단력이 적은 위치에 설치하고, 부재의 압축력이 작용하는 방향과 직각이 되도록 하는 것이 원칙이다.
- 부득이 전단이 큰 위치에 시공 이음을 설치할 경우에는 시공 이음에 장부 또는 홈을 두거나 적절한 강재를 배치하여 보강하여야 한다.

• **수평 시공 이음**
- 수평 시공 이음이 거푸집에 접하는 선은 될 수 있는 대로 수평한 직선이 되도록 한다.
- 역방향 타설 콘크리트의 시공 시에서는 콘크리트의 침하를 고려하여 시공 이음이 일체가 되도록 콘크리트의 재료, 배합 및 시공 방법을 선정하여야 한다.

• **연직 수평 이음**
- 구 콘크리트의 시공 이음면은 쇠솔이나 쪼아내기 등에 의하여 거칠게 하고, 수분을 충분히 흡수시킨 후에 시멘트 페이스트, 모르타르 또는 습윤면용 에폭시 수지 등을 바른 후 새 콘크리트를 타설하여 이어 나가야 한다.
- 일반적으로 연직 시공 이음부의 거푸집을 제거시키는 콘크리트를 타설하고 난 후 여름에는 4 ~ 6시간 정도, 겨울에는 10 ~ 15시간 정도로 한다.

• 바닥틀과 일체로 된 기둥, 벽의 시공 이음 : 바닥틀과 일체로 된 기둥 또는 벽의 시공이음은 바닥틀과의 경계 부근에 설치하는 것이 좋다.
• 바닥틀의 시공 이음 : 바닥틀의 시공 이음은 슬래브 또는 보의 경간 중앙부 부근에 두어야 한다.
• 아치의 시공 이음 : 아치의 시공 이음은 아치축에 직각 방향이 되도록 설치하여야 한다.

■ **신축 이음**
- 콘크리트 구조물의 온도 변화, 건조 수축, 기초의 부등 침하 등에서 생기는 균열을 방지하기 위해서 설치하는 것이 신축 이음(expansion joint)이다.
- 신축 이음은 양쪽의 구조물 혹은 부재가 구속되지 않는 구조이어야 한다.
- 신축 이음에는 필요에 따라 이음재, 지수판 등을 배치하여야 한다.
- 신축 이음의 단차를 피할 필요가 있는 경우에는 장부나 홈을 두든가 전단 연결재를 사용하는 것이 좋다.
- 지수판 재료로는 동판, 스테인리스판, 염화비닐수지, 고무 제품 등이 사용되고 있다.

■ **균열 유발 이음**
- 콘크리트 구조물은 온도 변화, 건조 수축 등에 의해서 균열이 발생하기 쉽다. 이러한 이유로 균열을 정해진 장소에 집중시킬 목적으로 단면 결손부를 설치하는 것이 균열 유발 이음이다.
- 균열 유발 이음의 간격은 부재 높이의 1배 이상에서 2배 이내 정도로 하고 단면의 결손율은 20%를 약간 넘을 정도로 하는 것이 좋다.

□□□ 기 03
01 콘크리트 구조물은 온도 변화, 건조 수축 등에 의해서 균열이 발생되기 쉽다. 이러한 이유로 균열을 정해진 장소에 집중시킬 목적으로 단면 결손부를 설치하는데 이것을 무엇이라고 하는가?

① 수축 이음
② 신축 이음
③ 시공 이음
④ 콜드 조인트(Cold joint)

해설 수축 이음(균열 유발 줄눈)
- 기능 : 균열 제어를 목적으로 설치한다.
- 위치 : 온도 변화, 건조 수축에 의한 균열 방지 목적으로 소정 간격으로 단면의 결손부를 설치한다.

□□□ 기 14
02 일반적으로 연직 시공 이음부의 거푸집 제거 시기는 콘크리트를 타설하고 난 후 얼마 정도 후에 실시하는 것이 좋은가? (단, 여름의 경우)

① 4 ~ 6시간 정도　　② 10 ~ 15시간 정도
③ 1 ~ 2일 정도　　　④ 2 ~ 3일 정도

해설 연직 시공 이음부의 거푸집 제거 시기는 콘크리트를 타설하고 난 후 여름에는 4 ~ 6시간 정도, 겨울에는 10 ~ 15시간 정도로 한다.

□□□ 기 03,07,13
03 콘크리트 구조물은 온도 변화, 건조 수축 등에 의해서 균열이 발생되기 쉽다. 이러한 이유로 균열을 정해진 장소에 집중시킬 목적으로 단면 결손부를 설치하는데 이것을 무엇이라고 하는가?

① 균열 유발 줄눈　　② 신축 이음
③ 시공 이음　　　　④ 콜드 조인트(Cold joint)

해설 균열의 제어를 목적으로 균열 유발 줄눈을 설치할 경우 구조물의 강도 및 기능을 해치지 않도록 그 구조 및 위치를 정하여야 한다.

■ 콘크리트의 압축 강도를 시험할 경우 거푸집의 해체 시기

부재	콘크리트의 압축 강도(f_{cu})
기초, 보, 기둥, 벽 등의 측면	5MPa 이상
슬래브 및 보의 밑면, 아치 내면 (단층구조의 경우)	설계 기준 압축 강도×2/3배 이상 ($f_{cu} \geq 2/3 f_{ck}$) 또한, 최소 14MPa 이상

■ 콘크리트의 압축 강도를 시험하지 않을 경우 거푸집 널의 해체 시기(기초, 보, 기둥 및 벽의 측면)

시멘트의 종류 평균 기온	조강 포틀랜드 시멘트	보통 포틀랜드 시멘트 고로 슬래그 시멘트(1종) 포틀랜드 포졸란 시멘트(1종) 플라이 애시 시멘트(1종)	고로 슬래그 시멘트(2종) 포틀랜드 포졸란 시멘트(2종) 플라이 애시 시멘트(2종)
20℃ 이상	2일	4일	5일
20℃ 미만 10℃ 이상	3일	6일	8일

■ 거푸집 및 동바리 구조 계산
- 동바리의 설계는 강도뿐만이 아니라 변형에 대해서도 고려한다.
- 연직 방향 하중은 고정 하중 및 공사 중 발생하는 활하중으로 다음의 값을 적용한다.

- 고정하중은 철근 콘크리트와 거푸집의 중량을 고려하여 합한 하중이며, 콘크리트의 단위 중량은 철근의 중량을 포함하여 보통 콘크리트 24kN/m³, 제1종 경량 콘크리트 20kN/m³, 그리고 제2종 경량 콘크리트 17kN/m³를 적용한다.
- 거푸집 하중은 최소 0.4kN/m² 이상을 적용한다.
- 특수 거푸집의 경우에는 그 실제의 중량을 적용하여 설계한다.
- 활하중은 구조물의 수평 투영 면적(연직방향으로 투영시킨 수평 면적)당 최소 2.5kN/m² 이상으로 하여야 한다.
- 고정 하중과 활하중을 합한 연직 하중은 슬래브 두께에 관계없이 최소 5.0kN/m² 이상, 전동식 카드 사용 시에는 최소 6.25kN/m² 이상을 고려하여 거푸집 및 동바리를 설계한다.
- 수평 하중은 고정 하중 및 공사 중 발생하는 활하중으로 다음의 값을 적용한다.
- 동바리에 작용하는 수평 방향 하중으로는 고정 하중의 2% 이상 또는 동바리 상단의 수평 방향 단위 길이당 1.5kN/m 이상 중에서 큰 쪽의 하중이 동바리 머리 부분에 수평 방향으로 작용하는 것으로 가정한다.
- 옹벽과 같은 거푸집의 경우에는 거푸집 측면에 대하여 0.5 kN/m 이상의 수평 방향 하중이 작용하는 것으로 본다.
- 그 밖에 풍압, 유수압, 지진 등의 영향을 크게 받을 때에는 별도로 이들 하중을 고려한다.
- 거푸집 설계에서는 굳지 않은 콘크리트의 측압을 고려하여야 한다.
- 목재 거푸집 및 수평 부재는 등분포 하중이 작용하는 단순보로 검토하여야 한다.

□□□ 기 09

01 거푸집 및 동바리의 해체 시 주의할 점 중 옳지 않은 것은?

① 일반적으로 거푸집 및 동바리는 콘크리트가 자중 및 시공 중에 가해지는 하중에 충분히 견딜 만한 강도를 가질 때까지 해체해서는 안 된다.
② 거푸집을 해체하는 순서는 하중을 많이 받는 부분을 먼저 떼어 내고, 그다음에 남는 중요하지 않은 부분을 떼어 내야 한다.
③ 슬래브 및 보의 밑면은 콘크리트의 압축 강도 크기가 설계 기준 강도의 2/3 이상이고, 14MPa 이상이면 거푸집을 떼어 낼 수 있다.
④ 확대 기초, 보 옆, 기둥 등의 측벽은 콘크리트의 압축 강도 크기가 5MPa 이상이면 거푸집을 떼어 낼 수 있다.

해설 거푸집을 떼어 내는 순서는 비교적 하중을 받지 않은 부분을 먼저 떼어 낸 후, 나머지 중요한 부분을 떼어 내는 것으로 한다.

□□□ 기 09,13,17,18

02 거푸집 및 동바리의 구조 계산에 관한 설명으로 옳지 않은 것은?

① 고정 하중은 철근 콘크리트와 거푸집의 중량을 고려하여 합한 하중이며, 철근의 중량을 포함한 콘크리트의 단위 중량은 보통 콘크리트에서는 24kN/m³ 이상을 적용한다.
② 활하중은 작업원, 경량의 장비 하중, 기타 콘크리트 타설에 필요한 자재 및 공구 등의 시공 하중, 그리고 충격 하중을 포함한다.
③ 동바리에 작용하는 수평 방향 하중으로는 고정 하중의 2% 이상 또는 동바리 상단의 수평 방향 단위 길이당 1.5kN/m 이상 중에서 큰 쪽의 하중이 동바리 머리 부분에 수평 방향으로 작용하는 것으로 가정한다.
④ 옹벽과 같은 거푸집의 경우에는 거푸집 측면에 대하여 5.0kN/m² 이상의 수평 방향 하중이 작용하는 것으로 본다.

해설 옹벽과 같은 거푸집의 경우에는 거푸집 측면에 대하여 0.5kN/m² 이상의 수평 방향 하중이 작용하는 것으로 본다.

□□□ 기 11,14,17,18
03 거푸집 및 동바리의 구조를 계산할 때 연직 하중에 대한 설명으로 틀린 것은?

① 고정 하중으로서 콘크리트의 단위 중량은 철근의 중량을 포함하여 보통 콘크리트인 경우 20kN/m³를 적용하여야 한다.
② 고정 하중으로서 거푸집 하중은 최소 0.4kN/m² 이상을 적용하여야 한다.
③ 특수 거푸집이 사용된 경우에는 고정 하중으로 그 실제의 중량을 적용하여 설계하여야 한다.
④ 활하중은 구조물의 수평 투영 면적(연직 방향으로 투영시킨 수평 면적)당 최소 2.5kN/m² 이상으로 하여야 한다.

해설 고정 하중으로서 콘크리트의 단위 중량은 철근의 중량을 포함하여 보통 콘크리트인 경우 24kN/m³를 적용하여야 한다.

□□□ 기 13,17
04 거푸집 및 동바리 구조 계산에 대한 설명으로 틀린 것은?

① 고정 하중은 철근 콘크리트와 거푸집의 중량을 고려하여 합한 하중이며, 콘크리트의 단위 중량은 철근의 중량을 포함하여 보통 콘크리트에서는 24kN/m³을 적용한다.
② 활하중은 구조물의 수평 투영 면적(연직 방향으로 투영시킨 수평 면적)당 최소 2.5kN/m² 이상으로 하여야 한다.
③ 고정 하중과 활하중을 합한 연직 하중은 슬래브 두께에 관계없이 최소 5.0kN/m² 이상을 고려하여 거푸집 및 동바리를 설계하여야 한다.
④ 목재 거푸집 및 수평 부재는 집중 하중이 작용하는 캔틸레버로 검토하여야 한다.

해설 목재 거푸집 및 수평 부재는 등분포 하중이 작용하는 단순보로 검토하여야 한다.

□□□ 기 03,10
05 거푸집 및 동바리를 떼어 내는 시기는 많은 요인에 따라 다르므로 떼어 내는 시기를 잘못 잡음으로 큰 재해를 일으키는 경우가 많다. 철근 콘크리트에서 거푸집을 떼어 내도 좋은 시기를 압축 강도의 값으로 할 경우 기둥, 벽, 보의 측면인 경우 최소 얼마의 값이면 떼어 내도 좋은가? (단, 단층구조)

① 2MPa
② 3.5MPa
③ 5.0MPa
④ 8.0MPa

해설

기초, 보, 기둥, 벽 등의 측면	5.0MPa 이상
슬래브, 보의 밑면, 아치의 내면 (단층구조)	14MPa 이상

□□□ 기 05,13,16
06 콘크리트의 압축강도를 시험하여 슬래브 및 보밑면의 거푸집과 동바리를 떼어낼 때 콘크리트 압축강도 기준값으로 옳은 것은?

① 설계기준압축강도×1/3 이상, 14MPa 이상
② 설계기준압축강도×2/3 이상, 14MPa 이상
③ 설계기준압축강도×1/3 이상, 10MPa 이상
④ 설계기준압축강도×2/3 이상, 10MPa 이상

해설 콘크리트의 압축강도를 시험할 경우

부재	콘크리트의 압축강도(f_{cu})
기초, 보, 기둥, 벽 등의 측면	5 MPa 이상
슬래브 및 보의 밑면, 아치 내면 (단층구조의 경우)	설계기준압축강도×2/3 ($f_{cu} \geq 2/3 f_{ck}$) 다만, 14 MPa 이상

□□□ 기 05,10,13,15,17,18,21
07 콘크리트의 압축강도를 시험하여 거푸집널을 해체하고자 할 때 아래 표와 같은 조건에서 콘크리트 압축강도는 얼마 이상인 경우 해체가 가능한가?

- 슬래브 밑면의 거푸집널(단층구조)
- 콘크리트 설계기준 압축강도 : 24MPa

① 5MPa
② 10MPa
③ 14MPa
④ 16MPa

해설 슬래브 및 보의 밑면, 아치 내면
설계기준강도×2/3 ≥14MPa
$\therefore \dfrac{2}{3} f_{ck} = \dfrac{2}{3} \times 24 = 16 \geq 14MPa$

| memo |

047 PSC의 특징

- PSC(프리스트레스트 콘크리트)는 RC(철근 콘크리트)에 비하여 고강도의 콘크리트와 강재를 사용한다.
- PSC는 설계 하중이 작용하더라도 균열이 발생하지 않는다.
- RC는 중립축을 경계로 하여 인장측의 콘크리트를 무시하지만, PSC는 설계 하중이 작용하더라도 균열이 발생하지 않으므로, 전체 단면이 유효하게 작용한다.
- PSC 부재의 처짐은 작고, 또 프리스트레싱에 의해 보가 위로 솟아오르기 때문에 고정 하중을 받을 때의 처짐도 작다.
- PSC 구조는 안전성이 높다.
- PSC는 RC에 비하여 강성이 작아서, 변형이 크고 진동하기가 쉽다.
- 고강도 강재는 높은 온도에 접하면 갑자기 강도가 감소하므로, PSC는 RC보다 내화성에 대하여 불리하다.
- 콘크리트는 도입된 프리스트레스만큼의 크기의 인장 응력에 견딜 수 있기 때문에, 인장 부재로도 사용할 수 있다.

□□□ 기 08,14

01 프리스트레스트 콘크리트(PSC)와 철근 콘크리트(RC)의 비교에 대한 설명으로 잘못된 것은?

① PSC는 균열이 발생하지 않도록 설계되기 때문에 내구성 및 수밀성이 좋다.
② PSC는 RC에 비하여 고강도의 콘크리트와 강재를 사용하게 된다.
③ PSC는 RC에 비하여 훨씬 탄성적이고 복원성이 크다.
④ PSC는 RC에 비하여 강성이 커서 변형이 작고 진동에 강하다.

해설 PSC는 RC에 비하여 강성이 작아서 변형이 크고 진동하기 쉽다.

□□□ 기 10,16

02 프리스트레스트 콘크리트(PSC)를 철근 콘크리트(RC)와 비교할 때 사용 재료와 역학적 성질의 특징에 대한 설명으로 틀린 것은?

① 부재 전단면의 유효한 이용
② 부재의 탄성과 복원성이 뛰어남
③ 긴장재로 인한 자중과 전단력의 증가
④ 고강도 콘크리트와 고강도 강재의 사용

해설 긴장재로 인한 자중과 전단력이 감소한다.

□□□ 기 07,10,14

03 프리스트레스트 콘크리트 구조물이 철근 콘크리트 구조물보다 유리한 점을 설명한 것 중 옳지 않은 것은?

① 사용 하중하에서는 균열이 발생하지 않도록 설계되기 때문에 내구성 및 수밀성이 우수하다.
② 콘크리트의 전단면을 유효하게 이용할 수 있어 동일한 하중에 대해 부재 처짐이 작다.
③ 충격 하중이나 반복 하중에 대해 저항력이 매우 크며 부재의 중량을 줄일 수 있어 장대 교량에 유리하다.
④ 강성이 크기 때문에 변형이 작고, 고온에 대한 저항력이 우수하다.

해설 PSC 구조는 안전성이 높지만 RC에 비하여 강성이 작아서, 변형이 크고 진동하기가 쉽다.

□□□ 기 08,14,17

04 프리스트레스트 콘크리트의 특징으로 틀린 것은?

① 철근콘크리트에 비하여 고강도의 콘크리트와 강재를 사용한다.
② 철근콘크리트에 비하여 탄성적이고 복원성이 크다.
③ 철근콘크리트 보에 비하여 복부의 폭을 얇게 할 수 있어서 부재의 자중이 경감된다.
④ 철근콘크리트에 비하여 강성이 크므로 변형 및 진동이 작다.

해설 철근콘크리트에 비하여 강성이 작아서 변형이 크고 진동하기 쉽다.

048 PSC의 재료

- **굵은 골재의 최대 치수**
- 굵은 골재의 최대 치수는 25mm를 표준으로 한다.
- 부재 치수, 철근 간격, 펌프 압송 등의 사정에 따라 20mm를 사용할 수 있다.

- **PS 강재에 요구되는 성질**
- 인장 강도가 높아야 한다.
- 항복비가 커야 한다.
- 릴랙세이션(relaxation)이 작아야 한다.
- 적당한 연성과 인성이 있어야 한다.
- 응력 부식에 대한 저항성이 커야 한다.
- PS 강재와 콘크리트와의 부착 강도가 커야 한다.
- 어느 정도의 피로 강도를 가져야 한다.
- 직선성이 좋아야 한다.

- **PSC 그라우팅의 품질**
- 블리딩률은 0%를 표준으로 한다.
- 팽창률은 비팽창성 그라우트에서는 $-0.5 \sim 0.5\%$를 표준으로 한다.
- 팽창률은 팽창성 그라우트에서는 $0 \sim 10\%$를 표준으로 한다.
- 팽창성 타입의 재령 28일의 압축 강도는 20MPa 이상이어야 한다.
- PSC 그라우트 중에 염화물 이온량의 총량은 0.3kg/m^3 이하로 한다.
- PSC 그라우트의 물-결합재비는 45% 이하로 한다.

□□□ 기 03,09,12

01 프리스트레스트 콘크리트(PSC)에서 굵은 골재의 최대 치수는 일반적인 경우 얼마를 표준으로 하나?

① 15mm ② 25mm
③ 40mm ④ 50mm

해설 PSC에서 굵은 골재의 최대 치수
· 굵은 골재의 최대 치수는 보통의 경우는 25mm를 표준으로 한다.
· 부재 치수, 철근 간격, 펌프 압송 등의 사정에 따라 20mm를 사용할 수도 있다.

□□□ 기 00,02,05,06,07,11,15,17

02 프리스트레스트 콘크리트에 사용하는 그라우트에 대한 설명으로 틀린 것은?

① 팽창성 그라우트의 팽창률은 $0 \sim 10\%$를 표준으로 한다.
② 블리딩률은 5% 이하이어야 한다.
③ 팽창성 그라우트의 재령 28일의 압축 강도는 20MPa 이상을 표준으로 한다.
④ 물-결합재비는 45% 이하이어야 한다.

해설 블리딩률은 0%를 표준으로 한다.

□□□ 기 10,13,18

03 프리스트레스트 콘크리트에 대한 설명으로 틀린 것은?

① 굵은 골재 최대 치수는 보통의 경우 25mm를 표준으로 한다.
② 팽창성 그라우트의 재령 28일 압축 강도는 최소 25MPa 이상이어야 한다.
③ 프리텐션 방식에서는 프리스트레싱할 때 콘크리트 압축 강도가 30MPa 이상이어야 한다.
④ 팽창성 그라우트의 팽창률은 $0 \sim 10\%$를 표준으로 한다.

해설 팽창성 타입의 재령 28일의 압축 강도는 20MPa 이상이어야 한다.

□□□ 기 12

04 프리스트레스트 콘크리트 그라우트의 덕트 내의 충전성을 확보하기 위한 조건으로 틀린 것은?

① 블리딩률은 0%를 표준으로 한다.
② 비팽창성 그라우트에서의 팽창률은 $-0.5 \sim 0.5\%$를 표준으로 한다.
③ 팽창성 그라우트에서의 팽창률은 $0 \sim 10\%$를 표준으로 한다.
④ 물-결합재비는 55% 이하로 한다.

해설 프리스트레스트 콘크리트 그라우트의 물-결합재비는 45% 이하로 한다.

□□□ 기 09

05 다음 중 프리스트레스트 콘크리트에 대한 설명으로 옳지 않은 것은?

① PSC 그라우트에 사용하는 혼화제는 블리딩 발생이 없는 타입의 사용을 표준으로 한다.
② 강재의 부식 저항성은 일반적으로 비빌 때의 PSC 그라우트 중에 함유되는 염화물 이온의 총량으로 설정한다.
③ 굵은 골재 최대 치수는 보통의 경우 25mm를 표준으로 한다. 그러나 부재 치수, 철근 간격, 펌프 압송 등의 사정에 따라 20mm를 사용할 수도 있다.
④ 프리텐션 방식으로 프리스트레싱할 때의 콘크리트 압축 강도는 40MPa 이상이어야 한다.

해설 프리텐션 방식으로 프리스트레싱할 때의 콘크리트 압축 강도는 30MPa 이상이어야 한다.

□□□ 기 13

06 프리스트레스트 콘크리트에 쓰이는 콘크리트에 요구되는 성질 중 옳지 않은 것은?

① 높은 압축 강도 ② 적은 건조 수축
③ 적은 크리프 ④ 최대 물-시멘트비

해설 최소 물-시멘트비를 가질 것

---

049 PSC의 기본 개념

■ **응력 개념(균등질 보의 개념)**
RC는 취성 재료이므로 인장측의 응력을 무시했으나 PSC는 탄성 재료로서 인장측 응력도 유효한 균등질 보로 생각하는 개념

■ **강도 개념(내력 모멘트 개념)**
RC에서와 같이 압축력은 콘크리트가 받고 인장력은 PS 강재가 받아 두 힘의 우력이 외력 모멘트에 저항하도록 한다는 개념

■ **하중 개념(하중 평형의 개념 = 등가 하중 개념)**
부재에 작용하는 외력(하중)의 일부 또는 전부를 프리스트레스 힘으로 평형시키겠다는 개념

□□□ 기 99,01,07,12,15,21

01 프리스트레스트 콘크리트의 원리를 설명하는 3가지 방법 중 속하지 않는 것은?

① 균등질 보의 개념
② 내력 모멘트의 개념
③ 모멘트 분배의 개념
④ 하중 평형의 개념

해설 PSC의 기본 개념
· 응력 개념(균등질 보의 개념)
· 강도 개념(내력 모멘트 개념)
· 하중 개념(하중 평형의 개념 = 등가 하중 개념)

050 PSC 강재의 정착 공법 분류

■ **쐐기식 공법**
마찰 저항을 이용한 쐐기로 정착하는 공법
· 프레시네 공법(프랑스)
· VSL 공법(스위스)
· CCL 공법(영국)
· Magnel 공법(벨기에)

■ **지압식 공법**
너트와 지압판에 의해 정착하는 공법
· BBRV 공법(스위스)
· Dywidag 공법(독일)
· Lee-McCall 공법(영국)

■ **루프식 공법**
루프형 강재의 부착이나 지압에 의해 정착하는 공법
· Leoba 공법(독일)
· Baur-Leonhardt 공법(독일)

□□□ 기 02

01 프리스트레싱 방법과 정착 방법에 따라 여러 가지 공법으로 분류되는 포스트텐션 방식의 정착 공법을 열거한 것으로 옳은 것은?

① PSM 공법, Dywidag 공법
② BBRV 공법, Dywidag 공법
③ Freyssinet 공법, 압출 공법(ILM)
④ 압출 공법(ILM), 이동 지보 공법(MSS)

해설 ■ PS 강재의 정착 공법
· 루프식 공법 : Leoba 공법, Baur-Leonhardt 공법
· 지압식 공법 : BBRV 공법, Dywidag 공법, Lee-McCall 공법
· 쐐기식 공법 : Freyssinet 공법, VSL 공법, CCL 공법, Magnel 공법
■ PS 교량의 가설 공법
· 압출 공법(ILM)
· 이동식 지보 공법(MSS)
· 캔틸레버 공법(FCM)
· 동바리 공법(FSM)

■ 프리스트레스의 도입과 손실
• 도입 시 손실 = 즉시 손실 = 즉시 감소
  • 정착 장치의 긴장재의 활동
  • PS 강재와 시스(덕트)사이의 마찰
  • 콘크리트의 탄성 변형(탄성 단축)
• 도입 후 손실 = 시간적 손실 = 시간적 감소
  • 콘크리트의 크리프
  • 콘크리트의 건조 수축
  • PS 강재의 릴랙세이션

■ 손실량의 계산
• 탄성 변형 손실 : PS 강재를 긴장할 때 콘크리트 단면이 단축되며, 이로 인한 긴장력의 감소를 말한다.
  • 프리텐션 부재

$$\Delta f_{pe} = n \cdot f_{ci}$$

  여기서, Δf_{pe} : 응력의 손실량
  n : 탄성 계수비
  f_{ci} : 프리스트레스 도입 직후의 콘크리트 응력

  • 포스트텐션 부재

$$\Delta f_{pe} = \frac{1}{2} n \cdot f_{ci} \frac{N-1}{N}$$

  여기서, f_{ci} : 프리스트레싱에 의한 긴장재 도심의 콘크리트의 압축 응력
  N : 긴장재의 긴장 횟수

• 활동에 의한 손실

$$\Delta f_{pa} = E_p \cdot \frac{\Delta l}{l}$$

  여기서, E_p : 강재의 탄성 계수 l : 긴장재의 길이
  Δl : 정착 장치에서 긴장재의 활동량

• 크리프 손실 : 콘크리트의 크리프에 의한 손실

$$\Delta f_{pe} = \varphi \cdot n \cdot f_{ci}$$

  여기서, φ : 크리프 계수
• 건조 수축 손실 : 콘크리트의 건조 수축에 의한 손실

$$\Delta f_{ps} = E \cdot \varepsilon = E_p \cdot \varepsilon_{cs}$$

  여기서, ε_{cs} : PS 강재가 위치한 곳의 콘크리트 건조 수축 변형률
• 릴랙세이션 손실 : PS 강재의 릴랙세이션에 의한 손실

$$\Delta f_{pr} = \gamma \cdot f_{pi}$$

  여기서, γ : PS 강재의 겉보기 릴랙세이션 값
  (PS 강선 : 5%, PS강봉 : 3%)
  f_{pi} : 초기 인장력

■ 유효율

$$R = \frac{P_e}{P_i}$$

■ 감소율

$$\frac{P_i - P_e}{P_i} = 1 - R$$

  여기서, R : 유효율
  P_i : 초기 프리스트레스 힘 = 즉시 손실 후의 힘
  P_e : 유효 프리스트레스 힘 = 시간적 손실 후의 힘

□□□ 기 02,04,09,12,16

01 PSC 부재의 프리스트레스 감소 원인 중 프리스트레스를 도입한 후 생기는 것은?

① PS 강선의 릴랙세이션   ② 정착단 활동
③ PS 강재와 쉬스의 마찰   ④ 콘크리트의 탄성 변형

해설 프리스트레스의 손실

도입 시 손실	도입 후 손실
• 정착 장치의 긴장재의 활동	• 콘크리트의 크리프
• PS 강재와 시스(덕트) 사이의 마찰	• 콘크리트의 건조 수축
• 콘크리트의 탄성 변형(탄성 단축)	• PS 강재의 릴랙세이션

□□□ 기 06

02 콘크리트의 단면이 300×400mm인 직사각형 단면의 도심에 PS 강선을 배치하여 초기 프리스트레스 $P_i = 400$kN을 프리텐션 공법으로 긴장시킬 때 콘크리트의 탄성 변형에 의한 프리스트레스의 손실량은 얼마인가? (단, 탄성 계수비 $n = 6$)

① 10MPa   ② 15MPa
③ 20MPa   ④ 30MPa

해설 $\Delta f_p = n \cdot \dfrac{P}{A_c}$

$= 6 \times \dfrac{400 \times 10^3}{300 \times 400} = 20\text{MPa}$

□□□ 기 06,08,19②
03 양단이 정착된 프리텐션 부재의 한 단에서의 활동량이 2mm이고, 양단 활동량이 4mm일 때 강재의 길이가 10m 라면 이때의 프리스트레스 감소량으로 맞는 것은? (단, 긴장재의 탄성 계수(E_p) = 2.0×10^5 MPa)

① 80MPa ② 100MPa

③ 120MPa ④ 140MPa

해설 $\Delta f = E_p \cdot \dfrac{\Delta l}{l}$

$= 2.0 \times 10^5 \times \dfrac{4}{10,000} = 80 \text{MPa}$

□□□ 기 02,04,09,12,16
04 다음 중 프리스트레스트 콘크리트의 프리스트레스 감소의 원인이 아닌 것은?

① 강재의 릴렉세이션 ② 콘크리트의 건조수축

③ 콘크리트의 크리프 ④ 쉬스관의 크기

해설 프리스트레스의 손실

도입시 손실	도입 후 손실
·정착 장치의 긴장재의 활동	·콘크리트의 크리프
·PS강재와 시스(덕트)사이의 마찰	·콘크리트의 건조 수축
·콘크리트의 탄성 변형(탄성 단축)	·PS 강재의 릴렉세이션

---

052 **콘크리트의 응력 해석의 가정(균열 발생 전)**

• 단면의 변형도는 중립축에서의 거리에 비례한다.
• 콘크리트와 PS 강재 및 보강 철근을 탄성체로 한다.
• 콘크리트의 전단면은 유효하다고 본다.
• 긴장재를 부착시키기 전 덕트의 단면적은 공제한다.
• 부착시킨 긴장재 및 보강 철근 또는 프리텐션 부재는 콘크리트 단면으로 한다.

□□□ 기 07,11
01 프리스트레스트 콘크리트에 관한 설명으로 옳은 것은?

① PS 강재의 릴랙세이션은 큰 쪽이 유리하다.
② 모든 보의 경우는 파괴 직전까지 휨 균열이 발생하지 않도록 설계된다.
③ PS 강재와 콘크리트의 부착을 무시하고 설계되는 경우도 있다.
④ 콘크리트 공장 제품에는 포스트텐션 방식이 사용되지 않는다.

해설 ·PS 강재의 릴랙세이션은 작은 쪽이 유리하다.
·모든 보의 경우는 파괴 직전까지 휨 균열이 발생하도록 설계된다.
·콘크리트 공장 제품에는 포스트텐션 방식이 사용된다.

□□□ 기 04
02 프리스트레스트 콘크리트의 균열발생 전에 단면에 일어나는 응력을 해석하기 위한 가정으로 잘못된 것은?

① 단면의 변형률은 중립축으로부터의 거리에 비례한다.
② 콘크리트와 PS강재 및 보강철근은 탄성체로 본다.
③ 단면의 중립축을 경계로 인장측의 콘크리트 응력은 무시한다.
④ 긴장재를 부착시키기 전의 단면의 계산에 있어서는 덕트의 단면적을 공제한다.

해설 콘크리트의 응력 해석상의 가정(균열 발생 전)
·콘크리트의 전단면은 유효하다고 본다.
·단면의 변형도는 중립축에서의 거리에 비례한다.
·콘크리트와 PS 강재 및 보강 철근을 탄성체로 한다.
·긴장재를 부착시키기 전의 단면의 계산에 있어서는 덕트의 단면적은 공제한다.
·부착시킨 긴장재 및 보강 철근 또는 프리텐션 부재는 콘크리트 단면으로 환산한다.

053 프리스트레싱할 때의 콘크리트 압축 강도

- 프리텐션 방식에 있어서는 콘크리트의 압축 강도는 30MPa 이상이어야 한다.
- 실험이나 기존의 적용 실적 등을 통해 안정성이 증명된 경우, 이를 25MPa로 하향 조절할 수 있다.
- 어느 정도의 안전도를 확보하기 위하여 프리스트레스를 준 직후 콘크리트에 일어나는 최대 압축 응력의 1.7배 이상이어야 한다.
- 프리스트레싱할 때 긴장재에 인장력을 설계값 이상으로 주었다가 다시 설계값으로 낮추는 방법으로 시공하지 않아야 한다.

□□□ 기 02,06,12,14,17,18
01 프리스트레스트 콘크리트에 있어서 프리스트레싱을 할 때의 콘크리트의 압축 강도는 프리스트레스를 준 직후 콘크리트에 일어나는 최대 압축 응력의 최소 몇 배 이상이어야 하는가?

① 1.3배   ② 1.5배
③ 1.7배   ④ 2.0배

해설 프리스트레싱할 때의 콘크리트 강도
- 프리스트레스를 준 직후의 콘크리트에 일어나는 최대 압축 응력의 1.7배 이상이어야 한다.
- 프리텐션 방식에 있어서는 콘크리트의 압축 강도는 30MPa 이상이어야 한다.

□□□ 기 01,03,05,07,09,19
02 프리텐션 방식의 프리스트레싱을 할 때 콘크리트의 압축 강도는 최소 몇 MPa 이상이어야 하는가?

① 25   ② 30
③ 35   ④ 40

해설 프리텐션 방식에 있어서는 프리스트레스를 줄 때의 압축 강도를 30MPa 이상으로 규정하는 것은 긴장재와 콘크리트 사이의 충분한 부착 강도를 고려한 것이다.

□□□ 기 11
03 프리텐션 방식의 프리스트레스트 콘크리트에서 프리스트레싱을 할 때의 콘크리트 압축 강도는 얼마 이상을 기준으로 하는가? (단, 실험이나 기존의 적용 실적 등을 통해 안전성이 증명된 경우는 제외한다.)

① 30MPa   ② 35MPa
③ 40MPa   ④ 45MPa

해설 프리스트레싱할 때의 콘크리트 압축 강도는 프리텐션 방식으로 시공할 경우 30MPa 이상이어야 한다.

□□□ 기 11
04 프리스트레싱할 때의 콘크리트 압축 강도에 대한 설명으로 옳은 것은?

① 프리스트레스를 준 직후, 콘크리트에 일어나는 최대 인장 응력의 2.5배 이상이어야 한다.
② 프리텐션 방식에 있어서 콘크리트의 압축 강도는 40MPa 이상이어야 한다.
③ 포스트텐션 방식에 있어서 콘크리트에 일어나는 최대 압축 강도는 20MPa 이상이어야 한다.
④ 프리스트레스를 준 직후, 콘크리트에 일어나는 최대 압축 응력의 1.7배 이상이어야 한다.

해설 프리스트레싱할 때의 콘크리트 강도
- 프리스트레스를 준 직후의 콘크리트에 일어나는 최대 압축 응력의 1.7배 이상이어야 한다.
- 프리텐션 방식에 있어서는 콘크리트의 압축 강도는 30MPa 이상이어야 한다.

□□□ 기 10
05 프리스트레스트 콘크리트에 대한 설명으로 틀린 것은?

① 프리스트레스트 콘크리트 그라우트에 사용하는 혼화제는 블리딩 발생이 없는 타입의 사용을 표준으로 한다.
② 굵은 골재 최대 치수는 보통의 경우 25mm를 표준으로 한다.
③ 그라우트 시공은 프리스트레싱이 끝나고 즉시 하여야 하며, 어떤 경우에도 프리스트레싱이 끝난 후 1일 이내에 실시하여야 한다.
④ 거푸집은 부재가 완성된 후 소정의 형상이 되도록 프리스트레싱에 의한 콘크리트 부재의 변형을 고려하여 적절한 솟음을 두어야 한다.

해설 그라우트 시공은 프리스트레싱이 끝나고 8시간이 경과한 다음 가능한 한 빨리 하여야 하며 어떤 경우라도 프리스트레싱이 끝난 후 7일 이내에 실시하여야 한다.

□□□ 기 12
06 프리스트레스트 콘크리트에 대한 설명으로 틀린 것은?

① 프리텐션 방식으로 프리스트레싱할 때 콘크리트의 압축 강도는 30MPa 이상이어야 한다.
② 프리스트레스트 콘크리트 그라우트의 물−결합재비는 45% 이하로 하여야 한다.
③ 프리스트레싱할 때 긴장재에 인장력을 설계값 이상으로 주었다가 다시 설계값으로 낮추는 방법으로 시공하여야 한다.
④ 굵은 골재의 최대 치수는 보통의 경우 25mm를 표준으로 한다.

해설 프리스트레싱할 때 긴장재에 인장력을 설계값 이상으로 주었다가 다시 설계값으로 낮추는 방법으로 시공을 하지 않아야 한다.

□□□ 기 11,16,17

07 프리스트레스트 콘크리트에서 프리스트레싱에 대한 설명으로 틀린 것은?

① 긴장재에 대해 순차적으로 프리스트레싱을 실시할 경우는 각 단계에 있어서 콘크리트에 유해한 응력이 생기지 않도록 하여야 한다.

② 긴장재는 이것을 구성하는 각각의 PS 강재에 소정의 인장력이 주어지도록 긴장하여야 하는데. 이때 인장력을 설계 값 이상으로 주었다가 다시 설계값으로 낮추는 방법으로 시공하여야 한다.

③ 고온 촉진 양생을 실시한 경우, 프리스트레스를 주기 전에 완전히 냉각시키면 부재 간의 노출된 긴장재가 파단할 우려가 있으므로 온도가 내려가지 않는 동안에 부재에 프리스트레스를 주는 것이 바람직하다.

④ 프리스트레싱을 할 때의 콘크리트의 압축 강도는 어느 정도의 안전도를 확보하기 위하여 프리스트레스를 준 직후, 콘크리트에 일어나는 최대 압축 응력의 1.7배 이상이어야 한다.

> 해설 긴장재는 이것을 구성하는 각각의 PS 강재에 소정의 인장력이 주어지도록 긴장하여야 하는데. 이때 인장력을 설계값 이상으로 주었다가 다시 설계값으로 낮추는 방법으로 시공하지 않아야 한다.

□□□ 기 01,03,05,07,09,17

08 프리스트레스트 콘크리트에 대한 설명 중 틀린 것은?

① 긴장재에 긴장을 주는 시기에 따라서 포스트텐션 방식과 프리텐션방식으로 분류된다.

② 프리텐션방식에 있어서 프리스트레싱할 때의 콘크리트 압축강도는 20MPa 이상이어야 한다.

③ 프리스트레싱을 할 때의 콘크리트의 압축강도는 프리스트레스를 준 직후에 콘크리트에 일어나는 최대 압축 응력의 1.7배 이상이어야 한다.

④ 그라우트 시공은 프리스트레싱이 끝나고 8시간이 경과한 다음 가능한 한 빨리 하여야 한다.

> 해설 프리텐션방식에 있어서는 프리스트레스를 줄 때의 압축강도를 30MPa 이상으로 규정하는 것은 긴장재와 콘크리트 사이의 충분한 부착강도를 고려한 것이다.

054 긴장재의 배치

■ 포스트텐션 방식에 사용되고 있는 긴장재의 정착 장치

• 반지름 방향 또는 원주 방향의 쐐기 작용을 이용한 방법

• PS강선 또는 PS강봉의 단부에 나사 전조가공을 하여 너트로 정착하는 방법

• PS강선 또는 PS강봉의 단부에 헤딩(heading)가공을 하여 가공된 강재 머리에 의하여 정착하는 방법

• PS스트랜드의 슬리브의 외측에 나사를 깎아서 너트를 정착하는 방법

■ 거푸집 내에서 긴장재의 배치 오차

• 부재치수가 1m 미만일 때 : 5mm 넘기 않아야 한다.

• 부재치수가 1m 이상인 경우 : 부재치수의 1/200 이하로서 10mm를 넘지 않아야 한다.

• 어떠한 경우라도 10mm를 넘지 않아야 한다.

□□□ 기 08,17

01 포스트텐션 방식의 프리스트레스트 콘크리트에서 긴장재의 정착장치로 일반적으로 사용되는 방법이 아닌 것은?

① PS강봉을 갈고리로 만들어 정착시키는 방법

② 반지름 방향 또는 원주 방향의 쐐기 작용을 이용한 방법

③ PS강봉의 단부에 나사 전조가공을 하여 너트로 정착하는 방법

④ PS강봉의 단부에 헤딩(heading)가공을 하여 가공된 강재 머리에 의하여 정착하는 방법

> 해설 포스트텐션 방식에 사용되고 있는 긴장재의 정착 장치
> • 반지름 방향 또는 원주 방향의 쐐기 작용을 이용한 방법
> • PS강선 또는 PS강봉의 단부에 나사 전조가공을 하여 너트로 정착하는 방법
> • PS강선 또는 PS강봉의 단부에 헤딩(heading)가공을 하여 가공된 강재 머리에 의하여 정착하는 방법
> • PS스트랜드의 슬리브의 외측에 나사를 깎아서 너트를 정착하는 방법

□□□ 기 14,16

02 아래 표와 같은 조건의 프리스트레스트 콘크리트에서 거푸집 내에서 허용되는 긴장재의 배치오차 한계로서 옳은 것은?

> 도심 위치 변동의 경우로서 부재치수가 1.6m인 프리스트레스 콘크리트

① 5mm   ② 8mm

③ 10mm   ④ 13mm

> 해설 부재치수가 1m 미만일 때 : 5mm 넘기 않아야 한다.
> 부재치수가 1m 이상인 경우 : 부재치수의 1/200 이하로서 10mm를 넘지 않아야 한다.
> $$\therefore \frac{1,600}{200} = 8mm \ 이하$$

055 철근 콘크리트

■ 철근 콘크리트를 널리 이용하는 이유
- 철근과 콘크리트는 부착이 매우 잘 된다.
- 철근과 콘크리트는 온도에 대한 열팽창 계수가 거의 같다.
- 콘크리트 속에 묻힌 철근은 녹이 슬지 않는다.

■ β_1의 값
- 등가 직사각형 응력블록을 적용할 때에는 $0.85f_{ck}$에 응력블록의 크기를 나타내는 계수 η를 곱하여 응력의 크기를 구하고, 등가 직사각형 응력의 깊이는 중립축 깊이에 β_1을 곱하여 구한다.
- 계수 $\eta(0.85f_{ck})$와 β_1는 다음 값을 적용한다.

f_{ck}	≤ 40	50	60	70	80	90
η	1.00	0.97	0.95	0.91	0.87	0.84
β_1	0.80	0.80	0.76	0.74	0.72	0.70

□□□ 기 06

01 철근과 콘크리트가 합성된 철근 콘크리트 구조가 성립하는 이유로서 적절하지 않은 것은?

① 철근과 콘크리트 사이의 부착 강도가 크다.
② 철근과 콘크리트의 열팽창 계수가 비슷하다.
③ 콘크리트 속에 묻힌 철근은 쉽게 녹슬지 않는다.
④ 철근과 콘크리트의 응력－변형률 거동이 비슷하다.

해설 철근 콘크리트를 널리 이용하는 이유
- 철근과 콘크리트는 부착이 매우 잘 된다.
- 철근과 콘크리트는 온도에 대한 열팽창 계수가 거의 같다.
- 콘크리트 속에 묻힌 철근은 녹이 슬지 않는다.

□□□ 기 00,05,23

02 등가 직사각형 압축 응력 분포의 깊이 $a = \beta_1 \cdot C$에서 $f_{ck} = 40\text{MPa}$일 때 β_1의 값은?

① 0.65   ② 0.71
③ 0.77   ④ 0.80

해설 $f_{ck} \leq 40\text{MPa}$일 때
$\beta_1 = 0.80$

056 수밀 콘크리트

지하철 구조물, 해양 및 댐 구조물과 같이 수밀성이 크고 투수성이 작은 콘크리트를 수밀 콘크리트라 한다.
- 재료 분리가 적고 다짐을 충분히 하여야 수밀성이 커진다.
- 연직 시공 이음에는 지수판을 사용함을 원칙으로 한다.
- 물－시멘트비를 가급적 적게 한다. 물－시멘트비는 55 ~ 60% 이상이 되면 콘크리트의 수밀성은 감소하므로 55% 이하를 표준으로 한다.
- 수밀 콘크리트의 경우에는 일반적인 경우보다 잔 골재율을 어느 정도 크게 하는 것이 좋다.

■ 배합
- 배합은 콘크리트의 소요의 품질이 얻어지는 범위 내에서 단위 수량 및 물－결합재비는 되도록 적게 하고, 단위 굵은 골재량은 되도록 크게 한다.
- 콘크리트의 소요 슬럼프는 되도록 적게 하여 180mm를 넘지 않도록 하며, 콘크리트 타설이 용이할 때에는 120mm 이하로 한다.
- 콘크리트의 워커빌리티를 개선시키기 위해 공기 연행제, 공기 연행 감수제 또는 고성능 공기 연행제를 사용하는 경우라도 공기량은 4% 이하가 되게 한다.
- 물－결합재비는 50% 이하를 표준으로 한다.

□□□ 기 11

01 수밀 콘크리트의 배합에 대한 설명으로 틀린 것은?

① 콘크리트의 소요의 품질이 얻어지는 범위 내에서 단위 수량 및 물－결합재비는 되도록 적게 하고, 단위 굵은 골재량은 되도록 크게 한다.
② 콘크리트의 소요 슬럼프는 되도록 적게 하여 180mm를 넘지 않도록 하며, 콘크리트 타설이 용이할 때에는 120mm 이하로 한다.
③ 물－결합재비는 50% 이하를 표준으로 한다.
④ 콘크리트의 워커빌리티를 개선시키기 위해 공기 연행제, 공기 연행 감수제 또는 고성능 공기 연행 감수제를 사용하는 경우라도 공기량은 2% 이하가 되게 한다.

해설 콘크리트의 워커빌리티를 개선시키기 위해 공기 연행제, 공기 연행 감수제 또는 고성능 공기 연행 감수제를 사용하는 경우라도 공기량은 4% 이하가 되게 한다.

057 AE 콘크리트

■ AE 콘크리트의 특징
- 동결 융해에 대한 저항성이 크다.
- 물-시멘트비가 일정할 경우 공기량이 1%의 증가에 따라 압축 강도는 4 ~ 6% 감소한다.
- AE 콘크리트는 보통 콘크리트보다 특히 염류, 동결 융해에 대한 저항성이 크다.
- 콘크리트 중의 공기량을 4 ~ 7% 정도 증가시켜 공기의 연행에 의하여 워커빌리티를 크게 개선한다.

■ 공기량
- 물-시멘트비가 크면 공기량은 증대된다.
- 슬럼프가 작을수록 공기량은 증가된다.
- 콘크리트 온도가 낮을수록 공기량은 증가한다.
- 단위 잔 골재량이 많을수록 공기량은 증가한다.
- 콘크리트가 응결·경화되면 공기량은 감소한다.
- 부배합 콘크리트에서는 공기량이 줄어든다.
- 굵은 골재의 최대 치수가 클수록 감소한다.
- 분말도 및 단위 시멘트량이 증가할수록 공기량은 감소한다.

□□□ 기 02,08,16
01 AE 콘크리트에 대한 설명 중 옳지 않은 것은?

① 수밀성 및 화학적 저항성이 증대된다.
② 동일한 슬럼프에 대한 사용 수량을 감소시킨다.
③ 물-시멘트비가 일정할 경우 공기량이 증가할수록 강도 및 내구성이 증가한다.
④ 콘크리트의 유동성을 증가시키고 재료 분리에 대한 저항성을 증대시킨다.

해설 물-시멘트비가 일정할 경우 공기량이 1%의 증가에 따라 압축 강도는 4 ~ 6% 감소한다.

□□□ 기 07
02 AE 콘크리트 특징에 대한 설명으로 옳지 않은 것은?

① 콘크리트의 블리딩과 수밀성이 증대된다.
② 감수제를 병용하면 워커빌리티의 개선에 더욱 효과적이다.
③ 모난 골재나 입도가 좋지 못한 골재 등 보통 콘크리트에서 사용할 수 없는 것도 사용할 수 있다.
④ 일반적으로 빈배합의 콘크리트일수록 연행되는 공기량은 커진다.

해설 AE 콘크리트의 장점
- 워커빌리티의 개선으로 블리딩을 적게 한다.
- 방수성에 의하여 수밀성이 증대된다.

□□□ 기 06
03 공기 연행 콘크리트 속에 연행된 적당한 공기량의 범위는 다음 중 어느 것인가?

① 1 ~ 2% ② 3 ~ 6%
③ 8 ~ 11% ④ 11 ~ 14%

해설 공기 연행 콘크리트의 유효 공기량은 일반적으로 2% 이하에서는 동결 융해 저항성이 개선되지 않고, 6% 이상이 되면 강도 저하가 현저해지기 때문에 약 3 ~ 6%(4 ~ 7%) 정도의 범위가 좋다.

□□□ 기 09
04 AE 콘크리트의 공기량에 대한 설명으로 옳지 않은 것은?

① 콘크리트가 응결, 경화되면 공기량은 감소한다.
② 콘크리트의 온도가 낮을수록 공기량은 감소한다.
③ 단위 잔 골재량이 많을수록 공기량은 증가한다.
④ 시멘트의 분말도가 크고 단위 시멘트량이 증가할수록 공기량은 감소한다.

해설 콘크리트의 온도가 낮을수록 공기량은 증가한다.

□□□ 기 02,05,08,19
05 공기 연행 콘크리트에서 공기량에 영향을 미치는 요인들에 대한 설명으로 잘못된 것은?

① 단위 시멘트량이 증가할수록 공기량은 감소한다.
② 배합과 재료가 일정하면 슬럼프가 작을수록 공기량은 증가한다.
③ 콘크리트의 온도가 낮을수록 공기량은 증가한다.
④ 콘크리트가 응결·경화되면 공기량은 증가한다.

해설 콘크리트가 응결·경화되면 공기량은 감소한다.

제조와 운반 방법

- **센트럴 믹스트 콘크리트**(central mixed concrete) : 플랜트에 고정 믹서가 설치되어 있어서 완전히 비벼진 콘크리트를 운반 중에 교반하면서 현장까지 운반하는 방법으로, 단거리인 경우에 적합하다.
- **쉬링크 믹스트 콘크리트**(shrink mixed concrete) : 플랜트의 고정 믹서에서 어느 정도 콘크리트를 비빈 후 운반하면서 혼합하여 콘크리트를 공급하는 방법이며, 중거리에 유효하다.
- **트랜싯 믹스트 콘크리트**(transit mixed concrete) : 플랜트에는 고정 믹서가 없고 트럭 믹서에 재료를 싣고 운반하면서 교반 혼합하여 공사 현장에 도착하여 완전한 콘크리트를 공급하는 방법이며, 장거리 작업에 유효하다.

레미콘의 특징

- 균질하고 양질인 콘크리트를 얻을 수 있다.
- 콘크리트 공사의 능률이 향상되고 공사 기간을 단축할 수 있다.
- 현장에서는 콘크리트 치기와 양생에만 전념할 수 있다.
- 운반 시간의 제한을 받는다. 즉, 비빈 후 치기까지의 시간을 15시간 이내로 한다.
- 콘크리트의 워커빌리티를 즉시 조절하기가 곤란하다.
- 품질 관리가 잘 된 레미콘이라도 현장에서 슬럼프 시험을 해야 한다.

강도

- 1회의 시험 결과는 구입자가 지정한 호칭 강도 값의 85% 이상이어야 한다.
- 3회의 시험 결과의 평균값은 구입자가 지정한 호칭 강도의 값 이상이어야 한다.

콘크리트의 강도 시험 횟수

- 콘크리트의 강도 시험 횟수는 $450m^3$를 1로트로 하여 $150m^3$당 1회의 비율로 한다.

- 1회의 시험 결과는 임의의 1개 운반차로부터 채취한 시료로 3개의 공시체를 제작하여 시험한 평균값으로 한다.
- 검사는 강도(압축 강도, 휨 강도), 슬럼프, 슬럼프 플로, 공기량 및 염화물 함유량에 대하여 하고, 합격 여부를 판정한다.

품질

- 공기량의 허용 오차 (단위 : %)

콘크리트의 종류	공기량	공기량의 허용차 범위
보통 콘크리트	4.5	±1.5
저탄소 콘크리트		
경량 콘크리트	5.5	
포장 콘크리트	4.5	
고강도 콘크리트	3.5	

- 슬럼프의 허용 오차 (단위 : mm)

슬럼프	슬럼프 허용 오차
25	±10
50 및 65	±15
80 이상	±25

- 염화물 함유량 : 배출 지점에서 염화물이온(Cl^-)량은 $0.3kg/m^3$ 이하로 해야 하며 구입자의 승인을 얻은 경우에는 $0.60kg/m^3$ 이하로 할 수 있다.
- 재료의 계량 오차 (단위 : %)

재료의 종류	측정 단위	1회 계량 분량의 한계 오차
시멘트	질량	−1, +2
골재	질량	±3
물	질량 또는 부피	−2, +1
혼화재	질량	±2
혼화제	질량 또는 부피	±3

□□□ 기04

01 KS F 4009(레디믹스트 콘크리트)에 따른 콘크리트 받아들이기 검사에서 강도 시험에 대한 설명 중 틀린 것은?

① 강도 시험은 원칙적으로 $150m^3$에 대하여 1회 실시한다.
② 1회 시험 결과는 3개의 공시체를 제작하여 시험한 평균값으로 한다.
③ 1회의 시험 결과는 구입자가 지정한 호칭 강도의 85% 이상, 3회의 시험 결과 평균값은 호칭 강도의 값 이상이어야 한다.
④ 받아들이기 검사용 시료는 레디믹스트 콘크리트를 제조하는 배치 플랜트에서 채취하는 것을 원칙으로 한다.

해설 받아들이기 검사용 시료는 배출하는 지점에서 채취하는 것을 원칙으로 한다.

□□□ 기07

02 레디믹스트 콘크리트 슬럼프 및 공기량의 허용 오차로 옳은 것은?

① 슬럼프가 25mm일 때 허용차는 ±5mm이다.
② 슬럼프가 50 및 65mm일 때 허용차는 ±15mm이다.
③ 슬럼프가 80mm 이상일 때 허용차는 ±20mm이다.
④ 공기량은 보통 콘크리트의 경우 4.5%이며, 그 허용 오차는 ±1.0%이다.

해설 · 슬럼프가 25mm일 때 허용차는 ±10mm이다.
· 슬럼프가 50mm 및 65mm일 때 허용차는 ±15mm이다.
· 슬럼프가 80mm 이상일 때 허용차는 ±25mm이다.
· 공기량은 보통 콘크리트의 경우 4.5%이며, 그 허용 오차는 ±1.5% 이다.

□□□ 기 04

03 센트럴 믹스트 콘크리트의 슬럼프 저하(slump loss)를 줄이기 위한 대책으로 옳지 않은 것은?

① 운송 시간을 가능한 한 짧게 한다.
② 공장 출발 시에 운반 중의 슬럼프 저하를 예측하여 그 값만큼 슬럼프를 크게 해 준다.
③ 운반 직전에 추가로 물을 첨가하여 슬럼프 저하에 대비한다.
④ 감수제 중에서 비공기 연행형이고, 첨가량에 의한 경화 지연성이 없는 것을 추가한다.

해설 슬럼프가 저하된 콘크리트를 대비하여 물을 추가로 첨가하는 것은 금해야 한다.

□□□ 기 08

04 레디믹스트 콘크리트 혼합 시 각 재료의 계량 최대 허용 오차값으로 틀린 것은?

① 물 : -2%, $+1\%$ 　② 시멘트 : -1%, $+2\%$
③ 혼화제 : 2% 　④ 골재 : 3%

해설 ・물 : -2%, $+1\%$ ・시멘트 : -1%, $+2\%$
・골재 : 3% ・혼화재 : 2%
・혼화제 : 3%

□□□ 기 02,04,07,18

05 레디믹스트 콘크리트에서 구입자의 승인을 얻은 경우를 제외한 일반적인 경우의 염화물 함유량은 최대 얼마 이하이어야 하는가?

① 0.2kg/m^3 　② 0.3kg/m^3
③ 0.4kg/m^3 　④ 0.5kg/m^3

해설 염화물 함유량의 한도는 배출 지점에서 염화물 이온(Cl^-)량에 대한 0.3kg/m^3 이하로 하여야 한다. 다만 구입자의 승인을 얻을 경우는 0.6kg/m^3 이하로 할 수 있다.

□□□ 기13④,19②

06 레디 믹스트 콘크리트에서 보통 콘크리트 공기량의 허용 오차는?

① $\pm1\%$ 　② $\pm1.5\%$
③ $\pm2\%$ 　④ $\pm2.5\%$

해설 레디 믹스트 콘크리트에서 공기량의 허용차

콘크리트의 종류	공기량	공기량의 허용오차 범위
보통 콘크리트	4.5%	$\pm1.5\%$
경량 콘크리트	5%	

059 서중 콘크리트

하루 평균 기온이 25℃ 또는 최고 온도 30℃를 넘는 시기에 시공하는 콘크리트를 서중 콘크리트(hot weather concrete)라 한다.

■ 서중 콘크리트의 특징
- 응결이 빨라진다.
- 장기 강도가 낮아진다.
- 온도 변화에 의한 체적 변화가 커진다.
- 소요의 반죽 질기를 얻기 위한 단위 수량이 커진다.

■ 콘크리트 배합
- 소요의 강도 및 워커빌리티를 얻을 수 있는 범위 내에서 단위 수량 및 단위 시멘트량을 될 수 있는 대로 적게 한다.
- 단위 시멘트량이 커지면 수화 발열량이 증대하므로 되도록 단위 수량을 적게 하는 동시에 단위 시멘트량이 너무 많아지지 않도록 한다.
- 일반적으로 기온 10℃의 상승에 대하여 단위수량은 2~5% 증가하므로 소요의 압축강도를 확보하기 위해서는 단위수량에 비례하여 단위 시멘트량의 증가를 검토하여야 한다.

■ 시공
- 콘크리트 비비기 : 칠 때의 콘크리트 온도가 얻어지도록 해야 한다.
- 운반 : 비빈 콘크리트는 가열되거나 건조해져서 슬럼프가 저하하지 않도록 적당한 장치를 사용하여 되도록 빨리 운송하여 타설한다.
- 콘크리트 타설 : 콘크리트를 칠 때의 온도는 35℃ 이하여야 한다.
- 콘크리트의 타설 시간은 1.5시간 이내로 한다.

■ 양생
- 콘크리트 치기를 끝냈을 때에는 즉시 양생을 시작하여 콘크리트 표면이 건조하지 않도록 보호해야 한다.
- 콘크리트를 친 후 적어도 24시간은 노출면이 건조하는 일이 없도록 습윤 상태를 유지해야 한다.
- 양생은 적어도 5일 이상 실시하는 것이 바람직하다.

□□□ 기 04,09

01 다음 서중(暑中) 콘크리트에 대한 설명 중 옳지 않은 것은?

① 소요의 단위 수량이 증가하게 된다.
② 운반중 슬럼프 저하가 크다.
③ 타설 후의 응결이 빠르며 수화열에 의해 온도가 상승된다.
④ 장기 강도가 증진된다.

해설 서중 콘크리트의 특징
- 응결이 빨라진다.
- 장기 강도가 낮아진다.
- 온도 변화에 의한 체적 변화가 커진다.
- 소요의 반죽 질기를 얻기 위한 단위 수량이 커진다.

□□□ 기 11

02 높은 기온에서 시공하는 서중 콘크리트의 문제점에 대한 설명으로 옳지 않은 것은?

① 소요 단위 수량이 증가한다.
② 응결이 지연된다.
③ 공기량 조절이 어렵다.
④ 강도가 저하된다.

해설 서중 콘크리트의 기온이 높으면 그에 따라 콘크리트의 온도가 높아져서 운반 중의 슬럼프 저하, 연행 공기 감소, 온도 균열 발생, 장기강도의 저하 및 응결이 빨라지므로 그에 대한 적절한 조치를 취해야 한다.

□□□ 기 06,10,15,18,19

03 서중 콘크리트에 대한 설명으로 틀린 것은?

① 하루의 평균 기온이 25℃를 초과하는 것이 예상되는 경우 서중 콘크리트로 시공하여야 한다.
② 콘크리트는 비빈 후 1.5시간 이내에 타설하여야 하며, 지연형 감수제를 사용한 경우라도 2시간 이내에 타설하는 것을 원칙으로 한다.
③ 콘크리트 재료의 온도를 낮추어서 사용한다.
④ 콘크리트를 타설할 때의 콘크리트 온도는 35℃ 이하이어야 한다.

해설 콘크리트는 비빈 후 지연형 감수제를 사용하는 등의 일반적인 대책을 강구한 경우라도 1.5시간 이내에 콘크리트 타설을 완료하여야 한다.

□□□ 기 08,09

04 서중 콘크리트에 대한 설명으로 잘못된 것은?

① 콘크리트 재료는 온도가 되도록 낮아지도록 하여 사용하여야 한다.
② 수화 작용에 필요한 수분 증발을 방지하기 위해 촉진제를 사용하는 것을 원칙으로 한다.
③ 콘크리트를 타설할 때의 콘크리트 온도는 35℃ 이하여야 한다.
④ 콘크리트를 타설하기 전에는 지반, 거푸집 등 콘크리트로부터 물을 흡수할 우려가 있는 부분을 습윤 상태로 유지하여야 한다.

해설 고온이 되면 단위 수량이 증가하여 공기가 연행되므로 양질의 감수제, 공기 연행 감수제, 고성능 공기 연행 감수제를 사용한다.

타설일의 일 평균 기온이 4℃ 이하 또는 콘크리트 타설 완료 후 24시간 동안 일 최저 기온이 0℃ 이하가 예상되는 조건이거나 그 이후라도 초기동해 위험이 있는 경우 한중 콘크리트로 시공하여야 한다.

■ 재료
- 시멘트는 포틀랜드 시멘트를 사용하는 것을 표준으로 한다.
- 한중 콘크리트에서는 공기 연행제를 사용하는 것을 표준으로 한다.
- 재료를 가열할 경우 물 또는 골재를 가열하는 것으로 하며, 시멘트는 어떠한 경우라도 직접 가열해서는 안 된다.
- 가열한 물과 시멘트가 접촉하면 시멘트가 급결할 우려가 있으므로 먼저 가열한 물과 굵은 골재, 다음에 잔골재를 넣어서 믹서 안의 재료온도가 40℃ 이하가 된 직후에 시료를 넣는 것이 좋다.

■ 배합
- 한중 콘크리트는 공기 연행 콘크리트를 사용하는 것을 원칙으로 한다.
- 단위 수량은 초기 동해를 적게 하기 위하여 소요의 워커빌리티를 유지할 수 있는 범위 내에서 되도록 적게 하는 것이 좋다.
- 콘크리트의 온도는 타설 시 10℃ 이상이어야 한다.
- 물−결합재비는 60% 이하로 하여야 한다.
- 배합 강도 및 물−결합재비는 적산 온도 방식에 의해 결정할 수 있다.

■ 비비기
- 동결되어 있는 골재나 빙설이 혼입되어 있는 골재는 그대로 사용해서는 안 된다.
- 가열한 물과 시멘트가 접촉하면 시멘트가 급결할 우려가 있으므로 먼저 가열한 물과 굵은 골재, 다음에 잔 골재를 넣어서 믹서 안의 재료 온도가 40℃ 이하가 된 후 최후에 시멘트를 넣는 것이 좋다.
- 콘크리트를 비빈 직후의 온도는 각 배치마다 변동이 적어지도록 관리하여야 한다.
- 타설이 끝났을 때의 콘크리트 온도

$$T_2 = T_1 - 0.15(T_1 - T_0) \cdot t$$

여기서, T_0 : 주위의 온도(℃)
T_1 : 비볐을 때의 콘크리트의 온도(℃)
T_2 : 타설이 끝났을 때의 콘크리트의 온도(℃)
t : 비빈 후부터 치기가 끝났을 때까지의 시간(h)

■ 운반 및 타설
- 타설 때의 콘크리트 온도는 5 ~ 20℃의 범위에서 정한다.
- 기상 조건이 가혹한 경우나 단면 두께 300mm 이하인 경우에는 콘크리트 타설 시 최저 온도 10℃ 이상을 확보해야 한다.
- 압축 강도가 4MPa 이상이 되면 여러 번의 동결로는 동해를 받는 일이 비교적 적다.

■ 양생
- 한중 콘크리트의 양생 방법으로는 보온 양생과 급열 양생 등이 있다.
- 2일간은 0℃ 이상이 되도록 유지해야 한다.
- 초기 동해 방지의 관점에서 콘크리트의 최저 온도를 5℃로 하였지만 추위가 심한 경우 또는 부재 두께가 얇은 경우에는 10℃ 정도로 하는 것이 바람직하다.
- 보온 양생 또는 급열 양생을 끝마친 후에는 콘크리트의 온도를 급격히 저하시켜서는 안 된다.

■ 한중 콘크리트의 양생 종료 때의 소요 압축 강도의 표준(MPa)

구조물의 노출 상태	단면(mm) 300 이하	300 초과, 800 이하	800 초과
(1) 계속해서 또는 자주 물로 포화되는 부분	15	12	10
(2) 보통의 노출 상태에 있고 (1)에 속하지 않는 부분	5	5	5

■ 소요의 압축 강도를 얻는 양생 일수의 표준(보통의 단면)

구조물의 노출 상태		보통 포틀랜드 시멘트
(1) 계속해서 또는 자주 물로 포화되는 부분	5℃	9일
	10℃	7일
(2) 보통의 노출 상태에 있고 (1)에 속하지 않는 부분	5℃	4일
	10℃	3일

■ 적산 온도
콘크리트의 강도는 재령과 양생 온도에 영향을 함께 받기 때문에 강도는 재령과 온도와의 함수(Σ 시간×온도)로서 표시되는데 이 총화를 적산 온도(maturity) 또는 성숙도라 한다.

$$M = \sum_0^t (\theta + A)\Delta t = \sum_0^t (\theta + 10℃)\Delta t$$

여기서, M : 적산 온도(°D・D 또는 ℃・D)
θ : Δt 시간 중의 콘크리트의 평균 양생 온도(℃)
A : 정수로서 일반적으로 10℃가 된다.
Δt : 시간(일)

■ 초기 동해 방지 대책
- 콘크리트의 압축 강도가 일정 강도 이상이 될 때까지 동결되지 않도록 한다.
- AE제, AE 감수제 또는 고성능 AE 감수제를 사용한다.
- 재령 28일의 강도를 24MPa 이상 발휘되도록 한다.
- 단위 수량을 저감한다.
- 다공질 골재를 사용함에 있어서는 주의 깊은 검토가 요구된다.

□□□ 기08
01 한중(寒中) 콘크리트에 사용하는 재료의 설명 중 옳지 않은 것은?

① 수화열에 의한 균열의 문제가 없는 경우에는 조강 포틀랜드 시멘트의 사용이 효과적이다.
② 시멘트는 냉각되지 않도록 하고, 사용 시 직접 가열하여 온도 저하를 방지하는 것이 좋다.
③ 골재는 시트 등으로 덮어서 동결이 방지되도록 저장해야 한다.
④ 한중 콘크리트에는 공기 연행 콘크리트를 사용하는 것을 원칙으로 한다.

해설 온도가 높은 시멘트와 물을 접촉시키면 급결하여 콘크리트에 나쁜 영향을 줄 우려가 있으므로 시멘트의 가열은 금지한다.

□□□ 기09,13
02 한중(寒中) 콘크리트에 사용하는 재료의 설명 중 옳지 않은 것은?

① 물－결합재비는 원칙적으로 60% 이하로 한다.
② 시멘트는 냉각되지 않도록 하고, 사용 시 직접 가열하여 온도 저하를 방지하는 것이 좋다.
③ 골재는 시트 등으로 덮어서 동결이 방지 되도록 저장해야 한다.
④ 한중 콘크리트에는 AE 콘크리트를 사용하는 것을 원칙으로 한다.

해설 온도가 높은 시멘트와 물을 접촉시키면 급결하여 콘크리트에 나쁜 영향을 줄 우려가 있으므로 시멘트의 가열은 금지한다.

□□□ 기02,07
03 콘크리트의 강도는 재령과 온도와의 함수인 적산 온도로 표시될 수 있는데, 적산 온도의 식으로 올바른 것은? (단, M : 적산 온도($°$D·D(일), 또는 $℃·$D), θ : Δt 시간 중의 콘크리트의 일평균 양생 온도($℃$), Δt : 시간(일))

① $M=\sum_{0}^{t}\theta\cdot\Delta t$
② $M=\sum_{0}^{t}(\theta+10℃)\Delta t$

③ $M=\sum_{0}^{t}(\theta-10℃)\Delta t$
④ $M=\sum_{0}^{t}\theta\cdot\Delta t^2$

해설 콘크리트의 강도는 재령과 온도의 영향을 받으므로 Σ(시간×온도)의 함수로 표시되는데 이 총화를 적산 온도(성숙도)라 한다.
$$M=\sum_{0}^{t}(\theta+A)\Delta t=\sum_{0}^{t}(\theta+10℃)\Delta t$$
여기서, M : 적산 온도($℃$·시)
θ : Δt 시간 중의 콘크리트의 온도($℃$)
A : 정수로서 $10℃$
Δt : 시간(day 또는 hr)

□□□ 기07,11
04 다음 중 한중 콘크리트에 대한 설명으로 틀린 것은?

① 한중 콘크리트의 양생 종료 시의 소요 압축 강도의 표준은 2.5MPa이다.
② 단위 수량은 콘크리트의 소요 성능이 얻어지는 범위에서 되도록 적게 한다.
③ 공기 연행 콘크리트를 사용하는 것을 원칙으로 한다.
④ 타설할 때의 콘크리트 온도는 구조물의 단면 치수, 기상 조건 등을 고려하여 5~20℃의 범위에서 정한다.

해설 한중 콘크리트의 양생 종료 시의 소요 압축 강도의 표준(MPa)

단면(mm) 구조물의 노출	300 이하	300 초과, 800 이하	800 초과
(1) 계속해서 또는 자주 물로 포화되는 부분	15	12	10
(2) 보통의 노출 상태에 있고 (1)에 속하지 않는 경우	5	5	5

□□□ 기04,10
05 하루 평균 기온이 4℃ 이하인 기상 조건하에서 콘크리트를 타설하고자 할 때 틀린 조치 사항은?

① AE제 또는 AE 감수제를 사용하여 배합하였다.
② 소요 압축 강도가 얻어질 때까지 콘크리트의 온도를 5℃ 이상으로 유지하였다.
③ 포틀랜드 시멘트를 직접 가열하여 온도를 상승시킨 후 배합하였다.
④ 타설할 때의 콘크리트 온도를 15℃ 정도로 하였다.

해설 시멘트는 될 수 있는 대로 냉각되지 않도록 하고 어떠한 경우라도 직접 가열해서는 안 된다.

□□□ 기08,09,12,13,15,16
06 아래 조건과 같은 한중 콘크리트의 시공에서 타설이 완료되었을 때의 콘크리트 온도는?

- 주위의 기온 : 4℃
- 비볐을 때의 콘크리트 온도 : 20℃
- 비빈 후부터 타설이 끝났을 때까지의 시간 : 2시간
- 운반 및 타설 시간 1시간에 대해 콘크리트의 온도 저하의 정도는 콘크리트 온도와 주위 기온과의 차이의 15%

① 14.0℃
② 15.2℃
③ 16.4℃
④ 18.0℃

해설 · 온도 저하치 $T_2=0.15(T_1-T_0)\cdot t$
$=0.15×(20-4)×2=4.8℃$
· 타설 완료 시 온도 $=20-4.8=15.2℃$

07 한중 콘크리트에 대한 설명으로 틀린 것은?

① 하루의 평균 기온이 4℃ 이하가 예상되는 조건일 때는 한중 콘크리트로 시공하여야 한다.
② 재료를 가열할 경우, 물 또는 골재를 가열하는 것으로 하며, 시멘트는 어떠한 경우라도 직접 가열할 수 없다.
③ 한중 콘크리트에는 공기 연행 콘크리트를 사용하는 것을 원칙으로 한다.
④ 타설할 때의 콘크리트 온도는 구조물의 단면 치수, 기상 조건 등을 고려하여 2~10℃의 범위에서 정하여야 한다.

해설 타설할 때의 콘크리트 온도는 구조물의 단면 치수, 기상 조건 등을 고려하여 5~20℃의 범위에서 정하여야 한다.

08 다음 중 한중 콘크리트에 적절하지 않은 양생 방법은?

① 증기 양생　　　　② 전열 양생
③ 기건 양생　　　　④ 막 양생

해설 한중 콘크리트의 보온 양생 방법은 급열 양생, 단열 양생, 피복 양생 및 이들을 복합한 방법 중 한 가지 방법을 선택하여야 한다.

09 한중콘크리트에 대한 설명으로 틀린 것은?

① 하루의 평균기온이 10℃ 이하가 예상되는 조건일 때는 한중콘크리트로 시공하여야 한다.
② 한중콘크리트에는 공기연행 콘크리트를 사용하는 것을 원칙으로 한다.
③ 재료를 가열할 경우 시멘트는 어떠한 경우라도 직접 가열할 수 없다.
④ 기상조건이 가혹한 경우나 부재두께가 얇을 경우에는 타설할 때의 콘크리트 최저 온도는 10℃ 정도를 확보하여야 한다.

해설 하루의 평균기온이 4℃ 이하가 예상되는 조건일 때는 한중콘크리트로 시공하여야 한다.

10 한중 콘크리트에서 가열한 재료를 믹서에 투입하는 순서로 가장 적합한 것은?

① 굵은 골재 → 잔골재 → 시멘트 → 물
② 물 → 굵은 골재 → 잔골재 → 시멘트
③ 잔골재 → 시멘트 → 굵은 골재 → 물
④ 시멘트 → 잔골재 → 굵은 골재 → 물

해설 가열된 재료를 믹서에 투입하는 순서는 가열한 물과 시멘트가 접촉하여 급결하지 않도록 우선 가열한 물과 굵은 골재, 다음에 잔골재를 넣어서 믹서 안의 재료온도가 40℃ 이하가 된 후 최후에 시멘트를 넣는 것이 좋다.

수중 콘크리트 재료

- 굵은 골재의 최대 치수는 수중 불분리성 콘크리트의 경우 40mm 이하를 표준으로 하며, 부재 최소 치수의 1/5 및 철근의 최소 순간격의 1/2을 초과해서는 안 된다.
- 현장 타설 말뚝 및 지하 연속벽에 사용하는 콘크리트의 경우는 25mm 이하, 철근 순간격의 1/2 이하를 표준으로 하여야 한다.

배합 강도

- 일반 수중 콘크리트는 수중에서 시공할 때의 강도가 표준 공시체 강도의 0.6 ~ 0.8배가 되도록 배합 강도를 설정하여야 한다.
- 수중 불분리성 콘크리트는 제작한 수중 제작 공시체의 재령 28일의 압축 강도로 배합 강도를 설정하여야 한다.
- 현장 타설 콘크리트 말뚝 및 지하 연속벽 콘크리트는 수중에서 시공할 때 강도가 대기 중에서 시공할 때 강도의 0.8배, 안정액 중에서 시공할 때 및 강도가 대기 중에서 시공할 때 강도의 0.7배로 하여 배합 강도를 설정하여야 한다.
- 물－결합재비 및 단위 시멘트량

종 류	일반 수중 콘크리트	현장 타설 말뚝 및 지하 연속벽에 사용하는 수중 콘크리트
물－결합재비	50% 이하	55% 이하
단위 시멘트량	370kg/m³ 이상	350kg/m³ 이상

- 지하 연속벽에 사용하는 수중 콘크리트의 경우, 지하 연속벽을 가설만으로 이용할 경우에는 단위 시멘트량은 300kg/m³ 이상으로 하여야 한다.
- 일반 수중 콘크리트의 잔 골재율은 40 ~ 45%를 표준으로 한다.
- 일반 수중 콘크리트의 공기량은 4% 이하로 한다.
- 현장 콘크리트 말뚝 및 지하 연속벽의 콘크리트는 일반적으로 트레미를 사용하면 수중에서 타설하기 때문에 슬럼프값은 180 ~ 210 mm를 표준으로 하여야 한다.

유동성

- 일반 수중 콘크리트의 물－결합재비는 50% 이하를 표준으로 한다.
- 일반 수중 콘크리트의 단위 시멘트량은 370kg/m³ 이상으로 한다.
- 일반 수중 콘크리트의 슬럼프 표준값(mm)

시공 방법	일반 수중 콘크리트	현장 타설 말뚝 및 지하 연속벽에 사용하는 수중 콘크리트
트레미	130 ~ 180	180 ~ 210
콘크리트 펌프	130 ~ 180	–
밑 열림 상자, 밑 열림 포대	100 ~ 150	–

수중 콘크리트 비비기

- 수중 불분리성 콘크리트의 비비기는 제조 설비가 갖추어진 배치 플랜트에서 물을 투입하기 전, 건식으로 20 ~ 30초를 비빈 후 전 재료를 투입하여 비비기를 하여야 한다.
- 수중 불분리성 콘크리트는 믹서에 걸리는 부하가 크기 때문에 소요 품질의 콘크리트를 얻기 위하여 1회 비비기량은 믹서의 공칭 용량의 80% 이하로 하여야 한다.

- 가경식 믹서를 이용하는 경우 콘크리트가 드럼 내부에 부착되어 충분히 비벼지지 못할 경우가 있기 때문에 믹서는 강제식 배치 믹서를 사용하여야 한다.
- 비비는 시간은 시험에 의해 콘크리트 소요의 품질을 확인하여 정하여야 한다. 강제식 믹서의 경우 비비기 시간은 90 ~ 180초를 표준으로 한다.

콘크리트 타설의 원칙

- 수중 콘크리트는 정수 중(靜水中)에서 쳐야 한다.
- 완전히 물막이를 할 수 없는 경우에는 유속은 50mm/sec 이하로 하여야 한다.
- 콘크리트는 수중에 낙하시켜서는 안 된다.
- 수평하게 유지하면서 소정의 높이에 이를 때까지 연속해서 쳐야 한다.
- 한 구획의 콘크리트 타설을 완료한 후 레이턴스를 모두 제거하고 다시 타설하여야 한다.
- 콘크리트가 경화될 때까지 물의 유동을 방지하여야 한다.
- 트레미는 콘크리트를 타설하는 동안 수평 이동시켜서는 안 된다.
- 수중 콘크리트는 트레미나 콘크리트 펌프를 사용해서 쳐야 한다. 그러나 부득이한 경우 또는 소규모 공사일 경우에는 밑 열림 상자나 밑 열림 포대를 사용해도 된다.
- 수중 콘크리트는 재료 분리를 적게 하기 위하여 단위 시멘트량을 많게 하고, 잔 골재율을 크게 하여 만들어진 점성이 풍부한 콘크리트를 사용해야 한다.

트레미에 의한 타설

- 트레미의 크기는 수밀성을 가지며 콘크리트가 자유롭게 낙하할 수 있는 크기로 안지름은 수심 3m 이내에서 250mm, 3 ~ 5m에서 300mm, 5m 이상에서 300 ~ 500mm 정도, 굵은 골재의 최대 치수의 8배 이상이 되도록 하여야 한다.
- 트레미의 하단에서 유출되는 콘크리트를 수중에서 멀리 유동시키면 품질이 저하되므로 트레미 1개로 타설할 수 있는 면적이 지나치게 크지 않도록 하여야 하며, 30 m² 이하로 하여야 한다.
- 트레미는 콘크리트를 타설하는 동안 수평 이동시켜서는 안 된다.
- 콘크리트를 타설하는 동안 트레미의 하단을 타설된 콘크리트 면보다 0.3 ~ 0.4m 아래로 유지하면서 가볍게 상하로 움직이어야 한다.

콘크리트 펌프에 의한 타설

- 수중 콘크리트를 낮은 곳에서 압송할 때 배관 내에서 부압이 걸리는 경우가 많으므로 콘크리트 펌프의 배관은 수밀하여야 한다.
- 콘크리트 펌프의 안지름은 0.10 ~ 0.15m 정도가 좋으며, 수송관 1개로 타설할 수 있는 면적은 5m² 이하 정도로 하여야 한다.
- 배관을 이동할 때에는 배관 속으로 물이 역류하거나 배관 속으로 콘크리트가 수중 낙하하는 일이 없도록 선단 부분에 억류 밸브를 붙이는 등의 대책을 취하여야 한다.

밑 열림 상자 및 밑 열림 포대에 의한 타설

- 밑 열림 상자 및 밑 열림 포대는 그 바닥이 콘크리트를 타설하는 면 위에 도달해서 콘크리트를 쏟아 낼 때 쉽게 열릴 수 있는 구조이어야 한다.

- 밑 열림 상자 및 밑 열림 포대를 사용하여 수중 콘크리트를 타설하면 콘크리트가 작은 산 모양이 되어 거푸집 구석까지 콘크리트가 잘 들어가지 않는 경우가 있으므로 수심을 측정하여 깊은 곳에서부터 콘크리트를 타설한다.

■ 수중 불분리성 콘크리트의 타설
- 타설은 유속이 50mm/s 정도 이하의 정수 중에서 수중 낙하 높이 0.5m 이하이어야 한다.

- 타설은 콘크리트 펌프 또는 트레미 사용을 원칙으로 한다.
- 콘크리트를 콘크리트 펌프로 압송할 경우, 압송 압력은 보통 콘크리트의 2~3배, 타설 속도는 1/2~1/3 정도이므로 품질을 저하시키지 않도록 시공 계획을 세워야 한다.
- 수중 불분리성 콘크리트는 유동성이 크고 유동에 따른 품질 변화가 적기 때문에 일반 수중 콘크리트보다 트레미 1개 및 콘크리트 펌프 배관 1개당 콘크리트 타설 면적을 크게 할 수 있다.
- 수중 유동 거리는 5m 이하로 하여야 한다.

□□□ 기 99,01,05,06,07,09,10,17
01 다음 중 수중 콘크리트 타설의 원칙에 대한 설명으로 잘못된 것은?

① 콘크리트 타설에서 완전히 물막이를 할 수 없는 경우 유속은 1초간 10cm 이하로 하는 것이 좋다.
② 콘크리트를 수중에 낙하시키면 재료 분리가 일어나므로 콘크리트는 수중에 낙하시켜서는 안 된다.
③ 콘크리트가 경화될 때까지 물의 유동을 방지하여야 한다.
④ 한 구획의 콘크리트 타설을 완료한 후 레이턴스를 모두 제거하고 다시 타설하여야 한다.

해설 수중 콘크리트 치기에서 완전히 물막이를 할 수 없는 경우 유속은 1초간 50mm 이하로 하여야 한다.

□□□ 기 00,06
02 다음 중 수중 콘크리트의 시공 방법으로 적절하지 않은 것은?

① 트레미에 의한 타설
② 콘크리트 펌프에 의한 타설
③ 밑 열림 상자에 의한 타설
④ 숏크리트에 의한 타설

해설 · 수중 콘크리트는 트레미나 콘크리트 펌프를 사용해서 쳐야 한다.
· 부득이한 경우 또는 소규모 공사일 경우에는 밑 열림 상자나 밑 열림 포대를 사용해도 된다.

□□□ 기 00,03,11
03 일반 수중 콘크리트의 배합에 대한 설명으로 틀린 것은?

① 콘크리트 펌프 사용 시 슬럼프의 표준값은 130~180mm이다.
② 밑 열림 상자 및 밑 열림 포대 사용 시 슬럼프의 표준값은 100~150mm이다.
③ 물-결합재비는 50% 이하를 표준으로 한다.
④ 단위 시멘트량은 400kg/m³ 이상을 표준으로 한다.

해설 단위 시멘트량은 370kg/m³ 이상을 표준으로 한다.

□□□ 기 10
04 수중 콘크리트의 비비기에 대한 설명으로 틀린 것은?

① 수중 불분리성 콘크리트의 비비기는 제조 설비가 갖추어진 배치 플랜트에서 물을 투입하기 전 건식으로 20~30초를 비빈 후 전 재료를 투입하여 비비기를 하여야 한다.
② 강제식 믹서를 사용하는 경우 콘크리트 소요의 품질을 확인하여 정하여야 한다.
③ 비비는 시간은 시험에 의해 콘크리트 소요의 품질을 확인하여 정하여야 한다.
④ 수중 불분리성 콘크리트는 믹서에 걸리는 부하가 크기 때문에 소요 품질의 콘크리트를 얻기 위하여 1회 비비기량은 믹서의 공칭 용량의 80% 이하로 하여야 한다.

해설 가경식 믹서를 이용하는 경우 콘크리트가 드럼 내부에 부착되어 충분히 비벼지지 못할 경우가 있기 때문에 믹서는 강제식 배치 믹서를 사용하여야 한다.

□□□ 기 08
05 일반적인 수중 콘크리트의 재료 및 시공상의 주의 사항을 바르게 기술한 것은?

① 수중 시공 시의 강도가 표준 공시체 강도의 0.6~0.8배가 되도록 배합 강도를 설정해야 한다.
② 물의 흐름을 막은 정수 중에는 콘크리트를 수중에 낙하시킬 수 있다.
③ 물-결합재비는 40% 이하, 단위 시멘트량은 300kg/m³ 이상을 표준으로 한다.
④ 트레미를 사용하여 콘크리트를 칠 경우 콘크리트를 치는 동안 일정한 속도로 수평 이동시켜야 한다.

해설 · 콘크리트를 수중에 낙하시키면 재료 분리가 일어나고 시멘트가 유실되기 때문에 콘크리트는 수중에 낙하시켜서는 안 된다.
· 물-결합재비는 50% 이하를, 단위 시멘트량은 370kg/m³ 이상을 표준으로 한다.
· 트레미를 사용하여 콘크리트를 칠 경우 콘크리트를 수평 이동시켜서는 안 된다.
· 일반 수중 콘크리트는 수중에서 시공할 때의 강도가 표준 공시체 강도의 0.6~0.8배가 되도록 배합 강도를 설정해야 한다.

□□□ 기 11
06 수중 콘크리트의 배합 강도에 대한 설명으로 옳은 것은?

① 일반 수중 콘크리트는 수중에서 시공할 때의 강도가 표준 공사체 강도의 0.6 ~ 0.8배가 되도록 배합 강도를 설정하여야 한다.
② 수중 불분리성 콘크리트는 규정에 따라 제작한 수중 제작 공시체의 재령 14일의 압축 강도를 배합 강도로서 설정하여야 한다.
③ 현장 타설 콘크리트 말뚝 및 지하 연속벽 콘크리트는 수중에서 시공할 때 강도가 대기 중에서 시공할 때 강도의 1.5배로 하여 배합 강도를 설정하여야 한다.
④ 현장 타설 콘크리트 말뚝 및 지하 연속벽 콘크리트는 안정액 중에서 시공할 때 강도가 대기 중에서 시공할 때 강도의 1.2배로 하여 배합 강도를 설정하여야 한다.

해설 ·수중 불분리성 콘크리트는 규정에 따라 제작한 수중 제작 공시체의 재령 28일의 압축 강도를 배합 강도로서 설정하여야 한다.
·현장 타설 콘크리트 말뚝 및 지하 연속벽 콘크리트는 수중에서 시공할 때 강도가 대기 중에서 시공할 때 강도의 0.8배로 하여 배합 강도를 설정하여야 한다.
·현장 타설 콘크리트 말뚝 및 지하 연속벽 콘크리트는 안정액 중에서 시공할 때 강도가 대기 중에서 시공할 때 강도의 0.7배로 하여 배합 강도를 설정하여야 한다.

□□□ 기 04,05,10
07 일반 수중 콘크리트의 배합에 관한 설명으로 틀린 것은?

① 물 – 결합재비는 50% 이하를 표준으로 한다.
② 단위 시멘트량은 370kg/m³ 이상을 표준으로 한다.
③ 잔 골재율을 작게 하여 재료 분리를 방지한다.
④ 트레미를 사용하여 시공하는 일반 수중 콘크리트의 슬럼프의 표준값은 130 ~ 180mm이다.

해설 수중 콘크리트는 재료 분리를 적게 하기 위하여 단위 시멘트량을 많게 하고, 잔 골재율(40 ~ 45%)을 크게 하여 만들어진 점성이 풍부한 콘크리트를 사용해야 한다.

□□□ 기 09
08 수중 콘크리트의 시공 방법이 아닌 것은?

① 트레미에 의한 시공
② 콘크리트 펌프에 의한 시공
③ 밑 열림 상자에 의한 시공
④ 슈트에 의한 시공

해설 수중 콘크리트 시공 공법
·트레미   ·콘크리트 펌프   ·밑 열림 상자
·포대 콘크리트   ·프리플레이스 콘크리트

□□□ 기 08,12
09 수중 콘크리트 치기에 대한 설명으로 틀린 것은?

① 콘크리트를 수중에 낙하시키면 재료 분리가 일어나고 시멘트가 유실되기 때문에 콘크리트는 수중에 낙하시켜서는 안 된다.
② 대규모 공사나 중요한 구조물의 경우 밑 열림 상자를 이용하여 콘크리트의 연속 시공이 가능하도록 해야 한다.
③ 콘크리트면을 가능한 한 수평하게 유지하면서 소정의 높이 또는 수면상에 이를 때까지 연속해서 타설해야 한다.
④ 한 구획의 콘크리트 타설을 완료한 후 레이턴스를 모두 제거하고 다시 타설하여야 한다.

해설 ·수중 콘크리트의 타설에는 트레미 또는 콘크리트 펌프를 사용하는 것을 원칙으로 한다.
·부득이한 경우 또는 소규모 공사일 경우에는 밑 열림 상자나 밑 열림 포대를 사용해도 된다.

□□□ 기 09,17
10 일반적인 수중 콘크리트에 관한 설명으로 틀린 것은?

① 물 – 결합재비는 50% 이하, 단위 시멘트량은 370kg/m³ 이상을 표준으로 한다.
② 잔 골재율을 적절한 범위 내에서 크게 하여 점성이 풍부한 배합으로 할 필요가 있다.
③ 수중 콘크리트의 치기는 물을 정지시킨 정수 중에서 치는 것이 좋다.
④ 강제식 배치 믹서를 사용하여 비비는 경우 콘크리트가 드럼 내부에 부착되어 충분히 비벼지지 못할 경우가 있기 때문에 믹서는 가경식 배치 믹서를 사용하여야 한다.

해설 가경식 믹서를 이용하는 경우 콘크리트가 드럼 내부에 부착되어 충분히 비벼지지 못할 경우가 있기 때문에 믹서는 강제식 배치 믹서를 사용하여야 한다.

□□□ 기 12
11 현장 타설 말뚝에 사용하는 수중 콘크리트의 타설에 대한 설명으로 틀린 것은?

① 굵은 골재 최대 치수 25mm의 경우, 관 지름이 0.20 ~ 0.25m의 트레미를 사용하여야 한다.
② 먼저 타설하는 부분의 콘크리트 타설 속도는 8 ~ 10m/h로 실시하여야 한다.
③ 콘크리트 상면은 설계면보다 0.5m 이상 높이로 여유 있게 타설하고 경화한 후 이것을 제거하여야 한다.
④ 콘크리트를 타설하는 도중에는 콘크리트 속의 트레미의 삽입 깊이는 2m 이상으로 하여야 한다.

해설 일반적으로 먼저 타설하는 부분의 경우 4 ~ 9m/h, 나중에 타설하는 부분의 경우 8 ~ 10m/h로 실시하여야 한다.

12 수중 콘크리트의 시공에서 주의해야 할 사항으로 틀린 것은?

① 물막이를 설치하여 물을 정지시킨 정수 중에서 타설하는 것을 원칙으로 한다.
② 한 구획의 콘크리트 타설을 완료한 후 레이턴스를 모두 제거하고 다시 타설하여야 한다.
③ 콘크리트는 수중에 낙하시키지 않아야 한다.
④ 완전히 물막이를 할 수 없어 콘크리트를 유수 중에 타설할 때 한계 유속은 5m/sec 이하로 하여야 한다.

해설 수중 콘크리트 치기에서 완전히 물막이를 할 수 없는 경우 유속은 1초간 50mm/sec 이하로 하여야 한다.

13 수중콘크리트에 대한 설명으로 틀린 것은?

① 수중콘크리트를 시공할 때 시멘트가 물에 씻겨서 흘러나오지 않도록 트레미나 콘크리트펌프를 사용해서 타설하여야 한다.
② 수중콘크리트를 타설할 때 완전히 물막이를 할 수 없는 경우에도 유속은 50mm/s 이하로 하여야 한다.
③ 일반 수중콘크리트는 수중에서 시공할 때의 강도가 표준공시체 강도의 1.2~1.5배가 되도록 배합강도를 설정하여야 한다.
④ 수중콘크리트의 비비는 시간은 시험에 의해 콘크리트 소요의 품질을 확인하여 정하여야하며, 강제식 믹서의 경우 비비기 시간은 90~180초를 표준으로 한다.

해설 일반 수중콘크리트는 수중에서 시공할 때의 강도가 표준공시체 강도의 0.6~0.8배가 되도록 배합강도를 설정하여야 한다.

컴플서 혹은 펌프를 이용하여 노즐 위치까지 호스 속으로 운반한 콘크리트를 압축 공기에 의해 시공면에 뿜어서 만든 콘크리트를 숏크리트(shotcrete)라 한다.

■ 배합

• 보통 포틀랜드 시멘트를 사용하는 것을 표준으로 한다.
• 숏크리트에 적용되는 골재는 알칼리 골재 반응에 무해한 골재를 사용하여야 한다.
• 배합수는 숏크리트의 일반 수돗물을 사용하는 것을 원칙으로 한다.
• 건식 숏크리트의 경우는 공기 연행제는 사용할 수 없다.
• 습식 숏크리트의 경우는 동결 융해 저항성을 위해 공기 연행제는 사용할 수 있다.
• 잔 골재율은 55～75%가 적당하다.
• 물－결합재비는 40～60% 정도가 적당하다.
• 혼화 재료는 급결제로서 시멘트 중량의 5～8% 정도가 적당하다.
• 굵은 골재의 최대 치수는 압송이나 리바운드 등을 고려하여 10～15mm 정도가 가장 적당하다.
• 25mm 이상의 두꺼운 모르타르 층을 시공하는 경우에는 20mm 이하의 얇은 층으로 나누어서 시공한다.
• 건식 공법으로 뿜어 붙일 경우 잔 골재는 3～6%의 표면수율을 가진 것을 사용하여야 한다.
• 일반 숏크리트의 장기 설계 기준 압축 강도는 재령 28일로 설정하며 그 값은 21MPa 이상으로 한다.
• 영구 지보재 개념으로 숏크리트를 타설할 경우에는 설계 기준 압축 강도를 35MPa 이상으로 한다.
• 숏크리트의 초기 강도 표준값

재 령	숏크리트의 초기 강도(MPa)
24시간	5.0～10.0
3시간	1.0～3.0

■ 특징

• 거푸집이 필요 없고 급속 시공이 가능하다.
• 숙련된 작업원이 필요하다.
• 시공 중 분진이 많이 발생한다.
• 비교적 소규모 기계로 시공이 가능하고 이동이 간편하다.
• 밀도가 적어지기 쉽고 수밀성이 나쁘다.
• 수축 균열이 생기기 쉽다.
• 임의의 방향에서 시공이 가능하다.
• 리바운드 등의 재료 손실이 많다.
• 평활한 마무리면을 얻기 어렵다.
• 급결제의 첨가에 의한 조기 강도를 발현시킬 수 있다.
• 뿜어 붙일 면에서 물이 나올 때는 부착이 곤란하다.

■ 숏크리트 공법의 종류

분 류	습식 공법	건식 공법
방 식	전 재료를 믹서로 혼합하여 노즐로 뿜어 붙이는 공법	시멘트와 골재를 비빈 후 노즐까지 운반하여 물과 혼합 후에 뿜어 붙이는 방법
특 징	• 품질 관리가 양호하다. • 수송 시간의 제약과 압송 거리가 짧다. • 분진 발생이 적다. • 튀김(rebound)량이 적다.	• 작업원의 숙련도에 품질이 좌우된다. • 장거리 압송이 가능하다. (수평 거리 500m) • 분진 발생이 많다. • 튀김량이 많다.

■ 숏크리트 작업

• 숏크리트는 빠르게 운반하고, 급결제를 첨가한 후는 바로 뿜어 붙이기 작업을 실시하여야 한다.
• 숏크리트는 뿜어 붙인 콘크리트가 흘러내리지 않는 범위의 적당한 두께를 뿜어 붙이고, 소정의 두께가 될 때까지 반복해서 뿜어 붙여야 한다.
• 건식 숏크리트는 배치 후 45분 이내, 습식 숏크리트는 배치 후 60분 이내에 뿜어붙이기를 실시한다.
• 숏크리트는 타설되는 장소의 대기 온도가 38℃ 이상이 되면 건식 및 습식 숏크리트 모두 뿜어붙이기를 할 수 없다.
• 숏크리트 작업에서 반발량이 최소가 되도록 하고 동시에 리바운드된 재료가 다시 혼합되지 않도록 하여야 한다.
• 대기 온도가 10℃ 이상일 때 뿜어 붙이기를 실시하며, 그 이하의 온도일 때는 적절한 온도 대책을 세운 후 실시한다.

□□□ 기10,15,17

01 숏크리트에 대한 설명으로 옳지 않은 것은?

① 거푸집이 불필요하다.
② 공법에는 건식법과 습식법이 있다.
③ 평활한 마무리면을 얻을 수 있다.
④ 작업 시에 분진이 많이 발생한다.

해설 평활한 마무리면을 얻기 어렵다.

□□□ 기10,13,16

02 숏크리트의 특징에 대한 설명으로 틀린 것은?

① 임의 방향으로 시공 가능하나 리바운드 등의 재료 손실이 많다.
② 용수가 있는 곳에서도 시공하기 쉽다.
③ 노즐맨의 기술에 의하여 품질, 시공성 등에 변동이 생긴다.
④ 수밀성이 적고 작업 시에 분진이 생긴다.

해설 뿜어 붙일 면에서 물이 나올 때는 부착이 곤란하다.

□□□ 기 99,07
03 숏크리트에 대한 설명으로 틀린 것은?

① 숏크리트 장기 강도의 설계 기준 강도는 재령 28일에서의 압축 강도로 설정한다.
② 배합은 노즐에서 토출되는 토출 배합으로 표시한다.
③ 숏크리트의 초기 강도는 재령 3시간에서 1.0∼3.0MPa을 표준으로 한다.
④ 굵은 골재의 최대 치수는 25mm의 것이 널리 쓰인다.

해설 굵은 골재의 최대 치수는 압송이나 리바운드 등을 고려하여 10∼15mm 정도가 가장 적당하다.

□□□ 기 12,16
04 숏크리트(Shotcrete) 시공에 대한 주의 사항으로 잘못된 것은?

① 대기 온도가 10℃ 이상일 때 뿜어 붙이기를 실시하며, 그 이하의 온도일 때는 적절한 온도 대책을 세운 후 실시한다.
② 숏크리트는 빠르게 운반하고, 급결제를 첨가한 후는 바로 뿜어 붙이기 작업을 실시하여야 한다.
③ 숏크리트 작업에서 반발량이 최소가 되도록 하고, 리바운드된 재료는 즉시 혼합하여 사용하여야 한다.
④ 숏크리트는 뿜어 붙인 콘크리트가 흘러내리지 않는 범위의 적당한 두께를 뿜어 붙이고, 소정의 두께가 될 때까지 반복해서 뿜어 붙여야 한다.

해설 숏크리트 작업에서 반발량이 최소가 되도록 하고 동시에 리바운드된 재료가 다시 혼합되지 않도록 하여야 한다.

□□□ 기 03,13
05 숏크리트(shotcrete)는 압축 공기로 콘크리트를 시공면에 뿜어붙이는 공법이다. 숏크리트에 관한 설명으로 틀린 것은?

① 건식법과 습식법이 있으며 사용 수량이 적은 건식법이 품질 관리 측면에서 좀 더 안정적이다.
② 기설 콘크리트면에 시공하는 경우에는 콘크리트면에서 부착을 저해하는 이물질을 제거한다.
③ 시공면이 흡수성인 경우에는 충분하게 흡수시킨 후 압축공기로 표면의 수분을 제거한다.
④ 적절한 온도 대책을 세워 온도가 10∼32℃ 범위에 있도록 한 후 뿜어붙이기를 실시하여야 한다.

해설 습식법은 재료를 정확히 계량하여 충분히 혼합하므로 품질 관리가 쉽고 품질의 변동이 적어 안정적이다.

□□□ 기 99,07,18
06 숏크리트에 대한 설명으로 틀린 것은?

① 일반 숏크리트의 장기 설계기준강도는 재령 28일로 설정한다.
② 습식 숏크리트는 배치 후 60분 이내에 뿜어붙이기를 실시하여야 한다.
③ 숏크리트의 초기강도는 재령 3시간에서 1.0∼3.0MPa을 표준으로 한다.
④ 굵은 골재의 최대치수는 25mm의 것이 널리 쓰인다.

해설 굵은 골재의 최대치수는 압송이나 리바운드 등을 고려하여 10∼15mm 정도가 가장 적당하다.

063 경량 콘크리트

▪ 경량 콘크리트의 종류

• **경량골재 콘크리트** : 골재의 전부 또는 일부를 인공 경량 골재를 사용해서 만든 콘크리트로서 기건단위 질량이 $1800 \sim 2100kg/m^3$인 콘크리트

• **경량 기포 콘크리트**(A.L.C : autoclaved light weight concrete) : 경량 골재를 사용하지 않고 석회질과 규산질을 주원료로 하여 여기에 기포제를 가하여 다공질화하고 고온 고압으로 양생한 것

• **무잔골재 콘크리트** : 콘크리트 배합 시에 잔 골재를 넣지 않고 $10 \sim 20mm$ 정도의 입도를 갖는 굵은 골재만을 넣어 굵은 골재의 표면에 시멘트 페이스트만을 피복시켜 성형하여 만든 콘크리트로 건조 수축이 작고, 내열성과 시공성이 우수하다.

▪ 경량 콘크리트의 특징

• 자중이 가벼워서 구조물 부재의 치수를 줄일 수 있다.
• 내화성이 우수하다.
• 열전도율과 음의 반사가 작다.
• 압축 강도와 탄성 계수가 작다.
• 건조 수축과 수중 팽창이 크다.
• 다공질이고 흡수성과 투수성이 크다.
• 탄산화가 빠르다.

▪ 시공 시의 유의점

• 경량골재 콘크리트는 공기 연행 콘크리트로 하는 것을 원칙으로 한다.
• 콘크리트의 수밀성을 기준으로 물–결합재비를 정할 경우에는 50% 이하를 표준으로 한다.
• 콘크리트의 슬럼프는 작업에 알맞은 범위 내에서 작게 하여야 한다.
• 슬럼프는 일반적인 경우 대체로 $50 \sim 180mm$를 표준으로 한다.
• 경량 골재 콘크리트는 가벼워서 슬럼프가 일반적으로 작게 나오는 경향이 있다.
• 경량 골재 콘크리트는 다짐 효과가 떨어지기 때문에 진동기를 이용할 필요가 있다.
• 경량 콘크리트는 건조 균열을 일으키기 쉽기 때문에 양생 중 습윤 상태를 유지하도록 주의한다.
• 경량 골재 콘크리트의 공기량은 일반 골재를 사용한 콘크리트보다 1% 크게 하여야 한다.
• 표준 비비기 시간은 믹서에 재료를 전부 투입한 후 강제식 믹서일 때는 1분 이상, 가경식 믹서일 때는 2분 이상으로 하여야 한다.

□□□ 기 02,06,15

01 경량 골재 콘크리트의 특징으로 옳지 않은 것은?

① 강도가 낮다.
② 탄성 계수가 작다.
③ 열전도율이 작다.
④ 흡수율이 작다.

해설 경량 골재는 골재 속에 다공의 공극이 있기 때문에 보통 골재에 비하여 일반적으로 흡수율이 크다.

□□□ 기 06

02 다음 중 경량 골재 콘크리트에 대한 설명으로 틀린 것은?

① 경량 골재 콘크리트를 내부 진동기로 다질 때 보통 골재 콘크리트의 경우보다 진동기를 찔러 넣는 간격을 작게 하거나 진동 시간을 약간 길게 해 충분히 다져야 한다.
② 경량 골재 콘크리트의 탄성 계수는 보통 골재 콘크리트의 $40 \sim 70\%$ 정도이다.
③ 경량 골재 콘크리트의 공기량은 보통 골재 콘크리트의 경우 보다 공기량을 1% 정도 크게 해야 한다.
④ 경량 골재 콘크리트는 동일한 반죽 질기를 갖는 보통 골재 콘크리트에 비하여 슬럼프가 약간 커지는 경향이 있다.

해설 경량 골재 콘크리트는 단위 질량이 작기 때문에 동일한 반죽 질기를 갖는 보통 골재 콘크리트에 비하여 슬럼프가 작아지는 경향이 있으므로 단위 수량을 많이하여 슬럼프를 크게 하는 것이 일반적이다.

□□□ 기 07,17

03 경량 골재 콘크리트에 대한 설명으로 옳은 것은?

① 내구성이 보통 콘크리트보다 크다.
② 열전도율은 보통 콘크리트보다 작다.
③ 탄성 계수는 보통 콘크리트의 2배 정도이다.
④ 건조 수축에 의한 변형이 생기지 않는다.

해설 열전도율은 보통 콘크리트의 1/10 정도로 단열성이 우수하다.

□□□ 기 06,14

04 경량 골재 콘크리트에 대한 설명으로 잘못된 것은?

① 경량 골재 콘크리트란 일반적으로 기건 단위 용적 질량이 $2000kg/m^3$ 이하의 콘크리트를 말한다.
② 천연 경량 골재는 인공 경량 골재에 비해 입자의 모양이 좋고 흡수율이 작아 구조용으로 많이 쓰인다.
③ 콘크리트의 수밀성을 기준으로 물–결합재비를 정할 경우에는 50% 이하를 표준으로 한다.
④ 경량 골재는 동결 융해에 대한 저항성이 보통 콘크리트보다 상당히 나쁘므로 유의해야 한다.

해설 일반적으로 천연 경량 골재는 모양이 좋지 않고 흡수율이 크기 때문에 구조용 콘크리트 재료로서 적합하지 못하다.

---

05 다음 중 경량골재 콘크리트에 대한 설명으로 틀린 것은?

① 경량골재 콘크리트를 내부진동기로 다질 때 보통골재 콘크리트의 경우보다 진동기를 찔러 넣는 간격을 작게 하거나 진동시간을 약간 길게 해 충분히 다져야 한다.
② 경량골재 콘크리트의 탄성계수는 보통골재 콘크리트의 40 ~70% 정도이다.
③ 경량골재 콘크리트의 공기량은 보통골재 콘크리트의 경우보다 공기량을 1% 정도 크게 해야 한다.
④ 경량골재 콘크리트는 동일한 반죽질기를 갖는 보통골재 콘크리트에 비하여 슬럼프가 커지는 경향이 있다.

해설 경량 골재 콘크리트는 단위질량이 작기 때문에 동일한 반죽질기를 갖는 보통 골재 콘크리트에 비하여 슬럼프가 작아지는 경향이 있으므로 단위 수량을 많이 하여 슬럼프를 크게 하는 것이 보통이다.

06 경량골재 콘크리트에 대한 설명으로 틀린 것은?

① 골재의 전부 또는 일부를 인공 경량골재를 써서 만든 콘크리트로서 기건 단위질량이 $1,800 \sim 2,100 kg/m^3$인 콘크리트를 말한다.
② 경량골재 콘크리트는 공기연행제를 사용하지 않는 것을 원칙으로 한다.
③ 경량골재를 건조한 상태로 사용하면 콘크리트의 비비기 및 운반 중에 물을 흡수하므로 이 흡수를 적게 하기 위해 골재를 사용하기 전에 미리 흡수시키는 조작이 필요하다.
④ 슬럼프는 일반적인 경우 대체로 50 ~ 180mm를 표준으로 한다.

해설 경량골재 콘크리트는 공기연행 콘크리트로 하는 것을 원칙으로 한다.

07 경량 골재 콘크리트에 대한 설명으로 틀린 것은?

① 경량 골재 콘크리트의 공기량은 일반 골재를 사용한 콘크리트보다 1% 작게 하여야 한다.
② 슬럼프는 일반적인 경우 대체로 50 ~ 180mm를 표준으로 한다.
③ 수밀성을 기준으로 물-결합재비를 정할 경우에는 50% 이하를 표준으로 한다.
④ 경량 골재 콘크리트는 공기 연행(AE) 콘크리트로 하는 것을 원칙으로 한다.

해설 경량 골재 콘크리트의 공기량은 일반 골재를 사용한 콘크리트보다 1% 크게 하여야 한다.

08 경량 콘크리트에 대한 다음 사항 중 옳지 않은 것은?

① 경량 골재는 젖은 상태로 사용하는 것이 좋다.
② 경량 콘크리트의 탄성 계수는 일반 콘크리트보다 작다.
③ 경량 콘크리트는 같은 배합일 때 일반 콘크리트보다 슬럼프가 크다.
④ 경량 콘크리트는 가볍지만 장거리 운반에 불리하다.

해설 경량 골재 콘크리트는 가벼워서 슬럼프가 일반적으로 작게 나오는 경향이 있다.

09 콘크리트 배합 시에 잔 골재를 넣지 않고 10~20mm 정도의 입도를 갖는 굵은 골재만을 넣어 굵은 골재의 표면에 시멘트 페이스트만을 피복시켜 성형하여 만든 콘크리트에 대한 설명으로 틀린 것은?

① 기포 콘크리트라 한다.   ② 내열성이 우수하다.
③ 건조 수축이 작다.   ④ 시공성이 우수하다.

해설 ·무잔골재 콘크리트라 부르며, 내구성, 수밀성 크고, 건조 수축은 작다.
·기포 콘크리트란 경량 콘크리트의 일종으로 잔 골재를 사용하지 않고 콘크리트 속에 많은 기포를 발생시켜 중량을 가볍게 한 콘크리트이다.

10 경량골재콘크리트에 대한 일반적인 설명으로 틀린 것은?

① 경량골재는 일반 골재에 비하여 물을 흡수하기 쉬우므로 충분히 물을 흡수시킨 상태로 사용하여야 한다.
② 경량골재콘크리트는 가볍기 때문에 슬럼프가 작게 나오는 경향이 있다.
③ 운반 중의 재료분리는 보통콘크리트와는 반대로 골재가 위로 떠오르고 시멘트페이스트가 가라앉는 경향이 있다.
④ 경량골재콘크리트는 가볍기 때문에 재료분리가 발생하기 쉬워 다짐시 진동기를 사용하지 않는 것이 좋다.

해설 경량골재 콘크리트를 내부진동기로 다질 때 보통골재 콘크리트의 경우보다 진동기를 찔러 넣는 간격을 작게 하거나 진동시간을 약간 길게 해 충분히 다져야 한다.

■ 매스 콘크리트의 용어

- 매스 콘크리트 : 부재 혹은 구조물의 치수가 커서 시멘트의 수화열에 의한 온도 상승 및 강하를 고려하여 설계·시공해야 하는 콘크리트
- 관로식 냉각(pipe-cooling) : 매스 콘크리트의 시공에서 콘크리트를 타설한 후 콘크리트의 내부 온도를 제어하기 위해 미리 묻어 둔 파이프 내부에 냉수 또는 공기를 강제적으로 순환시켜 콘크리트를 냉각하는 방법으로 포스트 쿨링(post-cooling)이라고도 함
- 선행 냉각(pre-cooling) : 매스 콘크리트의 시공에서 콘크리트를 타설하기 전에 콘크리트의 온도를 제어하기 위해 얼음이나 액체 질소 등으로 콘크리트 원재료를 냉각하는 방법

■ 구조물의 부재 치수

- 두께 0.8m 이상 : 일반적이 표준으로서 넓이가 넓은 평판 구조 두께
- 두께 0.5m 이상 : 하단이 구속된 벽조의 두께

■ 재료

- 시멘트 : 수화열이 적은 중용열 포틀랜드 시멘트를 사용한다.
- 혼화 재료 : 고로 슬래그 미분말을 혼입하는 경우 슬래그는 온도 의존성이 크기 때문에 콘크리트의 타설 온도가 높아지면 슬래그를 사용하지 않는 경우보다 발열량이 증가하여 오히려 콘크리트 온도가 상승하는 경우도 있으므로 사용할 때에 시험에 의해 그 특성을 확인해 두어야 한다.
- 골재 : 굵은 골재의 최대 치수는 작업성이나 건조 수축 등을 고려하여 되도록 큰 값을 사용한다.
- 배합수 : 배합수는 특히 하절기의 경우 콘크리트의 비비기 온도를 낮추기 위해 되도록 저온의 것을 사용하며 단위 수량을 가능한 적게 한다.
- 배합 : 콘크리트의 온도 상승을 감소시키기 위해 소요의 품질을 만족시키는 범위 내에서 단위 시멘트량이 적어지도록 배합을 선정하여야 한다.
- 거푸집 : 매스 콘크리트의 온도 균열은 콘크리트 내부와 표면부의 온도 차이가 커지는 경우에 많이 발생하므로, 거푸집은 온도 차이를 줄일 수 있도록 보온성이 좋은 것을 사용하고 존치 기간을 길게 하여야 한다.

■ 시공

- 콘크리트 1회 치기 높이는 낮게 한다.
- 타설 후의 온도 제어 대책으로서 파이프 쿨링은 유효한 방법이다.
- 벽체 구조물의 경우 계획된 위치에서 균열 발생을 확실히 유도하기 위해서 수축 이음의 단면 감소율은 35% 이상으로 하여야 한다.
- 매스 콘크리트의 타설 온도는 온도 균열을 제어하기 위한 관점에서 가능한 한 낮게 하여야 한다.

■ 균열 유발 줄눈

- 균열 유발 줄눈의 단면 감소율을 20~30% 이상으로 하여야 한다.
- 균열 유발 줄눈의 간격은 4~5m 정도를 기준으로 한다.

■ 온도 균열 지수의 값

온도 균열 지수는 구조물의 중요도, 기능, 환경조건 등에 대응할 수 있도록 선정하여야 하며, 철근이 배치된 일반적인 구조물의 표준적인 온도균열지수의 값은 다음과 같다.

$$온도 균열 지수 \; I_\alpha(t) = \frac{f_{sp}(t)}{f_t(t)}$$

여기서, $f_t(t)$: 재령 t일에서의 수화열에 의하여 생긴 부재 내부의 온도 응력 최대값(MPa)
$f_{sp}(t)$: 재령 t일에서의 콘크리트의 쪼갬 인장 강도(MPa)

- 연질의 지반 위에 타설된 지반구조

$$I_\alpha = \frac{15}{\Delta T_i}$$

여기서, ΔT_i : 내부온도가 최고일 때 내부와 표면과의 온도차(℃)

- 표준적인 온도균열 지수의 값
- 암반이나 매시브한 콘크리트 위에 타설된 벽체 평판구조

$$I_\alpha = \frac{10}{R \Delta T_o}$$

여기서, ΔT_o : 부재의 평균 최고온도와 외기온도와의 온도차(℃)
R : 외부구속의 정도를 표시하는 계수

- 균열 발생을 방지하여야 할 경우 : 1.5 이상
- 균열 발생을 제한할 경우 : 1.2 이상~1.5 미만
- 유해한 균열 발생을 제한할 경우 : 0.7 이상~1.2 미만

■ 인장 강도의 근사값

$$f_{cu}(t) = \frac{t}{a+bt} d_i f_{ck}$$
$$f_{sp}(t) = c \sqrt{f_{cu}(t)}$$

여기서, d_t : 재령 28일과 91일일 때의 콘크리트 강도 보정 계수
$d_i f_{ck}$: 재령 91일 때의 설계 기준 압축 강도(MPa)
$f_{cu}(t)$: 재령 t일의 콘크리트의 압축 강도(MPa)
$f_{sp}(t)$: 재령 t일의 콘크리트의 쪼갬 인장 강도(MPa)
f_{ck} : 재령 28일일 때의 설계 기준 압축 강도(MPa)
t : 재령(일)
a, b : 계수(시멘트의 종류에 따라 다르다.)
c : 콘크리트의 건조의 정도에 따라 다르지만 0.44가 표준

01 매스(mass) 콘크리트에 대한 설명으로 틀린 것은?

① 매스 콘크리트로 다루어야 하는 구조물의 부재 치수는 일반적인 표준으로서 넓이가 넓은 평판 구조의 경우 두께 0.8m 이상으로 한다.
② 매스 콘크리트로 다루어야 하는 구조물의 부재 치수는 일반적인 표준으로서 하단이 구속된 벽조의 경우 두께 0.3m 이상으로 한다.
③ 콘크리트를 타설한 후에 침하의 발생이 우려되는 경우에는 재진동 다짐 등을 실시하여야 한다.
④ 수축 이음을 설치할 경우 계획된 위치에서 균열 발생을 확실히 유도하기 위해서 수축 이음의 단면 감소율을 35% 이상으로 하여야 한다.

[해설] 매스 콘크리트로 다루어야 하는 구조물의 부재 치수는 일반적인 표준으로서 하단이 구속된 벽조의 경우 두께 0.5m 이상으로 한다.

02 매스 콘크리트의 균열 방지 또는 대책에 관한 설명 중 틀린 것은?

① 시멘트는 수화열이 적은 것을 사용한다.
② 소요의 품질을 만족시키는 범위 내에서 단위 시멘트량이 적어지도록 배합을 선정한다.
③ 굵은 골재 최대 치수는 작은 것을 사용한다.
④ 콘크리트의 내부 온도 상승이 완만하게 되고, 또 최고 온도에 도달한 후에는 매스 콘크리트 부재를 보온하여 되도록 장시간에 걸쳐 서서히 냉각시키는 것이 좋다.

[해설] 부재의 단면 형상이나 배근 상태에 따라 굵은 골재 최대 치수가 큰 것을 사용한다.

03 매스(mass) 콘크리트의 온도 균열을 방지 또는 제어하기 위한 방법으로 잘못된 것은?

① 외부 구속을 많이 받는 벽체 구조물의 경우에는 균열 유발 줄눈을 설치하여 균열 발생 위치를 제어하는 것이 효과적이다.
② 콘크리트의 프리 쿨링, 파이프 쿨링 등에 의한 온도 저하 방법을 사용하는 것이 효과적이다.
③ 조강 포틀랜드 시멘트 등 조기 강도가 큰 시멘트를 사용하여 경화 시간을 줄이는 것이 균열 방지에 효과적이다.
④ 팽창 콘크리트를 사용하여 균열을 방지하는 것이 효과적이다.

[해설] 매스 콘크리트에서는 중용열 포틀랜드 시멘트, 고로 시멘트, 플라이 애시 시멘트 등의 저발열 시멘트를 사용한다.

04 매스 콘크리트를 시공할 때는 구조물에 필요한 기능 및 품질을 손상시키지 않도록 온도 균열 제어를 통해 균열 발생을 제어하여야 한다. 이러한 온도 균열 발생에 대한 검토는 온도 균열 지수에 의해 평가한다. 아래의 조건에서 재령 28일에서의 온도 균열 지수는?
(단, 보통 포틀랜드 시멘트를 사용한 경우)

- 재령 28일에서의 수화열에 의한 부재 내부의 온도 응력 최대값 : 2MPa
- $f_{cu}(t) = \dfrac{t}{a+bt} d_i f_{ck}$, $f_{sp}(t) = 0.44\sqrt{f_{cu}(t)}$
- 콘크리트 설계 기준 압축 강도(f_{ck}) : 30MPa
- 보통 포틀랜드 시멘트를 사용할 경우 계수 a, b, c의 값

a	b	d_t
4.5	0.95	1.11

① 0.8 　　　　② 1.0
③ 1.2 　　　　④ 1.4

[해설]
$\cdot\, f_{cu}(t) = \dfrac{t}{a+bt} d_i f_{ck}$
$= \dfrac{28}{4.5+0.95\times28}\times1.11\times30 = 29.98\text{MPa}$
$\cdot\, f_{sp}(t) = 0.44\sqrt{f_{cu}(t)}$
$= 0.44\sqrt{29.98} = 2.409\text{MPa}$
$\therefore\, I_{cr}(t) = \dfrac{f_{sp(t)}}{f_{t(t)}} = \dfrac{2.409}{2} = 1.20$

05 매스 콘크리트에 대한 설명으로 틀린 것은?

① 벽체 구조물의 온도 균열을 제어하기 위해 설치하는 수축 이음의 단면 감소율은 20% 이상으로 하여야 한다.
② 철근이 배치된 일반적인 구조물에서 온도 균열 발생을 제한할 경우 온도 균열 지수는 1.2~1.5이다.
③ 저발열형 시멘트를 사용하는 경우 91일 정도의 장기 재령을 설계 기준 압축 강도의 기준 재령으로 하는 것이 바람직하다.
④ 매스 콘크리트로 다루어야 하는 구조물의 부재 치수는 일반적으로 표준으로서 넓이가 넓은 평판 구조의 경우 0.8m 이상, 하단이 구속된 벽조의 경우 0.5m 이상으로 한다.

[해설] 벽체 구조물의 경우 계획된 위치에서 균열 발생을 확실히 유도하기 위해서 수축 이음의 단면 감소율은 35% 이상으로 하여야 한다.

□□□ 기 04,08
06 매스 콘크리트의 균열을 방지하기 위한 대책으로 잘못된 것은?

① 수화열이 적은 시멘트를 사용한다.
② 단위 시멘트량을 적게 한다.
③ 슬럼프를 크게 한다.
④ 프리 쿨링을 실시한다.

해설 매스 콘크리트 재료
· 단위 시멘트량은 될 수 있는 대로 적게 한다.
· 굵은 골재의 최대 치수는 크게 한다.
· 단위 수량을 가능한 적게 한다.
· 감수제나 양질 혼화제를 사용한다.

□□□ 기 07
07 다음 중 매스 콘크리트의 온도 제어 양생 방법으로 가장 유효한 것은?

① 담수 양생   ② 증기 양생
③ 파이프 쿨링   ④ 막 양생

해설 매스 콘크리트 타설 후의 온도 제어 대책으로서 파이프 쿨링은 유효한 방법이다.

□□□ 기 10,11,14,19④
08 매스 콘크리트의 온도 균열 발생에 대한 검토는 온도 균열 지수에 의해 평가하는 것을 원칙으로 하고 있다. 철근이 배치된 일반적인 구조물의 균열 발생을 방지하여야 할 경우 표준적인 온도 균열 지수의 값으로 옳은 것은?

① 1.5 이상   ② 1.2~1.5
③ 0.7~1.2   ④ 0.7 이하

해설 온도 균열 제어 수준에 따른 온도 균열 지수

균열 발생 제어 방지 방법	온도 균열 지수
균열 발생을 방지해야 할 경우	1.5 이상
균열 발생을 제한할 경우	1.2~1.5 미만
유해한 균열 발생을 제한할 경우	0.7~1.2 미만

□□□ 기 04,06,09,12
09 넓이가 넓은 평판 구조에서는 두께가 최소 얼마 이상일 때 매스 콘크리트로 다루어야 하는가?

① 0.5m   ② 0.8m
③ 1m   ④ 1.5m

해설 매스 콘크리트로 다루어야 하는 구조물의 부재 치수는 넓이가 넓은 평판 구조에서는 두께 0.8m 이상, 하단이 구속된 벽조에서는 두께 0.5m 이상으로 한다.

□□□ 기 08
10 매스 콘크리트에서 균열 유발 줄눈의 간격은 얼마를 기준으로 하는가?

① 4~5m   ② 5~8m
③ 8~10m   ④ 10~15m

해설 균열 유발 줄눈의 간격은 대략 콘크리트 1회 치기 높이의 1~2배 정도, 또는 4~5m 정도를 기준으로 하는 것이 좋다.

□□□ 기 04,06,09,12,15
11 매스 콘크리트에 대한 아래 표의 설명에서 빈칸에 알맞은 수치는?

> 매스 콘크리트로 다루어야 하는 구조물의 부재 치수는 일반적인 표준으로서 넓이가 넓은 평판구조의 경우 두께 (㉮)m 이상, 하단이 구속된 벽조의 경우 두께 (㉯)m 이상으로 한다.

① ㉮ : 0.8, ㉯ : 0.5   ② ㉮ : 1.0, ㉯ : 0.5
③ ㉮ : 0.5, ㉯ : 0.8   ④ ㉮ : 0.5, ㉯ : 1.0

해설 매스콘크리트로 다루어야 하는 구조물의 부재치수는 일반적인 표준으로서 넓이가 넓은 평판구조에서는 두께 0.8m 이상, 하단이 구속된 벽에서는 두께 0.5m 이상으로 한다.

□□□ 기 16,18
12 매스콘크리트의 균열 발생검토에 쓰이는 것으로 콘크리트의 인장강도를 온도에 의한 인장응력으로 나눈 값을 무엇이라 하는가?

① 성숙도   ② 온도균열지수
③ 크리프   ④ 동탄성계수

해설 온도균열지수 $I_{cr(t)} = \dfrac{f_{sp(t)}}{f_{t(t)}}$

여기서, $f_{sp(t)}$: 재령 t 일에서의 수화열에 의하여 생긴 부재 내부의 온도응력 최대값(MPa)
$f_{sp(t)}$: 재령 t일에서의 콘크리트의 쪼갬인장강도(MPa)

■ 배합 및 품질 관리
• 유동화 콘크리트의 슬럼프는 210mm 이하를 원칙으로 하며, 작업에 적합한 범위 내에서 가능한 한 슬럼프가 작은 것이 바람직하다.
• 유동화 콘크리트의 슬럼프 증가량은 100mm 이하를 원칙으로 하며 50~80mm를 표준으로 한다.
• 유동화제는 원액으로 사용하고, 미리 정한 소정의 양을 한꺼번에 첨가하며, 계량은 질량 또는 용적으로 계량하고, 그 계량 오차는 1회에 3% 이내로 한다.
• 베이스 콘크리트 및 유동화 콘크리트의 슬럼프 및 공기량 시험은 50m³마다 1회씩 실시하는 것을 표준으로 한다.

■ 유동화 콘크리트의 슬럼프(mm)

콘크리트 종류	베이스 콘크리트	유동화 콘크리트
보통 콘크리트	150 이하	210 이하
경량 골재 콘크리트	180 이하	210 이하

■ 유동화 제조 방법
• 레미콘 제조 후 공장에서 첨가하고 유동화 : 현장이 아주 가까운 경우에만 사용한다.
• 레미콘 제조 후 공장에서 첨가하고 현장에서 유동화 : 유동화제를 투입 후 30분 이내에 타설할 경우에만 사용한다.
• 레미콘 제조 후 현장에서 첨가하고 현장에서 유동화 : 가장 일반적이며 가장 효과적이다.

□□□ 기 01,05,16
01 콘크리트의 유동화에 대한 설명 중 옳지 않은 것은?

① 유동화제의 계량은 중량 또는 용적으로 계량하고 그 계량 오차는 1회에 3% 이내로 한다.
② 재유동화는 유동화제의 허용 한도를 초과해서 첨가할 염려가 있고, 장기 강도에 영향을 미칠 수 있으므로 원칙적으로 해서는 안 된다.
③ 유동화제는 원액으로 사용하고 미리 정한 소정량을 여러번 나누어 첨가한다.
④ 콘크리트 플랜트에서 트럭애지테이터에 유동화제를 첨가하여 저속으로 휘저으면서 운반하고 공사 현장 도착 후에 고속으로 휘저어 유동화한다.

해설 유동화제는 원액으로 사용하고 미리 정한 소정의 양을 한꺼번에 첨가하며, 계량은 질량 또는 용적으로 계량하고, 그 계량 오차는 1회에 3% 이내로 한다.

□□□ 기 01,04,13
02 고강도 콘크리트에서 유동화 콘크리트로 할 경우 슬럼프값(mm)의 최대치는?

① 120
② 150
③ 180
④ 210

해설 • 유동화 콘크리트에서 일반 콘크리트 및 경량 콘크리트의 슬럼프의 최대치는 210mm이다.
• 고강도 콘크리트에서 슬럼프값은 150mm 이하로 하고, 유동화 콘크리트로 할 경우에는 210mm 이하로 한다.

□□□ 기 12
03 유동화 콘크리트에 대한 설명으로 틀린 것은?

① 유동화 콘크리트의 슬럼프값은 최대 210mm 이하로 한다.
② 유동화제는 질량 또는 용적으로 계량하고, 그 계량 오차는 1회에 1%로 이내로 한다.
③ 유동화 콘크리트의 슬럼프 증가량은 100mm 이하를 원칙으로 하며, 50~80mm를 표준으로 한다.
④ 베이스 콘크리트 및 유동화 콘크리트의 슬럼프 및 공기량 시험은 50m³마다 1회씩 실시하는 것을 표준으로 한다.

해설 유동화제는 원액으로 사용하고, 미리 정한 소정의 양을 한꺼번에 첨가하여, 계량은 질량 또는 용적으로 계량하고, 그 계량 오차는 1회에 3% 이내로 한다.

□□□ 기 14,15
04 유동화 콘크리트에 대한 설명으로 틀린 것은?

① 유동화 콘크리트의 슬럼프 증가량은 50mm 이하를 원칙으로 한다.
② 유동화 콘크리트를 제조할 때 유동화제를 첨가하기 전의 기본 배합의 콘크리트를 베이스 콘크리트라고 한다.
③ 베이스 콘크리트 및 유동화 콘크리트의 슬럼프 및 공기량 시험은 50m³ 마다 1회씩 실시하는 것을 표준으로 한다.
④ 유동화제는 원액으로 사용하고, 미리 정한 소정의 양을 한꺼번에 첨가하여야 한다.

해설 유동화 콘크리트의 슬럼프 증가량은 100mm 이하를 원칙으로 한다.

066 고강도 콘크리트

■ 일반 사항

- 고강도 콘크리트의 설계 기준 압축 강도는 보통(중량) 콘크리트에서 40MPa 이상, 고강도 경량 골재 콘크리트에서 27MPa 이상으로 한다.
- 물－결합재비는 강도에 가장 큰 영향을 미치므로 40MPa 이상의 강도 발현을 위해서는 45% 이하의 물－결합재비 값으로 소요의 강도와 내구성을 고려하여 정한다.
- 고강도 콘크리트에서 슬럼프값은 150mm 이하로 하고, 유동화 콘크리트로 할 경우에는 210mm 이하로 한다.
- 고강도 콘크리트에 사용되는 굵은 골재의 최대 치수는 40mm 이하로서 가능한 25mm 이하로 하며, 철근 최소 수평 순간격의 3/4 이내의 것을 사용하도록 한다.

■ 양생

- 콘크리트를 친 후 정화에 필요한 온도 및 습도를 유지해야 하며, 진동, 충격 등의 유해한 작용의 영향을 받지 않도록 충분히 조치하여야 한다.
- 고강도 콘크리트는 낮은 물－결합재비를 가지므로 습윤 양생을 실시하여야 하며, 부득이한 경우 현장 봉함 양생 등을 실시할 수 있다.
- 쳐 넣은 후 경화할 때까지 직사광선이나 바람에 의해 수분이 증발하지 않도록 조치하여야 한다.
- 부재 두께가 0.8m 이상인 경우의 양생은 매스 콘크리트의 시방서에 따른다.

■ 타설

- 기둥부재에 타설하는 콘크리트 강도와 슬래브나 보에 타설하는 콘크리트의 강도가 1.4배 이상 차이가 생길 경우에 기둥에 사용한 콘크리트가 수평 부재의 접합면에서 0.6m 정도 충분히 수평 부재쪽으로 안전한 내민 길이를 확보하면서 콘크리트를 타설하여야 한다.

□□□ 기 11, 13
01 고강도 콘크리트에 대한 설명으로 틀린 것은?

① 보통 콘크리트인 경우 설계 기준 압축 강도가 40MPa 이상인 콘크리트를 고강도 콘크리트라고 한다.
② 경량 골재 콘크리트인 경우 설계 기준 압축 강도가 30MPa 이상인 콘크리트를 고강도 콘크리트라고 한다.
③ 고강도 콘크리트에 사용되는 굵은 골재의 최대 치수는 40mm 이하로서 가능한 25mm 이하로 하며, 철근 최소 수평 순간격의 3/4 이내의 것을 사용하도록 한다.
④ 단위 시멘트량은 소요의 워커빌리티 및 강도를 얻을 수 있는 범위 내에서 가능한 적게 되도록 시험에 의해 정하여야 한다.

해설 고강도 콘크리트의 설계 기준 압축 강도는 일반적으로 40MPa 이상으로 하며, 고강도 경량 골재 콘크리트는 27MPa 이상으로 한다.

□□□ 기 05
02 다음 중 고강도 콘크리트의 양생에 대한 설명으로 잘못된 것은?

① 콘크리트를 친 후 경화에 필요한 온도 및 습도를 유지해야 하며 진동, 충격 등의 유해한 작용의 영향을 받지 않도록 해야한다.
② 고강도 콘크리트는 낮은 물－결합재비를 가지므로 촉진 양생을 실시해야 한다.
③ 콘크리트를 친 후 경화 시까지 직사광선이나 바람에 의해 수분이 증발하지 않도록 해야 한다.
④ 부재 두께가 0.8m 이상인 경우의 양생은 매스 콘크리트의 양생 방법에 따른다.

해설 고강도 콘크리트는 낮은 물－결합재비를 가지므로 습윤 양생을 철저히 실시하여야 한다.

□□□ 기 15
03 콘크리트 표준시방서의 규정에 따라 기둥 부재에 타설한 고강도 콘크리트를 슬래브 기둥의 접합면으로부터 슬래브쪽으로 0.6m 정도 내민 길이를 확보하여 콘크리트를 타설하였다. 기둥에 타설되는 콘크리트의 설계기준압축강도가 52MPa 일 때, 슬래브에 타설되는 콘크리트의 설계기준압축강도는 얼마 이하의 값을 갖고 있어야 하는가?

① 30MPa　　　② 37MPa
③ 40MPa　　　④ 47MPa

해설 기둥부재에 타설하는 콘크리트 강도와 슬래브나 보에 타설하는 콘크리트의 강도가 1.4배 이상 차이가 생길 경우에 기둥에 사용한 콘크리트가 수평 부재의 접합면에서 0.6m 정도 충분히 수평 부재쪽으로 안전한 내민 길이를 확보하면서 콘크리트를 타설 하여야 한다.
$$\therefore \frac{52}{1.4} = 37.14\,\mathrm{MPa}$$

콘크리트의 인장 강도와 균열에 대한 저항성을 높이고 인성을 대폭 개선시키는 것을 주목적으로 한 것이 섬유 보강 콘크리트 (fiber reinforced concrete)이다.

■ 섬유 보강 콘크리트의 품질

• 섬유 보강 콘크리트는 소요의 강도, 인성, 내구성, 수밀성, 강재를 보호하는 성능, 작업에 적합한 워커빌리티를 가지고 품질의 변동이 적은 것이어야 한다.

• 강섬유는 일반적으로 길이가 $25 \sim 60mm$, 지름이 $0.3 \sim 0.6$ mm로서 지름에 대한 길이의 비율(형상비 l/d)이 $50 \sim 100$ 정도의 것이 이용되고 있다.

• 섬유가 혼입되면 보통의 콘크리트보다 큰 에너지로 비비기 할 필요가 있기 때문에 가경식 믹서가 아닌 강제식 믹서를 이용하는 것을 원칙으로 한다.

■ 배합

• 섬유의 형상, 치수 및 혼입률은 섬유 보강 콘크리트의 소요, 압축 강도, 휨 강도 및 인성을 고려하여 정하는 것을 원칙으로 한다.

• 소요의 품질을 만족하는 범위 내에서 단위 수량을 될 수 있는 대로 적게 되도록 정하여야 한다.

• 섬유 보강 콘크리트의 압축 강도는 일반 콘크리트와 같이 주로 물−결합재비로 정해지고 섬유 혼입률로는 결정되지 않는다.

• 강섬유의 길이는 굵은 골재 최대 치수의 1.5배 이상으로 할 필요가 있다.

• 콘크리트에 대한 강섬유 혼입률의 범위는 용적 백분율로 $0.5 \sim$ 2.0%이며, 단위량으로는 약 $40 \sim 100kg/m^3$에 상당한다.

■ 비비기

• 섬유 보강 콘크리트는 소요의 품질이 얻어지도록 충분히 비벼야 한다.

• 믹서는 강제식 믹서를 사용하는 것을 원칙으로 한다.

• 섬유를 믹서에 투입할 때에는 섬유를 콘크리트 속에 균일하게 분산시킬 수 있는 방법으로 하여야 한다.

• 비비기 시간은 시험에 의하여 정하는 것을 원칙으로 한다.

■ 섬유 보강 콘크리트용 섬유로서 갖추어야 할 조건

• 가격이 저렴할 것
• 형상비가 50 이상일 것
• 섬유의 인장 강도가 충분할 것
• 시공성에 문제가 없을 것
• 내구성, 내열성 및 내후성이 우수할 것
• 섬유와 시멘트 결합재 사이의 부착성이 좋을 것
• 섬유의 탄성 계수는 시멘트 결합재 탄성 계수의 1/5 이상일 것

□□□ 기 12,18
01 섬유 보강 콘크리트용 섬유로서 갖추어야 할 조건으로 잘못된 것은?

① 섬유의 탄성 계수는 시멘트 결합재 탄성 계수의 1/4 이하일 것
② 섬유와 시멘트 결합재 사이의 부착성이 좋을 것
③ 섬유의 인장 강도가 충분히 클 것
④ 형상비가 50 이상일 것

해설 섬유의 탄성 계수는 시멘트 결합재 탄성 계수의 1/5 이상일 것

□□□ 기 06,11,15
02 섬유 보강 콘크리트를 사용하였을 때 콘크리트의 성질 중 개선되는 것이 아닌 것은?

① 균열에 대한 저항성
② 내구성 증가
③ 내충격성 증가
④ 유동성 증가

해설 섬유 보강 콘크리트는 콘크리트의 균열에 대한 저항성, 내충격성 및 내구성을 개선하기 위하여 짧은 섬유를 고르게 분산시켜 만든 콘크리트이다.

□□□ 기 02,08,18
03 콘크리트에 섬유를 보강하면 섬유의 에너지 흡수 능력으로 인해 콘크리트의 여러 역학적 성질이 개선되는데 이들 중 가장 큰 것은?

① 경도
② 인성
③ 전성
④ 연성

해설 섬유 보강 콘크리트는 섬유를 혼합하여 인장, 휨 강도 및 충격 강도가 낮고 에너지 흡수 능력이 작은 취성적 성질을 개선하기 위해서 인성이나 내마모성 등을 높인 콘크리트이다.

□□□ 기 13,17
04 섬유보강 콘크리트에 대한 설명으로 틀린 것은?

① 강섬유보강 콘크리트의 경우, 소요단위수량은 강섬유의 용적 혼입률 1% 증가에 대하여 약 $20kg/m^3$ 정도 증가한다.
② 섬유보강으로 인해 인장강도, 휨강도, 전단강도 및 인성은 증대되지만, 압축강도는 그다지 변화하지 않는다.
③ 강제식 믹서를 이용한 경우, 섬유보강 콘크리트의 비비기 부하는 일반 콘크리트에 비해 2∼4배 커지는 수가 있다.
④ 섬유혼입률은 섬유보강 콘크리트 $1m^3$ 중에 점유하는 섬유의 질량백분율(%)로서 보통 $0.5 \sim 2.0\%$ 정도이다.

해설 콘크리트에 대한 강섬유 혼입률의 범위는 용적 백분율로 $0.5 \sim$ 2.0%이며, 단위량으로는 약 $40 \sim 100kg/m^3$에 상당한다.

- 해양 부근에 건설되는 해양 구조물에 사용되는 해수에 대한 내구성, 수밀성 및 강도가 큰 콘크리트를 해양 콘크리트(offshore concrete)라 한다.
- 해양 콘크리트 구조물에 쓰이는 콘크리트의 설계 기준 압축 강도는 30MPa 이상으로 한다.

■ 재료
- 시멘트는 해수의 작용에 내구적인 고로 슬래그 시멘트, 플라이 애시 시멘트 및 중용열 포틀랜드 시멘트를 사용하여야 한다.
- PS 강재와 같은 고장력강에 작용 응력이 인장 강도의 60%를 넘을 경우 응력 부식 및 강재의 부식 피로를 검토하여야 한다.

■ 내구성으로 정해지는 최소 단위 결합재량(kg/m3)

환경구분 \ 굵은 골재의 최대 치수(mm)	20	25	40
물보라 지역, 간만대 및 해양대기중 (노출 등급 ES1, ES4)[1]	340	330	300
해중 (노출 등급 ES3)[1]	310	300	280

주1) KCS 14 20 10(1.9.2)에 규정된 노출 등급 참조

- 해중 : 평균 간조면 이하의 부분으로서 해수의 화학 작용, 마모 작용을 받으나 콘크리트 중의 강재 부식 작용은 물보라 지역, 해상 대기 중에 비하여 약한 편이다.
- 해상 대기 중 : 물보라의 위쪽에서 항상 해풍을 받으며 파도의 물보라를 가끔 받는 환경으로 물보라 다음가는 열악한 환경이다.
- 물보라 지역 : 평균 간조면에서 '평균 간조면+파고'의 범위에 있다.

■ 콘크리트의 시공
- 해양 구조물은 시공 이음부를 둘 경우 성능 저하가 생기기 쉬우므로 될 수 있는 대로 피하여야 한다.
- 특히 만조 위로부터 위로 0.6m, 간조 위로부터 아래로 0.6m 사이의 감조 부분에는 시공 이음이 생기지 않도록 하여야 한다.
- 콘크리트가 충분히 경화되기 전에 해수에 씻기면 모르타르 부분이 유실되는 등 피해를 받을 우려가 있으므로 직접 해수에 넣지 않도록 보호하여야 한다. 이 기간은 보통 포틀랜드 시멘트를 사용할 경우 대개 5일간이며, 고로 슬래그 시멘트 등 혼합 시멘트를 사용할 경우에는 이 기간을 설계 기준 압축 강도의 75% 이상의 강도가 확보될 때까지 연장하여야 한다.
- 강재와 거푸집 판과의 간격은 소정의 피복을 확보하도록 하여야 한다. 간격재의 개수는 기초, 기둥, 벽 및 난간 등에는 2개/m³ 이상, 보 및 슬래브 등에는 4개/m³ 이상을 표준으로 한다.

□□□ 기13
01 해양 콘크리트의 시공에서 콘크리트가 충분히 경화되기 전에 해수에 씻기면 모르타르 부분이 유실되는 등 피해를 받을 우려가 있으므로 직접 해수에 닿지 않도록 보호하여야 한다. 이렇게 보호하여야 하는 기간에 대한 설명으로 옳은 것은?

① 보통 포틀랜드 시멘트를 사용한 경우는 대개 5일간 보호하여야 한다.
② 보통 포틀랜드 시멘트를 사용한 경우는 대개 10일간 보호하여야 한다.
③ 혼합 시멘트를 사용한 경우는 설계 기준 압축 강도의 50% 이상의 강도가 확보될 때까지 보호하여야 한다.
④ 혼합 시멘트를 사용한 경우는 설계 기준 압축 강도의 60% 이상의 강도가 확보될 때까지 보호하여야 한다.

해설 보통 포틀랜드 시멘트를 사용한 경우는 대개 5일간 보호하여야 하며, 고로 슬래그 시멘트 등 혼합 시멘트를 사용할 경우에는 이 기간을 설계기준강도의 75% 이상의 강도가 확보될 때까지 연장하여야 한다.

□□□ 기04
02 해수의 작용을 받는 해양 콘크리트 구조물의 평균 간조면 이하 부분의 물-결합재비(%)의 최대값은?

① 45　　② 50　　③ 55　　④ 60

해설 해중 : 평균 간조면 이하의 부분으로서 해수의 화학 작용, 마모 작용을 받으나 콘크리트 중의 강재 부식 작용은 물보라 지역, 해상 대기 중에 비하여 약한 편이므로 물-결합재비는 최대 50%이다.

□□□ 기13
03 해양 콘크리트에 대한 설명으로 틀린 것은?

① 해수는 알칼리 골재 반응을 촉진하는 경우가 있으므로 이에 대한 대비가 필요하다.
② AE 감수제 또는 고성능 감수제를 사용하여 심한 기상 작용에 대한 저항성을 높일 수 있다.
③ 단위 시멘트량을 작게 하면 균등질의 밀실한 콘크리트를 얻을 수 있어, 각종 염류의 화학적 침식을 막을 수 있다.
④ 해수 작용에 대한 저항성을 향상하기 위하여 고로 슬래그 시멘트, 중용열 포틀랜드 시멘트, 플라이 애시 시멘트 등을 사용할 수 있다.

해설 단위 시멘트량을 많게 하면 균질하고 밀실한 콘크리트가 되어 해수에 포함되어 있는 여러 가지 염류의 화학적 침식, 콘크리트 중의 강재 부식 등에 대한 저항성이 증가한다.

069 프리플레이스트 콘크리트

특정한 입도를 가진 굵은 골재를 먼저 거푸집 속에 채워 넣고 그 공극 속에 특수한 모르타르를 적당한 압력으로 주입하여 만든 콘크리트를 프리플레이스트 콘크리트(preplaced concrete)라 한다.

■ 프리플레이스트 콘크리트의 특징
- 수중 콘크리트 시공이 유리하다.
- 부착 강도가 크며 동결 융해 저항성이 크다.
- 내구성, 수밀성이 크다.
- 건조 수축과 팽창이 작다.
- 투수성이 낮고 수축률이 작다.
- 블리딩 및 레이턴스가 적다.
- 대규모 프리플레이스트 콘크리트를 대상으로 할 경우, 굵은 골재의 최소 치수를 크게 하는 것이 효과적이다.

■ 주입용 모르타르의 품질
- 유동성 : 유하 시간이 16 ~ 20초인 것을 표준으로 한다.
- 블리딩률의 설정값은 시험 시작 후 3시간에서의 값이 3% 이하, 고강도 프리플레이스트 콘크리트에서는 1% 이하로 한다.
- 팽창률 : 시험 개시 후 3시간에서의 값이 5 ~ 10%인 것을 표준으로 하고, 고강도 프리플레이스트 콘크리트의 경우는 2 ~ 5%를 표준으로 한다.
- 모르타르 믹서는 5분 이내에 소요 품질의 주입 모르타르를 비빌 수 있는 것이라야 한다.
- 굵은 골재의 최대치수와 최소치수와의 차이를 적게 하면 굵은 골재의 실적률이 적어지고 주입 모르타르의 소요량이 많아진다.

■ 강도
- 프리플레이스트 콘크리트의 강도는 원칙적으로 재령 28일 또는 재령 91일의 압축강도를 기준으로 한다.

■ 잔 골재
- 입경 2.5mm 이하
- 조립률 1.4 ~ 2.2의 범위에 있는 것이 적당하다.

■ 굵은 골재
- 굵은 골재의 최소 치수는 15mm 이상으로 한다.
- 부재 단면 최소 치수의 1/4 이하
- 철근 콘크리트의 경우 철근 순간격의 2/3 이하
- 대규모 프리플레이스트 콘크리트를 대상으로 할 경우 굵은 골재의 최소 치수는 40mm 이상이어야 한다.
- 일반적으로 굵은 골재의 최대 치수는 최소 치수의 2 ~ 4배 정도로 한다.
- 굵은 골재의 공극률 : 40 ~ 48%이다.

□□□ 기 99,08,17

01 프리플레이스트 콘크리트에 대한 설명 중 잘못된 것은?

① 프리플레이스트 콘크리트의 강도는 원칙적으로 재령 28일 또는 재령 91일의 압축 강도를 기준으로 한다.
② 굵은 골재의 최소 치수는 20mm 이상이어야 한다.
③ 일반적으로 굵은 골재의 최대 치수는 최소 치수의 2 ~ 4배 정도가 좋다.
④ 일반적으로 팽창률의 설정값은 시험 시작 후 3시간에서의 값이 5 ~ 10%인 것을 표준으로 한다.

해설 ・굵은 골재의 최소 치수
- 굵은 골재의 최소 치수는 15mm 이상
- 굵은 골재의 최대 치수는 부재 단면 최소 치수의 1/4 이하
- 철근 콘크리트의 경우 철근 순간격의 2/3 이하

02 프리플레이스트 콘크리트에 대한 설명으로 틀린 것은?

① 프리플레이스트 콘크리트의 강도는 원칙적으로 재령 28일 또는 재령 91일의 압축 강도를 기준으로 한다.
② 주입 모르타르의 유동성은 유하 시간에 의해 설정하며 유하 시간의 설정값은 16 ~ 20초를 표준으로 한다.
③ 주입 모르타르의 팽창률의 설정값은 시험 시작 후 3시간에서의 값이 5 ~ 10%인 것을 표준으로 한다.
④ 사용하는 굵은 골재의 최소 치수는 10mm 이상, 굵은 골재의 최대 치수는 부재 단면 최소 치수의 1/3 이하로 하여야 한다.

해설 사용하는 굵은 골재의 최소 치수는 15mm 이상, 굵은 골재의 최대 치수는 부재 단면 최소 치수의 1/4 이하, 철근 콘크리트의 경우 철근 순간격의 2/3 이하로 하여야 한다.

03 프리플레이스트 콘크리트에 대한 설명으로 옳지 않은 것은?

① 수중 콘크리트에 적합하다.
② 초기 재령에 충분한 압축 강도를 발휘할 수 있다.
③ 주입이 끝날 때까지 유동성을 가져야 한다.
④ 콘크리트의 품질을 확인하기가 곤란하고 시공이 적절하지 못할 경우에는 결함을 일으키기 쉽다.

해설 프리플레이스트 콘크리트의 특징
- 수중 콘크리트 시공이 유리하다.
- 주입이 끝날 때까지 양호한 유동성과 침투성을 가져야 한다.
- 플라이 애시 등의 혼화 재료를 사용하기 때문에 초기 재령에서 충분한 압축 강도를 기대하기 어렵다.

1-92 1과목・콘크리트 공학   정답 069 01 ② 02 ④ 03 ②

□□□ 기 11, 12, 15

04 프리플레이스트 콘크리트에 사용하는 골재에 대한 설명으로 틀린 것은?

① 굵은 골재의 최대 치수는 15mm 이하로 한다.
② 잔 골재의 조립률은 1.4 ~ 2.2 범위로 한다.
③ 굵은 골재의 최대 치수는 부재 단면 최소 치수의 1/4 이하로 하여야 한다.
④ 굵은 골재의 최대 치수는 최소 치수의 2 ~ 4배 정도로 한다.

해설 굵은 골재 사이에 작은 골재 입자가 많이 들어가 있을 때는 굵은 골재의 간극이 좁아져 주입 모르타르의 충전성이 나빠지므로 특히 굵은 골재 최소 치수의 하한값을 15mm로 규정하였다.

□□□ 기 00, 04, 07

05 특정한 입도를 가진 굵은 골재를 거푸집 속에 채워 넣고 그 공극 속에 특수한 모르타르를 적당한 압력으로 주입하여 만든 콘크리트는?

① 프리플레이스트 콘크리트
② 숏크리트
③ 레디믹스트 콘크리트
④ 프리스트레스트 콘크리트

해설 ・특정한 입도를 갖는 굵은 골재란 15mm체를 통과하는 양이 적은 입도의 굵은 골재를 말한다.
・특수한 모르타르라 함은 유동성이 크며 재료 분리가 적고 수축이 적은 모르타르를 말한다.
・이와 같이 만든 콘크리트를 프리플레이스트 콘크리트라 한다.

□□□ 기 13

06 프리플레이스트 콘크리트에 대한 일반적인 설명으로 틀린 것은?

① 잔 골재의 조립률은 1.4 ~ 2.2의 범위로 한다.
② 굵은 골재의 최소 치수는 15mm 이상으로 하여야 한다.
③ 대규모 프리플레이스트 콘크리트를 대상으로 할 경우, 굵은 골재의 최소 치수를 작게 하는 것이 좋다.
④ 굵은 골재의 최대 치수와 최소 치수와의 차이를 적게 하면 굵은 골재의 실적률이 적어지고 주입 모르타르의 소요량이 많아진다.

해설 대규모 프리플레이스트 콘크리트를 대상으로 할 경우, 굵은 골재의 최소 치수를 크게 하는 것이 효과적이다.

□□□ 기 02, 05

07 소요의 품질을 갖는 프리플레이스트 콘크리트를 얻기 위해서 주입하는 모르타르가 갖추어야 할 것 중 틀린 것은?

① 압송과 주입이 쉬워야 한다.
② 재료 분리가 적고, 주입되어서 경화되는 사이에 블리딩이 적어야 한다.
③ 경화 후에 충분한 내구성 및 수밀성과 강재를 보호하는 성능을 가져야 한다.
④ 주입 후 경화되는 사이에 팽창되지 않아야 한다.

해설 모르타르가 굵은 골재의 공극에 주입될 때 재료 분리가 적고 주입되어 경화되는 사이에 블리딩이 적으며 소요의 팽창을 하여야 한다.

070 팽창 콘크리트

팽창재 또는 팽창 시멘트의 사용에 의해 팽창성이 부여된 콘크리트를 팽창 콘크리트(expansive concrete)라 한다.

■ 팽창률
- 콘크리트의 팽창률은 일반적으로 재령 7일에 대한 시험치를 기준으로 한다.
- 수축 보상용 콘크리트의 팽창률은 150×10^{-6} 이상, 250×10^{-6} 이하인 값을 표준으로 한다.
- 화학적 프리스트레스용 콘크리트의 팽창률은 200×10^{-6} 이상, 700×10^{-6} 이하를 표준으로 한다.
- 공장 제품에 사용하는 화학적 프리스트레스용 콘크리트의 팽창률은 200×10^{-6} 이상, 1000×10^{-6} 이하를 표준으로 한다.

■ 강도
팽창 콘크리트의 강도는 일반적으로 재령 28일의 압축 강도를 기준으로 한다.

■ 양생
- 콘크리트 거푸집 널의 존치 기간은 평균 기온 20℃ 미만인 경우는 5일 이상, 20℃ 이상인 경우는 3일 이상을 원칙으로 한다.
- 증기 양생, 보온 양생, 급열 양생 등의 특수 양생을 할 경우에는 소요의 품질이 얻어질 수 있는지를 시험하여 확인할 수 있도록 미리 충분한 검토를 하여야 한다.

□□□ 기 08
01 다음 중 팽창 콘크리트의 양생에 대한 설명으로 잘못된 것은?

① 콘크리트를 친 후에는 살수 등 기타의 방법으로 습윤 상태를 유지하며 콘크리트 온도는 2℃ 이상을 5일간 이상 유지시켜야 한다.
② 증기 양생 등의 촉진 양생을 실시하면 충분한 소요의 품질을 확보할 수가 있어 품질 확인을 위한 시험을 할 필요가 없어 편리하다.
③ 거푸집을 제거한 후 콘크리트의 노출면, 특히 외벽면은 직사일광, 급격한 건조 및 추위를 막기 위해 필요에 따라 양생 매트, 시트 또는 살수 등에 의한 적당한 양생을 실시하여야 한다.
④ 콘크리트 거푸집 널의 존치 기간은 평균 기온 20℃ 미만인 경우는 5일 이상, 20℃ 이상인 경우는 3일 이상을 원칙으로 한다.

[해설] 증기 양생, 보온 양생, 급열 양생 등의 특수 양생을 할 경우에는 소요의 품질이 얻어질 수 있는지를 시험하여 확인할 수 있도록 미리 충분한 검토를 하여야 한다.

□□□ 기 01,05,10④,16②,19②
02 팽창 콘크리트의 팽창률에 대한 설명 중 맞지 않는 것은?

① 콘크리트의 팽창률은 일반적으로 재령 28일에 대한 시험치를 기준으로 한다.
② 수축 보상용 콘크리트의 팽창률은 $(150 \sim 250) \times 10^{-6}$을 표준으로 한다.
③ 화학적 프리스트레스용 콘크리트의 팽창률은 $(200 \sim 700) \times 10^{-6}$을 표준으로 한다.
④ 공장 제품에 사용되는 화학적 프리스트레스용 콘크리트의 팽창률은 $(200 \sim 1000) \times 10^{-6}$을 표준으로 한다.

[해설] ·콘크리트의 팽창률은 일반적으로 재령 7일에 대한 시험치를 기준으로 한다.
·팽창 콘크리트의 강도는 일반적으로 재령 28일의 압축 강도를 기준으로 한다.

□□□ 기 07
03 팽창 콘크리트에 사용되는 재료의 취급과 저장에 대한 설명으로 잘못된 것은?

① 팽창재는 습기의 침투를 막을 수 있는 곳에 보관해야 한다.
② 포대 팽창재는 지상 15cm 정도의 마루 위에 쌓아 저장해야 한다.
③ 포대 팽창재는 12포대 이상 쌓아서는 안 된다.
④ 팽창재와 시멘트를 미리 혼합한 것은 양호한 밀폐 상태에 있는 사일로(silo) 등에 저장해야 한다.

[해설] 팽창재의 취급과 저장
·팽창재는 풍화하지 않도록 저장하여야 한다.
·팽창재는 습기의 침투를 막을 수 있는 사일로 또는 창고에 시멘트 등 다른 재료와 혼입되지 않도록 구분하여 저장하여야 한다.
·포대 팽창재는 지상 0.3m 이상의 마루 위에 쌓아 운반이나 검사에 편리하도록 배치하여 저장하여야 한다.
·포대 팽창재는 12포대 이상 쌓아서는 안 된다.
·포대 팽창재는 사용 직전에 포대를 여는 것을 원칙으로 한다.
·3개월 이상 장기간 저장된 팽창재는 저장 기간이 길어진 경우에는 시험을 실시하여 소요의 품질을 갖고 있는지를 확인한 후에 사용하여야 한다.
·팽창재는 운반 또는 저장 중에 직접 비에 맞지 않도록 하여야 한다.

071 콘크리트-폴리머 복합체

시멘트 콘크리트가 갖는 결점을 개선할 목적으로 폴리머(polymer)를 사용하여 만든 콘크리트를 총칭해서 콘크리트-폴리머 복합체라 한다.

■ **폴리머 시멘트 콘크리트**(polymer cement concrete)
시멘트 콘크리트에서 결합재인 시멘트의 일부를 폴리머 라텍스 등으로 대체시켜 만든 것을 폴리머 시멘트 콘크리트(polymer cement concrete)라 한다.

■ **폴리머 콘크리트**(polymer concrete)
결합재로서 시멘트와 같은 무기질 시멘트를 전혀 사용하지 않고 폴리머만으로 골재를 결합시켜 콘크리트를 제조한 것으로 레진 콘크리트(resinification concrete) 또는 폴리머 콘크리트(polymer concrete)라 한다.
• 결합재로서 시멘트를 전혀 사용하지 않고 열경화성 또는 열가소성 수지와 같은 액상 수지를 사용하여 골재를 결합시킨 것
• 시멘트 콘크리트는 경화 시 건조에 의해 수축하지만 폴리머 콘크리트는 경화 반응에 의해 수축을 일으킨다.
• 폴리머 콘크리트는 고강도이기 때문에 부재 단면의 축소에 따른 경량화가 가능하다.
• 폴리머 결합재는 골재에 대한 부착성이 우수하고, 그 자체의 강도가 높기 때문에 폴리머 콘크리트의 강도는 골재의 강도에 의존하게 된다.
• 폴리머 콘크리트는 시멘트 콘크리트에 비해 우수한 내약품성을 갖는다.
• 폴리머 콘크리트의 탄성 계수는 시멘트 콘크리트보다 작다.
• 폴리머 콘크리트의 내마모성, 내충격성 및 전기 절연성이 우수하다.

■ **폴리머 함침 콘크리트**(polymer impregnated concrete)
시멘트계의 재료를 건조시켜 미세한 공극에 액상 모노머를 함침 및 중합시켜 일체화시켜 만든 것을 폴리머 함침 콘크리트이다.

☐☐☐ 기 03,06
01 다음 중 콘크리트-폴리머 복합체의 종류가 아닌 것은?

① 폴리머 콘크리트
② 폴리머 시멘트 콘크리트
③ 폴리머 함침 콘크리트
④ 폴리머 압축 콘크리트

해설 콘크리트 – 폴리머 복합체
• 폴리머 시멘트 콘크리트(polymer cement concrete)
• 폴리머 콘크리트(polymer concrete)
• 폴리머 함침 콘크리트(polymer impregnated concrete)

☐☐☐ 기 12①,19②
02 결합재로 시멘트와 시멘트 혼화용 폴리머(폴리머 혼화제)를 사용한 콘크리트는?

① 폴리머 시멘트 콘크리트
② 폴리머 함침 콘크리트
③ 폴리머 콘크리트
④ 레진 콘크리트

해설 • 폴리머 시멘트 콘크리트 : 결합재로 시멘트와 시멘트 혼화용 폴리머(또는 폴리머 혼화제)를 사용한 콘크리트
• 폴리머 함침 콘크리트 : 시멘트계의 재료를 건조시켜 미세한 공극에 액상 모노머를 함침 및 중합시켜 일체화시켜 만든 것
• 폴리머 콘크리트 : 결합재로서 시멘트와 같은 무기질 시멘트를 전혀 사용하지 않고 폴리머만으로 골재를 결합시켜 콘크리트를 제조한 것을 레진 콘크리트 또는 폴리머 콘크리트라 한다.

☐☐☐ 기 04,06,09
03 폴리머(polymer) 콘크리트의 특성에 관한 다음 설명 중에서 잘못된 것은?

① 투수성을 증가시킨다.
② 고강도이기 때문에 부재 단면의 축소에 따른 경량화가 가능하다.
③ 건조 수축이 작아진다.
④ 양생 기간을 줄인다.

해설 폴리머 콘크리트는 방수성과 수밀성이 양호하여 투수성을 감소시킨다.

☐☐☐ 기 12
04 폴리머 콘크리트에 대한 설명으로 틀린 것은?

① 결합재로서 시멘트를 전혀 사용하지 않고 열경화성 또는 열가소성 수지와 같은 액상 수지를 사용하여 골재를 결합시킨 것을 폴리머 콘크리트라고 한다.
② 폴리머 결합재는 골재에 대한 부착성이 우수하나, 그 자체의 강도가 골재보다 낮기 때문에 폴리머 콘크리트의 강도는 폴리머 결합재의 강도에 의존하게 된다.
③ 시멘트 콘크리트는 경화 시 건조에 의해 수축하지만 폴리머 콘크리트는 경화반응에 의해 수축을 일으킨다.
④ 폴리머 콘크리트의 탄성 계수는 시멘트 콘크리트보다 작다.

해설 폴리머 결합재는 골재에 대한 부착성이 우수하고, 그 자체의 강도가 높기 때문에 폴리머 콘크리트의 강도는 골재의 강도에 의존하게 된다.

■ 방사선 콘크리트의 요구 조건
- 시멘트는 수화열이 적고, 골재는 비중이 크고 차폐성이 커야 한다.
- 콘크리트는 밀도가 높고 열전도율 및 열팽창율이 작아야 한다.
- 건조 수축 및 온도 균열이 적어야 한다.
- 설계에 정해져 있지 않은 이음은 설치할 수 없다.

■ 콘크리트 배합 조건
- 골재는 비중이 크고 차폐성이 커야 한다.
- 콘크리트의 슬럼프는 150mm 이하로 한다.
- 물 – 결합재비는 50% 이하를 원칙으로 한다.
- 일반적으로 부재 단면이 크기 때문에 중용열 시멘트, 플라이 애시 시멘트와 같이 수화열 발생이 적은 시멘트를 사용한다.

□□□ 기 05,08
01 방사선을 차폐할 목적으로 사용되는 방사선 차폐용 콘크리트에 관한 설명 중 틀린 것은?

① 차폐용 콘크리트로서의 필요한 성능인 밀도, 압축 강도, 설계 허용 온도, 결합 수량, 봉소량 등을 확보하여야 한다.
② 방사선 차폐용 콘크리트의 슬럼프는 150mm 이하로 한다.
③ 방사선 차폐용 콘크리트는 열전도율이 작고, 열팽창률이 커야 되므로 밀도가 작은 골재를 사용한다.
④ 물 – 결합재비는 50% 이하를 원칙으로 한다.

해설 방사선 차폐용 콘크리트의 요구 조건
- 부재 단면이 크기 때문에 수화열 발생이 적은 시멘트를 사용한다.
- 슬럼프는 150mm 이하로 하며, 물 – 결합재비는 50% 이하로 한다.
- 콘크리트의 밀도는 높고 열전도율 및 열팽창율이 작아야 한다.
- 골재는 비중이 크고 차폐성이 커야 한다.
- 건조 수축 온도 균열이 적어야 한다.

□□□ 기12
02 방사선 차폐용 콘크리트에 대한 설명으로 틀린 것은?

① 물 – 결합재비는 50% 이하를 원칙으로 한다.
② 일반적인 경우 슬럼프는 150mm 이하로 하여야 한다.
③ 바라이트, 자철광 및 적철광 등의 중량 골재를 사용하여야 한다.
④ 시멘트는 보통 포틀랜드 시멘트를 사용하는 것을 원칙으로 하며, 중용열 시멘트, 플라이 애시 시멘트 등 혼합 시멘트는 사용하지 않아야 한다.

해설 차폐용 콘크리트 제조에는 부재 단면이 일반적으로 크기 때문에 중용열 시멘트, 플라이 애시 시멘트와 같이 수화열 발생이 적은 시멘트를 선정하는 것이 유리하다.

- 포장용 콘크리트의 배합 기준

항 목	기 준
설계기준 휨 호칭강도(f_{28})	4.5MPa 이상
단위 수량	150kg/m^3 이하
굵은 골재의 최대 치수	40mm 이하
슬럼프	40mm 이하
공기 연행 콘크리트의 공기량 범위	4 ~ 6%

□□□ 기10,13
01 포장용 시멘트 콘크리트의 배합 기준으로 틀린 것은? (단, 콘크리트 표준 시방서 규정에 따름)

① 설계기준 휨 호칭강도(f_{28})는 4.5MPa 이상이어야 한다.
② 단위 수량은 150kg/m^3 이하이어야 한다.
③ 슬럼프는 80mm 이하이어야 한다.
④ 공기 연행 콘크리트의 공기량 범위는 4 ~ 6%이어야 한다.

해설 포장용 콘크리트의 슬럼프값 배합 기준은 40mm 이하이다.

074 공장 제품

■콘크리트 강도
- 일반적인 공장 제품은 재령 14일에서의 압축 강도 시험값을 기준으로 한다.
- 촉진 양생을 하지 않거나 부재 두께가 45mm 이상인 공장 제품은 재령 28일 압축 강도 시험값을 표준으로 한다.

■굵은 골재
- 최대 치수는 40mm 이하이다.
- 공장 제품 최소 두께의 2/5 이하이다.
- 강재의 최소 간격의 4/5를 넘어서는 안 된다.

■시공
- 비비기 : 콘크리트의 비비기는 적합한 배치 믹서를 사용한다.
- 물–시멘트비 : 물–시멘트비가 작은 된 반죽의 콘크리트가 사용된다.
- 성형 : 적당한 기계 다지기의 방법으로 확실히 실시한다.

□□□ 기 00,03,07

01 공장 제품 콘크리트의 제조 및 시공에 관한 설명 중 틀린 것은?

① 일반적인 공장 제품 콘크리트는 재령 14일에서의 압축 강도 시험값을 기준으로 한다.
② 공장 제품 콘크리트는 기계적 다짐으로 성형하므로 단위 수량은 크고, 슬럼프가 큰 묽은 반죽 콘크리트가 사용된다.
③ 즉시 탈형을 하더라도 해로운 영향을 받지 않는 공장 제품에 대해서는 콘크리트가 경화되기 전에 거푸집의 일부 또는 전부를 해체해도 좋다.
④ 굵은 골재 최대 치수는 40mm 이하이고 공장 제품 최소 두께의 2/5 이하이며, 또한 강재의 최소 간격의 4/5를 넘어서는 안 된다.

[해설] 공장 제품 콘크리트는 기계적 다짐으로 성형하게 되므로 물–결합재비가 작은 된 반죽의 콘크리트가 사용된다.

□□□ 기 05

02 콘크리트 공장 제품에 대한 설명 중 옳지 않은 것은?

① 공장 제품에 사용하는 콘크리트는 적합한 배치 믹서를 사용하여 비벼야 한다.
② 콘크리트 공장 제품에 사용되는 굵은 골재의 최대 치수는 25mm를 초과하지 않아야 한다.
③ 흄관, 콘크리트 말뚝, 전주 등은 원심력 성형에 의해 제조된다.
④ 일반적으로 내구성이 크고 콘크리트 자체에 대한 신뢰성이 높다.

[해설] 공장 제품에서 굵은 골재의 최대 치수
- 굵은 골재의 최대 치수는 40mm로 하고 공장 제품 최소 두께의 2/5 이하이며, 또한 강재의 최소 간격의 4/5를 넘어서는 안된다.
- 단면이 비교적 큰 하천과 해안에서 사용하는 공장 제품에서는 40mm를 사용하는 경우가 있기 때문에 굵은 골재 최대 치수의 상한 값은 40mm로 하였다.

| memo |

콘크리트의 구조물 유지 관리

075 콘크리트의 구조물 유지 관리

■ 점검
- 신설 시설물의 경우는 사용 검사 후 6월 이내에 초기 점검을 실시하여야 한다.
- 점검에는 초기 점검, 정기 점검, 정밀 점검, 긴급 점검이 있다.
- 초기 점검은 시설물 관리 대장에 기록되는 최초로 실시되는 정밀 점검을 말한다.
- 정기 점검은 육안 관찰이 가능한 개소에 대하여 성능 저하나 열화 및 하자의 발생 부위 파악을 위해 실시한다.
- 콘크리트의 열화 원인으로는 일반적으로 탄산화, 염해, 알칼리 골재 반응, 화학적 침식 등이 있다.

■ 보수·보강 공법
- 보수 공법 : 균열 보수 공법, 철근 방청 공법, 단면 복구 공법, 표면 보호 공법 등이 있다.
- 보강 공법 : 세로보 증설 공법, 브레이싱 보강 공법, 강판 덧붙이기 공법

01 표준 시방서상에는 신설 시설물의 경우는 사용 검사 후 몇 월 이내에 초기 점검을 하도록 규정하고 있나?

① 3월　　　　　② 6월
③ 9월　　　　　④ 12월

해설 신설 시설물의 경우는 사용 검사 후 6월 이내에 초기 점검을 시행토록 한다.

02 콘크리트 구조물의 유지 관리에 대한 설명 중 타당하지 않은 것은?

① 신설 시설물의 경우는 사용 검사 후 9월 이내에 초기 점검를 실시하여야 한다.
② 점검에는 초기 점검, 정기 점검, 정밀 점검, 긴급 점검이 있다.
③ 콘크리트의 열화 원인으로는 일반적으로 탄산화, 염해, 알칼리 골재 반응, 화학적 침식 등이 있다.
④ 보수 공법으로는 균열 보수 공법, 철근 방청 공법, 단면 복구 공법, 표면 보호 공법 등이 있다.

해설 신설 시설물의 경우는 사용 검사 후 6월 이내에 초기 점검을 시행토록 한다.

03 구조물 유지 관리에서 점검의 종류 및 방법의 설명 중 옳지 않은 것은?

① 점검에는 초기 점검, 정기 점검, 정밀 점검, 긴급 점검이 있다.
② 신설 시설물의 경우는 사용 검사 후 9월 이내에 시행토록 한다.
③ 초기 점검은 시설물 관리 대장에 기록되는 최초로 실시되는 정밀 점검을 말한다.
④ 정기 점검은 육안 관찰이 가능한 개소에 대하여 성능 저하나 열화 및 하자의 발생 부위 파악을 위해 실시한다.

해설 신설 시설물의 경우는 사용 검사 후 6월 이내에 시행토록 한다.

04 구조물이 공용 중에 발생되는 손상을 복구하는 데 있어서 보수 및 보강 공사를 시행한다. 다음 중 보수 공법에 속하지 않는 것은?

① 에폭시 주입 공법　　② 철근 방청 공법
③ 표면 보호 공법　　　④ 강판 접착 공법

해설 강판 접착 공법은 보강 공법이다.
- 보수 공법 : 표면 처리 공법, 에폭시 주입 공법, 철근 방청 공법, 충전 공법, 치환 공법

05 구조물의 보강 공법에 해당되지 않는 것은?

① 주입 공법　　　　② 세로보 증설공법
③ 브레이싱 보강 공법　④ 강판 덧붙이기 공법

해설 · 보수 공법 : 주입공법, 단면복구공법, 표면처리공법
· 보강 공법 : 세로보 증설공법, 브레이싱 보강공법, 강판 덧붙이기 공법

06 다음 중 철근 부식 방지가 주목적인 보수 공법과 거리가 먼 것은?

① 전기 방식 공법　　② 연속 섬유 시트 접착 공법
③ 탈염 공법　　　　④ 재알칼리화 공법

해설 연속 섬유 시트 접착 공법(FRP 접착공법) : 콘크리트 시설물의 접착 보강 공법이다.

10 콘크리트의 관리도와 품질 관리

1 관리도의 종류

종 류	데이터의 종류	관리도	적용 이론
계량값 관리도	길이, 중량, 강도, 화학성분, 압력, 슬럼프, 공기량, 생산량	· $\bar{x} - R$ 관리도 (평균값과 범위의 관리도) · x 관리도 (측정값 자체의 관리도) · $\bar{x} - \sigma$ 관리도 (평균값과 표준 편차의 관리도)	정규 분포
계수값 관리도	제품의 불량률	· P 관리도(불량률 관리도)	이항 분포
	불량 개수	· Pn 관리도(불량 개수 관리도)	
	결점수	· C 관리도(결점수 관리도)	포아송 분포
	단위당 결점수	· U 관리도(결점 발생률 관리도)	

■ 품질 관리의 데이터 분석

· 평균치($\bar{x}$) : 데이터의 평균 산술값

$$\bar{x} = \frac{\sum \bar{x}_i}{n}$$

· 중앙값(메디안, 중위수 : $\tilde{x}$) : 데이터를 크기의 순으로 배열하여 중앙에 위치한 값을 중앙값

· 범위(R) : 데이터의 최대값과 최소값의 차

$$R = x_{max} - x_{min}$$

· 편차의 제곱합(S) : 각 데이터와 평균치와의 차를 제곱한 합

$$S = \Sigma(x_i - \bar{x})^2$$

· 분산(σ^2) : 편차의 제곱합을 데이터 수로 나눈 값

$$\sigma^2 = \frac{S}{n}$$

· 불편 분산(V) : 편차 제곱합을 n 대신에 (n−1)로 나눈 값

$$V = \frac{S}{n-1}$$

· 표준 편차(σ) : 분산의 제곱근

$$\sigma = \sqrt{\frac{S}{n}}$$

· 표준편차(σ_e) : 불편분산의 개념

$$\sigma_e = \sqrt{\frac{S}{n-1}}$$

· 변동 계수(C_V) : 표준 편차를 평균치로 나눈 값

$$C_V = \frac{\sigma}{\bar{x}} \times 100\%$$

2 관리도의 판정

■ 관리 상태에 있기 위한 조건

· 점이 한계선 밖으로 벗어나지 않은 경우
· 연속한 35점 중 한계 밖으로 벗어난 점이 1점 이내인 경우
· 연속한 100점 중 2점 이내인 경우
· 점들이 나열된 방향이 이상이 없는 경우

■ 점들이 나열된 방향이 이상이 있는 경우

· 점들이 중심선의 한쪽으로 편중되어 연속적으로 나타난 경우
· 점들이 중심선의 한쪽으로 편중되어 많이 나타난 경우
· 점들이 상승 또는 하강을 만족하는 경우
· 점들이 한계선에 접하여 자주 나타나는 경우
· 점들이 중심선 부근에 집중되어 있는 경우

■ 이상을 나타내는 관리도

· 연속 7점이 한족으로 몰려있는 경우
· 연속 11점 중 10점이 한쪽에 몰려있는 경우
· 하강하는 경향이 있는 경우
· 주기적 변동이 있는 경우
· 관리한계 밖으로 반 이상이 나가는 경우
· 중심선 부근에 몰려있는 경우

01 다음 관리도의 종류에서 정규 분포 이론이 적용되지 않은 것은?

① P 관리도(불량률 관리도)
② x 관리도(측정값 자체의 관리도)
③ $\bar{x}-R$ 관리도(평균값과 범위의 관리도)
④ $\bar{x}-\sigma$ 관리도(평균값과 표준 편차의 관리도)

[해설] 관리도의 종류

계량값의 관리도(정규 분포)	계수값의 관리도
・$\bar{x}-R$ 관리도 　(평균값과 범위의 관리도) ・x 관리도(측정값 자체의 관리도) ・$\bar{x}-\sigma$ 관리도 　(평균값과 표준 편차의 관리도)	・P 관리도(불량률 관리도) ・Pn 관리도(불량 개수 관리도) ・C 관리도(결점수 관리도) ・U 관리도(결점 발생률 관리도)

02 다음 중 관리도에서 관리 상태에 있기 위한 조건이 아닌 것은?

① 점들의 나열된 방향이 이상이 없는 경우
② 점이 관리 한계선 밖으로 벗어나지 않은 경우
③ 연속한 35점 중 한계 밖으로 벗어난 점이 1점 이내인 경우
④ 연속한 100점 중 한계 밖으로 벗어난 점이 4점 이내인 경우

[해설] 관리 상태에 있기 위한 조건
　・점이 한계선 밖으로 벗어나지 않은 경우
　・연속점 35점 중 한계 밖으로 벗어난 점이 1점 이상 이내
　・연속 100점 중 2점 이내인 경우
　・점들의 나열된 방향이 이상이 없는 경우

03 관리도에 의해 공정 관리를 할 때 안정 상태라고 볼 수 없는 경우는?

① 연속 35점 중 1점이 관리 한계선을 벗어났을 때
② 관리 한계선 내의 연속 3점이 연속적으로 상승하였을 때
③ 점들의 나열된 방향이 이상이 없을 때
④ 점이 관리 한계선 내에 있으나 점들의 한계선에 접하여 자주 나타날 때

[해설] 관리도의 안정 상태
　・점들의 나열된 방향이 이상이 없는 경우
　・점이 관리 한계선 밖으로 벗어나지 않은 경우
　・연속 35점 중 1점이 관리 한계선을 벗어났을 때
　・관리 한계선 내의 연속 3점이 연속적으로 상승하였을 때

04 다음 4조의 압축 강도 시험 결과 중 변동 계수가 가장 큰 것은?

① 198, 195, 210, 197
② 202, 190, 190, 218
③ 210, 205, 185, 200
④ 189, 200, 196, 215

[해설] 편차 제곱합이 큰 값이 변동 계수가 가장 크다.

・평균값 $\bar{x}=\dfrac{198+195+210+197}{4}=200$

　편차 제곱합 $S=(200-198)^2+(200-195)^2$
　　　　　　　　$+(200-210)^2+(200-197)^2=138$

・평균값 $\bar{x}=\dfrac{202+190+190+218}{4}=200$

　편차 제곱합 $S=(200-202)^2+(200-190)^2+(200-190)^2$
　　　　　　　　$+(200-218)^2=528$

・평균값 $\bar{x}=\dfrac{210+205+185+200}{4}=200$

　편차 제곱합 $S=(200-210)^2+(200-205)^2+(200-185)^2$
　　　　　　　　$+(200-200)^2=350$

・평균값 $\bar{x}=\dfrac{189+200+196+215}{4}=200$

　편차 제곱합 $S=(200-189)^2+(200-200)^2+(200-196)^2$
　　　　　　　　$+(200-215)^2=362$

05 설계기준강도가 21MPa인 콘크리트로부터 5개의 공시체를 만들어 압축강도 시험을 한 결과 압축강도가 아래의 표와 같았다. 품질관리를 위한 압축강도의 변동계수값은 약 얼마인가? (단, 표준편차는 불편분산의 개념으로 구할 것)

22, 23, 24, 27, 29 (MPa)

① 11.7%　　　　② 13.6%
③ 15.2%　　　　④ 17.4%

[해설] ■변동계수 $C_V=\dfrac{\sigma}{\bar{x}}\times100$

・$\bar{x}=\dfrac{22+23+24+27+29}{5}=25\,\mathrm{MPa}$

■편차제곱합
・$S=(25-22)^2+(25-23)^2+(25-24)^2+(25-27)^2+(25-29)^2$
　$=34$

・$\sigma=\sqrt{\dfrac{S}{n-1}}=\sqrt{\dfrac{34}{5-1}}=2.92$

∴ $C_V=\dfrac{2.92}{25}\times100=11.7\%$

■ 현장 품질 관리

- 콘크리트의 받아들이기 품질 관리는 콘크리트를 타설하기 전에 실시하여야 한다.
- 워커빌리티의 검사는 굵은 골재 최대 치수 및 슬럼프가 설정치를 만족하는지의 여부를 확인함과 동시에 재료 분리 저항성을 외관 관찰에 의해 확인하여야 한다.
- 강도 검사는 콘크리트의 배합 검사를 실시하는 것을 표준으로 한다.
- 내구성 검사는 공기량, 염소 이온량을 측정하는 것으로 한다. 내구성으로부터 정한 물−결합재비는 배합 검사를 실시하거나 강도 시험에 의해 확인할 수 있다.
- 검사 결과 불합격으로 판정된 콘크리트는 사용할 수 없다.

■ 압축 강도에 의한 콘크리트 품질 관리

- 압축 강도에 의한 콘크리트의 관리는 일반적인 경우 조기 재령의 압축 강도에 의한다.
- 1회의 시험값은 일반적인 경우 동일 배치에서 취한 공시체 3개의 평균값으로 한다.
- 시험값에 의하여 콘크리트의 품질을 관리할 경우에는 관리도 및 히스토그램을 사용하는 것이 좋다.
- 시험용 시료 채취 시기 및 횟수는 하루에 치는 콘크리트마다 적어도 1회, 또는 연속하여 치는 콘크리트의 20 ~ 150m³마다 1회로 한다.

■ 압축 강도에 의한 콘크리트의 품질 검사

종 류	항 목	시험·검사 방법	시기 및 횟수[1]	판정기준	
				$f_{cn} \leq 35MPa$	$f_{cn} > 35MPa$
호칭강도로부터 배합을 정한 경우	압축강도 (재령 28일의 표준양생 공시체)	KS F 2405의 방법[1]	1회/일, 구조물의 중요도와 공사의 규모에 따라 120m³마다 1회 또는 배합이 변경될 때마다	• 연속 3회 시험값의 평균이 호칭 강도 이상 • 1회 시험값이 (호칭강도 −3.5MPa) 이상	• 연속 3회 시험값의 평균이 호칭 강도 이상 • 1회 시험값이 호칭강도의 90% 이상
그 밖의 경우				압축강도의 평균값이 품질기준강도[2] 이상일 것	

주 1) 1회의 시험값은 공시체 3개의 압축강도 시험값의 평균값임
  2) 현장 배치플랜트를 구비하여 생산·시공하는 경우에는 설계기준 압축강도와 내구성 설계에 따른 내구성 기준 압축강도 중에서 큰 값으로 결정된 품질기준강도를 기준으로 검사

■ 팽창률 및 압축강도의 품질 관리

항 목	시기·횟수	판정 기준
팽창률	• 구조물의 중요도와 공사의 규모에 따라 정하여야 한다 (재령 7일 표준).	• 수축보상용 콘크리트의 경우 : 150×10^{-6} 이상, 250×10^{-6} 이하 • 화학적 프리스트레스용 콘크리트 경우 : 200×10^{-6} 이상, 700×10^{-6} 이하
강 도	• 1회/일 또는 구조물의 중요도와 공사의 규모에 따라 120m³마다 1회 • 배합이 변경될 때마다(재령 28일 표준)	• 압축강도 근거로 물−결합재비를 정한 경우 : 3회 연속한 압축강도의 시험값에 평균이 설계 기준 압축 강도에 미달하는 확률이 1% 이하여야 하고, 또 설계 기준 압축 강도보다 35MPa을 미달하는 확률이 1% 이하일 것 • 내구성, 수밀성을 근거로 물−결합재비를 정한 경우 : 콘크리트 압축 강도의 평균값이 소정의 물−결합재비를 상당하는 압축 강도를 초과할 것

01 압축 강도에 의한 콘크리트 품질 관리에 대한 설명 중 적합하지 않은 것은?

① 일반적인 경우 조기 재령에 있어서의 압축 강도에 의해 실시한다.
② 1회의 시험값은 현장에서 채취한 시험체 3개의 압축 강도 시험값의 평균값으로 한다.
③ 시험값에 의하여 콘크리트의 품질을 관리할 경우에는 관리도 및 히스토그램을 사용하는 것이 좋다.
④ 압축 강도 시험 실시의 시기 및 횟수는 1일 1회 또는 구조물의 중요도와 공사 규모에 따라 500m³마다 1회, 배합이 변경될 때마다 1회로 한다.

해설 압축 강도 실험 실시의 시기 및 횟수
· 1회/일
· 구조물의 중요도와 공사의 규모에 따라 120m³마다 1회
· 배합이 변할 때마다

02 압축 강도에 의한 콘크리트의 품질 검사를 하는 경우에 대한 설명으로 틀린 것은? (단, 호칭 강도로부터 배합을 정한 경우이며, 콘크리트 표준 시방서의 규정에 따른다.)

① 일반적인 경우 재령 28일의 압축 강도로 품질 검사를 실시한다.
② 1회/일, 또는 구조물의 중요도와 공사의 규모에 따라 120m³마다 1회, 배합이 변경될 때마다 실시한다.
③ $f_{cn} \leq 35MPa$인 경우 합격 판정 기준은 ㉮ 연속 3회 시험값의 평균이 호칭 강도 이상, ㉯ 1회 시험값이 호칭 강도의 80% 이상이다.
④ $f_{cn} \geq 35MPa$인 경우 합격 판정 기준은 ㉮ 연속 3회 시험값이 평균이 호칭 강도 이상, ㉯ 1회 시험값이 호칭 강도의 90% 이상이다.

해설 $f_{cn} \leq 35MPa$인 경우 합격 판정 기준
· 연속 3회 시험값의 평균이 호칭 강도 이상
· 1회 시험값이(호칭 강도 −3.5MPa) 이상

03 압축 강도에 의한 콘크리트의 품질 관리에서 시험을 위해 시료를 채취하는 시기 및 횟수는 일반적인 경우 하루에 치는 콘크리트마다 적어도 몇 회로 하여야 하는가?

① 1회   ② 2회
③ 3회   ④ 4회

해설 압축 강도 실험 실시의 시기 및 횟수는 하루에 치는 콘크리트마다 적어도 1회, 또는 연속하여 치는 콘크리트의 20～150m³마다 1회로 한다.

04 콘크리트의 받아들이기 품질 검사에 대한 설명으로 틀린 것은?

① 워커빌리티의 검사는 굵은 골재 최대 치수 및 슬럼프가 설정치를 만족하는지의 여부를 확인함과 동시에 재료 분리 저항성을 외관 관찰에 의해 확인하여야 한다.
② 내구성 검사는 공기량, 염소 이온량을 측정하는 것으로 한다.
③ 콘크리트를 타설하기 전에 실시하여야 한다.
④ 강도 검사는 압축 강도 시험에 의한 검사를 원칙으로 한다.

해설 강도 검사는 콘크리트의 배합 검사를 실시하는 것을 표준으로 한다.

05 압축 강도에 의한 콘크리트의 품질 검사에서 판정 기준으로 옳은 것은? (단, 설계 기준 압축 강도로부터 배합을 정한 경우로서 $f_{cn} > 35MPa$인 콘크리트이며, 콘크리트 표준 시방서 규정을 따른다.)

① (1) 연속 3회 시험값의 평균이 f_{cn}의 95% 이상
   (2) 1회 시험값이 f_{cn}의 90% 이상
② (1) 연속 3회 시험값의 평균이 ($f_{cn} - 3.5MPa$) 이상
   (2) 1회 시험값이 f_{cn}의 95% 이상
③ (1) 연속 3회 시험값의 평균이 f_{cn} 이상
   (2) 1회 시험값이 ($f_{cn} - 3.5MPa$) 이상
④ (1) 연속 3회 시험값의 평균이 f_{cn} 이상
   (2) 1회 시험값이 f_{cn}의 90% 이상

해설 압축 강도에 의한 콘크리트의 품질 검사

$f_{cn} \leq 35MPa$	$f_{cn} > 35MPa$
· 연속 3회 시험값의 평균이 호칭 강도 이상 · 1회 시험값이(호칭 강도 −3.5MPa) 이상	· 연속 3회 시험값의 평균이 호칭 강도 이상 · 1회 시험값이 호칭 강도의 90% 이상

06 콘크리트의 품질 관리에 관한 설명 중 맞지 않는 것은?

① 시험값에 의하여 콘크리트의 품질을 관리할 경우에는 관리도 및 히스토그램을 사용하는 것이 좋다.
② 압축 강도에 의한 콘크리트 관리는 일반적으로 28일 압축 강도에 의해 콘크리트를 관리한다.
③ 물−결합재비의 1회 시험값은 동일 배치에서 취한 2개 시료의 물−결합재비의 평균값으로 한다.
④ 압축 강도의 1회 시험값은 동일 배치에서 취한 3개 시료의 압축 강도의 평균값으로 한다.

해설 압축 강도의 1회 시험값은 동일 배치에서 취한 3개 시료의 압축 강도의 평균값으로 한다.

2 과목

건설시공 및 관리

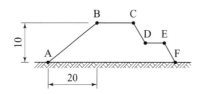

---

001 축제 및 필터

■ **축제(뚝 쌓기)**
  하천 제방과 같이 상당히 긴 성토를 하는 경우를 말한다.

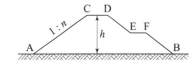

- 법면(비탈면) : $\overline{AC}$, $\overline{DE}$, $\overline{FB}$와 같은 사면을 말하며 비탈면이라고도 한다.
- 비탈머리 : 비탈의 상단 C, D점을 말한다.
- 비탈기슭(법선) : 비탈의 하단 A, B점을 말한다.
- 둑마루(천단) : 축제의 정단 $\overline{CD}$ 부분을 말하며 천단이라고도 한다.
- 소단(턱) : $\overline{EF}$ 부분과 같이 비탈 중간에 만든 소단을 말하며, 턱이라고도 한다.
- 비탈구배 : 비탈면의 경사 정도를 표시하는 것으로 수직 높이에 대한 수평 길이의 비로 나타낸다. 즉, $1 : n$

■ **필터(Filter)층의 설치 목적(효과)**
- 압밀 침하가 촉진된다.
- 트래피커빌리티가 향상된다.
- 비탈면의 저부의 활동이 방지된다.
- 강우에 의한 우수의 침투가 경감된다.
- 시공 중에는 간극 수압의 저하를 기대할 수 있다.
- 성토의 깊은 활동에 대한 안정성을 높인다.

□□□ 기 95,07
01 제방의 단면 중 AB부분을 무엇이라 하는가?

① 비탈기슭
② 비탈머리
③ 둑마루
④ 소단

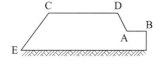

해설 · $\overline{AB}$: 소단
· $\overline{CD}$: 둑마루
· C 및 D점 : 비탈머리
· E점 : 비탈기슭

□□□ 산 07
02 그림과 같은 토공 단면에 대한 설명으로 옳지 않은 것은?

① $\overline{BC}$ 부분을 둑마루라 한다.
② $\overline{DE}$ 부분을 소단이라 한다.
③ 비탈면 A－B 비탈경사를 5푼 구배라 한다.
④ A, F점을 비탈기슭이라 한다.

해설 수직 : 수평 = 10 : 20 = 1 : 2
  ∴ 2할 구배이다.

□□□ 기 88,00,02
03 제방 비탈면의 붕괴 방지 대책으로 잘못된 것은?

① 수평층 쌓기를 함으로써 다짐도를 높인다.
② 둑마루의 우수는 직접 제방 비탈에 배수케 하여 다짐 효과를 낸다.
③ 투수성 재료와 불투수성 재료가 분리 시공되었을 때 붕괴가 발생한다.
④ 비탈면을 식생 등에 의해 잘 보호한다.

해설 둑마루(천단)의 우수를 직접 비탈에 배수케 하면 다짐이 불충분한 부분에 침투하여 흙이 연약화되어 붕괴의 원인이 되므로 비탈어깨 부분에 배수구를 설치하여 제방을 보호해야 한다.

□□□ 기 88,92,00,02
04 고함수비의 점토층 지반을 안정시키기 위하여 도로의 노체 내에 필터층을 설치할 때 그 설치하는 목적과 관계가 가장 깊은 것은?

① 강우에 의한 우수 침투의 염려가 없다.
② 비탈면 저부의 활동이 우려된다.
③ 압밀 침하가 촉진된다.
④ 시공 중의 간극 수압이 증가된다.

해설 고함수비의 점토층 지반의 압밀 침하를 촉진시키기 위해 필터층을 설치한다.

■ **성토 재료로 요구되는 성질**
- 투수성이 낮은 흙
- 성토 비탈면의 안정에 필요한 전단 강도를 가지고 있는 흙
- 시공 기계의 트래피커빌리티가 확보되는 등 시공이 용이한 흙
- 완성 후의 교통 하중에 대하여 큰 변형을 일으키지 않고 지지력을 가지고 있는 흙
- 성토의 압축 침하가 노면에 나쁜 영향을 미치지 않도록 압축성이 적은 흙

■ **성토에 사용되는 토질 조건**
- 다루기가 쉬워야 한다.
- 불투수성이어야 한다.
- 건조 밀도가 크고 안정성을 가진 큰 조립토가 좋다.
- 성토 비탈의 안정에 필요한 전단 강도를 가져야 한다.

□□□ 기 99,00,05
01 다음 조건 중 성토 토사로서 적합하지 않은 것은?

① 안정도에 필요한 전단 강도를 가질 것
② 압축에 대해 침하가 심하지 않을 것
③ 건조 밀도가 낮을 것
④ 중기계의 주행이 잘 될 것

[해설] ·건조 밀도가 클수록 흙이 잘 다져지며, 흙 입자 간극이 작다.
·성토 재료는 건조밀도가 크고 안정성이 큰 조립토가 좋다.

□□□ 기 04,08,17
02 다음 흙 쌓기 재료로서 구비해야 할 성질 중 틀린 것은?

① 완성 후 큰 변형이 없도록 지지력이 클 것
② 압축 침하가 적도록 압축성이 클 것
③ 흙 쌓기 비탈면의 안정에 필요한 전단 강도를 가질 것
④ 시공 기계의 Trafficability가 확보될 것

[해설] 성토의 압축 침하가 노면에 나쁜 영향을 미치지 않도록 압축성이 적어야 한다.

□□□ 기 07,09,21
03 다음은 성토에 사용되는 흙의 조건에 관한 설명이다. 옳지 않은 것은?

① 다루기가 쉬워야 한다.
② 충분한 전단 강도를 가져야 한다.
③ 도로 성토에서는 투수성이 양호해야 한다.
④ 가급적 점토 성분을 많이 포함하고 자갈 및 왕모래 등은 적어야 한다.

[해설] 점토 성분이 많이 포함되면 팽창하고 건조하면 수축되므로 사질토가 좋으며 자연 함수비가 높은 점질토는 좋지 않다.

□□□ 기 00,04,13,17,18
04 자연 함수비 8%인 흙으로 성토하고자 한다. 시방서에는 다짐한 흙의 함수비를 15%로 관리하도록 규정하였을 때 매 층마다 1m^{2}당 몇 kg의 물을 살수해야 하는가? (단, 1층의 다짐 두께는 20cm이고, 토량 변화율 C = 0.9이며 원지반 상태에서 흙의 단위 중량은 18kN/m^{3}이며, 소수점 이하 3째자리에서 반올림하여 2째자리까지 구하시오.)

① 71.5N
② 158.4N
③ 259.3N
④ 272.2N

[해설] ·1층의 원지반 상태의 단위 체적
$$V = \frac{1 \times 1 \times 0.2}{0.9} = 0.222 \text{m}^3$$
·1m^{2}당 흙의 중량
$$W = \gamma_t \cdot V = 18 \times 0.222 = 4\text{kN} = 4{,}000\text{N}$$
·8%에 대한 함수량
$$W_w = \frac{W \cdot w}{100 + w} = \frac{4{,}000 \times 8}{100 + 8} = 296.30\text{N}$$
$$\therefore 15\% \text{에 대한 함수량} : 296.30 \times \frac{15 - 8}{8} = 259.26\text{N}$$

---

003 성토의 시공법

■ 수평층 쌓기

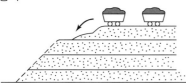

• 얇게 까는 방법(박층법) : 30 ~ 60cm의 두께로 흙을 깔아서 한 층마다 적당한 수분을 주면서 충분히 다진 후 다음 층을 까는 방법
• 두껍게 까는 방법(후층법) : 90 ~ 120cm의 두께로 깔고 약간의 기간을 두어 자연 침하를 시키고 또 다져지면 다음 층을 그 위에 쌓아 올리는 방법

■ 전방층 쌓기

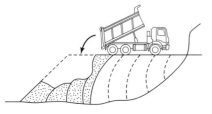

도로, 철도 공사에서의 낮은 축제에 사용되며 공사 중에는 압축되지 않으므로 준공 후 상당한 침하가 우려되지만 공사비가 싸고 공정이 빠른 성토 시공 공법

■ 비계층 쌓기
• 가교 이용 쌓기법이라고도 하는데 가교를 만들어 그 위에 레일을 깔고 가교 위에서 흙을 내려 쏟아 점차로 쌓아지도록 하는 방법
• 공사 중에 압축이 적어 완성 후에 침하가 큰 것이 단점이다.
• 저수지의 토공, 축제가 높은 곳을 동시에 쌓아 올리려 할 때 사용된다.

■ 물다짐 공법
 하해, 호수에서 펌프로 관 내에 물을 압입하여 큰 수두를 가진 노즐의 분출로 깎은 흙을 함유시켜 송니관(모래관)으로 운송하는 성토공법으로 사질토(모래질)인 경우에 좋다.

□□□ 기 98,05,08,12,18,22
01 흙의 성토 작업에서 다음 그림의 쌓기 방법은?

① 전방층 쌓기
② 수평층 쌓기
③ 물다짐 방법
④ 비계법 쌓기

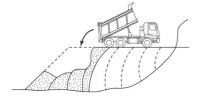

해설 전방층 쌓기 : 한 번에 필요한 높이까지 전방에 흙을 투하하면서 쌓는 방법으로 공사가 빠르나 완공된 후에 침하가 크게 일어난다.

□□□ 산 08
02 다음 그림과 같은 흙의 성토 시공 공법은?

① 수평층 쌓기
② 물다짐 공법
③ 전방층 쌓기
④ 비계층 쌓기

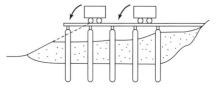

해설 비계층 쌓기 : 가교 이용 쌓기법이라고도 하는데 가교를 만들어 그 위에 레일을 깔고 가교 위에서 흙을 내려 쏟아 점차로 쌓아지도록 하는 방법이다.

□□□ 기 16
03 성토시공 공법 중 두께가 90~120cm로 하천제방, 도로, 철도의 축제에 시공되며, 층마다 일정 기간 동안 방치하여 자연침하를 기다려 다음 층을 위에 쌓아 올리는 방법은?

① 물 다짐 공법   ② 비계 쌓기법
③ 전방 쌓기법   ④ 수평층 쌓기법

해설 수평층 쌓기
 • 얇게 까는 방법(박층법)은 30 ~ 60cm의 두께로 흙을 깔아서 한 층마다 적당한 수분을 주면서 충분히 다진 후 다음 층을 까는 방법
 • 두껍게 까는 방법(후층법)은 90 ~ 120cm의 두께로 깔고 약간의 기간을 두어 자연 침하를 시키고 또 다져지면 다음 층을 그 위에 쌓아 올리는 방법

제2과목

시공하는 지반 계획고를 시공 기면이라 하는데 이를 가장 경제적으로 결정해야 한다.

■ 시공 기면 결정 시 고려 사항
• 토공량을 최소로 하고 절토, 성토를 균형시킬 것
• 토취장, 사토장에서의 운반 거리를 짧게 할 것
• 연약 지반, 산사태, 낙석이 있는 지역은 피할 것
• 비탈면은 흙의 안정성을 고려할 것
• 암석 굴착을 적게 할 것
• 용지 보상을 최소가 되게 할 것

□□□ 기 05,17
01 시공 기면을 결정할 때 고려할 사항으로 잘못된 것은?

① 토공량이 최대가 되도록 하며, 절토, 성토 균형을 시킬 것
② 연약 지반, Land slide, 낙석의 위험이 있는 지역은 가능한 피할 것
③ 비탈면 등은 흙의 안정성을 고려할 것
④ 암석 굴착은 적게 할 것

해설 토공량을 최소로 하고 절토, 성토를 균형시켜야 한다.

□□□ 기 10,14,17
02 토공에 대한 다음 설명 중 틀린 것은?

① 시공 기면은 현재 공사를 하고 있는 면을 말한다.
② 토공은 굴착, 싣기, 운반, 성토(사토) 등의 4공정으로 이루어진다.
③ 준설은 수저의 토사 등을 굴착하는 작업을 말한다.
④ 법면은 비탈면으로 성토, 절토의 사면을 말한다.

해설 토목 공사에서 지반 계획고의 최종 끝손질면을 시공 기면이라 한다.

□□□ 기 14,18
03 흙을 자연 상태로 쌓아 올렸을 때 급경사면은 점차로 붕괴하여 안정된 비탈면이 되는데 이때 형성되는 각도를 무엇이라 하는가?

① 흙의 자연각　　　　② 흙의 경사각
③ 흙의 안정각　　　　④ 흙의 안식각

해설 흙의 안식각 : 흙은 쌓아올려 자연 상태로 방치하면 급한 경사면은 차츰 붕괴되어 안정된 비탈을 형성한다. 이 안정된 비탈면과 원지면이 이루는 각을 흙의 안식각이라 한다.

005 토량의 변화

흙을 굴착해서 운반하고 성토할 경우, 흙이 자연 상태의 원지반에 있을 때, 흐트러진 상태로 있을 때, 다져졌을 때에 대한 그 토량의 변화를 미리 추정해서 토량을 배분하고 운반 계획을 세운다.

자연 상태 토량   운반 상태 토량   완전 상태 토량

토량의 변화 상태

- 자연 상태의 토량 : 굴착할 토량, 본바닥 토량, 원지반 토량
- 운반 상태의 토량 : 흐트러진 상태의 토량, 느슨한 토량
- 완성 상태의 토량 : 마무리된 성토량, 다져진 상태의 토량

$$L = \frac{\text{흐트러진 상태의 토량(느슨한 토량)}}{\text{자연 상태의 토량(원지반 토량)}}$$
$$= \frac{\text{자연 상태의 밀도}}{\text{운반 상태의 밀도}}$$

$$C = \frac{\text{다져진 상태의 토량(다짐 토량)}}{\text{자연 상태의 토량(원지반 토량)}}$$
$$= \frac{\text{자연 상태의 밀도}}{\text{완성 상태의 밀도}}$$

토량의 변화표

구하는 토량(Q) 기준이 되는 토량(q)	자연 상태의 토량	흐트러진 토량	다진 후의 토량
자연 상태의 토량	1	L	C
흐트러진 토량	$\frac{1}{L}$	1	$\frac{C}{L}$

□□□ 기 08

01 토량의 변화율(L, C)을 나타낸 식으로 옳은 것은?

① $L = \dfrac{\text{흐트러진 상태의 토량}}{\text{자연 상태의 토량}}$, $C = \dfrac{\text{다져진 상태의 토량}}{\text{자연 상태의 토량}}$

② $L = \dfrac{\text{다져진 상태의 토량}}{\text{자연 상태의 토량}}$, $C = \dfrac{\text{흐트러진 상태의 토량}}{\text{자연 상태의 토량}}$

③ $L = \dfrac{\text{흐트러진 상태의 토량}}{\text{자연 상태의 토량}}$, $C = \dfrac{\text{자연 상태의 토량}}{\text{다져진 상태의 토량}}$

④ $L = \dfrac{\text{자연 상태의 토량}}{\text{흐트러진 상태의 토량}}$, $C = \dfrac{\text{다져진 상태의 토량}}{\text{자연 상태의 토량}}$

해설 $L = \dfrac{\text{흐트러진 상태의 토량(느슨한 토량)}}{\text{자연 상태의 토량(원지반 토량)}}$

$C = \dfrac{\text{다져진 상태의 토량(다짐 토량)}}{\text{자연 상태의 토량(원지반 토량)}}$

□□□ 기 90,03,05

02 $C = 0.9$, $L = 1.25$이라 한다. 성토 $10,000\text{m}^3$을 만들 계획이 있다. 토취장의 토질을 사질토라 할 때 굴착해서 운반하는 토량은 얼마나 되는가?

① $13,889\text{m}^3$ ② $15,667\text{m}^3$

③ $12,500\text{m}^3$ ④ $14,543\text{m}^3$

해설 $C = \dfrac{\text{성토 후의 토량}}{\text{본바닥 토량}}$

$\therefore$ 본바닥 토량 $= \dfrac{10,000}{0.9} = 11,111\text{m}^3$

$L = \dfrac{\text{운반할 토량}}{\text{본바닥 토량}}$

$\therefore$ 운반할 토량 $= 1.25 \times 11,111 = 13,889\text{m}^3$

□□□ 기 03,15,22

03 토취장에서 흙을 적재하여 고속도로의 노체를 성토하고자 한다. 노체는 다짐을 시행할 때 자연 상태일 때의 흙의 체적을 1이라 하고, 느슨한 상태에서 1.25, 다져진 상태에서 토량 변화율이 0.8이라면 본 공사의 토량 환산 계수는?

① 0.64 ② 0.80

③ 0.70 ④ 1.25

해설 $L = \dfrac{\text{흐트러진 상태의 토량}(\text{m}^3)}{\text{자연 상태의 토량}(\text{m}^3)} = \dfrac{1.25}{1} = 1.25$

$C = \dfrac{\text{다져진 상태의 토량}(\text{m}^3)}{\text{자연 상태의 토량}(\text{m}^3)} = \dfrac{0.8}{1} = 0.8$

$\therefore$ 토량 환산 계수 $f = \dfrac{C}{L} = \dfrac{0.8}{1.25} = 0.64$

□□□ 기 00,09

04 사질토를 절토하여 $45,000\text{m}^3$의 성토 구간을 다짐 성토하려고 한다. 사질토의 토량 변화율이 $L = 1.2$, $C = 0.9$일 때 절취 토량과 운반 토량은?

    절취 토량   운반 토량

① $40,500\text{m}^3$ $48,600\text{m}^3$

② $45,000\text{m}^3$ $54,000\text{m}^3$

③ $50,000\text{m}^3$ $54,000\text{m}^3$

④ $50,000\text{m}^3$ $60,000\text{m}^3$

해설 · 절취 토량 $= \dfrac{\text{원지반 토량}}{C}$

$= \dfrac{45,000}{0.9} = 50,000\text{m}^3$

· 운반 토량 $=$ 원지반 토량 $\times L$

$= 50,000 \times 1.2 = 60,000\text{m}^3$

제2과목

05 $10,000\text{m}^3$의 성토 공사를 위하여 $L = 1.25$, $C = 0.9$인 현장 흙을 굴착 운반하고자 한다. 운반 토량은?

① $138,888.9\text{m}^3$
② $112,500\text{m}^3$
③ $111,111.1\text{m}^3$
④ $88,888.9\text{m}^3$

해설 운반 토량 = 성토 토량 $\times \dfrac{L}{C}$

$$= 100,000 \times \dfrac{1.25}{0.9} = 138,888.9\text{m}^3$$

06 보통 토사 $27,000\text{m}^3$를 흙 쌓기 하고자 할 때 토취장의 굴착 토량(A)과 운반 토량(B)을 구하면?
(단, $L = 1.25$, $C = 0.9$)

① $A = 24,300\text{m}^3$, $B = 33,750\text{m}^3$
② $A = 30,000\text{m}^3$, $B = 33,750\text{m}^3$
③ $A = 24,300\text{m}^3$, $B = 37,500\text{m}^3$
④ $A = 30,000\text{m}^3$, $B = 37,500\text{m}^3$

해설 · 굴착 토량

성토 토량 $\times \dfrac{1}{C} = 27,000 \times \dfrac{1}{0.9} = 30,000\text{m}^3$

· 운반 토량

성토 토량 $\times \dfrac{L}{C} = 27,000 \times \dfrac{1.25}{0.9} = 37,500\text{m}^3$

07 $40,500\text{m}^3$(완성된 토량)의 성토를 하는데 유용토가 $32,000\text{m}^3$(느슨한 토량)이 있다. 이때 부족한 토량은 본바닥 토량으로 얼마인가? (단, 흙의 종류는 사질토, 토량의 변화율은 $L = 1.25$, $C = 0.80$)

① $15,025\text{m}^3$
② $25,025\text{m}^3$
③ $15,525\text{m}^3$
④ $25,525\text{m}^3$

해설 · 완성된 토량을 본바닥 토량으로 환산

$= $ 완성된 토량 $\times \dfrac{1}{C}$

$= 40,500 \times \dfrac{1}{0.80} = 50,625\text{m}^3$

· 유용토를 본바닥 토량으로 환산

$= $ 느슨한 토량 $\times \dfrac{1}{L}$

$= 32,000 \times \dfrac{1}{1.25} = 25,600\text{m}^3$

∴ 부족 토량 $= 50,625 - 25,600 = 25,025\text{m}^3$

08 도로 공사에서 성토해야 할 토량이 $36,000\text{m}^3$인데 흐트러진 토량이 $30,000\text{m}^3$가 있다. 이때 $L = 1.25$, $C = 0.9$라면 자연 상태 토량의 부족 토량은?

① $8,000\text{m}^3$
② $12,000\text{m}^3$
③ $16,000\text{m}^3$
④ $20,000\text{m}^3$

해설 · 흐트러진 토량

$= $ 완성 토량 $\times \dfrac{L}{C} = 36,000 \times \dfrac{1.25}{0.9} = 50,000\text{m}^3$

· 부족 토량(흐트러진 상태)

$= 50,000 - 30,000 = 20,000\text{m}^3$

· 자연 상태의 부족 토량

$= 20,000 \times \dfrac{1}{1.25} = 16,000\text{m}^3$

09 $10,000\text{m}^3$의 성토 공사를 위하여 현장의 절토(점성토)로부터 $5,000\text{m}^3$(본바닥 토량)을 사용하고, 부족분은 인근 토취장(사질토)에서 운반해 올 경우 토취장에서 굴착해야 할 본바닥 토량은 약 얼마인가?
(단, 점성토의 $C = 0.92$, 사질토의 $C = 0.88$)

① $4,752\text{m}^3$
② $5,157\text{m}^3$
③ $5,400\text{m}^3$
④ $6,136\text{m}^3$

해설 · 완성 토량을 본바닥 토량으로 환산

$= $ 완성 토량 $\times C = 5,000 \times 0.92 = 4,600\text{m}^3$

· 부족 토량 $= 10,000 - 4,600 = 5,400\text{m}^3$

∴ 굴착할 본바닥 토량

$= $ 완성 토량 $\times \dfrac{1}{C}$

$= 5,400 \times \dfrac{1}{0.88} = 6,136\text{m}^3$

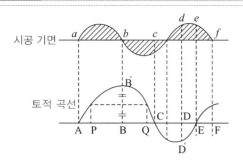

006 유토 곡선

절토·성토의 균형을 기하기 위하여 각 측점의 횡단면도를 작성한 다음 토량 계산서를 작성하고, 측점의 토량을 차례로 누적 합산하여 만든 곡선으로 유토 곡선(mass curve)이라 한다.

■ **유토 곡선(토적 곡선)의 작성 목적**
• 성토, 절토에 따른 토량의 배분
• 토량의 운반 거리 산출
• 적합한 토공 기계의 결정
• 시공 방법 결정

■ **유토 곡선의 성질**
• 곡선의 최대값(B')을 나타내는 점을 절토에서 성토로 옮기는 점이다.
• 절토 구간의 토적 곡선은 상승 곡선이 되고, 성토 구간의 토적 곡선은 하향 곡선이 된다.
• 평균 운반 거리는 전토량 2등분 선상의 점을 통하는 평행선과 나란한 수평 거리로 표시한다.
• 평행선에서 토량 곡선의 꼭지점까지의 높이는 절토에서 성토까지 운반 토량을 나타낸다.
• 동일 단면 내의 유용토인 절토량, 성토량은 제외되었으므로 토적 곡선에서 구할 수 없다.

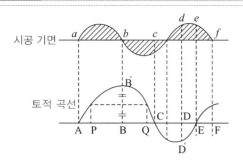

□□□ 기 83,84,93,05,08,13,18,21
01 토적 곡선(Mass curve)에 대한 설명 중 틀린 것은?

① 절토 구간의 토적 곡선은 상승 곡선이 되고, 성토 구간의 토적 곡선은 하향 곡선이 된다.
② 평균 운반 거리는 전토량 2등분 선상의 점을 통하는 평행선과 나란한 수평 거리로 표시한다.
③ 동일 단면 내의 절토량, 성토량은 토적 곡선에서 구할 수 있다.
④ 곡선의 최대값을 나타내는 점은 절토에서 성토로 옮기는 점이다.

해설 토량 계산서는 차인 토량으로 계산해 놓고 누가 토량으로 토적 곡선을 그리기 때문에 동일 단면 내의 유용토인 절토량, 성토량은 제외되었으므로 토적 곡선에서 구할 수 없다.

□□□ 기 94,07,15
02 절토, 성토의 균형을 기하기 위하여 각 측점의 횡단면도를 작성한 다음 토량 계산서를 작성하고, 측점의 토량을 차례로 누적 합산하여 만든 곡선으로 토공 계획에 쓰이는 것은?

① 토공 곡선   ② 평균 곡선
③ 최적 곡선   ④ 토적 곡선

해설 토적 곡선(유토 곡선, mass curve)은 토량 계산서의 누가 토량으로 작성되며 토공 계획에 이용된다.

□□□ 기 00,10
03 유토 곡선에서 구할 수 있는 사항이 아닌 것은?

① 시공 방법 결정
② 토량 배분
③ 공사비 산출 및 노무비 산출
④ 평균 운반 거리 산출

해설 유토 곡선(토적 곡선)의 작성 목적 : 토량의 배분, 토량의 운반 거리 산출, 토공 기계의 결정, 시공 방법 결정

□□□ 기 11,16
04 유토 곡선(mass curve)을 작성하는 목적으로 거리가 먼 것은?

① 토량을 배분하기 위해서
② 토량의 평균 운반 거리를 산출하기 위해서
③ 절·성토량을 산출하기 위해서
④ 토공 기계를 결정하기 위해서

해설 유토 곡선(토적곡선)의 작성 목적
　• 토량의 배분　　　　• 토량의 운반 거리 산출
　• 토공 기계의 결정　　• 시공 방법 결정

□□□ 기 06
05 Mass curve를 설명한 것 중에서 가장 적합한 설명은?

① 연약 지반 작업 시 공정 추진 누적을 나타내는 곡선이다.
② 토공 작업 시 토공 계획 수립을 위해 토공 누적량을 나타내는 곡선이다.
③ 토공 작업 시 장비 공정 추진을 나타내는 누적 곡선이다.
④ 흙 쌓기, 암 작업 공정을 나타내는 누적 곡선이다.

해설 절토, 성토의 균형을 기하기 위하여 각 측점의 횡단면도를 작성한 다음 토량 계산서를 작성하고, 측점의 토량을 차례로 누적 합산하여 만든 곡선으로 토공 계획에 이용되는 유토 곡선이다.

제2과목

□□□ 기 07,20

06 유토 곡선(Mass Curve)의 성질에 관한 설명 중 옳지 않은 것은?

① 유토 곡선의 최대값, 최소값을 표시하는 점은 절토와 성토의 경계를 의미한다.
② 유토 곡선의 상승부분은 성토, 하강 부분은 절토를 의미한다.
③ 유토 곡선이 기선 아래에서 종결될 때에는 토량이 부족하고 기선 위에서 종결될 때에는 토량이 남는다.
④ 기선상에서의 토량은 0이다.

해설 유토 곡선의 상승 부분은 절토, 하강 부분은 성토를 의미한다.

□□□ 기 03,04

07 그림의 토적 곡선의 a–b 구간에서 발생한 절토량을 인접한 500(㎡) 면적 지역에 다짐 상태로 성토 시 성토 높이를 구하면 약 m인가? (단, L = 1.2, C = 0.9)

① 1.7 m
② 2.7 m
③ 3.8 m
④ 4.8 m

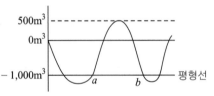

해설 · 전체 본바닥 토량 $= 500 + 1,000 = 1,500\text{m}^3$
· 성토량 $=$ 본바닥 토량 $\times C = 1,500 \times 0.9 = 1,350\text{m}^3$
$\therefore h = \dfrac{\text{성토량}}{\text{성토의 단면적}} = \dfrac{1,350}{500} = 2.7\,\text{m}$

□□□ 기 00,08,09,14,18

08 토적 곡선(Mass Curve)의 성질에 대한 설명 중 옳지 않은 것은?

① 유토 곡선이 기선 위에서 끝나면 토량이 부족하고, 반대이면 남는 것을 뜻한다.
② 곡선의 저점은 성토에서 절토로의 변이점이다.
③ 동일 단면 내에서 횡방향 유용토는 제외되었으므로 동일 단면내의 절토량과 성토량을 구할 수 없다.
④ 교량 등의 토공이 없는 곳에는 기선에 평행한 직선으로 표시한다.

해설 유토 곡선이 기선(평형선) 위에서 끝나면 토량이 남고, 선이 아래에서 끝나면 토량이 부족하다.

□□□ 기13

09 아래 그림과 같은 토적 곡선에서 원지반의 a–d 구간에서 발생하는 토량은?

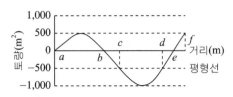

① 부족 토량 $1,000\text{m}^3$
② 부족 토량 500m^3
③ 과잉 토량 $1,000\text{m}^3$
④ 과잉 토량 500m^3

해설 하향 곡선(-500m^3)은 부족 토량을 나타낸다.

□□□ 기 00,08,09,15

10 토적곡선의 성질에 대한 설명으로 틀린 것은?

① 토적곡선의 하향구간은 쌓기 구간이고 상향구간은 깎기 구간이다.
② 깎기에서 쌓기까지의 평균운반거리는 깎이의 중심과 쌓기의 중심간 거리로 표시된다.
③ 토적곡선이 기선의 위쪽에서 끝이나면 토량이 부족하고 아래쪽에서 끝이나면 과인토량이 된다.
④ 기선에 평행한 임의의 직선을 그어 토적곡선과 교차하는 인접한 교차점 사이의 깎기량과 쌓기량은 서로 같다.

해설 토적 곡선이 기선(평형선)위에서 끝나면 토량이 남고, 기선이 아래에서 끝나면 토량이 부족이다.

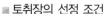

007 토취장 및 토사장

▣ 토취장의 선정 조건
- 토질이 양호하고 토량이 풍부할 것
- 운반로가 양호하고 싣기가 용이한 지형일 것
- 용수, 붕괴의 염려가 없고 배수가 양호한 지역일 것
- 용지 매수가 쉽고 보상비가 적어야 한다.
- 성토 장소를 향해서 $\frac{1}{50} \sim \frac{1}{100}$ 정도의 하향 경사를 이룰 것

▣ 토사장의 선정 조건
- 사토량을 충분히 사용할 수 있는 용량일 것
- 토사 장소를 향해서 하향 구배로 $\frac{1}{50} \sim \frac{1}{100}$ 정도일 것
- 운반로가 양호하고 장애물이 적고 유지하기가 용이할 것
- 용수의 위험이 없고 배수에 양호한 지형일 것
- 용지 매수, 보상비 등이 싸고 용이할 것

□□□ 기 08
01 토취장의 조건으로 적당하지 않은 것은?

① 토질이 양호해야 한다.
② 용지 매수가 쉽고 보상비가 적어야 한다.
③ 토량이 충분하고 기계의 사용이 용이해야 한다.
④ 운반로의 조건은 필요 없다.

해설 운반로가 양호해야 한다.

□□□ 기 10
02 토취장의 조건으로 적당하지 않은 것은?

① 토질이 양호해야 한다.
② 용지 매수가 쉽고 보상비가 적어야 한다.
③ 토량이 충분하고 기계의 사용이 용이해야 한다.
④ 성토장을 향해서 오르막 비탈 1/5 ~ 1/10 정도이어야 한다.

해설 성토 장소를 향해서 $\frac{1}{50} \sim \frac{1}{100}$ 정도의 하향 경사를 이루어야 한다.

□□□ 기 10,14,20
03 토공에서 토취장 선정에 고려하여야 할 사항으로 틀린 것은?

① 토질이 양호할 것
② 성토 장소를 향하여 상향 구배(1/5 ~ 1/10)일 것
③ 토량이 충분할 것
④ 운반로 조건이 양호하며, 가깝고 유지 관리가 용이할 것

해설 성토 장소를 향해서 $\frac{1}{50} \sim \frac{1}{100}$ 정도의 하향 구배를 이루어야 한다.

비탈면 보호공

- **식생에 의한 보호공** : 떼붙임공(평떼, 줄떼), 식생포 공법, 씨앗 뿜어 붙이기
  - 평떼공 : 주로 절토부 보호공에 주로 사용
  - 줄떼공 : 성토부 보호공에 주로 사용
- **구조물에 의한 보호공** : 돌 쌓기(찰 쌓기, 메 쌓기), 콘크리트 틀공, 돌망태공
  - 찰 쌓기 : 보통 2m 이상의 돌 쌓기 방법으로 쌓아 올릴 때 뒤채움에 콘크리트, 줄눈에 모르타르를 사용하는 것이다.
  - 메 쌓기 : 보통 2m 이하에 모르타르를 사용하지 않고 쌓기 때문에 뒷면의 물이 잘 배수된다.
  - 콘크리트 틀공 : 풍화암이나 우수의 침식에 의해 비탈면의 표층이 붕괴되기 쉬운 장소에 사용한다.
  - 돌붙이기(石張) 공법 : 주로 하천의 성토 비탈 등 호암용으로 많이 사용된다.

비탈면의 보강공

- 텍솔(texsol) 공법 : 성토 사면의 토사 속에 고분자 합성 수지로 된 특수 섬유와 모래를 혼합시킨 특수 보강재를 살포하여, 인공 뿌리 역할을 하도록 함으로써 사면 보호 기능을 하는 공법

□□□ 기 05,07,12,19

01 옹벽 대신 이용하는 돌 쌓기 공사 중 뒤채움에 콘크리트를 이용하고, 줄눈에 모르타르를 사용하는 2m 이상의 돌 쌓기 방법은 무엇인가?

① 메 쌓기   ② 찰 쌓기
③ 견치돌 쌓기   ④ 줄 쌓기

해설 ·찰 쌓기 : 보통 2m 이상의 돌 쌓기 방법으로 쌓아 올릴 때 뒤채움에 콘크리트, 줄눈에 모르타르를 사용하는 것이다.
·메 쌓기 : 보통 2m 이하에 모르타르를 사용하지 않고 쌓기 때문에 뒷면의 물이 잘 배수된다.

□□□ 기 06

02 비탈면 보호 공법으로서 구조물에 의한 보호공이 아닌 것은?

① 콘크리트 틀공   ② 메 쌓기
③ 찰 쌓기   ④ 식생포 공법

해설 ·식생에 의한 보호공 : 떼붙이기공(평떼, 줄떼), 식생포 공법, 씨앗 뿜어 붙이기공
·구조물에 의한 보호공 : 찰 쌓기, 메 쌓기, 콘크리트 틀공, 돌 쌓기공

□□□ 기 08,19

03 돌 쌓기의 설명 중에서 틀린 것은?

① 찰 쌓기는 뒤채움에 콘크리트를 사용한다.
② 메 쌓기는 콘크리트를 사용하지 않는다.
③ 메 쌓기는 쌓는 높이의 제한을 받지 않는다.
④ 일반적으로 찰 쌓기는 메 쌓기보다 높이 쌓을 수 있다.

해설 메 쌓기는 비탈면이 높은 경우에 돌이 탈락할 우려가 있기 때문에 5m 이내의 비탈면에 채택되는 것이 좋다.

□□□ 기 02,04,08,11,14

04 성토 사면의 토사 속에 고분자 합성 수지로 된 특수 섬유와 모래를 혼합시킨 특수 보강재를 살포하여, 인공 뿌리 역할을 하도록 함으로써 사면 보호 기능을 하는 공법은?

① 코어 프레임 공법   ② 소일 시멘트 공법
③ 텍솔 공법   ④ 지오그리드 공법

해설 텍솔(texsol) 공법 : 연속 장섬유를 사용한 보강토 공법으로 흙 속에 나무 뿌리가 망상으로 퍼져 흙을 보강하는 데서 힌트를 얻어 프랑스에서 개발된 공법으로 사면 안정성이 양호하다.

□□□ 기 15

05 절토사면의 안전율을 증대시키기 위하여 적용하는 사면 보강공법이 아닌 것은?

① 앵커공법   ② 숏크리트
③ Soil nailing 공법   ④ 억지말뚝공법

해설 ·앵커(anchor)공법 : 사면에 경사방향으로 앵커 및 지압판을 사용하여 활동 파괴력만큼의 억지력을 사전에 구속시키는 방법
·억지말뚝공법 : 사면의 활동토체를 관통하여 부동지반까지 말뚝을 일렬로 시공함으로써 사면의 활동하중을 말뚝의 수평저항으로 받아 부동지반에 전달시키는 공법이다.
·소일 네일링(soil nailing)공법 : 비탈면에 강철봉을 타입 또는 천공후 삽입시켜 전단력과 인장력에 저항할 수 있도록 하는 시공법

009 토량 계산

■ 단면법
• 단면이 사다리꼴일 때

$$A = \frac{2a+(m+n)h}{2} \times h$$

$m = n$이 같을 때

$$A = ah + mh^2$$

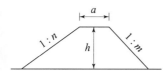

• 지표면이 수평일 때

$$d_1 = d_2 = \frac{w}{2} + sh$$

$$A = h(w + sh)$$

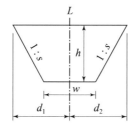

■ 점고법
• 직사각형 공식에 의한 체적 계산

$$V = \frac{ab}{4}(\Sigma h_1 + 2\Sigma h_2 + 3\Sigma h_3 + 4\Sigma h_4)$$

$$= \frac{A}{4}(\Sigma h_1 + 2\Sigma h_2 + 3\Sigma h_3 + 4\Sigma h_4)$$

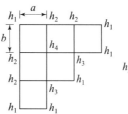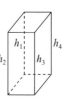

직사각형

• 삼각형 공식에 의한 체적 계산

$$V = \frac{ab}{6}(\Sigma h_1 + 2\Sigma h_2 + 3\Sigma h_3 + 4\Sigma h_4 + \cdots + 7\Sigma h_7 + 8\Sigma h_8)$$

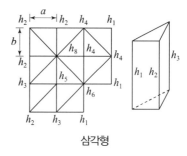

삼각형

□□□ 기 84,00,01,07,20

01 다음 절토 단면도에서 길이 30m에 대한 토량은?

① 5,700 m³
② 6,000 m³
③ 6,300 m³
④ 6,600 m³

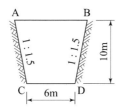

해설 • AB의 길이 = 밑변 + (기울기×높이)×2
= 6 + (10×1.5)×2 = 36m

• ABCD의 단면적 = $\frac{밑변+윗변}{2}$×높이 = $\frac{6+36}{2}$×10 = 210m²

∴ 길이 30m에 대한 절취 토량 = 210×30 = 6,300m³

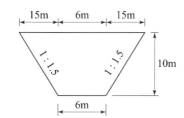

□□□ 기 09,17,20

02 그림과 같은 단면으로 성토 후 비탈면에 떼붙임을 하려고 한다. 성토량과 떼붙임 면적을 계산하면? (단, 마구리면의 떼붙임은 제외하며, 토량 변화율은 무시한다.)

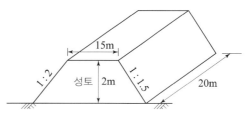

① 성토량 : 650m³, 떼붙임 면적 : 61.6m²
② 성토량 : 740m³, 떼붙임 면적 : 161.6m²
③ 성토량 : 740m³, 떼붙임 면적 : 61.6m²
④ 성토량 : 650m³, 떼붙임 면적 : 161.6m²

해설 • 성토 밑변 길이 = 15 + (2×2) + (1.5×2) = 22 m

• 단면적 = $\frac{15+22}{2}$×2 = 37m²

• 길이 20m에 대한 성토량 = 37×20 = 740m³

• 떼붙임 면적 = $\{(\sqrt{(2\times2)^2+2^2} + \sqrt{(1.5\times2)^2+2^2})\}\times20$
= 161.6m²

---

03 다음과 같은 절토 공사에서 단면적은 얼마인가?

① 32m²
② 40m²
③ 51m²
④ 55m²

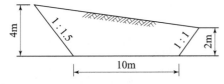

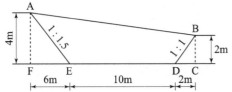

- $\overline{FE} = 4 \times 1.5 = 6m$
- $\overline{DC} = 2 \times 1 = 2m$
- $\square ABCF = \dfrac{밑변 + 윗변}{2} \times 높이$

  $= \dfrac{2+4}{2} \times (6+10+2) = 54m^2$
- $\triangle AFE = (6 \times 4)/2 = 12m^2$
- $\triangle BCD = (2 \times 2)/2 = 2m^2$

  $\therefore 54 - (12+2) = 40m^2$

04 아래 그림과 같은 지형에서 시공 기준면의 표고를 30m로 할 때 총 토공량은? (단, 격자점의 숫자는 표고를 나타내며 단위는 m이다.)

① 142m³
② 168m³
③ 184m³
④ 213m³

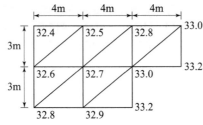

해설 $V = \dfrac{ab}{6}(\Sigma h_1 + 2\Sigma h_2 + 3\Sigma h_3 + 4\Sigma h_4 + 5\Sigma h_5 + 6\Sigma h_6)$

- $h_1 = (32.4-30) + (33.2-30) + (33.2-30) = 8.8$
- $h_2 = (33.0-30) + (32.8-30) = 5.8$
- $h_3 = (32.5-30) + (32.8-30) + (32.9-30) + (32.6-30)$

  $= 10.8$
- $h_5 = (33-30) = 3$
- $h_6 = (32.7-30) = 2.7$

  $\therefore V = \dfrac{4 \times 3}{6}(8.8 + 2 \times 5.8 + 3 \times 10.8 + 5 \times 3 + 6 \times 2.7)$

  $= 168.0m^3$

05 사질토 100,000m³로 도로를 시공하려고 한다. 도로의 성토(다짐) 단면은 윗폭이 6m, 높이 4m, 비탈 경사를 1 : 1.5로 만든다면 시공 가능한 도로의 길이는? (단, 사질토의 토량의 변화율 L = 1.25, C = 0.88)

① 1,666.7m
② 1,833.3m
③ 2,367.4m
④ 2,604.2m

해설

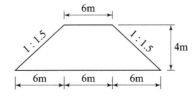

- 면적 $= \dfrac{6+18}{2} \times 4 = 48m^2$
- 성토 완성 토량 $= 100,000 \times 0.88 = 88,000m^3$

  $\therefore$ 도로의 길이 $= \dfrac{88,000}{48} = 1,833.3m$

■ 심프슨의 제1법칙

경계선을 2차 포물선으로 보고 지거의 두 구간을 한 조로 하여 면적을 구하는 방법

$$A_1 = \frac{d}{3}(h_0 + 4h_1 + h_2)$$

$$A_2 = \frac{d}{3}(h_2 + 4h_3 + h_4)$$

$$A = \frac{d}{3}\{h_0 + h_n + 4(h_1 + h_3 + \cdots h_{n-1}) + 2(h_2 + h_4 + \cdots h_{n-2})\}$$

$$\therefore A = \frac{d}{3}\{h_0 + 4(\Sigma y_{\frac{0}{2}+}) + 2\Sigma h_{\text{짝수}} + h_n\}$$

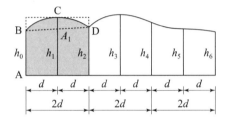

■ 심프슨의 제2법칙

경계선을 3차 포물선으로 보고, 지거의 세 구간을 한 조로 하여 면적을 구하는 방법

$$A_1 = \frac{3d}{8}(h_0 + 3h_1 + 3h_2 + h_3)$$

$$A_2 = \frac{3d}{8}(h_3 + 3h_4 + 3h_5 + h_6)$$

$$\therefore A = \frac{3d}{8}\{h_0 + h_n + 3(h_1 + h_2 + h_3 + h_4 + h_5 + \cdots h_{n-2} + h_{n-1}) + 2(h_3 + h_6 + \cdots + h_{n-3})\}$$

단, n은 3의 배수이며, 3배수가 아닌 경우에는 사다리꼴 공식 또는 심프슨 제1법칙으로 계산하여 더해 준다.

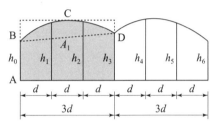

□□□ 기 13,16,20

01 도로 토공을 위한 횡단 측량 결과가 아래 그림과 같을 때 Simpson 제2법칙에 의해 횡단면적을 구하면?

① 50.74m²
② 54.27m²
③ 57.63m²
④ 61.35m²

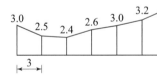

해설 [방법1] · $A_1 = \frac{3d}{8}(y_o + 3y_1 + 3y_2 + y_3)$

$= \frac{3 \times 3}{8}(3.0 + 3 \times 2.5 + 3 \times 2.4 + 2.6) = 22.84\,\text{m}^2$

· $A_2 = \frac{3d}{8}(y_3 + 3y_4 + 3y_5 + y_6)$

$= \frac{3 \times 3}{8}(2.6 + 3 \times 3.0 + 3 \times 3.2 + 3.6) = 27.90\,\text{m}^2$

$\therefore A = A_1 + A_2$

$= 22.838 + 27.900 = 50.74\,\text{m}^2$

[방법2] $A = \frac{3d}{8}\{y_o + y_n + 3(y_1 + y_2 + y_4 + y_5 + 2y_3)\}$

$= \frac{3 \times 3}{8}\{3.0 + 3.6 + 3(2.5 + 2.4 + 3.0 + 3.2) + 2 \times 2.6\}$

$= 50.74\,\text{m}^2$

□□□ 기 16,21

02 아래 그림과 같은 지형에서 등고선법에 의한 전체 토량을 구하면? (단, 각 등고선간의 높이차는 20m 이고, A_1의 면적은 1,400m², A_2의 면적은 950m², A_3의 면적은 600m², A_4의 면적은 250m², A_5의 면적은 100m²이다.)

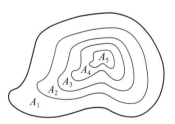

① 38,200m³
② 44,400m³
③ 50,000m³
④ 56,000m³

해설 · $Q_1 = \frac{h}{3}(A_1 + 4A_2 + A_3)$

$= \frac{20}{3}(1400 + 4 \times 950 + 600) = 38,666.67\,\text{m}^3$

· $Q_2 = \frac{h}{3}(A_3 + 4A_4 + A_5)$

$= \frac{20}{3}(600 + 4 \times 250 + 100) = 11,333.33\,\text{m}^3$

$\therefore Q = Q_1 + Q_2 = 38,666.67 + 11,333.33 = 50,000\,\text{m}^3$

| memo |

011 직접 기초

■ 기초의 종류

■ 얕은 기초의 지지력(Terzaghi)

- $q_u = \alpha c N_c + \beta \gamma_1 B N_\gamma + \gamma_2 D_f N_q$
- 지표이므로 근입 깊이 $D_f = 0$: $q_u = \alpha c N_c + \beta \gamma_1 B N_\gamma$
- 깊이 $D_f = 0$, 내부 마찰각 $\phi = 0$인 점토 지반
  : $q_u = \alpha c N_c$
- 깊이 $D_f = 0$, 점착력 $c = 0$인 사질토 지반
  : $q = \beta \gamma_1 B N_\gamma$

■ 기초공의 요구 조건

- 최소의 근입 깊이를 가질 것
- 안전하게 하중을 지지할 것
- 기초의 시공이 가능하고 경제적일 것
- 침하가 허용 침하량 이상을 초과하지 않을 것

□□□ 기 11,14
01 기초공의 구조상 요구 조건으로 틀린 것은?

① 시공 가능한 구조일 것
② 내구성을 가지고 경제적일 것
③ 구조물을 안전하게 지지할 것
④ 침하가 없을 것

해설 기초공의 요구 조건
- ·최소의 근입 깊이를 가질 것
- ·안전하게 하중을 지지할 것
- ·기초의 시공이 가능하고 경제적일 것
- ·침하가 허용 침하량 이상을 초과하지 않을 것

□□□ 기 03,19
02 다음 중 깊은 기초의 종류가 아닌 것은?

① 전면 기초   ② 말뚝 기초
③ 피어 기초   ④ 케이슨 기초

해설 직접 기초 : 푸팅(확대) 기초, 전면 기초
- ·Footing(확대) 기초 : 독립 기초, 복합 기초, 연속 기초
- ·깊은 기초 : 말뚝 기초, 케이슨 기초, 피어 기초

□□□ 기 99,01,04,19
03 Terzaghi의 기초에 대한 극한 지지력 공식에 대한 다음 설명 중 옳지 않은 것은?

① 지지력 계수는 내부 마찰각이 커짐에 따라 작아진다.
② 직사각형 단면의 형상 계수는 폭과 길이에 따라 정해진다.
③ 근입 깊이가 깊어지면 지지력도 증대된다.
④ 점착력이 $\phi = 0$인 경우 일축 압축 시험에 의해서도 구할 수 있다.

해설 Terzaghi의 극한 지지력 공식
  : $q_u = \alpha c N_c + \beta \gamma_1 B N_\gamma + \gamma_2 D_f N_q$
- ·지지력 계수는 내부 마찰각(ϕ)이 클수록 증가한다.
- ·점착력 $\phi = 0$이면 $q_u = 2c$

제2과목

■ 얕은 기초의 시공법

• Open cut 공법 : 토질이 양호하고 부지에 여유가 있을 때 경제적인 공법이며, 흙막이가 필요할 때는 나무널 말뚝, 강널 말뚝을 박고 지상에서 굴착하는 공법이다.

• Island 공법 : 기초가 비교적 얕고 면적이 넓은 경우에 사용하는데 섬처럼 중앙부를 먼저 굴착한 후 구조물의 기초를 축조한 다음 이것을 발판으로 둘레 부분을 굴착해 나가는 공법이다.

• Trench cut 공법 : 먼저 주변부인 둘레를 도랑처럼 굴착 축조한 후 중앙 부분을 굴착하는 공법으로 주로 연약 지반의 시공과 넓은 면의 굴착에 유리한 공법이지만, 흙막이판이 많이 들고 공기도 길어지는 것이 단점이다.

■ 지하철 개착 공법

• 강 말뚝 공법 : trench cut 공법, earth anchor 공법, island 공법, half cut 공법

• 지중 연속벽 : ICOS, ELSE, Earth Wall

• 지중 연속 기둥 공법 : ICOS, MIP, PIP, CIP, RC Pile

■ 연속 지중벽 공법

• 주위의 지반에 진동이나 소음을 주지 않고 시공하는 흙막이 공법이다.

• 연속 지중벽 공법의 대표적인 것은 이코스 공법, 엘제 공법, 쏠레턴슈 공법 등이 있다.

■ 히빙(heaving)

• 연약한 점토질 지반을 굴착할 때 흙파기 저면선에 대하여 흙막이 바깥에 있는 흙의 중량과 지표 적재 하중의 중량에 못 견디어 저면 흙이 붕괴되어 흙막이 바깥에 있는 흙이 안으로 밀려 부풀어 오르는 현상

• 히빙의 방지 대책

  · 연약 지반을 개량한다.

  · 흙막이공의 계획을 변경한다.

  · 흙막이벽이 관입 깊이를 깊게 한다.

  · 트렌치(trench) 공법 또는 부분 굴착을 한다.

  · 표토를 제거하거나 배면의 배수 처리로 하중을 작게 한다.

□□□ 기 10
01 지하철 건설 시 이용되는 공법 중의 하나가 개착 공법(open cut)이다. 다음 중 개착 공법이 아닌 것은?

① trench cut 공법
② earth anchor 공법
③ island 공법
④ pneumatic caisson 공법

해설 지하철 공법(개착 공법)
 · 강 말뚝 공법 : trench cut 공법, earth anchor 공법, island 공법, half cut 공법
 · 지중 연속벽 : ICOS, ELSE, Earth Wall
 · 지중 연속 기둥 공법 : ICOS, MIP, PIP, CIP, RC Pile

□□□ 기 10
02 지하철을 개착 공법으로 시공할 경우 관계없는 공법은?

① 연속 토류벽 공법
② H 형강 말뚝 공법
③ 역권법
④ 강 널말뚝 공법

해설 지하철 개착 공법
 · 강 말뚝 공법 : trench cut 공법, earth anchor 공법, island 공법, half cut 공법
 · 지중 연속벽 공법 : ICOS, ELSE, Earth Wall
 · 지중 연속 기둥 공법 : ICOS, MIP, PIP, CIP, RC Pile

□□□ 기 04 산 00, 02
03 토질이 양호하고 부지에 여유가 있고 또 흙막이가 필요할 때는 나무 널말뚝, 강 널말뚝 등을 사용하는데 이런 경우는 다음의 어느 공법(工法)을 선택하면 좋은가?

① 트렌치 컷 공법(trench cut)
② 오픈 컷 공법(open cut)
③ 샌드 드레인 공법(sand drain)
④ 웰 포인트 공법(well point)

해설 Open cut : 토질이 양호하고 부지에 여유가 있을 때 경제적인 공법이며, 흙막이가 필요할 때는 나무 널말뚝, 강 널말뚝을 박고 지상에서 굴착하는 공법이다.

□□□ 기 03, 08, 19
04 직접 기초 굴착 시 저면 중앙부에 섬과 같이 기초부를 먼저 구축하여 이것을 발판으로 주면부를 시공하는 방법을 무엇이라고 하는가?

① Open cut 공법
② Island 공법
③ Cut 공법
④ Deep well 공법

해설 Island 공법 : 기초가 비교적 얕고 면적이 넓은 경우에 사용하는데 섬처럼 중앙부를 먼저 굴착한 후 구조물의 기초를 축조한 다음 이것을 발판으로 둘레 부분을 굴착해 나가는 공법이다.

□□□ 기 04, 06, 10, 18
05 기초의 굴착에 있어서 주변부를 굴착 축조하고 그 후 남아 있는 중앙부를 굴착하는 공법은?

① trench cut 공법
② island 공법
③ open cut 공법
④ top down

해설 trench cut 공법 : 먼저 주변부인 둘레를 도랑처럼 굴착 축조한 후 중앙 부분을 굴착하는 공법으로 주로 연약한 지반의 시공과 넓은 면의 굴착에 유리한 공법이다.

□□□ 기11

06 지하철 공사의 공법에 관한 다음 설명 중 틀린 것은?

① Open cut 공법은 얕은 곳에서는 경제적이나 노면 복공을 하는 데 지상에서의 지장이 크다.
② 개방형 쉴드로 지하 수위 아래를 굴착할 때는 압기할 때가 많다.
③ 연속 지중벽 공법은 연약 지반에서 적합하고 지수성도 양호하나, 소음 대책이 어렵다.
④ 연속 지중벽 공법의 대표적인 것은 이코스 공법, 엘제 공법, 쏠레턴슈 공법 등이 있다.

해설 연속 지중벽 공법은 주위의 지반에 진동이나 소음을 주지 않고 시공하는 흙막이 공법이다.

□□□ 기00,02,06,12

07 히빙(heaving)의 방지 대책 설명 중 옳지 않은 것은?

① 표토를 그대로 두고 하중을 크게 한다.
② 흙막이의 근입 깊이를 깊게 한다.
③ 트렌치(trench) 공법 또는 부분 굴착을 한다.
④ 지반을 개량한다.

해설 히빙(heaving)의 방지 대책
· 연약 지반을 개량한다.
· 흙막이공의 계획을 변경한다.
· 흙막이벽이 관입 깊이를 깊게 한다.
· 트렌치(trench) 공법 또는 부분 굴착을 한다.
· 표토를 제거하거나 배면의 배수 처리로 하중을 작게 한다.

□□□ 기12,15

08 아래의 표에서 설명하는 흙막이 굴착공법의 명칭은?

비탈면 개착공법과 흙막이벽이 자립할 수 있을 정도로 굴착하고, 그 이하는 비탈면 개착공법과 같이 내부를 굴착하여 구조체를 먼저 구축하고, 그 구조체에서 경사 버팀대나 수평 버팀대로 흙막이 벽을 지지하고 외곽부분을 굴착하여 외주부분의 구조체를 구축하는 방법

① 트렌치 컷 공법　　② 역타 공법
③ 언더피닝 공법　　④ 아일랜드 공법

해설 Island공법 : 기초가 비교적 얕고 면적이 넓은 경우에 사용하는데 섬처럼 중앙부를 먼저 굴착한 후 구조물의 기초를 축조한 다음 이것을 발판으로 둘레 부분을 굴착해 나가는 공법이다.

□□□ 기06,10,12,14,19

09 점성토에서 발생하는 히빙의 방지 대책으로 틀린 것은?

① 널말뚝의 근입 깊이를 짧게 한다.
② 표토를 제거하거나 배면의 배수 처리로 하중을 작게 한다.
③ 연약 지반을 개량한다.
④ 부분 굴착 및 트렌치 컷 공법을 적용한다.

해설 널말뚝의 근입 깊이를 길게 한다.

□□□ 기04,10,15,18,22

10 지하층을 구축하면서 동시에 지상층도 시공이 가능한 역타공법(Top-down공법)이 현장에서 많이 사용된다. 역타공법의 특징으로 틀린 것은?

① 인접건물이나 인접대지에 영향을 주지 않는 지하굴착 공법이다.
② 대지의 활용도를 극대화할 수 있으므로 도심지에서 유리한 공법이다.
③ 지하층 슬래브와 지하벽체 및 기초 말뚝기둥과의 연결 작업이 쉽다.
④ 지하주벽을 먼저 시공하므로 지하수차단이 쉽다.

해설 지하층 슬래브와 지하벽체 및 기초 말뚝 기둥과의 연결 작업이 어려워 공사비가 증가된다.

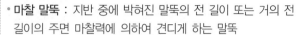
013 배수 공법

■ Well point 공법
- 배수에 의한 연약 지반 안정 공법 가운데 지름 5cm 정도의 파이프 끝에 여과기를 단 것을 1～2m 간격으로 시공 지역에 여러 개 타입하여 이를 수평으로 굵은 파이프에 연결하여 지하 수위를 저하시켜 Dry work를 하기 위한 진공 배수 방식으로 강제 배수 공법이다.
- Well point는 공기 흡입 방지를 위해서 전체 스크린 상단을 항상 계획 굴착면보다 1m 깊게 그리고 동일 레벨(Level)상에 있도록 설치한다.
- 넓은 사질 연약 지반에 적당하고, 집수관, 양수관, 연결관 등의 기계 설비가 필요한 공법이다.

■ Deep well 공법
- 정의 : 지름 0.3～1.5m 정도의 우물을 굴착하여 이 속에 유입하는 지하수를 펌프로 양수하는 중력식 배수 공법이다.
- 적용 토질 : 투수 계수가 $k = 5 \times 10^{-2}$cm/sec 이상 투수성이 좋은 지반과 투수층이 깊을 때 유리하다.
- 적용 깊이 : 8～30m 정도이나 대규모의 지하 수위 저하를 위하여 주변의 영향을 충분히 고려해야 한다.

■ Deep well 공법의 효과
- 지표면에서 10m 이상의 지하수위 저하가 필요한 경우
- 투수성이 큰 지반으로 다량의 양수가 필요한 경우
- Boiling 방지를 위한 대수층의 수압 감소가 필요한 경우

□□□ 기 00,05,13
01 연약 지반의 다음 개량 방법 중 넓은 사질 연약 지반에 적당하고, 집수관, 양수관, 연결관 등의 기계 설비가 필요한 공법은?

① 압성토 공법
② 모래 말뚝(sand drain) 공법
③ 웰 포인트(well point) 공법
④ 전기 및 약품 주입 공법

[해설] 웰 포인트 공법 : 집수관을 지하수면 아래에 설치하여 진공 펌프로 지하수를 강제적으로 빨아올려 펌프로 배수시켜 지하 수위를 저하시키는 공법으로 집수관, 양수관, 연결관 등의 기계 설비가 필요한 공법이다.

□□□ 기 03,06,17
02 웰 포인트(well point) 공법으로 강제 배수 시 보통 point 와 point의 간격으로 적당한 것은?

① 1～2m
② 3～5m
③ 5～7m
④ 8～10m

[해설] well point는 길이 1m, 지름 5cm 정도, 파이프 간격 1～2m으로 시공 지역에 타입하여, 이것이 수평으로 굵은 파이프에 연결하여 물을 배수하여 지하수위를 저하시키는 공법이다.

014 지지력에 의한 분류

- 마찰 말뚝 : 지반 중에 박혀진 말뚝의 전 길이 또는 거의 전 길이의 주면 마찰력에 의하여 견디게 하는 말뚝
- 다짐 말뚝 : 말뚝의 타입 시 타입된 말뚝의 부피만큼 지반이 팽창하여 조밀해지기 때문에 지반의 다짐 효과를 기대할 수 있는 말뚝으로 특히 사질토 지반에서는 타입에 따른 진동, 충격에 의해서도 다짐 효과가 발생한다.
- 활동 방지 말뚝 : 비탈면의 활동방지를 목적으로 축제 등 사면의 활동을 방지하는데 사용하는 말뚝
- 수평 저항 말뚝 : 안벽, 교대 등의 횡력에 저항시키기 위하여 사용되는 말뚝
- 인장 말뚝 : 큰 휨 모멘트를 받는 기초의 인장측 등에 인발력(引拔力)에 저항하는 부재로서 사용되는 말뚝

□□□ 산 92,02,06
01 말뚝 끝이 견고한 지반에 도달하였을 때는 이것이 기둥 작용을 한다. 이때의 말뚝은 어떤 말뚝인가?

① 지지 말뚝
② 마찰 말뚝
③ 단독 말뚝
④ 군 말뚝

[해설] 지지 말뚝(bearing pile) : 하부에 존재하는 견고한 지반에 어느 정도 관입시켜 지지하게 하는 것으로 관입한 부분의 마찰력과 선단 지지력에 의존하는 말뚝

□□□ 기 95
02 말뚝 기초에서 말뚝을 타입함으로써 지반의 다짐 효과를 얻을 수 있으며 느슨한 사질 지반에 주로 쓰이는 말뚝을 무슨 말뚝이라고 하는가?

① 마찰 말뚝
② 인장 말뚝
③ 다짐 말뚝
④ 억류 말뚝

[해설] 다짐 말뚝 : 말뚝을 박음으로써 지반의 다짐 효과를 향상시킨다.

■ 원심력 철근 콘크리트(RC-pile)
- 장점
  - 말뚝 재료를 구입하기 쉽다.
  - 말뚝 길이가 15 m 이하에서는 경제적이다.
  - 재질이 균일하여 믿을 수가 있다.
  - 강도가 크기 때문에 지지 말뚝에 적합하다.
- 단점
  - 굳기가 중간 토층(N = 30)을 관통하기 어렵다.
  - 말뚝의 이음부에 대한 신뢰성이 적다.
  - 말뚝 타입 시 본체에 균열이 발생하기 쉽다.

■ PC 말뚝(prestressed concrete pile)
- 원심력 철근 콘크리트 말뚝에 비하여 고가이다.
- 시공 시 이음이 쉽고 이음의 신뢰성이 크다.
- 균열의 발생이 적으므로 강제가 부식할 우려가 적고 내구성이 크다.
- 타입 시에 인장 응력을 받을 경우 프리스트레스가 유효하게 작용하여 인장 파괴가 일어나지 않는다.
- PC 말뚝은 프리스트레스를 가해서 제작되었으므로 말뚝 머리를 절단하면 내부 응력에 큰 영향이 오므로 주의해야 한다.

- 휨 응력을 받았을 때 변형량이 적다.
- 대구경 제조와 시공이 가능하며, 이음의 시공이 쉽다.

■ 강 말뚝
- 강 말뚝의 장점
  - 지내력이 큰 지층에 깊게 박을 수 있어 큰 지지력을 얻을 수 있다.
  - 재질이 강하여 중간의 굳은 토층에도 박을 수 있다.
  - 단면의 휨 강도가 크므로 수평 저항력이 크다.
  - 말뚝 이음이 쉽고 길이를 쉽게 조절할 수 있다.
  - 무게가 가벼워 운반 타입이 쉽다.
- 강 말뚝의 단점
  - 지지층의 지지력이 크지 않을 경우는 비경제적이다.
  - 부식하기 쉬우므로 방충 처리를 해야 한다.
  - 마찰 말뚝이나 다짐 말뚝에는 유효하지 않다.
- 강 말뚝의 부식 방지 대책
  - 두께를 증가시키는 방법(일반적으로 2mm 정도)
  - 콘크리트로 피복하는 방법
  - 도장에 의한 방법
  - 전기 방식법

□□□ 기 07

01 원심력을 이용하여 콘크리트의 밀도 및 강도를 높인 원심력 철근 콘크리트 중공 말뚝의 장점이 아닌 것은?

① N 값이 30 이상인 굳은 토층을 관통하기 쉽다.
② 말뚝 재료를 구하기 쉽다.
③ 말뚝 길이 15m 이하에서는 경제적이다.
④ 강도가 크므로 지지 말뚝에 적합하다.

해설 굳기가 중간 토층(N = 30)을 관통하기 어렵다.

□□□ 기 08,20

02 강 말뚝의 부식에 대한 대책으로 적당하지 않은 것은?

① 말뚝의 두께를 증가시키는 방법
② 전기 방식법
③ 도장에 의한 방법
④ 초음파법

해설 강 말뚝의 부식 방지 대책
- 두께를 증가시키는 방법(일반적으로 2mm 정도)
- 콘크리트로 피복하는 방법
- 도장에 의한 방법
- 전기 방식법

□□□ 기 88,05

03 말뚝을 타입한 후 현장 여건에 따라 말뚝 머리를 절단할 때 가장 주의해야 하는 말뚝의 형태는?

① 나무 말뚝　　　　② 강 말뚝
③ PC 말뚝　　　　④ 철근 콘크리트 말뚝

해설 PC 말뚝은 프리스트레스를 가해서 제작되었으므로 말뚝 머리를 절단하면 내부 응력에 큰 영향이 온다.

□□□ 기 13,14

04 프리스트레스트 콘크리트 말뚝의 특징에 대한 설명으로 틀린 것은?

① 휨 모멘트를 받았을 때 휨량이 크다.
② 타입 시에 인장 응력을 받을 경우 프리스트레스트가 유효하게 작용하여 인장 파괴의 발생 방지에 효력이 있다.
③ 이음의 시공이 쉽고 신뢰성이 크다.
④ 균열이 잘 생기지 않으므로 강재가 부식하지 않고 내구성이 크다.

해설 · 휨 모멘트를 받았을 때 휨량이 적다.
　　· 말뚝 길이가 15m 이하이거나 경하중을 지지하는 말뚝 등에 사용 시 RC 말뚝에 비하여 비경제적이다.

■ 항타기의 종류

```
                    ┌ 낙하 해머 : Drop hammer
          ┌ 타입기 ─┼ 증기 해머 : Steam hammer, Air hammer
          │         └ 디젤 해머 : Diesel hammer
 항타기 ─┼ 진동기 : Vibro hammer
          ├ 압입식
          └ 사수식
```

- **드롭 해머 (Drop hammer)**
  - 설비가 간단하여 공사비가 싸므로 소규모 공사에 주로 이용된다.
  - 타격할 때마다 무거운 해머를 끌어올리는 데 시간이 걸린다.
  - 시공 능률이 나쁘므로 대규모 공사나 긴 머리를 박아야 하는 공사에는 사용되지 않는다.

- **증기 해머 (Steam hammer)**
  - 드롭 해머에 비하여 시공 능률이 좋아 긴 말뚝의 시공에 적합하다.
  - 수중 말뚝이나 경사 말뚝 시공에 적합하다.
  - 매연, 소음이 커서 시가지 공사에는 부적합하다.
  - 시공 설비가 커서 소규모 현장에는 부적합하다.

- **디젤 해머 (Diesel hammer)**
  - 취급이 간단하고 작업성 및 거동성이 좋다.
  - 타격력이 커서 타입 능력이 높다.
  - 단단한 지반에 적당하다.
  - 연료비가 저렴하여 경제적이다.
  - 중량이 무거워서 설치비가 커진다.
  - 연약 지반에서는 능률이 떨어진다.
  - 타격음이 크고 배기가스의 공해가 있다.

- **진동 항타기 (Vibro hammer)**
  - 모래층, 자갈층의 타입에도 유효하다.
  - 말뚝의 타입 속도가 빠르고 말뚝을 뽑는 능률이 크다.
  - 말뚝을 타격할 때 타격음이 작고 주위에 진동의 영향이 작다.
  - 지반의 진동으로 시가지나 주택지에서는 시공이 곤란하다.
  - 점토 지반에서는 말뚝의 지지력이 저하될 우려가 있다.

■ 항타 시공법

- **Pre-boring 공법** : Auger-screw, 회전식 bucket, 회전식 bit 등을 써서 벤토나이트 용액으로 공벽을 보호하면서 말뚝 구멍에 말뚝을 압입하는 공법으로 중간 정도의 굳은 층 시공이 가능하다.
- **Jet 방식** : Pipe를 말뚝에 매설하여 고압수를 분산시켜 굴착 토사를 말뚝의 중공부로 배출시키면서 항타하는 방법으로 타격, 압입, 진동 공법의 보조 공법으로 이용된다.

■ 일반적인 항타 순서

- 기존 구조물 부근은 그 구조물 옆부터 박아 나간다.
- 원칙적으로 중앙부부터 박고 차례로 외측으로 박아 나간다.
- 지표면이 한쪽으로 경사되어 있는 곳은 육지쪽부터 박아 나간다.
- 해안선에 입접한 경우 육상측에서 해안측으로 박아 나간다.

■ 말뚝 항타 시 유의사항

- 두부 파손 방지를 위한 쿠션재 등의 보호 조치를 하여야 한다.
- 타격 도중 말뚝의 경사, 흔들림, 편타 등에 충분히 주의해야 한다.
- 조기 항타 시에 낙하고는 10 ~ 20cm를 유지하여야 한다.
- 항타가 시작되면 시간 경과에 따른 관입성 저하를 방지하기 위하여 연속적으로 한다.
- 항타 시 인접 말뚝 솟아오름 현상 발생 시에는 재항타하여 원지점 이하까지 항타한다.
- 항타 중 파괴되는 말뚝 발생 시 구조적으로 안전한 곳에 보강 항타를 실시한다.

□□□ 기11

01 말뚝 기초의 항타 시공에 대한 설명으로 틀린 것은?

① 두부 파손 방지를 위한 쿠션재 등의 보호 조치를 하여야 한다.
② 타격 도중 말뚝의 경사, 흔들림, 편타 등에 충분히 주의해야 한다.
③ 항타 시 인접 말뚝 솟아오름 현상 발생 시에는 재항타하여 원지점 이하까지 항타한다.
④ 말뚝 1본을 타격할 때 연속적 타격은 피하여야 하며, 항타 시간 간격을 충분히 유지하여 시간 경과에 따른 관입성 저하를 방지하여야 한다.

해설 항타가 시작되면 시간 경과에 따른 관입성 저하를 방지하기 위하여 연속적 타격을 한다.

□□□ 기09

02 말뚝 박기 기계 가운데 타격 속도가 느리고 말뚝 머리를 손상시키기는 하지만 설비가 간단하여 공사비가 싸므로 소규모 공사에 주로 이용되는 해머는?

① 드롭 해머 ② 증기 해머
③ 디젤 해머 ④ 바이브로 해머

해설 Drop hammer
- 설비가 간단하여 공사비가 싸므로 소규모 공사에 주로 이용된다.
- 시공 능률이 나쁘므로 대규모 공사나 긴 머리를 박아야 하는 공사에는 사용되지 않는다.

□□□ 기 12,15

03 항타 말뚝은 주로 해머를 이용하여 말뚝을 지반에 근입
시킨다. 다음 중 항타 말뚝에 사용되는 디젤 해머의 특징
에 대한 설명으로 잘못된 것은?

① 취급이 비교적 간단하다.
② 부대 설비가 적어 작업성과 기동성이 있다.
③ 연약 지반에서 매우 유용하다.
④ 배기가스 및 소음 공해가 있다.

해설 연약 지반에서는 능률이 떨어진다.

□□□ 기 02,04

04 말뚝 박기에 사용하는 해머에 대한 설명으로 옳지 않
은 것은?

① 스팀 해머(steam hammer)는 경사 말뚝의 항타에 유리
하다.
② 스팀 해머는 시공 설비가 간단하며 소규모의 현장에 적합
하다.
③ 바이브로 해머는 말뚝 박기와 빼기에도 효과적이다.
④ 디젤 해머는 구조가 간단하고 능률이 좋아서 많이 사용
된다.

해설 스팀 해머는 시공 설비가 커서 소규모 현장에는 부적합하다.

□□□ 기 18,21

05 콘크리트 말뚝이나 선단폐쇄 강관말뚝과 같은 타입말뚝
은 흙을 횡방향으로 이동시켜서 주위의 흙을 다져주는 효
과가 있다. 이러한 말뚝을 무엇이라고 하는가?

① 배토말뚝   ② 지지말뚝
③ 주동말뚝   ④ 수동말뚝

해설 배토말뚝 : 콘크리트 말뚝이나 선단이 폐색된 강관말뚝(폐단말뚝)
을 타입하면 주변지반과 선단 지반이 밀려서 배토되므로 배토말뚝이
라 한다.

017 말뚝의 지지력

- ■ **정역학적 지지력 방법**

  Terzahi 공식, Dörr의 공식, Dunham의 공식, Meyerhof의 공식

- ■ **동역학적 지지력 방법**

- Sander 공식 : $Q_\alpha = \dfrac{W \cdot H}{8S}$

- Engineering News 공식 : 드롭 해머, 단독식 증기 해머, 복동식 증기 해머

  단동식 해머 : $Q_a = \dfrac{W \cdot H}{F_s(S + 0.254)}$

  복동식 해머 : $Q_a = \dfrac{(W + A_p \cdot P)H}{F_s(S + 0.254)}$

  여기서, Q_a : 말뚝의 허용 지지력

  H : 해머의 낙하고(cm)

  W : 해머의 중량

  S : 말뚝의 최종 관입량(cm)

  A_p : piston의 유효 면적(cm^2)

  P : piston의 유효 증기압

  F_s : 안전율($F_s = 6$)

- Hiley의 공식 : 말뚝의 최종 침하량을 확인하는 수단의 하나로 고려하여 만든 것이다.

- Weisbach의 공식

- 말뚝의 재하 시험에 의한 방법 : 지지력을 산정하는 데 가장 확실한 방법이지만 상당한 시일과 비용이 필요하므로 대규모 공사에 바람직하다.

□□□ 기 89,00,10,14

01 말뚝의 지지력 산정에 있어서 말뚝과 지반 및 말뚝 머리의 탄성 변형량을 고려한 것은?

① Meyerhof 공식   ② Sander 공식

③ Hiley 공식   ④ Engineering News 공식

해설 • Hiley 공식 : 말뚝과 지반 및 말뚝 머리의 탄성 변형량을 고려하여 말뚝의 지지력을 산정한다.

• 지지력 $Q_a = \dfrac{1}{3}\left[\dfrac{e_f F}{S + \dfrac{C_1 + C_2 + C_3}{2}} \times \dfrac{W_H + e^2 W_P}{W_H + W_P} \right]$

W_H : 해머의 중량 C_1 : 말뚝축의 탄성 변형량

W_P : 말뚝의 중량 C_2 : 지반의 탄성 변형량

F : 타격 에너지 C_3 : Cap의 탄성 변형량

e_f : 해머의 효율 e : 반발 계수

S : 말뚝의 최종 관입량

---

02 말뚝의 지지력을 결정하기 위한 방법 중에서 가장 정확한 것은?

① 말뚝의 재하 시험

② 정역학적 공식

③ 동역학적 공식

④ 허용 지지력표로서 구하는 방법

해설 말뚝의 재하 시험 : 지지력을 산정하는 데 가장 확실한 방법이지만 상당한 시일과 비용이 필요하므로 대규모 공사에 바람직하다.

□□□ 기 12

03 추의 중량이 25kN이고 낙하고 2.5m라 할 때 말뚝의 허용 지지력이 200kN이 되려면 최종 침하량은 얼마이어야 하는가?

(단, Sander 공식을 사용하며, 안전율은 8을 적용한다.)

① 2.12cm   ② 3.12cm

③ 3.91cm   ④ 4.05cm

해설 • Sander 공식 $Q_\alpha = \dfrac{W \cdot H}{8S}$ 에서

• 침하량 $S = \dfrac{W \cdot H}{8Q_\alpha} = \dfrac{25 \times 250}{8 \times 200} = 3.91$cm

---

□□□ 기 16

04 말뚝의 지름이 40cm, 길이가 10m인 말뚝을 해머 무게가 30kN, 추의 낙하고 2m, 1회 타격으로 인한 말뚝의 침하량이 1cm일 때 이 말뚝의 허용 지지력은?

(단, 엔지니어링 뉴스 공식으로 단동기 증기 해머 사용)

① 597kN   ② 697kN

③ 797kN   ④ 897kN

해설 $Q_a = \dfrac{W \cdot H}{6(S + 0.254)}$

$= \dfrac{30 \times 200}{6(1 + 0.254)} = 797$kN

---

018 부마찰력

■ 부마찰력
연약층을 관통한 말뚝이 연약층의 압밀 침하로 인하여 발생되는 하향의 마찰력을 부마찰력이라 하는데 이는 말뚝의 지지력을 감소시킨다.

■ 부마찰력이 생기는 원인
- 말뚝의 타입 지반이 압밀 진행 중인 경우
- 상재 하중이 말뚝과 지표에 작용하는 경우
- 지하수위의 감소로 체적이 감소하는 경우
- 팽창성 점토 지반일 경우

■ 부마찰력의 감소 대책
- 말뚝 표면에 역청재를 도포하는 방법
- 표면적이 작은 말뚝을 시공하는 방법
- 말뚝 타입 전에 천공하고 벤토나이트 용액을 넣어 타입하는 방법
- 말뚝 직경보다 약간 큰 케이싱을 박거나 이중관 말뚝을 시공하는 방법
- 군 말뚝으로 시공하여 그룹 효과로 연약 지반의 침하를 억제하는 방법

■ 부마찰력의 산정

$$R_{nf} = U \cdot l_c \cdot f_s$$

여기서, R_{nf} : 부마찰력
U : 말뚝의 둘레 길이(m)
l_c : 연약층의 말뚝 길이(m)
f_s : 말뚝의 평균 마찰력 또는 일축 압축 강도 (q_u)의 1/2

□□□ 기 02,19
01 부마찰력에 관한 설명 중 틀린 것은?

① 말뚝이 타입된 지반이 압밀 진행 중일 때 발생된다.
② 상재 하중이 말뚝과 지표에 작용하여 침하할 경우에 발생된다.
③ 말뚝의 주면 마찰력이 선단 지지력보다 클 때 발생된다.
④ 지하수위의 감소로 체적이 감소할 때 발생된다.

해설 부마찰력이 생기는 원인
- 말뚝의 타입 지반이 압밀 진행 중인 경우
- 상재 하중이 말뚝과 지표에 작용하는 경우
- 지하 수위의 감소로 체적이 감소하는 경우
- 팽창성 점토 지반일 경우

□□□ 기 00,06
02 말뚝의 부(負)마찰력에 관한 설명 중 틀린 것은?

① 연약 지반에 말뚝을 박고 성토하였을 때 일어나기 쉽다.
② 연약 지반을 관통하여 견고한 지반까지 말뚝을 박을 경우 일어나기 쉽다.
③ 말뚝이 타입되면 부마찰력은 말뚝을 지지하는 방향인 상향으로 작용한다.
④ 연약한 지반에 말뚝을 박았을 때 부마찰력이 생겼다면 그 말뚝의 지지력은 감소한다.

해설 말뚝이 타입되면 말뚝이 흙과 같이 침하되면서 말뚝의 부마찰력이 하향으로 발생하는 현상이다.

□□□ 기 00,05,09,22
03 다음은 말뚝의 부주면 마찰력(negative friction)에 관한 설명이다. 옳지 않은 것은?

① 말뚝의 주변 지반이 말뚝의 침하량보다 상대적으로 큰 침하를 일으키는 경우 부주면 마찰력이 생긴다.
② 지하수위가 상승할 경우 부주면 마찰력이 생긴다.
③ 표면적이 작은 말뚝을 사용하여 부주면 마찰력을 줄일 수 있다.
④ 말뚝 직경보다 약간 큰 케이싱을 박아서 부주면 마찰력을 차단할 수 있다.

해설 지하 개발 및 인근 공사의 영향으로 인해 지하수위가 저하하는 경우 부주면 마찰력이 발생한다.

□□□ 기 13,17
04 말뚝기초의 부마찰력 감소방법으로 틀린 것은?

① 표면적이 작은 말뚝을 사용하는 방법
② 단면이 하단으로 가면서 증가하는 말뚝을 사용하는 방법
③ 선행하중을 가하여 지반침하를 미리 감소하는 방법
④ 말뚝직경보다 약간 큰 케이싱을 박아서 부마찰력을 차단하는 방법

해설 표면적이 작은 말뚝을 사용하여 부마찰력을 줄일 수 있다.

019 현장 제자리 말뚝

■ 현장 콘크리트 말뚝의 특징

• 지층의 깊이에 따라 말뚝 길이와 크기를 자유로이 조절할 수 있다.
• 말뚝 선단부에 구근을 형성할 수 있으므로 어느 정도 지지력을 크게 할 수 있다.
• 말뚝을 직접 운반하거나 취급할 필요가 없으므로 운반비를 절약할 수 있다.
• 양생 기간이 필요치 않아 공사 기간 등의 제한을 받지 않는다.
• 말뚝이 지반 속에서 형성되므로 품질 등 완성 상태를 확인할 수 없다.

■ 관 타입식 말뚝

• Pedestal 말뚝 : 외관과 내관을 소정의 깊이까지 때려 박은 후 내관을 뽑아내고 외관 내에 콘크리트를 다져 넣으면서 점차로 외관도 뽑아 올려 끝에 구근을 만들면서 지중에 말뚝을 형성하는 방법이다.
• Raymond 말뚝 : 철제의 얇은 외관에 강제의 내관을 삽입하여 내외관을 동시에 박아서 소정의 깊이에 도달하면 내관을 뽑아내고 외관 안에 콘크리트를 다져 넣고 외관은 지중에 남겨 두는 방법이다.
• Simplex 말뚝 : 단단한 지반에 철제 신을 입힌 외관을 박고 무거운 추로 다지면서 외관을 뽑아 올려 말뚝을 형성하는 방법이다.
• Franky 말뚝 : 구근을 만들기 위하여 된 반죽의 콘크리트를 미리 외관 속에 채우고 그 위에 무거운 추로 때려 지지층까지 박은 후 외관을 약간 뽑아 올리면서 추로 다져 혹 모양의 구근을 만드는 방법이다.

01 현장 타설 콘크리트 말뚝의 장점에 대한 설명으로 옳지 않은 것은?

① 말뚝 선단부에 구근을 형성할 수 있으므로 어느 정도 지지력을 크게 할 수 있다.
② 지지층의 깊이에 따라 말뚝 길이를 자유로이 조정할 수 있다.
③ 운반 취급이 용이하다.
④ 말뚝체가 지반 중에서 형성되므로 품질 관리가 쉽다.

해설 • 현장 콘크리트 말뚝은 현장 지반 중에서 제작 양생되므로 품질 관리를 확인할 수 없다.
• 현장 콘크리트 말뚝은 양생 기간이 필요치 않아 공사 기간 등의 제한을 받지 않는다.

02 현장 콘크리트 말뚝의 장점이 아닌 것은?

① 지층의 깊이에 따라 말뚝 길이를 자유로이 조절할 수 있다.
② 말뚝 선단에 구근을 만들어 지지력을 크게 할 수 있다.
③ 재료의 운반에 제한을 받지 않는다.
④ 현장 지반 중에서 제작 양생됨으로 품질 관리가 쉽다.

해설 • 현장 콘크리트 말뚝은 현장 지반 중에서 제작 양생되므로 품질 관리를 확인할 수 없다.
• 현장 콘크리트 말뚝은 양생 기간이 필요치 않아 공사 기간 등의 제한을 받지 않는다.

03 내외관을 동시에 타격하여 소정의 깊이에 도달하면 내관을 뽑아내고 외관 안에 콘크리트를 치는 방법으로 외관은 지중에 남겨 두는 현장 콘크리트 말뚝은?

① 강널 말뚝
② PIP 말뚝
③ 레이몬드 말뚝
④ 페데스탈 말뚝

해설 • Raymond 말뚝 : 철제의 얇은 외관에 강제의 내관을 삽입하여 내외관을 동시에 박아서 소정의 깊이에 도달하면 내관을 뽑아내고 외관 안에 콘크리트를 다져 넣는 방법이다.
• Pedestal 말뚝 : 외관과 내관을 소정의 깊이까지 때려 박은 후 내관을 뽑아내고 외관 내에 콘크리트를 다져 넣으면서 점차로 외관도 뽑아 올려 끝에 구근을 만들면서 지중에 말뚝을 형성하는 방법이다.

04 현장타설 콘크리트 말뚝의 장점이 아닌 것은?

① 재료의 운반에 제한을 받지 않는다.
② 소음, 진동이 적어서 도심지 공사에 적합하다.
③ 현장 지반 중에서 제작 양생되므로 품질관리가 용이하다.
④ 지층의 깊이에 따라 말뚝 길이를 자유로이 조절 가능하다.

해설 • 현장콘크리트말뚝은 현장 지반 중에서 제작 양생되므로 품질 관리를 확인할 수 없다.
• 현장 콘크리트 말뚝은 양생기간이 필요치 않아 공사기간 등의 제한을 받지 않는다.

020 피어 기초

■ 피어(Pier) 기초의 특징
- 공사 때 소음이 생기지 않으므로 도심지 공사에 적합하다.
- 말뚝 타입이나 직접 기초의 시공 시 일어나는 heaving이나 진동의 우려가 적다.
- 인력 굴착 때는 선단 지반과 콘크리트와의 밀착을 잘 시켜서 선단 지지력을 확실하게 할 수 있다.
- 비교적 큰 지름을 갖는 큰 구조물이 되므로 지지력이 크고 말뚝의 설치 본수가 적어 공사비가 저렴하다.

■ 인력에 의한 굴착
- Chicago 공법 : 굴착한 벽이 무너지지 않고 굳기가 중간 정도의 점토 지반의 굴착에 이용되는 공법으로 깊이가 약 1.2~1.8m의 원통 구멍을 인력으로 굴착한 후 반원형의 강철링을 조립하여 유지하고 나서 굴착하는 방법
- Gow 공법 : 굴착 내부의 흙막이로써 강재 원통을 사용하는 것으로 연약한 점토에 적당하며, 1.8~5.0m의 강재 원통을 땅속에 박고 내부의 흙을 인력으로 굴착한 후, 다시 다음의 원통을 박는 공법

■ 기계에 의한 방법
- Benoto 공법 : 해머 그래브로 굴착하며 공벽 붕괴 방지용 케이싱을 압입하여 굴진하며 압입된 케이싱을 뽑아 올리는 높이에 한도가 있어 케이싱을 인발할 때 삽입된 철근이 인발되는 공상 현상이 일어날 염려가 있다.
- Earth Drill 공법 : 케이싱 튜브를 사용하지 않고 회전식 버킷을 사용하며 벤트나이트 용액으로 벽이 무너지는 것을 막으면서 소정의 깊이까지 구멍을 뚫은 후에 철근을 넣고 콘크리트를 쳐서 말뚝을 만드는 것으로 케이싱을 사용하지 않으므로 인발 시 발생하는 공상 현상이 발생하지 않는다.
- Reverse Circulation Drill(RCD) 공법 : 정수압으로 구멍의 벽을 유지하면서 물의 순환을 이용하여 드릴 파이프의 끝에 설치한 특수한 비트의 회전에 의해서 굴착한 토사를 물과 함께 배출하고 소정의 깊이까지 굴착하는 공법

□□□ 기 06,08,09,20
01 피어 기초 중 기계에 의한 시공법이 아닌 것은?

① 시카고(chicago) 공법
② 베노토(benoto) 공법
③ 어스 드릴(Earth drill) 공법
④ 리버스 서큐레이션(Reverse Circulation) 공법

해설 피어 기초
- 인력에 의한 굴착 : Chicago 공법, Gow 공법
- 기계에 의한 방법 : Benoto 공법, Earth Drill 공법, Reverse Circulation 공법

□□□ 기 93,02,05,10,21
02 현장에서 하는 타설 피어 공법 중에서 콘크리트 타설 후 Cassing tube의 인발 시 철근이 따라 뽑히는 현상이 발생하는 공법은?

① reverse circulation drill 공법
② earth drill 공법
③ benoto 공법
④ gow 공법

해설 Benoto 공법 : 케이싱을 뽑아 올리는 높이에 한도가 있어 케이싱을 인발할 때 삽입된 철근이 인발되는 공상 현상이 일어날 염려가 있다.

□□□ 기 10,14
03 공상 현상에 대한 대책으로 올바르지 않은 것은?

① 말뚝은 수직으로 굴착하고 철근도 수직으로 세운다.
② Slime을 제거하지 말고 그대로 둔다.
③ 철근망을 달아매는 기계를 사용하여 세우는 도중에 비틀림, 좌굴을 방지한다.
④ Concrete를 chute 내에서 절대로 흘리지 않게 한다.

해설 slime 처리를 철저히 하여 지지력을 확보한다.

□□□ 기 03,13
04 수직 굴착 후 그 속에 현장 콘크리트를 타설하여 만든 원형 기초인 피어기초의 시공에 대한 설명으로 틀린 것은?

① 굴착한 벽이 무너지지 않는, 굳기가 중간 정도의 점토 지반의 굴착에 이용되는 공법으로 깊이가 약 1.2~1.8m의 원통 구멍을 인력으로 굴착한 후 반원형의 강철링을 조립하여 유지한 후 굴착하는 방법을 시카고 공법이라고 한다.
② 케이싱 튜브를 사용하지 않고 회전식 버킷을 사용하는 어스 드릴 공법에서는 굴착 후 철근 삽입 시 철근이 따라 뽑히는 공상 현상이 일어난다.
③ 정수압으로 구멍의 벽을 유지하면서 물의 순환을 이용하여 드릴 파이프의 끝에 설치한 특수한 비트의 회전에 의해서 굴착한 토사를 물과 함께 배출하고 소정의 깊이까지 굴착하는 공법을 RCD 공법(Reverse circulation)이라 한다.
④ 굴착 내부의 흙막이로서 강재 원통을 사용하는 것으로 연약한 점토에 적당하며 1.8~5.0m의 강재 원통을 땅속에 박고 내부의 흙을 인력으로 굴착한 후, 다시 다음의 원통을 박는 공법을 Gow 공법이라 한다.

해설 케이싱 튜브를 사용하지 않고 회전식 버킷을 사용하는 어스 드릴 공법에서는 벤토나이트 용액으로 벽이 무너지는 것을 막으면서 소정의 깊이까지 구멍을 뚫은 후에 철근을 넣고 콘크리트를 쳐서 말뚝을 만드는 것으로 케이싱을 사용하지 않으므로 인발 시 발생하는 공상 현상이 발생하지 않는다.

정답 020 01 ① 02 ③ 03 ② 04 ②

CHAPTER 02 · 기초공 2-27

05 피어(Pier) 기초란 구조물의 하중을 충분한 지지력을 얻을 수 있는 지반에 전달하기 위하여 수직공을 굴착하여 그 속에 현장 콘크리트를 타설하여 만들어진 주상(柱狀)의 기초를 의미한다. 다음 중 피어 기초의 특징이 아닌 것은?

① 소음이 없으므로 도심지 공사에 적합하다.
② 선단 지지력을 확실히 할 수 있다.
③ 말뚝의 본수를 작게 할 수 있다.
④ 작은 구조물의 기초에 적합하다.

해설 피어 기초의 특징
· 공사 때 소음이 생기지 않으므로 도심지 공사에 적합하다.
· 인력 굴착 때는 선단 지반과 콘크리트와의 밀착을 잘 시켜서 선단 지지력을 확실하게 할 수 있다.
· 비교적 큰 지름을 갖는 큰 구조물이 되므로 지지력이 크고, 말뚝의 설치 본수가 적어 공사비가 저렴하다.

06 피어(pier) 기초의 특성에 대한 설명으로 틀린 것은?

① 항타로 인해 자연 지반이 다져지기 때문에 지반 자체의 강도가 높아지며, 지반이 연약한 경우에도 기초 선단의 지반을 이완시킬 우려가 없다.
② 일반적인 말뚝 기초와 비교하여 직경이 큰 구조물이므로 지지력도 크고, 횡력에 의한 휨 모멘트에 저항할 수 있다.
③ 시공 시에 소음이 생기지 않아서 도시의 공사에 적합하다.
④ 시공 시에 인접 구조물에 피해를 주는 지표의 히빙과 지반 진동이 일어나지 않는다.

해설 주위의 지반과 선단의 지반을 이완시킬 염려가 있으므로 깊은 굴착에서는 특별한 주의가 필요하다.

07 현장에서 타설하는 피어공법 중 시공 시 케이싱 튜브를 인발할 때 철근이 따라올라오는 공상(共上)현상이 일어나는 단점이 있는 것은?

① 시카고 공법
② 돗바늘 공법
③ 베노토 공법
④ RCD(Reverse Circulation Drill)공법

해설 Benoto 공법 : 케이싱을 뽑아 올리는 높이에 한도가 있어 케이싱을 인발할 때 삽입 된 철근이 인발되는 공상현상이 일어날 염려가 있다.

■ 케이슨 기초의 종류
- **Open Caisson** : 보통 여러 개의 벽과 밑이 폐단면인 것으로 방파제나 안벽용으로 쓰일 때는 해상으로 진수시켜 소정의 위치에서 내부에 모래, 물, 자갈, 콘크리트 등으로 채워서 수중에 가라앉히는 케이슨 기초
- **공기 케이슨** : 철근 콘크리트의 힘을 지상에서 구축하여 구체 하부에 기밀한 작업실을 설치하고, 여기에 지하 수압에 대응하는 압축 공기를 보내어 지하수의 침입을 방지하고 굴착과 배토하면서 구체를 지중에 가라앉히는 공법이다.
- **박스 케이슨** : 케이슨 저부가 막혀 있는 상자형으로 육상에서 건조하여 해상에 있는 소정의 위치까지 예인하여 내부에 콘크리트, 자갈, 모래를 채워 침하시키는 공법이다.

■ 우물통 기초
- **우물통 기초의 특징**
  - 공사비가 싸다.
  - 기계 굴착이므로 시공이 빠르다.
  - 가설비 및 기계 설비가 간단하다.
  - 소음과 진동이 크므로 도심지 공사에서는 부적합하다.
  - 케이슨의 침하 시 주면마찰력을 줄이기 위해 진동 발파 공법을 적용할 수 있다.
  - 호박돌, 큰 전석 및 기타 장애물이 있을 시 제거 작업이 어려워 침하 작업이 지연된다.

- 주변 지반이 이완되기 쉬워 기초 지반에 보일링 현상이나 히빙 현상이 일어날 우려가 있다.
- 케이슨의 선단부를 보호하고 침하를 쉽게 하기 위하여 curve shoe라 불리우는 날끝을 붙인다.

- **우물통의 수중 거치**
  - **축도법** : 수심이 5m 정도의 곳에 흙가마니, 나무 널말뚝, 강 널말뚝 등으로 물을 막고 수중에 거치하는 방법
  - **비계식(발판식)** : 웰을 침수시킬 때 상부가 수면상에서 50cm 이상 나올 정도의 높이로 비계를 만들어 달아 올려서 가설물을 빼낸 후 서서히 내리는 방법
  - **부동식(예항식)** : 수심이 깊은 곳은 강재로 만든 웰을 물에 띄워서 끌고 간 후 콘크리트를 쳐서 침수시키는 방법

- **우물통의 침하 공법**
  - **발파식** : 폭파에 의한 충격, 진동에 의하여 마찰 저항을 감소시켜 침하시키는 공법
  - **물하중식** : 케이슨 하부에 수밀성의 선반을 설치하여 물을 가득 채운 후 그 하중으로 침하시키는 공법
  - **분기식** : 고압수나 공기를 노즐로 분사시켜 측벽과 토층 간의 마찰력을 감소시켜 침하시키는 방법
  - **재하중에 의한 방법** : 초기는 자중으로 침하되지만 심도가 깊어짐에 따라 레일 철괴, 콘크리트 블록 등이 사용되는 공법

□□□ 기 00,05,10,21
01 오픈 케이슨 공법의 장점이 아닌 것은?
① 기계 굴착이므로 시공이 빠르다.
② 가설비 및 기계 설비가 비교적 간단하다.
③ 호박돌 및 기타 장애물이 있을 시 제거 작업이 쉽다.
④ 공사비가 비교적 싸다.

해설 호박돌, 큰 전석 및 기타 장애물이 있을 시 제거 작업이 어려워 침하 작업이 지연된다.

□□□ 기91,04
02 케이슨의 침하 공법에 있어서 사용할 수 없는 방법은?
① 재하중에 의한 침하 공법
② 승압에 의한 침하 공법
③ 분사식 침하 공법
④ 발파에 의한 침하 공법

해설 케이슨의 침하 공법
- 재하중에 의한 침하 방법
- 물하중식 침하 공법
- 발파에 의한 침하 공법
- 분사식 침하 공법
- 케이슨 내부의 수위 저하 공법

□□□ 기 09,11,15,20
03 Open caisson에 대한 설명으로 틀린 것은?
① 케이슨의 선단부를 보호하고 침하를 쉽게 하기 위하여 curve shoe라 불리우는 날끝을 붙인다.
② 전석과 같은 장애물이 많은 곳에서의 작업은 곤란하다.
③ 케이슨의 침하 시 주면 마찰력을 줄이기 위해 진동 발파 공법을 적용할 수 있다.
④ 굴착 시 지하수를 저하시키지 않으며, 히빙, 보일링의 염려가 없어 인접 구조물의 침하 우려가 없다.

해설 · 공기 케이슨 기초 : 지하수를 저하시키지 않으며, 히빙, 보일링을 방지할 수 있으므로 인접 구조물의 침하 우려가 없다.
· 오픈 케이슨 기초 : 주변 지반이 이완되기 쉬워 기초 지반에 보일링 현상이나 히빙 현상이 일어날 우려가 있다.

04 Open caisson의 설명에 대한 것 중 틀린 것은?

① 케이슨 내의 흙은 주로 수중 굴착에 의해 이루어진다.
② 전석과 같은 장애물이 많은 곳에서의 작업은 곤란하다.
③ 케이슨의 침하 시 주면 마찰력을 줄이기 위해 진동 발파 공법을 적용할 수 있다.
④ 지하수를 저하시키지 않으며, 히빙, 보일링을 방지할 수 있으므로 인접 구조물의 침하 우려가 없다.

해설 ·공기 케이슨 기초 : 지하수를 저하시키지 않으며, 히빙, 보일링을 방지할 수 있으므로 인접 구조물의 침하 우려가 없다.
·오픈 케이슨 기초 : 주변 지반이 이완되기 쉬워 기초 지반에 보일링 현상이나 히빙 현상이 일어날 우려가 있다.

□□□ 기 00,03,12

05 오픈 케이슨의 거치 방법 중 수심 5m 이하의 경우 가장 안전한 공법은?

① 축도법　　　　② 비계식
③ 예향식　　　　④ 부동식

해설 우물통의 수중 거치
·축도법 : 수심이 5m 정도의 곳에 흙가마니, 나무 널말뚝, 강 널말뚝 등으로 물을 막고 수중에 거치하는 방법
·비계식 : 웰을 침수시킬 때 상부가 수면상에서 50cm 이상 나올 정도의 높이로 비계를 만들어 달아 올려서 가설물을 빼낸 후 서서히 내리는 방법
·부동식 : 수심이 깊은 곳에 강재로 만든 웰을 물에 띄워서 끌고 간 후 콘크리트를 쳐서 침수시키는 방법으로 예향식이라고도 한다.

□□□ 기 11,14,18

06 케이슨을 침하시킬 때 유의 사항으로 틀린 것은?

① 침하시 초기 3m까지는 안정하므로 경사 이동의 조정이 용이하다.
② 케이슨은 정확한 위치의 확보가 중요하다.
③ 토질에 따라 케이슨의 침하 속도가 다르므로 사전 조사가 중요하다.
④ 편심이 생기지 않도록 주의해야 한다.

해설 케이슨 침하 작업 시 주의 사항
·우물통 침하 때 처음 3m까지는 굴착할 때 우물통이 기울어지거나 위치 이동이 발생할 수 있으므로 특히 주의할 것
·우물통 주변에 눈금을 만들어 침하 상태, 공정을 쉽게 알 수 있도록 할 것
·하중이 과대하지 않도록 주의할 것
·홍수에 의한 피해를 입지 않도록 조치해 둘 것

□□□ 기 13,20

07 교각기초를 위해 직경 10m, 깊이 20m, 측벽두께 50cm 인 우물통기초를 시공 중에 있다. 지반의 극한지지력이 200kN/m², 단위면적당 주면마찰력(f_s)이 5kN/m², 수중부력은 100kN일 때, 우물통이 침하하기 위한 최소 상부하중(자중+재하중)은?

① 5,201kN　　　　② 6,227kN
③ 7,107kN　　　　④ 7,523kN

해설 $F + Q + B$
$= f_s \cdot U \cdot h + q_u \cdot A + B$
$= 5 \times (\pi \times 10) \times 20 + 200 \times \dfrac{\pi(10^2 - 9^2)}{4} + 100 = 6,226.1\text{kN}$

□□□ 기 07,09,11,15,17,22

08 오픈 케이슨기초에 대한 설명으로 틀린 것은?

① 다른 케이슨기초와 비교하여 공사비가 싸다.
② 굴착시 히빙이나 보일링 현상의 우려가 있다.
③ 침하깊이에 제한을 받는다.
④ 케이슨 저부 연약토 제거가 확실하지 않고, 지지력 및 토질 상태 파악이 어렵다.

해설 침하 깊이의 제한을 받지 않는다.

022 공기 케이슨 기초

- 잠함 케이슨(pneumatic caisson) 기초, 압기 케이슨 공법이라 부른다.
- 교각이나 안벽의 기초를 위시하여 건축 기초에도 많이 사용
- 하저 횡단의 지하철 부분이나 지수벽을 겸한 지하 구조물, 쉴드 공법의 발전부의 입갱 등에 사용된다.
- 적용 범위 : 심도는 수면 아래 10 ~ 40m 정도이며, 그 이하에서는 웰 공법을 채용한다.

공기 케이슨 기초의 특징
- 오픈 케이슨보다 침하 공정이 빠르고 장애물 제거가 쉽다.
- 토층, 토질을 확인할 수 있어 정확한 지지력 측정이 가능하다.
- 수중 콘크리트를 하지 않으므로 신뢰성이 높은 콘크리트를 칠 수 있다.
- 배수를 하지 않고 시공하므로 지하수위에 변화를 주지 않게 되고 인접 지반 침하의 현상을 일으키지 않는다.
- 지하수가 저하되지 않으므로 히빙 및 보일링을 방지할 수 있어 인접 구조물의 침하 우려가 없다.
- 기계 설비가 비싸기 때문에 비교적 소규모의 공사나 심도가 얕은 기초공에는 비경제적이다.
- 작업 환경으로 인한 케이슨 병이 발생할 수 있으므로 요양갑을 설비해야 한다.
- 일반적인 굴착 깊이는 30 ~ 40m로 제한되어 있다.

압축 공기 설비
- 작업 기압은 절대로 이론 기압보다 크게 해서는 안 된다. 될 수 있는 대로 저기압으로 작업을 진행해야 작업원의 신체 장애도 적고 침하도 용이하다.
- 압축공기는 냉각기로 18 ~ 24℃로 냉각하여 일단 공기 탱크에 저장한 다음 관을 통하여 작업실로 보낸다.

□□□ 기 09,12

01 공기 케이슨 공법에 대한 다음 설명 중 틀린 것은?

① 비교적 소규모의 공사나 심도가 얕은 기초공에는 경제적이다.
② 고압 내에서 작업을 하여 대기압 중에 나올 때 감압 때문에 체액 또는 조직 내에 융해되어 있던 질소 가스가 기포로 되어 체내에 잔류하기 때문에 케이슨 병이 발생할 수 있다.
③ 일반적인 굴착 깊이는 30 ~ 40m로 제한되어 있다.
④ 지하수를 저하시키지 않으며 히빙, 보일링을 방지할 수 있으므로 인접 구조물의 침하 우려가 없다.

해설 압축 공기를 이용하여 시공하므로 기계 설비가 비싸기 때문에 소규모 공사나 심도가 얕은 기초공에는 비경제적이다.

□□□ 기 91,07,11

02 공기 케이슨 공법은 수심 10~40m 정도에 사용하고 그 이하 및 이상은 정통(井筒)이 이용된다. 공기 케이슨 공법에 관한 설명 중 옳지 않은 것은?

① 소규모 공사나 심도가 얕은 곳에는 비경제적이다.
② 배수를 하면서 시공하므로 지하수위 변화를 주어 인접 지반에 침하를 일으킨다.
③ 노동 조건의 제약을 받기 때문에 노무비가 과대하다.
④ 토질을 확인할 수 있고 정확한 지지력 측정이 가능하다.

해설 배수를 하지 않고 시공하므로 지하수위에 변화를 주지 않기 때문에 인접 지반 침하의 현상을 일으키지 않는다.

□□□ 기 02,06,13,20

03 공기 케이슨 공법의 장점을 열거한 것 중 옳지 않은 것은?

① 토층의 확인이 가능하다.
② 소규모의 공사나 깊이가 얕은 경우에도 경제적이다.
③ 장애물 제거가 용이하다.
④ 인접 지반의 침하 현상을 일으키지 않는다.

해설 압축 공기를 이용하여 시공하므로 기계 설비가 비싸기 때문에 소규모 공사나 심도가 얕은 기초공에는 비경제적이다.

□□□ 기 12,15,18

04 뉴매틱 케이슨 기초의 일반적인 특징에 대한 설명으로 틀린 것은?

① 지하수를 저하시키지 않으며, 히빙, 보일링을 방지할 수 있으므로 인접 구조물의 침하 우려가 없다.
② 오픈 케이슨보다 침하 공정이 빠르고 장애물 제거가 쉽다.
③ 지형 및 용도에 따른 다양한 형상에 대응할 수 있다.
④ 소음과 진동이 없어 도심지 공사에 적합하다.

해설 소음과 진동이 크므로 도심지 공사에는 부적합하다.

□□□ 기 18,22

05 공기 케이슨 공법에 관한 설명으로 틀린 것은?

① 노동조건의 제약을 받기 때문에 노무비가 과대하다.
② 토질을 확인 할 수 있고 정확한 지지력 측정이 가능하다.
③ 소규모 공사 또는 심도가 얕은 곳에는 비경제적이다.
④ 배수를 하면서 시공하므로 지하수위 변화를 주어 인접지반에 침하를 일으킨다.

해설 지하수를 저하시키지 않으며 히빙, 보일링을 방지할 수 있으므로 인접 구조물의 침하 우려가 없다.

---

03 건설 기계

023 작업 종류별 적정 기계

- **벌개·제근** : 불도저, 레이크 도저
- **굴착·운반** : 불도저, 스크레이퍼, 트랙터 셔블, 스크레이퍼 도저, 준설선
- **굴착·싣기** : 셔블, 백호, 클램셀, 준설선
- **리퍼** : 불도저나 트랙터 위에 장치하는 날로 토공판으로 굴착하기 곤란하거나 발파도 곤란한 암석의 파쇄에 유용한 장비이다.
- **트랙터 셔블** : 트랙터의 전면에 버킷을 장치하여 이 버킷으로 굴착 및 적재를 동시에 할 수 있다.
- **준설선** : 선박 위에 각종 굴삭 기계를 장착하여 수중 구조물의 기초 터파기, 항만과 항구의 준설과 함께 적재에 사용되는 기계이다.
- **탬퍼(tamper)** : 전압판의 연속적인 충격으로 전압하는 기계로 갓길 및 소규모 도로 토공에 알맞다.

□□□ 기 90

01 다음 토공용 기계 중에서 굴착 기계가 아닌 것은?

① 불도저
② 파워 셔블
③ 유압 리퍼
④ 모터 그레이더

해설 유압 리퍼 : 지반이 견고하여 토공판으로 굴착하기 곤란하거나 암석이 균열되어 있어 발파도 곤란한 암석의 파쇄에 유용한 장비이다.

□□□ 기 03,10,18

02 다음 건설 기계 중 굴착과 싣기를 같이 할 수 있는 기계가 아닌 것은?

① 백호
② 트랙터 셔블
③ 준설선(dredger)
④ 리퍼(ripper)

해설 · 백호 : 기계 위치보다 낮은 장소의 흙을 굴착하여 기계보다 높은 곳의 위치에 적재할 수 있다.
· 트랙터 셔블 : 트랙터의 전면에 버킷을 장치하여 이 버킷으로 굴착 및 적재를 동시에 할 수 있다.
· 준설선 : 선박 위에 각종 굴삭 기계를 장착하여 수중 구조물의 기초 터파기, 항만과 항구의 준설과 함께 적재에 사용되는 기계이다.
· 리퍼 : 불도저나 트랙터 위에 장치하는 날로 토공판으로 굴착하기 곤란하거나 발파도 곤란한 암석의 파쇄에 유용한 장비이다.

□□□ 기 92,93,98,99

03 벌개 작업에 가장 적합한 토공 기계는 다음 중 어느 것인가?

① 스크레이퍼, 트랙터 셔블
② 로드 롤러, 디퍼 셔블
③ 백호, 클램셀
④ 불도저, 레이크 도저

해설 · 벌개 작업 : 불도저, 레이크 도저
· 굴착·운반 : 스크레이퍼, 트랙터 셔블
· 굴착·싣기 : 백호, 클램셀

□□□ 기 07,19

04 토목 공사용 기계는 작업 종류에 따라 굴착, 운반, 부설, 다짐 및 정지 등으로 구분된다. 다음 중 운반용 기계가 아닌 것은?

① 탬퍼
② 불도저
③ 덤프트럭
④ 벨트 컨베이어

해설 탬퍼(tamper) : 전압판의 연속적인 충격으로 전압하는 기계로 갓길 및 소규모 도로 토공에 알맞다.

□□□ 기 92

05 건설 기계용 원동기로서 디젤 엔진을 많이 쓰는 이유에 대하여 다음 중 옳은 것은 어느 것인가?

① 소형 경량으로 하는 것이 가능하고 마력당의 중량이 적다.
② 연료 소비가 적고 연료의 단가가 싸므로 경제적이다.
③ 저속에 있어서 회전력이 크고 특히 기동 회전력(起動回轉力)이 크다.
④ 운전 경비는 높으나 취급이 쉽다.

해설 · 대형 고속 디젤 엔진이 많이 사용되고 있고 마력당의 엔진 중량이 크다.
· 회전력이 적으며 기동 회전력이 크지 않다.
· 운전 경비가 싸게 들어 경제적이다.

• 기계 경비

기계 경비
- 직접 공사비
  - 기계 손료
    - 상각비(구입 가격, 내용 년수)
    - 정비비
    - 관리비
  - 운전 경비
    - 노무비
    - 연료 유지비
    - 소모품, 부분품
- 간접 공사비
  - 수송 운전비
  - 조립 해체비
  - 기타 공통적인 기계에 관한 경비

• **기계 손료** : 감가 상각비, 정비비, 관리비

• **시간당 상각비** $= \dfrac{\text{구입 가격} - \text{잔존 가치}}{\text{경제적 내용 년수} \times \text{연간 표준 가동 시간}}$

□□□ 기 09,19
01 기계화 시공에 있어서 중장비의 비용 계산 중 기계 손료를 구성하는 요소가 아닌 것은?

① 관리비   ② 상각비
③ 인건비   ④ 정비비

해설 기계 손료 : 상각비, 정비비, 관리비

□□□ 기 00
02 건설 기계 구입 시 정액법에 의한 시간당 상각비는? (단, 구입 가격 : 21,600,000원, 연간 표준 가동 시간 : 2,000시간, 내용 년수 : 5년, 잔존가치 : 3,600,000원)

① 1,800원   ② 1,900원
③ 2,000원   ④ 2,100원

해설 시간당 상각비
$= \dfrac{\text{구입 가격} - \text{잔존 가치}}{\text{경제적 내용 년수} \times \text{연간 표준 가동 시간}}$
$= \dfrac{21,600,000 - 3,600,000}{5 \times 2,000} = 1,800$원

■ **트래피커빌리티(Trafficability)**
건설 기계의 주행성과 가능성을 표시하는 흙의 성질을 트래피커빌리티라 한다.
• 트래피커빌리티가 좋다는 것은 콘 지수의 값이 크다는 것이다.
• 콘 지수가 크면 흙의 강도가 크다.

■ **콘 지수와 운반 기계**

운반 기계	콘 지수(kg/cm^2)
습지 불도저	4 이하
중형 불도저	5 ~ 7
대형 불도저	7 ~ 10
견인식 스크레이퍼	7 ~ 10
자주식 스크레이퍼	10 ~ 13
덤프트럭	15 이상

■ **건설 기계의 규격 표시**

건설 기계	규 격
Bulldozer Roller	전 장비 중량(ton)
Shovel계 굴착기 Tractor shovel 준설선	버킷 용량(m^3)
Motor grader	토공판(Blade)의 길이(m)
Motor scraper	Bowl 용량(m^3)

□□□ 기 06
01 다음 설명 중에서 틀린 것은?

① 트래피커빌리티(Trafficability)는 도로의 교통량을 말한다.
② 트래피커빌리티가 좋다는 것은 콘 지수의 값이 크다는 것이다.
③ 자중이 큰 건설 기계는 콘 지수가 큰 지반에 이용할 수 있다.
④ 흙의 강도가 크면 콘 지수가 크다.

해설 • 건설 기계의 주행통과 가능성을 표시하는 흙의 성질을 트래피커빌리티라 한다.
• 트래피커빌리티가 좋다는 것은 콘 지수의 값이 크다는 것이다.
• 콘 지수가 크면 흙의 강도가 크다.

□□□ 기 00,08
02 다음 중 건설 기계의 주행성(Trafficability)을 표시하는데 사용되는 것은?

① 콘 지수   ② 콘시스턴시
③ 투수 계수   ④ N값

해설 • 시공 기계의 주행의 난이 정도를 트래피커빌리티라 한다.
• 트래피커빌리티를 판정하는 방법으로는 콘 지수(q_c)가 있다.

□□□ 기 99, 05

03 토목 공사에 있어서 기계 선정상의 중요한 조건인 Trafficability는 콘(cone) 지수에 의하여 표시하는데 다음 중 주행 가능한 cone 지수가 가장 큰 장비는?

① 중형 불도저
② 자주식 스크레이퍼
③ 견인식 스크레이퍼
④ 덤프트럭

해설 콘 지수와 토공 기계

시공 기계	콘 지수 (kg/cm²)	시공 기계	콘 지수 (kg/cm²)
중형 불도저	5 ~ 7	견인식 스크레이퍼	7 ~ 10
자주식 스크레이퍼	10 ~ 13	덤프트럭	15 이상

□□□ 기 92

04 다음 굴착 운반 기계 중 콘 지수가 적은 순으로 나열한 것은?

① 습지 불도저 – 견인식 스크레이퍼 – 자주식 스크레이퍼 – 덤프트럭
② 습지 불도저 – 자주식 스크레이퍼 – 견인식 스크레이퍼 – 덤프트럭
③ 자주식 스크레이퍼 – 견인식 스크레이퍼 – 습지 불도저 – 덤프트럭
④ 자주식 스크레이퍼 – 습지 불도저 – 견인식 스크레이퍼 – 덤프트럭

해설 콘 지수와 운반 기계

운반 기계	콘 지수
습지 불도저	$4 \, \text{kg/cm}^2$ 이하
견인식 스크레이퍼	$7 \sim 10 \, \text{kg/cm}^2$
자주식 스크레이퍼	$10 \sim 13 \, \text{kg/cm}^2$
덤프트럭	$15 \, \text{kg/cm}^2$ 이상

□□□ 기 12, 19

05 건설 기계 규격의 일반적인 표현 방법으로 옳은 것은?

① Bulldozer – 총 중량(ton)
② 트랙터 셔블 – 버킷 면적(m^2)
③ 모터 그레이더 – 최대 견인력(t)
④ 모터 스크레이퍼 – 중량(t)

해설 토공 기계의 작업 규격

건설 기계	작업 규격
불도저	총 장비 중량(ton)
트랙 셔블	버킷 용량(m^3)
모터 그레이더	토공판(Blade)의 길이(m)
모터 스크레이퍼	볼(Bowl) 용량(m^3)

□□□ 기 04

06 토공 기계에 대한 트래피커빌리티(trafficability)를 판단하는 데 가장 흔히 사용되는 시험은?

① 콘(cone) 관입 시험
② 마샬(Marshall) 안정도 시험
③ 소성 지수 시험
④ 액성 한계 시험

해설 · 시공 기계의 주행의 난이 정도를 트래피커빌리티라 한다.
· 트래피커빌리티를 판정하는 방법으로는 콘 지수(q_c)가 있다.

□□□ 기 85, 88, 03, 09

07 모터 그레이더(motor grader) 규격의 일반적인 표현 방법은?

① 총 장비의 중량(ton)
② Blade의 길이(m)
③ 버킷 용량(m^3)
④ 보울의 용량(m^3)

해설 모터 그레이더 : 토공판(Blade)의 길이(m)

□□□ 기 02, 04

08 불도저(Bull-Dozer)의 규격을 나타내는 가장 일반적인 방법은?

① 전 장비 중량
② 기관 출력
③ 견인력
④ 등판 능력

해설 불도저 : 총 장비 중량(ton)

□□□ 기 11

09 건설 기계의 규격의 호칭에 대한 설명으로 틀린 것은?

① 0.6m³ 백호(back hoe)는 버킷(bucket) 용량이 0.6m³의 백호를 말한다.
② 3.7m 모터 그레이더(motor grader)는 블레이드(blade)의 길이가 3.7m의 것이다.
③ 1.7m³의 트랙터 셔블(tractor shovel)이라 함은 버킷(bucket) 용량이 1.7m³의 것이다.
④ 27ton 불도저(bulldozer)라 함은 굴착·압출하는 토량이 27ton의 것을 말한다.

해설 27ton 불도저라 함은 총 장비 중량이 27ton의 것을 말한다.

■ 불도저의 종류

종 류	적 요
틸트 도저 (tilt dozer)	배토판의 좌우를 아래로 기울게 하여 도랑 파기 및 경사토 굴착에 유리하다.
스트레이트 도저 (straight dozer)	배토판을 직각 방향으로 장치하여 위쪽을 앞뒤로 기울게 할 수 있어 직선적인 굴착 및 수직 굴착 압토에 유리하다.
앵글 도저 (angle dozer)	배토판을 진행 방향에 따라 $20 \sim 30°$ 좌우로 기울어지게 이동하여 산등성이를 깎아 반대쪽으로 밀고 나갈 수 있다.
레이크 도저 (rake dozer)	배토판 대신에 레이크를 장착한 것으로 나무뿌리나 큰 돌 제거에 유리하다.
타이어 도저 (tire dozer)	사질토 지반, 제설(除雪) 작업 등 운반로가 좋은 곳과 고속 운행을 할 수 있는 운반 거리가 긴 현장에 유리하다.

- 리퍼 공법(Ripper Method)

  불도저 뒤에 날을 달아 유압으로 지반에 날을 박고 끌어당기면서 불도저를 전진시켜 암석을 굴착하는 공법

■ 불도저의 작업량

- 사이클 타임 $C_m = \dfrac{L}{V_1} + \dfrac{L}{V_2} + t$

- 사이클 타임 $C_m = 0.037L + 0.25$

- 작업량 $Q = \dfrac{60 \times q \times f \times E}{C_m}$

  여기서, L : 운반 거리　　q : 배토판의 용량(m^3)
  　　　　f : 토량 환산 계수　　E : 작업 효율
  　　　　C_m : 1회 cycle time(min)

- 합성 작업량 $Q = \dfrac{Q_1 \times Q_2}{Q_1 + Q_2}$

  여기서, Q_1 : 1시간당의 Ripper 작업량
  　　　　Q_2 : 1시간당의 Dozer 작업량

■ 접지압

- 접지압 : 지면에 주어지는 평균 압력

- 접지압 = $\dfrac{\text{전 장비 중량}}{\text{접지 면적(캐터필러 폭} \times \text{접지장} \times 2)}$

□□□ 기 05, 09

01 타이어 도저(Tire Dozer)의 장점에 대한 설명 중 틀린 것은?

① 함수비가 많은 점토질에 유리하다.
② 비교적 고속으로 운행할 수 있다.
③ 제설(除雪) 작업에 유리하다.
④ 운반 거리가 긴 곳에 유리하다.

해설 타이어 도저
- 사질토 지반, 제설(除雪) 작업 등 운반로가 좋은 곳에서 유리하다.
- 고속 운행을 할 수 있는 운반 거리가 긴 현장에 유리하다.

□□□ 기 89, 01, 05, 08, 21

02 작업 거리가 60m인 불도저 작업에 있어서 전진 속도 40m/min, 후진 속도 50m/min, 기어 조작 시간 15초일 때 사이클 타임은?

① 2.7min
② 2.95min
③ 17.7min
④ 19.35min

해설 사이클 타임

$$C_m = \frac{L}{V_1} + \frac{L}{V_2} + t$$
$$= \frac{60}{40} + \frac{60}{50} + \frac{15}{60} = 2.95\text{min}$$

□□□ 기 03, 08

03 불도저 뒤에 날을 달아 유압으로 지반에 날을 박고 끌어당기면서 불도저를 전진시켜 암석을 굴착하는 공법은 어느 것인가?

① 리퍼 공법
② 번컷
③ 스테밍 공법
④ OD 공법

해설 Ripper Method : 불도저 뒤에 날을 달아 유압으로 지반에 날을 박고 끌어당기면서 불도저를 전진시켜 암석을 굴착하는 공법

□□□ 기 88, 02, 04, 05, 07, 09, 13

04 5톤 용량의 불도저를 이용하여 절토한 흙을 20m 운반을 할 때, 주어진 조건을 이용하여 시공 능력(m^3/hr)을 구하면?

- 현장은 평지, 전진 속도 20m/min
- 후진 속도 80m/min　　· 기어 변속 시간 0.3min
- 배토판 용량 1.0m^3　　· 작업 효율 0.6
- 토량 환산 계수 0.8

① 14.6m^3/hr
② 16.6m^3/hr
③ 18.6m^3/hr
④ 20.6m^3/hr

해설 · 사이클 타임

$$C_m = \frac{L}{V_1} + \frac{L}{V_2} + t = \frac{20}{20} + \frac{20}{80} + 0.3 = 1.55\text{min}$$

· 작업량 $Q = \dfrac{60 \times q \times f \times E}{C_m} = \dfrac{60 \times 1.0 \times 0.8 \times 0.6}{1.55} = 18.6\text{m}^3/\text{hr}$

□□□ 기 98,00,06,08,21

05 1회 굴착 토량이 $3.2m^3$, 토량 환산 계수가 0.77, 불도저의 작업 효율 0.6, 사이클 타임 2.5분, 1일 작업 시간(불도저)을 7hr, 1개월에 22일 작업한다면 이 공사는 몇 개월 소요되겠는가? (단, 성토량은 $20,000m^3$이고 불도저 1대로 작업하는 경우)

① 약 3.5개월　　　　② 약 5.6개월

③ 약 3.7개월　　　　④ 약 6개월

해설 ・작업량 $Q = \dfrac{60 \times q \times f \times E}{C_m}$

$$= \dfrac{60 \times 3.2 \times 0.77 \times 0.6}{2.5} = 35.48\,(\mathrm{m^3/hr})$$

・공사 일수 $T = \dfrac{20,000}{35.48 \times 22 \times 7} = 3.66$ 개월 = 약 3.7개월

□□□ 기 05,12

06 불도저로 토공 작업을 하는 현장에서 다음과 같은 작업 조건일 때 불도저의 시간당 작업량을 본바닥 토량으로 계산하면?

- 흙의 평균 운반 거리 : 50m　・전진 속도 55m/분
- 후진 속도 : 70m/분　　　　・기어 변속 시간 : 15초
- 작업 효율 : 0.8　　　　　・1회의 압토량 : $2.3m^3$
- 토량의 변화율(L) : 1.1

① $125.5m^3/hr$　　　　② $97.2m^3/hr$

③ $64.9m^3/hr$　　　　④ $53.6m^3/hr$

해설 ・사이클 타임 $C_m = \dfrac{L}{V_1} + \dfrac{L}{V_2} + t$

$$= \dfrac{50}{55} + \dfrac{50}{70} + \dfrac{15}{60} = 1.873 \mathrm{min}$$

・작업량 $Q = \dfrac{60 \times q \times f \times E}{C_m}$

$$= \dfrac{60 \times 2.3 \times \frac{1}{1.1} \times 0.8}{1.873} = 53.6m^3/hr$$

□□□ 기 11,14,16,19,23

07 불도저로 압토와 리핑 작업을 동시에 실시한다. 각 작업 시의 작업량이 아래의 표와 같을 때 시간당 작업량은?

- 압토 작업만 할 때의 작업량　$Q_1 = 40m^3/h$
- 리핑 작업만 할 때의 작업량　$Q_2 = 60m^3/h$

① $24m^3/h$　　　　② $30m^3/h$

③ $34m^3/h$　　　　④ $50m^3/h$

해설 합성 작업량 $Q = \dfrac{Q_1 \times Q_2}{Q_1 + Q_2} = \dfrac{40 \times 60}{40 + 60} = 24m^3/h$

□□□ 기 99,00,07,09

08 불도저의 1시간당 작업량을 본바닥 토량으로 계산하면?

- 평균 굴착 압토 거리(L)=40m
- 전진 속도(V_1)=2.4km/h　・후진 속도(V_2)=6.0km/h
- 기어 변속 시간(t)=12sec　・1회의 굴착 압토량(q)=$2.3m^3$
- 토량 변화율(L)=1.15　　　・작업 효율(E)=80%

① $45m^3$　　　　② $48m^3$

③ $55m^3$　　　　④ $60m^3$

해설 ・전진 속도 $V_1 = \dfrac{2.4 \times 1,000}{60} = 40 \mathrm{m/min}$

・후진 속도 $V_2 = \dfrac{6.0 \times 1,000}{60} = 100 \mathrm{m/min}$

・$C_m = \dfrac{l}{V_1} + \dfrac{l}{V_2} + t = \dfrac{40}{40} + \dfrac{40}{100} + \dfrac{12}{60} = 1.6 \mathrm{min}$

・$Q = \dfrac{60 \times q \times f \times E}{C_m} = \dfrac{60 \times 2.3 \times \frac{1}{1.15} \times 0.8}{1.6} = 60m^3/hr$

□□□ 기 05,12,13,17

09 아래 표와 같은 조건에서의 불도저 운전 1시간당의 작업량(본바닥 토량)은?

- 1회 굴착 압토량(느슨한 토량) : $3.8m^3$
- 작업 효율 : 0.8　　　　・평균 굴착 압토 거리 : 60m
- 전진 속도 : 40m/분　　　・후진 속도 : 100m/분
- 기어 변환 시간 : 0.2분　　・토량 변화율(L) : 1.2

① $66.09m^3/h$　　　　② $73.26m^3/h$

③ $78.77m^3/h$　　　　④ $85.38m^3/h$

해설 ・사이클 타임

$$C_m = \dfrac{L}{V_1} + \dfrac{L}{V_2} + t = \dfrac{60}{40} + \dfrac{60}{100} + 0.2 = 2.3 \mathrm{min}$$

・작업량

$$Q = \dfrac{60 \times q \times f \times E}{C_m} = \dfrac{60 \times 3.8 \times \frac{1}{1.2} \times 0.8}{2.3} = 66.09m^3/h$$

□□□ 기 94,07,14,15,22

10 전 장비 중량 22t, 접지장 270cm, 캐터 필러 폭 55cm, 캐터필러의 중심 거리가 2m일 때 불도저의 접지압은 얼마인가?

① $0.37kg/cm^2$　　　　② $0.74kg/cm^2$

③ $1.11kg/cm^2$　　　　④ $2.96kg/cm^2$

해설 ・접지압 : 지면에 주어지는 평균 압력

・접지압 $= \dfrac{\text{전 장비 중량}}{\text{접지 면적(캐터필러 폭×접지장×2)}}$

$$= \dfrac{22,000}{55 \times 270 \times 2} = 0.74kg/cm^2$$

027　스크레이퍼

■ 스크레이퍼의 제원
- 스크레이퍼에는 피견인식 스크레이퍼와 자주식 motor scraper 가 있다.
- 스크레이퍼는 tractor에 견인되어 흙을 굴착, 적재, 운반, 깔기 의 작업을 일관되게 작업할 수 있다.
- 넓은 면적의 표면 굴착, 지표 끝손질, 절취, 성토, 굴착 및 운반 용에 사용된다.
- 자주식 모터 스크레이퍼는 굴착, 적재, 운반, 사토, 깔기, 다짐 의 6개 동작을 연속적으로 할 수 있다.
- 자주식 모터 스크레이퍼는 중거리의 대량 운반에 유효하며 콘 지수는 $10 \sim 13(\mathrm{kg/cm^2})$이다.
- 피견인식 scraper는 중단 거리의 흙 운반에 적당하며 콘 지수는 $7 \sim 10(\mathrm{kg/cm^2})$이다.
- 사이클 타임(C_m)은 분(min)이다.

■ 스크레이퍼 작업량
- 사이클 타임 $C_m = \dfrac{L}{V_1} + \dfrac{L}{V_2} + t$

- 작업량 $Q = \dfrac{60 \times q \times k \times f \times E}{C_m}$

　여기서, L : 주행 거리
　　　　　q : Bowl의 적재량($\mathrm{m^3}$)
　　　　　f : 토량 환산 계수
　　　　　k : Bowl 작업 계수
　　　　　E : 작업 효율
　　　　　C_m : 1회 cycle time(min)

01 다음과 같은 경우에 모터 스크레이퍼의 시간당 작업 토량은 얼마인가? (단, 1회의 운반 토량 $q = 12\mathrm{m^3}$, 토량 환산 계수 $f = 0.8$, 기계의 작업 효율 $E = 0.7$, 사이클 타임 C_m = 35분)

① $11.52\mathrm{m^3}$　　　　② $18.00\mathrm{m^3}$
③ $23.51\mathrm{m^3}$　　　　④ $3.92\mathrm{m^3}$

해설 작업량

$$Q = \frac{60 \times q \times f \times E}{C_m}$$

$$= \frac{60 \times 12 \times 0.8 \times 0.7}{35} = 11.52 \, \mathrm{m^3/hr}$$

028　셔블계

■ 백호(backhoe)
- 기계 위치보다 낮은 장소의 흙을 굴착하여 기계보다 높은 곳의 위치에 적재할 수 있다.
- 비탈면 끝손질, 옆도랑 파기, 기초 굴착에 이용되고, 수중 굴착도 가능하며 굴착력이 강하다.

■ 클램셸(clamshell)
- 지반 밑이 깊은 수직 굴착에 주로 사용된다.
- 우물통과 같은 협소한 장소의 깊은 굴착에 유리하다.
- 지하철 등의 개착 공사(Open cut work)에서 버팀보(strut) 등이 많을 때 유리하다.

■ 파워 셔블(powershovel)
　기계 위치보다 높은 지반이나 굳은 지반의 굴착에 적합

■ 드래그 라인(drag line)
　주로 하상 굴착이나 골재 채취에 사용되며 넓은 범위의 굴착이 가능

■ 셔블계의 작업량

$$Q = \frac{3,600 \times q \times k \times f \times E}{C_m}$$

　여기서, q : 버킷의 용량($\mathrm{m^3}$)　　E : 작업 효율
　　　　　f : 토량 환산 계수　　k : 버킷 계수
　　　　　C_m : 사이클 타임(sec)

01 Shovel계 굴삭기는 각종 부속 장치에 의하여 그 종별을 구분한다. 다음 중 Shovel계 굴삭기가 아닌 것은?

① Power Shovel　　　② Wheel Loader
③ Dragline　　　　　④ Clamshell

해설 셔블계의 종류
　· 백호　　　　　　· 클램셸(clamshell) 굴착기
　· 파워 셔블　　　　· 드래그 라인

02 다음 토공용 기계 중에서 굴착 기계가 아닌 것은?

① 백호　　　　　　② 드래그 라인
③ 클램셸　　　　　④ 모터 그레이더

해설 · 셔블계 굴착기 : 파워셔블, 백호, 클램셸, 드래그 라인
　· 모터 그레이더의 용도 : 운동장 및 광장의 정지 작업, 잔디 벗기기, 도로변의 끝마무리 작업에 유효하다.

2-38 2과목 · 건설시공 및 관리　　　　　정답 027 01 ① 028 01 ② 02 ④

□□□ 기 04,08,16,20
03 셔블계 굴삭기 가운데 수중 작업에 많이 쓰이며, 협소한 장소의 깊은 굴착에 가장 적합한 건설 기계는?

① 클램셸 ② 파워 셔블
③ 파일 드라이브 ④ 어스 드릴

해설 클램셸은 자갈의 채취나 하상 준설에 사용되고 구조물의 기초 우물통 내의 굴착 등에 적합하다.

□□□ 기 05,09
04 기계 위치보다 낮거나 높은 곳도 굴착이 가능하여 주로 넓은 범위의 굴착 시 사용되고 수로, 하상 굴착 또는 골재 채취에 이용되는 셔블계 굴착기는?

① 백호 ② 드래그 라인
③ 파워 셔블 ④ 클램셸

해설 ·백호 : 기계 위치보다 낮은 장소의 흙을 굴착하여 기계보다 높은 곳의 위치에 적재할 수 있다.
·파워 셔블 : 기계위치보다 높은 지반이나 굳은 지반의 굴착에 적합
·클램셸 : 구조물의 기초 및 우물통과 같은 협소한 장소의 깊은 굴착에 사용
·드래그 라인 : 주로 하상 굴착이나 골재 채취에 사용되며 넓은 범위의 굴착이 가능

□□□ 기 00,01,03,04,07,08
05 지하철 등의 개착 공사(open cut work)에서 버팀보(strut) 등이 많을 때 또는 우물통과 같은 협소한 장소의 깊은 굴착에 주로 이용되는 굴착 기계는?

① 백호(back hoe) ② 파워 셔블(power shovel)
③ 클램셸(clamshell) ④ 버킷 휠(bucket wheel)

해설 클램셸 굴착기
·지반 밑이 깊은 수직 굴착에 주로 사용된다.
·우물통과 같은 협소한 장소의 깊은 굴착에 유리하다.
·지하철 등의 개착 공사(Open cut work)에서 버팀보(strut) 등이 많을 때 유리하다.

□□□ 기 11
06 주로 기계의 지반보다 낮은 부분의 굴착에 사용하는 기계로서 도랑과 같은 좁은 장소의 굴착, 비탈면 절취, 끝손질, 기초 굴착 등에 사용되는 장비는?

① 트랙터 셔블 ② 파워 셔블
③ 클램셸 ④ 백호

해설 ·백호 : 기계 위치보다 낮은 장소의 흙을 굴착하여 기계보다 높은 곳의 위치에 적재할 수 있다.
·파워 셔블 : 기계 위치보다 높은 지반이나 굳은 지반의 굴착에 적합
·클램셸 : 구조물의 기초 및 우물통과 같은 협소한 장소의 깊은 굴착에 사용

□□□ 기 90,98
07 Shovel계 굴착기의 작업 능력 산정식으로 옳은 것은? (단, 여기서, q : 버킷의 부피(m³), E : 작업 효율, f : 토량 환산계수, K : 버킷 계수, C_m : 사이클 타임(sec))

① $\dfrac{3,600 \cdot q \cdot K \cdot f \cdot E}{C_m}$ ② $\dfrac{60 \cdot q \cdot f \cdot E}{C_m}$

③ $\dfrac{1,000 \cdot V \cdot W \cdot E}{N}$ ④ $V \cdot W \cdot t \cdot d \cdot E$

해설 셔블계 작업량 $Q = \dfrac{3,600 \times q \times K \times f \times E}{C_m}$

□□□ 기 04,08,12,15,16,17,21
08 아래의 작업 조건하에서 백호로 굴착 상차 작업을 하려고 할 때 시간당 작업량은 본바닥 토량으로 얼마인가?

·작업 효율 : 0.6	·버킷 용량 : 0.7m³
·C_m(사이클 타임) : 42초	·$L=1.25$, $C=0.9$
·버킷 계수 : 0.9	

① 40.5m³/h ② 29.2m³/h
③ 25.9m³/h ④ 23.3m³/h

해설 $Q = \dfrac{3,600 \times q \times k \times f \times E}{C_m}$

$= \dfrac{3,600 \times 0.7 \times 0.9 \times \dfrac{1}{1.25} \times 0.6}{42} = 25.92 \text{m}^3/\text{hr}$

□□□ 기 01,10,11,12
09 20,000m³의 본바닥을 버킷 용량 0.6m³의 백호를 이용하여 굴착할 때 아래 조건에 의한 공기를 구하면?

·버킷 계수 : 1.2	·효율 : 0.8
·사이클 타임 : 25초	·토량의 변화율(L) : 1.3
·토량의 변화율(C) : 0.9	·1일 작업 시간 : 8시간
·뒷정리 : 2일	

① 24일 ② 42일
③ 314일 ④ 186일

해설 · $Q = \dfrac{3,600 \cdot q \cdot K \cdot f \cdot E}{C_m}$

$= \dfrac{3,600 \times 0.6 \times 1.2 \times \dfrac{1}{1.3} \times 0.8}{25} = 63.8 \text{m}^3/\text{hr}$

·굴착 일수 = 굴착 일수+뒷정리 일수
$= \dfrac{20,000}{63.8 \times 8} + 2 = 41.18 = 42$일

10 0.7m^3의 백호 1대를 사용하여 $10,000\text{m}^3$의 기초 굴착을 시행할 때 굴착에 요하는 일수는? (단, 백호의 사이클 타임은 0.5min, dipper 계수는 0.9, 토량 환산율은 1.2, 작업 능률은 0.8, 1일의 운전 시간은 8시간이다.)

① 23일   ② 25일
③ 27일   ④ 29일

해설 ㆍ$Q = \dfrac{3,600 \times q \times K \times f \times E}{C_m}$

$$= \dfrac{3,600 \times 0.7 \times 0.9 \times \dfrac{1}{1.2} \times 0.8}{0.5 \times 60} = 50.4\text{m}^3/\text{hr}$$

ㆍ굴착 일수 $= \dfrac{10,000}{50.4 \times 8} = 24.8 = 25$일

11 디퍼(dipper) 용량이 0.8m^3일 때 파워 셔블(power shovel)의 1일 작업량을 구하면? (단, shovel cycle time : 30 sec, dipper 계수 : 1.0, 흙의 토량 변화율 (L)=1.25, 작업 효율 : 0.6, 1일 운전 시간 : 8시간)

① $286.64\text{m}^3/\text{day}$ ② $324.52\text{m}^3/\text{day}$
③ $368.64\text{m}^3/\text{day}$ ④ $452.50\text{m}^3/\text{day}$

해설 $Q = \dfrac{3,600 \cdot q \cdot K \cdot f \cdot E}{C_m}$

$$= \dfrac{3,600 \times 0.8 \times 1.0 \times \dfrac{1}{1.25} \times 0.6}{30} = 46.08\text{m}^3/\text{hr}$$

$\therefore Q = 46.08 \times 8(\text{hr}) = 368.64\text{m}^3/\text{day}$

12 점성토에서 발생하는 히빙의 방지 대책으로 틀린 것은?

① 널말뚝의 근입 깊이를 짧게 한다.
② 표토를 제거하거나 배면의 배수 처리로 하중을 작게 한다.
③ 연약 지반을 개량한다.
④ 부분 굴착 및 트렌치 컷 공법을 적용한다.

해설 널말뚝의 근입 깊이를 깊게 한다.

029 　덤프트럭

- 작업량 $Q = \dfrac{60\,q_t \times f \times E}{C_m}$

- 적재량 $q_t = \dfrac{T}{\gamma_t} \times L$

- 적재 횟수 $n = \dfrac{q_t}{q \times K}$

  여기서, q_t : 흐트러진 상태의 1회 적재량
  　　　　f : 토량 환산 계수
  　　　　T : 덤프트럭의 적재량(t)
  　　　　E : 작업 효율
  　　　　γ_t : 자연 상태의 흙의 단위 중량
  　　　　L : 토량 계수
  　　　　k : 적재 기계의 디퍼 계수
  　　　　q : 적재 기계의 디퍼 용량

- 운반 횟수 $N = \dfrac{T}{2 \times \dfrac{L}{V} + t}$

  여기서, T : 1일 작업 가능 시간(분)
  　　　　L : 운반 거리
  　　　　t : 적재·하역시간

- 여유 대수 $N = \dfrac{T_1}{T_2} + 1$

  여기서, T_1 : 왕복과 사토에 요하는 시간
  　　　　T_2 : 싣기를 완료하고 출발할 때까지의 시간

□□□ 기 83,92

01 T를 작업 가능 시간(분), V를 차량 속도(km/min), L을 운반 거리, t를 적재, 하역 시간(분)이라고 하면 이 덤프트럭(dump truck)의 하루 운반 가능 횟수는 얼마인가?

① $N = \dfrac{T}{2 \times \dfrac{L}{V} + t}$ 　　② $N = \dfrac{T}{L \times L + t}$

③ $N = \dfrac{T+t}{2 \times L \times V}$ 　　④ $N = \dfrac{T+t}{L \times V}$

해설　· 사이클 타임$(C_m) = \dfrac{운반\ 거리(L)}{차량\ 속도(V)} \times 2 + 적재 \cdot 하역\ 시간(t)$

　· 운반 가능 횟수$(N) = \dfrac{작업\ 가능\ 시간(T)}{사이클\ 타임(C_m)}$

　∴ 운반 횟수 $N = \dfrac{T}{2 \times \dfrac{L}{V} + t}$

□□□ 기 10,12,13

02 운반 토량 900m³를 5m³ 덤프트럭으로 운반하려고 한다. 트럭의 평균 속도는 8km/h이고, 상차 시간이 5분, 하차 시간이 5분일 때 하루에 전량을 운반하려면 몇 대의 트럭이 소요되는가? (단, 1일 작업 시간 8시간, 토사장까지의 거리는 2km)

① 8대　　② 10대　　③ 13대　　④ 15대

해설　· 운반 횟수 $N = \dfrac{T}{2 \times \dfrac{L}{V} + t} = \dfrac{8 \times 60}{2 \times \dfrac{2}{8} \times 60 + 5 + 5} = 12$회/hr

　· 1대의 트럭 운반량 $= 12 \times 5 = 60\ m^3$

　∴ 트럭 대수 $= \dfrac{900}{60} = 15$ 대

□□□ 기 05,14

03 10,000m³(자연 상태)의 사질토를 4m³의 덤프트럭으로 운반하려고 한다. 필요한 트럭의 대수는? (단, 사질토의 토량 변화율 $L = 1.25$, $C = 0.88$)

① 3,125대　　　　② 2,200대
③ 2,841대　　　　④ 2,000대

해설　$L = \dfrac{느슨한\ 토량}{본바닥\ 토량(자연\ 상태\ 토량)}$

　∴ 느슨한 토량 $= 1.25 \times 10,000 = 12,500m^3$
　　트럭 대수 $= 12,500 \div 4 = 3,125$ 대

□□□ 기 07

04 흐트러진 상태의 L = 1.35, 단위 중량 = 1.8/m³인 토사를 8ton 덤프트럭으로 운반하고자 할 때, 이 덤프트럭 1대에 1회 적재 가능량(m³)은?

① 6.00　　　　　② 6.55
③ 7.00　　　　　④ 7.55

해설　흐트러진 상태의 1회 적재량

　$q_t = \dfrac{T}{\gamma_t} \times L = \dfrac{8}{1.8} \times 1.35 = 6.00m^3$

□□□ 기 88,05,11,13,15

05 8ton의 덤프트럭에 1.2m³의 버킷을 갖는 백호로 흙을 적재하고자 한다. 흙의 단위 중량이 1.7t/m³이고 토량 변화율(L)은 1.3이고 버킷 계수가 0.9일 때 트럭 1대당 백호 적재 횟수는?

① 5회　　② 6회　　③ 7회　　④ 8회

해설　적재량 $q_t = \dfrac{T}{\gamma_t} \times L = \dfrac{8}{1.70} \times 1.3 = 6.12m^3$

　∴ 적재 횟수 $N = \dfrac{q_t}{q \times K} = \dfrac{6.12}{1.2 \times 0.9} = 5.7 = 6$회

□□□ 기 08,16,22

06 원지반의 토량 500m³를 덤프트럭(5m³ 적재) 2대로 운반하면 운반 소요 일수는? (단, L=1.20이고, 1대 1일당 운반 횟수 5회)

① 12일　　② 14일　　③ 16일　　④ 18일

해설 · 운반 토량 = 자연 상태 토량 $\times L = 500 \times 1.20 = 600\text{m}^3$

· 운반 일수 $= \dfrac{600}{5(\text{m}^3) \times 2(\text{대}) \times 5(\text{회})} = 12$일

□□□ 기 01,04,05,07,08,09,19

07 본바닥의 토량 500m³를 공사 기일상 6일 동안에 걸쳐 성토장까지 운반하고자 한다. 이때 필요한 덤프트럭은 몇 대인가? (단, 토량 변화율 $L=1.20$, 1대 1일당의 운반 횟수는 5회, 덤프트럭의 적재 용량은 5m³으로 한다.)

① 1대　　　　　　② 4대
③ 6대　　　　　　④ 8대

해설 운반 토량 = 자연 상태 토량 $\times L = 500 \times 1.20 = 600\text{m}^3$

∴ 트럭 대수 $N = \dfrac{\text{운반 토량}}{\text{적재량}} = \dfrac{600}{6\text{일} \times 5\text{회} \times 5\text{m}^3} = 4$대

□□□ 기 06

08 덤프트럭이 셔블 위치에서 짐을 싣고 사토장까지의 왕복 소요 시간이 20분이고 셔블로 싣는 시간은 한 대에 5분이 소요될 때 연속 작업에 필요한 덤프트럭의 소요 대수는?

① 3대　　　　　　② 5대
③ 7대　　　　　　④ 9대

해설 소유 대수 $N = \dfrac{T_1}{T_2} + 1 = \dfrac{20}{5} + 1 = 5$대

□□□ 기 01,10

09 그림의 토적 곡선에서 c-d 구간 내의 절토 토량 운반 시 15t 덤프트럭 3대로 시간당 각각 2회씩 운반할 때 총 운반 소요 시간을 구하시오. (덤프 효율 = 1.0, $\gamma_t = 1.8\text{t/m}^3$, $L = 1.0$이다.)

① 5시간
② 8시간
③ 10시간
④ 13시간

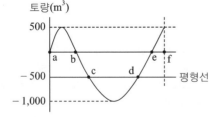

해설 · 덤프트럭의 운반량 $\dfrac{T}{\gamma_t} \times L = \dfrac{15}{1.8} \times 1 = 8.33\text{m}^3$

· 덤프 3대의 1시간 운반량 $= 8.88 \times 3 \times 2 = 49.98\text{m}^3$

∴ 총 운반 소요 시간 $= \dfrac{1,000 - 500}{49.98} = 10$시간

□□□ 기 15

10 운반토량 1,200m³을 용적이 8m³인 덤프 트럭으로 운반하려고 한다. 트럭의 평균속도는 10km/h이고, 상하차 시간이 각각 4분일 때 하루에 전량을 운반하려면 몇 대의 트럭이 필요한가? (단, 1일 덤프 트럭 가동시간은 8시간이며, 토사장까지의 거리는 2km이다.)

① 10대　　　　　　② 13대
③ 15대　　　　　　④ 18대

해설 1일 소요 대수

$M = \dfrac{\text{총 운반량}}{\text{트럭의 용적}(q_t) \times \text{트럭의 1일 운반회수}(N) \times \text{일수}}$

· $N = \dfrac{1일\ 작업\ 시간}{1회\ 왕복\ 소요시간} = \dfrac{T}{\dfrac{60 \cdot L}{V} \times 2 + t}$

$= \dfrac{8 \times 60}{\dfrac{60 \times 2}{10} \times 2 + 4 \times 2} = 15$회 $(\because$ 상하차 각각 4분$)$

∴ $M = \dfrac{1200}{8 \times 15 \times 1} = 10$대

□□□ 기 14,17

11 15t 덤프트럭으로 토사를 운반하고자 한다. 적재장비로 버킷용량이 2.5m³인 백호를 사용하는 경우 트럭 1대를 적재하는데 소요되는 시간은? (단, 흙의 단위중량은 1.5t/m³, $L = 1.25$, 버킷계수 $K = 0.85$, 백호의 사이클타임 = 25sec, 작업효율 $E = 0.75$이다.)

① 3.33min　　　　　② 3.89min
③ 4.37min　　　　　④ 4.82min

해설 · $q_t = \dfrac{T}{\gamma_t} \times L = \dfrac{15}{1.5} \times 1.25 = 12.5\text{m}^3$

· 적재회수 $n = \dfrac{q_t}{q \times K} = \dfrac{12.5}{2.5 \times 0.85} = 6$회

∴ 적재시간 $= \dfrac{C_{ms} \times n}{60 \times E_s} = \dfrac{25 \times 6}{60 \times 0.75} = 3.33\text{min}$

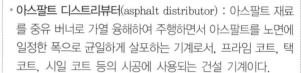

030 기타 건설 기계

- **트렌처(trencher)** : 수개의 연속된 버킷이 장치된 굴착 기계로서 수도관, 하수관, 도랑을 파면서 전진하는 편리한 토공 기계이다.
- **Skimmer scoup** : 대형 기계로 회전대에 달린 Boom을 사용하여 버킷을 체인의 힘으로 전후 이동시켜서 작업이 곤란한 장소 또는 좁은 곳의 얕은 굴착을 할 경우 적당한 기계이다.
- **스태빌라이저** : 굴착 작업에 관계없이 노상, 노반의 안정 처리나 함수비 조절을 위하여 석회, 시멘트, 아스팔트 등을 흙 또는 골재에 혼합하기 위해 교반용으로 사용되는 기계이다.

□□□ 기 03

01 다음 기계 중 가스관, 수도관, 암거를 묻기 위해서 파는 기계로 가장 알맞은 것은?

① back hoe　　　② bucket 굴착기
③ trencher　　　④ ripper

해설 트렌처(trencher) : 수개의 연속된 버킷이 장치된 굴착 기계로서 수도관, 하수관, 도랑을 파는 데 편리한 토공기계이다.

□□□ 기 02,17

02 대형 기계로 회전대에 달린 Boom을 사용하여 버킷을 체인의 힘으로 전후 이동시켜서 작업이 곤란한 장소 또는 좁은 곳의 얕은 굴착을 할 경우 적당한 장비는?

① 트랙터 셔블　　　② 리사이클 플랜트
③ 벨트 콘베어　　　④ 스키머 스코우프

해설 Skimmer scoup : 대형 기계로 작업이 곤란한 좁은 곳의 얕은 굴착에 이용된다.

□□□ 기 03,11,15

03 함수비 조절과 재료 혼합을 위하여 사용되는 기계는?

① 스크래퍼(Scraper)　　　② 스태빌라이저(Stabilizer)
③ 콤팩터(Compactor)　　　④ 불도저(Bulldozer)

해설 스태빌라이저 : 굴착 작업에 관계없이 함수비 조절을 위하여 석회, 시멘트, 아스팔트 등을 흙, 골재에 혼합하기 위해 교반용으로 사용되는 기계이다.

031 아스팔트 포장 기계

- **아스팔트 디스트리뷰터(asphalt distributor)** : 아스팔트 재료를 중유 버너로 가열 융해하여 주행하면서 아스팔트를 노면에 일정한 폭으로 균일하게 살포하는 기계로서, 프라임 코트, 택 코트, 시일 코트 등의 시공에 사용되는 건설 기계이다.
- **아스팔트 스프레이어** : 가열 아스팔트 혼합물을 수동으로 살포하는 기계이다.
- **아스팔트 믹싱 플랜트** : 골재와 아스팔트를 공급하고 가열, 혼합하여 운반 차량에 상치하는 기계이다.
- **아스팔트 피니셔(asphalt finisher)** : 아스팔트 혼합물을 노반 위에 소정의 포장 두께로 마무리 작업을 하는 기계이다.

□□□ 기 09

01 아스팔트 포장선에 노반과 혼합물의 결합을 좋게 하기 위하여 가열된 역청재를 펌프의 스프레이어로 노면에 살포하면서 주행하는 기계로서, 프라임 코트, 택 코트, 시일 코트 등의 시공에 사용되는 건설 기계는?

① 아스팔트 펌퍼
② 아스팔트 믹싱 플랜트
③ 아스팔트 디스트리뷰터
④ 아스팔트 피니셔

해설
- 아스팔트 디스트리뷰터 : 아스팔트 포장을 하기 전에 노반과 혼합물의 결합력을 좋게 하기 위해 분사 장치로 아스팔트 노반에 균일하게 살포하는 기계로서, 프라임 코트, 택 코트, 시일 코트 등의 시공에 사용된다.
- 아스팔트 믹싱 플랜트 : 골재와 아스팔트를 공급하고 가열, 혼합하여 운반 차량에 상치하는 기계이다.
- 아스팔트 피니셔(asphalt finisher) : 아스팔트 혼합물을 노반 위에 소정의 포장 두께로 마무리 작업을 하는 기계이다.

■ 다짐 기계의 분류

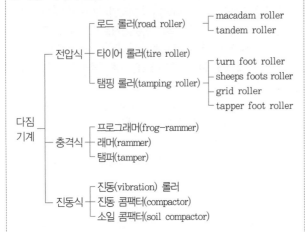

■ 다짐 기계의 용도

• **탠덤 롤러** : 머캐덤 다짐 후 끝손질 다짐 또는 아스팔트 포장의 완성 다짐에 가장 유효하다.
• **머캐덤 롤러** : 2륜, 3륜 형식으로 자갈 쇄석의 포장 기층의 다짐에 효과적이다.
• **타이어 롤러** : 사질토, 소성이 낮은 흙에 유효하다.
• **탬핑 롤러** : 제방이나 흙 댐의 시공에서 성토 다짐할 경우 함수비(含水比) 조절을 위하여 고함수비의 점성토 지반에 유효하다.
• **진동 롤러** : 소형이고 자중이 가벼운 대신에 진동에 의한 다짐 효과는 점성토에는 적고 모래, 사질토에는 크므로 많이 사용한다.

■ 다짐 기계의 작업 능력

• 1시간당 다짐 토량 $Q = \dfrac{1,000 \times V \times W \times H \times f \times E}{N}$

• 1시간당 다짐 면적 $A = \dfrac{1,000 \times V \times W \times f \times E}{N}$

단, N : 다짐 횟수
V : 작업 속도(km/hr)
W : 1회의 유효 다짐폭(m)
H : 1층의 깔기 두께(m)
f : 토량 환산 계수
E : 다짐 기계의 효율

□□□ 기 01,09
01 다음 중 탬핑 롤러(tamping roller)의 종류가 아닌 것은?

① tapper foot roller　　② sheeps foot roller
③ grid roller　　　　　④ tandem roller

해설 탬핑 롤러 : tapper foot roller, sheeps foot roller, grid roller, turn foot roller

□□□ 기 06
02 다음 토공 기계에 대한 설명 중 부적합한 것은?

① Tilt dozer는 전면에 달린 배토판을 좌하·우하로 기울어지게 하여 작업하는 것으로 경사면 굴착에 용이하다.
② 구조물의 기초 및 우물통과 같은 협소한 장소의 깊은 굴착에는 클램셸이 적합하다.
③ 성토의 비탈면 다짐 기계 중 사질토에서는 피견인식 탬핑 롤러가 적합하며, 점성토에서는 피견인식 진동 롤러가 적합하다.
④ 연약한 습지의 굴착이나 압토에는 습지용 도저가 적합하다.

해설 성토의 비탈면 다짐 기계 중 피견인식 진동 롤러는 자갈질토, 사질토의 다짐에 적합하며, 피견인식 탬핑 롤러는 점성토에 적합하다.

□□□ 기 00,07,09
03 아스팔트 포장의 끝손질 다짐(완성 전압)에 가장 적합한 롤러(Roller)는?

① 탠덤 롤러(Tandem Roller)
② 머캐덤 롤러(Macadam Roller)
③ 타이어 롤러(Tire Roller)
④ 탬핑 롤러(Tamping Roller)

해설 • 탠덤 롤러 : 머캐덤 다짐 후 끝손질 다짐 또는 아스팔트 포장의 완성 다짐에 가장 유효하다.
• 머캐덤 롤러 : 쇄석기층 및 자갈층 다짐에 유효하다.
• 타이어 롤러 : 사질토, 소성이 낮은 흙에 유효하다.
• 탬핑 롤러 : 제방이나 흙 댐의 시공에서 성토 다짐할 경우 함수비(含水比) 조절을 위하여 고함수비의 점성토 지반에 유효하다.

□□□ 기 85,02,08
04 Tandem Roller의 다짐 작업에 가장 적합한 것은 다음 중 어느 것인가?

① 아스팔트 포장의 마무리　② 함수비가 많은 성토부
③ 쇄석　　　　　　　　　　④ 사질토

해설 탠덤 롤러 : 머캐덤 다짐 후 끝손질 다짐 또는 아스팔트 포장의 완성 다짐에 가장 유효하다.

□□□ 기 04
05 아스팔트 콘크리트 기층의 다짐과 관계가 없는 장비는?

① 머캐덤 롤러　　　　　② 탠덤 롤러
③ 타이어 롤러　　　　　④ 양족식 롤러

해설 • 탠덤 롤러 : 머캐덤 다짐 후 끝손질 다짐 또는 아스팔트 포장의 완성 다짐에 가장 유효하다.
• 머캐덤 롤러 : 쇄석기층 및 자갈층 다짐에 유효하다.
• 타이어 롤러 : 사질토, 소성이 낮은 흙에 유효하다.
• 양족식 롤러 : 고함수비 지반의 다짐에 적합하다.

□□□ 기 00,02,04,08,10,12,15,22
06 함수비가 큰 점질토의 다짐에 적합한 다짐 기계는?

① 로드 롤러(Road Roller)
② 진동 롤러(Vibro roller)
③ 탬핑 롤러(Tamping Roller)
④ 타이어 롤러(Tire Roller)

해설 ·로드 롤러(Road roller) : macadam, tandem roller
·타이어 롤러 : 사질토, 모래질, 잡석 흙에 유효하다.
·진동 롤러(Vibro roller) : 다짐 차륜을 진동시켜 사질토나 자갈질 토에 유효하다.
·탬핑 롤러 : 제방이나 흙 댐의 시공에서 성토 다짐할 경우 함수비 조절을 위하여 고함수비의 점성토 지반에 유효하다.

□□□ 기 04,11,18 산 89
07 보통 상태의 점성토를 다짐하는 기계로서 다음 중 가장 부적합한 것은 어느 것인가?

① Tamping roller
② Tire roller
③ Grid roller
④ 진동 roller

해설 ·타이어 롤러 : 사질토, 사질 점성토, 소성이 낮은 흙에 유효하다.
·진동 롤러(Vibro roller) : 다짐 차륜을 진동시켜 사질토나 모래질에 유효하다.
·탬핑 롤러 : 고함수비의 점성토 지반에 유효하다.
·그리드 롤러 : 성토 표면의 다짐에 유효하다.

□□□ 기 06
08 다음 다짐 기계 중에서 모래질 흙을 다지는 데 가장 알맞은 것은?

① 불도저
② 탠덤 롤러
③ 진동 롤러
④ 쉽스 풋 롤러

해설 ·진동 롤러(vibro roller) : 다짐 차륜을 진동시켜 사질토나 모래질에 유효하다.
·쉽스 풋 롤러(sheeps foot roller) : 고함수비 점질토의 깊숙이 흙을 다지고 이완시키는 데 효과적이다.
·탠덤 롤러 : 머캐덤 다짐 후 끝손질 다짐 또는 아스팔트 포장의 완성 다짐에 가장 유효하다.

□□□ 기 02,07,11,14,16,18,21
09 로드 롤러를 사용하여 전압 횟수 4회, 전압 포설 두께 0.2m, 유효 전압폭 2.5m, 전압 작업 속도를 3km/h로 할 때 시간당 작업량을 구하면? (단, 토량 환산 계수는 1, 롤러의 효율은 0.8을 적용한다.)

① 300m³/h
② 251m³/h
③ 200m³/h
④ 151m³/h

해설 $Q = \dfrac{1,000 \times V \times W \times H \times f \times E}{N}$
$= \dfrac{1,000 \times 3 \times 2.5 \times 0.2 \times 1 \times 0.8}{4} = 300\text{m}^3/\text{hr}$

□□□ 기 15
10 다짐 장비는 다짐의 원리를 이용한 것이다. 다짐기계의 다짐방법의 분류에 속하지 않는 것은?

① 진동식 다짐
② 전압식 다짐
③ 충격식 다짐
④ 인장식 다짐

해설 다짐 방법의 분류 : 전압식 다짐, 진동식 다짐, 충격식 다짐

□□□ 기 12,15,17
11 다짐유효 깊이가 크고 흙덩어리를 분쇄하여 토립자를 이동 혼합하는 효과가 있어 함수비 조절 및 함수비가 높은 점토질의 다짐에 유리한 다짐기계는?

① 탬핑롤러
② 진동롤러
③ 타이어롤러
④ 머캐덤롤러

해설 탬핑 롤러 : 다짐 유효 깊이가 크고 함수비의 조절도 되고 함수비가 높은 점질토의 다짐에 대단히 유효하다.

■ **펌프 준설선(Pump dredger)**
• 준설과 매립을 동시에 신속히 할 수 있다.
• 토량이 많고 연한 토질에 적합한 준설선이다.
• 준설 능력이 크고 공사비도 싸서 대량 준설에 적합하다.

■ **디퍼 준설선(Dipper dredger)**
• 굴착력이 강해 그래브 준설선과 버킷 준설선으로 굴착할 수 없는 암석, 굳은 토질, 파쇄암 등의 준설에 적합하다.
• 파워 셔블을 정착하여 압축 강도 $150 \sim 250 kg/cm^2$의 사암이나 혈암 등을 수중에서 굴착이 가능하다.
• 연한 토질에는 능력이 떨어지고 단가가 비싸다.

■ **버킷 준설선(Bucket dredger)**
• 수저를 평탄하게 다듬질할 수가 있다.
• 준설 능력이 커서 준설 단가가 비교적 싸다.
• 점토부터 연암까지 비교적 광범위한 토질에 적합하다.
• 암석이나 단단한 토질에는 부적당하다.

■ **그래브 준설선(Grab bucket dredger)**
• 다른 준설선에 비하여 준설 깊이에 제한을 받지 않는다.
• 준설 깊이가 크고, 협소한 장소의 기초 굴착, 소규모 준설에 적합하다.
• 굳은 토질에 부적당하며 준설 단가가 비교적 저렴하지만 수저를 평평하게 할 수 없다.

□□□ 기 03,10
01 다음 건설 기계 중 준설과 매립을 동시에 할 수 있는 준설선은?

① Dipper dredger   ② Bucket dredger
③ Grab bucket dredger   ④ Pump dredger

해설 펌프 준설선 : 비교적 연약 토질에서 준설과 매립을 동시에 신속하게 시공할 수 있는 준설선

□□□ 기 10,20
02 준설 능력이 크고 대규모 공사에 적합하여 비교적 넓은 면적의 토질 준설에 알맞고 선(船)형에 따라 경질토 준설도 가능한 준설선은?

① 그래브 준설선   ② 디퍼 준설선
③ 버킷 준설선   ④ 펌프 준설선

해설 Bucket dredger의 특징
• 수저를 평탄하게 다듬질할 수가 있다.
• 준설 능력이 크며, 비교적 대규모의 공사에 적합하다.
• 점토부터 연암까지 비교적 광범위한 토질에 적합하다.
• 암석이나 단단한 토질에는 부적당하다.

□□□ 기 11,16
03 아래의 표에서 설명하는 준설선은?

> 준설 능력이 크므로 비교적 대규모 준설 현장에 적합하며 경질토의 준설이 가능하고, 다른 준설선보다 비교적 준설 면을 평탄하게 시공할 수 있다.

① 버킷 준설선   ② 디퍼 준설선
③ 쇄암선   ④ 그래브 준설선

해설 버킷 준설선 : 준설 능력이 크고 대규모 공사에 적합하여 비교적 넓은 면적의 토질 준설에 알맞고 선(船)형에 따라 경질토 준설도 가능한 준설선

□□□ 기 91,00,05,08,19
04 다음 각종 준설선의 특징 중 틀린 것은?

① 그래브 준설선은 버킷으로 해저의 토사를 굴삭하여 적재하고 운반하는 준설선을 말한다.
② 디퍼 준설선은 파쇄된 암석이나 발파된 암석의 준설에는 부적당하다.
③ 펌프 준설선은 사질 해저의 대량 준설과 매립을 동시에 시행할 수 있다.
④ 쇄암선은 해저의 암반을 파쇄하는 데 사용한다.

해설 디퍼 준설선은 굴착력이 강해 그래브 준설선과 버킷 준설선으로 굴착할 수 없는 암석, 굳은 토질, 파쇄암 등의 준설에 적합하지만 연한 토질에는 능력이 떨어지고 단가가 비싸다.

□□□ 기 11
05 그래브 준설선에 대한 설명으로 틀린 것은?

① 단단한 지반의 준설에는 부적당하다.
② 규모가 큰 준설 작업에 적합하다.
③ 준설 깊이를 조절할 수 있다.
④ 기계가 비교적 간단하다.

해설 그래브 준설선의 특징
• 다른 준설선에 비하여 준설 깊이에 제한을 받지 않는다.
• 준설 깊이가 크고, 협소한 장소의 기초 굴착, 소규모 준설에 적합하다.
• 굳은 토질에 부적당하며 준설 단가가 비교적 저렴하고 수저를 평평하게 할 수 없다.

034 터널의 지질

■ 터널의 지질
- **습곡(fold)** : 지각에 작용하는 횡압력으로 생긴 세로 방향의 지층 주름으로 이 부분의 지질은 복잡하고 불안정하다.
- **단층(fault)** : 지각 변동으로 지층이 끊어져 어긋난 것으로 대부분 파쇄대로 되어 있어 지하수 누출이나 낙반 사고가 발생한다.
- **애추(talus cone)** : 풍화 작용으로 경사진 산기슭에 바위 부스러기가 쌓여 퇴적한 곳으로 몹시 불안정한 지층이다.
- **단구(段丘)**
  - 흙, 모래가 하천과 바다에서 지층을 이루면서 쌓인 것으로 단구라 한다.
  - 단구를 터널에 설치하면 굴착이 곤란하거나 용수로 터널 공사가 곤란하므로 주의해야 한다.
- **터널의 이상 지압**

이상 지압	원 인
편압	터널의 피복이 얕거나 지형이 급경사인 경우에 발생하는 것으로 압성토, 보호 절취, 갱구 부근에 라이닝 콘크리트에 사용
본바닥의 팽창	지질이 벤토나이트 연암, 사문암 등인 경우 급속하게 풍화되어 생긴다.
잠재 응력의 해방	지압이 과대하고 터널 내부 응력이 적은 경우에 터널 내벽의 경암이 돌연 압출되어 붕괴되는 현상

■ 지질 조사
- **답사** : 주로 노두의 관찰에 의하여 필요한 자료를 얻는 방법이다.
- **탄성파 탐사**
- **전기 탐사**
- **보링 조사** : 보링에 의하여 채취한 코어의 관찰, 물리적 시험 성과 등을 종합하여 본바닥의 성질 및 지질 구조를 가장 정확하게 조사한다.

■ 터널의 단면 형상
- **직벽식 반원형 단면** : 터널의 지질이 양호할 때 많이 쓰이는 단면으로 시공에 편리하고 경제적이다(그림 a).
- **3심원, 5심원 마제형 단면** : 직벽식 단면보다 연암이고 지질이 다소 불량하면 마제형이 가장 적합하고 경제적이며, 터널의 대부분이 마제형 단면이다(그림 b). 특히 지질이 불량한 곳에는 인버트 아치를 설치하여 폐합 단면이나 원형 단면 등 토압에 강하게 저항할 수 있는 단면으로 한다(그림 c).
- **원형 단면** : 지질이 아주 불량하고 대단히 큰 토압이 작용하는 터널에는 원형 단면을 채택한다(그림 d).

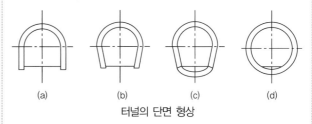

(a)　(b)　(c)　(d)

터널의 단면 형상

□□□ 기 02,06

01 하천이나 해안에 연하여 암반 위에 두껍게 잡석층이 퇴적되어 있는 곳에 터널을 설치하면 굴착이 곤란하거나 용수 때문에 시공이 어렵게 된다. 이와 같은 지질 구조를 무엇이라 하는가?

① 습곡
② 단층
③ 단구
④ 애추

해설　• 습곡 : 지각에 작용하는 횡압력으로 생긴 세로 방향의 지층 주름으로 이 부분의 지질은 복잡하고 불안정하다.
　• 단층 : 지각 변동으로 지층이 끊어져 어긋난 것으로 대부분 파쇄대로 되어 있어 지하수 누출이나 낙반 사고가 발생한다.
　• 애추 : 풍화 작용으로 경사진 산기슭에 바위 부스러기가 쌓여 퇴적한 곳으로 몹시 불안정한 지층이다.
　• 단구 : 흙, 모래가 하천과 바다에서 지층을 이루면서 쌓인 것으로 단구라 한다.

□□□ 산 02

02 터널의 지질이 연암이고 다소 불량할 때 터널 단면형은 어떤 모양이 가장 적당한가?

① 원형 단면(圓形斷面)
② 구형 단면(矩形斷面)
③ 마제형 단면(馬蹄形斷面)
④ 직벽식 반원형 단면(直碧式 半圓形)

해설

구 분	적 용
마제형 단면	연암이고 지질이 다소 불량한 곳
구형 단면	암거 등에 사용
원형 단면	지질이 특히 불량한 곳
직벽식 반원형 단면	터널 지질이 양호할 때

03 터널의 계획, 설계, 시공 시 본바닥의 성질 및 지질 구조를 가장 정확하게 알기 위한 조사 방법은?

① 물리적 탐사
② 탄성파 탐사
③ 전기 탐사
④ 보링(Boring)

해설 보링 조사 : 답사, 물리적 탐사(탄성파 탐사, 전기 탐사) 등의 간접적인 방법으로는 터널 예정 지점의 지하 상황을 정확하게 판단하기 어려우므로 보링에 의하여 채취한 코어의 관찰, 물리적 시험 성과 등을 종합하여 본바닥의 성질 및 지질 구조를 가장 정확하게 조사한다.

□□□ 기 02
04 하수거의 단면 중 현장에서 타설되는 단면이 큰 하수거로 가장 많이 사용되는 것은?

① 원형
② 반원형
③ 마제형
④ 계란형

해설 마제형 : 대구경관에 유리하며 경제적이다.

□□□ 기 99,00,01,12,15,23
05 다음 중 터널공사에서 이상지압 원인으로 거리가 먼 것은?

① 편압
② 본바닥 팽창
③ 잠재응력 해방
④ 토압

해설 터널의 이상 지압

이상 지압	원 인
편압	·터널의 흙 피복이 얇거나 지형이 급경사인 경우에 발생
본바닥의 팽창	·지질이 벤토나이트 연암, 사문암 등인 경우 급속하게 풍화되어 생긴다.
잠재응력의 해방	·지압이 과대하고 터널 내부 응력이 적은 경우에 터널 내벽의 경암이 돌연 압출되어 붕괴되는 형상

035 **침매 공법**

■ 정의
수저 또는 지하수면 아래에 터널을 굴착하기 위하여 터널의 일부를 케이슨형으로 육상에서 제작하여 이것을 물에 띄워 부설 현장까지 예항하여 소정의 위치에 침하시켜 기존 설치된 부분과 연결한 후 되메우기한 다음 속의 물을 빼서 터널을 구축하는 공법

■ 침매 공법의 장점
· 단면 형상이 비교적 자유롭고 큰 단면으로 만들 수 있다.
· 수심이 짧은 곳에 부설하면 터널 연장이 짧아도 된다.
· 수심이 매우 깊은 곳이라도 시공할 수 있다.
· 육상에서 제작하므로 신뢰성이 높은 터널 본체를 만들 수 있고, 시공 기간이 짧아진다.
· 수중에 설치하므로 부력 작용으로 자중이 작아서 연약 지반 위에도 쉽게 시공할 수 있다.

■ 침매 공법의 단점
· 유수가 빠른 곳은 강력한 작업 기계가 필요하고, 침설 작업이 곤란하다.
· 협소한 장소의 수로나 항행 선박이 많은 곳에서는 여러 가지 장애가 생긴다.
· 물밑에 암초가 있으면 트렌치의 굴착이 어렵다.

□□□ 기 05,06
01 터널의 특수 공법으로서 침매(沈埋) 공법을 설명한 내용으로 옳지 않은 것은?

① 유수가 빠른 곳에는 강력한 비계가 필요하고 침설 작업이 곤란하다.
② 단면 형상은 비교적 자유롭고 큰 단면으로 만들 수 있다.
③ 협소한 장소의 수로나 항해 선박이 많은 곳도 쉽게 설치된다.
④ 연약 지반에도 시공이 가능하며 공기가 단축된다.

해설 협소한 수로나 항해 선박이 많은 곳에는 여러 가지 장애가 생긴다.

□□□ 기 11,14
02 특수 터널 공법 중 침매 공법의 특징에 대한 설명으로 틀린 것은?

① 단면 형상이 비교적 자유롭고 큰 단면으로 만들 수 있다.
② 육상에서 터널 본체를 제작하므로, 시공 기간이 짧아진다.
③ 시공 시 유속으로 인한 영향이 없으므로, 유속이 빠른 협소한 수로 등에 특히 유리하다.
④ 수중에 설치하므로 부력 작용으로 자중이 작아 비교적 쉽게 작업할 수 있다.

해설 침매 공법의 단점
· 유수가 빠른 곳은 강력한 작업 기계가 필요하고, 침설 작업이 곤란하다.
· 협소한 장소의 수로나 항해 선박이 많은 곳에서는 여러 가지 장애가 생긴다.

036 터널 굴착 형식 공법

- **전단면 굴착 공법** : 도갱을 하지 않고 착암 점보우를 사용하여 전단면을 한꺼번에 굴착하는 공법으로 지질이 안정되어 있는 지반에 이용된다.
- **상부 반단면 선진 공법** : 상부 반단면의 굴착을 먼저하고 하부 반단면은 벤치 컷(bench cut)으로 굴착하는 방식으로 지질이 비교적 양호하고 용수량이 적으며 짧은 터널에 적합하다.
- **저설 도갱** : 중앙 저부에 설치하며 많이 사용되며 지층이 복잡하고 변화가 있는 경우 긴 터널에 채택된다.
- **측벽 도갱** : 저부 양측에 두 개 설치하며 단면이 크고 지질이 나쁜 경우에 사용한다.

■ **인버트 아치(Invert arch)**
지질이 연약하고 불량한 터널 저부에 포장하여 전체의 복공이 일체가 되도록 안정성을 유지한 것이다.

■ **선진 터널(pilot tunnel)의 역할**
- 지질 및 지하수 등을 조사하여 본 터널의 시공비를 결정한다.
- 시공에 앞서 지하수를 빼든지 지하수위를 내리게 할 수 있다.

□□□ 기 99,00

01 다음 그림과 같은 터널 굴착 방식은?

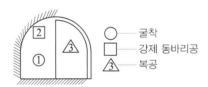

① 저설 도갱 선진 상부 반단면 공법
② 상부 반단면 공법
③ 측벽 도갱 선진링 굴착 공법
④ 전단면 공법

해설 **전단면 공법**
- 전단면 굴착 공법 : 도갱을 하지 않고 착암 점보우를 사용하여 전단면을 한꺼번에 굴착하는 공법으로 지질이 안정되어 있는 지반에 이용된다.
- 터널 굴착 순서 : 굴착 → 강제 동바리공 → 복공

□□□ 산 03

02 터널 시공 중 붕괴에 대하여 가장 주의를 요하는 것은 다음 중에서 어느 경우인가?

① 동바리공의 해체   ② 버력처리
③ 동바리공의 조립   ④ 콘크리트 복공

해설 터널 시공 중의 동바리공은 토압을 지지시키는 것으로 동바리공의 해체 시 가장 주의를 해야 한다.

□□□ 기 91,01,09

03 터널 굴착에 대한 다음 설명 중 틀린 것은?

① 전단면 굴착 공법은 도갱을 하지 않고 전단면을 한꺼번에 굴착하는 공법으로 지질이 안정되어 있는 지반에 이용된다.
② 도갱은 버력 운반로, 용수의 처리 지질의 확인을 목적으로 설치한다.
③ 상부 반단면 공법에서 하반부의 굴착은 벤치 컷 공법이 적당하다.
④ 단면이 크고 지질이 나쁘면 저설 도갱식이 적당하다.

해설
- 저설 도갱 : 중앙 저부에 설치하며, 많이 사용되며 지층이 복잡하고 변화가 있는 경우 긴 터널에 채택된다.
- 측벽 도갱 : 저부 양측에 두 개 설치하며 단면이 크고 지질이 나쁜 경우에 사용한다.

□□□ 산 07

04 터널의 굴착 방법 중 전단면 굴착 공법의 특징으로 잘못 설명된 것은?

① 연약 지반에 적당하며, 시공 중 지질의 변화에 관계없이 시공할 수 있다.
② 굴착 속도가 빠르다.
③ 큰 단면인 경우는 강제 동바리공 등을 사용하게 되므로 공사비가 증대된다.
④ 터널의 전단면을 동시에 굴착하는 방법이다.

해설 본바닥에 수입이 발생하지 않고 경암이며 비교적 지질이 양호하고 고른 지질에 적합하다.

□□□ 기 83,88,92,00,04,14

05 터널에 있어서 인버트 아치(Invert arch)를 설치할 필요가 있는 경우는 언제인가?

① 지질이 불량할 때   ② 경사가 클 때
③ 단면을 크게 굴착할 때   ④ 용수(湧水)가 많을 때

해설 지질이 연약하고 나쁜 터널에서 인버트 아치(Invert arch)를 저부에 설치해야 복공 전체가 안정성을 유지한다.

□□□ 기 00,05,16,23

06 터널 시공 시 pilot tunnel의 역할은 무엇인가?

① 지질 조사 및 지하수 배제
② 측량을 위한 예비 터널
③ 환기 시설
④ 기자재 운반

해설 **선진터널(pilot tunnel)의 역할**
- 지질 및 지하수 등을 조사하여 본 터널의 시공비를 결정한다.
- 시공에 앞서 지하수를 빼든지 지하수위를 내리게 할 수 있다.

---

037 TBM(Tunnel Boring Machine)

■ TBM의 정의
화약을 사용하지 않고 커터(cutter)에 의하여 암석을 압쇄(壓碎) 또는 절삭하여 터널을 굴착하므로 설비 투자액이 고가이고 초기 투자비가 많이 든다.

■ TBM의 분류
• **절삭식** : 커터의 회전력을 이용한 절삭식은 압축 강도가 30～80 MPa인 풍화암 또는 연암 정도에 적용이 가능하다.
• **압쇄식** : 압축력에 의한 압쇄식은 압축 강도 100 MPa 이상의 연암 이상 지반 조건에서 적용 가능하다.

■ TBM의 장점
• 갱내 작업이 안정하다.
• 노무비가 절약된다.
• 버력 반출이 용이하다.
• 여굴이 적어진다.
• 진동 및 소음과 먼지의 비산이 적어 민원 유발을 최소화시킬 수 있다.

■ TBM의 단점
• 초기 투자비가 크다.
• 지반 변화에 대한 적용 범위가 한정된다.
• 굴착 단면의 형상에 제한을 받는다.
• 기계 조작에 전문 인력이 필요하다.
• 기계를 현장에 반입 반출이 어렵다.

□□□ 기 04,08,10,15,17,18

01 TBM(Tunnel Boring Machine)에 의한 굴착의 특징이 아닌 것은?

① 안정성(安定性)이 높다.
② 여굴에 의한 낭비가 적다.
③ 노무비 절약이 가능하다.
④ 복잡한 지질의 변화에 대응이 용이하다.

해설 암질 변화에 대한 적용성 범위 예상이 곤란하다.

□□□ 기 07,11,16

02 T.B.M 공법에 대한 설명으로 옳은 것은?

① 무진동 화약을 사용하는 방법이다.
② Cutter에 의하여 암석을 압쇄 또는 굴착하여 나가는 굴착 공법이다.
③ 암층의 변화에 대하여 적응하기가 쉽다.
④ 여굴이 많아질 우려가 있다.

해설 화약을 사용하지 않고 커터(cutter)에 의하여 암석을 압쇄(壓碎) 또는 절삭하여 터널을 굴착하므로 여굴이 거의 발생하지 않는다.

□□□ 기 03,04,06,13,17

03 TBM(Tunnel Boring Machine)공법을 이용하여 암석을 굴착하여 터널단면을 만들려고 한다. TBM 공법의 단점이 아닌 것은?

① 설비투자액이 고가이므로 초기 투자비가 많이 든다.
② 본바닥 변화에 대하여 적응이 곤란하다.
③ 지반에 따라 적용범위에 제약을 받는다.
④ lining두께가 두꺼워야 한다.

해설 TBM의 단점
• 설비 투자액이 고가이므로 초기 투자비가 크다.
• 지반 변화에 대한 적용 범위가 한정된다.
• 굴착 단면의 형상에 제한을 받는다.
• 기계 조작에 전문 인력이 필요하다.

□□□ 기 03,04,06,18,20

04 터널굴착공법인 TBM공법의 특징에 대한 설명으로 틀린 것은?

① 터널단면에 대한 분할 굴착시공을 하므로, 지질변화에 대한 확인이 가능하다.
② 기계굴착으로 인해 여굴이 거의 발생하지 않는다.
③ 1km 이하의 비교적 짧은 터널의 시공에는 비경제적인 공법이다.
④ 본바닥 변화에 대하여 적응이 곤란하다.

해설 지반의 지질 변화에 대한 확인이 불가능하다.

038 쉴드 공법(Shield method)

■ 쉴드 공법의 정의

터널의 특수 공법 중 원형 강제의 통을 땅속으로 압밀하면서 굴진하는 방법으로 본래는 하천이나 바다 밑 등의 용수를 동반하는 연약 지반이나 대수층 지반의 터널 공법으로 개발되었으나 최근에는 도시 터널의 시공에도 널리 쓰이는 공법

■ 쉴드 공법의 장점

• 지하의 깊은 곳에서 시공이 가능하다.
• 소음과 진동의 발생이 적어 민원 발생 소지가 적다.
• 곡선부 시공이 가능하며 막장 붕괴에 대한 안전성이 높다.
• 최근에는 적용 지반에 따라 장비의 종류가 다양하다.

■ 쉴드 공법의 단점

• 지질 및 지하수의 영향을 고려해야 한다.
• 흙의 토피가 적은 경우에는 막장의 안정이 어렵다.
• 쉴드의 제작이 어려우며 공사비가 고가이다.
• 대단면 시공이 어렵고 급곡선 시공이 불가능하다.

■ 쉴드의 분류

• 전방 개방형 쉴드 : 터널 막장면의 전부 또는 대부분이 개방되어 있는 쉴드

• 밀폐식 쉴드 : 막장과 격벽 사이에 챔버를 두고, 그 배부를 토사 또는 이수로 채우고 토사 또는 이수에 충분한 압력을 유지시켜 막장의 안정을 확보하는 공법으로 챔버를 채우는 충전재에 따라 토압식 쉴드와 이수 가입식 쉴드로 구분할 수 있다.

• 토압식과 이수 가입식 쉴드 비교

구 분	토압식 쉴드	이수 가입식 쉴드
장 점	• 굴착토의 배토 상태에 따라 지반 상태를 판단하기가 쉬움 • 이수식과는 다르게 대규모 이수 플랜트가 필요 없음 • 굴착토의 처리가 비교적 용이함	• 지하수압이 높고 함수비가 큰 대수층에 대응하여 안전하게 효율적으로 시공이 가능함 • 이수를 통해 배토하는 유체 수송이므로 배토가 용이함
단 점	• 소성 유동성이 작은 토질에서는 첨가제를 첨가해야 함 • 고결 점토나 고결 실트층에서는 N치가 높아 굴착 효과가 극단적으로 저하됨	• 이수 처리 설비를 위한 대규모 시설물과 부지가 필요함 • 이수의 처리 비용이 비교적 고가임 • N치가 15 이하 및 균등 계수 5 이하의 사질토에서는 붕괴 가능성이 높아 적용 불가

□□□ 기 84

01 다음 지하철 공법 중 연약한 지중에 지하철을 건설할 때 선두에 강고한 강관을 설치하고 압력으로 압입시켜 나가는 공법은 무엇인가?

① caisson 공법
② shield 공법
③ cut and cover 공법
④ under pining 공법

해설 shield 공법은 토질이 연약하고 팽창 또는 붕괴의 우려가 있는 지질의 터널 굴착에 이용된다.

□□□ 기 02,04,06,11,23

02 터널의 특수 공법 중 원형 강제의 통을 땅속으로 압밀하면서 굴진하는 방법으로 본래는 하천이나 바다 밑 등의 연약 지반이나 대수층 지반의 터널 공법으로 개발되었으나 최근에는 도시 터널의 시공에도 널리 쓰이는 공법은?

① 코퍼댐(Coffer dam) 공법
② 트렌치(Trench) 공법
③ 쉴드(Shield) 공법
④ 뉴매틱 케이슨(Pneumatic cassion) 공법

해설 쉴드 공법은 용수를 동반하는 연약 지반이나 대수층 지반에서 터널을 만들기 위하여 고안된 공법이다.

□□□ 기 03,08,10

03 쉴드(shield) 공법은 어떠한 지질의 터널 공사에 가장 적합한가?

① 경암
② 연암
③ 보통 흙
④ 연약 지반

해설 쉴드 공법은 용수를 동반하는 연약 지반이나 대수층 지반에서 터널을 만들기 위하여 고안된 공법이다.

□□□ 기 10,15

04 아래의 표에서 설명하는 터널 공법의 명칭으로 옳은 것은?

> 함수성 토사층에 철제 원통을 수평 방향으로 잭에 의하여 추진하면서 굴진하고 그 후미에서 세그먼트를 조립·구축하여 터널을 형성해 가는 공법

① 아일랜드 공법
② 침매 공법
③ 쉴드 공법
④ TBM 공법

해설 쉴드 공법 : 터널의 특수 공법 중 원형 강제의 통을 땅속으로 압밀하면서 굴진하는 방법으로 본래는 하천이나 바다 밑 등의 용수를 동반하는 연약 지반이나 대수층 지반의 터널 공법으로 개발되었으나 최근에는 도시 터널의 시공에도 널리 쓰이는 공법이다.

05 터널 굴착 공법 중 쉴드(Shield) 공법의 장점으로서 옳지 않는 것은?

① 밤과 낮의 관계없이 작업이 가능하다.
② 지하의 깊은 곳에서 시공이 가능하다.
③ 말뚝 타설 방법에 비해 소음과 진동의 발생이 적다.
④ 지질과 지하수위에 관계없이 시공이 가능하다.

해설 단층 파쇄대나 팽창성 지반, 지하수 출수 지역, 막 장면에 강도가 차이가 심한 2 ~ 3개의 지층으로 구성되어 있는 지반에서는 적용하기 어렵다.

039 숏크리트(Shotcrete)

▪ 숏크리트 공법

가요성(Flexible) 지보 재료로 얇은 두께를 가지고도 높은 효과를 나타내어 록 볼트(Rock bolt)와 함께 터널의 지보 수단으로 널리 이용되는 것으로 최근엔 이 방법의 단점인 인장 강도를 보강하기 위해 Steel fiber까지 보강하는 방법도 개발된 공법이다.

뿜어 붙이기 콘크리트 공법의 종류

분 류	습식 공법	건식 공법
특 징	·분진 발생이 적다. ·튀김(Rebound)량이 적다. ·품질 관리가 양호하다. ·수송 시간의 제약과 압송 거리가 짧다.	·튀김(Rebound)량이 많다. ·분진 발생량이 많다. ·장거리 압송이 가능하다. ·숙련도에 따라 품질 변동이 좌우된다.

▪ Rebound 양을 감소시키는 방법

- 분사 부착면을 거칠게 한다.
- 분사 압력을 일정하게 한다.
- 벽면과 직각으로 분사한다.
- 배합 시 시멘트량을 증가시킨다.
- 조골재를 13mm 이하로 한다.

□□□ 기 07,09,13,19

01 뿜어 붙이기 콘크리트(Shotcrete) 시공 시 리바운드(Rebound) 양을 감소시키는 방법이 아닌 것은?

① 분사 부착면을 매끄럽게 한다.
② 압력을 일정하게 한다.
③ 벽면과 직각으로 분사한다.
④ 시멘트량을 증가시킨다.

해설 분사 부착면을 거칠게 하여 부착이 잘되도록 한다.

□□□ 기 07,09,11,13,15

02 터널 보강 공법 중 숏크리트의 시공에서 탈락률을 감소시키는 방법으로 틀린 것은?

① 배합시 시멘트량을 감소시킨다.
② 벽면과 직각으로 분사한다.
③ 조골재가 13mm 이하인 세골재를 사용한다.
④ 분사 부착면을 거칠게 한다.

해설 Rebounding을 감소시키는 방법
- 분사 부착면을 거칠게 한다.
- 분사 압력을 일정하게 한다.
- 벽면과 직각으로 분사한다.
- 배합 시 시멘트량을 증가시킨다.
- 조골재를 13mm 이하로 한다.

□□□ 기 10

03 터널 보강 공법 중 본바닥은 이완되지 않게 지지하고 크랙(crack)의 발달을 방지함과 동시에 암반 표면의 풍화를 방지하는 공법은?

① Rock bolt 공법
② Shotcrete 공법
③ 강아치 동바리 공법
④ Grouting 공법

해설 숏크리트 공법 : 가요성(Flexible) 지보 재료로 얇은 두께를 가지고도 높은 효과를 나타내어 록 볼트(Rook bolt)와 함께 터널의 지보 수단으로 널리 이용되는 공법

□□□ 기 07,09,11,15

04 숏크리트 리바운드(Rebound)량을 감소시키는 방법으로 옳은 것은?

① 시멘트량을 줄인다.
② 분사 부착면을 거칠게 한다.
③ 조골재를 19mm 이상으로 한다.
④ 벽면과 45° 각도로 분사한다.

해설 Rebound 감소시키는 방법
- 분사 부착면을 거칠게 한다.
- 분사 압력을 일정하게 한다.
- 벽면과 직각으로 분사한다.
- 시멘트량을 증가시킨다.
- 조골재를 13mm 이하로 한다.

---

040 록 볼트(Rock bolt)

■ 록 볼트 공법

정착 대상 지반을 암반으로 하며, 이완 부분 깊은 곳에 있는 경암까지 볼트로 고정시켜 암반의 탈락을 방지하고, 앵커 재료는 철근이나 볼트 등이 사용되며 길이가 짧고 내력이 적은 앵커 공법을 록 볼트(Rock bolt) 공법이라 한다.

■ 록 볼트의 작용 효과

- **봉합 효과(암반의 보강 작용)** : 발파 등으로 이완된 암괴를 이완되지 않은 원지반에 고정하고 낙하를 방지하려는 것으로 가장 단순한 효과이다.
- **빔 형성 효과(매다는 작용)** : 터널 주변의 층을 이루고 있는 원지반은 층리면(層理面)에서 분리하여 겹친 빔으로서 거동하나, 록 볼트에 의한 층 사이의 조임에 의하여 층리면에서의 전단 응력의 전달을 가능하게 하여 합성 빔으로서 거동시키는 효과이다.
- **내압 효과(층리에 대한 구속 작용)** : 록 볼트 인장력에 상당하는 힘이 내압으로서 터널 벽면에 작용하는 것으로 연암 지반 터널의 안정을 검토하는 경우 주로 고려되는 효과이다.
- **아치 형성 효과(보의 형성 작용)** : 절리, 균열 등 역학적인 불연속면 또는 굴착 중 발생하는 파괴면에서부터 분리되어 파괴되는 것을 방지하는 작용이다.
- **지반 보강 효과** : 록 볼트에 의한 지반의 전단 저항 능력이 증대, 지반의 내하력이 증대되는 작용

■ 록 볼트의 종류

종 류	정착 방법
선단 정착형	록 볼트에 쐐기형 또는 확장형 방법으로 정착한 후 너트로 조이며, 절리가 발달한 보통암 이상의 지반 조건에 적용 가능한 방법
전면 접착형	시멘트 몰탈, 수지 등으로 록 볼트 전장에 걸쳐 원지반에 정착시켜 주는 방법으로 모든 지반 조건에 적용 가능한 방법
혼합형	선단부 접착형과 정착 재료를 주입하여 2회에 정착하는 방법
마찰형	Swellex형, Split set형

□□□ 기 06,12

01 록 볼트(Rock bolt)의 역할 중 옳지 않은 것은?

① 암반과의 분리 작용 ② 아치 형성 작용
③ 보의 형성 작용 ④ block의 지보 기능

해설 록 볼트(Rook bolt)의 작용
- 암반의 보강 작용 ・매다는 작용
- 층리에 대한 구속 작용 ・보의 형성 작용

041 NATM(New austrian tunneling method) 공법

■ NATM 공법

터널을 굴착하면 주변의 응력이 시간이 경과함에 따라 이완의 영역이 넓어지고 경우에 따라 붕괴하게 되므로 본바닥이 이완하기 전에 록 볼트(Rock bolt)와 콘크리트 뿜어 붙이기(shotcreter) 공법으로 시공하여 본바닥의 이완을 방지하는 공법이다.

■ NATM 공법의 순서

천공 → 발파 → 환기 → 버력 처리 → 막장 정리 → 숏크리트 → 록 볼트 → 계기 측정

□□□ 기 05,07

01 터널을 굴착하면 주변의 응력이 시간이 경과함에 따라 이완의 영역이 넓어지고 경우에 따라 붕괴하게 되므로 본바닥이 이완하기 전에 록 볼트(Rock bolt)와 콘크리트 뿜어 붙이기(shotcrete) 공법으로 시공하여 본바닥의 이완을 방지하는 공법을 무엇이라 하는가?

① NATM 공법 ② Shield 공법
③ Linning 공법 ④ Pre-splitting

해설 NATM(new austrian tunneling method) 공법 : 최근 터널 공사에 있어서 가축성 동바리공, rock bolt, 뿜어 붙이기 공법을 병용하여 암반의 응력을 측정하면서 터널을 굴진해 가는 공법이다.

□□□ 기 08,17

02 NATM 공법의 시공 순서로 적합한 것은?

① 천공 → 발파 → 버력 처리 → 환기 → 록 볼트 → 숏크리트 → 계기 측정
② 발파 → 천공 → 환기 → 버력 처리 → 숏크리트 → 록 볼트 → 계기 측정
③ 천공 → 발파 → 환기 → 버력 처리 → 숏크리트 → 록 볼트 → 계기 측정
④ 발파 → 천공 → 버력 처리 → 환기 → 록 볼트 → 숏크리트 → 계기 측정

해설 천공 → 발파 → 환기 → 버력 처리 → 막장 정리 → 숏크리트 → 록 볼트 → 계기 측정

042 　터널의 복공

터널의 복공(lining)

- 지질이 나쁜 곳에서는 아치 콘크리트를 먼저 타설 후 측벽 콘크리트를 타설함이 좋다.
- 지질이 나쁜 곳의 복공 두께는 견딜 수 있도록, 그 두께를 가급적 얇게 한다.
- 복공의 두께는 터널의 폭, 지질, 수압, 재료, 시공법에 따라 달라진다.
- 복공에 사용하는 콘크리트는 강도, 내구성, 수밀성이 우수해야 한다.
- 라이닝은 터널 주변의 붕괴를 방지하고 본바닥을 안전하게 지지시키기 위해 시행한다.
- 라이닝의 두께는 터널의 폭, 지질, 수압, 재료, 시공법에 따라 달라진다.
- 라이닝의 재료로는 일반적으로 현장 무근 콘크리트가 이용되고 있다.
- 라이닝은 터널 주변의 안전을 위한 시공, 물의 침투 방지, 천정의 낙석 방지, 풍화 방지 등을 위한 영구 시설로 장기 강도에 관한 사항을 고려해야 한다.
- 역권 공법 : 아치 복공 → 측벽 복공 : 상부 반단면 선진 공법, 저설 도갱 선진 상부 반단면 공법
- 본권 공법 : 측벽 복공 → 아치 복공 : 전단면 공법, 측벽 도갱 선진 상부 반단면 공법

□□□ 기 06

01 터널의 라이닝에 관한 다음 설명 중 옳지 않은 것은?

① 라이닝은 터널 주변의 붕괴를 방지하고 본바닥을 안전하게 지지시키기 위해 시행한다.
② 라이닝은 임시 구조물의 역할을 하므로 조강 시멘트 및 급결제를 반드시 사용해야 하며, 장기 강도에 관한 사항은 고려치 않아도 된다.
③ 라이닝의 두께는 터널의 폭, 지질, 수압, 재료, 시공법에 따라 달라진다.
④ 라이닝의 재료로는 일반적으로 현장 무근 콘크리트가 이용되고 있다.

해설 라이닝은 터널 주변의 안전을 위한 시공, 물의 침투 방지, 천정의 낙석 방지, 풍화 방지 등을 위한 영구 시설로 장기 강도에 관한 사항을 고려해야 한다.

□□□ 기 92,02,08,14

02 터널에서 인버트 아치를 필요로 하는 것은 다음의 어느 경우인가?

① 지질이 연약하고 나쁜 터널에서
② 경사가 큰 터널에서
③ 복공 콘크리트 비용을 줄이기 위해서
④ 용수가 많은 터널에서

해설 지질이 연약하고 나쁜 터널에서 인버트 아치를 저부에 설치하면 복공 전체가 안정성을 유지한다.

■ 배수 터널

배수형 터널은 터널 라이닝에 수압이 걸리지 않는 구조로 유입수가 많거나 장기적으로 배수 기능 저하가 예상되는 지역에 대해서 배수 계통의 기능을 향상시켜, 콘크리트는 라이닝에 수압이 작용하지 않도록 하는 형식이며 배수 터널의 적용 조건은 다음과 같다.

- 지하수 수위가 높은 경우
- 주변 지반 조건상 과다한 유입수가 예상되는 지역에 터널을 시공할 경우
- 지반 조건이 양호하고 유입수가 적은 반면 지하수위가 높은 지반 조건일 경우

■ 비배수 터널

굴착을 통해서 터널로 유입되는 지하수를 인위적으로 배수하지 않고 지하 수압이 콘크리트 라이닝에 작용하는 터널 형식으로 적용 조건은 다음과 같다.

- 수압이 $4kg/cm^2$ 이하인 경우
- 굴착 후 차수 그라우팅 공법으로 효과적인 차수가 어려운 경우
- 굴착으로 발생되는 지하수위 저하에 의한 터널 주위의 지반 침하 발생으로 인근 시설물에 영향을 미칠 경우

■ 배수형 방수공과 비배수형 방수공의 비교

구 분	배수형 방수공	비배수형 방수공
장 점	• 2차 라이닝 수압을 고려하지 않으므로 구조적으로 얇은 무근 콘크리트 라이닝으로 가능하다. • 누수 시 보수가 용이하다. • 시공비가 적게 든다. • 특수 대단면 시공이 가능하다.	• 유지 관리비가 적게 든다. • 터널 내부가 청결하며 관리가 용이하다. • 지하수위를 계속 유지할 수 있으므로 주변 환경에 영향을 주지 않는다.
단 점	• 집수 용량이 커지며 유지비가 많이 든다. • 공사 기간 중 지하수위 저하로 주변 지반의 침하나 지하수 이용에 문제가 생길 수 있다.	• 시공비가 많이 든다. • 특수 대단면에서는 완전보수가 곤란하며 보수비가 많이 든다. • 2차 라이닝 두께가 커지면 경우에 따라 철근 콘크리트 시공이 필요하다.
적 용	• 지질 조건이 양호하여 지형에 따라 자연 배수가 가능한 지역	• 도심 등 지하수위가 높거나 지질 조건이 불량한 경우

□□□ 기 09

01 터널의 방수 형태는 크게 배수형 방수공과 비배수형 방수공으로 구분할 수 있다. 이 중 배수형 방수공의 장점에 대한 설명으로 잘못된 것은?

① 2차 라이닝 수압을 고려하지 않으므로 구조적으로 얇은 무근 콘크리트 라이닝으로도 가능하다.
② 유지 관리비가 적게 든다.
③ 누수 시 보수가 용이하다.
④ 특수 대단면 시공이 가능하다.

해설 비배수형 방수공이 유지 관리비가 적게 든다.

■ 일상 관리(A) 계측(일상의 시공 관리를 위하여 반드시 실시해야할 항목)
- 갱내 관찰 조사
- 내공 변위 측정
- 천단 침하 측정
- 지표면 침하 측정
- Rock bolt 인발 시험

■ 계측 단면도

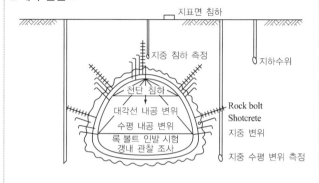

■ 일상 관리(B) 계측(원지반 조건에 따라 계측 A에 필요시 추가해서 선정하는 계측 항목)
- 지중 침하 측정
- 지중 변위 측정

- 록 볼트 축력 측정
- 라이닝 응력 측정
- Shotcrete 응력 측정
- 원지반 시료 시험
- 갱내 탄성파 속도 측정

■ 일상 계측 A와 일상 계측 B

구 분	계측 항목	계측 간격
계측 A	갱내 관찰 조사	전연장
	내공 변위 측정	10~50m 마다
	천단 침하 측정	10~50m 마다
	록 볼트 인발시험	50~100m 마다
계측 B	원지반 시료 시험	200~500m 마다
	지중 변위 측정	200~500m 마다
	록 볼트 축력 측정	200~500m 마다
	복공(라이닝) 응력 측정	200~500m 마다
	지표 지중 침하 측정	200~500m 마다
	갱내 탄성파 측정	500m 마다

□□□ 기 05
01 터널의 안정성 및 지반 거동과 지보공의 효과 확인을 할 수 있도록 계측 관리를 실시하는 데 계측 항목 중 일상 계측에 속하지 않는 것은?

① 갱내 관찰 조사　　② 내공 변위 측정
③ 지중 변위 측정　　④ 천단 침하 측정

해설 일상계측(계측 A)
- 갱내 관찰 조사　　· 내공 변위 측정
- 천단 침하 측정　　· Rock Bolt 인발 시험

□□□ 기 13,21
02 터널 계측에서 일상 계측(계측 A) 항목이 아닌 것은?

① 내공 변위 측정　　② 천단 침하 측정
③ 터널 내 관찰 조사　　④ 록 볼트 축력 측정

해설 일상 계측(계측 A)
- 내공 변위 측정　　· 천단 침하 측정
- 터널 내 관찰 조사　　· Rock Bolt 인발 시험

| memo |

045 발파론

■ 발파 이론

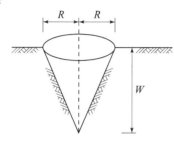

- **자유면** : 암반이나 공기가 물에 접하고 있는 표면
- **임계 심도** : 폭약으로부터 자유면까지의 깊이
- **최소 저항선**(W) : 폭약의 중심에서부터 자유면까지의 최단 거리
- **누두공** : 암반의 폭파로 생긴 원추형의 파쇄공
- **누두 지수**(n) : 누두공의 반경(R)과 최소 저항(W)의 비

  즉 $n = \dfrac{R}{W}$
  - 표준 장약량 : $n = 1$
  - 과장약 : $n > 1$
  - 약장약 : $n < 1$

■ Hauser의 암석의 발파 기본식

$$L = C \cdot W^3$$

여기서, L : 장약량(kg)

　　　　C : 폭파 계수

　　　　W : 최소 저항선(m)

- **시험 발파** : 발파 방법과 사용 약량 등을 변화시키며 발파하여 암석의 비산 상태, 장약량, 안전성이 우수한 폭파 계수(C)를 정한다.

□□□ 기 98,05,07,11,13,16

01 발파에 대한 용어 중 장약 중심으로부터 자유면까지의 최단 거리를 무엇이라 하는가?

① 최소 누두 반경　　　② 최소 저항선
③ 누두공　　　　　　④ 누두 지수

해설 ・ 최소 저항선(W) : 폭약의 중심에서부터 자유면까지의 최단 거리
　　・ 누두 지수(m) : 누두공의 반경과 최소 저항의 비를 말한다.
　　・ 누두공 : 암반의 폭파로 생긴 원추형의 파쇄공을 말한다.

□□□ 기 98,05,07,14,20

02 암석을 발파할 때 암석이 외부의 공기 및 물과 접하는 표면을 자유면이라 한다. 이 자유면으로부터 폭약의 중심까지의 최단 거리를 무엇이라 하는가?

① 보안 거리　　　　　② 최소 저항선
③ 적정 심도　　　　　④ 누두 반경

해설 ・ 최소 저항선 : 폭약의 중심에서부터 자유면까지의 최단 거리
　　・ 누두 지수 : 누두공의 반경과 최소 저항의 비를 말한다.
　　・ 누두공 : 암반의 폭파로 생긴 원추형의 파쇄공을 말한다.

□□□ 기 93,06,19

03 암석의 시험 발파의 주목적은?

① 발파량을 추정하려고 한다.
② 폭약의 종류를 결정하려고 한다.
③ 폭파 계수 C를 구하려고 한다.
④ 발파 장비를 결정하려고 한다.

해설 시험 발파 : 발파 방법과 사용 약량 등을 변화시키면서 발파하여 암석의 비산 상태, 장약량, 안전성이 우수한 폭파 계수(C)를 정한다.

□□□ 기 04,05,21 산 88,92,03

04 암석의 발파 이론에서 Hauser의 발파 기본식은?
(단, L = 폭약량, C = 발파 계수, W = 최소 저항선)

① $L = C \cdot W$　　　　② $L = C \cdot W^2$
③ $L = C \cdot W^3$　　　　④ $L = C \cdot W^4$

해설 Hauser의 암석의 발파 기본식 : $L = C \cdot W^3$

□□□ 기 92,94,02,09,19,22

05 저항선이 1.2m일 때 12.15kg의 폭약을 사용하였다면 저항선을 0.8m로 하였을 때는 얼마의 폭약이 필요한가?
(단, Hauser 식을 사용한다.)

① 1.8kg　　　　　　② 3.6kg
③ 5.6kg　　　　　　④ 7.6kg

해설 ・ $L = C \cdot W^3$에서 : $12.15 = C \times 1.2^3$
　　∴ 발파 계수 $C = 7.03$
　　・ $L = C \cdot W^3 = 7.03 \times 0.8^3 = 3.60$kg

■ 천공기의 천공 방향에 따른 분류

드리프터(drifter)	횡방향 착암기
스토퍼(stopper)	상방향 착암기
싱커(sinker)	하방향 착암기

■ 점보 드릴(Jumbo drill)
- 착암기를 싣고 굴착 작업을 할 수 있도록 되어 있는 장비이다.
- 한 대의 jumbo 위에 1~5대의 착암기를 장치할 수 있다.
- 상하·좌우로 자유로이 이동 조정 작업이 가능하다.
- 단단한 암이나 터널의 전단면 굴착인 NATM 공법에 많이 사용한다.

■ 천공 작업
- 천공 속도 $V_T = \alpha(C_1 \times C_2) \times V$

- 천공 시간 $t = \dfrac{천공장(L)}{천공\ 속도(V_T)}$

  여기서, α : 순 천공 시각이 천공 시각에 점유하는 비율
  C_1 : 표준암(화강암)에 대한 대상암의 저항력 계수
  C_2 : 암반에 따른 계수

□□□ 기06 산07

01 터널의 전단면(全斷面) 굴착에는 다음 어느 기계를 사용하면 가장 효율적 인가?

① 스토퍼(Stopper) 착암기
② 점보 드릴(Jumbo drill) 착암기
③ 록 드릴(Rock drill)
④ 브레이커(Breaker)

해설 점보 드릴(Jumbo drill) : 한 대의 jumbo 위에는 1~5대의 착암기를 싣고 동시에 굴착 작업을 할 수 있도록 되어 있는 장비로 터널의 전단면 굴착인 NATM에 많이 사용 한다.

□□□ 기06,08,16

02 다음은 점보 드릴(Jumbo drill)에 대한 설명이다. 옳지 않은 것은?

① 착암기를 싣고 굴착 작업을 할 수 있도록 되어 있는 장비이다.
② 한 대의 jumbo 위에는 여러 대의 착암기를 장치할 수 있다.
③ 상·하로 자유로이 이동 작업이 가능하나 좌·우로의 조정은 불가능하다.
④ NATM 공법에 많이 사용한다.

해설 점보 드릴은 상하·좌우로 이동 작업이 가능한 착암기이다.

□□□ 기06,07,18

03 아래 표에서 설명하는 굴착 장비의 명칭은?

> 이동차대 위에 설치한 1~5개의 붐(Boom) 끝에 드리프터를 장착하여 동시에 많은 구멍을 뚫을 수 있어 단단한 암이나 터널 굴착에 적용하며, NATM 공법에 많이 사용한다.

① Stopper
② Jumbo drill
③ Rock drill
④ Sinker

해설 점보 드릴(Jumbo drill) : 한 대의 jumbo 위에는 1~5대의 착암기를 싣고 동시에 굴착 작업을 할 수 있도록 되어 있는 장비로 터널의 전단면 굴착인 NATM에 많이 사용한다.

□□□ 기10,17

04 착암기로 사암을 천공하는 속도를 0.3m/min이라 할 때 2m 깊이의 구멍을 10개 뚫는 데 걸리는 시간은?

① 20분
② 220분
③ 66.6분
④ 666분

해설 천공 시간 $t = \dfrac{L}{V_T} = \dfrac{2 \times 10}{0.3} = 66.67\text{min}$

□□□ 기02

05 사암을 천공하는 데 천공 속도 $V = 20\text{cm/min}$이다. 이 때 표준암을 천공하는 순 속도는 얼마인가? (단, $C_1 = 1.4$, $C_2 = 0.6$, $\alpha = 0.75$이다.)

① 13.3cm/min
② 17.80cm/min
③ 22.4cm/min
④ 31.75cm/min

해설 천공 속도 $V_T = \alpha(C_1 \times C_2) \times V$
: $20 = 0.75 \times (1.4 \times 0.6) \times V$
∴ 천공 순 속도 $V = 31.75\text{cm/min}$

□□□ 기00,08,13,22

06 착암기로 표준암을 천공하여 60cm/min의 천공 속도를 얻었다. 천공 깊이 3m, 천공수 15공을 한 대의 착암기로 암반을 천공할 경우 소요되는 총 소요 시간을 구하면? (단, 표준암에 대한 천공 대상암의 암석 항력 계수 1.35, 작업 조건 계수 0.6, 순 천공 시각이 천공 시각에 점유하는 비율 0.65)

① 2.0시간
② 2.4시간
③ 3.0시간
④ 3.4시간

해설 ·천공 속도 $V_T = \alpha(C_1 \times C_2) \times V$
$= 0.65(1.35 \times 0.6) \times 60 = 31.59\text{cm/min}$

·총 천공 시간 $t = \dfrac{천공장}{V_T} = \dfrac{300 \times 15}{31.59} = 142.45$ 분 $= 2.4$시간

□□□ 기 03,12

07 표준암에 대한 천공 속도가 45cm/min인 착암기를 써서 암반을 천공할 때 천공 길이가 3m이다. 한 시간당 한 대가 약 몇 개를 천공할 수 있는가? (단, $\alpha = 0.65$, 표준암에 대한 대상암의 저항력 계수 $C_1 = 1.0$, 암반에 따른 계수 $C_2 = 0.85$이다.)

① 5 ② 12
③ 25 ④ 50

해설 · 천공 속도 $V_T = \alpha(C_1 \times C_2) \times V$
$$= 0.65 \times (1.0 \times 0.85) \times 45 = 24.86 \text{cm/min}$$

· 천공 시간 $t = \dfrac{L}{V_T} = \dfrac{300}{24.86} = 12.07 \text{min}$

· 천공수 $N = \dfrac{60 \text{min}}{12.07} = 5$공

□□□ 기 06,12 산 07

08 암질이 좋고 큰 터널 공사에서 전단면 굴착에 가장 효율적인 건설 기계는?

① Stopper 착암기(drill) ② Jumbo drill
③ Rock drill ④ Sinker drill

해설 점보 드릴(Jumbo drill) : 한 대의 jumbo 위에는 여러 대의 착암기를 싣고 굴착 작업을 할 수 있도록 되어 있는 장비로 터널의 전단면 굴착인 NATM에 많이 사용한다.

■ 암반 굴착 방법
- **기계 굴착 공법** : 굴착 기계에 의한 방법
- **제트 피어싱** : 열 수력에 의해 암반을 파괴하는 방법
- **립퍼에 의한 굴착** : 불도저나 트랙터 뒤에 장치한 립퍼를 이용하는 방법
- **수력 굴착 방법** : 고속의 분사류를 이용하는 방법으로 원래 채탄을 위하여 개발된 기술을 일반 굴착에 응용한 것으로 연암의 천공, 도랑 깎기, 절붕에 효과적이다.
- **탄뎀 립핑** : 암반 굴착 시 암반이 굳어서 생크(shank)가 관입되지 않아 다른 트랙터의 중량을 가중시켜 굴착하는 공법
- **균열 발파** : 약장약의 폭파로 암반에 균열이 생기게 하여 1대의 립퍼로 시공하는 발파 공법

■ 심빼기 발파 공법
- **스윙 컷**(swing cut) : 용수가 많을 경우에 유리한 공법
- **V 컷**(wedge cut) : 횡·종방향 쐐기 모양으로 천공하는 방법
- **노 컷**(no cut) : 심빼기 부분에 수직한 평행공을 다수 천공하여 장약량을 집중시키고 순발 뇌관으로 폭파시켜 폭파 Shock에 의하여 심빼기 하는 방법
- **피라미드 컷**(pyramid cut) : 심빼기 구멍이 한 점에 마주치도록 배치하는 방법
- **번 컷**(burn cut) : 빈 구멍을 자유면으로 하여 평행 폭파를 하는 것으로 버력의 비산 거리가 짧고 좁은 도갱에서의 긴 구멍의 발파에 편리한 방법으로 약량이 절약되는 공법이다.

■ 2차 발파법(조각 발파)
암석 발파 공법에서 1차 발파 후에 발파된 원석의 2차 발파 공법
- **블록 보링법**(천공법 : block boring) : 암석 덩어리의 중심부로 향하여 수직 천공하고 장약 후에 흙으로 진쇄하는 방법
- **머드 캐핑법**(복토법 : mud capping) : 암석 덩어리의 직경이 적은 곳에 폭약을 장전하고 그 위에 굳은 점토로 덮어 놓고 발파하는 방법

$$장약량 \ L = CD^2$$

여기서, C : 발파 계수 D : 암괴의 최소 지름
- **스네이크 보링법**(사혈법 : snake boring) : 암석 덩어리가 지하에 묻혀 있는 경우에 암석 덩어리의 아래측에 폭약을 장전하고 발파하는 방법

■ 조각 발파 공법의 모형

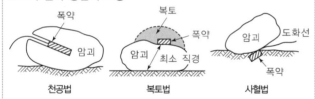

천공법   복토법   사혈법

■ 조절 폭파 공법(controlled blasting)
여굴(餘掘)을 줄이기 위한 조절 발파 공법
- **라인 드릴링**(line drilling) **공법**
- 목적하는 파단선을 따라 조밀한 간격으로 천공하고 이 공에는 폭약을 장전하지 않은 채 무장약공으로 한다.
- 무장약공은 불완전하지만 자유면으로 작용하여 공벽에서 쇼크파를 발산시켜 발파 에너지의 영향으로 공열에 의해 발파 단면을 깨끗하게 파괴시킨다.
- **프리 스플리팅**(pre-splitting) **공법**
- 목적하는 파단선을 따라 천공하고 이 공 속에 폭약을 장전하여 다른 공보다 먼저 발파함으로써 예정 파괴 단면에 먼저 균열을 만들어 놓고 전열에 발파하는 방법이다.
- 주폭파에 의한 진동, 파괴 등의 영향을 적게 하고 여굴을 방지하려는 공법이다.
- **쿠션 블라스팅**(cushion blasting)
- 굴착 예정선을 따라 1개열 발파공들을 천공한다.
- 폭약과 폭약 사이 또는 공벽과 폭약과의 사이에 공극을 설치하여 공기에 의해 폭력을 완충하면서 발파를 행한다.
- **스무스 블라스팅**(smooth blasting)
원리는 쿠션 블라스팅 공법과 같으나 굴착선을 따라 설치한 스무드 블라스팅은 주발파와 동시에 점화하여 그 최종단에서 발파시키는 것으로 다음과 같은 특징이 있다.
- 여굴을 감소한다.
- 복공 콘크리트량이 절약된다.
- 암석면을 거칠게 하는 일이 적고 뜬돌떼기 작업이 감소하여 낙석의 위험성이 적다.

■ 벤치 컷(Bench cut)
다량의 암석을 계단 모양으로 굴착하여 점차 후퇴하면서 발파 작업을 하는 암석 굴착 방법

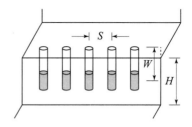

- 장약량 : $L = C \cdot S \cdot H \cdot W$
  여기서, L : 장약량(kg)
      C : 폭파 계수
      S : 천공 간격(m)
      H : 벤치의 높이(m)
      W : 최소 저항선(m)

□□□ 기92,99,05,07,09,17

01 발파 공법 중에서 심빼기 발파가 아닌 것은?

① 노 컷 ② 번 컷
③ 피라미드 컷 ④ 벤치 컷

해설 심빼기 발파 공법
· 스윙 컷(swing cut) · 번 컷(burn cut)
· 노 컷(no cut) · V 컷(wedge cut)
· 피라미드 컷(pyramid cut)

□□□ 기91,99,07,16,22

02 발파 시에 수직갱에 물이 고여 있을 때의 심빼기 발파 공법으로 가장 적당한 것은?

① 스윙 컷(swing cut)
② V 컷(wedge cut)
③ 피라미드 컷(pyramid cut)
④ 번 컷(Burn cut)

해설 스윙 컷 : 수직갱의 바닥에 물이 많이 고였을 때 우선 밑면의 반만큼 발파시켜 놓고 물이 거기에 집중한 다음에 물이 없는 부분을 발파하는 방법

□□□ 기11,18,22

03 아래의 표에서 설명하는 심빼기 발파공은?

버력이 너무 비산하지 않은 심빼기에 유효하며, 특히 용수가 많을 때 편리하다.

① 벤치 컷 ② 피라미드 컷
③ 노 컷 ④ 스윙 컷

해설 스윙 컷 : 수직갱의 바닥에 물이 많이 고였을 때 우선 밑면의 반만큼 발파시켜 놓고 물이 거기에 집중한 다음에 물이 없는 부분을 발파하는 방법

□□□ 기12

04 아래의 표에서 설명하고 있는 심빼기 발파공의 명칭은?

심빼기 부분에 수직한 평행공을 다수 구멍 뚫기하여 장약량을 집중시키고, 순발 뇌관으로 폭파시켜 폭파 쇼크에 의하여 심빼기를 하는 방법

① 번 컷 ② 스윙 컷
③ 피라미드 컷 ④ 노 컷

해설 노 컷(no cut) : 심빼기 부분에 수직한 평행공을 다수 천공하여 장약량을 집중시키고 순발 뇌관으로 폭파시켜 폭파 Shock에 의하여 심빼기 하는 방법

□□□ 기00,04,20

05 터널 공사에서 사용하는 천공(穿孔) 방법 중 번 컷 (Burn Cut) 공법의 장점에 대한 설명 중 옳지 않은 것은?

① 긴 구멍의 굴착이 용이하다.
② 폭파 시 버력의 비산 거리가 짧다.
③ 폭약이 절약된다.
④ 빈 구멍을 자유면으로 하여 연직 폭파를 하므로 천공이 쉽다.

해설 번 컷의 장점
· 긴 구멍의 굴착이 수직 천공이고 평행 폭파이므로 천공이 쉽다.
· 터널쪽에 관계없이 천공 길이를 깊게 하여도 경제적이다.
· 빈 구멍과 장약공을 번갈아 평행 폭파하므로 폭약이 절약된다.

□□□ 기09

06 발파에 의해 생긴 큰 암석 덩어리를 조각내는 2차 발파 공법이 아닌 것은?

① 블록 보링(block boring)
② 스네이크 보링(snake boring)
③ 머드 캐핑(mud capping)
④ 벤치 컷(bench cut)

해설 ■2차 발파법(조각 발파)
· 블록 보링법(block boring)
· 머드 캐핑법(복토법 : mud capping)
· 스네이크 보링법(snake boring)
■벤치 컷 : 다량의 암석을 계단 모양으로 굴착하여 점차 후퇴하면서 발파 작업을 하는 암석 굴착 방법

□□□ 기08

07 여굴(餘掘)을 줄이기 위한 조절 발파 공법에 해당되지 않는 것은?

① Smooth Blasting 공법 ② Bench Cut 공법
③ Pre-Splitting 공법 ④ Line-drilling 공법

해설 조절 폭파 공법(controlled blasting) 또는 제어 발파 공법의 종류
· 라인 드릴링(line drilling) 공법
· 프리 스플리팅(pre-splitting) 공법
· 쿠션 블라스팅(cushion blasting)
· 스무스 블라스팅(smooth blasting)

□□□ 기10,17

08 장약공 주변에 미치는 파괴력을 제어함으로써 특정 방향에만 파괴 효과를 주어 여굴을 적게 하는 등의 목적으로 사용하는 조절 폭파 공법의 종류가 아닌 것은?

① 라인 드릴링 ② 벤치 컷
③ 쿠션 블라스팅 ④ 프리 스플리팅

해설 벤치 컷 : 다량의 암석을 계단 모양으로 굴착하여 점차 후퇴하면서 발파 작업을 하는 암석 굴착 방법

09 암석 발파 공법에서 1차 발파 후에 발파된 원석의 2차 발파 공법으로 주로 사용되는 것이 아닌 공법은?

① 프리 스플리팅 공법 ② 블록 보링 공법
③ 스네이크 보링 공법 ④ 머드 캐핑 공법

해설 ■2차 발파법(조각 발파)
· 블록 보링법(block boring)
· 머드 캐핑법(복토법 : mud capping)
· 스네이크 보링법(snake boring)
■조절 폭파법(제어 발파법)
· 라인 드릴링 공법
· 프리 스플리팅 공법
· 쿠션 블라스팅
· 스무스 블라스팅

10 아래의 표에서 설명하는 조절 발파 공법의 명칭은?

> 원리는 쿠션 블라스팅 공법과 같으나 굴착선에 따라 천공하여 주굴착의 발파공과 동시에 점화하고 그 최종단에서 발파시키는 것이 이 공법의 특징이다.

① 라인 드릴링 ② 프리 스플리팅
③ 스무스 블라스팅 ④ 벤치 컷

해설 스무스 블라스팅 공법(smooth blasting)에 대한 설명이다.

11 다량의 암석을 계단 모양으로 굴착하여 점차 후퇴하면서 발파 작업을 하는 암석 굴착 방법은?

① 대발파 ② 소발파
③ 스무스 블라스팅 ④ 벤치 컷

해설 Bench cut의 특징
· 자유면의 수가 증대되므로 폭파 효율이 좋다.
· 천공, 장약, 발파 작업을 연속적으로 할 수 있다.
· 벤치의 폭은 벤치의 높이의 2배 정도로 한다.

12 벤치 컷(Bench cut)의 벤치의 높이 12m를 취하고 구멍 간격이 1.5m, 최소 저항선이 1.5m이다. 화강암(花崗岩)의 암석을 굴착할 경우 장약량(裝藥量)은 얼마인가?
(단, 발파 계수 $C=0.62$이다.)

① 16.74kg ② 25.36kg
③ 32.76kg ④ 42.67kg

해설 장약량 $L = C \cdot S \cdot H \cdot W$
$$= 0.62 \times 1.5 \times 12 \times 1.5 = 16.74kg$$

13 암발파에 있어서 스무스 블라스팅(Smooth blasting)에 대한 설명으로 옳은 것은?

① 인위적으로 자유면을 증가시켜 효율적인 발파 작업이 될 수 있도록 하는 작업이다.
② 일반적으로 복공 콘크리트가 더 필요하게 되어 비경제적이다.
③ 암석면을 거칠게 하며, 낙석의 위험성이 많다.
④ 여굴이 감소된다.

해설 스무드 블라스팅 공법의 특징
· 여굴을 감소한다.
· 복공 콘크리트량이 절약된다.
· 암석면을 거칠게 하는 일이 적고 뜬돌떼기 작업이 감소하여 낙석의 위험성이 적다.

14 발파에 의한 터널공사 시공 중 발파진동 저감대책으로 틀린 것은?

① 정밀한 천공 ② 장약량 조절
③ 동시발파 ④ 방진공(무장약공) 수행

해설 전단면을 1회에 발파하지 않고 여러 단계로 분할하여 분할발파를 실시한다.

048 폭파약

◾ 화약과 폭약

- **ANFO** : 탄광과 토목 공사용의 폭약으로 이용되는 것으로 그 주성분이 질산암모늄과 연료유로 되어 있는 폭약으로 충격에 둔하여 취급 및 보관이 용이하다.
- **캄마이트(Calmmite)** : 무진동 무소음 공법으로 발파에 의하지 않고 팽창에 의하여 기존 건물이나 암(岩)을 폭발하는 폭약
- **카알릿(Carlit)** : 충격에 둔감하여 취급상 위험이 적어 안전하다.
- **니트로글리세린(N.G)** : 외부 충격에 의해 폭발하기 쉬워서 운반 및 사용이 불편하며 폭발력이 크다.
- **다이나마이트** : N.G보다 충격에 둔하여 안전하다.

◾ 도화선과 도폭선

- **도화선** : 뇌관을 도화시키기 위한 것으로 흑색 화약을 사용하여 종이나 실을 감은 후 방수제로 도장한 것으로 연소 속도는 보통 1m에 대하여 120~140sec/m이다.
- **도폭선** : 대폭파 또는 수중 폭파를 동시에 실시하기 위하여 뇌관 대신 사용하는 것으로, 흑색 화약이 아닌 면 화약을 마사, 면사, 종이 등으로 감아 도료로 피복하여 사용하며, 폭파 속도는 3,000~6,000m/sec이다.

□□□ 기 94,00

01 탄광과 토목 공사용의 폭약으로 이용되는 것으로 그 주성분이 질산암모늄과 연료유로 되어 있는 폭약은?

① ANFO ② 다이나마이트
③ 카알릿 ④ 니트로글리세린

해설 ANFO : 충격에 둔하여 취급 및 보관이 용이하고 경제성이 양호하나 저폭속이나 용수 지역에는 사용이 불가능하다.

□□□ 기 03

02 대폭파 또는 수중 폭파를 동시에 실시하기 위하여 뇌관 대신 사용하는 것으로, 흑색 화약이 아닌 면 화약을 마사, 면사, 종이 등으로 감아 도료로 피복하여 사용하며, 폭파 속도는 3,000~6,000m/sec인 이것은 무엇인가?

① 도화선 ② 도폭선
③ 기폭약 ④ 분화약

해설 ·도화선 : 뇌관을 도화시키기 위한 것으로 흑색 화약을 사용하여 종이나 실을 감은 후 방수제로 도장한 것으로 연소 속도는 보통 1m에 대하여 120~140sec/m이다.
·도폭선 : 폭파 속도 3,000~6,000m/sec으로 대폭파, 수중 폭파 등을 동시에 폭파할 때 뇌관 대신 사용한다.

□□□ 기91,98

03 도화선의 연소 속도는 m당 어느 정도의 시간이 소요되는가?

① 90~100초 ② 120~140초
③ 150~170초 ④ 180~200초

해설 도화선의 연소 속도는 보통 1m에 대하여 120~140초 길이로 점화 후 폭파할 때까지의 시간을 조절할 수 있다.

□□□ 산03

04 무진동 무소음 공법으로 발파에 의하지 않고 팽창에 의하여 기존 건물이나 암(岩)을 폭하는 폭약은?

① 카알릿(Carlit) ② 안포(ANFO)폭약
③ 캄마이트(Calmmite) ④ 함수(Slurry)폭약

해설 캄마이트 : 물과의 수화 반응에 의하여 발생되는 팽창압을 이용하여 조용하고 안전하게 폭파하는 공법으로 무소음, 무진동이 요구되는 공사에 적용된다.

□□□ 기18

05 순폭(殉爆)에 대한 설명으로 옳은 것은?

① 순폭(殉爆)이란 폭파가 완전히 이루어지는 것을 말한다.
② 한 약포 폭발에 감응되어 인접 약포가 폭발되는 것을 순폭(殉爆)이라 한다.
③ 폭파계수, 최소저항선, 천공경 등을 결정하여 표준 장약량을 결정하기 위해 설치하는 것을 순폭(殉爆)이라 한다.
④ 누두지수(n)가 1이 되는 경우는 폭약이 가장 유효하게 사용되었음을 나타내며, 이때의 폭발을 순폭(殉爆)이라 한다.

해설 순폭(殉爆, flash over)
·폭약의 약포간 또는 장약공간의 감응기폭
·한 약포 폭발에 감응되어 인접 약포가 폭발되는 것
·어떠한 이유 등으로 폭발이 연쇄적으로 일어나는 상황

| memo |

하천, 계곡, 해협 등에 가설하여 교통을 위한 통로를 지지하도록 한 구조물을 교량(Bridge)이라 한다.

교량의 구성

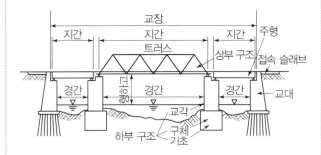

교대의 단면도와 정면도

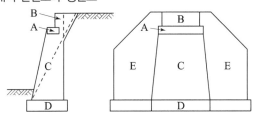

A : 교좌

C : 주체(구체)

E : 날개벽(wing wall)

B : 배벽(흉벽 : parapet wall)

D : 교대 기초(각 층 : footing)

교량의 구성

상부 구조		하부 구조	
교량의 주체가 되는 부분으로서 교통의 하중을 직접 받쳐 주는 부분		상부 구조로부터의 하중을 지반에 전달해 주는 부분	
바닥판	포장, 슬래브	교각, 교대	상부의 하중을 지반에 전달하는 역할
바닥틀	세로보, 가로보	기초	지반의 조건에 따라 말뚝 기초 또는 우물통 기초로 사용
주형, 주트러스	트러스, PSC 상자		

상부 구조

- **정의** : 교량의 주체가 되는 부분으로서 교통 하중을 직접 받쳐 주는 부분
- **종류** : 바닥판, 바닥틀, 주형
- **바닥판** : 교통 하중을 직접 받는 부분을 바닥판이라 하며 도로교에서는 교면과 그 밑에 있는 슬래브로 되어 있다.
- **바닥틀** : 바닥을 지지하여 바닥에 작용하는 하중을 거더 또는 트러스에 전달하는 역할을 한다.
- **주형** : 바닥틀로부터의 하중이나 자중을 안전하게 받쳐서 하부 구조에 전달하는 부분
- **교좌** : 교량의 일단을 지지하는 곳
- **배벽** : 축제의 상부를 지지하여 흙이 교좌에서 무너지는 것을 막으며, 흉벽이라고도 한다.
- **구체**(main body) : 상부 구조에서 오는 전 하중을 기초에 전달하고 배후 토압에 저항한다.
- **브레이싱**(Bracing) : 교량에서 좌우의 주형을 연결하여 구조물의 횡방향 지지, 교량 단면 형상의 유지, 강성의 확보, 횡하중의 받침부로의 원활한 전달 등을 위해서 설치된 구조

하부 구조

- **정의** : 상부 구조로부터의 하중을 지반에 전달해 주는 부분
- **종류** : 교각, 교대, 기초(교각, 교대를 지지해 줌)
- **교대** : 후방에 오는 토압을 지지하고 연직 및 수평 하중을 지반에 전달한다.

교량의 위치 선정

- 사교는 가능한 피할 것
- 하천과 유수가 안정한 곳일 것
- 하천과 그 양안의 지질이 양호한 곳
- 하폭이 넓을 때에는 하폭의 굴곡부를 피할 것
- 교각의 축방향은 유수의 방향에 평행하게 되는 곳일 것

고정받침을 배치할 때 고려할 사항

- 고정하중의 반력이 큰 지점
- 종단 구배가 낮은 지점
- 수평반력 흡수가 가능한 지점
- 가동받침 이동량을 최소화할 수 있는 지점

01 교량 구조 중 좌우의 주형을 연결하여 구조물의 횡방향 지지, 교량 단면 형상의 유지, 강성의 확보, 횡하중의 받침부로의 원활한 전달 등을 위해서 설치된 구조는 무엇인가?

① 교좌   ② 바닥판
③ 브레이싱   ④ 바닥틀

해설 ·교좌 : 교량의 일단을 지지하는 것
·바닥판 : 교통 하중을 직접 받는 부분으로 도로교에서는 교면과 그 밑에 있는 슬래브로 되어 있다.
·바닥틀 : 바닥을 지지하여 바닥에 작용하는 하중 거더 또는 트러스에 전달하는 역할을 한다.
·브레이싱 : 좌우의 주형을 연결하여 구조물의 횡방향 지지, 교량 단면 형상의 유지, 강성의 확보, 횡하중의 받침부로의 원활한 전달 등을 위해서 설치

02 교량 가설의 선정 위치로 적절하지 않은 곳은?

① 하천과 양안의 지질이 양호한 곳
② 하폭이 넓을 때에는 굴곡부인 곳일 것
③ 교각의 축방향이 유수의 방향과 평행하게 되는 곳일 것
④ 하천과 유수가 안정한 곳일 것

해설 하상의 변동이 있는 곳이나 세굴 작용이 심한 하천의 굴곡부는 피한다.

03 교대의 명칭 중 구체(Main body)를 가장 적절하게 설명한 것은?

① 교량의 일단을 지지하는 것
② 축제의 상부를 지지하여 흙이 교좌에서 무너지는 것을 막는 것
③ 상부 구조에서 오는 전 하중을 기초에 전달하고 배후 구조에 저항하는 것
④ 하중을 기초 지반에 넓게 분포시켜 교대의 안정을 도모하는 것

해설 ·교좌 : 교량의 일단을 지지하는 것
·흉벽 : 뒷면 축제의 상부를 지지하고 흙이 교좌에 무너지는 것을 막는 벽체
·구체 : 상부 구조에서 오는 전 하중을 기초에 전달하고 배후 토압에 저항한다.
·교대 기초 : 구체의 하부를 확대하여 하중을 기초 지반에 넓게 분포시켜 교대의 안전성을 높이는 부분

04 교량 받침 계획에 있어서 고정받침을 배치하고자 할 때 고려하여야 할 사항으로 틀린 것은?

① 고정하중의 반력이 큰 지점
② 종단 구배가 높은 지점
③ 수평반력 흡수가 가능한 지점
④ 가동받침 이동량을 최소화할 수 있는 지점

해설 고정받침을 배치하고자 할 때 고려할 사항
·고정하중의 반력이 큰 지점
·종단 구배가 낮은 지점
·수평반력 흡수가 가능한 지점
·가동받침 이동량을 최소화할 수 있는 지점

■ 평면 형상에 따른 교대의 분류

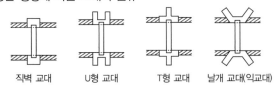

직벽 교대   U형 교대   T형 교대   날개 교대(익교대)

- **직벽 교대** : 양안에 따라 직면을 가진 간단한 구조로 도로, 철도 등에 많이 사용된다.
- **U형 교대** : U자형으로 측벽이 직각으로 된 구조로 철도교에 많이 사용된다.
- **T형 교대** : T자형의 평면을 이루고 있으며 교대가 높아지고 측벽이 커질 때에 유리하다.
- **라멘 교대** : 라멘 구조 형식으로 주로 고가교에 많이 이용된다.
- **날개 교대** : 직벽 교대의 양측 날개 모양의 벽을 설치한 것으로 하천의 유수에 장해가 되지 않고 외관이 좋다. 또는 익벽교대라고 하며, 교대 뒷부분이 성토 지반이고 하천의 유수에 장애가 없으며 외관이 좋아서 시가지 교량에 적합한 교대로 표현되기도 한다.

■ 구조 형식에 따른 분류
- 중력식 교대   · 반중력식 교대   · L형 교대
- 부벽식 교대   · 아치형 교대

■ 교대의 특징

교대의 종류	특 징
직벽 교대	도로, 철도 등에 많이 사용, 유수가 없는 장소
U형 교대	철도교에 많이 사용, 공사 감독이 용이, 강도가 크다.
T형 교대	교대가 높아지고 측벽이 커질 때는 T형이 유리하다.
날개 교대	하천의 유수에 장해가 되지 않고 시가지에 적당하다.

* 익교대 = 익벽 교대 = 날개 교대

■ 교대에 작용하는 외력
- **연직력**
  - 상부 구조의 사하중
  - 활하중에 의한 지점의 최대 하중
  - 활하중에 의한 충격
  - 교대의 자중 및 기초 위에 있는 토사의 중량
- **수평력**
  - 교대 배면의 토사 및 재하중에 의한 토압
  - 교상에 열차가 통과할 때 교축 방향에 작용하는 인력 및 제압력
  - 교상에서 궤도가 곡선일 때 일어나는 원심력
  - 풍하중

□□□ 기 11
01 교대를 그 평면 형상에 따라 분류한 것 중 옳지 않은 것은?

① 직벽 교대   ② U형 교대
③ 중력식 교대   ④ 날개형 교대

해설 · 평면 형상에 따른 분류 : 직벽 교대, U형 교대, T형 교대, 날개 교대
· 구조 형식에 의한 분류 : 중력식 교대, 반중력식 교대, L형식 교대, 부벽식 교대, 아치형 교대

□□□ 기 04, 06, 12, 15, 18
02 교대 날개벽의 가장 주된 역할은?

① 미관의 향상
② 교대 하중의 부담 감소
③ 교대 배면 성토의 보호 및 세굴 방지
④ 유량을 경감시켜 토사의 퇴적을 촉진시켜 교대의 보호 증진

해설 날개벽(wing) : 배면 토사를 보호하고 교대 부근의 세굴 방지 목적으로 구체에 직각으로 고정하여 설치한다.

□□□ 기 01
03 교대 뒷부분이 성토 지반이고 유수의 장애가 없으며 시가지 교량에 적합한 교대 형식은?

① 익벽 교대   ② 직벽 교대
③ T형 교대   ④ U형 교대

해설 · 직벽 교대 : 양안에 따라 직면을 가진 간단한 구조로 도로, 철도 등에 많이 사용된다.
· T형 교대 : T자형의 평면을 이루고 있으며 교대가 높아지고 측벽이 커질 때 유리하다.
· U형 교대 : U자형으로 측벽이 직각으로 된 구조로 철도교에 많이 사용된다.

□□□ 산 00, 06
04 교대 뒷쪽에 설치하는 답괴판(approach slab)을 설치하는 목적으로 옳은 것은?

① 부등 침하 방지   ② 기초의 세굴 방지
③ 배면 토사 방지   ④ 교좌 장치 보호

해설 부등 침하를 방지하기 위해서 답괴판을 설치한다.

□□□ 산01,07

05 다음 그림의 교대에서 D부분의 명칭은 무엇인가?

① 교좌
② 흉벽
③ 답석
④ 답괴판

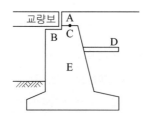

해설 A : 흉벽, B : 교좌, D : 답괴판, E : 주체

□□□ 기05

06 교대에 작용하는 외력 중 연직력에 속하지 않는 것은?

① 교대 배면의 토사 및 재하중에 의한 토압
② 상부 구조의 고정 하중
③ 활하중에 의한 지점의 최대 하중
④ 충격 하중

해설 교대에 작용하는 외력

연직력	수평력
· 상부 구조의 사하중 · 활하중에 의한 지점의 최대 하중 · 활하중에 의한 충격 · 교대의 자중 · 기초 위에 있는 토사의 중량	· 교대 배면의 토사 및 재하중에 의한 토압 · 교상에 열차가 통과할 때 교축 방향에 작용하는 인력 및 제압력 · 교상에서 궤도가 곡선일 때 일어나는 원심력 · 풍하중

---

051 교각 🌱

교각(pier)은 교장이 길 때 교대와 교대 사이에 상부 구조를 지지하기 위해 설치하는 구조물이다.

■ 교각의 종류

• **중력식 교각** : 자중으로 안정을 유지하는 교각으로 돌 쌓기 및 콘크리트가 주로 사용된다.
• **말뚝식 교각** : 지반 속에 말뚝을 박아서 만든 것으로 물의 깊이가 깊거나 간단한 교각에 사용된다.
• **T형 교각** : 도로의 고가교에 많이 사용된다.
• **라멘 교각** : 철근 콘크리트의 보와 기둥을 일체로 만든 구조로 유수에 대한 장애가 적다.
• **트러스 교대** : 교각의 높이가 높은 곳에 사용된다. 강트러스 교각을 사용하는 것이 경제적이다.

■ 교각의 안정

• 교각에 작용하는 유수압은 교각의 연직 투영 면적에 비례한다.
• 유수압 $P = KAV^2$
  여기서, K : 교각 단면형에 관한 유수압 계수
          A : 교각의 연직 투영 면적(m²)
          V : 표면 유속(m/sec)

□□□ 기99

01 T형 교각은 주로 어떤 경우에 많이 채용하는가?

① 철도교
② 수로교
③ 고가교
④ 도로교

해설 T형 교각 : 도로의 고가교에 많이 사용된다.

□□□ 기91,00

02 교각 주위를 흐르는 유수에 관한 다음 설명 중 틀린 것은?

① 교각 주의의 최대 세굴이 발생하는 위치는 흐름의 세기와 시간의 함수이다.
② 세굴 방지 공법으로 사석공, 수제공, Sheet pile공, 콘크리트 밑다짐공 등이 있다.
③ 교각에 작용하는 유수압은 교각의 연직 투영 면적의 3승에 비례한다.
④ 최대 세굴 깊이는 Froude수가 적으면 측면에서 커진다.

해설 · 교각에 작용하는 유수압은 교각의 연직 투영 면적에 비례한다.
    · 유수압 $P = KAV^2$
       여기서, K : 교각 단면형에 관한 유수압 계수
              A : 교각의 연직 투영 면적(m²)
              V : 표면 유속(m/sec)

---

052 비계 사용 공법

▣ 동바리를 이용하는 공법

- **새들(Saddle) 공법** : 주로 지간이 길지 않고 높이가 높지 않은 교량의 가설에 많이 사용된다.
- **벤트(Bent) 공법** : 수심이 깊지 않고 하천 바닥의 지반이 좋지 않을 때 사용한다.
- **가설 트러스(Erection truss) 공법** : 주로 수심이 깊고 거더가 높을 때 이 공법을 사용하면 안정성이 크며 도심부의 고가교 건설에 많이 이용된다.
- **스테이징(Staging) 공법** : 스테이징이 안전하고 경제적으로 조합할 수 있는 장소 또는 거더 높이가 높지 않고 유수, 침하에 안전한 장소에 적용된다.

▣ 동바리를 이용하지 않는 공법

- **강판형의 가설 공법**
  - **브래킷(Bracket) 가설 공법** : 손펴기(인출) 공법으로 가설용 트러스 거더(Truss girder)를 달아서 보를 조립하여 인출하는 공법이다.
  - **연결식 가설 공법** : 교각 사이에 사용될 판형틀을 사용하여 연속 보를 만들어 굴려 내려서 가설하는 공법이다.
  - **크레인(Crane)식 가설 공법** : 한 지간 길이로 제작하여 적당한 크레인으로 들어 올려놓는 공법이다.
- **강트러스교의 가설 공법**
  - **캔틸레버식(Cantilever) 공법** : 가설비의 조립이 곤란하고 교통량이 많은 도로, 하천, 계곡 등에서의 가설 공법으로 적합하다.
  - **케이블식(Cable erection) 공법** : 깊은 계곡, 하천의 수심이 깊은 유속이 빠른 곳으로 동바리 공법으로 지탱이 곤란한 곳에 적합하다.
  - **이동 벤트식(Travelling bent) 공법** : 교통량이 많을 때, 긴교량에 적합하다.

- **부선식(Pontoon) 공법** : 이동 이벤트의 대차 대신에 폰툰을 사용하는 방법으로 유속이 작은 수상 가설에 사용한다.

▣ 사장교(Cable stayed bridge)

주탑, 케이블, 주형의 3요소로 구성되어 있고, 케이블을 주형에 정착시킨 교량형식이며, 장지간 교량에 적합한 형식으로서 국내 서해대교에 적용된 형식이다.

- **구조 형식**
  - **자정식** : 케이블을 3경 간 연속의 주형에 정착하고 주형에는 압축력만이 작용한다.
  - **부정식** : 축력을 전달하지 않는 신축 이음을 측경 간 또는 중앙 경 간에 삽입한 구조이다.
  - **완정식** : 주형을 3개의 단순 거더로 구성한 구조이다.
- **사장교를 케이블 형상에 따라 분류**
  방사(radiating)형, 하프(harp)형, 부채(fan)형, 스타(star)형

▣ 현수교(Suspension bridge)

교량이 설치된 양기슭의 앵커리지와 주탑 사이에 케이블을 거치고 행어(hanger)에 의해 보강형 또는 보강 트러스를 달아 내려서 그 위에 상판을 설치한 구조이며 아치교와 같은 압축력에 의한 아치 부재와 좌굴 우려가 없어서 장지 간 교량에 사용한다.

- **구조 형식**
  - **타정식** : 별도의 앵커 블록을 설치하여 주케이블을 정착하는 형식
  - **자정식** : 측경 간의 보강형 단부에 앵커 장치를 설치하여 주케이블을 정착하는 형식

□□□ 기89,92,99,01,04,05,12

01 강트러스의 교량 가설 공법 중 동바리 조립이 곤란하고 교통량이 많은 도로, 양안이 암반이고 유수가 심한 계곡에 가설하는 데 적당한 공법은 무엇인가?

① 캔틸레버식 공법　　② 케이블 공법
③ 새들 공법　　　　　④ 벤트 공법

해설 ・캔틸레버식 가설 공법 : 가설비의 조립이 곤란하고 교통량이 많은 도로, 하천 및 양안이 암반이고 유수가 심한 깊은 계곡(溪谷)에 단 span의 아치교(上路鋼橋)를 가설하는 공법으로 적합하다.
・케이블식 공법 : 깊은 계곡, 하천의 수심이 깊은 유속이 빠른 곳으로 동바리 공법으로 지탱이 곤란한 곳에 적합하다.
・새들 공법 : 지간이 길지 않고 높이가 높지 않은 교량의 가설에 많이 사용된다.
・벤트 공법 : 수심이 깊지 않고 하천 바닥의 지반이 좋지 않을 때 사용한다.

□□□ 기90,99,07,22

02 교량 가설 공법은 비계를 사용하는 공법과 비계를 사용하지 않는 공법, 비계를 병용하는 공법으로 분류할 수 있는데, 다음 중 비계를 사용하는 공법에 해당하는 것은?

① 브래킷식 가설 공법　　② 캔틸레버식 가설 공법
③ 디뷔닥식 가설 공법　　④ 이렉션 트러스식 가설 공법

해설 동바리 이동 공법

비계를 사용하는 공법	비계를 사용하지 않는 공법
새들(Saddle) 공법	브래킷(Bracket) 공법
스테이징(Staging) 공법	캔틸레버식(Cantilever)식 공법
벤트(Bent) 공법	크레인식(Crane) 공법
이렉션 트러스 (Erection truss) 공법	이동 벤트식 (Travelling bent) 공법

□□□ 기 10,13
03 교량 가설 공법은 비계를 사용하는 공법과 비계를 사용하지 않는 공법, 비계를 병용하는 공법으로 분류할 수 있는데, 다음 중 비계를 사용하는 공법에 해당 하는 것은?

① 크레인 가설 공법
② 캔틸레버식 가설 공법
③ 이동벤트식 가설 공법
④ 이렉션 트러스식 가설 공법

해설 비계를 사용하는 공법
· 새들(Saddle) 공법
· 스테이징(Staging) 공법
· 벤트(Bent)식 공법
· 이렉션 트러스(Erection truss) 공법

□□□ 기 08,09
04 다음 교량 가설법 중 비계를 이용하는 시공법이 아닌 것은?

① 벤트(Bent)식 공법
② 이렉션 트러스(Erection truss) 공법
③ 캔틸레버(Cantilever)식 가설 공법
④ 새들(Saddle) 공법

해설 비계를 사용하지 않는 공법 : 브래킷(Bracket) 공법, 캔틸레버(Cantilever)식 공법, 크레인식(Crane) 공법, 이동 벤트식(Travelling bent) 공법

□□□ 기 00,03,07,13,18
05 다음 중 비계를 이용하지 않는 강트러스교의 가설 공법이 아닌 것은?

① 새들(Saddle) 공법
② 캔틸레버(Cantilever)식 공법
③ 케이블(Cable)식 공법
④ 부선(Pontoon)식 공법

해설 ■비계를 사용하지 않는 강 트러스교의 가설법
· 캔틸레버식 공법
· 케이블식 공법
· 부선식 공법
· 이동 벤트식 공법
■새들(Saddle) 공법 : 주로 지간이 길지 않고 높이가 높지 않은 교량의 가설에 많이 사용된다.

□□□ 기 11,15,17
06 사장교를 케이블 형상에 따라 분류할 때 여기에 속하지 않는 것은?

① 방사(Radiating)형
② 타이드(Tied)형
③ 하프(Harp)형
④ 팬(Fan)형

해설 · 방사형과 팬형 : 변위에 대한 강성이 크고 탑의 휨 모멘트가 적어서 널리 사용된다.
· 하프형 : 외관이 우수하고 주형의 교축 방향 이동에 대한 구속도가 강하다.

PSC 교량 가설 공법의 분류

동바리를 사용하는 공법	동바리를 사용하지 않는 방법	
현장 타설 공법	현장 타설 공법	프리캐스트 공법
· 전체 지주식 · 지주 지지식 · 거더 지지식	· 캔틸레버 공법 · MSS 공법 · ILM 공법	· 프리캐스트 거더 공법 · 프리캐스트 세그먼트 공법

연속 압출 공법(ILM)
프리캐스트 세그먼트를 제작하여 교축 방향으로 밀어 점차적으로 교량을 가설하며 직선 또는 일정 곡률 반경의 교량에 시공하는 공법으로 시공 부위의 모멘트 감소를 위해 steel noss(추진코)를 사용한다.

동바리 공법(FSM)
콘크리트 치기를 하는 경간에 동바리를 설치하여 자중 등의 하중을 일시적으로 동바리가 차지하는 방식

이동식 동바리공(MSS)
교각 위에 브래킷 설치 후 그 위를 이동하며 콘크리트 타설 공법으로 특수 제작된 거푸집을 이동시키면서 진행 방향으로 슬래브를 타설하는 공법이며, 유압잭을 이용하여 전·후진의 구동이 가능하며 main girder 및 form work를 상하좌우로 조절 가능한 기계화된 교량 가설 공법

외팔보 공법(FCM)
세그먼트 제작에 필요한 모든 장비를 갖춘 이동식 작업차를 이용하여 시공해 나가는 공법
· F.C.M(Dywidag) 공법의 정의 : 가설 작업차를 사용하여 거푸집을 조립하고 현장에서 콘크리트를 쳐서 차례로 캔틸레버식으로 교량을 완성시키는 방법
· 교량의 가설법 중 지간이 길고 큰 교량에 적합하며, 일종의 PC교를 캔틸레버식으로 가설하는 공법
· F.C.M 공법의 형식
 · 라멘 형식 : 교량 가설 중에 발생되는 불균형 모멘트에 대한 가시설이 불필요하다.
 · 연속 보형식 : 교량 가설 중에 발생되는 불균형 모멘트에 대한 가시설이 필요하다.
· F.C.M 공법의 특징
 · 동바리를 필요로 하지 않으므로 깊은 계곡이나 하천, 해상, 교통량이 많은 위치에 적용할 경우 경제성이 높다.
 · 세그먼트 제작에 필요한 모든 장비를 갖춘 이동식 작업차를 이용하여 시공하므로 장대 교량의 시공이 가능하다.
 · 대부분의 작업이 이동식 작업차 내에서 실시되므로 기후 조건에 관계없이 품질, 공정 등의 시공 관리를 확실하게 행할 수 있다.
 · 거푸집 설치, 콘크리트 타설, 프리스트레싱 작업 등 모든 작업이 동일하게 반복 수행하므로 시공 속도가 빠르고 작업을 능률적으로 행할 수 있다.

□□□ 기 08,12,16
01 PSC 교량 가설 공법과 시공상의 특징에 대한 설명이 적절하지 않은 것은?

① 연속 압출 공법(ILM) : 시공 부위의 모멘트 감소를 위해 steel noss(추진코) 사용
② 동바리 공법(FSM) : 콘크리트 치기를 하는 경간에 동바리를 설치하여 자중 등의 하중을 일시적으로 동바리가 지지하는 방식
③ 캔틸레버 공법(FCM) : 교량 외부의 제작장에서 일정 길이만큼 제작 후 연결 시공
④ 이동식 비계 공법(MSS) : 교각 위에 브래킷 설치 후 그 위를 이동하며 콘크리트 타설

해설 캔틸레버 공법(FCM) : 세그먼트 제작에 필요한 모든 장비를 갖춘 이동식 작업차를 이용하여 현장에서 시공해 나간다.

□□□ 기 02,04,05,08
02 PSC 교량 가설 공법과 시공상의 특징이 적절하지 않은 것은?

① 연속 압출 공법(ILM) : 기 시공 부위의 모멘트 감소를 위해 steel noss(추진코) 사용
② 동바리 공법(FSM) : BOX부의 포물선 단면 시공 가능
③ 외팔보 공법(FCM) : 교량 외부의 제작장에서 일정 길이만큼 제작 후 연결 시공
④ 이동식 동바리공(MSS) : 교각 위에 브래킷 설치 후 그 위를 이동하며 콘크리트 타설

해설 외팔보 공법(FCM) : 세그먼트 제작에 필요한 모든 장비를 갖춘 이동식 작업차를 이용하여 시공해 나간다.

03 교량 가설 공법 중 FCM 공법에 관한 설명으로 옳지 않은 것은?

① 동바리가 필요 없다.
② 거푸집의 수량을 줄이고 효율적으로 반복 사용할 수 있다.
③ 교량의 상부 구조를 교대 후방의 제작장에서 일정한 길이로 연속 제작 양생한 후 추진코를 연결하고 압축하는 방법이다.
④ 장대 교량에 유리하며, 이동식 작업차에서 공사를 시행하므로 전천후 시공이 가능하다.

해설 연속 압출 공법(ILM)은 교량의 상부 구조를 교대 후방의 제작장에서 일정한 길이로 연속 제작 양생한 후 추진코를 연결하고 압출하는 방법이다.

□□□ 기 93

04 교량의 가설법 중 지간이 길고 큰 교량에 적합하며, 일종의 PC교를 캔틸레버식으로 가설하는 공법은?

① 폰툰(Pontoon) 공법
② 새들(Saddle) 공법
③ 디비닥(Dywidag) 공법
④ 벤트(Bent) 공법

해설 Dywidag 공법
· 가설 작업차를 사용하여 거푸집을 조립하고 현장에서 콘크리트를 쳐서 차례로 캔틸레버식으로 교량을 완성시키는 방법
· 장대교로서 대하천을 횡단하는 교량, 수심이 깊은 경우에 PC교 가설법으로 가장 유리한 공법

□□□ 기 08,10,16

05 특수 제작된 거푸집을 이동시키면서 진행 방향으로 슬래브를 타설하는 공법이며, 유압잭을 이용하여 전·후진의 구동이 가능하며 main girder 및 form work를 상하좌우로 조절 가능한 기계화된 교량 가설 공법은?

① Dywidag 공법
② ILM 공법
③ MSS 공법
④ FCM 공법

해설 · Dywidag 공법 : 가설 작업차를 사용하여 거푸집을 조립하고 현장에서 콘크리트를 쳐서 차례로 캔틸레버식으로 교량을 완성시키는 방법
· 연속 압출 공법(ILM) : 시공 부위의 모멘트 감소를 위해 steel noss(추진코)를 사용하여 시공하는 방법
· 외팔보 공법(FCM) : 세그먼트 제작에 필요한 모든 장비를 갖춘 이동식 작업차를 이용하여 시공해 나가는 공법

□□□ 기 11

06 교량 시공 방법 중 프리캐스트 세그먼트를 제작하여 교축 방향으로 밀어 점차적으로 교량을 가설하며, 직선 또는 일정 곡률 반경의 교량에 시공할 수 있는 공법은?

① FCM 공법
② MSS 공법
③ ILM 공법
④ 프리캐스트 거더 공법

해설 압출(ILM) 공법 : 교대 후방의 제작장에서 1세그먼트씩 제작된 교량의 상부 구조물에 교량 구간을 통과할 수 있도록 프리스트레스를 가한 후 특수 장비를 이용하여 밀어내는 공법이다.

□□□ 기 14,17

07 교량 가설공법 중 압출공법(ILM)의 특징을 설명한 것으로 틀린 것은?

① 비계작업 없이 시공할 수 있으므로 계곡 등과 같은 교량 밑의 장해물에 관계없이 시공할 수 있다.
② 기하학적인 형상에 적용이 용이하므로 곡선교 및 곡선의 변화가 많은 교량의 시공에 적합하다.
③ 대형 크레인 등 거치장비가 필요 없다.
④ 몰드 및 추진성에 제한이 있어 상부 구조물의 횡단면과 두께가 일정해야 한다.

해설 연속압출공법(ILM)의 단점
· 교량 선형의 제한성(직선 및 동일 평면 곡선의 교량)
· 상부 구조물의 횡단면이 일정하여야 한다.

07 포장공

포장은 아스팔트 콘크리트 포장(아스팔트 포장이라 함) 즉 연성 포장과 시멘트 콘트리트 포장인 강성포장으로 분류한다.

▣ 아스팔트 포장의 특징
- 소음이 적고 외관이 좋다.
- 주행성과 평탄성이 양호하다.
- 유지 보수 및 부분적 보수가 용이하다.
- 초기 공사비를 합리적으로 사용할 수 있다.
- 양생 기간이 거의 필요 없어 즉시 교통 개방이 가능하다.

▣ 시멘트 콘크리트 포장의 특징
- 초기 공사비가 고가이다.
- 유지 및 보수비가 비교적 저렴하다.
- 재료 구입이 용이하고 내구성이 크다.
- 국부적인 파괴에 대한 보수가 곤란하다.
- 승차감이나 저소음 효과가 아스팔트 포장에 비해 떨어진다.
- 표층의 콘크리트 슬래브가 교통 하중에 의해 발생되는 휨 응력에 저항한다.

▣ 동결 깊이

$$Z = C\sqrt{F}$$

여기서, Z : 동결 깊이(cm)
      F : 동결 지수(℃·day)
         $= \Sigma$(영하의 온도(θ)×지속 일수(t))
      C : 흙의 함수비, 건조 밀도, 동결 전후의 지표면 온도 등에 따라 결정되는 계수(3~5)

▣ 동상 방지 대책
- 모관수의 상승을 차단한다.
- 지표 부근에 단열 재료를 매립한다.
- 배수구를 설치하여 지하수위를 저하시킨다.
- 지표의 흙을 화학 약품 처리하여 동결 온도를 낮춘다.
- 동결 심도 상부의 흙을 동결하기 어려운 재료(자갈, 쇄석)로 치환한다.

▣ 동상 대책 공법
- **차단 공법** : 지하수위를 저하시키거나 성토를 하여 동상에 필요한 공급수를 차단하는 것이다.
- **단열 공법** : 포장 바로 밑에 스티로폼, 기포 콘크리트 층을 두어 흙의 온도 저하를 작게 하는 것이다.
- **안정 처리 공법** : 동결 온도를 낮추기 위해 흙에 $NaCl$, $CaCl_2$ 등을 섞어 화학적 안정 처리로 시공하는 것이다.
- **치환 공법** : 동결이 일어나는 깊이를 동상이 일어나지 않는 재료로 치환하는 공법으로 일반적인 재료는 규격에 맞는 모래, 막자갈, 깬자갈 등이다.

▣ 동결 융해 작용의 3가지 조건
- 지반의 토질이 동상을 일으키기 쉬울 때
- 동상에 필요한 물의 공급이 충분할 때
- 모관 상승고가 동결 심도보다 클 때

□□□ 기 06,11,15,19,22

01 아스팔트 포장과 콘크리트 포장을 비교 설명한 것 중 아스팔트 포장의 특징이 아닌 것은?

① 양생 기간이 거의 필요 없다.
② 유지 수선이 콘크리트 포장보다 쉽다.
③ 주행성이 콘크리트 포장보다 좋다.
④ 초기 공사비가 고가이다.

해설 아스팔트 포장은 초기 공사비를 합리적으로 사용할 수 있다.

□□□ 기 08,12

02 콘크리트 포장의 특성으로 옳지 않은 것은?

① 콘크리트 슬래브가 교통 하중을 휨 저항으로 지지한다.
② 아스팔트 포장과 비교하여 유지 및 보수비가 비교적 싸다.
③ 아스팔트 포장과 비교하여 국부적 파손에 대한 보수가 용이하다.
④ 아스팔트 포장과 비교하여 내구성이 좋다.

해설 아스팔트 포장과 비교하여 국부적 파손에 대한 보수가 곤란하다.

03 시멘트 콘크리트 포장의 설명 중 옳지 않은 것은?

① 표층의 콘크리트 슬래브가 교통 하중에 의해 발생되는 휨 응력에 저항한다.
② 승차감이나 저소음 효과가 우수하여 쾌적하다.
③ 부분적인 보수가 곤란하다.
④ 재료 구입이 용이하다.

해설 시멘트 콘크리트 포장의 승차감은 아스팔트 포장에 비해서 떨어지며 소음도 그루빙으로 인한 소음이 증가한다.

04 아스팔트 콘크리트 포장과 비교한 시멘트 콘크리트 포장의 특성에 대한 설명으로 틀린 것은?

① 내구성이 커서 유지 관리비가 저렴하다.
② 표층은 교통 하중을 하부층으로 전달하는 역할을 한다.
③ 국부적 파손에 대한 보수가 곤란하다.
④ 시공 후 충분한 강도를 얻는 데까지 장시간의 양생이 필요하다.

해설 표층의 콘크리트 슬래브가 교통 하중에 의해 발생되는 휨 응력에 저항한다.

05 아스팔트 포장의 특성에 대한 설명으로 틀린 것은?

① 교통 하중을 슬래브가 휨 저항으로 지지
② 잦은 덧씌우기 등으로 인해 유지 관리비가 많이 소요
③ 양생 기간이 짧아 시공 후 즉시 교통 개방이 가능
④ 부분 파손에 대한 보수가 용이

해설 콘크리트 포장의 교통 하중을 슬래브가 휨 저항으로 지지한다.

06 겨울철 동상에 의한 노면의 균열과 평탄성의 악화와 더불어 초봄의 노상 지지력의 저하로 인한 포장의 구조 파괴를 동결 융해 작용이라고 한다. 이는 3가지 조건을 동시에 만족하여야 하는데 그중 관계가 없는 것은?

① 지반의 토질이 동상을 일으키기 쉬울 때
② 동상을 일으키기에 필요한 물의 보급이 충분할 때
③ 기온이 순간적으로 단기간 급강하할 때
④ 모관 상승고가 동결 심도보다 클 때

해설 동결 융해 작용의 3가지 조건
• 지반의 토질이 동상을 일으키기 쉬울 때
• 동상에 필요한 물의 공급이 충분할 때
• 모관 상승고가 동결 심도보다 클 때

07 정수의 값이 3, 동결 지수가 400℃·days일 때, 데라다 공식을 이용하여 동결 깊이를 구하면?

① 30cm
② 40cm
③ 50cm
④ 60cm

해설 동결 깊이 $Z = C\sqrt{F}$
$= 3\sqrt{400} = 60cm$

08 흙의 동상을 방지하기 위한 방법으로서 적당하지 않은 것은?

① 지하수위를 상승시켜서 흐름을 원활하게 한다.
② 모관수의 상승을 차단할 목적으로 된 층은 지하수위보다 높은 곳에 설치한다.
③ 표면의 흙을 화학 약품으로 처리한다.
④ 흙 속에 단열 재료를 매입한다.

해설 배수구를 설치하여 지하수위를 저하시킨다.

09 겨울철 동상에 의한 노면의 균열과 평탄성의 악화와 더불어 초봄의 노상지지력의 저하로 인한 포장의 구조파괴를 동결융해작용이라고 한다. 이는 3가지 조건을 동시에 만족하여야 하는데 그 중 관계가 없는 것은?

① 지반의 토질이 동상을 일으키기 쉬울 때
② 동상을 일으키기에 필요한 물의 보급이 충분할 때
③ 0℃ 이상의 기온일 때
④ 모관상승고가 동결심도보다 클 때

해설 동결융해작용의 3가지 조건
• 지반의 토질이 동상을 일으키기 쉬울 때
• 동상에 필요한 물의 공급이 충분할 때
• 모관상승고가 동결심도 보다 클 때

아스팔트 포장의 구조

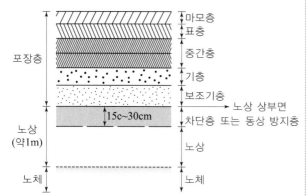

아스팔트 포장의 구성과 각 층의 명칭

- **아스팔트 포장층**

  마모층 → 표층 → 중간층 → 기층 → 보조기층 → 차단층 → 노상 → 노체

- **표층**
  - 표층은 포장의 최상부에 있다.
  - 가열 아스팔트 혼합물로 만들어진다.
  - 교통 차량에 의한 마모와 전단에 저항한다.
  - 평탄하여 잘 미끄러지지 않고 쾌적한 주행이 될 수 있다.
  - 빗물이 하부에 침투하는 것을 방지하는 기층을 가지고 있다.

- **중간층** : 표층에 전달되는 하중을 분산시켜 기층에 전달시킨다.
- **기층** : 아스팔트 포장에서 표층에 가해지는 하중을 분산시켜 보조기층에 전달하며, 교통 하중에 의한 전단에 저항하는 역할을 하는 층이다.
- **보조기층** : 노상 위에 포장하는 것으로 윤하중을 고르게 분포시키는 역할을 하는 층이다.
- **차단층** : 동결에 의한 피해를 방지하거나 제어를 하기 위한 층이다.
- **노상** : 교통 하중이나 포장 등 상부 하중을 최종적으로 지지하는 포장의 기초 부분
- **노체** : 흙 쌓기에 있어서 노상의 아래 부분에서부터 기초 지반면까지의 흙의 부분

콘크리트 포장의 구조

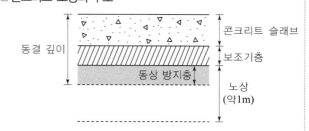

콘크리트 포장의 구성과 각 측의 명칭

아스팔트 포장층의 역할

구 분	아스팔트 포장
포장 구조	층구조, 가요성 포장
하중 전달	교통 하중을 표층 → 기층 → 보조기층 → 노상으로 확산 분포시켜 하중을 경감하는 방식
표층	• 교통 하중을 일부 지지하며 하부층으로 전달 • 표면수의 침투를 방지하여 하부층을 보호
기층	• 입도 조정 처리 또는 아스팔트 혼합물로 구성 • 전달된 교통 하중을 일부 지지하고 하부층으로 넓게 전달
보조기층	• 입상 재료 또는 토사 안정 처리 등으로 구성 • 상부층에서 전달된 교통 하중을 지지하며 노상으로 더 넓게 분포하여 노상 강도 이하가 되도록 함 • 포장층 내 배수기능 담당

콘크리트 포장의 역할

구 분	콘크리트 포장
포장 구조	판 구조, 강성 포장
하중 전달	교통 하중을 콘크리트 슬래브가 지지하는 형식
표층	슬래브 자체가 beam으로 작용하여 교통 하중에 의해 발생되는 응력을 휨 저항으로 지지
보조기층	• 빈배합 콘크리트 혹은 시멘트 및 아스팔트 안정 처리로 구성 • 표층에 대한 균일한 지지력 확보 • 줄눈부 및 균열 부근의 우수 침투 및 펌핑 현상 방지

□□□ 기04

01 노상 위에 포장하는 것으로 윤하중을 고르게 분포시키는 역할을 하는 층을 무엇이라 하는가?

① 표층　　　　　② 차단층
③ 보조기층　　　④ 중간층

해설 • 표층 : 교통 차량에 의한 마모와 전단에 저항한다.
　　• 차단층 : 동결에 의한 피해를 방지하거나 제어를 하기 위한 층이다.
　　• 중간층 : 표층에 전달되는 하중을 분산시켜 기층에 전달시킨다.

□□□ 기02

02 도로의 노상 다짐은 최대 건조 밀도의 몇 % 이상으로 하여야 하는가?

① 75%　　　　　② 80%
③ 90%　　　　　④ 95%

해설 최대 건조 밀도의 95% 이상 밀도가 되도록 균일하게 다짐하여야 한다.

□□□ 기 06,14,17,20

03 아스팔트 포장에서 표층에 가해지는 하중을 분산시켜 보조기층에 전달하며, 교통 하중에 의한 전단에 저항하는 역할을 하는 층은?

① 차단층   ② 기층
③ 노체   ④ 노상

해설 ·차단층 : 동결에 의한 피해를 방지하거나 제어를 하기 위한 층이다.
　·노체 : 흙 쌓기에 있어서 노상의 아랫부분에서부터 기초 지반면까지의 흙의 부분
　·노상 : 포장층의 기초로서 포장과 일체가 되어 교통하중을 지지하는 역할을 한다.

□□□ 기 99,00,02,07,10,13,16

04 다음은 아스팔트 포장의 단면도이다. 상단부터(A~E) 차례로 맞게 기술한 것은?

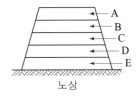

노상

① 차단층, 중간층, 표층, 기층, 보조기층
② 표층, 기층, 중간층, 보조기층, 차단층
③ 표층, 중간층, 차단층, 기층, 보조기층
④ 표층, 중간층, 기층, 보조기층, 차단층

해설 아스팔트 포장층 : 마모층 → 표층(A) → 중간층(B) → 기층(C) → 보조기층(D) → 차단층(E) → 노상 → 노체

□□□ 기 01,07,11,16,20

05 아스팔트 포장에서 표층에 대한 설명으로 틀린 것은?

① 노상 바로 위의 인공 층이다.
② 교통에 의한 마모와 박리에 저항하는 층이다.
③ 표면수가 내부로 침입하는 것을 막는다.
④ 기층에 비해 골재의 치수가 작은 편이다.

해설 표층
　·표층은 포장의 최상부에 있다.
　·가열 아스팔트 혼합물로 만들어진다.
　·교통 차량에 의한 마모와 전단에 저항한다.
　·평탄하여 잘 미끄러지지 않고 쾌적한 주행이 될 수 있다.
　·빗물이 하부에 침투하는 것을 방지하는 기층을 가지고 있다.

056 포장 두께 결정

- **포장 두께 결정을 위한 지지력 시험(TA 설계 방법)**
- 평판 재하 시험(PBT) : 콘크리트 포장의 두께 설계와 노상, 보조 기층, 기층의 지지력을 판정을 위해 이용
- 노상 지지력비 시험(CBR) : 일반적인 포장 두께를 결정하기 위해서 사용
- 동탄성 계수 시험 : 노상토와 같이 탄성 계수를 직접 구하기 어려운 경우에 사용되는 탄성 물성이다.
- 마셜 시험 : 아스팔트 혼합물의 합리적인 배합 설계와 혼합물의 소성 유동에 대한 저항성을 측정하기 위해 많이 사용된다.

- **포장 두께 결정(AASHTO 설계법)**
- 포장 두께 지수(SN)

$$SN = \alpha_1 D_1 M_1 + \alpha_2 D_2 M_2 + \cdots\cdots$$

여기서, α : 각층의 상대 강도 계수
D : 각층의 두께
M : 각층의 배수 계수

- 포장 두께 지수 결정 요소
  - 전체 혼잡 교통량
  - 신뢰도(Z_R)전체 표준 편차(S_o)
  - 서비스 손실량($\triangle PSI$) 산정
  - 유효 노상 회복 탄성 계수(M_R)

- **공용성 지수(PSI)**
아스팔트 포장 노면에 대하여 측정기를 사용하여 조사한 후 조사 구간 또는 노선별로 노면을 종합적으로 평가하여 시기를 놓치지 않고 계획적으로 유지 보수를 실시하는 것은 매우 중요한 요소이다. 미국의 AASHO 도로 시험 결과로 만들어진 유지 관리 지수이다.

□□□ 기 02,05,08,11
01 아스팔트 포장 노면에 대하여 측정기를 사용하여 조사한 후 조사구간 또는 노선별로 노면을 종합적으로 평가하여 시기를 놓치지 않고 계획적으로 유지보수를 실시하는 것은 매우 중요한 요소이다. 미국의 AASHO 도로 시험 결과로 만들어진 유지 관리 지수는 무엇인가?

① 공용성 지수　　　② 관리 유지 지수
③ 도로 평가 지수　　④ 변형 특성 지수

해설 공용성 지수(PSI)
- AASHO 도로 시험의 결과로 얻어진 포장 공용성 한계를 나타내는 평가 지수이다.
- 공용성 지수는 노선별 또는 구간별로 산출하여 유지 보수의 우선순위와 그의 보수 공법을 예측하는 등 장기적 관점에서 유지 보수에 관한 계획 수립의 척도가 된다.

□□□ 기 03,05,14,18
02 다음 중 포장 두께를 결정하기 위한 시험이 아닌 것은?

① CBR 시험　　　　② 평판 재하 시험
③ 마찰 시험　　　　④ 1축 압축 시험

해설 1축압축 시험 : 점성 토질에서 시료에 수직 압력만을 가하여 파괴 시에 시료의 점착력과 내부 마찰각 그리고 예민비를 구하는 시험이다.

□□□ 기 04,08,11,19,21,22
03 AASHTO(1986) 설계법에 의해 아스팔트 포장의 설계 시 두께 지수(SN, Structure Number) 결정에 이용되지 않는 것은?

① 각층의 상대 강도 계수
② 각층의 두께
③ 각층의 배수 계수
④ 각층의 침입도 지수

해설 $SN = \alpha_1 D_1 + \alpha_2 D_2 M_2 + \cdots\cdots$
여기서, α : 각층의 상대 강도 계수
D : 각층의 두께
M : 각층의 배수 계수

□□□ 기 04,05
04 AASHTO 콘크리트 포장 설계 시 설계 입력 자료가 아닌 것은?

① 교통 조건
② 신뢰도 및 표준 편차
③ 설계 서비스 지수 손실량
④ 최적 배합비

해설 ·AASHTO 포장 설계 입력 자료
　·교통 조건
　·표준 편차 및 신뢰도
　·설계 서비스 지수 손실량
　·유효 노상 회복 탄성 계수

□□□ 기 03,15
05 아스팔트 포장설계에 이용되는 최적아스팔트 함량을 결정하기 위해 마샬안정도시험을 수행한다. 다음 중 최적아스팔트 함량 결정에 이용되지 않는 것은?

① 회복탄성계수　　　② 공극률
③ 포화도　　　　　　④ 흐름치

해설 마샬 안정도 시험 결과 : 안정도, 흐름치를 얻을 수 있고 공시체의 밀도, 공극률 및 포화도를 계산할 수 있다.

057 아스팔트

■ 아스팔트의 분류

- 천연 아스팔트
  - 레이크 아스팔트
  - 록 아스팔트
  - 샌드 아스팔트
  - 아스팔타이트
- 석유 아스팔트
  - 스트레이트 아스팔트
  - 블로운 아스팔트

■ 천연 아스팔트
- **레이크 아스팔트**(Lake asphalt) : 무거운 원유가 지각의 저지 대에 퇴적되어 있는 것
- **록 아스팔트**(Rock asphalt) : 다공질의 퇴적암 중에 아스팔트 분이 깊숙이 침투되어 있는 것
- **샌드 아스팔트**(Sand asphalt) : 아스팔트분과 모래가 섞여 있는 것

■ 석유 아스팔트
- **스트레이트 아스팔트**(Straight asphalt) : 원유로부터 아스팔트분을 될 수 있는 한 변질되지 않도록 증류법에 의해 비등점이 높은 성분을 잔류물로 분리시켜 얻는 아스팔트
- **블로운 아스팔트**(Blown asphalt) : 증류한 잔사유에 고온의 공기를 불어넣어 아스팔트 성질이 변화된 가볍고 탄력성이 풍부한 아스팔트

■ 역청 재료
- **컷백 아스팔트**(Cut back) : 스트레이트 아스팔트를 휘발성의 연료유와 혼합하여 액상으로 만든 것으로 상온에서 액상이므로 가열하지 않고 사용할 수 있다.
- **유화 아스팔트** : 비교적 연질인 석유 아스팔트와 안정제를 넣은 유화액을 유화기 속에 넣고 잘 섞어서 아스팔트 입자를 유화액 속에 분산시켜 만든 것이다.

□□□ 기 02

01 아스팔트를 휘발성 석유와 혼합하여 액상으로 한 것을 무엇이라고 하는가?

① 유화 아스팔트
② 시트(sheet) 아스팔트
③ 컷백(cut back) 아스팔트
④ 석유 아스팔트

해설 컷백 아스팔트 : 스트레이트 아스팔트를 휘발성의 연료유와 혼합하여 액상으로 만든 것으로 상온에서 액상이므로 가열하지 않고 사용할 수 있다.

058 시험 포장

- 대규모의 포장 공사에서는 시험 포장을 실시한다.
- 시험 포장 결과로부터 다음 사항이 검토 또는 결정된다.
- 실시 혼합물의 현장 배합 입도, 아스팔트량
- 플랜트에서의 관리 목표(배치당 혼합량, 혼합 시간, 아스팔트의 가열 온도, 혼합물 온도)
- 포설 현장에서의 관리 목표(포설 온도, 전압 온도, 전압 기종, 전압 순서와 횟수, 속도)

□□□ 기 00,01,03,10,13,16

01 아스팔트 포장의 시공에 앞서 실시하는 시험 포장의 결과로 얻어지는 사항과 관계가 없는 것은?

① 혼합물의 현장 배합 입도 및 아스팔트 함량의 결정
② 플랜트에서의 작업 표준 및 관리 목표의 설정
③ 시공 관리 목표의 설정
④ 포장 두께의 결정

해설 시험 포장 결과로부터 결정 사항
- 혼합물의 현장 배합 입도 및 아스팔트 함량의 결정
- 플랜트에서의 작업 표준 및 관리 목표의 설정
- 시공 관리의 목표 설정(포설 온도, 전압 온도, 전압 기종, 전압 순서와 횟수, 속도)

□□□ 기 15,18,21

02 콘크리트 포장 이음부의 시공과 관계가 적은 것은?

① 슬립폼(slip form)
② 타이바(tie bar)
③ 다우월바(dowel bar)
④ 프라이머(primer)

해설 프라이머(primer) : 주입 줄눈재와 콘크리트 슬래브와의 부착이 잘되게 하기 위하여 주입 줄눈재의 시공에 앞서 미리 줄눈의 홈에 바르는 휘발성 재료

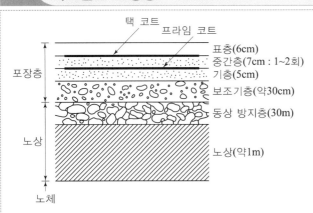

■ **프라임 코트**(prime coat)

보조기층, 입도 조정기층 등에 침투시켜 이들 층의 방수성을 높이고 그 위에 포설하는 아스팔트 혼합물과의 부착을 잘 되게 하기 위하여 아스팔트 포장의 시공에서 보조기층 마무리면에 아스팔트 혼합물을 포설하기 직전에 역청재를 살포하는 작업이다.

■ **프라임 코트의 목적**
- 보조 기층 표면을 다져서 방수성을 높인다.
- 보조 기층과 그 위에 포설하는 아스팔트 혼합물과의 융합을 좋게 한다.

- 보조기층에서 모세관 작용에 의한 물의 상승을 차단한다.
- 기층 마무리 후 아스팔트 포설까지의 기층과 보조기층의 파손 및 표면수의 침투, 강우에 의한 세굴을 방지한다.

■ **택 코트**(Tack coat)

표층 및 기층 포설 시 기존의 아스팔트 혼합 줄눈 시멘트 안정처리 기층과의 부착을 좋게 하기 위하여 사전에 소량의 역청 재료를 살포하는 것이다.

■ **표면 처리 공법**
- **실 코트**(Seal coat) : 아스팔트 포장면의 내구성, 수밀성 및 미끄럼 저항을 크게 하기 위해 기설 포장 위에 역청 재료와 골재를 살포하여 전압하는 아스팔트 표면 처리이다.
- **아머 코트**(Armor coat) : 실 코트를 2층 이상 중복하여 시공하는 공법으로 재래 노면의 노화 정도, 교통량 등에 따라 두꺼운 층이 필요한 경우에 사용된다.
- **포그 실**(Fog seal) : 물로 묽게 한 유화 아스팔트를 얇게 살포한 작은 균열과 표면의 공극을 채워 노면을 소생시키는데 특히 교통량이 적은 곳에 사용하면 효과가 있다.
- **슬러리 실**(Slurry seal) : 세골재, 휠라, 아스팔트 유제에 적정량의 물을 가하면 혼합한 Slurry를 만들어 이것을 포장면에 얇게 깔아 미끄럼 방지와 균열을 덮어 씌우는 데 사용되는 표면 처리 공법

□□□ 기 04,07,10,12,15,17,20

01 보조기층, 입도 조정기층 등에 침투시켜 이들 층의 방수성을 높이고 그 위에 포설하는 아스팔트 혼합물과의 부착이 잘 되게 하기 위하여 보조기층 또는 기층 위에 역청재를 살포하는 것을 무엇이라 하는가?

① 프라임 코트(prime coat) ② 택 코트(tack coat)
③ 실 코트(seal coat)   ④ 패칭(patching)

해설 Prime coat : 입도 조정 공법이나 머캐덤 공법 등으로 시공된 기층의 방수성을 높이고, 그 위에 포설하는 아스팔트 혼합물 층과의 부착이 잘 되게 하기 위하여 기층 위에 역청 재료를 살포하는 것

□□□ 기 99,00,09,18

02 아스팔트 포장의 표면에 부분적인 균열, 변형, 마모 및 붕괴와 같은 파손이 발생하는 경우 적용하는 공법을 표면 처리라고 하는데, 다음 중 이 공법에 속하지 않는 것은?

① 실 코트(seal coat)   ② 카페트 코트(carpet coat)
③ 택 코트(tack coat)   ④ 포그 실(fog seal)

해설 ·표면 처리 공법 : 실 코트, 카페트 코트, 포그 실, 슬러리 실
·Tack Coat : 기포설된 아스팔트 혼합물과 그 위에 포설하는 아스팔트 혼합물과의 부착을 좋게 하기 위하여 시행한다.

□□□ 기 06,11,19

03 아스팔트 포장에서 프라임 코트(prime coat)의 중요 목적이 아닌 것은?

① 보조기층과 그 위에 시공될 아스팔트 혼합물과의 융합을 좋게 한다.
② 보조기층에서 모세관 작용에 의한 물의 상승을 차단한다.
③ 기층 마무리 후 아스팔트 포설까지의 기층과 보조기층의 파손 및 표면수의 침투, 강우에 의한 세굴을 방지한다.
④ 배수층 역할을 하여 노상토의 지지력을 증대시킨다.

해설 프라임 코트의 목적
·보조기층 표면을 다져서 방수성을 높인다.
·보조기층과 그 위에 포설하는 아스팔트 혼합물과의 접착성을 좋게 한다.
·보조기층에서 모세관 작용에 의한 물의 상승을 차단한다.
·기층 마무리 후 아스팔트 포설까지의 기층과 보조기층의 파손 및 표면수의 침투, 강우에 의한 세굴을 방지한다.

- Proof rolling : 노상, 보조기층, 기층의 다짐이 적당한 것인지, 불량한 곳은 없는가를 조사하기 위하여 시공 시에 사용한 다짐 기계와 같거나 그 이상의 다짐 효과를 갖는 롤러나 트럭 등으로 완료된 면을 수회 주행시켜 윤하중에 의한 표면의 침하량을 관측 또는 측정하는 방법
- 블랙 베이스 : 아스팔트 포장의 기층으로서 사용하는 가열 혼합식에 의한 아스팔트 안정 처리 기층
- 화이트 베이스 : 아스팔트 포장의 기층으로서 사용하는 시멘트 콘크리트 슬래브
- 소성 변형(Rutting) : 노면의 한 개소를 차량이 집중 통과하여 표면 재료가 마모되거나 유동을 일으켜서 노면이 얕게 패인 자국으로 아스팔트량이 많고 침입도가 크며 골재의 최대 치수가 작은 경우 발생한다.
- Blow up : 콘크리트 포장 시 Slab의 줄눈 또는 균열 부근에서 습도나 온도가 높을 때 이물질 때문에 열팽창을 유지하지 못해 발생하는 일종의 좌굴 현상
- 블리딩 : 아스팔스 포장에서 과도한 아스팔트 사용 또는 혼합물의 부적절한 공극으로 인해 아스팔트 표층으로 아스팔트가 올라와 표면에 아스팔트 막을 형성하는 현상
- 타이바 : 콘크리트 포장에서 맹줄눈, 맞댄줄눈, 교합줄눈 등을 횡단하여 콘크리트 슬래브에 삽입한 이형 봉강으로 줄눈이 벌어지거나 층이 지는 것을 막는 작용을 하는 것
- 리프렉션 균열(Reflection crack) : 시멘트 콘크리트 포장 덧씌우기 층에서 윤하중의 반복으로 인해 하부의 기존 층에 존재하던 균열이 급속히 덧씌우기층으로 전달되어 포장체의 조기 파손을 초래시키는 균열

- 세로줄눈(logitudinal joint) : 콘크리트 포장 슬래브의 도로 연장 방향에 설치하는 줄눈
- 콜드 빈(cold bin) : 아스팔트 플랜트의 부속 장치로 반입된 그대로의 골재를 콜드 피더, 콜드 엘리베이터 등을 거쳐 드라이어에 보내지기 전에 일시적으로 저장하는 장소
- 프로파일 미터 : 노면의 요철 정도, 평탄성을 측정하기 위한 장치
- Heater planer : 포장의 유지 보수용 기계로서 주로 빠이이 발생한 아스팔트 포장 노면을 평탄하게 하기 위하여 사용하는 것이다.
- 일래스타이트 : 콘크리트 포장에서 팽창 줄눈의 진충재로 사용하는 판

■ SMA 포장
- 국내 도로 파손의 주요 원인은 소성 변형으로 전체 파손의 약 75% 정도를 차지하고 있다. 최근 이러한 소성 변형의 억제 방법 중 하나로 기존의 밀입도 아스팔트 혼합물 대신 상대적으로 큰 입경의 골재를 이용한 아스팔트 포장 방법
- 일반 밀입도 포장과 비교하여 내유동성이 탁월하고 내구성이 우수하기 때문에 소성 변형에 대한 저항성이 크고 도로의 유지 보수 비용을 절감할 수 있는 장점을 가지고 있다.

■ 수축줄눈
- 콘크리트 슬래브의 수축 응력을 경감시키고, 불규칙한 균열의 발생을 최소로 줄이거나 막을 수 있도록 만든 줄눈
- 미리 정해진 장소에 균열을 집중시킬 목적으로 소정의 간격으로 단면 결손부를 설치하여 균열을 강제적으로 생기게 하는 줄눈이다.

□□□ 기 01,06,11,18
01 도로 주행 중 노면의 한 개소를 차량이 집중 통과하여 표면의 재료가 마모되고 유동을 일으켜서 노면이 얕게 패인 자국을 무엇이라고 하는가?

① 플러시(Flush) 현상
② 러팅(Rutting)
③ 블로업(Blow up)
④ 블랙베이스(Black base)

해설 ・러팅(Rutting)은 아스팔트 포장의 노면에서 차의 바퀴가 집중적으로 통과하는 위치에 생긴다.
・러팅은 아스팔트 포장에 있어서 포장 표면에 발생하는 밀림 현상으로 차량 하중에 의해 발생한 변형량의 일부가 회복되지 못하여 발생하는 영구 변형의 일종이다.
・Blow up : 콘크리트 포장시 Slab의 줄눈 또는 균열 부근에서 습도나 온도가 높을 때 이물질 때문에 열팽창을 유지하지 못해 발생하는 일종의 좌굴 현상

□□□ 기 02,05,08,17,22
02 아스팔트 포장의 안정성 부족으로 인해 발생하는 대표적인 파손은 소성 변형(바퀴 자국, 측방 유동)이다. 최근 우리나라의 고속도로에서 이 소성 변형이 크게 문제가 되고 있는데, 다음 중 그 원인이 아닌 것은?

① 여름철 고온 현상
② 중차량 통행
③ 수막 현상
④ 표시된 차선을 따라 차량이 일정 위치로 주행

해설 ・소성 변형(rutting) : 아스팔트 포장의 노면에서 중차량의 바퀴가 집중적으로 통과하는 위치에 생긴다. 특히 여름철의 고온 현상이 원인이 된다.
・러팅은 차륜통과 위치에 균일하게 발생하는 침하로 종방향 평탄성에는 영향을 주지는 않지만 물이 고인다면 수막 현상(hydroplaning)을 일으켜 주행에 문제를 일으킬 수 있다.

□□□ 기 12
03 아스팔트 콘크리트 포장에 발생할 수 있는 소성 변형 (Rutting)의 발생 원인에 대한 설명으로 틀린 것은?

① 아스팔트 콘크리트의 배합 시 아스팔트량이 적을 때 발생하기 쉽다.
② 하절기의 이상 고온이 있을 경우 발생하기 쉽다.
③ 침입도가 큰 아스팔트를 사용한 경우 발생하기 쉽다.
④ 사용한 골재의 최대 치수가 적은 경우 발생하기 쉽다.

해설 소성 변형(Rutting)은 아스팔트 콘크리트의 배합 시 아스팔트량이 많고 침입도가 크고 골재의 최대 치수가 적은 경우 발생한다.

□□□ 기 09,13
04 콘크리트 포장에서 맹줄눈, 맞댄줄눈, 교합줄눈 등을 횡단하여 콘크리트 슬래브에 삽입한 이형 봉강으로 줄눈이 벌어지거나 층이 지는 것을 막는 작용을 하는 것은?

① 타이바   ② 슬립바
③ 루팅   ④ 컬러코트

해설 타이바의 중요한 목적은 슬래브와 슬래브가 벌어지거나 단차의 발생을 막는 것이므로 약간의 방향이 틀어지는 것은 허용한다.

□□□ 기 95,00,06
05 포장의 유지 보수용으로 주로 凹凸이 발생한 아스팔트 포장 노면을 평탄하게 하기 위하여 사용되는 기계는?

① 프로파일 미터   ② 히터 플레이너
③ 프루프 롤링   ④ 일래스타이트

해설 ·프로파일 미터 : 노면의 요철 정도, 평탄성을 측정하기 위한 장치
·Heater planer : 포장의 유지 보수용 기계로서 주로 凹凸이 발생한 아스팔트 포장 노면을 평탄하게 하기 위하여 사용하는 것이다.
·프루프 롤링 : 노상이나 노반의 다짐이 완료되면 롤러나 재하된 덤프트럭을 주행시켜 침하량을 측정하는 방법
·일래스타이트 : 콘크리트 포장에서 팽창 줄눈의 진충재로 사용하는 판

□□□ 기 05,08,16,22
06 국내 도로 파손의 주요 원인은 소성 변형으로 전체 파손의 약 75% 정도를 차지하고 있다. 최근 이러한 소성 변형의 억제 방법 중 하나로 기존의 밀입도 아스팔트 혼합물 대신 상대적으로 큰 입경의 골재를 이용하는 아스팔트 포장 방법을 무엇이라 하는가?

① SBS   ② SBR
③ SMA   ④ SMR

해설 SMA는 5mm 이상 되는 비교적 굵은 골재의 맞물림 작용이 최대화되도록 유도한 혼합물이다.

□□□ 기 02,09,12,19
07 아스팔트 포장의 기층으로 사용하는 가열 혼합식에 의한 아스팔트 안정 처리 기층은 무엇인가?

① 보조 기층   ② 블랙 베이스
③ 입도 조정층   ④ 화이트 베이스

해설 ·블랙 베이스 : 아스팔트 포장의 기층으로서 사용하는 가열 혼합식에 의한 아스팔트 안정 처리 기층
·화이트 베이스 : 아스팔트 포장의 기층으로서 사용하는 시멘트 콘크리트 슬래브

□□□ 기 04
08 콘크리트 구조물에서 수축줄눈을 가장 올바르게 설명한 것은?

① 콘크리트 슬래브의 수축 응력을 경감시키고, 불규칙한 균열의 발생을 최소로 줄이거나 막을 수 있도록 만든 줄눈
② 콘크리트 슬래브의 수축, 팽창을 쉽게 할 수 있도록 만든 줄눈
③ 콘크리트 치기를 일시 중지해야 할 때 만든 줄눈
④ 경화된 콘크리트 슬래브에 맞대어서 서로 이웃한 콘크리트 슬래브를 타설함으로써 만들어지는 줄눈

해설 수축줄눈 : 온도 변화, 건조 수축의 영향, 기초의 부등 침하 등에 의한 수축 응력을 경감시키고, 불규칙한 균열의 발생을 최소화하기 위해 신축줄눈을 둔다.

□□□ 기 10
09 포장 콘크리트 시공에서 인력 포설 및 다짐에 대한 설명으로 틀린 것은?

① 이음의 위치는 포장면 외측에 미리 표시해 두고, 콘크리트 깔기를 중단해야 할 경우에는 이음 위치에서 최소한 500mm 이상 깔기를 하여 시공 이음으로 자르고 다진 후 마무리를 해야 한다.
② 다짐은 내부 진동기를 사용하는 것을 원칙으로 하며, 이때 내부 진동기는 30초~1분간의 정상 다짐 동안에 혼합물을 충분히 다질 수 있는 진동 횟수를 갖는 것이어야 한다.
③ 다질 수 있는 1층 두께는 350mm 이하이며, 혼합물의 다짐은 포설 후 1시간 이내에 완료하여야 한다.
④ 콘크리트는 재료 분리가 일어나지 않도록 깔고 충분한 다짐도가 얻어질 때까지 다짐을 하여야 한다.

해설 다짐은 표면 진동기를 사용하는 것을 원칙으로 하며, 표면 진동기는 10~20초간의 정상 다짐 동안에 혼합물을 충분히 다질 수 있는 진동 횟수를 갖는 것이어야 한다.

10 시멘트 콘크리트 포장 시공에 있어서 초기 균열을 방지하는 대책에 대하여 틀린 것은?

① 고온(70℃ 이상)의 시멘트를 사용하지 않는다.
② 노반 마찰을 적게 한다.
③ 건조에 견딜 수 있게 단위 수량을 다소 많게 하여 콘크리트를 타설한다.
④ 가로 이음한 슬립바는 도로 중심선에 평행하게 똑바로 매설한다.

해설 시멘트 콘크리트 포장 시공에서 초기 균열은 단위 수량이 적을수록 생기지 않는다.

11 아스팔트계 포장에서 거북이등 모양의 균열(Alligator Cracking)이 발생하였다면 그 원인으로 볼 수 있는 것은?

① 아스팔트와 골재 사이의 접착이 불량이다.
② 아스팔트를 가열할 때 Overheat하였다.
③ 포장의 전압이 부족하다.
④ 노반의 지지력이 부족하다.

해설 거북등 균열은 거북등 모양의 전면적인 균열로 노반의 지지력이 부족할 때 발생한다.

12 아스팔트 콘크리트 포장의 소성 변형(rutting)에 대한 설명으로 틀린 것은?

① 아스팔트 콘크리트 포장의 노면에서 차의 바퀴가 집중적으로 통과하는 위치에 생기는 도로 연장 방향으로의 변형을 말한다.
② 하절기의 이상 고온 및 아스팔트량이 많을 경우 발생하기 쉽다.
③ 침입도가 작은 아스팔트를 사용하거나 골재의 최대 치수가 큰 경우 발생하기 쉽다.
④ 변형이 발생한 위치에 물이 고일 경우 수막 현상 등을 일으켜 주행 안전성에 심각한 영향을 줄 수 있다.

해설 침입도가 큰 아스팔트를 사용하거나 골재의 최대 치수가 작은 경우 발생하기 쉽다.

---

061 콘크리트 포장의 특징

■ **무근 콘크리트 포장**(JCP)
콘크리트를 타설한 후 양생이 되는 과정에서 발생하는 무분별한 균열을 막기 위해서 줄눈을 설치하는 포장이다.

■ **철근 콘크리트 포장**(JRCP)
줄눈으로 인한 문제점을 해소하고자 줄눈의 개수를 줄이고, 철근을 넣어 균열을 방지하거나 균열폭을 최소화하기 위한 포장이다.

■ **연속 철근 콘크리트 포장**(CRCP)
횡방향 줄눈이 없는 포장의 형태로 일정한 간격의 균열 발생을 허용하고 종방향 철근을 이용하여 균열 틈이 벌어지는 것을 억제하는 포장 형태로 줄눈이 없기 때문에 승차감이 좋고 포장 수명도 다른 포장 형태보다 길다.

■ **롤러 전압 콘크리트 포장**(RCCP)
된비빔 콘크리트를 롤러 등으로 다져서 시공하며 건조 수축이 작아 표면 처리를 따로 할 필요가 없는 장점이 있으나, 포장 표면의 평탄성이 결여되는 등의 단점이 있다.

■ **배수성 포장**
배수의 기능뿐 아니라 저소음 포장으로서의 역할을 할 수 있는 기능성 포장으로 그 사용이 점차 증가하고 있다.
• 미끄럼 저항성이 좋아 교통 소음 감소 효과가 있다.
• 우수의 침투에 효과적이다.
• 포장의 내구성 향상이 된다.

01 콘크리트 포장에 대한 설명으로 틀린 것은?

① 무근 콘크리트 포장(JCP)은 콘크리트를 타설한 후 양생이 되는 과정에서 발생하는 무분별한 균열을 막기 위해서 줄눈을 설치하는 포장이다.
② 철근 콘크리트 포장(JRCP)은 줄눈으로 인한 문제점을 해소하고자 줄눈의 개수를 줄이고, 철근을 넣어 균열을 방지하거나 균열폭을 최소화하기 위한 포장이다.
③ 연속 철근 콘크리트 포장(CRCP)은 철근을 많이 배근하여 종방향 줄눈을 완전히 제거하였으나, 임의 위치에 발생하는 균열로 인하여 승차감이 불량한 단점이 있다.
④ 롤러 전압 콘크리트 포장(RCCP)은 된비빔 콘크리트를 롤러 등으로 다져서 시공하며 건조 수축이 작아 표면처리를 따로 할 필요가 없는 장점이 있으나, 포장 표면의 평탄성이 결여되는 등의 단점이 있다.

해설 연속 철근 콘크리트 포장(CRCP)은 줄눈이 없기 때문에 승차감이 좋고 중차량에 대해 안정함이 좋다.

062 구조 형식에 의한 분류

옹벽이란 배면에 쌓인 흙으로 인한 토압에 저항하여 그 붕괴를 방지하기 위해서 축조하는 구조물이다.

- **중력식 옹벽** : 자중에 의해 토압에 저항하게 되므로 옹벽 부피와 무게가 크고 기초 지반이 견고해야 설치하는 것으로 높이가 3∼4m 정도로 비교적 낮은 경우에 유리하다.
- **반중력식 옹벽** : 무근 콘크리트 단면의 벽체 내부에 생기는 인장력을 받게 하기 위하여 옹벽의 뒷면 부근에 소량의 철근으로 보강하여 사용한 것이다.
- **부벽식 옹벽** : 지지벽 옹벽이 T형 옹벽에 있어서 옹벽 벽체의 강도가 부족한 경우에 보강하기 위하여 일정한 간격으로 부벽을 만드는 구조이며 높이는 5m 이상 시 사용된다.
- **캔틸레버식 옹벽** : 철근 콘크리트 구조로 설계되어 구체의 체적이 감소되어 콘크리트 재료를 절약할 수 있고 높이가 4∼6m인 경우에 이용된다.

▣ 역 T형 옹벽
- 일반적으로 옹벽의 높이가 높을 경우에 사용된다.
- 자중뿐만이 아니라 뒤채움 토사의 중량을 포함하여 토압에 저항하는 형식이다.
- 철근 콘크리트로 만들고 체적이 적고 자중이 적은 만큼 배면의 뒤채움을 중량으로 보강한 구조이다.

□□□ 기 92, 07, 14, 21

01 다음의 옹벽 설명에서 역 T형 옹벽에 대한 설명으로 옳은 것은?

① 자중과 뒤채움 토사의 중량으로 토압에 저항한다.
② 자중만으로 토압에 저항한다.
③ 일반적으로 옹벽의 높이가 낮은 경우에 사용된다.
④ 자중이 다른 방식보다 대단히 크다.

해설 · 역 T형 옹벽
- 일반적으로 옹벽의 높이가 높을 경우에 사용된다.
- 자중뿐만이 아니라 뒤채움 토사의 중량을 포함하여 토압에 저항하는 형식이다.
- 철근 콘크리트로 만들고 체적이 적고 자중이 적은 만큼 배면의 뒤채움을 중량으로 보강한 구조이다.

□□□ 기 02

02 옹벽의 자중에 의하여 토압 등에 저항하는 형식이고 벽체 내부에는 인장 응력이 생기지 않도록 설계되어 있고 지반 반력도 커지므로 지반이 견고한 경우에 설치하며 높이는 3∼4m 정도인 옹벽은?

① 반중력식 옹벽　　　　② 부벽식 옹벽
③ 중력식 옹벽　　　　　④ 역 T형 옹벽

해설 중력식 옹벽
- 기초 지반이 견고해야 하고 높이도 비교적 낮은 3∼4m 정도의 조건에 유리하다.
- 인장 응력이 생기지 않게 설계하기 위하여 무근 콘크리트로 하며 무근이므로 체적이 커지는 것이 결점이다.

전도에 대한 안정
옹벽이 전도되지 않기 위해서는 전도에 대한 저항 모멘트는 토압에 의한 회전 모멘트의 2.0배 이상이어야 한다.

활동에 대한 안정
• 활동에 대한 안정을 유지하기 위해서는 활동에 대한 저항력이 수평력의 1.5배 이상이어야 한다.
• 안정상 수평력을 더 증가시킬 필요가 있을 때는 기초 밑면에 돌기물(Key)을 만들어 안전율을 2.0 이상이 되도록 한다.

지반의 지지력에 대한 안정
• 기초 밑면에 생기는 지반 반력은 직선 분포로 본다.
• 허용 지지력이 지반의 최대 지지력보다 크면 안전하다.

활동에 대한 안전율을 증가시키는 방법
• 밑판의 길이를 증가시킨다.
• 기초에 말뚝을 박는다.
• 밑판을 경사지게 한다.
• 옹벽의 저판 밑에 돌기물(key)을 설치한다.
• 횡방향으로 앵커(anchor) 설치를 검토한다.
• 기초의 근입 깊이를 깊게 하여 옹벽 앞면의 수동 토압을 기대한다.

침투 수압에 의한 영향
• 수동 저항력의 감소
• 활동면에서의 양압력 증가
• 옹벽 저면에 대한 양압력 증가
• 포화 또는 부분 포화에 의한 흙의 무게의 증가

□□□ 기 83,88,93,05,06,07,13,17,21
01 옹벽의 안정상 수평 저항력을 증가시키기 위한 방법으로 가장 유리한 것은?

① 옹벽의 비탈경사를 크게 한다.
② 옹벽의 저판 밑에 돌기물(Key)을 만든다.
③ 옹벽의 전면에 Apron을 설치한다.
④ 배면의 본바닥에 앵커 타이(Anchor tie)나 앵커 벽을 설치한다.

해설 옹벽의 안정상 수평 저항력을 더 증가시킬 필요가 있을 때는 기초 밑면에 돌기물(Key)을 만들면 가장 효과적이다.

□□□ 기 02,03,04,07,11,13,14,17,21,22 산 06
02 폭우 시 옹벽 배면에는 침투 수압이 발생되는데, 이 침투수에 의한 중요 영향으로 옳지 않은 것은?

① 활동면에서의 양압력 증가
② 옹벽 저면에서의 양압력 증가
③ 수평 저항력의 증가
④ 포화에 의한 흙의 무게 증가

해설 흙은 젖으면 유동 상태가 되어서 전단력이 약해진다. 옹벽 앞뒷면 흙이 젖게 되면 주동 토압이 커지고 수동 토압은 작아져 수평 저항력은 감소된다.

064 옹벽의 배수공

■ 옹벽 배면의 배수공
- **배수용 도랑** : 석축의 찰 쌓기, 콘크리트 옹벽, 콘크리트 쌓기 블록 등의 배면 배수 처리 공법 중 지표수 침투 방지를 위한 공법이다.
- **간이 배수공** : 투수 계수가 큰 경우인 연직벽 앞면에 자갈, 깬돌 등으로 필터를 만들고 직경 10cm의 물구멍을 설치하여 배수하는 방법이다.
- **연속 배면 배수공** : 연직벽의 전배면에 두께 30~40cm의 잡석 층을 만들어 집수시켜 물구멍으로 배수하는 방법
- **경사 배수공** : 경사된 배수층을 설치하여 배수면에 의하여 침투수가 빨리 집수되므로 효과적이다.

■ 옹벽의 세부 사항
- **옹벽의 뒤채움** : 배수가 양호한 조립토(모래, 자갈, 조약돌)가 좋으며 사용 시 얇게 깔아서 충분히 다지기를 하면 뒷면의 토압을 감소시킬 수 있다.
- **뒤채움 재료의 필요한 성질**
  - 투수성이 양호할 것
  - 압축성이 작고 다짐이 양호한 재료일 것
  - 물의 침입에 의한 강도 저하가 적은 안정된 재료일 것

□□□ 기 94,00
01 석축의 찰 쌓기, 콘크리트 옹벽, 콘크리트 쌓기 블록 등의 배면 배수처리 공법 중 지표수 침투 방지를 위한 공법은 다음 중 어느 것인가?

① 경사 배수공   ② 배수용 도랑
③ 연속 배면 배수공   ④ 간이 배수공

해설 배수용 도랑 : 비탈면 및 옹벽 밑판 앞면에 점성토를 바르고 불투수층을 만들면 본바닥에 용수가 없을 때 대단히 효과적인 방법이다.

□□□ 기 09,12,16,19,22
02 옹벽 등 구조물의 뒤채움 재료에 대한 조건으로 틀린 것은?

① 압축성이 좋아야 한다.
② 투수성이 있어야 한다.
③ 다짐이 있어야 한다.
④ 물의 침입에 의한 강도 저하가 적어야 한다.

해설 뒤채움 재료의 필요한 성질
 · 투수성이 양호할 것
 · 압축성이 작고 다짐이 양호한 재료일 것
 · 물의 침입에 의한 강도 저하가 적은 안정된 재료일 것

□□□ 기 89,99,00,09,20
03 옹벽의 뒤채움에 가장 적합한 흙은?

① 점토질 흙   ② 실트질 흙
③ 모래질 흙   ④ 모래 섞인 자갈

해설 옹벽의 뒤채움에는 배수가 양호한 조립토(모래, 자갈, 조약돌)가 좋으며, 뒤채움 흙의 다짐 작업에서 배수공이 확실히 시공되어야 뒷면의 토압을 감소시킬 수 있다.

065 돌 쌓기공

- 돌은 깨끗하게 씻고, 찰 쌓기의 돌은 수분을 충분히 흡수시켜야 한다.
- 큰 돌은 아래층에 쌓아 안정도를 높인다.
- 절리가 있는 돌은 절리가 하중과 직각 방향이 되도록 쌓는다.
- 돌 쌓기는 부등 침하가 생기지 않도록 통줄눈이 되어서는 안된다.
- 돌과 돌 사이의 공극이 없도록 뒤채움을 충분히 해야 한다.
- 돌 쌓기의 높이는 찰 쌓기의 경우 하루에 1.2m 이하로 하며 남은 부분은 엇갈리게 남겨 둔다.
- 높은 석축의 돌 쌓기에 미관상 또는 합력선을 돌 쌓기공 중에 통과시키기 위해서 곡선형 구배를 붙이다.

□□□ 기 03
01 돌 쌓기의 방법 및 시공에 대하여 맞지 않는 것은?

① 돌을 깨끗이 씻고 특히 찰 쌓기는 수분을 충분히 흡수시켜야 한다.
② 돌의 크기가 다르면 큰 돌을 아래층에 쌓아서 안정도를 높인다.
③ 수성암과 같이 절리가 있는 돌은 하중 방향과 평행하게 쌓는다.
④ 견치돌은 사면에 직각으로 설치한다.

해설 수성암과 같이 절리가 있는 돌은 하중 방향과 직각 방향이 되도록 쌓는다.

□□□ 기 16
02 흙막이 구조물에 설치하는 계측기 중 아래의 표에서 설명하는 용도에 맞는 계측기는?

> Strut, Earth anchor 등의 축하중 변화상태를 측정하여 이들 부재의 안정상태 파악 및 분석 자료에 이용한다.

① 지중수평변위계
② 간극수압계
③ 하중계
④ 경사계

해설 Strut 또는 어스앵커의 측정위치

계측기기	측정 목적
하중계 압축계 상대변위계	• strut 또는 어스 앵커의 토압 분담 비율을 명확히 함 • 허용축력과 비교하여 안전성 검토함

066 흙막이공의 용어

- **토류판(lagging)** : 굴착을 진행하면서 설치하는 흙막이벽 재료 중의 하나로 토사 유출을 방지하는 수평 흙막이판
- **버팀대(strut)** : 굴착면의 한쪽에서 다른 한쪽으로 반력을 전달하는 압축 부재
- **엄지 말뚝(soldier beam)** : 작용 토압에 저항하는 흙막이벽체의 주부재로서 수평판에서 전달되는 하중을 지지하기 위하여 설치되는 수직보
- **띠장(wale)** : 흙막이벽체에 작용하는 토압을 strut 또는 어스 앵커 등에 전달하는 휨 부재로서 흙막이벽체에 접하며 수평 방향으로 설치한다.

□□□ 기 01,04
01 흙막이공에서 어스 앵커 또는 내부 브레이스에 의한 버팀 시스템에 사용될 때 연속 수평 부재로 쓰이는 버팀 형식은?

① 토류판
② 버팀
③ 엄지 말뚝
④ 띠장

해설 • 토류판 : 굴착을 진행하면서 설치하는 흙막이벽 재료 중의 하나로 토사 유출을 방지하는 수평 흙막이판
• 버팀대 : 굴착면의 한쪽에서 다른 한쪽으로 반력을 전달하는 압축 부재
• 엄지 말뚝 : 작용 토압에 저항하는 흙막이벽체의 주부재로서 수평판에서 전달되는 하중을 지지하기 위하여 설치되는 수직보
• 띠장 : 흙막이벽체에 작용하는 토압을 strut 또는 어스 앵커 등에 전달하는 휨 부재로서 흙막이벽체에 접하며 수평 방향으로 설치한다.

□□□ 기 17
02 기초를 시공할 때 지면의 굴착 공사에 있어서 굴착면이 무너지거나 변형이 일어나지 않도록 흙막이 지보공을 설치하는데 이 지보공의 설비가 아닌 것은?

① 흙막이판
② 널 말뚝
③ 띠장
④ 우물통

해설 ■지보공의 설비
• 흙막이판(토류판) : 굴착을 진행하면서 설치하는 흙막이벽 재료 중의 하나
• 널말뚝 : 토사의 붕괴와 지하수의 흐름을 막기 위하여 굴착면에 설치한 말뚝
• 띠장 : 흙막이벽을 지지하는 지보재의 하나
■우물통 : 교각, 옹벽 등의 기초에 많이 사용되는 공법

067 지하 연속벽 공법

벤토나이트 공법을 써서 굴착 벽면의 붕괴를 막으면서 굴착된 구멍에 철근 콘크리트를 넣어 원형이나 평행의 말뚝이나 벽체를 연속적으로 만드는 공법이다.

■ 지하 연속벽 공법의 분류

주열식 벽체 (Continuous Pile Wall)	Soil Cement Wall	·SCW(soil cement wall) ·JSP(jumbo special pile)
	Concrete Wall	·CIP(cast in place pile) ·PIP(packed in place pile) ·MIP(mixed in place pile)
	Steel Pipe Wall	
연속 벽체 (Slurry Wall or Diaphragm wall)	철근 Concrete Wall	·ICOS 공법 ·ELSE 공법 ·Earth wall 공법
	Prefabricated Wall	Precast 철근 콘크리트 패널

■ 장점
· 소음과 진동이 적어 도심지 공사에 적합하다.
· 주변 지반의 침하가 가장 적은 공법이다.
· 차수성이 좋고 단면의 강성이 크므로 큰 지지력을 얻을 수 있다.
· 강성이 커서 주변 구조물 보호에 적합하며 큰 지지력을 얻을 수 있다.

■ 단점
· 공기와 공사비가 비교적 불리하다.
· 안정액의 처리 문제와 품질 관리를 철저히 해야 한다.
· 상당한 기술 축적이 요구된다.

■ 벽식 지하 연속벽 공법
지반 안정 용액을 주수하면서 수직 굴착하고 철근 콘크리트를 타설한 후 굴착하는 공법으로 타 공법에 비해 차수성이 우수하고 지반 변위가 작은 흙막이 공법이다.

□□□ 기 09,13,18,23
01 지중 연속벽 공법에 관한 설명 중 옳지 않은 것은?

① 주변 지반의 침하를 방지할 수 있다.
② 시공 시 소음, 진동이 크다.
③ 벽체의 강성이 높고 지수성이 좋다.
④ 큰 지지력을 얻을 수 있다.

해설 · 주변 지반의 침하가 가장 적은 공법이다.
· 소음 및 진동이 적어 도심지 공사에 적합하다.
· 차수성이 좋고 단면의 강성이 크므로 큰 지지력을 얻을 수 있다.
· 강성이 커서 주변 구조물 보호에 적합하며 큰 지지력을 얻을 수 있다.

□□□ 기 02,04,09,14,16,22
02 지반 안정 용액을 주수하면서 수직 굴착하고 철근 콘크리트를 타설한 후 굴착하는 공법으로 타공법에 비해 차수성이 우수하고 지반 변위가 작은 흙막이 공법은?

① 강 널말뚝 흙막이 공법
② 소일 네일링 공법
③ 벽식 지하 연속벽 공법
④ Top down 공법

해설 벽식 연속 지중벽 공법 : 지수벽, 구조체 등으로 이용하기 위해서 지하로 크고 깊은 트렌치를 굴착하여 철근망을 삽입한 후 Concrete를 타설한 panel을 연속으로 축조해 나아가는 벽식 공법

□□□ 기 00,01,10,13,15,20,22,23
03 벤토나이트 공법을 써서 굴착 벽면의 붕괴를 막으면서 굴착된 구멍에 철근 콘크리트를 넣어 말뚝이나 벽체를 연속적으로 만드는 공법은?

① Slurry wall 공법
② Earth Drill 공법
③ Earth Anchor 공법
④ Open Cut 공법

해설 지하 연속벽(Slurry wall 또는 Diaphragm Wall) 공법의 설명이다.

□□□ 기 16,20
04 지반중에 초고압으로 가압된 경화재를 에어제트와 함께 이중관 선단에 부착된 분사노즐로 분사시켜 지반의 토립자를 교반하여 경화재와 혼합 고결시키는 공법은?

① LW 공법　② SGR 공법
③ SCW 공법　④ JSP 공법

해설 JSP(jumbo special pile)공법 : 지반중에 초고압으로 가압된 경화재를 에어제트와 함께 이중관 선단에 부착된 분사노즐로 분사시켜 지반의 토립자를 교반하여 경화재와 혼합 고결시키는 공법

067 01 ② 02 ③ 03 ① 04 ④

CHAPTER 08·옹벽 및 흙막이공 2-89

068 역타 공법(Top down method)

■ 정의
건물 시공 시 터파기 공사에 앞서 지하 연속벽과 지하층 기둥을 먼저 시공하고 지표면을 기점으로 지하층을 구축하면서 동시에 지상층도 시공하는 흙막이 지보 공법을 역타 공법(Top down method)이라 한다.

■ 역타 공법의 장점
• 지하층 슬래브를 치기 위한 거푸집이 필요하지 않다.
• 지하 주벽을 먼저 시공하므로 지하수 차단이 쉽다.
• 지하층와 지상층을 동시에 시공하므로 공기가 단축된다.
• 바닥 슬래브 자체가 버팀이 되어 강성이 높은 흙막이가 되어 동바리공이 필요하지 않다.

■ 역타 공법의 단점
• 지하 주벽을 수직되게 시공해야 한다.
• 지하 굴착 작업의 어려움이 있다.
• 지하층 슬래브, 지하 주벽, 기초 말뚝 기둥과의 연결이 어렵다.
• 굴착에 따른 가설 전기 및 환기 등이 고려되어야 한다.

■ 역타 공법 순서
Slurry wall 시공 → 철골 기둥 및 기초 → 1층 바닥판 → 지하 1, 2층 → 기초(위에서 아래로 구체 시공 및 굴착한다.)

□□□ 기 04,10,15,18,22
01 지하층을 구축하면서 동시에 지상층도 시공이 가능한 역타 공법(top down 공법)이 현장에서 많이 사용된다. 역타 공법의 특징 중 틀린 것은?

① 인접 건물이나 인접 지대에 영향을 주지 않는 지하 굴착 공법이다.
② 대지의 활용도를 극대화할 수 있으므로 도심지에서 유리한 공법이다.
③ 지하층 슬래브와 지하 벽체 및 기초 말뚝 기둥과의 연결 작업이 쉽다.
④ 지하 주벽을 먼저 시공하므로 지하수 차단이 쉽다.

해설 지하층 슬래브와 지하벽체 및 기초 말뚝기둥과의 연결작업에 세심한 주의가 필요하고 확인 시공해야 한다.

□□□ 기 05
02 역타(Top down) 공법의 시공 순서를 옳게 나타낸 것은?

> ㉮ 지하 1층 바닥 및 개부구 설치   ㉯ 기둥 말뚝 시공
> ㉰ 슬러리웰 시공   ㉱ 지하 2층 공간 굴착

① ㉮→㉯→㉰→㉱   ② ㉯→㉰→㉱→㉮
③ ㉮→㉱→㉯→㉰   ④ ㉰→㉯→㉮→㉱

해설 Slurry wall 시공 → 철골 기둥 및 기초 → 1층 바닥판 → 지하 1, 2층 → 기초(위에서 아래로 구체 시공 및 굴착한다.)

069 어스 앵커식 흙막이 공법

■ 정의
버팀대 대신 강선으로 만들어진 앵커체를 사용하여 지중에 정착, 고정시켜 그 인장 내력으로 흙막이를 지지하는 공법이다.

■ 어스 앵커식 흙막이 공법의 장점
• 버팀대 없이 넓은 작업 공간을 확보
• 작업 공간이 넓어 대형 기계의 사용이 가능
• 공기가 단축되고 굴착 단가가 낮다.
• 버팀대의 설치가 곤란한 경우에 사용

■ 어스 앵커식 흙막이 공법의 단점
• 주변 토지 소유주의 동의 여부
• 공사 후 앵커의 회수가 곤란하여 비경제적
• 지반이 연약하거나 지하 구조물이 있는 경우 앵커 설치 곤란

■ 앵커 케이블의 종류
주로 pc 강선, pc 강연선, pc 강봉을 사용한다.

□□□ 기 06
01 건물의 기초 공사에 흙막이 앵커 공법을 적용하는 경우에 대한 설명으로 잘못된 것은?

① 작업 공간이 넓어 대형 기계의 사용이 가능하다.
② 공기가 단축되고 굴착 단가가 낮게 될 수 있다.
③ 버팀대 작업이 필요 없다.
④ 흙막이 배면의 본바닥이 이완될 우려가 많다.

해설 버팀대 대신 강선으로 만들어진 앵커체를 사용하여 지중에 정착, 고정시켜 그 인장 내력으로 흙막이를 지지하는 공법으로 흙막이 배면의 본바닥이 이완될 우려가 적다.

□□□ 기 07,18
02 어스 앵커 공법의 설명 중 옳지 않은 것은?

① 영구 구조물에도 사용하나 주로 가설 구조물의 고정에 많이 사용한다.
② 앵커를 정착하는 방법은 시멘트 밀크 또는 모르타르를 가압으로 주입하거나 앵커 코어 등을 박아 넣는다.
③ 앵커 케이블은 주로 철근을 사용한다.
④ 앵커의 정착 대상 지반을 토사층으로 가정하고 앵커 케이블을 사용하여 긴장력을 주어 구조물을 정착하는 공법이다.

해설 앵커 케이블은 주로 pc 강선, pc 강연선, pc 강봉을 조립하여 보링공 내에 삽입한다.

070　Boiling 현상

■ 정의

　모래 지반에서 지하수위 이하를 굴착할 때 상향 침투압이 조금 더 커지면 점착력이 없는 모래가 지하수와 함께 분출하여 굴착 저면이 마치 물이 끓는 상태와 같이 되는 현상을 보일링(Boiling) 또는 분사 현상(Quick sand)이라 한다.

■ 보일링의 방지 대책

• 배수 공법에 의한 수위 저하
• 흙막이의 근입 깊이를 깊게 한다.
• 약액 주입에 의한 저부 지반의 개량
• 자갈 등으로 저부의 중량을 증가시킨다.

□□□ 기 02,17,22
01 다음 중에서 보일링 현상이 가장 잘 생기는 지반은?

① 사질 지반　　　　② 사질 점토 지반
③ 보통 토　　　　　④ 점토질 지반

해설 보일링(boiling) 현상은 사질토 지반의 지하수위 이하를 굴착할 때 수위차로 인하여 발생하기 쉽다.

□□□ 기 02,13,20
02 Boiling 현상은 어떤 지반에 많이 생기는가?

① 점토 지반　　　　② 풍화암 지반
③ 실트질 지반　　　④ 모래 지반

해설 보일링(boiling) 현상은 사질토 지반의 지하수위 이하를 굴착할 때 수위차로 인하여 발생하기 쉽다.

071　Heaving 현상

■ 정의

　연약 점토 지반의 시트 파일(sheet pile)을 박고 내부를 굴착하였을 때 외부의 흙 중량에 의하여 굴착 저변이 부풀어 오르는 현상을 히빙(heaving) 현상이라 한다.

■ 히빙의 방지 대책

• 연약 지반을 개량한다.
• 굴착면에 하중을 가한다.
• 흙막이벽의 관입 깊이를 깊게 한다.
• 흙막이공의 설계 계획을 변경한다.
• Caisson 공법, Island 공법을 고려한다.
• Trench cut 공법 또는 부분 굴착을 한다.
• 표토를 제거하거나 배면의 배수 처리로 하중을 작게 한다.

□□□ 기 90,03,21
01 연약 점토 지반의 시트 파일(sheet pile)을 박고 내부를 굴착하였을 때 외부의 흙 중량에 의하여 굴착 저변이 부풀어 오르는 현상은?

① 보일링(Boiling)　　② 슬라이딩(Sliding)
③ 신킹(Sinking)　　　④ 히빙(Heaving)

해설 • Heaving 현상 : 연약 점토 지반 굴착 시 배면토의 중량이 굴착 저면의 극한 지지력을 초과하여 굴착 저면이 팽창하여 부풀어 오르는 현상
• 보일링 현상 : 모래 지반에서 지하수위 이하를 굴착할 때 상향 침투압이 조금 더 커지면 점착력이 없는 모래가 지하수와 함께 분출하여 굴착 저면이 마치 물이 끓는 상태와 같이 되는 현상

□□□ 기 00,02,06,14,19
02 히빙(heaving)의 방지 대책 설명 중 옳지 않은 것은?

① 표토를 그대로 두고 하중을 크게 한다.
② 흙막이의 근입 깊이를 깊게 한다.
③ 트렌치(trench) 공법 또는 부분 굴착을 한다.
④ 지반을 개량한다.

해설 표토를 제거하여 하중을 작게 한다.

□□□ 기 03,06,10,14,19
03 점성토에서 발생하는 히빙의 방지 대책으로 틀린 것은?

① 널말뚝의 근입 깊이를 짧게 한다.
② 표토를 제거하거나 배면의 배수 처리로 하중을 작게 한다.
③ 연약 지반을 개량한다.
④ 부분 굴착 및 트렌치 컷 공법을 적용한다.

해설 널말뚝의 근입 깊이를 깊게 한다.

□□□ 기 13,19
04 히빙(heaving)의 방지 대책으로 틀린 것은?

① 굴착 저면의 지반 개량을 실시한다.
② 흙막이벽의 근입 깊이를 증대시킨다.
③ 굴착 공법을 부분 굴착에서 전면 굴착으로 변경한다.
④ 중력 배수나 강제 배수 같은 지하수의 배수 대책을 수립한다.

해설 부분 굴착을 하여 굴착 지반의 안전성을 높인다.

072 · 댐의 위치 선정 및 시험

■ 지형상의 댐의 위치 선정
• 집수 면적이 큰 곳이 좋다.
• 댐을 건설할 계곡의 폭이 좁고 양안이 높고, 마주 보고 있는 곳이 좋다.
• 상기의 모든 조건을 갖추고 축제 재료도 쉽게 얻을 수 있는 곳이라야 한다.
• 양안은 독립된 언덕이 아니고 댐 기초 바닥부는 양안으로 상당히 두꺼운 층이라야 한다.
• 댐 상류는 계곡의 양안이 구릉이나 산능에 둘러싸여 내부가 집수 분지를 이루고 있는 곳이 좋다.
• 댐의 상류는 넓고 다량의 저수가 가능하고 홍수 시에는 조절지로서의 역할을 할 수 있는 곳이 좋다.

■ 댐의 성토 시험 항목
• 다짐 시험   • 들밀도 시험
• 함수비 시험   • 투수 시험
• 입도 시험   • 일축 압축 강도 시험
• 전단 시험   • 액성 한계 및 소성 한계 시험
• 평판 재하 시험

□□□ 기 02,05
01 댐의 위치 선정 조건 중에서 틀린 것은?

① 댐의 기초는 사질토로 시공이 쉬워야 하고 계곡의 폭이 넓은 곳이어야 한다.
② 댐 기초는 주위에 단층이 없는 곳이어야 한다.
③ 상류는 넓고 홍수 조절이 가능한 곳이어야 한다.
④ 상류는 구릉에 둘러싸여 집수 분지를 이루고 있는 곳이어야 한다.

해설 **지형상의 댐의 위치 선정**
• 댐을 건설할 계곡의 폭이 좁고 양안이 높고, 마주 보고 있는 곳이 좋다.
• 양안은 독립된 언덕이 아니고 댐 기초 바닥부는 양안으로 상당히 두꺼운 층이어야 한다.

□□□ 기 06
02 다음 중 댐 성토 시 시험해야 할 항목이 아닌 것은?

① 액성 한계 및 소성 한계 시험
② 다짐 시험
③ 함수량 시험
④ 마샬 안정도 시험

해설 **마샬 안정도 시험**
• 포장용 아스팔트 혼합물에 대하여 배합 설계에 적용하는 안정도 시험의 일종이다.
• 최대 입경 25mm 이하의 아스팔트 혼합물로 다짐한 원추형 공시체를 측면으로 눕혀 하중을 가하여 소성 변형에 대한 저항력을 측정한다.

▣ 종류

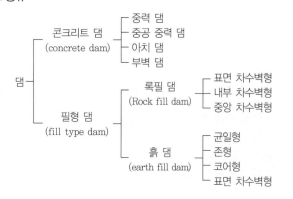

▣ 중력 댐

　그 자중과 수압에 대항하는 것으로 기초의 전단 저항이 그 안정상 중요하다.
• 안전율이 가장 높고 내구성도 풍부하다.
• 설계 이론이 비교적 간단하고 시공도 용이하다.
• 기초 지반은 자중이 크므로 반드시 견고한 암반 위에 축조해야 한다.
• 설계 이론이 간단하고 시공 및 유지 관리가 용이하며 안전도가 큰 장점이 있다.
• 중력 댐은 그 자중과 수압에 저항하는 것으로 기초의 전단 강도가 댐의 안정상 중요하다.

▣ 중공 중력 댐

　물막이 벽에 의하여 수압에 저항하는 댐 형식으로 중공(中空) 댐이라고도 부른다.
• 지반의 지지력이 비교적 약한 장소에 적합한 댐 형식이다.
• 일반적으로 높이가 40m 이상일 때 중력 댐보다 경제적이다.

▣ 아치 댐(arch dam)

　하천폭이 좁고 양쪽 안부의 지질이 경암일 때 아치형으로 만들어 안전을 증대시킨 댐
• 안전율이 매우 높고 내구성도 풍부하다.
• 설계 이론이 비교적 간단하여 시공이 용이하여 널리 사용된다.
• 기초 지반으로 매우 낮은 지반을 제외하고 견고한 암반 위에 축조해야 하는 댐
• 양안의 교대(Abutment), 기초 암반의 두께와 강도가 중요한 요소이다.

▣ 부벽 댐

• 댐 재료를 얻기 힘들 때 좋다.
• 지반이 비교적 연약한 곳에 유리하다.
• 강성이 약하고 지진에 대한 저항이 적다.
• 중력 댐에 비하여 지반의 지지력이 약한 장소에 적합하다.

□□□ 기 99,00,02,04,06,12,20
01 댐에 관한 일반적인 설명으로 틀린 것은?

① 흙 댐(earth dam)은 기초가 다소 불량해도 시공할 수 있다.
② 중력 댐(gravity dam)은 안전율이 가장 높고 내구성도 크나 설계 이론이 복잡하다.
③ 아치 댐(arch dam)은 암반이 견고하고 계곡 폭이 좁은 곳에 적합하다.
④ 부벽식 댐(buttress dam)은 구조가 복잡하여 시공이 곤란하고 강성이 부족한 것이 단점이다.

해설 중력 댐
• 안전율이 가장 높고 내구성도 풍부하다.
• 설계 이론이 비교적 간단하고 시공도 용이하다.
• 기초 지반은 반드시 견고한 암반 위에 축조해야 한다.
• 중력 댐은 그 자중과 수압에 대항하는 것으로 기초의 전단 저항이 그 안정상 중요하다.

□□□ 기 11,15
02 콘크리트 중력 댐에 대한 설명으로 옳은 것은?

① 자중이 크므로 견고한 지반이 필요하다.
② 댐의 상단에서 직접 홍수량을 방류하는 형식을 비월유식이라 한다.
③ 일종의 필 댐이다.
④ 댐의 총 자중은 총 수평력보다 작아야 한다.

해설 콘크리트 중력 댐은 댐 자체의 자중만으로 수압에 저항하며, 기초 암반의 조건은 자중이 크므로 견고한 지반이 필요하기 때문에 필 댐보다 엄격해야 한다.

흙과 같은 자연 재료를 이용하여 만든 댐으로 1/2 이상이 흙인 경우 흙 댐(earth dam), 1/2 이상이 암석으로 구성된 댐을 록필 댐(rock fill dam)이라 한다.

■ 필형 댐의 특징
- 필형 댐의 여수토는 댐의 측면 부근에 설치한다.
- 필형 댐은 콘크리트 댐보다 지지력이 작아도 된다.
- 필형 댐의 월류는 대단히 위험하고 파괴 원인이 된다.
- 여수토가 없으면 홍수 시 월류하게 되어 댐의 파괴 원인이 된다.

■ 필터층의 시공
- **필터 재료** : 보호되는 입경의 4 ~ 5배 정도의 입경을 가져야 안전하다.
- **필터 재료** : 점착성이 없는 것이어야 하고 200번체를 통과하는 세립자를 5% 이상 포함해서는 안 된다.
- **필터의 두께** : 필터의 최소폭은 그 양측의 층에 접하는 재료의 입도, 투수도 및 성토 lift의 적당성과 다짐 시공상의 최소 필요폭에 의하여 결정한다.
- **필터의 다짐기층** : 필터의 다짐은 진동 롤러 또는 불도저의 사용이 표준이고 때로는 타이어 롤러를 사용하는 예도 있다. 탬핑 롤러는 점질토에 적합하다. core의 다짐에는 탬핑 롤러의 사용이 표준이다.

■ 흙 댐(Earth Dam)
- **흙 댐의 특징**
  - 댐 지점의 기초가 비교적 연약해도 좋지만 지지력에 약하다.
  - 축조에 필요한 흙의 재료 채취가 부근에 있을 경우에 가능하다.
  - 기초 지반이 비교적 견고하지 않아도 가능하므로 높은 댐을 축조할 수 없다.
  - 흙 댐은 절반 이상이 흙으로 구성되어 지진과 물의 월류에 가장 약한 댐이다.

• 단면 형상에 따른 분류
- **균일형** : 제체의 최대 치수의 80% 이상을 균일 재료가 차지한 댐으로, 균일형을 흙 댐이라 불리운다.
- **Zone형 댐** : 댐의 중앙부에는 수밀성이 높은 불투수성의 흙을 양측의 상하류 비탈면은 큰 알갱이가 많은 투수성 흙을 사용하여 존형으로 된 댐으로 두가지 재료를 얻을 수 있는 경우에 경제적이다.
- **코어형** : 제체 최대 단면의 불투수성의 최대 너비가 댐 높이보다 작을 때는 이 불투수부를 코어라 하며, 코어가 있는 댐을 코어형이라 한다.

■ 록필 댐(Rock fill Dam)
흙 댐에 비하여 안전도는 높으나 자중이 크기 때문에 흙 댐보다 견고한 기초 지반을 필요로 하고 석재를 쉽게 구할 수 있는 곳에 적합하다.
- 일반적인 토공용 중장비를 사용한다.
- 현장 부근에 있는 자연 재료를 사용한다.
- 기초 바닥의 지질은 굳은 암반이 아니라도 좋다.
- 여수로의 설치가 필요하며 공사비가 콘크리트 댐보다 작다.
- **록필 댐의 형식**
  - 표면 차수벽 댐은 대량의 암석을 쉽게 확보할 수 있는 곳이나 코어용 점토의 확보가 어려운 경우에 적합하다.
  - **내부 차수벽형** : 변형하기 쉬운 토질로 축조하여 침하 등에 의한 균열을 방지하고 상류측에 보호층이 필요하다.
  - **중앙 차수벽형** : 침하에 의한 영향은 적고 두께가 크므로 재료에 대한 조건은 어느 정도 완화되며 차수벽과 본체 록필은 동시에 시공해야 한다.

□□□ 기90,92,02
01 지진에 대해서 가장 약한 Dam의 형식은?

① Rock Dam   ② 중력 Dam
③ 부벽 Dam   ④ Earth Dam

해설 흙 댐(Earth Dam)은 절반 이상이 흙으로 구성되어 지진과 물의 월류에 가장 약한 댐이다.

□□□ 기08
02 다음 중에서 물의 월류에 가장 약한 댐은?

① 중력 댐   ② 아치 댐
③ 부벽식 댐   ④ 흙 댐

해설 흙 댐(Earth Dam)은 절반 이상이 흙으로 구성되어 지진과 물의 월류에 가장 약한 댐이다.

□□□ 기08
03 흙 댐(Earth Dam)에 관한 설명 중에서 잘못된 것은?

① 비교적 높은 댐의 축조가 가능하다.
② 기초 지반이 비교적 견고하지 않아도 시공이 가능하다.
③ 성토 재료의 구입이 용이하며 경제적이다.
④ 지진 등의 자연 재해에 비교적 취약하다.

해설 흙 댐은 기초 지반이 비교적 견고하지 않아도 가능하므로 높은 댐을 축조할 수 없다.

□□□ 기 00,04,09

04 필 댐(Fill type dam)의 특징을 설명한 내용으로 틀린 것은?

① 현장 부근에 있는 자연 재료를 사용한다.
② 일반적인 토공용 중장비를 사용한다.
③ 여수로의 설치가 필요치 않아 공사비가 저렴하다.
④ 기초 바닥의 지질은 굳은 암반이 아니라도 좋다.

해설 여수로가 없으면 홍수 시 댐을 월류하게 되어 댐의 파괴 원인이 되어 여수로를 반드시 설치해야 한다.

□□□ 기 05

05 Fill dam(필 댐)에 대한 기술 중 옳지 않은 것은?

① 댐 지점 주위에서 얻을 수 있는 천연 재료를 이용할 수 있다.
② 침하가 거의 발생하지 않는 구조물이므로 통상 여수로와 같은 구조물을 제체 위에 설치한다.
③ 시공에서 최적의 장비를 투입함으로써 기계화율을 높일 수 있다.
④ 비교적 지지력이 작은 풍화암이나 하천 퇴적층의 기초 지반에도 투수 처리를 함으로써 그 축조가 가능하다.

해설 ·여수로는 필형 댐인 경우는 댐의 측면 부근에 방죽(weir)을 설치하고 홍수량을 월류시켜 급구배 수로를 지나 정수지에 유입, 방류시킨다.
·필 댐은 홍수 월류에 대해서는 거의 저항력이 없고 침하가 불가피한 구조물이라는 단점을 가지고 있다.

□□□ 기 12

06 다음 중 록필 댐의 일반적인 구조 형식에 해당하지 않는 것은?

① 전면 차수벽 형식   ② 아치 형식
③ 중앙 심벽 형식   ④ 복합체 형식

해설 록필 댐의 차수벽 형식에 따른 형식
·전면 차수벽형   ·중앙 심벽형
·점토 코어형   ·복합체형

□□□ 기 95,08,10,16,19

07 흙 댐을 구조상 분류할 때 중앙에 불투수성의 흙을, 양측에는 투수성 흙을 배치한 것으로 두 가지 이상의 재료를 얻을 수 있는 곳에서 경제적인 댐 형식은?

① 심벽형 댐   ② 균일형 댐
③ 월류 댐   ④ Zone형 댐

해설 Zone형 댐 : 댐의 중앙부에는 수밀성이 높은 불투수성의 흙을 양측의 상하류 비탈면은 큰 알갱이가 많은 투수성 흙을 사용하여 존형으로 된 댐으로 두가지 재료를 얻을 수 있는 경우에 경제적이다.

□□□ 기 06,11

08 Rock fill 댐에 관한 설명 중에서 틀린 것은?

① 자중이 비교적 크므로 안전한 형식이다.
② 콘크리트 댐에 비해 단면 형상이 작고, 저폭이 좁아 기초에 전달되는 응력이 크기 때문에 지반의 지지력이 작은 곳에는 축조가 불가능하다.
③ 일반적으로 제체의 상류쪽이나 중앙부에 불투수층을 둔다.
④ 주변에서 석재를 쉽게 구할 수 있을 때 가능한 형식이다.

해설 Rock fill 댐은 콘크리트 댐에 비하여 단면 형상이 작고 지지력도 작다.

□□□ 기 03,05,11,18

09 표면 차수벽 댐은 core의 filter층이 없이 제체를 느슨한 암으로 축조하여 상하 사면은 암의 안식각에 가깝게 하고, 제체가 어느 정도 축조된 후 상류층에 불투수층 차수벽을 설치하여 차수 역할을 하며 차수벽과 rock 사이에는 입경이 작은 암석층을 두어 완충 역할을 하게 한다. 다음 중 표면 차수벽 댐을 채택할 수 있는 조건이 아닌 것은?

① 대량의 점토 확보가 용이한 경우
② 짧은 공사기간으로 급속 시공이 필요한 경우
③ 동절기 및 잦은 강우로 점토 시공이 어려운 경우
④ 추후 댐 높이의 증축이 예상되는 경우

해설 표면 차수벽 댐은 대량의 암석을 쉽게 확보할 수 있는 곳이나 코어용 점토의 확보가 어려운 경우에 적합하다.

075 콘크리트 댐의 시공

■ 공정 순서
동력 설비 → 가배수로(전류공) → 콘크리트 타설 → Curtain grout

■ 콘크리트 재료와 배합
· 수화열이 낮은 중용열 시멘트를 사용한다.
· 콘크리트 단위 중량은 23kN/m³ 이상을 표준으로 한다.
· 혼화 재료는 플라이 애시, AE제 등을 사용한다.
· 소요의 워커빌리티 및 강도가 얻어지는 범위 내에서 단위 시멘트량을 가급적 적게 되도록 정한다.

■ 콘크리트 치기
· 콘크리트 댐의 1회 치기 높이를 1 lift라 하며, 온도 규제의 점에서 1회 타설 높이는 0.75 ~ 2.0m 정도가 표준이다.
· 콘크리트 타설의 한 층의 높이는 0.4 ~ 0.5m를 표준으로 한다.
· 타설한 콘크리트의 온도를 낮추기 위해 파이프 쿨링을 한다.
· 콘크리트의 다짐은 내부 진동기에 의한다.

□□□ 기08

01 댐 콘크리트에 대한 설명으로 옳은 것은?

① 가능한 빨리 소요 강도를 얻기 위해 알루미나 시멘트를 사용한다.
② 콘크리트 단위 중량은 23kN/m³ 이하로 한다.
③ 수화열이 적은 시멘트를 사용하도록 한다.
④ 인공 냉각 시 파이프 쿨링은 적당하지 않다.

해설 · 보통 시멘트보다 발열이 적은 저열 또는 중용열 시멘트를 많이 사용한다.
· 콘크리트 단위 중량은 23kN/m³ 이상을 표준으로 한다.
· 수화열이 적은 시멘트를 사용하도록 한다.
· 인공 냉각 시 파이프 쿨링이 적당하다.

□□□ 기04

02 댐(매스) 콘크리트 타설 시 유의 사항으로 틀린 것은?

① 단위 시멘트량을 되도록이면 많이 하여 수밀성을 증대시킨다.
② 수화열이 낮은 중용열 시멘트를 사용한다.
③ 타설한 콘크리트 온도를 낮추기 위하여 pre-cooling을 실시한다.
④ 댐은 된 반죽의 콘크리트를 사용하므로 진동수 및 중량이 큰 고성능의 진동기를 사용하여 다짐하는 것이 바람직하다.

해설 소요의 워커빌리티 및 강도가 얻어지는 범위 내에서 단위 시멘트량이 가급적 적게 되도록 정한다.

□□□ 기16

03 댐에 대한 일반적인 설명으로 틀린 것은?

① 필댐(fill dam)은 공사비가 콘크리트 댐보다 적고 홍수 시의 월류에도 대단히 안전하다.
② 중력식 댐은 그 자중으로 수압에 저항하고 기초의 전단 강도가 댐의 안전상 중요하다.
③ 중공댐은 비교적 높이가 높은 댐이고 U자형의 넓은 계곡인 경우 콘크리트량이 절약되어 유리하다.
④ 아치댐은 양안의 교대(abutment) 기초 암반의 두께와 강도가 중요하다.

해설 필형 댐의 월류는 대단히 위험하고 파괴 원인이 된다.

□□□ 기15

04 아래의 표에서 설명하는 댐은?

> 초경질 반죽의 빈배합 콘크리트를 덤프트럭으로 운반을 한 후, 불도저로 고르게 깔고 진동롤러로 다져서 제체를 구축한다.

① Roller compact concrete dam
② Rock fill dam
③ Gravity dam
④ Earth dam

해설 롤러 다짐 콘크리트댐(RCCD, Roller Compacted Concret Dam) 콘크리트 댐은 높은 수화열 발생으로 인해 온도균열을 유발하여 시공 관리가 복잡하다. 이러한 문제점을 개선하기 위해 슬럼프(Slump)가 낮은 빈배합 콘크리트를 덤프트럭으로 운반, 불도저로 포설하고 진동 롤러로 다져 콘크리트댐을 축조하는 형식

■ **가체절공(가물막이 : Coffer dam)**

댐 구조물이 물속 또는 물 옆에 축조되는 경우 건조 상태의 작업 (Dry work)을 하기 위하여 물을 배제하는 구조물을 설치하는 것

• **가체절공의 종류**

가체절공	용 도
간이 가체절공	근처에 있는 재료를 이용하여 제방을 쌓는 것으로서 수심과 굴착 깊이가 얕은 곳에 축조할 수 있다.
셀식 가체절공	강 널말뚝을 원통형으로 박고 그 속에 토사를 채워 셀을 만들며 단기간에 완성할 수 있고, 안정성도 좋다.
한겹 흙물막이 가체절공	널말뚝의 강성으로 수압 등의 외력에 저항하도록 하는 것으로 Cantilever형과 Strut형이 있고 재료로는 목재, 철근 콘크리트, 강재 등을 사용하는 가체절공
두겹 널말뚝식 가체절공	내벽, 외벽의 널말뚝을 2열로 병렬하여 박고 양 널말뚝 간에 타이로드와 볼트로 연결하여 외력에 저항
흙댐식 가체절공	가장 간단한 구조 형식으로 얕은 수심에는 유리하지만 수심에 비하여 넓은 부지, 상당한 양의 토사가 필요한 가체절공

■ **기초 암반의 그라우팅 공법**

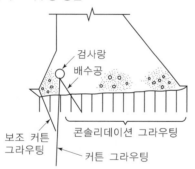

• **커튼(Curtain) 그라우팅 목적**
• 기초 암반에 침투하는 물을 방지하기 위한 지수 목적
• 콘크리트 댐에서는 제체에 작용하는 양압력의 경감을 목적으로 실시
• 시공 중의 침수에 의한 공사의 지연을 막기 위하여

■ **압밀(consolidation) 그라우팅** : 기초 암반의 변형성이나 강도를 개량하여 균일성을 주기 위하여 기초 전반에 걸쳐 격자형으로 그라우팅하는 방법
• **블랭킷(blanket) 그라우팅** : 필 댐의 비교적 얕은 기초 지반 및 차수 영역과 기초 지반 접촉부의 차수성을 개량할 목적으로 실시
• **림(rim) 그라우팅** : 댐의 취수부 또는 전 저수지에 걸쳐 댐 주변의 저수를 목적으로 실시
• **콘택트(contact) 그라우팅** : 암반과 dam 제체 접속부의 침투류 차수 목적으로 실시
• **조인트(joint) 그라우팅** : 시공 이음의 지수 목적으로 실시

■ **검사랑(inspection)**

중력 댐을 시공한 후 댐 관리상 예상되는 사항을 검사하기 위해서 댐 내부에 설치하는 것

• **검사랑의 설치 목적**
• 댐 내부의 균열 검사
• 댐 내부의 누수 및 배수 검사
• 댐 내부의 수축량 검사
• 양압력, 온도, 간극 수압 측정
• 그라우팅 검사

■ **여수토(spill way)**

댐 축조 공사에서 계획 저수량 이상의 유입되는 홍수량을 안전하게 방류할 수 있도록 설치한 것

• **여수토의 종류**
• 사이펀 여수토 : 댐의 부속 설비 중 상하류면의 수위차를 이용한 것으로 동일 단면에서는 자유 월류의 경우보다 다량의 물을 배출시킬 수 있는 여수토
• 슈트(Chute) 여수토 : 댐의 본체에서 완전히 분리시켜 댐의 가장자리에 설치하여 월류부를 보통 수평으로 하는 것
• 측수로(Side channel) 여수토 : Rock fill Dam과 같이 댐 정상부를 월류시킬 수 없을 때 댐의 한쪽 또는 양쪽에 설치하는 여수토
• 그롤리 홀(Grolley hole) 여수토 : 원형 나팔관형으로 되어 있고 유수의 유입으로, 여수토 터널 내에 부압이 생기므로 유의해야 함

☐☐☐ 기 96,00

01 널말뚝의 강성으로 수압 등의 외력에 저항하도록 하는 것으로 cantilever형과 strut형이 있고 재료로는 목재, 철근 콘크리트, 강재 등을 사용하는 가체절공(coffer dam)은?

① 셀식 흙물막이공 가체절공
② 한겹 흙물막이 가체절공
③ 두겹 널말뚝식 가체절공
④ 흙댐식 가체절공

해설 한겹 흙물막이 가체절공에 대한 설명이다.

☐☐☐ 기 06,11,21

02 여수토(Spill way)의 종류 중 댐의 본체에서 완전히 분리시켜 댐의 가장자리에 설치하여 월류부를 보통 수평으로 하는 것은?

① 슈트(chute) 여수토
② 측수로(side channel) 여수토
③ 그롤리 홀(grolley hole) 여수토
④ 사이펀(siphon) 여수토

해설 슈트(chute)식 여수토에 대한 설명이다.

□□□ 기11,12,15,20
03 댐 기초 처리를 위한 그라우팅의 종류 중 아래의 표에서 설명하는 것은?

> 기초 암반의 변형성이나 강도를 개량하여 균일성을 주기 위하여 기초 전반에 걸쳐 격자형으로 그라우팅을 하는 방법이다.

① 커튼 그라우팅   ② 콘솔리데이션 그라우팅
③ 블랭킷 그라우팅   ④ 콘택트 그라우팅

해설 · 커튼(curtain) 그라우팅 : 기초 암반에 침투하는 물을 방지하는 지수 목적
· 압밀(consolidation) 그라우팅 : 기초 암반의 변형성 억제, 강도 증대를 위하여 지반을 개량하는 데 목적
· 블랭킷(blanket) 그라우팅 : 필 댐의 비교적 얕은 기초 지반 및 차수 영역과 기초 지반 접촉부의 차수성을 개량할 목적으로 실시
· 콘택트(contact) 그라우팅 : 암반과 dam 제체 접속부의 침투류 차수 목적

□□□ 기09,11
04 커튼 그라우팅(curtain grouting)의 시공 목적과 거리가 먼 것은?

① 터널이나 댐에서 침투수를 막기 위해서
② 시공 중 침수에 의한 공사의 지연을 막기 위해서
③ 콘크리트 내부의 균열 및 수축 검사를 위해서
④ 구조물에 작용하는 양압력을 줄이기 위해서

해설 ■ 커튼 그라우팅의 목적
· 시공 중의 침수에 의한 공사의 자연을 막기 위하여
· 기초 암반에 침투하는 물을 방지하기 위한 지수 목적
· 콘크리트 댐에서는 제체에 작용하는 양압력의 경감을 목적으로 실시
■ 댐 내부에 검사량을 설치하여 콘크리트 내부의 균열 및 누수, 수축량의 검사를 한다.

□□□ 기07
05 중력댐의 시공 후 댐 내부에 설치하는 검사랑의 시공 목적으로 옳지 않은 것은?

① 콘크리트 내부의 균열 및 수축 검사
② 온도 측정
③ 누수 검사
④ 암반이나 구조물에 작용하는 양압력을 줄이기 위하여

해설 검사랑의 설치 목적
· 댐 내부의 균열 검사
· 댐 내부의 누수 및 배수 검사
· 댐 내부의 수축량 검사
· 양압력, 온도, 간극 수압 측정
· 그라우팅 검사

□□□ 기08,14,21
06 댐의 그라우팅(grout)에 관한 기술 중 옳은 것은?

① 커튼 그라우팅(curtain grout)은 기초 암반의 변형성이나 강도를 개량하기 위하여
② 콘솔리데이션 그라우팅(consolidation grout)은 기초 암반의 지내력 등을 개량하기 위하여 실시한다.
③ 콘택트 그라우팅(contact grout)은 기초 암반의 지내력 등을 개량하기 위하여 실시한다.
④ 림 그라우팅(rim grout)은 콘크리트와 암반 사이의 공극을 메우기 위하여 실시한다.

해설 · 압밀(consolidation) 그라우팅 : 기초 암반의 변형성 억제, 강도 증대를 위하여 지반을 개량하는 데 목적
· 커튼(curtain) 그라우팅 : 기초 암반에 침투하는 물을 방지하는 지수 목적
· 콘택트(contact) 그라우팅 : 암반과 dam 제체 접속부의 침투류 차수 목적
· 림(rim) 그라우팅 : 댐의 취수부 또는 전 저수지에 걸쳐 댐 주변의 저수를 목적으로 실시

□□□ 기04,09,10,11,12,18,20,23
07 댐의 기초 암반의 변형성이나 강도를 개량하여 균일성을 주기 위하여 기초 지반에 걸쳐 격자형으로 그라우팅을 하는 것은?

① 압밀(consolidation) 그라우팅
② 커튼(curtain) 그라우팅
③ 블랭킷(blanket) 그라우팅
④ 림(rim) 그라우팅

해설 · 압밀(consolidation) 그라우팅 : 기초 암반의 변형성 억제, 강도 증대를 위하여 지반을 개량하는 데 목적
· 커튼(curtain) 그라우팅 : 기초 암반에 침투하는 물을 방지하는 지수 목적
· 블랭킷(blanket) 그라우팅 : 필 댐의 비교적 얕은 기초 지반 및 차수 영역과 기초 지반 접촉부의 차수성을 개량할 목적으로 실시
· 림(rim) 그라우팅 : 댐의 취수부 또는 전 저수지에 걸쳐 댐 주변의 저수를 목적으로 실시

□□□ 기99,01
08 댐의 본체에서 완전히 분리시켜 설치하는 여수토로 댐 가장자리의 적당한 곳을 택하여 만들고 월류부는 보통 수평으로 하나 유입구에서 이행부(移行部) 종단까지 중심선을 원칙으로 하는 여수토는?

① 슈트식 여수토   ② 측수로 여수토
③ 그롤리 홀 여수토   ④ 사이펀 여수토

해설 슈트식 여수토에 대한 설명이다.

09 Rock fill Dam과 같이 댐 정상부를 월류시킬 수 없을 때 설치하며, 이 여수토의 월류부는 난류를 막기 위하여 굳은 암반상에 일직선으로 설치하고 월류 수맥의 난잡이나 공기 연행을 일으키기 쉬우므로 바닥 바름을 잘 해야 하는 여수토는?

① 사이펀 여수토   ② 그롤리 홀 여수토
③ 측수로 여수토   ④ 슈트식 여수토

해설 여수토의 종류

여수토 종류	여수토의 특징
사이펀 여수토	댐의 부속 설비 중 상하류면의 수위차를 이용한 것으로 동일 단면에서는 자유 월류의 경우보다 다량의 물을 배출시킬 수 있는 여수토
슈트식 여수토	댐의 본체에서 완전히 분리시켜 댐의 가장자리에 설치하여 월류부를 보통 수평으로 하는 여수토
측수로 여수토	Rock fill Dam과 같이 댐 정상부를 월류시킬 수 없을 때 댐의 한쪽 또는 양쪽에 설치하는 여수토
그롤리 홀 여수토	원형 나팔관형으로 되어 있고 유수의 유입으로, 여수토 터널내에 부압이 생기므로 유의해야 함

10 아래의 표에서 설명하는 여수로(spill way)는?

• 필형 댐과 같이 댐 정상부를 월류시킬 수 없을 때 한쪽 또는 양쪽에 설치하는 여수로
• 이 여수로의 월류부는 난류를 막기 위하여 굳은 암반상에 일직선으로 설치한다.

① 슈트식 여수로   ② 그롤리 홀 여수로
③ 측수로 여수로   ④ 사이펀 여수로

해설 측수로 여수로(토)에 대한 특징이다.

077   항만의 종류

■ **위치에 따른 종류**
• **연안항**(coastal harbor) : 해안에 있는 항
• **하구항**(estuary harbor) : 하구에 있는 항
• **운하항**(canal harbor) : 운하에 따른 항
• **하항**(river harbor) : 하천의 하안에 있는 항
• **호항**(lake harbor) : 호수에 있는 항

■ **이용에 따른 종류**
• **공업항**(industrial harbor) : 공장에서 사용할 원료품 및 공장의 제품을 실은 화물선이 출입하는 항
• **피난항**(refuge harbor) : 항해 중인 선박이 피난을 하기 위하여 이용하는 항
• **상항**(commercial harbor) : 상선이 출입하여 외국 및 국내외의 무역을 하는 항
• **어항**(fishery harbor) : 어선이 출입, 정박하는 항
• **군항**(naval part) : 군사를 목적으로 하는 항

■ **구조 형태에 따른 종류**
• **천연항**(natural harbor) : 천연의 지형에 의한 항
• **인공항**(artificial harbor) : 인공에 의하여 건설된 항
• **개구항**(open harbor) : 항구가 항상 개방되어 있어 출입이 자유로운 항
• **폐구항**(closed harbor) : 간만의 차가 큰 장소에 축조되는 항

01 항만 공사에서 간만의 차가 큰 장소에 축조되는 항은?

① 하구항(estuary harbor)
② 개구항(open harbor)
③ 폐구항(closed harbor)
④ 피난항(refuge harbor)

해설 • 하구항 : 하구에 있는 항
     • 개구항 : 항구가 항상 개방되어 있어 출입이 자유로운 항
     • 폐구항 : 간만의 차가 큰 장소에 축조되는 항
     • 피난항 : 항해 중인 선박이 피난을 하기 위하여 이용하는 항

■ 방파제(Break water)

항내 정온을 유지하여 하역의 원활화, 선박의 항행, 정박의 안전 및 항내 시설의 보전을 도모하기 위하여 설치하는 외곽 시설

■ 방파제의 종류

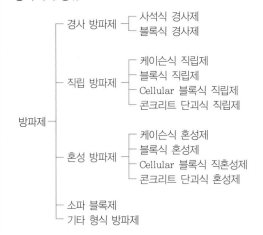

방파제
- 경사 방파제 ─ 사석식 경사제
- 블록식 경사제
- 직립 방파제 ─ 케이슨식 직립제
- 블록식 직립제
- Cellular 블록식 직립제
- 콘크리트 단괴식 직립제
- 혼성 방파제 ─ 케이슨식 혼성제
- 블록식 혼성제
- Cellular 블록식 직혼성제
- 콘크리트 단괴식 혼성제
- 소파 블록제
- 기타 형식 방파제

- **경사 방파제** : 사석, 블록 등을 사용해서 그 면이 경사지고 있는 방파제로 주로 사면에서 파랑의 에너지를 소실시키는 것이다.
  - 수심이 얕고, 파고가 비교적 작은 항만, 특히 소규모의 어항에 많이 축조된다.
  - 파고가 높은 곳에서는 피해가 많아 유지 보수비가 많이 든다.
  - 연약 지반에는 쇄석 자체가 기초가 되므로 가장 경제적이다.
  - 시공 설비와 시공법이 간단하다.
  - 유지 보수가 다른 형식에 비하여 쉽다.
- **직립 방파제** : 전면이 연직 또는 연직에 가까운 제체로서 파랑을 전부 반사시키는 형식
  - 수심이 작은 곳에 축조하는 경우가 많다.
  - 시공 설비가 소규모이고, 유지 보수비가 저렴하다.
  - 수심이 같은 곳에서는 제체가 너무 크게 되므로 부적당하다.
  - 세굴의 염려가 있으므로 연약 지반의 경우 소요 지지력이 부족해 질 수 있다.
- **혼성 방파제** : 사석부를 기초로 하고 그 위에 직립부의 본체를 설치하는 형식으로 경사제와 직립제의 장점을 고려한 것이다.
  - 연약 지반에서는 사석이 자연적으로 기초가 되고 지반이 암반인 경우도 기초를 정지할 필요가 없으므로 지반 상태에 관계없이 만들 수 있다.
  - 상부의 하중을 분산시킬 수 있으므로 연약 지반에도 적합하며, 재료가 적게 소요되므로 수심이 깊은 곳에 적합하다.

■ 특수 방파제

- **공기 방파제** : 공기관을 수중에 설치하여 작은 구멍을 통하여 많은 기포를 분출시켜 파를 없애는 방법

- **부양 방파제** : 부체를 연속적으로 띄워 파를 방지하는 방법으로 임시 방파제를 가설할 때 많이 사용
- **수 방파제** : 압력 사출수를 분출시켜서 파를 막는 방법
- **잠수 방파제** : 수중에 잠수제를 설치해서 파를 막는 방법으로 응급적으로 구축함의 함체를 방파제의 제체로 사용

■ 기타 외곽 시설

- **방사제**(sand protecting dam) : 연안의 표사가 항내에 진입하지 못하도록 육안으로부터 돌출시킨 공작물
- **방조제**(tide embankment) : 침수되는 장소를 해수로부터 보호하기 위하여 해안을 따라 설치하는 제방
- **도류제**(training wall)
  - 하천의 합류점이나 하구 등에 토사가 쌓여 유로가 교란되는 것을 방지할 목적으로 유수 방향을 따라 쌓은 둑을 발한다.
  - 하구의 위치를 고정시키고 항상 필요한 수심을 유지시키며 수로 내의 흐름을 부드럽게 유도하기 위하여 만들어진 부제이다.

■ 계류 시설

- **중력식 안벽** : 토압, 수압 등 외력에 대하여 자중과 그 마찰력에 의해서 저항하는 구조물이다.
- **널말뚝식 안벽** : 널말뚝을 박아서 안벽을 만드는 것이며 안벽은 널말뚝이 벽본체가 된다.
- **선반식 안벽** : 하부를 말뚝 기초로 하고 상부에 L형벽을 올려놓은 형식을 선반식 안벽이라 한다.
- **잔교식 안벽** : 배를 접안시키기 위해 계선하여 육지와 연락하기 위한 다리 구조를 잔교라 한다. 잔교의 특성은 다음과 같다.
  - 잔교는 수평력에 대한 저항력이 비교적 적다.
  - 토압을 받지 않고 자중이 적으므로 연약 지반에도 적합하다.
  - 기존 호안이 있는 곳에 안벽을 축조할 때는 횡잔교가 유리하다.
  - 구조적으로 토류 사면과 잔교를 조합하는 것이므로 공사비가 많아지는 경우도 있다.
- **부잔교** : 수륙 연락 시설의 일종으로 부함을 띄워서 안벽으로 사용하는 것이며 조차가 클 때 축조한다. 특징은 다음과 같다.
  - 잔교보다 물의 유동이 자유로우므로 표시 등이 심한 곳에서도 종래의 평형 상태를 유지할 수 있다.
  - 시설, 이설이 간단하다.
  - 비교적 연약한 지반에도 적합하다.
  - 재하력이 적고 하역 설비를 설치하기 어렵기 때문에 하역 능력은 적다.
  - 파나 흐름이 세찬 곳에는 적합하지 않다.
- **돌핀**(Dolphin) : 해안에서 떨어진 해중에 말뚝 또는 구조물을 만들어서 안벽으로 사용하는 것으로 말뚝식, 케이슨식 등이 있다. 구조가 간단하고 공사비가 저렴하다.

□□□ 기 01

01 하구의 위치를 고정시키고 항상 필요한 수심을 유지시키기 위한 제방으로 수로 내의 흐름을 부드럽게 유도하기 위한 구조물은?

① 방파제　　　　② 방사제
③ 도류제　　　　④ 방조제

해설 도류제 : 하구의 위치를 고정시키고 항상 필요한 수심을 유지시키며 수로 내의 흐름을 부드럽게 유도하기 위하여 만들어진 부제이다.

□□□ 기 09,21

02 항만의 방파제는 크게 경사제, 직립제, 혼성제, 특수 방파제로 나눌 수 있다. 다음 중 방파제에 대한 설명으로 옳은 것은?

① 경사제는 주로 수심이 깊은 곳 및 파고가 높은 곳에 적용되며, 공사비와 유지 보수비가 다른 형식의 방파제와 비교하여 가장 저렴하다.
② 직립제는 연약 지반에 가장 적합한 형식으로서 파랑을 전부 반사시킴으로 인해 전면 해저의 세굴 염려가 없다.
③ 혼성제는 사석부를 기초로 하고 그 위에 직립부의 본체를 설치하는 형식으로 경사제와 직립제의 장점을 고려한 것이다.
④ 방파제는 항구 내가 안전하도록 하기 위해 파도가 방파제를 절대 넘지 않도록 설계하여야 한다.

해설 ・경사제 : 수심이 얕고, 파고가 비교적 작은 항만, 특히 소규모의 어항에 많이 축조된다. 파고 높은 곳에서는 피해가 많아 유지 보수비가 많이 든다.
・직립제 : 세굴의 염려가 있으므로 연약 지반의 경우 소요 지지력이 부족해질 수 있으며, 수심이 같은 곳에서는 제체가 너무 크게 되므로 부적당하고, 수심이 작은 곳에 축조하는 경우가 많다.
・항 입구는 침입파가 적도록 가장 빈도가 높은 파랑 및 가장 파고가 높은 파랑에 대하여 효과적으로 항내를 차폐할 것

□□□ 기 12

03 잔교(棧橋)란 선박을 계류시키는 교형(橋刑) 구조물을 말한다. 잔교는 각주(脚柱)의 구조에 따라 말뚝식, 원통식(圓筒式), 교각식(橋脚式)으로 분류한다. 다음 잔교의 특징에 관하여 잘못된 것은?

① 토압을 받지 않고 자중이 적으므로 연약 지반에 이용할 수 있다.
② 선박의 충격에 대하여 일반적으로 약하다.
③ 지진에 대하여 중력식 안벽보다 약하다.
④ 전면이 세굴될 염려가 있는 곳에도 적합하다.

해설 지진에 대하여 중력식 안벽보다 강하다.

□□□ 기 09

04 잔교(landing pier)란 배를 계선하여 육지와 연락하기 위한 다리 구조를 말한다. 잔교의 특징에 관한 설명으로 잘못된 것은?

① 토압을 받지 않고 자중이 적으므로 연약 지반에 이용할 수 있다.
② 기존 호안이 있는 곳에 안벽을 축조할 때는 횡잔교가 유리하다.
③ 수평력에 대한 저항력이 크다
④ 구조적으로 토류 사면과 잔교를 조합하는 것이므로 공사비가 많아지는 경우도 있다.

해설 잔교의 특성
・잔교는 수평력에 대한 저항력이 비교적 적다.
・토압을 받지 않고 자중이 적으므로 연약 지반에도 적합하다.
・기존 호안이 있는 곳에 안벽을 축조할 때는 횡잔교가 유리하다.
・구조적으로 토류 사면과 잔교를 조합하는 것이므로 공사비가 많아지는 경우도 있다.

□□□ 기 99,05

05 그림과 같은 방파제에서 활동에 대한 안전율은?
(단, 파고 $H = 3.0$m, 제체의 단위 중량 $w = 20$kN/m³, 해수의 단위 중량 $w' = 10$kN/m³ 마찰 계수 $f = 0.6$, 파압 공식 $P = 1.5\,w'\,$H(kN/m³))

① 1.23
② 1.33
③ 1.53
④ 1.83

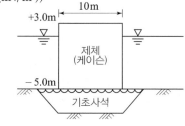

해설 ・파압 $P = 1.5\,w'\,H = 1.5 \times 10 \times 3 = 45$kN/m²
・수평력 P_h = 케이슨 높이×파압 = $(5+3) \times 45 = 360$kN/m
・연직력 W = 케이슨 용적×케이슨 단위 중량
$\qquad = 8 \times 10 \times (20-10) = 800$kN/m
$\therefore F_S = \dfrac{f \cdot W}{P_h} = \dfrac{0.6 \times 800}{360} = 1.33$

□□□ 기 12,19

06 방파제를 크게 보통 방파제와 특수 방파제로 분류할 때 다음 중 특수 방파제에 속하지 않는 것은?

① 공기 방파제
② 부양 방파제
③ 잠수 방파제
④ 콘크리트 단괴식 방파제

해설 방파제의 종류
・보통 방파제 : 경사 방파제, 직립 방파제, 혼성 방파제
・특수 방파제 : 공기 방파제, 부양 방파제, 수 방파제, 잠수 방파제

CHAPTER
10 암거 및 배수 구조물

079 암거의 종류

- **사이펀 암거**(syphon drain)
  용수, 배수, 운하 등 성질이 다른 수로가 교차하지만 합류시킬 수 없을 때 또는 수로교로서는 안 될 때에 사용하면 편리한 관거

- **사이펀 암거의 용도**
  - 다른 수로 혹은 노선과 교차할 때 사용한다.
  - 암거가 앞뒤의 수로 바닥에 비하여 대단히 낮은 위치에 축조된다.
  - 용수, 배수, 운하 등 성질이 다른 수로가 교차하지만 합류시킬 수 없고 수로교의 설치도 어려울 때 사용한다.

- **관거**(pipe culvert)
  구조물의 하부를 횡단 매설하여 배수하는 관교이며 지하 매설관이 아니다.

- **함거**(box culvert)
  위아래 슬래브와 측벽을 가진 사각형 라멘 구조이고 통수량에 따라 여러 개의 문을 갖게 되며 도로, 철도와 같이 동하중이 작용하는 배수거에 대단히 유리한 구조를 함거라 한다.

- **다공 관거**
  관내의 집수 효과를 크게 하기 위하여 관 둘레에 구멍을 뚫어 지하에 매설하는 일종의 집수 암거로 하천의 복류수를 이용할 때 쓰면 편리한 관거

□□□ 기 05,06,21

01 관내의 집수 효과를 크게 하기 위하여 관 둘레에 구멍을 뚫어 지하에 매설하는 집수 암거의 일종으로 하천의 복류수를 주로 이용하기 위하여 쓰이는 것은?

① 관거 ② 함거
③ 다공 관거 ④ 사이펀 관거

해설 · 관거(pipe culvert) : 구조물의 하부를 횡단 매설하여 배수하는 관교이며 지하 매설관이 아니다.
· 함거(box culvert) : 위아래 슬래브와 측벽을 가진 4각형 라멘 구조이고 통수량에 따라 여러 개의 문을 갖게 되며 도로, 철도와 같이 동하중이 작용하는 배수거에 대단히 유리한 구조를 함거라 한다.
· 다공 관거 : 관 내의 집수 효과를 크게 하기 위하여 관 둘레에 구멍을 뚫어 지하에 매설하는 일종의 집수 암거로 하천의 복류수를 이용할 때 쓰면 편리한 관거

□□□ 산 01,03,04,07

02 용수, 배수, 운하 등 성질이 다른 수로가 교차하지만 합류시킬 수 없을 때 또는 수로교로서는 안 될 때에 사용하면 편리한 관거는?

① 함거 ② 관 암거
③ 다공 관거 ④ 사이펀 관거

해설 사이펀 관거(암거) : 용수, 배수, 운하 등 성질이 다른 수로가 교차하지만 합류시킬 수 없을 때 또는 수로교로서는 안 될 때 사용한다.

□□□ 기 99,04,05,09,14,18,22

03 사이펀 관거(syphon drain)에 대한 설명 중 옳지 않은 것은?

① 암거가 앞뒤의 수로 바닥에 비하여 대단히 낮은 위치에 축조된다.
② 일종의 집수 암거로 주로 하천의 복류수를 이용하기 위하여 쓰인다.
③ 용수, 배수, 운하 등 성질이 다른 수로가 교차하지만 합류시킬 수 없을 때 사용한다.
④ 다른 수로 혹은 노선과 교차할 때 사용한다.

해설 다공 관거 : 관 내의 집수 효과를 크게 하기 위하여 관 둘레에 구멍을 뚫어 지하에 매설하는 일종의 집수 암거를 말하며 하천의 복류수를 이용하기 위하여 사용한다.

□□□ 기 92,99,00,02,17,19,20

04 운동장 또는 광장과 같은 넓은 지역의 배수는 주로 어떤 배수를 하여야 물이 고이지 않는가?

① 개수로 배수 ② 지표 배수
③ 맹암거 배수 ④ 암거 배수

해설 맹암거 배수 : 주로 운동장, 광장 등 넓은 지역의 배수에 이용되며 각 처에서 값 싸게 구입할 수 있으나 내구 연한이 짧은 것이 결점이다.

- **자연식** : 자연 지형에 따라 암거가 매설되며 배수 지구 내에 습지가 잠재하고 있을 경우 암거가 이들의 장소에 연락되도록 설치한다.
- **빗식**(Gridiron system) : 암거의 배열 방식 중 집수 지거를 향하여 지형의 경사가 완만하고, 같은 습윤 상태인 곳에 적합하며, 1개의 간선 집수지 또는 집수 지거로 가능한 한 많은 흡수거를 합류하도록 배열하는 방식
- **차단식**(Intercepting system) : 암거의 배열 방식 중 인접한 높은 지대 또는 배수 지구를 둘러싼 높은 지대에서의 침투수를 차단할 수 있는 위치에 암거를 설치하는 방법으로 이에 의하여 배수 지구 내에 침투수가 나타나는 것을 방지하는 방식
- **집단식**(Grouping system) : 습윤 상태가 곳에 따라 여러 가지로 변화하고 있는 배수 지구에서는 습윤 상태에 알맞은 암거 배수의 양식을 취한다. 이와 같이 1지구 내에 소규모의 여러 가지 양식의 암거 배수를 많이 설치한 암거의 배열 방식
- **어골식** : 폭이 좁고 길게 늘어진 凹지의 중앙에 집수 지거가 가로 배치되어 있고 흡수거가 그 양쪽에서 합류하여 물고기의 뼈와 같은 방식
- **2중 간선식** : 빗식을 수정한 것으로 배수 지구 중앙부에 폭이 넓은 평평한 凹지, 늪지 같은 습지가 가로놓여 경사면에서 소량의 침투수가 흐르고 있는 특수한 배수 지구에 사용된다.

□□□ 기 93,99,00,03,06,09,11,14,16,20,21
01 암거의 배열 방식 중 집수 지거를 향하여 지형의 경사가 완만하고, 같은 습윤 상태인 곳에 적합하며, 1개의 간선 집수지 또는 집수 지거로 가능한 한 많은 흡수거를 합류하도록 배열하는 방식은?

① 자연식(Natural system)
② 차단식(Intercepting system)
③ 빗식(Gridiron system)
④ 집단식(Grouping system)

해설 빗식에 대한 설명이다.

□□□ 기 01,03,05
02 암거의 배열 방식 중 인접한 지대, 배수 지구를 둘러싼 높은 지대에서의 침투수를 차단할 수 있는 위치에 설치함으로써 배수구 내의 침투수가 나타나는 것을 방지하는 방식은?

① 차단식　　　　② 빗식
③ 어골식　　　　④ 집단식

해설 차단식에 대한 설명이다.

□□□ 기 11,14
03 암거의 배열 방식 중 인접한 높은 지대에서 배수 지구로 스며드는 침투수를 차단하기 위하여 구역 둘레에 배수 암거를 매설하는 방식은?

① 빗식　　　　② 차단식
③ 어골식　　　　④ 자연식

해설 차단식에 대한 설명이다.

□□□ 기 08,10,16
04 습윤 상태가 곳에 따라 여러 가지로 변화하고 있는 배수 지구에서는 습윤 상태에 알맞은 암거 배수의 양식을 취한다. 이와 같이 1지구 내에 소규모의 여러 가지 양식의 암거 배수를 많이 설치한 암거의 배열 방식은?

① 차단식　　　　② 자연식
③ 집단식　　　　④ 빗식

해설 집단식에 대한 설명이다.

□□□ 기 03
05 교각의 기초와 같은 깊은 수중의 기초 터파기에는 다음 어느 굴착기계가 가장 적당한가?

① 파워 셔블(power shovel)　② 백호우(back hoe)
③ 드래그 라인(drag line)　④ 클램셀(clam shell)

해설
- 파워 셔블 : 기계 위치보다 높은 지반이나 굳은 지반의 굴착에 적합
- 백호우 : 비탈면 끝손질, 기초 굴착에 이용되고 수중 굴착도 가능하며 굴착력이 강함
- 드래그 라인 : 주로 하상 굴착이나 골재 채취에 사용되며 넓은 범위의 굴착이 가능
- 클램셀 : 우물통 기초와 같은 좁은 곳과 깊은 곳을 굴착하는데 적합

081 배수 암거의 일반식

- 지표 배수량(전 유출량)

$$Q = \frac{1}{360} \cdot C \cdot I \cdot A$$

여기서, Q : 유출량(집수량)(m^3/sec)
C : 유출 계수
I : 강우 강도(mm)
A : 집수 면적(m^2)

- 암거의 깊이와 간격

$$D = \frac{2(H-h-h_1)}{\tan\beta}$$

여기서, D : 암거의 간격
H : 암거의 매설 깊이
h : 지하수의 깊이
h_1 : 암거와 지하수면과의 최저점 거리

- 암거의 배수량(Donnan식)

$$D = \frac{4k(H_0^2 - h_0^2)}{Q} = \frac{4kH_0^2}{Q}$$

(불투수층 위에 암거가 놓였을 때)

여기서, D : 암거의 간격
k : 투수 계수
H_0 : 불투수층에서 최소 침강 지하수면까지의 거리
h_0 : 불투수층에서 암거 매립 위치까지의 거리

- 암거 내의 유속(Giesler 공식)

$$V = 20\sqrt{\frac{D \cdot h}{L}}$$

여기서, V : 관 내의 평균 유속(m/sec)
D : 관의 직경(m)
L : 암거의 길이(m)
h : 길이 L에 대한 낙차(m)

□□□ 기00,02

01 집수 면적이 24,000m^2인 평탄한 농경지에 80mm의 강우가 있었다. 이때의 지표 배수량(전 유출량)은 얼마인가? (단, 유출 계수는 0.6으로 한다.)

① 1,152m^3　　　　② 1,252m^3
③ 3,200m^3　　　　④ 3,400m^3

해설 배수량 = 유출 계수×강우량
$$= 0.6 \times (24,000 \times 0.08) = 1,152m^3$$

□□□ 기00,10,19

02 불투수층에서 잰 암거 간격 중앙에서의 지하수면의 높이를 1m, 암거의 간격 10m, 투수 계수 $k = 10^{-5}$cm/sec라 할 때 이 암거의 단위 길이당 배수량을 Donnan식에 의하여 구하면 얼마인가?

① $2 \times 10^{-2} cm^3/cm/sec$　　② $2 \times 10^{-4} cm^3/cm/sec$
③ $4 \times 10^{-2} cm^3/cm/sec$　　④ $4 \times 10^{-4} cm^3/cm/sec$

해설 암거의 배수량(Donnan식)
$$Q = \frac{4kH_o^2}{D}$$
$$= \frac{4 \times 10^{-5} \times 100^2}{1000} = 4 \times 10^{-4} cm^3/cm/sec$$

□□□ 기07,12,17,22

03 암거의 직경이 20cm, 유속이 0.6m/sec, 암거 길이가 300m일 때 원활한 배수를 위한 암거 낙차를 구하면? (단, Giesler의 공식을 사용하시오.)

① 0.86m　　　　② 1.35m
③ 1.84m　　　　④ 2.24m

해설 Giesler의 공식 : 관 내의 평균 유속 $V = 20\sqrt{\dfrac{D \cdot h}{L}}$ 에서

암거 낙차 $h = \dfrac{V^2 \cdot L}{400 \cdot D} = \dfrac{0.6^2 \times 300}{400 \times 0.20} = 1.35m$

참고 [계산기 f_x 570 ES] SOLVE 사용법
$V = 20\sqrt{\dfrac{D \cdot h}{L}} = 20\sqrt{\dfrac{0.20 \times h}{300}} = 0.6m/sec$

먼저 0.6 ☞ ALPHA ☞ SOLVE= ☞
$0.6 = 20\sqrt{\dfrac{0.20 \times \text{ALPHA} X}{300}}$ ☞ SHIFT ☞ SOLVE ☞ =
☞ 잠시 기다리면
$X = 1.35$　 ∴ $h = 1.35m$

□□□ 기13,15,18

04 암거의 매설 깊이는 1.5m, 암거와 암거 상부 지하수면 최저점과의 거리가 10cm, 지하수면의 구배가 4.5°이다. 지하수면의 깊이를 1m로 하려면 암거 간 매설 거리는 얼마로 해야 하는가?

① 4.8m　　　　② 10.2m
③ 15.2m　　　　④ 61m

해설 $D = \dfrac{2(H-h-h_1)}{\tan\beta}$
$$= \frac{2(1.5-1-0.10)}{\tan 4.5°} = 10.2m$$

---

082 관거와 암거의 매설

■ 배수로 설계 시 유의점
- 집수 면적이 커야 한다.
- 집수 지역은 다소 길어야 한다.
- 상류측보다 하류로 갈수록 배수로 단면이 클 것
- 침전 가능한 이토(泥土)는 유속이 빠르게 유하시킬 것

■ 프론트 잭킹 공법
철도, 수도, 도로 등의 횡단 기타 개착 공법이 곤란한 경우에 사용하는 것이며, 소구경의 강관을 입갱 사이에 삽입하거나 또는 담김으로써 토중에 관을 매설하는 공법

■ 암거의 매설
- 기초가 양호하면 암거를 직접 매설하여도 된다.
- 기초 바닥이 매우 불량할 때는 말뚝 기초를 하여야 한다.
- 기초가 다소 불량한 곳은 침목, 콘크리트 침목 등의 기초공을 해야 한다.
- 관거의 최소 피토 두께를 1.0m 이상 되어야 상부 하중의 영향을 받지 않는다.

□□□ 기 91,05,08,14
01 암거의 매설을 위한 기초공에 대한 설명 중 옳지 않은 것은?

① 기초가 다소 불량한 곳은 침목, 콘크리트 침목 등의 기초공을 해야 한다.
② 기초가 양호하면 암거를 직접 매설하여도 된다.
③ 기초 바닥이 매우 불량할 때는 말뚝 기초를 하여야 한다.
④ 부등 침하의 우려가 있는 기초에는 잡석, 조약돌 등을 포설한다.

해설 부등 침하의 우려가 있는 기초에 조약돌, 잡석 등을 깔면 오히려 부등 침하를 조장한다.

□□□ 기 91
02 매설관(암거)의 오픈 컷(open cut) 공법에 관한 설명 중 맞는 것은?

① 양쪽의 지반이 붕괴하지 않도록 최후에 널말뚝을 타설한다.
② 쇠 널말뚝은 연약한 토질이나 지하수위가 높을 때 채용한다.
③ 나무 널말뚝은 대규모 공사에 쓰인다.
④ 인력만 의존하므로 경음 등의 공해 문제는 발생하지 않는다.

해설 ·양쪽 지반이 붕괴하지 않도록 처음에 널말뚝을 타설한다.
·나무 널말뚝은 굴착 깊이가 2~3m 정도의 비교적 소규모 공사에 사용한다.
·대형 기계가 사용되므로 다소의 소음이 생겨 공해 문제가 발생한다.

□□□ 기 90,20
03 관거의 최소 토피의 값은 원칙적으로 얼마를 하도록 되어 있는가?

① 1.2m   ② 1.0m
③ 0.8m   ④ 0.6m

해설 관거의 최소 피토 두께를 1.0m 이상되어 상부 하중의 영향을 받지 않는다.

□□□ 산 05
04 철도, 수도, 도로 등의 횡단 기타 개착 공법이 곤란한 경우에 사용하는 것이며, 소구경의 강관을 입갱 사이에 삽입하거나 또는 담김으로써 토중에 관을 매설하는 이 공법은?

① NATM   ② 프론트 잭킹 공법
③ 추진 공법 다공 관거   ④ 쉴드 공법

해설 프론트 잭킹 공법에 관한 설명이다.

□□□ 기 92
05 다음은 관거의 지중에서 지지 방법으로 가장 좋은 방법은?

①    ②

③    ④

해설 지중에 관거를 설치할 때는 관거 밑에 푸팅(footing)을 설치하여 충분히 지지할 수 있도록 한다.

□□□ 기 04,06,13,18,22
06 배수로의 설계 시 유의해야 할 사항이 아닌 것은?

① 집수 면적이 커야 한다.
② 집수 지역은 다소 길어야 한다.
③ 배수 단면은 하류로 갈수록 커야 한다.
④ 유하 속도가 느려야 한다.

해설 유속을 빠르게 하여 침전 가능한 물질을 유하시킬 것

---

083 공사 관리

■ 공사 관리 목표와 공정 관리의 수행 과정

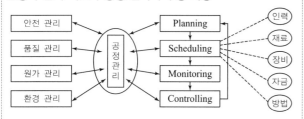

- 플래닝 단계(Planning) → 스케줄링 단계(Scheduling) → 모니터링 단계(Monitoring) → 콘트롤 단계(Controling)
- **건설 CALS** : 건설 공사 지원 통합 정보 체계로 건설공사의 계획, 설계, 계약, 시공 및 유지 관리 전 과정에서 발생하는 정보를 발주청 및 건설 관련 업체가 정보 통신망을 활용하여 상호 교환하고 공유하는 체계를 말한다.
- **Turn Key** : 시공자는 발주자가 필요로 하는 모든 것을 조달하여 발주자에게 인도하는 도급 계약 방식이다.

□□□ 기 99,01

01 건설 공사의 시공 단계를 세분할 때 수립된 계획에 의거하여 공사를 일정 기간 수행하고 난 후에도 작업의 진도를 신속 정확하게 측정하는 단계는?

① 스케줄링 단계(Scheduling)
② 모니터링 단계(Monitoring)
③ 플래닝 단계(Planning)
④ 콘트롤 단계(Controling)

해설 플래닝 단계(Planning) → 스케줄링 단계(Scheduling) → 모니터링 단계(Monitoring) → 콘트롤 단계(Controling)

□□□ 기 01,20

02 1997년 이후 법제화되어 건설 정보의 공유와 실시간 건설 정보 관리를 목적으로 구축되고 있는 건설 공사의 종합 정보 관리망을 무엇이라 하는가?

① 건설 CALS   ② Turn Key
③ 건설 EVMS   ④ 건설 B₂B

해설 건설 CALS(Continuous Acquisition and Life cycle Support)

084 공정 관리의 종류

■ 공정표의 비교

구분	Bar Chart	기성고 공정 곡선	Net work 공정표
장점	• 공정표가 단순하여 경험이 적은 사람도 작성이 간단하다. • 각 공정별 공사의 착수 및 완료일이 명시되어 판단이 용이하다. • 수정이 쉽다.	• 예정과 실적의 차이를 파악하기 쉽다. • 전체 경향과 시공 속도를 파악할 수 있다. • 작성이 쉽다.	• 합리적으로 설득성이 있다. • C.P에 의해 중점적으로 관리할 수 있다. • 전체 및 부분적으로 관계가 명백하다.
단점	• 작업 상호 간의 관계 파악이 불가능하다. • 전체의 합리성이 적다. • 대형 공사에서는 세부적인 것을 표현할 수 없다.	• 개개 공정의 조정이 불가능하다. • 보조적인 수단에만 사용한다.	• 작성에 시간이 걸린다. • 수정 변경에 시간이 걸린다. • 복잡한 Net Work가 되면 보기가 힘들다.
이용	• 간단한 공정표 • 개략적인 공정표 • 시급을 요할 때	• 보조 수단 • 원가 관리 • 경향 분석	• 대형 공사 • 중요한 공사 • 복잡한 공사

□□□ 기 07

01 네트워크 공정표의 장점으로 틀린 것은?

① 프로젝트 전체 및 부분을 파악하기 쉽고, 문제점 발견이 용이하다.
② 작업의 순서를 확실하게 파악할 수 있다(선행, 후속, 동시 작업 등).
③ 작업의 세분화를 높일 수 있다.
④ 공정 관리면에서 신뢰도가 높고 컴퓨터 사용에 의한 공정 관리가 편리하다.

해설 Network 공정표의 단점
• 작성에 시간이 걸린다.
• 수정변경에 시간이 걸린다.
• 복잡한 Net work가 되면 보기 힘들다.

02 네트워크 공정표의 장점에 대한 설명으로 틀린 것은?

① 중점 관리가 용이하다.
② 전체와 부분의 관련을 이해하기 쉽다.
③ 기자재, 노무 등 배치 인원 계획이 합리적으로 이루어 진다.
④ 작성 및 수정이 쉽다.

해설 수정 변경이 어렵고 시간이 걸린다.

085 공정, 품질, 원가의 상호 관계

■ 공정, 품질, 원가의 상호 관계

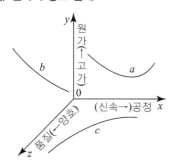

- **공정과 원가와의 관계(a곡선)** : 공정을 어느 한도 이상으로 하면 원가는 높아진다.
- **품질과 원가와의 관계(b곡선)** : 품질이 좋으면 원가가 높고, 품질이 나쁘면 원가는 저렴하다.
- **품질과 공정과의 관계(c곡선)** : 품질이 좋으면 공정이 늦어지고, 공정이 빠르면 품질은 저하된다.

□□□ 기 92 산 86

01 품질, 공정, 원가의 일반적인 관계를 표시한 그림에서 그 내용을 기술한 것 중 옳은 것은?

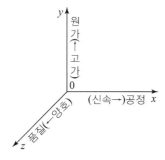

① 공정을 늦게 할수록 원가는 싸지고, 품질도 향상된다.
② 공정을 어느 한도 이상으로 빠르게 하면 원가는 높아진다.
③ 공정을 늦게 하여 시간을 길게 하면 무리가 많아지고, 품질도 떨어진다.
④ 공정이 빠를수록 품질은 향상되고, 원가도 높아진다.

해설 ・공정을 빨리 하면 품질은 저하되나 원가는 높아진다.
・공정을 늦게 할수록 원가는 높아지나 품질은 향상된다.
・공정을 어느 한도 이상으로 빠르게 하면 원가는 높아진다.
・공정을 늦게 하여 시간이 길어지면 무리가 되나 품질이 떨어진다고는 할 수 없다.

□□□ 기 92,07 산 86

02 품질, 공정, 원가의 일반적인 관계에서 그 내용을 기술한 것 중 옳은 것은?

① 공정을 늦게 할수록 원가는 싸지고, 품질도 향상된다.
② 공정을 빨리하면 원가는 점차 떨어지나 계속하여 급속 작업을 하면 원가는 높아진다.
③ 품질이 좋을수록 원가는 낮아진다.
④ 공정이 빠를수록 품질은 향상되고, 원가도 높아진다.

해설 ・공정을 늦게 할수록 원가는 높아지고 품질은 향상된다.
・품질이 좋을수록 원가는 높을 확률이 많다.
・공정이 빠를수록 품질은 저하되고 원가는 높아진다.
・공정을 빨리하면 원가는 점차 떨어지나 계속하여 급속 작업을 하면 원가는 높아진다.

■ Network 작성 방법의 기본 4원칙

- 공정의 원칙 : 네트워크 관리도 작성의 기본 원칙 가운데 모든 공정은 각각 독립 공정으로 간주하며, 모든 공정은 의무적으로 수행되어야 한다.
- 단계의 원칙 : Activity의 시작과 끝은 반드시 event로 연결되어야 한다.
- 활동의 원칙 : 결합점(Event)과 결합점 사이에는 하나의 activity로 연결되어야 한다.
- 연결의 원칙 : 네트워크의 최초 개시 결합점과 최종 종료 결합점은 하나가 되어야 한다.

■ 네트워크의 용어

- 액티비티(Activity) : 네트워크에서 표시되는 작업의 최소단위로 전체 공사를 구성하는 단위 작업이며 시간과 자원을 수반한다. → 로 표시한다.
- 이벤트(Event) : 작업의 시작과 완료를 표시하는 단계 표시법이다. ○으로 표시한다.
- 더미(Dummy) : 명목상의 활동으로 실제적으로는 시간과 물량이 없는 명목상의 작업으로 공정의 전후 관계를 명확히 규정하는 점선으로 나타내는 액티비티이다. ┄┄▶ 로 표시한다.
- EST(Earliest Starting Time) : 가장 빠른 개시 시간으로, 작업을 시작하는 가장 빠른 시각
- EFT(Earliest Finishing Time) : 가장 빠른 종료 시간으로, 작업을 끝낼 수 있는 가장 빠른 시각
- LST(Latest Starting Time) : 가장 늦은 개시 시간으로 공기에 영향이 없는 범위에서 작업을 가장 늦게 종료하여도 좋은 시각
- LFT(Latest Finishing Time) : 가장 늦은 완료 시간으로 공기에 영향이 없는 범위에서 작업을 가장 늦게 종료하여도 좋은 시각
- 총 여유(TF : Total Float) : 작업을 EST로 시작하고 LFT로 완료할 때 생기는 여유시간
- 자유 여유(FF : Free Float) : 작업을 EST로 시작하고 후속 작업도 EST로 시작하여도 존재하는 여유시간
- 간섭 여유(DF : Dependant Float) : 다른 작업에 전혀 영향을 주지 않고 그 작업만으로서 소비할 수 있는 여유 일수

- 독립 여유(IF : Interfering Float) : 선행 단계가 최지 시간(T_{Li})에 시작되었음에도 불구하고 후속 단계가 최초 시간(T_{Ej}) 자유 여유에 포함되는 여유에 개시되었을 경우에 생기는 여유로서 자유 여유에 포함된다.
- 주공정선(C.P. : Critical Path) : 개시 결합점에서 종료 결합점에 이르는 가장 긴 경로, 즉 공정에 전혀 여유가 없는 경로이다.
- 최장 패스(L.P. : Longest Path) : 임의의 두결합점 간의 패스 중 소요 시간이 가장 빠른 경로

■ 일정 계산

$$T_{Ei}/T_{Li} \quad 작업명 \quad T_{Ej}/T_{Lj}$$
$$(i) \underset{작업\ 일수(D)}{———} (j)$$

- 단계 중심 일정 계산
  - T_E (early event time) : 각 단계가 가장 빨리 시작될 수 있는 시간
  - T_L (latest event time) : 각 단계에서 가장 늦게 시작해도 좋은 시간
  - T_E 계산 : 첫 결합점에서 마지막 결합점으로 계산하며 동시 작업 중 가장 큰 일수를 취한다.
  - T_L 계산 : 마지막 결합점에서 첫 결합점으로 계산하며 동시 작업 중 가장 작은 작업 일수를 취한다.

- 일정 계산 방법
  - EST = T_{Ei} · EFT = $T_{Ei} + D$
  - LST = $T_{Lj} - D$ · LFT = T_{Lj}
  - TF = $T_{Lj} - (T_{Ei} + D)$ · FF = $T_{Ei} - (T_{Ei} + D)$
  - DF = TF - FF

- 주공정선(C.P.)의 성질
  - 일정 계획의 여유가 없는 작업 경로이다.
  - 크리티컬 패스의 지연은 곧 공기 연장을 뜻한다.
  - 자재와 장비를 최우선적으로 투입해야 하는 공정이다.
  - 현장 소장으로서 중점 관리해야 할 활동의 연속을 뜻한다.
  - 개시에서 종료 결합점에 이르는 주공정선은 1개 이상이다.
  - 공정표의 개시점에서 종료점까지의 경로 중에서 시간적으로 가장 긴 경로이다.

□□□ 기 04,06,10,11,12,22

01 공정 관리도를 작성할 때 사용하는 더미(dummy)에 대한 설명으로 옳은 것은?

① 시간은 필요 없으나 자원은 필요한 활동이다.
② 자원은 필요 없으나 시간은 필요한 활동이다.
③ 자원과 시간이 모두 필요한 활동이다.
④ 자원과 시간이 필요 없는 명목상의 활동이다.

해설 더미 : 명목상의 활동으로 실제적으로는 시간과 자원이 없는 명목상의 활동으로 공정의 전후 관계를 점선으로 나타낸다.

□□□ 기 99,02

02 다음 중 공정표 작성 목적에 해당하지 않는 것은?

① 시공 계획을 수립
② 작업 예정을 파악
③ 계획에 대한 공사 진행의 점검
④ 조직 관리

해설 공정 관리의 작성 목적
· 시공 계획의 수립   · 작업 예정 파악
· 계획 실시에 대한 분석 검토

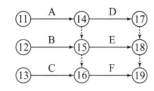

□□□ 기10,14
03 다음 공정표에 대한 설명으로 가장 적합한 것은?

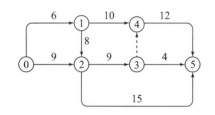

① D는 A, B가 완료하여야 시작할 수 있다.
② F는 A, B, C가 완료하여야 시작할 수 있다.
③ E는 A만 완료하면 시작할 수 있다.
④ E는 A, D가 완료하여야 시작할 수 있다.

해설 · D는 A가 완료하여야 시작할 수 있다.
· F는 A, B, C가 완료하여야 시작할 수 있다.
· E는 A, B가 완료하여야 시작할 수 있다.

□□□ 산99,04,07
04 어느 공사를 완성하는데 다음 Net work와 같은 계획이 수립되었다. 이 공사의 소요 공기는?

① 29일
② 35일
③ 25일
④ 38일

해설
$\underset{6}{⓪\rightarrow①}\underset{8}{\rightarrow②}\underset{9}{\rightarrow③}\underset{0}{\rightarrow④}\underset{12}{\rightarrow⑤}$: 35일

$\underset{6}{⓪\rightarrow①}\underset{8}{\rightarrow②}\underset{15}{\rightarrow⑤}$: 29일

□□□ 기85,90
05 다음과 같은 임의의 활동 시간에 대한 총 여유(Total Float, TF)와 자유 여유(Free Float, FF)를 구하면?

가장 빠른 개시 시간   9   30
가장 늦은 완료 시간   10   30

	TF	FF		TF	FF
①	9	9	②	11	0
③	11	10	④	9	8

해설
$\underset{i}{\overset{9/10}{\bullet}}\xrightarrow{12}\underset{j}{\overset{30/30}{\bullet}}$

· $TF = T_{ij} - (T_i + D) = 30 - (9 + 12) = 9$
· $FF = T_i - (T_i + D) = 30 - (9 + 12) = 9$

□□□ 기07,13
06 네트워크 공정표의 주공정선(critical path)에 관한 설명으로 옳지 않은 것은?

① 크리티컬 패스는 2개 이상이 될 수 있다.
② 크리티컬 패스상에서 총 여유 시간은 0이다.
③ 공정 단축을 이 경로에 착안하게 된다.
④ 공정표의 개시점에서 종료점까지의 경로 중에서 시간적으로 가장 짧은 경로이다.

해설 공정표의 개시점에서 종료점까지의 경로 중에서 시간적으로 가장 긴 경로이다.

□□□ 기13,20
07 주공정선(critical path)에 대한 설명으로 틀린 것은?

① 주공정선(critical path)상에서 모든 여유는 0이다.
② 주공정선(critical path)은 반드시 하나만 존재한다.
③ 공정의 단축 수단은 주공정선(critical path)의 단축에 착안해야 한다.
④ 주공정선(critical path)에 의해 전체 공정이 좌우된다.

해설 주공정선(critical path)은 2개 이상이 될 수 있다.

□□□ 기15
08 주 공정선(critical path)의 성질에 다음 설명 중 옳지 않은 것은?

① 현장 소장으로서 중점 관리해야 할 활동의 연속을 뜻한다.
② 크리티컬 패스의 지연은 곧 공기연장을 뜻한다.
③ 자재나 장비를 최우선적으로 투입해야 하는 공정이다.
④ 활동의 연속이 최단 공기를 갖게 되며 자원배당시 조정이 가능한 활동이다.

해설 활동의 연속이 최장 공기를 갖게 되며 자원배당시 조정이 불가능한 활동이다.

□□□ 기16
09 네트워크 공정표를 작성할 때의 기본적인 원칙을 설명한 것으로 잘못된 것은?

① 네트워크의 개시 및 종료 결합점은 두 개 이상으로 구성되어야 한다.
② 무의미한 더미가 발생하지 않도록 한다.
③ 결합점에 들어오는 작업군이 모두 완료되지 않으면 그 결합점에서 나가는 작업은 개시할 수 없다.
④ 가능한 요소 작업 상호간의 교차를 피한다.

해설 네트워크의 개시 및 종료 결합점은 한점의 결합점으로 구성되어야 한다.

PERT(Program Evaluation and Review Technique) 기법과 CPM (Critical Path Method)기법이 있다.

■ PERT와 CPM의 비교

PERT	CPM
• 개발, 응용 • 미군 수국 특별 계획부(S.P.)에 의하여 개발 • 함대 탄도탄(F.B.M.) 개발에 응용	• 개발, 응용 • Walker(Dupont)와 Kelly(Remington)에 의하여 개발 • 듀폰에 있어서 보전에 응용
• 신규 사업, 비반복 사업, 경험이 없는 사업 등에 활용	• 반복 사업, 경험이 있는 사업 등에 이용
• 3점 시간 추정(t_o, t_m, t_p)	• 1점 시간 추정(t_m)
• 가중 평균치를 사용 $t_e = \dfrac{t_o + 4t_m + t_p}{6}$ t_o(낙관치)$\leq t_m$(정상치)$\leq t_p$(비관치)	• t_m이 곧 t_e가 됨 normal time(정상 시간) crash time(특급 시간)
• 단계 중심의 일정 계산 • 최조(最早) 시간 　(T_E : early event time) • 최지(最遲) 시간 　(T_L : late event time)	• 활동 중심의 일정 계산 • 최조(最早) 개시 시간 　(EST : Earliest Start Time) • 최지(最遲) 개시 시간 　(LST : Latest Start Time) • 최조(最早) 완료 시간 　(EFT : Earliest Finish Time) • 최지(最遲) 완료 시간 　(LFT : Latest Finish Time)
• 여유의 발견 • 정여유(PS : Positive Slack) • 영여유(ZS : Zero Slack) • 부여유(NS : Negative Slack)	• 여유의 발견 • 총 여유(TF : Total Float) • 자유 여유(FF : Free Float) • 간섭 여유 　(IF : Interfering Float) • 독립 여유 　(INDF : Independent Float)
• 주공정선(CP : Critical Path)의 발견 $T_L - T_E = 0$(굵은 선)	• 주공정선(CP : Critical Path)의 발견 $TF = FF = 0$(굵은 선)
• 확률론적 검토 • $Z = \dfrac{T_P - T_E}{\sqrt{\sum \sigma^2 T_E}}$ • Z의 값을 정규 표준 분포 편차표에서 찾아 확률을 구함	• 비용 견적, 비용 구배, 일정 단축 MCX(Minimum Cost Expediting) • 정상 소요 공기 및 공비(normal) • 특급 소요 공기 및 공비(crash) • 비용 구배 $C = \left\| \dfrac{C(d) - C(D)}{D - d} \right\|$
• PERT/cost	• normal cost(정상 소요 비용) • crash cost(특급 소요 비용)
• 작업 단계(event) 중심 관리	• 작업 활동(activity) 중심 관리

■ 공사 기간 단축

• 비용 경사 $= \dfrac{\text{특급 비용} - \text{정상 비용}}{\text{정상 공기} - \text{특급 공기}}$

• **공기 단축 요령**
  • 계획 공정표상의 주공정(C.P.) 활동을 대상으로 분석한다.
  • 주공정 중에서 비용 경사가 최소인 활동의 대상으로 분석한다.
  • 비용 경사가 가장 적은 것부터 공기 단축이 가능한 범위 내에서 단계별로 단축시킨다.
  • 부주공정선 발생 여부를 분석한다.
  • 특급 공기 이하로 공기를 단축해서는 안 된다.

• **직접비** : 야간 작업이나 장비를 늘려 공기를 단축시킬수록 커지는 비용으로 공사 기일을 단축하면 증가하게 되는 비용을 의미한다.
  • 담당 직종 또는 보조 인원을 증가하는 비용
  • 잔업 또는 야간 작업에 소요되는 비용
  • 기계 공구, 운반구 등을 증가하기 위한 비용
  • 시공 방법을 변경하기 위한 증가 비용
  • 가설 재료의 반복 사용 횟수를 단축하기 위한 증가 비용
  • 하청 외주 계약을 변경하는 증가 비용
  • 자재 구입 조건을 변경하는 증가 비용

• **간접비** : 일반 관리비, 가설을 위한 토지 및 건물들의 임대료 등과 같이 공기를 단축시킬수록 적어지는 비용을 말한다.
  • 공통 기계 경비의 일부
  • 가설 건물
  • 동력, 용수, 광열비(직접 공사용은 제외)
  • 인건비(간접 노무비만)
  • 사무소의 경비

□□□ 기 07,15
01 PERT 공정 관리 기법에 관한 설명 중 옳지 않은 것은?

① PERT 기법에서는 시간 견적을 3점법으로 확률 계산한다.
② PERT 기법의 중심 관리는 작업 단계(event)이다.
③ PERT 기법은 비용 문제를 포함한 반복 사업에 이용된다.
④ PERT 기법은 신규 사업 및 경험이 없는 사업에 적용한다.

해설 CPM 기법은 비용 문제를 포함한 반복 사업에 이용된다.

□□□ 기 05,19
02 공정 관리 기법인 PERT 기법을 설명한 것 중 틀린 것은?

① 개발은 미군 수국(S.P.)에 의하여 개발되었다.
② 신규 사업, 비반복 사업에 많이 이용된다.
③ 3점 시간 추정법을 사용한다.
④ Activity 중심의 일정으로 계산한다.

해설 CPM 기법은 activity 중심의 일정으로 계산한다.

□□□ 기 00,04,20
03 PERT와 CPM의 차이점에 관한 설명 중 옳지 않은 것은?

① PERT의 주목적은 공기 단축, CPM은 공비 절감이다.
② PERT는 작업 중심의 일정 계산이고 CPM은 결합점 중심의 일정 계산이다.
③ PERT는 3점 시간 추정이고 CPM은 1점 시간 추정이다.
④ PERT의 이용은 신규 사업, 비반복 사업에 이용되고 CPM은 반복 사업, 경험이 있는 사업에 이용된다.

해설 PERT는 결합점 중심 관리의 일정 계산이고 CPM은 작업 중심 관리의 일정 계산이다.

□□□ 기 00,05,16
04 공정 관리 기법 가운데 PERT에 대한 설명으로 옳은 것은?

① 경험이 있는 사업에 적용한다.
② 확률적 모델이다.
③ 1점 시간 추정 방법으로 공기를 추정한다.
④ 활동 중심의 일정 계산을 한다.

해설 PERT와 CPM의 비고

PERT	CPM
공기 단축이 목적	공비 절감이 목적
신규 사업, 비반복 사업, 경험이 없는 사업 등에 활용	반복 사업, 경험이 있는 사업 등에 이용
3점 시간 추정(t_o, t_m, t_p)	1점 시간 추정(t_m)
확률론적 검토	비용 견적, 비용 구배, 일정 단축
결합점(event) 중심 관리	작업 활동(activity) 중심 관리

□□□ 기 03,10,18
05 다음은 PERT/CPM 공정 관리 기법의 공기 단축 요령에 관한 설명이다. 옳지 않은 것은?

① 최소 비용 기울기를 갖는 공정부터 공기를 단축한다.
② 크리티컬 패스선상의 공정을 우선 단축한다.
③ 전체의 모든 활동이 주공정선(C.P.)화 되면 공기 단축은 절대 불가능하다.
④ 공기 단축에 따라 주공정선(C.P.)이 복수화된다.

해설 전체의 모든 활동이 주공정선화되어도 전 주공정선에서 공기를 단축할 수 있다.

□□□ 기 09
06 공정 관리법 중 CPM에 관한 설명으로 옳지 않은 것은?

① 소요 시간은 1점 시간 격적법을 사용한다.
② 신규 사업, 경험이 없는 사업에 적용하는 것이 좋다
③ 작업 중심의 일정 계산으로 한다.
④ 공비 절감이 주목적이다.

해설 PERT 기법은 신규 사업, 경험이 없는 사업에 적용하는 것이 좋다.

□□□ 기 12,15
07 네트워크 관리도 작성의 기본 원칙 가운데 모든 공정은 각각 독립 공정으로 간주하며, 모든 공정은 의무적으로 수행되어야 한다는 원칙은?

① 공정 원칙   ② 단계 원칙
③ 활동 원칙   ④ 연결 원칙

해설 Network 작성 방법의 기본 4원칙
· 공정의 원칙 : 계획 공정표상에 표시된 모든 공정은 공정의 순서에 따라 공정표를 작성한다.
· 단계의 원칙 : activity의 시작과 끝은 반드시 event로 연결되어야 한다.
· 활동의 원칙 : 결합점(event)과 결합점 사이에는 하나의 activity로 연결되어야 한다.
· 연결의 원칙 : 네트워크의 최초 개시 결합점과 최종 종료 결합점은 하나가 되어야 한다.

□□□ 기 04,06,10,11,22
08 CPM 기법 중 더미(dummy)에 대한 설명으로 적당한 것은 어느 것인가?

① 시간은 필요 없으나 자원을 필요로 하는 활동이다.
② 자원은 필요 없으나 시간은 필요한 활동이다.
③ 자원과 시간이 필요 없는 명목상의 활동이다.
④ 자원과 시간이 모두 필요한 활동이다.

해설 더미 : 자원과 시간이 필요 없는 명목상의 활동으로 공정의 전후 관계를 명확히 규정하는 점선으로 나타낸다.

09 CPM(Critical Path Method)에 관한 설명 중 옳지 않은 것은?

① 반복 사업, 경험이 있는 사업 등에 이용
② 3점 시간 추정
③ 요소 작업 중심의 일정 계산
④ 공비 절감을 주목적으로 한다.

해설 CPM은 1점 시간 추정(t_m)이다.

10 공사 일수를 3점 시간 추정법에 의해 산정할 경우 적절한 공사 일수는? (낙관 일수는 6일, 정상 일수는 8일, 비관 일수는 10일이다.)

① 6일   ② 7일
③ 8일   ④ 9일

해설 3점법에 의한 공사 일수 추정

$$t_e = \frac{a+4m+b}{6} = \frac{6+4\times8+10}{6} = 8일$$

11 3점 견적법에 따른 적정 공사 일수는? (단, 낙관 일수 = 5일, 정상 일수 = 7일, 비관 일수 = 15일)

① 6일   ② 7일
③ 8일   ④ 9일

해설 3점법에 의한 공사 일수 추정

$$t_e = \frac{a+4m+b}{6} = \frac{5+4\times7+15}{6} = 8일$$

12 공사 기간의 단축과 연장은 비용 경사(cost slope)를 고려하여 하게 되는데 다음 표를 보고 비용 경사를 구하면?

정상계획		특급계획	
기 간	공사비	기 간	공사비
10일	34,000원	8일	44,000원

① 10,000원   ② 5,000원
③ -5,000원   ④ -10,000원

해설 비용 경사 = $\dfrac{특급 비용 - 정상 비용}{정상 공기 - 특급 공기}$

$$= \frac{44,000 - 34,000}{10-8} = 5,000원$$

13 어떤 공사의 공정에 따른 비용 증가율이 아래의 그림과 같을 때 이 공정을 계획보다 3일 단축하고자 하면, 소요되는 추가 직접 비용은 얼마인가?

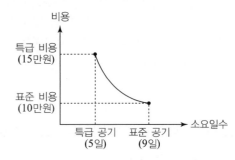

① 40,000원   ② 37,500원
③ 35,000원   ④ 32,500원

해설 비용경사 = $\dfrac{특급비용 - 정상비용}{정상공기 - 특급공기}$

$$= \frac{150,000 - 100,000}{9-5} = 12,500원$$

∴ 추가비용 = 12,500×3 = 37,500원

14 PERT/CPM 공정관리에서 활동(activity)에 대한 설명으로 잘못된 것은?

① 단위 작업을 나타낸다.
② 시간 또는 자원을 필요로 한다.
③ 실제의 활동은 실선의 화살표로 나타낸다.
④ 시작과 완료 시점을 의미한다.

해설 ·활동(activity) : 네트워크에서 표시되는 작업의 최소 단위로 전체 공사를 구성하는 단위 작업이며 시간과 자원을 수반한다. 실선의 화살표(→)로 표시한다.
·이벤트(event) : 작업의 시작과 완료를 표시하는 단계 표시법으로 〇을 표시한다.

15 PERT와 CPM에 대한 설명으로 틀린 것은?

① 작업에 편리한 인원수를 합리적으로 결정할 수 없다.
② 각 작업간의 시각적인 상호관계가 명확하다.
③ 각 작업의 착공일이 명확해지므로 필요 자재의 재고 관리가 원활하게 된다.
④ 각 작업의 지연으로 다른 작업에 미치는 영향 범위를 검토할 수 있다.

해설 작업에 편리한 인원수를 합리적으로 결정할 수 있다.

088 품질 관리 개요

■ 품질 관리 사이클

계획(Plan) → 실시(Do) → 검토(Check) → 조치(Action)

- 계획(Plan) : 공정표의 작성
- 실시(Do) : 공사의 지시, 감독, 작업원 교육
- 검토(Check) : 작업량, 진도 체크
- 조치(Action) : 작업법의 개선, 계획의 수정

■ 품질 관리의 수순
- 관리 대상 품질 특성 값의 설정
- 품질의 표준 설정
- 작업 표준 설정
- 작업의 실시
- 주상도 또는 관리도 작성
- 이상 원인의 조치
- 관리 한계의 수정
- 관리 한계 결정

■ 발취 검사의 특징
- 발취 검사의 주목적은 개개 제품의 양부 선별이다.
- 발취 검사에 있어서 시료의 채취는 항상 규칙적으로 채취한다.
- 발취 검사에서 불합격이 되었을 때는 시험한 그 집단의 시료만 불합격으로 한다.
- 발취 검사에서 집단의 크기를 너무 크게 취하면 품질이 나쁜 것이 합격하기 쉽다.

□□□ 기 08,17
01 다음 중 품질 관리의 순환 과정으로 옳은 것은?

① 계획 → 실시 → 검토 → 조치
② 실시 → 계획 → 검토 → 조치
③ 계획 → 검토 → 실시 → 조치
④ 실시 → 계획 → 조치 → 검토

해설 계획(Plan) → 실시(Do) → 검토(Check) → 조치(Action)

□□□ 기 03,09,13,17,18 산 87,98
02 일반적인 품질 관리 순서 중 가장 먼저 결정해야 할 것은?

① 품질 조사 및 품질 검사
② 품질 표준 결정
③ 품질 특성 결정
④ 관리도의 작성

해설 품질 관리의 수순에서 가장 먼저 해야 할 것은 관리 대상 품질 특성 값의 설정을 결정해야 한다.

□□□ 기 00
03 다음 그림과 같은 품질 관리 주상도 모형의 판독으로 옳은 것은?

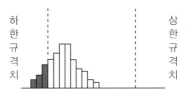

① 공정에 이상이 있고 모집단의 표본이 섞여서 생길 수도 있다.
② 상한 한계치는 모두 벗어나 있으므로 어떤 대책을 강구하는게 절대적으로 필요하다.
③ 제조 표본에 잘 나타나는 형으로 규격에서 벗어나는 자료를 작위적으로 규격치 부근값에 접근시킨 형이다.
④ 하한 규격치를 벗어난 자료가 있으므로 평균치를 큰 쪽으로 이동시키는 대책이 필요하다.

해설 제조 표본에 잘 나타나는 모형으로 규격치에서 벗어나는 자료를 작위적으로 규격치 부근의 값으로 접근시킨 모형의 관리를 하면 품질 개량이 요원함을 반성하여야 한다.

■ **관리도의 종류**

KS(한국공업규격)에 규정되어 있는 일반적인 관리도로서 사용하는 통계량에 따라 다음과 같이 분류한다.

종류	데이터의 종류	관리도	적용 이론
계량값 관리도	길이, 중량, 강도, 슬럼프, 공기량과 같이 연속량으로 측정하는 통계량	$\bar{x} - R$ 관리도 (평균값과 범위의 관리도)	정규 분포
		$\bar{x} - \sigma$ 관리도(평균값과 표준 편차의 관리도)	
		x 관리도 (측정값 자체의 관리도)	
계수값 관리도	제품의 불량률	P 관리도(불량률 관리도)	이항 분포
	불량 계수(1개마다)	P_n 관리도(결점수 관리도)	
	결점수 (시료 크기가 같을 때)	C 관리도 (결점수 관리도)	포와송 분포
	단위당 결점수 (단위가 다를 때)	U 관리도 (단위당 결점수 관리도)	

■ **계량값 관리도**

길이, 중량, 강도, 슬럼프, 공기량과 같이 연속량으로 측정하는 통계량에 사용

■ **계수값의 관리도**

제품의 불량률, 불량 개수, 결점수 등 개수로 셀 수 있는 통계량에 사용

• C 관리도 : 시료가 같은 때 결점의 수에 의해 관리
• U 관리도 : 단위가 다를 경우 단위당 결점수로 관리
• Pn 관리도 : 1개마다 양·불량으로 구별할 경우 사용하나 불량률을 계산하지 않고 불량 개수에 의해서 관리하는 경우에 사용하는 관리도
• P 관리도 : 제품마다 양부를 판정하여 불량품이 어느 정도의 비율로 나타내는가에 대한 불량률을 사용하여 관리

□□□ 기 03,05,10,17

01 1개마다 양·불량으로 구별할 경우 사용하나 불량률을 계산하지 않고 불량 개수에 의해서 관리하는 경우에 사용하는 관리도는?

① U 관리도
② C 관리도
③ P 관리도
④ Pn 관리도

해설 • C 관리도 : 시료가 같은 때 결점의 수에 의해 관리
• U 관리도 : 단위가 다를 경우 단위당 결점수로 관리
• Pn 관리도 : 제품 1개마다 양·부를 구분하여 불량 개수로 관리
• P 관리도 : 제품마다 양부를 판정하여 불량품이 어느 정도의 비율로 나타내는가에 대한 불량률을 사용하여 관리

□□□ 기 04,07

02 시료의 크기가 일정하지 않을 경우 단위 시료당 나타나는 결점수에 따라 공정을 관리하는 것은?

① P 관리도
② Pn 관리도
③ U 관리도
④ C 관리도

해설 • C 관리도 : 시료가 같은 때 결점의 수에 의해 관리
• U 관리도 : 단위가 다를 경우 단위당 결점수로 관리
• Pn 관리도 : 제품 1개마다 양·부를 구분하여 불량 개수로 관리
• P 관리도 : 제품마다 양부를 판정하여 불량품이 어느 정도의 비율로 나타내는가에 대한 불량률을 사용하여 관리

090 품질 관리의 데이터 분석

- 평균치($\overline{x}$) : 데이터의 평균 산술값

$$\overline{x} = \frac{\Sigma \overline{x}_i}{n}$$

- 중앙값(메디안, 중위수 : $\tilde{x}$) : 데이터를 크기의 순으로 배열하여 중앙에 위치한 값을 중앙값(단, 짝수 data에서는 중앙에 위치한 2개의 data의 평균치)

- 범위(R) : 데이터의 최대값과 최소값의 차

$$R = x_{\max} - x_{\min}$$

- 편차의 제곱합(S) : 각 데이터와 평균치와의 차를 제곱한 합

$$S = \Sigma(x_i - \overline{x})^2$$

- 분산(σ^2) : 편차의 제곱합을 데이터수로 나눈 값

$$\sigma^2 = \frac{S}{n}$$

- 불편 분산(V) : 편차 제곱합을 n 대신에 $(n-1)$로 나눈 값

$$V = \frac{S}{n-1}$$

- 표준 편차(σ) : 분산의 제곱근

$$\sigma = \sqrt{\frac{S}{n}}$$

- 표준편차(σ_e) : 불편 분산의 개념

$$\sigma_e = \sqrt{\frac{S}{n-1}}$$

- 변동 계수(C_V) : 표준 편차를 평균치로 나눈 값

$$C_V = \frac{\sigma}{x} \times 100\%$$

변동 계수	품질 관리
10% 이하	매우 우수
10~15%	우 수
15~20%	보 통
20% 이상	관리 불량

□□□ 기 00,02

01 다음 시료의 압축 강도를 보고 $\overline{x}$와 R을 각각 구한 값은?

1	2	3	4	5
281	290	245	278	245

	$\overline{x}$	R		$\overline{x}$	R
①	270.2	45	②	267.8	45
③	267.8	26	④	270.2	26

해설 ·평균값 $\overline{\chi} = \frac{\Sigma X}{n} = \frac{1,339}{5} = 267.8$

·범위 $R = X_{\max} - X_{\min} = 290 - 245 = 45$

□□□ 기 00,03,06,21

02 콘크리트의 압축 강도 시험에서 10개의 공시체를 측정한 평균값 중 압축 강도가 25MPa, 표준 편차가 1MPa이었다. 이 결과에서 변동 계수는?

① 4%　　　　② 8%

③ 10%　　　　④ 15%

해설 변동 계수 $= \dfrac{\text{표준 편차}}{\text{측정값의 평균치}} \times 100$

$= \dfrac{1}{25} \times 100 = 4\%$

□□□ 기 06

03 시료 5개의 압축 강도를 측정하여 각각 19MPa, 20MPa, 21MPa, 20.5MPa 및 19.5MPa의 측정값을 얻었다. 이 시료의 변동 계수는?

① 3.54%　　　　② 3.84%

③ 4.24%　　　　④ 4.84%

해설 ·평균값 $\overline{x} = \dfrac{19+20+21+20.5+19.5}{5} = 20$

·$S = (20-19)^2 + (20-20)^2 + (20-21)^2$
$+ (20-20.5)^2 + (20-19.5)^2 = 2.5$

·표준 편차 $= \sqrt{\dfrac{S}{n}} = \sqrt{\dfrac{2.5}{5}} = 0.707$

·변동 계수 $= \dfrac{\text{표준 편차}}{\text{측정값의 평균치}} \times 100(\%)$

$= \dfrac{0.707}{20} \times 100 = 3.54\%$

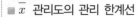

■ $\overline{x}$ 관리도의 관리 한계선

• 중심선 $CL = \overline{x}$

• 상한 관리 한계 $UCL = \overline{x} + A_2 \cdot R$

• 하한 관리 한계 $LCL = \overline{x} - A_2 \cdot R$

　여기서, $\overline{x}$: x의 평균치

　　　　　$\overline{R}$: 범위 R의 평균치

　　　　　A_2 : 군의 크기에 따라 정하는 계수

■ R 관리도의 관리 한계선

• 중심선 $CL = \overline{x}$

• 상한 관리 한계 $UCL = D_4 \cdot \overline{R}$

• 하한 관리 한계 $LCL = D_3 \cdot \overline{R}$

　여기서, D_3, D_4는 군의 크기에 따라 정하는 계수

□□□ 기 05,08

01 아래의 표는 콘크리트 공사의 슬럼프 시험 결과의 평균치와 범위를 보여 준다. 주어진 자료를 이용하여 $\overline{x}$ 관리도의 (상한 관리선, 하한 관리선)을 구하면?
(단, $A_2 = 1.023$을 이용)

• 조 번호	1	2	3	4	5
• 평균치	7.0	7.5	9.0	8.5	9.0
• 범 위	0.5	1.0	1.5	0.5	1.0

① (8.62, 7.78)　　　② (9.12, 7.28)
③ (8.62, 6.78)　　　④ (9.12, 6.28)

해설 ・평균값 $\overline{x} = \dfrac{\sum X}{n} = \dfrac{7.0+7.5+9.0+8.5+9.0}{5} = \dfrac{41}{5} = 8.2$

・범위 $R = \dfrac{\sum R}{n} = \dfrac{0.5+1.0+1.5+0.5+1.0}{5} = \dfrac{4.5}{5} = 0.9$

・상한 관리 한계 $UCL = \overline{x} + A_2 \cdot R = 8.2 + 1.023 \times 0.9 = 9.12$

・하한 관리 한계 $LCL = \overline{x} - A_2 \cdot R = 8.2 - 1.023 \times 0.9 = 7.28$

□□□ 기10

02 $\overline{x}$-R 관리도의 설명으로 잘못된 것은?

① $\overline{x}$는 n개 시료의 평균값이다.
② R은 측정값의 최대값과 최소값의 차이이다.
③ 관리선에는 상부 관리 한계, 중심선, 하부 관리 한계가 있다.
④ 한 제품 가운데 결점수가 몇 개 있는지의 특성을 문제로 하는 관리도이다.

해설 Pn 관리도 : 1개마다 양·불량으로 구별할 경우 사용하나 불량률을 계산하지 않고 불량 개수에 의해서 관리하는 경우에 사용하는 관리도

□□□ 기 11,14

03 $\overline{x} - R$ 관리도에서 필요하지 않은 관리선은?

① UCL　　　　　② CL
③ PCL　　　　　④ LCL

해설 $\overline{x} - R$ 관리도 : $\overline{x}$ 관리도의 관리 한계선

　・중심선 $CL = \overline{x}$

　・상한 관리 한계 $UCL = \overline{x} + A_2 \cdot R$

　・하한 관리 한계 $LCL = \overline{x} - A_2 \cdot R$

□□□ 기 03,09,14

04 $\overline{x}$-R 품질 관리도에서 1조의 측정치가 9, 7, 12, 13의 값을 가지며 2조의 측정치가 8, 9, 10, 12의 값을 가질 때 중심(CL)의 값은?

① 9.75　　　　　② 10.00
③ 10.25　　　　　④ 10.50

해설 1조 평균치 : $\overline{x} = \dfrac{9+7+12+13}{4} = 10.25$

2조 평균치 : $\overline{x} = \dfrac{8+9+10+12}{4} = 9.75$

∴ $CL = \overline{\overline{x}} = \dfrac{10.25+9.75}{2} = 10.00$

092 히스토그램

■ 정의

히스토그램(histogram)이란 계량치의 데이터가 어떠한 분포를 하고 있는지 알아보기 위하여 작성하는 그래프이다.

■ 상한 규격과 하한 규격치가 있을 때

$$\frac{SU-SL}{\delta} \geq 6$$

■ 한쪽 규격치만 있을 때

$$\frac{|SU(SL)-\bar{x}|}{\delta} \geq 3$$

여기서, SU : 상한 규격치
SL : 하한 규격치
$\bar{x}$: 평균치
δ : 표준 편차의 추정치

□□□ 기 01,04,05,07,09,11

01 어떤 공사에서 하한 규격값 SL = 120kg/cm^{2}로 정해져 있다. 측정 결과 표준 편차의 측정값 δ = 15kg/cm^2, 평균값 $\bar{x}$ = 180kg/cm^{2}이었다. 이때 규격값에 대한 여유값은 얼마인가?

① 4 kg/cm^2　　　　② 8 kg/cm^2
③ 12 kg/cm^2　　　　④ 15 kg/cm^2

해설 편측 규정치 $\dfrac{|SL-\bar{x}|}{\delta} = \dfrac{|120-180|}{15} = 4 \geq 3$

∴ 여유치 $= (4-3) \times 15 = 15\text{kg/cm}^2$

| memo |

093 점성토 지반 개량 공법

■ 연약 지반 개량 공법의 종류

점성토 개량 공법		사질토 개량 공법		일시적인 개량 공법
방법	종류	방법	종류	
탈수 방법	· sand drain · paper drain · preloading · 침투압 공법 · 생석회 말뚝 공법	다짐 방법	· 모래 다짐 말뚝 공법 · Compozer 공법 · Virbro-flotation 공법 · 전기 충격식 공법 · 폭파 다짐 공법	· well point 공법 · 동결 공법 · 대기압 공법
치환 방법	· 굴착 치환 공법 · 강제 치환 공법 · 폭파 치환 공법	배수 방법	well point 공법	
		고결 방법	약액 주입 공법	

■ Vertical drain 공법

- **정의** : 점성토로 압밀 속도가 극히 늦을 경우에 강재로 배수에 의해 압밀 촉진시켜 흙의 강도를 증가시키는 방법이다. Drain 재료로는 모래, Paper, Pack, Plastic의 4가지가 이용되고 있다.

- **Sand drain 공법** : 모래기둥(sand pile)을 다수 땅속에 박아서 점성 토층의 배수 거리를 짧아서 하여, 이 모래 기둥을 통해 단시간에 지표 면으로 토층의 물을 배출해 압밀을 촉진시켜서 공기(工期)를 단축 시키는 공법이다.

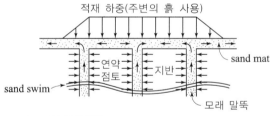

- **Sand drain의 유효지름**
  - 정삼각형 배치 $d_e = 1.05\,d$
  - 정사각형 배치 $d_e = 1.13\,d$ (drain 간격이 d)

■ Drain의 배열

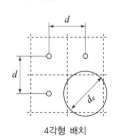 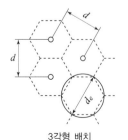

4각형 배치   3각형 배치

- **Paper drain 공법** : 자연 함수비가 액성 한계 이상인 초연약 점성 토 지반을 압밀 촉진시키기 위해 가장 적당하고 장기간 사용하면 열화(熱化)하여 배수 효과가 감소하는 공법이다.
- **Pack drain 공법** : 투수성이 큰 모래를 특수 섬유질의 망대 속에 투입하여 연약 지반 내 모래 기둥을 형성한 후 간극수를 탈수시켜 연약 지반을 개량하는 공법으로 동시에 4공 정도의 모래 기둥 시공 이 가능한 공법이다.

■ Sand mat 공법

- 기초 지반에서 나오는 물의 배수가 잘되는 동시에 하중을 넓게 분포시키는 효과가 있으므로 가장 적당한 공법이다.
- **Sand mat의 역할**
  - 연약층 압밀을 위한 상부 배수층을 형성한다.
  - 지하수위를 저하시키고 주행성(Trafficability)을 좋게 한다.
  - 시공 기계의 통로 또는 지지층이 된다.

■ 치환 공법

연약 지반 일부 또는 전부를 제거하고 양질의 재료로 치환하는 공법

- **굴착 치환 공법** : 연약 토층을 굴착 제거 후, 양질 토사로 매립함으 로써 미끄럼이나 침하를 방지하는 공법
- **강제 치환 공법** : 양질의 흙으로 성토한 연장 방향에 과재 하중 을 실어 선단부의 연약토를 압출하여 제거 치환하는 공법
- **폭파 치환 공법** : 연약한 점성토를 양질의 사질토 등으로 치환하는 공법

■ 침투압(MAIS) 공법

두께가 얇은 연약 점토 지반에 반투막의 중공 원통을 삽입하여 그 원통에 폐기물 액과 같은 농도가 높은 용액을 넣어 연약 점토 속의 수분을 흡수시켜 지반을 개량하는 공법

■ Preloading 공법(선행재하공법)

- **정의** : 압밀에 의한 침하를 미리 끝나게 하며 구조물에 해로운 잔류 침하를 남지 않게 하고, 압밀에 의하여 점토성 지반의 강도를 증가시켜서 기초 지반의 전단 파괴를 방지하는 게 목적인 공법
- **Preloading 공법의 특징**
  - 구조물의 잔류 침하를 미리 막는 공법의 일종이다.
  - 압밀에 의한 점성토 지반의 강도를 증가시키는 효과가 있다.
  - 도로, 방파제 등 구조물 자체가 재하중으로 작용하는 형식이다.
  - 가장 큰 초기 침하를 끝내게 되어 효과는 크나 공기가 길다.

□□□ 기 84,90,92,05,09 산 84,89,95,04,05
01 두꺼운 연약 지반 처리공법 중 점성토로서 압밀 속도가 극히 늦을 경우에 가장 적당한 공법은?

① 버티컬 드레인(Vertical drain) 공법
② 제거 치환 공법
③ 바이브로플로테이션(Vibroflotation) 공법
④ 압성토 공법

해설 Vertical drain 공법 : 점성토 압밀 속도가 극히 늦을 경우에 강재로 배수에 의해 압밀 촉진시켜 흙의 강도를 증가시키는 방법이다. drain 재료로는 모래, paper, pack, plastic의 4가지가 이용되고 있다.

□□□ 기 08,10
02 투수성이 큰 모래를 특수 섬유질의 망대 속에 투입하여 연약 지반 내 모래 기둥을 형성한 후 간극수를 탈수시켜 연약 지반을 개량하는 공법으로 동시에 4공 정도의 모래 기둥 시공이 가능한 공법은?

① 샌드 콤팩션 파일 공법 　② 샌드 드레인 공법
③ 섬유 드레인 공법 　　　 ④ 팩 드레인 공법

해설 팩 드레인 공법 : 샌드 드레인 공법은 시공 정밀도를 확인하기 어려울 뿐만 아니라 배수재의 절단 등의 문제가 있기 때문에 투수성이 큰 망상의 포대에 모래를 채워 시공하므로 샌드 드레인의 이러한 결점을 보완할 수 있는 공법

□□□ 기 03,05,09,12,16
03 Preloading 공법에 대한 설명 중에서 적당하지 못한 것은?

① 구조물의 잔류 침하를 미리 막는 공법의 일종이다.
② 도로, 방파제 등 구조물 자체가 재하중으로 작용하는 형식이다.
③ 공기가 급한 경우에 적용한다.
④ 압밀에 의한 점성토 지반의 강도를 증가시키는 효과가 있다.

해설 가장 큰 초기 침하를 끝내게 되어 효과는 좋으나 공기가 길다.

□□□ 기 02,07,09,12,16,17,18
04 샌드 드레인(sand drain) 공법에서 영향원의 지름을 d_e, 모래 말뚝의 간격을 d라 할 때 정사각형의 모래 말뚝 배열식 중 옳은 것은?

① $d_e = 1.13d$ 　　　② $d_e = 1.05d$
③ $d_e = 1.08d$ 　　　④ $d_e = 1.0d$

해설 ・정삼각형 배치 : $d_e = 1.05d$
　　・정사각형 배치 : $d_e = 1.13d$

□□□ 기 94,98,02,06,17
05 다음 중 연약 점성토 지반의 개량 공법이 아닌 것은?

① 침투압(MAIS) 공법
② 프리로딩(pre-loading) 공법
③ 샌드 드레인(sand drain) 공법
④ 바이브로플로테이션(vibroflotation) 공법

해설

점성토 지반	사질토 지반
・치환 공법	・다짐 말뚝 공법
・Pre-loading 공법	・Compozer 공법
・Sand drain 공법	・Vibro flotation 공법
・Paper drain 공법	・폭파 다짐 공법
・침투압(MAIS) 공법	・전기 충격 공법
・생석회 말뚝 공법	・약액 주입 공법

□□□ 기 99
06 연약 지반 처리 방법 중 Sand mat의 역할과 관계가 가장 적은 것은?

① 연약층 압밀을 위한 상부 배수층을 형성한다.
② 지하수위를 저하시키고 주행성(Trafficability)을 좋게 한다.
③ 시공 기계의 통로 또는 지지층이 된다.
④ 연약 지반 심층부의 배수 촉진 효과가 크다.

해설 Sand mat의 역할
　・연약층 압밀을 위한 상부 배수층을 형성한다.
　・지하수위를 저하시키고 주행성(Trafficability)을 좋게 한다.
　・시공 기계의 통로 또는 지지층이 된다.

□□□ 기 03,08
07 연약층이 두껍고 성토 중에 기초 지반의 강도 증가를 기대할 수 없는 지반상에 단기간으로 성토할 때의 공법으로 가장 적당한 것은?

① 서서히 성토하여 간극 수압을 저하시켜 전단 저항을 증대시킨다.
② 말뚝 박기 등의 비탈 막기공을 시공하여 성토부를 보호한다.
③ Sand mat 공이나 섶깔 기공 등에 의하여 위의 하중을 넓게 분포시킨다.
④ 좋은 흙으로 성토를 계속하여 연약토를 측방에 충분히 밀어 내어 지반을 개량한다.

해설 Sand mat 공. 섶깔 기공 등은 기초 지반에서 나오는 물의 배수가 잘되는 동시에 하중을 넓게 분포시키는 효과가 있어 가장 적당한 공법이다.

□□□ 기 88,90
08 서해안 임의의 장소에 준설토가 적치되어 있는 곳이 있다. 본 지역은 매우 연약하며 자연 함수비가 100%에 가까운 상태이다. 본 지역에 가장 적합한 공법은 다음 중 어느 것인가?

① sand mat 공법
② 강제 치환 공법
③ Mat(가마니 또는 P·P)를 부설한 Paper Drain 공법
④ Well point 공법

해설 Paper drain 공법 : 자연 함수비가 액성 한계 이상인 초연약한 점성토 지반의 압밀을 촉진시키기 위해 가장 적당한 공법이다.

□□□ 기 04
09 다음의 연약 지반 개량 공법이 아닌 것은?

① 샌드 드레인 공법(Sand Drain)
② 부사 공법(Sand mat)
③ 페이퍼 드레인 공법(Paper Drain)
④ 텍솔 공법(texsol)

해설 텍솔(texsol) 공법 : 성토 사면의 토사 속에 고분자 합성 수지로 된 특수 섬유와 모래를 혼합시킨 특수 보강재를 살포하여, 인공 뿌리 역할을 하도록 함으로써 사면 보호 기능을 하는 보강토 공법이다.

□□□ 기 04
10 다음은 연약 지반 개량 공법에 대한 설명이다. 이 중에서 재하에 의한 압밀을 촉진시키는 공법이 아닌 것은?

① 프리로우딩 공법
② 샌드 드레인 공법
③ 페이퍼 드레인 공법
④ 웰 포인트 공법

해설 ·지하수 저하 공법 : Well point 공법
·점성토 재하 탈수 공법 : preloading, sand drain, paper drain

□□□ 기 14
11 샌드 드레인 공법에서 Sand pile을 정삼각형 배치할 경우 모래기둥의 간격은? (단, Sand pile의 유효지름은 40cm이다.)

① 35.3cm
② 36.9cm
③ 38.1cm
④ 39.2cm

해설 정삼각형 배치 : $d_e = 1.05d$에서 $d = \dfrac{d_e}{1.05} = \dfrac{40}{1.05} = 38.1$cm

094 압성토 공법

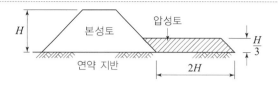

• 연약 지반상에 성토를 하게 되면 원지반의 침하에 따라 그의 측방이 융기될 때가 많은데 이를 방지하기 위하여 융기되는 방향에 소단 모양의 성토를 시행하여 균형을 잡게 하는 공법이다.
• 성토 비탈면에 소단 모양의 압성토를 하여 활동에 대한 저항 모멘트를 크게 하는 것이 목적이다.

□□□ 기 85,02
01 연약 지반에 축제하면 축제가 침하하여 기초 지반이 옆으로 부풀어 오른다. 다음 중 부풀어 오르는 것을 방지하는 공법은?

① 치환 공법
② 압성토 공법
③ 샌드 드레인 공법
④ 웰 포인트 공법

해설 압성토 공법 : 연약 지반상에 성토를 하게 되면 원지반의 침하에 따라 그의 측방이 융기될 때가 많은데 이를 방지하기 위하여 융기되는 방향에 소단 모양의 성토를 시행하여 균형을 잡게 하는 공법이다.

□□□ 기 11
02 연약 지반 위에 흙 쌓기 공사를 할 경우 성토의 활동 파괴 및 융기 현상을 억제하기 위한 처리 공법은?

① 강제 치환 공법
② 지반 폭파 공법
③ 언더필 공법
④ 압성토 공법

해설 압성토 공법 : 연약 지반상에 성토할 때 기초 활동 파괴를 막기 위하여 활동에 대한 저항 모멘트를 크게 하자는 것이 목적이다.

□□□ 기 08
03 연약 지반에 시공하는 압성토 공법(押盛土工法)의 주목적은?

① 압밀 침하(壓密沈下)를 촉진시킨다.
② 전단(剪斷) 저항을 크게 한다.
③ 활동(滑動)에 대한 저항 모멘트를 크게 한다.
④ 침하 현상을 방지한다.

해설 압성토 공법 : 연약 지반상에 성토할 때 기초 활동 파괴를 막기 위하여 활동에 대한 저항 모멘트를 크게 하자는 것이 목적이다.

095 사질토 지반 개량 공법

사질토 개량 공법	
방 법	종 류
다짐 방법	・다짐 말뚝 공법 ・Compozer 공법 ・Virbro-flotation 공법 ・전기 충격식 공법 ・폭파 다짐 공법
배수 방법	well point 공법
고결 방법	약액 주입 공법

■ Vibroflotation 공법
• 정의 : 연약 지반 처리 공법 중 느슨한 모래질 지반이고 지반을 균일하게 다질 수 있으며 다짐 후에도 지반 전체가 상부 구조물을 지지할 수 있으며 상부 구조물이 진동하는 경우에 특히 효과가 있는 공법
• 특징
  ・지반이 균일하게 다져진다.
  ・지하수의 영향을 받지 않는다.
  ・협소한 장소의 다짐이 용이하다.
  ・시공 기간이 짧고 공사비가 저렴하다.
  ・깊은 곳의 다짐을 지반에서 실시할 수 있다.
  ・상부 구조물이 진동하는 경우에는 더욱 효과가 있다.
• 샌드 콤팩션(sand compaction) 공법 : 두께 10 ~ 15m로서 N치가 0에 가까운 silt질의 연약 지반상에 높이 5m의 성토를 행하였을 때 지반 처리 공법
• 콤포저 공법 : 연약 지반 중에 진동 또는 충격 하중을 사용하여 모래를 압입하고 압축된 모래 기둥을 조성하여 지반을 안정시키는 공법
• 약액 주입 공법 : 목적한 지반 속에 응결제를 주입하여 고결시켜 지반 강도를 증가시키거나, 용수, 누수를 방지하는 데 목적이 있다.
• 모래 다짐 말뚝 공법 : 모래 또는 점성토로 이루어진 연약 지반에 큰 구경 모래를 압입하여 비교적 잘 다져진 모래 말뚝을 조성하는 지반 개량 공법

01 Vibro-flotation 공법에 대한 설명 중 틀린 것은?

① 지반을 균일하게 다질 수 있다.
② 깊은 곳의 다짐이 불가능하다.
③ 지하수위의 고저에 영향을 받지 않고 시공할 수 있다.
④ 공기가 빠르고 공사비가 싸다.

해설 적용 심도가 최대 20m 정도로 깊은 곳의 다짐을 지표면에서 할 수 있다.

02 연약 지반 처리 공법 중 느슨한 모래질 지반이고 지반을 균일하게 다질 수 있으며 다짐 후에도 지반 전체가 상부 구조물을 지지할 수 있으며 상부 구조물이 진동하는 경우에 특히 효과가 있는 공법은?

① 약액 주입 공법
② 콤포저 공법
③ under pinning 공법
④ Vibroflotation 공법

해설 ・약액 주입 공법 : 목적한 지반 속에 응결제를 주입하여 고결시켜 지반 강도를 증가시키거나, 용수, 누수를 방지하는 데 목적이 있다.
  ・콤포저 공법 : 연약 지반 중에 진동 또는 충격 하중을 사용하여 모래를 압입하고 압축된 모래 기둥을 조성하여 지반을 안정시키는 공법
  ・under pinning 공법 : 기존 구조물이 얕은 기초에 인접하고 있어 새로이 깊은 별도의 기초를 축조할 때 기존 구조물을 그대로 두고 기초를 보강하거나 증설하는 공법

03 두께 10~15m로서 N치가 0에 가까운 silt질의 연약 지반상에 높이 5m의 성토를 행하였을 때 지반 처리 공법으로 다음 중에서 적당한 것은 어느 것인가?

① 치환(置換) 공법
② 말뚝 기초 공법
③ 샌드 콤팩션 공법(sand compaction)
④ 웰 포인트 공법(well point)

해설 ・치환 공법 : 연약층의 일부 또는 전부를 제거하고 지지력 및 전단강도가 크고 배수성이 양호한 양질의 모래, 자갈로 치환하는 공법이다.
  ・웰 포인트 공법 : 필터가 달린 집수관을 지하수면 아래에 1~2m 간격으로 설치하여 진공 펌프로 지하수를 강제로 흡수하여 물을 뽑아내어 지하 수위를 낮추는 공법이다.

04 연약 지반의 처리 방법 중 밀도를 높이는 방법이 아닌 것은?

① vibroflotation 공법
② well point 공법
③ sand compaction 공법
④ 동다짐 공법

해설 ・지하수 저하 공법 : Well point 공법
  ・밀도 증대 공법(다짐 공법) : vibroflotation 공법, sand compaction 공법, 동다짐 공법

096   기타 연약 지반 개량 공법

■ 동다짐 공법

큰 중량의 중추(10 ~ 30t)를 높은 곳에서 낙하시켜 지반에 가해지는 충격 에너지와 그때의 진동에 의해 지반을 다지는 개량 공법으로 대부분 지반에 지하수위와 관계없이 시공이 가능하고 시공 중 사운딩을 실시하여 개량 효과를 점검하는 시공법

• 동다짐 공법의 특징

- 깊은 심도의 계량이 가능하다.
- 지하수가 존재하면 추의 무게를 크게하여 효과를 높인다.
- 모래, 자갈, 세립토, 폐기물 등 광범위한 토질에 적용 가능하다.

■ 베인 시험(vane test)

현장에서 직접 연약한 점토 또는 대단히 예민한 점토의 전단 강도를 측정하는 시험 방법이다.

□□□ 기 00

01 연약 지반 개량 공법 중 이중관 Rod에 Rocket를 결합한 후 Gel 상태의 약액 또는 시멘트 혼합액을 연약 지반에 Grouting하여 연약 지반을 개량하는 공법은?

① JSP 공법   ② SGR 공법
③ 약액 주입 공법   ④ SIP 공법

해설 · JSP(Jump Special Pile) 공법은 지반 중에 고압으로 가입된 강화제를 Air Jet와 함께 복수 노즐로부터 분사시켜 지반의 토립자와 교반하여 강화제와 혼합 고결시키는 공법

· 약액 주입 공법 : 지반의 강도를 증가시키든가 용수, 누수를 방지하는 목적으로 지반 속에 응결제를 주입하여 고결시키는 공법이다.

· SIP(soil cement injected Precast Pile) 공법 : 오거 장비로 소요 말뚝 구경보다 직경이 10cm 정도 크게 하여 천공하며 굴진하는 공법이다.

· SGR(space grouting rocket system) 공법 : 이중관 로드에 특수 선단 장치(Rocket)를 결합시켜 대상 지반에 유도 공간을 형성하여 순결에 가까운 겔(geltime)을 가진 약액 또는 초미립 시멘트 혼합액으로 연약 지반을 그라우팅하여 연약 지반을 개량하는 공법

□□□ 기 98

02 토질 시험으로 짝지은 것 중 틀린 것은?

① CBR 시험 – 노상토 지지력비
② 다짐 시험 – 최적 함수비
③ 3축 압축 시험 – 예민비
④ 표준관입 시험 – 지반의 허용 지지력

해설 표준관입 시험(SPT)

· Meyerhof는 표준관입 시험치 N값으로부터 침하에 대한 허용 지지력을 추정하는 식을 제시하였다.

· 일축 압축 강도 시험 : 예민비

□□□ 기 04, 08

03 베인 시험(vane test)은 다음 중 주로 어떤 지반의 전단 저항을 직접 측정하는 시험인가?

① 자갈층   ② 모래층
③ 굳은 점토층   ④ 연약 점토층

해설 vane test : 현장에서 직접 연약한 점토 또는 대단히 예민한 점토의 전단 강도를 측정하는 방법

□□□ 기 00, 08, 16, 21

04 큰 중량의 중추를 높은 곳에서 낙하시켜 지반에 가해지는 충격 에너지와 그때의 진동에 의해 지반을 다지는 개량 공법으로 대부분의 지반에 지하수위와 관계없이 시공이 가능하고 시공 중 사운딩을 실시하여 개량 효과를 점검하는 시공법은?

① 지하 연속벽 공법
② 폭파 다짐 공법
③ 바이브로플로테이션 공법
④ 동다짐 공법

해설 동다짐 공법의 특징

· 깊은 심도의 계량이 가능하다.
· 지하수가 존재하면 추의 무게를 크게 하여 효과를 높인다.
· 모래, 자갈, 세립토, 폐기물 등 광범위한 토질에 적용 가능하다.

---

097 일시적 지반 개량 공법

■ 동결 공법
지중에 동결관을 박고 액체 질소 같은 냉각제를 흐르게 하여 주변 지반을 동결시켜 일시적인 강도와 불투수성을 얻는 공법

■ well point 공법
필터가 달린 집수관을 지하수면 아래에 1∼2m 간격으로 설치하여 진공 펌프로 지하수를 강제로 흡수하여 물을 뽑아내어 지하수위를 낮추는 공법

■ 대기압 공법
연약 지반 지표층에 배수를 위한 샌드 매트를 시공하고 그 위에 밀폐 차단막을 설치하고 진공압을 가하여 지반 내의 물과 공기를 배출시켜 전응력을 유지하면서 간극수압의 감소에 인한 유효응력의 증가로 압밀을 촉진시키는 공법

□□□ 기 04,07,14
01 다음의 연약 지반 처리 공법 중에서 일시적인 공법이 아닌 것은?

① 약액 주입 공법 ② 동결 공법
③ 대기압 공법 ④ 웰 포인트 공법

해설 · 사질토 개량 공법(화학적 고결 방법) : 약액 주입 공법
· 일시적 개량 공법 : well point 공법, 동결 공법, 대기압 공법

□□□ 기 11
02 연약 지반 개량 공법의 종류 중 탈수 공법이 아닌 것은?

① 동결 공법 ② 진공 압밀 공법
③ Sand drain 공법 ④ 전기 침투 공법

해설 동결 공법 : 일시적 지반 개량 공법이다.

□□□ 기 00,13
03 연약 지반의 개량 방법 중 넓은 사질 연약 지반에 적당하고, 집수관, 양수관, 연결관 등의 기계 설비가 필요한 공법은?

① 압성토 공법
② 샌드 드레인(sand drain) 공법
③ 웰 포인트(well point) 공법
④ 전기 및 약품 주입 공법

해설 웰 포인트(well point) 공법 : well point라는 지름 5cm, 길이 1m 정도의 필터가 달린 집수관을 지하수면 아래에 1∼2m 간격으로 설치하여 진공 펌프로 지하수를 강제로 흡수하여 물을 뽑아내어 지하수위를 낮추는 공법이다.

□□□ 기17
04 웰 포인트(well point)공법으로 강제배수시 point와 point의 일반적인 간격으로 적당한 것은?

① 1∼2m ② 3∼5m
③ 5∼7m ④ 8∼10m

해설 웰 포인트(well point)공법은 강제배수시 point와 point의 일반적인 1∼2m 간격이 적당하다.

3 과목

건설재료 및 시험

CHAPTER

01 재료 일반

001 응력-변형률 곡선

■ **연강재의 응력-변형률 곡선**

한 재료의 응력-변형률의 관계도를 도시하면 그 재료의 역학적 성질을 파악할 수 있다. 다음 그림은 연강을 인장하였을 때의 **응력-변형률도**(stress-strain diagram)를 나타낸 것이다.

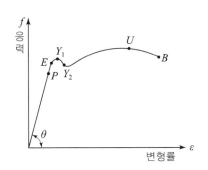

여기서, P : 비례 한도　　　E : 탄성 한도
　　　　Y_1 : 상항복점　　　Y_2 : 하항복점
　　　　U : 극한 강도　　　B : 파괴점

· **탄성한도** : 응력-변형률도에서 E점까지를 탄성 한도(elastic limit)라 한다. 이는 외력을 제거해도 영구 변형을 남기지 않고 원래의 상태로 돌아가는 응력의 최대 한도이다.
· **비례 한도** : 응력-변형률도에서 P점까지를 비례 한도(propor-tional limit)라 한다. 비례 한도는 응력과 변형률의 관계가 직선적이고 훅크의 법칙이 성립되는 최대 한도이다.
· **항복점** : 응력-변형률도에서 Y점을 항복점(yielding point)라 한다. 항복점은 외력의 증가가 없이 변형이 증가하였을 때의 최대 응력점이다.
· **극한 강도** : 응력-변형률도에서 U점을 극한 강도(ultimate strength)라 한다. 극한 강도는 응력이 최대인 점으로 곡선의 최고점을 말한다.
· **파괴점** : 응력-변형률도에서 B점을 파괴점(breaking point)이라 한다. 파괴점은 재료가 파괴되는 점이다.

□□□ 기91,01,03,08

01 다음 그림은 강의 응력과 변형의 관계를 표시한 곡선이다. 외력을 제거해도 변형 없이 원래 상태대로 돌아가는 응력의 한계점은 다음 중 어느 것인가?

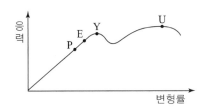

① P : 비례 한도　　　② E : 탄성 한도
③ Y : 항복점　　　　④ U : 극한 강도

해설　·P점(비례 한도) : 점 P까지는 응력과 변형률이 비례 관례로 직선적인 P점에 상응하는 응력
　　·E점(탄성 한도) : 외력을 제거해도 변형 없이 원래의 상태로 돌아가는 응력의 최대 한도

□□□ 기11

02 연강(mild steel)의 응력-변형률 곡선의 변화를 나타내는 용어에 대한 정의로서 틀린 것은?

① 비례 한도 : 탄성 한도 내에서 응력과 변형률이 비례하는 최대 한도
② 항복점 : 외력은 증가하지 않는데 변형이 급격히 증가하였을 때의 응력
③ 탄성 한도 : 외력을 제거해도 영구 변형을 남기지 않고 원래의 상태로 돌아가는 응력의 최대 한도
④ 파괴점 : 재료의 응력이 최대에 도달하는 위치

해설　파괴점 : 재료가 파괴되는 점

제3과목

■ 탄성 계수 : 재료의 응력 변형 관계에서 비례 한도 내에 이르는 직선부의 경사를 탄성 계수(E) 또는 영 계수라 한다.

$$E = \frac{f}{\varepsilon}$$
$$= \frac{\frac{P}{A}}{\frac{\Delta l}{l}}$$
$$= \frac{P \cdot l}{A \cdot \Delta l}$$

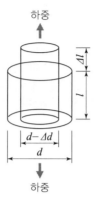

하중

하중

재료의 변형

- 재료는 비례 한도 내에서 응력(f)과 변형률(ε)은 비례한다.
- 탄성 계수는 전단력이 작용한 경우에도 구할 수 있다.
- 탄성 계수의 값이 클수록 그 물체는 변형되기 어렵다.
- 콘크리트의 탄성 계수는 콘크리트의 강도와 밀도의 영향을 가장 크게 받는다.

■ **콘크리트의 할선 탄성 계수**

$$E_c = 0.077 m_c^{1.5} \sqrt[3]{f_{cu}} \, (\text{MPa}) = 8,500 \sqrt[3]{f_{cu}} \, (\text{MPa})$$

(보통 중량 골재의 $m_c = 2,300 \text{kg/m}^3$ 사용할 때)

여기서, $f_{cu} = f_{ck} + \Delta f$

Δf : $f_{ck} < 40 \text{MPa}$ 이면 4MPa

Δf : $f_{ck} < 60 \text{MPa}$ 이면 6MPa

Δf : $40 \text{MPa} < f_{ck} < 60 \text{MPa}$ 이면

직선 보간으로 구한다.

- 철근의 탄성 계수

$E_s = 200,000 \text{ MPa}$

- 긴장재의 탄성 계수

$E_{ps} = 200,000 \text{ MPa}$

- 형강의 탄성 계수

$E_{ss} = 200,000 \text{ MPa}$

- 콘크리트의 초기 접선 탄성 계수와 할선 탄성 계수

$E_{ci} = 1.18 E_c$

■ **전단 탄성 계수**

탄성 계수 $E = 2G(1 + \mu)$ 에서

$$\therefore G = \frac{E}{2(1 + \mu)}$$

여기서, G : 전단 탄성 계수

μ : 포와송비

■ **포아송비**

탄성체는 인장력이나 압축력이 작용할 때 외력의 방향으로 생기는 변형률과 직각의 방향으로 생기는 변형률의 비를 포아송비라 하고 그 역수를 포아송수라 한다.

- 포와송비

$$\mu = \frac{1}{m} = \frac{\text{가로 방향의 변형률}}{\text{세로 방향의 변형률}} = \frac{\frac{\Delta d}{d}}{\frac{\Delta l}{l}} = \frac{l \times \Delta d}{d \times \Delta l}$$

- 포와송수

$$m = \frac{1}{\text{포와송비}}$$

여기서, μ : 포와송비

m : 포와송수

□□□ 기 05,17,20

01 Hooke의 법칙이 적용되는 인장력을 받는 부재의 늘음량(길이 변형량)에 대한 설명으로 틀린 것은?

① 작용 외력이 클수록 늘음량도 커진다.
② 재료의 탄성 계수가 클수록 늘음량도 커진다.
③ 부재의 길이가 길수록 늘음량도 커진다.
④ 부재의 단면적이 작을수록 늘음량도 커진다.

해설 Hooke의 법칙에서

탄성 계수 $E = \dfrac{\text{응력}(f)}{\text{변형률}(e)} = \dfrac{\frac{P}{A}}{\frac{\Delta l}{l}} = \dfrac{P \cdot l}{A \cdot \Delta l}$

∴ 재료의 탄성 계수(E)가 클수록 늘음량(Δl)은 작아진다.

□□□ 기 07

02 단면적 $4,000\text{mm}^2$, 높이 1m인 콘크리트 기둥에 축방향으로 120kN의 압축력을 가했을 때 기둥의 길이가 1.5mm 줄었다면 이 콘크리트의 탄성 계수는 얼마인가?

① $1.5 \times 10^4 \text{MPa}$ ② $1.5 \times 10^5 \text{MPa}$
③ $2.0 \times 10^4 \text{MPa}$ ④ $2.0 \times 10^5 \text{MPa}$

해설 탄성 계수 $E = \dfrac{P \cdot l}{A \cdot \Delta l} = \dfrac{120 \times 1,000 \times 1,000}{4,000 \times 1.5}$

$= 2.0 \times 10^4 \text{N/mm}^2 = 2.0 \times 10^4 \text{MPa}$

□□□ 기11,14,21

03 표점 거리 $L = 50mm$, 직경 $D = 14mm$의 원형 단면봉을 가지고 인장 시험을 하였다. 축인장 하중 $P = 100kN$이 작용하였을 때, 표점거리 $L = 50.433mm$와 직경 $D = 13.970mm$가 측정되었다. 이 재료의 탄성 계수는 약 얼마인가?

① 143GPa
② 75GPa
③ 27GPa
④ 8GPa

해설 탄성 계수 $E = \dfrac{P \cdot l}{A \cdot \Delta l}$

$$= \dfrac{100 \times 50}{\dfrac{\pi \times 14^2}{4} \times (50.433 - 50)}$$

$$= 75 kN/mm^2 = 75 GPa$$

$$(\because 1 kN/mm^2 = 1 GPa)$$

□□□ 기90,03,05,07,08,14

04 어떤 재료의 포아송비가 1/3이고, 탄성 계수는 204,000 MPa일 때 전단 탄성 계수는?

① 25,600MPa
② 76,500MPa
③ 544,000MPa
④ 229,500MPa

해설 · 전단 탄성 계수

$$G = \dfrac{E}{2(1+\mu)} = \dfrac{204,000}{2\left(1+\dfrac{1}{3}\right)} = 76,500 MPa$$

· 포아송비

$$\mu = \dfrac{1}{m} = \dfrac{\text{가로 방향의 변형률}}{\text{세로 방향의 변형률}} = \dfrac{\dfrac{\Delta d}{d}}{\dfrac{\Delta l}{l}} = \dfrac{l \times \Delta d}{d \times \Delta l}$$

· 포와송수

$$m = \dfrac{1}{\text{포와송비}}$$

□□□ 기10

05 직경 20cm, 길이 5m의 강봉에 축방향으로 40ton의 인장력을 가하여 변형을 측정한 결과 직경이 0.1mm 줄었고 길이가 10mm 늘어났을 때의 이 재료의 포아송수는 얼마인가?

① 1.0
② 4.0
③ 5.0
④ 10.0

해설 포아송비 $\mu = \dfrac{\text{가로 방향의 변형률}}{\text{세로 방향의 변형률}} = \dfrac{\dfrac{\Delta d}{d}}{\dfrac{\Delta l}{l}} = \dfrac{l \times \Delta d}{d \times \Delta l}$

$$= \dfrac{5,000 \times 0.1}{200 \times 10} = 0.25$$

$$\therefore \text{포와송수 } m = \dfrac{1}{\mu} = \dfrac{1}{0.25} = 4$$

□□□ 기04

06 탄성 계수가 $2.1 \times 10^5 MPa$인 길이 500mm의 강재에 2,000MPa의 응력이 작용할 때 발생하는 변형량은?

① 0.095mm
② 0.95mm
③ 4.76mm
④ 47.6mm

해설 탄성 계수 $E = \dfrac{Pl}{A \Delta l}$ 에서

$$\therefore \text{변형량 } \Delta l = \dfrac{Pl}{EA} = \dfrac{P}{A} \dfrac{l}{E}$$

$$= 2,000 \times \dfrac{500}{210,000} = 4.76 mm$$

□□□ 기01,09,12,20

07 표점 거리 $L = 50mm$, 직경 $D = 14mm$의 원형 단면봉을 가지고 인장 시험을 하였다. 축인장 하중 $P = 100kN$이 작용하였을 때 표점 거리 $L' = 50.433mm$와 직경 $D' = 13.970mm$가 측정되었다. 이 재료의 포아송비(μ)는?

① 0.07
② 0.247
③ 0.347
④ 0.5

해설 포아송비 $\mu = \dfrac{\text{가로 방향의 변형률}}{\text{세로 방향의 변형률}} = \dfrac{\dfrac{\Delta d}{d}}{\dfrac{\Delta l}{l}} = \dfrac{l \times \Delta d}{d \times \Delta l}$

$$= \dfrac{50 \times (14 - 13.97)}{14 \times (50.433 - 50)} = 0.247$$

□□□ 기07,10,12

08 길이가 15cm인 어떤 금속을 17cm로 인장시켰을 때 폭이 6cm에서 5.8cm가 되었다. 이 금속의 포아송비는?

① 0.15
② 0.20
③ 0.25
④ 0.30

해설 포아송비 $\mu = \dfrac{\text{가로 방향의 변형률}}{\text{세로 방향의 변형률}} = \dfrac{\dfrac{\Delta d}{d}}{\dfrac{\Delta l}{l}} = \dfrac{l \times \Delta d}{d \times \Delta l}$

$$= \dfrac{15 \times (6 - 5.8)}{6 \times (17 - 15)} = 0.25$$

제3과목

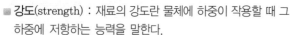

003　재료 강도

- **강도(strength)** : 재료의 강도란 물체에 하중이 작용할 때 그 하중에 저항하는 능력을 말한다.
- **정적 강도** : 재료에 비교적 느린 속도로 하중을 가해서 파괴할 때 파괴 시의 응력을 정적 강도라 한다.
- **충격 강도** : 재료에 충격적인 하중이 작용할 때 이것에 대한 저항성을 충격 강도라 한다.
- **피로 강도** : 하중이 반복 작용할 때 재료는 정적 강도보다 낮은 강도에서 파괴되는 현상을 피로(fatigue) 또는 피로 파괴(fatigue rupture)라 하며 그 응력의 한계를 피로 강도라 한다.
- **릴랙세이션(응력 완화 : relaxation)** : 재료에 응력을 가한 상태에서 변형을 일정하게 유지하면 응력은 시간이 지남에 따라 감소하는 현상으로 크리프(creep)와 반대 현상이다.
- **크리프** : 재료에 외력이 작용하면 외력의 증가가 없어도 시간이 경과함에 따라 변형이 증대되는 현상을 크리프(creep)라 한다.

▪ 크리프가 큰 경우
- 재하 기간이 길수록
- 재하 응력이 클수록
- 콘크리트의 온도가 높을수록
- 물-시멘트비가 큰 콘크리트일수록
- 배합이 나쁠수록
- 시멘트량이 많을수록
- 부재의 단면적에 비하여 표면적이 큰 것일수록
- 인공 경량 골재 콘크리트는 보통 콘크리트보다

▪ 크리프가 작은 경우
- 재령이 클수록
- 고강도 콘크리트일수록
- 습도가 높을수록
- 조강 시멘트는 보통 시멘트보다
- 다짐을 실시한 콘크리트
- 고온 증기 양생할 경우

□□□ 기03

01 콘크리트 압축 강도 시험(KS F 2405)에서 지름이 150 mm인 공시체가 450kN에서 파괴되었다. 이때의 콘크리트 압축 강도는 얼마인가?

① 약 25.5MPa
② 약 30.0MPa
③ 약 35.0MPa
④ 약 40.0MPa

해설 압축 강도 $f_c = \dfrac{P}{A} = \dfrac{450 \times 1,000}{\dfrac{\pi \times 150^2}{4}} = 25.5 \text{N/mm}^2$

$$= 25.5 \text{MPa}$$

□□□ 기01,11,15

02 다음 중 재료에 작용하는 반복 하중과 관계있는 성질은?

① 크리프(creep)
② 건조 수축(dry shrinkage)
③ 응력 완화(relaxation)
④ 피로(fatigue)

해설 재료에 하중이 반복해서 작용하면, 재료가 정적 강도보다 낮은 응력에서 파괴되는 현상을 피로 파괴(fatigue rupture)라 하며, 이와 같이 반복 하중에 의하여 강도가 떨어지는 성질을 피로라 한다.

□□□ 기02,18

03 일정한 변형하에서 시간의 경과에 따라 응력이 감소하는 현상은?

① 탄성
② 취성
③ 크리프
④ 릴랙세이션

해설 릴랙세이션(응력 완화 : relaxation) : 재료에 응력을 가한 상태에서 변형을 일정하게 유지하면 응력은 시간이 지남에 따라 감소하는 현상으로 크리프(creep)와 반대 현상이다.

004 재료의 기계적 성질

재료에 외력이 작용하면 외력의 증가가 없어도 시간이 경과함에 따라 변형이 증대되는 현상을 크리프(creep)라 한다.

- **강도(強度)** : 재료가 외력에 저항할 수 있는 힘
- **강성(剛性)** : 재료가 외력을 받을 때 변형에 저항하는 성질로 탄성 계수와 관계가 있으나 강도와는 직접적인 관계는 없다.
- **연성(延性)** : 재료가 인장력을 받을 때 파괴되지 않고 잘 늘어나는 성질
- **인성(靭性)** : 재료가 하중을 받아 파괴될 때까지의 에너지 흡수 능력으로 나타내며, 높은 응력에 견디며 아울러 큰 변형을 나타내는 재료의 성질
- **취성(脆性)** : 재료가 외력을 받을 때 작은 변형에도 파괴되는 성질
- **전성(展性)** : 재료를 두드릴 때 얇게 퍼지는 성질
- **경도(硬度)** : 어떤 재료를 긁을 때 재료가 자국, 절단, 마모 등에 저항하는 능력

□□□ 기 04,11

01 다음 괄호 안에 들어갈 말로 맞게 연결된 것은?

> 재료가 외력을 받아 변형을 일으킬 때에 이에 저항하는 성질로서 외력에 대해 변형을 적게 일으키는 재료는 (㉮)가/이 큰 재료이다. 이것은 탄성 계수와 관계가 있으나 (㉯)와는/과는 직접적인 관계가 없다.

① ㉮ 강도(strength) – ㉯ 강성(stiffness)
② ㉮ 강성(stiffness) – ㉯ 강도(strength)
③ ㉮ 인성(toughness) – ㉯ 강성(stiffness)
④ ㉮ 강도(strength) – ㉯ 인성(toughness)

해설 강성(剛性) : 외력을 받아도 변형을 적게 일으키는 재료를 강성이 큰 재료라 하며, 강성은 탄성 계수와 관계가 있으나 강도(強度)와는 직접적인 관계가 없다.

□□□ 기 02,07,16,18

02 재료의 성질 중 작은 변형에도 파괴하는 성질을 무엇이라 하는가?

① 소성
② 탄성
③ 연성
④ 취성

해설 ·소성(塑性) : 외력에 의해서 변형된 재료가 외력을 제거했을 때, 원형으로 되돌아가지 않고 변형된 그대로 있는 성질
·탄성(彈性) : 재료에 외력을 주어 변형이 생겼을 때 외력을 제거하면 원형으로 되돌아가는 성질
·연성(延性) : 재료가 인장력을 받을 때 파괴되지 않고 잘 늘어나는 성질
·취성(脆性) : 재료가 외력을 받을 때 작은 변형에도 파괴되는 성질

□□□ 기 91,04,11,18,19

03 재료의 성질과 관련된 용어의 설명으로 틀린 것은?

① 강성(rigidity) : 큰 외력에 의해서도 파괴되지 않는 재료를 강성이 큰 재료라고 하며, 강도와 관계가 있으나, 탄성 계수와는 관계가 없다.
② 연성(ductility) : 재료에 인장력을 주어 가늘고 길게 늘어나게 할 수 있는 재료를 연성이 풍부하다고 한다.
③ 취성(brittleness) : 재료가 작은 변형에도 파괴가 되는 성질을 취성이라고 한다.
④ 인성(toughness) : 재료가 하중을 받아 파괴될 때까지의 에너지 흡수 능력으로 나타난다.

해설 강성(剛性 : rigidity)
·재료가 외력을 받을 때 변형에 저항하는 성질을 강성이라 한다.
·외력을 받아도 변형을 적게 일으키는 재료를 강성이 큰 재료라 한다.
·강성은 탄성 계수와 관계가 있으나 강도와는 직접적인 관계는 없다.

□□□ 기 12,15

04 다음은 재료의 역학적 성질에 대한 설명이다. 옳게 연결된 것은?

① 경도 – 하중이 작용할 때 그 하중에 저항하는 재료의 능력
② 연성 – 하중을 받으면 작은 변형에서도 갑작스런 파괴가 일어나는 성질
③ 소성 – 하중을 받아 변형된 재료가 하중이 제거되었을 때 다시 원래대로 돌아가려는 성질
④ 포아송(Poisson) 효과 – 재료가 하중을 받았을 때 변형이 일어남과 동시에 이와 직각 방향으로도 함께 변형이 일어나는 현상

해설 ·경도(硬度) : 재료의 긁기, 절단, 마모 등에 대한 저항하는 성질
·연성(延性) : 재료에 인장력을 주어 가늘고 길게 늘어나는 성질
·소성 : 하중을 받아 변형된 재료가 하중을 제거하여도 다시 원래대로 돌아가지 않은 성질

□□□ 기 17

05 재료의 역학적 성질 중 재료를 얇게 펴서 늘일 수 있는 성질을 무엇이라 하는가?

① 인성
② 강성
③ 전성
④ 취성

해설 ·인성 : 재료가 하중을 받아 파괴될 때까지의 에너지 흡수능력으로 나타난다.
·강성 : 재료가 외력을 받을 때 변형에 저항하는 성질
·취성 : 재료가 외력을 받을 때 작은 변형에도 파괴되는 성질

CHAPTER 02 목 재

005 목재의 장단점

목재는 손쉽게 얻을 수 있는 재료로서, 토목 공사용으로 많이 사용되고 있다.

■ 목재의 장점
- 밀도에 비하여 강도가 크다.
- 경량이고 취급 및 가공이 쉽다.
- 온도에 의한 수축이 작고 탄성, 인성이 크다.
- 충격, 진동 등의 흡수성이 크고 외관이 아름답다.
- 열, 소리, 전기 등의 전도성이 작고 열팽창 계수가 작다.
- 공급량이 풍부하여 입수가 쉽고 가격도 비교적 저렴하다.
- 석재 및 콘크리트 등에 비하여 내구성이 나쁘지만 방부 처리를 하여 보완하면 상당한 내구성을 갖는다.

■ 목재의 단점
- 부식이 쉽고 충해를 받는다.
- 가연성이므로 내화성이 작다.
- 재질과 강도가 균일하지 못하다.
- 수분에 의한 변형과 팽창 수축이 크다.
- 크기에 제한을 받으므로 강재나 콘크리트와 같은 큰 재료를 얻기 어렵다.

□□□ 기 94,07,18

01 다음은 목재의 특성 중 장점을 열거한 사항이다. 이 중 틀린 것은?

① 무게가 가벼워서 취급이나 운반이 쉽다.
② 내구성은 석재나 콘크리트보다는 떨어지나 방수 처리를 하면 상당한 내구성을 갖는다.
③ 가공이 용이하고 외관이 아름답다.
④ 재질이나 강도가 균일하다.

해설 재질과 강도가 균일하지 못하다.

□□□ 기 10,14,16

02 다음 중 목재의 특징으로 틀린 것은?

① 재질이 균질하다.
② 함수량에 따라 수축 팽창이 크다.
③ 무게에 비해 강도와 탄성이 크다.
④ 열, 소리의 전도율이 작다.

해설 재질과 강도가 균일하지 못하다.

006 목재의 구성과 성분

■ 목재의 조직

- 목질의 성분 중 셀룰로오스(cellulose)가 목질 건조 질량의 60% 정도이며, 나머지 대부분은 리그린(lignin)으로 20~30% 정도이다.
- **변재** : 목재의 단면 중에서 연한 색깔을 띠고 있는 부분으로 다공질이고 수액의 이동, 양분이 저장되는 곳으로 변재는 연질이고 흡수성이 커서 수축 변형이 크고, 강도나 내구성은 심재보다 작다.
- **심재** : 수심과 변재 사이에 있는 진한 색깔을 한 부분이며, 수목이 성장하면 변재가 심재로 변하여 간다. 수분이 적고 단단하며, 강도와 내구성도 크다.
- 목재의 벌목 시기는 균류와 벌레의 피해를 최소화하기 위해 가을에서 겨울 사이가 좋다.
- 섬유 포화점 이하의 함수율에서 강도는 거의 일정하지만 절대 건조 상태의 강도의 1/4에 지나지 않는다.
- 목재의 인장 강도는 섬유 방향에 평행한 경우에 가장 크다.

□□□ 기 88,04,15

01 목재를 조성하고 있는 물질 중에서 목질부에서 가장 많은 양을 차지하고 있는 것은?

① 수렴제　　　　　　② 수지
③ 리그린　　　　　　④ 셀룰로오스

해설 목질의 성분 중 셀룰로오스(cellulose)가 목질 건조 질량의 60% 정도이며, 나머지 대부분은 리그린(lignin)으로 20~30% 정도이다.

02 목재의 구조에 대한 용어와 내용의 연결이 틀린 것은?

① 춘재 : 조직이 치밀하고 단단함
② 변재 : 연질이며 수액을 이동함
③ 심재 : 수분이 적고 강도가 큼
④ 수심 : 수목 단면의 중심부로 양분을 저장함

해설 ·춘재 : 봄에 이루어진 부분은 비교적 연약하고 색이 옅다.
　　·추재 : 조직이 치밀하고 단단하게 되어 색깔도 있다.

기 88,03,10,18 산 84

03 목재에 관한 다음 설명 중 옳지 않은 것은?

① 제재 후의 심재는 변재보다 썩기 쉽다.
② 벌목 시기는 가을에서 겨울에 걸친 기간이 가장 적당하다.
③ 목재는 세포막 중에 스며든 결합수가 감소하면 수축 변형한다.
④ 목재의 강도는 절대 건조일 때 최대가 된다.

해설 ·변재는 다공질이고 수액의 이동, 양분이 저장되는 곳으로 강도, 내구성이 작고 흡수성이 크기 때문에 부식되기 쉽다.
　　·목재의 벌목 시기는 균류와 벌레의 피해를 최소화하기 위해 가을에서 겨울 사이가 좋다.

기 09,11

04 목재의 역학적 성질에 관한 설명으로 옳지 않은 것은?

① 목재의 인장 강도는 섬유 방향에 평행한 경우에 가장 강하다.
② 비중이 큰 목재는 가벼운 목재보다 강도가 크다.
③ 일반적으로 심재가 변재에 비하여 강도가 크다.
④ 섬유 포화점 이하에서는 함수율이 클수록 강도가 크다.

해설 섬유 포화점 이하의 함수율에서 강도는 거의 일정하지만 절대 건조 상태의 강도의 1/4에 지나지 않는다.

기 16

05 다음의 목재 중요 성분 중 세포 상호간 접착제 역할을 하는 것은?

① 셀룰로오스
② 리그닌
③ 탄닌
④ 수지

해설 리그닌(lignin)
·목재 중요 성분 중 세포 상호간 접착제 역할
·목재의 중요성분 중 20~28% 정도 차지

007 목재의 방부법

■ 방부제의 종류
·유성 방부제 : 크레오소트유, 콜타르, 아스팔트, 유성 페인트
·수용성 방부제 : 페놀산, 염화아연, 황산구리
·유용성 방부제 : P.C.P, 케로신

■ 방부 처리법
·표면 처리법 : 표면 탄화법, 약제 도포법, 약제 침적법
·방부제 주입법
　·주입법의 종류 : 상압 주입법, 가압 주입법
　·가압 주입법 : 베셀(bethel)법, 로리(lorry)법, 루핑(ruping)법, 버네트(burnet)법, 부세리(boucherie)법
·방부제의 종류 : 크레오소트, 염화아연, P.C.P

■ 목재의 내화 처리법
·표면 처리법 : 불연소성 물질로 목재의 표면을 피복한 것으로 가장 간단한 방법이다.
·내화제 주입법 : 불연성 방화제를 주입하는 방법이다.

기 90

01 목재 방부를 위한 약액 주입법 중 가압 주입법에 속하지 않는 방법은?

① 로리법
② 리그린법
③ 부세리법
④ 루핑법

해설 가압 주입법
·베셀(bethel)법
·로리(lorry)법
·루핑(ruping)법
·버네트(burnet)법
·부세리(boucherie)법

기 92

02 목재의 방부법에서 약재 주입 방법으로 이 중 주입 약제가 틀린 것은?

① Bethel – 크레오소트
② Burnet – 크레오소트
③ Lorry – 크레오소트
④ Boucherie – 황산동 용액

해설 버네트(burnet)법 : 염화아연을 주입시킨다.

008 목재의 건조법

건조법
- 자연 건조법 : 공기 건조법, 수증 건조법
- 인공 건조법 : 훈연 건조법, 증기 건조법, 열기 건조법, 자비 건조법, 전기 건조법

■ 목재를 건조시키는 목적과 효과
· 강도 및 내구성이 증진된다.
· 방부제 등의 약액 주입을 쉽게 한다.
· 사용 후의 수축 및 균열을 방지한다.
· 목재의 중량 경감으로 취급과 운반이 쉽다.
· 균류에 의한 부식과 벌레의 피해를 예방한다.

■ 자연 건조법
· **공기 건조법** : 실외에 목재를 쌓아 두고 기건 상태가 될 때까지 건조시키는 건조 방법이다.
· **침수법** : 공기 건조 기간을 줄이기 위해 공기 건조를 하기 전에 목재를 3~4주 동안 물속에 담가서 수액을 빼는 방법으로 수침법이라고도 한다.

■ 인공 건조법
· **끓임법(자비법)** : 솥에 목재를 넣고 열탕으로 쪄서 건조시키는 방법으로 침수법보다 시간을 줄일 수 있다. 자비법(煮沸法)이라고도 한다.
· **증기 건조법** : 밀폐된 실내에 목재를 넣고 가열된 공기와 증기를 통과시켜 건조하는 방법
· **열기 건조법** : 건조실 내에 목재를 넣고 가열한 공기를 보내어 건조하는 방법으로 건조도 빠르고 변형도 적다.
· **훈연 건조법** : 열기 대신 연기를 건조실에 보내어 건조시키는 방법
· **전기 건조법** : 고압 전류를 직접 목재에 통하게 하는 방법
· **진공 건조법** : 원통 속에 목재를 밀폐하여 증기 가열에 의하여 고온 저압으로 신속히 건조하는 방법

□□□ 기 09,11,15
01 목재의 건조 방법은 크게 자연 건조법과 인공 건조법으로 나눌 수 있다. 다음 중 목재의 건조 방법이 나머지 셋과 다른 것은?

① 수침법　　　　　② 자비법
③ 증기법　　　　　④ 훈연법

해설 자연 건조법 : 공기 건조법, 침수법(수침법)

□□□ 기 99,06,09,12,14,15,18,23
02 목재의 건조 방법 중 인공 건조법이 아닌 것은?

① 침수법　　　　　② 자비법
③ 증기법　　　　　④ 열기법

해설 자연 건조법 : 공기 건조법, 침수법(수침법)

□□□ 기 93,00,02,08,10,14,15,16
03 목재의 건조 방법 중 인공 건조 방법이 아닌 것은?

① 끓임법(자비법)　　② 증기 건조법
③ 열기 건조법　　　④ 공기 건조법

해설 ·자연 건조법 : 공기 건조법, 침수법(수침법)
· 인공 건조법 : 끓임법(자비법), 증기 건조법, 열기 건조법, 훈연 건조법, 전기 건조법, 진공 건조법

□□□ 기 91,03
04 목재의 건조에 관한 다음 설명 중 옳지 않은 것은?

① 건조하면 비틀림을 방지하는 효과가 있다.
② 건조하면 강도는 증가한다.
③ 침수법은 공기 건조법의 시간이 길어지는 결점이 있다.
④ 건조하면 도료 주입제의 효과를 증대시킬 수 있다.

해설 침수법은 공기 건조의 시간을 단축할 수 있고 수축에 의한 결점은 적으나 재질이 파손되기 쉬우며 강도가 저하된다.

□□□ 기 11,14
05 목재에 대한 설명으로 틀린 것은?

① 목재의 벌목에 적당한 시기는 가을에서 겨울에 걸친 기간이다.
② 목재의 건조 방법 중 자비법(煮沸法)은 자연 건조법의 일종이다.
③ 목재의 방부 처리법은 표면 처리법과 방부제 주입법으로 크게 나눌 수 있다.
④ 목재의 비중은 보통 기건 비중을 말하며 이때의 함수율은 15% 전후이다.

해설 자연 건조법 : 공기 건조법, 수침법

□□□ 기 09,14,17
06 건설용 재료로 목재를 사용하기 위해서 목재를 건조시키는 목적 및 효과로 틀린 것은?

① 목재의 중량을 경감시킬 수 있다.
② 균류의 발생을 방지할 수 있다.
③ 수축 균열 및 부정 변형을 방지할 수 있다.
④ 가공성을 향상시킨다.

해설 목재를 건조시키는 목적과 효과
· 균류에 의한 부식과 벌레의 피해를 예방한다.
· 사용 후의 수축 및 균열을 방지한다.
· 강도 및 내구성이 증진된다.
· 목재의 중량 경감으로 취급과 운반이 쉽다.
· 방부제 등의 약액 주입을 쉽게 한다.

정답 **008** 01 ① 02 ① 03 ④ 04 ③ 05 ② 06 ④

제3과목

009 목재의 일반적 성질

■ **목재의 밀도**
- 일반적으로 목재의 밀도는 기건 상태의 것으로서 0.3 ~ 0.9이다.
- 목재 성분 중 수분을 공기 중에서 제거한 상태의 비중을 기건 비중이라 한다.

■ **목재의 함수율**
- 목재의 기건 상태의 함수율은 보통 13 ~ 18%이다.

$$함수율 = \frac{건조\ 전\ 중량(W_1) - 건조\ 후\ 중량(W_2)}{건조\ 후\ 중량(W_2)} \times 100(\%)$$

□□□ 기 00,02,08,12
01 일반적으로 사용하는 목재의 비중이란 다음 어느 것을 말하는가?

① 기건 비중 　　　② 포수 비중
③ 절대 건조 비중 　④ 진 비중

해설 일반적으로 목재의 비중은 기건 비중으로 0.3 ~ 0.9이다.

□□□ 기 98,01,07,14
02 어떤 목재의 함수율을 시험한 결과 건조 전 목재의 중량은 165g이고, 비중이 1.5일 때 함수율은 얼마인가?
(단, 목재의 절대 건조 중량은 142g이었다.)

① 13.9% 　　　② 15.2%
③ 16.2% 　　　④ 17.2%

해설 $함수율 = \dfrac{건조\ 전\ 중량 - 절대\ 건조\ 시\ 중량}{절대\ 건조\ 시\ 중량} \times 100$

$= \dfrac{165 - 142}{142} \times 100 = 16.2\%$

□□□ 기 07,17
03 목재의 함수율을 측정하기 위해 시험을 실시한 결과 다음과 같은 값을 얻었다. 함수율은 얼마인가?

- 시험편의 건조 전 중량 : 2.75kg
- 시험편의 건조 후 중량 : 2.35kg

① 15% 　　　② 17%
③ 19% 　　　④ 21%

해설 $함수율 = \dfrac{건조\ 전\ 중량(W_1) - 건조\ 후\ 중량(W_2)}{건조\ 후\ 중량(W_2)} \times 100$

$= \dfrac{2.75 - 2.35}{2.35} \times 100 = 17.02\%$

010 목재의 강도

■ **목재의 역학적 성질**
- 압축 강도
  - 압축 강도는 일반적으로 비중이 클수록, 함수율이 적을수록 압축 강도가 커진다.
  - 섬유 방향에 평행하게 힘을 주었을 때 압축 강도가 가장 커진다.
  - 가로 압축 강도는 세로 압축 강도의 약 10 ~ 20%이다.
  - 세로 압축 강도는 대략 $330 ~ 550kg/cm^2$
- 인장 강도
  - 섬유에 평행 방향의 인장 강도는 목재의 제 강도 중에서 제일 크다.
  - 세로 인장 강도는 대략 $800 ~ 1,400kg/cm^2$
  - 가로 인장 강도는 세로 인장 강도의 7 ~ 20%이다.
- 탄성 계수
  - 목재의 탄성 계수는 압축, 휨, 인장 시험에 따라 약간 달라진다. 일반적으로 압축 시험에 의해 구한 탄성 계수가 인장 시험에 의해 구한 값보다 작다.

□□□ 기 92,03,10,15,18
01 목재의 강도에 대하여 바르게 설명한 것은?

① 일반적으로 휨 강도는 압축 강도보다 작다.
② 일반적으로 세로 인장 강도는 압축 강도보다 크다.
③ 일반적으로 섬유에 평행 방향의 압축 강도는 섬유에 직각 방향의 압축 강도보다 작다.
④ 일반적으로 전단 강도는 휨 강도보다 크다.

해설 · 일반적으로 휨 강도는 세로 압축 강도의 1.5배이다.
　· 일반적으로 세로 인장 강도는 세로 압축 강도의 2.5배이다.
　· 일반적으로 가로 압축 강도(섬유에 직각 방향)는 세로 압축 강도(섬유의 평행 방향)의 약 10 ~ 20%이다.
　· 일반적으로 전단 강도는 휨 강도보다 작다.

□□□ 기 15
02 목재에 대한 일반적인 설명으로 틀린 것은?

① 목재가 공극을 포함하지 않은 실제 부분의 비중을 진비중이라 하며, 일반적으로 1.48 ~ 1.56 정도이다.
② 목재는 함수율의 변화에 따라 현저한 체적변화가 생긴다.
③ 일반적으로 목재의 강도는 비중에 반비례하므로 비중을 알면 강도 및 탄성계수를 추정할 수 있다.
④ 목재의 강도 및 탄성은 하중의 작용방향과 섬유방향의 관계에 따라 현저한 차이가 생긴다.

해설 일반적으로 비중이 클수록 압축강도가 커진다.

□□□ 기 04

03 건설 재료용으로 사용되는 목재의 성질에 관한 설명으로 틀린 것은?

① 목재 섬유에 직각 방향의 압축 강도가 낮은 것은 섬유에 평행 방향의 전단 강도가 낮은 점과 마찬가지로 큰 결점 중의 하나이다.

② 목재의 탄성 계수는 압축, 휨, 인장 시험에 따라 약간 달라진다. 일반적으로 압축 시험에 의해 구한 탄성 계수가 인장 시험에 의해 구한 값보다 작다.

③ 목재의 내화성 증진을 목적으로 실시하는 처리 방법에는 표면 탄화법, 약제 도포법 및 방부제 주입법이 있다.

④ 합판(plywood)은 팽창, 수축 등에 의한 결점이 적고, 방향에 따른 강도 차이가 없고, 폭이 넓은 판을 쉽게 얻을 수 있으며, 제품의 규격화로 사용상에 유리하다.

해설 목재의 내화 처리법으로는 표면 처리법과 내화제 주입법이 있다.
· 표면 처리법 : 불연소성 물질로 목재의 표면을 피복한 것으로 가장 간단한 방법이다.
· 내화제 주입법 : 불연성 방화제를 주입하는 방법이다.

□□□ 기 14

04 목재의 역학적 성질에 관한 설명으로 옳지 않은 것은?

① 목재의 인장강도는 섬유방향에 평행한 경우에 가장 강하다.
② 비중이 큰 목재는 가벼운 목재보다 강도가 크다.
③ 일반적으로 심재가 변재에 비하여 강도가 크다.
④ 섬유포화점 이하에서는 함수율이 클수록 강도가 크다.

해설 섬유포화점 이상의 함수율에서는 거의 영향이 없으나 섬유포화점 이하로 건조가 진행되면 결합수를 잃고 수축, 전기저항의 증대, 강도의 증가가 현저해진다.

□□□ 기 13

05 목재의 강도 중 가장 큰 것은?

① 섬유에 평행 방향의 압축 강도
② 섬유에 직각 방향의 압축 강도
③ 섬유에 평행 방향의 인장 강도
④ 섬유에 평행 방향의 전단 강도

해설 섬유에 평행 방향의 인장 강도는 목재의 제 강도 중에서 제일 크다.

제3과목

목재를 톱으로 켜서 얇게 자른 단판(單板)을 베니어(veneer)라 하며 단판을 3판, 5판, 7판으로 겹쳐서 만든 것을 **합판**(plywood)이라 한다. 단판들의 섬유 방향이 서로 90°로 얽혀 있으므로 합판은 가로 또는 세로 방향의 팽창과 수축이 매우 작다.

■ 합판의 특징

• 폭이 넓은 판을 쉽게 얻을 수 있다.
• 제품이 규격화되어 사용에 능률적이다.
• 곡면 가공을 하여도 균열의 발생이 적다.
• 외관이 아름다운 판을 비교적 싸게 구할 수 있다.
• 통나무판에 비해서 얇은 판으로 높은 강도를 얻을 수 있다.
• 동일한 원재로부터 많은 정목판과 나무결 무늬판이 제조된다.
• 목재를 완전히 이용할 수 있고 목재의 결점을 보완할 수 있다.
• 표면 가공으로 흡음 효과를 얻을 수 있고 의장적 효과를 얻을 수 있다.
• 팽창, 수축에 의한 변형이 거의 없고, 섬유 방향에 따른 강도의 차이도 없다.

■ 제조 방법에 의한 분류

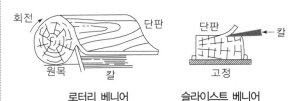

로터리 베니어   슬라이스트 베니어

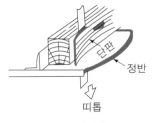

소드 베니어

• **로터리 베니어**(rotary veneer) : 최근에 가장 많이 쓰이는 방법으로서, 증기에 의해 가열·경화된 둥근 원목을 나이테에 따라 연속적으로 감아 둔 종이를 펴는 것과 같이 얇게 벗겨 낸 것으로, 이 방법에 의해서 넓은 폭의 합판이 얻어지며 낭비가 없다.
• **슬라이스트 베니어**(sliced veneer) : 끌로 각재를 얇게 절단한 것으로서 곧은 결과 무늬 결을 자유로이 얻을 수 있어 장식용으로 자유롭게 이용할 수 있다.
• **소드 베니어**(sawed veneer) : 판재를 얇은 작은 톱으로 켜서 만든 단판으로 아름다운 결이 얻어진다. 고급 합판에 사용되나 톱밥이 많아 비경제적이다. 공업적인 용도에는 거의 사용되지 않는다.

01 합판의 특징을 설명한 것으로 잘못된 것은?

① 목재를 완전히 이용할 수 있고 목재의 결점을 보완할 수 있다.
② 일반 목재에 비하여 내구성, 내습성이 작으나 접합하기가 쉽다.
③ 팽창, 수축 등에 의한 결점이 없고 방향에 따른 강도의 차이가 없다.
④ 제품이 규격화되어 사용에 능률적이다.

해설 합성 수지계의 접착제 사용으로 목재에 비하여 내구성, 내습성이 향상되었으며, 접합하기 쉬워졌다.

02 건설 재료로 사용되는 목재 중 합판의 특성에 대한 다음 설명 중 틀린 것은?

① 함수율 변화에 의한 신축 변형은 방향성을 가지며 그 변형량이 크다.
② 통나무판에 비해서 얇은 판으로 높은 강도를 얻을 수 있다.
③ 곡면 가공을 하여도 균열의 발생이 적다.
④ 표면 가공으로 흡음 효과를 얻을 수 있고 의장적 효과를 얻을 수 있다.

해설 단판의 섬유 방향이 서로 직각으로 되어 있어 팽창, 수축에 의한 변형이 거의 없고, 섬유 방향에 따른 강도의 차이도 없다.

03 아래의 표에서 설명하는 합판은?

> 끌로 각재를 얇게 절단한 것으로서, 곧은 결과 무늬결을 자유로이 얻을 수 있어 장식용으로 이용할 수 있는 특징이 있다.

① 로터리 베니어   ② 소드 베니어
③ 슬라이스트 베니어   ④ 파티클 보드(PB)

해설 합판의 종류
• rotary veneer : 최근에 가장 많이 쓰이는 방법으로서, 증기에 의해 가열·경화된 둥근 원목을 나이테에 따라 연속적으로 감아 둔 종이를 펴는 것과 같이 엷게 벗겨 낸 것으로 넓은 폭의 합판이 얻어지며 낭비가 없다.
• 소드 베니어(sawed veneer) : 판재를 얇은 작은 톱으로 켜서 만든 단판으로 아름다운 결이 얻어진다. 고급 합판에 사용되나 톱밥이 많아 비경제적이다.
• sliced vaneer : 끌로 각재를 얇게 절단한 것으로서 곧은 결과 무늬결을 자유로이 얻을 수 있어 장식용으로 자유롭게 이용할 수 있다.

□□□ 기 05,13
04 다음과 같은 합판의 제조 방법 중에서 목재의 이용 효율이 높고 가장 널리 사용되는 것은?

① 로터리 베니어(rotary veneer)
② 슬라이스트 베니어(sliced veneer)
③ 소드 베니어(sawed veneer)
④ 플라이우드 베니어(plywood veneer)

해설 로터리 베니어 : 최근 가장 많이 쓰이는 방법으로 넓은 폭의 합판이 얻어지며 낭비가 없다.

□□□ 기 12
05 아래 표에서 설명하고 있는 목재의 종류로 옳은 것은?

> • 각재를 얇은 톱으로 켜서 만든다.
> • 단단한 목재일 때 많이 사용되며 아름다운 결이 얻어진다.
> • 고급의 합판에 사용되나 톱밥이 많아 비경제적이다.
> • 공업적인 용도에는 거의 사용되지 않는다.

① 소드 베니어
② 로터리 베니어
③ 슬라이스트 베니어
④ M.D.F

해설 소드 베니어(sawed veneer) : 판재를 얇은 작은 톱으로 켜서 만든 단판으로 아름다운 결이 얻어진다. 고급 합판에 사용되나 톱밥이 많아 비경제적이다.

□□□ 기 11,18,21
06 합판에 대한 설명으로 틀린 것은?

① 로터리 베니어는 증기에 가열 연화되어진 둥근 원목을 나이테에 따라 연속적으로 감아 둔 종이를 펴는 것과 같이 얇게 벗겨 낸 것이다.
② 슬라이스트 베니어는 끌로 각목을 얇게 절단한 것으로 아름다운 결을 장식용으로 이용하기에 좋은 특징이 있다.
③ 합판의 종류에는 섬유판, 조각판, 적층판 및 강화 적층재 등이 있다.
④ 합판의 특징은 동일한 원재로부터 많은 정목판과 나무결 무늬판이 제조되며, 팽창 수축 등에 의한 결점이 없고 방향에 따른 강도 차이가 없다.

해설 • 합판 이외에 가공판으로는 조각판, 적층판, 집성재, 강화 적층재 등이 있다.
• 합판의 종류 : 완전 내수성 합판, 고도 내수성 합판, 보통 내수성 합판, 비내수성 합판

□□□ 기 16
07 합판에 대한 설명으로 틀린 것은?

① 합판의 종류에는 섬유판, 조각판, 적층판 및 강화적층재 등이 있다.
② 로터리 베니어는 증기에 가열 연화되어진 둥근 원목을 나이테에 따라 연속적으로 감아 둔 종이를 펴는 것과 같이 얇게 벗겨낸 것이다.
③ 슬라이스트 베니어는 끌로서 각목을 얇게 절단한 것으로 아름다운 결을 장식용으로 이용하기에 좋은 특징이 있다.
④ 합판의 특징은 동일한 원재로부터 많은 정목판과 나무결 무늬판이 제조되며, 팽창 수축 등에 의한 결점이 없고 방향에 따른 강도 차이가 없다.

해설 합판의 종류 : 로터리 베니어(rotary veneer), 소드 베니어(sawed veneer), 슬라이스 베니어(sliced vaneer)

제3과목

| memo |

1 암석의 분류법

■ 성인(지질학적)에 의한 분류

• **화성암** : 화강암, 섬록암, 안산암, 현무암
• **퇴적암** : 응회암, 사암, 혈암, 점판암, 석회암, 규조토
• **변성암** : 편마암, 편암(천매암), 대리석

■ 암석의 압축 강도에 의한 분류

분류	압축 강도(MPa)	흡수율(%)	겉보기 밀도(g/cm³)
경석	50 이상	5 미만	2.5 ~ 2.7
준경석	10 ~ 50	5 ~ 15	2.0 ~ 2.5
연석	10 이하	15 이상	2.0 미만

■ 규산 성분의 다소에 의한 분류

화성암은 규산(SiO_2)성분의 다소에 의하여 신성암(66% 이상), 중성암(52 ~ 66%), 염기성암(52% 이하)으로 분류할 수 있다.

2 각종 석재

■ 화성암 : 지구의 심부에 암장이 분출하여 생성된 암석이다.
• **화강암** : 석재 중 조직이 균질하고 내구성 및 강도가 큰 편이며, 외관이 아름다운 장점이 있는 반면 내화성이 작아 고열을 받는 곳에는 적합하지 않다.

• **화강암의 특징**
• 석질이 균일하고 내구성 및 강도가 크다.
• 외관이 아름답기 때문에 장식재로 쓸 수 있다.
• 내화성이 적어 고열을 받는 곳에는 적당치 못하다.
• 경도 및 자중이 커서 가공 및 시공이 곤란하다.

■ 퇴적암 : 물이나 바람의 작용으로 퇴적되어 이루어진 암석이다.
• **응회암** : 다공질로서 흡수율이 크기 때문에 동해를 받기 쉬우나 내화성이 풍부하며, 강도는 크지 않다.
• **혈암(頁岩)**은 점토가 불완전하게 응고된 것으로서 색조는 흑색, 적갈색 및 녹색이 있으며, 부순 돌, 인공 경량 골재 및 시멘트 제조 시 원료로 많이 사용된다.
• **석회암** : 석회 물질이 침전·응고한 것으로서 용도는 부순 돌 석회, 시멘트, 비료 등의 원료 및 제철 시의 용매제 등에 사용된다.

■ 변성암
성인(成因)에 따라 대별(大別)되는데 mironite(미로나이트), hornfelz(호른페르츠), 편마암, 결정편암으로 분류되며, 열, 압력, 풍화 작용 등의 변질 작용을 받아 생성된 암석이다.

• **대리석** : 강도는 매우 크지만 내구성이 약하며, 풍화하기 쉬우므로 실외에 사용하는 경우는 드물고, 실내 장식용으로 많이 사용한다.

□□□ 기 11,17,23
01 암석의 분류 중 성인(지질학적)에 의한 분류가 아닌 것은?

① 화성암   ② 퇴적암
③ 점토질암   ④ 변성암

해설 성인에 의한 분류
• 화성암 : 화강암, 섬록암, 안산암, 현무암
• 퇴적암 : 응회암, 사암, 혈암, 점판암, 석회암
• 변성암 : 편마암, 편암(천매암), 대리석

□□□ 기 06,14
02 암석은 생성 원인에 따라 화성암, 변성암, 퇴적암으로 나뉜다. 다음 중에서 생성 원인이 다른 암석은?

① 편마암   ② 섬록암
③ 화강암   ④ 현무암

해설 화성암 : 화강암, 섬록암, 안산암, 현무암

□□□ 기 05,08,11,14
03 암석은 그 성인(成因)에 따라 대별되는데 편마암, 대리석 등은 어느 암으로 분류 되는가?

① 수성암   ② 화성암
③ 변성암   ④ 석회질암

해설 변성암 : 편마암, 편암(천매암), 대리석

□□□ 기 04,12,14,19,22
04 화성암은 산성암, 중성암, 염기성암으로 분류가 되는데, 이때 분류 기준이 되는 것은?

① 규산의 함유량   ② 석영의 함유량
③ 장석의 함유량   ④ 각섬석의 함유량

해설 화성암의 규산(실리카)의 함유량에 의한 분류
• 산성암 : 66% 이상   • 중성암 : 52 ~ 66%
• 염기성암 : 52% 이하

05 석재로서의 화강암에 대한 설명으로 틀린 것은?

① 조직이 균일하고 내구성 및 강도가 크다.
② 내화성이 강해 고열을 받는 내화 구조용으로 적합하다.
③ 균열이 적기 때문에 큰 재료를 채취할 수 있다.
④ 외관이 비교적 아름답기 때문에 장식재로 사용할 수 있다.

해설 내화성이 약해 고열을 받는 곳에는 적당하지 못하다.

06 건설 재료용 석재에 관한 설명 중에서 틀린 것은?

① 대리석은 강도는 매우 크지만 내구성이 약하며, 풍화하기 쉬우므로 실외에 사용하는 경우는 드물고, 실내 장식용으로 많이 사용한다.
② 석회암은 석회 물질이 침전·응고한 것으로서 용도는 부순 돌, 석회, 시멘트, 비료 등의 원료 및 제철 시의 용매제 등에 사용된다.
③ 혈암(頁岩)은 점토가 불완전하게 응고된 것으로서 색조는 흑색, 적갈색 및 녹색이 있으며, 부순 돌, 인공 경량 골재 및 시멘트 제조 시 원료로 많이 사용된다.
④ 화강암은 화성암 중에서도 심성암에 속하며, 화강암의 특징은 조직이 불균일하고 내구성, 강도가 작고, 내화성이 약한 약점이 있다.

해설 화강암의 특징
· 화강암은 화성암 중에서 심성암에 속한다.
· 조직이 균일하고 내구성 및 강도가 크다.
· 내화성이 약해 고열을 받는 곳에는 적당치 못하다.

07 화강암의 일반적인 특징에 대한 설명으로 틀린 것은?

① 조직이 균일하고, 내구성 및 강도가 크다.
② 내화성이 풍부하여 내화 구조물용으로 적당하다.
③ 경도 및 자중이 커서 가공 및 시공이 어렵다.
④ 균열이 적기 때문에 큰 재료를 채취할 수 있다.

해설 내화성이 약해 고열을 받는 곳에는 적당치 못하다.

08 다음 석재 중 조직이 균질하고 내구성 및 강도가 큰 편이며, 외관이 아름다운 장점이 있는 반면 내화성이 작아 고열을 받는 곳에는 적합하지 않은 것은?

① 응회암   ② 화강암   ③ 현무암   ④ 안산암

해설 화강암의 특징
· 석질이 균일하고 내구성 및 강도가 크다.
· 외관이 아름답기 때문에 장식재로 쓸 수 있다.
· 내화성이 적어 고열을 받는 곳에는 적당치 못하다.
· 경도 및 자중이 커서 가공 및 시공이 곤란하다.

09 암석의 종류 중 퇴적암이 아닌 것은?

① 사암   ② 혈암
③ 석회암   ④ 안산암

해설 · 화성암 : 화강암, 섬록암, 안산암, 현무암
· 퇴적암 : 응회암, 사암, 혈암, 점판암, 석회암, 규조토, 화산재

10 다음 석재 중에서 압축 강도가 가장 큰 것은?

① 대리석   ② 안산암
③ 사암   ④ 화강암

해설 석재의 압축 강도

종 류	압축 강도(MPa)
화강암	63~304
대리석	94~231
안산암	56~234
사 암	27~238

∴ 사암 < 안산암 < 대리석 < 화강암

11 토목 구조용 석재에 대한 설명 중 옳은 것은?

① 화성암에는 주로 화강암, 현무암, 사암 등이 있다.
② 변성암에는 편마암, 편암, 대리석 등이 있다.
③ 혈암은 퇴적암의 일종으로 점토가 완전하게 응고된 것으로 부드럽고 색조가 일정하다.
④ 응회암은 흡수성이 작아서 강도가 크나, 내화력이 작다.

해설 · 화성암 : 화강암, 섬록암, 안산암, 현무암 등이 있다.
· 퇴적암 : 응회암, 사암, 혈암, 점판암, 석회암, 규조토, 화산암 등이 있다.
· 혈암 : 점토가 불완전하게 응고한 것으로서 색조는 흑색, 적갈색이지만 때로는 녹색도 있으나 일정하지 않다.
· 응회암 : 다공질로서 흡수율이 크기 때문에 동해를 받기 쉬우나 내화성이 풍부하며, 강도는 크지 않다.

12 조암 광물에 대한 설명 중 틀린 것은?

① 석영은 무색, 투명하며 산 및 풍화에 대한 저항력이 크다.
② 사장석은 Al, Ca, Na, K 등의 규산 화합물이며 풍화에 대한 저항력이 크다.
③ 백운석은 산에 녹기 쉬운 광물이다.
④ 석고는 경도가 1.5~2.0 정도이고 입상, 편상, 섬유 모양으로 결합되어 있다.

해설 사장석은 Al, Ca, Na, K 등의 규산 화합물이며 풍화에 대한 저항력이 약하다.

013 석재 사용 시 주의할 사항

- 외벽, 콘크리트 포장용 석재에는 연석(軟石)을 피한다.
- 내화 구조물은 강도면보다 내화 석재를 선택하는 것이 좋다.
- 재형(材形)에 예각부가 생기면 결손되기 쉽고 풍화 방지에도 나쁘다.
- 공급 상태를 조사하여 다량 사용할 때는 전량 또는 동질로 공급할 수 있도록 한다.
- 석재는 취급상 $1m^3$ 이내의 것으로 할 것이며 중량이 큰 것을 높은 곳에 사용하지 않아야 한다.
- 경석, 박리성 석재는 지나치게 세공치 말아야 하고, 석재 표면은 심한 凹凸부가 없게 함이 풍화 방지상 필요하다.
- 구조 재료로 사용 시는 응력의 종류에 주의하여 휨 응력, 인장 응력을 받는 곳은 가급적 피하고, 압축력을 받을 때는 자연층에 직각으로 받게 할 것이다.

□□□ 기 02

01 석재 사용 시 주의 사항 중 틀린 것은?

① 석재는 예각부가 생기면 부서지기 쉬우므로 표면에 요철이 없어야 한다.
② 석재를 사용할 경우에는 휨 응력과 인장 응력을 받는 부재에 사용하여야 한다.
③ 석재를 압축 부재에 사용할 경우에는 석재의 자연층에 직각으로 위치하여 사용하여야 한다.
④ 석재를 장기간 보존할 경우에는 석재 표면을 도포하여 우수의 침투 방지 및 함수로 인한 동해 방지에 유의하여야 한다.

해설 석재는 강도 중에서 압축 강도가 제일 크기 때문에 구조용으로 사용할 경우 압축 응력을 받는 부분에 사용하며, 휨 응력 및 인장 응력을 받는 곳은 피해야 한다.

□□□ 기 07,13

02 다음 석재 사용 시 주의 사항에 대한 설명 중 틀린 것은?

① 석재는 예각부가 생기면 부서지기 쉬우므로 표면에 심한 요철 부분이 없어야 한다.
② 석재는 크기가 크면 취급상 불편하기 때문에 최대 체적을 $1m^3$ 정도로 한정하여 사용하는 것이 좋다.
③ 구조재로 석재를 사용할 경우 휨 응력 부재로 사용함이 바람직하다.
④ 석재를 장기간 보존할 경우 석재 표면을 도포하여 내수성 및 내구성에 주의하여야 한다.

해설 석재는 강도 중에서 압축 강도가 제일 크기 때문에 구조용으로 사용할 경우 압축 응력을 받는 부분에 사용하며, 휨 응력 및 인장 응력을 받는 곳은 가급적 피해야 한다.

□□□ 기 99

03 석재 사용에 있어 주의할 사항 중 옳지 않은 것은?

① 다량으로 사용 시 전량을 동일한 석질로 공급할 수 있는지 여부를 조사해야 한다.
② 취급상 편리하게 최대 체적률 $1m^3$ 한도로 한다.
③ 중량이 큰 것을 높은 곳에 사용하는 것이 지진에 대해 안전하다.
④ 구조재로 사용할 때는 휨 응력, 인장 응력을 받는 곳은 가급적 피하고, 압축 응력을 받는 곳은 자연층을 직각으로 받게 한다.

해설 중량이 큰 것은 가장 낮은 곳에, 작은 것은 높은 곳에 사용하는 것이 지진에 대해 안전하다.

◼ 암석의 구조

- **절리** : 암석 특유의 천연적으로 갈라진 금을 절리라 하며 주로 화성 암에서 볼 수 있는 형태이다.
  - **주상 절리** : 돌기둥을 배열한 것 같은 모양으로 주로 화성암에 많이 생긴다.
  - **구상 절리** : 암석의 노출부가 양파 모양으로 되어 있는 절리이다.
  - **불규칙 다면 괴상 절리** : 암석의 생성 시에 냉각으로 인해 생기는 불규칙한 절리이다.
  - **판상 절리** : 판자를 겹쳐 놓은 모양으로 수성암, 안산암 등에 생긴다.
- **층리** : 퇴적암이나 변성암의 일부에서 생기는 평행상의 절리를 층리라고 하며 층리의 방향은 퇴적 당시의 지평면과 거의 평행하다.
- **편리** : 변성암에서 주로 생기는 불규칙한 절리로서 박편 모양으로 작게 갈라지는 것을 편리라 한다.
- **석리** : 암석을 조성하고 있는 조암 광물의 조직에 따라 생기는 눈의 모양을 석리라 한다.
- **석목** : 암석의 가공에 이용되는 것으로 석재의 갈라지기 쉬운 면을 석목 또는 돌눈(rift)이라 하며 돌눈은 서로 직교하는 3면으로 되어 있고 2면은 절리와 평행하다.
- **벽개** : 암석의 잘 갈라지는 면을 벽개라 하며 벽개를 가지고 있지 않은 석재의 면을 단구라 한다.

◼ 석재의 규격

석재는 모양과 치수에 대하서는 KS F 2530에 규정되어 있다.

- **각석** : 폭이 두께의 3배 미만이고 폭보다 길이가 긴 직육면체형의 석재이며 주로 구조용에 쓰인다.
- **판석** : 두께가 15cm 미만이고 폭이 두께의 3배 이상인 판 모양의 석재이며 주로 궤도용 등에 쓰인다.
- **견치석** : 앞면은 규칙적으로 거의 정사각형에 가깝고 길이는 네면에 직각으로 잰 공장은 면의 최소면의 1.5배 이상인 석재이며 주로 흙막이용 석축, 비탈면 보호의 돌붙임에 쓰인다.
- **활석** : 활석 또는 사고석의 면은 원칙적으로 정사각형에 가깝고 면에 직각으로 잰 공장은 면의 최소변의 1.2배 이상인 석재이다.

◼ 석재의 모양

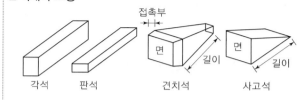

각석　　판석　　견치석　　사고석

---

01 퇴적암 등에 나타나는 평행상의 절리(Joint)를 무엇이라 하는가?

① 편리 (片理)　　　② 층리 (層理)
③ 석리 (石理)　　　④ 석목 (石目)

해설 층리 : 퇴적암이나 변성암의 일부에서 생기는 평행상의 절리를 층리라고 하며 층리의 방향은 퇴적 당시의 지평면과 거의 평행하다.

02 주로 화성암에 많이 생기는 절리(joint)로 돌기둥을 배열한 것 같은 모양의 절리를 무엇이라 하는가?

① 주상 절리　　　　② 구상 절리
③ 불규칙 다면 괴상 절리　④ 판상 절리

해설 절리의 분류
- 주상 절리 : 돌기둥을 배열한 것 같은 모양으로 주로 화성암에 많이 생긴다.
- 구상 절리 : 암석의 노출부가 양파 모양으로 되어 있는 절리이다.
- 불규칙 다면 괴상 절리 : 암석의 생성 시에 냉각으로 인해 생기는 불규칙한 절리이다.
- 판상 절리 : 판자를 겹쳐 놓은 모양으로 수성암, 안산암 등에 생긴다.

03 암석의 구조에 대한 다음 설명 중 옳은 것은?

① 암석의 가공이나 채석에 이용되는 것으로 암석의 갈라지기 쉬운 면을 석리라 한다.
② 퇴적암이나 변성암의 일부에서 생기는 평행상의 절리를 벽개라 한다.
③ 암석 특유의 천연적으로 갈라진 금을 절리라 한다.
④ 암석을 구성하고 있는 조암 광물의 집합 상태에 따라 생기는 눈 모양을 층리라 한다.

해설 ·석재를 조성하고 있는 광물의 조직에 따라 생기는 눈의 모양을 석리라 한다.
- 퇴적암이나 변성암의 일부에서 생기는 평행상의 절리를 층리라 한다.
- 석재를 조성하고 있는 광물의 조직에 따라 생기를 눈의 모양을 석리라 한다.
- 암석 특유의 천연적으로 갈라진 금을 절리라 한다.

□□□ 기 83,89,99,07,12

04 석재에 관한 설명 중 옳지 않은 것은?

① 석재를 조성하고 있는 광물의 조직에 따라 생기는 눈의 모양을 석리라 한다.
② 석재의 종류에 따라 천연적으로 갈라진 눈을 절리라 한다.
③ 변성암에서 주로 생기는 것으로 방향은 불규칙하고 작게 갈라지는 것을 벽개라 한다.
④ 갈라지기 쉬운 석재의 면을 석목 또는 돌눈이라 한다.

해설 편리 : 변성암에서 주로 생기는 불규칙한 절리로서 박편 모양으로 작게 갈라지는 것을 편리라 한다.

□□□ 기 11,15

05 석재를 모양에 따라 분류할 경우 아래의 표에서 설명하는 것은?

> 너비가 두께의 3배 미만이며, 일정한 길이를 가지고 있는 것

① 사고석　　　　② 견치석
③ 각석　　　　　④ 판석

해설 석재는 모양과 치수에 대해서는 KS F 2530에 규정되어 있다.
- 각석 : 폭(너비)이 두께의 3배 미만이고 폭(너비)보다 길이가 긴 직육면체형의 석재
- 판석 : 두께가 15cm 미만이고 폭이 두께의 3배 이상인 판 모양의 석재
- 견치석 : 앞면은 규칙적으로 거의 정사각형에 가깝고 길이는 네 면에 직각으로 잰 공장은 면의 최소 면의 1.5배 이상인 석재
- 활석 : 활석 또는 사고석의 면은 원칙적으로 정사각형에 가깝고 면에 직각으로 잰 공장은 면의 최소 면의 1.2배 이상인 석재

□□□ 기 15,17

06 암석의 구조에 대한 설명으로 틀린 것은?

① 절리 : 암석 특유의 천연적으로 갈라진 금으로 화성암에서 많이 보임
② 석목 : 암석의 갈라지기 쉬운 면을 말하며 돌눈이라고 함
③ 층리 : 암석을 구성하는 조암광물의 집합상태에 따라 생기는 눈 모양
④ 편리 : 변성암에서 된 절리로 암석이 얇은 판자모양 등으로 갈라지는 성질

해설 층리 : 퇴적암이나 변성암의 일부에서 생기는 평행상의 절리를 층리라고 하며 층리의 방향은 퇴적당시의 지평면과 거의 평행하다.

015　석재의 가공

■ 인력에 의한 가공
- 혹두기 : 망치로 돌의 면을 대강 다듬는 것으로 거친 정도에 따라 여러 종류가 있다.
- 정다듬 : 혹두기면을 정으로서 평활하게 하는 것으로 이 역시 거친 정도에 따라 여러 종류가 있다.
- 깎기 : 양날망치로 임의의 방향으로 깎아 평활하게 하는 것으로 연석류의 가공에 쓰인다.
- 도드락 다듬 : 도드락 망치로 다듬는 것으로서 조면의 특이한 아름다움이 있다.
- 잔다듬 : 양날 망치로 정다듬한 면을 평행 방향으로 치밀하게 깎는 것이며 여러 번 시행하면 면이 된다.
- 물갈기 : 화강암, 대리석 등의 최종 마감이다.

□□□ 기 90

01 석재의 인력 가공에 의한 가공 순서로 옳은 것은?

① 혹두기 – 정다듬 – 잔다듬 – 물갈기
② 혹두기 – 물갈기 – 정다듬 – 잔다듬
③ 정다듬 – 혹두기 – 물갈기 – 잔다듬
④ 정다음 – 잔다듬 – 혹두기 – 물갈기

해설 석재의 인력 가공 순서
- 혹두기 : 망치로 요철이 없게 대강 다듬어 돌표면을 마무리
- 정다듬 : 정으로 쪼아 다듬어 돌표면을 마무리
- 도드락 다듬 : 돌기가 있는 도드락 망치로 두들겨 돌표면을 마무리
- 잔다듬 : 날망치로 일정 방향으로 찍어 다듬어 돌표면을 마무리
- 물갈기 : 숫돌을 사용하여 곱게 갈아 마무리하는 공정

석재의 시험에는 흡수율 및 비중 시험, 압축 강도 시험, 휨 강도 시험, 인성 시험, 마모 시험 등이 있다.

■ 압축 강도 시험

- 석재의 압축 시험은 공시체의 크기를 50mm×50mm×50mm로 한다.
- 석목이 뚜렷한 석재는 석목에 수직, 평행 방향에 각각 가압할 수 있도록 공시체를 만든다.
- 석재의 강도는 일반적으로 비중이 클수록, 빈틈률이 작을수록 크다.

$$C = \frac{W}{A}$$

여기서, C : 공시체의 압축 강도(MPa)
　　　W : 공시체의 파괴 하중(N)
　　　A : 공시체의 하중 지지면(mm^2)

■ 휨강도 시험

공시체의 크기는 50mm×50mm×30mm, 지간은 250mm를 사용하여 중앙에 압력을 가해서 휨 시험을 한다.

$$휨 \ 강도 = \frac{3Pl}{2bd^2} (MPa)$$

여기서, P : 공시체의 파괴될 때의 압력(N)
　　　b : 공시체의 폭(mm)
　　　d : 공시체의 두께(mm)
　　　l : 지간(mm)

■ 석재의 비중 및 흡수율 시험

- 석재의 비중은 일반적으로 겉보기 비중을 말한다.
- 조직 성분의 성질, 비율, 조직 중의 공극 등에 따라 다르다.
- 비중은 보통 2.65이나 석재의 종류에 따라 약간 다르다.
- 석재의 비중이 클수록 흡수율이 작고, 압축 강도가 크다.
- 비중은 석재 강도의 판단, 공극률, 중량을 아는 데 필요하다.
- 석재의 흡수율은 풍화, 파괴, 내구성에 크게 관계가 있다.
- 흡수된 양은 석재 분자 간의 공극에 침입하므로 그 공극률을 알 수 있다.
- 표면 건조 포화 상태의 비중 = $\dfrac{A}{B-C}$

여기서, A : 공시체의 건조 질량(g)
　　　B : 공시체의 침수 후 표면 건조 포화 상태의 공시체의 질량(g)
　　　C : 공시체의 물속 질량(g)

- 흡수율(%) = $\dfrac{B-A}{A} \times 100$

여기서, A : 건조 공시체의 질량(g)
　　　B : 침수 후 공시체의 질량(g)

□□□ 기 03

01 석재의 비중은 석재의 종류에 따라 다르나 일반적으로 어떤 비중을 말하며 보통 비중은 얼마로 보는가?

① 포수 비중, 2.65　　② 겉보기 비중, 2.85
③ 포수 비중, 2.85　　④ 겉보기 비중, 2.65

해설 석재의 비중은 일반적으로 겉보기 비중을 말하며, 보통 2.65 정도이지만 암석의 종류에 따라 약간 다르다.

□□□ 기 04

02 다음 석재의 성질 중 잘못된 것은?

① 석재의 비중은 조암 광물의 성질, 비율, 공극의 정도 등에 따라 달라진다.
② 석재의 탄성 계수는 훅(Hooke)의 법칙을 따른다.
③ 석재의 강도는 압축 강도가 특히 크며, 인장 강도는 매우 작다.
④ 석재 중 풍화에 가장 큰 저항성을 가지는 것은 화강암이다.

해설 암석 중에서 현무암, 경질 사암과 같이 일정한 응력까지는 응력-변형률 곡선이 거의 후크의 법칙에 따르며, 영 계수가 일정한 것과 화강암, 사암 등과 같이 훅의 법칙에 따르지 않고 응력의 증가와 함께 영 계수의 값이 증가하는 것도 있다.

□□□ 기 93,02,08,12

03 석재의 일반적 성질에 관한 설명 중에서 틀리는 것은?

① 암석을 압축 강도에 의해 50MPa 이상을 경석, 10MPa ~ 50MPa 미만을 준경석, 10MPa 이하를 연석이라 한다.
② 암석의 구조에서 암석 특유의 천연적으로 갈라진 금을 절리(節理), 퇴적암이나 변성암에서 나타나는 평행의 절리를 층리(層理)라 한다.
③ 석재의 강도 중에서 압축 강도가 제일 크며, 인장, 휨 및 전단 강도는 적기 때문에 구조용으로 사용할 경우 압축력을 받는 부분에 사용된다.
④ 석재는 열에 대한 양도체이기 때문에 열의 분포가 균일하며, 1,000℃ 이상의 고온으로 가열하여도 잘 견디는 내화성 재료이다.

해설 석재는 열에 대한 불량 도체이기 때문에 열의 불균일 분포가 생기기 쉬우며, 이로 인하여 열응력과 조암 광물의 팽창 계수가 상이한 원인 등으로 1,000℃ 이상의 고온으로 가열하면 암석은 파괴한다.

□□□ 기 08
04 석재의 흡수율 및 비중에 관한 설명으로 틀린 것은?

① 석재의 비중 시험은 재질의 분해 정도와 빈틈률의 정도를 알기 위해서 한다.
② 비중이 클수록 흡수율이 작고 압축 강도가 크다.
③ 흡수율은 풍화, 파괴, 내구성과 관계가 있다.
④ 흡수율이 클수록 강도가 크고, 내구성도 커진다.

해설 일반적으로 흡수율이 클수록 강도가 작고, 내구성도 작아지며 다공성이므로 동해를 받기 쉽다.

□□□ 기10,13
05 암석 전체의 체적에 대한 공극의 비율을 공극률(porosity)이라고 한다. 다음 암석 중 일반적으로 공극률이 가장 큰 것은?

① 화강암   ② 사암
③ 응회암   ④ 대리석

해설 석재의 흡수율

종류	흡수율(%)
화강암	0.20~1.70
응회암	1.30~2.00
사암	0.70~12.0
대리석	0.10~2.50

· 흡수율이 크면 공극률이 크다.
  ∴ 사암이 공극률이 가장 크다.

□□□ 기 06
06 어떤 석재를 건조로(105±2℃) 속에서 충분히 건조시켜 질량을 측정해 보니 1,000g이었다. 이것을 완전히 흡수시켜 물속에서 질량을 측정해 보니 800g이었고 물속에서 꺼내 표면을 잘 닦고 질량을 측정해 보니 1,200g이었다면 이 석재의 비중은?

① 1.50   ② 2.50
③ 2.75   ④ 3.00

해설 $비중 = \dfrac{건조한\ 시험체의\ 중량(A)}{건조\ 포화\ 상태의\ 중량(B) - 물속에서의\ 중량(C)}$

$= \dfrac{1,000}{1,200 - 800} = 2.50$

□□□ 기 04,18
07 석재의 성질에 대한 일반적인 설명으로 틀린 것은?

① 석재는 모든 강도 가운데 인장강도가 최대이다.
② 석재의 흡수율은 풍화, 파괴, 내구성과 크게 관계가 있다.
③ 석재의 밀도는 조암광물의 성질, 비율, 조직속의 공극 등에 따라 다르다.
④ 석재는 조암광물의 팽창계수가 서로 다르기 때문에 고온에서도 파괴된다.

해설 석재의 강도 중에서 압축 강도가 제일 크며, 인장, 휨 및 전단 강도는 적기 때문에 구조용으로 사용할 경우 압축력을 받는 부분에 사용된다.

□□□ 기 00,02,20
08 공시체 크기 50×50×300mm의 암석을 지간 250mm로 하여 중앙에서 압력을 가했더니 1,000N에서 파괴 되었다. 이때 휨강도는?

① 2MPa   ② 20MPa
③ 3MPa   ④ 30MPa

해설 휨강도 $f_b = \dfrac{3PL}{2bd^2}$

$= \dfrac{3 \times 1,000 \times 250}{2 \times 50 \times 50^2} = 3\,N/mm^2 = 3MPa$

| memo |

CHAPTER 04 골재

1 골재알의 크기에 따른 분류

■ 굵은 골재
- 5mm 체에 거의 다 남는 골재
- 5mm 체에 다 남는 골재를 말한다.

■ 잔골재
- 10mm체를 전부 통과하고, 5mm 체를 거의 다 통과하며, 0.08mm 체에 거의 다 남는 골재
- 5mm 체를 다 통과하고, 0.08mm 체에 다 남는 골재

■ 밀도에 의한 분류
- **경량 골재** : 밀도 2.50g/cm³ 이하의 골재
- **보통 골재** : 2.50~2.65g/cm³로서 일반적으로 사용되는 골재
- **중량 골재** : 밀도 2.70g/cm³ 이상인 골재

2 경량 골재

■ 생산 방법에 따른 분류 : 천연 경량 골재, 인공 경량 골재
■ 용도에 따른 분류 : 구조용 경량 골재, 비구조용 경량 골재
■ 천연 경량 골재
- 천연 경량 골재는 응회암, 경석 화산 자갈, 용암 등이 있다.
- 천연 경량 골재는 원래 약하고 모양도 나빠 고강도를 요구하는 콘크리트 구조물에는 부적당하다.

■ 인공 경량 골재
- 인공 경량 골재는 팽창성 혈암, 팽창성 점토, 플라이 애시 등이 있다.
- 구조용 인공 경량 골재는 가볍고, 강한 구조용 건설 구조물용을 대상으로 한다.
- 비구조용 인공 경량 골재는 주로 단열, 방음의 목적에 사용된다.
- 인공 경량 골재는 순간 흡수량이 비교적 크기 때문에 건조 상태로 사용하면 콘크리트의 혼합, 운반 중에 흡수되어 콘크리트의 컨시스턴시를 저하시키므로 골재를 사용 전에 흡수시키는 프리웨팅을 하는 작업이 좋다.

3 중량 골재
- 중량 골재는 비중이 큰 갈철광, 중정석, 자철광 등으로서 댐, 옹벽 및 방사선 차폐용 콘크리트와 같은 특수 목적으로 사용된다.
- 방사선 중 차폐의 대상이 되는 것은 γ선, X선 및 중성자선이다.
- 콘크리트에 의해 선을 차폐하는 경우에는 중량 골재를 사용하여 밀도를 크게 하는 것이 효과적이다.
- 중량 골재가 고가이기 때문에 보통 골재를 사용하고 벽 두께를 두껍게 하는 것이 경제적인 경우가 많다.

4 하천 골재와 육상 골재
- 모래와 자갈은 채취한 장소에 따라 하천 골재(강모래, 강자갈), 바다모래, 육상 골재 등으로 나뉜다.
- 이 두 골재의 공통적인 특징은 각이 없고 둥근 형상을 가지며 단일 입석을 파쇄한 부순 골재와는 달리 여러 종류의 암석으로 구성되는 점이다.
- 육상 골재는 단단하고 내구적이며 입형이 양호한 것이 많다.
- 미립분
  - 미립자가 분산되어 골재 중에 포함되어 있는 경우는 소요의 반죽 질기를 얻기 위한 단위 수량이 증가하며 블리딩이 감소한다.
  - 블리딩이 적은 것은 시공 직후의 콘크리트 표면의 급격한 건조를 초래하기 쉽고 결과적으로 플라스틱 수축 균열을 일으키기 쉽게 된다.
  - 미립이기 때문에 블리딩이 적어도 레이턴스는 많게 되어 콘크리트의 마모 저항성을 감소시키게 된다.
  - 미립분의 양이 증가하는데 따라 콘크리트의 단위 수량이 현저히 증가되며 압축 강도는 저하된다.

5 부순 돌(쇄석)
- 쇄석(부순 돌)을 사용한 콘크리트는 동일한 워커빌리티의 보통 콘크리트보다 단위 수량이 약 10% 정도 많이 요구된다. 즉 쇄석보다 강자갈을 사용할 때가 콘크리트의 유동성이 좋아진다.
- 고로 슬래그 쇄석은 콘크리트용으로 사용할 수 있으나 전로 슬래그나 전기로 슬래그 등의 제강 슬래그 쇄석은 콘크리트용 골재로 사용해서는 안 된다.
- 콘크리트 제조용으로 적당한 쇄석은 그 입도가 대·소립이 적당하게 혼합된 것이어야 한다.
- 부순 자갈이나 폭파에 의해 채굴한 암석을 파쇄하여 체로 친 후 분류한 골재를 말한다.
- 부순 골재를 사용하면 강자갈을 사용할 때보다 단위 수량 및 잔골재율을 증가시킬 필요가 있다.
- 강자갈을 사용한 콘크리트와 비교하여 강도는 약간 증가하나 수밀성, 내구성 등은 오히려 저하된다.

골재의 물리적 성질

구 분		기호	절대 건조 밀도 g/cm³	흡수율 %	안정성 %	마모율 %	입자 모양 판정 실적률 %
천연 골재	굵은 골재	NG	2.5 이상	3.0 이하	12 이하	40 이하	
	잔 골재	NS	2.5 이상	3.0 이하	10 이하		
부순 골재	굵은 골재	CG	2.5 이상	3.0 이하	12 이하	40 이하	55 이상
	잔 골재	CS	2.5 이상	3.0 이하	10 이하		53 이상

6 해사

■ 해사에 포함된 염분이 허용 한도를 넘게 되면 철근을 녹슬게 할 위험성이 있으며, 전식(電蝕)의 염려가 있어 철근 콘크리트 구조물에 사용을 피하는 것이 좋다.

■ 염분에 대한 대책

- 아연 도금한 철근은 염해 저항력이 높다.
- 방청제를 사용하여 철근의 부식을 억제한다.
- 피복 두께를 두껍게 하여 철근의 부식을 억제한다.
- 물–시멘트비를 제한하여 치밀한 콘크리트를 만든다.
- 콘크리트를 가능한 한 부배합으로 하여 수밀성을 향상시킨다.
- 바닷모래를 살수법, 침수법 및 자연 방치법 등으로 제염한다.

□□□ 기10

01 부순 굵은 골재가 콘크리트 재료로서 갖추어야 할 물리적 성질로 옳지 않은 것은?

① 흡수율 1.0% 이하
② 마모율 40% 이하
③ 0.08mm 체 통과량 1.0% 이하
④ 절대 건조 밀도 2.50g/cm³ 이상

해설 흡수율 3.0% 이하

□□□ 기10

02 다음 중 천연 경량 골재가 아닌 것은?

① 팽창 슬래그
② 응회암
③ 용암
④ 경석 화산 자갈

해설 천연 경량 골재는 응회암, 경석 화산 자갈, 용암 등이 있다.

□□□ 기94,03,07

03 경량 골재 및 중량 골재에 관한 설명 중 틀리는 것은?

① 천연 경량 골재는 일반적으로 약하고 모양도 나쁘므로 고강도를 요구하는 콘크리트용으로는 부적당하다.
② 인공 경량 골재는 공장에서 제조되기 때문에 일반적으로 깨끗하고 적당한 입도를 가지며, 품질의 변동이 적다.
③ 인공 경량 골재는 흡수량이 비교적 적기 때문에 콘크리트 배합이 건조한 상태로 사용해도 좋다.
④ 중량 골재는 원자로 방사선 등의 차폐 효과를 높이기 위한 고밀도 콘크리트용으로 많이 사용된다.

해설 인공 경량 골재는 순간 흡수량이 비교적 크기 때문에 건조 상태로 사용하면 콘크리트의 혼합, 운반 중에 흡수되어 콘크리트의 컨시스턴시를 저하시키므로 습윤 상태로 사용해야 좋다.

□□□ 기02,08

04 인공 경량 골재에 대한 설명 중 옳은 것은?

① 인공 경량 골재의 품질을 밀도로 나타낼 때 절대 건조 상태의 밀도를 사용한다.
② 밀도는 입경에 따라 다르며 입경이 클수록 크다.
③ 인공 경량 골재는 순간 흡수량이 비교적 크기 때문에 컨시스턴시를 상승시킨다.
④ 인공 경량 골재에는 응회암, 경석 화산 자갈 등이 있다.

해설 ・인공 경량 골재의 품질을 밀도로 나타낼 때 절대 건조 상태의 밀도를 사용하며 밀도는 입경에 따라 다르며 입경이 클수록 작다.
・인공 경량 골재는 순간 흡수량이 비교적 크기 때문에 컨시스턴시를 저하시킨다.
・인공 경량 골재는 팽창성 혈암, 팽창성 점토, 플라이 애시 등이 있다.
・천연 경량 골재는 응회암, 경석 화산 자갈, 용암 등이 있다.

□□□ 기13

05 콘크리트용 골재에 사용되는 하천 골재 및 육상 골재 중의 미립분이 콘크리트의 품질에 미치는 영향에 대한 설명 중 틀린 것은?

① 골재 중의 미립분이 증가하면 콘크리트의 단위 수량이 증가한다.
② 골재 중의 미립분이 증가하면 콘크리트의 레이턴스가 감소한다.
③ 골재 중의 미립분이 증가하면 콘크리트의 블리딩이 감소한다.
④ 골재 중의 미립분이 증가하면 콘크리트의 건조 수축이 증가한다.

해설 ・미립분이 분산되어 골재 중에 포함되어 있는 경우는 소요의 반죽 질기를 얻기 위한 단위 수량이 증가하며 블리딩이 감소한다.
・미립분이기 때문에 블리딩이 적어도 레이턴스는 많게 되어 콘크리트의 마모 저항성을 감소시키게 된다.

정답 **017** 01 ① 02 ① 03 ③ 04 ① 05 ②

□□□ 기 04,05

06 인공 경량 골재나 고로 슬래그 골재처럼 공극이 많은 골재를 사용할 때 콘크리트 제조 전에 반드시 해야 할 작업은?

① 프리 웨팅(pre-wetting)
② 파이프 쿨링(pipe-cooling)
③ 소성 작업
④ 급냉 처리 작업

해설 인공 경량 골재는 순간 흡수량이 비교적 크기 때문에 건조 상태로 사용하면 콘크리트의 혼합, 운반 중에 흡수되므로 콘크리트의 컨시스턴시를 저하시키므로 골재를 사용 전에 흡수시키는 프리 웨팅을 하는 작업이 좋다.

□□□ 기 11,16

07 콘크리트용 인공 경량 골재에 대한 설명 중 틀린 것은?

① 흡수율이 큰 인공 경량 골재를 사용할 경우 프리 웨팅(pre-wetting)하여 사용하는 것이 좋다.
② 인공 경량 골재를 사용한 콘크리트의 탄성 계수는 보통 골재를 사용한 콘크리트 탄성 계수보다 크다.
③ 인공 경량 골재의 부립률이 클수록 콘크리트의 압축 강도는 저하된다.
④ 인공 경량 골재를 사용하는 콘크리트는 AE 콘크리트로 하는 것을 원칙으로 한다.

해설 인공 경량 골재를 사용한 콘크리트의 탄성 계수는 보통 골재를 사용한 콘크리트 탄성 계수보다 작다.

□□□ 기 13

08 골재의 표준체에 의한 체가름 시험에서 굵은 골재란 다음 중 어느 것인가?

① 10mm 체를 전부 통과하고 5mm를 거의 통과하며 0.15mm 체에 거의 남는 골재
② 10mm 체를 전부 통과하고 5mm를 거의 통과하며 1.2mm 체에 거의 남는 골재
③ 40mm 체에 거의 남는 골재
④ 5mm 체에 거의 남는 골재

해설 ■ 잔골재
• 10mm 체를 전부 통과하고, 5mm 체를 거의 다 통과하며, 0.08mm 체에 거의 다 남는 골재
• 5mm 체 다 통과하고, 0.08mm 체에 다 남는 골재
■ 굵은 골재
• 5mm 체에 거의 다 남는 골재
• 5mm 체에 다 남는 골재

□□□ 기 12,16

09 강모래를 이용한 콘크리트와 비교한 부순 잔 골재를 이용한 콘크리트의 특징을 설명한 것으로 틀린 것은?

① 동일 슬럼프를 얻기 위해서는 단위 수량이 더 많이 필요하다.
② 미세한 분말량이 많아질 경우 건조 수축률은 증대한다.
③ 미세한 분말량이 많아짐에 따라 응결의 초결 시간과 종결 시간이 길어진다.
④ 미세한 분말량이 많아지면 공기량이 줄어들기 때문에 필요 시 공기량을 증가시켜야 한다.

해설 미세한 분말량이 많아지면 블리딩이 적어져 응결의 초결 시간과 종결 시간이 상당히 빨라지는 악영향을 나타낸다.

□□□ 기 04,06

10 콘크리트 제조용 쇄석에 대한 설명이다. 잘못된 것은?

① 강자갈을 사용할 때보다 콘크리트의 유동성이 좋아진다.
② 콘크리트 제조용으로 적당한 쇄석은 그 입도가 대·소립이 적당하게 혼합된 것이어야 한다.
③ 부순 자갈이나 폭파에 의해 채굴한 암석을 파쇄하여 체로 친 후 분류한 골재를 말한다.
④ 강자갈을 사용한 콘크리트와 비교하여 강도는 약간 증가하나 수밀성, 내구성 등은 오히려 저하된다.

해설 쇄석(부순 돌)을 사용한 콘크리트는 동일한 워커빌리티의 보통 콘크리트보다 단위 수량이 약 10% 정도 많이 요구된다. 즉 쇄석보다 강자갈을 사용할 때가 콘크리트의 유동성이 좋아진다.

□□□ 기 00,01,04,11

11 콘크리트용 잔 골재로 사용하고자 하는 바닷모래(해사)의 염분에 대한 대책 중 틀린 것은?

① 살수법, 침수법 및 자연 방치법 등에 의해서 염분을 사전에 제거한다.
② 염분이 많은 바닷모래를 사용할 경우 콘크리트에 사용되는 철근을 아연 도금 등으로 방청하여 사용한다.
③ 콘크리트용 혼화제로 방청제를 사용한다.
④ 콘크리트를 가능한 빈배합으로 하여 수밀성을 향상시킨다.

해설 염분에 대한 대책
• 물-시멘트비를 제한하여 치밀한 콘크리트를 만든다.
• 피복 두께를 두껍게 하여 철근의 부식을 억제한다.
• 방청제를 사용하여 철근의 부식을 억제한다.
• 아연 도금한 철근은 염해 저항력이 높다.
• 바닷모래를 살수법, 침수법 및 자연 방치법 등으로 제염한다.
• 콘크리트를 가능한 한 부배합으로 하여 수밀성을 향상시킨다.

□□□ 기11
12 부순 굵은 골재의 품질에 대한 설명으로 틀린 것은?

① 안정성 시험은 황산마그네슘으로 3회 시험하여 평가하는데, 그 손실 질량은 15% 이하를 표준으로 한다.
② 흡수율은 3% 이하이어야 한다.
③ 입자 모양 판정 실적률 시험을 실시하여 그 값이 55% 이상이어야 한다.
④ 0.08mm 체 통과량은 1.0% 이하이어야 한다.

해설 안정성 시험은 황산마그네슘으로 3회 시험하여 평가하는데, 그 손실 질량은 12% 이하를 표준으로 한다.

□□□ 기15
13 콘크리트용 골재로서 부순 굵은 골재에 대한 일반적인 설명으로 틀린 것은?

① 부순 굵은골재는 모가 나 있기 때문에 실적률이 적다.
② 동일한 물-시멘트비인 경우 강자갈을 사용한 콘크리트보다 압축강도가 10%정도 낮아진다.
③ 콘크리트에 사용될 때 작업성이 떨어진다.
④ 동일 슬럼프를 얻기 위한 단위수량은 입도가 좋은 강자갈보다 6~8%정도 높아진다.

해설 동일한 물-시멘트비인 경우 골재와 시멘트 페이스트의 부착이 좋기 때문에 일반적으로 강자갈을 사용한 콘크리트보다 압축강도가 크다.

□□□ 기16
14 콘크리트용 골재의 입도, 입형 및 최대치수에 관한 설명으로 틀린 것은?

① 굵은 골재의 최대치수는 질량으로 90% 이상 통과시키는 체중에서 최소치수의 체눈을 공칭치수로 나타낸 것이다.
② 골재알의 모양이 구형(球形)에 가까운 것은 공극률이 크므로 시멘트와 혼합수의 사용량이 많이 요구된다.
③ 골재의 입도는 균일한 크기의 입자만 있는 경우보다 작은 입자와 굵은 입자가 적당히 혼합된 경우가 유리하다.
④ 조립률(F.M)이란 10개의 표준체를 1조로 체가름시험 하였을 때 각 체에 남은 양의 전시료에 대한 누가질량 백분율의 합계를 100으로 나눈 값으로 정의한다.

해설 골재알의 모양이 구형(球形)에 가까운 것은 공극률이 작으므로 시멘트와 혼합수의 사용량이 적게 요구된다.

□□□ 기10,11,18
15 콘크리트용으로 사용하는 부순 굵은 골재의 품질기준에 대한 설명으로 틀린 것은?

① 절대건조밀도는 $2.5g/cm^3$ 이상이어야 한다.
② 흡수율은 5.0% 이하이어야 한다.
③ 마모율은 40% 이하이어야 한다.
④ 입형판정실적률은 55% 이상이어야 한다.

해설 골재의 물리적 성질

구 분		기호	절대 건조 밀도 g/cm³	흡수율 %	안정성 %	마모율 %	입자 모양 판정 실적률 %
천연 골재	굵은 골재	NG	2.5 이상	3.0 이하	12 이하	40 이하	
	잔 골재	NS	2.5 이상	3.0 이하	10 이하		
부순 골재	굵은 골재	CG	2.5 이상	3.0 이하	12 이하	40 이하	55 이상
	잔 골재	CS	2.5 이상	3.0 이하	10 이하		53 이상

018 골재의 성질

■ 골재가 갖추어야 할 성질
- 깨끗하고 유해물의 유해량을 포함하지 않을 것
- 물리, 화학적으로 안정하고 내구성이 클 것
- 견경, 강고할 것
- 모양이 둥글고 구형에 가까운 것이 좋다(가늘고 길거나, 편평하거나 얇으면 부스러지기 쉽고 불안정하다).
- 대소립(大小粒)이 적당히 혼입될 것, 즉 입도가 적당할 것
- 소요의 중량을 가질 것
- 내화적인 콘크리트를 제조할 때는 그에 적합한 성질을 가질 것
- 마모에 대한 저항이 클 것
- 골재나 골재용 원석의 강도는 단단하고 강한 것이어야 한다.
- 골재는 유해량 이상의 염분을 포함하지 말아야 한다.

■ 일반적인 골재의 성질
- 골재의 밀도는 표면 건조 포화 상태의 밀도를 기준으로 한다.
- 잔 골재의 밀도는 $2.50 \sim 2.65 \mathrm{g/cm^3}$ 범위에 있다.
- 굵은 골재의 밀도는 $2.55 \sim 2.70 \mathrm{g/cm^3}$ 범위에 있다.
- 밀도가 큰 골재는 공극률이 작다.
- 일반적으로 밀도가 클수록 치밀하고 흡수량이 작으며 내구성이 크다.
- 고로 슬래그 잔 골재의 흡수율은 3.5% 이하의 값을 표준으로 한다.
- 고로 슬래그 굵은 골재의 흡수율은 A급은 6%, B급은 4%를 상한값으로 한다.

■ 콘크리트용 골재의 품질

품질 항목	잔 골재	굵은 골재
조립률	$2.3 \sim 3.1$	$6 \sim 8$
점토 덩어리 (%)	1.0	0.25
0.08mm 통과량 (%) 표면의 마모 작용 시	3.0	1.0
연한 석편 (%)	−	5.0
안정성 (Na_2SO_4)(%)	10 이하	12 이하
마모율 (%)	−	40% 이하
절대 건조 밀도 ($\mathrm{g/cm^3}$)	2.50 이상	2.50 이상
흡수율 (%)	3.0 이하	3.0 이하
염화물 (NaCl 환산량) (%)	0.04	−

□□□ 기 89,07

01 콘크리트용 골재가 갖추어야 할 성질에 대한 설명으로 틀린 것은?

① 골재의 모양은 모나고 길어야 할 것
② 깨끗하고 불순물이 섞이지 않을 것
③ 굵고 잔 알이 골고루 섞여 있을 것
④ 물리적으로 안정하고 내구성이 클 것

[해설] 모양이 입방체 또는 구형에 가깝고 시멘트풀과의 부착력이 큰 표면 조직을 가질 것(너무 매끄러운 것, 납작한 것, 길쭉한 것, 예각으로 된 것은 좋지 않다.)

□□□ 기 03

02 콘크리트용 골재에 사용되는 하천 골재 및 육상 골재 중의 미립분이 콘크리트의 품질에 미치는 영향에 대한 설명 중 틀린 것은?

① 골재 중의 미립분이 증가하면 콘크리트의 단위 수량이 증가한다.
② 골재 중의 미립분이 증가하면 콘크리트의 레이턴스가 감소한다.
③ 골재 중의 미립분이 증가하면 콘크리트의 블리딩이 감소한다.
④ 골재 중의 미립분이 증가하면 콘크리트의 건조 수축이 증가한다.

[해설] 골재 중의 미립분이 증가하면 콘크리트의 레이턴스가 증가한다.

□□□ 기 13

03 콘크리트용 잔 골재에 대한 설명 중 옳은 것은?

① 절대 건조 밀도는 $2.50 \mathrm{g/cm^3}$ 이하의 값을 표준으로 한다.
② 흡수율은 3.0% 이하의 값을 표준으로 한다.
③ 염화물(NaCl 환산량) 함유량의 허용값은 질량 백분율로 0.06% 이하이어야 한다.
④ 점토 덩어리 함유량의 허용값은 질량 백분율로 2.0% 이하이어야 한다.

[해설] 콘크리트용 골재의 품질에 대한 품질

품질 항목	잔골재	굵은골재
점토 덩어리 (%)	1.0	0.25
절대 건조 밀도 ($\mathrm{g/cm^3}$)	2.50 이상	2.50 이상
흡수율 (%)	3.0 이하	3.0 이하
염화물 (NaCl 환산량)	0.04	−

□□□ 기90

04 골재의 밀도란 표면 건조 포화 상태에서의 밀도를 의미하는데 굵은 골재의 밀도는 다음의 어느 것이 가장 적당한가?

① $2.30 \sim 2.45\text{g/cm}^3$ ② $2.40 \sim 2.55\text{g/cm}^3$
③ $2.50 \sim 2.55\text{g/cm}^3$ ④ $2.60 \sim 2.70\text{g/cm}^3$

해설 ・굵은 골재의 밀도는 $2.55 \sim 2.70\text{g/cm}^3$ 정도이다.
    ・잔 골재의 밀도는 $2.50 \sim 2.65\text{g/cm}^3$ 정도이다.

□□□ 기10,12,16,17

05 KS F 2526에 규정되어 있는 콘크리트용 골재의 물리적 성질에 대한 설명으로 틀린 것은?

① 굵은 골재의 절대 건조 밀도는 2.5g/cm^3 이상이어야 한다.
② 잔 골재의 흡수율은 3.0% 이하이어야 한다.
③ 잔 골재의 안정성은 15% 이하이어야 한다.
④ 굵은 골재의 마모율은 40% 이하이어야 한다.

해설 골재의 물리적 성질

기준	잔 골재	굵은 골재
절대 건조 밀도	2.50g/cm^3	2.50g/cm^3
흡수율(%)	3.0% 이하	3.0% 이하
안전성	10%	12%
마모율	–	40% 이하

---

019   **함수량**

■ 골재의 함수 상태

| 절대 | 공기 중 | 표면 건조 | 습윤 상태 |
| 건조 상태 | 건조 상태 | 포화 상태 | |

기건 흡수량 | 유효 흡수량
흡수량 | 표면 수량
함수량

• **습윤 상태** : 골재 입자의 내부에 물이 채워져 있고, 표면에도 물이 부착되어 있는 상태이다.
• **표면 건조 포화 상태** : 골재 알의 표면에는 물기가 없고, 알 속의 빈틈만 물로 차 있는 상태이다.
• **공기 중 건조 상태** : 골재 알 속의 빈틈 일부만 물로 차 있는 상태로 기건 상태라고도 한다.
• **절대 건조 상태** : 건조로에서 105±5℃의 온도로 무게가 일정하게 될 때까지 완전히 건조시킨 상태로 절건 상태라고도 한다.

■ 골재의 함수량

• 함수율 $= \dfrac{\text{습윤 상태} - \text{절대 건조 상태}}{\text{절대 건조 상태}} \times 100$

• 흡수율 $= \dfrac{\text{표면 건조 포화 상태} - \text{절대 건조 상태}}{\text{절대 건조 상태}} \times 100$

• 유효 함수량 $= \dfrac{\text{표면 건조 포화 상태} - \text{공기 중 건조 상태}}{\text{절대 건조 상태}} \times 100$

• 표면수율 $= \dfrac{\text{습윤 상태} - \text{표면 건조 포화 상태}}{\text{표면 건조 포화 상태}} \times 100$

□□□ 기01,08

01 중량 500g인 절대 건조 상태 골재를 24시간 물에 침전하여 측정한 골재의 질량은 520g이었다. 이 골재의 흡수율이 2%인 경우 골재의 표면수율로 맞는 것은?

① 1%   ② 2%
③ 3%   ④ 4%

해설 ・흡수량 $= \dfrac{\text{표면 건조 포화 상태} - \text{절대 건조 상태}}{\text{절대 건조 상태}} \times 100$

     $= \dfrac{x - 500}{500} \times 100 = 2\%$

     ∴ 표면 건조 포화 상태 중량 $= 510\,\text{g}$

참고 SOLVE 사용

・표면수율 $= \dfrac{\text{습윤 상태} - \text{표면 건조 포화 상태}}{\text{표면 건조 포화 상태}} \times 100$

     $= \dfrac{520 - 510}{510} \times 100 = 2\%$

□□□ 기 06,13

02 골재의 흡수율에 대한 설명으로 맞는 것은?

① 절대 건조 상태에서 표면 건조 포화 상태까지 흡수된 수량을 절대 건조 상태에 대한 골재 질량의 백분율로 나타낸 것
② 공기 중 건조 상태에서 표면 건조 포화 상태까지 흡수된 수량을 공기 중 건조 상태에 대한 골재 질량의 백분율로 나타낸 것
③ 표면 건조 포화 상태에서 습윤 상태까지 흡수된 수량을 표면건조 포화 상태에 대한 골재 질량의 백분율로 나타낸 것
④ 절대 건조 상태에서 표면 건조 포화 상태까지 흡수된 수량을 질량으로 나타낸 것

해설 · 흡수율 $= \dfrac{\text{표면 건조 포화 상태} - \text{절대 건조 상태}}{\text{절대 건조 상태}} \times 100$

· 표면수율 $= \dfrac{\text{습윤 상태} - \text{표면 건조 포화 상태}}{\text{표면 건조 포화 상태}} \times 100$

· 유효 흡수율 $= \dfrac{\text{표면 건조 포화 상태} - \text{공기 중 건조 상태}}{\text{절대 건조 상태}} \times 100$

□□□ 기 92,09

03 골재의 함수 상태에서 유효 흡수량을 바르게 설명한 것은?

① 절대 건조 상태와 공기 중 건조 상태 사이의 함수량을 뜻한다.
② 공기 중 건조 상태와 표면 건조 포화 상태 사이의 함수량을 뜻한다.
③ 표면 건조 포화 상태와 습윤 상태 사이의 함수량을 뜻한다.
④ 절대 건조 상태와 습윤 상태 사이의 함수량을 뜻한다.

해설 · 기건 함수량 : 절대 건조 상태와 공기 중 건조 상태 사이의 함수량을 뜻한다.
· 유효 함수량 : 공기 중 건조 상태와 표면 건조 포화 상태 사이의 함수량을 뜻한다.
· 표면 수량 : 표면 건조 포화 상태와 습윤 상태 사이의 함수량을 뜻한다.
· 함수량 : 절대 건조 상태와 습윤 상태 사이의 함수량을 뜻한다.

□□□ 기 03,05,08,11,22

04 표면 건조 포화 상태의 골재 시료 1,780g을 공기 중에서 건조시켰더니 1,731g이 되었고, 이를 다시 건조시켰더니 1,709g이 되었다. 이 골재 시료의 흡수율은?

① 1.3% ② 2.8%
③ 3.9% ④ 4.2%

해설 · 흡수율 $= \dfrac{\text{표면 건조 포화 상태} - \text{절대 건조 상태}}{\text{절대 건조 상태}} \times 100$

$= \dfrac{1,780 - 1,709}{1,709} \times 100 = 4.2\%$

□□□ 기 89,00,01,03,12

05 습윤 상태의 모래 100g이 있다. 모래의 함수 상태별 질량을 측정한 결과 표면 건조 포화 상태일 때 97g, 공기 중 건조 상태일 때 96g, 절대 건조 상태일 때 95g이었다. 이 골재의 표면수율과 흡수율은 얼마인가?

① 표면수율 : 1.0%, 흡수율 : 5.3%
② 표면수율 : 2.1%, 흡수율 : 3.1%
③ 표면수율 : 3.1%, 흡수율 : 2.1%
④ 표면수율 : 5.3%, 흡수율 : 1.0%

해설 · 표면수율 $= \dfrac{\text{습윤 상태} - \text{표면 건조 포화 상태}}{\text{표면 건조 포화 상태}} \times 100$

$= \dfrac{100 - 97}{97} \times 100\% = 3.1\%$

· 흡수율 $= \dfrac{\text{표면 건조 포화 상태} - \text{절대 건조 상태}}{\text{절대 건조 상태}} \times 100$

$= \dfrac{97 - 95}{95} \times 100 = 2.1\%$

□□□ 기 90,02,03,05

06 잔 골재를 각 상태에서 계량한 결과 아래와 같을 때 아래 골재의 유효 흡수량(%)을 구하면?

· 노건조 상태 : 2,000g
· 공기 중 건조 상태 : 2,066g
· 표면건조 포화 상태 : 2,121g
· 습윤 상태 : 2,152g

① 1.32% ② 2.81%
③ 2.90% ④ 7.60%

해설 · 유효 흡수율 $= \dfrac{\text{표면 건조 포화 상태} - \text{공기 중 건조 상태}}{\text{절대 건조 상태}} \times 100$

$= \dfrac{2,124 - 2,066}{2,000} \times 100 = 2.90\%$

골재의 단위 용적 질량이란 $1m^3$의 골재의 질량을 말한다.

■ 공극률

골재의 단위 부피 중 골재 사이의 빈틈 비율을 공극률(빈틈률)이라 한다.

- 골재의 공극률이 작으면 시멘트풀의 양이 적게 들어 수화열이 적고, 건조 수축이 작아진다.
- 공극률이 작으면 콘크리트의 강도, 수밀성, 내구성, 닳음 저항성 등이 커진다.
- 공극률이 작으면 사용 수량이 줄어들어 콘크리트의 강도가 커진다.

$$공극률 = \left(1 - \frac{W}{G_S}\right) \times 100$$

여기서, W : 골재의 단위 무게(kg/L)

G_S : 골재의 밀도(kg/L)

■ 실적률

- 골재알의 모양을 판정하는 척도로는 실적률이 사용된다.
- 실적률을 통하여 골재의 입형을 판정한다.

- 실적률이 클수록 알의 모양이 좋고, 입도가 알맞아 시멘트풀이 적게 된다.

$$실적률 = 100 - 빈틈률(\%) = \frac{W}{G_S} \times 100$$

$$T = \frac{m_1}{V}$$

여기서, m : 용기 안의 시료의 질량(kg)

V : 용기의 용적(L)

$$G = \frac{T}{d_D} \times 100 = \frac{T}{d_S} \times (100 + Q)$$

여기서, G : 골재의 실적률(%)

T : 골재의 단위 용적 질량(kg/L)

d_D : 골재의 절건 밀도(kg/L)

Q : 골재의 흡수율(%)

d_S : 골재의 표건 밀도(kg/L)

□□□ 기05
01 다음은 골재의 단위 용적 질량에 대한 설명이다. 잘못된 것은?

① 단위 용적 질량의 정의는 $1m^3$의 골재 질량을 말한다.
② 단위 용적 질량의 공극의 비율을 백분율로 나타낸 것을 실적률이라 한다.
③ 콘크리트의 배합을 용적으로 표시하는 경우 골재를 용적으로 계량할 때 필요한 사항이다.
④ 골재의 밀도, 모양, 입도 및 다짐 방법 등에 의하여 값이 크게 달라진다.

[해설] 단위 용적 질량의 공극의 비율을 백분율로 나타낸 것을 공극률이라 한다.

□□□ 기94,99,00,01,02,06,07,09,15,16
02 단위 용적 질량이 1.65kg/L인 굵은 골재의 밀도가 2.65kg/L일 때 이 골재의 공극률은 얼마인가?

① 28.6% ② 30.3%
③ 33.3% ④ 37.7%

[해설] $공극률 = \left(1 - \dfrac{단위\ 용적\ 중량}{골재의\ 밀도}\right) \times 100$

$= \left(1 - \dfrac{1.65}{2.65}\right) \times 100 = 37.7\%$

□□□ 기10
03 다음은 굵은 골재를 시험한 결과이다. 이 결과를 이용하여 굵은 골재의 공극률을 구하면?

- 단위 용적 질량 = 1.50kg/L
- 밀도 = 2.60kg/L
- 조립률 = 6.50

① 42.3% ② 43.4%
③ 56.6% ④ 57.7%

[해설] $실적률 = \dfrac{W}{G_s} \times 100 = \dfrac{1.50}{2.60} \times 100 = 57.69\%$

$\therefore 공극률 = 100 - 실적률 = 100 - 57.69 = 42.31\%$

□□□ 기12,17
04 단위 질량이 1.65kg/L인 굵은 골재의 밀도가 2.65kg/L일 때 이 골재의 실적률(A)과 공극률(B)은?

① A = 62.3%, B = 37.7%
② A = 69.7%, B = 30.3%
③ A = 66.7%, B = 33.3%
④ A = 71.4%, B = 28.6%

[해설] $실적률\ A = \dfrac{W}{G_s} \times 100 = \dfrac{1.65}{2.65} \times 100 = 62.3\%$

$공극률\ B = 100 - 실적률 = 100 - 62.3 = 37.7\%$

□□□ 기 13,16

05 골재의 실적률 시험에서 아래 표와 같은 결과를 얻었을 때 골재의 공극률은?

> • 골재의 단위 용적 질량(T) : 1,500kg/L
> • 골재의 표건 밀도(d_s) : 2,600kg/L
> • 골재의 흡수율(Q) : 1.5%

① 41.4% ② 42.3%

③ 43.6% ④ 57.7%

해설 실적률 $= \dfrac{\text{골재의 단위 용적 질량}}{\text{골재의 표건 밀도}}(100 + \text{골재의 흡수율})$

$\qquad = \dfrac{1,500}{2,600}(100 + 1.5) = 58.56\%$

· 공극률 $= 100 -$ 실적률

$\qquad\quad = 100 - 58.56 = 41.44\%$

- 굵은 골재의 최대 치수란 질량비로 90% 이상을 통과시키는 체 중에서 최소 치수인 체의 호칭 치수로 나타낸 굵은 골재의 치수를 말한다.
- 골재의 최대 치수가 크면 배합 시 시멘트풀의 양이 적어지므로 시멘트량에 대해서 물−시멘트비를 낮추기 때문에 강도는 골재의 치수가 커질수록 증가한다.
- 굵은 골재의 최대 치수가 크면 경제적이나 시공하기가 어려워지고, 재료의 분리가 생기기 쉽다.
- 굵은 골재의 최대 치수가 클수록 단위 수량 및 단위 시멘트량이 일반적으로 감소하게 되어 소요 품질의 콘크리트를 경제적으로 제조할 수 있다.
- 압축 강도 40MPa 정도의 비교적 클 경우에는 최대 치수를 크게 할수록 시멘트량이 증대된다.

■ 굵은 골재의 최대 치수는 다음 값을 초과하지 않아야 한다.
- 거푸집 양측 사이의 최소 거리의 1/5
- 슬래브 두께의 1/3
- 개별 철근, 다발 철근, 긴장재 또는 덕트 사이 최소 순간격의 3/4

■ 굵은 골재의 최대 치수

콘크리트의 종류		굵은 골재의 최대 치수	
철근 콘크리트	일반적인 경우	20mm 또는 25mm	• 거푸집 양 측면 사이의 최소 거리의 1/5 미만 • 슬래브 두께의 1/3 미만 • 개별 철근, 다발 철근, 긴장재 또는 덕트 사이의 최소 순간격의 3/4 미만
	단면이 큰 경우	40mm	
무근 콘크리트			• 40mm • 부재 최소 치수의 1/4을 초과해서는 안됨
포장 콘크리트		50mm 이하	
댐 콘크리트		80~150mm	

□□□ 기01
01 콘크리트용 골재의 입도, 입형 및 최대 치수에 관한 설명 중 틀린 것은?

① 굵은 골재의 최대 치수는 질량으로 90% 이상 통과시키는 체 중에서 최소 치수의 체눈을 호칭 치수로 나타낸 것이다.
② 골재알의 모양이 구형(球形)에 가까운 것은 공극률이 크므로 시멘트와 혼합의 사용량이 많이 요구된다.
③ 골재의 입도는 균일한 크기의 입자만 있는 작은 입자와 굵은 입자가 적당히 포함된 경우가 유리하다.
④ 조립률(F.M)이란 10개의 표준체를 1조로 체가름 시험하였을 때 각 체에 남은 양의 전 시료에 대한 누가 질량 백분율의 합계를 100으로 나눈 값으로 정의한다.

해설 골재알의 모양이 구형(球形)에 가까운 것은 공극률이 작으므로 시멘트풀의 양이 적게 들고 경제적으로 원하는 강도의 콘크리트를 만들 수 있다.

□□□ 기84,92,02,08,10,11
02 굵은 골재의 최대 치수란 질량비로 몇 % 이상 통과시키는 체 중에서 최소 치수인 체의 호칭 치수로 나타낸 것인가?

① 80%　　　　　　② 85%
③ 90%　　　　　　④ 95%

해설 굵은 골재의 최대 치수란 질량비로 90% 이상 통과시키는 체 중에서 최소 치수인 체의 호칭 치수로 나타낸 굵은 골재의 치수를 말한다.

□□□ 기13
03 콘크리트용 굵은 골재의 최대 치수에 대한 설명 중 틀린 것은?

① 거푸집 양 측면 사이의 최소 거리의 1/5을 초과하지 않아야 한다.
② 슬래브 두께의 1/4을 초과하지 않아야 한다.
③ 개별 철근, 다발 철근, 긴장재 또는 덕트 사이 최소 순간격의 3/5을 초과하지 않아야 한다.
④ 무근 콘크리트의 경우 부재 최소 치수의 1/4을 초과하지 않아야 한다.

해설 굵은 골재의 최대 치수는 다음 값을 초과하지 않을 것
- 거푸집 양측 사이의 최소 거리의 1/5
- 슬래브 두께의 1/3
- 개별 철근, 다발 철근, 긴장재 또는 덕트 사이 최소 순간격의 3/4
- 무근 콘크리트의 경우 부재 최소 치수의 1/4 이하

□□□ 기12,15,18
04 최대 치수가 19mm 정도인 굵은 골재로 체가름 시험을 하고자 할 경우 시료의 최소 건조질량으로 옳은 것은?

① 1kg　　　　　　② 2kg
③ 3kg　　　　　　④ 4kg

해설 • 잔골재 1.18mm 체를 95%(질량비) 이상 통과하는 것 : 100g
- 잔골재 1.18mm 체를 5%(질량비) 이상 남는 것 : 500g
- 굵은 골재의 최대치수 9.5mm 정도의 것 : 2kg
- 굵은 골재의 최대치수 13.2mm 정도의 것 : 2.6kg
- 굵은 골재의 최대치수 16mm 정도의 것 : 3kg
- 굵은 골재의 최대치수 19mm 정도의 것 : 4kg
- 굵은 골재의 최대치수 26.5mm 정도의 것 : 5kg
- 굵은 골재의 최대치수 31.5mm 정도의 것 : 6kg
- 굵은 골재의 최대치수 37.5mm 정도의 것 : 8kg
- 굵은 골재의 최대치수 53mm 정도의 것 : 10kg
- 굵은 골재의 최대치수 63mm 정도의 것 : 12kg
- 굵은 골재의 최대치수 75mm 정도의 것 : 16kg
- 굵은 골재의 최대치수 106mm 정도의 것 : 20kg

022 골재의 입도 및 조립률

■ **골재의 입도**
골재의 입도란 골재의 작고 큰 입자가 혼합된 정도를 말한다.

■ **적당한 입자를 가진 골재의 특징**
· 콘크리트의 워커빌리티가 증대된다.
· 재료 분리 현상을 감소시킨다.
· 건조 수축이 적어지며 내구성도 증대된다.
· 소요 품질의 콘크리트를 만들기 위하여 단위 수량 및 단위 시멘트량이 적어진다.

■ **조립률(F.M.)**
조립률(fineness modulus : FM)은 골재의 크기를 개략적으로 나타내는 방법이다.
· 75mm, 40mm, 20mm, 10mm, 5mm, 2.5mm, 1.2mm, 0.6mm, 0.3mm, 0.15mm의 10개 체를 사용한다.
· 조립률(F.M.) $= \dfrac{\Sigma \text{각 체에 남는 양의 질량 백분율(\%)}}{100}$
· 조립률은 입경이 클수록 커진다.
· 조립률로 골재의 입형을 판정할 수 있다.
· 일반적으로 잔 골재의 조립률은 2.3～3.1, 굵은 골재는 6～8이 되면 입도가 좋은 편이다.
· 잔 골재의 조립률이 콘크리트 배합을 정할 때 가정한 잔 골재의 조립률에 비하여 ±0.20 이상의 변화를 나타내었을 때는 배합을 변경해야 한다고 규정하고 있다.

■ **혼합 골재의 조립률**
$$f_a = \frac{m}{m+n}f_s + \frac{n}{m+n}f_g$$

여기서, m, n : 잔 골재와 굵은 골재의 질량비
f_s : 잔 골재 조립률
f_g : 굵은 골재 조립률

□□□ 기 01,04,19,21
01 콘크리트 배합에 관한 아래 표의 ( )에 들어갈 알맞은 수치는?

> 공사 중에 잔 골재의 입도가 변하여 조립률이 ±( ) 이상 차이가 있을 경우에는 워커빌리티가 변화하므로 배합을 수정할 필요가 있다.

① 0.05　　② 0.1
③ 0.2　　④ 0.3

해설 잔 골재의 조립률이 콘크리트 배합을 정할 때 가정한 잔 골재의 조립률에 비하여 ±0.20 이상의 변화를 나타내었을 때는 배합을 변경해야 한다고 규정하고 있다.

□□□ 기 91,03,05,10,13,22
02 골재의 조립률 시험에 사용되는 10개의 체 규격에 해당되지 않는 것은?

① 25mm　　② 10mm
③ 1.2mm　　④ 0.6mm

해설 골재의 조립률 : 75mm, 40mm, 20mm, 10mm, 5mm, 2.5mm, 1.2mm, 0.6mm, 0.3mm, 0.15mm 등 10개의 체를 사용한다.

□□□ 기 03,05
03 골재의 조립률(Fineness Modulus)을 알아내기 위해서 사용하는 체가 아닌 것은?

① 25mm　　② 10mm
③ 5mm　　④ 2.5mm

해설 골재의 조립률 : 75mm, 40mm, 20mm, 10mm, 5mm, 2.5mm, 1.2mm, 0.6mm, 0.3mm, 0.15mm 등 10개의 체를 사용한다.

□□□ 기 93,03,06,11 산 94
04 골재에서 조립률(F.M.)이 크다는 것은 다음 중 어느 것을 의미하는가?

① 골재의 입도 분포가 양호하다.
② 골재의 모양이 둥글다.
③ 골재가 강하고 밀도가 크다.
④ 골재 입자의 크기가 크다.

해설 골재의 조립률은 골재의 크기를 개략치로 나타내는 치수로 조립률이 크면 골재 입자의 크기가 크다는 것을 의미한다.

□□□ 기 01,07
05 다음은 골재의 조립률(F.M.)에 대한 설명이다. 이 중 틀린 것은?

① 조립률은 골재 입도의 개략을 표시할 경우 또는 콘크리트의 배합 설계를 할 때 쓰인다.
② 콘크리트용 잔 골재 조립률의 적당한 범위는 2.3～3.1이다.
③ 공사 중에 잔 골재의 입도가 변하여 조립률이 ±0.05 이상 차이가 있을 경우에는 워커빌리티가 변화하므로 배합을 수정하여야 한다.
④ 조립률은 75mm, 40mm, 20mm, 10mm, 5mm, 2.5mm, 1.2mm, 0.6mm, 0.3mm, 0.15mm 등 10개의 체를 1조로 하여 체가름 시험을 하였을 때, 각 체에 남는 누계량의 전체 시료에 대한 질량 백분율의 합을 100으로 나눈 값이다.

해설 잔 골재의 조립률이 콘크리트 배합을 정할 때 가정한 잔 골재의 조립률에 비하여 ±0.20 이상의 변화를 나타내었을 때는 배합을 변경해야 한다고 규정하고 있다.

□□□ 기 88,02,05,06,07,08

06 콘크리트에 사용되는 잔 골재의 조립률(FM)로서 적당한 것은?

① 1.0～2.5　　　　　② 3.5～6

③ 2.3～3.1　　　　　④ 6～8

해설 잔 골재의 조립률은 2.3~3.10이며, 굵은 골재의 조립률은 6~8 정도가 좋다.

□□□ 기 90,91,00,02,04,09,11,17

07 모래 A의 조립률이 3.43이고, 모래 B의 조립률이 2.36인 모래를 혼합하여 조립률 2.80의 모래 C를 만들려면 모래 A와 B는 얼마를 섞어야 하는가? (단, A : B의 질량비)

① 41(%) : 59(%)　　　② 43(%) : 57(%)

③ 40(%) : 60(%)　　　④ 38(%) : 62(%)

해설 $A+B=100\%$ ·················· (1)

$\dfrac{3.43A+2.36B}{A+B}=2.80$ ·················· (2)

(2)에서 $3.43A+2.36B=2.80A+2.80B$

∴ $0.63A-0.44B=0$ ·················· (3)

(1)×0.44+(3)

$1.07A=44$ ·················· (4)

∴ $A=41\%,\ B=59\%$

□□□ 기 04,06,15

08 잔 골재 A의 조립률이 2.5이고, 잔 골재 B의 조립률이 2.9일 때, 이 잔 골재 A와 B를 섞어 조립률 2.8의 잔 골재를 만들려면 A와 B의 질량비를 얼마로 섞어야 하는가?

① 1 : 1　　② 1 : 2　　③ 1 : 3　　④ 1 : 4

해설 $A+B=100$ ·················· (1)

$\dfrac{2.5A+2.9B}{A+B}=2.80$ ·················· (2)

(2)에서 $2.5A+2.9B=2.80A+2.80B$

∴ $0.30A-0.10B=0$ ·················· (3)

(1)×0.10+(3)

$0.40A=10$ ·················· (4)

∴ $A=25\%,\ B=75\%$

∴ $A:B=25\%:75\%=1:3$

□□□ 기 86,92,01,06,08,12,13,18,19,21

09 체가름 시험결과 잔 골재 조립률 $FM_S=2.68$, 굵은 골재 조립률 $FM_G=7.39$, 잔 골재 대 굵은 골재 비율 1 : 1.6으로 할 때 혼합 골재의 조립률은?

① 4.58　　② 5.58　　③ 6.68　　④ 7.58

해설 $f_a=\dfrac{m}{m+n}\times f_s+\dfrac{n}{m+n}\times f_g$

$=\dfrac{1}{1+1.6}\times 2.68+\dfrac{1.6}{1+1.6}\times 7.39=5.58$

□□□ 기 11,14,15

10 전체 500g의 잔 골재를 체분석한 결과가 아래 표와 같을 때 조립률은?

체 호칭(mm)	10	5	2.5	1.2	0.6	0.3	0.15	Pan
잔류량(g)	0	25	35	65	215	120	35	5

① 2.67　　② 2.87　　③ 3.01　　④ 3.22

해설 가적 잔류율 계산

체 호칭	잔류량(g)	잔류율(%)	가적 잔류율(%)
75mm	0	0	0
40mm	0	0	0
20mm	0	0	0
10mm	0	0	0
5mm	25	5	5
2.5mm	35	7	12
1.2mm	65	13	25
0.6mm	215	43	68
0.3mm	120	24	92
0.15mm	35	7	99
Pan	5	1	100
계	500	100	401

∴ 조립률 $=\dfrac{0\times 4+5+12+25+68+92+99}{100}=3.01$

□□□ 기 99,09,17,18

11 굵은 골재의 체가름 시험 결과 각 체의 누적 잔류량이 다음의 표와 같을 때 조립률은 얼마인가?

체의 크기	75mm	40mm	20mm	10mm	5mm	2.5mm
각 체의 잔류 누가 중량 백분율(%)	0	5	55	80	95	100

① 3.35　　② 5.58　　③ 7.35　　④ 8.58

해설 ·각 체의 가적 잔류율

체	각 체의 누적 잔류율(%)
75mm	0
40mm	5
20mm	55
10mm	80
5mm	95
2.5mm	100
1.2mm	100
0.6mm	100
0.3mm	100
0.15mm	100
합계	735

· 조립률 $=\dfrac{\Sigma 각 체에 남는 양의 누계}{100}$

$=\dfrac{0+5+55+80+95+100\times 5}{100}=\dfrac{735}{100}=7.35$

□□□ 기 09

12 다음은 굵은 골재의 체가름 시험을 행한 후 각 체에 남은 양들이다. 굵은 골재의 조립률과 최대치수는?

50mm 체(0g)	40mm 체(270g)
30mm 체(1,755g)	25mm 체(2,455g)
20mm 체(2,270g)	15mm 체(4,230g)
10mm 체(2,370g)	5mm 체(1,650g)

① 조립률 8.52, 최대 치수 25mm
② 조립률 8.52, 최대 치수 40mm
③ 조립률 7.36, 최대 치수 40mm
④ 조립률 7.36, 최대 치수 25mm

해설 ・각 체의 누적 잔류율 계산   * 조립률에 해당되는 체

체(mm)	남는 양(g)	잔류율(%)	가적 잔류율(%)	가적 통과율(%)
75*	0	0	0	100
50	0	0	0	100
40*	270	1.8	1.8	98.2
30	1755	11.7	13.5	86.5
25	2455	16.4	29.9	70.1
20*	2270	15.1	45.0	55
15	4230	28.2	73.2	26.8
10*	2370	15.8	89.0	11
5*	1650	11.0	100	0
2.5*	0	0	100	0
1.2*	0	0	100	0
0.6*	0	0	100	0
0.3*	0	0	100	0
0.15*	0	0	100	0
합계	15,000	100	852.4	−

・$F.M = \dfrac{\Sigma \text{각 체에 남는 양의 누계}}{100}$

$= \dfrac{0+1.8+45.0+89.0+100\times 6}{100} = 7.36$

(∵ 30mm, 25mm, 15mm 체는 제외)

・굵은 골재의 최대 치수는 가적 통과율 90% 이상 체 중에서 최소 치수인 체

∴ 90% < 98.2%이므로 40mm이다.

□□□ 기 08

13 어떤 모래를 체 가름 시험한 결과 다음 표를 얻었다. 이 때 모래의 조립률을 구하면?

체	각 체의 잔류율(%)
10mm	0
5mm	2
2.5mm	6
1.2mm	20
0.6mm	28
0.3mm	23
0.15mm	16
PAN	5
합계	100

① 2.68   ② 2.73
③ 3.69   ④ 5.28

해설 각 체의 누적 잔류율(%)

체	각 체의 잔류율(%)	각 체의 누적 잔류율(%)
75mm	0	0
40mm	0	0
20mm	0	0
10mm	0	0
5mm	2	2
2.5mm	6	8
1.2mm	20	28
0.6mm	28	56
0.3mm	23	79
0.15mm	16	95
합계	95	268

・$F.M = \dfrac{\Sigma \text{각 체에 남는 양의 중량 백분율(%)}}{100} = \dfrac{268}{100} = 2.68$

(∵ 조립률 계산에 PAN은 제외)

□□□ 기 05,13

14 콘크리트용 골재의 품질 판정에 대한 설명 중 틀린 것은?

① 체가름 시험을 통하여 골재의 입도를 판정할 수 있다.
② 골재의 입도가 일정한 경우 실적률을 통하여 골재 입형을 판정할 수 있다.
③ 황산나트륨 용액에 골재를 침수시켜 건조시키는 조작을 반복하여 골재의 안정성을 판정할 수 있다.
④ 조립률로 골재의 입형을 판정할 수 있다.

해설 ・체가름 시험을 통하여 조립률로 골재의 입도를 수량적으로 나타냄
・실적률을 통하여 골재의 입형을 판정
・황산나트륨 용액에 골재를 침수시켜 건조시키는 조작을 반복하여 골재의 안정성을 판정

15 골재의 체가름시험에 대한 설명으로 틀린 것은?

① 굵은 골재의 경우 사용하는 골재의 최대치수(mm)의 2배를 시료의 최소건조질량(kg)으로 한다.

② 시험에 사용할 시료는 105±5℃에서 24시간, 일정 질량이 될 때까지 건조시킨다.

③ 체가름은 1분간 각 체를 통과하는 것이 전 시료질량의 0.1% 이하로 될 때까지의 작업을 한다.

④ 체 눈에 막힌 알갱이는 파쇄되지 않도록 주의하면서 되밀어 체에 남은 시료로 간주한다.

해설 굵은 골재의 경우 사용하는 골재의 최대치수(mm)의 0.2배를 시료의 최소건조질량(kg)으로 한다.

16 골재의 체가름시험에 사용하는 시료의 최소 건조질량에 대한 설명으로 틀린 것은?

① 굵은 골재의 경우 사용하는 골재의 최대 치수(mm)의 0.2배를 시료의 최소 건조 질량(kg)으로 한다.

② 잔골재의 경우 1.18mm체를 95%(질량비) 이상 통과하는 것에 대한 최소 건조 질량은 100g으로 한다.

③ 잔골재의 경우 1.18mm체를 5%(질량비) 이상 남는 것에 대한 최소 건조 질량은 500g으로 한다.

④ 구조용 경량 골재의 최소 건조 질량은 보통 중량 골재의 최소 건조 질량의 2배로 한다.

해설 구조용 경량 골재의 최소 건조 질량은 보통 중량 골재의 최소 건조 질량의 1/2배로 한다.

023 골재의 밀도 시험

■ 굵은 골재의 밀도 시험

- 표면 건조 포화 상태의 시료 밀도 $D_s = \dfrac{B}{B-C} \times \rho_w$

- 절대 건조 상태의 시료 밀도 $D_d = \dfrac{A}{B-C} \times \rho_w$

- 겉보기 밀도 $D_A = \dfrac{A}{A-C} \times \rho_w$

- 흡수율 $= \dfrac{B-A}{A} \times 100$

여기서, A : 절대 건조 상태의 질량(g)

B : 표면 건조 포화 상태의 질량(g)

C : 시료의 수중 질량(g)

ρ_w : 시험 온도에서의 물의 밀도(g/cm³)

■ 잔 골재의 밀도 시험

- 표면 건조 포화 상태의 밀도 $d_s = \dfrac{m}{B+m-C} \times \rho_w$

- 절대 건조 상태의 밀도 $d_d = \dfrac{A}{B+m-C} \times \rho_w$

- 상대 겉보기 밀도 $d_A = \dfrac{A}{B+A-C} \times \rho_w$

- 흡수율 $= \dfrac{m-A}{A} \times 100$

여기서, m : 표면 건조 포화 상태 시료의 질량(g)

A : 절대 건조 상태의 질량(g)

B : 물을 검정선까지 채운 플라스크의 질량(g)

C : 시료와 물을 검정선까지 채운 플라스크의 질량(g)

■ 경량골재의 최소질량

$$m_{\min} = \dfrac{d_{\max} \times D_e}{25}$$

여기서, $m_{\min}$: 시료의 최소질량(kg)

$d_{\max}$: 굵은 골재의 최대치수(mm)

D_e : 굵은 골재의 추정밀도(kg/cm³)

□□□ 기 90,99,00,06,08,22

01 표면 건조 포화 상태의 골재 1,000g을 공기 중에서 건조시켰더니 978g이 되었고, 이를 다시 절대 건조 상태로 건조시킨 결과 945g이 되었다. 이 골재의 흡수율은 얼마인가?

① 5.8%　　　　　② 2.2%

③ 2.3%　　　　　④ 5.6%

해설 흡수율 $= \dfrac{\text{표면 건조의 시료 질량} - \text{절대 건조의 시료 질량}}{\text{절대건조의 시료 질량}} \times 100$

$= \dfrac{1,000 - 945}{945} \times 100 = 5.82\%$

□□□ 기 04

02 표면 건조 포화 상태의 밀도가 2.62g/cm³이며, 흡수율이 1.5%인 굵은 골재의 절대 건조 밀도(g/cm³)로 맞는 것은?

① 2.52g/cm³　　　　② 2.54g/cm³

③ 2.56g/cm³　　　　④ 2.58g/cm³

해설 절대 건조 밀도 $= \dfrac{\text{표면 건조 상태의 밀도}}{1 + \text{흡수율}}$

$= \dfrac{2.62}{1 + 0.015} = 2.58\text{g/cm}^3$

□□□ 기 00

03 다음은 굵은 골재의 밀도 및 흡수량 시험의 결과이다. 이 결과에 따라 구한 겉보기밀도(d_A)와 흡수율으로 옳은 것은?

- 공기 중 시료의 건조기에서 건조시킨 질량 : 3,990g
- 공기 중 시료의 표면 건조 포화 상태의 질량 : 4,040g
- 시료의 수중 질량 : 2,650g
- 시험 온도에서의 물의 밀도는 1g/cm³ 이다.

① 겉보기밀도 2.8g/cm³, 흡수량 1.2%

② 겉보기밀도 2.87g/cm³, 흡수량 1.2%

③ 겉보기밀도 2.9g/cm³, 흡수량 1.25%

④ 겉보기밀도 2.98g/cm³, 흡수량 1.25%

해설 · $D_A = \dfrac{\text{절대 건조 상태의 질량}}{\text{절대 건조 상태의 질량} - \text{시료의 수중 질량}} \times \rho_w$

$= \dfrac{3,990}{3,990 - 2,650} \times 1 = 2.98 \text{ g/cm}^3$

· 흡수율 $= \dfrac{\text{표면 건조 상태의 시료 질량} - \text{절대 건조 상태의 시료 질량}}{\text{절대 건조 상태의 시료 질량}} \times 100$

$= \dfrac{4,040 - 3,990}{3,990} \times 100 = 1.25\%$

□□□ 기 03,04,07,08,18,21

04 굵은 골재의 밀도 시험 결과가 아래의 표와 같을 때 이 골재의 표면 건조 포화 상태의 시료 밀도는?

- 절대 건조 상태의 질량 : 2,000g
- 표면 건조 포화 상태의 질량 : 2,090g
- 시료의 수중 질량 : 1,290g
- 시험 온도에서의 물의 밀도 : 1g/cm³

① 2.50 g/cm³　　　　② 2.61 g/cm³

③ 2.68 g/cm³　　　　④ 2.82 g/cm³

해설 표건 밀도 $= \dfrac{\text{표건 상태의 시료 질량}}{\text{표건 상태의 시료질량} - \text{시료의 수중 질량}} \times \text{물의 밀도}$

$= \dfrac{2,090}{2,090 - 1,290} \times 1 = 2.61 \text{g/cm}^3$

□□□ 기 10,12
05 잔 골재의 밀도 시험의 결과가 아래 표와 같을 때 이 골재의 표면 건조 포화 상태의 밀도는?

- 검정된 용량을 나타낸 눈금까지 물을 채운 플라스크의 질량 : 665g
- 표면 건조 포화 상태 시료의 질량 : 500g
- 절대 건조 상태 시료의 질량 : 495g
- 시료와 물로 검정된 용량을 나타낸 눈금까지 채운 플라스크의 질량 : 975g
- 시험 온도에서의 물의 밀도 : 1g/cm³

① 2.65g/cm³ ② 2.63g/cm³
③ 2.60g/cm³ ④ 2.57g/cm³

해설 표면 건조 포화 상태의 밀도

$$d_s = \frac{m}{B+m-C} \times \rho_w$$
$$= \frac{500}{665+500-975} \times 1 = 2.63\,\text{g/cm}^3$$

□□□ 기 10,12,15
06 잔골재 밀도 시험의 결과가 아래 표와 같을 때 이 잔골재의 상대 겉보기 밀도는?

- 검정된 용량을 나타낸 눈금까지 물을 채운 플라스크의 질량 : 665g
- 표면 건조 포화 상태 시료의 질량 : 500g
- 절대 건조 상태 시료의 질량 : 495g
- 시료와 물로 검정된 용량을 나타낸 눈금까지 채운 플라스크의 질량 : 975g
- 시험온도에서의 물의 밀도 : 0.997g/cm³

① 2.62g/cm³ ② 2.67g/cm³
③ 2.71g/cm³ ④ 2.75g/cm³

해설 $d_A = \dfrac{A}{B+A-C} \times \rho_w = \dfrac{495}{665+495-975} \times 0.997$
$= 2.67\,\text{g/cm}^3$

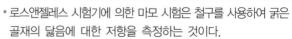

024 굵은 골재의 마모 시험

- 로스앤젤레스 시험기에 의한 마모 시험은 철구를 사용하여 굵은 골재의 닳음에 대한 저항을 측정하는 것이다.
- 굵은 골재의 마모율이 작을수록 콘크리트의 닳음 감량이 작다.
- 시험기에 매분 30∼33회의 회전수로 A, B, C, D의 입도인 경우는 500번 회전시키고, E, F, G의 입도인 경우는 1,000번 회전시킨다.
- 시료를 시험기에서 꺼내어 1.7mm 체로 체가름한다.

■ 마모 감량

$$R = \frac{m_1 - m_2}{m_1} \times 100(\%)$$

여기서, m_1 : 시험 전의 시료의 질량(g)
m_2 : 시험 후 1.7mm 체에 남은 시료의 질량(g)

■ 마모 감량의 한도(%)

골재의 종류	마모 감량의 한도	규격 및 시방서
일반 콘크리트용 골재	40%	KS F 2526
포장 콘크리트용 골재	35%	콘크리트 표준 시방서

□□□ 기 07
01 로스앤젤레스 시험기에 의한 굵은 골재의 닳음 감량의 한도는 얼마 이하이어야 하나? (단, 일반 콘크리트용)

① 30% ② 35%
③ 40% ④ 45%

해설 마모 감량의 한도

골재의 종류	마모 감량의 한도	규격 및 시방서
일반 콘크리트용 골재	40%	KS F 2526
포장 콘크리트용 골재	35%	콘크리트 표준 시방서

□□□ 기 09,10,15,18,22
02 아래 시험 결과에서 굵은 골재의 마모 감량으로 옳은 것은?

- 시험 전 시료의 질량 : 1,250g
- 시험 후 1.7mm 체에 남은 시료의 질량 : 850g

① 56% ② 47%
③ 35% ④ 32%

해설 마모 감량 $R = \dfrac{m_1 - m_2}{m_1} \times 100$
$= \dfrac{1,250 - 850}{1,250} \times 100 = 32\%$

025 골재의 안정성 시험

- 골재의 안정성 시험은 동결 융해의 반복 작용에 의한 기상 작용에 대한 골재의 내구성을 알기 위해서 황산나트륨 포화 용액으로 인한 골재의 부서짐 작용에 대한 저항성을 시험하는 것이다.
- 골재의 안정성 시험은 5mm 체에 잔류한 골재를 골재알의 크기에 따른 무더기로 나누어 질량비 5% 이상이 된 무더기에 대해서만 안정성 시험을 한다.
- 잔 골재의 안정성은 황산나트륨으로 5회 시험으로 평가하며, 그 손실량은 10% 이하를 표준으로 한다.
- 굵은 골재의 안정성은 황산나트륨으로 5회 시험으로 평가하며, 그 손실량은 12% 이하를 표준으로 한다.

■ 황산나트륨으로 5회 시험으로 평가한 손실량(%)

시험용 용액	손실 무게비	
	잔 골재	굵은 골재
황산나트륨	10% 이하	12% 이하

□□□ 기 90,09,16

01 다음은 골재의 안정성 시험(KS F 2507)에 대한 설명이다. 옳지 않은 것은?

① 기상 작용에 대한 골재의 내구성을 조사할 목적으로 실시한다.
② 시험용 잔 골재는 5mm 체를 통과하는 골재를 사용한다.
③ 시험용 굵은 골재는 5mm 체에 잔류하는 골재를 사용한다.
④ 시험용 용액은 황산나트륨 포화 용액으로 한다.

해설 골재의 안정성 시험은 5mm 체에 잔류한 골재를 골재알의 크기에 따른 무더기로 나누어 질량비 5% 이상이 된 무더기에 대해서만 실시한다.

□□□ 기 02,07,10,15,18

02 잔 골재의 내구성을 측정하기 위해서 황산나트륨에 의한 안정성 시험을 할 경우 조작을 5번 반복했을 때의 잔 골재의 손실 중량 백분율의 한도는 일반적으로 얼마인가?

① 20% ② 12%
③ 10% ④ 5%

해설 황산나트륨으로 5회 시험으로 평가한 손실량(%)

시험용 용액	손실 무게비	
	잔 골재	굵은 골재
황산나트륨	10% 이하	12% 이하

□□□ 기 07,10,15,22

03 콘크리트용 굵은 골재의 내구성을 판단하기 위해서 황산나트륨에 의한 안정성 시험을 할 경우 조작을 5번 반복했을 때 굵은 골재의 손실 질량 백분율의 한도는 일반적으로 얼마인가?

① 12% ② 10%
③ 8% ④ 5%

해설 · 굵은 골재의 안정성은 황산나트륨으로 5회 시험으로 평가하며, 그 손실량은 12% 이하를 표준으로 한다.
· 잔 골재의 안정성은 황산나트륨으로 5회 시험으로 평가하며, 그 손실량은 10% 이하를 표준으로 한다.

□□□ 기 93,01,06,09,10,12,18 산 84

04 기상 작용에 대한 골재의 저항성을 평가하기 위한 시험은 다음 중 어느 것인가?

① 로스앤젤레스 마모 시험
② 밀도 및 흡수율 시험
③ 안정성 시험
④ 유해물 함량 시험

해설 골재의 안정성 시험은 기상 작용에 대한 골재의 내구성을 알기 위해서 황산나트륨 포화 용액으로 인한 골재의 부서짐 작용에 대한 저항성을 시험하는 것이다.

□□□ 기 02,07,10,15,18

05 콘크리트용 잔골재의 안정성에 대한 설명으로 옳은 것은?

① 잔골재의 안정성은 수산화나트륨으로 5회 시험으로 평가하며, 그 손실질량은 10% 이하를 표준으로 한다.
② 잔골재의 안정성은 수산화나트륨으로 3회 시험으로 평가하며, 그 손실질량은 5% 이하를 표준으로 한다.
③ 잔골재의 안정성은 황산나트륨으로 5회 시험으로 평가하며, 그 손실질량은 10% 이하를 표준으로 한다.
④ 잔골재의 안정성은 황산나트륨으로 3회 시험으로 평가하며, 그 손실질량은 5% 이하를 표준으로 한다.

해설 황산나트륨으로 5회 시험으로 평가한 손실량(%)

시험용 용액	손실 무게비	
	잔골재	굵은 골재
황산나트륨	10% 이하	12% 이하

- 콘크리트용 모래에 포함되어 있는 유기 불순물 시험은 유기 불순물이 수산화나트륨에 의하여 갈색을 나타내므로 타닌산으로 만든 표준색 용액과 색깔을 비교하여 판정한다.
- 모래 시료는 4분법으로 채취하는 것을 원칙으로 한다.
- 수산화나트륨을 시약으로 사용한다.
- 10%의 알코올 용액 9.8g에 타닌산 가루 0.2g을 넣어서 2% 타닌산 용액을 만든다.
- 물 291g에 수산화나트륨 9g(질량비로 97 : 3)을 섞어서 3%의 수산화나트륨 용액을 만든다.
- 2%의 타닌산 용액에 3%의 수산화나트륨 용액을 타서 식별용 표준색 용액을 만든다.
- 시험 용액의 색깔이 표준색 용액보다 연할 때에는 그 모래를 합격으로 한다.
- 이 시험에 불합격한 모래는 콘크리트 또는 모르타르에 사용해서는 안 된다.

□□□ 기 08

01 콘크리트용 모래에 포함되어 있는 유기 불순물 시험에 대한 설명으로 옳은 것은?

① 모래 시료는 2분법으로 채취하는 것을 원칙으로 한다.
② 무수황산나트륨을 시약으로 사용한다.
③ 식별용 표준색 용액은 염소 이온을 0.1% 함유한 염화나트륨 수용액과 0.5% 함유한 염화나트륨 수용액을 사용한다.
④ 시험 결과 시험 용액의 색도가 표준색 용액보다 연한 경우 콘크리트용으로 사용할 수 있다.

해설 ・모래 시료는 4분법으로 채취하는 것을 원칙으로 한다.
・수산화나트륨을 시약으로 사용한다.
・2%의 타닌산 용액에 3%의 수산화나트륨 용액에 타서 식별용 표준색 용액을 만든다.

027 　골재의 유해물 함유량

■ 골재의 유해물 함유량

- 점토는 골재의 표면에 밀착되어 있지 않고 균등하게 분포되어 있으면 부배합 콘크리트에서는 반드시 유해하지는 않다.
- 석탄, 갈탄을 골재로 사용하면 이들 속의 황 성분은 물, 공기와 반응하여 황산을 만들며, 석회분과 반응을 일으켜 팽창성 물질을 만들고 철근을 부식시킨다.
- 연한 석편은 콘크리트 강도를 저하시키며 동결 융해 작용 등에 의하여 큰 체적 변화를 일으켜 콘크리트의 균열, 박리, 붕괴 등의 손상을 주는 경우가 있다.

■ 골재의 유해물 함유량의 한도(질량 백분율)

종류	최대값	
	잔 골재	굵은 골재
• 점토 덩어리	1.0%	0.25%
• 연한 석편	–	5.0%
• 0.08mm 체 통과량 – 콘크리트의 표면이 마모 작용을 받는 경우 – 기타의 경우	3.0% 5.0%	1.0%
• 석탄, 갈탄 등으로 밀도 2.0g/cm³의 액체에 뜨는 것 – 콘크리트의 외관이 중요한 경우 – 기타의 경우	0.5% 1.0%	0.5% 1.0%
• 염화물(NaCl 환산량)	0.04%	–

기 98,01

01 잔 골재의 유해물 한도 중 점토 덩어리인 경우 중량 백분율로 최대치는 얼마인가?

① 4%　　　　　　② 3%
③ 2%　　　　　　④ 1%

해설 점토 덩어리 유해물 함유량 한도(질량 백분율)

잔 골재	굵은 골재
1.0%	0.25%

기 12

02 콘크리트용 잔 골재의 유해물 중 염화물(NaCl 환산량)의 함유량 한도(질량 백분율)는 몇 %인가?

① 0.04%　　　　　② 0.1%
③ 0.5%　　　　　④ 1%

해설 염화물(NaCl 환산량)의 최대값은 0.04%이다.

기 06,12

03 콘크리트용 골재 중의 유해물에 관한 설명 중 틀린 것은?

① 잔 골재 속의 점토 덩어리는 최대치 1%, 0.08mm 체 통과량(콘크리트 표면에 마모 작용을 받는 경우) 최대치는 3%이다.
② 점토는 골재의 표면에 밀착되어 있으면 부배합 콘크리트에서는 유리하다.
③ 석탄, 갈탄이 포함된 골재를 사용하면 이들 속의 황 성분이 물, 공기와 반응하여 황산을 만들며, 석회분과 반응을 일으켜 팽창성 물질을 만들고 철근을 부식시킨다.
④ 연한 석편은 콘크리트 강도를 저하시키며 동결 융해 작용 등에 의하여 큰 체적 변화를 일으켜 콘크리트의 균열, 박리, 붕괴 등의 손상을 주는 경우가 있다.

해설 점토는 골재의 표면에 밀착되어 있지 않고 균등하게 분포되어 있으면 부배합 콘크리트에서는 반드시 유해하지는 않다.

기 15,18

04 어떤 콘크리트용 굵은 골재에 유해물인 점토덩어리의 함유량이 0.20%이었다면, 연한 석편의 함유량은 최대 얼마 이하이어야 하는가? (단, 철근콘크리트에 사용하는 경우)

① 3.8%　　　　　　② 4%
③ 4.8%　　　　　　④ 5%

해설 점토 덩어리 함유량은 0.25%, 연한 석편은 5.0% 이하이어야 한다. 그 합은 5%를 초과하지 않아야 한다.
∴ $5 - 0.20 = 4.8\%$

기 17

05 콘크리트용 잔골재의 유해물 함유량의 한도(질량 백분율)에 대한 설명으로 틀린 것은?

① 점토 덩어리는 최대 1.0% 이하이어야 한다.
② 염화물(NaCl환산량)은 최대 0.4% 이하이어야 한다.
③ 콘크리트의 표면이 마모작용을 받는 경우 0.08mm체 통과량은 최대 3.0% 이하이어야 한다.
④ 콘크리트의 외관이 중요한 경우 석탄, 갈탄 등으로 밀도 0.002g/mm³의 액체에 뜨는 것은 최대 0.5% 이하이어야 한다.

해설 염화물(NaCl환산량)은 최대 0.04% 이하이어야 한다.

028 골재의 알칼리 반응

■ 알칼리 골재 반응의 과정
시멘트 속의 알칼리 성분과 골재의 실리카 광물질이 화합하여 콘크리트에 생기는 팽창으로 인한 균열 붕괴를 알칼리 골재 반응이라 한다.

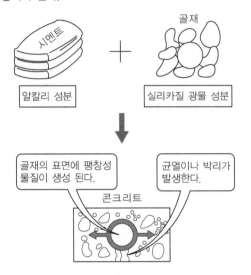

■ 알칼리 골재 반응의 특징
• 알칼리 골재 반응을 일으키는 시멘트를 사용한 콘크리트는 타설 후 1년 이내에 불규칙한 팽창성 균열이 생긴다.
• 알칼리 골재 반응은 포틀랜드 시멘트 성분과 화학 반응에 의해서 생기게 된다.
• 알칼리 반응성 골재 판정 시험법으로서는 팽창량 시험이 이용된다.
• 우리나라에서는 아직 알칼리 골재 반응에 의한 피해 보고가 없으며 시멘트 중의 알칼리량이 0.6% 이하에서는 알칼리 골재 반응이 일어나지 않는다.
• 콘크리트가 다습하거나 습윤 상태에 있을 때 알칼리 골재 반응이 증가되므로 항상 건조 상태를 유지하여야 한다.
• 알칼리 골재 반응이 생긴 콘크리트를 절단해 보면 겔(Gel) 상태의 백색 침전물이 생긴다.
• 콘크리트에서 알칼리-실리카 반응을 일으키는 암석으로는 오팔, 트리디마이트, 크리스토발라이트, 화산 유리 등이 있다.

■ 알칼리 골재 반응의 억제 대책
• AE제를 사용한다.
• 저알칼리형 시멘트를 사용한다.
• 고로 슬래그 미분말을 사용한다.
• 플라이 애시 등 포졸란 물질을 혼합한다.
• 단위 시멘트량이 너무 많은 배합은 알칼리 골재 반응에 대해 불리하므로 최소화하여야 한다.

□□□ 기 04
01 다음 중 알칼리 골재 반응에 대한 설명으로 잘못된 것은?

① 알칼리 골재 반응은 포틀랜드 시멘트 성분 중 Na_2O와 K_2O가 골재 중의 실리카(SiO_2)과 화학 반응에 의해서 생기게 된다.
② 알칼리 반응성 골재 판정 시험법으로서는 리몰딩 시험이 이용된다.
③ 적당한 포졸란 또는 고로 슬래그를 사용하면 알칼리 골재 반응을 방지할 수 있다.
④ 콘크리트에서 알칼리-실리카 반응을 일으키는 암석으로는 오팔, 트리디마이트, 크리스토발라이트, 화산 유리 등이 있다.

해설 알칼리 반응성 골재 판정 시험법으로서는 팽창량 시험이 이용된다.

□□□ 기 05,13
02 콘크리트용 골재의 알칼리 골재 반응에 대한 설명 중 틀린 것은?

① 알칼리 골재 반응은 반응성 있는 골재에 의해 콘크리트에 이상 팽창을 일으켜 거북등 모양의 균열을 일으키는 것이다.
② 콘크리트의 팽창량에 미치는 영향은 시멘트 중의 Na_2O량과 K_2O량의 비 및 반응성 골재의 특성에 의해 달라진다.
③ 알칼리 골재 반응은 고로 슬래그 시멘트 및 플라이 애시 시멘트를 사용하여 억제할 수 있다.
④ 알칼리 골재 반응을 억제하기 위하여 시멘트에 포함되어 있는 총 알칼리량을 높여야 한다.

해설 • 포틀랜드 시멘트 속의 알칼리 성분이 골재 속의 실리카질 광물과 화학 반응을 일으키는 것을 말한다.
• 알칼리 골재 반응을 억제하기 위하여 시멘트에 포함되어 있는 총 알칼리량을 낮추어야 한다.

029 골재의 저장과 취급 시 주의점

- 잔 골재 및 굵은 골재에 있어 종류와 입도가 다른 골재는 각각 구분하여 따로따로 저장한다. 특히, 원석의 종류나 제조 방법이 다른 부순 모래는 분리하여 저장한다.
- 골재의 받아들이기, 저장 및 취급에 있어서는 대소의 알이 분리되지 않도록, 먼지, 잡물 등이 혼입되지 않도록, 또 굵은 골재의 경우에는 골재알이 부서지지 않도록 설비를 정비하고 취급 작업에 주의한다.
- 골재의 저장 설비에는 적당한 배수 시설을 설치하고, 그 용량을 적절히 하여 표면수가 균일한 골재를 사용할 수 있도록, 또 받아들인 골재를 시험한 후에 사용할 수 있도록 한다.
- 겨울에 동결되어 있는 골재나 빙설이 혼입되어 있는 골재를 그대로 사용하지 않도록 적절한 방지 대책을 수립하고 골재를 저장한다.
- 여름철에는 적당한 상옥 시설을 하거나 살수를 하는 등 고온 상승 방지를 위한 적절한 시설을 하여 저장한다.

□□□ 기 07,09

01 골재의 취급과 저장 시 주의해야 할 사항으로 틀린 것은?

① 잔 골재, 굵은 골재 및 종류, 입도가 다른 골재는 각각 구분하여 별도로 저장한다.
② 골재의 저장 설비는 적당한 배수 설비를 설치하고 그 용량을 검토하여 표면수가 일정한 골재의 사용이 가능하도록 한다.
③ 골재의 표면수는 굵은 골재는 건조 상태로, 잔 골재는 습윤 상태로 저장하는 것이 좋다.
④ 골재는 빙설의 혼입 방지, 동결 방지를 위한 적당한 시설을 갖추어 저장해야 한다.

해설 골재의 저장 설비에는 그 용량에 알맞게 적당한 배수 시설을 설치하고, 표면수는 균일한 골재를 사용할 수 있도록 한다.

□□□ 기 06

02 골재의 저장과 취급 시 주의 사항으로 옳지 않은 것은?

① 잔 골재, 굵은 골재 및 종류와 입도가 다른 골재는 골고루 섞어 저장하여야 한다.
② 먼지나 잡물이 섞이지 않도록 하고 표면수가 균일하도록 해야 한다.
③ 빙설의 혼입이나 동결 방지를 위하여 적당한 시설을 갖추어야 한다.
④ 여름에는 일광의 직사를 피하기 위하여 적정한 시설을 하여 저장한다.

해설 · 잔 골재, 굵은 골재 및 종류와 입도가 다른 골재는 각각 구분하여 따로따로 저장해야 한다.
· 굵은 골재의 최대 치수가 65mm 이상인 경우에는 적당한 체로 2종 이상으로 체가름하여 따로따로 저장해야 한다.

| memo |

포틀랜드 시멘트의 화합 성분

- 포틀랜드 시멘트 클링커는 단일 조성이 아니라 알라이트(Alite), 벨라이트(Belite), 알루미네이트(aluminate), 페라이트(ferrite)이라 하는 4가지의 주요 화합물로 구성된다.
- 육각형 모양을 한 알라이트는 $3CaO \cdot SiO_2(C_3S)$를 주성분으로 하며 소량의 Al_2O_3 및 MgO 등을 고용한 결정이다.
- 포틀랜드 시멘트의 4종류 주요 화학 성분은 CaO, SiO_2, Al_2O_3, Fe_2O_3이다.
- 포틀랜드 시멘트 클링커의 4종류 광물은 C_3S, C_2S, C_4AF, C_3A이다.
- 포틀랜드 시멘트의 주원료는 석회석, 점토, 규석, 광재, 석고 등이다.

포틀랜드 시멘트의 특성

- 클링커의 화합물 중 C_3S양이 많을수록 조기 강도가 크고, C_2S의 양이 많을수록 강도의 발현이 서서히 되며, 수화열의 발생도 적게 된다.
- C_3A는 수화 속도가 대단히 빠르고 발열량이 크며 수축도 크다.

클링커 화합물

- 규산3석회(C_3S, $3CaO \cdot SiO_2$) : 수화열이 C_2S에 비해 크며 조기강도가 크다.
- 규산2석회(C_2S, $2CaO \cdot SiO_2$) : 수화열이 작아서 강도 발현은 늦지만 장기 강도의 발현성과 화학 저항성이 우수하다.
- 알루민산3석회(C_3A, $3CaO \cdot Al_2O_3$) : 수화 속도가 매우 빠르고 발열량과 수축이 크다.
- 알민산철4석회(C_4AF, $4CaO \cdot Al_2O_3 \cdot Fe_2O_3$) : 수화열이 적고 수축도 적다. 강도 증진에는 큰 효과가 없으나 화학 저항성이 양호하다.

클링커 화합물 특성 비교

화합물	화합물량 (%)	조기 강도	장기 강도	수축률 ($\times 10^{-5}$)
규산3석회 : C_3S	45~55	대	중	79
규산2석회 : C_2S	20~30	소	대	79
알민산철4석회 : C_4AF	7~11	소	소	49
알루민산3석회 : C_3A	8~10	대	소	234

시멘트의 화합물 조성

화학명	광물명	화학식	약호
규산3석회	Alit	$3CaO \cdot SiO_2$	C_3S
규산2석회	Belt	$2CaO \cdot SiO_2$	C_2S
알루민산3석회	–	$3CaO \cdot Al_2O_3$	C_3A
알민산철4석회	Celite	$4CaO \cdot Al_2O_3 \cdot Fe_2O_3$	C_4AF

포틀랜드 시멘트의 화학 성분의 범위(%)

화학성분	범위(%)
산화칼슘(CaO)	63~65
이산화규소(SiO_2)	21~23
산화알루미늄(Al_2O_3)	4.6~5.7
산화철(Fe_2O_3)	2.5~3.3
무수황산(SO_3)	1.7~2.4%
마그네시아(MgO)	0.8~2.7%

시멘트의 제조 방법

시멘트의 제조 방법에는 건식법, 습식법, 반습식법의 3가지가 있다.

- 건식법(dry process) : 석회석, 점토, 슬래그 등의 원료를 건조한 후 적당한 비율로 조합하여 원료 분쇄기에서 미분쇄하여 회전로에 투입하여 소성하는 방법
- 습식법(wet process) : 원료를 건조시키지 않고 적당한 비율로 조합하여 원료 분쇄기에 약 40%의 물을 가한 후 반죽 상태로 만들어 분쇄기에서 분쇄, 혼합, 균질화하여 회전로에 넣어 소성하는 방법
- 반습식법(semi wet process) : 반죽의 수분을 여과 장치에서 약 절반으로 줄여서 회전로에 넣어 소성하는 방법으로 습식법의 단점을 보완하여 열양의 손실이 적다.

01 다음 시멘트의 화학적 성분 중 주성분이 아닌 것은?

① 석회(CaO)

② 실리카(SiO_2)

③ 산화마그네슘(MgO)

④ 알루미나(Al_2O_3)

해설 포틀랜드 시멘트의 화학성분은 점토에 포함되어 있는 실리카(SiO_2), 알루미나(Al_2O_3), 산화철(Fe_2O_3)과 석회석의 석회(CaO)인 3가지 주요 성분으로 구성되어 있다.

02 다음 시멘트의 성분 중 화합물상에서 발열량이 가장 많은 성분은?

① C_3A　　　　② C_3S

③ C_4AF　　　　④ C_2S

해설 클링커 화합물

화합물	화합물 특성
규산 3석회(C_3S)	수화열이 C_2S에 비해 많으며 조기강도가 크다.
규산 2석회(C_2S)	수화열이 C_3S에 비해 적으며 장기강도가 크다.
알루민산 3석회(C_3A)	수화속도가 매우 빠르고 발열량과 수축이 크다.
알루민산 4석회(C_4AF)	수화열이 보통이며 수축도 적다.

∴ 화합물상에서 C_3A가 가장 발열량이 많고 다음으로 C_3S, C_4AF, C_2S의 순이다.

03 시멘트 혼합물의 건조 수축 특성과 관련된 다음의 설명 중 틀린 것은?

① 시멘트 혼합물 중에 분포된 모세관 중의 수분이 이동하면서 일으키는 체적 변화를 말한다.

② 시멘트 경화체 주변의 습도가 높아지면 모세관이 수분을 흡수함으로써 표면 장력이 낮아져 오히려 팽창하는 경향을 보인다.

③ 수축의 원인으로는 수화에 따른 화학적 수축, 건조에 의한 수축, 탄산화에 의한 수축 등이 있다.

④ 알루민산3석회 함유량, 물−시멘트비 등이 높은 경우 수축이 낮아지는 경향을 보인다.

해설 · 알루민산 3석회(C_3A)

· 함유량이 많으면 수축이 크므로 균열이 잘 일어난다.

· 물−시멘트비가 크면 수화 속도가 빠르고 발열량이 크며 수축도 크다.

04 포틀랜드 시멘트의 주요 화학 성분 중 많이 함유하고 있는 순서로 나타낸 것으로 옳은 것은?

① 산화칼슘(CaO)>이산화규소(SiO_2)>산화알루미늄(Al_2O_3)

② 이산화규소(SiO_2)>산화알루미늄(Al_2O_3)>산화칼슘(CaO)

③ 산화알루미늄(Al_2O_3)>산화칼슘(CaO)>이산화규소(SiO_2)

④ 산화칼슘(CaO)>산화알루미늄(Al_2O_3)>이산화규소(SiO_2)

해설 포틀랜드 시멘트의 화학 성분의 범위(%)

화학 성분	범위(%)
산화칼슘(CaO)	63~65
이산화규소(SiO_2)	21~23
산화알루미늄(Al_2O_3)	4.6~5.7

05 다음 시멘트 조성 광물 중 함유 비율이 가장 많고 시멘트의 수화 반응에 큰 영향을 미치는 것은?

① 알루민산3석회($3CaO \cdot Al_2O_3$)

② 규산3석회($3CaO \cdot SiO_2$)

③ 규산2석회($2CaO \cdot SiO_2$)

④ 알민산철4석회($4CaO \cdot Al_2O_3 \cdot Fe_2O_3$)

해설 시멘트의 조성 광물 화합물량

화합물	함유 비율(%)
규산3석회(C_3S, $3CaO \cdot SiO_2$)	45~55
규산2석회(C_2S, $2CaO \cdot SiO_2$)	20~30
알루민산3석회(C_3A, $3CaO \cdot Al_2O_3$)	7~11
알민산철4석회(C_4A, $4CaO \cdot Al_2O_3 \cdot Fe_2O_3$)	8~10

06 다음 중 포틀랜드 시멘트의 클링커에 대한 설명 중 틀린 것은?

① 클링커는 단일 조성의 물질이 아니라 C_3S, C_2S, C_3A, C_4AF의 4가지 주요 화합물로 구성되어 있다.

② 클링커의 화합물 중 C_3S 및 C_2S는 시멘트 강도의 대부분을 지배한다.

③ C_3A는 수화 속도가 대단히 빠르고 발열량이 크며 수축도 크다.

④ 클링커의 화합물 중 C_2S가 많고 C_3S가 적으면 시멘트의 강도 발현이 빨라져 조기강도가 향상된다.

해설 클링커의 화합물 중 C_3S양이 많을수록 조기 강도가 크고, C_2S의 양이 많을수록 강도의 발현이 서서히 되며 수화열의 발생도 적게 된다.

□□□ 기10,17

07 포틀랜드 시멘트 클링커 화합물에 대한 설명으로 옳은 것은?

① 포틀랜드 시멘트 클링커는 단일 조성이 아니라 알라이트(Alite), 벨라이트(Belite), 석회(CaO), 산화철(Fe_2O_3)이라 하는 4가지의 주요 화합물로 구성된다.
② C_3A는 수화 속도가 매우 느리고 발열량이 적으며 수축도 작다.
③ C_3S 및 C_2S는 시멘트 강도의 대부분을 지배하는 것으로 그 합이 포틀랜드 시멘트에서는 70~80% 범위이다.
④ 육각형 모양을 한 알라이트는 $2CaO \cdot SiO_2(C_2S)$를 주성분으로 하며 다량의 Al_2O_3 및 MgO 등을 고용한 결정이다.

해설 · 포틀랜드 시멘트 클링커는 단일 조성이 아니라 알라이트(Alite), 벨라이트(Belite), 알루미네이트(aluminate), 페라이트(ferrite)이라 하는 4가지의 주요 화합물로 구성된다.
· C_3A는 수화 속도가 대단히 빠르고 발열량이 크며 수축도 크다.
· 육각형 모양을 한 알라이트는 $3CaO \cdot SiO_2(C_3S)$를 주성분으로 하며 소량의 Al_2O_3 및 MgO 등을 고용한 결정이다.

□□□ 기05,09,19,23

08 시멘트 조성 광물에서 수축률이 가장 큰 것은?

① C_3S　　　　　② C_3A
③ C_4AF　　　　④ C_2S

해설 클링커 화합물 특성 비교

화합물	조기 강도	장기 강도	수축률($\times 10^{-5}$)
C_3S	대	중	79
C_2S	소	대	79
C_4AF	소	소	49
C_3A	대	소	234

∴ 알루민산3석회(C_3A)는 수축률이 가장 크다.

□□□ 기08

09 다음 포틀랜드 시멘트 중 건조 수축이 가장 작은 시멘트는?

① 보통 포틀랜드 시멘트
② 백색 포틀랜드 시멘트
③ 조강 포틀랜드 시멘트
④ 중용열 포틀랜드 시멘트

해설 건조 수축은 포틀랜드 시멘트 중에서 중용열 포틀랜드 시멘트가 가장 작다.

□□□ 기12

10 시멘트의 일반적 성질에 대한 설명 중 틀린 것은?

① 시멘트와 물의 화학 반응을 수화 반응이라고 하며 열을 방출하는 발열 반응이다.
② 시멘트가 수화 반응을 하면 주요 생성물로서 탄산칼슘, 알라이트 등이 생성된다.
③ 시멘트의 응결은 수화 반응의 단계 중 가속기에서 발생하며 이때 수화열이 크게 발생한다.
④ 분말도가 큰 시멘트는 수화 작용이 빠르고 조기 강도는 높아지지만 풍화되기 쉽다.

해설 시멘트가 수화 반응을 하면 주요 생성물로서 수산화칼슘($Ca(OH)_2$), 에트링가이트(ettringite) 등이 생성된다.

□□□ 기15

11 시멘트의 주요 조성광물 중 중용열 포틀랜드 시멘트의 장기 강도를 높여주기 위해 그 함유량을 다른 포틀랜드 시멘트보다 증가시키는 성분은?

① C_3S　　　　　② C_2S
③ C_4AF　　　　④ C_3A

해설 C_3S가 적고 C_2S가 많으면 강도의 발현은 늦지만 1년 이상의 장기 재령이 되며 C_3S가 많은 것 보다 장기강도는 높게 된다.

강열 감량

- 강열 감량은 시멘트에 1,000℃의 강한 열을 가했을 때의 시멘트 중량 감소량을 말한다.
- 시멘트가 풍화하면 강열 감량이 증가되므로 풍화의 정도를 파악하는 데 사용되고 있다.
- 강열 감량은 시멘트 속에 함유된 물(H_2O)과 탄산가스(CO_2)의 양이다.
- 강열 감량은 클링커와 혼합하는 석고의 결정 수량과 거의 같은 양이다.

수경률

- 시멘트 원료의 조합비인 수경률(H.M. : hydraulic modulus)

$$수경률 = \frac{CaO - 0.7 \times SO_3}{SiO_2 + Al_2O_3 + Fe_2O_3}$$

- 수경률이 크면 C_3S가 많이 생성되기 때문에 초기 강도가 높고 수화열이 큰 시멘트가 생긴다.
- 수경률은 다른 성분이 일정할 경우 석고량이 많을수록 작은 값이 된다.
- 수경률은 보통 포틀랜드 시멘트(2.05 ~ 2.15), 초조강 포틀랜드 시멘트(2.27 ~ 2.40), 중용열 포틀랜드 시멘트(1.95 ~ 2.00), 조강 포틀랜드 시멘트(2.20 ~ 2.27)이다.
- 규산율(S.M.)이 커지면 원료 배합물의 소성에 높은 온도를 필요로 한다.
- 규산율이 낮으면 원료 배합물의 소성은 용이하지만 C_3S가 많이 생성되어 초기 강도형의 시멘트가 된다.
- 규산율이 커지면 완성된 클링커는 C_2S를 많이 함유하기 때문에 강도 발현이 느린 장기 강도형의 시멘트가 된다.
- 철률(I.M.)이 크면 클링커 중의 C_3A의 생성량이 많아져 초기 강도는 높지만 수화열이 크고 화학 저항성이 낮은 시멘트가 된다.

불용해 잔분

- 시멘트를 염산 및 탄산나트륨 용액에 넣었을 때 녹지 않고 남는 부분을 말한다.
- 보통 포틀랜드 시멘트의 경우 이 양은 일반적으로 점토 성분의 미소성에 의하여 발생된다.
- 불용성 잔분의 양은 소성 반응의 완전 여부를 알아내는 척도가 된다.
- 일반적으로 불용해 잔분은 0.1 ~ 0.6% 정도이다.

□□□ 기 01,07

01 시멘트 원료의 조합비를 정하는 데 일반적으로 사용되는 수경률의 계산식은?

① $수경률 = \dfrac{CaO - 0.7 \times SO_3}{SiO_2 + Al_2O_3 + Fe_2O_3}$

② $수경률 = \dfrac{SO_3 - 0.7 \times CaO}{SiO_2 + Al_2O_3 + Fe_2O_3}$

③ $수경률 = \dfrac{SO_3 - 0.7 \times CaO}{SiO_2 \times Al_2O_3 \times Fe_2O_3}$

④ $수경률 = \dfrac{CaO - 0.7 + SO_3}{SiO_2 + Al_2O_3 + Fe_2O_3}$

해설 ・시멘트 원료의 조합비인 수경률(H.M. : hydraulic modulus)

$$수경률 = \frac{CaO - 0.7 \times SO_3}{SiO_2 + Al_2O_3 + Fe_2O_3}$$

・수경률이 크면 알루민산3석회(C_3A)양이 많아져 초기 강도가 높고 수화열이 큰 시멘트가 된다.
・수경률 : 보통 포틀랜드 시멘트(2.05 ~ 2.15), 조강 포틀랜드 시멘트(2.20 ~ 2.27)

□□□ 기 00,02,05,10,16

02 시멘트의 강열 감량(ignition loss)에 대한 설명으로 틀린 것은?

① 강열 감량은 시멘트에 1,000℃의 강한 열을 가했을 때의 시멘트 감량이다.
② 강열 감량은 시멘트 중에 함유된 H_2O와 CO_2의 양이다.
③ 강열 감량은 클링커와 혼합하는 석고의 결정 수량과 거의 같은 양이다.
④ 시멘트가 풍화하면 강열 감량이 적어지므로 풍화의 정도를 파악하는 데 사용된다.

해설 시멘트가 풍화하면 강열 감량이 증가되므로 풍화의 정도를 파악하는데 사용되고 있다.

□□□ 기 12

03 포틀랜드 시멘트 주성분의 함유 비율에 대한 시멘트의 특성을 설명한 것으로 옳은 것은?

① 수경률(H.M.)이 크면 초기 강도가 크고 수화열이 큰 시멘트가 생긴다.
② 규산율(S.M.)이 크면 C_3A가 많이 생성되어 초기 강도가 크다.
③ 철률(I.M.)이 크면 초기 강도는 작고 수화열이 작아지며 화학 저항성이 높은 시멘트가 있다.
④ 수경률은 다른 성분이 일정한 경우 석고량이 적은 경우 작아진다.

해설 ・규산율(S.M.)이 낮으면 C_3A가 많이 생성되어 초기 강도가 크다.
・철률(I.M.)이 크면 초기 강도는 높지만 수화열이 크고 화학 저항성이 낮은 시멘트가 된다.
・수경률은 다른 성분이 일정할 경우 석고량이 많을수록 작은 값이 된다.

□□□ 기 12,15
04 아래의 표에서 설명하는 것은?

> • 시멘트를 염산 및 탄산나트륨 용액에 넣었을 때 녹지 않고 남는 부분을 말한다.
> • 이 양은 소성 반응의 완전 여부를 알아내는 척도가 된다.
> • 보통 포틀랜드 시멘트의 경우 이 양은 일반적으로 점토 성분의 미소성에 의하여 발생되며 약 0.1～0.6% 정도이다.

① 강열 감량 　　　　　② 불용해 잔분
③ 수경률 　　　　　　④ 규산율

해설 불용해 잔분
　• 시멘트를 염산 및 탄산나트륨 용액으로 처리하여 녹지 않는 부분을 말한다.
　• 일반적으로 불용해 잔분은 0.1～0.6% 정도이다.

□□□ 기 11
05 어떤 시멘트의 주요 성분이 아래의 표와 같을 때 이 시멘트의 수경률은?

화학 성분	조성비(%)	화학 성분	조성비(%)
SiO_2	21.9	CaO	63.7
Al_2O_3	5.2	MgO	1.2
Fe_2O_3	2.8	SO_3	1.4

① 2.0 　　　　　　　② 2.05
③ 2.10 　　　　　　　④ 2.15

해설 $수경률 = \dfrac{CaO - 0.7 \times SO_3}{SiO_2 + Al_2O_3 + Fe_2O_3}$

　　　　$= \dfrac{63.7 - 0.7 \times 1.4}{21.9 + 5.2 + 2.8} = 2.10$

□□□ 기 11,14,17
06 포틀랜드 시멘트의 주성분 비율 중 수경률(H.M. Hydraulic Modulus)에 대한 설명으로 틀린 것은?

① 수경률은 CaO 성분이 높을 경우 커진다.
② 수경률은 다른 성분이 일정할 경우 석고량이 많을 경우 커진다.
③ 수경률이 크면 초기 강도가 커진다.
④ 수경률이 크면 수화열이 큰 시멘트가 생긴다.

해설 수경률은 다른 성분이 일정할 경우 석고량이 많을수록 작은 값이 된다.

□□□ 기 12
07 다음 중 시멘트가 풍화 작용과 탄산화 작용을 받은 정도를 나타내는 척도로 고온으로 가열하여 시멘트 중량의 감소율을 나타내는 것은?

① 불용해 잔분 　　　　② 수경률
③ 강열 감량 　　　　　④ 규산율

해설 시멘트가 풍화하면 강열 감량이 증가되므로 풍화의 정도를 파악하는데 사용되고 있으며, 강열 감량을 3% 이하로 규정하고 있다.

■ 시멘트의 비중 시험

- 르샤틀리에(Le Chatlier) 비중병에 광유를 사용하여 시멘트 비중을 측정한다.
- 광유 : 온도 $23\pm2℃$에서 비중 약 0.73 이상인 완전히 탈수된 등유나 나프타를 사용한다.
- 동일 시험자가 동일 재료에 대하여 2회 측정한 결과가 ±0.03 이내이어야 한다.
- 시멘트 비중의 특징
  - 시멘트의 저장 기간이 길 때 대기 중의 수분이나 탄산가스를 흡수하는 현상을 풍화라 하며, 풍화가 되면 비중이 떨어지고 강열 감량이 증가된다.
  - 시멘트의 비중은 콘크리트의 중량 배합의 계산에 있어서 시멘트가 차지하는 부피를 계산하는 데 필요하다.
  - 혼합 시멘트는 포틀랜드 시멘트보다 비중이 작다.

$$시멘트 비중 = \frac{시멘트의 무게 약 64(g)}{비중병의 읽음 차(mL)}$$

■ 시멘트의 풍화

- 시멘트는 저장 중에 공기와 접촉하면서 공기 중의 수분 및 이산화탄소를 흡수하여 가벼운 수화 반응을 일으키는 현상을 풍화(aeration)라 한다.
- 풍화된 시멘트는 비중이 감소하며 풍화의 정도를 나타내는 척도는 강열 감량으로 3% 이하로 규정하고 있다.
- 일반적으로 풍화된 시멘트의 성질은 다음과 같다.
  - 비중이 떨어진다.
  - 응결이 지연된다.
  - 강열 감량이 증가된다.
  - 강도의 발현이 저하된다.

□□□ 기 10
01 시멘트에 관한 다음 설명 중 틀린 것은?

① 시멘트 경화체의 pH가 높은 것은 수화 반응 시 생성되는 수산화칼슘이 가장 큰 원인이다.
② C_3A가 많은 포틀랜드 시멘트는 화학 저항성이 작다.
③ 시멘트 중에 포함되어 있는 MgO는 시멘트의 이상 팽창의 원인이 된다.
④ 조강 포틀랜드 시멘트의 비중은 중용열 포틀랜드 시멘트의 비중보다 항상 크다.

해설 비중은 시멘트의 종류에 따라 다르다.

시멘트의 종류	비중
보통 시멘트	3.15 정도
조강 시멘트	3.13 정도
초조강 시멘트	3.10 정도
중용열 시멘트	3.20 정도

□□□ 기 03,12
02 시멘트의 비중에 대한 설명으로 틀린 것은?

① 일반적으로 혼합 시멘트는 보통 포틀랜드 시멘트보다 비중이 작다.
② 시멘트의 저장 기간이 길면 대기 중의 수분이나 탄산가스를 흡수하여 비중이 감소하며 강열 감량이 감소한다.
③ 시멘트 비중 시험은 르샤틀리에 비중병으로 측정한다.
④ 시멘트의 비중은 콘크리트 배합에서 시멘트가 차지하는 부피를 계산하는 데 필요하다.

해설 시멘트의 저장 기간이 길 때 대기 중의 수분이나 탄산가스를 흡수하는 현상을 풍화라 하며, 풍화가 되면 비중이 떨어지고 강열 감량이 증가된다.

□□□ 기 10,16
03 포틀랜드 시멘트의 일반적인 성질에 대한 설명으로 옳은 것은?

① 시멘트는 풍화되거나 소성이 불충분할 경우 비중이 증가한다.
② 시멘트의 분말도가 낮으면 콘크리트의 조기 강도는 높아진다.
③ 시멘트의 안정성은 클링커의 소성이 불충분할 경우 생긴 유리 석회 등의 양이 지나치게 많을 경우 불안정해진다.
④ 시멘트와 물이 반응하여 점차 유동성과 점성을 상실하는 상태를 경화라 한다.

해설 · 시멘트는 풍화되거나 소성이 불충분할 경우 비중이 떨어진다.
· 시멘트의 분말도가 높으면 콘크리트의 초기 강도는 크게 된다.
· 시멘트와 물이 반응하여 점차 유동성과 점성을 상실하는 상태를 응결이라 한다.

□□□ 기 06,13
04 시멘트의 일반적 성질에 관한 설명 중 틀린 것은?

① 시멘트의 안정성이란 시멘트가 굳는 도중에 체적 팽창을 일으켜 균열이 생기거나 뒤틀림 등의 변형을 일으키지 않는 성질을 말한다.
② 풍화된 시멘트는 강열 감량과 비중이 증가하며, 응결 시간이 빨라진다.
③ 분말도(粉末度)가 큰 시멘트일수록 물과 접촉 면적이 크며 수화가 빨리 진행되어 초기 강도가 크다.
④ 시멘트의 강도는 표준 모래(standard sand)를 사용한 모르타르의 강도로 추정한다.

해설 풍화된 시멘트는 강열 감량이 증가하고 비중은 떨어지며, 응결 시간은 지연된다.

□□□ 기13
05 동일 시험자가 동일 시멘트에 대해 2회의 시멘트 비중 시험을 실시한 결과가 아래의 표와 같을 때 이 시멘트의 비중은?

측정 번호	1	2
시멘트 무게(g)	64.15	64.10
비중병 눈금의 읽음 차	20.40mL	20.10mL

① 평균값인 3.17을 시멘트의 비중값으로 한다.
② 두 시험 중 작은 값인 3.14를 시멘트의 비중값으로 한다.
③ 2회 측정한 결과가 ±0.03보다 크므로 재시험을 실시한다.
④ 2회 측정한 평균값과 ±0.02 이상 차이 나는 시험 결과가 있으므로 재시험을 실시한다.

해설 시멘트 비중 = $\frac{\text{시멘트의 무게}(g)}{\text{비중병의 읽음 차}(mL)} = \frac{64.15}{20.40} = 3.14$

$= \frac{64.10}{20.10} = 3.19$

· 시멘트 비중의 평균값 : $\frac{3.14+3.19}{2} = 3.17$
· 2회 측정한 편차 : $3.14 - 3.19 = 0.05$
· 동일 시험자가 동일 재료에 대하여 2회 측정한 결과가 ±0.03 이내이어야 한다.
∴ 2회 측정한 결과가 ±0.03보다 크므로 재시험을 실시한다.

□□□ 기03,04,06,11,12,15,18
06 시멘트의 비중을 측정하기 위하여 르샤틀리에 비중병에 0.8cc 눈금까지 광유를 주입하고 시멘트 64g을 가하여 눈금이 21.3cc로 증가되었다. 이 시멘트의 비중은?

① 3.10 ② 3.12
③ 3.14 ④ 3.15

해설 시멘트 비중 = $\frac{\text{시멘트의 무게}(g)}{\text{비중병의 읽음 차}(mL)}$

$= \frac{64}{21.3 - 0.8} = 3.12$

□□□ 기11,18
07 풍화한 시멘트의 성질에 대한 설명으로 틀린 것은?

① 비중이 떨어진다.
② 강도의 발현이 저하된다.
③ 응결이 지연된다.
④ 강열 감량이 저하된다.

해설 일반적인 풍화된 시멘트의 성질
· 비중이 떨어진다. · 응결이 지연된다.
· 강열 감량이 증가된다. · 강도의 발현이 저하된다.

□□□ 기10
08 시멘트 응결 및 경화에 영향을 미치는 요소에 대한 설명으로 틀린 것은?

① 풍화되면 응결 및 경화가 빨라진다.
② 온도가 높으면 응결 및 경화가 빠르다.
③ 배합 수량이 많으면 응결 및 경화가 늦어진다.
④ 석고를 첨가하면 응결 및 경화가 늦어진다.

해설 시멘트가 풍화되면 응결 및 경화가 늦어진다.

□□□ 기03,07
09 시멘트의 풍화에 관한 설명으로 옳지 않은 것은?

① 풍화된 시멘트는 응결이 늦어지고 강도가 저하된다.
② 시멘트가 대기 중의 수분을 흡수하여 수화 작용으로 풍화가 일어난다.
③ 풍화는 고온, 다습하고 분말도가 고울수록 빨라진다.
④ 풍화된 시멘트는 비중이 커지므로 풍화의 정도를 아는 데는 비중이 척도가 된다.

해설 풍화된 시멘트는 비중이 감소하며 풍화의 정도를 나타내는 척도는 강열 감량으로 3% 이하로 규정하고 있다.

□□□ 기11,18
10 포틀랜드 시멘트 비중 시험의 정밀도 및 편차에 대한 아래 표의 ( )에 알맞은 것은?

동일 시험자가 동일 재료에 대하여 2회 측정한 결과가 ( ) 이내이어야 한다.

① ±0.01 ② ±0.03
③ ±0.05 ④ ±0.07

해설 동일한 시험자가 동일 재료에 대하여 2회 측정한 결과가 ±0.03 이내이어야 한다.

033 시멘트의 응결과 경화

■ 시멘트의 응결(setting)과 경화(hardening)
- 응결과 경화는 시멘트의 수화 반응에 따라서 일어나는 물리적, 화학적 현상이다.
- 응결이란 시멘트풀이 시간이 경과함에 따라 수화에 의하여 유동성과 점성을 상실하고 고화하는 현상을 말한다.
- 경화란 응결 과정 이후를 말한다.
- 이상 응결이란 시멘트풀이 너무 일찍 응결되는 현상을 말한다.

■ 시멘트의 응결 시험 방법
- **비카트(Vicat) 침에 의한 방법** : 수경성 시멘트의 응결 시간 측정 시험 방법
- **길모어(Gillmore) 침에 의한 방법** : 시멘트의 응결 시간 측정 시험 방법

■ 응결의 특징
- 물–시멘트비가 높을수록 응결은 지연된다.
- 온도가 높을수록 응결은 빨라진다.
- 분말도가 크면 응결은 빨라진다.
- C_3A의 양이 많을수록 응결은 빨라진다.
- 습도가 낮으면 응결은 빨라진다.
- 석고의 첨가량이 많을수록 응결은 지연된다.
- 풍화된 시멘트는 응결이 지연된다.
- 알칼리양이 많을수록 응결은 빨라진다.

■ 안정성(soundness)
- 시멘트가 경화 중에 체적이 팽창하여 팽창 균열이나 휨 등이 생기는 정도를 시멘트의 안정성이라 한다.
- 안정성이 나쁘면 구조물의 팽창 균열과 내구성을 해친다.
- 시멘트의 안정성 시험은 시멘트의 오토클레이브(autoclave) 팽창도 시험 방법에 의한다.

□□□ 기 10
01 다음 중 시멘트에 관한 설명이 틀린 것은?

① 중용열 포틀랜드 시멘트는 수화열을 낮추기 위하여 화학조성 중 C_3A의 양을 적게 하고 그 대신 장기 강도를 발현하기 위하여 C_2S 양을 많게 한 시멘트이다.
② 시멘트의 강도 시험은 결합 재료로서의 결합력 발현의 정도를 알기 위해 실시한다.
③ 응결 시험은 시멘트의 강도 발현 속도를 알기 위해 실시한다. 일반적으로 초결이 빠른 시멘트는 강도가 크다.
④ 시멘트는 저장 중에 공기와 접촉하면 공기 중의 수분 및 이산화탄소를 흡수하여 가벼운 수화 반응을 일으키게 되는데, 이것을 풍화라 한다.

해설 응결 시험은 시멘트의 응결 시간을 측정함으로써 콘크리트의 응결시간을 추정할 수 있기 때문에 운반, 타설, 다짐 등의 시공 계획을 세울 때 참고가 된다.

□□□ 기 03,08,14,22
02 시멘트의 응결 시험 방법으로 옳은 것은?

① 길모어 침에 의한 방법　② 오토클레이브 방법
③ 블레인 방법　④ 비비 시험

해설 시멘트의 응결 시험 방법
- 비카(Vicat) 침에 의한 방법 : 수경성 시멘트의 응결 시간 측정 시험 방법
- 길모어(Gillmore) 침에 의한 방법 : 시멘트의 응결 시간 측정 시험 방법

□□□ 기 90,91,02,07
03 다음 중 시멘트 응결 시간 측정에 사용하는 기구는?

① 데발(Deval)
② 블레인(Blaine)
③ 오토클레이브(Autoclave)
④ 길모어 침(Gillmore needle)

해설 시멘트의 응결 시험 방법
- 비카 침에 의한 시험 방법(KS L 5108)
- 길모어 침에 의한 시간 시험 방법(KS L 5103)

□□□ 기 06,08,12
04 다음 중 시멘트의 성질과 이를 위한 시험의 연결이 바른 것은?

① 응결 시간 – 길모어(Gillmore) 침에 의한 시험
② 비중 – 블레인(Blaine) 공기 투과 장치에 의한 시험
③ 안정도 – 비카트(Vicat) 침에 의한 시험
④ 분말도 – 오토클레이브(Auto-clave) 시험

해설 ・비중 : 르샤틀리에 비중병에 의한 비중 시험
- 안정도 : 오토클레이브 팽창도 시험
- 분말도 : 비표면적을 구하는 블레인 방법

□□□ 기 04,09
05 다음 중 시멘트의 성질과 그 성질을 측정하는 시험기가 잘못 짝지어진 것은?

① 응결 – 길모어 침
② 비중 – 르샤틀리에 병
③ 안정성 – 오토클레이브
④ 풍화 – 로스앤젤레스 시험기

해설 ・마모 – 로스앤젤레스 시험기
- 풍화 – 강열 감량 시험 방법

□□□ 기 09,10,16
06 다음 중 시멘트의 성질과 그 성질을 측정하는 시험기의 연결이 잘못된 것은?

① 안정성 – 오토클레이브
② 비중 – 르샤틀리에 병
③ 응결 – 비카트 침
④ 유동성 – 길모어 침

해설 유동성 : 진동식 반죽 질기 측정기

□□□ 기 13
07 시멘트와 관련된 내용의 연결이 잘못된 것은?

① 비카트 침(Vicat needle) – 시멘트 응결 시간 시험
② 수경률 – 시멘트 원료의 조합비
③ 강열 감량 – 시멘트의 풍화 정도
④ 르샤틀리에 플라스크 – 시멘트 분말도 시험

해설 르샤틀리에 플라스크 – 시멘트 비중 시험

□□□ 기 93,02,05
08 시멘트의 성분 중에서 석고를 사용하는 이유는 무엇인가?

① 강도의 증진을 위해서
② 흡수성을 높이기 위해서
③ 응결 시간의 조절을 위해서
④ 워커빌리티의 증진을 위해서

해설 소성시켜 만든 클링커에 응결 지연제로서 석고를 3% 정도 넣으며, 석고의 첨가량이 많을수록 응결은 지연된다.

□□□ 기 08,16 산 02
09 포틀랜드 시멘트의 성질에 대한 설명 중 틀린 것은?

① 시멘트의 분말도가 높으면 수축이 크고 균열 발생의 가능성이 크며, 시멘트 자체가 풍화되기 쉽다.
② 시멘트가 불안정하면 이상 팽창 및 수축을 일으켜 콘크리트에 균열을 발생시킨다.
③ 시멘트의 입자가 작고 온도가 높을수록 수화 속도가 빠르게 되어 초기 강도가 증가된다.
④ 시멘트의 응결 시간은 수량이 많고 온도가 낮으면 빨라지고 분말도가 높거나 C_3A의 양이 많으면 느리게 된다.

해설 ·물 – 시멘트비가 높을수록 응결은 지연된다.
· 온도가 높을수록 응결은 빨라진다.
· 분말도가 크면 응결은 빨라진다.
· C_3A의 양이 많을수록 응결은 빨라진다.
· 습도가 낮으면 응결은 빨라진다.
· 석고의 첨가량이 많을수록 응결은 지연된다.
· 풍화된 시멘트는 응결이 지연된다.

□□□ 기 08
10 시멘트의 성분 중에 석고를 첨가하는 목적은?

① 강도 조절
② 흡수 시간 조절
③ 응결 시간 조절
④ 부착력 증가

해설 시멘트의 응결 시간 조절을 위하여 응결 지연제로 석고를 3% 정도 첨가한다.

□□□ 기 02
11 시멘트의 응결과 관련된 다음 설명 중 맞지 않는 것은?

① 분말도가 크면 응결이 빨라진다.
② 알루민산3석회(C_3A)가 많을수록 응결이 빨라진다.
③ 온도가 높을수록 응결이 빨라진다.
④ 습도가 높으면 응결이 빨라진다.

해설 습도가 낮으면 응결이 빨라진다.

□□□ 기 15
12 시멘트의 응결시험시 습기함이나 습기실의 상대 습도는 몇 % 이상이어야 하는가?

① 30%
② 50%
③ 70%
④ 90%

해설 시험실의 상대 습도는 50% 이상이어야 하며, 습기함이나 습기실은 시험체를 90% 이상의 상대습도에서 저장할 수 있는 구조이어야 한다.

□□□ 기 15
13 시멘트의 응결과 경화에 대한 설명으로 틀린 것은?

① 시멘트는 물과 접해도 바로 굳지 않고 어느 기간 동안 유동성을 유지한 후, 재차 상당한 발열반응과 함께 수화되면서 유동성을 잃게 된다.
② 응결이 10~30분을 벗어나면 이상응결이라 한다.
③ 시멘트에 석고가 첨가되지 않으면 C_3A가 급격히 수화되어 급결이 일어난다.
④ 수화과정에서 생성된 시멘트 수화물의 겔은 미세한 집합체로서, 시간의 경과에 따라 공극을 채우면서 밀도가 높은 경화체가 되면서 강도를 증가시킨다.

해설 이상응결 : 시멘트풀이 너무 일찍 응결되는 현상을 일반적으로 이상응결(異常凝結)이라 한다.

034 시멘트의 분말도

- 시멘트 입자의 가는 정도를 나타내는 것을 분말도(fineness)라 한다.
  - 시멘트의 분말도는 비표면적으로 나타낸다.
  - 시멘트의 비표면적(cm^2/g)이란 1g의 시멘트가 가지고 있는 전체 입자의 총 표면적을 cm^2 단위로 나타낸 것이다.

- 시멘트의 입자 크기 정도를 비표면적으로 나타내며 시멘트의 입자가 미세할수록 분말도가 크다고 한다.

- 분말도는 KS에서 Blain 방법에 의해 비표면적 2,600cm^2/g 이상으로 되어 있다.

- **시멘트의 분말도 시험방법**
  - 표준체(44μ)에 의한 방법
  - 비표면적을 구하는 블레인 방법

- **분말도가 큰 시멘트의 특징**
  - 색이 밝게 되며 비중도 작아진다.
  - 응결이 빠르고 발열량이 많아진다.
  - 초기 강도가 크게 되며 강도 증진율이 높다.
  - 블리딩이 적고 시멘트의 워커빌리티가 좋아진다.
  - 물과 혼합 시 접촉 표면적이 커서 수화 작용이 빠르다.
  - 풍화하기 쉽고 건조 수축이 커져서 균열이 발생하기 쉽다.

□□□ 기 99,07
01 Cement의 분말도가 높을 때 나타나는 성질과 관계가 없는 것은?

① 풍화되기 쉽다.　　② Workabilily가 좋다.
③ 초기강도가 크다.　④ 블리딩이 크다.

해설 분말도가 큰 시멘트는 블리딩이 적고 시멘트의 워커빌리티가 좋아진다.

□□□ 기 06,13,17
02 시멘트 분말도가 모르타르 및 콘크리트 성질에 미치는 영향에 관한 설명 중 옳은 것은?

① 분말도가 높을수록 강도 발현이 늦어진다.
② 분말도가 높을수록 블리딩이 많게 된다.
③ 분말도가 높을수록 수화열이 적게 된다.
④ 분말도가 높을수록 건조 수축이 크게 된다.

해설 분말도가 높은 시멘트
- 초기 강도가 크게 되며 강도 발현이 빨라진다.
- 블리딩이 적고 워커블한 콘크리트가 얻어진다.
- 물과 혼합 시 접촉 표면적이 커서 수화열이 크게 된다.
- 풍화하기 쉽고 건조 수축이 커져서 균열이 발생하기 쉽다.

□□□ 기 93,11,18
03 시멘트의 분말도가 높은 경우에 대한 설명으로 옳은 것은?

① 응결이 늦고 발열량이 많아진다.
② 초기 강도는 적으나 강도의 증진이 크다.
③ 물에 접촉하는 면적이 커서 수화 작용이 늦다.
④ 워커빌리티(workability)가 좋은 콘크리트를 얻을 수 있다.

해설 · 응결이 빠르고 발열량이 많아진다.
- 초기 강도가 크게 되며 강도 증진율이 높다.
- 물과 혼합 시 접촉 표면적이 커서 수화 작용이 빠르다.
- 워커빌리티가 좋은 콘크리트를 얻을 수 있다.

□□□ 기 00,01
04 시멘트의 입자가 미세할수록 분말도가 크다고 한다. 다음 중 분말도가 큰 시멘트의 성질이 아닌 것은?

① 수화 작용이 빠르다.
② 강도 증진율이 높아진다.
③ 워커블한 콘크리트가 얻어진다.
④ 건조 수축을 억제하여 균열을 방지한다.

해설 분말도가 크면 많은 수화열이 발생하여 수축으로 인해 콘크리트에 균열이 발생하기 쉽다.

□□□ 기 04
05 시멘트 분말도가 큰 경우의 특징으로 맞지 않은 것은?

① 물과 접촉하는 면적이 넓어서 수화 작용이 빠르고 조기 강도가 크다.
② 블리딩이 적고 워커빌리티가 좋다.
③ 시멘트량을 줄일 수 있다.
④ 균열이 적어지고 내구성이 좋아진다.

해설 분말도가 크면 건조 수축이 커져서 균열이 발생하기 쉬우나 콘크리트의 내구성은 좋다.

□□□ 기 15
06 표준체 45μm에 의한 시멘트 분말도 시험에 의한 결과가 아래의 표와 같을 때 시멘트의 분말도는?

· 표준체 보정 계수 : +31.2%
· 시험한 시료의 잔사 : 0.088g

① 73.6%　　　　② 81.2%
③ 88.5%　　　　④ 91.7%

해설 $F = 100 - F_C$
- $R_C = R_S(100+C) = 0.088(100+31.2) = 11.55\%$
- $\therefore F = 100 - F_C = 100 - 11.55 = 88.45 = 88.5\%$

035 시멘트의 강도

■ 시멘트의 강도
시멘트를 결합재로 사용했을 때 결합력 발현의 정도를 알면 그 시멘트를 사용한 콘크리트강도의 정도를 추정할 수가 있다.
• 시멘트의 강도는 시멘트의 조성, 물-시멘트비, 재령 및 양생 조건 등에 따라 다르다.
• 시멘트의 강도를 알기 위해서는 시멘트풀의 강도가 아닌 시멘트 모르타르의 강도로 나타낸다.

■ 표준사
모르타르에 표준사를 사용하는 것은 사용 모래의 차이에 의한 영향을 배제하여 시험 조건을 일정하게 하기 위함이다.

■ 시멘트 모르타르 압축강도 시험
• 시멘트와 표준 모래(표준사)를 섞어 질량비가 1 : 2.45가 되게 한다.
• 혼합수의 양은 흐름 시험을 하여 흐름값이 110±5가 될 만한 양으로 한다.
• 흐름 몰드에 모르타르를 약 2.5cm 두께의 깊이로 채워 넣고 다짐대로 20번 다진다.
• 흐름판을 1.3cm의 높이로 15초 동안에 25번 낙하시킨다.
• 몰드 속의 모르타르를 다짐대로 약 10초 동안에 4바퀴로 32번 다진다.
• 시험체를 즉시 몰드와 함께 습기함에 20~24시간 넣어 둔다.
• 시험체에서 몰드를 떼어 내고, 23±2℃의 양생 수조에 넣어 둔다.
• 최대 하중이 20초 이상 80초 이내에 미치는 속도로 가한다.
• 시험체가 파괴 직전에 급속히 변형하고 있을 때는 시험기를 다루는데 있어서 조절을 할 필요는 없다.
• 시멘트 모르타르의 압축 강도(MPa) = $\dfrac{\text{최대 하중}(N)}{\text{시험체의 단면적}(\text{mm}^2)}$

■ 시멘트 모르타르 인장 강도 시험
• 시멘트와 표준 모래를 섞어 무게비가 1 : 2.7이 되게 한다.
• 흙손으로 모르타르의 표면을 2kg 정도의 힘을 주어 고른다.
• 몰드를 습기함에 20~24시간 동안 넣어 둔다.
• 시험체에서 몰드를 떼어 내고, 23±2℃의 양생 수조에 넣어 둔다.
• 시험체는 클립단의 중심에 오도록 주의 깊에 넣고 하중은 계속해서(270±10) kg/min의 속도로 부하한다.
• 시멘트 모르타르의 인장 강도(MPa) = $\dfrac{\text{최대 하중}(N)}{\text{시험체의 단면적}(\text{mm}^2)}$

■ 시멘트의 강도시험 방법(ISO679)
• 배합 : 질량에 의한 비율로 1 : 3의(시멘트 : 표준사) 비율

---

01 다음 시멘트의 성질 및 특성에 대한 설명 중 틀린 것은?

① 시멘트의 분말도는 일반적으로 비표면적으로 표시하며 시멘트 입자의 굵고 가는 정도로 단위는 cm^2/g이다.
② 시멘트 응결이란 시멘트풀이 유동성과 점성을 상실하고 고화하는 현상을 말한다.
③ 시멘트 풍화란 시멘트가 공기 중의 수분 및 이산화탄소와 반응하여 탄산화되는 것을 말한다.
④ 시멘트의 강도 시험은 시멘트 페이스트 강도 시험으로 측정한다.

해설 시멘트의 강도는 시멘트풀의 강도가 아닌 시멘트 모르타르의 강도로 나타낸다.

02 시멘트 모르타르의 압축 강도 시험에 대한 설명으로 잘못된 것은?

① 모르타르 조제 시 시멘트와 표준 모래를 1 : 2.7의 무게비로 섞는다.
② 흐름 시험의 규정된 흐름값은 110~115가 되어야 한다.
③ 흐름 시험 시 흐름판은 15초 동안에 25회 낙하시킨다.
④ 모르타르 조제 시 혼합수의 양은 시멘트 중량에 대한 백분율로 표시한다.

해설 • 압축 강도용 모르타르 조제 시 시멘트와 표준 모래를 1 : 2.45의 무게비로 섞는다.
• 인장 강도용 모르타르 조제 시 시멘트와 표준 모래를 1 : 2.7의 무게비로 섞는다.

03 시멘트 모르타르의 압축 강도 시험에서 공시체의 양생 온도는?

① 10° ± 2℃　　　　② 15° ± 2℃
③ 23° ± 2℃　　　　④ 30° ± 2℃

해설 시험체에서 몰드를 떼어 내고, 수온 23° ± 2℃의 양생 수조에 완전히 잠기도록 넣어 둔다.

시멘트의 종류		
포틀랜드 시멘트	특수 시멘트	혼합 시멘트
・보통 포틀랜드 시멘트 ・중용열 포틀랜드 시멘트 ・조강 포틀랜드 시멘트 ・저열 포틀랜드 시멘트 ・내황산염 포틀랜드 시멘트 ・백색 포틀랜드 시멘트	・알루미나 시멘트 ・초속경 시멘트 ・마그네시아 단열 시멘트 ・팽창 질석을 사용한 단열 시멘트 ・팽창성 수경 시멘트 ・메이슨리 시멘트	・고로 슬래그 시멘트 ・플라이 애시 시멘트 ・포틀랜드 포졸란 시멘트

■ 포틀랜드 시멘트의 종류
- **보통 포틀랜드 시멘트** : 석회석과 점토와 같은 원료로 제조되었으며, 우리나라 전체 시멘트 생산량의 거의 90%가 된다.
- **중용열 포틀랜드 시멘트** : 조기 강도는 작으나 수화열이 작고 내구성이 좋아 댐과 같은 매시브한 콘크리트에 사용한다.
- **조강 포틀랜드 시멘트** : 보통 포틀랜드 시멘트가 재령 28일에 나타내는 강도를 재령 7일에서 낼 수 있으며, 수화열이 많으므로 한중 콘크리트 시공에 적합하다.
- **저열 포틀랜드 시멘트** : 중용열 포틀랜드 시멘트보다도 수화열을 5 ~ 10% 정도 적게 한 것으로 댐 등의 매스 콘크리트의 시공에 적합하다.
- **백색 포틀랜드 시멘트** : 시멘트 원료 중 점토에서 실리카 성분을 제거하여 백색으로 만들어지며 주로 건축물의 미장, 장식용, 채광용 등에 쓰인다.

■ 조강 포틀랜드 시멘트
- 규산3석회(C_3S)의 함유량을 높이고 규산2석회(C_2S)를 줄이는 동시에 온도를 높여 분말도를 높게 하여 조강성을 준 것이다.
- 조강 포틀랜드 시멘트는 보통 포틀랜드 시멘트가 재령 28일에 나타내는 강도를 재령 7일에서 낼 수 있다.

- **조강 포틀랜드 시멘트의 특성과 용도**
  - 초기 재령에서 고강도를 발현하고 거푸집 회전율이 좋아 양생 기간 및 공사 기간의 단축이 가능하다.
  - 수화 속도가 빠르고 수화열이 커서 저온 시에도 강도 발현이 크므로 동절 공사에 유리하다.
  - 분말도가 커서 수화열이 크므로 단면이 큰 콘크리트 구조물에는 부적당하다.
  - 수화열이 많으므로 한중 콘크리트 시공에 적합하다.

■ **중용열 포틀랜드 시멘트**
- 조기 강도는 작으나 수화열이 작고 내구성이 좋아 댐과 같은 매시브한 콘크리트에 사용한다.
- 수화열을 낮추기 위하여 C_3S의 양을 적게 하고 그 대신 장기 강도를 발현하기 위하여 C_2S양을 많게 한 시멘트이다.
- 중용열 포틀랜드 시멘트의 특징
  - 수화열이 보통 시멘트보다 가장 적으므로 댐이나 방사선 차폐용, 매시브한 콘크리트 등 단면이 큰 콘크리트용으로 적합하다.
  - 건조 수축이 포틀랜드 시멘트 중에서 가장 적고 화학 저항성이 크며 내산성이 우수하고 내구성도 좋다.
  - 보통 포틀랜드 시멘트보다 수화열이 적고, 조기 강도도 작으나 장기 강도는 같거나 약간 크다.

■ **저열 포틀랜드 시멘트**
- 중용열 포틀랜드 시멘트보다 5 ~ 10% 정도 수화열이 적은 시멘트이다.
- C_3S와 C_3A는 수화열이 높기 때문에 보통 포틀랜드 시멘트보다 적게 하고 C_2S는 수화열을 적게 발생시키기 때문에 양을 많이 한 시멘트이다.
- 댐과 같은 매스 콘크리트 구조물에 사용되는 시멘트의 수화열 발생을 적절하게 분산시키고 온도를 낮게 할 목적으로 개발되었다.

■ **백색 포틀랜드 시멘트**
원료인 석회석을 흰색의 석회석으로 사용하고, 점토는 천연의 점토로서 산화철을 가능한 한 제한하며, 그리고 소성 연료로 중유를 사용한 시멘트이다.

□□□ 기 08
01 일반적으로 조강 포틀랜드 시멘트를 사용할 경우 재령 몇 일에서 보통 포틀랜드 시멘트의 재령 28일 강도를 나타내는가?

① 1일　　　　　② 3일
③ 7일　　　　　④ 14일

해설 조강 포틀랜드 시멘트 : 보통 포틀랜드 시멘트가 재령 28일에 나타내는 강도를 재령 7일에서 낼 수 있다.

□□□ 기 07,09,13
02 다음의 시멘트 중에서 한중 콘크리트의 공사용으로 사용하기에 가장 효과적인 것은? (단, 수화열에 의한 균열의 문제가 없는 경우)

① 고로 시멘트　　　② 조강 포틀랜드 시멘트
③ 실리카 시멘트　　④ 내황산염 포틀랜드 시멘트

해설 조강 포틀랜트 시멘트는 수화열이 많으므로 한중 콘크리트 시공에 적합하다.

inup

☐☐☐ 기 06

03 시멘트의 종류는 포틀랜드 시멘트, 혼합 시멘트, 특수 시멘트로 분류할 수 있는데 이 중에서 KS L 5201에 규정하고 있는 포틀랜드 시멘트의 종류가 아닌 것은?

① 중용열 포틀랜드 시멘트
② 조강 포틀랜드 시멘트
③ 포틀랜드 포졸란 시멘트
④ 내황산염 포틀랜드 시멘트

해설 혼합 시멘트 : 고로 슬래그 시멘트, 플라이 애시 시멘트, 포틀랜드 포졸란 시멘트

포틀랜드 시멘트의 종류	혼합 시멘트의 종류
·보통 포틀랜드 시멘트 ·중용열 포틀랜드 시멘트 ·조강 포틀랜드 시멘트 ·저열 포틀랜드 시멘트 ·내황산염 포틀랜드 시멘트 ·백색 포틀랜드 시멘트	·고로 슬래그 시멘트 ·플라이 애시 시멘트 ·포틀랜드 포졸란 시멘트

☐☐☐ 기 07

04 포틀랜드 시멘트에 관한 설명 중 틀린 것은?

① 포틀랜드 시멘트에는 보통 포틀랜드 시멘트, 조강 포틀랜드 시멘트, 중용열 포틀랜드 시멘트, 저열 포틀랜드 시멘트 등이 있다.
② 조강 포틀랜드 시멘트는 C_3S의 함유량을 높이고 C_2S를 줄이는 동시에 온도를 높여 분말도를 높게 하여 조강성을 준 것이다.
③ 중용열 포틀랜드 시멘트는 조기 강도는 작으나 수화열이 작고 내구성이 좋아 댐과 같은 매시브한 콘크리트에 사용한다.
④ 백색 포틀랜드 시멘트는 시멘트 원료 중 점토에서 실리카 성분을 제거하여 백색으로 만들어지며 주로 건축물의 미장, 장식용, 채광용 등에 쓰인다.

해설 백색 포틀랜드 시멘트 : 원료인 점토 중에서 산화철을 제거하거나 대신 백색 점토를 사용하여 만든 것으로 주로 건축물의 미장, 장식용, 채광용 등에 쓰인다.

☐☐☐ 기 04, 07

05 다음의 포틀랜드 시멘트 중 수화열이 가장 작은 시멘트는?

① 보통 포틀랜드 시멘트 ② 중용열 포틀랜드 시멘트
③ 조강 포틀랜드 시멘트 ④ 저열 포틀랜드 시멘트

해설 저열 포틀랜드 시멘트 : 중용열 포틀랜드 시멘트보다도 수화열을 5~10% 정도 작게 한 것으로 댐 등의 매스 콘크리트의 시공에 적합하다.

☐☐☐ 기 90, 94, 04

06 조강 포틀랜드 시멘트 사용 시 단점은?

① 거푸집을 단시일 내에 제거할 수 있다.
② 수화열이 크므로 단면이 큰 콘크리트 구조물에 부적당하다.
③ 양생 기간을 단축시킨다.
④ 한중 공사에 적합하다.

해설 조강 포틀랜드 시멘트의 특성과 용도
·초기 재령에서 고강도를 발현하고 거푸집 회전율이 좋아 양생 기간 및 공사 기간의 단축이 가능하다.
·수화 속도가 빠르고 수화열이 커서 저온 시에도 강도 발현이 크므로 동절 공사에 유리하다.
·분말도가 커서 수화열이 크므로 단면이 큰 콘크리트 구조물에는 부적당하다.
·한중 콘크리트와 수중 콘크리트 시공에 적합하다.

☐☐☐ 기 01

07 조기 강도는 작으나 내침식성과 내구성이 크고 안정하여 수축이 적으므로 댐, 기초와 같은 매시브한 구조물에 적합한 시멘트는?

① 보통 포틀랜드 시멘트
② 실리카 시멘트
③ 중용열 포틀랜드 시멘트
④ 알루미나 시멘트

해설 중용열 포틀랜드 시멘트
·수화열이 보통 시멘트보다 적으므로 댐이나 방사선 차폐용, 매시브한 콘크리트 등 단면이 큰 콘크리트용으로 적합하다.
·건조 수축이 포틀랜드 시멘트 중에서 가장 적고 화학 저항성이 크며 내산성이 우수하고 내구성도 좋다.
·보통 시멘트보다 수화열이 적고, 조기 강도도 작으나 장기 강도는 같거나 약간 크다.

☐☐☐ 기 11, 16

08 댐, 기초와 같은 매시브한 구조물에 적합하며 조기 강도는 적으나 내침식성과 내구성이 크고 안정하며 수축이 적은 시멘트는?

① 내황산염 포틀랜드 시멘트
② 중용열 포틀랜드 시멘트
③ 알루미나 시멘트
④ 조강 포틀랜드 시멘트

해설 중용열 포틀랜드 시멘트
·조기 강도는 보통 시멘트에 비해 적으나 장기 강도는 보통 시멘트와 같거나 약간 크다.
·수화열이 보통 시멘트보다 가장 적으므로 댐이나 방사선 차폐용, 매시브한 콘크리트 등 단면이 큰 콘크리트용으로 적합하다.

09 중용열 포틀랜드 시멘트의 특성에 관한 설명으로 옳지 않은 것은?

① 수화열이 보통 포틀랜드 시멘트보다 적다.
② 건조 수축은 포틀랜드 시멘트 중에서 가장 적다.
③ 화학 저항성이 크고 내산성이 우수하다.
④ 조기 강도는 보통 포틀랜드 시멘트에 비해 크다.

해설 중용열 포틀랜드 시멘트는 조기 강도는 보통 시멘트에 비해 적으나 장기 강도는 보통 시멘트와 같거나 약간 크다.

□□□ 기 01,07

10 시멘트 수화 반응 시 발열량이 가장 적은 것은?

① 중용열 포틀랜드 시멘트
② 조강 포틀랜드 시멘트
③ 알루미나 시멘트
④ 보통 포틀랜드 시멘트

해설 ·중용열 포틀랜드 시멘트는 수화 반응 시 발열량이 가장 적으므로 댐이나 매시브한 콘크리트에 알맞다.
·시멘트가 물과 혼합하면서 수화하여 발생하는 열이 수화열이며, 이 수화열은 시멘트가 응결, 경화하는 과정에서 발열하는 열을 발열량이라 한다.

□□□ 기 08,09

11 포틀랜드 시멘트의 성질에 관한 다음 설명 중 틀린 것은?

① 규산3석회가 많은 시멘트는 조기 강도와 수화열이 커진다.
② 시멘트 응결 시간은 풍화가 진행될수록 지연되며, 주변 온도가 높을수록 빨라진다.
③ 압축 강도 발현이 빠를수록 초기 재령에 있어 수화열은 커진다.
④ 시멘트의 비표면적이 클수록 초기 강도는 작아진다.

해설 시멘트의 비표면적이 커지면 수화 반응이 빨라지고 조기 강도가 커진다.

□□□ 산 94,03,07

12 시멘트 원료인 점토 중의 산화철을 제거하거나 대용 원료를 사용하여 제조하며, 또한 연료의 석탄 대신 중유를 사용하여 제조하는 시멘트는?

① 고로 시멘트
② 백색 포틀랜드 시멘트
③ 조강 포틀랜드 시멘트
④ 중용열 포틀랜드 시멘트

해설 백색 포틀랜드 시멘트 : 원료인 석회석을 흰색의 석회석으로 사용하고, 점토는 천연의 점토로서 산화철을 가능한 한 제한하며, 그리고 소성연료로 중유를 사용한 시멘트이다.

□□□ 기 06,17

13 포틀랜드 시멘트에 혼합물질을 섞은 시멘트를 혼합 시멘트라고 한다. 다음 중 혼합시멘트에 속하지 않는 것은?

① 알루미나 시멘트
② 고로슬래그 시멘트
③ 플라이애시 시멘트
④ 포졸란 시멘트

해설 ·혼합 시멘트 : 고로슬래그 시멘트, 플라이애시 시멘트, 포틀랜드포졸란시멘트
·특수 시멘트 : 알루미나 시멘트, 초속경 시멘트, 팽창 시멘트

■ 혼합 시멘트의 종류
• 고로 슬래그 시멘트
• 플라이 애시 시멘트
• 포틀랜드 포졸란 시멘트

■ 고로 슬래그 시멘트
• 고로 슬래그 시멘트는 보통 시멘트보다 시멘트 경화제의 수화 생성물 중의 수산화칼슘의 양이 적다.
• 고로 슬래그 시멘트는 고로 슬래그의 잠재 수경성으로 초기 강도는 작으나 장기 강도는 보통 시멘트와 거의 같다.
• 고로 슬래그 시멘트의 조기 강도의 발현은 완만하지만 수재의 잠재 수경성 때문에 장기 강도는 포틀랜드 시멘트보다 크다.
• 고로 슬래그 시멘트에 사용되는 슬래그는 고로에서 선철을 제조할 때 발생되는 슬래그를 수중에서 급냉한다.

■ 고로 슬래그 시멘트의 특징
• 잠재 수경성을 가지고 있다.
• 알칼리−실리카 반응의 억제에 효과가 있다.
• 수화열이 작아 수축이 작으며 블리딩도 작다.
• 비중은 3.0 정도로 보통 포틀랜드 시멘트보다 작다.
• 수밀성이 크고 초기 강도는 작으나 장기 강도는 크다.

• 응결 시간이 오래 걸리나 해수에 대한 저항성이 크다.
• 댐이나 하천 항만 등의 해안 구조물 공사에 적합하다.
• 초기 수화열을 감소시켜 매스 콘크리트의 온도 상승 억제에 효과가 있다.

■ 플라이 애시 시멘트
• 플라이 애시가 구형이어서 워커빌리티에 양호하며 단위 수량을 감소시킨다.
• 플라이 애시의 포졸란 반응으로 인하여 장기 강도가 증가되고 해수에 대한 화학 저항성이 크다.

■ 포틀랜드 포졸란 시멘트
포졸란을 포틀랜드 시멘트 클링커에 조합하여 적당량의 석고를 가해 만든 시멘트를 말하며 실리카 시멘트라고도 한다.
• 콘크리트의 워커빌리티를 증가시키고 블리딩을 감소시킨다.
• 초기 강도는 약간 적으나 장기 강도는 약간 크다.
• 수밀성이 좋고 석회분의 용출을 줄이므로 내구성이 풍부하다.
• 보통 포틀랜드 시멘트보다 화학 저항성이 크다.
• 응결, 경화가 늦고 조기 강도가 작다.

□□□ 기 05
01 고로 시멘트의 특징이 아닌 것은?

① 잠재 수경성을 가지고 있다.
② 수화열이 비교적 적다.
③ 보통 포틀랜드 시멘트보다 장기 강도는 작다.
④ 해수, 공장 폐수, 하수 등에 접하는 콘크리트에 적당하다.

해설 고로 시멘트는 초기강도는 약간 낮으나 장기 강도는 보통 시멘트와 거의 비슷하거나 약간 크다.

□□□ 기 02,16
02 고로 슬래그 시멘트는 제철소의 용광로에서 선철을 만들 때 부산물로 얻는 슬래그를 포틀랜드 시멘트 클링커에 섞어서 만든 시멘트이다. 그 특성으로 맞지 않는 것은?

① 포틀랜드 시멘트에 비해 응결 시간이 느리다.
② 조기 강도가 작으나 장기 강도는 큰 편이다.
③ 수화열이 커서 매스 콘크리트에는 적합하지 않다.
④ 일반적으로 내화학성이 좋으므로 해수, 하수, 공장 폐수 등에 접하는 콘크리트에 적합하다.

해설 슬래그가 많이 함유됨에 따라 조기 강도 및 수화 발열량이 적은 반면 장기 강도가 약간 커서 매스 콘크리트에 적합하다.

□□□ 기 02
03 고로 슬래그 시멘트에 대한 설명 중 틀린 것은?

① 고로 슬래그 시멘트를 사용한 콘크리트는 해수나 지하수에 대한 저항성이 우수하다.
② 고로 슬래그 시멘트의 조기 강도 발현은 완만하지만 장기 강도는 증가한다.
③ 고로 슬래그 시멘트는 저온 또는 건조에 의한 영향을 많이 받으므로 양생에 주의를 하여야 한다.
④ 고로 슬래그 시멘트에 사용되는 슬래그는 고로에서 선철을 제조할 때 발생되는 슬래그를 공기 중에서 서냉한다.

해설 고로 슬래그 시멘트에 사용되는 슬래그는 고로에서 선철을 제조할 때 발생되는 슬래그를 수중 또는 공기 중에서 급냉한다.

04 혼합 시멘트의 성질에 대한 설명으로 틀린 것은?

① 플라이 애시 시멘트는 포졸란 반응으로 초기 강도가 향상
되며 해수에 대한 저항성이 크다.
② 고로 슬래그 시멘트는 보통 시멘트보다 시멘트 경화제의
수화 생성물 중의 수산화칼슘의 양이 적다.
③ 플라이 애시 시멘트는 플라이 애시가 구형이어서 워커빌리
티에 양호하며 단위 수량을 감소시킨다.
④ 고로 슬래그 시멘트는 고로 슬래그의 잠재 수경성으로 초
기 강도는 작으나 장기 강도는 보통 시멘트와 거의 같다.

해설 플라이 애시 시멘트는 플라이 애시의 포졸란 반응으로 인하여 장
기 강도가 증가되고 해수에 대한 화학 저항성이 크다.

05 다음 중 고로 슬래그 시멘트를 사용한 콘크리트의 성질에 대한 설명이 틀린 것은?

① 초기 수화열을 감소시켜 매스 콘크리트의 온도 상승 억제
에 효과가 있다.
② 현장의 거푸집 회전율이 보통 포틀랜드 시멘트를 사용한
경우보다 높다.
③ 해양 콘크리트 구조물에 고로 슬래그 시멘트를 사용할 경
유 철근 부식 억제에 효과가 있다.
④ 알칼리 – 실리카 반응의 억제에 효과가 있다.

해설 ・조강 포틀랜드 시멘트 : 3일 강도가 약 2배 정도이므로 거푸집
회전율이 좋아 양생 기간 및 공사 기간의 단축이 가능하다.
・고로 슬래그 시멘트의 초기 강도가 보통 포틀랜드 시멘트보다 약
간 낮기 때문에 현장 거푸집 회전율은 낮다.

06 다음 설명이 올바르게 되어 있는 것은?

① 중용열 포틀랜드 시멘트 : 토목 건축 공사의 구조용 시멘트
또는 도장 모르터용 등에 많이 사용된다.
② 플라이 애시 시멘트 : 댐 공사 등에 많이 사용된다.
③ 고로 시멘트 : 응결이 빠르므로 한중 콘크리트에 적당하다.
④ 조강 포틀랜드 시멘트 : 내화성이 우수하므로 내화물용으
로 사용된다.

해설 ・중용열 포틀랜드 시멘트 : 댐이나 방사선 차폐용, 매시브한 콘
크리트 등 단면이 큰 콘크리트용으로 적합하다.
・고로 시멘트 : 내화학 약품성이 좋으므로 해수, 공장 폐수, 하수
등에 접하는 콘크리트에 적당하다.
・조강 포틀랜드 시멘트 : 주로 긴급 공사, 시멘트 2차 제품, 프리스
트레스트 콘크리트 등에 사용된다.

■ 특수 시멘트의 종류
• 알루미나 시멘트
• 초속경 시멘트
• 팽창 시멘트

■ 알루미나 시멘트
• 초기 강도가 매우 크고 해수 기타 화학적 저항성이 크며 열분해 온도가 높아 내화용 콘크리트에 적합한 시멘트이다.
• 알루미나 시멘트는 초조 강성으로 재령 24시간에 보통 포틀랜드 시멘트의 28일 강도를 낸다.
• 알루미나 시멘트의 특징
 • 산, 염류, 해수 기타 화학 작용을 받는 곳에 저항이 크다.
 • 재령 1일에 보통 포틀랜드 시멘트의 재령 28일 강도를 얻을 수 있다.
 • 열분해 온도가 높으므로(1,300℃) 내화용 콘크리트에 적합하다.
 • 초조 강성을 가지므로 1일 40~50MPa 정도의 압축 강도를 얻을 수 있다.
 • 발열량이 크기 때문에 긴급을 요하는 공사나 한중 콘크리트 시공에 적합하다.
 • 포틀랜드 시멘트와 혼합하여 사용하면 순결성을 나타내므로 주의를 요한다.

■ 초속경 시멘트
• 경화 발열에 의한 수분 증발을 막기 위하여 막 양생을 사용한다.
• 초결 후 급격히 경화가 진행되며 블리딩도 적기 때문에 표면 마무리와 탬핑의 시기에 주의한다.
• 타설 후 15~25℃ 정도의 온도 상승은 피할 수 없기 때문에 주의가 필요하다.
• 초속경 시멘트의 특성
 • 응결 시간이 짧고 경화 시 발열이 크다.
 • 2~3시간에 큰 강도를 발휘한다.
 • 알루미나 시멘트와 같은 전이 현상이 없다.
 • 포틀랜드 시멘트, 염화칼슘과 혼합하여 사용하지 않는다.

■ 팽창 시멘트
• 경화 중에 콘크리트에 팽창을 일으키게 하여 콘크리트의 건조 수축으로 인한 균열을 방지하고 화학적 프리스트레스를 도입하여 구조물에 프리스트레스를 주어 압축 응력을 받도록 개발된 시멘트이다.
• 팽창 콘크리트를 사용한 팽창 콘크리트의 특성
 • 팽창 콘크리트에서 양생은 매우 중요하다.
 • 응결, 블리딩 및 워커빌리티는 보통 콘크리트와 비슷하다.
 • 팽창 콘크리트의 수축률은 보통 콘크리트에 비하여 20~30% 작다.
 • 믹싱 시간이 길어지면 팽창률이 감소하므로 주의할 필요가 있다.

□□□ 기 03,07
01 보통 포틀랜드 시멘트가 28일에 낼 수 있는 소요 강도를 24시간 만에 낼 수 있게 만든 시멘트는 무엇인가?

① 팽창 시멘트　　　　② 알루미나 시멘트
③ 초속경 시멘트　　　④ 조강 포틀랜드 시멘트

해설 알루미나 시멘트는 초조 강성으로 재령 24시간에 보통 포틀랜드 시멘트의 28일 강도를 낸다.

□□□ 기 93,05
02 초기 강도가 매우 크고 해수, 기타 화학적 저항성이 크며 열분해 온도가 높아 내화용 콘크리트에 적합한 시멘트는 어느 것인가?

① 조강 포틀랜드 시멘트
② 알루미나 시멘트
③ 고로 슬래그 시멘트
④ 플라이 애시 시멘트

해설 알루미나 시멘트의 특징
 • 산, 염류, 해수 기타 화학 작용을 받는 곳에 저항이 크다.
 • 열분해 온도가 높으므로(1,300℃) 내화용 콘크리트에 적합하다.

□□□ 기 06,10
03 아래 표에 있는 설명은 어떤 시멘트에 대한 설명인가?

> • 조기 강도가 크다(재령 1일에 보통 포틀랜드 시멘트의 재령 28일 강도와 비슷함).
> • 산, 염류, 해수 등의 화학적 작용에 대한 저항성이 크다.
> • 내화성이 우수하다.
> • 한중 콘크리트에 적합하다.

① 실리카 시멘트　　　② 알루미나 시멘트
③ 포졸란 시멘트　　　④ 플라이 애시 시멘트

해설 알루미나 시멘트의 특징
 • 산, 염류, 해수 기타 화학 작용을 받는 곳에 저항이 크다.
 • 열분해 온도가 높으므로(1,300℃) 내화용 콘크리트에 적합하다.
 • 초조 강성을 가지므로 1일 40~50MPa 정도의 압축 강도를 얻을 수 있다.
 • 발열량이 크기 때문에 긴급을 요하는 공사나 한중 콘크리트 시공에 적합하다.
 • 포틀랜드 시멘트와 혼합하여 사용하면 순결성을 나타내므로 주의를 요한다.

□□□ 기 03,18

04 혼합 시멘트 및 특수 시멘트에 관한 설명 중 틀린 것은?

① 고로 시멘트는 초기 강도는 작으나 장기 강도는 포틀랜드 시멘트와 거의 비슷하나 약간 크다.

② 플라이 애시 시멘트는 해수에 대한 저항성이 크고 수밀성이 좋아 수리 구조물에 유리하다

③ 알루미나 시멘트는 조기 강도가 적고 발열량이 적기 때문에 여름 공사(暑中工事)에 적합하다

④ 초속경(超速硬) 시멘트는 응결 시간이 짧고 경화 시 발열이 큰 특징을 가지고 있다.

해설 알루미나 시멘트는 초조 강성과 발열량이 크기 때문에 긴급을 요하는 공사나 한중 콘크리트 시공에 적합하다.

□□□ 기 02

05 초속경 시멘트를 사용하는 경우 주의 사항에 대한 설명 중 틀린 것은?

① 포틀랜드 시멘트 및 염화칼슘과 병용하여 사용할 경우 응결 시간을 지연시키는 효과가 있다.

② 경화 발열에 의한 수분 증발을 막기 위하여 막 양생을 사용한다.

③ 초결 후 급격히 경화가 진행되며 블리딩도 적기 때문에 표면 마무리와 탬핑의 시기에 주의한다.

④ 타설 후 15 ~ 25 ℃ 정도의 온도 상승은 피할 수 없기 때문에 주의가 필요하다.

해설 포틀랜드 시멘트나 염화칼슘과 혼합하여 사용하지 않도록 주의할 필요가 있다.

□□□ 기 02

06 팽창 시멘트를 사용한 콘크리트에 대한 설명 중 틀린 것은?

① 응결, 블리딩 및 워커빌리티는 보통 콘크리트와 비슷하다.

② 팽창 시멘트를 사용한 콘크리트의 수축률은 보통 포틀랜드 시멘트를 사용한 콘크리트에 비하여 20 ~ 30% 정도 낮다.

③ 팽창 콘크리트를 자유롭게 팽창시키면 콘크리트의 조직이 이완되어 강도 저하를 일으키게 된다.

④ 믹싱 시간이 길어지면 팽창률이 지나치게 증가할 수 있으므로 주의를 요한다.

해설 팽창 콘크리트를 사용한 팽창 콘크리트의 특성
· 팽창 콘크리트에서 양생은 매우 중요하다.
· 응결, 블리딩 및 워커빌리티는 보통 콘크리트와 비슷하다.
· 팽창 콘크리트의 수축률은 보통 콘크리트에 비하여 20 ~ 30% 작다.
· 믹싱 시간이 길어지면 팽창률이 감소하므로 주의할 필요가 있다.

□□□ 기 00

07 초속경 시멘트에 대한 설명 중 틀린 것은?

① 응결 시간이 짧고 경화 시 발열이 크다.

② 2 ~ 3시간에 큰 강도를 발현한다.

③ 알루미나 시멘트와 같은 전이 현상이 없다.

④ 포틀랜드 시멘트와 혼합하여 사용할 수 있다.

해설 포틀랜드 시멘트나 염화칼슘과 혼합하여 사용하지 않도록 주의할 필요가 있다.

□□□ 기 02,06,14,21

08 콘크리트의 건조 수축 균열을 방지하고 화학적 프리스트레스를 도입하는 데 사용되는 시멘트는?

① 팽창 시멘트　　　　② 알루미나 시멘트
③ 고로 슬래그 시멘트　④ 초속경 시멘트

해설 팽창 시멘트 : 경화 중에 콘크리트에 팽창을 일으키게 하여 콘크리트의 건조 수축으로 인한 균열을 방지하고 화학적 프리스트레스를 도입하여 구조물에 프리스트레스를 주어 압축 응력을 받도록 개발된 시멘트이다.

□□□ 기 93,05,16,18

09 알루미나 시멘트의 특성에 대한 설명으로 틀린 것은?

① 포틀랜드 시멘트에 비해 강도발현이 매우 빠르다.

② 내화성이 약하므로 내화물용으로 부적합하다.

③ 산, 염류, 해수 등의 화학적 침식에 대한 저항성이 크다.

④ 발열량이 크기 때문에 긴급을 요하는 공사나 한중공사의 시공에 적합하다.

해설 알루미나 시멘트의 특징
· 대단한 조강성을 갖는다.
· 해수 산 기타 화학 작용에 저항성이 크기 때문에 해수 공사에 적합하다.
· 발열량이 크기 때문에 긴급을 요하는 공사나 한중 공사의 시공에 적합하다.
· 내화성이 우수하므로 내화용(1,300℃ 정도) 콘크리트에 적합하다.
· 포틀랜 시멘트와 혼합하여 사용하면 순결성을 나타내므로 주의를 요한다.

039 시멘트 저장

- 시멘트는 방습적인 구조로 된 사일로 또는 창고에 품종별로 구분하여 저장하여야 한다.
- 시멘트를 저장하는 사일로는 시멘트가 바닥에 쌓여서 나오지 않는 부분이 생기지 않도록 한다.
- 포대 시멘트가 저장 중에 지면으로부터 습기를 받지 않도록 하기 위해서는 창고의 마룻바닥과 지면 사이에 어느 정도의 거리가 필요하며, 현장에서의 목조 창고를 표준으로 할 때, 그 거리를 0.3m로 하면 좋다.
- 포대 시멘트를 쌓아서 저장하면 그 질량으로 인해 하부의 시멘트가 고결할 염려가 있으므로 시멘트를 쌓아 올리는 높이는 13포대 이하로 하며 저장 기간이 길어질 경우에는 7포 이상 쌓아 올리지 않는다.
- 저장 중에 약간이라도 굳은 시멘트는 공사에 사용하지 않아야 한다. 3개월 이상 장기간 저장한 시멘트는 사용하기에 앞서 재시험을 실시하여 그 품질을 확인한다.
- 시멘트의 온도가 너무 높을 때는 그 온도를 낮춘 다음 사용한다. 시멘트의 온도는 일반적으로 50℃ 정도 이하를 사용하는 것이 좋다.

□□□ 기 02,06,11,15
01 다음 중 시멘트 저장 시 주의사항으로 옳지 않은 것은?

① 포대 시멘트 쌓기의 높이는 13포대를 한도로 한다.
② 저장 중에 약간이라도 굳은 시멘트는 공사에 사용하지 않아야 한다.
③ 통풍이 잘 되도록 환기창을 설치하는 것이 좋다.
④ 포대 시멘트는 지면에서 0.3m 이상 떨어진 마루 위에 저장한다.

해설 통풍이 잘 되면 공기 중의 수분을 흡수하여 경미한 수화 작용을 일으키고, 동시에 공기 중의 탄산가스를 흡수하여 풍화가 발생한다.

□□□ 기 08
02 시멘트 저장 시 주의해야 할 사항으로 틀린 것은?

① 3개월 이상 장기간 저장한 시멘트는 사용하기에 앞서 재시험을 실시하여 그 품질을 확인하여야 한다.
② 창고에 저장할 때는 지상 10cm 정도 떨어진 마룻바닥 위에 저장하고 통풍이 잘 되게 해야 한다.
③ 포대 시멘트를 쌓아서 저장할 때 쌓아 올리는 높이는 13포대 이하로 하는 것이 바람직하다.
④ 시멘트를 저장하는 사일로는 시멘트가 바닥에 쌓여서 나오지 않는 부분이 생기지 않도록 하여야 한다.

해설 포대 시멘트가 저장 중에 지면으로부터 습기를 받지 않도록 하기 위해서는 창고의 마룻바닥과 지면 사이는 0.3m로 하면 좋다.

□□□ 기 04
03 시멘트 저장에 있어서 유의해야 할 사항 중 잘못 설명된 것은?

① 시멘트는 방습적인 구조로 된 사일로 또는 창고에 품종별로 구분하여 저장해야 한다.
② 포대에 든 시멘트는 15포대 이상 쌓아선 안 되며 장기간 저장할 경우에는 10포대 이상 쌓아 올리면 안된다.
③ 저장 중에 약간이라도 굳은 시멘트를 사용해서는 안 되며 3개월 이상 장기간 저장한 시멘트는 사용 전에 품질 시험을 한다.
④ 시멘트의 온도가 너무 높을 때는 그 온도를 낮추어서 사용하여야 한다.

해설 포대 시멘트를 쌓아서 저장하면 그 질량으로 인해 하부의 시멘트가 고결할 염려가 있으므로 시멘트를 쌓아 올리는 높이는 13포대 이하로 하며 저장 기간이 길어질 경우에는 7포 이상 쌓아 올리지 않는다.

□□□ 기 05
04 다음 시멘트의 저장에 대한 설명 중 잘못된 것은?

① 포대 시멘트를 쌓아 올리는 높이를 13포로 제한한 것은 반출을 쉽게 하기 위해서이다.
② 저장 중에 약간이라도 굳은 시멘트는 공사에 사용해서는 안 된다.
③ 포대 시멘트가 저장 중에 지면으로부터 습기를 받지 않도록 하기 위해서는 창고의 마룻바닥과 지면 사이에 30cm 되는 거리가 있는 것이 좋다.
④ 방습 구조로 된 장소에 품종별로 구분하여 저장한다.

해설 포대 시멘트를 쌓아서 저장하면 그 질량으로 인해 하부의 시멘트가 고결할 염려가 있으므로 시멘트를 쌓아 올리는 높이는 13포대 이하로 하며 저장 기간이 길어질 경우에는 7포 이상 쌓아 올리지 않는다.

□□□ 기 13,16
05 시멘트의 저장 및 사용에 대한 설명 중 틀린 것은?

① 시멘트는 방습적인 구조물에 저장한다.
② 시멘트는 13포대 이하로 쌓는 것이 바람직하다.
③ 저장 중에 약간 굳은 시멘트는 품질 검사 후 사용한다.
④ 일반적으로 50℃ 이하 온도의 시멘트를 사용하면 콘크리트의 품질에 이상이 없다.

해설 저장 중에 약간이라도 굳은 시멘트를 사용해서는 안 되며 3개월 이상 장기간 저장한 시멘트는 사용 전에 품질 시험을 한다.

040 혼화 재료 분류

혼화 재료의 분류는 편의상 혼화 재료의 사용량이 많고 적은 정도에 따라 혼화재(混和材)와 혼화제(混和劑)로 분류한다.

■ **혼화재**
　사용량이 시멘트 무게의 5% 이상으로 비교적 많아서 그 자체의 부피가 콘크리트의 배합 계산에 관계되는 것으로 포졸란, 플라이 애시, 규산백토, 규조토, 화산재, 고로 슬래그, 팽창재, 실리카퓸 등이 있다.
- 포졸란 작용이 있는 것 : 플라이 애시, 규조토, 화산재, 규산백토
- 주로 잠재 수경성이 있는 것 : 고로 슬래그 미분말
- 경화 과정에서 팽창을 일으키는 것 : 팽창재
- 오토클레이브 양생으로 고강도를 내는 것 : 규산질 미분말, 실리카퓸
- 착색시키는 것 : 착색재
- 기타 : 고강도용 혼화재, 폴리머, 증량재 등

■ **혼화제**
　사용량이 시멘트 무게의 1% 이하로 적어서 콘크리트 배합 계산에 무시되는 것
- 워커빌리티와 동결 융해에 대한 내구성을 개선하는 것 : AE제, 감수제, AE 감수제, 고성능 감수제 등
- 응결, 경화 시간을 조절하는 것 : 지연제, 촉진제, 급결제, 초지연제
- 방수 효과를 나타내는 것 : 방수제
- 기포의 작용에 따라 충전성의 개선 또는 중량을 경감시키는 것 : 기포제, 발포제
- 유동성을 좋게 하는 것 : 유동화제
- 기타 : 증점제(增粘劑), 보수제(保水劑), 방청제(防淸劑), 수화열 저감제 등

■ **혼화 재료의 사용 목적**
- 응결, 경화 시간을 조절한다.
- 콘크리트의 발열량을 저감시킨다.
- 콘크리트의 워커빌리티를 개선한다.
- 콘크리트의 순결, 급결 등 이상 응결을 억제한다.
- 콘크리트의 강도 증진 및 내구성을 증진시킨다.
- 수밀성의 증진 및 철근의 부식 방지를 한다.
- 콘크리트의 수축을 감소시켜 균열을 막는다.

☐☐☐ 기 06
01 다음은 혼화 재료에 대한 설명이다. 괄호 안에 들어갈 단어로 적합하게 연결된 것은?

> 사용량이 비교적 많아서 그 자체의 부피가 콘크리트의 배합 계산에 포함되며 보통 시멘트 질량의 5% 이상인 것을 (㉮)라고 하며, 사용량이 비교적 적어서 그 자체의 부피가 콘크리트의 배합 계산에 무시되며 보통 시멘트 질량의 1% 이하인 것을 (㉯)라고 한다.

	㉮	㉯		㉮	㉯
①	혼화제 – 혼화재		②	혼화제 – 첨가제	
③	혼화재 – 첨가제		④	혼화재 – 혼화제	

해설 혼화재 : 사용량이 시멘트 무게의 5% 이상으로 비교적 많아서 그 자체의 부피가 콘크리트의 배합 계산에 관계되는 것이다.

☐☐☐ 기 92,05,09
02 다음 설명 중 틀린 것은?

① 혼화재(混和材)에는 플라이 애시(fly-ash), 고로 슬래그(slag), 규산백토 등이 있다.
② 혼화제(混和劑)에는 AE제, 경화 촉진제, 방수제 등이 있다.
③ 혼화재(混和材)는 그 사용량이 비교적 적어서 그 자체의 부피가 콘크리트 배합의 계산에서 무시하여도 좋다.
④ AE제에 의해 만들어진 공기를 연행공기라 한다.

해설 ・혼화재 : 플라이 애시, 고로 슬래그, 규산백토, 규조토, 화산재
　　・일반적으로 콘크리트나 모르터의 혼합 시 사용량이 시멘트 중량의 5% 이상 첨가하는 것을 혼화재(混和材), 1% 전후 첨가하는 것을 혼화제(混和劑)로 구분한다.

☐☐☐ 기 01,04
03 다음 혼화제 중 계면 활성 작용(Surface active reaction)에 의해 워커빌리티, 내동해성을 개선시키는 것이 아닌 것은?

① 팽창제
② AE제
③ 감수제
④ 고성능 감수제

해설 ・굳는 과정에서 팽창을 일으키는 것 : 팽창제
　　・계면 활성 작용에 따라 워커빌리티, 동결 융해에 대한 내구성 등을 개선하는 것 : AE제, 감수제(감수 촉진제, AE 감수제), 고성능 감수제

☐☐☐ 기 04,07,13,17

04 다음 혼화 재료에 대한 설명으로 틀린 것은?

① 사용량에 따라 혼화재와 혼화제로 나뉜다.
② 콘크리트의 성능을 개선, 향상시킬 목적으로 사용되는 재료이다.
③ 혼화제는 비록 1% 이하의 양이 소요되지만 콘크리트의 배합 계산 시 고려해야 한다.
④ 혼화 재료를 사용할 때는 반드시 시험 또는 검토를 거쳐 성능을 확인하여야 한다.

해설 혼화재 : 사용량이 시멘트 무게의 5% 이상으로 비교적 많아서 그 자체의 부피가 콘크리트의 배합 계산에 관계되는 것이다.

☐☐☐ 기 94,92,00,01,06,08

05 시멘트 콘크리트의 워커빌리티(workability)를 증진시키기 위한 혼화 재료가 아닌 것은?

① AE제
② 분산제
③ 촉진제
④ 포졸란

해설 ・Workability 증진제 : Pozzolan, AE제, AE 감수제, 분산제
・촉진제는 응결 경화 속도를 촉진시키므로 워커빌리티와 유동성을 감소시킨다.

☐☐☐ 기 02,05

06 콘크리트의 품질을 개선할 목적으로 사용하는 혼화 재료는 혼화재와 혼화제로 분류한다. 분류의 기준은 무엇인가?

① 사용량
② 사용 용도
③ 사용 방법
④ 사용 재료

해설 ・혼화재 : 사용량이 시멘트 무게의 5% 이상으로 비교적 많아서 그 자체의 부피가 콘크리트의 배합 계산에 관계되는 것이다.
・혼화제 : 사용량이 시멘트 무게의 1% 이하로 적어서 콘크리트 배합 계산에 무시되는 것이다.

☐☐☐ 기 02,05

07 다음 중 혼화재(混和材)와 가장 거리가 먼 것은?

① 포졸란(Pozzolan)
② 슬래그(Slag)
③ 플라이 애시(Fly ash)
④ 다렉스(Darex)

해설 ・혼화재 : 포졸란, 플라이 애시, 고로 슬래그, 팽창재, 실리카품
・혼화제 : AE제, 감수제, 지연제, 유동화제, 촉진제, 지연제, 발포제, 방수제
・AE제의 종류 : 빈솔 레진(vinsol resin), 다렉스(darex), 포졸리스(pozzolith)

☐☐☐ 기 88,03 산 84,89,94,00,04

08 다음 혼화 재료 중에서 사용량이 비교적 많아 콘크리트의 배합 설계에 고려해야 되는 혼화재는 어느 것인가?

① AE제
② 응결 경화 촉진제
③ 포졸란(pozzolan)
④ 시멘트의 분산제

해설 혼화재 : 포졸란, 플라이 애시, 고로 슬래그, 팽창재, 실리카품

☐☐☐ 기 08

09 AE제의 기능에 대한 다음 설명 중 맞지 않는 것은?

① 연행 공기 1% 증가는 콘크리트 슬럼프를 약 25mm 정도 증가시키는 워커빌리티 개선 효과를 나타낸다.
② 물의 동결에 의한 팽창 응력을 기포가 흡수함으로써 콘크리트의 동결 융해에 대한 저항성을 개선한다.
③ 갇힌 공기와는 달리 AE제에 의한 연행 공기는 그 양이 다소 많아져도 강도 손실을 일으키지 않는다.
④ 연행 공기량은 운반 및 진동 다짐 과정에서 약간 감소하는 경향을 나타낸다.

해설 ・AE제에 의한 콘크리트 중에 생성된 공기를 연행 공기라 한다.
・연행 공기가 지나치게 많아지면 콘크리트의 작업성은 좋아지나 강도가 저하되므로 AE제 사용량에 주의한다.

041　포졸란과 팽창재

▣ 포졸란

- 그 자체가 수경성이 없는 실리카 재료를 포졸란(pozzolan)이라 한다.
- 포졸란(pozzolan) 반응 : 자체는 수경성이 없으나 시멘트의 수화에 의하여 생기는 수산화칼슘과 서서히 반응하여 불용성 화합물을 만드는 것을 말한다.
- 화산재, 규조토, 규산백토 등은 포졸란 반응을 하는 천연 재료이다.
- 포졸란의 특징
  - 해수 등에 대한 화학적 저항성이 크다.
  - 워커빌리티를 개선시키고 재료의 분리가 작다.
  - 발열량이 적어 단기 강도가 작고 장기 강도가 크다.
  - 포졸란을 사용하면 시멘트가 절약되며 내구성과 수밀성이 커진다.

▣ 촉진제

- 조기 발열의 증가, 조기 강도의 증대 및 동결 온도의 저하에 따라 한중 콘크리트에 적합하다.

▣ 팽창재

- 콘크리트 부재의 건조 수축을 줄여 균열의 발생을 방지할 목적 등으로 사용된다.
- 팽창재의 혼합량이 증가함에 따라 압축 강도는 증가하지만 팽창재 혼합량이 시멘트량의 11%보다 많아지면 팽창률이 급격히 증가하여 압축 강도는 팽창률에 반비례하여 감소한다.
- 팽창재에는 산화 조제를 혼합한 철분계, 석고를 주성분으로 하는 석고계 및 칼슘설포알미늄산염(CSA)계 팽창재가 있다.
- CSA계 팽창재는 생석회와 석고 및 알루미나를 조합 소성한 것으로 광물명을 에트링가이트라 한다.

□□□ 기 07,14

01 콘크리트용 혼화 재료인 플라이 애시 등에 의한 포졸란 반응이 콘크리트의 성질에 미치는 영향에 대한 설명으로 틀린 것은?

① 포졸란 반응은 시멘트의 수화 반응에 비해 늦어 콘크리트의 초기 수화열이 저감된다.
② 포졸란 반응에 의해 모세관 공극이 효과적으로 채워져 콘크리트의 수밀성이 향상된다.
③ 포졸란 반응에 의해 염분의 침투를 막을 수 있어 콘크리트의 내염성이 향상된다.
④ 포졸란 반응은 시멘트에서 생성되는 수산화칼슘을 소모하기 때문에 콘크리트의 중성화 억제 효과가 있다.

해설 고로 슬래그 미분말을 사용한 콘크리트는 시멘트 수화 시에 발생하는 수산화칼슘과 고로 슬래그 성분이 반응하여 콘크리트의 알칼리성이 다소 저하되기 때문에 콘크리트의 중성화가 빠르게 진행된다.

□□□ 기 00,01,08,12

02 포졸란(pozzolan)을 사용한 콘크리트 성질에 대한 설명으로 틀린 것은?

① 수밀성이 크고 발열량이 적다.
② 해수 등에 대한 화학적 저항성이 크다.
③ 워커빌리티 및 피니셔빌리티가 좋다.
④ 강도의 증진이 빠르고 조기 강도가 크다.

해설 포졸란은 발열량이 적어 단기 강도가 작고 장기 강도, 수밀성 및 화학 저항성이 크다.

□□□ 기 04,07,12

03 포졸란을 사용한 콘크리트의 특징으로 옳지 않은 것은?

① 발열량이 적어 장기 강도가 적다.
② 워커빌리티를 개선시키고 재료의 분리가 작다.
③ 내구성 및 수밀성이 크다.
④ 해수에 대한 화학적 저항성이 크다.

해설 포졸란은 발열량이 적어 단기 강도가 작고 장기 강도, 수밀성 및 화학 저항성이 크다.

□□□ 기 09,15,18

04 양질의 포졸란을 사용한 콘크리트의 일반적인 특징으로 보기 어려운 것은?

① 워커빌리티가 향상된다.
② 블리딩 현상이 감소한다.
③ 발열량이 적어지므로 단면이 큰 콘크리트에 적합하다.
④ 초기 강도는 크나 장기 강도가 작아진다.

해설 포졸란을 사용한 콘크리트는 초기 강도는 작으나 장기 강도는 크다.

□□□ 기 02,04,05,08

05 다음 콘크리트용 혼화 재료에 관한 설명 중 틀린 것은?

① 플라이 애시를 사용한 콘크리트의 경우 목표 공기량을 얻기 위해서는 플라이 애시를 사용하지 않은 콘크리트에 비해 AE제의 사용량이 증가된다.
② 고로 슬래그 미분말은 비결정질의 유리질 재료로 잠재 수경성을 가지고 있으며, 유리화율이 높을수록 잠재 수경성 반응은 커진다.
③ 실리카품은 평균 입경이 $0.1\mu m$ 크기의 초미립자로 이루어진 비결정질 재료로 포졸란 반응을 한다.
④ 팽창재를 사용한 콘크리트 팽창률 및 압축 강도는 팽창재 혼입량이 증가되면 될수록 증가한다.

해설 팽창재의 혼합량이 증가함에 따라 압축 강도는 증가하지만 팽창재 혼합량이 시멘트량의 11%보다 많아지면 팽창률이 급격히 증가하여 압축 강도는 팽창률에 반비례하여 감소한다.

□□□ 기 01,03,06,10
06 광물질 혼화재 중의 실리카가 시멘트 수화 생성물인 수산화칼슘과 반응하여 장기 강도 증진 효과를 발휘하는 현상을 무엇이라 하는가?

① 포졸란 반응(pozzolan reaction)
② 수화 반응(hydration)
③ 볼 베어링(ball bearing) 작용
④ 충전(micro filler)효과

해설 이를 포졸란 반응이라 하며 내구성과 수밀성이 향상되며 강도도 증진된다.

□□□ 기 94,05,08
07 포졸란을 혼합한 콘크리트의 설명으로 틀린 것은?

① workability가 좋고 재료 분리가 작다.
② 수밀성이 크다.
③ 해수에 대한 화학적 저항성이 크다.
④ 한중 콘크리트에 적합하다.

해설 촉진제 : 조기 발열의 증가, 조기 강도의 증대 및 동결 온도의 저하에 따라 한중 콘크리트에 적합하다.

□□□ 기 13
08 아래의 표는 어떤 혼화 재료의 종류인가?

CSA계, 석고계, 철분계

① 팽창재   ② AE제
③ 방수제   ④ 급결제

해설 팽창재에는 산화 조제를 혼합한 철분계, 석고를 주성분으로 하는 석고계 및 칼슘 설포 알미늄산염(CSA)계가 있다.

□□□ 기 15
09 혼화재료에 대한 다음 설명 중 옳은 것은?

① 지연제는 분자가 상당히 작아 시멘트입자 표면에 흡착되어 물과 시멘트와의 접촉을 차단하여 조기 수화작용을 빠르게 한다.
② 감수제는 시멘트의 입자를 분산시켜 시멘트풀의 유동성을 감소시키거나 워커빌리티를 좋게 한다.
③ 경화촉진제는 순도가 높은 염화칼슘을 사용하며 시멘트 질량의 4~6%정도 넣어 사용하면 강도가 증가한다.
④ 포졸란을 사용하면 시멘트가 절약되며 콘크리트의 장기 강도와 수밀성이 커진다.

해설 · 포졸란을 사용하면 시멘트가 절약되며 내구성과 수밀성이 커진다.
· 조기발열의 증가, 조기강도의 증대 및 동결온도의 저하에 따라 한중콘크리트에 적합하다.

042 플라이 애시

■ 플라이 애시(fly ash)는 인공 포졸란에 속하며 자체적으로는 수경성이 없으며 콘크리트 속에서 물에 녹아 있는 수산화칼슘과 상온에서 천천히 화합하여 불용성 화합물을 만든다.

■ 플라이 애시의 특징

• 표면이 매끄러운 구형 입자로 되어 있어 콘크리트의 워커빌리티를 좋게 하고 수밀성 개선과 단위 수량을 감소시킨다.
• 수화열이 작고 혼합량이 증가하면 응결이 지연된다.
• 댐과 같은 매시브(massive)한 구조물이나 프리플레이스트 콘크리트 등에 사용된다.
• 플라이 애시를 사용한 콘크리트의 경우 목표 공기량을 얻기 위해서는 플라이 애시를 사용하지 않은 콘크리트에 비해 AE제의 사용량이 증가된다.
• 플라이 애시는 보관 중에 입자가 응집하여 고결하는 경우가 생기므로 저장에 유의하여야 한다.
• 초기 재령의 강도는 다소 작으나 장기 재령의 강도는 상당히 크다.
• 시멘트 수화열에 의한 콘크리트의 발열이 감소된다.
• 콘크리트의 블리딩을 억제한다.

■ 플라이 애시의 품질규정

항 목		플라이 애시 1종	플라이 애시 2종
이산화규소(SiO_2)		45% 이상	45% 이상
수분		1.0% 이하	1.0% 이하
강열감량		3.0% 이하	5.0% 이하
밀도(g/cm^3)		1.95 이상	1.95 이상
분말도	45μm 체 망체방법(%)	10 이하	40 이하
	비표면적(cm^2/g) (블레인 방법)	4,500 이상	3,000 이상
플로값 비(%)		105 이상	95 이상
활성도 지수(%)	재령 28일	90 이상	80 이상
	재령 91일	100 이상	90 이상

□□□ 기 11

01 플라이 애시에 대한 설명으로 틀린 것은?

① 표면이 매끄러운 구형 입자로 되어 있어 콘크리트의 워커빌리티를 좋게 한다.
② 플라이 애시에 포함되어 있는 함유 탄소분의 일부가 AE제를 흡착하는 성질이 있어 소요의 공기량을 얻기 위한 AE제의 사용량을 줄일 수 있다.
③ 양질의 플라이 애시를 적절히 사용함으로써 건조, 습윤에 따른 체적 변화와 동결 융해에 대한 저항성을 향상시켜 준다.
④ 플라이 애시를 사용한 콘크리트는 초기 재령에서의 강도는 다소 작으나 장기 재령의 강도는 증가한다.

해설 플라이 애시는 함유 탄소분의 일부가 AE제를 흡착하는 성질을 가지고 있어 AE제 양을 상당히 많이 요구하는 경우가 있으므로 주의를 요한다.

□□□ 기 02, 06

02 플라이 애시(fly ash)에 관한 다음 설명 중에서 틀린 것은?

① 콘크리트에 혼입시키면 워커빌리티가 증진된다.
② 구조물의 장기 강도가 증가된다.
③ 댐과 같은 매시브(massive)한 구조물이나 프리플레이스트 콘크리트 등에 사용된다.
④ 콘크리트 반죽 시에 사용 수량을 증가시켜야 한다.

해설 플라이 애시는 표면이 매끄러운 구형 입자로 되어 있어 콘크리트의 워커빌리티를 좋게 하고 단위 수량을 감소시킨다.

□□□ 기 08, 10, 17

03 콘크리트용 혼화 재료인 플라이 애시에 대한 다음 설명 중 틀린 것은?

① 플라이 애시는 보존 중에 입자가 응집하여 고결하는 경우가 생기므로 저장에 유의하여야 한다.
② 플라이 애시는 인공 포졸란 재료로 잠재 수경성을 가지고 있다.
③ 플라이 애시는 워커빌리티 증가 및 단위 수량 감소 효과가 있다.
④ 플라이 애시 중의 미연 탄소분에 의해 AE제 등이 흡착되어 연행 공기량이 현저히 감소한다.

해설 플라이 애시는 인공 포졸란에 속하며 자체적으로는 수경성이 없다.

□□□ 기 02, 08

04 플라이 애시를 사용한 콘크리트에 대한 설명 중 옳지 않은 것은?

① 워커빌리티가 좋아진다.
② 초기 강도가 크고 장기 강도는 다소 작다.
③ 수화열이 작고 혼합량이 증가하면 응결이 지연된다.
④ 수밀성 개선과 단위 수량을 감소시킨다.

해설 플라이 애시를 사용한 콘크리트는 초기 강도는 낮으나 장기 강도는 상당히 증가한다.

□□□ 기 11

05 콘크리트용 혼화재로 사용되는 플라이 애시가 콘크리트의 성질에 미치는 영향에 대한 설명으로 틀린 것은?

① 콘크리트의 초기 수화열이 저감된다.
② 포졸란 반응에 의해서 콘크리트의 수밀성이 향상된다.
③ 콘크리트의 화학 저항성이 향상된다.
④ 포졸란 반응에 의해 콘크리트의 중성화 억제 효과가 향상된다.

해설 포졸란 반응에 의한 알칼리 골재 반응 억제효과가 있다.

□□□ 기12
06 콘크리트용 혼화 재료로 사용되는 플라이 애시에 대한 설명 중 틀린 것은?

① 화력 발전소에서 미분탄을 보일러 내에서 완전히 연소했을 때 그 폐가스 중에 함유된 용융 상태의 실리카질 미분입자를 전기 집진기로 모은 것이다.
② 입자가 구형이고 표면 조직이 매끄러워 단위 수량을 감소시킨다.
③ 잠재 수경성에 의해서 중성화 속도가 저감된다.
④ 플라이 애시의 비중은 보통 포틀랜드 시멘트보다 작다.

해설 플라이 애시는 인공 포졸란에 속하며 자체적으로는 수경성이 없다.

□□□ 기10
07 콘크리트용 혼화재로서 플라이 애시를 사용할 경우의 효과로 잘못된 것은?

① 콘크리트의 장기 강도가 커진다.
② 시멘트 페이스트의 유동성을 개선시켜 워커빌리티를 향상시킨다.
③ 콘크리트의 초기 온도 상승 억제에 유용하여 매스 콘크리트 공사에 많이 이용된다.
④ 플라이 애시를 사용할 경우 해수에 대한 내화학성이 약해지므로 해양 공사에는 적합하지 않다.

해설 플라이 애시 사용 콘크리트는 산 및 염에 대한 화학 저항성이 보통콘크리트보다 우수하다.

□□□ 기17
08 혼화재 중 대표적인 포졸란의 일종으로서, 화력발전소 등에서 분탄을 연소시킬 때 불연 부분이 용융상태로 부유한 것을 냉각 고화시켜 채취한 미분탄재를 무엇이라고 하는가?

① 플라이 애시　　② 고로슬래그
③ 실리카 품　　④ 소성점토

해설 플라이 애시
· 화력발전소에서 미분탄을 보일러 내에서 완전히 연소했을 때 그 폐가스 중에 함유된 용융상태의 실리카질 미분입자를 전기집진기로 모은 것이다.
· 입자가 구형이고 표면조직이 매끄러워 단위수량을 감소시킨다.
· 플라이 애시는 인공포졸란에 속하며 자체적으로는 수경성이 없다.

□□□ 기15
09 플라이 애시의 품질시험 항목에 포함되지 않는 것은?

① 이산화규소(%)　　② 강열감량(%)
③ 활성도 지수(%)　　④ 길이변화(%)

해설 플라이 애시 품질규정

항 목		플라이 애시 1종	플라이 애시 2종
이산화규소(SiO_2)		45% 이상	45% 이상
수분		1.0% 이하	1.0% 이하
강열감량		3.0% 이하	5.0% 이하
밀도(g/cm^3)		1.95 이상	1.95 이상
분말도	$45\mu m$ 체 망체방법(%)	10 이하	40 이하
	비표면적(cm^2/g) (블레인 방법)	4,500 이상	3,000 이상
플로값 비(%)		105 이상	95 이상
활성도 지수(%)	재령 28일	90 이하	80 이상
	재령 91일	100 이상	90 이상

043 고로 슬래그 미분말

- 고로 슬래그 미분말은 용광로에서 선철과 동시에 생성되는 용융 슬래그를 냉수로 급냉시켜 얻은 입상의 수쇄 슬래그를 건조하여 미분쇄한 것이다.
- 고로 슬래그 미분말은 비결정질의 유리질 재료로 잠재 수경성을 가지고 있으며, 유리화율이 높을수록 잠재 수경성 반응은 커진다.
- 고로 슬래그 미분말을 사용한 콘크리트는 수화열에 의한 온도 상승의 억제에 대한 효과가 커서 초기 강도는 작으나 28일 이후의 장기 강도 향상 효과가 있다.
- 고로 슬래그 미분말을 사용한 콘크리트는 보통 콘크리트보다 콘크리트 내부의 세공경이 작아져 수밀성이 향상된다.
- 고로 슬래그 미분말은 플라이 애시나 실리카퓸에 비해 포틀랜드 시멘트와의 비중차가 작아 혼화재로 사용할 경우 혼합 및 분산성이 우수하다.
- 고로 슬래그 미분말을 혼화재로 사용한 콘크리트는 염화물이온 침투를 억제하여 철근 부식 억제 효과가 있다.
- 고로 슬래그 미분말의 혼합률을 시멘트 중량에 대하여 70% 정도 혼합한 경우 중성화 속도가 보통 콘크리트의 2배 정도가 되는 경우도 있다.

□□□ 기 09,16
01 제철소에서 발생하는 산업 부산물로서 찬 공기나 냉수로 급냉한 후 미분쇄하여 사용하는 혼화재는?

① 고로 슬래그 미분말 ② 플라이 애시
③ 화산회 ④ 실리카퓸

해설 고로 슬래그 미분말은 용광로에서 선철과 동시에 생성되는 용융 슬래그를 냉수로 급냉시켜 얻은 입상의 수쇄 슬래그를 건조하여 미분쇄한 것이다.

□□□ 기 09
02 고로 슬래그 미분말을 사용한 콘크리트에 대한 설명으로 잘못된 것은?

① 수밀성이 향상된다.
② 염화물 이온 침투 억제에 의한 철근 부식 억제에 효과가 있다.
③ 수화 발열 속도가 빨라 조기 강도가 향상된다.
④ 블리딩이 작고 유동성이 향상된다.

해설 고로 슬래그 미분말을 사용한 콘크리트는 수화열에 의한 온도 상승의 억제에 대한 효과가 커서 초기 강도는 작으나 28일 이후의 장기 강도의 향상 효과가 있다.

□□□ 기 10,14
03 콘크리트용 혼화 재료로 사용되는 고로 슬래그 미분말에 대한 설명으로 틀린 것은?

① 고로 슬래그 미분말을 사용한 콘크리트는 보통 콘크리트 보다 콘크리트 내부의 세공경이 작아져 수밀성이 향상된다.
② 고로 슬래그 미분말은 플라이 애시나 실리카퓸에 비해 포틀랜드 시멘트와의 비중차가 작아 혼화재로 사용할 경우 혼합 및 분산성이 우수하다.
③ 고로 슬래그 미분말을 혼화재로 사용한 콘크리트는 염화물 이온 침투를 억제하여 철근 부식 억제 효과가 있다.
④ 고로 슬래그 미분말의 혼합률을 시멘트 중량에 대하여 70% 정도 혼합한 경우 중성화 속도가 보통 콘크리트의 1/2 정도로 감소된다.

해설 고로 슬래그 미분말의 혼합률을 시멘트 중량에 대하여 70% 정도 혼합한 경우 중성화 속도가 보통 콘크리트의 2배 정도가 되는 경우도 있다.

□□□ 기 13
04 다음은 콘크리트의 내구성을 향상시키기 위해 사용되는 혼화 재료를 나타낸 것이다. 이 중 잠재 수경성 반응을 나타내는 재료는?

① 고성능 AE 감수제 ② 고로 슬래그 미분말
③ 플라이 애시 ④ 실리카퓸

해설 ・주로 잠재 수경성이 있는 혼화재 : 고로 슬래그 미분말
・잠재 수경성이란 그 자체는 수경성이 없지만 시멘트 속의 알칼리성을 자극하여 천천히 수경성을 나타내는 것을 말한다.

□□□ 기 13,15
05 다음의 혼화재료 중 주로 잠재수경성이 있는 재료는?

① 팽창재 ② 고로 슬래그 미분말
③ 플라이 애시 ④ 규산질 미분만

해설 ・주로 잠재수경성이 있는 혼화재 : 고로슬래그미분말
・잠재수경성이란 그 자체는 수경성이 없지만 시멘트 속의 알칼리성을 자극하여 천천히 수경성을 나타내는 것을 말한다.

044 실리카퓸(Silica fume)

- 각종 실리콘이나 페로실리콘(ferro silicon) 등의 규소합금을 전기 아크식로에서 제조할 때 배출되는 가스에 섞여 부유하여 발생되는 부산물로서 시멘트 질량의 5 ~ 15% 정도 치환하여 콘크리트가 치밀한 구조이다.
- 실리카퓸은 실리콘, 페로실리콘, 실리콘 합금 등을 제조할 때에 발생되는 폐가스 중에 포함되어 있는 SiO_2를 집진기로 모아서 얻어지는 초미립자의 산업 부산물이다.
- 실리카퓸은 평균 입경이 $0.1\,\mu m\,(0.02 \sim 0.54\,\mu m)$ 크기의 초미립자로 이루어진 비결정질 재료로 포졸란 반응을 한다.
- 실리카퓸의 이점
- 강도 증진 효과가 뛰어나다.
- 내화학 약품성이 향상된다.
- 재료 분리 저항성이 향상된다.
- 투수성이 작아 수밀성이 향상된다.
- 알칼리 골재 반응의 억제 효과가 있다.
- 수화 초기의 발열량이 작아 콘크리트의 온도 상승 억제에 효과가 있다.
- 실리카퓸의 단점
- 건조 수축이 커진다.
- 워커빌리티가 나빠진다.
- 단위 수량이 증가한다.
- 고성능 감수제와 병용해야 한다.

□□□ 기 12,15,18

01 실리카퓸을 콘크리트의 혼화재로 사용할 경우 다음 설명 중 틀린 것은?

① 콘크리트의 조직이 치밀해져 강도가 커지고, 수밀성이 증대된다.
② 수화 초기에 C-S-H 겔을 생성하므로 블리딩이 감소한다.
③ 콘크리트 재료 분리를 감소시킨다.
④ 단위 수량이 감소하고 건조 수축이 감소한다.

해설 실리카퓸을 혼합한 경우 블리딩이 작기 때문에 보유 수량이 많게 되어 결과적으로 건조 수축이 크게 된다.

□□□ 기 13,17

02 다음 혼화 재료 중 고강도 및 고내구성을 동시에 만족하는 콘크리트를 제조하는 데 가장 적합한 혼화 재료는?

① 고로 슬래그 미분말 1종   ② 고로 슬래그 미분말 2종
③ 실리카퓸   ④ 플라이 애시

해설 실리카퓸은 골재와 결합재 간의 부착력이 좋게 하므로 고강도 콘크리트에 사용된다.

□□□ 기 11,17

03 아래의 표에서 설명하는 혼화 재료는?

각종 실리콘이나 페로실리콘(ferro silicon) 등의 규소합금을 전기 아크식로에서 제조할 때 배출되는 가스에 부유하여 발생되는 부산물로서 시멘트 질량의 5 ~ 15% 정도 치환하여 콘크리트가 치밀한 구조로 되고 콘크리트의 재료 분리 저항성, 수밀성, 내화학 약품성이 향상되며 알칼리 골재 반응의 억제 효과 및 강도 증가 등을 기대할 수 있다.

① 고로 슬래그   ② 플라이 애시
③ 폴리머   ④ 실리카퓸

해설 실리카퓸(silica fume)에 대한 설명이다.

□□□ 기 12

04 실리카퓸을 혼합한 콘크리트의 성질로서 틀린 것은?

① 콘크리트의 유동화적 특성이 변화하여 블리딩과 재료 분리가 감소된다.
② 실리카퓸은 일반적인 포졸란 재료와 비교하여 담배 연기와 같은 정도의 초미립 분말이기 때문에 조기 재령에서 포졸란 반응이 발생한다.
③ 마이크로 필러 효과와 포졸란 반응에 의해 $0.1\,\mu m$ 이상의 큰 공극은 작아지고 미세한 공극이 많아져 골재와 결합재 간의 부착력이 증가하여 콘크리트의 강도가 증진된다.
④ 실리카퓸은 초미립 분말로서 콘크리트의 워커빌리티를 향상시키므로 단위 수량을 감소시킬 수 있으며, 플라스틱 수축 균열을 방지하는 데 효과적이다.

해설 ·단위 수량이 증가하여 워커빌리티가 나빠진다.
  ·실리카퓸 콘크리트에서는 블리딩이 현저히 감소하므로 플라스틱 수축에 의한 균열이 발생할 가능성이 높다.

□□□ 기 10

05 실리카퓸에 대한 설명으로 잘못된 것은?

① 골재와 시멘트풀 간의 결합을 좋게 하므로 고강도 콘크리트에 사용된다.
② 사용량이 증가할수록 소요 단위 수량도 증가하므로 고성능 감수제의 사용이 필수적이다.
③ 단위 수량 증가, 건조 수축의 증가 등의 단점이 있다.
④ 규산백토, 규조토 등과 함께 천연 혼화 재료로서 시멘트량의 1% 이하의 액상인 재료이다.

해설 ·포졸란은 천연산으로서는 화산재, 규조토, 백산규토 등이 있다.
  ·실리카퓸을 시멘트 질량의 5 ~ 15% 정도 치환하면 콘크리트가 치밀한 구조로 된다.

□□□ 기 03,05,08,12,15

06 콘크리트용 혼화재로 실리카퓸(Silica fume)을 사용한 경우 효과에 대한 설명으로 잘못된 것은?

① 콘크리트의 재료 분리 저항성, 수밀성이 향상된다.
② 알칼리 골재 반응의 억제 효과가 있다.
③ 내화학 약품성이 향상된다.
④ 단위 수량과 건조 수축이 감소한다.

해설 실리카퓸을 혼합한 경우 블리딩이 작기 때문에 보유 수량이 많게 되어 결과적으로 건조 수축이 크게 된다.

□□□ 기 12,15,16

07 실리카 퓸을 혼합한 콘크리트에 대한 설명으로 틀린 것은?

① 수화열을 저감시킨다.
② 강도증가 효과가 우수하다.
③ 재료분리와 블리딩이 감소된다.
④ 단위수량을 줄일 수 있고 건조수축 등에 유리하다.

해설 실리카 퓸을 혼합한 경우 블리딩이 작기 때문에 보유수량이 많게 되어 결과적으로 건조수축이 크게 된다.

□□□ 기 14

08 실리카퓸이 콘크리트의 성질에 미치는 영향으로 옳지 않은 것은?

① 실리카퓸의 혼합량을 증가시키면서 목표 슬럼프를 유지하기 위하여 필요한 단위 수량을 감소시킬 수 있다.
② 실리카퓸은 매우 미세한 입자이기 때문에 블리딩과 재료의 분리를 감소시킨다.
③ 실리카퓸은 초미립 분말이기 때문에 조기에 포졸란 반응이 발생한다.
④ 실리카퓸의 혼합률이 증가할수록 어느 수준까지는 압축 강도가 증가한다.

해설 실리카퓸의 혼합량을 증가시키면서 단위 수량이 증가한다.

AE제의 정의

계면 활성제의 일종으로 콘크리트 속에 미세한 독립 기포를 고르게 분포시켜 워커빌리티와 동결 융해 저항성을 증가시켜 주는 혼화제이다.

AE제의 종류

빈졸 레진(vinsol resin), 다렉스(darex), 프로텍스(protex), 포졸리스(pozzolith)

AE제 콘크리트에 미치는 영향

- AE제에 의한 콘크리트 중에 생성된 공기를 연행 공기라 한다.
- 연행 공기가 지나치게 많아지면 콘크리트의 작업성은 좋아지나 강도가 저하되므로 AE제 사용량에 주의한다.
- 연행 공기는 콘크리트 내부에서 볼 베어링(bearing) 작용을 함으로써 워커빌리티를 개선하여 단위 수량을 감소시켜 블리딩 등의 재료 분리를 작게 한다.
- 적당량의 연행 공기는 콘크리트 중의 자유수가 동결될 때의 수압의 흡수 및 완화와 자유수의 이동을 가능하게 하므로 동결 융해에 대한 내구성을 현저하게 개선시킨다.
- 연행 공기 1% 증가는 콘크리트 슬럼프를 약 25mm 정도 증가시키는 워커빌리티 개선 효과를 나타낸다.
- 연행 공기량은 운반 및 진동 다짐 과정에서 약간 감소하는 경향을 나타낸다.
- 콘크리트의 물−시멘트비를 일정하게 하고 공기량을 증가시키면 공기량 1%에 대한 압축 강도와 휨 강도, 탄성 계수는 감소하며 철근과의 부착 강도가 작아지는 경향이 있다.

AE 콘크리트의 특성

- 수밀성이 크다.
- 알칼리 골재 반응의 영향이 적다.
- 동결 융해에 대한 저항성이 크게 된다.
- 콘크리트의 경화에 대한 발열이 적다.
- 철근과의 부착 강도가 작아지는 경향이 있다.
- 단위 수량을 감소시켜 블리딩을 적게 할 수 있다.
- 공기 중의 탄산가스에 의한 중성화 속도를 느리게 한다.
- 경량 골재를 사용해도 콘크리트의 단가가 높아지는 일이 없다.
- 시공 연도가 좋고 재료의 분리, 블리딩이 적고, 골재로서 쇄석을 사용하기 쉽다.
- 단위 시멘트량이 같은 콘크리트에서 빈배합일 때는 AE 콘크리트쪽이 압축 강도가 커진다.

□□□ 기 11, 14

01 콘크리트 내부에 독립된 미세 기포를 발생시켜 콘크리트의 워커빌리티 개선과 동결 융해에 대한 저항성을 갖도록 하기 위해 사용하는 혼화제는?

① 공기 연행(AE)제
② 응결 경화 촉진제
③ 지연제
④ 기포제

해설 연행 공기는 콘크리트 내부에서 볼 베어링 같은 움직임을 하기 때문에 워커빌리티를 개선하여 단위 수량을 감소시켜 블리딩 등의 재료 분리를 작게 한다.

□□□ 기 02, 09

02 콘크리트 내부에 미세 독립 기포를 형성하여 워커빌리티 및 동결 융해 저항성을 높이기 위하여 사용하는 혼화제는?

① 고성능 감수제
② 팽창제
③ 발포제
④ AE제

해설
- 계면 활성 작용에 따라 워커빌리티와 동결 융해에 대한 내구성을 개선하는 혼화제 : AE제, AE 감수제
- 계면 활성제의 일종으로 콘크리트 속에 미세한 독립 기포를 고르게 분포시켜 워커빌리티와 동결 융해 저항성을 증가시켜 주는 혼화제 : AE제

□□□ 기 07, 12

03 AE제에 의해 콘크리트에 연행된 공기가 콘크리트의 성질에 미치는 영향에 대한 설명 중 틀린 것은?

① 연행된 공기량이 증가하면 콘크리트의 압축 강도는 감소한다.
② 연행된 공기량에 의해 콘크리트와 철근의 부착 강도가 감소한다.
③ 연행된 공기량에 의해 콘크리트의 동결 융해에 대한 저항성이 감소한다.
④ 연행된 공기량에 의해 콘크리트의 블리딩이 감소한다.

해설 적당량의 연행 공기는 콘크리트 공극 중의 물의 동결에 의한 팽창 응력을 흡수함으로써 콘크리트의 동결 융해에 대한 내구성을 크게 증가시킨다.

□□□ 기 06

04 콘크리트에서 AE제를 사용하는 목적으로 틀린 것은?

① 수밀성 및 동결 융해에 대한 저항성을 증가시키기 위해
② 재료의 분리, 블리딩을 줄이기 위해
③ 워커빌리티를 개선시키기 위해
④ 철근과의 부착력을 증진시키기 위해

해설 AE제는 철근과의 부착 강도가 작아지는 단점이 있다.

□□□ 기 09
05 AE 콘크리트의 특징을 설명한 것으로 옳은 것은?

① 연행 공기로 인하여 강도가 작아지며 철근 콘크리트에서는 철근과의 부착력이 떨어진다.
② 블리딩이 증대되며 수밀성이 감소된다.
③ 중성화 반응이 촉진된다.
④ 동결 융해에 대한 저항성이 작아진다.

해설 · 공기 중의 탄산가스에 의한 중성화 속도를 느리게 한다.
· 적당량의 연행 공기는 동결 융해에 대한 내구성을 현저하게 개선시킨다.
· 연행 공기는 워커빌리티를 개선하여 단위 수량을 감소시켜 블리딩 등의 재료 분리를 작게 한다.

□□□ 기 05,15
06 콘크리트용 혼화제인 AE제에 의해 연행된 공기에 영향을 미치는 요인에 대한 설명 중 틀린 것은?

① 사용 시멘트의 비표면적이 작으면 연행 공기량은 증가한다.
② 플라이 애시를 혼화재로 사용할 경우 미연소 탄소 함유량이 많으면 연행 공기량이 감소한다.
③ 단위 잔 골재량이 많으면, 연행 공기량은 감소한다.
④ 콘크리트의 온도가 높으면 공기량은 감소한다.

해설 단위 잔 골재량이 많으면 연행 공기량은 증가한다.

□□□ 기 08,21
07 AE제의 기능에 대한 다음 설명 중 맞지 않는 것은?

① 연행 공기 1% 증가는 콘크리트 슬럼프를 약 25mm 정도 증가시키는 워커빌리티 개선 효과를 나타낸다.
② 물의 동결에 의한 팽창 응력을 기포가 흡수함으로써 콘크리트의 동결 융해에 대한 저항성을 개선한다.
③ 갇힌 공기와는 달리 AE제에 의한 연행 공기는 그 양이 다소 많아져도 강도 손실을 일으키지 않는다.
④ 연행 공기량은 운반 및 진동 다짐 과정에서 약간 감소하는 경향을 나타낸다.

해설 · AE제에 의한 콘크리트 중에 생성된 공기를 연행 공기라 한다.
· 연행 공기가 지나치게 많아지면 콘크리트의 작업성은 좋아지나 강도가 저하되므로 AE제 사용량에 주의한다.

□□□ 기 07
08 콘크리트에 AE제를 혼입했을 때의 설명 중 옳지 않은 것은?

① 유동성이 증가한다.
② 재료의 분리를 줄일 수 있다.
③ 작업하기 쉽고 블리딩이 커진다.
④ 단위 수량을 줄일 수 있다.

해설 연행공기는 콘크리트 내부에서 볼 베어링 같은 움직임을 하기 때문에 워커빌리티를 개선하여 단위 수량을 감소시켜 블리딩 등의 재료분리를 작게 한다.

□□□ 기 16,18
09 콘크리트용 화학혼화제의 품질시험 항목이 아닌 것은?

① 침입도 지수(PI)
② 감수율(%)
③ 응결시간의 차(mm)
④ 압축강도비(%)

해설 콘크리용 화학 혼화제의 품질 항목

품질항목		AE제
감수율(%)		6 이상
블리딩양의 비(%)		75 이하
응결시간의 차(분)(초결)	초결	−60 ~ +60
	종결	−60 ~ +60
압축강도의 비(%)(28일)		90 이상
길이 변화비(%)		120 이하
동결융해에 대한 저항성 (상대 동탄성계수)(%)		80 이상

046 감수제

■ 감수제
- 감수제는 시멘트의 입자를 분산시켜 콘크리트의 소요 워커빌리티를 얻는 데 필요한 단위 수량을 감소시킬 목적으로 사용하는 혼화제이다.
- 감수제는 공기 연행 작용이 없는 감수제와 공기 연행 작용을 하는 AE 감수제가 있다.

- **감수제의 효과**
  - 콘크리트의 워커빌리티를 개선하고 재료의 분리를 방지한다.
  - 단위 수량을 15～30% 정도, 단위 시멘트량은 약 10% 줄일 수 있다.
  - 건조에 의한 체적 변화(건조 수축)를 감소시킨다.
  - 수밀성이 향상되고 투수성이 감소된다.
  - 동결 융해에 대한 저항성이 증대된다.
  - 강도를 증가시킨다.
  - 수화열을 줄일 수 있다.
  - 내약품성이 커진다.

■ 고성능 감수제
- 고성능 감수제는 물－시멘트비 감소와 콘크리트의 고강도화를 주목적으로 사용되는 혼화제이다.
- 고성능 감수제는 감수제와 비교해서 시멘트 입자 분산 능력이 우수하여 단위 수량 20～30% 정도 크게 감소시킬 수 있어서 고강도 콘크리트 제조에 주로 사용된다.
- 고성능 감수제를 사용한 유동화 콘크리트는 경과 시간에 따라 단위 수량이 적기 때문에 슬럼프 손실이 보통 콘크리트보다 크다.
- 고성능 감수제의 첨가량이 증가할수록 워커빌리티는 증가하지만 과도하게 사용하면 재료 분리가 발생한다.
- 고성능 감수제를 사용하면 수량이 대폭 감소되기 때문에 건조 수축이 적다.

□□□ 기 03,13
01 고성능 감수제를 사용한 콘크리트에 대한 설명 중 틀린 것은?

① 고성능 감수제는 단위 수량을 20～30% 정도 크게 감소시킬 수 있어서 고강도 콘크리트 제조에 주로 사용된다.
② 고성능 감수제 사용 콘크리트는 일반적으로 믹싱 후 경과 시간 2시간까지는 슬럼프 손실 현상이 거의 없다.
③ 고성능 감수제의 첨가량이 증가할수록 워커빌리티는 증가하지만 과도하게 사용하면 재료 분리가 발생한다.
④ 고성능 감수제를 사용하면 수량이 대폭 감소되기 때문에 건조 수축이 적다.

해설 고성능 감수제를 사용한 유동화 콘크리트는 경과 시간에 따른 슬럼프 손실은 보통 콘크리트보다는 크기 때문에 슬럼프 손실 억제에 대한 방안을 검토해야 한다.

02 다음 중 감수제에 대한 설명으로 알맞지 않은 것은?

① 시멘트 입자를 분산시킴으로서 단위 수량을 줄인다.
② 공기 연행 작용이 없는 감수제와 공기 연행 작용을 함께 하는 AE 감수제 등으로 나누어진다.
③ 건조에 의한 체적 변화를 줄이기도 한다.
④ 동일한 워커빌리티 및 강도를 얻기 위해서는 시멘트가 더 많이 들어가야 한다.

해설 감수제는 단위 수량 15～30% 정도, 단위 시멘트량은 15% 정도 줄일 수 있다.

□□□ 기 03,06,16
03 콘크리트용 혼화제인 고성능 감수제에 대한 설명 중 틀린 것은?

① 고성능 감수제는 감수제와 비교해서 시멘트 입자 분산 능력이 우수하여 단위 수량 20～30% 정도 크게 감소시킬 수 있다.
② 고성능 감수제는 물－시멘트비 감소와 콘크리트의 고강도화를 주목적으로 사용되는 혼화제이다.
③ 고성능 감수제의 첨가량이 증가할수록 워커빌리티는 증가되지만 과도하게 사용하면 재료 분리가 발생한다.
④ 고성능 감수제를 사용한 콘크리트는 보통 콘크리트와 비교해서 경과 시간에 따른 슬럼프 손실이 작다.

해설 고성능 감수제를 사용한 유동화 콘크리트는 경과 시간에 따라 단위 수량이 적기 때문에 슬럼프 손실이 보통 콘크리트보다 크다.

□□□ 기 04
04 감수제를 사용하였을 때 얻은 효과로써 적당하지 않는 것은?

① 콘크리트의 워커빌리티를 개선할 수 있다.
② 강도를 증가시킬 수 있다.
③ 필요한 단위 시멘트량을 약 10% 정도 증가시킬 수 있다.
④ 내약품성이 커진다.

해설 감수제는 동일한 강도를 만들기 위한 경우라면 시멘트량을 8～10% 정도 절약할 수 있다.

047 촉진제

- 촉진제는 시멘트의 수화 작용을 촉진하는 혼화제로서 감수제 및 AE 감수제의 촉진형 외에 염화칼슘이 많이 사용되고 있다.
- 응결 경화 촉진제의 종류는 염화칼슘, 염화알루미늄, 염화마그네슘, 규산나트륨
- 경화 촉진제인 염화칼슘은 철근 콘크리트 구조물에서 철근 부식을 촉진할 염려와 조기 강도 증대를 위해서 시멘트 중량의 2% 이하로 사용함이 바람직하다.
- 경화 촉진제인 염화칼슘을 시멘트량의 1 ~ 2%를 사용하면 조기 강도가 증대하여 조기의 발열이 증가한다. 그러나 4% 이상 사용하면 순결될 우려가 있고 장기 강도도 감소한다.
- 경화 촉진제인 염화칼슘의 특징
- 한중 콘크리트에 사용하면 조기 발열의 증가로 동결 온도를 낮출 수 있다.
- 촉진제는 조기 발열의 증가, 조기 강도의 증대 및 동결 온도의 저하에 따라 한중 콘크리트에 유효하다.
- 염화칼슘을 사용한 콘크리트는 황산염에 대한 화학 저항성이 적기 때문에 주의할 필요가 있다.
- 응결이 촉진되므로 운반, 타설, 다지기 작업을 신속히 해야 한다.
- PSC 강재에 접촉하면 부식 내지 녹이 슬기 쉽다.

□□□ 기 01,05

01 시멘트의 수화 작용을 촉진하는 혼화제는?

① 염화칼슘
② 고급 알콜의 에테르
③ 탄산소다
④ 규산소다

해설 촉진제는 시멘트의 수화 작용을 촉진하는 혼화제로서 염화칼슘이 많이 사용되고 있다.

□□□ 기 03,05,10

02 다음 중 유동성을 증가시키는 혼화 재료가 아닌 것은?

① 감수제
② 촉진제
③ AE제
④ 플라이 애시

해설 촉진제는 응결 경화 속도를 촉진시키므로 워커빌리티와 유동성을 감소시킨다.

□□□ 기 99,08

03 응결 경화 촉진제로 사용하는 염화칼슘의 적당한 사용량은?

① 시멘트량의 2% 이하
② 시멘트량의 3 ~ 5%
③ 시멘트량의 4 ~ 6%
④ 시멘트량의 7% 이상

해설 염화칼슘은 철근 콘크리트 구조물에서 철근 부식을 촉진할 염려가 있으므로 시멘트량의 2% 이하로 사용함이 적당하다.

□□□ 기 10,11,16

04 콘크리트용 혼화제(混和劑)에 대한 일반적인 설명으로 틀린 것은?

① AE제에 의한 연행 공기는 시멘트, 골재 입자 주위에서 베어링(Bearing)과 같은 작용을 함으로써 콘크리트의 워커빌리티를 개선하는 효과가 있다.
② 고성능 감수제는 그 사용 방법에 따라 고강도 콘크리트용 감수제와 유동화제로 나누어지지만 기본적인 성능은 동일하다.
③ 촉진제는 응결 시간이 빠르고 조기 강도를 증대시키는 효과가 있기 때문에 여름철 공사에 사용하면 유리하다.
④ 지연제는 사일로, 대형 구조물 및 수조 등과 같이 연속 타설을 필요로 하는 콘크리트 구조에 작업 이음의 발생 등의 방지에 유효하다.

해설 촉진제는 응결 시간이 빠르고 조기 강도의 증대 및 동결 온도의 저하에 따라 한중 콘크리트에 유효하다. 그러나 응결 시간이 빠르기 때문에 여름철 공사에 사용하면 불리하다.

□□□ 기 04

05 콘크리트의 응결, 경화 조절의 목적으로 사용되는 혼화제에 대한 설명 중 틀린 것은?

① 콘크리트용 응력, 경화 조정제는 시멘트의 응결, 경화 속도를 촉진시키거나 지연시킬 목적으로 사용되는 혼화제이다.
② 촉진제는 그라우트에 의한 지수 공법 및 뿜어 붙이기 콘크리트에 사용된다.
③ 지연제는 조기 경화 현상을 보이는 서중 콘크리트나 수송 거리가 먼 레디믹스트 콘크리트에 사용된다.
④ 급결제를 사용한 콘크리트의 초기 강도 증진은 매우 크나 장기 강도는 일반적으로 떨어진다.

해설 급결제는 응결 시간을 매우 빨리 하여 순간적인 응결과 경화가 요구되는 그라우팅에 의한 지수 공법 및 뿜어 붙이기 콘크리트에 사용된다.

□□□ 기 00,06,10,18

06 콘크리트용 혼화 재료에 대한 설명으로 틀린 것은?

① 방청제는 철근이나 PC 강선이 부식하는 것을 방지하기 위해 사용한다.
② 급결제를 사용한 콘크리트는 초기 28일의 강도 증진은 매우 크고, 장기 강도의 증진 또한 큰 경우가 많다.
③ 지연제는 시멘트의 수화 반응을 늦춰 응결 시간을 길게 할 목적으로 사용되는 혼화제이다.
④ 촉진제는 보통 염화칼슘을 사용하며 일반적인 사용량은 시멘트 질량에 대하여 2% 이하를 사용한다.

해설 급결제를 사용한 콘크리트는 재령 1 ~ 2일까지의 강도 증진은 매우 크나, 장기 강도는 일반적으로 느린 경우가 많다.

07 콘크리트용 혼화 재료(混和材料)의 일반적 성질에 관한 설명 중 틀린 것은?

① 촉진제는 보통 염화칼슘을 사용하며 사용량은 시멘트 중량에 대하여 2% 이상 사용해야만 조기 강도를 증대시켜 주는 효과가 있다.

② 지연제는 시멘트의 수화 반응을 늦춰 응결 시간을 길게 할 목적으로 사용되는 혼화제로서 서중 콘크리트 시공 및 대형 구조물 연속 타설 시 작업 이음 발생 등의 방지에 유효하다.

③ 방청제는 철근이나 PC 강선의 녹이 스는 것을 방지하기 위해 사용되는 혼화제로서 인산염, 리그닌설폰산염, 염화칼슘염 등이 있다.

④ 급결제를 사용한 콘크리트는 1~2일의 강도 증진은 매우 크지만 장기 강도는 느린 경우가 많다.

해설 촉진제인 염화칼슘은 철근 콘크리트 구조물에서 철근 부식을 촉진할 염려와 조기 강도 증대를 위해서 시멘트 중량의 2% 이하로 사용함이 바람직하다.

08 염화칼슘($CaCl_2$)을 응결 경화 촉진제로 사용한 경우 다음 설명 중 틀린 것은?

① 염화칼슘은 대표적인 응결 경화 촉진제이며, 4% 이상 사용하여야 순결(瞬結)을 방지하고, 장기 강도를 증진시킬 수 있다.

② 한중 콘크리트에 사용하면 조기 발열의 증가로 동결 온도를 낮출 수 있다.

③ 염화칼슘을 사용한 콘크리트는 황산염에 대한 화학 저항성이 적기 때문에 주의할 필요가 있다.

④ 응결이 촉진되므로 운반, 타설, 다지기 작업을 신속히 해야 한다.

해설 염화칼슘을 시멘트량의 1~2%를 사용하면 조기 강도가 증대되나 2% 이상 사용하면 오히려 순결, 강도 저하를 나타낸다.

09 콘크리트용 응결 촉진제에 대한 설명으로 틀린 것은?

① 조기 강도를 증가시키지만 사용량이 과다하면 순결 또는 강도 저하를 나타낼 수 있다.

② 한중 콘크리트에 있어서 동결이 시작되기 전에 미리 동결에 저항하기 위한 강도를 조기에 얻기 위한 용도로 많이 사용한다.

③ 염화칼슘을 주성분으로 한 촉진제는 콘크리트의 황산염에 대한 저항성을 증가시키는 경향을 나타낸다.

④ PSC 강재에 접촉하면 부식 또는 녹이 슬기 쉽다.

해설 염화칼슘을 사용한 콘크리트는 황산염에 대한 화학 저항성이 적기 때문에 주의할 필요가 있다.

10 혼화 재료에 대한 설명 중 옳은 것은?

① 지연제는 분자가 상당히 작아 시멘트 입자 표면에 흡착되어 물과 시멘트와의 접촉을 차단하여 조기 수화 작용을 빠르게 한다.

② 감수제는 시멘트의 입자를 분산시켜 시멘트풀의 유동성을 감소시키거나 워커빌리티를 좋게 한다.

③ 경화 촉진제는 순도가 높은 염화칼슘을 사용하여 시멘트 무게의 4~6% 정도 넣어 사용하면 강도가 증가한다.

④ 포졸란을 사용하면 시멘트가 절약되며 콘크리트의 장기 강도와 수밀성이 커진다.

해설 ・지연제는 시멘트의 수화 반응을 늦추어 응결 시간을 길게 할 목적으로 사용하는 혼화제이다.
・감수제는 시멘트의 입자를 분산시켜 콘크리트의 소요 워커빌리티를 얻는 데 필요한 단위 수량을 감소시킬 목적으로 사용하는 혼화제이다.
・경화 촉진제인 염화칼슘을 시멘트 질량의 1~2% 정도 넣어 사용하면 조기 강도가 증대되어 조기의 발열이 증대된다.

11 혼화 재료에 대한 설명으로 틀린 것은?

① 감수제라 함은 시멘트 입자를 분산시킴으로서 콘크리트의 단위 수량을 감소시키는 작용을 하는 혼화제이다.

② 촉진제라 함은 시멘트의 수화 작용을 촉진하는 혼화재로서 보통 리그닌설폰산염을 많이 사용한다.

③ 지연제라 함은 시멘트의 응결 및 초기 경화를 지연시킬 목적으로 사용하는 것으로 여름철에 레디믹스트 콘크리트의 운반 거리가 길 경우나 콜드 조인트(cold joint)의 방지 등에 효과가 있다.

④ 급결제라 함은 시멘트의 응결 시간을 빠르게 하기 위하여 사용하는 것으로 주입 콘크리트와 같은 순간적인 응결과 경화가 요구되는 경우 사용한다.

해설 ・촉진제는 시멘트의 수화 작용을 촉진하는 혼화제로서 감수제 및 AE 감수제의 촉진형 외에 염화칼슘이 많이 사용되고 있다.
・지연제의 성분은 리그닌설폰산계, 옥시카본산계 및 인산염 등의 무기 화합물 등이 있다.

048 급결제와 지연제

■ 급결제
- 급결제라 함은 시멘트의 응결 시간을 빠르게 하기 위하여 사용하는 것으로 주입 콘크리트와 같은 순간적인 응결과 경화가 요구되는 경우 사용한다.
- 급결제는 응결 시간을 매우 빨리 하여 순간적인 응결과 경화가 요구되는 그라우트에 의한 지수 공법 및 뿜어 붙이기 콘크리트(shotcrete)에 사용된다.
- 급결제를 사용한 콘크리트는 1~2일의 초기 강도 증진은 매우 크지만 장기 강도는 일반적으로 느리다.

■ 지연제
- 지연제는 시멘트의 수화 반응을 늦추어 응결 시간 및 초기 경화를 지연시킬 목적으로 사용하는 혼화제이다.
- 지연제의 성분은 리그닌설폰산계, 옥시카본산계 및 인산염 등의 무기 화합물 등이 있다.
- 여름철에 레디믹스트 콘크리트의 운반 거리가 길 경우나 콜드 조인트(cold joint)의 방지 등에 효과가 있다.
- 서중 콘크리트 시공 및 대형 구조물 연속 타설 시 작업 이음 발생 등의 방지에 유효하다.
- 지연제는 사일로, 대형 구조물 및 수조 등과 같이 연속 타설을 필요로 하는 콘크리트 구조에 작업 이음의 발생 등의 방지에 유효하다.

□□□ 기 04,06,11,15
01 다음 중 급결제를 사용해야 하는 경우는?

① 레디믹스트 콘크리트의 운반 거리가 멀 경우
② 서중 콘크리트를 시공할 경우
③ 연속 타설에 의한 콜드 조인트를 방지하기 위해
④ 숏크리트 타설 시

해설 지연제는 콘크리트의 응결 및 초기 경화를 지연시킬 목적으로 사용하는 혼화제
- 서중 콘크리트 시공 시 워커빌리티의 저하
- 레디믹스트 콘크리트의 운반 거리가 멀어 장시간 소요되는 경우
- 연속 콘크리트 타설 시 콜드 조인트(cold joint) 방지에 유효하다.

□□□ 기 04,06,11
02 다음 중 지연제를 사용하는 경우가 아닌 것은?

① 서중 콘크리트의 시공 시
② 레미콘 운반 거리가 멀 때
③ 숏크리트 타설 시
④ 연속 타설 시 콜드 조인트를 방지하기 위해

해설 숏크리트 타설 시는 급결제를 사용하여야 한다.

□□□ 기 03,09,13,16
03 다음 중 응결 지연제의 사용 목적으로 틀린 것은?

① 시멘트의 수화 반응을 늦추어 응결과 경화 시간을 길게 할 목적으로 사용한다.
② 서중 콘크리트나 장거리 수송 레미콘의 워커빌리티 저하방지를 도모한다.
③ 콘크리트의 연속 타설에서 작업 이음을 방지한다.
④ 거푸집의 조기 탈형과 장기 강도 향상을 위하여 사용한다.

해설 촉진제는 콘크리트의 조기 강도 발현의 촉진 및 거푸집 존치 기간의 단축 또는 한랭 공사 시 초기 동해 방지 등에 유용하게 사용된다.

□□□ 기 03,09,13,16
04 응결지연제의 사용목적으로 틀린 것은?

① 거푸집의 조기탈형과 장기강도 향상을 위하여 사용한다.
② 시멘트의 수화반응을 늦추어 응결과 경화시간을 길게 할 목적으로 사용한다.
③ 서중콘크리트나 장거리 수송 레미콘의 워커빌리티 저하방지를 도모한다.
④ 콘크리트의 연속타설에서 작업이음을 방지한다.

해설 촉진제는 콘크리트의 조기강도 발현의 촉진 및 거푸집 존치기간의 단축 또는 한랭공사시 초기동해방지 등에 유용하게 사용된다.

■ 방수제

- 방수제는 모르타르, 콘크리트의 흡수성과 투수성을 줄일 목적으로 사용되는 혼화제이다.
- 방수제의 효과
  - 굳지 않은 콘크리트 속에 포함되어 있는 미세 공극의 충전 및 분산 세분화시킨다.
  - 콘크리트의 워커빌리티를 높이고 타설 시에 생기는 공극을 적게 하며 경화한 후에 공극이 될 혼합수를 적게 한다.
  - 시멘트 입자 표면에 흡착하여 시멘트와 물과의 접촉함으로써 시멘트의 수화를 촉진시킨다.
  - 시멘트의 수화 반응에 의하여 생기는 가용 물질의 용출을 방지하고 불용성 또는 발수성 염류를 형성하게 한다.

■ 방청제

- 철근 콘크리트용 방청제는 잔 골재로서 해사를 대량 사용해야 하는 경우 철근 콘크리트의 방청을 목적으로 사용하는 혼화제이다.
- 콘크리트는 pH가 12.6 정도의 강알칼리성이어서 그 속에 매입되어 있는 철근의 표면에는 얇은 부동태 피막이 생성되어 콘크리트 중에 있는 철근은 부식되지 않는다.
- 방청제의 주성분은 아황산소다, 인산염, 염화제1주석, 리그닌설폰염화칼슘염 등이 있다.
- 방청제의 작용
  - 철근 표면의 부동태 피막을 보강하는 방법
  - 산소를 소비하거나 염소 이온을 결합하여 고정하는 방법
  - 콘크리트의 내부를 치밀하게 하여 부식성 물질의 침투를 막는 방법

□□□ 기 05

01 콘크리트용 방수제에 대한 다음 설명 중 맞지 않는 것은?

① 굳지 않은 콘크리트 중의 미세 공극을 충전하면서 분산 및 세분화시킨다.
② 콘크리트 워커빌리티를 개선하고 치기 시 발생하는 공극을 억제한다.
③ 시멘트 입자 표면에 흡착하여 시멘트와 물과의 접촉을 차단함으로써 시멘트의 수화를 지연시킨다.
④ 시멘트의 수화 반응에 의하여 생성되는 가용 물질의 용출을 방지하고 불용성 염류를 형성하게 한다.

해설 시멘트 입자 표면에 흡착하여 시멘트와 물과의 접촉함으로써 시멘트의 수화를 촉진시킨다.

□□□ 기 11, 14

02 방청제를 사용한 콘크리트에서 방청제의 작용에 의한 방식 방법에 대한 설명으로 틀린 것은?

① 콘크리트 중의 철근 표면의 부동태 피막을 보강하는 방법
② 콘크리트 중의 이산화탄소를 소비하여 철근에 도달하지 않도록 하는 방법
③ 콘크리트 중의 염소 이온을 결합하여 고정하는 방법
④ 콘크리트의 내부를 치밀하게 하여 부식성 물질의 침투를 막는 방법

해설 방청제의 작용
- 철근 표면의 부동태 피막을 보강하는 방법
- 산소를 소비하거나 염소 이온을 결합하여 고정하는 방법
- 콘크리트의 내부를 치밀하게 하여 부식성 물질의 침투를 막는 방법

050 발포제

■ 알루미늄 또는 아연 등의 분말을 혼합하면 시멘트의 응결 과정에 있어서 수산화물과 반응하여 수소 가스를 발생하며, 모르타르 및 콘크리트 속에 미세한 기포를 생기게 하는 혼화제이다.

■ 발포제의 용도

• 프리플레이스트 콘크리트용 그라우트, PC용 그라우트 등에 사용한다.

• 발포제에 의하여 그라우트를 팽창시켜 골재나 PS 강재의 간극을 잘 채워 부착을 좋게 한다.

• 건축 분야에서는 부재의 경량화 또는 단열성을 높이기 위한 목적으로 사용된다.

□□□ 기 03
01 콘크리트용 혼화제 중 하나인 기포제 및 발포제에 대한 다음 설명 중 적당하지 않은 것은?

① 콘크리트의 단위 용적 중량을 경감하고, 단열성 및 내화성 등의 성질을 개선할 목적으로 사용되는 혼화제이다.
② 기포제는 AE제와 동일한 계면 활성 작용으로 기포를 도입하는 혼화제로 최대 85%까지 공기량을 얻을 수 있다.
③ 발포제를 PC용 그라우트에 사용하면 발포 작용에 의해 모르타르나 시멘트풀을 팽창시켜 부착이 떨어진다.
④ 발포제는 금속 알루미늄 분말과 시멘트 중의 알칼리와 반응하여 생성되는 수소 가스를 이용한다.

해설 발포제를 프리플레이스트 콘크리트용 그라우트나 PC용 그라우트에 사용하면 발포 작용에 의하여 모르타르나 시멘트풀을 팽창시켜 굵은 골재의 간극이나 PSC 강재의 주위에 충분히 잘 채워지도록 함으로써 부착을 좋게 한다.

□□□ 기 04,07,12,17
02 일반적으로 알루미늄 분말을 사용하며 프리플레이스트 콘크리트용 그라우트 또는 건축 분야에서 부재의 경량화 등의 용도로 사용되는 혼화제는?

① AE제   ② 방수제
③ 방청제   ④ 발포제

해설 발포제의 용도
• 프리플레이스트 콘크리트용 그라우트, PC용 그라우트 등에 사용
• 발포제에 의하여 그라우트를 팽창시켜 골재나 PS 강재의 간극을 잘 채워 부착을 좋게 한다.
• 건축 분야에서는 부재의 경량화 또는 단열성을 높이기 위한 목적으로 사용한다.

□□□ 기 01,07,10
03 알루미늄 분말이나 아연 분말을 콘크리트에 혼입시켜 수소 가스를 발생시켜 PC용 그라우트의 충전성을 좋게 하기 위하여 사용하는 혼화제는?

① 유동화제   ② 방수제
③ AE제   ④ 발포제

해설 발포제를 프리플레이스트 콘크리트용 그라우트나 PC용 그라우트에 사용하면 발포 작용을 하여 부착력을 증대시켜 준다.

051 아스팔트의 분류

아스팔트는 열에 녹기 쉽고, 방수, 내수, 내구성이 풍부하며, 점착성이 큰 반고체의 끈끈한 물질로서, 얻을 수 있는 자원에 따라 천연 아스팔트와 석유 아스팔트로 분류한다.

아스팔트의 분류

천연 아스팔트	천연 아스팔트	록 아스팔트(rock asphalt)
		석유 아스팔트(lake asphalt)
		샌드 아스팔트(sand asphalt)
	아스팔타이트 (asphaltite)	길소나이트 피치(gilsonite pitch)
		그랜스 피치(glance pitch)
		그라하마이트(grahamite)
석유 아스팔트	스트레이트 아스팔트(straight asphalt)	
	블론 아스팔트(blown asphalt)	
	세미블론 아스팔트(semi-blown asphalt)	
	용제추출 아스팔트(propane asphalt)	

아스팔트의 특성
- 점성과 감온성이 있다.
- 반죽 질기를 임의로 변화시킬 수 있어 시공성이 풍부하다.
- 물에 용해되지 않고 불투수성이어서 방수 재료로 사용한다.
- 점착성이 크고 부착성이 좋기 때문에 결합 재료, 접착 재료로 사용한다.
- 석유 정제의 과정에서 최후의 잔류물로 얻을 수 있어 비교적 값이 싸다.

석유 아스팔트
- 스트레이트 아스팔트
  - 탄력성은 작다.
  - 점도, 내후성, 연화점이 낮다.
  - 감온성, 신장성, 점착성, 방수성이 크다.
  - 도로, 활주로, 댐 등의 포장용 혼합물의 결합재로서 사용된다.
- 블론 아스팔트
  - 침입도, 신도가 작다.
  - 탄력성, 내구성, 내충격성이 크다.
  - 신장성, 점착성, 방수성이 약하다.
  - 감온성이 작고, 연화점이 높으며 고탄성을 가지기 때문에 어느 정도의 두께를 갖는 용도에 사용된다.
  - 주로 방수재료, 접착제, 방식 도장용 등에 사용된다.

스트레이트 아스팔트와 블론 아스팔트의 성질

항 목	Straight asphalt	Blown asphalt
상 태	반고체	고체
비 중	$1.01 \sim 1.05$	$1.02 \sim 1.05$
신 도	크다.	작다.
연화점	$35 \sim 60℃$	$70 \sim 130℃$
감온성	크다.	작다.
인화점	높다.	낮다.
비 열	$0.487 cal/g \cdot ℃$	$0.487 cal/g \cdot ℃$
열전도율	$0.149 kcal/m \cdot h \cdot ℃$	$0.139 kcal/m \cdot h \cdot ℃$
체적 팽창 계수	$(6.0 \sim 6.3) \times 10^{-4}/℃$	$(6.0 \sim 6.3) \times 10^{-4}/℃$
투수 계수	$4.1 \times 10^{-9} cm/cm^2$	$6.0 \times 10^{-9} cm/cm^2$
침입도 지수	$-1 \sim +1$	$+1$ 이상
접착성	매우 크다.	작다.
유화성	좋다.	나쁘다.
유동성	크다.	작다.
내후성	좋다.	매우 좋다.

□□□ 기 07

01 다음 중 아스팔트에 대한 설명으로 틀린 것은?

① 천연 아스팔트와 석유 아스팔트로 나뉜다.
② 온도에 따른 컨시스턴시의 변화가 크다.
③ 스트레이트 아스팔트는 블론 아스팔트보다 신장성, 방수성, 감온성 등이 우수하다.
④ 아스팔트의 점도는 클리블랜드 개방형 시험으로 측정한다.

해설 아스팔트의 점도를 측정하는 시험법 : 앵글러법, 세이볼트 유니버설법, 세이볼트 퓨롤법, 스토머법

□□□ 기 04,11

02 다음 중 천연 아스팔트의 종류가 아닌 것은?

① 록(rock) 아스팔트
② 샌드(sand) 아스팔트
③ 블론(blown) 아스팔트
④ 레이크(lake) 아스팔트

해설 천연 아스팔트 : 록(rock) 아스팔트, 레이크(lake) 아스팔트, 샌드(sand) 아스팔트, 아스팔타이트(asphaltite)

□□□ 기 04,11
03 다음 중 석유 아스팔트의 종류가 아닌 것은?

① 록(Rock) 아스팔트
② 블론(Blown) 아스팔트
③ 용제추출(Propane) 아스팔트
④ 스트레이트(Straight) 아스팔트

해설 천연 아스팔트 : 록(rock) 아스팔트, 레이크(lake) 아스팔트, 샌드(sand) 아스팔트, 아스팔타이트(asphaltite)

□□□ 기 88,08
04 다음 중 도로 포장용으로 가장 많이 사용되는 재료는?

① 콜 타르(coal tar)
② 블론 아스팔트(blown asphalt)
③ 샌드 아스팔트(sand asphalt)
④ 스트레이트 아스팔트(straight asphalt)

해설 스트레이트 아스팔트의 주요 용도는 충격에 강하여 도로, 활주로, 댐 등의 포장용 혼합물의 결합재로서 사용된다.

□□□ 기 00,02,04,09
05 역청재에 대한 설명 중 옳지 않은 것은?

① 석유 아스팔트는 원유를 증류한 잔유물을 원료로 한 것이다.
② 아스팔타이트의 성질 용도는 스트레이트 아스팔트와 같이 취급한다.
③ 포장용 타르는 타르를 다시 증류하여 정제하여 만든 것이다.
④ 역청 유제는 역청제를 유화제 수용액 중에 미립자의 상태로 분포시킨 것이다.

해설 아스팔타이트는 탄성이 크고 토사를 포함하지 않아 블론 아스팔트와 비슷한 화합물로 성질과 용도도 블론 아스팔트와 같이 취급한다.

□□□ 기 11
06 아스팔트의 특성에 대한 설명 중 틀린 것은?

① 점성과 감온성이 있다.
② 불투수성이어서 방수 재료로도 사용된다.
③ 점착성이 크고 부착성이 좋기 때문에 결합 재료, 접착 재료로 사용한다.
④ 아스팔트는 증발 감량이 작다.

해설 증발 감량
· 아스팔트는 휘발성 물질을 많이 함유하여 증발 감량이 크다.
· 증발 감량은 방청제, 노면 처리로 사용되는 아스팔트의 적부를 판단할 때 중요한 요소이다.

□□□ 기 88,02,05,16
07 블론(blown) 아스팔트와 스트레이트(straight) 아스팔트의 성질에 관한 설명 중 옳지 않은 것은?

① 스트레이트 아스팔트는 블론 아스팔트보다 연화점이 낮다.
② 스트레이트 아스팔트는 블론 아스팔트보다 감온성이 적다.
③ 블론 아스팔트는 스트레이트 아스팔트보다 유동성이 적다.
④ 블론 아스팔트는 스트레이트 아스팔트보다 방수성이 적다.

해설 스트레이트 아스팔트는 연화점이 낮아서 온도에 대한 감온성이 크다.

□□□ 기 90,99,06,08
08 다음 중 천연 아스팔트가 아닌 것은?

① 록 아스팔트
② 레이크 아스팔트
③ 아스팔타이트
④ 블론 아스팔트

해설 · 천연 아스팔트 : 록(rock) 아스팔트, 레이크(lake) 아스팔트, 샌드(sand) 아스팔트, 아스팔타이트(asphaltite)
· 석유 아스팔트 : 스트레이트(straight) 아스팔트, 블론(blown) 아스팔트, 세미블론 아스팔트, 용제추출 아스팔트

□□□ 기 12
09 스트레이트 아스팔트에 대한 설명 중 틀린 것은?

① 블론 아스팔트에 비해 투수 계수가 크다.
② 블론 아스팔트에 비해 신장성이 크다.
③ 블론 아스팔트에 비해 점착성이 크다.
④ 블론 아스팔트에 비해 온도에 대한 감온성이 크다.

해설 스트레이트 아스팔트는 블론 아스팔트에 비해 투수 계수가 작다.

□□□ 기 09,12
10 다음 아스팔트의 종류별 특성을 설명한 것 중 틀린 것은?

① 스트레이트 아스팔트는 증기 증류법, 강압 증류법 또는 이들 두 방법의 조합에 의하여 제조된다.
② 블론 아스팔트는 신장성, 방수성 등이 스트레이트 아스팔트보다 약하다.
③ 스트레이트 아스팔트는 도로 활주로 댐 등의 포장용 혼합물의 결합재로 사용된다.
④ 블론 아스팔트는 감온성이 크고 저탄성을 가지기 때문에 어느 정도의 두께를 갖는 용도에 널리 이용된다.

해설 블론 아스팔트는 감온성이 작고 고탄성을 가지기 때문에 어느 정도의 두께를 갖는 용도에 널리 이용되고 있다.

□□□ 기 88,00,06,09,11 산 87,94,02

11 아스팔트의 연경도(Consistency)에 가장 큰 영향을 미치는 것은?

① 비중
② 인화점
③ 연화점
④ 온도

해설 아스팔트는 온도에 의한 연경도(consistency, 점도)의 변화가 현저한데 이러한 변화가 일어나기 쉬운 정도를 감온성이라 한다.

□□□ 기 13,17

12 석유계 아스팔트로서 연화점이 높고 방수 공사용으로 가장 많이 사용되는 재료는?

① 스트레이트 아스팔트
② 블론 아스팔트
③ 레이크 아스팔트
④ 록 아스팔트

해설 블론 아스팔트
· 감온성이 작고 탄력성이 크며, 연화점이 높다.
· 주로 방수 재료, 접착제, 방수 공사용 등에 사용된다.

□□□ 기 02,04

13 스트레이트 아스팔트에 대한 설명 중 틀린 것은?

① 블론 아스팔트에 비해 점도가 낮다.
② 블론 아스팔트에 비해 탄력성이 크다.
③ 주요 용도로는 도로, 활주로, 댐 등의 포장용 혼합물의 결합재로 사용된다.
④ 블론 아스팔트에 비해 온도에 대한 감온성이 크다.

해설 스트레이트 아스팔트는 블론 아스팔트에 비해 탄력성이 작다.

□□□ 기 07,18

14 스트레이트 아스팔트에 대한 설명으로 잘못된 것은?

① 블론 아스팔트에 비해 감온성이 작다.
② 블론 아스팔트에 비해 신장성이 우수하다.
③ 블론 아스팔트에 비해 탄력성이 작다.
④ 주요 용도는 도로, 활주로, 댐 등의 포장용 혼합물의 결합재이다.

해설 스트레이트 아스팔트는 연화점이 낮아서 온도에 대한 감온성이 크다.

□□□ 기 14,18

15 아스팔트에 대한 설명 중 잘못된 것은?

① 레이크아스팔트는 지표의 낮은 부분에 퇴적물로 생긴다.
② 아스팔타이트는 원유를 인공적으로 증류하여 제조한 것이다.
③ 샌드아스팔트는 천연 아스팔트가 모래 속에 스며든 것이다.
④ 록아스팔트는 천연 아스팔트가 석회암, 사암 등의 다공질 암석 사이에 스며든 것이다.

해설 아스팔타이트 : 천연석유가 지층의 갈라진 틈 및 암석의 틀 사이에 침투한 후 지열 및 공기 등의 작용에 의해 산화와 중합의 작용이 겹쳐 변질해서 생긴 것이다.

1 아스팔트의 물리적 성질

■ 아스팔트의 비중
• 아스팔트의 비중은 25℃에서 스트레이트 아스팔트의 경우 1.0~1.1 정도이다.
• 아스팔트의 비중은 침입도가 작을수록 크다
• 아스팔트의 비중은 온도가 상승할수록 저하된다.

■ 아스팔트의 침입도
• 침입도는 아스팔트의 반죽 질기를 물리적으로 나타내는 것이다.
• 아스팔트의 콘시스턴시를 침의 관입 저항으로 평가하는 것으로 일정한 온도(25℃), 하중(100g), 시간(5초)을 기준으로 하여 침의 관입 깊이를 나타낸 것이다.
• 침의 관입량을 0.1mm 단위로 나타낸 것을 침입도 1로 한다.
• 침입도 지수란 온도에 대한 침입도의 변화를 나타내는 지수이다.
• 스트레이트 아스팔트가 블론 아스팔트보다 침입도가 크다.
• 침입도는 일반적으로 온도 상승에 따라서 증가한다.

■ 아스팔트의 인화점과 연소점
• 아스팔트를 가열했을 때 어느 일정 온도에 달하면 화기를 가까이 했을 경우 인화하는데, 이때의 최저 온도를 인화점이라 한다.
• 역청재가 인화되어 5초 동안 계속 연소할 때의 최저 온도를 연소점이라 한다.
• 아스팔트의 인화점 및 연소점은 ℃로 나타내며, 정수치로 보고한다.
• 아스팔트의 가열 시에 위험도를 알기 위해 인화점과 연소점을 측정한다.
• 아스팔트의 인화점은 대체로 250~320℃의 범위에 있다.
• 아스팔트의 인화점은 연소점보다 25~60℃ 정도 낮다.
• 일반적으로 가열 속도가 빠르면 인화점은 떨어진다.

■ 아스팔트의 점도
• 점도는 아스팔트의 컨시스턴시와 교착력을 나타내는 것이다.
• 아스팔트의 점도를 측정하는 시험법 : 앵글러(Engler)법, 세이볼트(Saybolt)법, 스토머(Stomer)법

2 아스팔트 시험

■ 아스팔트 연화점 시험
• 환구법에 의한 아스팔트 연화점 시험은 시료를 환에 주입하고 4시간 이내에 시험을 종료하여야 한다.
• 환구법에 의한 아스팔트 연화점 시험에서 시료를 규정조건에서 가열하였을 때, 시료가 연화되기 시작하여 규정된 거리(25.4mm)로 처졌을 때의 온도를 연화점이라 한다.

■ 아스팔트 신도 시험
• 아스팔트의 신도 시험에서 3회 측정의 평균값을 1cm 단위로 끝맺음하고 신도로 결정한다.
• 별도의 규정이 없는 한 시험할 때 온도는 (25±0.5)℃를 적용한다.
• 별도의 규정이 없는 한 인장하는 속도는 (5±0.25)cm/min을 적용한다.
• 저온에서 시험할 때 온도는 4℃를 적용한다.
• 저온에서 시험할 때 인장하는 속도는 1cm/min을 적용한다.

■ 아스팔트의 안정도 시험
• 역청 혼합물은 주로 교통차량의 하중과 고온에 의하여 유동되며, 파상변형에 대한 저항성을 안정도(성)라 한다.
• 마샬 안정도시험은 아스팔트 혼합물의 배합설계와 현장에 따른 품질관리를 위하여 행하는 가열아스팔트의 혼합물 안정도 시험이다.
• 마샬 안정도시험은 골재의 최대치수가 25mm 이하의 가열 혼합물에 대하여 적용한다.
• 마샬 안정도 시험시 공시체의 적정온도는 (60±1)℃의 항온 수조 속에서 30~40분간 수침시킨다.

■ 박막가열 시험
반고체 상태의 아스팔트성 재료를 3.2mm 두께의 얇은 막 형태로 163℃로 5시간 가열한 후 침입도 시험을 실시하여 원시료와의 비율을 측정하고, 가열 손실량도 측정하는 시험방법

□□□ 기 05
01 아스팔트의 물리적 성질 중 옳지 않은 것은?

① 침입도는 아스팔트의 컨시스턴시를 침의 관입 저항으로 평가하는 방법이다.
② 아스팔트에는 명확한 융점이 있으며, 온도가 상승하는 데 따라 연화하여 액상이 된다.
③ 아스팔트의 연성을 나타내는 수치를 신도라 한다.
④ 아스팔트는 온도에 따른 컨시스턴시의 변화가 매우 크며, 이 변화의 정도를 감온성이라 한다.

해설 아스팔트는 여러 가지 화합물의 혼합물이므로 일정한 융점은 없지만 이것을 서서히 가열하면 점차 연화하여 액상으로 된다.

□□□ 기 07,10
02 다음은 아스팔트의 물리적 성질이다. 잘못된 것은?

① 아스팔트의 비중은 일반적으로 약 1.0~1.1 정도이다.
② 아스팔트의 침입도는 온도 상승에 따라 감소한다.
③ 아스팔트의 인화점은 대체로 250~320℃의 범위에 있다.
④ 아스팔트의 열팽창 계수는 상온 200℃까지 대개 6.0×10^{-4}/℃ 정도이다.

해설 아스팔트의 침입도는 일반적으로 온도 상승에 따라 증가한다.

---

03 25℃ 기준 보통 아스팔트의 개략적인 비중값은?

① 1.0~1.10 　　　　② 1.10~1.20
③ 1.20~1.30 　　　　④ 1.30~1.45

해설 아스팔트의 비중은 25℃에서 스트레이트 아스팔트의 경우 1.0~
1.1 정도이다.

04 아스팔트의 비중 측정 시의 표준 온도는?

① 15℃ 　　　　② 20℃
③ 25℃ 　　　　④ 30℃

해설 아스팔트의 시험 온도는 25℃를 표준으로 한다.

05 다음은 역청 재료의 성질에 대한 설명이다. 적당치 않은 것은?

① 신도 : 아스팔트의 연성을 나타낸 값
② 점도 : 아스팔트가 유동하려 할 때 여기에 저항하는 성질
③ 침입도 : 25℃에서 10g의 침이 5초 동안 아스팔트 시료에 관입하는 깊이로써 아스팔트의 컨시스턴시를 물리적으로 나타낸 것
④ 감온성 : 역청재의 반죽 질기가 온도에 따라 변하는 성질

해설 침입도 : 아스팔트의 컨시스턴시를 물리적으로 측정하는 것으로서 일정한 온도(25℃), 하중(100g), 시간(5초)을 기준으로 하여 침의 관입 깊이를 나타낸 것이다.

06 아스팔트의 성질에 대한 설명 중 틀린 것은?

① 아스팔트의 비중은 침입도가 작을수록 적다
② 아스팔트의 비중은 온도가 상승할수록 저하된다.
③ 아스팔트는 온도에 따라 컨시스턴시가 현저하게 변화된다.
④ 아스팔트의 강성은 온도가 높을수록 정밀도가 클수록 작다

해설 일반적으로 침입도가 작을수록 비중이 크다.

07 다음 중 아스팔트 품질의 양부를 판정하는 데 필요 없는 시험은?

① 침입도 시험 　　　　② 마모율 시험
③ 신도 시험 　　　　④ 연화점 시험

해설 마모율 시험은 도로 포장에서 품질 시험

08 아스팔트의 인화점과 연소점에 관한 다음 설명 중 옳지 않은 것은?

① 아스팔트를 가열했을 때 어느 일정 온도에 달하면 화기를 가까이 했을 경우 인화하는데, 이때의 최저 온도를 인화점이라 한다.
② 인화점은 연소점보다 온도가 낮다.
③ 아스팔트의 가열 시에 위험도를 알기 위해 인화점과 연소점을 측정한다.
④ 아스팔트가 인화되어 연소할 때의 최고 온도를 연소점이라 한다.

해설 역청재가 인화되어 5초 동안 계속 연소할 때의 최저 온도를 연소점이라 한다.

09 역청재로의 인화점과 연소점에 관한 다음 설명 중 옳지 않은 것은?

① 역청재에 화기가 인화되는 최저 온도를 인화점이라 한다.
② 인화점은 연소점 보다 온도가 25~60℃ 정도 낮다.
③ 역청재의 가열 시에 위험도를 알기 위해 인화점과 연소점을 측정한다.
④ 역청재가 인화되어 연소할 때의 최고 온도를 연소점이라 한다.

해설 역청재가 인화되어 5초 동안 계속 연소할 때의 최저 온도를 연소점이라 한다.

10 아스팔트의 인화점 및 연소점 시험에 대한 설명으로 잘못된 것은?

① 인화점 및 연소점은 ℃로 나타내며, 정수치로 보고한다.
② 인화점은 연소점보다 3~6℃ 정도 높다.
③ 일반적으로 가열 속도가 빠르면 인화점은 떨어진다.
④ 사람과 장치가 같을 때 2회의 시험 결과에 있어 그 차가 8℃를 넘지 않을 때에 그 평균값을 취한다.

해설 연소점은 인화점보다 25~60℃ 정도 높다.

11 아스팔트는 일정한 용융점을 갖지 않으며, 온도가 상승하는 데 따라 액상화가 된다. 아스팔트가 일정한 점성에 도달했을 때의 온도를 무엇이라 하는가?

① 연화점 　　　　② 인화점
③ 고화점 　　　　④ 연소점

해설 아스팔트의 연화점은 고체상에서 액상으로 되는 과정 중에 일정한 점도에 달했을 때의 온도로 나타내는 것이다.

12 아스팔트의 침입도 지수(PI)를 구하는 식으로 옳은 것은? (단, $A = \dfrac{\log 800 - \log P_{25}}{\text{연화점} - 25}$ 이고, P_{25}는 25℃에서의 침입도이다.)

① $PI = \dfrac{25}{1 + 50A} - 10$　　② $PI = \dfrac{30}{1 + 50A} - 10$

③ $PI = \dfrac{25}{1 + 40A} - 10$　　④ $PI = \dfrac{30}{1 + 40A} - 10$

해설 $PI = \dfrac{30}{1 + 50A} - 10$

13 역청 재료의 침입도 시험에서 중량 100g의 표준침이 5초 동안에 5mm 관입했다면 이 재료의 침입도는 얼마인가?

① 100　　　　　　　② 50

③ 25　　　　　　　④ 5

해설 침의 관입량을 0.1mm 단위로 나타낸 것을 침입도 1로 한다.

∴ 침입도 $= \dfrac{5}{0.1} = 50$

14 아스팔트의 침입도 시험에서 표준침의 관입량이 8.1mm이었다. 이 아스팔트의 침입도는 얼마인가?

① 0.081　　　　　② 0.81

③ 8.1　　　　　　④ 81

해설 침의 관입량을 0.1mm 단위로 나타낸 것을 침입도 1로 한다.

∴ 침입도 $= \dfrac{8.1}{0.1} = 81$

15 다음 중 아스팔트 시험에 대한 설명으로 틀린 것은?

① 아스팔트 침입도 시험에서 침입도 측정값의 평균값이 50.0 미만인 경우 침입도 측정값의 허용차는 2.0으로 규정하고 있다.
② 환구법에 의한 아스팔트 연화점 시험은 시료를 환에 주입하고 4시간 이내에 시험을 종료하여야 한다.
③ 환구법에 의한 아스팔트 연화점 시험에서 시료를 규정 조건에서 가열하였을 때, 시료가 연화되기 시작하여 규정된 거리(25.4mm)로 처졌을 때의 온도를 연화점이라 한다.
④ 아스팔트의 신도 시험에서 2회 측정의 평균값을 0.5cm 단위로 끝맺음하고 신도로 결정한다.

해설 3회의 측정값의 평균을 1cm의 단위로 끝맺음한 것을 신도로 한다.

16 다음은 아스팔트 침입도 시험에 대한 설명이다. 괄호 안의 값으로 틀린 것은?

> 침입도는 온도 (㉮)에서 하중 (㉯)의 표준침이 (㉰)동안 시료 속에 수직으로 들어간 길이로서 나타내며. 관입량이 (㉱)인 경우를 침입도 1로 한다.

① ㉮ 25℃　　　　　② ㉯ 200g

③ ㉰ 5초　　　　　④ ㉱ 0.1mm

해설 침입도 : 일정한 온도(25℃), 하중(100g), 시간(5초)을 기준으로 침의 관입량 0.1mm를 침입도 1로 한다.

17 아스팔트 침입도에 관한 설명으로 틀린 것은?

① 아스팔트 경도를 나타내는 것으로 표준침의 관입 저항을 측정하는 것이다.
② 침입도는 묽은 아스팔트일수록 크고, 온도가 높으면 커진다.
③ 침입도 시험에서 표준 시험 조건은 온도 25℃, 하중 100g, 시간은 5초로 한다.
④ 침입도 값은 표준침이 0.01mm 관입한 것을 1로 한다.

해설 침의 관입량을 0.1mm 단위로 나타낸 것을 침입도 1로 한다.

18 다음 중 아스팔트의 침입도에 대한 설명으로 틀린 것은?

① 온도가 상승하면 침입도는 감소한다.
② 침입도 지수란 온도에 대한 침입도의 변화를 나타내는 지수이다.
③ 스트레이트 아스팔트가 블론 아스팔트보다 침입도가 크다.
④ 침입도는 아스팔트의 반죽 질기를 물리적으로 나타내는 것이다.

해설 침입도는 일반적으로 온도 상승에 따라 증가한다.

19 다음은 아스팔트의 침입도 시험에 관한 설명이다. 틀린 것은?

① 단위는 0.1mm을 1로 한다.
② 일반적으로 아스팔트의 반죽 질기를 물리적으로 나타내는 것이다.
③ 시험 온도는 30℃이다.
④ 시험 하중은 100g, 시간은 5초이다.

해설 침입도 : 아스팔트의 경도를 나타내는 것으로 일정한 온도(25℃), 하중(100g), 시간(5초)을 기준으로 침의 관입량 0.01mm 단위를 1로 나타낸 것이다.

□□□ 기 11,16

20 아스팔트 신도 시험에 대한 설명으로 틀린 것은?

① 별도의 규정이 없는 한 시험할 때 온도는 20±0.5℃를 적용한다.
② 별도의 규정이 없는 한 인장하는 속도는 5±0.25cm/min을 적용한다.
③ 저온에서 시험할 때 온도는 4℃를 적용한다.
④ 저온에서 시험할 때 인장하는 속도는 1cm/min을 적용한다.

해설 별도의 규정이 없는 한 시험할 때 온도는 25±0.5℃를 적용한다.

□□□ 기 88,00,06,11

21 다음 중에서 아스팔트의 점도에 가장 큰 영향을 주는 것은?

① 비중　② 인화점　③ 연화점　④ 온도

해설 아스팔트는 저온에서는 고체이지만 고온에서는 액체 상태로 되고, 온도에 의한 점도의 변화가 현저하다.

□□□ 기 01,03,06,13,15,21

22 역청 재료의 점도를 측정하는 시험 방법이 아닌 것은?

① 앵글러법　　　② 세이볼트법
③ 환구법　　　④ 스토머법

해설
· 아스팔트의 점도를 측정하는 시험법 : 앵글러(Engler)법, 세이볼트(Saybolt)법, 스토머(Stomer)법
· 환구법 : 아스팔트의 연화점 시험 방법이다.

□□□ 기 03

23 아스팔트 콘크리트의 마샬 안정도 시험 시 공시체의 적정 온도(℃)는?

① 40　　② 50　　③ 60　　④ 70

해설 시험체는 60±1℃의 항온 수조 속에서 30~40분간 수침시킨다.

□□□ 기 04,05

24 반고체 상태의 아스팔트성 재료를 3.2mm 두께의 얇은 막 형태로 163℃로 5시간 가열한 후 침입도 시험을 실시하여 원시료와의 비율을 측정하며, 가열 손실량도 측정하는 시험법은 다음 중 어느 것인가?

① 증발 감량 시험　　② 피막 박리 시험
③ 박막 가열 시험　　④ 아스팔트 제품의 증류 시험

해설 박막 가열 시험이며 아스팔트의 열이나 공기 등의 작용에 의해서 변질되는 경향을 알기 위하여 박막 가열 시험을 한다.

□□□ 기 02,08,15

25 도로의 표층 공사에서 사용되는 가열 아스팔트 혼합물의 안정도 시험은 어느 방법으로 판정하는가?

① 엥글러 시험　　　② 레드우드 시험
③ 마샬 시험　　　④ 박막 가열 시험

해설 마샬 시험 : 아스팔트 혼합물의 배합 설계와 현장에 따른 품질관리를 위하여 행하는 가열 아스팔트의 혼합물 안정도 시험이다.

□□□ 기 01,08

26 아스팔트 혼합물의 마샬 안정도 시험은 굵은 골재 최대 치수가 얼마 이하의 가열 혼합물에 대하여 적용하는가?

① 10mm　　　　② 15mm
③ 20mm　　　　④ 25mm

해설 마샬 안정도 시험은 골재의 최대 치수가 25mm 이하의 가열 혼합물에 대하여 적용한다.

□□□ 기 11,17

27 아스팔트 배합 설계 시 가장 중요하게 검토하는 안정도(stability)에 대한 정의로 옳은 것은?

① 교통 하중에 의한 아스팔트 혼합물의 변형에 대한 저항성을 말한다.
② 노화 작용에 대한 저항성 및 기상 작용에 대한 저항성을 말한다.
③ 아스팔트 혼합물의 배합 시 잘 섞일 수 있는 능력을 말한다.
④ 자동차의 제동(brake) 시 적절한 마찰로서 정지할 수 있는 표면 조직의 능력이다.

해설 역청 혼합물은 주로 교통 차량의 하중과 고온에 의하여 유동되며, 파상 변형에 대한 저항성을 안정도(성)라 한다.

□□□ 기 03

28 가열 아스팔트 안정 처리 혼합물의 마샬 시험과 관계가 없는 것은?

① 안정도　　　　② 흐름값
③ 공극률　　　　④ 마모 감량

해설
· 마모 감량은 로스앤젤레스 시험기에 의한 골재의 마모 저항 시험에서 얻을 수 있다.
· 마샬 안정도 시험 기준치

항 목	기준치
안정도(kg)	350 이상
흐름값(1/100cm)	10~40
공극률(%)	3~10

□□□ 기03
29 AC 85~100 도로 포장용 아스팔트가 있다. 85~100이란 숫자는 다음 중 무엇을 나타낸 것인가?

① 아스팔트 침입도　　② 아스팔트 신도
③ 아스팔트 점도　　　④ 아스팔트 연화도

해설 AC 85~100이란 25℃에서 5초 동안의 아스팔트 침입도를 나타낸 것이다.

□□□ 기91,01,18
30 다음 중 도로 포장용 스트레이트 아스팔트 재료의 품질 검사에 필요한 시험 항목이 아닌 것은?

① 인화점 및 증류 시험
② 침입도 및 신도
③ 삼염화에틸렌 가용분
④ 박막 가열 후 침입도비

해설 ·도로 포장용 스트레이트 아스팔트의 품질 검사 항목 : 침입도, 신도, 삼염화에틸렌 가용분, 박막 가열 후 침입도비, 인화점
·증류 시험 : 컷백 아스팔트에 사용하는 시험이다.

□□□ 기15,18
31 아스팔트 시료를 일정비율 가열하여 강구의 무게에 의해 시료가 25.4mm 내려갔을 때 온도를 측정한다. 이는 무엇을 구하기 위한 시험인가?

① 침입도　　　　　② 인하점
③ 연소점　　　　　④ 연화점

해설 아스팔트 연화점시험
·환구법에 의한 아스팔트 연화점시험은 시료를 환에 주입하고 4시간 이내에 시험을 종료하여야 한다.
·환구법에 의한 아스팔트 연화점시험에서 시료를 규정조건에서 가열하였을때, 시료가 연화되기 시작하여 규정된 거리(25.4mm)로 처졌을 때의 온도를 연화점이라 한다.

---

053 가열 혼합 아스팔트

■ 구스 아스팔트(guss asphalt)
· 부순 돌, 모래, 필러 및 아스팔트로 이루어져 있지만 필러와 아스팔트로 된 filler-bitumen을 많이 함유한 무공극 혼합물인 것이 특징이다.
· 비투수성이고 내구성이 우수하여 교량의 상판 포장에 주로 이용되는 가열 혼합식 아스팔트 혼합물이다.
· 아스팔트는 보통 침입도 20~60 정도의 것이 사용된다.

■ 아스팔트 콘크리트
· 굵은 골재, 잔 골재, 필러로 된 입도 조성이 양호한 골재에 스트레이트 아스팔트를 적당량 가열 혼합한 혼합물이다.
· 아스팔트 콘크리트 : 아스팔트 + 필러 + 잔 골재 + 굵은 골재
· 도로, 공항, 주차장 등의 아스팔트 포장에 사용된다.
· 골재 최대 입경이 클수록 안정도는 감소한다.
· 채움재(Filler)가 많을수록 안정도는 증가한다.
· 아스팔트 침입도가 작을수록 안정도는 증가한다.
· 골재 간극률이 클수록 안정도는 감소한다.

□□□ 기01,06
01 부순 돌, 모래, 필러 및 아스팔트로 이루어져 있지만 필러와 아스팔트로 된 filler-bitumen을 많이 함유한 무공극 혼합물로 비투수성이고 내구성이 우수하여 교량의 상판 포장에 주로 이용되는 가열 혼합식 아스팔트 혼합물은 어느 것인가?

① 매스틱 아스팔트
② 구스 아스팔트
③ 아스팔트 콘크리트
④ 안정 처리 혼합물

해설 구스 아스팔트(guss asphalt)로 필러 역청을 많이 함유한 무공극 혼합물인 것이 특징이다.

---

054 아스팔트 혼합물의 배합 계산

아스팔트 혼합물의 배합 설계를 이해하는 데 필요한 혼합물의 밀도, 공극률, 포화도, 골재 공극률 등의 관계를 계산한다.

- **최대 이론 밀도**는 혼합물 중에 공극이 없다고 가정할 때의 밀도

$$D = \frac{100 G_a}{100 + B(G_a - 1)}$$

- **아스팔트 부피비** : $V_a = \dfrac{A \times d}{G_a}$

- **공극률** : $V = \left(1 - \dfrac{d}{D}\right) \times 100$

- **채움률** : $S = \dfrac{V_a}{V_a - V} \times 100$

- **골재의 공극률** : $V_{ma} = V_a + V$

- **포화도** : $S = \dfrac{V_a}{V_{ma}} \times 100$

  여기서, G_a : 아스팔트의 밀도
  d : 시험체의 실측 밀도
  A : 혼합물 중의 아스팔트 양(%)
  D : 시험체의 이론 최대 밀도(g/cm^3)

□□□ 기 05

01 다음 중 아스팔트 혼합물의 마샬 배합 설계 시 필요하지 않은 사항은?

① 인장 강도   ② 흐름값 측정
③ 마샬 안정도   ④ 골재의 체가름

해설 아스팔트 혼합물의 시험법
- 골재의 체가름 시험에서 입도 분포도를 그려 합성 입도를 검토한다.
- 마샬 안정도 시험을 행하여 안정도, 흐름값을 측정한다.

□□□ 기 99,04,07,15

02 아스팔트 혼합물의 겉보기 밀도가 $2.25g/cm^3$이고, 최대 밀도가 $2.40g/cm^3$이라면 아스팔트의 공극률은?

① 0.625%   ② 6.25%
③ 62.5%   ④ 625%

해설 공극률 $v = \left(1 - \dfrac{d}{D}\right) \times 100$
$= \left(1 - \dfrac{2.25}{2.40}\right) \times 100 = 6.25\%$

□□□ 기 94,04

03 아스팔트 혼합물의 겉보기 밀도가 $2.28g/cm^3$이고 아스팔트의 양이 5%, 골재의 평균 밀도가 $2.56g/cm^3$일 때 약 공극률은 얼마인가? (단, 아스팔트 밀도는 $1g/cm^3$임)

① 1%   ② 2%
③ 3%   ④ 4%

해설 최대 밀도 $D = \dfrac{100 G_a}{100 + B(G_a - 1)}$
$= \dfrac{100 \times 2.56}{100 + 5(2.56 - 1)} = 2.37$

∴ 공극률 $v = \left(1 - \dfrac{d}{D}\right) \times 100$
$= \left(1 - \dfrac{2.28}{2.37}\right) \times 100 = 4\%$

□□□ 기 01,05,09,11,13,14,22

04 마샬 시험 방법에 따라 아스팔트 콘크리트 배합 설계를 진행할 경우 포화도는 몇 %인가? (단, 아스팔트 밀도(G_a) : $1.030g/cm^3$, 아스팔트의 함량(A) : 6.3%, 공시체의 실측 밀도(d) : $2.435g/cm^3$, 공시체의 공극률(V) : 4.8%)

① 58%   ② 66%
③ 71%   ④ 76%

해설 아스팔트의 용적률 $V_a = \dfrac{A \cdot d}{G_a}$
$= \dfrac{6.3 \times 2.435}{1.030} = 14.894\%$

∴ 포화도 $S = \dfrac{V_a}{V_a + V} \times 100(\%)$
$= \dfrac{14.894}{14.894 + 4.8} \times 100 = 76\%$

□□□ 기 13

05 역청 혼합물의 배합 설계에 관한 용어의 설명 중 틀린 것은?

① 포화도는 다져진 역청 혼합물의 골재 간극 중 역청재가 차지하는 체적 비율(%)이다.
② 최대 이론 밀도는 다져진 역청 혼합물에 공극이 포함되어 있다고 가정할 때의 밀도이다.
③ 안정도는 역청 혼합물에 어떤 외력을 가했을 때, 일어나려고 하는 소성 변형에 대한 저항치이다.
④ 흐름값은 역청 혼합물에 어떤 외력을 가했을 때, 최대 외력까지의 소성 변형치이다.

해설 최대 이론 밀도는 다져진 역청 혼합물에 공극이 전혀 존재하지 않는 가정할 때의 밀도이다.

📖 필러(filler : 석분)

• 필러(filler)로는 석회석 분말, 시멘트, 소석회 등이 사용되고, 0.08 mm 체를 질량으로 65% 이상 통과하는 아주 미세한 분말 상태의 돌가루를 말한다.

• 필러는 혼합물 중에 3~10% 정도 혼입되는데 아스팔트 결합재의 점도를 증대하는 것을 주목적으로 한다. 아스팔트와 혼합하여 골재 사이의 공극을 채워 결합재로서 작용한다.

📖 포장용 골재의 성질

• 내구성이 클 것
• 재질이 균일할 것
• 단단하고 내마모성이 클 것
• 편평하거나 세장한 형성이 아닐 것
• 내화성이 커서 가열 혼합하여도 파쇄하지 않을 것
• 역청 재료와의 부착성이 커서 물의 영향을 받지 않을 것

📖 골재의 저장

• 표면수가 균일한 골재를 사용할 수 있도록 한다.
• 잔 골재는 천막포로 덮어 비를 맞지 않도록 하는 것이 좋다.
• 굵은 골재는 대소립이 분리하지 않도록 취급에 주의하여야 한다.

• 석분은 젖으면 사용이 곤란해지므로 절대로 비에 젖지 않도록 하여야 한다.
• 골재는 각각 종류별로 저장해서 서로 섞이거나 먼지 또는 진흙 등이 혼입되지 않도록 하여야 한다.

📖 아스팔트 혼합물

• **토페카** : 시트 아스팔트에 약간의 굵은 골재를 투입하여 주로 도로의 표층에 사용하는 아스팔트 콘크리트이다.
• **아스팔트 매스틱** : 아스팔트와 필러를 혼합한 것으로 주로 구조물이나 포장의 이음부에 완충제로 사용된다.
• **아스팔트 펠트**(felt) : 목면, 마사, 폐지 등을 물에서 혼합하여 원지를 만든 후 여기에 스트레이트 아스팔트를 침투시켜 만든 것으로 아스팔트 방수의 중간층재로 사용
• **아스팔트 루핑** : 지하철, 상하수도, 터널 등의 방수용이나 건축물의 지붕 등에 사용되는 것으로 방수의 효과가 매우 높은 것
• **아스팔트 콘크리트** : 아스팔트 시멘트와 모래, 자갈, 필러 등으로 혼합하여 도로 포장 등에 사용되는 것
• **애라스타이트** : 콘크리트 포장에서 팽창줄눈의 진충재로 사용하는 판

□□□ 기 06

01 포장용 아스팔트 혼합물의 재료에 대한 설명 중 틀린 것은?

① 잔 골재는 깨끗하고 강인하며, 내구성이 풍부해야 한다.
② 잔 골재는 2.5mm 체에서 0.08mm 체의 범위까지 적당한 입도를 가져야 한다.
③ 필러로는 석회석 분말, 시멘트, 소석회 등이 사용된다.
④ 필러는 0.08mm 체 통과 질량 백분율이 50% 이하이어야 한다.

해설 필러(filler)는 0.08mm 체를 질량으로 65% 이상 통과하는 것이어야 한다.

□□□ 기 93,03,12,16

02 아스팔트 혼합재에서 채움재(filler)를 혼합하는 목적은 다음 중 어느 것인가?

① 아스팔트의 비중을 높이기 위해서
② 아스팔트의 점도를 높이기 위해서
③ 아스팔트의 공극을 메꾸기 위해서
④ 아스팔트의 내열성을 증가시키기 위해서

해설 필러(filler : 석분)는 혼합물 중에 3~10% 정도 혼입되는데 아스팔트 결합재의 점도를 증대하는 것을 주목적으로 한다. 아스팔트와 혼합하여 골재 사이의 공극을 채워 결합재로서 작용한다.

□□□ 기 00,03,17

03 역청 재료의 일반적 성질에 관한 설명 중 틀린 것은?

① 역청 재료는 유기질 재료가 가지지 못하는 무기질 재료 특유의 성질을 가지고 있어 포장 재료, 주입 재료, 방수 재료 및 이음재 등에 사용된다.
② 타르(tar)는 석유 원유, 석탄, 수목 등의 유기물의 건류에 의하여 얻어진 암흑색의 액상 물질로서 아스팔트보다 수분이 많이 포함되어 있다.
③ 역청 유제는 역청을 미립자의 상태로 수중에 분산시켜 혼탁액으로 만든 것이다.
④ 콜 타르(coal tar)는 석탄의 건류에 의하여 얻어지는 가스 또는 코크스를 제조할 때 생기는 부산물이다.

해설 역청 재료는 무기질 재료가 가지지 못하는 유기질 재료 특유의 성질을 가지고 있어 포장 재료, 주입 재료, 방수 재료 및 이음재 등에 사용된다.

□□□ 기 05,09

04 다음 중 목면, 마사, 폐지 등을 물에서 혼합하여 원지를 만든 후 여기에 스트레이트 아스팔트를 침투시켜 만든 것으로 아스팔트 방수의 중간층재로 사용되는 것은?

① 아스팔트 타일(Tile)
② 아스팔트 펠트(felt)
③ 아스팔트 시멘트(Cement)
④ 아스팔트 콤파운드(Compound)

해설 ・아스팔트 타일 : 아스팔트에 합성수지, 석면, 광물질의 분말 등을 가열하여 혼합한 것
・아스팔트 콤파운드 : 아스팔트에 동식물의 섬유나 광물질의 분말을 추가하여 아스팔트의 단점을 보완한 것
・아스팔트 펠트 : 종이 섬유와 동식물성 섬유를 섞은 벨트 원지에 스트레이트 아스팔트를 먹인 방수지

□□□ 기 12,17

05 아스팔트 포장용 혼합물의 아스팔트 함유량 시험(KS F 2354)에 사용되는 시약이 아닌 것은?

① 염화메틸렌
② 탄산암모늄 용액
③ 환산나트륨
④ 삼염화에틸렌

해설 역청포장용 혼합물의 역청 함유량 시험에 사용되는 시약
・탄산암모늄 용액
・염화메틸렌
・삼염화에틸렌
・삼염화에탄

□□□ 기 14,18

06 최근 아스팔트 품질에 있어 공용성 등급(Performance Grade)을 KS 등에 도입하여 적용하고 있다. 아래 표와 같은 표기에서 "76"의 의미로 옳은 것은?

PG 76-22

① 7일간의 평균 최고 포장 설계 온도
② 22일간의 평균 최고 포장 설계 온도
③ 최저 포장 설계 온도
④ 연화점

해설 아스팔트 공용성 등급

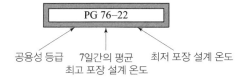

공용성 등급   7일간의 평균   최저 포장 설계 온도
　　　　　　 최고 포장 설계 온도

056 역청 유제

역청 유제(bituminous emulsion)는 역청을 미립자의 상태에서 수중에 분산시킨 유탁액(乳濁液)이다. 역청 유제에는 아스팔트 유제와 타르 유제(tar emulsion)가 있다.

■ 아스팔트 유제

아스팔트 유제(asphalt emulsion)는 보통 비교적 연질인 아스팔트를 유화제(乳化劑)와 안정제를 포함하는 수중에 분산시킨 것으로서 유화 아스팔트(emulsified asphalt)라고도 한다.

■ 분해 속도에 의한 아스팔트 유제의 분류
- 급속 응결(RS : Rapid Setting) : seal coat 및 침투 공법용
- 중속 응결(MS : Medium Setting) : 굵은 골재 혼합용
- 완속 응결(SS : Slow Setting) : 잔 골재 혼합용

■ 유화제의 종류에 의한 분류
- 아스팔트 유제는 그 구조 및 사용되는 유화제의 종류에 의하여 점토계 유제, 음이온계 유제, 양이온계 유제 등 3종류로 분류된다.
- 역청을 미립자 상태에서 수중에 분산시킨 것으로서 대부분 아스팔트 유제가 사용된다.
  - **점토계 유제** : 유화제로서 벤토나이트, 점토 무기수산화물 같이 물에 녹지 않는 광물질을 수중에 분산시켜 이것을 역청재를 가하여 유화시킨 것으로 유화액은 알칼리성이다.
  - **음이온계 유제** : 적당한 유화제를 가하여 희박 알칼리 수용액 중에 아스팔트 입자를 분산시켜 생성한 미립자 표면을 전기적으로 부(−)로 대전시킨 것으로 알칼리성이다.
  - **양이온계 유제** : 질산 등의 산성 수용액 중에 아스팔트를 분산시켜 미립자를 (+)전하로 대전시킨 것으로 산성이다.
  - **아스팔트 유제의 종류**

양이온계 유화 아스팔트	음이온계 유화 아스팔트	용 도
RS(C)−1	RS(A)−1	보통 침투용 및 표면 처리용 (동절기용 제외)
RS(C)−2	RS(A)−2	동절기 침투용 및 동절기 표면 처리용
RS(C)−3	RS(A)−3	프라임 코트용 및 소일 시멘트 안전 처리층 양생용
RS(C)−4	RS(A)−4	택 코트용

01 역청 유제에 관한 다음 설명 중 옳지 않은 것은?

① 점토계 유제는 유화제로서 벤토나이트, 점토 무기 수산화물과 같이 물에 녹지 않는 광물질을 수중에 분산시켜 이것에 역청재를 가하여 유화시킨 것으로서 유화액은 산성이다.
② 음이온계 유제는 적당한 유화제를 가하여 희박 알칼리 수용액 중에 아스팔트 입자를 분산시켜 생성한 미립자 표면을 전기적으로 부(−)로 대전시킨 것이다.
③ 양이온계 유제의 유화액은 산성이다.
④ 역청 유제는 유제의 분해 속도에 따라 RS, MS, SS의 세 종류로 분류할 수 있다.

[해설] 점토계 유제는 유화제로서 벤토나이트, 점토 무기 수산화물 같이 물에 녹지 않는 광물질을 수중에 분산시켜 이것을 역청재를 가하여 유화시킨 것으로 유화액은 알칼리성이다.

02 다음 중 택 코트용으로 사용하는 유화 아스팔트는?

① RS(C)−1
② RS(C)−2
③ RS(C)−3
④ RS(C)−4

[해설] 아스팔트 유제의 종류

양이온계 유화 아스팔트	용 도
RS(C)−1	보통 침투용 및 표면 처리용(동절기용 제외)
RS(C)−2	동절기 침투용 및 동절기 표면 처리용
RS(C)−3	프라임 코트용 및 소일 시멘트 안전 처리층 양생용
RS(C)−4	택 코트용

057 포장용 타르

■ 포장용 타르의 종류
- 잔류 타르 : 석탄 가스로에서 얻어진 타르를 적당한 온도로 증류한 것
- 컷백 타르 : 증류로부터 얻어진 잔류 타르를 경유로 용해한 것으로 가장 널리 사용된다.
- 혼성 타르 : 잔류 타르, 컷백 타르에 20% 이내의 석유 아스팔트 등의 다른 역청재료를 혼합한 것

■ 포장용 타르의 특성
- 투수성, 흡수성은 아스팔트보다 매우 적다.
- 침투성은 아스팔트보다 매우 양호하다.
- 비중은 1.1～1.25 정도로 스트레이트 아스팔트(1.00～1.05)보다 약간 크다.
- 액체에서 반고체 상태를 가지며, 특유한 냄새가 난다
- 인화점이 낮고, 연소점과 인화점의 차가 적으므로 사용할 때 주의해야 한다.

□□□ 기09

01 포장용 타르의 특성을 설명한 것으로 틀린 것은?

① 액체에서 반고체 상태를 가지며, 특유한 냄새가 난다.
② 비중은 1.1～1.25 정도로 스트레이트 아스팔트보다 약간 크다.
③ 투수성, 흡수성은 아스팔트보다 크다.
④ 내유성이 아스팔트보다 좋다.

해설 포장 타르의 투수성, 흡수성이 아스팔트보다 매우 적다.

□□□ 기12

02 포장용 타르와 스트레이트 아스팔트와의 성질을 비교한 것으로 틀린 것은?

① 포장용 타르의 주성분은 방향족 탄화수소이고 스트레이트 아스팔트는 지방족 탄화수소이다.
② 일반적으로 포장용 타르의 밀도가 스트레이트 아스팔트보다 높다.
③ 스트레이트 아스팔트는 포장용 타르보다 투수성과 흡수성이 더 적다.
④ 포장용 타르는 물이 있어도 골재에 대한 접착성이 뛰어나지만 스트레이트 아스팔트는 물이 있으면 골재에 대한 접착성이 떨어진다.

해설 스트레이트 아스팔트는 포장용 타르보다 투수성과 흡수성이 더 크다.

□□□ 기11

03 일반적으로 포장용 타르로 가장 많이 사용되는 것은?

① 피치
② 잔류 타르
③ 컷백 타르
④ 혼성 타르

해설 일반적으로 컷백 타르가 포장용 타르로 널리 사용되고 있다.

058 컷백 아스팔트

- 컷백 아스팔트(cut back asphalt)는 일반적으로 침입도 60~120 정도의 비교적 연한 스트레이트(석유) 아스팔트에 적당한 휘발성 용제를 가하여 유동성을 좋게 한 것이다.
- 컷백 아스팔트의 종류
  - 급속 경화(RC) : 용해유의 증발 속도가 매우 빠르다.
  - 중속 경화(MC) : 용해유의 증발 속도가 비교적 느리다.
  - 완속 경화(SC) : 용해유의 증발 속도가 늦어 경화 시간이 오래 걸린다.
- 경화 속도 순서로 나누면 RC > MC > SC의 순이다.
- 대부분의 도로 포장에 사용된다.
- 침입도 60~120 정도의 연한 스트레이트 아스팔트에 용제를 가해 유동성을 좋게 한 것이다.
- 컷백 아스팔트는 휘발성 용제로 컷백시킨 것이므로 화기에 주의하여야 한다.

□□□ 기 00,07
01 다음 중 컷백 아스팔트(cut back asphalt)에 대한 설명으로 옳은 것은?

① 비교적 연한 스트레이트 아스팔트에 적당한 휘발성 용제를 가하여 점도를 저하시켜 유동성을 좋게 한 것
② 아스팔트를 고운 가루로 만든 다음 에멀션화제를 사용하여 물에 분산시켜 만든 것
③ 고체 상태의 아스팔트를 인화점 이하의 온도로 가열하여 적당한 유동성을 갖도록 녹인 것
④ 액체 상태의 아스팔트에 모래를 섞은 것

해설 컷백 아스팔트는 일반적으로 침입도 60~120 정도의 비교적 연한 스트레이트(석유) 아스팔트에 적당한 휘발성 용제를 가하여 유동성을 좋게 한 것이다.

□□□ 기 03
02 컷백 아스팔트의 특성에 대한 설명 중 틀린 것은?

① 컷백 아스팔트는 비교적 연한 스트레이트 아스팔트에 적당한 휘발성 용제를 가하여 유동성을 좋게 한 것이다.
② 컷백 아스팔트는 사용하는 용제의 양과 질에 따라 제품의 성질이 크게 좌우한다.
③ 컷백 아스팔트의 양생 기간은 휘발성이 큰 용제일수록 그리고 용제량이 적을수록 길게 한다.
④ 컷백 아스팔트는 점도를 일시적으로 저하시킨 것으로 상온 시공이 가능하다

해설 컷백 아스팔트의 양생 시간은 휘발성이 큰 용제일수록, 용제량이 적을수록 짧고, 굳은 아스팔트일수록 짧다.

□□□ 기 03,08,10
03 비교적 연한 스트레이트 아스팔트에 적당한 휘발성 용제를 가하여 점도를 저하시켜 유동성을 좋게 한 아스팔트는?

① 유화 아스팔트
② 아스팔타이트
③ 컷백 아스팔트
④ 타르

해설 컷백 아스팔트는 일반적으로 침입도 60~120 정도의 비교적 연한 스트레이트(석유) 아스팔트에 적당한 휘발성 용제를 가하여 유동성을 좋게 한 것이다.

□□□ 기 86,02
04 컷백 아스팔트 중 중유(中油)나 중유(重油)로 융해하는 것으로 경화 속도가 느린 것은?

① SS
② RC
③ MC
④ SC

해설 컷백 아스팔트의 종류
  - 급속 경화(RC) : 용해유의 증발 속도가 매우 빠르다.
  - 중속 경화(MC) : 용해유의 증발 속도가 비교적 느리다.
  - 완속 경화(SC) : 용해유의 증발 속도가 늦어 경화 시간이 오래 걸린다.

□□□ 기 10,17,21
05 컷백(Cut back) 아스팔트에 대한 설명으로 틀린 것은?

① 대부분의 도로 포장에 사용된다.
② 경화 속도 순서로 나누면 RC > MC > SC의 순이다.
③ 컷백 아스팔트를 사용할 때는 가열하여 사용하여야 한다.
④ 침입도 60~120 정도의 연한 스트레이트 아스팔트에 용해제를 가해 유동성을 좋게 한 것이다.

해설 컷백 아스팔트는 휘발성 용제로 컷백시킨 것이므로 화기에 주의하여야 한다.

□□□ 기 00,14
06 다음에서 cut back asphalt의 분류에 들지 않는 것은?

① RC(rapid curing)
② MC(medium curing)
③ SC(slow curing)
④ SS(slow setting)

해설 컷백 아스팔트의 종류
  - 급속 경화(RC) : 용해유의 증발속도가 매우 빠르다.
  - 중속 경화(MC) : 용해유의 증발속도가 비교적 느리다.
  - 완속 경화(SC) : 용해유의 증발속도가 늦어 경화시간이 오래 걸린다.

059 특수 아스팔트

■ 고무 혼입 아스팔트
고무를 아스팔트에 혼입하여 아스팔트의 성질을 개선한 것으로 스트레이트 아스팔트와 비교해서 다음과 같은 장점을 가지고 있다.
· 감온성이 작다.
· 응집성 및 부착력이 크다.
· 탄성 및 충격 저항이 크다.
· 내노화성 및 마찰 계수가 크다.

■ 수지 혼입 아스팔트
고무 대신에 에폭시 수지를 아스팔트에 혼입하여 아스팔트의 인성, 탄성, 감온성 등을 개선할 목적으로 한 것으로 이들 재료 중에서 에폭시 수지 아스팔트는 비행장의 포장에 이용되며, 열, 용제, 중하중에 대한 저항성이 크다.

□□□ 기 98,99,00,02,03,06,09,10,12,15,16
01 고무 혼입 아스팔트(rubberized asphalt)의 일반적인 성질을 스트레이트 아스팔트와 비교했을 때 다음 설명 중 옳지 않은 것은?

① 감온성이 크다.　② 마찰 계수가 크다.
③ 탄성이 크다.　④ 응집성이 크다.

해설 고무 혼입 아스팔트의 정점
· 감온성이 작다.
· 응집성 및 부착력이 크다.
· 탄성 및 충격 저항이 크다.
· 내노화성 및 마찰 계수가 크다.

□□□ 기 98,99,00,02,03,06,09,10,12,15
02 고무 혼입 아스팔트(rubberized asphalt)를 스트레이트 아스팔트와 비교할 때 이점 중 옳지 않은 것은?

① 응집성 및 부착성이 크다.
② 내노화성이 크다.
③ 마찰계수가 크다.
④ 감온성이 크다.

해설 고무 혼입 아스팔트의 정점
· 감온성이 작다.
· 응집성 및 부착력이 크다.
· 탄성 및 충격 저항이 크다.
· 내노화성 및 마찰 계수가 크다.

□□□ 기 01,07,11,15
03 고무 혼입 아스팔트와 스트레이트 아스팔트를 비교한 설명 중 옳지 않은 것은?

① 감온성은 고무 혼입 아스팔트가 작다.
② 마찰 계수는 고무 혼입 아스팔트가 크다.
③ 응집성은 스트레이트 아스팔트가 크다.
④ 충격 저항성은 스트레이트 아스팔트가 작다.

해설 고무 혼입 아스팔트보다 응집성 및 부착력은 스트레이트 아스팔트가 작다.

□□□ 기 98,99,00,02,03,06,09,10,12,13,16
04 스트레이트 아스팔트와 비교할 때 고무화 아스팔트의 장점이 아닌 것은?

① 감온성이 크다.　② 부착력이 크다.
③ 탄성이 크다.　④ 내후성이 크다.

해설 고무 혼입 아스팔트의 정점
· 감온성이 작다.
· 응집성 및 부착력이 크다.
· 탄성 및 충격 저항이 크다.
· 내노화성 및 마찰 계수가 크다.

□□□ 기 99,09
05 고무 혼입 아스팔트가 스트레이트 아스팔트에 비해 좋은 점으로 옳지 않은 것은?

① 감온성이 크고 마찰 계수가 작다.
② 응집성 및 부착력이 크다.
③ 탄성 및 충격 저항이 크다.
④ 내노화성(耐老化性)이 크다.

해설 감온성이 작고 마찰 계수가 크다.

□□□ 기 15
06 수지 혼입 아스팔트의 성질에 대한 설명으로 틀린 것은?

① 신도가 크다.　② 점도가 높다.
③ 가열 안정성이 좋다.　④ 감온성이 저하한다.

해설 · 수지 혼합 아스팔트는 고무대신에 에폭시수지를 아스팔트에 혼입하여 아스팔트의 인성. 탄성. 감온성 등을 개선할 목적으로 한 것으로 신도가 작다.

08 화약 및 폭약

060 Hauser의 기본식

■ Hauser의 기본식
• 장약량은 폭파되는 용적의 폭약량에 비례하며, 폭약량은 최소 저항선의 3승에 비례함을 나타낸다.
• Hauser의 기본식

$$L = CW^3$$

여기서, L : 장약량
C : 발파 계수
W : 최소 저항선

□□□ 기 05

01 시험 발파에서 최소 저항선(W)을 1m로 할 때의 표준 장약량이 0.75kg이라고 하면, 최소 저항선을 3m로 하여 발파하려 할 때 필요한 표준 장약량은 얼마인가?

① 1.56kg
② 20.25kg
③ 29.28kg
④ 34.75kg

해설 표준 장약량(L)은 최소 저항선의 3승(W^3)에 비례한다.
즉, $L = CW^3$
$0.75 : 1^3 = L : 3^3$
∴ $L = 20.25 \, kg$

061 화약류

■ 흑색 화약
• 흑색 화약은 폭파력은 그다지 강력하지 않으나 값이 싸고, 취급 및 보관의 위험성이 작고, 발화가 간단하여 소규모 폭파에 사용되는 화약이다.
• 흑색 화약은 주성분인 황(15%), 목탄(15%), 초석(70%)의 비율로 미분말을 혼합한 것으로 지름 3∼7mm 정도로 조립한 것으로 유연 화약이라고도 한다.
• 밀도는 1.5∼1.8g/cm^3 정도이고, 원용적의 약 300배의 gas로 팽창하여 폭파 시 2,000 ℃의 고온과 660MPa 정도의 압력이 발생한다.
• 폭파력은 그다지 강력하지 않으나 값이 싸고, 취급 및 보관을 하는 데 위험이 적다.
• 충격 또는 가열(260∼280℃ 정도)에 의해 폭발한다.
• 발화가 간단하고 소규모 장소에서 사용할 수 있다.
• 흡수성이 크며, 젖으면 발화하지 않고 수중에서는 폭발하지 않는 결점이 있다.
• 주로 대리석이나 화강암처럼 큰 석재를 채취할 필요가 있을 경우에는 폭속이 낮고 가스 발생량이 적은 흑색 화약을 쓴다.

■ 무연 화약
• 주성분이 니트로셀룰로오스(Nitrocellulose) 또는 니트로셀룰로오스와 니트로글리세린을 주성분으로 하여 만든 것이다.
• 연소성을 조절할 수 있어서 총탄, 포탄, 로켓 등의 발사에서 사용된다.
• 무연 화약의 특징
 • 가격이 흑색 화약에 비하여 고가이다.
 • 연소 잔사가 적고 총강은 청정하게 보존한다.
 • 흑색 화약보다 점화하기 힘드나 위력이 강하다.
 • 발사할 때 연기가 적으므로 연속 발사도 용이하다.
 • 다년간 저장하면 자연 분해를 일으키나 흑색 화약은 저장하면 안정성이 좋다.

□□□ 기 00

01 다음 중 테트릴(tetryl)의 사용 용도로 옳은 것은?

① 도화선의 심약
② 뇌관의 첨장약
③ 다이너마이트 원료
④ 도폭선의 피복제

해설 테트릴(tetryl)은 뇌관의 첨장약으로 또는 군용 폭약의 전폭약으로 사용되고 있다.

□□□ 기 89,08,11
02 흑색 화약에 관한 설명으로 옳지 않은 것은?

① 대리석이나 화강암 같은 큰 석재의 채취에 사용된다.
② 수분이 많으면 발화하지 않는다.
③ 값이 싸며, 취급 및 보관하는 데 위험이 적다.
④ 발열량이 많으며 폭발력이 매우 강한 화약이다.

해설 흑색 화약은 폭발할 때 발열량은 많으나 다른 폭약에 비해 폭발력은 약하다.

□□□ 기 11
03 화약에 대한 설명으로 틀린 것은?

① 흑색 화약은 원용적의 약 300배의 gas로 팽창하여 2,000℃의 열과 660MPa의 압력을 발생시킨다.
② 무연 화약은 흑색 화약에 비해 낮은 압력을 비교적 장기간 작용시킬 수 있다.
③ 흑색 화약은 내습성이 뛰어나 젖어도 쉽게 발화하는 장점이 있다.
④ 무연 화약은 연소성을 조절할 수 있으므로 총탄, 포탄, 로켓 등의 발사에 사용된다.

해설 흑색 화약은 흡수성이 크며, 젖으면 발화하지 않고 수중에서는 폭발하지 않는 결점이 있다.

□□□ 기 09,10
04 흑색 화약에 대한 설명 중 옳지 않은 것은?

① 비중이 1.5~1.8 정도이고, 폭파 시 2,000℃의 고온과 660MPa 정도의 압력이 발생한다.
② 보관과 취급이 간편하고 흡수성이 크다.
③ 수중 폭파가 불가능하고 연소 시 연기가 많이 난다.
④ 니트로셀룰로오스 또는 니트로셀룰로오스와 니트로글리세린을 주성분으로 하는 화약이다.

해설 흑색 화약은 주성분인 황(15%), 목탄(15%), 초석(70%)의 비율로 미분말을 혼합한 것이다.

□□□ 기 08,12
05 다음 중 무연 화약의 주성분인 것은?

① 유황(S)
② 니트로셀룰로오스(Nitrocellulose)
③ 목탄(C)
④ 초석(KNO_3)

해설 무연 화약은 유연 화약의 반대로 주성분이 니트로셀룰로오스(Nitrocellulose) 또는 니트로셀룰로오스와 니트로글리세린을 주성분으로 하여 만든 것이다.

□□□ 기 02,06,09,15
06 건설 공사에 사용되는 흑색 화약에 대한 설명으로 잘못된 것은?

① 황(S), 목탄(C), 초석(KNO_3)의 미분말을 혼합한 것이다.
② 색은 흑회색이며 밀도 1.5~1.8g/cm³ 정도이다.
③ 충격 또는 가열(260~280℃ 정도)에 의해 폭발한다.
④ 폭발력이 강하여 위험하고 수중에서도 폭발시킬 수 있어 수중 폭파에 많이 사용된다.

해설 흑색 화약은 흡수성이 크며, 젖으면 발화하지 않고 수중에서는 폭발하지 않는 결점이 있다.

□□□ 기 05,07
07 폭파력은 그다지 강력하지 않으나 값이 싸고, 취급 및 보관의 위험성이 작고, 발화가 간단하여 소규모 폭파에 사용되는 것은?

① 다이너마이트
② 흑색 화약
③ 칼릿
④ 니트로글리세린

해설 흑색 화약 : 폭파력은 그다지 강력하지 않으나 값이 싸고, 취급 및 보관을 하는 데 위험이 적으며, 발화가 간단하고 소규모 장소에서 사용할 수 있다.

- **칼릿(Carlit)**

  충격에 둔하여 다루기는 쉽고 폭발력은 우수하나 유해한 가스가 발생하고 흡수성이 크므로 터널 공사에는 알맞지 않고 큰 돌 채취나 토사를 깎는 데 사용하는 폭약이다.

- 다이너마이트보다 발화점이 높고(295℃), 충격에 둔감하여 취급에 위험성이 적어 안전하다.
- 폭발 속도는 다이너마이트보다 느리나 폭발력은 다이너마이트보다 크고 흑색 화약의 4배에 달하며 값이 싸다.
- 유해 가스(일산화탄소, 염화수소)의 발생이 많고 흡수성이 크기 때문에 터널 공사에는 부적당하다.

- **니트로글리세린[C3H5(ONO2)3]**

  가장 강력한 폭약으로 충격 및 진동에 취약하여 아주 위험하므로 단독으로 사용하기보다는 다른 폭약의 원료로 주로 사용된다. 다이너마이트의 주원료이며 동해를 입기 쉽고 점화만으로 연소한다.

- **다이너마이트(dynamite)**
- **교질 다이너마이트** : 니트로글리세린의 함유량이 20% 이상인 플라스틱한 황색의 엿 같은 것으로 폭약 중에서 폭발력이 가장 강하며 터널과 암석 발파에 주로 사용하고 수중용으로도 많이 사용한다.
- **분상 다이너마이트** : 니트로글로세린 7~20%, 질산암모늄 7% 이상을 함유하고 그 밖의 성분으로서 목분 3~9%, 나프탈린 0~6%를 품고 있는 분상으로 된 폭약이다.
- **규조토 다이너마이트** : 다공질의 규조토(주성분 SiO_2)에 액체의 니트로글리세린을 흡수시켜 다이너마이트로 사용한다.

- **질산암모늄계 폭약(ANFO)**
- **질산암모늄 폭약** : 질산암모늄을 주성분으로 안전(초안) 폭약이라 하며, 채석, 채광, 갱 등의 발파에 사용되고 있다.

- **질산암모늄 유제 폭약** : 질산암모늄에 연료유를 섞어 만든 것으로 취급이 극히 안전하고 가격이 저렴하여 흡수성이 보통 폭약보다 크므로 취급 시 방습에 유의해야 하며 건설 공사 현장 및 광산의 폭파용으로 많이 사용되고 있다.

- **ANFO의 특징**
- 충격, 마찰 및 가열에 둔감하여 취급이 안전하며 제조 가공이 용이하다.
- 습기, 수분에 민감하여 흡습하기 쉽고 흡습하면 폭발성이 떨어진다.
- 대폭발에 좋으며 천공 내에서 직접 사용하므로 가격이 비교적 저렴하고 성능이 우수하다.

- **함수 폭약**
- 초안, T.N.T.를 물로 미음과 같이 혼합한 것으로 ANFO 폭약에 비하여 강력하고 내수성이 강하고 용수가 있는 곳에 사용이 가능한 폭약이다.
- 함수 폭약은 다이너마이트보다 충격 마찰 감도가 낮으므로 취급이 안전하다.
- 폭발 후 가스 내의 유독 가스가 종래 폭발에 비하여 현저하게 적다.

- **기폭약**

  점화(點火)만으로 폭발하는 것을 기폭약(起爆藥)이라 한다.

- **뇌산수은(뇌홍)** : 비중이 4.4 정도이고, 화염 충격 및 마찰 등에 매우 예민하므로 취급 시 세심한 주의가 필요하다.
- **질화납** : 무색의 깨끗한 결정으로 되어 있으며 점폭약으로 많이 사용한다.
- **D.D.N.P.** : 황색의 미세한 결정으로 기폭약 중에서 가장 강력한 폭약으로서 폭발력이 T.N.T.와 동일하고 뇌산수은(뇌홍)의 2배 정도이며 발화점은 약 180℃이다.

□□□ 기 05,08

01 기폭약의 종류로 옳지 않은 것은?

① 니트로글리세린 ② 뇌산수은
③ 질화납   ④ D.D.N.P.

해설 ·기폭약 : 뇌산수은(뇌홍), 질화납, D.D.N.P.
  ·폭약 : 칼릿, 니트로글리세린, 다이나마이트

□□□ 기 01,05

02 황색의 미세한 결정으로 기폭약 중에서 가장 강력한 폭약으로 폭발력은 TNT와 동일하고 발화점은 약 180℃ 정도인 기폭약은?

① D.D.N.P.   ② 뇌산수은
③ 질화납   ④ 칼릿

해설 D.D.N.P.에 대한 설명으로 충격 감도는 뇌산수은, 질화납보다도 둔감하다.

□□□ 기 09,15

03 다음 중 기폭약에 속하는 것은?

① 질산암모늄   ② D.D.N.P.
③ 다이너마이트   ④ 칼릿

해설 ·기폭약 : 뇌산수은(뇌홍), 질화납, D.D.N.P.
  ·DDNP : 황색의 미세한 결정으로 기폭약 중에서 가장 강력한 폭약으로서 폭발력이 TNT와 동일하고 뇌산수은(뇌홍)의 2배 정도이며 발화점은 약 180℃이다.

□□□ 기 00,02,04,11

04 상온에서 액체이며 동해를 입기에 가장 쉬운 폭약은?

① 다이너마이트   ② 칼릿
③ 니트로글리세린 ④ 질산암모늄계 폭약

해설 니트로글리세린은 액체로서 운반, 사용에 불편하고 동해를 입기 쉬우며 위험하므로 흡수제에 흡수시켜 사용한다.

□□□ 기 16
05 주변 암반에 심한 균열과 거친단면의 생성을 보완하고 과발파를 방지하기 위한 것으로 여굴억제를 위한 제어발파용, 터널설계 굴착선공 등에 사용하는 폭약은?

① 다이나마이트
② 에멀전
③ ANFO
④ 정밀폭약

해설 정밀폭약(Finex)
· 내수성 양호
· 평탄한 단면 확보 가능
· 여굴발생억제, 저진동, 지반이완억제

□□□ 산 00,04,07
06 니트로글리세린을 7 ~ 20%, 질산암모늄을 7% 이상 함유하며 목분 3 ~ 9%, 나프탈린 0 ~ 6%를 섞어서 만든 다이너마이트는 어느 것인가?

① 규조토 다이너마이트
② 분말상 다이너마이트
③ 스트레이트 다이너마이트
④ 교질 다이너마이트

해설 분상 다이너마이트 : 니트로글로세린 7~20%, 질산암모늄 7% 이상을 함유하고 그 밖의 성분으로서 목분 3~9%, 나프탈린 0~6%를 품고 있는 분상으로 된 폭약이다.

□□□ 기 03,08,20
07 니트로글리세린을 20% 정도 함유하고 있으며 찐득한 엿 형태의 것으로 폭약 중 폭발력이 가장 강하고 수중에서도 사용이 가능한 폭약은?

① 칼릿
② 함수 폭약
③ 니트로글리세린
④ 교질 다이너마이트

해설 교질 다이너마이트 : 니트로글리세린의 함유량이 20% 이상인 플라스틱한 황색의 엿 같은 것으로 폭약 중에서 폭발력이 가장 강하며 터널과 암석 발파에 주로 사용하고 수중용으로도 많이 사용한다.

□□□ 기 04,09,15
08 다루기 쉽고 안전하여 안전 폭약이라고 하며, 흡습성이 보통 폭약보다 크므로 취급 시 방습에 특히 유의를 해야 하나 값이 저렴하여 채석, 채광, 갱 등의 발파에 많이 사용하는 폭약은?

① 질산암모늄계 폭약
② 칼릿
③ 다이너마이트
④ 니트로글리세린

해설 질산암모늄계 폭약의 종류
· 질산암모늄 폭약 : 안전 폭약이라 하며, 채석, 채광, 갱 등의 발파에 사용되고 있다.
· 질산암모늄 유제 폭약 : 취급이 극히 안전하고 가격이 저렴하며, 흡수성이 보통 폭약보다 크므로 취급 시 방습에 유의해야 하며 건설 공사 현장 및 광산의 폭약용으로 많이 사용되고 있다.

□□□ 기 00,04,12
09 다음 중 ANFO(질산암모늄에멀션) 폭약과 거리가 먼 사항은?

① 취급이 비교적 안전하다.
② 폭발 가스량이 많고 폭발 온도는 비교적 낮다.
③ 대폭발에 좋으며 가격이 비교적 저렴하다.
④ 흡습성이 비교적 작아 수중에서 주로 사용한다.

해설 ANFO 폭약은 습기, 수분에 민감하여 흡습하기 쉽고 흡습하면 폭발력이 떨어지므로 취급 및 방습에 특히 유의해야 한다.

□□□ 기 90,01
10 충격, 마찰, 화염 등에 대해 안전하고, 다이너마이트에 비하여 가스 및 연기가 월등하게 적은 폭약은 다음 중 어느 것인가?

① 함수 폭약(Slurry)
② 니트로글리세린(Nitroglycerine)
③ 초유 폭약(ANFO)
④ 티엔티(T.N.T.)

해설 함수 폭약은 다이너마이트보다 충격 마찰 감도가 낮으므로 취급하기가 안전하며, 폭발 후 가스 내의 유독 가스가 종래 폭발에 비하여 현저하게 적다.

□□□ 기 06,11
11 폭약에 대한 설명으로 틀린 것은?

① 도화선의 심약으로 주로 흑색 화약을 사용한다.
② 흑색 화약의 주성분은 초석(KNO_3)이다.
③ 다이너마이트의 주성분은 니트로글리세린이다.
④ 칼릿은 폭발력이 다이너마이트보다 우수하여 터널 공사의 경암 발파용으로 주로 사용된다.

해설 칼릿은 유해 가스(일산화탄소, 염화수소)의 발생이 많고 흡수성이 크기 때문에 터널 공사에는 부적당하다.

□□□ 기 02,07,18
12 발화점이 295℃ 정도이며, 충격에 둔감하고, 폭발 위력이 Dynamite보다 우수하며 흑색 화약의 4배에 달하는 폭약은 어느 것인가?

① T.N.T.
② 니트로글리세린
③ Slurry 폭약
④ 칼릿(Carlit)

해설 칼릿
· 다이너마이트보다 발화점이 높고(295℃), 충격에 둔감하여 취급에 위험성이 적다.
· 폭발력은 다이너마이트보다 우수하고 흑색 화약의 4배에 달하지만 폭발 속도는 느리다.

063 기폭 용품

■ 도화선
분말로 된 흑색 화약을 마사와 종이테이프로 감고 도료로 방수
시킨 직경 4～6mm 정도의 선으로서 뇌관을 점화시키기 위한
것으로 점화력이 강하고 내수성이 있어야 한다.

■ 도폭선
• 대폭파와 수중 폭파 등을 동시 폭파할 경우 뇌관 대신 사용하
는 기폭 용품이다.
• 흑색 화약이 아닌 면화약을 심약으로 하고 마사, 면사 등으로
싸서 방습 포장을 한 것이다.

□□□ 기 01,16
01 분말로 된 흑색 화약을 마사와 종이테이프로 감아 도료
를 사용하여 방수시킨 줄로서 뇌관을 점화시키기 위한 것
을 무엇이라 하는가?

① 점화제　　　　　② 도폭선
③ 도화선　　　　　④ 기폭제

해설 도화선으로 직경 4～6mm 정도의 선으로서 뇌관을 점화시키기
위한 것으로 점화력이 강하고 내수성이 있어야 한다.

□□□ 기 03,04,05,06,07,08,09,10,11
02 대폭파 또는 수중 폭파를 동시에 실시하기 위해 뇌관 대
신 사용하는 것은?

① D.D.N.P.　　　　② 도폭선
③ 도화선　　　　　④ 테트릴

해설 대폭파 또는 수중 폭파를 동시에 실시하기 위하여 뇌관 대신 사용
하는 코드선을 도폭선이라 한다.

□□□ 기 05,07
03 다음 설명 중 틀린 것은?

① 폭약 또는 화약을 폭발시키기 위해 기폭약 또는 첨장약을
　관체에 장전한 것을 뇌관이라고 한다.
② 흑색 화약을 중심으로 해서 그 주위를 마사, 종이, 테이프
　등으로 피복한 것을 도화선이라고 한다.
③ 대폭파 또는 수중 폭파를 동시에 실시하기 위해 뇌관 대신
　사용하는 것을 도화선이라고 한다.
④ T.N.T. 등을 심약으로 하고 마사, 면사 등으로 싸서 방습
　포장하는 것을 도폭선이라고 한다.

해설 대폭파 또는 수중 폭파를 동시에 실시하기 위하여 뇌관 대신 사용
하는 것을 도폭선(blasting code)이라 한다.

□□□ 기 93,01,13
04 흑색 화약 대신에 면화약을 심약으로 하고 섬유, 플라
스틱 또는 금속관으로 방습 피복한 것은?

① 전기 뇌관　　　　② 뇌홍
③ 도화선　　　　　④ 도폭선

해설 도폭선은 흑색 화약이 아닌 면화약을 심약으로 하고 마사, 면사
및 종이로 피복하여 아스팔트나 기타 방습용 도료를 입힌 것이다.

□□□ 기 09,17,22
05 도폭선에서 심약(心藥)으로 사용되는 것은?

① 흑색 화약　　　　② 질화납
③ 뇌홍　　　　　　④ 면화약

해설 도폭선은 흑색 화약이 아닌 면화약을 심약으로 하고 마사, 면사
및 종이로 피복하여 아스팔트나 기타 방습용 도료를 입힌 것이다.

□□□ 기 04,06,07,09,11,14
06 대폭파 또는 수중 폭파를 동시에 실시하기 위해 뇌관 대신
사용하는 것은?

① 도화선　　　　　② 도폭선
③ 전기 뇌관　　　　④ 첨장약

해설 대폭파 또는 수중 폭파를 동시에 실시하기 위하여 뇌관 대신 사용
하는 코드선을 도폭선이라 한다.

□□□ 기 01,05,15
07 황색의 미세한 결정으로 기폭약 중에서 가장 강력한 폭
약으로 폭발력은 TNT와 동일하고 발화점은 약 180도 정
도인 기폭약은?

① 뇌산수온　　　　② D.D.N.P.
③ 질화납　　　　　④ 칼릿

해설 D.D.N.P.에 대한 설명으로 충격 감도는 뇌산수은, 질화납보다도
둔감하다.

064 화약 취급 시 주의점

- 다이너마이트는 직사광선을 피하고 화기에 접근시키지 말아야 한다.
- 운반 시에 화기나 충격을 받지 않도록 하여야 한다.
- 뇌관과 폭약은 동일 장소에 보관하면 폭발할 염려가 있으므로 같은 장소에 두지 말아야 한다.
- 장기간 보관 시는 온도나 습도에 의해 변질하지 않도록 하고 흡수하여 동결하지 않도록 해야 한다.
- 화약 취급자를 수시로 교육, 지도, 감독하여 안전 관리에 만전을 가해야 한다.
- 도화선과 뇌관의 이음부에 수분이 침투하지 못하도록 기름 등으로 도포해야 한다.
- 도화선을 삽입하여 뇌관에 압착할 때 충격이 가해지지 않도록 해야 한다.

□□□ 기 94,02,10,15
01 다음은 화약류 취급 및 사용 시의 주의점이다. 맞지 않는 것은?

① 뇌관과 폭약은 항상 동일 장소에 식별이 용이토록 구분하여 보관함으로써 손실로 인한 작업의 중단이 없도록 하여야 한다.
② 장기간 보관 시는 온도나 습도에 의해 변질하지 않도록 하고 흡수하여 동결하지 않도록 해야 한다.
③ 도화선과 뇌관의 이음부에 수분이 침투하지 못하도록 기름 등으로 도포해야 한다.
④ 도화선을 삽입하여 뇌관에 압착할 때 충격이 가해지지 않도록 해야 한다.

해설 뇌관과 폭약은 동일 장소에 보관하면 폭발할 염려가 있으므로 같은 장소에 두지 말아야 한다.

□□□ 기 99,03,10,15
02 화약류를 사용할 경우 취급상의 주의할 점 중에서 잘못된 것은?

① 뇌관과 폭약은 동일한 장소에 보관하여 사용 시 편의를 도모해야 한다.
② 직사광선과 화기가 있는 곳은 피해야 한다.
③ 운반 중 충격이 가지 않도록 운반상에 주의를 기울여야 한다.
④ 장기 보존 시 동결, 온도, 흡습에 대하여 세심한 주의를 기울여야 한다.

해설 뇌관과 폭약은 동일 장소에 보관하면 폭발할 염려가 있으므로 같은 장소에 두지 말아야 한다.

□□□ 기 07,10
03 일반적인 폭약의 취급법으로서 적절하지 않은 것은?

① 직사광선과 화기를 피하는 곳에 보관할 것
② 뇌관과 폭약은 다른 장소에 보관할 것
③ 주기적으로 흔들어 주고 가능하면 저온(0℃ 이하)에서 보관할 것
④ 온도 및 습도에 의한 변질에 주의할 것

해설 충격을 주지 않도록 주의해야 하며, 흡습, 동결이 되지 않도록 주의하여 보관한다.

□□□ 기 88,03,12,15,16
04 폭파약 취급상의 주의할 사항으로 틀린 것은?

① 운반 중 화기 및 충격에 대해서 세심한 주의를 한다.
② 뇌관과 폭약은 동일 장소에 두어서 사용에 편리하게 한다.
③ 장기 보존에 의한 흡습, 동결에 대하여 주의를 한다.
④ 다이너마이트는 일광의 직사와 화기 있는 곳을 피한다.

해설 뇌관과 폭약은 동일 장소에 보관하면 폭발할 염려가 있으므로 같은 장소에 두지 말아야 한다.

□□□ 기 13
05 화약류 취급 시 주의 사항을 설명한 것으로 틀린 것은?

① 뇌관과 폭약은 같은 장소에 두어야 한다.
② 운반 시 화기나 충격을 받지 않도록 주의해야 한다.
③ 다이너마이트는 직사광선을 피하고 화기에 접근시키지 말아야 한다.
④ 장기 보관 시는 온도에 의해 변질되지 않고 수분을 흡수하여 동결되지 않도록 해야 한다.

해설 뇌관과 폭약은 동일 장소에 보관하면 폭발할 염려가 있으므로 같은 장소에 두지 말아야 한다.

065 토목 섬유

■ Geosynthetics의 종류
- **지오텍스타일** : 폴리에스테르, 폴리에틸렌, 폴리프로필렌 등의 합성 섬유를 직조하여 만든 다공성 직물이다. 직조법에 따라 부직포, 직포, 편직포, 복합포 등으로 분류된다.
- **지오멤브레인** : 액체 및 수분의 차단 기능 및 분리 기능을 주기능으로 하고 있다.
- **지오그리드** : 주기능으로 보강 기능 및 분리 기능이 있다.
- **지오콤포지트** : 주기능으로 배수 기능, 필터 기능, 분리 기능, 보강 기능을 겸한다.

■ 지오텍스타일의 특징
- 인장 강도가 크다.
- 수축을 방지한다.
- 탄성 계수가 크다.
- 열에 강하고 무게가 가볍다.
- 배수성과 차수성 및 분리성이 크다.
- 강섬유의 평균 인장 강도는 500MPa 이상이 되어야 하며, 각각의 인장 강도는 450MPa 이상이 되어야 한다.

■ Geosynthetics의 기능
- **배수 기능**(drainage function) : 투수성이 낮은 재료와 밀착시켜 설치해서 물을 모아 출구로 배출시키는 기능이 있다.
- **필터 기능**(filtration function) : 토립자의 이동을 막고 물만을 통과시키는 필터 기능이 있다.
- **분리 기능**(separation function) : 모래, 자갈, 잡석 등의 조립토와 세립토의 혼합을 방지하는 기능
- **보강 기능**(reinforced function) : 토목 섬유의 인장 강도에 의해 흙 구조물의 역학적 안정성을 증진시키는 기능
- **방수 및 차단 기능**(Moisture barrier function) : 댐의 상류층이나 제방에 물의 침투를 막거나 지하철, 터널, 쓰레기 매립장 등에서 방수 목적으로 사용된다.

□□□ 기 05,12,17
01 시멘트 콘크리트 결합재의 일부를 합성수지, 유제 또는 합성 고무 라텍스 소재로 한 것을 무엇이라 하는가?

① 가스켓
② 케미칼 그라우트
③ 불포화 폴리에스테르
④ 폴리머 시멘트 콘크리트

해설 폴리머 시멘트 콘크리트 : 결합재로서 시멘트와 물, 고무, 라텍스 등의 폴리머를 사용하여 골재를 결합시켜 만든 것으로 포장재, 방수재, 접착제 등에 사용된다.

□□□ 기13
02 다음에서 설명하는 토목 섬유의 종류와 그 주요 기능으로 옳은 것은?

> 폴리머를 판상으로 압축시키면서 격자 모양의 그리드 형태로 구멍을 내어 특수하게 만든 후 여러 모양으로 넓게 늘여 편 형태의 토목 섬유

① 지오그리드 – 보강, 분리
② 지오네트 – 배수, 보강
③ 지오매트 – 배수, 필터
④ 지오네트 – 보강, 분리

해설 토목 섬유의 특징

종류	형태	주요 기능
지오그리드	폴리머를 판상으로 압축시키면서 격자 모양의 그리드 형태로 구멍을 내어 특수하게 만든 후 여러 모양으로 넓게 늘여 편 형태	보강/분리
지오네트	보통 $60 \sim 90°$의 일정한 각도로 교차하는 2세트의 평행한, 거친 가닥들로 구성되며, 교차점의 가닥들을 용해, 접착한 형태	배수/보강
지오매트	꼬물꼬물한 모양의 다소 거칠고 단단한 장섬유들이 각 교차점에서 접착된 형태	배수/필터

□□□ 기 12,16
03 토목 섬유 중 직포형과 부직포형이 있으며 분리, 배수, 보강, 여과 기능을 갖고 오탁 방지망, drain board, pack drain 포대, geo web 등에 사용되는 자재는?

① 지오텍스타일
② 지오그리드
③ 지오네트
④ 지오멤브레인

해설 Geosynthetics의 종류
- 지오텍스타일 : 폴리에스테르, 폴리에틸렌, 폴리프로필렌 등의 합성 섬유를 직조하여 만든 다공성 직물이다. 직조법에 따라 부직포, 직포, 편직포, 복합포 등으로 분류된다.
- 지오멤브레인 : 액체 및 수분의 차단 기능 및 분리 기능을 주기능으로 하고 있다.
- 지오그리드 : 주기능으로 보강 기능 및 분리 기능이 있다.
- 지오컴포지트 : 주기능으로 배수 기능, 필터 기능, 분리 기능, 보강 기능을 겸한다.

04 토목 섬유 중 지오텍스타일의 기능을 설명한 것으로 틀린 것은?

① 배수 : 물이 흙으로부터 여러 형태의 배수로로 빠져나갈 수 있도록 한다.
② 보강 : 토목 섬유의 인장 강도는 흙의 지지력을 증가시킨다.
③ 여과 : 입도가 다른 두 개의 층 사이에 배치될 때 침투수가 세립토층에서 조립토층으로 흘러갈 때 세립토의 이동을 방지한다.
④ 혼합 : 도로 시공 시 여러 개의 흙층을 혼합하여 결합시키는 역할을 한다.

해설 Geosynthetics의 기능
· 배수 기능, 여과 기능, 보강 기능
· 분리 기능 : 모래, 자갈, 잡석 등의 조립토와 세립토의 혼합을 방지하는 기능
· 방수 및 차단 기능 : 댐의 상류층이나 제방에 물의 침투를 막거나 지하철, 터널, 쓰레기 매립장 등에서 방수 목적으로 사용된다.

05 토목 섬유(geotextiles)의 특징에 관한 설명 중 옳지 않은 것은?

① 인장 강도가 크다.
② 탄성 계수가 작다.
③ 차수성, 분리성, 배수성이 크다.
④ 수축을 방지한다.

해설 지오텍스타일의 특징
· 인장 강도가 크다.
· 수축을 방지한다.
· 탄성 계수가 크다.
· 열에 강하고 무게가 가볍다.
· 배수성과 차수성 및 분리성이 크다.

06 다음 토목섬유 중 폴리머를 판상으로 압축시키면서 격자모양의 형태로 구멍을 내어 만든 후 여러 가지 모양으로 늘린 것으로 연약지반 처리 및 지반 보강용으로 사용되는 것은?

① 지오텍스타일(geotextile)
② 지오그리드(geogrids)
③ 지오네트(geonets)
④ 웨빙(webbings)

해설 지오그리드의 특징 : 폴리머를 판상으로 압축시키면서 격자 모양의 그리드 형태로 구멍을 내어 특수하게 만든 후 여러 모양으로 넓게 늘려 편 형태로 보강·분리기능이 있다.

07 토목섬유가 힘을 받아 한 방향으로 찢어지는 특성을 측정하는 시험법은 무엇인가?

① 인열강도시험
② 할렬강도시험
③ 봉합강도시험
④ 직접전단시험

해설 토목섬유보강효과는 인열강도시험에서 얻은 토목섬유의 인장강도에 의해 흙구조물의 역학적 안정성(내구성, 균열저항성 증가)을 증진시키는 효과가 있다.

066 콘크리트용 강섬유

강섬유란 콘크리트 배합에 불규칙하게 분산시켜 콘크리트의 각종 역학적 성질을 개선하기 위해 사용되는 섬유

■ **강섬유의 종류**
• 제1종 : 와이어 섬유
• 제2종 : 이형 절단 시트 섬유
• 제3종 : 용융 추출 섬유

■ **강섬유의 모양**
• 각각의 섬유는 직선 또는 이형 섬유를 포함한다.
• 강섬유는 표면에 유해한 녹이 있어서는 안 된다.

■ **인장강도**
• 강섬유의 평균인장강도는 700MPa 이상이 되어야 하며, 각각의 인장강도는 650MPa 이상이어야 한다.
• 인장강도의 시험은 강섬유 5톤마다 10개 이상의 시료를 무작위로 추출하여 시행하며 5톤보다 작을 경우에도 10개 이상의 시료에 대해 시험을 수행한다.
• 굽힘정도 : 강섬유는 16℃ 이상의 온도에서 지름 안쪽 90°(곡선 반지름 3mm) 방향으로 구부렸을 때, 부러지지 않아야 한다.
• 인장강도시험의 재하속도 : 평균재하속도는 (10 ~ 30)MPa/s의 속도로 한다.

□□□ 기 11,14,16,18④,19①,21
01 콘크리트용 강섬유의 품질에 대한 설명으로 틀린 것은?

① 강섬유의 평균 인장강도는 700MPa 이상이 되어야 한다.
② 강섬유는 표면에 유해한 녹이 있어서는 안 된다.
③ 강섬유 각각의 인장 강도는 600MPa 이상이어야 한다.
④ 강섬유는 16℃ 이상의 온도에서 지름 안쪽 90°(곡선 반지름 3mm)방향으로 구부렸을 때, 부러지지 않아야 한다.

해설 강섬유 각각의 인장 강도는 650MPa 이상이어야 한다.

□□□ 기 10,11,14,16,18
02 콘크리트용 강섬유에 대한 설명으로 틀린 것은?

① 형상에 따라 직선섬유와 이형섬유가 있다.
② 강섬유의 평균인장강도는 200MPa 이상이 되어야 한다.
③ 강섬유는 16℃ 이상의 온도에서 지름 안쪽 90° 방향으로 구부렸을 때 부러지지 않아야 한다.
④ 강섬유의 인장강도 시험은 강섬유 5ton 마다 10개 이상의 시료를 무작위로 추출해서 시행한다.

해설 강섬유의 평균인장강도는 700MPa 이상이 되어야 한다.

□□□ 기 10,11,14,16
03 콘크리트용 강섬유에 대한 설명으로 틀린 것은?

① 형상에 따라 직선 섬유와 이형 섬유가 있다.
② 강섬유의 인장 강도 시험은 강섬유 5ton마다 10개 이상의 시료를 무작위로 추출해서 수행한다.
③ 강섬유의 평균 인장 강도는 200MPa 이상이 되어야 한다.
④ 강섬유는 16℃ 이상의 온도에서 지름 안쪽 90° 방향으로 구부렸을 때 부러지지 않아야 한다.

해설 강섬유의 평균 인장 강도는 700MPa 이상이 되어야 하며, 각각의 인장 강도는 650MPa 이상이 되어야 한다.

□□□ 기 11,14,16,18,23
04 콘크리트용 강섬유의 품질에 대한 설명으로 틀린 것은?

① 강섬유의 평균 인장 강도는 700MPa 이상이 되어야 한다.
② 강섬유는 콘크리트 내에서 분산이 잘 되어야 한다.
③ 강섬유 각각의 인장 강도는 400MPa 이상이어야 한다.
④ 강섬유는 16℃ 이상의 온도에서 지름 안쪽 90°(곡선 반지름 3mm) 방향으로 구부렸을 때, 구부러지지 않아야 한다.

해설 강섬유 각각의 인장 강도는 650MPa 이상이어야 한다.

067 플라스틱

플라스틱(plastic)은 합성수지를 주성분으로 하고 여기에 채움재, 가소제, 안정제 및 착색제 등을 넣어 성형한 고분자 물질을 말한다.

■ 플라스틱의 장점
- 경량으로 고강도이다.
- 내절연성, 전기적 특성이 우수하다.
- 착색의 자유 및 투광성이 우수하다.
- 내수성, 내습성 및 내충성이 양호하다.
- 성형의 자유, 크기의 정확, 가공성이 양호하므로 공장의 대량 생산이 가능하다.

■ 플라스틱의 단점
- 탄성 계수가 작다.
- 내열성, 내후성이 약하다.
- 열에 의한 팽창 수축이 크다.
- 내마모성, 표면 경도가 약하다.
- 압축 강도 이외의 강도가 작다.

■ 플라스틱 열화
자외선에 의하여 열화(劣化 : deterioration) 현상을 일으키며 일광이나 빗물에 노출되는 경우 변색되는 결점이 있다. 즉 플라스틱의 부식성을 말한다.

□□□ 기 99,07
01 건설 재료로서 플라스틱(Plastics) 재료에 대한 설명으로 옳지 못한 것은?

① 경량으로 고강도 재료이다.
② 내수성, 내식성이 콘크리트에 비하여 극히 우수하다.
③ 보통 인장 강도가 압축 강도보다 크고 목재와 비교할 때 갈라짐과 강도의 방향성이 없는 편이다.
④ 직사 일광에 의한 노화 작용이 빠르다.

해설 압축 강도 이외의 다른 강도는 매우 작다.

□□□ 기 93,94,98,99,02
02 플라스틱의 열화(deterioration)에 대한 설명으로 옳은 것은?

① 플라스틱의 열에 의한 용융
② 플라스틱의 부식성
③ 물리적인 성질의 영구적인 감소
④ 플라스틱을 성형하는 과정

해설 · 플라스틱은 자외선에 의하여 열화 현상(劣化現象)을 일으키며 일광이나 빗물에 노출되는 경우 변색되는 결점이 있다.
· 플라스틱의 열화성이란 플라스틱의 부식성을 말한다.

□□□ 기 00,02,04,06,08,09
03 구조 재료용 플라스틱의 장점에 대한 설명으로 틀린 것은?

① 구조물의 경량화가 가능하다.
② 공장의 대량 생산이 가능하다.
③ 내수성 및 내습성이 양호하다.
④ 탄성 계수가 크다.

해설 플라스틱 재료는 탄성 계수가 작고 변형이 크다.

□□□ 기 09,10
04 토목에서 구조 재료용으로 사용되는 플라스틱의 장점에 대한 설명으로 잘못된 것은?

① 플라스틱의 적은 중량으로 인해 구조물의 경량화가 가능하다.
② 플라스틱은 탄성 계수가 크고 변형이 작다.
③ 공장에서 대량 생산이 가능하다.
④ 내수성 및 내습성이 양호하다.

해설 플라스틱 재료는 탄성 계수가 작고 변형이 큰 것이 결점이다.

□□□ 기 03
05 다음 중 플라스틱에 대한 설명으로 잘못된 것은?

① 석탄, 석유가 주원료이다.
② 일반적으로 목재보다 가벼우며, 내구성과 내수성이 크다.
③ 어떤 온도의 범위에서 가소성을 가진 물질이라는 뜻이다.
④ 열이나 약품에 의해 재용해 – 용융되는 것은 열가소성 플라스틱이다.

해설 대개 비중이 0.9~2.0 정도의 범위이므로 목재보다는 무겁고 내구성은 약하나 내수성은 우수하다.

□□□ 기 00,03
06 플라스틱의 내식성에 대한 설명 중 옳지 않은 것은?

① 내식성이 우수하다.
② 일반적으로 비흡수성이다.
③ 약알칼리성에 약하다.
④ 화학 약품에 대한 저항성은 열경화성 수지와 열가소성 수지가 다른 특성을 갖고 있다.

해설 플라스틱은 내알칼리성과 내산성에 저항성이 크다.

정답 **067** 01 ③ 02 ② 03 ④ 04 ② 05 ② 06 ③

□□□ 기 92,09

07 플라스틱의 일반적인 특성에 대한 설명으로 적당하지 못한 것은?

① 내수성, 내습성, 내식성이 좋다.
② 전기 절연성이 좋다.
③ 가볍고 강도가 좋다.
④ 열에 의한 변형이 적고 강하다.

해설 열에 의한 팽창 수축이 크다.

□□□ 기 99,05

08 플라스틱에 대한 설명 중 옳지 않은 것은?

① 유기 재료에 비해 내수성, 내구성이 있다.
② 비중이 작고 가공이 쉽다.
③ 표면이 평활하고 아름답다.
④ 탄성 계수가 크고 변형이 작다.

해설 플라스틱 재료는 탄성 계수가 작고 변형이 큰 것이 결점이다.

□□□ 기 04,08

09 플라스틱의 성질에 대한 설명으로 틀린 것은?

① 탄성 계수가 작다.
② 강이나 콘크리트에 비하여 가볍기 때문에 이를 사용하는 구조물의 경량화가 가능하다.
③ 내절연성 및 전기적 특성이 우수하다.
④ 열에 의한 체적 변화가 작다.

해설 열에 의한 체적 변화가 크다.

합성수지는 열에 대한 성질에 따라 열경화성 수지(thermosetting resin)와 열가소성 수지(thermoplastic resin)의 두 종류가 있다.

■ **열경화성 수지**

축합 반응에 의해서 생성되는 고분자 물질로 가열하면 연화되어 소성을 가지며 성형이 되지만 가열을 계속하는 동안에 화학적 반응에 의하여 경화하고 한 번 경화한 것은 다시 가열되지 않는 것을 말한다.

■ **열가소성 수지**

가열하면 유연하게 되고 소성을 나타내며 성형되어 상온이 되면 딱딱하게 되고 소성이 없어진다.

■ **합성수지**

열경화성 수지	열가소성 수지
•페놀 수지	•아크릴 수지
•요소 수지	•염화비닐 수지
•멜라민 수지	•폴리에틸렌 수지
•실리콘 수지	•폴리스틸렌 수지
•에폭시 수지	•폴리프로필렌
•폴리에스테르 수지	•초산비닐 수지
•알키드 수지	•비닐아세탈 수지
•규소 수지	•셀룰로이드 수지
•불포화 폴리에스테르 수지	•폴리아미드 수지(나일론)

□□□ 기 00,10

01 다음 합성수지 중 열가소성 수지는?

① 멜라민 수지
② 실리콘 수지
③ 요소 수지
④ 아크릴 수지

해설 열경화성 수지 : 페놀 수지, 요소 수지, 멜라민 수지, 알키드 수지, 폴리에스테르 수지, 실리콘 수지, 에폭시 수지, 우레탄 수지

□□□ 기 06

02 다음 중 열경화성 수지에 포함되지 않는 것은?

① 페놀 수지
② 에폭시 수지
③ 요소 수지
④ 염화비닐 수지

해설 열경화성 수지 : 페놀 수지, 요소 수지, 멜라민 수지, 알키드 수지, 폴리에스테르 수지, 실리콘 수지, 에폭시 수지, 우레탄 수지

□□□ 기 01,08

03 다음 중 축합 반응에 의하여 얻어지는 고분자 물질로 열경화성 수지가 아닌 것은?

① 페놀 수지
② 요소 수지
③ 멜라민 수지
④ 폴리에틸렌 수지

해설 폴리에스테르 수지는 열가소성 수지이다.

□□□ 기 02

04 다음 중 열가소성 수지가 아닌 것은?

① 염화비닐 수지
② 폴리에틸렌 수지
③ 알키드 수지
④ 아크릴 수지

해설 알키드 수지는 열경화성 수지이다.

□□□ 기 08

05 다음의 합성수지 중 발포 제품으로 만들어 단열재로 사용되는 것은?

① 염화비닐 수지
② 멜라민 수지
③ 폴리스틸렌 수지
④ 폴리아미드 수지

해설 폴리스틸렌(polystylene : P.S.) 수지 : 내화학성, 전기 절연성, 가공성이 우수하여 건축용 타일, 천장재 등에 사용되며 발포 제품으로 만들어 단열재에 많이 사용된다.

□□□ 기 06

06 물리·화학적으로 탁월한 수지여서 만능 수지라 부르며, 내산성, 내약품성, 내전기성이 좋고 250℃의 고온에서 연속 사용 가능하고 −100℃에서도 성질 변화가 없는 수지는 어느 것인가?

① 불소 수지
② 아크릴 수지
③ 에폭시 수지
④ 멜라민 수지

해설 불소 수지에 대한 설명이다.

□□□ 기 04,09,10

07 다음 특성을 갖는 열가소성 수지는?

• 강도가 크고 전기 절연성 및 내약품성이 양호하다.
• 고온 및 저온에 약하며, 지수판이나 배수관으로 주로 사용된다.
• 비중은 1.4 정도이다.

① 염화비닐 수지
② 요소 수지
③ 실리콘 수지
④ 페놀 수지

해설 •염화비닐 수지 : 비중이 1.4 정도로 경질성이며, 전기 절연성과 내약품성이 양호하다.
•폴리스틸렌 수지 : 비중이 0.4로 발포 제품으로 만들어 단열재에 많이 사용된다.
•아크릴 수지 : 투광성이 크고 내후성이 양호하며 채광판, 유리 대용품으로 사용된다.
•에폭시 수지 : 열절연성이 크고 내약품성이 있으며 접착제, 도료 등으로 사용된다.

□□□ 기 05,12,17

08 시멘트 콘크리트 결합재의 일부를 합성수지, 유제 또는 합성고무 라텍스 소재로 한 것을 무엇이라 하는가?

① 가스켓
② 케미칼 그라우트
③ 불포화 폴리에스테르
④ 폴리머 시멘트 콘크리트

해설 폴리머 시멘트 콘크리트 : 결합재로서 시멘트와 물, 고무, 라텍스 등의 폴리머를 사용하여 골재를 결합시켜 만든 것으로 포장재, 방수재, 접착제 등에 사용된다.

□□□ 기 16

09 섬유보강 콘크리트에 사용되는 섬유 중 유기계섬유가 아닌 것은?

① 아라미드섬유
② 비닐론섬유
③ 유리섬유
④ 폴리프로필렌섬유

해설 ·무기계 섬유 : 강섬유, 유리섬유, 탄소섬유
·유기계 섬유 : 아라미드섬유, 비닐론섬유, 폴리프로필렌섬유, 나일론섬유

069 접착제

■ 접착제는 적당한 유동성이 요구되며 사용 목적에 따라 신장성, 내열성, 내수성, 내약품성 등이 요구된다.

■ **접착제가 갖추어야할 성질**
· 접착 강도가 클 것
· 접착제의 팽창 수축이 작을 것
· 접착면을 잘 적셔 줄 수 있는 유동성을 가질 것
· 접착제와 접착 재료의 물리적 성질이 동일할 것
· 취급이 용이하고 독성이 없고 접착 강도가 클 것
· 열화 현상이 거의 없고 온도 등의 환경 조건에 의해 접착제 성질이 변하지 않을 것

■ **접착제의 종류와 용도**

접착제의 종류	용 도
페놀계 접착제	합판, 목재 접착제
에폭시계 접착제	금속, 콘크리트, 유리 등의 접착제
멜라민계 접착제	내수 합판
실리콘계 접착제	유리 섬유판, 택스, 피혁류

□□□ 기 01

01 액체 상태나 용융 상태의 수지에 경화제를 넣어 사용하며 내산성, 알칼리성이 우수하며 콘크리트, 항공기, 기계 부품 등의 접착에 사용되는 것은?

① 멜라민계 접착제
② 페놀계 접착제
③ 에폭시계 접착제
④ 실리콘계 접착제

해설 에폭시계 접착제 : 항공기 접착 등에 쓰이는 가장 우수한 접착제이며 여러 가지 충전제와 혼합 사용이 가능하다.

□□□ 기 01

02 건설 공사용으로 이용되는 접착제의 조건에 대한 설명으로 틀린 것은?

① 열화 현상이 거의 없고, 환경 조건에 의해 성질이 변하지 않을 것
② 접착이 용이하게 유동성이 없을 것
③ 접착제의 팽창 수축이 작을 것
④ 접착 재료와의 물리적 성질이 동일할 것

해설 접착이 용이하고 유동성을 가질 것

070 금속 재료의 특징

■ **금속 재료**
금속 재료는 재질이 고르고 이음성이 좋으며, 강도 등의 좋은 성질을 많이 가지고 있어 교량, 철근, 강 널말뚝, 궤도 등의 여러 곳에 사용되고 있다.

■ **금속 재료의 특징**
• 연성과 전성이 풍부하다.
• 경도, 강도, 인성이 크다.
• 금속 특유의 광택이 있다.
• 전기 및 열전도율이 크다.
• 내식성, 내열성, 내산성이 있다.
• 금속 고유의 광택이 있어 아름답다.
• 상온에서 결정형을 가진 고체로서 가공성이 양호하다.

□□□ 기 07,13
01 다음 중 금속 재료에 대한 설명으로 잘못된 것은?

① 연성과 전성이 작다.
② 전기, 열의 전도율이 크다.
③ 일반적으로 상온에서 결정형을 가진 고체로서 가공성이 좋다.
④ 금속 고유의 광택이 있어 아름답다.

해설 연성과 전성이 좋다.

□□□ 기15
02 금속재료에 대한 설명으로 틀린 것은?

① 알루미늄은 비금속재료이다.
② 금속재료는 열전도율이 크다.
③ 금속재료는 내식성이 크다.
④ 주철은 금속재료이다.

해설 금속재료 : 철근 금속 재료(강, 주철), 구리, 알루미늄, 주석 등
비금속 재료 : 석재, 골재, 점토 제품, 시멘트 및 혼화재료

071 강 및 주철

■ **강의 분류**
• **제조 방법에 따라** : 평로 제강법, 전로 제강법, 전기로 제강법, 도가니 제강법
• **성형 방법에 따라** : 압연강, 단강, 주강
• **용도에 따라** : 구조용강, 공구강, 특수 용도강
• **화학 성분에 따라** : 탄소강, 합금강

■ **강의 일반적 성질**
• 일반적으로 강의 비중, 선팽창 계수, 열전도율 등은 탄소 함유량이 증가하는 데 따라 감소한다.
• 일반적으로 비열 및 전기 저항 등은 탄소 함유량이 증가하는 데 따라 증가한다.
• 응력–변형률 곡선에서 고강도의 강 또는 조질강(heat treated steel)은 항복점이 명확하지 않은 경우가 많다.
• 강은 적당한 온도로 가열 냉각함으로써 그 조직을 바꿀 수 있으며 가공법, 강도, 점성 등의 성질을 개선하거나 압연 또는 주조 시의 잔류 응력을 제거할 수 있다.

■ **주철**
용광로에서 만든 선철을 주원료로 하여 여기에 규소와 철 부스러기 등을 넣고 녹여서 만든 것을 주철이라 한다.

• **주철의 특징**
• 강도와 경도가 크다.
• 대체로 가공이 쉽다.
• 충격 저항과 연성은 좋지 않다.

□□□ 기13
01 일반강에 구리, 크롬, 인, 니켈 등의 내식성에 우수한 원소를 소량 첨가한 저합금강으로서, 일반강에 비해 4~8 배의 내식성을 갖고 있는 강재는 무엇인가?

① 용접 구조용 압연 강재   ② 열가공 제어강(TMCP강)
③ 내층상 박리강   ④ 무도장 내후성강

해설 무도장 내후성강
• 구리, 크롬, 니켈 등의 합금 원소를 소량 함유한 무도장 내후성강은 대기 중에서 형성된 안정녹이 대기 부식을 방지해 일반강과 비교할 때 4~8배 이상의 내식성을 가진다.
• 자연 발생적인 색상의 미려함도 큰 장점으로 꼽히고 있어 교량과 건축 분야에서 각광을 받고 있다.

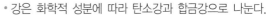

□□□ 기 92,00,03
02 강철은 선철을 용융 상태에서 정련한 것이다. 이 제조법에 속하지 않는 것은?

① 평로 제강법
② 고로 제강법
③ 도가니 제강법
④ 전로 제강법

해설 강은 제조 방법에 따라 평로 제강법, 전로 제강법, 전기로 제강법, 도가니 제강법이 있다.

□□□ 기 09
03 강(鋼)의 일반적 성질에 관한 설명으로 틀린 것은?

① 비중, 선팽창 계수 및 열전도율은 탄소 함유량이 증가하는데 따라 감소한다.
② 고강도 강 또는 조질강(heat treated steel)의 응력-변형률 곡선에서 항복점은 명확하게 나타난다.
③ 강은 적당한 온도로 가열 냉각함으로써 강도, 점성 등의 성질을 개선할 수 있다.
④ 블루잉은 냉간 인발 가공을 실시한 선재의 잔류 응력을 제거하고 기계적 성질의 개선을 위한 저온열 처리를 말한다.

해설 응력-변형률 곡선에서 고강도의 강 또는 조질강(heat treated steel)은 항복점이 명확하지 않은 경우가 많다.

□□□ 기 06
04 용광로에서 만든 선철을 주원료로 하여 여기에 규소와 철 부스러기 등을 넣고 녹여서 만든 것을 주철이라고 한다. 이러한 주철에 대한 설명으로 틀린 것은?

① 강에 비해 충격에 강하다.
② 내마멸성이 크다.
③ 압축에 상당히 강하다.
④ 값이 싸므로 수도관, 맨홀 등에 쓰인다.

해설 주철의 특징
· 강도와 경도가 크다
· 대체로 가공이 쉽다.
· 충격 저항과 연성은 좋지 않다.

072 탄소강

· 강은 화학적 성분에 따라 탄소강과 합금강으로 나눈다.
· 탄소강은 0.04 ~ 1.7%의 탄소를 함유하는 Fe – C 합금으로 보통강 또는 탄소강이라 한다.
· P(인)이 많이 함유되면 진동이나 충격에 대한 저항성이 감소되어 취성이 증가하므로 가급적 줄여야 한다.
· C(탄소)의 함유량이 증가하면 인장강도와 경도가 증가하고 신장 또는 수축이 감소한다.
· 망간(Mn)은 연신율을 감소시키지 않고 강도를 증가시킨다.

□□□ 기 99,00,04,05,08
01 강(鋼)의 화학적 성분 중에서 취성(brittleness)을 증가시키는 가장 큰 성분은?

① 탄소(C)
② 인(P)
③ 망간(Mn)
④ 규소(Si)

해설 인(P)이 많이 함유되면 진동이나 충격에 대한 저항성이 감소되어 취성(brittleness)이 커지나 내식성은 증가한다.

□□□ 기 00,05
02 강의 성질에 영향을 미치는 첨가 원소의 영향으로 잘못된 것은?

① 탄소(C)량의 증가에 따라 인장 강도, 항복점, 경도도 증가한다.
② 망간(Mn)은 어느 정도까지는 강의 강도, 경도 및 인성을 증가시키고 냉간 가공성을 향상시킨다.
③ 알루미늄(Al)은 강력한 탈산제로 강조직의 미립화에 효과적이다.
④ 니켈(Ni) 및 크롬(Cr)은 소량을 사용한 경우에도 강도를 증진시키고 다량 사용한 경우에는 내식성, 내열성을 증가시킨다.

해설 망간(Mn)은 어느 정도까지는 강의 강도, 경도 및 인성을 증가시키지만 냉간 가공성을 저해한다.

□□□ 기 02,06
03 다음은 강재에 대한 설명이다. 잘못된 것은?

① 강은 열처리 및 가공에 의하여 그 성질을 개선할 수 있다.
② 강은 용도에 따라서 구조용 강과 공구용 강으로 나눈다.
③ 탄소강은 탄소의 함유량이 0.04 ~ 3.0%인 강을 말한다.
④ 주철은 선철에 규소 및 철부스러기를 노에 넣고 용융한 것을 주형에 주입한 것이다.

해설 탄소강은 탄소의 함유량이 0.04 ~ 1.7%인 강을 말한다.

073 강의 열처리

- **불림** : 강(鋼)의 조직을 미세화하고 균질의 조직으로 만들며 강의 내부 변형 및 응력을 제거하기 위하여 변태점 이상의 높은 온도로 가열한 후 대기 중에서 냉각시키는 방법
- **담금질** : 강을 700 ~ 750℃ 정도 가열했다가 급냉시키면 조직이 최대화되어 경도는 증대하나 취약해지는데 이러한 열처리 과정
- **풀림** : 강을 적당한 온도(800 ~ 1,000℃)로 일정한 시간 가열한 후에 로 안에서 서서히 냉각시키는 방법
- **뜨임** : 담금질한 강에 인성을 주기 위하여 변태점 이하의 적당한 온도에서 가열한 다음 냉각시키는 방법

□□□ 기 02,04
01 강의 열처리 방법에는 풀림(thens), 불림(소준), 담금질(소입), 뜨임(소려) 등이 있다. 이 중에서 결정을 미세화하고 균일하게 조정하기 위해 적당한 온도로 가열한 후 대기 중에서 냉각시키는 열처리 방법은?

① 풀림　　　　　　　② 불림
③ 담금질　　　　　　④ 뜨임

해설 ·**불림** : 결정을 균일하게 미세화하고 내부 응력을 제거하여 균일한 조직을 대기 중에서 냉각시키는 방법
·**담금질** : 강을 700 ~ 750℃ 정도 가열했다가 급냉시키면 조직이 최대화되어 경도는 증대하나 취약해지는데 이러한 열처리 과정
·**풀림** : 연화, 조직의 정정, 내부 응력의 제거를 목적으로 적당한 온도로 가열한 뒤 서서히 냉각시키는 처리 방법
·**뜨임** : 다시 강을 변태점 이상의 온도로 가열하여 공기 중에서 냉각시키는 방법

□□□ 기 03
02 강을 700~750℃ 정도 가열했다가 급냉시키면 조직이 최대화되어 경도는 증대하나 취약해지는데 이러한 열처리 과정을 무엇이라 하는가?

① 불림　　　　　　　② 담금질
③ 뜨임질　　　　　　④ 단련

해설 담금질에 대한 설명이다.

□□□ 기 01,03,06
03 강의 열처리 방법 중 변태점 이상 온도로 가열해서 공기 중에서 서서히 냉각, 강 속의 조직이 치밀하게 되고 변형이 제거되는 것을 무엇이라 하는가?

① 불림　　　　　　　② 풀림
③ 담금질　　　　　　④ 뜨임

해설 불림(thens)에 대한 설명이다.

□□□ 기 04,08
04 강(鋼)의 조직을 미세화하고 균질의 조직으로 만들며 강의 내부 변형 및 응력을 제거하기 위하여 변태점 이상의 높은 온도로 가열한 후 대기 중에서 냉각시키는 열처리 방법은?

① 불림(normalizing)　　② 풀림(annealing)
③ 뜨임질(tempering)　　④ 담금질(quenching)

해설 강(鋼)의 조직을 미세화하고 균질의 조직으로 만들며 강의 내부 변형 및 응력을 제거하기 위하여 변태점 이상의 높은 온도로 가열해서 적당한 시간을 두고 서서히 냉각하는 열처리 방법

□□□ 기 02,04,17
05 강의 열처리 방법 중 담금질을 한 강에 인성을 주기 위해 변태점 이하의 적당한 온도에서 가열한 다음 냉각시키는 방법은?

① 용융　　　　　　　② 뜨임
③ 풀림　　　　　　　④ 불림

해설 ·**불림** : 결정을 균일하게 미세화하고 내부응력을 제거하여 균일한 조직을 대기 중에서 냉각시키는 방법
·**풀림** : 연화, 조직의 정정, 내부응력의 제거를 목적으로 적당한 온도로 가열한 뒤 서서히 냉각시키는 처리방법
·**뜨임** : 담금질한 강에 인성을 주기 위하여 변태점 이하의 적당한 온도에서 가열한 다음 냉각시키는 방법

074 냉간 가공

■ 블루잉(blueing)은 냉간 인발 가공을 실시한 선재의 잔류 응력을 제거하고 탄성 한도, 항복점 및 신장률 등의 기계적 성질의 개선을 위한 저온열 처리를 말한다.

■ 냉간 가공의 특징
• 강을 냉간 가공하면 비중과 신장이 작아진다.
• 강을 저온에서 냉간 가공하면 경도가 높아진다.
• 강을 냉간 가공하면 인장 강도와 항복점이 커진다.
• 냉간 가공한 강은 일정 시간 600 ~ 650℃의 온도로 가열하면 내부 응력이 제거된다.

□□□ 기 84,90,98,01,05,11
01 냉간 가공을 했을 때 강재의 특성으로 옳지 않은 것은?

① 인장 강도가 증가한다.
② 항복점 및 경도가 증가한다.
③ 비중은 약간 감소된다.
④ 신장이 증가한다.

해설 강의 냉간 가공
• 강을 냉간 가공하면 비중과 신장이 작아진다.
• 강을 저온에서 냉간 가공하면 경도가 높아진다.
• 강을 냉간 가공하면 인장 강도와 항복점이 커진다.

075 철근의 표시

• SR Ⓐ : 원형 철근(SR)의 항복 강도 Ⓐ 이상을 뜻한다.
• SD Ⓑ : 이형 철근(SD)의 항복 강도 Ⓑ 이상을 뜻한다.

□□□ 기 94,08,09
01 철근 기호 SD 350이란 무엇을 뜻하는가?

① 원형 철근을 말하며 350은 인장 강도가 350N/mm² 이상을 뜻한다.
② 원형 철근을 말하며 350은 항복점이 350N/mm² 이상을 뜻한다.
③ 이형 철근을 말하며 350은 인장 강도가 350N/mm² 이상을 뜻한다.
④ 이형 철근을 말하며 350은 항복점이 350N/mm² 이상을 뜻한다.

해설 • SD는 이형 철근을 말하며 350는 항복점이 350N/mm² 이상을 뜻한다.
• SD : 이형 철근(Deformed : 이형), SR : 원형 철근(Round : 원형)

□□□ 기 16
02 철근에 대한 설명으로 옳은 것은?

① 철근표면에는 어떠한 처리도 해서는 안 된다.
② 주철근으로는 원형철근만 사용한다.
③ 이형철근의 공칭직경은 돌기의 직경으로 한다.
④ 철근의 종류가 SD300으로 표시된 경우 항복점 또는 항복 강도는 300N/mm² 이상이어야 한다.

해설 • 철근콘크리트에 방청을 목적으로 방청제를 사용한다.
• 주철근으로는 주로 이형철근을 사용한다.
• 이형철근의 공칭직경을 직경으로 한다.

076 PC 강재

- PC 강봉은 지름 9.2~32mm의 강재로 주로 포스트텐션에 사용한다.
- PC 강봉은 프리스트레스트 콘크리트에 사용하는 강재로 고탄소강을 열간 압연한 것이다.

□□□ 기 00
01 다음 PC 강재 중에서 프리텐션(pretension) 부재에 사용하지 않는 것은?

① 원형 PC 강선
② 이형 PC 강선
③ PC 스트랜드
④ PC 강봉

해설 PC 강봉은 프리스트레스트 콘크리트에 사용하는 지름 9.2~32mm의 강재로 고탄소강을 열간 압연한 것이다.

□□□ 기 15
02 강재의 가공법에 의한 분류에 속하지 않는 것은?

① 압연
② 제강
③ 인발
④ 단조

해설 · 압연 : 금속재료를 회전하는 롤러와 롤러 사이에 넣어 가압함으로써 두께 또는 단면적을 감소시키고 길이 방향으로 늘이는 가공
· 인발 : Tapper 형상의 구멍을 가진 다이(die)에 소재를 끼워 넣고 반대쪽에서 잡아 당겨 원하는 치수로 가공하는 것
· 단조 : 고체인 금속재료를 해머 등으로 두들기거나 기계적으로 가압하여 일정모양으로 만드는 것

077 구리

- 구리는 황동광, 적동광 등의 원광석을 용광로에서 가열하여 불순물이 섞여 있는 구리인 조동을 얻어서 이것을 전기 분해하여 정련해서 만든다.
- 청동은 구리와 주석을 주성분으로 한 합금으로 공업용 청동의 주석 함유량은 15% 이하이다.
- 황동은 구리와 아연의 합금으로 황색 또는 금색을 띠며 아연의 함유량이 30% 전후인 것을 7 : 3 놋쇠인 것이다.

■ **구리의 성질**
- 비중은 8.93 정도이다.
- 부식이 잘 안 된다.
- 전기 및 열의 양도체이다.
- 전성과 연성이 커서 핀, 봉, 관 재료 등으로 가공된다.
- 습기나 이산화탄소 및 바닷물 등의 작용을 받으면 부식하여 청록색이 된다.

□□□ 기 07,22
01 다음은 비철금속 재료 중 어떤 것에 대한 설명인가?

- 비중은 8.93 정도이다.
- 전기 및 열전도율이 높다.
- 전성과 연성이 크다.
- 부식하면 청록색이 된다.

① 알루미늄
② 니켈
③ 구리
④ 주석

해설 구리의 성질
· 비중은 8.93 정도이다.
· 부식이 잘 안 된다.
· 전기 및 열의 양도체이다.
· 전성과 연성이 커서 핀, 봉, 관 재료 등으로 가공된다.
· 습기나 이산화탄소 및 바닷물 등의 작용을 받으면 부식하여 청록색이 된다.

□□□ 기 09
02 금속 재료에 대한 설명으로 옳지 않은 것은?

① 강의 제조 방법에는 평로법, 전로법, 전기로법 등이 있다.
② 강의 열처리는 풀림, 불림, 담금질, 뜨임으로 크게 나누어진다.
③ 저탄소강은 탄소 함유량이 0.3% 이하이다.
④ 구리에 아연 40%를 첨가하여 제조한 합금을 청동이라고 한다.

해설 · 청동은 구리와 주석을 주성분으로 한 합금으로 공업용 청동의 주석 함유량은 15% 이하이다.
· 황동은 구리와 아연의 합금으로 황색 또는 금색을 띠며 아연의 함유량이 30% 전후인 것을 7 : 3 놋쇠인 것이다.

078 강재 시험법

- **인장 시험** : 인장 시험은 시험기를 사용하여 시험편을 천천히 인장하여 항복점, 인장 강도, 연신율, 및 단면 수축률 등을 측정한다.

  - 인장 강도 $f_B = \dfrac{P_{\max}}{A_o}$

  - 파단 연신율 $\delta = \dfrac{l - l_o}{l_o} \times 100$

  - 단면 수축율 $\varphi = \dfrac{A_o - A}{A_o} \times 100$

  여기서, $P_{\max}$: 최대 인장 하중(kgf)
  A : 파단 후 단면적(mm^2)
  A_o : 원단면적(mm^2)
  l : 파단 후 표점 거리(mm)
  l_o : 표점거리(mm)

- **굴곡 시험** : 굴곡 시험은 시험편을 규정의 안지름으로 굽힌 각도가 규정의 치수로 될 때까지 구부릴 때, 굴곡부의 바깥쪽의 파열 및 그 밖의 장애 유무 등인 강재의 가공성을 조사할 목적으로 행하는 시험으로 다음과 같은 방법이 있다.
- 눌러 굽히는 방법
- 감아 굽히는 방법
- V 블록 굽히는 방법

- **경도 시험** : 경도 시험은 재료의 단단함을 측정하는 것이다.
- 브리넬(Brinell)식 경도 시험 : 직경 5mm 또는 10mm의 경강구(硬鋼球)를 250kg, 500kg, 1,000kg, 또는 3,000kg의 힘으로 30초간 강재 시험 재료 표면에 삽입하여 강구로 인하여 생긴 재료 표면이 쑥 들어간 요부의 표면적으로 하중을 나눈 값이다.
- 비커스(Vickers)식 경도 시험 : 금강석의 피라미드형 4각추를 삽입하여 생긴 凹부의 표면적으로 하중을 나눈 값을 경도로 한다.
- 로크웰(Rock well)식 경도 시험 : 보통 삽입체에 120°의 정각을 가진 금강석의 원추체의 구가 사용된다.
- 쇼어(Shore)식 경도 시험 : 일정한 형상과 중량을 가지는 다이아몬드 해머를 일정한 높이에서 시험편의 표면에 낙하시켜 튀어오르는 높이로 값을 측정하는 방법이다.

- **피로 시험** : 영구히 재료가 파괴되지 않는 응력 중에서 최대의 응력을 피로 한도(fatigue limits)라 하며, 이 값을 구하는 시험이 피로 시험(fatigue test)이다.

□□□ 기 83

01 판면적이 $80mm^2$인 봉강을 인장 시험하여 항복점 하중 $2.56kN$, 최대 하중 $3.68kN$을 얻었을 때 인장 강도는 얼마인가?

① 70MPa
② 46MPa
③ 35MPa
④ 18MPa

해설 인장 강도 $f_B = \dfrac{P_{\max}}{A_o}$

$$= \dfrac{3.68 \times 1,000}{80} = 46 \, N/mm^2 = 46MPa$$

□□□ 기 02

02 다음의 실험 중 강재의 성질을 파악하기 가장 부적당한 실험은?

① 압축 실험
② 인장 실험
③ 경도 실험
④ 피로 실험

해설 강재의 기계적 성질 파악하는 시험 : 인장 시험, 경도 시험, 충격 시험, 피로 시험 등이 있다.

□□□ 기 06,11

03 강(鋼)의 경도 시험 방법 중 선단에 다이아몬드를 끼운 추를 일정한 높이에서 낙하시켜 그 반발고를 이용하여 경도를 측정하는 방법은?

① 브리넬(Brinell)식
② 비커스(Vickers)식
③ 쇼어(Shore)식
④ 로커웰(Rockwell)식

해설 비커스식 경도 시험 : 금강석의 피라미드형 4각추를 삽입하여 생긴 凹부의 표면적으로 하중을 나눈 값을 경도로 한다.

□□□ 기 14

04 이형철근의 인장시험 데이터가 아래와 같을 때 파단 연신율(%)은?

- 원단면적 $A_o = 190mm^2$
- 표점거리 $l_o = 128mm$
- 파단 후 표점거리 $l = 156mm$
- 파단 후 단면적 $A = 130mm^2$
- 최대인장하중 $P_{\max} = 11,800kN$

① 19.85
② 21.88
③ 23.85
④ 25.88

해설 파단 연신율 $\delta = \dfrac{l - l_o}{l_o} \times 100$

$$\therefore \delta = \dfrac{156 - 128}{128} \times 100 = 21.88\%$$

| memo |

과목

4 토질 및 기초

001 흙의 구조

■ 비점성토의 구조
- **단립 구조** : 단순한 토립자의 안정된 배열 상태로 자갈, 모래, 실트와 같은 조립토의 퇴적층에서 볼 수 있는 구조이다.
- **봉소 구조** : 비교적 가는 모래와 실트가 연속적인 배열 상태의 작은 고리 모양을 이루고 있으며 실트와 점토가 물속에서 침전하여 이루어진다. 단립 구조보다 간극비가 크며 충격과 진동을 받으면 파괴되어 침하가 일어난다.

■ 점성토의 구조
- **면모 구조** : 미세립의 점토 광물이 수중에서 분산할 때 점토 입자 사이의 분자력 등에 의한 흡인력이 이중층에 의한 반발력보다 큰 구조로 공극비가 크고 압축성이 매우 크므로 기초 지반 흙으로는 부적당하다.
- **이산 구조(분산 구조)** : 미세립의 점토 광물이 수중에서 침강할 때 이중층에 의한 반발력이 흡인력보다 커서 각자의 입자 상태로 천천히 침강하여 평행한 구조를 이루는 구조로 함수비가 변하지 않은 상태로 되비빔하는 구조이다.

□□□ 기 04,22
01 실트, 점토가 물속에서 침강하여 이루어진 구조로 단립 구조보다 간극비가 크고 충격과 진동에 약한 흙의 구조는?

① 분산 구조
② 면모 구조
③ 낱알 구조
④ 봉소 구조

해설 봉소 구조 : 미세한 모래와 실트가 작은 아치를 형성한 고리 모양의 구조로서 간극비가 크고, 보통의 정적 하중을 지탱할 수 있으나 충격하중을 받으면 흙 구조가 부서지고 큰 침하가 발생되는 흙 구조

□□□ 기 93
02 자연 점토 시료를 함수비가 변하지 않은 상태로 되비빔(Remolding)하였다. 그 구조는 다음 중 어느 것이 될 것인가?

① 단립 구조
② 봉소 구조
③ 이산(분산) 구조
④ 면모 구조

해설 되비빔으로 자연 점토 시료는 함수비 변화가 없는 조건에서 입자 간 반발력이 우세한 이산 구조(분산 구조)로 된다.

002 점토 광물

- **고령토(kaolinite)** : 수소 결합의 2층 구조로 공학적으로 대단히 안정하고 활성이 작은 점토 광물
- **일라이트(illite)** : 두 개의 규소판 사이에 한 개의 알루미늄판이 결합된 3층 구조가 무수히 많이 연결되어 형성된 점토 광물로서, 각 3층 구조 사이에는 칼륨이온(K^+)으로 결합되어 있는 점토 광물
- **몬모릴로나이트(montmorillonite)** : 3층 구조로 구조 결합 사이에 치환성 양이온이 있어서 활성이 크고 sheet 사이에 물이 들어가 팽창 수축이 크고 공학적 안정성은 제일 약한 점토 광물

□□□ 기 11,17,20
01 두 개의 규소판 사이에 한 개의 알루미늄판이 결합된 3층 구조가 무수히 많이 연결되어 형성된 점토 광물로서 각 3층 구조 사이에는 칼륨이온(K^+)으로 결합되어 있는 것은?

① 고령토(kaolinite)
② 일라이트(illite)
③ 몬모릴로나이트(montmorillonite)
④ 할로이사이트(halloysite)

해설
- 일라이트(illite) : 3층 구조로 구조 결합 사이에 칼륨이온(K^+)이 있어서 수축 팽창은 거의 없지만 안정성은 중간 정도의 점토 광물
- montmorillonite : 3층 구조로 구조 결합 사이에 치환성 양이온이 있어서 활성이 크고 시트 사이에 물이 들어가 팽창 수축이 크고 공학적 안정성은 제일 약한 점토 광물

□□□ 기 05
02 다음 점토 광물 중 입자 모양이 판상이 아닌 것은?

① Montmorillonite
② Illite
③ Halloysite
④ Kaolinite

해설 2차 광물계에 속한 판상의 결정형을 이루는 3대 점토 광물은 Kaolinite, Illite, Montmorillonite 등이다.

제4과목

003 활성도

Skempton은 점성 입자 성분의 함유량과 소성 지수 사이에 직선 관계가 성립함을 밝혀내고 이를 활성도(活性度 : Activity : A)라 정의하였다.

■ 활성도

$$A = \frac{\text{소성 지수}(I_P)}{2\mu m \text{ 이하의 점토 함유율}(\%)}$$

- 활성도 곡선은 소성 지수(I_P)와 점토 함유율과의 곡선이다.
- 활성도는 흙의 팽창성을 판단하는 기준으로 활주로, 도로 등의 건설 재료를 판단하는 데 사용된다.
- 활성도가 클수록 공학적으로 불안정하며, 팽창 수축의 가능성이 커진다.

■ 활성에 따른 점토의 분류

점토의 구분	활성도(A)	점토 광물
비활성 점토	$A < 0.75$	kaolinite
보통 점토	$0.75 \sim 1.25$	illite
활성 점토	$A > 1.25$	Montmorillonite

---

01 자연 상태 실트질 점토의 액성 한계가 65%, 소성 한계 30%, 0.002mm보다 가는 입자의 함유율이 29%이다. 이 흙의 활성도(Activity)는?

① 0.8 ② 1.0
③ 1.2 ④ 1.4

해설 · 소성 지수 $I_P = W_L - W_P = 65 - 30 = 35\%$

· 활성도 $A = \dfrac{\text{소성 지수}(I_P)}{2\mu m \text{ 이하의 점토 함유율}(\%)} = \dfrac{35}{29} = 1.21$

---

02 다음 중에서 활성도가 가장 큰 점토 광물은?

① Illite ② Montmorillonite
③ Calcite ④ Kaolinite

해설 Montmorillonite : 활성도(A) > 1.25 이상으로 가장 크다.

---

03 어느 점토의 체가름 시험과 액·소성시험 결과 0.002mm (2μm) 이하의 입경이 전시료 중량의 90%, 액성한계 60%, 소성한계 20% 이었다. 이 점토 광물의 주성분은 어느 것으로 추정되는가?

① Kaolinite ② Illite
③ Calcite ④ Montmorillonite

해설 1) 활성도 $A = \dfrac{\text{소성지수 } I_P}{2\mu m \text{ 이하의 점토 함유율}(\%)} = \dfrac{60-20}{90} = 0.44$

2) $A = 0.44 < 0.75$: Kaolinite

CHAPTER
02 흙의 기본적 성질

■ **흙의 삼상도**

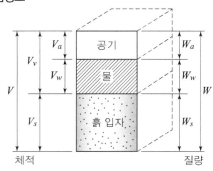

• **간극비**

$$e = \frac{V_v}{V_s} = \frac{n}{100-n} = \frac{G_s \gamma_w}{\gamma_d} - 1 = \frac{G_s \cdot w}{S}$$

• **간극률**

$$n = \frac{V_v}{V} \times 100 = \frac{e}{1+e} \times 100$$

• **함수비**

$$w = \frac{W_w}{W_s} \times 100$$

• **포화도**

$$S = \frac{V_w}{V_v} \times 100$$

• **포화토** : 흙의 공극에 물이 완전히 채워져 있는 상태 ($S=100\%$)의 흙
• **건조토** : 흙을 완전히 건조시킨 상태의 흙($S=0\%$)
• **습윤토** : $0 < S < 100\%$인 상태의 흙

■ **간극비와 간극률과의 관계**

$$e = \frac{n}{1-n}$$

$$n = \frac{e}{1+e} \times 100$$

■ **흙 전체의 무게(W)와 흙 입자 무게(W_s)의 관계**

$$W_s = \frac{100 W}{100+w} = \frac{W}{1+\frac{w}{100}}$$

■ **물 무게(W_w)와 흙 전체 무게(W)의 관계**

$$W_w = \frac{w \cdot W}{100+w}$$

■ **포화도와 비중의 상관 관계**

$$S \cdot e = G_S \cdot w$$

여기서, S : 포화도 e : 간극비
  G_s : 흙 비중 w : 함수비

□□□ 기 06,11,18,19,21

01 습윤 상태에서 60cm^3의 교란되지 않은 시료가 있다. 이 시료의 중량은 100g이고, 시료의 비중은 2.65이며, 이것을 노건조한 중량은 84.8g이었다. 이 시료의 간극비는 얼마인가? (단, 물의 밀도 $\rho_w = 1.0\text{g/cm}^3$으로 본다.)

① 0.76   ② 0.88
③ 0.95   ④ 0.96

해설 •건조 밀도 $\rho_d = \frac{W_s}{V} = \frac{84.8}{60} = 1.41\text{g/cm}^3$

∴ 간극비 $e = \frac{G_s \cdot \rho_w}{\rho_d} - 1 = \frac{2.65 \times 1}{1.41} - 1 = 0.88$

($\because \rho_d = \frac{G_s}{1+e} \rho_w$ 에서)

□□□ 기 81,86,90,96,98,07,09,13

02 흙의 함수비 측정 시험을 하기 위하여 먼저 용기의 무게를 잰 결과 10g이었다. 시료를 용기에 넣은 후 무게를 측정하니 40g, 그대로 건조시킨 후 무게는 30g이었다. 이 흙의 함수비는?

① 25%   ② 30%
③ 50%   ④ 75%

해설 함수비 $w = \frac{W_w}{W_s} \times 100 = \frac{W - \text{용기 무게}}{W_s - \text{용기 무게}} \times 100$

$= \frac{40-30}{30-10} \times 100 = 50\%$

□□□ 기13

03 100% 포화된 흐트러지지 않은 시료의 부피가 20cm^3 이고 무게는 36g이었다. 이 시료를 건조로에서 건조시킨 후의 무게가 24g일 때 간극비는 얼마인가?

① 1.36　　　　　　　　② 1.50

③ 1.62　　　　　　　　④ 1.70

해설 ・$W_w = W - W_s = 36 - 24 = 12\text{g}$

・물의 부피 $V_w = \dfrac{W_w}{\rho_w} = \dfrac{12}{1} = 12\text{cm}^3$

(100% 포화도일 때 $V_w = V_v$)

∴ 간극비 $e = \dfrac{V_v}{V_s} = \dfrac{V_v}{V - V_v} = \dfrac{12}{20 - 12} = 1.50$

□□□ 기97,00,05,08

04 현장 흙의 모래 치환법에 의한 밀도 시험을 한 결과 파낸 구멍의 부피는 $2,000\text{cm}^3$이고 파낸 흙의 중량이 3,240g이며 함수비는 8%였다. 이 흙의 간극비는 얼마인가? (여기서, 이 흙의 비중은 2.70이다.)

① 0.80　　　　　　　　② 0.76

③ 0.70　　　　　　　　④ 0.66

해설 ・습윤 밀도 $\rho_t = \dfrac{W}{V} = \dfrac{3,240}{2,000} = 1.62\,\text{g/cm}^3$

・건조 밀도 $\rho_d = \dfrac{\rho_t}{1+w} = \dfrac{1.62}{1 + \dfrac{8}{100}} = 1.50\,\text{g/cm}^3$

∴ 간극비 $e = \dfrac{G_s \cdot \rho_w}{\gamma_d} - 1 = \dfrac{2.70 \times 1}{1.50} - 1 = 0.80$

$\left(\because \rho_d = \dfrac{G_s}{1+e} \rho_w \text{에서} \right)$

□□□ 기98,03

05 어떤 흙 시료의 비중이 2.50이고 흙 중 물의 무게가 100g이며, 순 흙 입자의 부피가 200cm^3 일 때 이 시료의 함수비는 얼마인가?

① 10%　　　　　　　　② 20%

③ 30%　　　　　　　　④ 40%

해설 건조토 $W_s = G_s V_s \rho_w$

$= 2.50 \times 200 \times 1 = 500\text{g}$

$\left(\because G_s = \dfrac{W_s}{V_s \cdot \rho_w} \text{에서} \right)$

∴ 함수비 $w = \dfrac{W_w}{W_s} \times 100 = \dfrac{100}{500} \times 100 = 20\%$

□□□ 기82,00,04,10,13,15

06 함수비 18%의 흙 500 kg을 함수비 24%로 만들려고 한다. 추가해야 하는 물의 양은?

① 80.41kg　　　　　　② 54.52kg

③ 38.92kg　　　　　　④ 25.43kg

해설 ・함수비 18%일 때의 물의 양

$W_{w18} = \dfrac{wW}{100+w} = \dfrac{18 \times 500}{100+18} = 76.271\text{kg}$

・함수비 24%일 때의 물의 양

$W_{w24} = \dfrac{24 \times 76.271}{18} = 101.70\text{kg}$

$(\because 18 : 76.271 = 24 : W_{w24} \text{에서})$

∴ 추가해야 할 물의 양 $= 101.70 - 76.271 = 25.43\text{kg}$

□□□ 기85,90,02,05,08,09,16,17

07 흙의 비중 2.60, 함수비 30%, 공극비 0.80일 때 포화도는?

① 24.0%　　　　　　　② 62.4%

③ 78.0%　　　　　　　④ 97.5%

해설 포화도 $S = \dfrac{G_s \cdot w}{e}$

$= \dfrac{2.60 \times 30}{0.80} = 97.5\%$ $(\because S \cdot e = G_s \cdot w \text{에서})$

□□□ 기97,01,11

08 어느 포화 점토의 자연 함수비는 45%이었고, 비중은 2.70이었다. 이 점토의 간극비 e는 얼마인가?

① 1.22　　　　　　　　② 1.32

③ 1.42　　　　　　　　④ 1.52

해설 간극비(공극비) $e = \dfrac{G_s \cdot w}{S}$

$= \dfrac{2.70 \times 45}{100} = 1.22$ $(\because S \cdot e = G_s \cdot w \text{에서})$

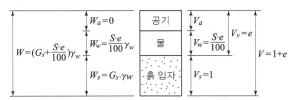

005 흙의 단위 중량(밀도)

어떤 상태에 있는 흙덩이의 무게를 이에 대응하는 부피로 나눈 값을 흙의 단위 무게 또는 밀도라 한다.

■ $V_s = 1$인 흙의 주상도

$W = \left(G_s + \dfrac{S \cdot e}{100}\right)\gamma_w$ / $W_a = 0$ / $W_w = \dfrac{S \cdot e}{100}\gamma_w$ / $W_s = G_s \cdot \gamma_w$ / 공기 / 물 / 흙 입자 / V_a / $V_w = \dfrac{S \cdot e}{100}$ / $V_s = 1$ / $V_v = e$ / $V = 1 + e$

• 습윤 단위중량(밀도)

$$\gamma_t = \frac{W}{V} = \frac{W_s + W_w}{V_s + V_v} = \frac{G_s + \dfrac{S \cdot e}{100}}{1 + e}\gamma_w$$

$$\rho_w = \frac{G_s + \dfrac{S \cdot e}{100}}{1 + e}\rho_w$$

• 건조 단위중량(밀도)

$$\gamma_d = \frac{W_s}{V} = \frac{\gamma_t}{1 + w} = \frac{G_s}{1 + e}\gamma_w$$

$$\rho_d = \frac{\rho_t}{1 + w} = \frac{G_s}{1 + e}\rho_w$$

• 포화 단위중량(밀도)

$$\gamma_{\text{sat}} = \frac{G_s + e}{1 + e}\gamma_w$$

$$\rho_{\text{sat}} = \frac{G_s + e}{1 + e}\rho_w$$

• 수중 단위중량(밀도)

$$\gamma_{\text{sub}} = \gamma_{\text{sat}} - \gamma_w = \frac{G_s + e}{1 + e}\gamma_w - \gamma_w = \frac{G_s - 1}{1 + e}\gamma_w$$

$$\rho_{\text{sub}} = \rho_{\text{sat}} - \rho_w = \frac{G_s + e}{1 + e}\rho_w - \rho_w = \frac{G_s - 1}{1 + e}\rho_w$$

• 물의 밀도 : $\rho_w = 1\text{g/cm}^3$
• 물의 단위중량 : $\gamma_w = 9.81\text{kN/m}^3$

□□□ 기 01

01 점토 지반으로부터 불교란 시료를 채취하였다. 이 시료는 직경 5cm, 길이 10cm이고, 습윤 질량은 350g으로 건조로에서 건조시킨 후의 질량은 250g이었다. 이 시료의 건조 밀도는 얼마인가?

① 1.78g/cm^3 ② 1.27g/cm^3
③ 0.78g/cm^3 ④ 0.27g/cm^3

해설 시료 체적 $V = \dfrac{\pi d^2}{4}h$

$\qquad = \dfrac{\pi \times 5^2}{4} \times 10 = 196.35\text{cm}^3$

$\therefore$ 건조 밀도 $\rho_d = \dfrac{W_s}{V}$

$\qquad = \dfrac{250}{196.35} = 1.27\text{g/cm}^3$

□□□ 기 83,95,06,17

02 흙의 전체 단위 체적당 중량은 19.2kN/m^3이고 이 흙의 함수비는 20%이며, 흙의 비중은 2.65라고 하면 건조 단위 중량은?

① 15.6kN/m^3 ② 16.0kN/m^3
③ 17.5kN/m^3 ④ 18.0kN/m^3

해설 건조 단위 중량 $\gamma_d = \dfrac{\gamma_t}{1 + w}$

$\qquad = \dfrac{19.2}{1 + \dfrac{20}{100}} = 16\text{kN/m}^3$

□□□ 기 98,01

03 간극률이 37%인 모래의 비중이 2.65이었다. 이 모래가 완전히 포화되어 있다면 그 단위 중량은?
(단, 물의 단위중량 $\gamma_w = 9.81\text{kN/m}^3$)

① 10.4kN/m^3 ② 20.0kN/m^3
③ 17.6kN/m^3 ④ 26.5kN/m^3

해설 간극비 $e = \dfrac{n}{100 - n}$

$\qquad = \dfrac{37}{100 - 37} = 0.59$

$\therefore$ 포화 단위 중량 $\gamma_{\text{sat}} = \dfrac{G_s + e}{1 + e}\gamma_w$

$\qquad = \dfrac{2.65 + 0.59}{1 + 0.59} \times 9.81 = 20.0\text{kN/m}^3$

006 상대 밀도

사질토가 느슨한 상태에 있는가 조밀한 상태에 있는가를 나타내는 것을 상대 밀도라 한다.

$$D_r = \frac{e_{max} - e}{e_{max} - e_{min}} \times 100$$

$$= \frac{\gamma_d - \gamma_{dmin}}{\gamma_{dmax} - \gamma_{dmin}} \cdot \frac{\gamma_{dmax}}{\gamma_d} \times 100$$

여기서, e_{max} : 가장 느슨한 상태의 공극비

e_{min} : 가장 조밀한 상태의 공극비

e : 자연 상태의 공극비

γ_{dmax} : 가장 조밀한 상태에서의 건조 단위중량

γ_{dmin} : 가장 느슨한 상태에서의 건조 단위중량

γ_d : 자연 상태의 건조 단위중량

□□□ 기 09,12,14,15

01 현장에서 모래의 건조 밀도를 측정하니 1.56g/cm^3, 이 모래를 채취하여 시험실에서 가장 조밀한 상태 및 가장 느슨한 상태에서 건조 밀도를 측정한 결과 각각 1.68g/cm^3 및 1.46g/cm^3을 얻었다. 현장에서 이 모래의 상대밀도는?

① 49% ② 45%

③ 39% ④ 35%

해설 $D_r = \dfrac{\rho_d - \rho_{dmin}}{\rho_{dmax} - \rho_d} \times \dfrac{\rho_{dmax}}{\rho_d} \times 100$

$= \dfrac{1.56 - 1.46}{1.68 - 1.56} \times \dfrac{1.68}{1.56} \times 100 = 49\%$

□□□ 기 00,09,15

02 현장에서 다짐된 사질토의 상대 다짐도가 95%이고 최대 및 최소 건조 단위 중량이 각각 17.6kN/m^3, 15kN/m^3이라고 할 때 현장 시료의 건조 단위 중량과 상대 밀도를 구하면?

	건조 단위 중량	상대 밀도		건조 단위 중량	상대 밀도
①	16.7kN/m^3	71%	②	16.7kN/m^3	69%
③	16.3kN/m^3	69%	④	16.3kN/m^3	71%

해설 다짐도 $C_d = \dfrac{\gamma_d}{\gamma_{dmax}} \times 100$ 에서 $95 = \dfrac{\gamma_d}{17.6} \times 100$

$\therefore \gamma_d = 16.7\text{kN/m}^3$

$\therefore D_r = \dfrac{\gamma_d - \gamma_{dmin}}{\gamma_{dmax} - \gamma_{dmin}} \times \dfrac{\gamma_{dmax}}{\gamma_d} \times 100$

$= \dfrac{16.7 - 15.0}{17.6 - 15.0} \times \dfrac{17.6}{16.7} \times 100 = 69\%$

□□□ 기 08,17

03 자연상태의 모래지반을 다져 e_{min}에 이르도록 했다면 이 지반의 상대밀도는?

① 0% ② 50%

③ 75% ④ 100%

해설 $\dfrac{e_{max} - e}{e_{max} - e_{min}} = \dfrac{e_{max} - e_{min}}{e_{max} - e_{min}} \times 100 = 100\%$

($\because e = e_{min}$ 이 되기 때문이다.)

· e_{min}에 가까워지면 안전하게 되어 상대밀도 D_r의 값이 커진다.

· e_{max}에 가까워지면 불안전하게 되어 상대밀도 D_r의 값이 작게 된다.

□□□ 기 00,09,15,16,21

04 모래지반의 현장상태 습윤단위중량을 측정한 결과 18kN/m^3으로 얻어졌으며 동일한 모래를 채취하여 실내에서 가장 조밀한 상태의 간극비를 구한 결과 $e_{min} = 0.45$, 가장 느슨한 상태의 간극비를 구한 결과 $e_{max} = 0.92$를 얻었다. 현장상태의 상대밀도는 약 몇 %인가? (단, 모래의 비중 $G_s = 2.7$이고, 현장상태의 함수비 $w = 10\%$, 물이 단위중량 $\gamma_w = 9.81\text{kN/m}^3$이다.)

① 44% ② 57%

③ 64% ④ 80%

해설 $D_r = \dfrac{e_{max} - e}{e_{max} - e_{min}} \times 100$

· $\gamma_d = \dfrac{\gamma_t}{1 + e} = \dfrac{18}{1 + 0.10} = 16.36\text{kN/m}^3$

· $e = \dfrac{\gamma_w}{\gamma_d} G_s - 1 = \dfrac{9.81 \times 2.7}{16.36} - 1 = 0.62$

$\therefore D_r = \dfrac{0.92 - 0.62}{0.92 - 0.45} \times 100 = 64\%$

■ 흙의 연경도(Consistency)의 각 상태에서 함수비가 변화되는 경계를 Atterberg 한계라 한다.
• No. 40체 통과 시료를 사용한다.
• Atterberg 한계 시험은 액성 한계, 소성 한계, 수축 한계가 있다.

■ Atterberg 한계

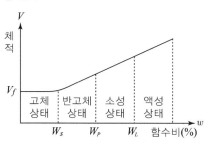

■ 액성 한계(W_L, LL)

액체 상태에서 소성 상태로 변할 때의 함수비로, 물로 반죽한 흙을 담고 홈을 판 다음 1cm 낙하 높이에서 25회 타격으로 13mm 붙을 때의 함수비로 액성 상태에서 소성 상태로 옮겨지는 한계이다.

■ 소성 한계(W_P, PL)

흙을 서리 유리판 위에서 지름이 3mm가 되도록 줄 모양으로 늘였을 때 막 잘라지려는 상태의 함수비로 흙이 소성 상태에서 반고체 상태로 옮겨지는 한계이다.

■ 수축 한계(W_s, SL)

시료를 건조시켜서 함수비를 감소시키면 흙은 수축해서 부피가 감소하지만 어느 함수비 이하에서는 부피가 변화하지 않는다. 이 때의 최대 함수비를 수축 한계(SL)라 한다. 수축 한계는 반고체 상태에서 고체 상태로 변할 때의 함수비이며, 수은을 사용하여 노건조 시료의 체적(V_o)을 구한다.

• 수축 한계 $W_s = w - \left[\dfrac{(V-V_0)\rho_w}{W_0} \times 100 \right]$

$\qquad\qquad = \left(\dfrac{1}{R} - \dfrac{1}{G_s} \right) \times 100$

• 수축비 $R = \dfrac{W_0}{V_o \cdot \rho_w}$

• 수축 한계 $W_s = \left(\dfrac{1}{R} - \dfrac{1}{G_s} \right) \times 100$

여기서, w : 습윤 시료의 함수비(%)
$\qquad\quad V$: 습윤 시료의 체적(cm^3)
$\qquad W_o$: 노건조 시료의 중량(g)
$\qquad V_o$: 노건조 시료의 체적(cm^3)
$\qquad G_s$: 흙의 비중
$\qquad \rho_w$: 물의 밀도(단위중량)

□□□ 기 07,16

01 흙의 연경도(Consistency)에 관한 사항 중 옳지 않은 것은?

① 소성 지수는 점성이 클수록 크다.
② 터프니스 지수는 Colloid가 많은 흙일수록 값이 작다.
③ 액성 한계 시험에서 얻어지는 유동 곡선의 기울기를 유동 지수라 한다.
④ 액성 지수와 컨시스턴시 지수는 흙 지반의 무르고 단단한 상태를 판정하는 데 이용된다.

해설 콜로이드(Colloid)가 많이 함유된 흙일수록 터프니스 지수가 높다.

□□□ 기 93,98

02 수축 한계 시험에서 수은을 사용하는 궁극적인 목적은 다음 공식 $W_s = w - \left\{ \dfrac{(V-V_o)\rho_w}{W_o} \times 100(\%) \right\}$ 에서 무엇을 구하기 위함인가?

① w ② V ③ V_o ④ W_o

해설 수축 접시에서 습윤 시료에서 노건조 시료로 되었을 때 노건조 시료의 부피(V_o)를 수은을 이용하여 측정한다.

□□□ 기 93,99,03,05,13

03 체적이 $V = 5.83cm^3$ 인 점토를 건조로에서 건조시킨 결과 무게는 $W_s = 11.26$g이었다. 이 점토의 비중 $G_s = 2.67$이라고 하면 이 점토의 수축 한계값은 약 얼마인가?

① 28% ② 24%
③ 14% ④ 8%

해설 수축비 $R = \dfrac{W_s}{V_o \rho_w} = \dfrac{11.26}{5.83 \times 1} = 1.93$

$\therefore$ 수축 한계 $W_s = \left(\dfrac{1}{R} - \dfrac{1}{G_s} \right) \times 100$

$\qquad\qquad = \left(\dfrac{1}{1.93} - \dfrac{1}{2.67} \right) \times 100 = 14.4\%$

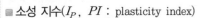

■ 소성 지수(I_P, PI : plasticity index)

액성 한계와 소성 한계의 차이로서, 흙이 소성 상태로 존재하고 있는 함수비의 범위를 나타낸다. 흙의 성질을 개략적으로 판별하는 데 주요한 지표가 된다.

$$I_P = W_L - W_p$$

■ 액성 지수(I_L, LI : liguidity index)

$$I_L = \frac{w_n - W_P}{I_P} = \frac{w_n - W_P}{W_L - W_P}$$

여기서, w_n : 자연 함수비

• 액성 지수(I_L)는 흙의 유동 가능 정도를 나타낸다.
• 액성 지수(I_L)는 0에 가까울수록 안전하고, 1에 가까울수록 유동 가능성(불안전)이 크다.

| 고체 상태 | 반고체 상태 | 소성 상태 | 액성 상태 |

W_s　　　W_P　　　W_L　　　→ 함수비

$I_L = 0$　　$I_L = 1$

• $I_L = 1$: 정규 압밀 점토이며 액성 한계에 있다.
• $I_L = 0$: 과압밀 점토이며 자연 함수비가 소성 한계에 있다.
• $I_L > 1$: 정규 압밀 점토로 극히 예민한 점토
• $I_L \leq 0$: 과압밀 점토이거나 염류가 용탈된 점토

■ 수축 지수(I_S, SI : shrinkage index)

• 소성 한계와 수축 한계의 차

$$I_S = W_P - W_S$$

■ 연경 지수(I_C : consistency index)

• 액성 한계와 자연 함수비와의 차에 대한 소성 지수(I_P)와의 비로 점성토에 있어서 상대적인 굳기를 나타낸다.

$$I_C = \frac{W_L - w_n}{I_P} = \frac{W_L - w_n}{W_L - W_P}$$

• $I_C \geq 1$: 안정한 상태의 흙
• $I_C \leq 0$: 불안정한 상태의 흙

■ 유동 지수(I_f : flow index)

• 유동 지수는 함수비의 변화에 따른 전단 강도의 변화 상태 또는 흙의 안정성을 판정하는 데 사용된다.

$$I_f = \frac{w_1 - w_2}{\log N_2 - \log N_1}$$

여기서, w_1 : 타격 횟수 $N_1(N_1 = 4)$일 때 함수비
　　　　w_2 : 타격 횟수 $N_2(N_2 = 40)$일 때 함수비

■ 터프니스 지수(I_t : toughness index)

$$I_t = \frac{I_P}{I_f}$$

• 콜로이드(colloid)가 많이 함유된 흙은 터프니스 지수가 높다.
• 몬모릴로나이트(Montmorillonite)와 같이 활성이 큰 점토에서는 $I_t = 5$ 정도이다.

□□□ 기00,04

01 $I_L = \dfrac{w_n - W_P}{I_P}$ 식으로 나타내는 액성 지수(Liquidity index)에 관한 다음 사항 중 옳지 않은 것은?

① 액성 지수의 값은 일반적인 경우 0에서 1사이이다.
② 액성 지수의 값이 1에 가깝다는 것은 유동(流動)의 가능성을 뜻한다.
③ 액성 지수의 값이 0에 가깝다는 것은 안정된 점토를 뜻한다.
④ 액성 지수의 값은 흙의 투수 계수를 추정하는 데 이용된다.

해설 • 액성 지수(I_L)는 흙의 유동 가능 정도를 나타낸다.
　　• 액성 지수(I_L)는 0에 가까울수록 안전하고, 1에 가까울수록 유동 가능성(불안전)이 크다.
　　• 액성 지수의 값은 일반적인 경우 0~1 사이이다.

□□□ 기92,01

02 어떤 흙에 있어서 자연 함수비 40%, 액성 한계 60%, 소성 한계 20%일 때 이 흙의 액성 지수는?

① 200%　　　② 150%
③ 100%　　　④ 50%

해설 액성 지수

$$I_L = \frac{w_n - W_P}{W_L - W_P}$$
$$= \frac{40 - 20}{60 - 20} = 0.5 = 50\%$$

☐☐☐ 기 07,13

03 다음 그림에서 액성 지수(LI)가 $0 < LI < 1$인 구간은? (단, V : 흙의 부피, w : 함수비(%))

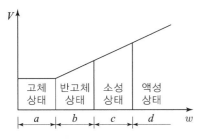

① a　　　　　　② b
③ c　　　　　　④ d

해설 액성 지수 $LI = \dfrac{w_n - W_P}{W_L - W_P}$

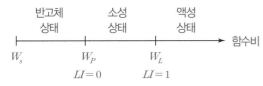

· 액성 상태 : $1 < LI$ 이면 현장의 흙은 액체 상태를 의미
· 소성 상태 : $0 < LI < 1$ 이면 현장의 흙은 소성 상태를 의미
· 고체 상태 : $LI < 0$ 이면 현장의 흙은 고체 상태를 의미

---

009 **압밀과 공극비의 관계**

$$\frac{H_1}{1+e_1} = \frac{H_2}{1+e_2}$$

여기서, 높이 H_1일 때 간극비 e_1
　　　　높이 H_2일 때 간극비 e_2

☐☐☐ 기 02,06,08,10,11,17

01 다짐되지 않은 두께 2m, 상대밀도 40%의 느슨한 사질토 지반이 있다. 실내시험결과 최대 및 최소 간극비가 0.80, 0.40으로 각각 산출되었다. 이 사질토를 상대 밀도 70%까지 다질 때 두께의 감소는 약 얼마나 되겠는가?

① 12.4cm　　　　② 14.6cm
③ 22.7cm　　　　④ 25.8cm

해설 · 상대밀도 40%에 공극비

$D_r = \dfrac{e_{\max} - e_1}{e_{\max} - e_{\min}} \times 100$

$\quad = \dfrac{0.80 - e}{0.80 - 0.40} \times 100 = 40\%$

$\therefore e_1 = 0.64$

참고 SOLVE 사용

· 상대밀도 70%일 때의 공극비

$D_r = \dfrac{e_{\max} - e}{e_{\max} - e_{\min}} \times 100 = \dfrac{0.80 - e}{0.80 - 0.40} \times 100 = 70\%$

$\therefore e_2 = 0.52$

$\therefore$ 두께감소량 $\Delta H = \dfrac{e_1 - e_2}{1 + e_1} H$

$\qquad\qquad\qquad = \dfrac{0.64 - 0.52}{1 + 0.64} \times 200 = 14.6\text{cm}$

· 압밀과 공극비의 관계

$\dfrac{H_1}{1 + e_1} = \dfrac{H_2}{1 + e_2}$ 에서

$\dfrac{2}{1 + 0.64} = \dfrac{H_2}{1 + 0.52}$

$\therefore H_2 = 1.854\text{m}$

$\therefore$ 두께의 감소량 = $2 - 1.854 = 0.146\text{m} = 14.6\text{cm}$

03 흙의 분류

010 입도 분포 곡선

■ 입경 가적 곡선

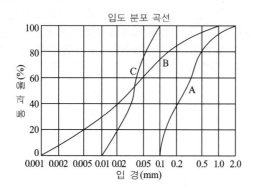

입도 분포 곡선

■ 입경 가적 곡선의 특징

• A 곡선 : 급한 구배로 균등 계수가 작으며 표준사와 같이 균등한 입자로 구성되어 있다.

• B 곡선 : 크고 작은 입자가 골고루 분포되어 있어 균등 계수가 큰 입도 분포 곡선으로 완만한 구배를 하고 있다.

• C 곡선 : 특정 입자가 결여되고 2종류 이상의 흙이 혼합된 곡선으로 이중 구배를 하고 있다.

□□□ 기92

01 A, B, C 및 팬(pan)으로 이루어진 한조의 체로 체분석 시험을 한 결과 각체의 잔류량이 표와 같다. 이때 B 체의 가적 통과율은? (단, 시료의 전체 중량은 200 g)

체	A	B	C	pan
잔류량(g)	20	120	50	10

① 30% ② 40%
③ 60% ④ 70%

해설

체	잔류량(g)	잔류율(%)	가적 잔류율(%)	가적 통과율(%)
A	20	10	10	$100-10=90$
B	120	60	$10+60=70$	$100-70=30$
C	50	25	$70+25=95$	$100-95=5$
pan	10	5	$95+5=100$	$100-10=0$
계	200	100		

$$\because \text{잔류율} = \frac{\text{해당체의 잔류량}}{\Sigma \text{잔류량}} \times 100$$

□□□ 기87,92

02 흙의 입도 시험을 할 때 체가름 시험용 체로 구성된 것은?

① #4, #10, #20, #40, #60, #140, #200 (7종)
② #4, #10, #20, #40, #60, #80, #120, #200 (8종)
③ #4, #8, #20, #40, #80, #120, #200 (7종)
④ #4, #8, #16, #30, #50, #100, #140, #200 (8종)

해설 입도 시험용 표준체 : #4, #10, #20, #40, #60, #140, #200 등의 7종을 사용

011 입도 분포의 판정

■ **유효 입경 D_{10}** : 가적 통과율 10%에 해당하는 입경

■ **균등 계수 C_u** : 입도 분포의 양부를 수량적으로 나타내기 위한 것

$$C_u = \frac{D_{60}}{D_{10}}$$

여기서, D_{60} : 통과 백분율 60%에 대응하는 입경
D_{10} : 통과 백분율 10%에 대응하는 입경

• 기울기가 완만할수록 균등 계수가 크다.

■ **곡률 계수 C_g**

$$C_g = \frac{D_{30}{}^2}{D_{10} \times D_{60}}$$

여기서, D_{30} : 통과 백분율 30%에 대응하는 입경

• 입도 분포가 좋은 조건 : $1 < C_g < 3$
• 곡선이 완만할수록 곡률 계수가 작다.

■ **통일 분류법에서 입도 분포에 의한 판정**
• **양입도** : 균등 계수와 곡률 계수의 조건을 동시에 만족하면 입도 분포가 양호, 기울기는 완만
• **빈입도** : 균등 계수와 곡률 계수의 조건 중 한 가지라도 만족되지 않으면 나쁨, 기울기는 급한 구배
• **자갈(G)** : 균등 계수 $C_u > 4$, 곡률 계수 $C_g = 1 \sim 3$이면 입도 분포가 좋은 자갈(GW), 그 외에는 입도 분포가 나쁜 자갈(GP)로 판정
• **모래(S)** : 균등 계수 $C_u > 6$, 곡률 계수 $C_g = 1 \sim 3$이면 입도 분포가 좋은 모래(SW), 그 외에는 입도 분포가 나쁜 모래(SP)로 판정

양입도의 특성	빈입도의 특성
• 균등 계수가 크다.	• 균등 계수가 작다.
• 간극비가 작다.	• 간극비가 크다.
• 다짐에 적합하다.	• 다짐에 부적합하다.
• 투수 계수가 작다.	• 투수 계수가 크다.

□□□ 기 03 산 03,06

01 어떤 흙의 입경 가적 곡선에서 $D_{10} = 0.05$mm, $D_{30} = 0.09$mm, $D_{60} = 0.15$mm이었다. 균등 계수 C_u와 곡률 계수 C_g의 값은?

① $C_u = 3.0$, $C_g = 1.08$ ② $C_u = 3.5$, $C_g = 2.08$
③ $C_u = 1.7$, $C_g = 2.45$ ④ $C_u = 2.4$, $C_g = 1.82$

해설 • 균등 계수 $C_u = \dfrac{D_{60}}{D_{10}} = \dfrac{0.15}{0.05} = 3.0$

• 곡률 계수 $C_g = \dfrac{D_{30}{}^2}{D_{10} \times D_{60}} = \dfrac{0.09^2}{0.05 \times 0.15} = 1.08$

---

02 아래와 같은 흙의 입도 분포 곡선에 관한 설명으로 옳은 것은?

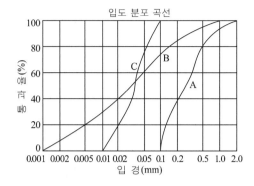

입도 분포 곡선

① A는 B보다 유효경이 작다.
② A는 B보다 균등 계수가 작다.
③ C는 B보다 균등 계수가 크다.
④ B는 C보다 유효경이 크다.

해설

	A 곡선	B 곡선	C 곡선
D_{10}	0.12	0.002	0.025
D_{30}	0.017	0.01	0.03
D_{60}	0.38	0.05	0.045
균등 계수	$\dfrac{0.38}{0.12} = 3.2$	$\dfrac{0.05}{0.002} = 25$	$\dfrac{0.045}{0.025} = 1.8$
곡률 계수	$\dfrac{0.17^2}{0.12 \times 0.38} = 0.63$	$\dfrac{0.01^2}{0.002 \times 0.05} = 1$	$\dfrac{0.03^2}{0.025 \times 0.045} = 0.8$

• 균등 계수(C_u)의 크기 : B > A > C
• 유효경(D_{10})의 크기 : A > C > B

□□□ 기 92,98

03 그림과 같은 입도 곡선에서 다음 설명 중 틀린 것은 어느 것인가?

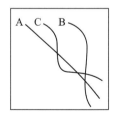

① 횡축은 입경의 크기를 log 좌표로 잡는다.
② 횡축은 오른편으로 갈수록 입경의 크기는 작다.
③ 입도 곡선이 오른편에 있을수록 입경이 작다.
④ 입도 곡선의 중간에서 요철(凹凸) 부분이 있을 수 있다.

해설 입도 곡선은 통과 중량 백분율(%)과 입경(mm) 관계 곡선으로 입도 곡선의 중간에 요철(凹凸) 부분이 생길 수가 없다.

- 1969년 ASTM에 의하여 흙을 공학적 목적으로 분류하는 데 통일 분류법(USCS)이 가장 널리 사용되고 있다.
- 분류에 관여하는 요소 : 입도 분포, 애터버그 한계, 색깔, 냄새로부터 유기질 유무
- 앞 글자(제1문자) : 흙의 주된 입자의 크기를 나타냄
- 앞 글자(제2문자) : 흙의 성질을 나타냄
- 흙의 0.075mm(No.200체) 통과율이 50% 이하이면 조립토(Gravel)
- 흙의 0.075mm(No.200체) 통과율이 50% 이상이면 세립토(Sand)

■ **조립토**

- **자갈(G)** : No.4체 통과율이 50% 이하이면 자갈, 또는 자갈질 흙으로 분류한다.
- **모래(S)** : No.4체 통과율이 50% 이상이면 모래, 또는 모래질 흙으로 분류한다.
- **조립토 분류 기호** : G(gravel), S(sand), 기호 다음에 입도분포와 세립분의 함유 비율에 W(well), P(poor), M(mo), C(Clay) 기호를 붙인다.

■ **세립토**

- 세립토는 실트(M), 점토(C), 유기질토(O)로 분류한다.
- M, C, O 기호 다음에는 액성 한계의 값에 따라 L(low), H(high) 기호를 붙인다.
- 세립토의 분류는 소성도를 이용하는 것이 더욱 편리하다.

■ **통일 분류법에 사용한 문자**

조립토는 입도(#4, #200) 및 Atterberg 한계(소성도 작성 : 액성 한계와 소성 지수) 시험 결과를 기본으로 하여 로마자 2개씩을 조합하여 나타낸다. 세립토는 소성도를 이용하고, 유기질 함유 (P_t)에 의해 분류한다.

■ **통일 분류법의 분류기준**

조립토 No.200(0.074mm)체 통과율이 50% 미만

- 자갈 No.4(4.76mm)체 통과율이 50% 미만

$C_u > 4, 1 < C_g < 3$: GW

GW 조건이 아니면 GP

- 조립토 No.200체 통과율이 50% 미만

$C_u > 6, 1 < C_g < 3$: SW

SW 조건이 아니면 SP

■ **통일분류법과 AASHTO분류법의 차이점**

- 모래, 자갈 입경 구분이 서로 다르다.
- 유기질 흙에 대한 분류는 통일분류법에는 있으나 AASHTO분류법에는 없다.
- 두 가지 분류법에서는 모두 입도분포와 소성을 고려하여 흙을 분류하고 있다.
- No.200체를 기준으로 조립토와 세립토를 구분하고 있으나 두 방법의 통과율에 있어서는 서로 다르다.

■ **통일 분류법에 의한 분류 방법**

분류	토질	토질 속성	기호	흙의 명칭
조립토 $P_{\#200} < 50\%$	자갈(G)	#4체 통과량이 50% 이하 ($\#4 < 50\%$)	GW	입도 분포가 양호한 자갈
			GP	입도 분포가 불량한 자갈
			GM	실트질 자갈
			GC	점토질 자갈
	모래(S)	#4체 통과량이 50% 이상 ($\#4 \geq 50\%$)	SW	입도 분포가 양호한 모래
			SP	입도 분포가 불량한 모래
			SM	실트질 모래, 모래 실트 혼합토
			SC	점토질 모래, 모래 점토 혼합토
세립토 $P_{\#200} \geq 50\%$	실트(M) 및 점토(C)	액성 한계가 50% 미만 $W_L < 50$	ML	압축성이 낮은 실트, 무기질 실트
			CL	압축성이 낮은 점토
			OL	압축성이 높은 유기질 점토
		액성 한계가 50% 이상 $W_L \geq 50$	MH	압축성이 높은 무기질 실트
			CH	압축성이 높은 무기질 점토
			OH	압축성이 높은 유기질 점토
유기질토	이탄		P_t	이탄, 심한 유기질이 매우 많은 흙

■ 통일 분류법에 의한 흙의 분류 방법

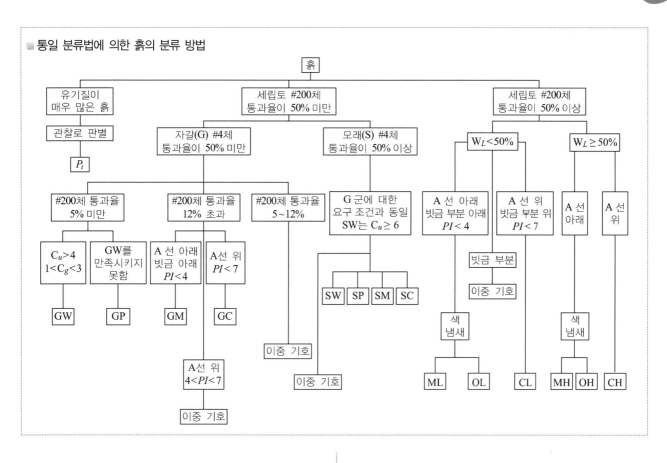

□□□ 기 01,08,14

01 통일 분류법(統一分類法)에 의해 SP로 분류된 흙의 설명 중 옳은 것은?

① 모래질 실트를 말한다.
② 모래질 점토를 말한다.
③ 압축성이 큰 모래를 말한다.
④ 입도 분포가 나쁜 모래를 말한다.

해설 ·SM : 모래질 실트   ·SC : 모래질 점토
    ·SW : 입도 분포가 좋은 모래   ·SP : 입도 분포가 나쁜 모래

□□□ 기 10

02 어떤 흙의 체분석 시험 결과 #4체 통과율이 37.5%, #200체 통과율이 2.3%였으며, 균등 계수는 7.9, 곡률 계수는 1.4이었다. 통일 분류법에 따라 이 흙을 분류하면?

① GW   ② GP
③ SW   ④ SP

해설 GW의 조건
    ·#4체 통과량이 50% 미만인 경우에는 자갈(G)로 분류한다.
    ·#200체 통과량이 5% 미만이고, 곡률 계수 : $1 < C_u < 3$ 이며, 균등 계수 : $C_u > 4$ 이면 W로 분류한다.
    ∴ GW

□□□ 기 05,10,18

03 입도 분석 시험 결과가 아래 표와 같다. 이 흙을 통일 분류법에 의해 분류하면?

· 0.075mm 체 통과율 = 3%	· 2 mm 체 통과율 = 40%
· 4.75mm 체 통과율 = 65%	· $D_{10} = 0.10$mm
· $D_{30} = 0.13$mm	· $D_{60} = 3.2$mm

① GW   ② GP
③ SW   ④ SP

해설 SP 조건
    ·4.75mm(#4체) 통과율이 50% 이상이면 모래(S) : 50% < 65%
    ·0.075mm(#200체) 통과율이 5% 이하이고, 곡률 계수 : $1 < C_u < 3$ 이며, 균등 계수 : $C_u > 6$ 이면 W로 분류한다. 이를 만족하지 못하면 P로 분류한다.
    ·0.075mm(#200체) 통과율이 5% 이하 : 5% > 3%
    ·균등 계수 $C_u = \dfrac{D_{60}}{D_{10}} = \dfrac{3.2}{0.10} = 32 > 6$
    (∵ 균등 계수 6 이상)
    ·곡률 계수 $C_g = \dfrac{D_{30}{}^2}{D_{10} \times D_{60}} = \dfrac{0.13^2}{0.10 \times 3.2} = 0.05 < 1 \sim 3$
    ·$1 < C_g < 3$ 에 만족하지 못하므로 P로 분류한다.
    ∴ SP

04 어떤 시료를 입도 분석 한 결과, 0.075mm (No. 200)체 통과율이 65%이었고, 애터버그 한계 시험 결과 액성 한계가 40%이었으며 소성도표(Plasticity chart)에서 A 선 위의 구역에 위치한다면 이 시료는 통일 분류법(USCS)상 기호로서 옳은 것은?

① CL ② SC
③ MH ④ SM

해설 CL의 조건
· 세립토 0.075mm(#200체) 통과율이 50% 이상 : 50% < 65%
· 액성 한계가 50% 이하(50% > 40%)이며 A 선 위 빗금 부분 위 : CL

05 통일 분류법에 의해 분류한 흙의 분류 기호 중 도로 노반으로서 가장 좋은 흙은?

① CL ② ML
③ SP ④ GW

해설 · CL : 압축성이 낮은 점토
· SP : 입도 분포가 불량한 모래
· ML : 압축성이 낮은 실트, 무기질 실트
· GW : 입도 분포가 양호한 자갈
∴ 도로 노반으로 가장 좋은 흙은 조립 재료로서 입도 분포가 양호한 자갈(GW)이다.

06 통일분류법으로 흙을 분류할 때 사용하는 인자가 아닌 것은?

① 입도 분포 ② 애터버그 한계
③ 색, 냄새 ④ 군지수

해설 분류에 관한 인자 : 입도 분포, 애터버그 한계, 색깔, 냄새로부터 유기질 유무

07 흙의 공학적 분류방법 중 통일 분류법과 관계없는 것은?

① 소성도 ② 액성한계
③ No.200체 통과율 ④ 군지수

해설 ■통일 분류법 : 소성도
· 조립토에 함유된 세립분과 세립토를 분류
· No.200체 통과율
· 소성지수의 A선상에 표기
$\Pi = 0.73(W_L - 20)$
■AASHTO 분류법 : 군지수

08 4.75mm체(#4체)통과율 90%, 0.075mm(#200체)통과율 4%이고, $D_{10} = 0.25mm$, $D_{30} = 0.6mm$, $D_{60} = 2mm$인 흙을 통일분류법으로 분류하면?

① GW ② GP
③ SW ④ SP

해설 ■1단계 : No.200 < 50% (G나 S 조건)
■2단계 : No.4체 통과량 > 50% (S조건)
■3단계 : SW($C_u > 6$, $1 < C_g < 3$) 이면 SW 아니면 SP
· 균등계수 $C_u = \dfrac{D_{60}}{D_{10}} = \dfrac{2}{0.25} = 8 > 6$: 입도양호(W)
· 곡률계수 $C_g = \dfrac{D_{30}^2}{D_{10} \times D_{60}} = \dfrac{0.6^2}{0.25 \times 2} = 0.72$: $1 < C_g < 3$
: 입도불량(P)
∴ SP(∵ SW에 해당되는 두 조건을 만족시키지 못함)

013　소성 도표

액성 한계와 소성 한계는 점성토의 특성을 나타내는 기본적인 값으로서 널리 이용하고 있다.

- 소성 도표에서 $I_p = 0.73\,(W_L - 20)$의 식에 의하여 표시되는 선을 A 선이라 한다.
- A 선은 무기질 점토와 무기질 실트를 구분하는 선이다.
- 무기질 점토에 대한 액성 한계와 소성 지수 사이의 관계는 A 선 위쪽에 나타낸다.
- 무기질 실트는 A 선 아래쪽에 위치하게 된다.
- 소성도에서 액성 한계와 소성 지수가 A 선 위에 있다면 점토(C) 이며, A 선 아래에 있다면 실트(M) 또는 유기질 흙(O)임을 알 수 있다.
- U 선은 액성 한계와 소성 지수의 상한선을 의미하며, U 선 위쪽에 위치하는 흙은 존재하지 않음을 의미한다.
- 소성 도표는 통일 분류법에서 세립토를 분류하는 데 사용되고 있다.

▨ Casagrande의 소성도

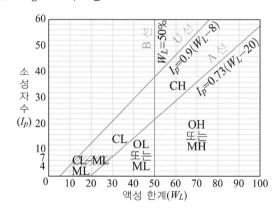

- A선 : 점토(C), 유기질 점토(O)
- A선 위쪽 : 실트질 점토(CL−ML), 유기질 점토(O)
- A선 아래 : 실트(M), 유기질 실트(O)

□□□ 기 99,05
01 소성 도표에 대한 설명 중 옳지 않은 것은?

① A 선의 방정식은 $I_p = 0.73\,(W_L - 10)$이다.
② 액성 한계를 횡좌표, 소성 지수를 종좌표로 한다.
③ 흙의 분류에 사용한다.
④ 흙의 성질을 파악하는 데 사용할 수 있다.

해설 A선의 방정식은 $I_p = 0.73\,(W_L - 20)$이다.

014　AASHTO 분류법(개정 PR법)

▨ AASHTO 분류법

입도 분포, Atterberg 한계 및 군지수(Group Index : GI)에 의하여 흙을 A-1에서 A-7의 7등급으로 크게 분류한 후, 각각을 다시 12개군으로 세밀히 분류하고 있다.

▨ 통일 분류법과 AASHTO 분류법 비교

- 두 분류법에서는 모두 입도 분포와 소성(LL, PI)을 고려하여 흙을 분류한다.
- No.200체를 기준으로 조립토와 세립토로 구분하나 통과율에 있어서는 서로 다르다.
  - 통일 분류법 : No.200체 통과율 50% 기준
  - AASHTO 분류법 : No.200체 통과율 35% 기준
- 모래(S), 자갈(G)의 입경 구분이 서로 다르다.
  - 통일 분류법 : No.4체(4.75mm)로 구분
  - AASHTO 분류법 : No.10체(2.00mm)로 구분
- 유기질 흙(OL, OH, Pt)에 대한 분류는 통일 분류법에는 있으나 AASHTO 분류법에는 없다.

□□□ 기 05
01 흙의 분류에 있어 AASHTO 분류법을 사용한다면 다음 사항 중 불필요한 것은?

① 입도 분석
② 애터버그 한계
③ 균등 계수
④ 군지수

해설 AASHTO 분류법은 입도 분석, Atterberg 한계 및 군지수(GI)를 근거로 분류한다.

□□□ 기 10,12,21
02 흙의 분류법인 AASHTO 분류법과 통일 분류법을 비교·분석한 내용으로 틀린 것은?

① AASHTO 분류법은 입도 분포, 군지수 등을 주요 분류 인자로 한 분류법이다.
② 통일 분류법은 입도 분포, 액성 한계, 소성 지수 등을 주요 분류 인자로 한 분류법이다.
③ 통일 분류법은 0.075mm체 통과율을 35%를 기준으로 조립토와 세립토로 분류하는데 이것은 AASHTO 분류법 보다 적절하다.
④ 통일 분류법은 유기질토 분류 방법이 있으나 AASHTO 분류법은 없다.

해설 ・AASHTO 분류법 : 0.075mm체 통과율 35% 기준
　　・통일 분류법 : 0.075mm체 통과율 50% 기준

군지수(GI)

- 군지수는 도로의 노상토 재료 적부를 판단하는 데 사용된다.
- 군지수는 입도와 컨시스턴시를 종합한 값이 작을수록 노상토의 성질은 양호하다.

$$군지수 \quad GI = 0.2a + 0.005ac + 0.01bd$$

여기서,

a : 0.075mm (No.200)체 통과율에서 35를 뺀 값(0 ~ 40의 정수)
　　단, 0.075mm (No.200)체 통과율에서 75%를 넘으면 75로 본다.

b : 0.075mm (No.200)체 통과율에서 15를 뺀 값(0 ~ 40의 정수)
　　단, 0.074mm (No.200)체 통과율에서 55%를 넘으면 55로 본다.

c : 액성 한계(W_L)에서 40을 뺀 값(0 ~ 20의 정수)
　　단, $W_L > 60\%$이면 $W_L = 60\%$로 본다.

d : 소성 지수(I_P)에서 10을 뺀 값(0 ~ 20의 정수)

□□□ 기 03,17,21,23

01 토질 시험 결과 No.200체 통과율이 50%, 액성 한계가 45%, 소성 한계가 25%일 때 군지수는?

① 3　　　　　　　　② 5
③ 7　　　　　　　　④ 9

해설 군지수 G.I = 0.2a + 0.005ac + 0.01bd에서
- a = No.200체 통과율 − 35 = 50 − 35 = 15%
- b = No.200체 통과율 − 15 = 50 − 15 = 35%
- c = 액성 한계 − 40 = 45 − 40 = 5
- d = 소성 지수 − 10 = (45 − 25) − 10 = 10
∴ GI = 0.2×15 + 0.005×15×5 + 0.01×35×10 = 7

016 Darcy의 법칙

- 단면적 A인 단위 시간에 통과하는 유량 Q이고, 그 동수 구배가 i일 때 동수 구배(i)와 유속(v)의 관계를 Darcy의 법칙이라 한다.
- Darcy의 법칙은 층류($R_e < 4$)일 때만 성립하며, 지하수는 $R_e = 1$에서 적용된다.

■ Darcy 법칙에 의한 유속

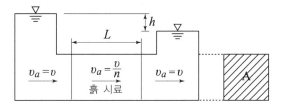

$$Q = vA = KiA = K\frac{\Delta h}{L}A$$

여기서, Q : 단위 시간당의 유량(cm^3/sec)

v : 물의 유속(cm/sec)

A : 단면적

K : 투수 계수

i : 동수 경사$\left(\dfrac{\Delta h}{L}\right)$

L : 두 점 간의 거리

■ 유출 속도와 침투 속도

- 실제 침투 유속 $v_s = \dfrac{v}{n}$으로 평균 유속(v)보다도 크다.

$$Q = A \cdot v = A_v \cdot v_s$$

$$v_s = \frac{A}{A_v} \cdot v = \frac{AL}{A_v L}v = v\left(\frac{v}{v_s}\right) = \frac{v}{n}$$

여기서, v_s : 실제 침투 유속

v : 유출 속도

A_v : 간극의 단면적

A : 시료의 전 단면적

n : 공극률$\left(\dfrac{v_v}{v}\right)$

$$v = \frac{Q}{A} = K \cdot i = K\frac{h}{L}$$

여기서, K : 투수 계수

i : 동수 구배

- 토질 역학에서는 일반적으로 침투 속도가 대단히 느리기 때문에 속도 수두는 무시하고 위치 수두와 압력 수두에 의해 물이 흐른다.
- 시간 t 사이에 전 단면적 A를 통과하는 전 투수량

$$Q = KiAt = K\left(\frac{h}{L}\right)At$$

□□□ 기 84,97,98,02,20

01 흙의 투수성에 관한 Darcy의 법칙$\left(Q = K \cdot \dfrac{\Delta h}{L} \cdot A\right)$을 설명하는 말 중 옳지 않은 것은?

① 투수 계수 K의 차원은 속도의 차원(cm/sec)과 같다.
② A는 실제로 물이 통하는 공극 부분의 단면적이다.
③ Δh는 수두차(水頭差)이다.
④ 물의 흐름이 난류(亂流)인 경우에는 Darcy의 법칙이 성립하지 않는다.

해설 · A는 시료의 전체 단면적을 표시한다.
· Δh는 두 지점 간의 수두차(손실 수두)이다.
· Darcy의 법칙은 반드시 물이 층류로 흐르는 경우에만 성립한다.

□□□ 기 99,04,13,20

02 그림에서 흙의 단면적이 $40cm^2$이고 투수 계수가 0.1cm/sec일 때 흙 속을 통과하는 유량은?

① $1cm^3$/sec
② $1m^3$/hr
③ $100cm^3$/sec
④ $100m^3$/hr

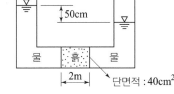

해설 $Q = KiA = K \cdot \dfrac{h}{L} \cdot A$

$= 0.1 \times \dfrac{50}{200} \times 40 = 1cm^3$/sec

($\because 2m = 200cm$)

□□□ 기00,07

03 높이 15cm, 지름 10cm인 모래 시료에 정수위 투수 시험한 결과 정수두 30cm로 하여 10초간의 유출량이 62.8cm³이었다. 이 시료의 투수 계수는?

① 8×10^{-2}cm/sec ② 8×10^{-3}cm/sec

③ 4×10^{-2}cm/sec ④ 4×10^{-3}cm/sec

해설 단위 초당 유출량 $Q = KiA = K \cdot \dfrac{h}{L} \cdot A$에서

$$K \times \frac{30}{15} \times \frac{\pi \times 10^2}{4} = \frac{62.8}{10}$$

$$\therefore K = 4.0 \times 10^{-2} \text{cm/sec}$$

참고 [계산기 f_x 570 ES] SOLVE 사용법

$$K \times \frac{30}{15} \times \frac{\pi \times 10^2}{4} = \frac{62.8}{10}$$

먼저 ☞ ALPHA ☞ $X \times \dfrac{30}{15} \times \dfrac{\pi \times 10^2}{4}$ ☞ ALPHA

☞ SOLVE ☞ $\dfrac{62.8}{10}$ SHIFT ☞ SOLVE ☞ =

☞ 잠시 기다리면 $X = 0.039979$ ∴ $K = 4.0 \times 10^{-2}$cm/sec

□□□ 기97,14,20

04 각층의 손실 수두 Δh_1, Δh_2 및 Δh_3를 각각 구한 값으로 옳은 것은?

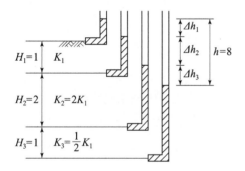

① $\Delta h_1 = 2$ $\Delta h_2 = 2$ $\Delta h_3 = 4$

② $\Delta h_1 = 2$ $\Delta h_2 = 3$ $\Delta h_3 = 3$

③ $\Delta h_1 = 2$ $\Delta h_2 = 4$ $\Delta h_3 = 2$

④ $\Delta h_1 = 2$ $\Delta h_2 = 5$ $\Delta h_3 = 1$

해설 투수가 수직 방향으로 일어나므로 각 층의 유출 속도는 동일하다.

· $v = K\hat{i} = K_1 i_1 = K_2 i_2 = K_3 i_3 = const$

$$= K_1 \frac{\Delta h_1}{l_1} = K_2 \frac{\Delta h_2}{l_2} = K_3 \frac{\Delta h_3}{l_3} = const$$

$$= K_1 \frac{\Delta h_1}{1} = 2K_1 \frac{\Delta h_2}{2} = \frac{1}{2} K_1 \frac{\Delta h_3}{1}$$

$$\therefore \Delta h_1 = \Delta h_2 = \frac{\Delta h_3}{2}$$

· 손실 수두 $h = \Delta h_1 + \Delta h_2 + \Delta h_3 = 8$

$$\therefore \Delta h_1 = 2, \ \Delta h_2 = 2, \ \Delta h_3 = 4$$

□□□ 기04

05 다음 그림에서와 같이 물이 상방향으로 일정하게 흐를 때 A, B 양단에서의 전 수두 차를 구하면?

① 1.8m

② 3.6m

③ 1.2m

④ 2.4m

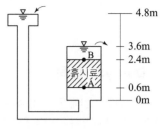

해설 두 점 A, B의 수두 차

수두	A 수두(m)	B 수두(m)
압력 수두	$4.8 - 0.6 = 4.2$	$4.8 - 3.6 = 1.2$
위치 수두	$-(3.6 - 0.6) = -3$	$-(3.6 - 2.4) = -1.2$
전 수두	$4.2 + (-3) = 1.2$	$1.2 + (-1.2) = 0$

· 두 지점 사이의 전 수두 차는 손실 수두라 한다.

$$\therefore \Delta h = 1.2 - 0 = 1.2 \text{m}$$

□□□ 기98,00,03,05,12,14,17,21

06 아래 그림에서 투수 계수 $K = 4.8 \times 10^{-3}$cm/sec일 때 Darcy의 유출 속도 V와 실제 물의 속도(침투속도) V_s는?

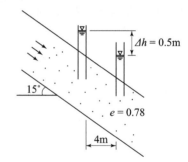

① $V = 3.4 \times 10^{-4}$cm/sec, $V_s = 5.6 \times 10^{-4}$cm/sec

② $V = 3.4 \times 10^{-4}$cm/sec, $V_s = 9.4 \times 10^{-4}$cm/sec

③ $V = 5.8 \times 10^{-4}$cm/sec, $V_s = 10.8 \times 10^{-4}$cm/sec

④ $V = 5.8 \times 10^{-4}$cm/sec, $V_s = 13.2 \times 10^{-4}$cm/sec

해설 · $V = K \dfrac{\Delta h}{L}$

$$= 4.8 \times 10^{-3} \times \frac{50}{\left(\dfrac{400}{\cos 15°}\right)} = 5.8 \times 10^{-4} \text{cm/sec}$$

· $V_s = \dfrac{V}{n}$에서 $n = \dfrac{e}{1+e} = \dfrac{0.78}{1+0.78} = 0.44$

$$V_s = \frac{V}{n} = \frac{5.8 \times 10^{-4}}{0.44}$$

$$= 13.2 \times 10^{-4} \text{cm/sec}$$

□□□ 기 07,11

07 쓰레기 매립장에서 누출되어 나온 침출수가 지하수를 통하여 100미터 떨어진 하천으로 이동한다. 매립장 내부와 하천의 수위차가 1미터이고 포화된 중간 지반은 평균 투수 계수 1×10^{-3}cm/sec의 자유면 대수층으로 구성되어 있다고 할 때 매립장으로부터 침출수가 하천에 처음 도착하는 데 걸리는 시간은 약 몇 년인가? (이때 대수층의 간극비(e)는 0.25이다.)

① 3.45년　　　　　② 6.34년
③ 10.56년　　　　④ 17.23년

해설　• 간극률 $n = \dfrac{e}{1+e} = \dfrac{0.25}{1+0.25} = 0.20$

　　• 유출 속도 $V = Ki = 1 \times 10^{-3} \times \dfrac{1}{100}$
　　　　　　　　　$= 1 \times 10^{-5} = 0.00001$cm/sec

　　• 침투 속도 $V_s = \dfrac{V}{n} = \dfrac{0.00001}{0.20} = 0.00005$ cm/sec

　　$\therefore t = \dfrac{L}{V_s} = \dfrac{100 \times 100}{0.00005} = \dfrac{200 \times 10^6}{60 \times 60 \times 24 \times 365} = 6.34$년

□□□ 기 97,13,16

08 다음 그림에서 C 점의 압력 수두 및 전 수두 값은 얼마인가?

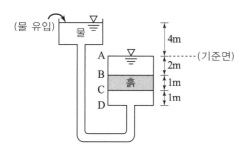

① 압력 수두 3m, 전 수두 2m
② 압력 수두 7m, 전 수두 0m
③ 압력 수두 3m, 전 수두 3m
④ 압력 수두 7m, 전 수두 4m

해설　• C 점의 압력 수두 $= 4 + 2 + 1 = 7$m
　　• C 위치 수두 $= -(2+1) = -3$m
　　$\therefore$ C 점의 전 수두 $= 7 + (-3) = 4$m

□□□ 기 97,14,15,19

09 $\Delta h_1 = 5$이고, $k_{v2} = 10k_{v1}$일 때, k_{v3}의 크기는?

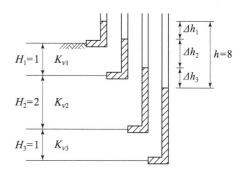

① $1.0k_{v1}$　　　　② $1.5k_{v1}$
③ $2.0k_{v1}$　　　　④ $2.5k_{v1}$

해설　각 층의 침투속도는 동일

　　• $v = ki = k_{v1}\dfrac{\Delta h_1}{H_1} = k_{v2}\dfrac{\Delta h_2}{H_2} = k_{v3}\dfrac{\Delta h_3}{H_3} = const$

　　• $k_{v1}\dfrac{\Delta h_1}{1} = 10k_{v1}\dfrac{\Delta h_2}{2} = k_{v3}\dfrac{\Delta h_3}{1}$ $(\because k_{v2} = 10k_{v1})$

　　• $k_{v1}\Delta h_1 = 5k_{v1}\Delta h_2 = k_3\Delta h_3$ $(\therefore \Delta h_1 = 5\Delta h_2)$

　　• $\Delta h_1 = 5$이면 $\Delta h_2 = 1$, $\Delta h_3 = 2$ $(\because \Delta h_1 + \Delta h_2 + \Delta h_3 = 8)$

　　• $k_{v1}\Delta h_1 = k_{v3}\Delta h_3$에서 $\therefore k_{v3} = k_{v1}\dfrac{\Delta h_1}{\Delta h_3} = \dfrac{5}{2}k_{v1} = 2.5k_{v1}$

□□□ 기 98,02,17

10 두께 2m인 투수성 모래층에서 동수경사가 $\dfrac{1}{10}$이고, 모래의 투수계수가 5×10^{-2}cm/sec라면 이 모래층의 폭 1m에 대하여 흐르는 수량은 매 분당 얼마나 되는가?

① $6,000$cm^3/min　　② 600cm^3/min
③ 60cm^3/min　　　④ 6cm^3/min

해설　$Q = Ki A$
　　　$= 5 \times 10^{-2} \times \dfrac{1}{10} \times 200 \times 100$
　　　$= 100$ cm^3/sec $= 6,000$ cm^3/min

017 흙의 모관성

- 모관 현상은 유리관과 물 사이의 부착력, 물의 표면 장력 때문에 발생된다.
- 흙의 유효 입경(D_{10})과 간극비(e)가 크면 모관 상승고(h_c)는 작아진다.
- 모관 상승 영역에서는 간극 수압의 분포는 표면 장력에 의해 인장력을 받고 있으므로 부압 즉 (−)압력이 작용한다.
- 모관 수두

$$h_c = \frac{4T\cos\alpha}{D \cdot \rho_w}$$

여기서, T : 표면 장력　　　　α : 접촉각
　　　　D : 모세관의 직경　　ρ_w : 물의 밀도(단위중량)

- Hazen의 모관 상승고의 근사식

$$h_c = \frac{C}{e \times D_{10}}$$

여기서, C : 정수　　　　e : 공극비
　　　　D_{10} : 유효 입경

□□□ 기 80,84,95,97,98,99,03

01 물의 표면 장력 $T = 0.075\text{g/cm}$, 물과 유리관 벽과의 접촉각이 $0°$, 유리관의 지름 $D = 0.01\text{cm}$ 일 때, 모관수의 높이 h_c는?

① 30cm　　　　　② 28cm

③ 25cm　　　　　④ 20cm

해설 $h_c = \dfrac{4T\cos\alpha}{D \cdot \rho_w} = \dfrac{4 \times 0.075\cos 0°}{0.01 \times 1} = 30\text{cm}$

□□□ 기 16

02 간극률 50%이고, 투수계수가 $9 \times 10^{-2}\text{cm/sec}$인 지반의 모관 상승고는 대략 어느 값에 가장 가까운가?
(단, 흙입자의 형상에 관련된 상수 $C = 0.3\text{cm}^2$, Hazen공식 : $k = c_1 \times D_{10}^2$ 에서 $c_1 = 100$으로 가정)

① 1.0cm　　　　　② 5.0cm

③ 10.0cm　　　　④ 15.0cm

해설 $h_c = \dfrac{C}{e \cdot D_{10}}$

- 공극률 $e = \dfrac{n}{100-n} = \dfrac{50}{100-50} = 1.0$

- $k = c_1 \times D_{10}^2$ 에서

$D_{10} = \sqrt{\dfrac{9 \times 10^{-2}}{100}} = 0.030\text{cm}$

∴ $h_c = \dfrac{0.3}{1.0 \times 0.030} = 10.0\text{cm}$

□□□ 기 12

03 흙의 모세관 현상에 대한 설명으로 옳지 않은 것은?

① 모세관 현상은 물의 표면 장력 때문에 발생된다.
② 흙의 유효 입경이 크면 모관 상승고는 커진다.
③ 모관 상승 영역에서 간극 수압은 부압, 즉 (−) 압력이 발생된다.
④ 간극비가 크면 모관 상승고는 작아진다.

해설 Hazen의 모관 상승고의 근사식

$$h_c = \frac{c}{e \times D_{10}}$$

- 흙의 유효 입경(D_{10})과 간극비(e)가 크면 모관 상승고(h_c)는 작아진다.
- 모관 현상은 유리관과 물 사이의 부착력, 물의 표면 장력 때문에 발생된다.
- 모관 상승 영역에서는 간극 수압의 분포는 표면 장력에 의해 인장력을 받고 있으므로 부압 즉 (−) 압력이 작용한다.

□□□ 기 05,08,10

04 흙의 모관 상승에 대한 설명 중 잘못된 것은?

① 흙의 모관 상승고는 간극비에 반비례하고, 유효 입경에 반비례한다.
② 모관 상승고는 점토, 실트, 모래, 자갈의 순으로 점점 작아진다.
③ 모관 상승이 있는 부분은 (−)의 간극 수압이 발생하여 유효 응력이 증가한다.
④ Stokes 법칙은 모관 상승에 중요한 영향을 미친다.

해설
- 모관 상승고(h_c)는 흙의 간극비(e)와 유효 입경(D_{10})에 반비례한다.
- 모관 상승 영역에서의 간극 수압(u)은 (−) 압력이 발생되어 유효 응력($\bar{\sigma}$)은 증가한다.

$\bar{\sigma} = \sigma - u = \sigma - (-u) = \sigma + u$

- 모관 상승고는 점토(7.5~23m), 실트(0.75~7.5m), 가는 모래(0.3~1.2m), 굵은 자갈(0.1~0.2m)의 순으로 작게 발생한다.
- Stokes 법칙은 구(球)를 물에 넣으면 침강 속도는 구직경의 제곱에 비례한다는 원리로 흙 입자의 등치 입경을 구하는 데 이용된다.

---

018 흙의 투수 계수

투수 계수의 영향

$$K = D_s^2 \cdot \frac{\gamma_w}{\mu} \cdot \frac{e^3}{1+e} \cdot C \text{ (Taylor 제안)}$$

여기서, D_s : 흙의 입경 γ_w : 물의 단위 중량
   μ : 물의 점성 계수 e : 간극비
   C : 합성 형성 계수

• 투수 계수는 흙의 성질인 토립자의 크기, 간극비, 공극의 형상과 배열, 포화도 등에 따라 달라진다.
• 흙의 포화도(S)는 그 값이 커질수록 투수 계수가 증가한다.
• 투수 계수(K)는 흙의 비중(G_s)과 관계없다.

A. Hazen의 실험식

A. Hazen은 균등한 모래에 대해 투수 계수와 입경과의 실험식을 발표하였다.

$$K = C \cdot D_{10}^2$$

여기서, C : 비례 상수로 $100 \sim 150(1/\text{cm} \cdot \text{sec})$
   D_{10} : 유효 입경(cm)

Taylor의 실험식

투수 계수와 간극비와의 관계는 Taylor가 실험을 통해 제안하였다.

$$\therefore K_2 = K_1 \times \left(\frac{e_2}{e_1}\right)^2$$

점성 계수와의 관계

투수 계수는 온도에 따라 변하는데 온도는 물의 점성을 변화시킨다. 따라서 투수 계수 K는 점성 계수(μ)에 반비례한다.

$$K_{15} : K_T = \mu_T : \mu_{15}$$

$$\therefore K_{15} = K_T \frac{\mu_T}{\mu_{15}}$$

□□□ 기 02,09,14
01 흙의 투수 계수 K에 관한 설명으로 옳은 것은?

① K는 간극비에 반비례한다.
② K는 형상 계수에 반비례한다.
③ K는 점성 계수에 반비례한다.
④ K는 입경의 제곱에 반비례한다.

해설 투수 계수 $K = D_s^2 \cdot \dfrac{\gamma_w}{\mu} \cdot \dfrac{e^3}{1+e} \cdot C$
   D_s : 흙의 입경 γ_w : 물의 단위 중량
   μ : 물의 점성 계수 e : 간극비
   C : 형성 계수
∴ K는 점성 계수(μ)에 반비례한다.

□□□ 기 86,92,97,98,00,02,06,15,18
02 다음 중 투수 계수를 좌우하는 요인이 아닌 것은?

① 토립자의 크기   ② 공극의 형상과 배열
③ 토립자의 비중   ④ 포화도

해설 $K = D_s^2 \cdot \dfrac{\gamma_w}{\mu} \cdot \dfrac{e^3}{1+e} \cdot C$
• 투수 계수는 흙의 성질인 토립자의 크기, 간극비, 공극의 형상과 배열, 포화도 등에 따라 달라진다.
• 흙의 포화도(S)는 그 값이 커질수록 투수 계수가 증가한다.
• 투수 계수(K)는 흙의 비중(G_s)과 관계없다.

□□□ 기 11,18
03 투수 계수에 영향을 미치는 요소들로만 구성된 것은?

(1) 흙 입자의 크기   (2) 간극비
(3) 간극의 모양과 배열   (4) 활성도
(5) 물의 점성 계수   (6) 포화도
(7) 흙의 비중

① (1), (2), (4), (6)
② (1), (2), (3), (5), (6)
③ (1), (2), (4), (5), (7)
④ (2), (3), (5), (7)

해설 $K = D_s^2 \cdot \dfrac{\gamma_w}{\mu} \cdot \dfrac{e^3}{1+e} \cdot C$
• 투수 계수는 흙의 성질인 토립자의 크기, 간극비, 공극의 형상과 배열, 포화도 등에 따라 달라진다.
• 흙의 포화도(S)는 그 값이 커질수록 투수 계수가 증가한다.
• 투수 계수(k)는 점성 계수(μ)에 반비례한다.
• 투수 계수(k)는 흙의 비중(G_s)과 관계없다.

□□□ 기 85,99,03,06,11,17,22
04 공극비가 $e_1 = 0.80$인 어떤 모래의 투수 계수가 $K_1 = 8.5 \times 10^{-2}$cm/sec일 때 이 모래를 다져서 공극비를 $e_2 = 0.57$로 하면 투수 계수 K_2는?

① 8.5×10^{-3} cm/sec   ② 3.5×10^{-2} cm/sec
③ 8.1×10^{-2} cm/sec   ④ 4.1×10^{-1} cm/sec

해설 • $K_1 : K_2 = \dfrac{e_1^3}{1+e_1} : \dfrac{e_2^3}{1+e_2}$ 에서

$$\therefore K_2 = \frac{\dfrac{e_2^3}{1+e_2}}{\dfrac{e_1^3}{1+e_1}} \times K_1 = \frac{\dfrac{0.57^3}{1+0.57}}{\dfrac{0.80^3}{1+0.80}} \times 8.5 \times 10^{-2}$$

$$= 3.5 \times 10^{-2} \text{cm/sec}$$

■ 정수위 투수 시험법

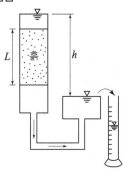

$$Q = KiAt = K \cdot \frac{h}{L} \cdot At \text{ 에서}$$

$$\therefore K = \frac{Q \cdot L}{h \cdot A \cdot t}$$

여기서, Q : 침투수량(cm^3)
　　　　K : 투수계수$(\mathrm{cm/sec})$
　　　　L : 시료의 길이(cm)
　　　　A : 시료의 단면적(cm^2)
　　　　h : 수두차(cm)
　　　　t : 측정 시간(sec)
　　　　i : 동수경사

■ 변수위 투수 시험법

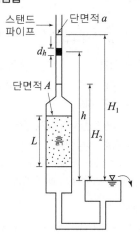

$$K = 2.3 \frac{a \cdot L}{A \cdot t} \log \frac{H_1}{H_2}$$

여기서, a : 스탠드 파이프의 단면적(cm^2)
　　　　A : 시료의 단면적(cm^2)
　　　　t : 측정 시간$(t_2 - t_1,\ \mathrm{sec})$
　　　　H_1 : t_1에서 수위(cm)
　　　　H_2 : t_2에서 수위(cm)

■ 투수 계수 결정 방법

투수 계수 측정법	투수 계수 범위(cm/sec)	적용 시료
정수위 투수 시험법	$K > 1 \times 10^{-3}$	투수성이 비교적 큰 조립토
변수위 투수 시험법	$K = 1 \times 10^{-3} \sim 1 \times 10^{-6}$	투수성이 낮은 세립토
압밀 시험	$K = 10^{-7}$ 이하	투수성이 극히 낮은 점토

□□□ 기 12,13,21

01 단면적 $100\mathrm{cm}^2$, 길이 30cm인 모래 시료에 대한 정수두 투수 시험 결과가 아래의 표와 같을 때 이 흙의 투수 계수는?

- 수두차 : 500cm
- 물을 모은 시간 : 5분
- 모은 물의 부피 : $500\mathrm{cm}^3$

① 0.001cm/sec　　　② 0.005cm/sec
③ 0.01cm/sec　　　④ 0.05cm/sec

해설 $K = \dfrac{Q \cdot L}{h \cdot A \cdot t} = \dfrac{500 \times 30}{500 \times 100 \times 5 \times 60} = 0.001\mathrm{cm/sec}$

□□□ 기 99,00,07,12

02 높이 15cm, 지름 10cm인 모래 시료에 정수위 투수 시험한 결과 정수두 30cm로 하여 10초간의 유출량이 $62.8\mathrm{cm}^3$이었다. 이 시료의 투수 계수는?

① $8 \times 10^{-2}\mathrm{cm/sec}$
② $8 \times 10^{-3}\mathrm{cm/sec}$
③ $4 \times 10^{-2}\mathrm{cm/sec}$
④ $4 \times 10^{-3}\mathrm{cm/sec}$

해설 $Q = KiA = k \cdot \dfrac{h}{L} \cdot A \text{에서}$　$A = \dfrac{\pi \times 10^2}{4} = 78.54\mathrm{cm}^2$

$\therefore K = \dfrac{Q \cdot L}{h \cdot A \cdot t} = \dfrac{62.8 \times 15}{30 \times 78.54 \times 10} = 4 \times 10^{-2}\mathrm{cm/sec}$

□□□ 기 11

03 조립토의 투수 계수를 측정하는 데 적합한 실험 방법은?

① 압밀 시험
② 정수위 투수 시험
③ 변수위 투수 시험
④ 수평 모관 시험

해설 ・정수위 투수 시험 : 투수성이 비교적 큰 조립토
・변수위 투수 시험 : 투수성이 낮은 세립토
・압밀 시험 : 투수성이 극히 낮은 점토

□□□ 기 04,15

04 어떤 흙의 변수위 투수 시험을 한 결과 시료의 직경과 길이가 각각 5.0cm, 2.0cm이었으며, 유리관의 내경이 4.5mm, 1분 10초 동안에 수두가 40cm에서 20cm로 내렸다. 이 시료의 투수 계수는?

① 4.95×10^{-4}cm/s
② 5.45×10^{-4}cm/s
③ 1.60×10^{-4}cm/s
④ 7.39×10^{-4}cm/s

해설 $K = 2.3 \dfrac{a \cdot L}{A \cdot t} \log \dfrac{H_1}{H_2}$

・$a = \dfrac{\pi \times 0.45^2}{4} = 0.159 \text{cm}^2$

・$A = \dfrac{\pi \times 5.0^2}{4} = 19.635 \text{cm}^2$

∴ $K = 2.3 \dfrac{0.159 \times 2}{19.635 \times 70} \log \dfrac{40}{20} = 1.60 \times 10^{-4} \text{cm/sec}$

□□□ 기 99,02,04,10,17

05 단면적 20cm², 길이 10cm의 시료를 15cm의 수두차로 정수위 투수시험을 한 결과 2분 동안에 150cm³의 물이 유출되었다. 이 흙의 비중은 2.67이고, 건조중량이 420g이었다. 공극을 통하여 침투하는 실제 침투유속 Vs는 약 얼마인가?

① 0.018cm/sec
② 0.296cm/sec
③ 0.437cm/sec
④ 0.628cm/sec

해설 실제침투유속 $V_s = \dfrac{V}{n} = \dfrac{Ki}{n}$

・투수계수 $K = \dfrac{Q \cdot L}{A \cdot h \cdot t} = \dfrac{150 \times 10}{20 \times 15 \times (2 \times 60)} = 0.042 \text{cm/sec}$

・건조밀도 $\rho_d = \dfrac{W_s}{V} = \dfrac{420}{20 \times 10} = 2.1 \text{g/cm}^3$

・공극비 $e = \dfrac{G_s}{\rho_d} \rho_w - 1 = \dfrac{2.67}{2.1} \times 1 - 1 = 0.271$

$\left(\because \rho_d = \dfrac{G_s}{1+e} \rho_w \right)$

・공극률 $n = \dfrac{e}{1+e} = \dfrac{0.271}{1+0.271} = 0.213$

∴ $V_s = \dfrac{K \cdot i}{n} = \dfrac{0.042 \times \dfrac{15}{10}}{0.213} = 0.296 \text{cm/sec}$

□□□ 기 96,00,04,15,21

06 어떤 흙 시료의 변수위 투수시험을 한 결과가 아래와 같을 때 15℃에서의 투수계수는?

・스탠드파이프 내경(d) : 4.3mm
・측정 개시시간(t_1) : 09시 20분
・측정 완료시간(t_2) : 09시 30분
・시료의 지름(D) : 5.0cm
・시료의 길이(L) : 20.0cm
・t_1에서 수위(H_1) : 30cm
・t_2에서 수위(H_2) : 15cm
・수온 : 15℃

① 1.75×10^{-3}cm/s
② 1.71×10^{-4}cm/s
③ 3.93×10^{-4}cm/s
④ 7.42×10^{-5}cm/s

해설 $k = 2.3 \dfrac{a \cdot L}{A \cdot t} \log \dfrac{H_1}{H_2}$

・$a = \dfrac{\pi d^2}{4} = \dfrac{\pi \times 0.43^2}{4} = 0.145 \text{cm}^2$

・$A = \dfrac{\pi D^2}{4} = \dfrac{\pi \times 5.0^2}{4} = 19.63 \text{cm}^2$

・$t = 10(분) \times 60(초) = 600 \text{sec}$

∴ $k = 2.3 \dfrac{0.145 \times 20.0}{19.63 \times 600} \log \dfrac{30.0}{15.0} = 1.70 \times 10^{-4} \text{cm/s}$

■ **수평 방향의 투수 계수**

성토층 n층에 대한 각 투수 계수를 K_1, K_2, K_3 각 층의 두께를 H_1, H_2, H_3라 하고 물이 수평 방향으로 흐르는 경우 수평 방향의 평균 투수 계수라고 한다.

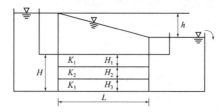

$$Q = K_h\, i\, H = K_1 i H_1 + \cdots + K_n i H_n$$

$$\therefore K_h = \frac{1}{H}(K_1 H_1 + K_2 H_2 + \cdots + K_n H_n)$$

■ **등방성의 투수 계수**

수평 방향과 연직 방향의 투수 계수가 다른 경우 이를 이방성(異方性) 또는 비등방성(非等方性)이라 한다.

$$K = \sqrt{K_h \cdot K_v} \quad (K_h > K_v)$$

여기서, K_h : 수평 방향 투수 계수

K_v : 수직 방향 투수 계수

■ **연직 방향의 투수 계수**

물이 성층에 수직 방향으로 흐르는 경우 각 층의 동수 경사 i_1, i_2, i_3라 하고 전체 손실 수두 h, 수평 방향의 평균 투수 계수라 한다.

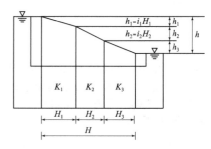

$$V = K_v i = K_v \frac{h}{H} = \frac{K_v}{H} V\left(\frac{H_1}{K_1} + \frac{H_2}{K_2} + \cdots + \frac{H_n}{K_n}\right)$$

$$\therefore K_v = \frac{H}{\dfrac{H_1}{K_1} + \dfrac{H_2}{K_2} + \cdots + \dfrac{H_n}{K_n}}$$

□□□ 기 03, 06, 09

01 그림과 같이 3층으로 되어 있는 성층토의 수평 방향의 평균 투수 계수는?

① 2.97×10^{-4} cm/sec

② 3.04×10^{-4} cm/sec

③ 6.97×10^{-4} cm/sec

④ 4.04×10^{-4} cm/sec

$H_1 = 2.5\text{m}$	$K_1 = 3.06 \times 10^{-4}$ cm/sec
$H_2 = 3.0\text{m}$	$K_2 = 2.55 \times 10^{-4}$ cm/sec
$H_3 = 2.0\text{m}$	$K_3 = 3.50 \times 10^{-4}$ cm/sec

해설 $K_h = \dfrac{1}{H}(K_1 H_1 + K_2 H_2 + K_3 H_3)$

$= \dfrac{1}{7.5}(3.06 \times 10^{-4} \times 2.5 + 2.55 \times 10^{-4} \times 3 + 3.50 \times 10^{-4} \times 2.0)$

$= 2.97 \times 10^{-4}$ cm/sec

□□□ 기 90, 91, 96, 01, 09, 13

02 수평 방향의 투수 계수(K_h)가 0.4cm/sec이고 연직 방향의 투수 계수(K_v)가 0.1cm/sec일 때 등가 투수 계수를 구하면?

① 0.20cm/sec

② 0.25cm/sec

③ 0.30cm/sec

④ 0.35cm/sec

해설 $K = \sqrt{K_h \cdot K_v} = \sqrt{0.4 \times 0.1} = 0.20$ cm/sec

---

□□□ 기 94, 06, 10, 11, 14, 18, 22

03 그림과 같이 같은 두께의 3층으로 된 수평 모래층이 있을 때 모래층 전체의 연직 방향 평균 투수 계수는? (단, K_1, K_2, K_3는 각 층의 투수 계수임)

① 2.38×10^{-3} cm/sec

② 4.56×10^{-4} cm/sec

③ 3.01×10^{-4} cm/sec

④ 3.36×10^{-5} cm/sec

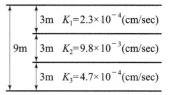

해설 $K_v = \dfrac{H}{\dfrac{H_1}{K_1} + \dfrac{H_2}{K_2} + \dfrac{H_3}{K_3}}$

$= \dfrac{900}{\dfrac{300}{2.3 \times 10^{-4}} + \dfrac{300}{9.8 \times 10^{-3}} + \dfrac{300}{4.7 \times 10^{-4}}}$

$= 4.56 \times 10^{-4}$ cm/sec

- 유선과 등수두선으로 이루어진 곡선군을 유선망(流線網 : flow net)이라고 한다.
- 유선망은 침투유량, 임의점의 간극 수압 및 동수 경사 등 지하수의 흐름 해석에 이용된다.

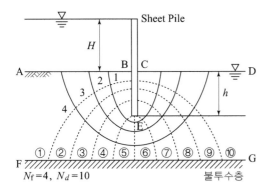

$\overline{AB}$, $\overline{CD}$: 등수두선
$\overline{BEC}$, $\overline{FG}$: 유선

■ 유선망에 사용되는 용어
- 유선 : 투수층의 상류부에서 하류부로 물이 흐르는 자취
- 등수두선 : 손실 수두가 서로 같은 점을 연결한 선으로 전 수두가 같다.
- 등수두면(N_d) : 2개의 등수두선으로 이루어진 공간
- 유로(N_f) : 인접한 두 유선 사이의 통로
- 유선망 : 유선과 등수두선이 이루는 사각형 망

■ 유선망의 경계 조건
- 선분 $\overline{AB}$, $\overline{CD}$는 등수두선이다.
- 선분 AB와 CD는 등수두선이므로 모든 유선은 이선에 직교한다.
- 불투수층 $\overline{FG}$도 하나의 유선이다.
- 널말뚝을 따라 흐르는 $\overline{BEC}$도 하나의 유선이다.

■ 유선망의 특징
- 각 유로의 침투유량은 같다.
- 유선과 등수두선은 서로 직교한다.
- 유선망으로 이루어지는 사각형은 이론상 정사각형이다.
- 인접한 2개의 등수두선 사이의 수두 손실은 같다.
- 침투 속도 및 동수 구배는 유선망의 폭에 반비례한다.
- 유선망 작도에 필요한 유로의 수는 4~6개가 필요하다.

■ 침투수량
- 등방성 흙($N_f = N_d$)

$$Q = KH\frac{N_f}{N_d}$$

- 이등방성 흙($N_f \neq N_d$)

$$Q = \sqrt{K_h K_v} \cdot H \cdot \frac{N_f}{N_d}$$

여기서, Q : 단위 폭당 제체의 침투유량(cm^3/sec)
    K : 투수 계수(cm/sec)
    H : 상하류의 수두차(cm)
    N_f : 유로의 수
    N_d : 등수두면의 수

■ 임의점에서의 간극 수압
- 전 수두 $h_t = \dfrac{n_d}{N_d} \cdot H$

여기서, n_d : 구하는 점에서의 등수두면 수
- 압력 수두 h_p = 전 수두(h_t) − 위치 수두(h_e)
- 간극 수압 $u_p = \gamma_w \times$ 압력 수두(h_p)

□□□ 기 05,13
01 유선망을 작성하여 침투수량을 결정할 때 유선망의 정밀도가 침투수량에 큰 영향을 끼치지 않는 이유는?

① 유선망은 유로의 수와 등수두면의 수의 비에 좌우되기 때문이다.
② 유선망은 등수두선의 수에 좌우되기 때문이다.
③ 유선망은 유선의 수에 좌우되기 때문이다.
④ 유선망은 투수 계수 K에 좌우되기 때문이다.

해설 · $Q = KH\dfrac{N_f}{N_d}$
- 유선망은 유로의 수와 등수두면의 수의 비에 좌우되기 때문에 침투수량에 큰 영향을 끼치지 않는다.

□□□ 기 86,92,11,15,18
02 유선망의 특징을 설명한 것으로 옳지 않은 것은?

① 각 유로의 침투량은 같다.
② 유선은 등수두선과 직교한다.
③ 유선망으로 이루어지는 사각형은 정사각형이다.
④ 침투 속도 및 동수 구배는 유선망의 폭에 비례한다.

해설 침투 속도 및 동수 구배는 유선망의 폭에 반비례한다.

03 다음과 같이 널말뚝을 박은 지반의 유선망을 작도하는 데 있어서 경계 조건에 대한 설명으로 틀린 것은?

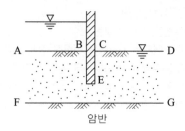

① $\overline{AB}$ 는 등수두선이다.
② $\overline{CD}$ 는 등수두선이다.
③ $\overline{FG}$ 는 유선이다.
④ $\overline{BEC}$ 는 등수두선이다.

해설 · 선분 $\overline{AB}$, $\overline{CD}$ 는 등수두선이다.
· 암반층 $\overline{FG}$ 도 하나의 유선이다.
· 널말뚝을 따라 흐르는 $\overline{BEC}$ 도 하나의 유선이다.

04 그림의 유선망에 대한 것 중 틀린 것은? (단, 흙의 투수 계수는 2.5×10^{-3}cm/sec)

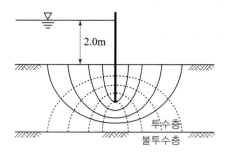

① 유선의 수 = 6
② 등수두선의 수 = 6
③ 유로의 수 = 5
④ 전 침투유량 $Q = 0.278$cm³/sec

해설 · 유선의 수 = 6, 유로의 수 $N_f = 5$
· 등수두선의 수 = 10, 등수두면의 수 $N_d = 9$
· $Q = KH\dfrac{N_f}{N_d} = 2.5 \times 10^{-3} \times 200 \times \dfrac{5}{9} = 0.278$cm³/sec

05 수직 방향의 투수 계수가 4.5×10^{-8}m/sec이고, 수평 방향의 투수 계수가 1.6×10^{-8}m/sec인 균질하고 비등방(非等方)인 흙 댐의 유선망을 그린 결과 유로(流路)수가 4개이고 등수두선의 간격수가 18개였다. 단위 길이(m)당 침투유량은? (단, 댐 상하류의 수면의 차는 18m이다.)

① 1.1×10^{-7}m³/sec
② 2.3×10^{-7}m³/sec
③ 2.3×10^{-8}m³/sec
④ 1.5×10^{-8}m³/sec

해설 $Q = K \cdot H \cdot \dfrac{N_f}{N_d} = \sqrt{K_h \cdot K_v} \cdot H \dfrac{N_f}{N_d}$

· $K = \sqrt{K_h \cdot K_v}$
$= \sqrt{4.5 \times 10^{-8} \times 1.6 \times 10^{-8}} = 2.68 \times 10^{-8}$m/sec
∴ $Q = 2.68 \times 10^{-8} \times 18 \times \dfrac{4}{18} \times 1$
$= 10.7 \times 10^{-8}$m³/sec $= 1.1 \times 10^{-7}$m³/sec

06 투수 계수가 2×10^{-5}cm/sec, 수위차 15m인 필 댐의 단위폭 1cm에 대한 1일 침투유량은? (단, 등수두선으로 싸인 간격수 $N_d = 15$, 유선으로 싸인 간격수 $N_f = 5$)

① 1×10^{-2}cm³/day
② 864cm³/day
③ 36cm³/day
④ 14.4cm³/day

해설 $Q = KH\dfrac{N_f}{N_d} = 2 \times 10^{-5} \times (15 \times 100) \times \dfrac{5}{15}$
$= 0.01$cm³/sec $= 864$cm³/day
(∵ 0.01cm³/sec $= 0.01 \times 60 \times 60 \times 24 = 864$cm³/day)

07 수평 방향 투수 계수가 0.12cm/sec이고, 연직 방향 투수 계수가 0.03cm/sec일 때 1일 침투유량은?

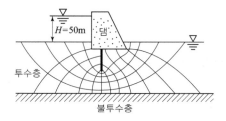

① 870m³/day/m
② $1,080$m³/day/m
③ $1,220$m³/day/m
④ $1,410$m³/day/m

해설 등가 투수 계수 $K = \sqrt{K_h \cdot K_v} = \sqrt{0.12 \times 0.03} = 0.06$cm/sec
∴ $Q = KH\dfrac{N_f}{N_d} = 0.06\left(\dfrac{1}{100} \times 60 \times 60 \times 24\right) \times 50 \times \dfrac{5}{12} \times 1$
$= 1,080$m³/day/m

☐☐☐ 기88,97,01,09,21

08 그림과 같은 경우의 투수량은? (단, 투수 지반의 투수 계수는 2.4×10^{-3} cm/sec이다.)

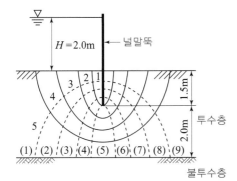

① 0.0267cm³/sec ② 0.267cm³/sec
③ 0.864cm³/sec ④ 0.0864cm³/sec

해설 $Q = KH\dfrac{N_f}{N_d} = 2.4 \times 10^{-3} \times 200 \times \dfrac{5}{9} = 0.267$cm³/sec

☐☐☐ 기13

09 침투유량(q) 및 B 점에서의 간극 수압(u_B)을 구한 값으로 옳은 것은? (단, 투수층의 투수 계수는 3×10^{-1}cm/sec, 물의 단위중량 $\gamma_w = 9.81$kN/m³이다.)

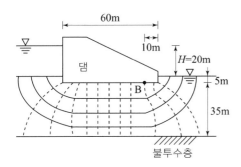

① $q = 100$cm³/sec/cm, $u_B = 49.1$kN/m²
② $q = 100$cm³/sec/cm, $u_B = 98.1$kN/m²
③ $q = 200$cm³/sec/cm, $u_B = 49.1$kN/m²
④ $q = 200$cm³/sec/cm, $u_B = 98.1$kN/m²

해설 ・$q = KH\dfrac{N_f}{N_d} = 3.0 \times 10^{-1} \times 2,000 \times \dfrac{4}{12} = 200$cm³/sec/cm

・B 점의 간극 수압

전 수두 $h_t = \dfrac{N_d'}{N_d}h = \dfrac{3}{12} \times 20 = 5$m

위치 수두 $h_e = -5$m

압력 수두 $h_p = h_t - h_e = 5 - (-5) = 10$m

∴ $u_A = \gamma_w h_p = 9.81 \times 10 = 98.1$kN/m² $= 0.0981$N/mm²

☐☐☐ 기08,17

10 다음 그림에서 A 점의 간극 수압은?
(단, $\gamma_w = 9.81$kN/m³)

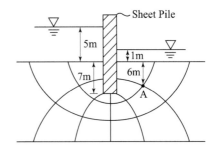

① 48.7kN/m² ② 65.4kN/m²
③ 123.1kN/m² ④ 46.5kN/m²

해설 ・전 수압 $\sigma_A = \dfrac{N_d'}{N_d}h\gamma_\omega = \dfrac{1}{6} \times (5-1) \times 9.81 = 6.54$kN/m²

・위치 수압 $\sigma_A' = -h_0\gamma_\omega = -6 \times 9.81 = -58.86$kN/m²

∴ 간극 수압 $u_A = \sigma_A - \sigma_A' = 6.54 - (-58.86) = 65.4$kN/m²

별해 ・전 수두 $h_t = \dfrac{N_d'}{N_d}h = \dfrac{1}{6} \times 4 = 0.67$m

・위치 수두 $h_e = -4$m

・압력 수두 $h_p = h_t - h_e = 0.67 - (-6) = 6.67$m

∴ 간극 수압 $u_p = h_p\gamma_w = 6.67 \times 9.81 = 65.4$kN/m²

☐☐☐ 기92,01,07

11 아래 그림에 보인 댐에 대하여 A 점에 대한 간극 수압은?
(단, $\gamma_w = 9.81$kN/m³)

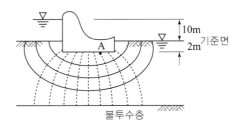

① 39kN/m² ② 49kN/m²
③ 59kN/m² ④ 69kN/m²

해설 ・A 점의 전 수두 $h_t = \dfrac{N_d'}{N_d}h = \dfrac{3}{10} \times 10 = 3$m

・A 점의 위치 수두 $h_e = -2$m

・A 점의 압력 수두 $h_p = h_t - h_e = 3 - (-2) = 5$m

∴ A 점의 간극 수압 $u_p = h_p\gamma_w = 5 \times 9.81 = 49$kN/m²

□□□ 기97

12 상향 침투압 48kN, 유효 압력 80kN인 널말뚝의 하단 부분에 있어서 piping에 대한 안전율 3을 유지하기 위해서는 널말뚝 하류 지표면 위에 $\gamma_t = 18\text{kN/m}^3$인 흙을 약 몇 m 높이($x\,\text{m}$)로 깔면 되겠는가?

① 1.8m

② 2.4m

③ 3.6m

④ 4.4m

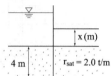

해설 piping에 대한 안전율

$$F_s = \frac{W}{U} = \frac{80 + 18 \times x \times \frac{4}{2} \times 1}{48} = 3$$

$$\therefore\ x = 1.8\text{m}$$

(∵ 널말뚝의 축방향 단위 길이는 깊이 D의 $\frac{1}{2}$로 계산한다.)

참고 [계산기 $f_x\,570\,\text{ES}$] SOLVE 사용법

$$\frac{80 + 18 \times x \times \frac{4}{2}}{48} = 3$$

먼저 ☞ $\dfrac{80 + 18 \times ALPHA\ X \times \frac{4}{2}}{48}$

☞ $ALPHA$ ☞ SOLVE ☞ $= 3$

SHIFT ☞ SOLVE ☞ $=$ ☞ 잠시 기다리면

$X = 1.7778$　　$\therefore\ x = 1.8\text{m}$

022 흙의 동상 및 연화 현상

■ 동상 현상
- 흙 속의 공극수가 동결되어 토층이 형성되기 때문에 지표면이 떠오르는 현상
- 흙 속의 물이 얼어서 빙층(ice lens)이 형성되기 때문에 지표면이 떠오르는 현상

■ 동상이 발생되는 조건
- 0℃ 이하의 온도가 오랫동안 지속될 때
- 동상을 받기 쉬운 흙이 존재할 때(실트질 흙)
- 아이스 렌즈를 형성하기 위한 물의 공급이 충분할 때

■ 동상량을 지배하는 요소
- 흙의 투수성
- 모관 상승고의 크기
- 동결 온도의 지속 시간
- 동결 심도 하단에서 지하수면까지의 거리가 모관 상승고보다 작을 때

■ 동상 방지 대책
- 지표 위 흙을 화학 약액으로 처리하는 방법
- 지표의 가까운 부분에 단열 재료를 매입하는 방법
- 배수구 등을 설치해서 지하수위를 저하시키는 방법
- 구조물의 기초를 동결 심도보다 더 깊은 곳에 설치하는 방법
- 동결 깊이보다 위쪽에 있는 흙을 비동결성 흙(자갈, 쇄석)으로 치환하는 방법
- 모관수의 상승을 차단하기 위해 조립으로 된 층을 지하수위보다 높은 위치에 설치하는 방법

■ 연화 현상(Frost boil)
동결된 지반이 해빙기에 융해되어 흙 속에 과잉 수분이 존재하여 함수비가 증가하고, 지반이 연약화되어 전단 강도가 떨어지는 현상을 연화 현상이라 한다.
- 원인
  - 지표수의 유입
  - 지하수위 상승
  - 융해수의 배수 불량

□□□ 기 07,12

01 흙의 동상에 영향을 미치는 요소가 아닌 것은?

① 모관 상승고
② 흙의 투수 계수
③ 흙의 전단 강도
④ 동결 온도의 계속 시간

해설 동상량을 지배하는 요소
- 흙의 투수성
- 모관 상승고의 크기
- 동결 온도의 지속 시간
- 동결 심도 하단에서 지하수면까지의 거리가 모관 상승고보다 작을 때

□□□ 기 95,01,07

02 흙의 동상 현상(凍上現象)에 대하여 옳지 않은 것은?

① 점토는 동결이 장기간 계속될 때에만 동상을 일으키는 경향이 있다.
② 동상 현상은 흙이 조립일수록 잘 일어나지 않는다.
③ 하층으로부터 물의 공급이 충분할 때 잘 일어나지 않는다.
④ 깨끗한 모래는 모관 상승 높이가 작으므로 동상을 일으키지 않는다.

해설 동상 현상은 하층으로부터 물의 공급이 충분할 때 잘 일어난다.

□□□ 기 81,83,99,06

03 흙이 동상(凍上)을 일으키기 위한 조건으로 가장 거리가 먼 것은?

① 아이스 렌즈를 형성하기 위한 충분한 물의 공급이 있을 것
② 양(+)이온을 다량 함유할 것
③ 0℃ 이하의 온도가 오랫동안 지속될 것
④ 동상이 일어나기 쉬운 토질일 것

해설 음(-)이온을 다량 함유할 것

□□□ 기 04,06,10

04 동상 방지 대책에 대한 설명 중 옳지 않은 것은?

① 배수구 등을 설치하여 지하수위를 저하시킨다.
② 모관수의 상승을 차단하기 위해 조립의 차단층을 지하수위보다 높은 위치에 설치한다.
③ 동결 깊이보다 낮게 있는 흙을 동결하지 않는 흙으로 치환한다.
④ 지표의 흙을 화학 약품으로 처리하여 동결 온도를 내린다.

해설 동결 깊이보다 위쪽에 있는 흙을 동결하기 어려운 재료와 치환한다.

□□□ 기 13

05 동결된 지반이 해빙기에 융해되면서 얼음 렌즈가 녹은 물이 빨리 배수되지 않으면 흙의 함수비는 원래보다 훨씬 큰 값이 되어 지반의 강도가 감소하게 되는데 이러한 현상을 무엇이라 하는가?

① 동상 현상
② 연화 현상
③ 분사 현상
④ 모세관 현상

해설 연화 현상(frost boil)에 대한 설명이다.

| memo |

023 흙의 자중으로 인한 응력

■ 흙의 자중 응력

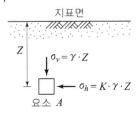

요소 A

• 연직 응력

$$\sigma_v = \gamma \cdot Z$$

여기서, γ : 흙의 단위 중량

• 수평 응력

$$\sigma_h = K_0 \cdot \sigma_v = K_0 \cdot \gamma \cdot Z$$

여기서, K_0 : 토압 계수

□□□ 기 96,00,07,13,21

01 아래 그림에서 지표면에서 깊이 6m에서의 연직 응력(σ_v)과 수평 응력(σ_h)의 크기를 구하면?
(단, 토압 계수는 0.6이다.)

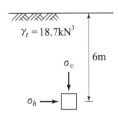

$\gamma_t = 18.7 \text{kN}^3$

6m

① $\sigma_v = 123.4 \text{kN/m}^2$, $\sigma_h = 74 \text{kN/m}^2$
② $\sigma_v = 87.3 \text{kN/m}^2$, $\sigma_h = 52.4 \text{kN/m}^2$
③ $\sigma_v = 112.2 \text{kN/m}^2$, $\sigma_h = 67.3 \text{kN/m}^2$
④ $\sigma_v = 95.2 \text{kN/m}^2$, $\sigma_h = 57.1 \text{kN/m}^2$

해설 • 연직 응력 $\sigma_v = \gamma \cdot h = 18.7 \times 6 = 112.2 \text{kN/m}^2$
• 수평 응력 $\sigma_h = K_0 \cdot \sigma_v = 0.6 \times 112.2 = 67.32 \text{kN/m}^2$

□□□ 기 96,00

02 흙의 단위 중량이 18kN/m^3이고 정지 토압 계수가 0.5인 균질 토층이 있다. 지표면 아래 10m 깊이에서의 연직 응력과 수평 응력은?

| | σ_v | σ_h | | σ_v | σ_h |

① 90kN/m^2, 180kN/m^2 ② 180kN/m^2, 90kN/m^2
③ 80kN/m^2, 40kN/m^2 ④ 40kN/m^2, 80kN/m^2

해설 • 연직 응력 $\sigma_v = \gamma \cdot z = 18 \times 10 = 180 \text{kN/m}^2$
• 수평 응력 $\sigma_h = K_0 \cdot \sigma_v = 0.5 \times 180 = 90 \text{kN/m}^2$

■ Boussinesq의 지중 응력 이론은 무한히 넓은 지표면상에 작용하는 어떤 집중 하중에 의한 지중 응력을 결정한다.

■ 집중 하중으로 인한 지중 응력의 증가

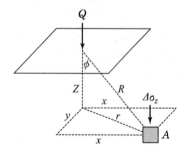

• 연직 응력

$$\sigma_z = \frac{3Q}{2\pi} \frac{Z^3}{(r^2+Z^2)^{5/2}} = \frac{3Q}{2\pi} \frac{Z^3}{R^5}$$

$$= \frac{3Q}{2\pi Z^2} \frac{1}{\left[1+\left(\frac{r}{Z}\right)^2\right]^{5/2}} = \frac{Q}{Z^2} I_\sigma$$

∴ 연직 응력의 증가는 변형 계수(E)와 관계없다.

• 수평 응력

$$\sigma_r = \frac{Q}{2\pi}\left[\frac{3r^2 Z}{R^5}\right] - (1-2\mu)\left(\frac{R \cdot Z}{R \cdot r^2}\right)$$

∴ 수평 응력의 증가는 포와송비(μ)와 관계가 있다.

• 연직 전단 응력

$$\tau_{zr} = \frac{3}{2\pi}\frac{Q}{R^{5/2}} \cdot \frac{r\,Z^2}{R^{5/2}}$$

∴ 전단 응력의 증가는 포와송비(μ)와 관계가 없다.

• 즉시 침하

$$S_i = qB\frac{1-\mu^2}{E} I_P$$

∴ 즉시 침하는 변형 계수(E)에 반비례한다.

□□□ 기82,89,03,19
01 지표면에 작용하는 집중 하중이 작용할 때 지중 연직 응력(地中鉛直應力)에 관한 다음 사항 중 옳은 것은?
(단, Boussinesq 이론을 사용)

① 흙의 영(young)률 E에 무관하다.
② E에 정비례한다.
③ E의 제곱에 정비례한다.
④ E의 제곱에 반비례한다.

해설 Boussinesq의 지중 응력 이론

$$\sigma_z = \frac{3Q}{2\pi Z^2} \cdot \frac{1}{\left[1+\left(\frac{r}{Z}\right)^2\right]^{5/2}}$$

∴ 지중 연직 응력은 변형 계수(E)를 고려하지 않는다.

□□□ 기18
02 다음 중 임의 형태기초에 작용하는 등분포하중으로 인하여 발생하는 지중응력 계산에 사용하는 가장 적합한 계산법은?

① Boussinesq법   ② Osterberg법
③ Newmark법   ④ 2 : 1 간편법

해설 • Newmark의 영향원법 : Newmark는 Boussinesq의 해를 기초로 하여 지표면에 등분포하중 q가 임의 형태로 작용할 때 지반 내의 어떤 점에서의 연직응력을 구할 때 매우 유용하게 활용하는 계산법을 고안하였다.
• 2 : 1 간편법 : 깊이에 따른 연직응력의 증가량을 계산하는 가장 간단한 방법
• Boussinesq법 : 무한히 큰 균질, 등방성, 탄성인 매체의 표면에 집중하중이 작용할 때 매체내에 발생하는 응력의 증가량을 계산하는 방법
• Osterberg법 : 성토하중과 같은 대상하중에 대한 집중응력을 구하는 방법

□□□ 기 93,94,03,07

03 그림과 같이 지표면에 $P_1 = 1,000$kN의 집중 하중이 작용할 때 지중 A 점의 집중 하중에 의한 수직 응력은 얼마인가? (단, 영향값 $I_\sigma = 0.2214$)

① $\sigma_z = 1$kN/m^2

② $\sigma_z = 2$kN/m^2

③ $\sigma_z = 8.9$kN/m^2

④ $\sigma_z = 20$kN/m^2

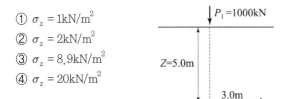

해설 $\sigma_z = \dfrac{P}{Z^2} I_\sigma = \dfrac{1,000}{5^2} \times 0.2214 = 8.9$kN/m^2

□□□ 기 11,19,22

04 아래 그림과 같이 지표면에 집중 하중이 작용할 때 A 점에서 발생하는 연직 응력의 증가량은?

① 206N/m^2

② 244N/m^2

③ 272N/m^2

④ 303N/m^2

해설 $\sigma_z = \dfrac{3Q}{2\pi} \cdot \dfrac{Z^3}{R^5} = \dfrac{Q}{Z^2} I_\sigma = \dfrac{Q}{Z^2} \cdot I_\sigma$

$\therefore \sigma_z = \dfrac{3 \times 50 \times 1,000}{2\pi} \cdot \dfrac{3^3}{\left(\sqrt{3^2 + 4^2}\right)^5} = 206$N/m^2

□□□ 기 15,17,18

05 아래 그림과 같은 지표면에 2개의 집중하중이 작용하고 있다. 30kN의 집중하중 작용점 하부 2m 지점 A에서의 연직하중의 증가량은 약 얼마인가? (단, 영향계수는 소수점 이하 넷째자리까지 구하여 계산하시오.)

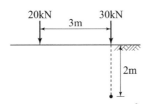

① 3.71kN/m^2

② 8.91kN/m^2

③ 14.2kN/m^2

④ 19.4kN/m^2

해설 $\sigma_{z1} = \dfrac{3Q}{2\pi} \dfrac{Z^3}{R^5} = \dfrac{3 \times 20}{2\pi} \times \dfrac{2^3}{\left(\sqrt{3^2 + 2^2}\right)^5} = 0.125$kN/m^2

$\sigma_{z2} = \dfrac{3Q}{2\pi Z^2} = \dfrac{3 \times 30}{2\pi \times 2^2} = 3.581$kN/m^2

$\therefore \sigma_z = \sigma_{z1} + \sigma_{z2} = 0.125 + 3.581 = 3.71$kN/m^2

---

025 구형 단면 아래의 지중 응력

■ 등분포 하중에 의한 지중 응력

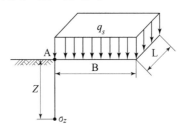

· 연직 응력 증가량

$$\Delta\sigma_z = q_s \cdot I_\sigma(m, n)$$

여기서, I_σ : 영 계수, $m = \dfrac{B}{Z}$, $n = \dfrac{L}{Z}$

· 직사각형 안에 있는 연직 응력

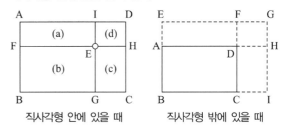

직사각형 안에 있을 때   직사각형 밖에 있을 때

$\sigma_Z = \sigma_{Z(\text{EIAF})} + \sigma_{Z(\text{EFBG})} + \sigma_{Z(\text{EGCH})} + \sigma_{Z(\text{EHDI})}$

$= q \cdot I_{\sigma(a)} + q \cdot I_{\sigma(b)} + q \cdot I_{\sigma(c)} + q \cdot I_{\sigma(d)}$

· 직사각형 밖에 있는 연직 응력

$\sigma_Z = \sigma_{Z(\text{GEBI})} + \sigma_{Z(\text{GEAH})} + \sigma_{Z(\text{GFCI})} + \sigma_{Z(\text{GFDH})}$

$= q \cdot I_{\sigma(\text{GEBI})} + q \cdot I_{\sigma(\text{GEAH})} + q \cdot I_{\sigma(\text{GFCI})} + q \cdot I_{\sigma(\text{GFDH})}$

□□□ 기 86,90,02,07,16

01 동일한 등분포 하중이 작용하는 그림과 같은 (A)와 (B) 두 개의 구형 기초판에서 A와 B점의 수직되는 깊이에서 증가되는 지중 응력을 각각 σ_A, σ_B라 할 때 다음 중 옳은 것은? (단, 지반 흙의 성질은 동일함)

① $\sigma_A = \dfrac{1}{2}\sigma_B$

② $\sigma_A = \dfrac{1}{4}\sigma_B$

③ $\sigma_A = 2\sigma_B$

④ $\sigma_A = 4\sigma_B$

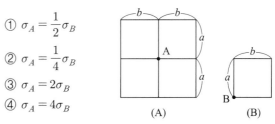

(A)   (B)

해설 모서리 이외의 점에 대한 연직 응력은 중첩의 원리에 의해서

$\dfrac{1}{4}\sigma_A = \sigma_B$와 같다. $\therefore \sigma_A = 4\sigma_B$

□□□ 기 89,11,18,22

02 다음 그림과 같이 2m×3m 크기의 기초에 100kN/m² 의 등분포 하중이 작용할 때 A 점 아래 4m 깊이에서의 연직 응력 증가량은? (단, 아래 표의 영향 계수값을 활용하여 구하며, $m = \dfrac{B}{Z}$, $n = \dfrac{L}{Z}$ 이고, B 는 직사각형 단면의 폭, L 은 직사각형 단면의 길이, Z 는 토층의 깊이이다.)

영향 계수(I)값

m	0.25	0.5	0.5	0.5
n	0.5	0.25	0.75	1.0
I	0.048	0.048	0.115	0.122

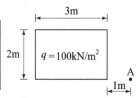

① 6.7kN/m² ② 7.4kN/m²
③ 12.2kN/m² ④ 17.0kN/m²

[해설] · 직사각형 [(3+1)m×2m]

$$m = \frac{B}{Z} = \frac{2}{4} = 0.5, \quad n = \frac{L}{Z} = \frac{3+1}{4} = 1$$

$$\therefore I\sigma(m, n) = 0.122$$

· 직사각형 [1m×2m] 에서

$$m = \frac{B}{z} = \frac{1}{4} = 0.25, \quad n = \frac{L}{Z} = \frac{2}{4} = 0.5$$

$$\therefore I\sigma(m, n) = 0.048$$

$$\therefore \text{연직 응력 증가량 } \Delta\sigma_v = 100 \times (0.122 - 0.048) = 7.4 \text{kN/m}^2$$

□□□ 기 81,85,92,98

03 두 변의 길이가 각각 L 과 B 인 구형(矩形) 등분포 하중이 모서리 직하 깊이 Z 되는 곳의 연직 응력 σ_z 는 다음과 같이 구한다.

$$\sigma_z = q \cdot I_\sigma(m, n)$$

여기서, q 는 하중 강도, $I_\sigma(m, n)$ 은 응력의 영향치 $m = \dfrac{B}{Z}$, $n = \dfrac{L}{Z}$, 이때 중첩의 원리를 써서 다음 그림의 A 점 직하 1m 되는 곳의 σ_z 는?

$$m = 1, \ n = 1 \text{이면}, \ K_{(m, n)} = 0.175$$
$$m = 1, \ n = 2 \text{이면}, \ K_{(m, n)} = 0.200$$
$$m = 1, \ n = 3 \text{이면}, \ K_{(m, n)} = 0.203$$

① 5.75kN/m²
② 4.03kN/m²
③ 3.38kN/m²
④ 2.31kN/m²

[그림: 1m, $q' = 10\text{kN/m}^2$, $q' = 20\text{kN/m}^2$, 1m, 2m]

[해설]

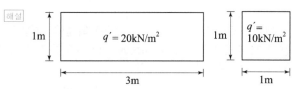

· $q = 10\text{kN/m}^2$ 이 작용하는 경우

$$m = \frac{B}{Z} = \frac{1}{1} = 1, \quad n = \frac{L}{Z} = \frac{1}{1} = 1$$

$$\therefore \sigma_{z_1} = q \cdot I_\sigma = 10 \times 0.175 = 1.75 \text{kN/m}^2$$

· $q = 20\text{kN/m}^2$ 이 작용하는 경우

$$m = \frac{B}{Z} = \frac{1}{1} = 1, \quad n = \frac{L}{Z} = \frac{3}{1} = 3$$

$$\therefore \sigma_{z_2} = q \cdot I_\sigma = 20 \times 0.203 = 4.06 \text{kN/m}^2$$

· 중첩 원리의 적용

$$\therefore \Delta\sigma_z = \sigma_{z_2} - \sigma_{z_1} = 4.06 - 1.75 = 2.31 \text{kN/m}^2$$

026 분포법

2:1 분포도

지표면에 등분포 하중이 재하될 때 지중에 응력이 2:1 $(\tan\alpha = \frac{1}{2})$로 분포된다는 가정하에 지중 응력을 결정한다.

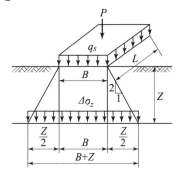

• 장방형 기초(B, L)

$$P = q_s \cdot B \cdot L = \Delta\sigma_z (B+Z)(L+Z)$$

$$\Delta\sigma_z = \frac{P}{(B+Z)(L+Z)} = \frac{q_s \cdot B \cdot L}{(B+Z)(L+Z)}$$

• 장방형 기초$(B = L)$

$$\Delta\sigma_z = \frac{q \cdot B^2}{(B+Z)^2}$$

□□□ 기 95,02,07,09,15,21

01 2m×3m 크기의 직사각형 기초에 60kN/m²의 등분포 하중이 작용할 때 기초 아래 10m되는 깊이에서의 응력 증가량을 2 : 1 분포법으로 구한 값은?

① 2.31kN/m²
② 5.41kN/m²
③ 13.3kN/m²
④ 18.3kN/m²

해설 $\Delta\sigma_z = \dfrac{q_s \cdot B \cdot L}{(B+Z)(L+Z)}$

$= \dfrac{60 \times 2 \times 3}{(2+10)(3+10)} = 2.31\text{kN/m}^2$

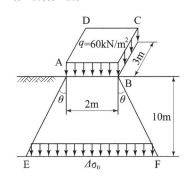

□□□ 기 82,91,97,01,04,06

02 지표에서 1m×1m의 기초에서 50kN/m²의 등분포 하중이 작용하고 있다. 깊이 4m 되는 곳에서의 연직 응력을 2 : 1 분포법으로 구한 값은?

① 4.5kN/m²
② 3.1kN/m²
③ 10kN/m²
④ 2.0kN/m²

해설 $\Delta\sigma_z = \dfrac{q_s B^2}{(B+Z)^2}$

$= \dfrac{50 \times 1^2}{(1+4)^2} = 2.0\text{kN/m}^2$

□□□ 기 84,86,91,96,00,05,08,16,22

03 크기가 1m × 2m인 기초에 100kN/m²의 등분포 하중이 작용할 때 기초 아래 4m인 점의 압력 증가는 얼마인가? (단, 2 : 1 분포법을 이용한다.)

① 6.7kN/m²
② 3.3kN/m²
③ 2.2kN/m²
④ 1.1kN/m²

해설 $\Delta\sigma_z = \dfrac{q_s \cdot B \cdot L}{(B+Z)(L+Z)} = \dfrac{100 \times 1 \times 2}{(1+4)(2+4)} = 6.7\text{kN/m}^2$

---

027 접지압과 침하량의 분포

하중에 의한 기초 저면에 접하는 지반에 발생하는 지반 반력을 접지압이라 한다.

■ 완전히 강성인 footing(강성 기초 지반)

점토 지반   모래 지반

■ 완전히 휨성인 footing

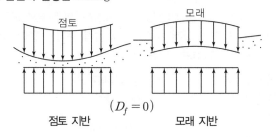

$(D_f = 0)$

점토 지반   모래 지반

■ 연성 기초와 강성 기초의 특징

		연성 기초	강성 기초
침하	모래 지반	기초의 중앙부에서 침하가 적고 양끝단에서는 침하가 크게 발생	기초의 강성이 크므로 인해 균등하게 침하가 발생
	점토 지반	기초의 중앙부에서 침하가 크게 발생	균등하게 침하가 발생
접지압	모래 지반	모래의 강도가 크므로 중앙부에서 크게 분포	모래의 강도가 크므로 중앙부에서 최대 응력이 발생
	점토 지반	기초 전체에 걸쳐 균등하게 분포	기초의 양측면에서 중앙부보다 최대 응력이 발생

□□□ 기 04,10,11,17,18,21

01 점토질 지반에 있어서 강성 기초의 접지압 분포에 관한 설명 중 옳은 것은?

① 기초의 모서리 부분에서 최대 응력이 발생한다.
② 기초의 중앙 부분에서 최대 응력이 발생한다.
③ 기초 밑면의 응력은 어느 부분이나 동일하다.
④ 기초 밑면에서의 응력은 토질에 관계없이 일정하다.

해설 강성 기초의 접지압 분포
· 점토 지반 : 중앙 부분에서 침하가 크게 발생하므로 기초의 모서리 부분에서 최대 응력이 발생한다.
· 모래 지반 : 모래의 강도가 크므로 기초의 중앙 부분에서 최대 응력이 발생한다.

□□□ 기 84,86,91,93,00,08,09,15,19,22

02 접지압(또는 지반 반력)이 그림과 같이 되는 경우는?

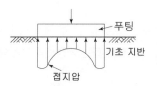

① 푸팅 : 강성, 기초 지반 : 점토
② 푸팅 : 강성, 기초 지반 : 모래
③ 푸팅 : 연성, 기초 지반 : 점토
④ 푸팅 : 연성, 기초 지반 : 모래

해설 완전히 강성인 푸팅기초 지반의 접지압

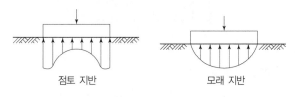

점토 지반   모래 지반

□□□ 기 04,10,11,17

03 사질토 지반에 축조되는 강성기초의 접지압 분포에 대한 설명 중 맞는 것은?

① 기초 모서리 부분에서 최대 응력이 발생한다.
② 기초에 작용하는 접지압 분포는 토질에 관계없이 일정하다.
③ 기초의 중앙 부분에서 최대 응력이 발생한다.
④ 기초 밑면의 응력은 어느 부분이나 동일하다.

해설 · 강성기초 : 점토질지반 ; 중앙부분에서 침하가 크게 발생하므로 기초의 모서리 부분에서 최대 응력이 발생한다.
· 강성기초 : 사질토지반 ; 기초의 모서리 부분에서 침하가 크게 발생하므로 기초의 중앙에서 최대 응력이 발생한다.

028 유효 응력의 개념

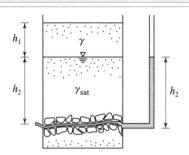

- **전 응력** : 흙 속의 어떤 점에 작용되는 전체 압력을 전 응력 (σ : total stress)라 한다.

$$전 응력 \ \sigma = h_1 \cdot \gamma + h_2 \cdot \gamma_{sat}$$

- **간극 수압** : 간극수를 통하여 전달되는 압력. 즉 흙 입자 사이의 간극수가 받는 압력을 간극 수압(u : pore water pressrure) 또는 중립 응력(neutral stress)이라 한다.

$$간극 수압 \ u = \gamma_w \cdot h_2$$

- **유효 응력** : 포화토인 경우 전 응력은 흙 입자와 간극수를 통하여 전달되는데 이때 흙 입자를 통하여 전달되는 압력, 즉 흙 입자가 받는 압력을 유효 응력($\overline{\sigma}$: effective stress)이라 한다.

$$\begin{aligned} 유효 응력 \ \overline{\sigma} &= \sigma - u \\ &= (h_1 \cdot \gamma + h_2 \cdot \gamma_{sat}) - h_2 \cdot \gamma_w \\ &= h_1 \cdot \gamma + h_2(\gamma_{sat} - \gamma_w) \\ &= h_1 \cdot \gamma + h_2 \cdot \gamma_{sub} \end{aligned}$$

□□□ 기12,16

01 유효 응력에 대한 설명으로 옳은 것은?

① 지하수면에서 모관 상승고까지의 영역에서는 유효 응력은 감소한다.
② 유효 응력만이 흙덩이의 변형과 전단에 관계된다.
③ 유효 응력은 대부분 물이 받는 응력을 말한다.
④ 유효 응력은 전 응력에 간극 수압을 더한 값이다.

해설 ・지하수면에서 모관상승고까지의 영역에서는 유효 응력은 증가한다.
・전단 응력을 유효 응력과 간극 수압으로 나누는 이유는 유효 응력만이 흙덩이의 변형과 전단에 관계되기 때문이다.
・유효 응력은 흙 입자만을 통해 받는 압력이다.
・유효 응력은 흙 입자만이 받는 압력을 말한다.
・유효 응력은 전 응력에 간극 수압을 뺀 값이다.

□□□ 기09

02 아래 조건에서 점토층 중간면에 작용하는 유효 응력과 간극 수압은? (단, 물의 단위중량 $\gamma_w = 9.81 \text{kN/m}^3$)

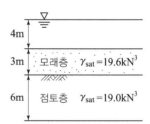

① 유효 응력 : 56.9kN/m^2, 간극 수압 : 98kN/m^2
② 유효 응력 : 95.8kN/m^2, 간극 수압 : 80kN/m^2
③ 유효 응력 : 56.9kN/m^2, 간극 수압 : 80kN/m^2
④ 유효 응력 : 95.8kN/m^2, 간극 수압 : 98kN/m^2

해설 ・간극 수압 $u = \gamma_w(h_1 + h_2 + h_3)$
$\qquad = 9.81 \times (4 + 3 + 3)$
$\qquad = 98.1 \text{kN/m}^2$
$\qquad (\because 점토층 중간면이므로 \ h_3 = 3)$
・전 응력 $\sigma = \gamma_w \cdot h_1 + \gamma_{sat} \cdot h_2 + \gamma_{sat} \cdot h_3$
$\qquad = 9.81 \times 4 + 19.6 \times 3 + 19 \times 3$
$\qquad = 155.04 \text{kN/m}^2$
・유효 응력 $\overline{\sigma} = \sigma - u$
$\qquad = 155.04 - 98.1 = 56.94 \text{kN/m}^2$

---

03 다음 그림에서 흙 속 6cm 깊이에서 유효 응력은?
(단, 포화된 흙의 밀도는 1.9g/cm^3이다.)

① 10.4g/cm^2
② 15.8g/cm^2
③ 11.0g/cm^2
④ 5.4g/cm^2

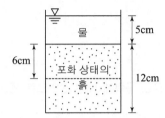

해설 ・전 응력 $\sigma = \rho_w \cdot h_1 + \rho_{sat} \cdot h_2$
$$= 1 \times 5 + 1.9 \times 6 = 16.4\text{g/cm}^2$$
・간극 수압 $u = \rho_w \cdot h = 1 \times (5+6) = 11\text{g/cm}^2$
∴ 유효 응력 $\bar{\sigma} = \sigma - \mu = 16.4 - 11 = 5.4\text{g/cm}^2$

04 그림과 같이 지표면에서 2m 부분이 지하수위이고, $e = 0.6$, $G_S = 2.68$이고 지표면까지 모관 현상에 의하여 100% 포화되었다고 가정하였을 때 A 점에 작용하는 유효 응력의 크기는 얼마인가? (단, $\gamma_w = 9.81\text{kN/m}^3$)

① 72kN/m^2
② 67kN/m^2
③ 61kN/m^2
④ 57kN/m^2

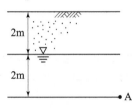

해설 ・습윤 단위중량
$$\gamma_t = \frac{G_S + S \cdot e}{1+e}\gamma_w = \frac{2.68 + \dfrac{100 \times 0.6}{100}}{1+0.6} \times 9.81$$
$$= 20.11\text{kN/m}^3$$

・포화 단위중량
$$\gamma_{sat} = \frac{G_S + e}{1+e}\gamma_w = \frac{2.68 + 0.6}{1+0.6} \times 9.81$$
$$= 20.11\text{kN/m}^3$$
∴ 유효 응력 $\bar{\sigma} = \gamma_t \cdot h_1 + (\gamma_{sab} - \gamma_w)h_2$
$$= 20.11 \times 2 + (20.11 - 9.81) \times 2$$
$$= 61\text{kN/m}^2$$

05 흙 속에서 물의 흐름에 대한 설명으로 틀린 것은?

① 투수계수는 온도에 비례하고 점성에 반비례한다.
② 불포화토는 포화토에 비해 유효응력이 작고, 투수계수가 크다.
③ 흙 속의 침투수량은 Darcy 법칙, 유선망, 침투해석 프로그램 등에 의해 구할 수 있다.
④ 흙 속에서 물이 흐를 때 수두차가 커져 한계동수구배에 이르면 분사현상이 발생한다.

해설 유효응력 $\bar{\sigma} = \sigma - u$
완전건조한 흙의 간극수압은 0이다. 즉, $u=0$, $\bar{\sigma} = \sigma$
∴ 불포화토는 포화토에 비해 유효응력이 크다.

029 모관 영역의 유효 응력

모관 영역에서 모관 현상이 일어나면 부의 공극 수압($-h \cdot \gamma_w$)이 발생하므로 유효 응력은 증대한다.

■ 모관 현상이 없는 경우의 유효 응력

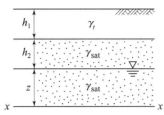

- 전 응력 : $\sigma = (h_1 + h_2) \cdot \gamma_t + z \cdot \gamma_{sat}$
- 공극 수압 : $u_c = z \cdot \gamma_w$
- 유효 응력 : $\overline{\sigma} = \sigma - u = h_1 \cdot \gamma_1 + h_2 \cdot \gamma_t + z \cdot \gamma_{sub}$

■ 모관 현상이 있는 경우의 유효 응력

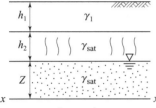

- 전 응력 : $\sigma = h_1 \cdot \gamma_1 + (h_2 + z) \cdot \gamma_{sat}$
- 공극 수압 : $u = (h_2 + z) \cdot \gamma_w - h_2 \cdot \gamma_w = z \cdot \gamma_w$
- 유효 응력 : $\overline{\sigma} = \sigma - u = h_1 \cdot \gamma_t + h_2 \cdot \gamma_{sat} + z \cdot \gamma_{sub}$
  $= h_1 \cdot \gamma_t + (h_2 + z) \cdot \gamma_{sat} + h_2 \cdot \gamma_w$

■ 모관 상승 영역에서의 공극 수압

- 완전 포화 시 : 공극 수압 $u = -h \cdot \gamma_w$
- 부분 포화 시 : 공극 수압 $u = -\left(\dfrac{S}{100}\right) h \gamma_w$

□□□ 기 94,00,10

01 아래 그림과 같이 지표까지가 모관 상승 지역이라 할 때 지표면 바로 아래에서의 유효 응력은? (단, $\gamma_w = 9.81\text{kN/m}^3$, 모관 상승 지역의 포화도는 90%이다.)

① 9.0kN/m^2
② 10kN/m^2
③ 18kN/m^2
④ 20kN/m^2

해설 지표면 바로 아래의 유효 응력
- 전 응력 $\sigma = 0$
- 간극 수압 $u = -\dfrac{S}{100} \cdot \gamma_w \cdot h_c$ ($\because$ 부분 포화 시 $u = -\dfrac{S}{100} \gamma_w h$)
  $= -\dfrac{90}{100} \times 9.81 \times 2 = -17.7\text{kN/m}^2$
- $\therefore$ 유효 응력 $\overline{\sigma} = \gamma - u = 0 - (-17.7) = 17.7\text{kN/m}^2$

□□□ 기 97,98,02,06,13

02 다음 그림과 같은 토층에서 지하수면은 지표면 아래 2m에 있으며, 모래의 단위 중량은 17kN/m^{3}이고, 점토의 포화된 단위 중량은 18kN/m^{3}이다. 이때 A 점에 작용하는 연직 유효 응력은 얼마인가? (단, $\gamma_w = 9.81\text{kN/m}^3$)

① 64kN/m^2
② 72kN/m^2
③ 83kN/m^2
④ 92kN/m^2

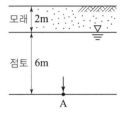

해설
- 전 응력 $\sigma = \gamma \cdot h_1 + \gamma_{sat} \cdot h = 17 \times 2 + 18 \times 6 = 142\text{kN/m}^2$
- 간극 수압 $u = \gamma_w \cdot h = 9.81 \times 6 = 58.86\text{kN/m}^2$
- 유효 응력 $\overline{\sigma} = \sigma - \mu = 142 - 58.86 = 83.14\text{kN/m}^2$

또는
- $\overline{\sigma} = \gamma_s \cdot h_1 + (\gamma_{sat} - \gamma_w) h_2$
  $= 17 \times 2 + (18 - 9.81) \times 6 = 83.14\text{kN/m}^2$

□□□ 기 96,00,01,08

03 그림과 같은 실트질 모래층에 지하수면 위 2.0m까지 모세관 영역이 존재한다. 이때, 모세관 영역(높이 B의 바로 아래)의 유효 응력은? (단, 실트질 모래층의 간극비는 0.50, 비중은 2.67, 물의 단위중량 $\gamma_w = 9.81\text{kN/m}^3$, 모세관 영역의 포화도는 60%이다.)

① 26.7kN/m^2
② 36.7kN/m^2
③ 38.0kN/m^2
④ 46.7kN/m^2

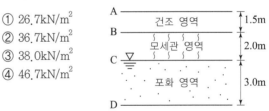

해설
- 건조 단위중량 $\gamma_d = \dfrac{G_s}{1+e} \gamma_w = \dfrac{2.67}{1+0.5} \times 9.81$
  $= 17.46\text{kN/m}^3$
- 전 응력 $\sigma = \gamma_d \cdot h_1 = 17.46 \times 1.5 = 26.19\text{kN/m}^2$
- 간극 수압 $u = -\dfrac{S}{100} \cdot \gamma_w \cdot h_c$
  $= -\dfrac{60}{100} \times 9.81 \times 2 = -11.77\text{kN/m}^2$
  ($\because$ B점 바로 아래 부분 포화 시 $u = -\dfrac{S}{100} \gamma_w h$)
- $\therefore$ 유효 응력 $\overline{\sigma} = \sigma - u = 26.19 - (-11.77) = 38.0\text{kN/m}^2$

☐☐☐ 기96,00,08

04 그림에서 A 점의 유효 응력 σ' 을 구하면?

(단, $\gamma_w = 9.81\text{kN/m}^3$)

① $\sigma' = 40\text{kN/m}^2$

② $\sigma' = 46\text{kN/m}^2$

③ $\sigma' = 54\text{kN/m}^2$

④ $\sigma' = 58\text{kN/m}^2$

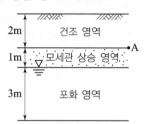

해설 ・전 응력 $\sigma = \gamma_d \cdot h_1 + \gamma_t \cdot h_2$

$$= 16 \times 2 + 18 \times 1 = 50\text{kN/m}^2$$

・간극 수압 $u = -\dfrac{S}{100} \cdot \gamma_w \cdot h_c$ (∵ A점 바로 아래)

$$= -\frac{40}{100} \times 9.81 \times (3-1) = -7.85\text{kN/m}^2$$

∴ 유효 응력 $\overline{\sigma} = \sigma - u = 50 - (-7.85) = 57.85\text{kN/m}^2$

☐☐☐ 기96,00,11,21

05 그림과 같은 실트질 모래층에서 A 점의 유효 응력은?

(단, 간극비 $e = 0.5$, 흙의 $G_S = 2.65$, 물의 단위중량 $\gamma_w = 9.81\text{kN/m}^3$, 모세 상승 영역의 포화도 $S = 50\%$)

① 30.4kN/m^2

② 35.4kN/m^2

③ 39.6kN/m^2

④ 45.4kN/m^2

해설 ・건조 단위중량 $\gamma_d = \dfrac{G_s}{1+e} \gamma_w = \dfrac{2.65}{1+0.5} \times 9.81$

$$= 17.33\text{kN/m}^3$$

・전 응력 $\sigma = \gamma_d \cdot h = 17.33 \times 2 = 34.66\text{kN/m}^2$

・간극 수압 $u = -\dfrac{S}{100} \cdot \gamma_w \cdot h_c$

$$= -\frac{50}{100} \times 9.81 \times 1 = -4.91\text{kN/m}^2$$

∴ 유효 응력 $\overline{\sigma} = \sigma - u = 34.66 - (-4.91) = 39.57\text{kN/m}^2$

☐☐☐ 기11

06 그림에서 모관수에 의해 A–A면까지 완전히 포화되었다고 가정하면 B–B면에서의 유효 응력은 얼마인가?

(단, $\gamma_w = 9.81\text{kN/m}^3$)

① 63kN/m^2

② 72kN/m^2

③ 83kN/m^2

④ 122kN/m^2

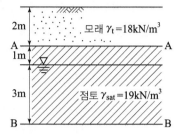

해설 유효 응력

$$\sigma = \gamma_1 \cdot h_1 + \gamma_{sat} h_2 + (\gamma_{sat} - \gamma_w) h_3$$

$$= 18 \times 2 + 19 \times 1 + (19 - 9.81) \times 3$$

$$= 82.57\text{kN/m}^2$$

030 침투 수압

토층 내부의 두 점 사이에 수두차에 의한 침투수로 인하여 생긴 유효 응력을 침투 수압(seepage pressure)이라 한다.

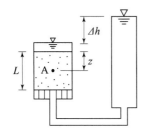

· 단위 체적당 침투 수압

$$F = \frac{침투력}{흙의\ 체적} = \frac{\Delta h \cdot \gamma_w \cdot A}{z \cdot A} = i \cdot \gamma_w$$

· 단위 면적당 침투 수압

$$F = i\,\gamma_w z$$

□□□ 기 86,91,98,02,09

01 그림에서 A–A면에 작용하는 유효 수직 응력은? (단, 흙의 포화 밀도는 $1.8\mathrm{g/cm^3}$이다.)

① $2.0\mathrm{g/cm^2}$
② $4.0\mathrm{g/cm^2}$
③ $8.0\mathrm{g/cm^2}$
④ $28.0\mathrm{g/cm^2}$

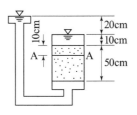

해설 수조 내의 유효 수직 응력

· $\overline{\sigma} = \rho_{\mathrm{sub}} z - F = \rho_{\mathrm{sub}} z - i\rho_w z = \rho_{\mathrm{sub}} z - \dfrac{\Delta h}{L}\rho_w z$

$\therefore \overline{\sigma} = (1.8-1)\times 10 - \dfrac{20}{50}\times 1 \times 10 = 4\mathrm{g/cm^2}$

또는

· 전 응력 $\sigma = \rho h_1 + \rho_{\mathrm{sat}} h_2 = 1\times 10 + 1.8\times 10 = 28\mathrm{g/cm^2}$
· 간극 수압 $u = \rho_w h = 1\times 20 = 20\mathrm{g/cm^2}$
· 유효 응력 $\overline{\sigma} = \sigma - u = 28-20 = 8\mathrm{g/cm^2}$
· 침투 수압 $F = i\rho_w z = \dfrac{20}{50}\times 1 \times 10 = 4\mathrm{g/cm^2}$

$\therefore$ 유효 수직 응력 $\overline{\sigma}' = \overline{\sigma} - F = 8-4 = 4\mathrm{g/cm^2}$

□□□ 기 99,05

02 다음 그림에서 A 점의 유효 응력은? (단, $e = 0.8$, $G_s = 2.7$)

① $4.5\mathrm{g/cm^2}$
② $5.8\mathrm{g/cm^2}$
③ $6.5\mathrm{g/cm^2}$
④ $7.8\mathrm{g/cm^2}$

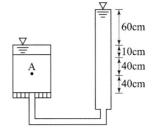

해설 수조 내의 유효 연직 응력

· $\overline{\sigma} = \rho_{\mathrm{sub}} z - F = \rho_{\mathrm{sub}} z - i\gamma_w z$

· $\rho_{\mathrm{sub}} = \dfrac{G_s - 1}{1+e}\rho_w = \dfrac{2.7-1}{1+0.8}\times 1 = 0.944\mathrm{g/cm^3}$

$\therefore \overline{\sigma} = 0.944 \times 40 - \dfrac{60}{80}\times 1 \times 40 = 37.76 - 30 = 7.8\mathrm{g/cm^2}$

■ 정수압일 때 유효 응력

임의의 두 점 사이의 전 수두의 차이가 없으므로 물이 흐르지 않는다.

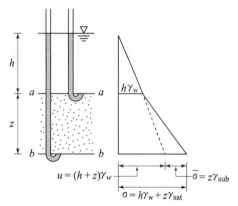

$$u = (h+z)\gamma_w$$
$$\overline{\sigma} = z\gamma_{sub}$$
$$\sigma = h\gamma_w + z\gamma_{sat}$$

• 전 응력 $\sigma = h \cdot \gamma_w + z \cdot \gamma_{sat}$
• 공극 수압 $u = (h+z)\gamma_w$
• 유효 응력 $\overline{\sigma} = \sigma - u = z \cdot \gamma_{sat} - z \cdot \gamma_w = z(\gamma_{sat} - \gamma_w) = z \cdot \gamma_{sub}$

■ 상향 침투일 때 유효 응력

전체 압력 중에서 흙 입자가 받는 압력을 의미하는 유효 응력은 물이 상향 침투인 경우에는 $iz\gamma_w$ 만큼 감소된다.

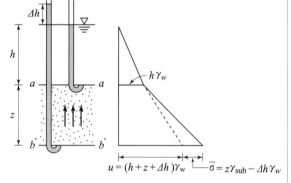

$$u = (h+z+\Delta h)\gamma_w$$
$$\overline{\sigma} = z\gamma_{sub} - \Delta h\gamma_w$$

• 전 응력 $\sigma = h \cdot \gamma_w + z \cdot \gamma_{sat}$
• 공극 수압 $u = (h+z+\Delta h)\gamma_w$
• 유효 응력 $\overline{\sigma} = \sigma_b - u_b = z \cdot \gamma_{sub} - \Delta h \cdot \gamma_w$

■ 하향 침투일 때 유효 응력

전체 압력 중에서 흙 입자가 받는 압력을 의미하는 유효 응력은 물이 하향 침투인 경우에는 $iz\gamma_w$ 만큼 증가된다.

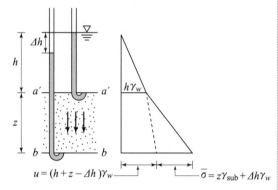

$$u = (h+z-\Delta h)\gamma_w$$
$$\overline{\sigma} = z\gamma_{sub} + \Delta h\gamma_w$$

물이 아래로 흐르는 경우 유효 응력은 침투 수압만큼 증가($\Delta h \cdot \gamma_w$)한다.

• 전 응력 $\sigma = h \cdot \gamma_w + z \cdot \gamma_{sat}$
• 공극 수압 $u = (h+z-\Delta h)\gamma_w$
• 유효 응력 $\overline{\sigma} = \sigma - u = h \cdot \gamma_{sub} + \Delta h \cdot \gamma_w$
• 밀도 : 물의 밀도 $\rho_w = 1 g/cm^3$
• 단위중량 : 물의 단위중량 $\gamma_w = 9.81 kN/m^3$

---

01 그림과 같은 경우 a-a에서의 유효 응력을 구하시오. (단, 흙의 수중 단위 중량은 $10 kN/m^3$, $\gamma_w = 9.81 kN/m^3$이다.)

① $18 kN/m^2$
② $12 kN/m^2$
③ $8 kN/m^2$
④ $2 kN/m^2$

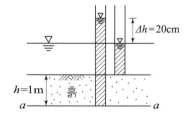

해설 상향 침투인 경우의 유효 응력

$$\overline{\sigma} = \gamma_{sub}h - \gamma_w \Delta h$$
$$= 10 \times 1 - 9.81 \times 0.2 = 8.04 kN/m^2$$

(∵ 유효 응력은 물이 상향 침투인 경우 $\gamma_w \Delta h$만큼 감소한다.)

02 그림에 나타낸 바와 같이 지하수위가 지표면과 일치하는 지반에 하중을 올렸더니 수위가 3m 증가하였다. 과잉 공극 수압은? (단, $\gamma_w = 9.81 kN/m^3$)

① $80 kN/m^2$
② $50 kN/m^2$
③ $40 kN/m^2$
④ $29 kN/m^2$

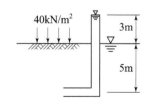

해설 과잉 공극 수압 $u = h\gamma_w = 3 \times 9.81 = 29.43 kN/m^2$

□□□ 기 83,98

03 그림과 같은 상태에서 지반이 완전히 포화되었다고 가정할 때 수위 H를 증가시키면 이 지반은?

① 침하가 일어난다.
② 위로 부풀어 오른다.
③ 지반의 이동은 없다.
④ 수위의 증가량에 따라 다르다.

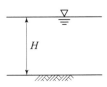

해설 · 유효 응력 $\overline{\sigma} = H\gamma_{sub}$

· 전 응력 $\sigma = H\gamma_w + h\gamma_{sat}$

· 간극 수압 $\mu = (H+h)\gamma_w$

· 유효 응력 $\overline{\sigma} = \sigma - \mu$
$$= H\gamma_w + h\gamma_{sat} - (H+h)\gamma_w$$
$$= h\gamma_{sat} - h\gamma_w$$
$$= h(\gamma_{sat} - \gamma_w) = \gamma_{sub}h$$

∴ 수위 H를 증가시켜도 지반의 이동은 없다.

□□□ 기 82,92,00,07

04 두께 1m인 흙의 간극에 물이 흐른다. a–a면과 b–b면에 피에조미터를 세웠을 때 그 수두차가 0.1m였다면 다음 중 가장 올바른 설명은?

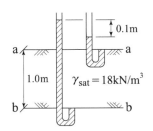

① 물은 a–a 면에서 b–b 면으로 흐르는데 그 침투압은 $10kN/m^2$이다.
② 물은 b–b 면에서 a–a 면으로 흐르는데 그 침투압은 $10kN/m^2$이다.
③ 물은 a–a 면에서 b–b 면으로 흐르는데 그 침투압은 $0.981kN/m^2$이다.
④ 물은 b–b 면에서 a–a 면으로 흐르는데 그 침투압은 $0.981kN/m^2$이다.

해설 물은 수압이 높은 곳(b–b 면)에서 낮은 곳(a–a 면)으로 흐르므로 상향 침투가 발생한다.

∴ 침투압 $F = \gamma_w \cdot \Delta h = 9.81 \times 0.1 = 0.981kN/m^2$

---

032 **분사 현상**

모래가 물과 함께 위로 솟구쳐 오르는 현상을 보일링(boiling) 현상 또는 분사(quick sand) 현상이라 한다. 또한 분사 현상이 더 진행되어 지반 내에 마치 파이프와 같은 물의 통로가 발생하는 경우는 파이핑(piping) 현상이라 한다.

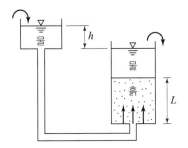

· 한계 동수 경사 : $i_{cr} = \dfrac{\gamma_{sub}}{\gamma_w} = \dfrac{\gamma_{sat} - \gamma_w}{\gamma_w} = \dfrac{G_s - 1}{1+e}$

· 동수 경사 : $i = \dfrac{h}{L}$

■ 분사 현상의 조건

· 분사 현상이 일어나는 조건 : $i > \dfrac{G_s - 1}{1+e}$

· 분사 현상이 일어나지 않는 조건 : $i < \dfrac{G_s - 1}{1+e}$

· 안전율 : $F_s = \dfrac{i_{cr}}{i} = \dfrac{\dfrac{G_s - 1}{1+e}}{\dfrac{h}{L}}$

□□□ 기 02,06

01 공극비 0.8, 포화도 87.5%, 함수비 25%인 사질 점토에서 한계 동수 경사는?

① 1.5   ② 2.0
③ 1.0   ④ 0.8

해설 비중 $G_S = \dfrac{S \cdot e}{w} = \dfrac{87.5 \times 0.8}{25} = 2.8$ $(\because S \cdot e = G_s \cdot w$에서$)$

∴ 한계 동수 경사 $i_{cr} = \dfrac{G_s - 1}{1+e} = \dfrac{2.80 - 1}{1 + 0.8} = 1.0$

□□□ 기 82,90,91,95,00,02,05,13

02 어떤 모래의 비중이 2.64이고 공극비가 0.75일 때 이 모래의 한계 동수 경사(限界動水傾斜)는?

① 0.45   ② 0.64
③ 0.94   ④ 1.52

해설 $i_{cr} = \dfrac{G_s - 1}{1+e} = \dfrac{2.64 - 1}{1 + 0.75} = 0.94$

03 어떤 모래층의 간극률이 35%, 비중이 2.66이다. 이 모래의 Quick Sand에 대한 한계 동수 구배는 얼마인가?

① 1.14
② 1.08
③ 1.0
④ 0.99

[해설] 간극비 $e = \dfrac{n}{100-n} = \dfrac{35}{100-35} = 0.54$

$\therefore i_{cr} = \dfrac{G_s - 1}{1+e} = \dfrac{2.66-1}{1+0.54} = 1.08$

04 포화 단위 중량이 17.66kN/m³인 흙에서의 한계 동수 경사는 얼마인가?

① 0.8
② 1.0
③ 1.8
④ 2.0

[해설] 한계 동수 경사

$i_{cr} = \dfrac{\gamma_{\text{sub}}}{\gamma_w} = \dfrac{G_s - 1}{1+e} = \dfrac{\gamma_{\text{sub}}}{\gamma_w} = \dfrac{17.66-9.81}{9.81} = 0.8$

$(\because \gamma_{\text{sub}} = \gamma_{sat} - \gamma_w)$

05 간극비가 0.7이고 입자의 비중이 2.70인 모래 지반에서 Quick Sand 현상에 대한 안전율을 4로 하면 이 지반에서 허용되는 최대 동수 경사는?

① 0.05
② 0.25
③ 1.42
④ 4.01

[해설] $F_s = \dfrac{i_{cr}(\text{한계 동수 구배})}{i(\text{동수 경사})} = 4$

• $i_{cr} = \dfrac{G_s - 1}{1+e} = \dfrac{2.70-1}{1+0.70} = 1.0$

$\therefore F_s = \dfrac{i_c}{i} = \dfrac{1}{i} = 4$에서 $i = 0.25$

06 간극률이 50%, 함수비가 40%인 포화토에 있어서 지반의 분사 현상에 대한 안전율이 3.5라고 할 때 이 지반에 허용되는 최대 동수 구배는?

① 0.21
② 0.51
③ 0.61
④ 1.00

[해설] $F_s = \dfrac{i_{cr}(\text{한계 동수 경사})}{i(\text{동수 경사})} = 3.5$

• $e = \dfrac{n}{100-n} = \dfrac{50}{100-50} = 1.0$

• $G_s = \dfrac{S \cdot e}{w} = \dfrac{100 \times 1}{40} = 2.5$

• $i_{cr} = \dfrac{G_s - 1}{1+e} = \dfrac{2.50-1}{1+1} = 0.75$

$\therefore F_s = \dfrac{i_{cr}}{i} = \dfrac{0.75}{i} = 3.5$에서 $i = 0.21$

07 널말뚝을 모래 지반에 5m 깊이로 박았을 때 상류와 하류의 수두차가 4m이었다. 이때 모래 지반의 포화 단위 중량이 19.62kN/m³이다. 현재 이 지반의 분사 현상에 대한 안전율은? (단, $\gamma_w = 9.81$kN/m³)

① 0.85
② 1.25
③ 2.0
④ 2.5

[해설] 분사 현상의 안전율 $F_s = \dfrac{i_{cr}}{i} = \dfrac{\dfrac{\gamma_{\text{sub}}}{\gamma_w}}{\dfrac{h}{L}}$

• $i_{cr} = \dfrac{\gamma_{\text{sub}}}{\gamma_w} = \dfrac{19.62-9.81}{9.81} = 1$

• $i = \dfrac{h}{L} = \dfrac{4}{5} = 0.80$

$\therefore F_s = \dfrac{i_c}{i} = \dfrac{1}{0.8} = 1.25$

또는 $F_s = \dfrac{i_c}{i} = \dfrac{\dfrac{\gamma_{\text{sub}}}{\gamma_w}}{\dfrac{h}{L}} = \dfrac{\dfrac{19.62-9.81}{9.81}}{\dfrac{4}{5}} = 1.25$

08 포화된 지반의 간극비를 e, 함수비를 w, 간극률을 n, 비중을 G_s라 할 때 다음 중 한계 동수 경사를 나타내는 식으로 적절한 것은?

① $\dfrac{G_s + 1}{1+e}$
② $(1+n)(G_s - 1)$
③ $\dfrac{e - w}{w(1+e)}$
④ $\dfrac{G_s(1-w+e)}{(1+G_s)(1+e)}$

[해설] $i_c = \dfrac{G_s - 1}{1+e}$에서 $G_s = \dfrac{S \cdot e}{w}$, 포화도 $S = 100\%$

$\therefore i_c = \dfrac{G_s - 1}{1+e} = \dfrac{\dfrac{S \cdot e}{w} - \dfrac{w}{w}}{1+e} = \dfrac{S \cdot e - w}{w(1+e)} = \dfrac{e - w}{w(1+e)}$

09 어느 흙 댐에서 동수 경사 1.0, 흙의 비중이 2.65, 함수비 40%인 포화토에 있어서 분사 현상에 대한 안전율을 구하면?

① 0.8
② 1.0
③ 1.2
④ 1.4

[해설] $F_s = \dfrac{i_{cr}}{i} = \dfrac{\dfrac{G_s - 1}{1+e}}{i}$

• $e = \dfrac{G_s \cdot w}{S} = \dfrac{2.65 \times 40}{100} = 1.06$ $(\because S \cdot e = G_s \cdot w)$

• $i_{cr} = \dfrac{G_s - 1}{1+e} = \dfrac{2.65-1}{1+1.06} = 0.80$

$\therefore F_s = \dfrac{i_c}{i} = \dfrac{0.80}{1.0} = 0.80$

□□□ 기 83,03,08,10,14

10 다음 그림에서 분사 현상에 대한 안전율을 구하면?

① 1.01
② 1.33
③ 1.66
④ 2.01

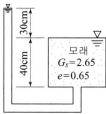

[해설] $F_s = \dfrac{i_{cr}}{i} = \dfrac{\dfrac{G_s-1}{1+e}}{\dfrac{h}{L}}$

· $i_{cr} = \dfrac{G_s-1}{1+e} = \dfrac{2.65-1}{1+0.65} = 1$

· $i = \dfrac{h}{L} = \dfrac{30}{40} = \dfrac{3}{4}$

∴ 안전율 $F_s = \dfrac{i_{cr}}{i} = \dfrac{1}{\dfrac{3}{4}} = 1.33$

또는

$F_s = \dfrac{i_{cr}}{i} = \dfrac{\dfrac{G_s-1}{1+e}}{\dfrac{h}{L}} = \dfrac{\dfrac{2.65-1}{1+0.65}}{\dfrac{30}{40}} = 1.33$

□□□ 기 09

11 다음 그림과 같이 물이 흙 속으로 아래에서 침투할 때 분사 현상이 생기는 수두차(Δh)는 얼마인가?

① 1.16cm
② 2.27cm
③ 3.58cm
④ 4.13cm

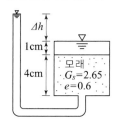

[해설] 분사 현상 조건 : $i = \dfrac{\Delta h}{L} \geq i_{cr} = \dfrac{G_S-1}{1+e}$

· $i_{cr} = \dfrac{G_S-1}{1+e} = \dfrac{2.65-1}{1+0.6} = 1.0313$

· $i = \dfrac{\Delta h}{L} \geq i_{cr}$ 조건에서

∴ $\Delta h = i_c L = 1.0313 \times 4 = 4.13cm$

□□□ 기 93,05,09,16

12 그림에서 안전율 3을 고려하는 경우, 수두차 h를 최소 얼마로 높일 때 모래 시료에 분사 현상이 발생하겠는가?

① 12.75cm
② 9.75cm
③ 4.25cm
④ 3.25cm

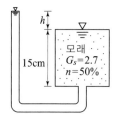

[해설] $F_s = \dfrac{i_{cr}}{i} = \dfrac{\dfrac{G_s-1}{1+e}}{\dfrac{h}{L}} = 3$

· $e = \dfrac{n}{1-n} = \dfrac{0.50}{1-0.50} = 1$

· $i_{cr} = \dfrac{G_S-1}{1+e} = \dfrac{2.70-1}{1+1} = 0.85$

· $i = \dfrac{h}{L} = \dfrac{i_{cr}}{F_s} = \dfrac{0.85}{3} = 0.283$

∴ 수두차 $h = 0.283 \times 15 = 4.25cm$

□□□ 기 04

13 그림과 같이 물이 위로 침투하는 수조에서 분사 현상이 발생하기 위한 수두(h)는 최소 얼마를 초과하여야 하는가? (단, 수조 속에 있는 모래의 비중은 2.60, 간극비는 0.60, 모래층의 두께는 2.5m이다.)

① 1.0m
② 1.5m
③ 2.0m
④ 2.5m

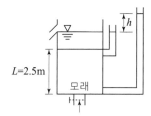

[해설] 분사 현상 조건 : $i = \dfrac{h}{L} \geq i_{cr} = \dfrac{G_S-1}{1+e}$

· $i_{cr} = \dfrac{G_S-1}{1+e} = \dfrac{2.60-1}{1+0.6} = 1.0$

· $i = \dfrac{h}{L} \geq i_{cr}$ 조건에서

∴ $h = i_c L = 1 \times 2.5 = 2.5m$

14 그림과 같은 조건에서 분사 현상에 대한 안전율을 구하면? (단, 모래의 $\gamma_{sat} = 19.62\text{kN/m}^3$, $\gamma_w = 9.81\text{kN/m}^3$이다.)

① 1.0
② 2.0
③ 2.5
④ 3.0

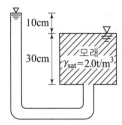

해설 $i_{cr} = \dfrac{\gamma_{sub}}{\gamma_w} = \dfrac{\gamma_{sat} - \gamma_w}{\gamma_w} = \dfrac{(19.62 - 9.81)}{9.81} = 1$

$i = \dfrac{h}{L} = \dfrac{10}{30} = \dfrac{1}{3}$

$\therefore$ 안전율 $F_s = \dfrac{i_{cr}}{i} = \dfrac{1}{\frac{1}{3}} = 3$

15 그림과 같은 모래층에 널말뚝을 설치하여 물막이공 내의 물을 배수하였을 때, 분사 현상이 일어나지 않게 하려면 얼마의 압력을 가하여야 하는가? (단, 모래의 비중은 2.65, 간극비 0.65, $\gamma_w = 9.81\text{kN/m}^3$, 안전율은 3)

① 65kN/m²
② 130kN/m²
③ 330kN/m²
④ 162kN/m²

해설 널말뚝 하단에서의 안전율

$F_s = \dfrac{\text{유효 응력}(\overline{\sigma}) + \Delta\sigma}{\text{침투압}(P)} = \dfrac{\gamma_{sub}h_2 + \Delta\sigma}{\gamma_w h_1}$

• 수중 밀도 $\gamma_{sub} = \dfrac{G_s - 1}{1 + e}\gamma_w = \dfrac{2.65 - 1}{1 + 0.65} \times 9.81 = 9.81\,\text{kN/m}^3$

• 유효 응력 $\overline{\sigma} = \gamma_{sub}h_2 = 9.81 \times 1.5 = 14.72\text{kN/m}^2$

• 침투압 $F = \gamma_w h_1 = 9.81 \times 6 = 58.86\text{kN/m}^2$

$\therefore 3 = \dfrac{9.81 \times 1.5 + \Delta\sigma}{58.86}$

$\therefore \Delta\sigma = 161.87\text{kN/m}^2$

참고 [계산기 f_x 570 ES] SOLVE 사용법

$3 = \dfrac{9.81 \times 1.5 + \Delta\sigma}{58.86}$

먼저 ☞ 3 ☞ ALPHA ☞ SOLVE ☞ =

$3 = \dfrac{9.81 \times 1.5 + ALPHA\ X}{58.86}$

SHIFT ☞ SOLVE ☞ = ☞ 잠시 기다리면

$X = 161.865$ $\therefore \Delta\sigma = 162\text{kN/m}^2$

16 다음 그림과 같이 피압 수압을 받고 있는 2m 두께의 모래층이 있다. 그 위의 포화된 점토층을 5m 깊이로 굴착하는 경우 분사 현상이 발생하지 않기 위한 수심(h)은 최소 얼마를 초과하도록 하여야 하는가? (단, $\gamma_w = 9.81\text{kN/m}^3$)

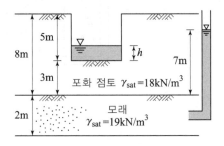

① 0.9m
② 1.6m
③ 1.9m
④ 2.4m

해설 • 전 응력 $\sigma = h \times 9.81 + 3 \times 18 = 9.81h + 54$

• 간극 수압 $u = 7 \times 9.81 = 68.67\text{kN/m}^2$

• 유효 응력 $\overline{\sigma} = \sigma - u = 0$

$\qquad = 9.81h + 54 - 68.67 = 0$

$\qquad = 9.81h - 14.67 = 0$

$\therefore h = 1.5\text{m}$

17 포화된 지반의 간극비를 e, 함수비를 w, 간극률을 n, 비중을 G_s라 할 때 다음 중 한계 동수경사를 나타내는 식으로 적절한 것은?

① $\dfrac{G_s + 1}{1 + e}$

② $\dfrac{e - w}{w(1 + e)}$

③ $(1 + n)(G_s - 1)$

④ $\dfrac{G_s(1 - w + e)}{(1 + G_s)(1 + e)}$

해설 한계동수경사 $i = \dfrac{G_s - 1}{1 + e}$ 에서

• 비중 $G_s = \dfrac{S \cdot e}{w}$

• 포화도 $S = 100\%$

$\therefore i = \dfrac{G_s - 1}{1 + e} = \dfrac{\dfrac{S \cdot e}{w} - \dfrac{w}{w}}{1 + e} = \dfrac{S \cdot e - w}{w(1 + e)} = \dfrac{e - w}{w(1 + e)}$

CHAPTER

07 흙의 압밀

033 Terzaghi의 가정

■ **Terzaghi의 1차원 압밀 이론에 대한 기본 가정**
- 흙은 균질하다(투수 계수는 동일).
- 흙의 간극은 완전히 포화되어 있다(포화도 100%).
- 물의 압축성은 무시한다.
- 흙 입자의 압축성도 무시한다.
- 물의 흐름은 1방향(연직 방향)으로만 발생한다.
- Darcy 법칙이 성립한다.
- 간극비는 유효 응력에 반비례한다.

□□□ 기 98,99,03,06,10,19
01 Terzaghi는 포화 점토에 대한 1차 압밀 이론에서 수학적 해를 구하기 위하여 다음과 같은 가정을 하였다. 이 중 옳지 않은 것은?

① 흙은 균질이다.
② 흙입자와 물의 압축성은 무시한다.
③ 흙 속에서의 물의 이동은 Darcy 법칙을 따른다.
④ 투수 계수는 압력의 크기에 비례한다.

해설 흙 속 물의 이동은 Darcy의 법칙을 따르며, 투수 계수는 압력의 크기에 관계없이 일정하다.

034 압밀론

- Terzaghi의 1차원 압밀론은 대단위 해안 매립지와 같이 점토층의 두께에 비해 재하 면적이 매우 넓고 큰 경우에 적용된다.
- 2차 압밀 : 과잉 공극 수압이 완전히 소산된 후에도 침하가 계속해서 발생되는 압밀
- 과잉 간극 수압 : 포화되어 있는 흙에 하중이 가해지면 그 하중으로 인해 추가적으로 간극 수압이 발생하는 수압
- 교란된 시료로 압밀 시험을 하면 불교란 시료보다 압축 지수의 값이 실제보다 더 작게 얻어져 실제보다 작은 침하량이 계산된다.

■ **점토에서 과입밀이 발생하는 원인**
- 지질학적 침식 또는 인공적인 굴착으로 인한 전응력의 변화
- 지하수위의 변동으로 인한 간극 수압의 변화
- 2차 압밀에 의한 흙 구조의 변화
- pH, 온도, 염분 농도와 같은 환경적 변화
- 풍화 작용, 응고 물질의 침전, 이온 교환에 의한 화학적 변화
- 재하 시 변형률의 변화

□□□ 기 07,11
01 Terzaghi의 압밀 이론에서 2차 압밀이란 어느 것인가?

① 과대 하중에 의해 생기는 압밀
② 과잉 간극 수압이 "0"이 되기 전의 압밀
③ 횡방향의 변형으로 인한 압밀
④ 과잉 간극 수압이 "0"이 된 후에도 계속되는 압밀

해설 ・2차 압밀 : 과잉 공극 수압이 완전히 소산된 후에도 침하가 계속해서 발생되는 압밀
・과잉 간극 수압 : 포화되어 있는 흙에 하중이 가해지면 그 하중으로 인해 추가적으로 간극 수압이 발생하는 수압

□□□ 기 08
02 압밀에 대한 설명으로 잘못된 것은?

① 압밀 계수를 구하는 방법에는 $\sqrt{t}$ 법과 $\log t$ 방법이 있다.
② 2차 압밀량은 보통 흙보다 유기질토에서 더 크다.
③ 교란된 시료로 압밀 시험을 하면 실제보다 큰 침하량이 계산된다.
④ e-log P곡선에서 선행 하중(先行荷重)을 구할 수 있다.

해설 교란된 시료로 압밀 시험을 하면 불교란 시료보다 압축 지수의 값이 실제보다 더 작게 얻어져 실제보다 작은 침하량이 계산된다.

03 압밀에 관련된 설명으로 잘못된 것은?

① e-log P 곡선은 압밀 침하량을 구하는 데 사용된다.
② 압밀이 진행됨에 따라 전단 강도가 증가한다.
③ 교란된 지반이 교란되지 않은 지반보다 더 빠른 속도로 압밀이 진행된다.
④ 압밀도가 증가해 감에 따라 과잉 간극수가 소산된다.

해설 교란되지 않은 지반이 교란된 지반보다 더 빠른 속도로 압밀이 진행된다.

04 현장에서 완전히 포화되었던 시료라 할지라도 시료채취 시 기포가 형성되어 포화도가 저하될 수 있다. 이 경우 생성된 기포의 원상태로 용해시키기 위해 작용시키는 압력을 무엇이라고 하는가?

① 구속압력(confined pressure)
② 축차응력(diviator stress)
③ 배압(back pressure)
④ 선생압밀압력(preconsolidation pressure)

해설 배압 : 지하수위 아래 흙을 채취하면 물속에 용해되어 있던 산소는 그 수압이 없어져 체적이 커지고 기포를 형성하므로 포화도는 100% 보다 떨어진다. 이러한 시료는 불포화된 시료를 형성하여 올바른 값이 되지 않게 된다. 그러므로 이 기포가 다시 용해되도록 원 상태의 압력을 받게 가하는 압력으로 삼축 압축시험에 사용된다.

---

035 시간-변형량 곡선

• 실험에서 구한 여러 압력 단계에 대한 시간-변형량 곡선으로부터 각각의 하중 단계에서의 압축 변형량을 구한 다음에, 흙 시료의 비중과 흙 시료의 최초 높이를 알면, 그 하중 단계에서의 간극비를 구해 간극비(e)와 압력($\log P$)의 관계를 그리면 e-log P 곡선을 구할 수 있다.
• e-log P 곡선에서 구하는 계수
압축 지수(C_c), 압축 계수(a_v), 선행 압밀 압력(P_c), 간극비(e)

01 압밀 시험에 사용된 시료의 교란으로 인한 영향을 나타낸 것으로 옳은 것은?

① e-log P 곡선의 기울기가 급해진다.
② e-log P 곡선의 기울기가 완만해진다.
③ 선행 압밀 하중의 크기가 증가하게 된다.
④ 선행 압밀 하중의 크기가 감소하게 된다.

해설 교란 시료에 대한 e-log P 곡선은 불교란 시료에 대한 e-log P 곡선보다 경사가 완만하여 압축 지수(C_c)가 실제보다 적게 구해져 실제보다 작은 침하량이 계산된다.

02 다음 점성토의 교란에 관련된 사항 중 잘못된 것은?

① 교란 정도가 클수록 e-log P 곡선의 기울기가 급해진다.
② 교란될수록 압밀 계수는 작게 나타낸다.
③ 교란을 최소화하려면 면적비가 작은 샘플러를 사용한다.
④ 교란의 영향을 제거한 SHANSEP 방법을 적용하면 효과적이다.

해설 e-log P 곡선의 기울기는 교란될수록 기울기가 완만해진다.

036 시간-침하 곡선

각 하중 단계마다 시간-침하$(t-d)$ 곡선을 그려서 1차 압밀비(γ_p), 초기 압축비, 압밀 계수(C_v), 체적 변화 계수(m_v), 투수 계수(K) 등을 구한다.

■ 압밀 계수(C_v)

지반의 압밀 침하 속도를 알기 위해 시료의 압밀 속도를 측정하여 압밀 계수(壓密係數)를 구한다.

$$C_v = \frac{K}{m_v \rho_w} = \frac{K(1+e)}{a_v \rho_w} = \frac{T_v H^2}{t}\,(\text{cm}^2/\text{sec})$$

여기서, K : 투수 계수　　T_v : 시간 계수
　　　　a_v : 압축 계수　　H : 배수 거리
　　　　t : 압밀 시간

• $\sqrt{t}$ 방법

$$C_v = \frac{T_{90} H^2}{t_{90}} = \frac{0.848 H^2}{t_{90}}$$

여기서, t_{90} : 압밀도 90%에 대한 압밀도

• $\log t$ 방법

$$C_v = \frac{T_{50} H^2}{t_{50}} = \frac{0.197 H^2}{t_{50}}$$

여기서, t_{50} : 압밀도 50%에 대한 압밀도

■ 체적 변화 계수

압밀에서 하중 증가에 따른 체적의 감소 비율로 시료의 높이 변화를 체적 변화 계수(m_v)라 한다.

$$m_v = \frac{e_1 - e_2}{1 + e_1} \cdot \frac{1}{P_2 - P_1} = \frac{a_v}{1 + e_0}\,(\text{cm}^2/\text{kg})$$

■ 투수 계수(K)

$$K = C_v m_v \rho_w = C_v\left(\frac{a_v}{1 + e_0}\right)\rho_w$$

여기서, C_v : 압밀 계수　　m_v : 체적 변화 계수
　　　　a_v : 압축 계수　　e_0 : 초기 공극비

□□□ 기 13, 14, 20, 21
01 압밀 시험 결과 시간-침하량 곡선에서 구할 수 없는 값은?

① 1차 압밀비(γ_p)　　② 초기 압축비
③ 선행 압밀 압력(P_c)　　④ 압밀 계수(C_v)

해설 선행 압밀 하중(P_c)과 압축 지수(C_c)는 간극비-하중 곡선 $(e-\log P)$에서 얻어진다.

□□□ 기 08
02 압밀에 필요한 시간을 구할 때 이론상 필요하지 않는 항은 어느 것인가?

① 압밀층의 배수 거리　　② 유효 응력의 크기
③ 압밀 계수　　　　　　④ 시간 계수

해설 압밀 소요 시간 $t = \dfrac{T_v H^2}{C_v}$

여기서, H : 배수 거리, T_v : 시간 계수, C_v : 압밀 계수

□□□ 기 94
03 표준 압밀 시험에 있어서 각 하중 단계별로 구해지는 시간-침하 곡선으로부터 다음 사항을 구할 수 있다. 이 가운데 해당되지 않는 것은?

① 압밀 계수 : C_v　　　　② 1차 압밀비 : γ_p
③ 체적 압축 계수 : m_v　　④ 선행 압밀 하중(항복 하중) : P_c

해설 • 시간-침하 곡선 : 압축 계수(a_v), 압밀 계수(C_v), 체적 변화 계수(m_v), 투수 계수(k), 1차 압밀비(γ)
• $e-\log P$ 곡선 : 압축 지수(C_c), 선행 압밀 하중(P_c)

□□□ 기 98, 01, 04, 16
04 어떤 시료의 압밀 시험 결과 $C_v = 2.3 \times 10^{-3} \text{cm}^2/\text{sec}$라면 두께 2cm인 공시체가 압밀도 50%에 소요되는 시간은?

① 1.43분　　　　② 1.53분
③ 1.63분　　　　④ 1.73분

해설 $t_{50} = \dfrac{0.197 H^2}{C_v} = \dfrac{0.197 \times \left(\frac{2}{2}\right)^2}{2.3 \times 10^{-3}} \times \dfrac{1}{60} = 1.43$분
($\because H$는 양면 배수)

□□□ 기 09
05 두께 5m의 점토층을 90% 압밀하는 데 50일이 걸렸다. 같은 조건하에서 10m의 점토층을 90% 압밀하는 데 걸리는 시간은?

① 100일　　　　② 160일
③ 200일　　　　④ 240일

해설 $t_{90} = \dfrac{T_v H^2}{C_v}$: 압밀에 걸리는 시간(t)은 배수 거리의 제곱(H^2)에 비례

• $\dfrac{t_1}{t_2} = \dfrac{H_1^2}{H_2^2}$: $\dfrac{50}{t_2} = \dfrac{5^2}{10^2}$ 에서

$\therefore t_2 = \left(\dfrac{H_2}{H_1}\right)^2 \times t_1 = \left(\dfrac{10}{5}\right)^2 \times 50 = 200$일

□□□ 기09,18,20

06 어떤 점토의 압밀 계수는 $1.92\times10^{-3}\mathrm{cm^2/sec}$, 압축 계수는 $2.86\times10^{-2}\mathrm{cm^2/g}$이었다. 이 점토의 투수 계수는? (단, 이 점토의 초기 간극비는 0.8이다.)

① $1.05\times10^{-5}\mathrm{cm/sec}$　　② $2.05\times10^{-5}\mathrm{cm/sec}$

③ $3.05\times10^{-5}\mathrm{cm/sec}$　　④ $4.05\times10^{-5}\mathrm{cm/sec}$

해설 체적 변화 계수 $m_v = \dfrac{a_v}{1+e_o}$

$$= \frac{2.86\times10^{-2}}{1+0.8} = 0.0159\,\mathrm{cm^2/g}$$

∴ 투수 계수 $K = C_v \, m_v \, \rho_w$

$$= 1.920\times10^{-3}\times0.0159\times1$$
$$= 3.05\times10^{-5}\,\mathrm{cm/sec}$$

□□□ 기10

07 10 m 두께의 포화된 정규 압밀 점토층의 지표면에 매우 넓은 범위에 걸쳐 $50\mathrm{kN/m^2}$의 등분포 하중이 작용한다. $\gamma_{\mathrm{sat}}=19.81\mathrm{kN/m^3}$, 압축 지수$(C_c)=0.8$, $e_o=0.6$, 압밀 계수$(C_v)=4\times10^{-5}\mathrm{cm^2/sec}$일 때 다음 설명 중 틀린 것은? (단, $\gamma_w=9.81\mathrm{kN/m^3}$, 지하수위는 점토층 상단에 위치한다.)

① 초기 과잉 간극 수압의 크기는 $50\mathrm{kN/m^2}$이다.
② 점토층에 설치한 피에조미터의 재하 직후 물의 상승고는 점토층 상면으로부터 5m이다.
③ 압밀 침하량이 75.25cm 발생하면 점토층의 평균 압밀도는 50%이다.
④ 일면 배수 조건이라면 점토층이 50% 압밀하는 데 소요 일수는 24,500일이다.

해설

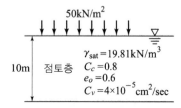

・ 초기 과잉 간극 수압 $\Delta P = u_i = 50\mathrm{kN/m^2}$

・ $h = \dfrac{\Delta P}{\gamma_w} = \dfrac{50}{9.81} = 5.1\mathrm{m}$

・ $P_1 = (\gamma_{\mathrm{sat}}-\gamma_w)\times\dfrac{H}{2} = (19.81-9.81)\times\dfrac{10}{2} = 50\mathrm{kN/m^2}$

・ $S = \dfrac{C_c \cdot H}{1+e_o}\log\dfrac{P_1+\Delta P}{P_1} = \dfrac{0.8\times10}{1+0.6}\log\dfrac{50+50}{50}$

$$= 1.505\mathrm{m} = 150.5\mathrm{cm}$$

∴ 평균 압밀도 $U = \dfrac{S_t}{S} = \dfrac{75.25}{150.5} = 0.50 = 50\%$

・ $t_{50} = \dfrac{0.197H^2}{C_v} = \dfrac{0.197\times1000^2}{4\times10^{-5}}\times\dfrac{1}{60\times60\times24} = 57,002$일

□□□ 기10

08 두께 5m되는 점토층 아래위에 모래층이 있을 때 최종 1차 압밀 침하량이 0.6m로 산정되었다. 아래의 압밀도(U)와 시간 계수(T_v)의 관계표를 이용하여 0.36m가 침하될 때 걸리는 총 소요 시간을 구하면? (단, 압밀 계수 $C_v=3.6\times10^{-4}$ $\mathrm{cm^2/sec}$이고, 1년은 365일)

$U(\%)$	T_v
40	0.126
50	0.197
60	0.287
70	0.403

① 약 1.2년　　② 약 1.6년

③ 약 2.2년　　④ 약 3.6년

해설 압밀도 $u = \dfrac{\text{시간 } t\text{에서 발생된 압밀 침하량}}{\text{1차 압밀 침하량}}$

$$= \frac{0.36}{0.6}\times100 = 60\%$$

∴ $t_{60} = \dfrac{0.287H^2}{C_v} = \dfrac{0.287\times\left(\dfrac{500}{2}\right)^2}{3.6\times10^{-4}}$

$$= 49,826,389\,\mathrm{sec} = 1.6\text{년}$$

∴ $1\mathrm{sec} = \dfrac{1}{60\times60\times24\times365}$년

□□□ 기10,14,20

09 모래 지층 사이에 두께 6m의 점토층이 있다. 이 점토의 토질 실험 결과가 아래 표와 같을 때, 이 점토층의 90% 압밀을 요하는 시간은 약 얼마인가? (단, 1년은 365일로 하고, 물의 단위중량(γ_w)은 $9.81\mathrm{kN/m^3}$이다.)

- 간극비(e) : 1.5
- 압축 계수(a_v) : $4\times10^{-3}\mathrm{m^2/kN}$
- 투수 계수(k) : $3\times10^{-7}\mathrm{cm/s}$

① 50.7년　　② 12.7년

③ 5.07년　　④ 1.27년

해설 $t_{90} = \dfrac{0.848H^2}{C_v}$

・체적변화계수 $m_v = \dfrac{a_v}{1+e} = \dfrac{4\times10^{-3}}{1+1.5} = 1.6\times10^{-3}\,\mathrm{m^2/kN}$

・투수계수 $k = C_v\,m_v\,\gamma_w$ 에서

・압밀계수 $C_v = \dfrac{k}{m_v\gamma_w} = \dfrac{3\times10^{-7}\times10^2}{1.6\times10^{-3}\times9.81}$

$$= 1.911\times10^{-3}\,\mathrm{cm^2/sec}$$

∴ $t_{90} = \dfrac{0.848\times\left(\dfrac{600}{2}\right)^2}{1.911\times10^{-3}} = 39,937,206\,\mathrm{sec} = 1.27\text{년}$

(∵ 양면 배수)

기90,05

10 상하층이 모래로 되어 있는 두께 2m의 점토층이 어떤 하중을 받고 있다. 이 점토층의 투수 계수(K)가 5×10^{-7} cm/sec, 체적 변화 계수(m_v)가 0.05cm²/kg일 때 90% 압밀에 요구되는 시간을 구하면? (단, $T_{90} = 0.848$)

① 5.6일   ② 9.8일
③ 15.2일   ④ 47.2일

해설

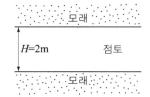

$H=2m$ 점토

- $t_{90} = \dfrac{T_{90} H^2}{C_v}$, $K = C_v \, m_v \, \rho_w$

- $C_v = \dfrac{K}{m_v \rho_w} = \dfrac{5 \times 10^{-7}}{0.05 \times 0.001} = 0.01 \text{cm}^2/\text{sec}$

  ($\because \rho_w = 1\text{g/cm}^3 = 0.001\text{kg/cm}^3$)

$\therefore t_{90} = \dfrac{T_{90} H^2}{C_v} = \dfrac{0.848 \times \left(\dfrac{200}{2}\right)^2}{0.01} = 848 \times 10^6 \, \text{sec} = 9.8\text{일}$

  ($1\text{sec} = \dfrac{1}{60 \times 60 \times 24}$ 일)

□□□ 기05

11 그림에 표시된 하중 q 에 의한 최종 압밀 침하량은 7.5 cm로 예상되었다. 예상되는 최종 압밀 침하량의 80%가 일어나는 데 걸리는 시간은?
(단, $C_v = 2.54 \times 10^{-4}$cm/sec, $T_v = 0.567$)

① 13.33년
② 14.33년
③ 15.33년
④ 16.33년

$q = 70\text{kN/m}^2$

4.5m   1.5m   모래

4.5m   점토

암반

해설 $t_{80} = \dfrac{T_v H^2}{C_v}$

$= \dfrac{0.567 \times 450^2}{2.54 \times 10^{-4}} \times \dfrac{1}{60 \times 60 \times 24 \times 365} = 14.33\text{년}$

■ **압축 계수** : 그림과 같이 하중 P와 간극비 e의 관계를 산술 눈금에 표시했을 때 e−log P 곡선의 기울기를 압축 계수(a_v)라 한다.

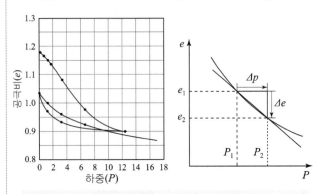

$$a_v = \frac{e_1 - e_2}{P_2 - P_1} = \frac{\Delta e}{\Delta P}(\text{m}^2/\text{kN})$$

■ **압축 지수** : 압밀 시험으로부터 구한 하중 P와 간극비 e의 관계를 반대수 눈금에 표시하였을 때 e−log P 곡선의 기울기를 압축 지수(C_c)라 한다.

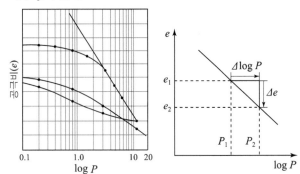

$$C_c = \frac{e_1 - e_2}{\log P_2 - \log P_1}$$

$$= \frac{e_1 - e_2}{\log \dfrac{P_2}{P_1}} = \frac{e_1 - e_2}{\log \dfrac{P_1 + \Delta P}{P_1}}$$

여기서, P_1 : 초기 유효 연직 응력

$P_2 : P_1 + \Delta P$

e_1 : 초기 공극비

e_2 : 압밀 종료 시의 공극비

■ **선행 압밀 하중**

· 흙이 지금까지 받았던 가장 큰 압력, 즉 최대 유효 연직 압력을 선행압밀 하중(P_c)이라 한다.

· Casagrande는 압밀 시험 결과 e−log P 곡선에서 선행 압밀 하중(P_c)을 결정하는 작도법을 제안하였다.

· 선행 압밀 하중과 그 시료의 유효 상재 하중의 비를 과압밀비(OCR)라 한다.

· 과압밀비 $\text{OCR} = \dfrac{\text{선행 압밀 하중}(P_c)}{\text{현재의 유효 연직 압력}(P_o)}$

여기서, 정규 압밀 상태 : OCR = 1

과압밀 상태 : OCR > 1

■ **압축지수 C_c값의 추정**

· 불교란 시료 : $C_c = 0.009(W_L - 10)$

· 교란 시료 : $C_c = 0.007(W_L - 10)$

여기서, W_L : 액성한계(%)

□□□ 기 09

01 압밀 이론에서 선행 압밀 하중에 대한 설명 중 옳지 않은 것은?

① 현재 지반 중에서 과거에 받았던 최대의 압밀 하중이다.
② 압밀 소요 시간의 추정이 가능하여 압밀도 산정에 사용된다.
③ 주로 압밀 시험으로부터 작도한 e−log P 곡선을 이용하여 구할 수 있다.
④ 현재의 지반 응력 상태를 평가할 수 있는 과압밀비 산정 시 이용된다.

해설 선행 압밀 하중(P_c)
· 흙이 지금까지 받았던 가장 큰 압력, 즉 최대 유효 연직 압력
· 과압밀비 $\text{OCR} = \dfrac{\text{선행 압밀 하중}(P_c)}{\text{현재의 유효 연직 압력}(P_o)}$

□□□ 기 99,03

02 선행 압밀 하중을 결정하기 위해서는 압밀 시험을 행한 다음 어느 곡선으로부터 구할 수 있는가?

① 간극비−압력(log 눈금) 곡선
② 압밀 계수−압력(log 눈금) 곡선
③ 일차 압밀비−압력(log 눈금) 곡선
④ 이차 압밀 계수−압력(log 눈금) 곡선

해설 Casagrande는 압밀 시험 결과 e−log P 곡선에서 선행 압밀 하중(P_c)을 결정하는 작도법을 제안하였다.

□□□ 기93,02,05

03 점토층으로부터 흙 시료를 채취하여 압밀 시험을 한 결과 하중 강도가 $300kN/m^2$로부터 $460kN/m^2$로 증가했을 때 간극비는 2.7에서 1.9로 감소하였다. 이 시료의 압축계수(a_v)는 얼마인가?

① $0.005m^2/kN$ ② $0.006m^2/kN$

③ $0.007m^2/kN$ ④ $0.008m^2/kN$

해설 압축계수 $a_v = \dfrac{e_1 - e_2}{P_2 - P_1}$

$\therefore a_v = \dfrac{2.7 - 1.9}{460 - 300} = 0.005\,m^2/kN$

□□□ 기06,17,19,20

04 액성 한계가 60%인 점토의 흐트러지지 않은 시료에 대하여 압축 지수를 Skempton의 방법에 의하여 구한 값은?

① 0.16 ② 0.28

③ 0.35 ④ 0.45

해설 Skempton의 경험식 (불교란 점토 시료)
압축 지수 $C_c = 0.009(W_L - 10)$
$= 0.009 \times (60 - 10) = 0.45$

□□□ 기10

05 정규 압밀 점토의 압밀 시험에서 하중 강도를 $40kN/m^2$에서 $80kN/m^2$로 증가시킴에 따라 간극비가 0.83에서 0.65로 감소하였다. 압축 지수는 얼마인가?

① 0.3 ② 0.45

③ 0.6 ④ 0.75

해설 압축 계수 $C_c = \dfrac{e_1 - e_2}{\log P_2 - \log P_1} = \dfrac{e_1 - e_2}{\log \dfrac{P_2}{P_1}}$

$= \dfrac{0.83 - 0.65}{\log \dfrac{80}{40}} = 0.60$

□□□ 기07

06 압밀 시험에서 얻은 $e - \log P$ 곡선으로 구할 수 있는 것이 아닌 것은?

① 선행 압축력 ② 지중 공극비

③ 압축 지수 ④ 압밀 계수

해설 ・시간−침하 곡선에서 압밀 계수 C_v를 구하는 방법에는 $\sqrt{t}$ 방법과 $\log t$ 방법으로 구한다.
・$e - \log P$ 곡선에서 구하는 계수
압축 지수(C_c), 압축 계수(a_v), 선행 압밀 압력(P_c), 간극비(e)

□□□ 기17

07 단위중량이 $18kN/m^3$인 점토지반의 지표면에서 5m되는 곳의 시료를 채취하여 압밀시험을 실시한 결과 과압밀비(over consolidation ratio)가 2임을 알았다. 선행압밀 압력은?

① $90kN/m^2$ ② $120kN/m^2$

③ $150kN/m^2$ ④ $180kN/m^2$

해설 과압밀비 $OCR = \dfrac{\text{선행 압밀 하중}(P_c)}{\text{현재 하중}(P_o)}$ 에서

・$P_o = \gamma_t h = 18 \times 5 = 90kN/m^2$
$\therefore P_c = OCR \times P_o = 2 \times 90 = 18kN/m^2$

038 압밀도

압밀도(U)는 흙의 압밀에서 t 시간까지 압밀량(S_t)과 최종적인 압밀량(S)과의 비를 백분율로 표시하며 압밀 계수(C_v)에 비례한다.

■ 하중에 의해 일어나는 압밀도

$$U = \frac{P-u}{P} \times 100 = \left(1 - \frac{u}{P}\right) \times 100$$

■ 간극 수압에 의한 압밀도

$$U = \frac{u_i - u}{u_i} \times 100 = \left(1 - \frac{u}{u_i}\right) \times 100$$

여기서, U : 압밀도
P : 점토층에 가해진 압력
u : 시간 t일 때의 간극 수압
u_i : 초기의 간극 수압

■ 평균 압밀도

$$U = 1 - [(1 - U_v)(1 - U_h)]$$

여기서, U_v : 연직방향 압밀도
U_h : 수평방향 압밀도

□□□ 기11
01 그림과 같이 피에조미터를 설치하고 성토 직후에 수주가 지표면에서 3m이었다. 6개월 후의 수주가 2.4m이면 지하 5m되는 곳의 압밀도와 과잉 간극 수압의 소산량은 얼마인가? (단, $\gamma_w = 9.81$kN/m³)

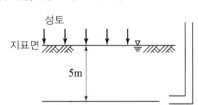

① 압밀도 : 20%, 과잉 간극 수압 소산량 : 5.9kN/m²
② 압밀도 : 20%, 과잉 간극 수압 소산량 : 24kN/m²
③ 압밀도 : 80%, 과잉 간극 수압 소산량 : 24kN/m²
④ 압밀도 : 80%, 과잉 간극 수압 소산량 : 5.9kN/m²

해설 압밀도 $U = \left(1 - \frac{u}{P}\right) \times 100$

· 정압력 $P = \gamma_w h = 9.81 \times 3 = 29.43$kN/m²
· 과잉 간극 수압 $u = \gamma_w h = 9.81 \times 2.4 = 23.54$kN/m²
· 압밀도 $U = \left(1 - \frac{23.54}{29.43}\right) \times 100 = 20\%$
· 소산량 $P - u = 29.43 - 23.54 = 5.9$kN/m²

□□□ 기80,81,84,12,13,17
02 연약 지반에 구조물을 축조할 때 피에조미터를 설치하여 과잉 간극 수압의 변화를 측정했더니 어떤 점에서 구조물 축조 직후 100kN/m²이었지만, 4년 후는 20kN/m²이었다. 이때의 압밀도는?

① 20%　　　　② 40%
③ 60%　　　　④ 80%

해설 압밀도 $U = \left(1 - \frac{u}{u_i}\right) \times 100$

$\qquad = \left(1 - \frac{20}{100}\right) \times 100 = 80\%$

□□□ 기11
03 그림과 같은 지반에서 재하 순간 수주(水柱)가 지표면(지하수위)으로부터 5m이었다. 40% 압밀이 일어난 후 A 점에서의 전체 간극 수압은 얼마인가? (단, $\gamma_w = 9.81$kN/m³)

① 68kN/m²
② 78kN/m²
③ 88kN/m²
④ 98kN/m²

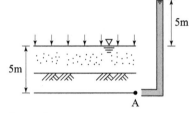

해설 · 압밀도 $U = \left(1 - \frac{u}{u_i}\right) \times 100 = 40\%$

· 정압력 $u_i = \Delta P = \gamma_w h = 9.81 \times 5 = 49.05$kN/m²

· 압밀도 $U = \left(1 - \frac{u}{u_i}\right) \times 100 = \left(1 - \frac{u}{49.05}\right) \times 100 = 40\%$

∴ $u = u_i(1-U) = 49.05(1-0.40) = 29.43$kN/m²

∴ A 점의 전체 간극 수압
$U_A = P + u = 49.05 + 29.43 = 78.48$kN/m²

□□□ 기94,13,21
04 그림과 같은 지반에 재하 순간 수주(水柱)가 지표면으로부터 5m이었다. 20% 압밀이 일어난 후 지표면으로부터 수주의 높이는? (단, $\gamma_w = 9.81$kN/m³)

① 1m
② 2m
③ 3m
④ 4m

해설 압밀도 $U = \left(1 - \frac{u}{u_i}\right) \times 100$에서

· $u_o = \gamma_w h = 9.81 \times 5 = 49.05$kN/m²
· $u = u_i(1 - U) = 49.05(1 - 0.20) = 39.24$kN/m²
∴ $h = \frac{u}{\gamma_w} = \frac{39.24}{9.81} = 4$m $(\because u_e = \gamma_w h)$

□□□ 기13
05 연약 지반에 흙댐을 축조할 때에 어느 위치에서 공극 수압의 변화를 측정하였다. 흙댐을 축조한 직후의 공극 수압이 $100kN/m^2$이었고 5년 후에 $20kN/m^2$이었을 때 이 측점의 압밀도는?

① 80%
② 40%
③ 20%
④ 10%

해설 압밀도 $U = \left(1 - \dfrac{u}{u_i}\right) \times 100$

$\qquad = \left(1 - \dfrac{20}{100}\right) \times 100 = 80\%$

□□□ 기83,15
06 지표면 $40kN/m^2$의 성토를 시행하였다. 압밀이 70% 진행되었다고 할 때 현재의 과잉 간극수압은?

① $8kN/m^2$
② $12kN/m^2$
③ $22kN/m^2$
④ $28kN/m^2$

해설 ・압밀도 $U = 1 - \dfrac{u_e}{u_i}$ 에서

$\quad 0.7 = 1 - \dfrac{u_e}{40}$

∴ 과잉 간극수압 $u_e = 12kN/m^2$

[SOLVE 사용]

039 압밀 침하량

■ 최종 압밀 침하량

$$S = m_v \cdot \Delta P \cdot H$$
$$= \frac{a_v}{1+e_1} \cdot \Delta P \cdot H = \frac{e_1 - e_2}{1+e_1} \cdot H$$
$$= \frac{C_c \cdot H}{1+e} \log \frac{P_o + \Delta P}{P_o} = \frac{C_c \cdot H}{1+e} \log \frac{P_2}{P_1}$$

■ t 시간 후의 압밀 침하량

$$S_t = U \cdot S$$

여기서, U : 평균압밀도

S_t : 시간 t에서 발생된 압밀침하량

S : 1차 압밀 침하량(최종 침하량)

■ 압밀 시간과 압밀층 두께의 관계

압밀 하중과 배수 조건이 같은 경우 압밀 시간 $t = \dfrac{T_v H^2}{C_v}$ 에서 압밀 소요 시간(t)은 배수 거리의 제곱(H^2)에 비례한다.

$$t_1 : t_2 = H_1^2 : H_2^2 \qquad \therefore t_2 = \left(\frac{H_2}{H_1}\right)^2 \times t_1$$

여기서, H : 배수 거리(시료의 높이이며, 양면 배수 $\left(\dfrac{H}{2}\right)$,

배수이면 H)

t_1과 H_1 : 시료의 압밀 시간과 압밀층 두께

t_2와 H_2 : 현장 흙의 압밀 시간과 압밀층 두께

□□□ 기 09
01 그림과 같은 하중을 받는 과압밀 점토의 1차 압밀 침하량은 얼마인가? (단, 점토층 중앙에서의 초기 응력은 60kN/m², 선행 압밀 하중 100kN/m², 압축 지수(C_c) 0.1, 팽창 지수(C_s) 0.01, 초기 간극비 1.15)

① 11.3cm
② 15.2cm
③ 20.3cm
④ 29.6cm

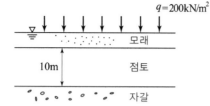

해설 $S = \dfrac{C_s \cdot H}{1+e_o} \log \dfrac{P_c}{P_o} + \dfrac{C_c \cdot H}{1+e_o} \log \dfrac{P_o + \Delta P}{P_c}$

$$= \frac{0.01 \times 10}{1+1.15} \log \frac{100}{60} + \frac{0.1 \times 10}{1+1.15} \log \frac{60+200}{100}$$
$$= 0.2033\text{m} = 20.3\text{cm}$$

□□□ 기 02, 09, 16, 21
02 그림과 같은 지층 단면에서 지표면에 가해진 50kN/m²의 상재 하중으로 인한 점토층(정규압밀점토)의 1차 압밀 최종침하량(S)을 구하고, 침하량이 5cm일 때 평균 압밀도(U)를 구하면? (단, $\gamma_w = 9.81\text{kN/m}^3$)

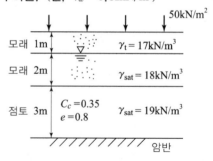

① S = 18.3cm, U = 27%
② S = 14.7cm, U = 22%
③ S = 18.3cm, U = 22%
④ S = 14.7cm, U = 27%

해설 1차 압밀 침하량 $S = \dfrac{C_c \cdot H}{1+e} \log \left(\dfrac{P_o + \Delta P}{P_o}\right)$

· 점토층의 중앙 부분에서 받고 있는 유효 연직 압력

$$P_1 = \gamma_t h_1 + \gamma_{sub} h_2 + \gamma_{sub} \frac{h_3}{2}$$
$$= 17 \times 1 + (18 - 9.81) \times 2 + (19 - 9.81) \times 1.5$$
$$= 47.17\text{kN/m}^2$$
$$\therefore S = \frac{0.35 \times 3}{1+0.8} \times \log\left(\frac{47.17 + 50}{47.17}\right) = 0.183\text{m} = 18.3\text{cm}$$

· 평균 압밀도 $U = \dfrac{\text{시간 } t\text{에서 발생된 압밀 침하량}(S_t)}{\text{1차 압밀 침하량}(S)} \times 100$

$$= \frac{5}{18.3} \times 100 = 27\%$$

□□□ 기 03
03 비중이 2.67, 함수비 35%이며, 두께 10m인 포화 점토층이 압밀 후에 함수비가 25%로 되었다면, 이 토층 높이의 변화량은 얼마인가?

① 113cm
② 128cm
③ 135cm
④ 155cm

해설 압밀 침하량 $S = \dfrac{e_1 - e_2}{1+e_1} H$ 에서

· $e_1 = \dfrac{G_s w}{S} = \dfrac{2.67 \times 35}{100} = 0.93$

· $e_2 = \dfrac{G_s w}{S} = \dfrac{2.67 \times 25}{100} = 0.67$

$\therefore S = \dfrac{0.93 - 0.67}{1+0.93} \times 10 = 1.35\text{m} = 135\text{cm}$

□□□ 기82,95,99

04 압밀을 일으키는 토층의 두께가 3m이다. 이 토층의 시료는 구조물 축조 전의 공극비(void ratio)가 0.8이고 축조 후의 공극비가 0.5이다. 이 흙의 전 압밀 침하량은 몇 cm인가?

① 35cm
② 40cm
③ 50cm
④ 65cm

해설 전 압밀 침하량 $S = \dfrac{e_1 - e_2}{1 + e_1} H$

$$= \dfrac{0.8 - 0.5}{1 + 0.8} \times 300 = 50 \text{cm}$$

□□□ 기11

05 두께 10m의 점토층에서 시료를 채취하여 압밀 시험한 결과 압축 지수가 0.37, 간극비는 1.24이었다. 이 점토층 위에 구조물을 축조하는 경우, 축조 이전의 유효 압력은 100kN/m²이고 구조물에 의한 증가 응력은 50kN/m² 이다. 이 점토층이 구조물 축조로 인하여 생기는 압밀 침하량은 얼마인가?

① 8.7cm
② 29.1cm
③ 38.2cm
④ 52.7cm

해설 침하량 $S = \dfrac{C_c \cdot H}{1 + e_1} \log \dfrac{P_2}{P_1}$

$$= \dfrac{C_c \cdot H}{1 + e_1} \log \dfrac{P_o + \Delta P}{P_o}$$

$$= \dfrac{0.37 \times 10}{1 + 1.24} \times \log \dfrac{(100 + 50)}{100}$$

$$= 0.291 \text{m} = 29.1 \text{cm}$$

□□□ 기04,07,12

06 점토층의 두께 5m, 간극비 1.4, 액성 한계 50%이고 점토층 위의 유효 상재 압력이 100kN/m²에서 140kN/m²으로 증가할 때의 침하량은? (단, 압축 지수는 흐트러지지 않은 시료에 대한 Terzaghi & Peck의 경험식을 사용하여 구한다.)

① 8cm
② 11cm
③ 24cm
④ 36cm

해설 침하량 $S = \dfrac{C_c \cdot H}{1 + e_o} \log \dfrac{P_2}{P_1}$

· Skempton의 경험식(불교란 점토 시료)

압축 지수 $C_c = 0.009(W_L - 10)$

$$= 0.009 \times (50 - 10) = 0.36$$

$$\therefore S = \dfrac{0.36 \times 5}{1 + 1.4} \times \log \dfrac{140}{100} = 0.11 \text{m} = 11 \text{cm}$$

□□□ 기11

07 일면 배수 상태인 10m 두께의 점토층이 있다. 지표면에 무한히 넓게 등분포 압력이 작용하여 1년 동안 40cm의 침하가 발생되었다. 점토층이 90% 압밀에 도달할 때 발생되는 1차 압밀 침하량은? (단, 점토층의 압밀 계수는 $C_v = 19.7 \text{m}^2/\text{yr}$이다.)

① 40cm
② 48cm
③ 72cm
④ 80cm

해설 · $T_v = \dfrac{C_v \cdot t}{H^2} = \dfrac{19.7(\text{m}^2/\text{yr}) \times 1(\text{yr})}{(10\text{m})^2} = 0.197$

∴ 시간 계수 0.197일 때 평균 압밀도 $U = 50\%$

· $S_{90} = \dfrac{U_{90}}{U_{50}} \times S_{50}$

$$= \dfrac{90}{50} \times 40 = 72 \text{cm}$$

□□□ 기03,14

08 두께 H인 점토층에 압밀하중을 가하여 요구되는 압밀도에 달할 때까지 소요되는 기간이 단면배수일 경우 400일이었다면 양면배수일 때는 며칠이 걸리겠는가?

① 800일
② 400일
③ 200일
④ 100일

해설 · $H^2 : 400 = \left(\dfrac{H}{2}\right)^2 : x$ ∴ $x = 100$일

040 흙의 전단 강도 개념

■ 흙의 전단 강도

• Mohr-coulomb의 파괴 포락선

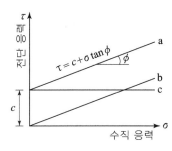

• 보통 흙의 전단 강도(a) : $\tau = c + \sigma \tan\phi$
• 사질토의 전단 강도(b) : $\tau = \sigma \tan\phi$
• 점토의 전단 강도(c) : $\tau = c$

여기서, c : 점착력
σ : 흙 중 어느 면에 작용하는 수직 응력
ϕ : 내부 마찰각

• 공극 수압이 발생할 때

$$\tau = c + (\sigma - u)\tan\phi = c + \overline{\sigma}\tan\phi$$

여기서, c : 점착력
$\overline{\sigma}$: 유효 수직 응력
ϕ : 내부 마찰각

■ 강도 정수(c, ϕ)의 결정

• 실내 시험 : 직접 전단 시험, 삼축 압축 시험, 일축 압축 시험
• 현장 시험 : 베인 전단 시험, 콘 관입 시험, 표준 관입 시험, 공내 재하 시험

□□□ 기10

01 다음 중 흙의 강도를 구하는 실험이 아닌 것은?

① 압밀 시험　　　② 직접 전단 시험
③ 일축 압축 시험　　④ 삼축 압축 시험

해설 • 실험실에서의 전단 강도의 측정 : 직접 전단 시험, 일축 압축 시험, 삼축 압축 시험
• 현장에서의 전단 강도의 측정 : 표준 관입 시험, 콘 관입 시험, 베인 전단 시험

□□□ 기96,05

02 흙의 전단 강도에 대한 다음 설명 중 옳지 않은 것은?

① 흙의 전단 강도는 압축 강도의 크기와 관계가 깊다.
② 외력이 가해지면 전단 응력이 발생하고 어느 면에 전단 응력이 전단 강도를 초과하며 그 면에 따라 활동이 일어나서 파괴한다.
③ 조밀한 모래는 전단 중에 팽창하고 느슨한 모래는 수축한다.
④ 점착력과 내부 마찰각은 파괴면에 작용하는 수직 응력의 크기에 비례한다.

해설 전단 강도 정수인 점착력(c)과 내부 마찰각(ϕ)은 수직 응력(σ)의 크기에 무관하다.
$\tau = c + \sigma \tan\phi$

□□□ 기93,07

03 다음은 흙의 강도에 대한 설명이다. 틀린 것은?

① 점성토에서는 내부 마찰각이 작고, 사질토에서는 점착력이 작다.
② 일축 압축 시험은 주로 점성토에 많이 사용한다.
③ 이론상 모래의 내부 마찰각을 0이라고 한다.
④ 흙의 전단 응력은 내부 마찰각과 점착력의 두 성분으로 이루어진다.

해설 이론상 순수한 모래는 $c = 0$이고, 순수한 점토에서는 $\phi = 0$이다.

□□□ 기82,91,99,06,11,13,15,16,17,20

04 그림과 같은 점성토 지반의 토질 실험 결과 내부 마찰각 $\phi = 30°$, 점착력 $c = 15\text{kN/m}^2$일 때 A 점의 전단 강도는?

① 43.4kN/m^2
② 48.4kN/m^2
③ 53.4kN/m^2
④ 58.4kN/m^2

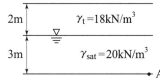

해설 전단 강도 $\tau = c + \overline{\sigma}\tan\phi$
유효 응력 $\overline{\sigma} = \gamma_t h_1 + (\gamma_{sat} - \gamma_w)h_2$
$= 18 \times 2 + (20 - 9.81) \times 3 = 66.57\text{kN/m}^2$
∴ $\tau = c + \overline{\sigma}\tan\phi$
$= 15 + 66.57\tan30° = 53.4\text{kN/m}^2$

---

05 토질 실험 결과 내부 마찰각(ϕ) = 30°, 점착력 c = 0.05 MPa, 간극 수압이 0.8MPa 이고 파괴면에 작용하는 수직 응력이 3MPa일 때 이 흙의 전단 응력은?

① 1.27MPa
② 1.32MPa
③ 15.8MPa
④ 19.5MPa

해설 $\tau = c + (\sigma - \mu)\tan\phi$
$\qquad = 0.05 + (3 - 0.8)\tan30° = 1.32\text{MPa} = 1.32\text{N/mm}^2$

06 어떤 흙의 전단 실험 결과 c = 0.18MPa, ϕ = 35°, 토립 자에 작용하는 수직 응력 σ = 0.36MPa일 때 전단 강도는?

① 0.489MPa
② 0.432MPa
③ 0.633MPa
④ 0.386MPa

해설 전단 강도 $\tau = c + \sigma\tan\phi$
$\qquad = 0.18 + 0.36\tan35° = 0.432\text{MPa}$

07 아래 그림과 같은 모래 지반에서 깊이 4m 지점에서의 전단 강도는? (단, 모래의 내부 마찰각 ϕ = 30° 이며, 점착 력 c = 0, γ_w = 9.81kN/m³)

① 45.0kN/m²
② 28.0kN/m²
③ 23.2kN/m²
④ 18.6kN/m²

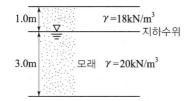

해설 전단 강도 $\tau = c + \bar{\sigma}\tan\phi$
· 유효 응력 $\bar{\sigma} = \gamma_t h_1 + (\gamma_{sat} - \gamma_w)h_2$
$\qquad\qquad = 18 \times 1 + (20 - 9.81) \times 3$
$\qquad\qquad = 48.57\text{kN/m}^2$
∴ $\tau = c + \bar{\sigma}\tan\phi = 0 + 48.57\tan30° = 28.0\text{kN/m}^2$

08 직접전단 시험을 한 결과 수직응력이 1.2MPa 일 때 전 단저항이 0.5MPa 또 수직응력이 2.4MPa일 때 전단저항 이 0.7MPa 이었다. 수직응력이 3MPa 일 때의 전단저항은 약 얼마인가?

① 0.6MPa
② 0.8MPa
③ 1MPa
④ 1.2MPa

해설 $\tau = c + \tan\phi$에서
$0.5 = c + 1.2\tan\phi$ ·················· (1)
$0.7 = c + 2.4\tan\phi$ ·················· (2)
식(2) − 식(1) ·················· (3)
$0.2 = 1.2\tan\phi$
내부마찰각 $\phi = \tan^{-1}\left(\dfrac{0.2}{1.2}\right) = 9.46°$
$0.5 = c + 1.2\tan9.46°$
∴ 점착력 $c = 0.3\text{MPa}$
∴ $\tau = 0.3 + 3\tan9.46° = 0.8\text{MPa}$

041 Mohr의 응력법

■ Mohr 원

Mohr 원은 중심이 $\dfrac{\sigma_1 + \sigma_3}{2}$ 이고 반경이 $\dfrac{\sigma_1 - \sigma_3}{2}$ 인 원의 방정식이다.

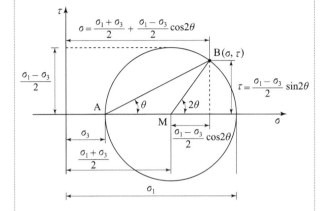

■ Mohr 원과 파괴 포락선

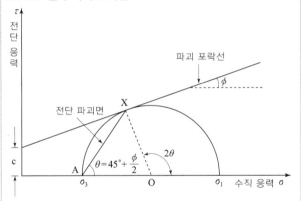

· 최대 주응력면과 파괴면이 이루는 각 θ

$$\theta = 45° + \frac{\phi}{2} > 45°$$

$$\therefore \text{ 내부 마찰각 } \phi = 2\theta - 90°$$

· 수직 응력 $\sigma = \dfrac{\sigma_1 + \sigma_3}{2} + \dfrac{\sigma_1 - \sigma_3}{2}\cos 2\theta$

· 전단 응력 $\tau = \dfrac{\sigma_1 - \sigma_3}{2}\sin 2\theta$

□□□ 기 90,93,98,02,04,06,08,10,17

01 흙 속에 있는 한 점의 최대 및 최소 주응력이 각각 0.2MPa 및 0.1MPa일 때 최대 주응력면과 $30°$ 를 이루는 평면상의 전단 응력을 구한 값은?

① 10.5kN/m^2 ② 21.5kN/m^2
③ 32.3kN/m^2 ④ 43.3kN/m^2

해설 $\tau = \dfrac{\sigma_1 - \sigma_3}{2}\sin 2\theta = \dfrac{0.2 - 0.1}{2}\sin(2 \times 30°)$

$= 0.0433 \text{MPa} = 0.0433 \text{N/mm}^2 = 43.3 \text{kN/m}^2$

□□□ 기 81,82,84,85,86,96,00,05,07

02 한 요소에 작용하는 응력의 상태가 그림과 같다면 n – n 면에 작용하는 수직 응력과 전단 응력은?

수직 응력	전단 응력
① 1.5MPa,	0.5MPa
② 1MPa,	0.5MPa
③ 2MPa,	1MPa
④ $\dfrac{1}{4}\sqrt{3}$ MPa,	$\dfrac{\sqrt{3}}{20}$ MPa

해설 · $\sigma_1 = 2\text{MPa},\ \sigma_3 = 1\text{MPa},\ \theta = 45°$

· 수직 응력 $\sigma = \dfrac{\sigma_1 + \sigma_3}{2} + \dfrac{\sigma_1 - \sigma_3}{2}\cos 2\theta$

$= \dfrac{2+1}{2} + \dfrac{2-1}{2}\cos(2 \times 45°)$

$= 1.5\text{MPa}$

· 전단 응력 $\tau = \dfrac{\sigma_1 - \sigma_3}{2}\sin 2\theta = \dfrac{2-1}{2}\sin(2 \times 45°)$

$= 0.5\text{MPa}$

□□□ 기 09,16

03 Mohr 응력원에 대한 설명 중 옳지 않은 것은?

① 임의 평면의 응력 상태를 나타내는 데 매우 편리하다.
② 평면 기점(origin of plane, O_p)은 최소 주응력을 나타내는 원호상에서 최소 주응력면과 평행선이 만나는 점을 말한다.
③ σ_1과 σ_3의 차의 벡터를 반지름으로 해서 그린 원이다.
④ 한 면에 응력이 작용하는 경우 전단력이 0이면, 그 연직 응력을 주응력으로 가정한다.

해설 Mohr 응력원은 축차 응력($\sigma_1 - \sigma_3$)인 벡터를 지름으로 해서 그린원이다.

□□□ 기 11,15,22

04 응력 경로(stress path)에 대한 설명으로 옳지 않은 것은?

① 응력 경로는 Mohr의 응력원에서 전단 응력이 최대인 점을 연결하여 구해진다.
② 응력 경로란 시료가 받는 응력의 변화 과정을 응력 공간에 궤적으로 나타낸 것이다.
③ 응력 경로는 특성상 전 응력으로만 나타낼 수 있다.
④ 시료가 받는 응력 상태에 대해 응력 경로를 나타내면 직선 또는 곡선으로 나타내어진다.

해설 응력 경로는 전 응력으로 표시할 수 있는 전 응력 경로와 유효 응력으로 표시할 수 있는 유효 응력 경로로 나타낼 수 있다.

□□□ 기 95,01,06,12,16
05 다음은 정규 압밀 점토의 삼축 압축 시험 결과를 나타낸 것이다. 파괴 시의 전단 응력 τ와 수직 응력 σ를 구하면?

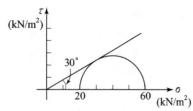

① $\tau=17.3\mathrm{kN/m}^2$ $\sigma=25.0\mathrm{kN/m}^2$

② $\tau=14.1\mathrm{kN/m}^2$ $\sigma=30.0\mathrm{kN/m}^2$

③ $\tau=14.1\mathrm{kN/m}^2$ $\sigma=25.0\mathrm{kN/m}^2$

④ $\tau=17.3\mathrm{kN/m}^2$ $\sigma=30.0\mathrm{kN/m}^2$

해설 · $\sigma_1=60\mathrm{kN/m}^2$, $\sigma_3=20\mathrm{kN/m}^2$, $c=0$, $\phi=30°$

· $\theta=45°+\dfrac{\phi}{2}=45°+\dfrac{30}{2}=60°$

· $\tau=\dfrac{\sigma_1-\sigma_3}{2}\sin2\theta=\dfrac{60-20}{2}\sin120°=17.3\mathrm{kN/m}^2$

· $\sigma=\dfrac{\sigma_1+\sigma_3}{2}+\dfrac{\sigma_1-\sigma_3}{2}\cos2\theta$

$=\dfrac{60+20}{2}+\dfrac{60-20}{2}\cos120°=30\mathrm{kN/m}^2$

□□□ 기 96,98,00,01,03,05,16
06 최대주응력이 $100\mathrm{kN/m}^2$, 최소주응력이 $40\mathrm{kN/m}^2$일 때 최소주응력 면과 $45°$를 이루는 평면에 일어나는 수직 응력은?

① $70\mathrm{kN/m}^2$ ② $30\mathrm{kN/m}^2$

③ $60\mathrm{kN/m}^2$ ④ $40\sqrt{2}\ \mathrm{kN/m}^2$

해설 $\sigma=\dfrac{\sigma_1+\sigma_3}{2}+\dfrac{\sigma_1-\sigma_3}{2}\cos2\theta$

$=\dfrac{100+40}{2}+\dfrac{100-40}{2}\cos(2\times45°)=70\mathrm{kN/m}^2$

□□□ 기 97,13,16
07 Mohr의 응력원에 대한 설명 중 틀린 것은?

① Mohr의 응력원에 접선을 그었을 때 종축과 만나는 점이 점 착력 c이고, 그 접선의 기울기가 내부 마찰각 ϕ이다.

② Mohr의 응력원이 파괴포락선과 접하지 않을 경우 전단 파 괴가 발생됨을 뜻한다.

③ 비압밀 비배수 시험 조건에서 Mohr의 응력원은 수평축과 평행한 형상이 된다.

④ Mohr의 응력원에서 응력 상태는 파괴 포락선 위쪽에 존재 할 수 없다.

해설 Mohr의 응력원이 Mohr 파괴 포락선에 접하는 경우 그 흙은 파괴 에 도달했음을 의미한다.

042 직접 전단 시험

- 상하로 분리된 전단 상자 속에 시료를 넣고 수직 하중을 가한 상태로 수평력을 가하여 전단 상자 상하단부의 분리면을 따라 강제로 파괴를 일으켜서 지반의 강도 정수를 결정하는 시험 방법이다.

■ 전단 응력

- $\tau = c + \sigma \tan\phi$

- 수직 응력 : $\sigma = \dfrac{P}{A}$

- 1면 전단 응력 : $\tau = \dfrac{S}{A}$

- 2면 전단 응력 : $\tau = \dfrac{S}{2A}$

　　여기서, σ : 수직 응력　　　P : 수직 하중
　　　　　A : 시료 단면적　　τ : 전단 응력
　　　　　S : 최대 전단력

□□□ 기 04,09,14,16,20

01 사질토에 대한 직접 전단 시험을 실시하여 다음과 같은 결과를 얻었다. 내부 마찰각은 약 얼마인가?

수직 응력(N/m^2)	30	60	90
최대 전단 응력(kN/m^2)	17.3	34.6	51.9

① 25°　　　　　　　　② 30°
③ 35°　　　　　　　　④ 40°

해설　$\tau = c + \sigma\tan\phi = 0 + 30\tan\phi = 17.3$ ($\because$ 사질토의 점착력 $c=0$)

$\therefore \phi = \tan^{-1}\dfrac{\tau}{\sigma} = \tan^{-1}\dfrac{17.3}{30} = 30°$

□□□ 기 11,18

02 흙 시료의 전단 파괴면을 미리 정해 놓고 흙의 강도를 구하는 시험은?

① 일축 압축 시험　　② 삼축 압축 시험
③ 직접 전단 시험　　④ 평판 재하 시험

해설　·직접 전단 시험 : 흙 시료의 전단 파괴면을 미리 정해 놓고 강도를 구하는 시험
·삼축 압축 시험 : 전단 강도 매개 변수를 결정하는 가장 신뢰성 있는 시험 방법
·일축 압축 시험 : 축방향으로만 압축을 가하여 흙을 파괴시켜 일축 압축 강도를 구하는 방법
·평판 재하 시험 : 지반의 응력−침하의 관계 및 지반의 지지력과 압축성을 구하기 위하여 시행하는 시험

□□□ 기 84,91,94,02,05,08,10,11,16,19

03 어떤 흙에 대해서 직접 전단 시험을 한 결과 수직 응력이 1MPa 일 때 전단 저항이 0.5MPa 이었고, 또 수직 응력이 2MPa 일 때에는 전단 저항이 0.8MPa이었다. 이 흙의 점착력은?

① 0.2MPa　　　　　　② 0.3MPa
③ 0.8MPa　　　　　　④ 1.0MPa

해설　$\tau = c + \tan\phi$ 에서

$0.5 = c + 1\tan\phi$ ················· (1)
$0.8 = c + 2\tan\phi$ ················· (2)

·$(1) \times 2 - (2)$
$1 = 2c + 2\tan\phi$ ················· (3)
$0.8 = c + 2\tan\phi$ ················· (4)

·$(3) - (4)$에서
$\therefore$ 점착력 $c = 0.2$MPa

□□□ 기 04,12,14,17

04 점착력이 전혀 없는 순수 모래에 대하여 직접 전단 시험을 하였더니 수직 응력이 0.494MPa일 때 0.285MPa의 전단 저항을 얻었다. 이 모래의 내부 마찰각은?

① 10°　　　　　　　　② 20°
③ 30°　　　　　　　　④ 40°

해설　$\tau = c + \sigma\tan\phi = 0 + 4.94\tan\phi = 2.85$
($\because$ 순수 모래의 점착력 $c = 0$)

$\therefore \phi = \tan^{-1}\dfrac{\tau}{\sigma} = \tan^{-1}\left(\dfrac{0.285}{0.494}\right) = 30°$

- 사질토에서는 시료 성형이 곤란하므로 주로 점성토에서 실시하는 시험으로 원리상 비압밀 비배수(UU) 시험의 일종이다.
- 배수 조건을 조절할 수 없으므로 항상 비배수 조건($\sigma_3 = 0$)에서의 시험 결과만 얻는다.

■ 일축 압축 시험 결과($\phi \neq 0$인 흙)

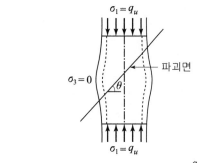

■ 일축 압축 강도의 시험 정리

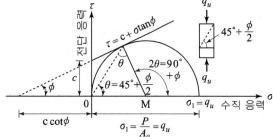

- 환산 단면적 $A = \dfrac{A_o}{1-\varepsilon} = \dfrac{A_o}{1 - \dfrac{\Delta h}{h}}$

- 수평면과 파괴면과의 각도 $\theta = 45° + \dfrac{\phi}{2}$

- 일축 압축 강도 $q_u = 2c\tan\left(45° + \dfrac{\phi}{2}\right)$

- 점착력 $c = \dfrac{q_u}{2\tan\left(45° + \dfrac{\phi}{2}\right)}$

$\qquad = \dfrac{q_u}{2}\tan\left(45° - \dfrac{\phi}{2}\right)$

■ 일축 압축 강도의 특징

- 현장 조건을 정확히 파악할 수 없지만 점성토의 전단 강도를 신속하고 간편하게 구할 수 있는 특징이 있다.
- 점성이 없는 사질토의 경우는 시료 자립이 어렵고 배수 상태를 파악할 수 없어 일반적으로 점성토에 국한되어 주로 사용된다.
- 시험값으로는 일축 압축 강도, 파괴 변형, 예민비, 변형 계수 등이 있다.
- 일축 압축 실험에서 $\phi = 0$인 점성토

　점착력 $c = \dfrac{q_u}{2}$

- 흙의 내부 마찰각 ϕ는 공시체 파괴면과 최대 주응력면 사이에 이루는 각 θ를 측정하여 구한다.
- Mohr 원이 하나밖에 그려지지 않는다.

■ 예민비
현장에서 채취된 자연 상태의 점토는 함수비의 변화 없이 재성형하면 일축 압강도는 상당히 감소하게 된다. 이러한 강도 감소의 정도를 예민비라 한다.

- 예민비

$$S_t = \frac{q_u}{q_{ur}}$$

여기서, S_t : 예민비

$\qquad q_u$: 불교란 시료의 일축 압축 강도

$\qquad q_{ur}$: 재성형한 시료의 일축 압축 강도

$\qquad\qquad$ (흙을 다시 이겼을 때의 일축 압축 강도)

- 예민비가 클수록 강도의 변화가 크므로 공학적 성질이 나쁘다.
- 예민비가 큰 점토는 흙을 다시 이겼을 때의 일축 압축 강도가 감소한다.

예민비에 따른 점토의 분류

예민비(S_t)	분류
<1	비예민성 점토
1~8	예민성 점토
8~64	초예민성 점토
>64	extra 초예민성 점토

■ $\phi = 0$인 포화된 점토
- $\phi = 0$일 때 일축 압축 강도 : $q_u = 2c$

- $\phi = 0$이면 비배수 전단 강도 : $\tau_f = c_u = \dfrac{q_u}{2} = \dfrac{N}{16}$

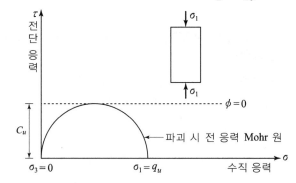

■ $\phi = 0$인 포화된 점토

$$q_u = \frac{N}{8}$$

□□□ 기95,07

01 다음은 흙의 강도에 관한 설명이다. 다음 중 가장 옳지 않은 것은?

① 모래는 점토보다 내부 마찰각이 크다.
② 일축 압축 시험 방법은 모래에 적합한 방법이다.
③ 연약 점토 지반의 현장 시험에는 Vane 전단 시험이 많이 이용된다.
④ 예민비란 교란되지 않은 공시체의 일축 압축 강도와 다시 반죽한 공시체의 일축 압축 강도의 비를 말한다.

해설 일축 압축 시험은 내부 마찰각(ϕ)이 작은 점성토에서만 시험이 가능하다.

□□□ 기97,06,09

02 흙의 일축 압축 강도 시험에 관한 설명 중 옳지 않은 것은?

① Mohr 원이 하나밖에 그려지지 않는다.
② 점성이 없는 사질토의 경우는 시료 자립이 어렵고 배수 상태를 파악할 수 없어 일반적으로 점성토에 주로 사용된다.
③ 배수 조건에서의 시험 결과밖에 얻지 못한다.
④ 일축 압축 강도 시험으로 결정할 수 있는 시험값으로는 일축 압축 강도, 예민비, 변형 계수 등이 있다.

해설 일축 압축 시험
· 내부 마찰각(ϕ)이 작은 점성토에서만 시험이 가능하다.
· 비압밀 비배수 시험(UU)에서 $\sigma_3 = 0$인 삼축 압축 시험과 같다.
· 시험값으로는 일축 압축 강도, 파괴 변형, 예민비, 변형 계수 등이 있다.
· Mohr 원은 하나밖에 그려지지 않는다.

□□□ 기03

03 일축 압축 시험 결과 흙의 내부 마찰각이 30°로 계산되었다. 파괴면과 수평선이 이루는 각도는?

① 10°　　　　　　② 20°
③ 40°　　　　　　④ 60°

해설 $\theta = 45° + \dfrac{\phi}{2} = 45° + \dfrac{30}{2} = 60°$

□□□ 기06,09,15

04 흙 시료를 일축 압축 시험으로 시험하여 일축 압축 강도가 30kN/m²이었다. 이 흙의 점착력은? (단, $\phi = 0$인 점토)

① 10kN/m²　　　　② 15kN/m²
③ 30kN/m²　　　　④ 60kN/m²

해설 $q_u = 2c\tan\left(45° + \dfrac{\phi}{2}\right)$에서 점착력 c는
∴ $c = \dfrac{q_u}{2\tan\left(45° + \dfrac{\phi}{2}\right)} = \dfrac{30}{2\tan\left(45° + 0°\right)} = 15\text{kN/m}^2$

□□□ 기84,92,96,03

05 내부 마찰각 $\phi = 0$인 점토로 일축 압축 시험을 시행하였다. 다음 설명 중 옳지 않은 것은?

① 점착력의 크기는 일축 압축 강도의 1/2이다.
② 전단 강도의 크기는 점착력 크기의 1/2이다.
③ 파괴면이 주응력면과 이루는 각은 45°이다.
④ Mohr의 응력원을 그리면 그 반경이 점착력의 크기와 같다.

해설 · $q_u = 2c\tan\left(45° + \dfrac{\phi}{2}\right)$에서 내부 마찰각 $\phi = 0$면 $q_u = 2c$
∴ 점착력 $c = \dfrac{q_u}{2}$
· 전단 응력 $\tau = c + \sigma\tan\phi$에서 내부 마찰각 $\phi = 0$면 $\tau = c$
· 파괴면이 주응력과 이루는 각 $\theta = 45° + \dfrac{\phi}{2}$에서 내부 마찰각 $\phi = 0$면 $\theta = 45°$

□□□ 기91,00,10,12,14,17

06 $\phi = 0$인 포화된 점토 시료를 채취하여 일축 압축 시험을 행하였다. 공시체의 직경이 4cm, 높이가 8cm이고 파괴시의 하중계의 읽음값이 40kN, 축방향의 변형량이 1.6cm일 때, 이 시료의 전단 강도는 약 얼마인가?

① 7kN/m²　　　　　② 13kN/m²
③ 25kN/m²　　　　　④ 32kN/m²

해설 · $A = \dfrac{A_o}{1 - \dfrac{\Delta h}{h}} = \dfrac{\dfrac{\pi \times 4^2}{4}}{1 - \dfrac{1.6}{8}} = 15.71\text{cm}^2$
· $q_u = \dfrac{P}{A} = \dfrac{40}{15.71 \times 10^2} = 0.025\text{N/mm}^2 = 25\text{kN/m}^2$
∴ 전단 강도 $\tau = c = \dfrac{q_u}{2} = \dfrac{0.025}{2} = 0.013\text{MPa} = 13\text{kN/m}^2$
($\because$ 내부 마찰각 $\phi = 0$면 $\tau = c$)

□□□ 기02 산85,95,99,02,10

07 교란되지 않은 연약 점토 시료($\phi = 0$)에 대한 시험 결과, 일축 압축 강도 0.48MPa를 얻었다. 같은 시료를 되비빔하여 시험한 결과 일축 압축 강도 0.24MPa를 얻었다. 교란되지 않은 이 점토의 점착력(c) 및 예민비(S_t)를 계산한 값은?

① $c = 0.12\text{MPa}$, $S_t = 2.0$
② $c = 0.24\text{MPa}$, $S_t = 2.0$
③ $c = 0.48\text{MPa}$, $S_t = 1.5$
④ $c = 0.72\text{MPa}$, $S_t = 2.5$

해설 · 내부 마찰각 $\phi = 0$인 점토의 일축 압축 강도 $q_u = 2c$
∴ 점착력 $c = \dfrac{q_u}{2} = \dfrac{0.48}{2} = 0.24\text{MPa}$
· 예민비 $S_t = \dfrac{q_u}{q_{ur}} = \dfrac{0.48}{0.24} = 2$

08 직경이 5cm이고 높이가 12cm인 점토 시료를 일축 압축 시험한 결과 수직 변위가 0.9cm 일어났을 때 최대 하중 10.61kg을 받았다. 이 점토의 N치는 대략 얼마나 되겠는가?

① 2   ② 4
③ 6   ④ 8

해설 · $A = \dfrac{A_o}{1-\dfrac{\Delta h}{h}} = \dfrac{\dfrac{\pi \times 5^2}{4}}{1-\dfrac{0.9}{12}} = 21.23\text{cm}^2$

· $q_u = \dfrac{P}{A} = \dfrac{10.61}{21.23} = 0.50\text{kg/cm}^2$

· $q_u = \dfrac{N}{8}$ 에서 ∴ $N = 8q_u = 8 \times 0.50 = 4$

09 다음 그림과 같은 $p-q$ 다이아그램에서 K_f 선이 파괴선을 나타낼 때 이 흙의 내부마찰각은?

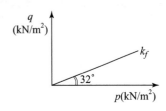

① 32°   ② 36.5°
③ 38.7°   ④ 40.8°

해설 $\sin\phi = \tan\psi$ 에서

$\phi = \sin^{-1}(\tan\psi) = \sin^{-1}(\tan 32°) = 38.7°$

10 어떤 흙에 대한 일축압축시험 결과 일축압축 강도가 0.1MPa이고 이 시료의 파괴면과 수평면이 이루는 각은 50° 일 때 이 흙의 점착력(c_u)과 내부 마찰각(ϕ)은?

① $c_u = 60\text{kN/m}^2$, $\phi = 10°$

② $c_u = 42\text{kN/m}^2$, $\phi = 50°$

③ $c_u = 60\text{kN/m}^2$, $\phi = 50°$

④ $c_u = 42\text{kN/m}^2$, $\phi = 10°$

해설 $\theta = 45° + \dfrac{\phi}{2}$ 에서

∴ $\phi = 2\theta - 90° = 2 \times 50° - 90° = 10°$

∴ $c_u = \dfrac{q_u}{2\tan\left(45° + \dfrac{10°}{2}\right)} = \dfrac{0.1}{2\tan\left(45° + \dfrac{10°}{2}\right)} = 0.042\text{MPa}$

$= 42\text{kN/m}^2$

11 일축 압축 강도가 20kN/m²인 연약 점토로 된 공시체의 점착력은 대략 얼마인가?

① 10kN/m²   ② 20kN/m²
③ 40kN/m²   ④ 6.7kN/m²

해설 $q_u = 2c\tan\left(45° + \dfrac{\phi}{2}\right)$ 에서 내부 마찰각 $\phi = 0$면 $q_u = 2c$

(∵ 연약 점토일 때 내부 마찰각 $\phi = 0$이다.)

∴ 점착력 $c = \dfrac{q_u}{2} = \dfrac{20}{2} = 10\text{kN/m}^2 = 0.01\text{MPa}$

12 예민비가 큰 점토란 어느 것인가?

① 입자의 모양이 날카로운 점토
② 입자가 가늘고 긴 형태의 점토
③ 흙을 다시 이겼을 때 강도가 감소하는 점토
④ 흙을 다시 이겼을 때 강도가 증가하는 점토

해설 · 강도 감소의 정도를 예민비라 한다.
· 예민비가 큰 점토일수록 강도 변화가 크므로 공학적 성질이 불량하다.

1 배수 조건에 따른 분류

비압밀 비배수(UU) 시험 : 점토 지반에 제방을 쌓을 경우 초기 안정 해석을 위한 흙의 전단 강도를 측정하는 시험 방법

- 점토 지반에 제방을 쌓을 경우 초기 안정 해석
- 재하 속도가 과잉 간극 수압이 소산되는 속도보다 빠를 때
- 점토 지반에 급속히 성토 시공을 할 때의 초기 안정 검토
- 포화 점성토 지반 위에 구조물을 시공한 직후의 초기 안정 검토

압밀 비배수(CU) 시험 : 점토 지반을 프리로딩 공법 등으로 미리 압밀시킨 후에 급격히 재하할 때의 안정을 검토하는 경우에 적당한 시험

- 점토 지반에 Pre-loading 공법을 적용한 후 급속히 성토 시공을 할 때의 안정 검토
- 이미 안정된 성토 제방에 추가로 급속히 성토 시공을 할 때의 안정 검토

압밀 배수(CD) 시험 : 성토된 하중에 의해 서서히 압밀이 되고 파괴도 완만하게 일어나 간극 수압이 발생되지 않거나 측정이 곤란한 경우 실시하는 시험

- 사질 지반의 안정 검토
- 점토 지반의 장기 안정 검토

CU 삼축 압축 실험 결과(모래, 정규 압밀 점토의 경우)

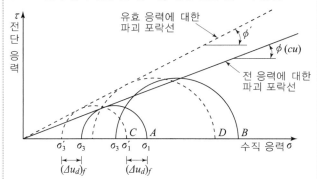

- $\sin\phi = \dfrac{\sigma_1 - \sigma_3}{\sigma_1 + \sigma_3}$ 에서 $\phi = \sin^{-1}\dfrac{\sigma_1 - \sigma_3}{\sigma_1 + \sigma_3}$

- $\theta = 45° + \dfrac{\phi}{2}$

- $\tau = \dfrac{\sigma_1 - \sigma_3}{2}\sin2\theta$

  여기서, 최대 주응력 $\sigma_1 = \sigma_{dt} + \sigma_3$

  σ_3 : 구속 응력, σ_{dt} : 축차 응력

2 삼축 압축 시 간극 수압

$$\Delta U = B[\Delta\sigma_3 + A(\Delta\sigma_1 - \Delta\sigma_3)]$$

여기서, A, B : skempton의 간극 수압 계수

$$A = \frac{\Delta u - \Delta\sigma_3}{\Delta\sigma_1 - \Delta\sigma_3} = \frac{\Delta u_d}{\Delta\sigma_d}$$

3 응력 경로

ϕ 선과 K_f 선

응력 경로는 최대 전단 응력을 따라 그려지므로 파괴원의 점은 Mohr-Coulomb의 포락선과 일치하지 않는다. 이 파괴원의 (p, q) 점을 연결한 선을 K_f 선이라고 한다.

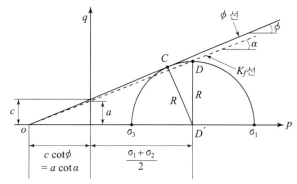

파괴 포락선 ϕ과 수정 파괴 포락선 K_f 선의 관계

- 내부 마찰각 : $\phi = \tan^{-1}(\tan\alpha)$ $(\because \sin\phi = \tan\alpha)$
  여기서, α : 수정 파괴 포락선의 경사각

- 점착력 : $c = \dfrac{a}{\cos\phi}$

각종 시험의 응력 경로

- 삼축 압축 시험

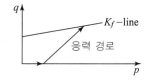

- 직접 전단 시험

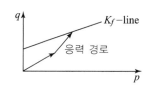

- 초기 등방 응력 상태

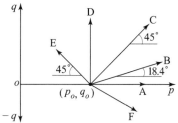

경로 A $\Delta\sigma_h = \Delta\sigma_v$

B $\Delta\sigma_h = \dfrac{1}{2}\Delta\sigma_v$

C $\Delta\sigma_h = 0$, $\Delta\sigma_v$ 증가

D $\Delta\sigma_h = -\Delta\sigma_v$

E $\Delta\sigma_h$ 감소, $\Delta\sigma_v = 0$

F $\Delta\sigma_h$ 증가, $\Delta\sigma_v$ 감소

- 압밀 시험

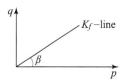

■ K_o – line

1차 압밀 시험의 응력 경로는 항상 K_o 선상에 위치하고 기울기 β 는 다음과 같다.

$$\beta = \frac{q}{p} = \frac{1-K_o}{1+K_o}$$

여기서, $K_o = \dfrac{1-\tan\beta}{1+\tan\beta}$

□□□ 기 12,14,17

01 정규 압밀 점토에 대하여 구속 응력 0.1MPa로 압밀 배수 시험한 결과 파괴 시 축차 응력이 0.2MPa이었다. 이 흙의 내부 마찰각은?

① 20° 　　　　② 25°
③ 30° 　　　　④ 45°

해설 $\sin\phi = \dfrac{\sigma_1 - \sigma_3}{\sigma_1 + \sigma_3}$ 에서

　• $\sigma_1 = \sigma_{df} + \sigma_3 = 0.2 + 0.1 = 0.3$MPa

　∴ $\phi = \sin^{-1}\dfrac{\sigma_1 - \sigma_3}{\sigma_1 + \sigma_3} = \sin^{-1}\left(\dfrac{0.3-0.1}{0.3+0.1}\right) = 30°$

□□□ 기 99,03,08,14

02 모래 시료에 대해서 압밀 배수 삼축 압축 시험을 실시하였다. 초기 단계에서 구속 응력($\sigma_3{}'$)은 10MPa 이고 전단 파괴 시에 작용된 축차 응력(σ_{dt})은 20MPa 이었다. 이와 같은 모래 시료의 내부 마찰각(ϕ) 및 파괴면에 작용하는 전단 응력(τ_t)의 크기는?

① $\phi = 30°,\ \tau_f = 11.6$MPa
② $\phi = 40°,\ \tau_f = 11.6$MPa
③ $\phi = 30°,\ \tau_f = 8.66$MPa
④ $\phi = 40°,\ \tau_f = 8.66$MPa

해설 $\sin\phi = \dfrac{\sigma'_1 - \sigma'_3}{\sigma'_1 + \sigma'_3}$ 에서 내부 마찰각(ϕ)을 구함

　• $\sigma_1{}' = \sigma_{df} + \sigma_3{}' = 20 + 10 = 30$MPa

　∴ $\phi = \sin^{-1}\dfrac{\sigma'_1 - \sigma'_3}{\sigma'_1 + \sigma'_3} = \sin^{-1}\left(\dfrac{30-10}{30+10}\right) = 30°$

　∴ $\tau = \dfrac{\sigma'_1 - \sigma'_3}{2}\sin 2\theta = \dfrac{\sigma'_1 - \sigma'_3}{2}\sin\left\{2\times\left(45° + \dfrac{\phi}{2}\right)\right\}$

　　$= \dfrac{30-10}{2}\sin\left\{2\times\left(45° + \dfrac{30°}{2}\right)\right\} = 8.66$MPa

　또는 $\tau = \dfrac{\sigma'_1 - \sigma'_3}{2}\cos\phi = \dfrac{30-10}{2}\cos 30°$

　　$= 8.66$MPa

□□□ 기 93,04

03 다음의 시험법 중 측압을 받는 지반의 전단 강도를 구하는데 가장 좋은 시험법은?

① 일축 압축 시험 　　② 표준 관입 시험
③ 콘 관입 시험 　　　④ 삼축 압축 시험

해설 삼축 압축 시험은 전단 정수를 결정하기 위하여 이용하는 시험 방법 중 측압을 받는 지반의 전단 강도를 구하는 데 가장 신뢰성이 있는 시험이다.

□□□ 기 11,18

04 토압 계수 $K = 0.5$일 때 응력 경로는 그림에서 어느 것인가?

① ㉮
② ㉯
③ ㉰
④ ㉱

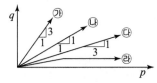

해설 1차 압밀 시험의 응력 경로는 항상 K_o 선상에 위치하고 선은 원점을 지나고 기울기 $\beta = \dfrac{q}{p} = \dfrac{1-K_o}{1+K_o}$ 인 직선을 나타낸다.

　∴ $\tan\beta = \dfrac{q}{p} = \dfrac{1-K_o}{1+K_o} = \dfrac{1-0.5}{1+0.5} = \dfrac{1}{3}$

□□□ 기 10,14,19

05 다음은 전단 시험을 한 응력 경로이다. 어느 경우인가?

① 초기 단계의 최대 주응력과 최소 주응력이 같은 상태에서 시행한 삼축 압축 시험의 전 응력 경로이다.
② 초기 단계의 최대 주응력과 최소 주응력이 같은 상태에서 시행한 일축 압축 시험의 전 응력 경로이다.
③ 초기 단계의 최대 주응력과 최소 주응력이 같은 상태에서 $K_o = 0.5$인 조건에서 시행한 삼축 압축 시험의 전단 응력 경로이다.
④ 초기 단계의 최대 주응력과 최소 주응력이 같은 상태에서 $K_o = 0.7$인 조건에서 시행한 일축 압축 강도의 전 응력 경로이다.

해설 초기 단계의 최대 주응력과 최소 주응력이 같은 상태에서 시행한 삼축 압축 시험의 전 응력 경로이다.

□□□ 기 98,01,08
06 다음 설명 가운데 옳지 않은 것은?

① 포화 점토 지반이 성토 직후 급속히 파괴가 예상되는 경우 UU-test를 한다.
② UU-test는 전단 시 공극수의 출입을 허용하지 않는다.
③ CD-test는 전단 전에 압밀시킨 후 전단 시 배수를 허용한다.
④ 포화 점토 지반이 시공 중 함수비의 변화가 없을 것으로 예상될 때 CU-test를 한다.

해설 비압밀 비배수(UU)시험
· 점토 지반이 시공 중 또는 성토 후 급속한 파괴가 예상될 때
· 포화 점토 지반이 시공 중 함수비의 변화가 없을 것으로 예상될 때

□□□ 기 11,15
07 연약 점토 지반에 성토 제방을 시공하고자 한다. 성토로 인한 재하 속도가 과잉 간극 수압이 소산되는 속도보다 빠를 경우, 지반의 강도 정수를 구하는 가장 적합한 시험 방법은?

① 압밀 배수 시험
② 압밀 비배수 시험
③ 비압밀 비배수 시험
④ 직접 전단 시험

해설 비압밀 비배수 전단 시험(UU-test)
· 점토 지반에 제방을 쌓을 경우 초기 안정 해석
· 재하 속도가 과잉 간극 수압이 소산되는 속도보다 빠를 때
· 정규 압밀 점토 위에 급속 성토 시 시공 직후의 초기 안정성 검토
· 포화 점성토 지반 위에 구조물을 시공한 직후의 초기 안정 검토

□□□ 기 93,00,02,05,08 산 02,05
08 점토 지반에 제방을 쌓을 경우 초기 안정 해석을 위한 흙의 전단 강도를 측정하는 시험 방법은?

① UU-test
② CU-test
③ $\overline{CU}$-test
④ CD-test

해설 비압밀 비배수 전단 시험(UU-test) : 점토 지반에 제방을 쌓을 경우 초기 안정 해석

□□□ 기 86,96,00,09,14,20
09 포화된 점토에 대하여 비압밀 비배수(UU) 시험을 하였을 때의 결과에 대한 설명 중 옳은 것은? (단, ϕ : 마찰각, c : 점착력)

① ϕ와 c가 나타나지 않는다.
② ϕ는 "0"이 아니지만 c는 "0"이다.
③ ϕ와 c가 모두 "0"이 아니다.
④ ϕ는 "0"이고 c는 "0"이 아니다.

해설 비압밀 비배수(UU) 시험
· 포화된 점토(S=100%)인 경우, $\phi=0$이다.
· 내부 마찰각 $\phi=0$인 경우, 전단 강도 $\tau_f=c_u$로 0이 아니다.

□□□ 기 81,88,97,06,19
10 흙의 전단 시험에서 배수 조건이 아닌 것은?

① 비압밀 비배수
② 압밀 비배수
③ 비압밀 배수
④ 압밀 배수

해설 배수 조건에 따른 삼축 압축 시험
· 압밀 배수 시험(CD-test)
· 압밀 비배수 시험(CU-test)
· 비압밀 비배수 시험(UU-test)

□□□ 기 00,06
11 다음 그림의 불안전 영역(unstable zone)의 붕괴를 막기 위해 강도가 더 큰 흙으로 치환을 하였다. 이때 안정성을 검토하기 위해 요구되는 삼축 압축 시험의 종류는 어떤 것인가?

① UU-test
② CU-test
③ CD-test
④ UC-test

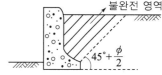

해설 시공 직후 갑자기 파괴 우려가 되는 경우에 불완전 영역의 붕괴를 막기 위해 비배수 비압밀(UU) 시험을 사용하여 단기 안정성 검토를 한다.

□□□ 기 97,98,01,04,13
12 포화된 점토 시료에 대한 비압밀 비배수 삼축 압축 시험을 실시하여 얻어진 비배수 전단 강도는 18MPa 이었다. (이 시험에서 가한 구속 응력은 24MPa 이었다.) 만약 동일한 점토 시료에 대해 또 한 번의 비압밀 비배수 삼축 압축 시험을 실시할 경우(단, 이번 시험에서 가해질 구속 응력의 크기는 40MPa), 전단 파괴 시에 예상되는 축차 응력의 크기는?

① 9MPa
② 18MPa
③ 36MPa
④ 54MPa

해설 비압밀 비배수 전단(UU) 시험

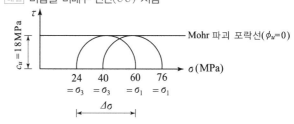

· $\phi=0$ 해석에서 축차 응력($\sigma_1-\sigma_3$)은 구속 압력의 크기에 관계없이 일정하다.
· $\phi=0$ 해석일 때, 비배수 전단 강도 $\tau_u=c_u=\dfrac{\sigma_1-\sigma_3}{2}$
∴ 축차 응력 $=(\sigma_1-\sigma_3)=2\tau_u=2\times18=36MPa$

기89,92,99,04,11,18

13 어떤 시료에 대해 액압 0.1MPa를 가해 다음 표와 같은 결과를 얻었다. 파괴 시의 축차 응력은? (단, 피스톤의 지름과 시료의 지름은 같다고 보며 시료의 단면적 $A_o = 18cm^2$, 길이 $L = 14cm$이다.)

ΔL (1/100mm)	0	$\cdots$	1,000	1,100	1,200	1,300	1,400
P (N)	0	$\cdots$	540	580	600	590	580

① 0.305MPa   ② 0.255MPa
③ 0.205MPa   ④ 0.155MPa

해설 파괴 시 단면적 $A = \dfrac{A_o}{1 - \dfrac{\Delta L}{L}} = \dfrac{18}{1 - \dfrac{1.2}{14}} = 19.69\,cm^2$

· 최대 수직 하중 $P_{max} = 600N$일 때
변위량 $\Delta L = 12mm = 1.2cm$

∴ 축차 응력$(\sigma_1 - \sigma_3) = \dfrac{P}{A} = \dfrac{600}{19.69 \times 10^2} = 0.305MPa$

기84,86,95,99,08,12,18

14 다음 그림의 파괴 포락선 중에서 완전포화된 점토를 UU(비압밀 비배수) 시험했을 때 생기는 파괴 포락선은?

① ㉮
② ㉯
③ ㉰
④ ㉱

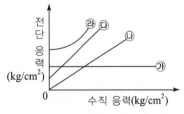

해설 완전히 포화된 점성토에 대해 비압밀 비배수(UU) 시험을 행하면 전응력 Mohr 원의 파괴 포락선은 ㉮와 같이 수평선이 되는데 이를 $\phi = 0$ 해석이라 한다. 즉 전단 응력$(\tau) = c_u$ 이다.

기95,02,05,08,18,22

15 그림과 같은 지반에서 하중으로 인하여 수직 응력$(\Delta\sigma_1)$ 100kN/m^2 이 증가되고, 수평 응력$(\Delta\sigma_3)$ 50N/m^{2}이 증가되었다면 간극 수압은 얼마나 증가되었는가? (단, 간극 수압 계수 A = 0.5이고 B = 1이다.)

① 0.05MPa
② 0.075MPa
③ 0.1MPa
④ 0.125MPa

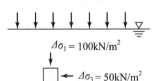

해설 삼축 압축 시에 생기는 간극 수압
$\Delta U = B[\Delta\sigma_3 + A(\Delta\sigma_1 - \Delta\sigma_3)]$
$= 1 \times [50 + 0.5(100 - 50)]$
$= 75kN/m^2$

기99,05,07,09

16 그림과 같이 지하수위가 지표와 일치한 연약 점토 지반 위에 양질의 흙으로 매립 성토할 때 매립이 끝난 후 지표로부터 5m 깊이에서의 과잉 간극 수압은 약 얼마인가?

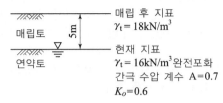

매립 후 지표
$\gamma_t = 18kN/m^3$
현재 지표
$\gamma_t = 16kN/m^3$ 완전포화
간극 수압 계수 A=0.7
$K_o = 0.6$

① 90kN/m^2 ② 79kN/m^2
③ 54kN/m^2 ④ 34kN/m^2

해설 · 과잉 간극 수압 $\Delta U = B[\Delta\sigma_3 + A(\Delta\sigma_1 - \Delta\sigma_3)]$

· $\sigma_v = \triangle\sigma_1 = \gamma \cdot z = 18 \times 5 = 90kN/m^2$

· $\sigma_h = \triangle\sigma_3 = k_o \cdot \triangle\sigma_1 = 0.6 \times 90 = 54kN/m^2$

∴ $\Delta U = 1 \times [54 + 0.7(90 - 54)] = 79.2kN/m^2$
(∵ 완전 포화 상태 $B = 1$)

기98,00,01,05,15,18

17 점성토에 대한 압밀 배수 삼축 압축 시험 결과를 $p-q$ diagram에 그린 결과, $K_f - $line의 경사각 α는 20°이고 절편 m은 3.4MPa이었다. 이 점성토의 내부 마찰각(ϕ) 및 점착력(c)의 크기는?

① $\phi = 21.34°$, $c = 36.5MPa$
② $\phi = 23.45°$, $c = 37.1MPa$
③ $\phi = 21.34°$, $c = 93.4MPa$
④ $\phi = 23.54°$, $c = 85.8MPa$

해설 · $\tan\alpha = \sin\phi$에서 내부 마찰각
∴ $\phi = \sin^{-1}(\tan\alpha) = \sin^{-1}(\tan 20°) = 21.34°$

· $m = c\cos\phi$
∴ 점착력 $c = \dfrac{m}{\cos\phi} = \dfrac{34}{\cos 21.34°} = 36.61MPa$

기12,18

18 0.2MPa의 구속응력을 가하여 시료를 완전히 압밀시킨 다음, 축차응력을 가하여 비배수 상태로 전단시켜 파괴시 축변형률 $\epsilon_f = 10\%$, 축차응력 $\Delta\sigma_f = 0.28MPa$, 간극수압 $\Delta u_f = 0.21MPa$를 얻었다. 파괴시 간극수압계수 A를 구하면? (단, 간극수압계수 B는 1.0이다.)

① 0.44   ② 0.75
③ 1.33   ④ 2.27

해설 간극 수압 계수 $A = \dfrac{\Delta u - \Delta\sigma_3}{\Delta\sigma_1 - \Delta\sigma_3} = \dfrac{\Delta u_f}{\Delta\sigma_f} = \dfrac{0.21}{0.28} = 0.75$

■ **모래의 전단 특성**
• 모래의 전단 강도는 내부 마찰각의 크기에 비례함을 알 수 있다.

$$\tau = (\sigma - u)\tan\phi$$

여기서, σ : 전 압력
 u : 간극 수압
 ϕ : 내부 마찰각

• 전단 응력에 의하여 토질의 체적이 증가하는 현상을 다이러턴시 (dilatancy)라 한다.
• 다이러턴시 현상은 조밀한 모래의 경우 발생한다.
• 다이러턴시 현상이 일어나기 시작할 때의 모래의 간극비를 한계 간극비라 한다.
• 조밀한 모래 (+) Dilatancy
• 느슨한 모래 (−) Dilatancy

☑ **Dilatancy 현상**
• 체적 변화

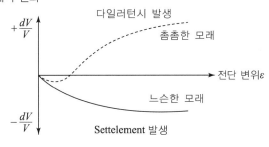

■ 간극 수압의 변화

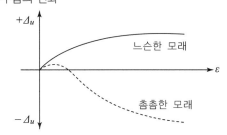

• 액화 현상(Liquefaction) : 입경이 가늘고 비교적 균일하여 느슨하게 쌓여 있는 모래 지반이 물로 포화되어 있을 때, 지진이나 충격을 받으면 일시적으로 전단 강도를 잃어 버리는 현상

■ **점성토의 전단 특성**
• 틱소트로피(thixotropy) : 교란된 점토 지반이 시간이 지남에 따라 손실된 강도의 일부를 회복하는 현상

□□□ 기 95,01,06

01 흙의 전단 강도에 대한 설명으로 틀린 것은?

① 조밀한 모래는 전단 변형이 작을 때 전단 파괴에 이른다.
② 조밀한 모래는 (+) Dilatancy, 느슨한 모래는 (−) Dilatancy가 발생한다.
③ 점착력과 내부 마찰각은 파괴면에 작용하는 수직 응력의 크기에 비례한다.
④ 전단 응력이 전단 강도를 넘으면 흙의 내부에 파괴가 일어난다.

해설 ・전단 강도 $\tau = c + \sigma\tan\phi$ 에서 내부 마찰각(ϕ)은 파괴면에 작용하는 수직 응력(σ)의 크기에 비례하지 않는다.
 ・조밀한 모래는 (+) Dilatancy, 느슨한 모래는 (−) Dilatancy

□□□ 기 96,99,06,09,21

02 모래의 밀도에 따라 일어나는 전단 특성에 대한 다음 설명 중 옳지 않은 것은?

① 다시 성형한 시료의 강도는 작아지지만 조밀한 모래에서는 시간이 경과됨에 따라 강도가 회복된다.
② 전단 저항각[내부 마찰각(ϕ)]은 조밀한 모래일수록 크다.
③ 직접 전단 시험에 있어서 전단 응력과 수평 변위 곡선은 조밀한 모래에서는 peak가 생긴다.
④ 조밀한 모래에서는 전단 변형이 계속 진행되면 부피가 팽창한다.

해설 다시 성형한 시료의 강도는 저하되지만 느슨한 모래에서는 시간이 경과됨에 따라 강도가 회복되는 틱소트로피(thixotropy) 현상을 보인다.

□□□ 기 90,93,02,04,18

03 입경이 가늘고 비교적 균일하여 느슨하게 쌓여 있는 모래 지반이 물로 포화되어 있을 때, 지진이나 충격을 받으면 일시적으로 전단 강도를 잃어버리는 현상은?

① 모관 현상(capillarity)
② 분사 현상(quick sand)
③ 틱소트로피(thixotropy)
④ 액화 현상(liquefaction)

해설 • 안정적인 지반이 지진이나 진동 등의 동적 하중에 의해 갑자기 전단 저항력을 상실하고 마치 액체와 같이 거동하는 현상을 액화 현상이라 한다.
• thixotropy : 교란된 점토 지반이 시간이 지남에 따라 손실된 강도의 일부를 회복하는 현상

□□□ 기 05

04 액화 현상(liquefaction)에 대한 설명으로 틀린 것은?

① 포화된 느슨한 모래에서 흔히 일어난다.
② 간극수가 배출되지 못할 때 일어나게 된다.
③ 한계 간극비에 크게 관련된다.
④ 과잉 간극 수압은 갑자기 크게 감소한다.

해설 모래에는 정(+)의 과잉 간극 수압이 유발되어 유효 응력의 감소로 전단 강도가 감소하는 현상을 액화 현상이라 한다.

□□□ 기 83,93,02,05,15

05 점성토 시료를 교란시켜 재성형을 한 경우 시간이 지남에 따라 강도가 증가하는 현상을 나타내는 용어는?

① 크립(creep)
② 틱소트로피(thixotropy)
③ 이방성(anisotropy)
④ 아이소크론(isocron)

해설 • thixotropy : 교란된 점토 지반이 시간이 지남에 따라 손실된 강도의 일부를 회복하는 현상
• dilatancy : 조밀한 모래에서 전단이 진행됨에 따라 부피가 증가되는 현상
• 액화 현상 : 모래 지반이 물로 포화되어 있을 때, 지진이나 충격을 받으면 일시적으로 전단 강도를 잃어버리는 현상

046 강도 증가율 산정법

■ 일축 압축 시험

■ 소성 지수에 의한 방법

$$\frac{c_u}{p} = 0.11 + 0.0037(I_P)$$

$$\frac{\left(\frac{c_u}{p}\right)_{\text{과압밀}}}{\left(\frac{c_u}{p}\right)_{\text{정규 압밀}}} = (\text{OCR})^{0.8}$$

여기서, I_p : 소성 지수　　p : 유효 상재압
c_u : 비배수 점착력　　OCR : 과압밀비

■ 삼축 압축 시험
• 비배수 전단 강도(UU 시험)에 의한 방법
• 압밀 비배수 삼축 압축(CU, $\overline{\text{CU}}$)시험에 의한 방법

□□□ 기 10,13

01 아래 그림과 같은 정규 압밀 점토 지반에서 점토층 중간에서의 비배수 점착력은? (단, 소성 지수는 50%임)

① 54.0kN/m²
② 63.8kN/m²
③ 78.0kN/m²
④ 83.8kN/m²

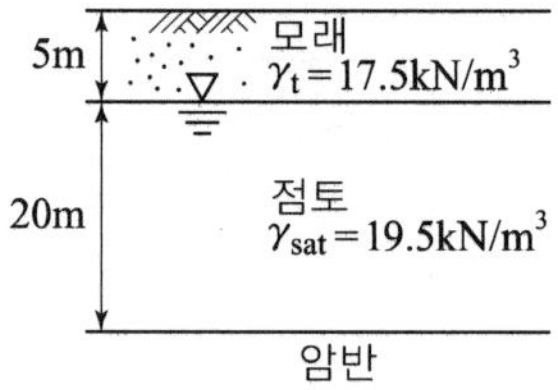

해설 $\frac{c_u}{p} = 0.11 + 0.0037(I_P)$에서
유효 상재압 $p = h_1\gamma_1 + h_2\gamma_{sub}$
$= 5\times17.5 + 10\times(19.5 - 9.81) = 184.4\text{MPa}$
∴ 비배수 점착력 $c_u = p[0.11 + 0.0037(I_P)]$
$= 184.4\times[0.11 + 0.0037\times50]$
$= 54.04\text{kN/m}^2$

□□□ 기 07,09,10,11,18

02 실내 시험에 의한 점토의 강도 증가율(Cu/P) 산정 방법이 아닌 것은?

① 소성 지수에 의한 방법
② 비배수 전단 강도에 의한 방법
③ 압밀 비배수 삼축 압축 시험에 의한 방법
④ 직접 전단 시험에 의한 방법

해설 점토의 강도 증가율(Cu/P) 산정 방법
• 소성 지수에 의한 방법
• 비배수 전단 강도(UU 시험)에 의한 방법
• 압밀 비배수 삼축 압축(CU, $\overline{\text{CU}}$)시험에 의한 방법

정답 045 03 ④ 04 ④ 05 ② 046 01 ① 02 ④

CHAPTER
09 토압

■ 토압의 종류

- 정지 토압(P_o) : 옹벽에 횡방향 변위가 전혀 일어나지 않고 뒤채움 흙이 정지되어 있을 때의 토압
- 주동 토압(P_A) : 옹벽의 횡방향 압력으로 말미암아 뒤채움 흙이 점점 커지면서 파괴가 일어나는 토압
- 수동 토압(P_P) : 옹벽의 뒤채움 흙이 압축을 받아 압축이 커져서 흙이 파괴될 때의 토압

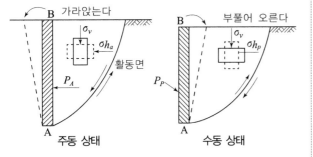

주동 상태　　　　　수동 상태

■ 벽체의 변위와 토압의 크기

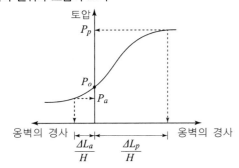

- 토압의 크기 : $P_P > P_o > P_A$

■ 토압 계수

- 정지 토압 계수 : 흙이 탄성 변형 상태라면 수평 방향 변형률은 0이며, 이때 수평 응력과 수직 응력의 비를 정지 토압 계수(K_o)라고 한다.

$$K_o = \frac{\sigma_h}{\sigma_v} = \frac{\mu}{1-\mu}$$

여기서, 연직 응력 : $\sigma_v = \gamma \cdot Z$

　　　수평 응력 : $\sigma_h = K_0 \cdot \sigma_v = K_0 \cdot \gamma \cdot Z$

　　　흙의 포아송비 : μ

- Jaky의 정지 토압 계수 공식 : $K_0 = 1 - \sin\phi$

　여기서, ϕ : 내부 마찰각

　　　　OCR : 과압밀비

- 정규 압밀 점토 : $K_0 = 0.95 - \sin\phi'$ (ϕ' : 유효 전단 저항각)

- 과압밀 점토 : $K_o = (1 - \sin\phi)\sqrt{\text{OCR}}$

- 주동 토압 계수 : $K_A = \dfrac{1-\sin\phi}{1+\sin\phi} = \tan^2\left(45° - \dfrac{\phi}{2}\right)$

- 수동 토압 계수 : $K_P = \dfrac{1+\sin\phi}{1-\sin\phi} = \tan^2\left(45° + \dfrac{\phi}{2}\right)$

■ 토압 계수의 크기

수동 토압 계수(K_P) > 정지 토압 계수(K_o) > 주동 토압 계수(K_A)

■ 토압 이론

- Rankine 토압 이론에 의한 주동 토압의 크기는 Coulomb 이론에 의한 값보다 10% 정도 크다.
- Coulomb의 토압 이론에서는 벽체와 흙 사이의 벽 마찰각($\delta \neq 0$)을 고려하였으며, 주동 토압 계수는 연직벽($\theta = 0$), 지표면이 수평($i = 0$), 벽 마찰각($\delta = 0$)이면 Rankine의 주동 토압 계수와 같다.
- 옹벽, 흙막이 벽체, 널말뚝 중 토압 분포가 삼각형 분포에 가장 가까운 것은 옹벽이다.
- 주동 상태에 도달하는 데는 0.5%H 만큼의 매우 작은 변형률이, 완전 수동 상태에 도달하는 데는 2.5%H 정도의 큰 변형률이 발생한다.

■ Rankine 토압론의 가정

- 파괴면은 2차원적인 평면이다.
- 지표면은 무한히 넓게 존재한다.
- 흙은 비압축성이고 균질의 입자이다.
- 토압은 지표면에 평행하게 작용한다.(벽 마찰각 무시)
- 지표에 하중이 있으면 등분포 하중이다.
- 토립자는 입자 간의 마찰력에 의해서만 평형을 유지한다.

01 주동 토압을 P_A, 수동 토압을 P_P, 정지 토압을 P_o라 할 때 크기 순서는?

① $P_A > P_P > P_o$　　② $P_P > P_o > P_A$

③ $P_P > P_A > P_o$　　④ $P_o > P_A > P_P$

해설 ・토압의 크기 : 수동 토압(P_P)>정지 토압(P_o)>주동 토압(P_A)
・토압 계수의 크기 : 수동 토압 계수>정지 토압 계수>주동 토압 계수

02 강도 정수가 $c=0$, $\phi=40°$ 인 사질토 지반에서 Rankine 이론에 의한 수동 토압 계수는 주동 토압 계수의 몇 배인가?

① 4.6　　② 9.0

③ 12.3　　④ 21.1

해설 $$\frac{\text{수동 토압 계수}(K_P)}{\text{주동 토압 계수}(K_A)} = \frac{\tan^2\left(45+\dfrac{\phi}{2}\right)}{\tan^2\left(45-\dfrac{\phi}{2}\right)}$$
$$= \frac{\tan^2\left(45+\dfrac{40}{2}\right)}{\tan^2\left(45-\dfrac{40}{2}\right)} = \frac{4.599}{0.217} = 21.19$$

03 Jaky의 정지 토압 계수를 구하는 공식 $K_o = 1 - \sin\phi$ 가 가장 잘 성립하는 토질은?

① 과압밀 점토　　② 정규 압밀 점토

③ 사질토　　④ 풍화토

해설 정지 토압 계수
・사질토인 경우(Jaky의 공식) $K_o = 1 - \sin\phi$
・정규 압밀 점토(Brooker & Ireland 관련식) $K_o = 0.95 - \sin\phi'$

04 전단 마찰각이 $25°$ 인 점토의 현장에 작용하는 수직 응력이 50kN/m² 이다. 과거 작용했던 최대 하중이 100kN/m² 이라고 할 때 대상 지반의 정지 토압 계수를 추정하면?

① 0.40　　② 0.57

③ 0.82　　④ 1.14

해설 과압밀 점토에 대한 정지 토압 계수
・$K_o = (1-\sin\phi)\sqrt{OCR}$
・$OCR = \dfrac{\text{선행 압밀 하중 } P_c}{\text{현재의 유효 상재 하중 } P_o} = \dfrac{100}{50} = 2$
・$\therefore K_o = (1-\sin25°) \times (\sqrt{2}) = 0.82$

05 지반 내 응력에 대한 다음 설명 중 틀린 것은?

① 전 응력이 커지는 크기만큼 간극 수압이 커지면 유효 응력은 변화 없다.
② 정지 토압 계수 K_o는 1보다 클 수 없다.
③ 지표면에 가해진 하중에 의해 지중에 발생하는 연직 응력의 증가량은 깊이가 깊어지면 감소한다.
④ 유효 응력이 전 응력보다 클 수도 있다.

해설 ・정지 토압 계수 $K_o \geq 1$이면 과압밀 상태이다.
・과압밀비(OCR)가 클수록 정지 토압 계수(K_o)는 커진다.

06 토압론에 관한 다음 설명 중 틀린 것은 어느 것인가?

① Coulomb의 토압론은 강체 역학에 기초를 둔 흙쐐기 이론이다.
② Rankine이 토압론은 소성 이론에 의한 것이다.
③ 벽체가 벽면에 있는 흙으로부터 떨어지도록 작용하는 토압을 수동 토압이라 하고 벽체가 흙쪽으로 밀리도록 작용하는 힘을 주동 토압이라 한다.
④ 정지 토압 계수는 수동 토압 계수와 주동 토압 계수 사이에 속한다.

해설 ・주동 토압(P_A) : 벽체가 벽면에 있는 흙으로부터 떨어지도록 작용하는 토압
・수동 토압(P_P) : 벽체가 벽면에 있는 흙쪽으로 밀리도록 작용하는 토압

07 토압에 대한 다음 설명 중 옳은 것은?

① 일반적으로 정지 토압 계수는 주동 토압 계수보다 작다.
② Rankine 이론에 의한 주동 토압의 크기는 Coulomb 이론에 의한 값보다 작다.
③ 옹벽, 흙막이 벽체, 널말뚝 중 토압 분포가 삼각형 분포에 가장 가까운 것은 옹벽이다.
④ 극한 주동 상태는 수동 상태보다 훨씬 더 큰 변위에서 발생한다.

해설 ・토압 계수의 크기 : 수동 토압 계수>정지 토압 계수>주동 토압 계수
・Rankine 이론에 의한 주동 토압의 크기는 Coulomb 이론에 의한 값보다 10% 정도 크다.
・옹벽, 흙막이 벽체, 널말뚝 중 토압 분포가 삼각형 분포에 가장 가까운 것은 옹벽이다.
・주동 상태에 도달하는 데는 0.5%H 만큼의 매우 작은 변형률이, 완전 수동 상태에 도달하는 데는 25%H 정도의 큰 변형률이 발생한다.

□□□ 기 99,03,14,17,21

08 지표면이 수평이고 옹벽의 뒷면과 흙과의 마찰각이 $0°$ 인 연직 옹벽에서 Coulomb의 토압과 Rankine의 토압은 어떤 관계가 있는가?

① Coulomb의 토압은 항상 Rankine의 토압보다 크다.
② Coulomb의 토압과 Rankine의 토압은 같다.
③ Coulomb의 토압은 항상 Rankine의 토압보다 작다.
④ 옹벽의 형상과 흙의 상태에 따라 클 때도 있고 작을 때도 있다.

해설 Coulomb의 토압 이론에서는 벽체와 흙 사이의 벽 마찰각($\delta \neq 0$)을 고려하였으나 연직벽($\theta = 0$), 지표면이 수평($i = 0$), 벽 마찰각($\delta = 0$)이면 Coulomb의 토압은 항상 Rankine의 토압과 같다.

□□□ 기 89,94,99,07

09 Rankine 토압 이론의 가정 사항 중 맞지 않는 것은?

① 흙은 균질의 분체이다.
② 지표면은 무한히 넓게 존재한다.
③ 분체는 입자 간에 점착력에 의해 평행을 유지한다.
④ 토압은 지표면에 평행하게 작용한다.

해설 토립자는 입자 간의 마찰력에 의해서만 평형을 유지한다(벽 마찰각 무시).

□□□ 기 92,03,06

10 다음 중 Rankine 토압론의 기본 가정에 속하지 않는 것은?

① 흙은 비압축성이고 균질의 입자이다.
② 지표면은 무한히 넓게 존재한다.
③ 옹벽과 흙과의 마찰을 고려한다.
④ 토압은 지표면에 평행하게 작용한다.

해설 토립자는 흙 입자 간의 마찰력에 의해서만 평형을 유지하며 옹벽의 벽 마찰각은 무시한다.

■ 뒤채움 흙이 수평이고 사질토의 토압($c = 0$, $i = 0$)

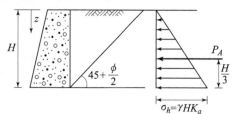

• 주동 토압 $P_A = \dfrac{1}{2}\gamma H^2 K_a$

• 수동 토압 $P_P = \dfrac{1}{2}\gamma H^2 K_p$

• 작용점 $y = \dfrac{H}{3}$

• $K_a = \tan^2\left(45° - \dfrac{\phi}{2}\right) = \dfrac{1 - \sin\phi}{1 + \sin\phi}$

• $K_p = \tan^2\left(45° + \dfrac{\phi}{2}\right) = \dfrac{1 + \sin\phi}{1 - \sin\phi}$

■ 뒤채움 흙이 수평이고 지하수위가 있는 경우의 토압

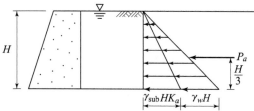

• 주동 토압 $P_A = \dfrac{1}{2}\gamma_{\text{sub}} H^2 K_a + \dfrac{1}{2}\gamma_w H^2$

• 수동 토압 $P_P = \dfrac{1}{2}\gamma_{\text{sub}} H^2 K_p + \dfrac{1}{2}\gamma_w H^2$

• 작용점 $y = \dfrac{H}{3}$

※ 수압에는 토압 계수를 곱하지 않는다.

■ 상재 하중이 있을 때의 토압

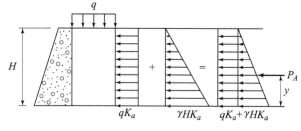

• $P_A = q H K_a + \dfrac{1}{2}\gamma H^2 K_a$

• $P_P = q H K_p + \dfrac{1}{2}\gamma H^2 K_p$

• 작용점 $y = \dfrac{H}{3} \cdot \dfrac{3q + \gamma H}{2q + \gamma H}$

■ 뒤채움이 2층인 경우의 토압($c = 0$, $i = 0$)

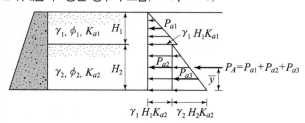

• $P_{a1} = \dfrac{1}{2}\gamma_1 H_1^2 K_a$

• $P_{a2} = \gamma_1 H_1 H_2 K_a$

• $P_{a3} = \dfrac{1}{2}\gamma_2 H_2^2 K_a$

∴ 주동 토압 $P_A = P_{a1} + P_{a2} + P_{a3}$

■ 뒤채움이 2층인 지하가 있는 경우

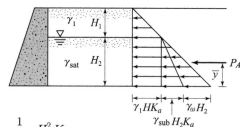

• $P_{a1} = \dfrac{1}{2}\gamma_1 H_1^2 K_a$

• $P_{a2} = \gamma_1 H_1 H_2 K_a$

• $P_{a3} = \dfrac{1}{2}\gamma_{\text{sub}} H_2^2 K_a$

• $P_w = \dfrac{1}{2}\gamma_w H_2^2$

∴ 주동 토압 $P_A = P_{a1} + P_{a2} + P_{a3} + P_w$

□□□ 기 03,04,08,09,15 산 09

01 그림과 같은 옹벽 배면에 작용하는 토압의 크기를 Rankine 의 토압 공식으로 구하면?

① 32kN/m
② 37kN/m
③ 47kN/m
④ 52kN/m

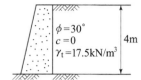

해설 $P_A = \frac{1}{2}\gamma H^2 \tan^2\left(45° - \frac{\phi}{2}\right)$

$= \frac{1}{2}\times 17.5 \times 4^2 \tan^2\left(45° - \frac{30°}{2}\right) = 47\text{kN/m}$

□□□ 기 03,08

02 그림과 같은 옹벽에 작용하는 전주동 토압은?
(단, 뒤채움 흙의 단위 중량은 18kN/m³, 내부 마찰각은 30° 이고 Rankine의 토압론을 적용한다.)

① 75kN/m
② 85kN/m
③ 95kN/m
④ 105kN/m

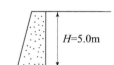

해설 $P_A = \frac{1}{2}\gamma H^2 \tan^2\left(45° - \frac{\phi}{2}\right)$

$= \frac{1}{2}\times 18 \times 5^2 \times \tan^2\left(45° - \frac{30°}{2}\right) = 75\text{kN/m}$

□□□ 기 03,04,08,10,14

03 지표가 수평인 곳에 높이 5m의 연직 옹벽이 있다. 흙의 단위 중량이 18kN/m³, 내부 마찰각이 30° 이고 점착력이 없을 때 주동 토압은 얼마인가?

① 45kN/m
② 55kN/m
③ 65kN/m
④ 75kN/m

해설

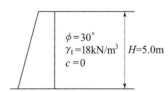

$P_A = \frac{1}{2}\gamma H^2 \tan^2\left(45° - \frac{\phi}{2}\right)$

$= \frac{1}{2}\times 18 \times 5^2 \times \tan^2\left(45° - \frac{30°}{2}\right) = 75\text{kN/m}$

□□□ 기 84,00,07,13,18,13,18

04 그림과 같은 옹벽에 작용하는 전 주동 토압은 얼마인가?
(단, 흙의 단위 중량 $\gamma = 17\text{kN/m}^3$, 내부 마찰각 $\phi = 30°$, 점착력 $c = 0$)

① 36kN/m
② 45.3kN/m
③ 72kN/m
④ 124.7kN/m

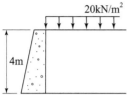

해설 상재 하중이 있을 때의 주동 토압

· $P_A = qHK_a + \frac{1}{2}\gamma H^2 K_a$

· $K_a = \tan^2\left(45° - \frac{\phi}{2}\right) = \tan^2\left(45° - \frac{30°}{2}\right) = \frac{1}{3}$

∴ $P_A = 20\times 4 \times \frac{1}{3} + \frac{1}{2}\times 17 \times 4^2 \times \frac{1}{3} = 72\text{kN/m}$

□□□ 기 01,06

05 그림과 같이 성질이 다른 층으로 뒷채움 흙이 이루어진 옹벽에 작용하는 주동 토압은?

① 86kN/m
② 98kN/m
③ 114kN/m
④ 156kN/m

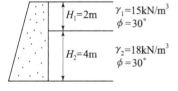

해설 뒤채움이 2층인 경우의 토압

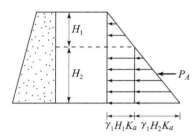

· $K_a = \tan^2\left(45° - \frac{\phi}{2}\right) = \tan^2\left(45° - \frac{30°}{2}\right) = \frac{1}{3}$

· $P_{a1} = \frac{1}{2}\gamma_1 H_1^2 K_a = \frac{1}{2}\times 15 \times 2^2 \times \frac{1}{3} = 10\text{kN/m}$

· $P_{a2} = \gamma_1 H_1 H_2 K_a = 15 \times 2 \times 4 \times \frac{1}{3} = 40\text{kN/m}$

· $P_{a3} = \frac{1}{2}\gamma_2 H_2^2 K_a = \frac{1}{2}\times 18 \times 4^2 \times \frac{1}{3} = 48\text{kN/m}$

∴ $P_A = P_{a1} + P_{a2} + P_{a3}$
$= 10 + 40 + 48 = 98\text{kN/m}$

06 그림과 같은 옹벽에 작용하는 주동 토압의 합력은?
(단, $\gamma_{sat}=18\text{kN/m}^3$, $\gamma_w=9.81\text{kN/m}^3$, $\phi=30°$, 벽 마찰각 무시)

① 100kN/m
② 111kN/m
③ 137kN/m
④ 181kN/m

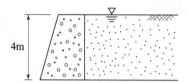

해설 지하수위면에서 주동 토압

$$P_A = \frac{1}{2}\gamma_{sub}H^2 K_a + \frac{1}{2}\gamma_w H^2$$

· $K_a = \tan^2\left(45° - \frac{\phi}{2}\right) = \tan^2\left(45° - \frac{30°}{2}\right) = \frac{1}{3}$

$$\therefore P_A = \frac{1}{2}\times(18-9.81)\times4^2\times\frac{1}{3} + \frac{1}{2}\times9.81\times4^2$$
$$= 100\text{kN/m}$$

07 다음 그림에서 옹벽이 받는 전 주동 토압은?
(단, $\gamma_w=9.81\text{kN/m}^3$, 지하 수위면은 지표면과 일치한다.)

① 643kN/m
② 503kN/m
③ 350kN/m
④ 133kN/m

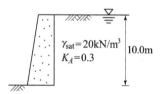

해설 지하수위면에서 주동 토압

$$P_A = \frac{1}{2}\gamma_{sub}H^2 K_A + \frac{1}{2}\gamma_w H^2$$

$$\therefore P_A = \frac{1}{2}\times(20-9.81)\times10^2\times0.3 + \frac{1}{2}\times9.81\times10^2$$
$$= 643\text{kN/m}$$

08 다음 그림에서 옹벽에 작용하는 수평력은 얼마인가?
(단, $\gamma_w=9.81\text{kN/m}^3$)

① 401kN/m
② 451kN/m
③ 503kN/m
④ 553kN/m

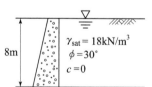

해설 지하수위면에서 주동 토압

· $P_A = \frac{1}{2}\gamma_{sub}H^2 K_a + \frac{1}{2}\gamma_w H^2$

· $K_a = \tan^2\left(45° - \frac{\phi}{2}\right) = \tan^2\left(45° - \frac{30°}{2}\right) = \frac{1}{3}$

$\therefore P_A = \frac{1}{2}\times(18-9.81)\times8^2\times\frac{1}{3} + \frac{1}{2}\times9.81\times8^2 = 401\text{kN/m}$

09 지표면으로부터 아래쪽으로 4m되는 지점에 지하수면이 위치하고 있다. 만약에 지하수면의 위치에 변동이 생겨 지표면으로부터 아래쪽으로 6m되는 지점에 위치하게 되었다면 이와 같은 지하수면의 변동에 따른 주동 토압 합력의 변화량은 얼마인지 수압을 포함하여 계산하면? (단, $\gamma_w = 9.81\text{kN/m}^3$)

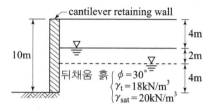

① 72.3kN/m
② 101.4kN/m
③ 143.4kN/m
④ 202.4kN/m

해설

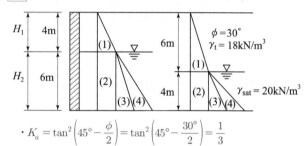

· $K_a = \tan^2\left(45° - \frac{\phi}{2}\right) = \tan^2\left(45° - \frac{30°}{2}\right) = \frac{1}{3}$

■ 지표면에서 4m 아래의 지하수위일 때 토압

(1) $P_{A_1} = \frac{1}{2}\gamma H_1^2 K_a = \frac{1}{2}\times18\times4^2\times\frac{1}{3} = 48\text{kN/m}$

(2) $P_{A_2} = \gamma H_0 H_2 K_a = 18\times4\times6\times\frac{1}{3} = 144\text{kN/m}$

(3) $P_{A_3} = \frac{1}{2}\gamma_{sub}H_2^2 K_a = \frac{1}{2}\times(20-9.81)\times6^2\times\frac{1}{3} = 61\text{kN/m}$

(4) $P_w = \frac{1}{2}\gamma_w H_2^2 = \frac{1}{2}\times9.81\times6^2 = 177\text{kN/m}$

$\therefore P_A = 48 + 144 + 61 + 177 = 430\text{kN/m}$

■ 지표면에서 6m 아래의 지하수위일 때 토압

(1) $P_{A_1} = \frac{1}{2}\times18\times6^2\times\frac{1}{3} = 108\text{kN/m}$

(2) $P_{A_2} = 18\times6\times4\times\frac{1}{3} = 144\text{kN/m}$

(3) $P_{A_3} = \frac{1}{2}\times(20-9.81)\times4^2\times\frac{1}{3} = 27.2\text{kN/m}$

(4) $P_w = \frac{1}{2}\times9.81\times4^2 = 78.5\text{kN/m}$

$\therefore P_A = 108 + 144 + 27.2 + 78.5 = 357.7\text{kN/m}$

· 수위 변화량 $\Delta P_A = 430 - 357.7 = 72.3\text{kN/m}$

□□□ 기 81,95,98,01,03,07,13,18

10 다음 그림에서 상재 하중만으로 인한 주동 토압(P_A)과 작용 위치(x)는?

① $P_A(q_s) = 9\text{kN/m}$,
  $x = 2\text{m}$

② $P_A(q_s) = 9\text{kN/m}$,
  $x = 3\text{m}$

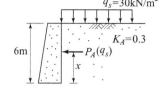

③ $P_A(q_s) = 54\text{kN/m}$,
  $x = 2\text{m}$

④ $P_A(q_s) = 54\text{kN/m}$,
  $x = 3\text{m}$

해설 상재 하중에 의한 응력 분포

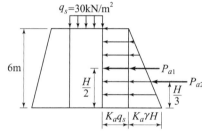

· $P_A = q_s K_A \cdot H = 30 \times 0.3 \times 6 = 54\text{kN/m}$

· $x = \dfrac{H}{2} = \dfrac{6}{2} = 3\text{m}$

□□□ 기 84,01,03,07,13,18

11 그림과 같이 옹벽 배면의 지표면에 등분포 하중이 작용할 때, 옹벽에 작용하는 전체 주동 토압의 합력(P_a)과 옹벽 저면으로부터 합력의 작용점까지의 높이(h)는?

① $P_a = 28.5\text{kN/m}$,
  $h = 1.26\text{m}$

② $P_a = 28.5\text{kN/m}$,
  $h = 1.38\text{m}$

③ $P_a = 58.5\text{kN/m}$,
  $h = 1.26\text{m}$

④ $P_a = 58.5\text{kN/m}$,
  $h = 1.38\text{m}$

해설 ■ 주동 토합의 합력

$$P_A = qH^2 K_a + \frac{1}{2}\gamma H^2 K_a$$

· $K_a = \tan^2\left(45° - \dfrac{30°}{2}\right) = \dfrac{1}{3}$

· $P_A = 30 \times 3 \times \dfrac{1}{3} + \dfrac{1}{2} \times 19 \times 3^2 \times \dfrac{1}{3} = 58.5\text{kN/m}$

■ 합력의 작용점까지의 높이

$$h = \frac{H}{3} \cdot \frac{3q + \gamma H}{2q + \gamma H} = \frac{3}{3} \times \frac{3 \times 30 + 19 \times 3}{2 \times 30 + 19 \times 3} = 1.26\text{m}$$

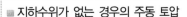

049 Coulomb의 주동 토압

■ 지하수위가 없는 경우의 주동 토압

$$P_a = \frac{1}{2}\gamma H^2 C_a \cos\phi_w$$

$$P_p = \frac{1}{2}\gamma H^2 C_p \cos\phi_w$$

■ 지하수위가 있는 경우의 주동 토압

$$P_a = \frac{1}{2}(\gamma_{sat} - \gamma_w) H^2 C_a \cos\phi_w + \frac{1}{2}\gamma_w H^2$$

$$P_p = \frac{1}{2}(\gamma_{sat} - \gamma_w) H^2 C_p \cos\phi_w + \frac{1}{2}\gamma_w H^2$$

□□□ 기 82,92,02

01 그림과 같은 조건의 옹벽에서, 벽면 마찰각 $\phi_w = 30°$ 이고 Coulomb의 주동 토압 계수가 0.25이다. 옹벽에 작용하는 주동 토압(수압 포함)의 수평 분력의 크기는?
(단, 흙의 포화 단위 중량은 18kN/m³, 물의 단위중량 $\gamma_w = 9.81$kN/m³이다.)

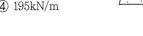

① 600kN/m
② 579kN/m
③ 225kN/m
④ 195kN/m

해설 Coulomb의 주동 토압

$$P_A = \frac{1}{2}(\gamma_{sat} - \gamma_w) H^2 C_a \cos\phi_w + \frac{1}{2}\gamma_w H^2$$

$$\therefore P_A = \frac{1}{2}\times(18-9.81)\times10^2 \times 0.25\cos30° + \frac{1}{2}\times9.81\times10^2$$
$$= 579\text{kN/m}$$

□□□ 기 03,08,10,15

02 굳은 점토 지반에 앵커를 그라우팅하여 고정시켰다. 고정부의 길이가 5m, 직경 20cm, 시추공의 직경은 10cm이었다. 점토의 비배수 전단 강도 $c_u = 0.1$MPa, $\phi = 0°$ 이라고 할 때 앵커의 극한 지지력은? (단, 표면 마찰 계수는 0.6으로 가정한다.)

① 94kN
② 157kN
③ 188kN
④ 313kN

해설 극한 지지력 $P_u = \pi dl c_a = \pi dl (\alpha \times c_u)$
· 점착력 $c_a = \alpha \times c_u = 0.6 \times 0.1 = 0.06$MPa $= 60$kN/m²
$$\therefore P_u = \pi \times 0.2 \times 5 \times 60 = 188.5\text{kN}$$

□□□ 기 91,98

03 그림과 같은 anchored sheet pile에서 free earth support method로 설계할 경우 효과적인 정착(anchorage)을 위한 최소 거리는? (단, 흙의 내부 마찰각 $\phi = 30°$ 이다.)

① 6m
② 8m
③ 10m
④ 12m

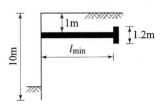

해설

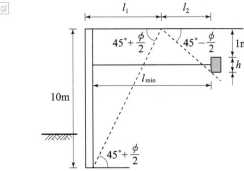

· $l_1 = \dfrac{H}{\tan\left(45° + \dfrac{\phi}{2}\right)} = \dfrac{10}{\tan\left(45° + \dfrac{30°}{2}\right)} = 5.77$m

· $l_2 = \dfrac{l_1 + h}{\tan\left(45° - \dfrac{\phi}{2}\right)} = \dfrac{1 + 1.2}{\tan\left(45° - \dfrac{30°}{2}\right)} = 3.81$m

· $l_{min} = l_1 + l_2 = 5.77 + 3.81 = 9.58$m

∴ 앵커의 길이는 l_{min} 보다 길어야 한다.

050 토류벽의 융기현상(히빙)

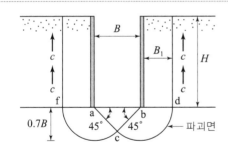

$$안전율 \; F_s = \frac{5.7c}{\gamma_t H - \dfrac{cH}{0.7B}}$$

여기서, F_s : 안전율 ≥ 1.5

c : 흙의 점착력

γ_t : 흙의 단위 체적 중량

H : 굴착 깊이

B : 굴착 폭

□□□ 기 97,05,12,18

01 다음 그림과 같은 점성토 지반의 굴착 저면에서 바닥 융기에 대한 안전율을 Terzaghi의 식에 의해 구하면?
(단, $\gamma = 17.31 kN/m^3$, $c = 24 kN/m^2$ 이다.)

① 3.21
② 2.32
③ 1.64
④ 1.17

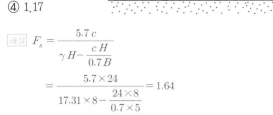

해설 $F_s = \dfrac{5.7c}{\gamma H - \dfrac{cH}{0.7B}}$

$= \dfrac{5.7 \times 24}{17.31 \times 8 - \dfrac{24 \times 8}{0.7 \times 5}} = 1.64$

051 보강토 옹벽

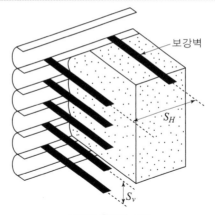

보강토 옹벽의 구조

• 보강재가 받는 최대힘 : $T_{max} = \gamma H K_a S_v S_H$

• 토압 계수 $K_a = \tan^2\left(45° - \dfrac{\phi}{2}\right)$

□□□ 기 99,07,13,17,20

01 $\gamma_t = 19 kN/m^3$, $\phi = 30°$ 인 뒤채움 모래를 이용하여 8m 높이의 보강토 옹벽을 설치하고자 한다. 폭 75mm, 두께 3.69mm의 보강띠를 연직 방향 설치 간격 $S_v = 0.5m$, 수평 방향 설치 간격 $S_h = 1.0m$로 시공하고자 할 때, 보강띠에 작용하는 최대힘 T_{max}의 크기를 계산하면?

① 15.3kN
② 25.3kN
③ 35.3kN
④ 45.3kN

해설 보강재가 받는 최대 힘 $T_{max} = \gamma H K_a S_v S_H$

• $K_a = \tan^2\left(45° - \dfrac{\phi}{2}\right) = \tan^2\left(45° - \dfrac{30°}{2}\right) = \dfrac{1}{3}$

$\therefore T_{max} = 19 \times 8 \times \dfrac{1}{3} \times 0.5 \times 1.0 = 25.3 kN$

| memo |

인공적으로 흙에 압력이나 충격을 가하여 밀도를 높이는 것을 다짐이라 한다.

흙을 다짐하면
- 토립자 상호 간의 공극이 좁아져서 단위 중량이 커진다.
- 단위 중량이 커지면 흡수성이 감소하고 압축성이 작아진다.
- 토립자 사이의 치합(interlocking)이 양호해져서 부착력이 증대된다.
- 부착력이 증대되면 투수성이 감소되고 전단 강도가 증가된다.

다짐 곡선

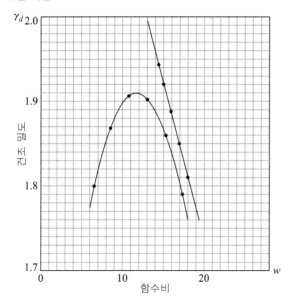

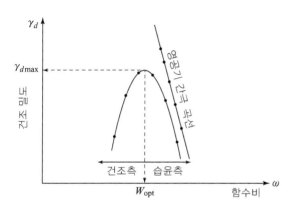

- 시료에 수분을 가하면서 동일한 방법으로 다지면 건조 단위 중량과 함수비 사이의 관계 곡선을 다짐 곡선이라 한다.
- 다짐 곡선에서 정점을 표시하는 건조 단위 중량을 최대 건조 단위 중량($\gamma_{d\max}$)이라 하며, 이에 대응하는 함수비를 최적 함수비(OMC : w_{opt})라 한다.
- 최적 함수비보다 작은 함수비 방향을 건조측, 큰 함수비 방향을 습윤측이라고 한다.
- 점성토에서는 최적 함수비보다 작은 건조측의 함수비로 다지면 면모 구조를 보인다.
- 점성토에서는 최적 함수비보다 큰 습윤측의 함수비로 다지면 이산 구조를 보인다.
- 다짐도

$$R = \frac{\text{현장의 } \gamma_d}{\text{실내 다짐 시험에 의한 } \gamma_{d\max}} \times 100$$

$$= \frac{\text{현장의 } \rho_d}{\text{실내 다짐 시험에 의한 } \rho_{d\max}} \times 100$$

다짐 곡선의 특징
- 조립토(모래)일수록 최적 함수비는 적고 최대 건조 단위 중량은 커서 구배가 급하다.
- 세립토(점토)일수록 최적 함수비는 크고 최대 건조 단위 중량은 작아 구배가 완만하다.
- 함수비가 최적 함수비에 가까울수록 다짐이 잘 되어 건조 단위 중량은 증가한다.
- 일반적으로 흙의 강도 증가나 압축성 감소가 요구될 때에는 건조측 다짐을 실시한다.
- 흙 댐의 심벽 공사와 같이 흙의 투수성 감소가 요구될 때에는 습윤측 다짐을 실시한다.
- 조립토에서는 입도 분포가 양호할수록 최대 건조 단위 중량은 크고 최적 함수비는 작다.
- 점성토에서는 소성이 클수록 최대 건조 단위 중량은 감소하고 최적 함수비는 증가한다.
- 양입도일수록 $\gamma_{d\max}$는 커지고, 빈입도일수록 $\gamma_{d\max}$는 작아진다.
- 입도 분포가 좋은 사질토가 입도 분포가 균등한 사질토보다 더 잘 다져진다.
- 점성토 지반을 다질 때는 탬핑 롤러로 다지는 것이 가장 좋다.

■ 영공기 간극 곡선
- 흙이 완전 포화된 $S=100\%$일 때 함수비의 변화에 따른 함수비 – 건조 단위 중량(γ_d)의 관계를 나타낸 곡선을 영공기 간극 곡선이라 한다.
- 영공기 간극 곡선은 흙을 아무리 잘 다진다고 하더라도 공기를 완전히 배출시킬 수는 없으므로 다짐 곡선은 항상 영공기 간극 곡선보다 아래쪽에 위치하게 된다.

■ 다짐 에너지
- 다짐 에너지(E_c)를 크게 할수록 건조 단위 중량(γ_d)은 커지고 최적 함수비(W_{opt} : OMC)는 작아진다.
- 다짐 에너지를 매우 크게 해도 다짐 곡선은 영공기 간극 곡선 아래에 얻어진다.

■ 조립토와 세립토의 특징

조립토(모래질)	세립토(점토질)
・입도 분포가 양호한 양입도	・입도 분포가 균등한 빈입도
・최적 함수비(OMC)가 작아진다.	・최적 함수비(OMC)가 커진다.
・최대 건조 밀도($\gamma_{d\max}$)가 커진다.	・최대 건조 밀도($\gamma_{d\max}$)가 작아진다.
・다짐 곡선의 기울기가 급하다.	・다짐 곡선의 기울기가 완만하다.
・다짐 에너지가 커진다.	・다짐 에너지가 작아진다.

■ 흙의 종류에 따른 다짐 곡선의 성질

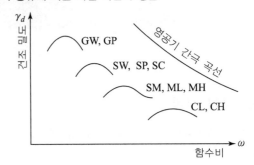

$$E_c = \frac{W_R H N_B N_L}{V}$$

여기서, E_c : 다짐 에너지($\mathrm{N \cdot cm/cm^3}$)
W_R : 래머 무게(N)
N_B : 다짐 횟수
H : 낙하고(cm)
N_L : 다짐 층수
V : 몰드의 체적($\mathrm{cm^3}$)

□□□ 기01,08
01 다짐 효과에 대한 설명 중 옳지 않은 것은?

① 부착력이 증대하고 투수성이 감소한다.
② 전단 강도가 증가한다.
③ 상호 간의 간격이 좁아져 밀도가 증가한다.
④ 압축이 커진다.

해설 흙을 다짐하면
・토립자 상호 간의 공극이 좁아져서 단위 중량(밀도)이 커진다.
・단위 중량이 커지면 흡수성이 감소하고 압축성이 작아진다.
・토립자 사이의 치합(interlocking)이 양호해져서 부착력이 증대된다.
・부착력이 증대되면 투수성이 감소되고 전단 강도가 증가된다.

□□□ 기05
02 흐트러진 흙은 자연 상태의 흙에 비해서 다음과 같은 차이점이 있다. 다음 중 옳지 않는 것은?

① 투수성이 크다.　　② 전단 강도가 낮다.
③ 밀도가 낮다.　　④ 압축성이 작다.

해설 흐트러진 흙은 자연 상태의 흙보다 밀도와 전단 강도가 낮으나 투수성과 압축성은 크다.

□□□ 기84,89,92,04,06,13
03 다짐에 대한 다음 설명 중 옳지 않은 것은?

① 세립토가 많을수록 최적 함수비는 증가한다.
② 세립토가 많을수록 최대 건조 단위 중량이 증가한다.
③ 다짐 곡선이라 함은 건조 단위 중량과 함수비 관계를 나타낸 것이다.
④ 다짐 에너지가 클수록 최적 함수비는 감소한다.

해설 세립토(점토)일수록 최적 함수비는 크고 최대 건조 단위 중량은 작아 구배가 완만하다.

□□□ 기07
04 다짐 곡선에 대한 설명이다. 잘못된 것은?

① 다짐 에너지를 증가시키면 다짐 곡선은 왼쪽 위로 이동하게 된다.
② 사질 성분이 많은 시료일수록 다짐 곡선은 오른쪽 위에 위치하게 된다.
③ 점토 성분이 많은 흙일수록 다짐 곡선은 넓게 퍼지는 형태를 가지게 된다.
④ 점토 성분이 많은 흙일수록 오른쪽 아래에 위치하게 된다.

해설 조립토(사질 성분)일수록 최적 함수비는 작고 최대 건조 단위 중량은 커서 다짐 곡선은 구배가 급해서 왼쪽에 위치하게 된다.

□□□ 기 08
05 토질 종류에 따른 다짐 곡선을 설명한 것 중 옳지 않은 것은?

① 조립토가 세립토에 비하여 최대 건조 단위 중량이 크게 나타나고 최적 함수비는 작게 나타난다.
② 조립토에서는 입도 분포가 양호할수록 최대 건조 단위 중량은 크고 최적 함수비는 작다.
③ 조립토일수록 다짐 곡선은 완만하고 세립토일수록 다짐 곡선은 급하게 나타난다.
④ 점성토에서는 소성이 클수록 최대 건조 단위 중량은 감소하고 최적 함수비는 증가한다.

해설 ·조립토일수록 최적 함수비는 작으며 최대 건조 단위 중량은 크고 기울기가 급하다.
·세립토일수록 최적 함수비는 크고 최대 건조 단위 중량은 작아 기울기가 완만하다.

□□□ 기 90,94,97,99,04,12
06 흙의 종류에 따른 아래 그림과 같은 다짐 곡선에서 해당하는 흙의 종류로 옳은 것은?

① Ⓐ : ML, Ⓒ : SM
② Ⓐ : SW, Ⓓ : CL
③ Ⓑ : MH, Ⓓ : GM
④ Ⓑ : GC, Ⓒ : CH

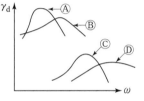

해설
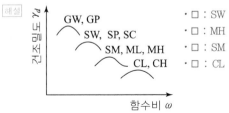

GW, GP
SW, SP, SC
SM, ML, MH
CL, CH

· □ : SW
· □ : MH
· □ : SM
· □ : CL

□□□ 기 11,13
07 흙의 다짐에 관한 사항 중 옳지 않은 것은?

① 최적 함수비로 다질 때 최대 건조 단위 중량이 된다.
② 점토는 세립토보다 최대 건조 단위 중량이 커진다.
③ 점토는 최적 함수비보다 작은 건조측 다짐을 하면 흙 구조가 면모 구조로, 습윤측 다짐을 하면 이산 구조가 된다.
④ 강도 증진을 목적으로 하는 도로 토공의 경우 습윤측 다짐을, 차수를 목적으로 하는 심벽재의 경우 건조측 다짐이 바람직하다.

해설 ·건조측의 흙의 구조가 습윤측의 흙의 구조보다 더 큰 강도를 나타낸다.
·흙 댐의 심벽 공사와 같이 차수를 목적으로 하는 경우는 습윤측 다짐을 실시한다.

□□□ 기 92,93,97,99,01,10
08 흙의 다짐에 관한 설명 중 옳지 않은 것은?

① 일반적으로 흙의 건조 밀도는 가하는 다짐 energy가 클수록 크다.
② 모래질 흙은 진동 또는 진동을 동반하는 다짐 방법이 유효하다.
③ 건조 밀도 – 함수비 곡선에서 최적 함수비와 최대 건조 밀도를 구할 수 있다.
④ 모래질을 많이 포함한 흙의 건조 밀도 – 함수비 곡선의 경사는 완만하다.

해설 ·조립토(모래)일수록 최적 함수비는 작고 최대 건조 단위 중량은 커서 구배가 급하다.
·세립토(점토)일수록 최적 함수비는 크고 최대 건조 단위 중량은 작아 구배가 완만하다.

□□□ 기 91,08
09 다짐에 대한 다음 사항 중 옳지 않은 것은?

① 점토분이 많은 흙은 일반적으로 최적 함수비가 낮다.
② 사질토는 일반적으로 건조 밀도가 높다.
③ 입도 배합이 양호한 흙은 일반적으로 최적 함수비가 낮다.
④ 점토분이 많은 흙은 일반적으로 다짐 곡선의 기울기가 완만하다.

해설 세립토(점토분)일수록 최적 함수비는 크고 최대 건조 단위 중량은 작아 구배가 완만하다.

□□□ 기 09,15
10 다음 표는 흙의 다짐에 대해 설명한 것이다. 옳게 설명한 것을 모두 고른 것은?

> ㉠ 사질토에서 다짐 에너지가 클수록 최대 건조 단위 중량은 커지고 최적 함수비는 줄어든다.
> ㉡ 입도 분포가 좋은 사질토가 입도 분포가 균등한 사질토보다 더 잘 다져진다.
> ㉢ 다짐 곡선은 반드시 영공기 간극 곡선의 왼쪽에 그려진다.
> ㉣ 양족 롤러(sheeps foot roller)는 점성토를 다지는 데 적합하다.
> ㉤ 점성토에서 흙은 최적 함수비보다 큰 함수비로 다지면 면모 구조를 보이고 작은 함수비로 다지면 이산 구조를 보인다.

① ㉠, ㉡, ㉢, ㉣
② ㉠, ㉡, ㉢, ㉤
③ ㉠, ㉣, ㉤
④ ㉡, ㉣, ㉤

해설 ·점성토에서는 최적 함수비보다 작은 건조측의 함수비로 다지면 면모 구조를 보인다.
·점성토에서는 최적 함수비보다 큰 습윤측의 함수비로 다지면 이산 구조를 보인다.

11 점토의 다짐에서 최적 함수비보다 함수비가 작은 건조측 및 함수비가 많은 습윤측에 대한 설명으로 옳지 않은 것은?

① 다짐의 목적에 따라 습윤 및 건조측으로 구분하여 다짐 계획을 세우는 것이 효과적이다.
② 흙의 강도 증가가 목적인 경우, 건조측에서 다지는 것이 유리하다.
③ 습윤측에서 다지는 경우, 투수 계수 증가 효과가 더 크다.
④ 다짐의 목적이 차수를 목적으로 하는 경우, 습윤측에서 다지는 것이 유리하다.

해설 ・최적 함수비보다 작은 건조측에서 투수 계수가 큰 것은 점토 입자의 배열이 불규칙하게 되어 결과적으로 큰 간극을 형성하기 때문이다.
・최적 함수비보다 약간 습윤측에서 최소 투수 계수를 얻을 수 있다.
・일반적으로 흙의 강도 증가나 압축성 감소가 요구될 때에는 건조측 다짐을 실시한다.
・흙 댐의 심벽 공사와 같이 차수를 목적으로 하는 경우는 습윤측 다짐을 실시한다.

12 다짐에 대한 설명으로 옳지 않은 것은?

① 점토분이 많은 흙은 일반적으로 최적 함수비가 낮다.
② 사질토는 일반적으로 건조 밀도가 높다.
③ 입도 배합이 양호한 흙은 일반적으로 최적 함수비가 낮다.
④ 점토분이 많은 흙은 일반적으로 다짐 곡선의 기울기가 완만하다.

해설 ・점토분이 많은 흙일수록 다짐 곡선은 최적 함수비(OMC)가 크고, 건조 단위 중량(γ_d)이 작은 완만한 기울기를 나타낸다.
・조립토일수록 최적 함수비는 작아지고 최대 건조 밀도는 커지며, 다짐 곡선의 기울기가 급경사이다.

13 흙의 다짐에서 다짐 에너지를 변화시킬 경우에 대한 설명으로 틀린 것은?

① 다짐 에너지를 증가시키면 최대 건조 단위 중량은 증가한다.
② 다짐 에너지를 매우 크게 해도 다짐 곡선은 영공기 간극 곡선 아래에 얻어진다.
③ 다짐 에너지를 증가시키면 최적 함수비는 감소한다.
④ 최대 건조 단위 중량을 나타내는 점들을 연결하면 영공기 간극 곡선이 얻어진다.

해설 포화도 S = 100%일 때 함수비의 변화에 따른 건조 단위 중량(γ_d)의 관계를 나타낸 곡선을 영공기 간극 곡선이다.

14 흙의 다짐에 관한 다음 설명 중 옳지 않은 것은?

① 조립토는 세립토보다 최적 함수비가 작다.
② 최대 건조 단위 중량이 큰 흙일수록 최적 함수비는 작은 것이 보통이다.
③ 점성토 지반을 다질 때는 진동 롤러로 다지는 것이 가장 좋다.
④ 일반적으로 다짐 에너지를 크게 할수록 최대 건조 단위 중량은 커지고 최적 함수비는 줄어든다.

해설 점성토 지반을 다질 때는 탬핑 롤러로 다지는 것이 가장 좋다.

15 흙의 다짐에 관한 설명으로 틀린 것은?

① 인공적으로 흙에 압력이나 충격을 가하여 밀도를 높이는 것을 다짐이라 한다.
② 최대 건조 밀도 때의 함수비를 최적 함수비라 한다.
③ 영공기 간극 곡선은 흙이 완전 포화될 때 함수비 – 밀도 곡선을 말한다.
④ 다짐 에너지를 증가하면 최적 함수비는 증가한다.

해설 다짐 에너지(E_c)를 증가시키면 최적 함수비(OMC)는 감소하고, 최대 건조 단위 중량($\gamma_{d\max}$)은 증가한다.

16 흙의 다짐에 관한 설명으로 틀린 것은?

① 다짐 에너지가 클수록 최대 건조 단위 중량($\gamma_{d\max}$)은 커진다.
② 다짐 에너지가 클수록 최적 함수비(W_{opt})는 커진다.
③ 점토를 최적 함수비(W_{opt})보다 작은 함수비로 다지면 면모 구조를 갖는다.
④ 투수 계수는 최적 함수비(W_{opt}) 근처에서 거의 최소값을 나타낸다.

해설 다짐 에너지(E_c)를 증가시키면 최적 함수비(W_{opt})는 감소하고 최대 건조 밀도($\gamma_{d\max}$)는 증가한다.

17 흙을 다질 때 다짐 에너지를 크게 할수록 어떻게 되는가?

① 건조 단위 중량과 최적 함수비가 동시에 커진다.
② 건조 단위 중량은 커지고 최적 함수비는 작아진다.
③ 건조 단위 중량은 작아지고 최적 함수비는 커진다.
④ 건조 단위 중량과 최적 함수비가 동시에 작아진다.

해설 다짐 에너지(E_c)를 크게 할수록 건조 단위 중량(γ_d)은 커지고 최적 함수비(OMC)는 작아진다.

□□□ 기 91,96,97,01,05,07,11,16,21
18 흙의 다짐에 있어 래머의 중량이 25N, 낙하고 30cm, 3층으로 각층 다짐 횟수가 25회일 때 다짐 에너지는? (단, 몰드의 체적은 1,000cm³이다.)

① 56.3N·cm/cm³
② 59.6N·cm/cm³
③ 104.5N·cm/cm³
④ 6.6N·cm/cm³

해설 $E_c = \dfrac{W_R \, H \, N_B \, N_L}{V}$

$= \dfrac{25 \times 30 \times 25 \times 3}{1,000} = 56.3\text{N} \cdot \text{cm/cm}^3$

$= 563\text{kN} \cdot \text{m/m}^3$

□□□ 기 06
19 현장에서 다짐도가 95%라는 것은 무엇을 말하는가?

① 다짐된 토사의 포화도가 95%를 말한다.
② 흐트러진 시료와 흐트러지지 않은 시료와의 강도의 비가 95%를 말한다.
③ 실험실의 실내 다짐 최대 건조 밀도에 대한 95% 다짐을 말한다.
④ 최적 함수비 95%에 대한 다짐 밀도를 말한다.

해설 실내 표준 다짐 시험의 최대 건조 밀도의 95%인 현장의 시공 건조 밀도를 말한다.

□□□ 기 95,05,06,18,22
20 흙의 다짐 시험에서 다짐 에너지를 증가시킬 때 일어나는 결과는?

① 최적 함수비는 증가하고, 최대 건조 단위 중량은 감소한다.
② 최적 함수비는 감소하고, 최대 건조 단위 중량은 증가한다.
③ 최적 함수비와 최대건조 단위 중량이 모두 감소한다.
④ 최적 함수비와 최대건조 단위 중량이 모두 증가한다.

해설 다짐 에너지(E_c)를 증가시키면 최적 함수비(OMC)는 감소하고, 최대 건조 단위 중량($\gamma_{d\max}$)은 증가한다.

□□□ 기 88,95,03,05
21 흙의 다짐에 관한 설명으로 틀린 것은?

① 인공적으로 흙에 압력이나 충격을 가하여 밀도를 높이는 것을 다짐이라 한다.
② 최대 건조 밀도 때의 함수비를 최적 함수비라 한다.
③ 영공기 간극 곡선은 흙이 완전 포화될 때 함수비 – 밀도 곡선을 말한다.
④ 다짐 에너지를 증가하면 최적 함수비는 증가한다.

해설 다짐 에너지(E_c)를 증가시키면 최적 함수비(OMC)는 감소하고, 최대 건조 단위 중량($\gamma_{d\max}$)은 증가한다.

053 CBR 시험

- ■ CBR 시험(노상토 지지력비 시험)
- 아스팔트 포장의 두께와 구성을 결정할 때 사용하는 노상토의 지지력비 시험을 설계 CBR이라고 한다.
- CBR는 실제 조건과 합치되게 만든 공시체에 직경 5cm의 피스톤을 어떤 깊이까지 관입시키는 데 소요되는 시험 단위 하중을 표준 단위 하중으로 나눈 값을 백분율로 표시한 것이다.

■ 표준 하중 강도 및 표준 하중

관입 깊이	표준 하중 강도	표준 하중
2.5mm	$70kg/cm^2$ $6.9MN/m^2$	1,370kg 13.4kN
5.0mm	$105kg/cm^2$ $10.3MN/m^2$	2,030kg 19.9kN

■ 결과의 정리

- $CBR = \dfrac{\text{시험 단위 하중}}{\text{표준 단위 하중}} \times 100$

  $\dfrac{\text{시험 하중}}{\text{표준 하중}} \times 100$

- 평균 $CBR = \dfrac{\sum \text{각 점 CBR 값}}{n}$

- 설계 $CBR = CBR \text{ 평균} - \dfrac{CBR \text{ 최대치} - CBR \text{ 최소치}}{d_2}$

  여기서, d_2 : 설계 CBR 계산용 계수

---

01 도로 연장 3km 건설 구간에서 7개 지점의 시료를 채취하여 다음과 같은 CBR을 구하였다. 이때의 설계 CBR은 얼마인가?

- 7개 지점의 CBR : 5.3, 5.7, 7.6, 8.7, 7.4, 8.6, 7.2

[설계 CBR 계산용 계수]

개수 (n)	2	3	4	5	6	7	8	9	10 이상
d_2	1.41	1.91	2.24	2.48	2.67	2.83	2.96	3.08	3.18

① 4 ② 5
③ 6 ④ 7

해설 · $n = 7$일 때 $d_2 = 2.83$ 선택

· 평균 $CBR = \dfrac{\sum \text{각 점 CBR 값}}{n}$

$= \dfrac{5.3 + 5.7 + 7.6 + 8.7 + 7.4 + 8.6 + 7.2}{7} = 7.21$

∴ 설계 $CBR = CBR \text{ 평균} - \dfrac{CBR \text{ 최대치} - CBR \text{ 최소치}}{d_2}$

$= 7.21 - \dfrac{8.7 - 5.3}{2.83} = 6$

---

02 CBR 시험에서 CBR 값이 100%라는 것은 지름 5cm의 관입 시 하중이 2.5mm 관입될 경우 얼마의 시험 단위 하중을 받는가?

① $19.9kN/m^2$ ② $13.4kN/m^2$
③ $10.3MN/m^2$ ④ $6.9MN/m^2$

해설 표준 하중 강도 및 표준 하중

관입 깊이	표준 하중 강도	표준 하중
2.5mm	$6.9MN/m^2$	13.4kN
5.0mm	$10.3MN/m^2$	19.9kN

---

03 CBR 시험을 실시하여 다음의 그림과 같은 관입량과 하중과의 관계를 얻었다. 이 흙의 $CBR_{2.5}$는?
(단, 관입량 2.5mm 때의 표준 하중은 1,370kg이고 표준 하중 강도는 $70kg/cm^2$이다.)

① 7.30%
② 13.70%
③ 14.29%
④ 70.0%

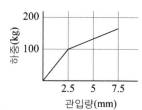

해설 $CBR_{2.5} = \dfrac{\text{시험 하중}}{\text{표준 하중}} \times 100$

$= \dfrac{100}{1,370} \times 100 = 7.30\%$

---

04 CBR 시험에서 관입 깊이가 2.5mm일 때, piston에 작용하는 하중이 900kg이다. 이 재료의 $CBR_{2.5}$의 값은?

① 80% ② 65.7%
③ 63.3% ④ 60.5%

해설 표준 단위 하중 및 표준 하중

∴ $CBR_{2.5} = \dfrac{\text{시험 하중}}{\text{표준 하중}} \times 100 = \dfrac{900}{1,370} \times 100 = 65.7\%$

(∵ 관입량 2.5mm일 때 표준 하중 1,370kg)

4-90 4과목·토질 및 기초

정답 053 01 ③ 02 ④ 03 ① 04 ②

■ 현장 단위 중량 시험법의 종류

- 모래 치환법 : 자갈이 많은 경우 이용
- 고무막법 : 돌이 많은 경우 이용되며 용적을 측정할 때 모래 대신에 흙을 파낸 공간에 고무막을 넣고 물을 채워 용적을 측정한다.
- 코어 절삭법 : 주로 연약한 점토나 실트층에 적용하며 자갈이 거의 없는 흙에 사용
- 방사선 동위 원소법 : 최근 대규모 공사에 사용

■ 결과의 정리

- 시험 구멍의 체적
  - 모래 치환법에 사용하는 모래는 흙을 파낸 시험 구멍의 부피(V)를 측정하기 위해서 사용된다.
  - 시험 구멍의 체적

$$V = \frac{W_{sand}}{\gamma_{sand}}$$

여기서, γ_{sand} : 모래의 단위 질량

W_{sand} : 시험 구멍에 사용된 모래의 질량

파낸 흙		사용된 모래
• 함수비 w • 파낸 흙의 질량 W	시험구멍	• 모래의 단위 질량 γ_{sand} • 사용된 모래의 질량 W_{sand}

- 시험 구멍에서 파낸 흙의 질량
  - 건조흙 무게 $W_s = \dfrac{W}{1+w}$

  여기서, W : 시험 구멍에서 파낸 흙의 질량

  w : 함수비

  - 간극비 $e = \dfrac{G_s \cdot \gamma_w}{\gamma_d} - 1$

- 흙의 단위중량(밀도)
  - 습윤 단위중량 $\gamma_t = \dfrac{W}{V}$　• 건조 단위중량 $\gamma_d = \dfrac{\gamma_t}{1+w}$
  - 습윤밀도 : ρ_t　　　　• 건조밀도 : ρ_d

- 다짐도
  - 실내 표준 다짐 시험에 의한 최대 건조 단위 중량과 현장 다짐에 의한 건조 단위 중량과의 비를 다짐도(degree of compaction) 또는 상대 다짐(relative compaction)이라 한다.

$$C_d = \frac{\gamma_d}{\gamma_{d\max}} \times 100 = \frac{\rho_d}{\rho_{d\max}} \times 100$$

여기서, C_d : 다짐도(%)

γ_d : 현장 다짐에 의한 건조 단위 중량

$\gamma_{d\max}$: 표준 다짐에 의한 최대 건조 단위 중량

ρ_d : 건조밀도

$\rho_{d\max}$: 최대 건조밀도

□□□ 기 95,00,05

01 흙의 다짐 시험을 실시한 결과 다음과 같았다. 이 흙의 건조 밀도를 구하시오.

- 몰드 + 젖은 시료 무게 : 3,612g
- 몰드 무게 : 2,143g
- 젖은 흙의 함수비 : 15.4%
- 몰드의 체적 : 944cm³

① 1.35g/cm³　　　　② 1.56g/cm³
③ 1.31g/cm³　　　　④ 1.42g/cm³

해설 습윤 밀도 $\rho_t = \dfrac{W}{V}$

$$= \frac{3,612-2,143}{944} = 1.556\text{g/cm}^3$$

∴ 건조 밀도 $\rho_d = \dfrac{\rho_t}{1+w}$

$$= \frac{1.556}{1+0.154} = 1.35\text{g/cm}^3$$

□□□ 기 07,12

02 모래 치환법에 의한 흙의 들밀도 시험 결과, 시험 구멍에서 파낸 흙의 중량 및 함수비는 각각 1,800g, 30%이고, 이 시험 구멍에 밀도 1.35g/cm³인 표준 모래를 채우는 데 1,350g이 소요되었다. 현장 흙의 건조밀도는?

① 0.93g/cm³　　　　② 1.03g/cm³
③ 1.38g/cm³　　　　④ 1.53g/cm³

해설 건조 밀도 $\rho_d = \dfrac{W_s}{V}$

- 시험 구멍의 체적 $V = \dfrac{W_s}{\gamma_s} = \dfrac{1,350}{1.35} = 1,000\text{cm}^3$

- 건조흙 무게 $W_S = \dfrac{W}{1+w} = \dfrac{1,800}{1+0.30} = 1,384.62\text{g}$

∴ $\rho_d = \dfrac{W_s}{V} = \dfrac{1,384.62}{1,000} = 1.38\text{g/cm}^3$

03 현장 흙의 모래 치환법에 의한 들밀도 시험을 한 결과 파낸 구멍의 부피는 2,000cm³이고, 파낸 흙의 중량이 3,240g이며 함수비는 8%였다. 이 흙의 간극비는 얼마인가? (단, 이 흙의 비중은 2.70이다.)

① 0.80   ② 0.76
③ 0.70   ④ 0.66

해설 간극비 $e = \dfrac{G_s \cdot \rho_w}{\rho_d} - 1$

- 습윤 밀도 $\rho_t = \dfrac{W}{V} = \dfrac{3,240}{2,000} = 1.62\text{g/cm}^3$

- 건조 밀도 $\rho_d = \dfrac{\rho_t}{1+w} = \dfrac{1.62}{1+0.08} = 1.50\text{g/cm}^3$

$\therefore\ e = \dfrac{G_s \cdot \rho_w}{\rho_d} - 1 = \dfrac{2.70 \times 1}{1.50} - 1 = 0.80$

04 현장 다짐 시 흙의 단위 중량과 함수비 측정 방법으로 적당하지 않은 것은?

① 코어 절삭법   ② 모래 치환법
③ 표준 관입 시험법   ④ 고무막법

해설 현장 단위 중량 시험
- 모래 치환법 : 자갈이 많은 경우 이용
- 고무막법 : 돌이 많은 경우 이용(물치환법, 기름치환법)
- 코어 절삭법 : 자갈이 없는 점토, 실트계통의 연약층에 이용
- 방사선 단위 중량 측정기 : 최근 대규모 공사에 사용

05 현장 도로 토공에서 모래 치환법에 의한 흙의 밀도 시험을 하였다. 파낸 구멍의 체적이 $V = 1,960\text{cm}^3$, 흙의 질량이 3,390g이고, 이 흙의 함수비는 10% 이었다. 실험실에서 구한 최대 건조 밀도 1.65g/cm³일 때 다짐도는 얼마인가?

① 85.6%   ② 91.0%
③ 95.2%   ④ 98.7%

해설 상대 다짐도 $C_d = \dfrac{\rho_d}{\rho_{d\max}} \times 100$

- 습윤 밀도 $\rho_t = \dfrac{W}{V} = \dfrac{3,390}{1,960} = 1.73\text{g/cm}^3$

- 건조 밀도 $\rho_d = \dfrac{\rho_t}{1+w} = \dfrac{1.73}{1+0.10} = 1.57\text{g/cm}^3$

$\therefore\ C_d = \dfrac{1.57}{1.65} \times 100 = 95.2\%$

06 현장 다짐을 실시한 후 들밀도 시험을 수행하였다. 파낸 흙의 체적과 무게가 각각 365.0cm³, 745g이었으며, 함수비는 12.5%였다. 흙의 비중이 2.65이며, 실내 표준 다짐 시 최대 건조 밀도가 1.90g/cm³일 때 상대 다짐도는?

① 88.7%   ② 93.1%
③ 95.3%   ④ 97.8%

해설 상대 다짐도 $C_d = \dfrac{\rho_d}{\rho_{d\max}} \times 100$

- 습윤 밀도 $\rho_t = \dfrac{W}{V} = \dfrac{745}{365} = 2.04\text{g/cm}^3$

- 건조 밀도 $\rho_d = \dfrac{\rho_t}{1+w} = \dfrac{2.04}{1+0.125} = 1.81\text{g/cm}^3$

$\therefore\ C_d = \dfrac{1.81}{1.90} \times 100 = 95.3\%$

07 모래 치환법에 의한 흙의 들밀도 시험에서 모래는 무엇을 구하기 위하여 쓰이는가?

① 시험 구멍에서 파낸 흙의 중량
② 시험 구멍의 체적
③ 시험 구멍에서 파낸 흙의 함수 상태
④ 시험 구멍의 밑면부의 지지력

해설 모래 치환법에 사용하는 모래는 흙을 파낸 시험 구멍의 체적(V)을 측정하기 위해서 사용된다.

08 모래 치환법에 의한 현장 흙의 단위 무게 시험 결과 흙을 파낸 구덩이의 체적 $V = 1,650\text{cm}^3$, 흙 무게 $W = 2,850\text{g}$, 흙의 함수비 $w = 15\%$이고, 실험실에서 구한 흙의 최대 건조 밀도 1.60g/cm³일 때 다짐도는?

① 92.49%   ② 93.75%
③ 95.85%   ④ 97.85%

해설 상대 다짐도 $C_d = \dfrac{건조 밀도}{최대 건조 밀도} \times 100$

- 습윤 밀도 $\rho_t = \dfrac{W}{V} = \dfrac{2,850}{1,650} = 1.73\text{g/cm}^3$

- 건조 밀도 $\rho_d = \dfrac{\rho_t}{1+w} = \dfrac{1.73}{1+0.15} = 1.50\text{g/cm}^3$

$\therefore\ C_d = \dfrac{1.50}{1.60} \times 100 = 93.75\%$

11 사면의 안정

055 사면의 종류

■ 무한 사면(반무한 사면)
• 깊이에 비해 길이가 긴 사면으로 경사지의 산이 이에 해당된다.
• 활동하는 활동면의 깊이가 사면의 높이에 비해 상당히 작은 사면으로서 일정한 경사를 유지한 사면이 길게 유지되는 사면이다.

■ 유한 사면(단순 사면)
• 사면 내 파괴 : 기초 지반 두께가 작을 때, 성토층이 여러 종류일 때
• 사면 선단 파괴 : 균일한 흙으로 사면이 급하고 점착력이 작을 때
• 사면 저부 파괴 : 사면이 급하지 않고 토질의 점착력이 비교적 크며 기초 지반이 깊을 때

■ 직립 사면
• 유한 사면 중에서 사면이 연직인 경우를 직립 사면이라 한다.
• 사면이 연직으로 절취된 것으로 암반 사면이나 굳은 점토 지반에 존재한다.

■ 안전율
• 임계 활동면 : 활동을 일으키기 가장 위험한 즉 안전율이 최소인 활동면을 임계 활동면이라 한다.
• 임계원 : 안전율이 최소인 활동면을 만드는 원을 임계원이라 한다.
• 등치선 : 안전율이 같은 원의 중심을 연결한 선을 등치선이라 한다.

□□□ 기 88,97
01 균질한 연약 점토 지반 위에 놓인 연직 사면에 잘 일어나는 파괴 형태는?

① 사면 저부 파괴
② 사면 선단 파괴
③ 사면 내 파괴
④ 사면 저면 파괴

해설 단순 사면에서 발생되는 원호 파괴의 형태
• 사면 내 파괴 : 기초 지반 두께가 작을 때, 성토층이 여러 종류일 때 발생
• 사면 선단 파괴 : 균일한 흙으로 사면이 급하고 점착력이 작을 때 발생
• 사면 저부 파괴 : 사면이 급하지 않고 토질의 점착력이 크며, 기초 지반이 깊을 때 발생

056 사면의 파괴 원인

■ 사면 파괴의 원인
• 흙중의 수분의 증가
• 굴착에 따른 구속력의 감소
• 침수에 의한 과잉 간극 수압의 상승
• 지진에 의한 수평 방향력의 증가

■ 흙 댐의 위험
• 상류측이 가장 위험한 경우 : 시공 직후와 수위 급강하 때
• 하류측이 가장 위험한 경우 : 시공 직후와 만수 때의 정상 침투 때

□□□ 기 03,05,19
01 사면 파괴가 일어날 수 있는 원인에 대한 설명 중 적절하지 못한 것은?

① 흙 중의 수분의 증가
② 굴착에 따른 구속력의 감소
③ 과잉 간극 수압의 감소
④ 지진에 의한 수평 방향력의 증가

해설 사면 파괴의 원인
• 흙 중의 수분의 증가   • 굴착에 따른 구속력의 감소
• 침수에 의한 과잉 간극 수압의 상승   • 지진에 의한 수평 방향력의 증가

□□□ 기 96,02
02 일반적으로 사면의 안정상 가장 위험한 경우는 다음 중 어느 것인가?

① 사면이 완전 포화 상태일 경우
② 사면이 완전 건조되었을 경우
③ 사면의 수위가 급격히 상승할 경우
④ 사면의 수위가 급격히 내려갈 경우

해설 사면의 붕괴는 수위가 급격히 내려갈 때 간극 수압의 증가로 가장 파괴되기 쉽다.

□□□ 기 05
03 일반적으로 제방 및 축대의 사면이 가장 위험한 경우는 언제인가?

① 사면이 완전 포화되었을 때
② 사면이 건조 상태에 있을 때
③ 수위가 점차 상승할 때
④ 수위 급강하 시

해설 제방 및 축대는 시공 직후와 수위 급강하 시 가장 위험한 경우이다.

■ 한계고

지반을 흙막이 없이 붕괴가 일어나지 않게 굴착할 수 있는 깊이

- 직립면의 한계고

$$H_c = 2Z_c = \frac{4c}{\gamma}\tan\left(45° + \frac{\phi}{2}\right)$$

$$= \frac{2q_u}{\gamma}\ \left[\because 일축\ 압축\ 강도\ q_u = \frac{2c}{\tan\left(45° + \frac{\phi}{2}\right)}\right]$$

$$= \frac{4c}{\gamma}\ (\phi = 0)$$

- Culmann의 도해법 한계고

$$H_c = \frac{4c}{\gamma} \cdot \frac{\sin\beta\cos\phi}{1 - \cos(\beta - \phi)}$$

여기서, H_c : 한계고 N_s : 안정 계수

Z_c : 점착고(인장균열깊이) c : 점착력

ϕ : 흙의 내부 마찰각 β : 사면의 경사각

q_u : 흙의 일축 압축 강도 γ : 흙의 단위 중량

- 단순 사면의 한계고 $H_c = \dfrac{N_s \cdot c}{\gamma}$

■ 직립 사면의 안전율

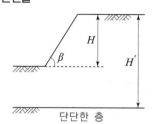

단단한 층

- 안전율 $F_s = \dfrac{H_c}{H}$

  여기서, H : 높이(사면의 높이)

- 심도 계수 $n_d = \dfrac{H'}{H}$

- $N_s = \dfrac{c}{F_s \cdot \gamma \cdot H} = \dfrac{1}{4}\tan\left(\dfrac{\beta}{2}\right)$

- 굴착 깊이 $H = \dfrac{c_u}{N_s \cdot \gamma \cdot F_s}$

- $F_S = \dfrac{c}{\gamma \cdot H \cdot N_s}$

□□□ 기 09,10,15

01 어떤 점토의 토질 시험 결과 일축 압축 강도 48kN/m², 단위 중량 17kN/m³이었다. 이 점토의 한계고는?

① 6.34m ② 4.87m

③ 9.24m ④ 5.65m

해설 한계고 $H_c = \dfrac{2q_u}{\gamma_t} = \dfrac{2 \times 48}{17} = 5.65\,\text{m}$ (점토질 $\phi = 0$)

□□□ 기 84,00

02 그림과 같은 1 : 1.5의 사면을 만드는 데 있어 가능한 절취 한계 높이 H는 얼마인가? (단, 점착력=10kN/m², 단위중량=18kN/m³, 내부 마찰력=10°)

① 9.97m
② 12.16m
③ 14.40m
④ 9.12m

해설 · $\beta = \tan^{-1}\dfrac{1}{1.5} = 33.69°$

· $H = \dfrac{4c}{\gamma}\left[\dfrac{\sin\beta\cos\phi}{1 - \cos(\beta - \phi)}\right]$

$= \dfrac{4 \times 10}{18}\left[\dfrac{\sin 33.69°\cos 10°}{1 - \cos(33.69° - 10°)}\right] = 14.40\,\text{m}$

□□□ 기 12

03 $\gamma_t = 18\text{kN/m}^3$, $c_u = 30\text{kN/m}^2$, $\phi = 0°$의 점토 지반을 수평면과 50°의 기울기로 굴토하려고 한다. 안전율을 2.0으로 가정하여 평면 활동 이론에 굴토 깊이를 결정하면?

① 2.80m ② 5.60m

③ 7.12m ④ 9.84m

해설 안정수 $N_S = \dfrac{c}{F_s\gamma H} = \dfrac{1}{4}\tan\left(\dfrac{\beta}{2}\right) = \dfrac{1}{4}\tan\left(\dfrac{50°}{2}\right) = 0.117$

$\therefore H = \dfrac{c_u}{N_s\gamma F_s} = \dfrac{30}{0.117 \times 18 \times 2.0} = 7.12\,\text{m}$

[다른 방법]

■ $H = \dfrac{4c_d}{\gamma}\left(\dfrac{\sin\beta\cos\phi_d}{1 - \cos(\beta - \phi_d)}\right)$

· $c_d = \dfrac{c}{F_s} = \dfrac{30}{2} = 15\text{kN/m}^2$

· $\phi_d = \tan^{-1}\left(\dfrac{\tan 0}{2}\right) = 0°$

$\therefore H = \dfrac{4 \times 15}{18}\left(\dfrac{\sin 50°\cos 0°}{1 - \cos(50° - 0°)}\right) = 7.15\,\text{m}$

□□□ 기85,92,03
04 사면의 안전 문제는 보통 사면의 단위 길이를 취하여 2차원 해석을 한다. 이렇게 하는 가장 중요한 이유는?

① 길이 방향의 변형도(strain)를 무시할 수 있다고 보기 때문이다.
② 흙의 특성이 등방성(isotropic)이라고 보기 때문이다.
③ 길이 방향의 응력도(stress)를 무시할 수 있다고 보기 때문이다.
④ 실제 파괴 형태가 이와 같기 때문이다.

> 해설 사면의 안전 문제는 보통 사면의 단위 길이를 취하여 2차원 해석을 하는데 이를 평면 변형(plane train)이라 한다. 이는 길이 방향이나 축방향의 변형도(strain) $\varepsilon = 0$으로 생각하나 응력도(stress) $\sigma \neq 0$인 2차원 해석이라 한다.

□□□ 기01,12,18
05 어떤 지반에 대한 토질 시험 결과 점착력 $c = 50\text{kN/m}^2$, 흙의 단위 중량 $\gamma = 20\text{kN/m}^3$인데 그 지반에 연직으로 7m를 굴착했다면 안전율은 얼마인가? (단, $\phi = 0$이다.)

① 1.43   ② 1.51
③ 2.11   ④ 2.61

> 해설 · 한계고 $H_c = \dfrac{4c}{\gamma}\tan\left(45 + \dfrac{\phi}{2}\right) = \dfrac{4c}{\gamma}$ 에서
>
> · $H_c = \dfrac{4c}{\gamma} = \dfrac{4 \times 50}{20} = 10\text{m}$ ($\because \phi = 0$일 때)
>
> $\therefore$ 안전율 $F_s = \dfrac{H_c}{H} = \dfrac{10}{7} = 1.43$

---

058 **무한 사면의 안정**

■ 무한 사면의 활동

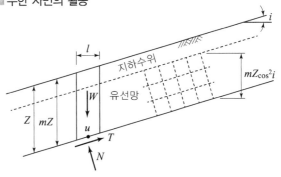

■ 응력
· 수직 응력 $\sigma = \gamma_t Z \cos^2 i$
· 전단 응력 $\tau = \gamma_t Z \cos i \cdot \sin i$
· 간극 수압 $\mu = m Z \gamma_w \cos^2 i$
· 전단 응력 $S = c' + (\sigma - \mu)\tan\phi'$

■ 안전율
· 전단 강도에 대한 안전율
$$F_s = \frac{S}{\tau} = \frac{c' + (\sigma - \mu)\tan\phi'}{\tau}$$
· 지하수위가 지표면과 일치된 경우($c \neq 0$인 일반적인 흙)
$$F_s = \frac{c'}{\gamma_{sat} Z \cos i \cdot \sin i} + \frac{\gamma_{sub}\tan\phi'}{\gamma_{sat}\tan i}$$
· 점착력 $c = 0$이고 침투류가 지표면과 일치되어 있을 때
$$F_s = \frac{\gamma_{sub}}{\gamma_{sat}} \cdot \frac{\tan\phi'}{\tan i}$$
· 점착력 $c' = 0$(사질토)이고 지하수위가 지표면 아래에 있을 때
$$F_s = \frac{\tan\phi'}{\tan i}$$

□□□ 기93,02,07
01 그림과 같은 무한 사면에서 A 점의 간극 수압은?

① 26.0kN/m^2
② 28.2kN/m^2
③ 9.6kN/m^2
④ 16.0kN/m^2

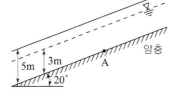

> 해설 간극 수압 $u = m z \gamma_w \cos^2 i$
>
> $= \dfrac{3}{5} \times 5 \times 9.81 \times \cos^2 20° = 26.0\text{kN/m}^2$
>
> $\left(\because m = \dfrac{Z_2}{Z} = \dfrac{3}{5} \right)$

□□□ 기 10,14,20

02 그림과 같이 $c = 0$인 모래로 이루어진 무한 사면이 안
정을 유지(안전율 ≥ 1)하기 위한 경사각 β의 크기로 옳은
것은? (단, $\gamma_w = 9.81\text{kN/m}^3$이다.)

① $\beta \leq 7.8°$
② $\beta \leq 15.5°$
③ $\beta \leq 31.3°$
④ $\beta \leq 35.6°$

$\gamma_{sat} = 17.81\text{kN/m}^3$
$\phi = 32°$
모래
암반

해설 점착력 $c = 0$이고 지하수위가 지표면과 일치되어 있을 때

$$F_s = \frac{\gamma_{sub}}{\gamma_{sat}} \cdot \frac{\tan\phi}{\tan\beta} \geq 1 \text{에서}$$

$$= \frac{17.81 - 9.81}{17.81} \cdot \frac{\tan 32°}{\tan\beta} \geq 1$$

$$\therefore \beta \leq 15.7°$$

□□□ 기 97,02,11,14,16,17

03 암반층 위에 5m 두께의 토층이 경사 15°의 자연 사면으로
되어 있다. 이 토층은 $c = 15\text{kN/m}^2$, $\phi = 30°$, $\gamma_{sat} = 18\text{kN/m}^3$이고, 지하수면은 토층의 지표면과 일치하고 침투
는 경사면과 대략 평형이다. 이때의 안전율은?
(단, $\gamma_w = 9.81\text{kN/m}^3$)

① 0.8
② 1.1
③ 1.6
④ 2.0

해설 안전율 $F = \dfrac{S}{\tau} = \dfrac{c' + (\sigma - \mu)\tan\phi'}{\tau}$

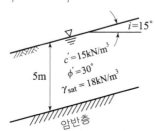

$i = 15°$
$c' = 15\text{kN/m}^3$
$\phi' = 30°$
$\gamma_{sat} = 18\text{kN/m}^3$
5m
암반층

· 수직 응력 $\sigma = \gamma_{sat} z \cos^2 i = 18 \times 5 \times \cos^2 15° = 84\text{kN/m}^2$
· 전단 응력 $\tau = \gamma_{sat} z \sin i \cos i = 18 \times 5 \times \sin 15° \times \cos 15°$
$\qquad = 22.5\text{kN/m}^2$
· 간극 수압 $u = \gamma_w z \cos^2 i = 9.81 \times 5 \times \cos^2 15° = 45.8\text{kN/m}^2$

$$\therefore F_s = \frac{15 + (84 - 45.8)\tan 30°}{22.5} = 1.65$$

또는

$$F_S = \frac{c'}{\gamma_{sat} Z \cos i \cdot \sin i} + \frac{\gamma_{sub}\tan\phi'}{\gamma_{sat}\tan i}$$

$$= \frac{15}{18 \times 5 \times \cos 15° \times \sin 15°} + \frac{(18 - 9.81)\tan 30°}{18 \times \tan 15°}$$

$$= 0.67 + 0.98 = 1.65$$

□□□ 기 95,07,15,18,21

04 $\gamma_{sat} = 19.62\text{kN/m}^3$인 사질토가 20°로 경사진 무한 사
면이 있다. 지하수위가 지표면과 일치하는 경우 이 사면의
안전율이 1 이상이 되기 위해서는 흙의 내부 마찰각이 최
소 몇 도 이상이어야 하는가? (단, $\gamma_w = 9.81\text{kN/m}^3$)

① 18.21°
② 20.52°
③ 36.06°
④ 45.47°

해설 점착력 $c = 0$이고 지하수위가 지표면과 일치하는 경우

$$F_S = \frac{\gamma_{sub}}{\gamma_{sat}} \cdot \frac{\tan\phi}{\tan i} \geq 1$$

$$= \frac{19.62 - 9.81}{19.62} \cdot \frac{\tan\phi}{\tan 20°} \geq 1 \quad \therefore \phi = 36.06° \text{ 이상}$$

참고 [계산기 f_x 570 ES] SOLVE 사용법

$$\frac{1 \times \tan\phi}{2\tan(20°)} = 1$$

먼저 ☞ $\dfrac{1 \times \tan(ALPHA\ X)}{2\tan(20°)}$

☞ ALPHA ☞ SOLVE ☞ =

$$\frac{1 \times \tan(ALPHA\ X)}{2\tan(20°)} = 1$$

SHIFT ☞ SOLVE ☞ = ☞ 잠시 기다리면
$X = 36.0523 \quad \therefore \phi = 36.05°$

□□□ 기 10,11,14,17

05 $\phi = 33°$인 사질토에 25° 경사의 사면을 조성하려고 한
다. 이 비탈면의 지표까지 포화되었을 때 안전율을 계산하
면? (단, 사면 흙의 $\gamma_{sat} = 18\text{kN/m}^3$, $\gamma_w = 9.81\text{kN/m}^3$)

① 0.63
② 0.70
③ 1.12
④ 1.41

해설 점착력 $c = 0$이고 지하수위가 지표면과 일치하는 경우

$$F_s = \frac{\gamma_{sub}}{\gamma_{sat}} \cdot \frac{\tan\phi}{\tan i} = \frac{18 - 9.81}{18} \times \frac{\tan 33°}{\tan 25°} = 0.63$$

□□□ 기 84,99,07,09

06 그림과 같은 사면에서 깊이 6m 위치에서 발생하는 단
위폭당 전단 응력은 얼마인가?

① 53.2kN/m^2
② 23.4kN/m^2
③ 40.5kN/m^2
④ 20.4kN/m^2

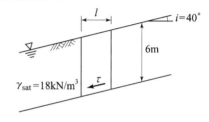

l
$i = 40°$
6m
$\gamma_{sat} = 18\text{kN/m}^3$
τ

해설 $\tau = \gamma z \cos i \sin i$
$\qquad = 18 \times 6 \times \cos 40° \times \sin 40° = 53.2\text{kN/m}^2$

■ 유한 사면의 안정 해석 질량법

활동을 일으키는 파괴면 위의 흙을 하나로 취급하는 방법으로 흙이 균질한 경우에 적용 가능한 방법이다.

• $\phi = 0$ 해석법 : 주로 연약한 지반 상태에 축조된 제방의 단기 안정 해석에 이용된다.

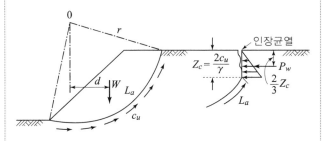

안전율 $F_s = \dfrac{\text{전단 저항 모멘트}}{\text{활동 모멘트}} = \dfrac{M_r}{M_d} = \dfrac{c_u \cdot L_a \cdot r}{W \cdot d}$

■ 마찰원 방법

• 점착력 c와 내부 마찰각 ϕ를 동시에 갖고 있는 균질한 지반에 적용될 수 있는 사면 안정 해석법으로 Taylor가 발전시켜 안전율을 구하는 방법이다.

$$F_\phi = \frac{\tan\phi}{\tan\phi_m}, \ F_c = \frac{c}{c_m}$$

여기서, c_m : 가상 파괴면에서 평형을 이루기 위해 동원되는 점착력

ϕ_m : 가상 파괴면에서 평형을 이루기 위해 동원되는 마찰각

• F_c와 F_ϕ의 관계 곡선을 작도한 후 가로축과 $45°$로 그은 직선이 이 곡선과 마주치는 안전율 $F_s = F_c = F_\phi$ 값을 구한다.

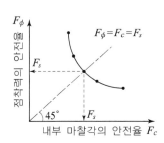

• 안전율

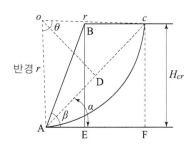

안전율 $F_s = \dfrac{H_{cr}}{H}, \ N_s = \dfrac{1}{m}$

$$H_{cr} = \frac{N_s \cdot c}{\gamma_t} = \frac{c}{m \cdot \gamma_t}$$

여기서, H_{cr} : 최대 굴착할 수 있는 깊이

m : 안정수

γ_t : 흙의 단위 중량

■ 절편법(분할법)

절편법 또는 분할법은 활동면 위에 있는 흙을 몇 개의 절편으로 분할하여 사면의 안정성을 해석하는 방법으로 사면의 안정 해석에서 가장 널리 사용되는 방법이다.

• Fellenius 방법
  • Fellenius 법은 절편의 양쪽에 작용하는 합력은 0(zero)이라고 가정한다.
  • Fellenius 법은 간편 Bishop 법보다 계산이 훨씬 간단하므로 널리 사용되고 있다.

• Bishop 간편법
  • 간편 Bishop법은 절편의 양쪽에 작용하는 연직 방향의 합력은 0(zero)이라고 가정한다.
  • Fellenius 방법보다 훨씬 복잡하다.
  • 안전율은 거의 정확치에 가깝다.
  • 시행 착오법을 써서 안전율을 구한다.
  • 전산 프로그램을 활용하면 안전율을 쉽게 구할 수 있으므로 가장 많이 사용되고 있다.

• Spencer 방법(1967년)

• Janbu 간편법

• 분할법의 특징
  • 흙이 균질하지 않고 간극 수압을 고려할 경우 절편법이 적합하다.
  • 안전율은 전체 활동면상에서 일정하다.
  • 사면의 안정을 고려할 경우 활동 파괴면을 원형이나 평면으로 가정한다.
  • 절편 경계면은 가상의 경계면일 뿐 활동 파괴면은 아니다.

- 분할법의 해석

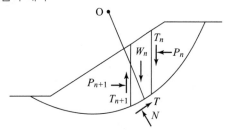

- Swedish(Fellenius) 법에서는 T_n과 P_n의 합력이 P_{n+1}과 T_{n+1}의 합력과 같고 작용선도 일치한다고 가정하였다.
- Bishop의 간편법에서는 절편에 작용하는 연직 방향의 힘의 합력은 0이다.

$$T_{n+1} - T_n = 0$$

- 절편의 전 중량 W_n =(흙의 단위 중량 × 절편의 높이 × 절편의 폭)이다.
- 안전율은 파괴원의 중심 0에서 저항 전단 모멘트를 활동 모멘트로 나눈 값이다.
- Bishop의 간편법은 Fellenius 방법보다 훨씬 복잡하지만 전산프로그램을 이용하면 안전율을 쉽게 구할 수 있고 정확치에 가장 가까워 많이 사용되고 있다.

■ 마찰원법
- 균일한 토질 지반의 안정 해석에 적용된다.
- 한계고 $H_{cr} = \dfrac{c_u}{m \cdot \gamma}$ $(\because m = 안정수)$
- 안전율 $F_s = \dfrac{H_{cr}}{H} = \dfrac{c_u}{m \gamma H}$

□□□ 기 00,08,13

01 사면 안정 계산에 있어서 Fellenius 법과 간편 Bishop 법의 비교 설명 중 틀리는 것은?

① Fellenius 법은 절편의 양쪽에 작용하는 합력은 0(zero)이라고 가정한다.
② 간편 Bishop 법은 절편의 양쪽에 작용하는 연직 방향의 합력은 0(zero)이라고 가정한다.
③ Fellenius 법은 간편 Bishop 법보다 계산은 복잡하지만 계산 결과는 더 안전측이다.
④ 간편 Bishop 법은 안전율을 시행 착오법으로 구한다.

해설 Bishop의 간편법
- Fellenius 방법보다 훨씬 복잡하다.
- 안전율은 거의 정확치에 가깝다.

□□□ 기 04,12,15

02 활동면 위의 흙을 몇 개의 연직 평행한 절편으로 나누어 사면의 안정을 해석하는 방법이 아닌 것은?

① Fellenius 방법
② 마찰원법
③ Spencer 방법
④ Bishop 간편법

해설 절편법의 종류
- 질량법 : ϕ 해석법, 마찰원법
- 절편법 : Fellenius 방법, Bishop 간편법, Janbu 간편법, Spencer 방법(1967년)

□□□ 기 99,05

03 절편법을 이용한 사면 안정 해석 중 가상 파괴면의 한 절편에 작용하는 힘의 상태를 그림으로 나타내었다. 다음 설명 중 잘못된 것은?

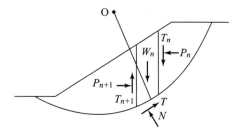

① Swedish(Fellenius) 법에서는 T_n과 P_n의 합력이 P_{n+1}과 T_{n+1}의 합력과 같고 작용선도 일치한다고 가정하였다.
② Bishop의 간편법에서는 $P_{n+1} - P_n = 0$이고 $T_n - P_{n+1} = 0$로 가정하였다.
③ 절편의 전 중량 W_n = (흙의 단위 중량 × 절편의 높이 × 절편의 폭)이다.
④ 안전율은 파괴원의 중심 0에서 저항 전단 모멘트를 활동 모멘트로 나눈 값이다.

해설 · Bishop의 간편법에서는 절편에 작용하는 연직 방향의 힘의 합력은 0이다.
$$T_{n+1} - T_n = 0$$
· Swedish(Fellenius) 법에서는 $P_{n+1} - P_n = 0$이고 $T_{n+1} - T_n = 0$을 가정하여 해석하였다.

□□□ 기 11

04 절편법에 대한 설명으로 틀린 것은?

① 흙이 균질하지 않고 간극 수압을 고려할 경우 절편법이 적합하다.
② 안전율은 전체 활동면상에서 일정하다.
③ 사면의 안정을 고려할 경우 활동 파괴면을 원형이나 평면으로 가정한다.
④ 절편 경계면은 활동 파괴면으로 가정한다.

해설 절편 경계면은 가상의 경계면일뿐 활동 파괴면은 아니다.

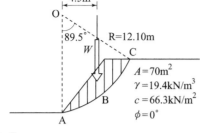

□□□ 기82,93,98,00,06,13,18

05 그림에서 활동에 대한 안전율은?

① 1.30
② 2.05
③ 2.15
④ 2.48

해설 $F_s = \dfrac{c_u \cdot L_a \cdot R}{W \cdot x}$

• L_a 길이는 ABC의 호의 길이 ; $360° : 2\pi R = 89.5° : L_a$

• 호의 길이 $L_a = \dfrac{\pi \times (2 \times 12.10) \times 89.5°}{360°} = 18.90\,\mathrm{m}$

• 흙의 중량 $W = A \cdot \gamma = 70 \times 19.4 = 1,358\,\mathrm{kN/m}$

$\therefore F_s = \dfrac{66.3 \times 18.90 \times 12.1}{1,358 \times 4.5} = 2.48$

□□□ 기95,06,13

06 흙의 포화 단위 중량이 20kN/m³ 인 포화 점토층을 45° 경사로 8m를 굴착하였다. 흙의 전단 강도 계수 $c_u = 65\mathrm{kN/m}^2$, $\phi_u = 0°$ 이다. 그림과 같은 파괴면에 대하여 사면의 안전율은? (단, ABCD의 면적은 70m² 이고 0점에서 ABCD의 무게 중심까지의 수직 거리는 4.5m이다.)

① 4.72
② 2.67
③ 4.21
④ 2.36

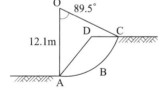

해설 $F_s = \dfrac{c_u \cdot L_a \cdot R}{W \cdot x}$

• 호의 길이 $ABC = La$; $La : 89.5° = 2\pi R : 360°$

$\therefore La = \dfrac{89.5° \times 2 \times \pi \times 12.1}{360°} = 18.90\,\mathrm{m}$

• ABCD 단면의 총 중량 $W = 70(\mathrm{m}^2) \times 20(\mathrm{kN/m}^3)$
$= 1,400\mathrm{kN/m}$

$\therefore F_s = \dfrac{c_u \cdot L_a \cdot R}{W \cdot x} = \dfrac{65 \times 18.90 \times 12.1}{1,400 \times 4.5} = 2.36$

□□□ 기82,89,01,03,09,18

07 내부 마찰각 $\phi_u = 0$, 점착력 $c_u = 45\mathrm{kN/m}^2$, 단위 중량이 19kN/m³ 되는 포화된 점토층에 경사각 45°로 높이 8m인 사면을 만들었다. 그림과 같은 하나의 파괴면을 가정했을 때 안전율은? (단, ABCD의 면적은 70m²이고, ABCD의 무게 중심은 O점에서 4.5m 거리에 위치하며, 호 ABC의 길이는 20m이다.)

① 1.2
② 1.8
③ 2.5
④ 3.2

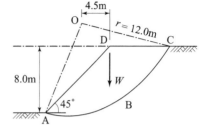

해설 유한 사면의 안정 해석 $\phi = 0$ 방법

$$F_s = \dfrac{c_u \cdot L_a \cdot r}{W \cdot x} = \dfrac{45 \times 20 \times 12}{(70 \times 19) \times 4.5} = 1.80$$

($\because W = $ 면적 $\times$ 단위 중량)

□□□ 기94,01,08

08 연약 점토 사면이 수평과 75° 각도를 이루고 있고, 이 사면의 활동면의 형태는 아래 그림과 같다. 사면 흙의 강도 정수가 $c_u = 32\mathrm{kN/m}^2$, $\gamma_t = 17.63\mathrm{kN/m}^3$ 이고, $\beta > 53°$ 일 때는 안정수(m)는 0.219였다. 굴착할 수 있는 최대 깊이(H_{cr})와 그림에서의 절토 깊이를 3m까지 했을 때의 안전율(F_s)은?

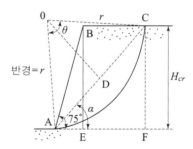

	H_{cr}	F_s			H_{cr}	F_s
①	2.10,	1.158		②	4.15,	2.316
③	8.3,	2.763		④	12.4,	3.200

해설 한계고 $H_{cr} = \dfrac{c_u}{\gamma_t \cdot m} = \dfrac{32}{17.63 \times 0.219} = 8.29\mathrm{m} = 8.3\mathrm{m}$

$\therefore$ 안전율 $F_s = \dfrac{H_{cr}}{H} = \dfrac{8.29}{3} = 2.763$

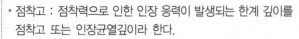

060 인장 균열

- 점착고 : 점착력으로 인한 인장 응력이 발생되는 한계 깊이를 점착고 또는 인장균열깊이라 한다.

$$z_o = \frac{2c}{\gamma}$$

- 한계고 : $2z_o$까지는 흙을 굴착하여도 안정을 유지할 수 있으므로 이때의 깊이($2z_o$)를 한계고라 한다.

$$h_c = 2z_o = \frac{4c}{\gamma}\tan\left(45° + \frac{\phi}{2}\right)$$

- 인장 균열 : 점착고(z_o)까지 흙이 인장력을 받고 있으므로 곧 균열이 발생하는데 이를 인장 균열(tension crack)이라 한다.
- 인장 균열 깊이

$$z_c = \frac{2c}{\gamma}\tan\left(45° + \frac{\phi}{2}\right)$$

□□□ 기 92,93,96,99,00,04,05,06,08,09,15,16 산 84

01 점착력이 14kN/m², 내부 마찰각이 30°, 단위 중량이 18.5kN/m³인 흙에서 인장 균열 깊이는 얼마인가?

① 1.74m ② 2.62m
③ 2.45m ④ 5.24m

해설 $z_c = \dfrac{2c}{\gamma}\tan\left(45° + \dfrac{\phi}{2}\right)$

$= \dfrac{2 \times 14}{18.5}\tan\left(45° + \dfrac{30°}{2}\right) = 2.62\,\text{m}$

□□□ 기 04,07,10,13

02 내부 마찰각이 30°, 단위 중량이 18kN/m³인 흙의 인장 균열 깊이가 3m일 때 점착력은?

① 15.6kN/m² ② 16.7kN/m²
③ 17.5kN/m² ④ 18.1kN/m²

해설 인장 균열 깊이 $z_c = \dfrac{2c}{\gamma}\tan\left(45° + \dfrac{\phi}{2}\right)$에서

∴ 점착력 $c = \dfrac{z_c \cdot \gamma}{2\tan\left(45° + \dfrac{\phi}{2}\right)}$

$= \dfrac{3 \times 18}{2\tan\left(45° + \dfrac{30°}{2}\right)} = 15.6\text{kN/m}^2$

□□□ 기11

03 점착력이 10kN/m², 내부 마찰각이 30°, 흙의 단위 중량이 19kN/m³인 현장의 지반에서 흙막이 벽체 없이 연직으로 굴착 가능한 깊이는?

① 1.82m ② 2.11m
③ 2.84m ④ 3.65m

해설 $H_c = \dfrac{4c}{\gamma}\tan\left(45° + \dfrac{\phi}{2}\right)$

$= \dfrac{4 \times 10}{19}\tan\left(45° + \dfrac{30°}{2}\right) = 3.65\text{m}$

□□□ 기17

04 흙막이 벽체의 지지없이 굴착 가능한 한계굴착깊이에 대한 설명으로 옳지 않은 것은?

① 흙의 내부마찰각이 증가할수록 한계굴착깊이는 증가한다.
② 흙의 단위중량이 증가할수록 한계굴착깊이는 증가한다.
③ 흙의 점착력이 증가할수록 한계굴착깊이는 증가한다.
④ 인장응력이 발생되는 깊이를 인장균열 깊이라고 하며, 보통 한계굴착깊이는 인장균열깊이의 2배 정도이다.

해설 ・굴착가능한 깊이(한계고)

$H_c = \dfrac{4c}{\gamma}\tan\left(45° + \dfrac{\phi}{2}\right)$

∴ 흙의 단위중량(γ_t)이 증가할수록 한계굴착깊이(H_c)는 줄어든다.

・인장균열깊이(점착고)

$Z_c = \dfrac{2c}{\gamma}\tan\left(45° + \dfrac{\phi}{2}\right)$

∴ 보통 한계굴착깊이(H_c)는 인장균열깊이(Z_c)의 2배 정도이다.

즉, $H_c = 2Z_c$

□□□ 기 09,10,15②

05 어떤 점토의 토질실험 결과 일축압축강도 48kN/m², 단위중량 17kN/m³이었다. 이 점토의 한계고는?

① 6.34m ② 4.87m
③ 9.24m ④ 5.65m

해설 한계고 $H_c = \dfrac{2q_u}{\gamma_t} = \dfrac{2 \times 48}{17} = 5.65\,\text{m}$

12 토질 조사 및 시험

1 토질 조사 방법

예비 조사

자료 조사 → 현지 답사 → 개략 조사

- 자료 조사 : 수리학적 자료, 지적도, 지형도, 항공 사진, 토성도 등
- 현지 답사 : 지형, 지질, 토질, 지하수, 기존 구조물, 식생 상태 등의 조사
- 개략 조사 : 본 조사의 계획

본 조사

현지 정밀 답사 → 정밀 조사 → 보충 조사

- 정밀 조사 : 보링, 사운딩, 각종 실내 토질 시험
- 보완 조사 : 탄성파 시험(간접 방법)

2 보링의 목적

- 불교란 시료의 채취
- 지반의 토질 구성 파악
- 지하수위의 위치 파악
- 보링 구멍 내에서 표준 관입 시험 등 원위치 시험

3 보링의 종류

오거 보링(Auger boring)

- 현장에서 간단하게 인력으로 교란된 시료를 채취하는 데 적합
  - post hole auger : 비교적 연약한 흙에 적합
  - screw hole auger : 비교적 단단한 흙에 적합

퍼쿠션 보링(percussion boring : 충격식)

- 충격식은 굴진 속도가 빠르고 비용도 저렴하지만 분말상의 교란된 시료만 얻을 수 있다.

로터리 보링(rotary boring : 회전식)

- 시간과 공사비가 충격식보다 많이 들지만 확실한 코어를 얻을 수 있다.
- 회수율 = $\dfrac{\text{채취된 시료의 길이}}{\text{굴착 암석의 관입 깊이}} \times 100$
- RQD = $\dfrac{\text{10cm 이상 회수된 길이의 합}}{\text{굴착 암석의 관입 깊이}} \times 100$

4 샘플러

시료 채취기

- 분리형 원통 시료기(split spoon sampler) : 대체로 교란된 시료를 얻기 위해 현장에서 사용된다.

$$A_r = \frac{D_w^2 - D_e^2}{D_e^2} \times 100$$

여기서, A_r : 면적비
        D_w : 샘플러의 외경
        D_e : 샘플러의 내경

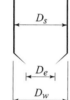

- 피스톤 튜브 시료기(piston tube sampler) : 불교란 시료의 직경이 76.2mm보다 커지면 시료가 샘플러로부터 빠져서 흘러내리는 경우 유용하게 사용된다.
- 얇은 관 시료기(thin wall tube sampler) : 불교란 시료로 압밀이나 전단 시험에 사용할 수 있다.
- Laval 시료기(Laval sampler) : 불교란 시료 채취용으로 사용된다.

□□□ 기 84,97,99,08

01 보링의 목적이 아닌 것은?

① 흐트러지지 않은 시료의 채취
② 지반의 토질 구성 파악
③ 지하수위 파악
④ 평판 재하 시험을 위한 재하면의 형성

해설 보링의 목적
 ・불교란 시료의 채취
 ・지반의 토질 구성 파악
 ・지하수위 위치의 파악
 ・보링 구멍 내에서 표준 관입 시험 등 원위치 시험

□□□ 기 96,02,05,15,21

02 다음은 흙 시료 채취에 대한 설명이다. 틀린 것은?

① 교란의 효과는 소성이 낮은 흙이 소성이 높은 흙보다 크다.
② 교란된 흙은 자연 상태의 흙보다 압축 강도가 작다.
③ 교란된 흙은 자연 상태의 흙보다 전단 강도가 작다.
④ 흙 시료 채취 직후에 비교적 교란되지 않은 코어(core)의 과잉 간극 수압은 부(負)이다.

해설 교란의 효과는 소성이 낮은 흙이 소성이 높은 흙보다 작다.

---

03 다음 그림과 같은 Sampler에서 면적비는 얼마인가?

① 5.97%
② 14.62%
③ 5.80%
④ 14.80%

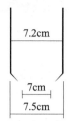

해설 면적비 $A_r = \dfrac{D_w^2 - D_e^2}{D_e^2} \times 100$

$$= \dfrac{7.5^2 - 7^2}{7^2} \times 100 = 14.80\%$$

04 다음은 흙 시료 채취에 관한 설명 중 옳지 않은 것은?

① Post-Hole 형의 Auger는 비교적 연약한 흙을 Boring하는 데 적합하다.
② 비교적 단단한 흙에는 Screw 형의 Auger가 적합하다.
③ Auger Boring은 흐트러지지 않은 시료를 채취하는 데 적합하다.
④ 깊은 토층에서 시료를 채취할 때는 보통 기계 Boring을 한다.

해설 Auger boring : 현장에서 간단하게 인력으로 교란된 시료를 채취하는데 적합
· post hole auger : 비교적 연약한 흙에 적합
· screw hole auger : 비교적 단단한 흙에 적합

05 다음 시료 채취에 사용되는 시료기(sampler) 중 불교란 시료 채취에 사용되는 것만 고른 것으로 옳은 것은?

(1) 분리형 원통 시료기(split spoon sampler)
(2) 피스톤 튜브 시료기(piston tube sampler)
(3) 얇은 관 시료기(thin wall tube sampler)
(4) Laval 시료기(Laval sampler)

① (1), (2), (3)
② (1), (2), (4)
③ (1), (3), (4)
④ (2), (3), (4)

해설 · 교란된 시료 채취용 : 분리형 원통 시료기(split spoon sampler)
· 불교란 시료 채취용 : 피스톤 튜브 시료기(piston tube sampler), 얇은 관 시료기(thin wall tube sampler), Laval 시료기(Laval sampler)

06 암질을 나타내는 항목 중 직접 관계가 없는 것은?

① N 치
② RQD 값
③ 탄성파 속도
④ 균열의 간격

해설 N 치는 사질토 지반에서 Dunham 공식, Peck 공식, 오자키 공식 등을 이용하여 모래질 지반의 내부 마찰각 산정 및 흙의 상태를 분류하는 데 이용한다.

07 시료 채취기(sampler)의 관입 깊이가 100cm이고, 채취된 시료의 길이가 90cm이었다. 길이가 10cm 이상인 시료의 합이 60cm, 길이가 9cm 이상인 시료의 합이 80cm이었다. 회수율과 RQD를 구하면?

① 회수율 = 0.8, RQD = 0.6
② 회수율 = 0.9, RQD = 0.8
③ 회수율 = 0.8, RQD = 0.75
④ 회수율 = 0.9, RQD = 0.6

해설 · 회수율 $= \dfrac{\text{채취된 시료의 길이}}{\text{굴착 암석의 관입 깊이}} = \dfrac{90}{100} = 0.9$

· RQD $= \dfrac{\text{10cm 이상 회수된 길이의 합}}{\text{굴착 암석의 관입 깊이}} = \dfrac{60}{100} = 0.60$

08 전체 시추 코어 길이가 150cm이고 이 중 회수된 코어 길이의 합이 80cm이었으며, 10cm 이상인 코어 길이의 합이 70cm였을 때 암질의 상태는?

① 매우 불량(Very poor)
② 불량(Poor)
③ 보통(Fair)
④ 양호(Good)

해설 RQD $= \dfrac{\text{10cm 이상 회수된 길이의 합}}{\text{굴착 암석의 관입 깊이}} = \dfrac{70}{150} \times 100 = 47\%$

∴ 불량(25 ~ 50)

■ RQD와 암질의 관계

RQD(%)	암질
0 ~ 25	매우 불량
25 ~ 50	불 량
50 ~ 75	보 통
75 ~ 90	양 호
90 ~ 100	매우 양호

062 사운딩

■ 정의

로드 선단의 저항체를 땅속에 넣어 관입, 회전, 인발 등의 저항으로 지반의 강도 및 밀도 등을 체크하는 방법의 원위치 시험을 사운딩(Sounding)이라 한다.

■ 사운딩의 종류

구 분	종 류	적용 토질
정적 사운딩	휴대용 원추 관입 시험기	연약한 토질
	더치 콘(Dutch Cone) 관입 시험기	큰 자갈 이외의 일반적 흙
	스웨덴식 관입 시험기	큰 자갈, 조밀한 모래자갈 이외의 흙
	이스키 미터	연약한 점토
	베인 시험	연약한 점토, 예민한 점토
동적 사운딩	동적원추관입 시험	큰 자갈, 조밀한 모래, 자갈 이외의 흙에 사용
	표준관입 시험	사질토에 적합하고 점성토 시험도 가능

■ 사운딩의 특징

동적인 사운딩 방법은 주로 사질토에 유효하다.
• 정적인 사운딩은 주로 점성토에 많이 쓰인다.
• 베인(Vane) 시험은 정적인 사운딩이다.
• 표준 관입 시험(S.P.T.)은 동적인 사운딩이다.
• 사운딩은 보링이나 시굴보다도 지반 구성을 파악하기 곤란하다.

□□□ 기03,07 산10,15

01 rod에 붙인 어떤 저항체를 지중에 넣어 타격 관입, 인발 및 회전할 때의 흙의 전단 강도를 측정하는 원위치 시험은?

① 보링(boring)
② 사운딩(sounding)
③ 시료 채취(sampling)
④ 비파괴 시험(NDT)

해설 사운딩(Sounding)은 로드 선단의 저항체를 땅속에 넣어 관입, 회전, 인발 등의 저항으로 지반의 강도 및 밀도 등을 체크하는 방법의 원위치 시험이다.

□□□ 기88,93,99,07,09,13

02 다음 현장 시험 중 Sounding의 종류가 아닌 것은?

① 평판 재하 시험
② Vane 시험
③ 표준 관입 시험
④ 동적 원추 관입 시험

해설 평판 재하 시험(PBT)은 현장에서 지반의 지지력을 측정하기 위해 실시하는 실험으로 주로 강성 포장의 포장 설계를 위해 지지력 계수 K를 결정한다.

□□□ 기99,04,06,08,11,19,21

03 토질 조사에서 사운딩(Sounding)에 관한 설명 중 옳은 것은?

① 동적인 사운딩 방법은 주로 점성토에 유효하다.
② 표준 관입 시험(S.P.T.)은 정적인 사운딩이다.
③ 사운딩은 보링이나 시굴보다 확실하게 지반 구조를 알아낸다.
④ 사운딩은 주로 원위치 시험으로서 의의가 있고 예비 조사에 사용하는 경우가 많다.

해설 • 동적인 사운딩 방법은 주로 사질토에 유효하다.
• 정적인 사운딩은 주로 점성토에 많이 쓰인다.
• 표준관입 시험(S.P.T.)은 동적인 사운딩이다.
• 사운딩은 보링이나 시굴보다도 지반 구성을 파악하기 곤란하다.
• 사운딩은 주로 원위치 시험으로 예비 조사에 사용하는 경우가 많다.

□□□ 기15

04 사운딩에 대한 설명 중 틀린 것은?

① 로드 선단에 지중저항체를 설치하고 지반내 관입, 압입, 또는 회전하거나 인발하여 그 저항치로부터 지반의 특성을 파악하는 지반조사방법이다.
② 정적사운딩과 동적사운딩이 있다.
③ 압입식 사운딩의 대표적인 방법은 Standard penetration test(SPT)이다.
④ 특수사운딩 중 측압사운딩의 공내횡방향재하시험은 보링 공을 기계적으로 수평으로 확장시키면서 측압과 수평변위를 측정한다.

해설 압입식 사운딩의 대표적인 방법은 콘관입시험(CPT : Cone Penetration Test))이다.

■ 정의

질량 (63±0.5)kg의 드라이브 해머를 (76±1)cm 자유 낙하시키고 보링 로드 머리부에 부착한 노킹 블록을 타격하여 보링 앞 끝에 부착한 표준 관입 시험용 중공의 split spoon sampler를 지반에 30cm 박아 넣는 데 필요한 타격 횟수를 N값이라고 한다.

■ 표준 관입 시험의 특징

- N 값이 클수록 지반의 강도는 크고 침하 가능성은 적다.
- 지층의 변화를 판단할 수 있는 흐트러진 시료를 얻을 수 있다.
- 주로 사질토 지반에 사용되며 동적 사운딩 방법으로 불교란 시료 채취는 불가능하다.
- N 값을 이용하여 사질토에서는 상대 밀도를, 점성토에서는 콘시스턴시와 일축 압축 강도를 추정할 수 있다.
- 점토 지반에서 측정된 N 값은 그 지반의 전단 강도 및 연약한 정도를 판단하는데 극히 개략적인 추정만을 가능하게 한다.

■ N 치의 수정

- Rod 길이에 대한 수정 ($N > 15$일 때)

$$N_1 = N\left(1 - \frac{X}{200}\right)$$

- 토질 상태에 대한 수정

$$N_2 = 15 + \frac{1}{2}(N_1 - 15)$$

여기서, N : 측정된 N 값
X : 로드의 길이

■ Dunham공식의 N 값 산정

• 토질 입자가 둥글고 균일한(불량 입도) 경우	$\phi = \sqrt{12N} + 15$
• 토질 입자가 둥글고 입도분포가 양호 • 토립자가 모가 나고 균일한(불량한 입도) 경우	$\phi = \sqrt{12N} + 20$
• 토립자가 모가 나고 입도 분포가 좋을 때	$\phi = \sqrt{12N} + 25$

■ 점토 지반의 강도 정수

Terzaghi & Peck은 다음과 같은 식을 제안하였다.

- 일축 압축 강도 $q_u = \dfrac{N}{8}$
- 비배수 점착력 $c_u = \dfrac{q_u}{2} = \dfrac{N}{16}$

■ N 치와 상대 밀도 및 콘시스턴시와의 관계

사질토		점질토	
N치	상대 밀도	N치	consistency
0~4	대단히 느슨	<2	대단히 연약
4~10	느슨	2~4	연약
10~30	중간	4~8	중간
30~50	조밀	8~15	견고
50 이상	매우 조밀	15~30	대단히 견고

■ N 치로부터 추정되는 사항

모래 지반	점토 지반
• 상대 밀도 • 내부 마찰각 • 침하에 대한 허용 지지력 • 지지력 계수 • 탄성 계수(변형 계수)	• 콘시스턴시(연경도) • 일축 압축 강도 • 점착력 • 기초 지반의 허용 지지력 • 파괴에 대한 극한 지지력

□□□ 기 94,03,12

01 표준 관입 시험(SPT)을 할 때 처음 15cm 관입에 요하는 N 값은 제외하고 그 후 30cm 관입에 요하는 타격수로 N 값을 구한다. 그 이유로 가장 타당한 것은?

① 정확히 30cm를 관입시키기가 어려워서 15cm 관입에 요하는 N 값을 제외한다.
② 보링 구멍 밑면 흙이 보링에 의하여 흐트러져 15cm 관입 후부터 N 값을 측정한다.
③ 관입봉의 길이가 정확히 45cm이므로 이에 맞도록 관입시키기 위함이다.
④ 흙은 보통 15cm 밑부터 그 흙의 성질을 가장 잘 나타낸다.

해설 보링 구멍 밑면 흙이 보링에 의해서 흐트러진 상태이므로 처음 15cm 관입에 요하는 N 값은 제외하고, 그 후부터 30cm 관입에 요하는 타격수로 N 값을 측정한다.

□□□ 기 83,93,96,01,09,14

02 다음은 주요한 Sounding(사운딩)의 종류를 나타낸 것이다. 이 가운데 사질토에 가장 적합하고 점성토에서도 쓰이는 조사법은?

① 더치 콘(dutch cone) 관입 시험기
② 베인 시험기(vane tester)
③ 표준 관입 시험기
④ 이스키미터(iskymeter)

해설 표준 관입 시험기(SPT)
• 사질토 지반에서는 Dunham 공식, Peck 공식, 오자키 공식 등을 이용하여 모래질 지반의 내부 마찰각 산정 및 흙의 상태를 분류하는 데 이용한다.
• 점성토 지반에서는 Terzaghi-peck 공식을 이용하여 일축 압축 강도 및 비배수 전단 강도를 산정한다.

□□□ 기96,04,08

03 표준 관입 시험(standard penetration test)에 관한 설명 중 옳지 않은 것은?

① 표준 관입 시험의 N 값으로 모래 지반의 상대 밀도를 추정할 수 있다.
② N 치로 점토 지반의 연경도에 관한 추정이 가능하다.
③ 지층의 변화를 판단할 수 있는 시료를 얻을 수 있다.
④ 모래 지반에 대해서도 흐트러지지 않은(undisturbed) 시료를 얻을 수 있다.

해설 표준 관입 시험(SPT) : 주로 사질토 지반에 사용되며 동적 사운딩 방법으로 불교란 시료 채취가 불가능하다.

□□□ 기09

04 연약한 점성토의 지반 특성을 파악하기 위한 현장 조사 시험 방법에 대한 설명 중 틀린 것은?

① 현장 베인 시험은 연약한 점토층에서 비배수 전단 강도를 직접 산정할 수 있다.
② 정적 콘 관입 시험(CPT)은 콘 지수를 이용하여 비배수 전단 강도 추정이 가능하다.
③ 표준 관입 시험에서의 N 값은 연약한 점성토 지반 특성을 잘 반영해 준다.
④ 정적 콘 관입 시험(CPT)은 연속적인 지층분류 및 전단 강도 추정 등 연약 점토 특성 분석에 매우 효과적이다.

해설 점토 지반에서 측정된 N 값은 그 지반의 전단 강도 및 연약한 정도를 판단하는 데 극히 개략적인 추정만을 가능하게 한다.

□□□ 기82,12,18

05 표준관입시험에서 N치가 20으로 측정되는 모래 지반에 대한 설명으로 옳은 것은?

① 내부마찰각이 약 $30°\sim40°$ 정도인 모래이다.
② 유효상재 하중이 20kN/m^2인 모래이다.
③ 간극비가 1.2인 모래이다.
④ 매우 느슨한 상태이다.

해설 N치와 내부마찰각의 관계

N치	사질토	내부마찰각	
		Peck	Meyerhof
0~4	대단히 느슨	$28.5°$ 이하	$30°$ 이하
4~10	느슨	$28.5°\sim30°$	$30°\sim35°$
10~30	중간	$30°\sim36°$	$35°\sim40°$
30~50	조밀	$36°\sim41°$	$40°\sim45°$
50 이상	대단히 조밀	$41°$ 이상	$45°$ 이상

∴ 중간에 내부마찰각 $\phi = 30°\sim40°$ 정도인 모래

□□□ 기92,96,99,07

06 모래 지반의 상대 밀도를 추정하는 데 많이 이용하는 실험 방법은?

① 원추 관입 시험
② 평판 재하 시험
③ 표준 관입 시험
④ 베인 전단 시험

해설 표준 관입 시험(SPT) : N 값을 이용하여 사질토에서는 상대 밀도, 점성토에서는 콘시스턴시와 일축 압축강도를 추정할 수 있다.

□□□ 기10,13

07 토질 조사에 대한 설명 중 옳지 않은 것은?

① 사운딩(sounding)이란 지중에 저항체를 삽입하여 토층의 성상을 파악하는 현장 시험이다.
② 불교란 시료를 얻기 위해서 Foil Sampler, Thin wall tube sampler 등이 있다.
③ 표준 관입 시험은 로드(rod)의 길이가 길어질수록 N 치가 작게 나온다.
④ 베인 시험은 정적인 사운딩이다.

해설 로드(rod)의 길이가 길어질수록 타격 에너지 손실로 인해 실제보다 크게 나오기 때문에 로드 길이에 대해 수정을 해야 한다.

□□□ 기94,03,05

08 물로 포화된 실트질 세사(細砂)의 N 치를 측정한 결과 $N=33$이 되었다고 할 때 수정 N 치는? (단, 측정 지점까지의 로드(rod) 길이는 35m이다.)

① 43
② 35
③ 21
④ 18

해설 · rod 길이에 의한 수정
$$N_1 = N\left(1-\frac{x}{200}\right) = 33\left(1-\frac{35}{200}\right) = 27$$
· 토질에 의한 수정
$$N_2 = 15 + \frac{1}{2}(N_1 - 15) = 15 + \frac{1}{2}(27-15) = 21$$

□□□ 기99,07

09 포화된 실트질 모래 지반에 표준 관입 시험 결과, 표준 관입 저항치 $N=21$이었다. 수정 표준 관입 저항치는?

① 20
② 19
③ 18
④ 17

해설 토질에 의한 수정
$$N_2 = 15 + \frac{1}{2}(N_1 - 15)$$
$$= 15 + \frac{1}{2}(21-15) = 18$$

10 토립자가 둥글고 입도 분포가 나쁜 모래 지반에서 표준 관입 시험을 한 결과 N 치= 10이었다. 이 모래의 내부 마찰각을 Dunham의 공식으로 구하면 다음 중 어느 것인가?

① 21°   ② 26°

③ 31°   ④ 36°

해설 토립자가 둥글고 입도가 불량할 경우

$$\phi = \sqrt{12N} + 15 = \sqrt{12 \times 10} + 15 = 26°$$

11 토립자가 둥글고 입자 분포도가 양호한 모래 지반에서 N치를 측정한 결과 $N= 19$가 되었을 경우 Dunham의 공식에 의한 모래의 내부 마찰각 ϕ는?

① 20°   ② 25°

③ 30°   ④ 35°

해설 토립자가 둥글고 입도 분포가 양호한 경우

$$\phi = \sqrt{12N} + 20 = \sqrt{12 \times 19} + 20 = 35°$$

12 어떤 점토 지반의 표준 관입 시험 결과 $N= 2\sim4$이었다. 이 점토의 consistency는?

① 대단히 견고   ② 연약

③ 견고   ④ 대단히 연약

해설 N 치와 토질과의 관계

사질토		점질토	
N 치	상대 밀도	N 치	consistency
0~4	대단히 느슨	<2	대단히 연약
4~10	느슨	2~4	연약
10~30	중간	4~8	중간
30~50	조밀	8~15	견고
50 이상	매우 조밀	15~30	대단히 견고

064   피에조콘 관입 시험

■ 피에조콘(piezocone : CPT)
콘 저항치와 마찰력을 측정하면서 간극 수압 및 간극 수압 소산이 동시 측정되는 연약 지반 조사 장비로 샘플러가 없으므로 시료 채취는 불가능하다.
• 정적 콘 관입 시험(CPT)은 콘 지수를 이용하여 비배수 전단 강도 추정이 가능하다
• 정적 콘 관입 시험(CPT)은 연속적인 지층 분류 및 전단 강도 추정 등 연약 점토 특성 분석에 매우 효과적이다.

■ 피에조콘(piezocone)의 특징
• 간극 수압 측정
• 관입 저항치의 유효 응력까지도 추정 가능
• 연속적인 지층 주상 또는 강도 파악
• 점성토층 내에 분포하는 sand seam 층 파악 가능
• 지반 개량 전후의 강도 기준치 설정

01 피에조콘(piezocone) 시험의 목적이 아닌 것은?

① 지층의 연속적인 조사를 통하여 지층 분류 및 지층 변화 분석
② 연속적인 원지반 전단 강도의 추이 분석
③ 중간 점토 내 분포한 sand seam 유무 및 발달 정도 확인
④ 불교란 시료 채취

해설 ■ 피에조콘(piezocone) : 콘 저항치와 마찰력을 측정하면서 간극 수압 및 간극 수압 소산이 동시 측정되는 연약 지반 조사 장비로 샘플러가 없으므로 시료 채취는 불가능하다.
■ 피에조콘(piezocone)의 특징
• 연속적인 지층 주상 또는 강도 파악
• 점성토층 내에 분포하는 Sand seam 층 파악 가능
• 지반 개량 전후의 강도 기준치 설정

065 　베인 시험(vane test)

■ 정의

현장에서 직접 연약한 점토층의 비배수 전단 강도를 측정하는 것으로 흙이 전단할 때의 회전 저항 모멘트를 측정하여 점토의 점착력(비배수 강도)을 측정하는 시험 방법이다.

■ 전단 강도 산정

• 점착력 $c = \dfrac{M_{max}}{\pi D^2 \left(\dfrac{H}{2} + \dfrac{D}{6} \right)}$

• 수정 계수 $\mu = 1.7 - 0.54 \log (PI)$

• 수정 비배수 강도 $c_u = \mu c$

여기서, M_{max} : 우력 최대 모멘트

D : Vane 날개폭

H : Vane 날개 높이

PI : 소성 지수

---

01 포화 점토에 대해 베인 전단 시험을 실시하였다. 베인의 직경과 높이는 각각 75mm와 150mm이고 시험 중 사용한 최대 회전 모멘트는 25N·m이다. 점성토의 액성 한계는 65%이고 소성 한계는 30%이다. 설계에 이용할 수 있도록 수정 비배수 강도를 구하면? (단, 수정 계수$(\mu) = 1.7 - 0.54 \log(PI)$를 사용하고, 여기서, PI는 소성 지수이다.)

① $8kN/m^2$ 　　　　② $14.0kN/m^2$
③ $18.2kN/m^2$ 　　　④ $20kN/m^2$

해설 점착력 $c = \dfrac{M_{max}}{\pi D^2 \left(\dfrac{H}{2} + \dfrac{D}{6} \right)} = \dfrac{25 \times 10^3}{\pi \times 75^2 \times \left(\dfrac{150}{2} + \dfrac{75}{6} \right)}$

$= 0.0162 N/mm^2 = 0.0162 MPa = 16.2 kN/m^2$

• 소성 지수 $PI = W_L - W_P = 65 - 30 = 35\%$
• 수정 계수 $\mu = 1.7 - 0.54 \log(PI) = 1.7 - 0.54 \log(35) = 0.866$
• 수정 비배수 강도
$c_u = \mu c = 0.866 \times 16.2 = 14.0 kN/m^2$

---

02 연약한 점토 지반의 전단 강도를 구하는 현장 시험 방법?

① 평판 재하 시험 　　　② 현장 함수 당량 시험
③ 베인 시험 　　　　　④ 현장 CBR 시험

해설 Vane test : 현장에서 직접 연약한 점토의 전단 강도를 측정하는 것으로 흙이 전단할 때의 회전 저항 모멘트를 측정하여 점토의 점착력(비배수 강도)을 측정하는 시험 방법이다.

---

03 Vane Test에서 Vane의 지름 50mm, 높이 100mm, 파괴 시 토크가 59N·m일 때 점착력은?

① 0.129MPa 　　　　② 0.157MPa
③ 0.213MPa 　　　　④ 0.276MPa

해설 점착력 $c = \dfrac{M_{max}}{\pi D^2 \left(\dfrac{H}{2} + \dfrac{D}{6} \right)}$

$= \dfrac{59 \times 10^3}{\pi \times 50^2 \left(\dfrac{100}{2} + \dfrac{50}{6} \right)} = 0.129 N/mm^2$

$= 0.129 MPa$

$= 129 kN/m^2$

---

04 베인전단시험(vane shear test)에 대한 설명으로 옳지 않은 것은?

① 베인전단시험으로부터 흙의 내부마찰각을 측정할 수 있다.
② 현장 원위치 시험의 일종으로 점토의 비배수전단강도를 구할 수 있다.
③ 십자형의 베인(vane)을 땅속에 압입한 후, 회전모멘트를 가해서 흙이 원통형으로 전단파괴될 때 저항모멘트를 구함으로써 비배수 전단강도를 측정하게 된다.
④ 연약점토지반에 적용된다.

해설 베인전단시험(vane shear test)
• 연약 점토 지반의 비배수 강도를 측정하는데 이용
• 비배수 조건하에서의 사면안정해석이나 구조물의 기초에서 지지력 산정에 이용
• Vane 시험시 회전 모멘트를 측정하여 비배수 강도를 구한다.

정답 065 　01 ② 02 ③ 03 ① 04 ①　　　　　　　　　　　CHAPTER 12 · 토질 조사 및 시험 　4-107

평판 재하 시험은 현장에서 강성의 재하판을 사용하여 하중을 가하고 하중과 변위와의 관계에서 기초 지반의 지지력이나 지지력 계수 또는 노상, 노반의 지지력 계수를 구하는 데 목적이 있다.

1 재하 시험에 의한 지지력

■ 지지력 계수(지반 반력 계수)

$$지지력\ 계수\ K = \frac{하중\ 강도(q)}{침하량(y)}$$

여기서, q : 재하판이 침하될 때의 하중 강도

y : 지지력 계수를 구할 때의 재하판의 침하량

보통 $y = 0.125cm$를 표준으로 한다.

$$K_{30} = 2.2K_{75} = 1.3K_{40}$$

$$K_{75} = \frac{1}{2.2}K_{30} = \frac{1}{1.7}K_{40}$$

여기서, K_{75}, K_{40}, K_{30} : 재하판의 지름이 75cm, 40cm, 30cm일 때의 지지력 계수

■ 평판 재하 시험에 의한 강도

• 항복 강도 $q_y = \dfrac{항복\ 하중(P_a)}{재하판\ 크기(A)}$

• 극한 강도 $q_u = \dfrac{극한\ 하중(P_u)}{재하판\ 크기(A)}$

■ 재하 시험에 의한 허용 지지력

• $q_t = \dfrac{항복\ 강도(q_y)}{2} = \dfrac{1}{2}\dfrac{항복\ 강도(P_a)}{재하판\ 크기(A)}$

• $q_t = \dfrac{하중\ 강도(q_u)}{3} = \dfrac{1}{3}\dfrac{극한\ 강도(P_u)}{재하판\ 크기(A)}$

∴ 둘 중 작은 값이 허용 지지력(q_t)이다.

■ 재하시험 결과에 의한 허용 지지력

• 단기 허용 지지력 : $q_a = 2q_t + \dfrac{1}{3}\gamma_t D_f N_q$

• 장기 허용 지지력 : $q_a = q_t + \dfrac{1}{3}\gamma_t D_f N_q$

여기서,

γ_t : 흙의 단위 체적 중량

D_f : 기초에 근접된 최저 지반면에서 기초 하중면까지의 깊이(m)

N_q : 기초 하중면보다 아래에 있는 지반의 토질에 따른 정수

2 평판 재하 시험에 의한 지지력과 침하량

■ 평판 재하 시험에 의한 지지력

• 점토층의 지지력은 재하판 폭에 무관하며, 모래층은 재하판 폭에 비례한다.

• 점성토 지반의 지지력 $q_u = q_{30}$

• 사질토 지반의 지지력 $q_u = q_{30} \cdot \dfrac{B}{B_{30}}$

여기서, q_{30} : 30cm 재하판의 극한 지지력

B_{30} : 재하판의 크기

q_u : 기초의 극한 지지력

B : 기초의 폭(cm)

■ 평판 재하 시험에 의한 침하량

• 점토층의 침하량은 재하판 폭에 비례하지만 모래층은 재하판 폭과는 무관하다.

• 점성토 지반의 침하량 $S = S_{30} \cdot \dfrac{B}{B_{30}}$

• 사질토 지반의 침하량 $S = S_{30}\left(\dfrac{2B}{B+0.3}\right)^2$

여기서, S : 기초의 침하량

B_{30} : 30cm 각 재하판 한 변의 길이(cm)

S_{30} : 재하 시험에 의해 결정된 침하량

B : 기초의 폭(cm)

• 재하판의 크기에 의한 영향(scale effect)

분류	재하판 폭에 비례	재하판 폭에 무관
지지력	사질토(sand) 지반	점토(clay) 지반
침하량	점토(clay) 지반	사질토(sand) 지반

■ 평판 재하 시험 결과 이용 시 유의 사항

• 시험한 지반의 토질 종단을 알아야 한다.

• 지하수위의 변동을 알아야 한다.

• 부등 침하를 고려하여야 한다.

• 예민비를 고려하여야 한다.

• 재하판의 크기에 의한 영향(scale effect)을 고려하여야 한다.

■ 평판 재하 시험을 끝내는 조건

• 침하량이 15mm에 달할 때

• 하중 강도가 그 지반의 항복점을 넘을 때

• 하중 강도가 예상되는 최대 접지 압력을 초과할 때

□□□ 기 04,22 산 06,12

01 도로지반의 평판 재하 시험에서 1.25mm 침하될 때 하중 강도가 250kN/m² 일 때 지지력 계수 K는?

① 100MN/m³   ② 200MN/m³

③ 1,000MN/m³   ④ 2,000MN/m³

해설 지지력 계수 $K = \dfrac{\text{하중 강도}(q)}{\text{침하량}(y)}$

$$= \dfrac{250}{1.25 \times \dfrac{1}{1,000}} = 200,000 \text{kN/m}^3$$

$$= 200 \text{MN/m}^3 \,(\because\, 1\text{MN} = 10^6 \text{N})$$

□□□ 기 01,03,06,16

02 어느 지반에 30cm×30cm 재하판을 이용하여 평판 재하 시험을 한 결과 항복 하중이 50kN, 극한 하중이 90kN이었다. 이 지반의 허용 지지력은 다음 중 어느 것인가?

① 556kN/m²   ② 278kN/m²

③ 1,000kN/m²   ④ 333kN/m²

해설 평판 재하 시험의 허용 지지력

· $q_t = \dfrac{\text{항복 강도}(q_y)}{2} = \dfrac{1}{2} \dfrac{\text{항복 하중}(P)}{\text{재하판 크기}(A)}$

$$= \dfrac{1}{2} \times \dfrac{50}{0.3 \times 0.3} = 277.8 \text{kN/m}^2$$

· $q_t = \dfrac{\text{극한 강도}(q_y)}{3} = \dfrac{1}{3} \dfrac{\text{항복 하중}(P)}{\text{재하판 크기}(A)}$

$$= \dfrac{1}{3} \times \dfrac{90}{0.3 \times 0.3} = 333.3 \text{kN/m}^2$$

∴ 두 값 중 작은 값이 허용 지지력 $q_t = 278 \text{kN/m}^2$ 이 된다.

□□□ 기 01,03,06,13,16,17

03 평판 재하 실험 결과로부터 지반의 허용 지지력 값은 어떻게 결정하는가?

① 항복 강도의 $\dfrac{1}{2}$, 극한 강도의 $\dfrac{1}{3}$ 중 작은 값

② 항복 강도의 $\dfrac{1}{2}$, 극한 강도의 $\dfrac{1}{3}$ 중 큰 값

③ 항복 강도의 $\dfrac{1}{3}$, 극한 강도의 $\dfrac{1}{2}$ 중 작은 값

④ 항복 강도의 $\dfrac{1}{3}$, 극한 강도의 $\dfrac{1}{2}$ 중 큰 값

해설 ㉮ $q_t = \dfrac{\text{항복 강도}(q_y)}{2}$

㉯ $q_t = \dfrac{\text{극한 강도}(q_u)}{3}$

∴㉮와 ㉯값 중 작은 값이 허용 지지력이 된다.

□□□ 기 01,06,09,14,18

04 크기가 30cm×30cm의 평판을 이용하여 사질토 위에서 평판 재하 시험을 실시하고 극한 지지력 200kN/m²을 얻었다. 크기가 1.8m×1.8m인 정사각형 기초의 총 허용 하중은? (단, 안전율 3을 사용)

① 900kN   ② 1,100kN

③ 1,300kN   ④ 1,500kN

해설 · 사질토 지반에서 지지력은 재하판의 폭에 비례한다.

$$0.30 : 200 = 1.8 : q_u$$

∴ 극한 지지력 $q_u = \dfrac{1.8}{0.30} \times 200 = 1,200 \text{kN/m}^2$

· 극한 하중 $Q_u = q_u \times A$

$$= 1,200 \times 1.8 \times 1.8 = 3,888 \text{kN}$$

∴ 총 허용 하중 $Q_a = \dfrac{Q_u}{F_s} = \dfrac{3,888}{3} = 1,296 \text{kN} = 1,300 \text{kN}$

□□□ 기 03,09

05 연약 점토 지반에 말뚝을 시공하는 경우, 말뚝을 타입한 후 어느 정도 기간이 경과한 후에 재하 시험을 하게 된다. 그 이유로 가장 적합한 것은?

① 말뚝 타입 시 말뚝 자체가 받는 충격에 의해 두부의 손상이 발생할 수 있어 안정화에 시간이 걸리기 때문이다.
② 말뚝에 주면 마찰력이 발생하기 때문이다.
③ 말뚝에 부마찰력이 발생하기 때문이다.
④ 말뚝 타입 시 교란된 점토의 강도가 원래대로 회복하는 데 시간이 걸리기 때문이다.

해설 말뚝의 재하 시험 시 연약 점토 지반인 경우는 Pile의 타입 시 말뚝 주변의 흙이 교란되어 강도가 저하되므로 이 강도가 회복(thixotrophy)되는 20일 이상 지난 후 말뚝 재하 시험을 한다.

□□□ 기 97,98,03,10 산 85,92,98

06 도로의 평판 재하 시험이 끝나는 다음 조건 중 옳지 않은 것은?

① 완전히 침하가 멈출 때
② 침하량이 15mm에 달할 때
③ 하중 강도가 그 지반의 항복점을 넘을 때
④ 하중 강도가 현장에서 예상되는 최대 접지 압력을 초과할 때

해설 평판 재하 시험을 끝내는 조건
· 침하량이 15mm에 달할 때
· 하중 강도가 그 지반의 항복점을 넘을 때
· 하중 강도가 예상되는 최대 접지 압력을 초과할 때

07 사질토 지반에서 직경 30cm의 평판 재하 시험 결과 300kPa의 압력이 작용할 때 침하량이 10mm라면, 직경 1.5m의 실제 기초에 300kPa의 하중이 작용할 때 침하량의 크기는?

① 28mm　　　　② 50mm
③ 14mm　　　　④ 25mm

해설 사질토 지반의 침하량

$$S = S_{0.3}\left(\frac{2B}{B+0.3}\right)^2$$
$$= 10 \times \left(\frac{2 \times 1.5}{1.5+0.3}\right)^2 = 28mm$$

08 모래 지반에 30cm×30cm의 재하판으로 재하 실험을 한 결과 100kN/m²의 극한 지지력을 얻었다. 4m×4m의 기초를 설치할 때 기대되는 극한 지지력은?

① 100kN/m²　　　　② 1,000kN/m²
③ 1,333kN/m²　　　　④ 1,540kN/m²

해설 모래 지반에서 지지력은 재하판의 폭에 비례한다.
$$0.30 : 10 = 4 : q_u$$
$$\therefore \text{극한지지력}\ q_u = \frac{4}{0.30} \times 100 = 1,333kN/m^2$$

09 평판 재하 실험에서 재하판의 크기에 의한 영향(scale effect)에 관한 설명 중 틀린 것은?

① 사질토 지반의 지지력은 재하판의 폭에 비례한다.
② 점토 지반의 지지력은 재하판의 폭에 무관하다.
③ 사질토 지반의 침하량은 재하판의 폭이 커지면 약간 커지기는 하지만 비례하는 정도는 아니다.
④ 점토 지반의 침하량은 재하판의 폭에 무관하다.

해설 점토 지반의 침하량은 재하판의 폭에 비례한다.

10 직경 30cm의 평판재하시험에서 작용압력이 300kPa일 때 평판의 침하량이 30mm이었다면, 직경 3m의 실제 기초에 300kPa의 압력이 작용할 때의 침하량은?
(단, 지반은 사질토 지반이다.)

① 30mm　　　　② 99.2mm
③ 187.4mm　　　　④ 300mm

해설 ・ $S_F = S_P\left(\frac{2B_F}{B_F + B_P}\right)^2 = 30 \times \left(\frac{2 \times 3}{3+0.3}\right)^2 = 99.2mm$

11 말뚝재하시험시 연약점토지반인 경우는 pile 타입 후 20여 일이 지난 다음 말뚝재하시험을 한다. 그 이유는?

① 주면마찰력이 너무 크게 작용하기 때문에
② 부마찰력이 생겼기 때문에
③ 타입시 주변이 교란되었기 때문에
④ 주위가 압축되었기 때문에

해설 연약점토지반에 말뚝을 타입하면 지반이 교란되어 강도가 저하되므로 이 강도가 회복(thixotropy)되는 20일 이상 지난 후 말뚝재하시험을 실시한다.

067 직접(얕은) 기초의 분류

■ 기초의 분류

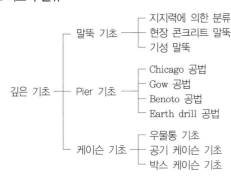

■ 기초의 깊이와 폭

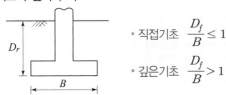

- 직접기초 $\dfrac{D_f}{B} \leq 1$
- 깊은기초 $\dfrac{D_f}{B} > 1$

■ 기초의 구비 조건

- 기초의 시공이 가능할 것
- 최소 근입 깊이를 유지할 것
- 침하가 허용치를 초과하지 않을 것
- 상부 하중을 안전하게 지지할 것
- 기초 깊이는 동결 깊이 이하일 것

□□□ 기 93,98,16

01 기초의 구비 조건에 대한 설명 중 틀린 것은 어느 것인가?

① 기초 깊이는 동결 깊이 이하이어야 한다.
② 상부 하중을 안전하게 지지해야 한다.
③ 기초는 전체 침하나 부등 침하가 전혀 없어야 한다.
④ 기초는 기술적 경제적으로 만족되고 시공 가능한 것이어야 한다.

해설 전체 침하나 부등 침하가 허용치를 넘지 않을 것

068 직접 기초의 지지력

■ 지지력

- 극한 지지력(q_{ult}, q_u) : 기초 아래의 지반이 상부 구조물을 지지할 수 있는 최대의 능력
- 허용 지지력(q_{all}, q_a) : 극한 지지력을 안전율로 나눈 값을 말하며 보통 안전율 $F_s = 3$을 사용한다.
- 허용 지내력 : 허용 지지력과 허용 침하량에 따른 지지력을 비교해서 적은 쪽을 허용 지내력이라 한다.

■ 얕은 기초의 지지력에 영향을 미치는 요소

- 지반의 경사 : 경사지에 건설하는 푸팅은 풍화 작용을 고려하여 경사면에서 최소한 $60 \sim 100\text{cm}$ 정도 떨어져야 한다.
- 기초의 깊이 : 동결 작용을 받지 않은 경우라도 풍화 작용 때문에 지표면에서 보통 1.2m 정도 기초 깊이를 두어야 한다.
- 기초의 지지력 : $q_d = \alpha c N_c + \beta \gamma_1 B N_\gamma + \gamma_2 D_f N_g$
  (α, β : 기초의 형상 계수)

■ 연속 기초의 편심 하중

$$\sigma_{\max} = \frac{V}{B}\left(1 + \frac{6e}{B}\right) \qquad \sigma_{\min} = \frac{V}{B}\left(1 - \frac{6e}{B}\right)$$

여기서, $\sigma_{\max}$: 최대 압축 응력 $\sigma_{\min}$: 최소 압축 응력
  V : 연직 하중 B : 기초 폭
  e : 편심 거리

□□□ 기 05,12

01 다음은 직접 기초의 지지력 감소 요인으로서 적당하지 않은 것은?

① 편심 하중
② 경사 허용
③ 부마찰력
④ 지하수위의 상승

해설 부마찰력은 직접 기초가 아닌 말뚝 기초에서 발생하며 지지력이 크게 감소하는 요인이 된다.

□□□ 기 89,13

02 기초 폭 4m인 연속 기초에서 기초면에 작용하는 합력이 연직 성분은 100kN이고 편심 거리가 0.4m일 때, 기초 지반에 작용하는 최대 압력은?

① 200kN/m^2
② 40kN/m^2
③ 60kN/m^2
④ 80kN/m^2

해설 $\sigma_{\max} = \dfrac{V}{B}\left(1 + \dfrac{6e}{B}\right) = \dfrac{100}{4}\left(1 + \dfrac{6 \times 0.4}{4}\right) = 40\text{kN/m}^2$

Terzaghi는 연속 기초에 대하여 극한 하중 아래의 파괴면을 다음과 같이 가정하였다.

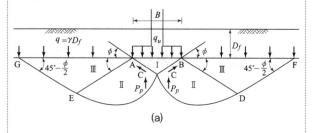

(a)

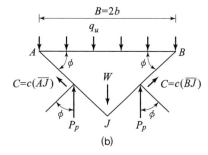

(b)

■ Terzaghi에 의하여 제안된 파괴 형상
• 전반 전단(General shear)일 때의 파괴 형상
• 영역 Ⅰ : 탄성 영역
• 영역 Ⅱ : 방사 전단 영역, 원호 전단 영역
• 영역 Ⅲ : Rankine의 수동 영역
• 영역 Ⅲ : 수평선과 $45° - \dfrac{\phi}{2}$ 의 각을 이룬다.
• 파괴 순서는 Ⅰ → Ⅱ → Ⅲ

01 다음 그림은 얕은 기초의 파괴 영역이다. 설명이 옳은 것은?

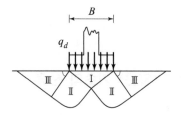

① 파괴 순서는 Ⅲ → Ⅱ → Ⅰ 이다.
② 영역 Ⅲ에서 수평면과 $45° + \phi/2$의 각을 이룬다.
③ 영역 Ⅲ은 수동 영역이다.
④ 국부 전단 파괴의 형상이다.

해설 ・파괴 순서는 Ⅰ → Ⅱ → Ⅲ으로 된다.
・영역 Ⅲ에서 수평면과 $45° - \dfrac{\phi}{2}$ 의 기울 각을 이룬다.
・영역 Ⅰ : 탄성 영역
 영역 Ⅱ : 방사 방향의 전단 영역
 영역 Ⅲ : Rankine의 수동 영역
・기초면이 거친 줄 기초의 전반 전단 파괴 형태이다.

02 그림은 확대 기초를 설치했을 때 지반의 전단 파괴 형상을 가정(Terzaghi의 가정)한 것이다. 다음 설명 중 옳지 않은 것은?

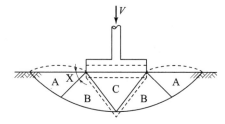

① 전반 전단(General Shear)일 때의 파괴 형상이다.
② 파괴 순서는 C - B - A이다.
③ A 영역에서 각 X는 수평선과 $45° + \dfrac{\phi}{2}$ 의 각을 이룬다.
④ C 영역은 탄성 영역이며 A 영역은 수동 영역이다.

해설 A 영역에서 각 X는 수평선과 $45° - \dfrac{\phi}{2}$ 의 각을 이룬다.

070 Terzaghi의 극한 지지력

Terzaghi의 극한 지지력 공식

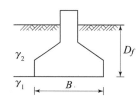

Terzaghi는 지지력 계수 N_c, N_q, N_r가 내부 마찰각(ϕ)과 흙의 토압 계수(K_{pr})에 의해 의존한다고 제시함

$$q_u = \alpha c N_c + \beta \gamma_1 B N_r + \gamma_2 D_1 N_q$$

여기서,

N_c, N_r, N_q : 지지력 계수(ϕ의 함수)

c : 기초 저면 흙의 점착력(kN/m^2)

γ_1 : 기초 저면 흙의 단위 중량(kN/m^3)

γ_2 : 근입 깊이 흙의 단위 중량(kN/m^3)

α, β : 기초의 형상계수

B : 기초의 폭(m)

D_f : 근입 깊이(m)

형상 계수 α, β

구분	연속	정사각형	직사각형	원형
α	1.0	1.3	$1 + 0.3\dfrac{B}{L}$	1.3
β	0.5	0.4	$0.5 - 0.1\dfrac{B}{L}$	0.3

단, B : 구형의 단변 길이, L : 구형의 장변 길이

Terzaghi의 극한 지지력 특징

• α, β는 형상 계수로서 기초의 형태에 따라 정해진다.
• γ_1, γ_2는 흙의 단위 중량으로서 지하수위 아래에서는 수중 단위 중량을 사용한다.
• 지지력 계수 N_c, N_q, N_r는 흙의 내부 마찰각(ϕ)과 흙의 토압 계수(K_{pr})에 의해 결정된다.
• 허용 지지력 q_a는 극한 지지력 q_u의 $\dfrac{1}{3}$을 취하는 것이 보통이다.

□□□ 기 05

01 기초의 지지력을 구하는 Terzaghi의 극한 지지력 공식 $q_{ult} = c N_c + \dfrac{1}{2}\gamma_1 B N_r + D \gamma_2 N_q$가 사용된다. 흙의 내부 마찰각 $\phi = 0$인 경우 지지력 계수 N_c, N_r, N_q 중에서 0이 되는 계수는?

① N_c, N_q, N_r ② N_c
③ N_q ④ N_r

해설 흙의 내부 마찰각 $\phi = 0$일 때 지지력 계수 $N_r = 0$이다.

□□□ 기 91,95,05,21

02 Terzaghi의 수정 지지력 공식 $q_u = \alpha c N_c + \beta \gamma_1 B N_r + \gamma_2 D_1 N_q$에 관한 다음 설명 중 틀린 것은?

① α, β는 형상 계수로서 기초의 형태에 따라 정해진다.
② γ_1, γ_2는 흙의 단위 중량으로서 지하수위 아래에서는 수중 단위 중량을 사용한다.
③ N_c, N_q, N_r는 마찰 계수로서 마찰각과 점착력의 함수이다.
④ 허용 지지력 q_a는 극한 지지력 q_{ult}의 $\dfrac{1}{3}$을 취하는 것이 보통이다.

해설 지지력 계수 N_c, N_r, N_q는 흙의 내부 마찰각(ϕ)에 의해 결정된다.

□□□ 기 92,94,13,18

03 Terzaghi의 극한 지지력 공식에 대한 설명으로 틀린 것은?

① 기초의 형상에 따라 형상 계수를 고려하고 있다.
② 지지력 계수 N_c, N_q, N_r는 내부 마찰각에 의해 결정된다.
③ 점성토에서의 극한 지지력은 기초의 근입 깊이가 깊어지면 증가된다.
④ 극한 지지력은 기초의 폭에 관계없이 기초 하부의 흙에 의해 결정된다.

해설 $q_u = \alpha c N_c + \beta \gamma_1 B N_\gamma + \gamma_2 D_1 N_q$: 극한 지지력은 기초 폭과 근입 깊이(D_f)에 따라 증가하고 흙의 상태에 따라 변화한다.

---

071 지하수위의 영향

기초 깊이 부분에 지하수위가 있는 경우는 지하수위의 위치에 따라 흙의 단위 중량을 구하여 지지력 공식을 수정한다.

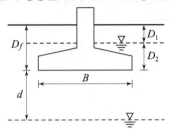

■ $0 \leq D_1 \leq D_f$인 경우

• 지하수위가 기초의 근입 깊이 D_f 사이에 있을 때

• $\gamma_1 = \gamma_{\text{sat}} - \gamma_w = \gamma_{\text{sub}}$

• $\gamma_2 D_f = D_1 \gamma_t + D_2 \gamma_{\text{sub}}$

• $q_u = \alpha c N_c + \beta \gamma_1 B N_r + \gamma_2 D_f N_q$
$= \alpha c N_c + \beta \gamma_{\text{sub}} B N_r + (D_1 \gamma_t + D_2 \gamma_{\text{sub}}) N_q$

■ $d < B$인 경우

• 지하수위가 기초의 근입 깊이 D_f 부분에 있는 경우

• $\gamma_1 = \gamma_{\text{sub}} + \dfrac{d}{B}(\gamma_t - \gamma_{\text{sub}})$

• $\gamma_2 = \gamma_t$

• $q_u = \alpha c N_c + \beta \gamma_1 B N_r + \gamma_2 D_f N_q$
$= \alpha c N_c + \beta \left[\gamma_{\text{sub}} + \dfrac{d}{B}(\gamma_t - \gamma_{\text{sub}}) \right] B N_r + \gamma_t D_f N_q$

■ $d \geq B$인 경우

• 지하수위의 위치가 $d > B$인 경우는 지지력 공식에 영향이 없다.

• $q_u = \alpha c N_c + \beta \gamma_1 B N_r + \gamma_2 D_f N_q$

01 그림과 같이 3m × 3m 크기의 정사각형 기초가 있다. Terzaghi 지지력공식 $q_u = 1.3 c N_c + \gamma_1 D_f N_q + 0.4 \gamma_2 B N_\gamma$ 을 이용하여 극한지지력을 산정할 때, 사용되는 흙의 단위 중량 γ_2의 값은?

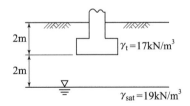

① 9kN/m^2
② 11.7kN/m^2
③ 14.3kN/m^2
④ 17kN/m^2

해설 $(d = 2\text{m}) < (B = 3\text{m})$

$\gamma_{\text{sub}} = \gamma_{\text{sat}} - \gamma_w = 19 - 9.81 = 9.19\text{kN/m}^3$

$\gamma_2 = \gamma_{\text{sub}} + \dfrac{d}{B}(\gamma_1 - \gamma_{\text{sub}}) = 9.19 + \dfrac{2}{3}(17 - 9.19) = 14.4\text{kN/m}^2$

02 3m×3m 크기의 정사각형 기초의 극한 지지력을 Terzaghi 공식으로 구하면?
(단, 지하수위는 기초 바닥 깊이와 같다. 흙의 마찰각 20°, 점 착력 50kN/m², 습윤 단위 중량 17kN/m³ 이고, 지하수위 아래 흙의 포화 단위 중량은 19kN/m³ 이다. 물의 단위중량 γ_w =9.81kN/m³, 지지력 계수 $N_c = 18$, $N_r = 5$, $N_q = 7.5$이다.)

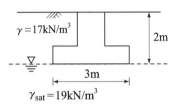

① $1,480\text{kN/m}^2$
② $1,231\text{kN/m}^2$
③ $1,539\text{kN/m}^2$
④ $1,337\text{kN/m}^2$

해설 $(D_1 = 2\text{m}) \leq (D_f = 2\text{m})$

• $q_u = \alpha c N_c + \beta \gamma_1 B N_r + \gamma_2 D_f N_q$

• 정사각형 기초: $\alpha = 1.3$, $\beta = 0.4$이다.

∴ $q_u = 1.3 \times 50 \times 18 + 0.4 \times (19 - 9.81) \times 3 \times 5 + 17 \times 2 \times 7.5$
$= 1,480\text{kN/m}^2$

03 연속 기초에 대한 Terzaghi의 극한 지지력 공식은 $q_u = c N_c + 0.5 \gamma_1 B N_\gamma + \gamma_2 D_f N_q$로 나타낼 수 있다. 아래 그림과 같은 경우 극한 지지력 공식의 두 번째 항의 단위 중량 γ_1의 값은? (단, $\gamma_w = 9.81\text{kN/m}^3$)

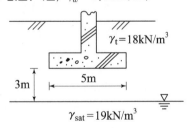

① 14.5kN/m^3
② 16.0kN/m^3
③ 17.4kN/m^3
④ 18.2kN/m^3

해설 $d < B$인 경우

$\gamma_1 = \gamma_{\text{sub}} + \dfrac{d}{B}(\gamma_t - \gamma_{\text{sub}})$

$\gamma_{\text{sub}} = \gamma_{\text{sat}} - \gamma_w = 19 - 9.81 = 9.19\text{kN/m}^3$

$\gamma_1 = 9.19 + \dfrac{3}{5}(18 - 9.19) = 14.5\text{kN/m}^3$

072 · 허용 지지력의 산정 방법

■ 전 허용 지지력

$$q_a = \frac{q_u}{F_s}$$

■ 순 허용 지지력

$$q_{a(net)} = \frac{q_{u(net)}}{F_s} = \frac{q_u - q}{F_s}$$

■ 극한 지지력

$$q_u = \alpha c N_c + \beta \gamma_1 B N_r + \gamma_2 D_f N_q$$

■ 순 극한 지지력

$$q_{a(net)} = q_u - q = q_u - \gamma D_f$$

여기서, q_a : 전 허용 지지력

q_u : 극한 지지력

$q_{u(net)}$: 순수한 지지력

F_s : 안전율

D_f : 기초의 근입 깊이

■ 허용 총 하중

허용 총 하중 $Q_{all} = q_a \cdot A$

여기서, A : 단면적

□□□ 기 90,96,00,02,11,14

01 그림에서 정사각형 독립 기초 2.5m×2.5m가 실트질 모래 위에 시공되었다. 이때 근입 깊이가 1.50m인 경우 허용 지지력은? (단, $N_c = 35$, $N_r = N_q = 20$)

① 250kN/m²
② 300kN/m²
③ 350kN/m²
④ 450kN/m²

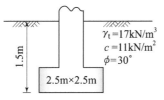

$\gamma_t = 17\text{kN/m}^3$
$c = 11\text{kN/m}^2$
$\phi = 30°$

2.5m×2.5m

해설 $q_u = \alpha c N_c + \beta \gamma_1 B N_r + \gamma_2 D_f N_q$

• 정사각형 기초 : $\alpha = 1.3$, $\beta = 0.4$이다.

∴ $q_u = 1.3 \times 11 \times 35 + 0.4 \times 17 \times 2.5 \times 20 + 17 \times 1.5 \times 20$

$= 1,350.5\text{kN/m}^2$

• 허용 지지력 $q_a = \frac{q_u}{F_s} = \frac{1,350.5}{3} = 450.2\text{kN/m}^2$

□□□ 기 97,98,01,05,07,11,14,18

02 다음 그림과 같이 점토질 지반에 연속 기초가 설치되어 있다. Terzaghi 공식에 의한 이 기초의 허용 지지력 q_a는 얼마인가? (단, $\phi = 0$이며, 폭(B) = 2m, $N_c = 5.14$, $N_q = 1.0$, $N_r = 0$, 안전율 $F_s = 3$이다.)

① 64kN/m²
② 135kN/m²
③ 185kN/m²
④ 404.9kN/m²

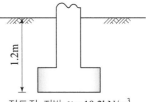

1.2m

점토질 지반 $\gamma = 19.2\text{kN/m}^3$
일축 압축 강도 $q_u = 148.6\text{kN/m}^2$

해설 $q_u = \alpha c N_c + \beta \gamma_1 B N_r + \gamma_2 D_f N_q$

• 연속 기초 : $\alpha = 1.0$, $\beta = 0.5$

• $\phi = 0$일 때 점착력 $c = \frac{q_u}{2} = \frac{148.6}{2} = 74.3\text{kN/m}^2$

∴ $q_u = 1 \times 74.3 \times 5.14 + 0 + 19.2 \times 1.2 \times 1 = 404.9\text{kN/m}^2$

• 허용 지지력 $q_a = \frac{q_u}{F_s} = \frac{404.9}{3} = 135\text{kN/m}^2$

□□□ 기 98,02

03 그림과 같은 1.5m×1.5m의 정방형 기초가 받을 수 있는 허용 하중은 얼마인가? (단, Terzaghi의 전면 전단 파괴 공식을 이용하고 안전율은 3, 흙의 단위 중량은 18.5 kN/m³, 내부 마찰각은 25°, 점착력은 0.02MPa, $N_c = 23$, $N_q = 12$, $N_r = 10$이다.)

① 326kN
② 698kN
③ 884kN
④ 2,095kN

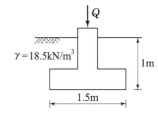

Q

$\gamma = 18.5\text{kN/m}^3$

1m

1.5m

해설 $q_u = \alpha c N_c + \beta \gamma_1 B N_r + \gamma_2 D_f N_q$

• 점착력 $c = 0.02\text{MPa} = 20\text{kN/m}^2$

• $q_u = 1.3 \times 20 \times 23 + 0.4 \times 18.5 \times 1.5 \times 10 + 18.5 \times 1.0 \times 12$

$= 931\text{kN/m}^2$

• $q_a = \frac{q_u}{F_s} = \frac{931}{3} = 310\text{kN/m}^2$

∴ $Q_{all} = q_a \cdot A = 310 \times 1.5 \times 1.5 = 698\text{kN}$

☐☐☐ 기99,06,10,15

04 2m× 2m 정방형 기초가 1.5m 깊이에 있다. 이 흙의 단위 중량 $\gamma = 17kN/m^3$, 점착력 $c = 0$ 이며 $N_r = 19$, $N_q = 22$이다. Terzaghi의 공식을 이용하여 전 허용 하중(Q_{all})을 구한 값은? (단, 안정율 $F_S = 3$으로 한다.)

① 2730kN   ② 546kN

③ 819kN   ④ 1093kN

해설 $q_u = \alpha c N_c + \beta \gamma_1 B N_r + \gamma_2 D_f N_q$

- 정사각형 기초 : $\alpha = 1.3$, $\beta = 0.4$
- $q_u = 0 + 0.4 \times 17 \times 2 \times 19 + 17 \times 1.5 \times 22 = 819.4 kN/m^2$
- $q_a = \dfrac{q_u}{F_s} = \dfrac{819.4}{3} = 273.13 kN/m^2$
- $\therefore Q_{all} = q_a \cdot A = 273.13 \times 2 \times 2 = 1,093 kN$

☐☐☐ 기13,16 산12

05 4m×4m 크기인 정사각형 기초를 내부 마찰각 $\phi = 20°$, 점착력 $c = 30 kN/m^2$ 인 지반에 설치하였다. 흙의 단위 중량(γ)=$19 kN/m^3$ 이고, 안전율을 3으로 할 때 기초의 허용 하중을 Terzaghi 지지력 공식으로 구하면? (단, 기초의 깊이는 1m이고, 전반 전단 파괴가 발생한다고 가정하며, $N_c = 17.69$, $N_q = 7.44$, $N_r = 4.97$이다.)

① 4,780kN   ② 5,240kN

③ 5,670kN   ④ 6,210kN

해설 $q_u = \alpha c N_c + \beta \gamma_1 B N_r + \gamma_2 D_f N_q$

$= 1.3 \times 30 \times 17.69 + 0.4 \times 19 \times 4 \times 4.97 + 19 \times 1 \times 7.44$

$= 982.4 kN/m^2$

- $P = \dfrac{q_u A}{F_s} = \dfrac{982.4 \times (4 \times 4)}{3} = 5,240 kN$

☐☐☐ 기01,04,07,10

06 크기가 1.5m×1.5m인 직접 기초가 있다. 근입 깊이가 1.0m일 때 기초가 받을 수 있는 최대 허용 하중을 Terzaghi 방법에 의하여 구하면? (단, 기초 지반의 점착력은 15kN/m², 단위 중량은 18kN/m³, 마찰각은 20°이고 이 때의 지지력 계수는 $N_c = 17.69$, $N_q = 7.44$, $N_r = 3.64$ 이며, 허용 지지력에 대한 안전율은 4.0으로 한다.)

① 약 290kN   ② 약 390kN

③ 약 490kN   ④ 약 590kN

해설 $q_u = \alpha c N_c + \beta \gamma_1 B N_r + \gamma_2 D_f N_q$

- 정사각형 기초 : $\alpha = 1.3$, $\beta = 0.4$
- $q_u = 1.3 \times 15 \times 17.69 + 0.4 \times 18 \times 1.5 \times 3.64 + 18 \times 1.0 \times 7.44$

$= 518.19 kN/m^2$

- 극한 하중 $Q_u = q_u \times A = 518.19 \times 1.5 \times 1.5 = 1,165.93 kN$
- $\therefore$ 최대 허용 하중 $Q_{all} = \dfrac{Q_u}{F_s} = \dfrac{1,165.93}{4.0} = 291.5 kN$

☐☐☐ 기96,03,06

07 $c = 0$, $\phi = 30°$, $\gamma_t = 18 kN/m^3$인 사질토 지반 위에 근입깊이 1.5m의 정방형 기초가 놓여 있다. 이때 이 기초의 도심에 1,500kN의 하중이 작용하고 지하수위 영향은 없다고 본다. 이 기초의 가장 경제적인 폭 B의 값은? (단, Terzaghi의 지지력 공식을 이용하고 안전율은 $F_S = 3$, 형상 계수 $\alpha = 1.3$, $\beta = 0.4$, $\phi = 30°$일 때 지지력 계수는 $N_c = 37$, $N_q = 23$, $N_r = 20$이다.)

① 3.8m   ② 3.4m

③ 2.9m   ④ 2.2m

해설   • 정사각형 기초 : $\alpha = 1.3$, $\beta = 0.4$이다.

- $q_u = \alpha c N_c + \beta \gamma_1 B N_r + \gamma_2 D_f N_q$

$= 0 + 0.4 \times 18 \times B \times 20 + 18 \times 1.5 \times 23$

$= 144B + 621$

- $q_a = \dfrac{q_u}{F_s} = \dfrac{144B + 621}{3} > q$
- $q = \dfrac{Q}{B^2} = \dfrac{1500}{B^2} = \dfrac{144B + 621}{3}$ 에서

$B^2(144B + 621) = 1,500 \times 3$

$B^3 + 4.3125B^2 - 31.25 = 0$

$\therefore B = 2.2m$

참고   [계산기 $f_x 570 ES$] SOLVE 사용법

$\dfrac{150}{B^2} = \dfrac{144B + 621}{3}$

먼저 $\dfrac{150}{ALPHA \, X^2}$ ☞ ALPHA ☞ SOLVE= ☞

$\dfrac{1500}{ALPHA \, X^2} = \dfrac{144 \times ALPHA \, X + 621}{3}$

☞ SHIFT ☞ SOLVE ☞ = ☞ 잠시 기다리면

$X = 2.1985$ $\therefore B = 2.2m$

☐☐☐ 기01

08 그림과 같은 정방형 독립 기초가 450kN의 하중을 도심에 받고 있을 때 기초 폭 B는 얼마인가? (단, $F_s = 3$ 사용하며 $N_c = 35$, $N_r = N_q = 20$)

① 2.0m
② 2.3m
③ 1.1m
④ 3.0m

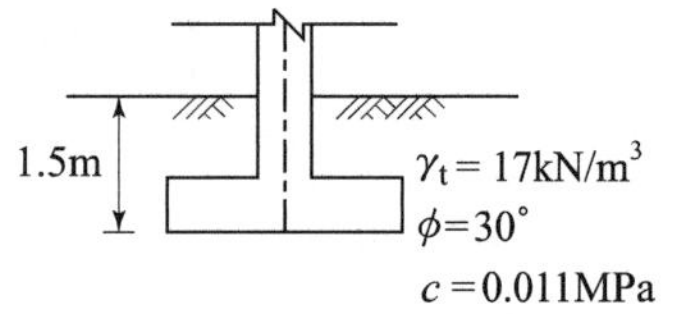

해설   • 정사각형 기초 : $\alpha = 1.3$, $\beta = 0.4$

- 점착력 $c = 0.011 MPa = 11 kN/m^2$
- $q_u = \alpha c N_c + \beta \gamma_1 B N_c + \gamma_2 D_f N_q$

$= 1.3 \times 11 \times 35 + 0.4 \times 17 \times B \times 20 + 17 \times 1.5 \times 20$

$= 136B + 1,010.5$

- $q_a = \dfrac{q_u}{F_s} = \dfrac{136B + 1,010.5}{3} = \dfrac{450}{B^2}$
- $\therefore B = 1.1m$

□□□ 기98,07,10

09 다음 그림과 같은 정방형 기초에서 안전율을 3으로 할 때 Terzaghi 공식을 사용하여 지지력을 구하고자 한다. 이때 안전율 한 변의 최소 길이는? (단, 흙의 전단 강도 $c = 60kN/m^2$, $\phi = 0$, 흙의 습윤 및 포화 단위 중량은 각각 $19kN/m^3$, $20kN/m^3$, $N_c = 5.7$, $N_q = 1.0$, $N_r = 0$이다.)

① 1.115m
② 1.432m
③ 1.512m
④ 1.624m

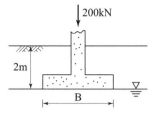

해설 $q_u = \alpha c N_c + \beta \gamma_1 B N_r + \gamma_2 D_f N_q$

• 정사각형 기초 : $\alpha = 1.3$, $\beta = 0.4$
• $q_u = 1.3 \times 60 \times 5.7 + 0.4 \times (20 - 9.81) B \times 0 + 19 \times 2 \times 1.0$
$= 482.6 kN/m^2$
• $q_a = \dfrac{q_u}{F_s} = \dfrac{482.6}{3} = 160.9 kN/m^2 > q$
• $q = \dfrac{Q}{B^2}$ 에서
$\therefore B = \sqrt{\dfrac{Q}{q_a}} = \sqrt{\dfrac{200}{160.9}} = 1.115 m$

□□□ 기17

10 얕은 기초에 대한 Terzaghi의 수정지지력 공식은 아래의 표와 같다. 4m×5m의 직사각형 기초를 사용할 경우 형상계수 α와 β의 값으로 옳은 것은?

$$q_u = \alpha c N_c + \beta \gamma_1 B N_\gamma + \gamma_2 D_f N_q$$

① $\alpha = 1.2$, $\beta = 0.4$
② $\alpha = 1.28$, $\beta = 0.42$
③ $\alpha = 1.24$, $\beta = 0.42$
④ $\alpha = 1.32$, $\beta = 0.38$

해설 • 직사각형 형상계수
$\alpha = 1 + 0.3 \dfrac{B}{L} = 1 + 0.3 \times \dfrac{4}{5} = 1.24$
$\beta = 0.5 - 0.1 \dfrac{B}{L} = 0.5 - 0.1 \times \dfrac{4}{5} = 0.42$

• 형상계수 α, β

구분	연속	정사각형	직사각형	원형
α	1.0	1.3	$1 + 0.3 \dfrac{B}{L}$	1.3
β	0.5	0.4	$0.5 - 0.1 \dfrac{B}{L}$	0.3

(단, B : 구형의 단변길이, L : 구형의 장변 길이)

---

073 Meyerhof의 극한 지지력

■ Meyerhof(1963년)의 극한 지지력 공식에 포함되는 계수
• 형상 계수(De Beer에 의해 제안) : 기초의 모양을 고려한 계수
• 깊이 계수(Hansen 제안) : 기초 저면 위 파괴면의 전단 저항을 고려한 계수
• 경사 계수(Meyerhof제안) : 기초 중심에 대해 하중의 방향을 고려한 계수

■ Meyerhof의 극한 지지력

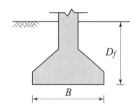

$$q_u = 3NB\left(1 + \dfrac{D_f}{B}\right)$$

여기서, N : 표준 관입 시험치
B : footing의 폭
D_f : 기초의 근입 깊이

□□□ 기00,04,15

01 기초 폭 4m의 연속 기초를 지표면 아래 3m 위치한 모래지반에 설치하려고 한다. 이때 표준 관입 시험 결과에 의한 사질 지반의 평균 N 값이 10일 때 극한 지지력은? (단, Meyerhof 공식 사용)

① $420t/m^2$
② $210t/m^2$
③ $105t/m^2$
④ $75t/m^2$

해설 Meyerhof의 극한 지지력
$q_u = 3NB\left(1 + \dfrac{D_f}{B}\right)$
$= 3 \times 10 \times 4 \times \left(1 + \dfrac{3}{4}\right) = 210t/m^2 = 2,100 kN/m^2$

□□□ 기10

02 Meyerhof의 일반 지지력 공식에 포함되는 계수가 아닌 것은?

① 국부 전단 계수
② 근입 깊이 계수
③ 경사 하중 계수
④ 형상 계수

해설 Meyerhof의 극한 지지력 공식에 포함되는 계수
• 형상 계수 : 기초의 모양을 고려한 계수
• 깊이 계수 : 기초 저면 위 파괴면의 전단 저항을 고려한 계수
• 경사 계수 : 기초 중심에 대해 하중의 방향을 고려한 계수

074 보상 기초

- 완전 보상 기초(fully compensated foundation)
  전면 기초 밑에 있는 흙에 응력이 전혀 생기지 않는 기초($q=0$)

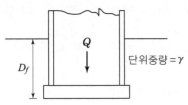

$$q_{all} = \frac{Q}{A} - \gamma \cdot D_f$$

여기서, q_{all} : 순압력
Q : 구조물의 사하중 + 활하중
A : 전면 기초의 단면적
γ : 흙의 단위 중량
D_f : 근입 깊이

- 완전 보상 기초의 근입 깊이

$$D_f = \frac{Q}{A\gamma} \quad (q = \frac{Q}{A} - \gamma \cdot D_f \text{ 에서})$$

□□□ 기13,16

01 그림과 같은 20m×30m 전면 기초인 부분 보상 기초 (partially compensated foundation)의 지지력 파괴에 대한 안전율은?

① 3.0
② 2.5
③ 2.0
④ 1.5

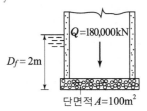

해설 $F_s = \dfrac{q_{u(net)}}{\dfrac{Q}{A} - \gamma \cdot D_f}$

$= \dfrac{225}{\dfrac{150,000}{20 \times 30} - 20 \times 5} = 1.5$

□□□ 기97,00

02 크기가 30m×40m인 전면기초가 점성토 지반 위에 설치되었다. 기초에 작용하는 하중의 합이 180,000kN이고, 점성토의 단위중량이 20kN/m³일 때, 완전 보상기초(compensated foundation)가 되기 위한 기초의 깊이를 구하면?

① 7.5m
② 15m
③ 3.75m
④ 6m

해설 순 압력 $q_{all} = \dfrac{Q}{A} - \gamma \cdot D_f = 0$에서

$= \dfrac{180,000}{30 \times 40} - 20 \times D_f = 0$

∴ 깊이 $D_f = 7.5$m

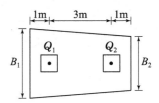

□□□ 기15

03 두 개의 기둥하중 $Q_1 = 300$kN, $Q_2 = 200$kN을 받기 위한 사다리꼴 기초의 폭 B_1, B_2를 구하면? (단, 지반의 허용지지력 $q_a = 20$kN/m²)

① $B_1 = 7.2$m $B_2 = 2.8$m
② $B_1 = 7.8$m $B_2 = 2.2$m
③ $B_1 = 6.2$m $B_2 = 3.8$m
④ $B_1 = 6.8$m $B_2 = 3.2$m

해설 ■ $\dfrac{Q_1 \cdot S}{Q_1 + Q_2} = \dfrac{L}{3} \cdot \dfrac{2B_1 + B_2}{B_1 + B_2} - a$

· $\dfrac{300 \times 3}{300 + 200} = \dfrac{5}{3} \times \dfrac{2B_1 + B_2}{B_1 + B_2} - 1$

$\dfrac{2B_1 + B_2}{B_1 + B_2} = 1.68$ ·························· (1)

■ $\dfrac{B_1 + B_2}{2} \cdot L = \dfrac{Q_1 + Q_2}{f_e}$

· $\dfrac{B_1 + B_2}{2} \times 5 = \dfrac{300 + 200}{20} = 25$

$B_1 + B_2 = 10$, $B_1 = 10 - B_2$ ·········· (2)

①과 ②에서 $B_1 = 6.8$m, $B_2 = 3.2$m

075 　기초의 침하

■ 기초의 탄성 침하량

$$탄성 침하량 \ S_i = q \cdot B \frac{1-\mu^2}{E} I_S$$

여기서, q : 기초의 하중 강도(t/m^2)
　　　　 B : 기초의 폭(m)
　　　　 μ : 지반의 포아송비
　　　　 E : 흙의 탄성 계수
　　　　 I_S : 침하에 의한 영향값

■ 구조물의 침하

침하에는 균등 침하, 전도 침하, 불균등 침하가 있으며, 전도 침하와 불균등 침하를 부등 침하라 한다.

・기초의 침하 각도　　　　・부등 침하

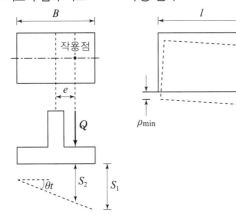

$$t = \sin^{-1}\left(\frac{S_1 - S_2}{\frac{B}{2} - e}\right)$$

・부등 침하 $\Delta\rho = \rho_{max} - \rho_{min}$

・각변 위 $= \dfrac{\Delta\rho}{l}$

☐☐☐ 기 97,98,00,02,06,12

01 3m×3m인 정방향 기초를 허용 지지력이 $200kN/m^2$인 모래지반에 시공하였다. 이 경우 기초에 허용 지지력만큼의 하중이 가해졌을 때, 기초 모서리에서의 탄성 침하량은 얼마인가? (단, 영향 계수$(I_S) = 0.561$, 지반의 포아송비 $(\mu) = 0.5$, 지반의 탄성 계수$(E_S) = 15,000kN/m^2$)

① 0.90cm　　　　　② 1.54cm
③ 1.68cm　　　　　④ 2.10cm

해설 탄성 침하량 $S_i = q_s \cdot B \dfrac{(1-\mu^2)}{E_s} \cdot I_s$

$$= 200 \times 3 \times \frac{(1-0.5^2)}{15,000} \times 0.561$$

$$= 0.0168 \, m = 1.68cm$$

☐☐☐ 기 97

02 모래 지반에 기초 폭 B = 1.2m인 얕은 기초에서 편심 $e = 0.15m$로 연직 하중이 작용하고 있다. 하중 작용점 압력의 탄성 침하가 12mm, 하중 작용점 기초 모서리에서의 탄성 침하가 16mm이었다. 이 기초의 침하 각도는? (단, Prakash의 방법 이용)

① 5°20′15″　　　　② 1°25′18″
③ 30′33″　　　　　④ 25′15″

해설 $t = \sin^{-1}\left(\dfrac{s_1 - s_2}{\dfrac{B}{2} - e}\right)$

$$= \sin^{-1}\left(\frac{1.6 - 1.2}{\frac{120}{2} - 15}\right) = 30′33″$$

☐☐☐ 기 12,13

03 기초의 크기가 20m×20m인 강성 기초로 된 구조물이 있다. 이 구조물의 허용각 변위(angular distortion)가 1/500이라고 할 때, 최대 허용 부등 침하량은?

① 2cm　　　　　② 2.5cm
③ 4cm　　　　　④ 5cm

해설 [방법 1] 공식

허용각 변위 $= \dfrac{\Delta\rho}{l}$ 에서

$$\therefore \Delta\rho = 허용각 변위 \times l = \frac{1}{500} \times 20 = 0.04\,m = 4cm$$

[방법 2] 비례식

$$1 : 500 = \Delta\rho : 20$$

$$\therefore \Delta\rho = 20 \times \frac{1}{500} = 0.04m = 4cm$$

| memo |

■ 깊은 기초 분류
- 말뚝 기초 : 지지력에 의한 분류, 현장 콘크리트 말뚝, 기성 말뚝
- Pier 기초 : Chicago 공법, Gow 공법, Benoto 공법, Earth drill 공법, RCD 공법
- 케이슨 기초 : 우물통 기초, 공기케이슨 기초, 박스 케이슨 기초

■ 말뚝 기초의 분류
- 말뚝 기초의 기능에 의한 분류 : 선단 지지 말뚝, 지지 말뚝, 마찰 말뚝, 다짐 말뚝, 인장 말뚝
- 말뚝 기초의 재료에 의한 분류
  - 나무 말뚝
  - 기성 콘크리트 말뚝 : 원심력 철근 콘크리트 말뚝, PC 말뚝, 강 말뚝, 합성 말뚝

■ 군항과 단항
- 기초 말뚝에 군항을 사용하게 되는데 군항은 말뚝부터의 지중 응력이 중복하게 되어 말뚝 한 개당 지지력이 약화되어 침하량도 커진다.
- 군항의 효율(Converse – Labarre의 저감식)

$$E = 1 - \phi \left(\frac{(n-1)m + (m-1)n}{90mn} \right)$$

여기서,　E : 군항의 효율
　　　　　S : 말뚝의 중심 간격(m)

　　　　　D : 말뚝 직경(m)
　　　　　m : 각 열의 말뚝수
　　　　　n : 말뚝의 열수

$$\phi = \tan^{-1}\frac{D}{S} \, (도)$$

- 군항의 허용 지지력

$$R_{ag} = R_a \cdot N \cdot E$$

여기서,　R_a : 단항의 허용 지지력
　　　　　N : 말뚝 총수
　　　　　E : 군항의 효율

■ 군말뚝의 특징
- 군항(무리 말뚝)은 전달되는 응력이 겹쳐지므로 단항(외 말뚝)보다 각개의 말뚝이 발휘하는 지지력이 작다.
- 모래 지반에 다수의 말뚝을 타입하면 말뚝 주변의 모래가 다져지므로 군말뚝 효율은 일반적으로 1보다 크다.
- 점토 지반의 군말뚝 효율은 1보다 작은 것이 보통이다.
- 군말뚝은 단말뚝의 경우보다 침하량이 커지는 것이 보통이다.
- 무리 말뚝의 침하량은 동일한 규모의 하중을 받는 외 말뚝의 침하량보다 작다.

□□□ 기 09,12

01 깊은 기초에 대한 설명으로 틀린 것은?

① 점토 지반 말뚝 기초의 주면 마찰 저항을 산정하는 방법에는 α, β, λ 방법이 있다.
② 사질토에서 말뚝의 선단 지지력은 깊이에 비례하여 증가하나 어느 한계에 도달하면 더 이상 증가하지 않고 거의 일정해진다.
③ 무리 말뚝의 효율은 1보다 작은 것이 보통이나 느슨한 사질토의 경우에는 1보다 클 수 있다.
④ 무리 말뚝의 침하량은 동일한 규모의 하중을 받는 외 말뚝의 침하량보다 작다.

해설 무리 말뚝(군항)의 침하량은 동일한 규모의 하중을 받는 외 말뚝(단항)의 침하량보다 크다.

□□□ 기 09,14

02 깊은 기초의 지지력 평가에 관한 설명 중 잘못된 것은?

① 정역학적 지지력 추정 방법은 논리적으로 타당하나 강도 정수를 추정하는 데 한계성을 내포하고 있다.
② 동역학적 방법은 항타 장비, 말뚝과 지반 조건이 고려된 방법으로 해머 효율의 측정이 필요하다.
③ 현장 타설 콘크리트 말뚝 기초는 동역학적 방법으로 지지력을 추정한다.
④ 말뚝 항타 분석기(PDA)는 말뚝의 응력 분포, 경사 효과 및 해머 효율을 파악할 수 있다.

해설 현장 타설 콘크리트 말뚝 기초는 말뚝 하단에 가해지는 하중과 흙과 접촉부에서 얻어지는 마찰 저항의 합인 정역학적 방법으로 지지력을 추정한다.

□□□ 기 88,95,99,06

03 다음 말뚝 기초에 대한 설명 중 틀린 것은?

① 군항은 전달되는 응력이 겹쳐지므로 말뚝 1개의 지지력에 말뚝 개수를 곱한 값보다 지지력이 크다.
② 동역학적 지지력 공식 중 엔지니어링 뉴스 공식의 안전율 F_s는 6이다.
③ 부마찰력이 발생하면 말뚝의 지지력은 감소한다.
④ 말뚝 기초는 기초의 분류에서 깊은 기초에 속한다.

해설 군항(무리 말뚝)은 전달되는 응력이 겹쳐지므로 단항(외 말뚝)보다 각개의 말뚝이 발휘하는 지지력이 작다.

□□□ 기 95,00,03,05,12,14,16,17,20

04 지름 $d=20cm$인 나무 말뚝을 25본 박아서 기초 상판을 지지하고 있다. 말뚝의 배치를 5열로 하고 각 열은 등간격으로 5본씩 박혀 있다. 말뚝의 중심 간격 $S=1m$이다. 1본의 말뚝이 단독으로 100kN의 지지력을 가졌다고 하면 이 무리 말뚝은 전체로 얼마의 하중을 견딜 수 있는가? (단, Converse-Labbarre 식을 사용한다.)

① 1,000kN   ② 2,000kN
③ 3,000kN   ④ 4,000kN

해설 군항의 허용 지지력 $R_{ag}=E\cdot N\cdot R_a$

- $\phi=\tan^{-1}\dfrac{D}{S}=\tan^{-1}\dfrac{20}{100}=11.31°$
- $E=1-\phi\dfrac{m(n-1)+n(m-1)}{90mn}$

  $=1-11.31°\times\dfrac{5(5-1)+5(5-1)}{90\times5\times5}=0.80$

  $\therefore R_{ag}=0.80\times25\times100=2,000kN$

□□□ 기 86,01,08,13

05 말뚝이 20개인 군항 기초에 있어서 효율이 0.75이고, 단항으로 계산된 말뚝 한 개의 허용 지지력이 150kN일 때 군항의 허용 지지력은 얼마인가?

① 1,125kN   ② 2,250kN
③ 3,000kN   ④ 4,000kN

해설 $R_{ag}=E\cdot N\cdot R_a$
$=0.75\times20\times150=2,250kN$

---

077   말뚝 박기 공법

■ **압입식**
오일 잭을 사용하여 말뚝 주변이나 선단부를 교란시킴 없이 말뚝을 강제적으로 압입시키는 공법

■ **수사식**
기성 말뚝의 내부 또는 외측에 파이프를 설치하여 이것을 통하여 압력수를 말뚝 선단부에 분출시켜 말뚝의 관입 저항을 감소시키는 공법

■ **드롭 해머(drop hammer)**
말뚝 박기 기계 가운데 타격력이 다른 해머에 비해 떨어지고 말뚝 머리를 손상시키지만 모래 또는 점성 지반에도 손쉽게 사용하는 항타기

■ **증기 해머(steam hammer)**
· 단동식 해머 : 단단한 점성토 지반에서는 타격 속도가 늦은 단동식 해머가 복동식 해머보다 유리하다.
· 복동식 해머 : 타격 속도가 단동식의 두 배 정도로 빠르기 때문에 경사 말뚝 타입과 연약 점토 및 사질토 지반에서 단동식보다 유리하다.

■ **디젤 해머(dissel hammer)**
· 램과 실린더, 앤빌 블록, 연료 주입 시스템으로 구성되어 있다.
· 관입저항이 작은 연약 지반에서는 말뚝의 관입이 지나쳐 램이 위로 올려지는 데 필요한 고온·압축이 되기 어려워서 공기-연료의 혼합물의 점화가 불가능하여 능률이 저하된다.

□□□ 기 09,11

01 다음은 말뚝을 시공할 때 사용되는 해머에 대한 설명이다. 어떤 해머에 대한 것인가?

> 램, 앤빌 블록, 연료 주입 시스템으로 구성된다. 연약 지반에서는 램이 들어 올려지는 양이 작아 공기-연료 혼합물의 점화가 불가능하여 사용이 어렵다.

① 증기 해머   ② 진동 해머
③ 디젤 해머   ④ 드롭 해머

해설 디젤 해머(Dissel hammer)
· 램과 실린더, 앤빌블록, 연료 주입 시스템으로 구성되어 있다.
· 관입 저항이 작은 연약 지반에서는 말뚝의 관입이 지나쳐 램이 위로 올려지는 데 필요한 고온·압축이 되기 어려워서 공기-연료의 혼합물의 점화가 불가능하여 능률이 저하된다.

- 정역학적 공식 : Dörr의 공식, Terzaghi 공식, Meyerhof 공식, Dunham 공식
- 동역학적 공식 : Hiley 공식, Weisbach 공식, Engineering News 공식, Sander 공식

■ Meyerhof의 점토에서의 선단 지지력

비배수 상태($\phi = 0$)인 포화 점토에 관입된 선단 지지력

$$Q_p = A_p \cdot q_p = A_p \cdot 9c_u$$

여기서, Q_p : 말뚝의 선단 지지력

A_p : 말뚝 하단의 면적

q_p : 단위 선단 지지력(점성토 $9c_u$, 사질토 $40c_u$)

c_u : 말뚝 하단 흙의 비배수 점착력

■ 말뚝의 동역학적 지지력

- Sander 공식

$$Q_a = \frac{W_r \cdot h}{8S}$$

여기서, W_r : 해머의 무게

h : 낙하고

- Engineering News 공식

  - 낙하식 해머 : $Q_a = \dfrac{W_r \cdot h}{F_s(S+0.25)}$

  - 단동식 증기 해머 : $Q_a = \dfrac{W_r \cdot h}{F_s(S+0.25)}$

  - 복동식 증기 해머 : $Q_a = \dfrac{(W_r + A_p \cdot P)h}{F_s(S+0.25)}$

  여기서, W_r : 해머의 무게

  h : 낙하고

  A_p : 피스톤의 면적

  P : 해머에 작용하는 증기압

  F_s : 안전율

  S : 타격당 말뚝의 평균 관입량

- Hiley 공식

  - $Q_u = \dfrac{e_f \cdot F}{S + \frac{1}{2}(C_1 + C_2 + C_3)} \times \dfrac{W_r + n^2 W_p}{W_r + W_p}$

  - $C_1 + C_2 + C_3$은 각각 캡으로, 머리 및 흙의 일시적인 탄성 압축량이다.

  - $C_2 + C_3$값은 말뚝을 박을 때의 리바운드량이므로 말뚝 박기를 하는 동안에 측정될 수 있다.

□□□ 기 96,04,08,14,15

01 무게 3,200N인 드롭 해머(drop hammer)로 2m의 높이에서 말뚝을 때려 박았더니 침하량이 2cm이었다. Sander의 공식을 사용할 때 이 말뚝의 허용 지지력은?

① 10,000N   ② 20,000N

③ 30,000N   ④ 40,000N

해설 $Q = \dfrac{W \cdot H}{8S}$

$\quad = \dfrac{3,200 \times 200}{8 \times 2} = 40,000\text{N} = 40\text{kN}$

□□□ 기 81,95,99,02,04,14,17

02 말뚝 지지력에 관한 여러 가지 공식 중 정역학적 지지력 공식이 아닌 것은?

① Dörr의 공식   ② Terzaghi의 공식

③ Meyerhof의 공식   ④ Engineering–News의 공식

해설 · 정역학적 공식 : Dörr의 공식, Terzaghi 공식, Meyerhof 공식, Dunham 공식

· 동역학적 공식 : Hiley 공식, Weisbach 공식, Engineering 공식, Sander 공식

□□□ 기 09,11

03 점착력이 50kN/m^2, $\gamma_t = 18\text{kN/m}^3$의 비배수 상태($\phi = 0$)인 포화된 점성토 지반에 직경 40cm, 길이 10m의 PHC 말뚝이 항타 시공되었다. 이 말뚝의 선단 지지력은 얼마인가? (단, Meyerhof 방법을 사용)

① 15.7kN   ② 32.3kN

③ 56.5kN   ④ 450kN

해설 Meyerhof의 선단 지지력 $Q_p = q_p \cdot A_p$

점성토 $q_p = 9q_u$, 사질토 $q_p = 40N$

$\therefore Q_p = 9c_u \cdot A_p$

$\quad = 9 \times 50 \times \dfrac{\pi \times 0.4^2}{4} = 56.5\text{kN}$

04 항타 공식에 의한 말뚝의 허용 지지력을 구하고자 한다. 이때 말뚝 해머의 무게가 25kN, 해머의 낙하고가 40cm, 타격당 말뚝의 평균 관입량이 1.5cm였고 안전율 $F_s = 6$으로 보았다. Engineering News 공식에 의한 허용 지지력은? (단, 단동식 증기 해머를 사용하였다.)

① 36kN   ② 42kN

③ 95kN   ④ 167kN

해설 허용 지지력 $Q_a = \dfrac{W_r \cdot h}{F_s(S+0.25)}$

$$= \dfrac{25 \times 40}{6(1.5+0.25)} = 95.2\text{kN}$$

05 직경 30cm 콘크리트 말뚝을 단동식 증기 해머로 타입하였을 때 엔지니어링 뉴스 공식을 적용한 말뚝의 허용 지지력은? (단, 타격 에너지=36kN·m, 해머 효율=0.8, 손실 상수=0.25cm, 마지막 25mm 관입에 필요한 타격 횟수=5)

① 640kN   ② 1,280kN

③ 1,920kN   ④ 3,840kN

해설 $Q_a = \dfrac{e_f W_h h}{F_s(s+C)} = \dfrac{e_f F}{F_s(s+C)}$

· 작업효율 $e_f = 0.8$

  타격에너지 $F = 36\text{kN·m} = 36 \times 10^2 \text{kN·cm}$

· 타격당 침하량 $s = \dfrac{2.5(\text{cm})}{5(\text{회})} = 0.5\text{cm}$

· 손실상수 $C = 0.25\text{cm}$

  $\therefore \; Q_a = \dfrac{0.8 \times 36 \times 100}{6(0.5+0.25)} = 640\text{kN}$

06 말뚝에 대한 동역학적 지지력 공식 중 말뚝 머리에서 측정되는 리바운드량을 공식에 이용하는 것은?

① Hiley 공식   ② Engineering News 공식

③ Sander 공식   ④ Weisbach 공식

해설 Hiley 공식

$$Q_u = \dfrac{e_f \cdot F}{S + \dfrac{1}{2}(C_1 + C_2 + C_3)} \times \dfrac{W_h + n^2 W_p}{W_h + W_p}$$

· $C_1 + C_2 + C_3$은 각각 캡으로 머리 및 흙의 일시적인 탄성압축량이다.

· $C_2 + C_3$값은 말뚝을 박을 때의 리바운드량이므로 말뚝박기를 하는 동안에 측정될 수 있다.

07 단동식 증기 해머로 말뚝을 박았다. 해머의 무게 25kN, 낙하고 3m, 타격당 말뚝의 평균 관입량 1cm, 안전율 6일 때 Engineering-News 공식으로 허용 지지력을 구하면?

① 2,500kN   ② 2,000kN

③ 1,000kN   ④ 500kN

해설 허용 지지력 $Q_a = \dfrac{W_r \cdot h}{F_s(S+0.25)}$

$$= \dfrac{25 \times 300}{6(1+0.25)} = 1,000\text{kN}$$

079 부마찰력

■ 정의
부마찰력은 하향의 마찰력에 의해 말뚝을 아래 방향으로 작용하는 힘으로 결국에는 말뚝의 지지력을 감소시킨다.

■ 부마찰력
$$R_{nf} = U \cdot l_c \cdot f_s$$

여기서, U : 말뚝의 주변장(πD)

l_c : 관입 깊이(m)

f_s : 말뚝의 평균 마찰력 또는 일축 압축 강도

(q_u)의 $\dfrac{1}{2}\left(f_s = \dfrac{q_u}{2}\right)$

■ 부마찰력이 발생하는 원인
• 지반이 압밀 진행 중인 연약 점토 지반일 때
• 연약 점토층 위에 사질토층이 놓여 점토층이 압밀될 때
• 말뚝이 타입된 사질층 위에 점성토층이 위치하여 압밀될 때
• 말뚝이 점토층에 타입되어 있고 지하수위면의 강하가 있을 때

■ 부마찰력의 특징
• 연약 지반에 말뚝을 박고 그 위에 성토를 하였을 때 부마찰력이 생긴다.
• 연약한 점토에 있어서는 상대 변위의 속도가 느릴수록 부마찰력은 작다.
• 말뚝이 점토층 위에 타입되어 있고 성토층이 압밀될 때 부마찰력이 발생한다.
• 부마찰력을 줄이기 위하여 말뚝 표면을 아스팔트 등으로 코팅하여 타설한다.
• 지하수의 저하 또는 압밀이 진행 중인 연약 지반에서 부마찰력이 발생한다.
• 점성토 위에 사질토를 성토한 지반에 말뚝을 타설한 경우에 부마찰력이 발생한다.

01 다음 중 말뚝의 부마찰력에 대한 설명 중 틀린 것은?

① 부마찰력이 작용하면 지지력이 감소한다.
② 연약 지반에 말뚝을 박은 후 그 위에 성토를 할 경우 일어나기 쉽다.
③ 부마찰력은 말뚝 주변 침하량이 말뚝의 침하량보다 클 때에 아래로 끌어내리는 마찰력을 말한다.
④ 연약한 점토에 있어서는 상대 변위의 속도가 느릴수록 부마찰력은 크다.

해설 연약한 점토에 있어서는 상대 변위의 속도가 느릴수록 부마찰력은 작다.

02 말뚝기초의 지반 거동에 관한 설명으로 틀린 것은?

① 기성 말뚝을 타입하면 전단 파괴를 일으키며 말뚝 주위의 지반은 교란된다.
② 말뚝에 작용한 하중은 말뚝 주변의 마찰력과 말뚝 선단의 지지력에 의하여 주변 지반에 전달된다.
③ 연약 지반상에 타입되어 지반이 먼저 변형하고 그 결과 말뚝이 저항하는 말뚝을 주동 말뚝이라 한다.
④ 말뚝 타입 후 지지력의 증가 또는 감소 현상을 시간 효과(time effect)라 한다.

해설 • 주동 말뚝(Active pile) : 말뚝이 지표면에서 수평력을 받는 경우 말뚝이 변형함에 따라 지반이 저항하는 말뚝
• 수동 말뚝(Passive pile) : 연약 지반상에 타입되어 지반이 먼저 변형하고 그 결과 말뚝이 저항하는 말뚝
• 말뚝의 시간 효과(Time effect) : 파일 항타로부터 시간이 경과 후 지지력이 증가하는 경우와 지지력이 감소하는 경우를 말한다.

03 연약 점성토층을 관통하여 철근 콘크리트 파일을 박았을 때 부마찰력(Negative friction)은? (단, 이때 지반의 일축 압축 강도 $q_u = 20\text{kN/m}^2$, 파일 직경 $D = 50\text{cm}$, 관입 깊이 $l = 10\text{m}$임)

① 157.1kN
② 185.3kN
③ 208.2kN
④ 242.4kN

해설 부마찰력 $R_{nf} = U \cdot l_c \cdot f_s$
• 말뚝의 주변장 $U = \pi \cdot D = \pi \times 0.5 = 1.571\text{m}$
• 평균 마찰력 $f_s = \dfrac{q_u}{2} = \dfrac{20}{2} = 10\text{kN/m}^2$
  (∵ 평균 마찰력(f_s)은 일축압축강도(q_u)의 1/2)
  ∴ $R_{nf} = 1.571 \times 10 \times 10 = 157.1\text{kN}$

04 부마찰력에 대한 설명이다. 틀린 것은?

① 부마찰력을 줄이기 위하여 말뚝 표면을 아스팔트 등으로 코팅하여 타설한다.
② 지하수의 저하 또는 압밀이 진행 중인 연약 지반에서 부마찰력이 발생한다.
③ 점성토 위에 사질토를 성토한 지반에 말뚝을 타설한 경우에 부마찰력이 발생한다.
④ 부마찰력은 말뚝을 아래 방향으로 작용하는 힘이므로 결국에는 말뚝의 지지력을 증가시킨다.

해설 부마찰력은 하향의 마찰력에 의해 말뚝을 아래 방향으로 작용하는 힘으로 결국에는 말뚝의 지지력을 감소시킨다.

□□□ 기 05

05 다음 중 부마찰력이 발생할 수 있는 경우가 아닌 것은?

① 매립된 생활 쓰레기 중에 시공된 관측정
② 붕적토에 시공된 말뚝 기초
③ 성토한 연약 점토 지반에 시공된 말뚝 기초
④ 다짐된 사질 지반에 시공된 말뚝 기초

해설 다짐된 사질 지반에 시공된 말뚝 기초는 지반에 침하가 발생되지 않아 부마찰력이 발생하지 않는다.

□□□ 기 82,84,17

06 연약지반 위에 성토를 실시한 다음, 말뚝을 시공하였다. 시공 후 발생될 수 있는 현상에 대한 설명으로 옳은 것은?

① 성토를 실시하였으므로 말뚝의 지지력은 점차 증가한다.
② 말뚝을 암반층 상단에 위치하도록 시공하였다면 말뚝의 지지력에는 변함이 없다.
③ 압밀이 진행됨에 따라 지반의 전단강도가 증가되므로 말뚝의 지지력은 점차 증가된다.
④ 압밀로 인해 부의 주면마찰력이 발생되므로 말뚝의 지지력은 감소된다.

해설 ·성토로 인하여 시간이 지남에 따라 말뚝의 지지력은 크게 감소한다.
·연약지반을 관통하여 암반까지 말뚝을 박은 경우 부마찰력이 발생하여 지지력은 감소한다.
·압밀이 진행되므로 연약 지반이 팽창하여 말뚝의 지지력은 크게 감소한다.
·압밀로 인하여 부마찰력이 발생하여 말뚝의 지지력은 크게 감소한다.

---

080 피어 공법

■ 정의
피어 기초는 구조물의 하중을 굳은 지반까지 전달하기 위하여 수직 구멍을 굴착하여 그 속에 현장 콘크리트를 타설하여 만든 원형 기초를 말한다.

■ 피어 공법의 종류
· 인력에 의한 공법 : Chicago 공법, Gow 공법
· 기계에 의한 공법 : Benoto 공법, Earth drill(calwelled) 공법, Reverse Circulation Drill(R.C.D.) 공법

■ 피어 공법의 특징
· 횡하중에 대해 큰 저항을 갖는다.
· 많은 수의 기초를 동시에 시공할 수 있다.
· 시공 시 말뚝을 박을 때와 같은 소음이 없다.
· 한 개의 피어 기초가 여러 무리 말뚝과 대치할 수 있다.
· 굳은 사질토층인 경우 말뚝을 박는 것보다 시공이 용이하다.
· 지내력 시험이 실제의 기초 밑면까지 행해져서 확실한 결과를 얻을 수 있다.

□□□ 기 82

01 다음 중 피어(Pier) 공법이 아닌 것은?

① 시카고(Chicago) 공법
② 베노토(Benoto) 공법
③ 고우(Gow) 공법
④ 감압 공법(減壓工法)

해설 ·피어 공법 : 피어 기초는 구조물의 하중을 굳은 지반까지 전달하기 위하여 수직 구멍을 굴착하여 그 속에 현장 콘크리트를 타설하여 만든 원형 기초를 말한다.
·피어 공법 : 1) Chicago 공법   2) Gow 공법
              3) Benoto 공법   4) Calwelled 공법
              5) Reverse circulation 공법

□□□ 기 96

02 피어 기초의 특징이 아닌 것은?

① 굴착을 하게 되므로 예정 지반까지 도달한다.
② 지내력 시험이 실제의 기초 밑면까지 행해져서 확실한 결과가 얻어진다.
③ 많은 수의 기초를 동시에 시공할 수 있다.
④ 말뚝 박기에 따르는 소음 진동이 심하다.

해설 소리가 없고 진동이 없는 공법으로, 도심지 공사에 좋고 공사비가 저렴하다.

---

081 공기 케이슨 공법

■ 정의
공기 케이슨(air caisson)은 뉴매틱 케이슨(pneumatic caisson) 기초라고도 부르며, 압축 공기를 이용하여 소정의 깊이까지 굴착하여 정통을 설치하는 공법이다.

■ 공기 케이슨 기초의 장점
- 이동 경사가 적고 경사 수정도 쉽다.
- dry work이므로 침하 공정이 빠르고 장애물 제거도 쉽다.
- 토질을 확인할 수 있고 비교적 정확한 지지력을 측정할 수 있다.
- 수중 콘크리트 시공이 아니므로 저부 콘크리트 슬래브의 시공이 가능하다.
- 기초 지반의 Boiling과 Heaving을 방지할 수 있어 인접 구조물에 피해를 주지 않는다.
- 굴착 시 극단적인 여굴이 필요 없고 장애물 제거도 용이하다.

■ 공기 케이슨 기초의 단점
- 케이슨 병이 발생한다.
- 주야 작업이므로 노무 관리비가 많이 든다.
- 소음과 진동이 커서 시가지 공사에는 부적당하다.
- 압축 공기를 사용하기 때문에 소규모 공사에는 비경제적이다.
- 기계 설비비가 비싸고, 사람이 견딜 수 있는 기압 때문에 굴착 깊이에 제한이 있다(굴착 깊이 35 ~ 40m 이상의 심도에서는 고기압으로 작업하기가 어렵다).

■ 공기 케이슨 기초의 적용 범위
- 심도 : 수면 밑 10 ~ 40m 정도
- 압력 : 압축 공기의 압력 3.5 ~ 4.0kg/cm^2

□□□ 기 98

01 뉴매틱 케이슨 공법에 관한 다음 설명 중 틀린 것은?

① Well 기초보다 침하 공정이 빠르고, 또 케이슨의 경사 수정이 용이하다.
② 대단히 깊은 곳까지 확실하게 시공할 수 있다.
③ 굴착 시 극단적인 여굴이 필요 없고 장애물 제거도 용이하다.
④ 압축 공기를 사용하기 때문에 소규모 공사에는 비경제적이다.

해설 사람이 견딜 수 있는 기압 때문에 굴착 깊이에 제한이 있다.

□□□ 기 01

02 뉴매틱 케이슨 공법에 관한 다음 설명 중 틀린 것은?

① Well 기초보다 침하 공정이 빠르고, 또 케이슨의 경사 수정이 용이하다.
② 50m 이상의 깊이에 적합한 공법이다.
③ 굴착 시 극단적인 여굴이 필요 없고 장애물 제거도 용이하다.
④ 압축 공기를 사용하기 때문에 소규모 공사에는 비경제적이다.

해설 뉴매틱 케이슨 공법의 채용 심도는 10 ~ 35m 정도이며 그 이하 및 이상은 우물통 기초가 이용된다.

□□□ 기 84, 88, 95, 00

03 뉴매틱 케이슨(pneumatic caisson)의 장점을 열거한 것 중 옳지 않은 것은?

① 토질을 확인할 수 있고 비교적 정확한 지지력을 측정할 수 있다.
② 수중 콘크리트를 하지 않으므로 신뢰성이 많은 저부 콘크리트 슬래브의 시공이 가능하다.
③ 기초 지반의 보일링과 팽창을 방지할 수 있으므로 인접 구조물에 피해를 주지 않는다.
④ 굴착 깊이에 제한을 받지 않는다.

해설 굴착 깊이 35 ~ 40m 이상의 깊이에서는 고기압으로 작업하기가 어렵다.

082 Sand drain 공법

■ Sand drain공법의 특징
- 모래 기둥(sand pile)을 통해 단시간에 지표면으로 토층의 물을 배출해 압밀을 촉진시켜 공기를 단축하는 방법이다.
- 수직 방향의 압밀 계수(C_v)는 수평 방향의 압밀 계수(C_h)보다 일반적으로 작지만 sand pile 타설 시 지반이 교란되므로 $C_v = C_h$ 같다고 본다.

■ 중공 강관의 타설 방법
- Mandrel에 의한 방법
- Water jet에 의한 방법
- Auger에 의한 방법

■ 모래 말뚝의 배치(Barron 배열)
- 정삼각형 배치

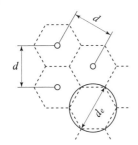

- 정사각형 배치

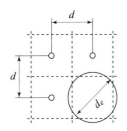

- 정삼각형 배치 : $d_e = 1.050\,d$
- 정사각형 배치 : $d_e = 1.128\,d = 1.13\,d$

  여기서, d : drain 중심 간격

■ 평균 압밀도
$$U_{av} = 1 - (1 - U_V)(1 - U_R)$$

여기서, U_V : 연직 방향의 압밀도

$\qquad U_R$: 방사선 방향의 압밀도

---

01 연약 지반 처리 공법 중 Sand drain 공법에서 연직과 방사선 방향을 고려한 평균 압밀도 U는? (단, $U_V = 0.20$, $U_R = 0.71$이다.)

① 0.573 　　　　　 ② 0.697

③ 0.712 　　　　　 ④ 0.768

> 해설 $U_{av} = 1 - (1 - U_V)(1 - U_R)$
> $\qquad\quad = 1 - (1 - 0.20)(1 - 0.71) = 0.768$

02 점토 지반에서 연직 방향 압밀 계수 C_v는 수평 방향 압밀 계수 C_h보다 작지만 샌드 드레인 공법에서는 설계 시 보통 $C_v = C_h$로 본다. 그 이유는?

① sand mat를 깔았기 때문에
② sand 말뚝 타입 시 주변의 지반이 교란되기 때문에
③ 얇은 모래층이 점토 지반에 존재하고 있기 때문에
④ 압밀 계산 결과에 전혀 차가 없기 때문에

> 해설 sand drain 공법에서는 수직 방향의 압밀 계수(C_v)는 수평 방향의 압밀 계수(C_h)보다 일반적으로 작지만 sand pile 타설 시 지반이 교란되므로 $C_v = C_h$ 같다고 본다.

03 연약 점토 지반에 압밀 촉진 공법을 적용한 후, 전체 평균 압밀도가 90%로 계산되었다. 압밀 촉진 공법을 적용하기 전, 수직 방향의 평균 압밀도가 20%였다고 하면 수평 방향의 평균 압밀도는?

① 70% 　　　　　 ② 77.5%

③ 82.5% 　　　　　 ④ 87.5%

> 해설 전체 평균 압밀도 $U = \left[1 - (1 - U_h)(1 - U_v)\right] \times 100$
> $\quad 90 = \left[1 - (1 - U_h)(1 - 0.20)\right] \times 100$
> $\quad \therefore$ 수평 방향의 평균 압밀도 $U_h = 87.5\%$

> 참고 [계산기 $f_x\,570\,ES$] SOLVE 사용법
> $\quad 90 = \{1 - (1 - U_h)(1 - 0.20)\} \times 100$
> $\quad$ 먼저 90 ☞ ALPHA ☞ SOLVE = ☞
> $\quad 90 = \{1 - (1 - \text{ALPHA}X)(1 - 0.20)\} \times 100$
> $\quad$ ☞ SHIFT ☞ SOLVE ☞ = ☞ 잠시 기다리면
> $\quad X = 0.875 \quad \therefore U_h = 87.5\%$

04 Sand drain의 지배 영역에 관한 Barron의 정삼각형 배치에서 샌드 드레인의 간격을 d, 유효원의 직경을 d_e라 할 때 d_e는?

① $d_e = 1.128\,d$ ② $d_e = 1.028\,d$

③ $d_e = 1.050\,d$ ④ $d_e = 1.50\,d$

해설 정삼각형 배치 : $d_e = 1.050\,d$

　정사각형 배치 : $d_e = 1.128\,d = 1.13\,d$

05 sand drain 공법에서 sand pile을 정삼각형으로 배치할 때 모래 기둥의 간격은? (단, pile의 유효 지름은 40cm 이다.)

① 35cm   ② 38cm

③ 42cm   ④ 45cm

해설 $d_e = 1.050\,d$에서 $40 = 1.05\,d$

$\therefore d = \dfrac{40}{1.05} = 38\text{cm}$

083 Paper drain 공법

■ Paper drain 공법의 특징

- Sand drain 공법의 모래 말뚝 대신에 합성수지로 된 card board를 땅속에 박아 압밀을 촉진시키는 공법이다.
- paper drain 공법은 시공 속도가 빠르고 drain의 단면이 일정하므로 초기 배수 효과는 좋지만 장기간 사용하면 열화하여 배수 효과는 떨어진다.

■ Paper drain 등치 환산원

$$D = \alpha \frac{2A + 2B}{\pi} = \alpha \frac{2(A+B)}{\pi}$$

여기서, D : drain paper의 등치 환산원의 지름
A, B : drain paper의 폭과 두께(cm)
α : 형상 계수(=0.75)

■ Paper drain 공법의 특징(Sand drain 공법에 비해)

- 횡방향력에 대한 저항력이 크다.
- 대량 생산이 가능한 경우 공사비가 절감된다.
- 타설에 의해서 주변 지반을 교란하지 않는다.
- 장기간 사용 시 열화 현상이 생겨 배수 효과가 감소한다.
- 시공 속도가 빠르고 drain의 단면이 일정하므로 배수 효과가 좋다.

■ 연약 지반 개량 공법의 종류

분류	방법	종류
점성토 개량 공법	탈수	・Sand drain ・Paper drain ・Preloading ・침투압 공법 ・생석회 말뚝 공법
	치환	・굴착 치환 공법 ・강제 치환 공법 ・폭파 치환 공법
사질토 개량 공법	다짐	・다짐 말뚝 공법 ・Compozer 공법 ・Vibro-flotation 공법
	충격	・전기 충격 공법 ・폭파 다짐 공법 ・진동 물다짐 공법
	고결	・약액 주입 공법
지하수위 저하 공법	중력 배수 공법	・집수 공법 ・심정호(deep well) 공법 ・암거 공법
	강제 배수 공법	・웰 포인트 공법 ・전기 삼투 공법 ・진공 배수 공법
일시적인 개량 공법	・well point 공법 ・동결 공법 ・전기 침투 공법	・deep well 공법 ・대기압 공법

□□□ 기 02,04

01 페이퍼 드레인 공법의 설명 중 틀린 것은?

① 압밀 촉진 공법으로 시공 속도가 빠르다.
② 장기간 사용 시 열화 현상이 생겨 배수 효과가 감소한다.
③ Sand drain 공법에 비해 초기 배수 효과는 떨어진다.
④ 단면이 깊이에 대해 일정하다.

해설 paper drain 공법은 시공 속도가 빠르고 drain의 단면이 일정하므로 초기 배수 효과는 양호하지만 장기 배수 효과는 탈수 효과가 떨어지기 때문에 sand drain 공법이 적용된다.

□□□ 기 92,00,04

02 Sand drain에 대한 Paper drain 공법의 장점 설명 중 옳지 않은 것은?

① 횡방향력에 대한 저항력이 크다.
② 시공 지표면에 sand mat가 필요 없다.
③ 시공 속도가 빠르고 타설 시 주변을 교란시키지 않는다.
④ 배수 단면이 깊이에 따라 일정하다.

해설 sand drain 공법과 paper drain 공법은 간극수를 배출시키기 위해 시공 지표면에 sand mat가 필요하다.

□□□ 기 93,96,99,01,02,07,09,13,16

03 Paper Drain 설계 시 Drain Paper의 폭이 10cm, 두께가 0.3cm일 때 드레인 페이퍼의 등치 환산원의 직경이 얼마이면 Sand Drain과 동등한 값으로 볼 수 있는가? (단, 형상 계수 : 0.75)

① 5cm
② 7.5cm
③ 10cm
④ 15cm

해설 $D = \alpha \dfrac{2A + 2B}{\pi}$

$= 0.75 \times \dfrac{2 \times 10 + 2 \times 0.3}{3.14} = 5\text{cm}$

■ 프리로딩(pre-loading) 공법
- 구조물을 축조하기 전에 압밀에 의해 미리 침하를 끝나게 하여 지반 강도를 증가시키는 점성토 개량 공법이다.
- 연약층이 두꺼운 경우에나 공사 기간이 시급한 경우에는 적용하기 곤란한 공법이다.
- 압밀 계수가 작고 압밀토층 두께가 큰 경우에는 preloading 공법을 적용하기가 어려우므로 sand drain 공법이나 paper drain 공법을 채택하는 것이 좋다.
- 도로의 성토나 항만의 방파제와 같이 구조물 자체의 일부를 상재 하중으로 이용하여 개량 후 하중을 제거할 필요가 없을 때 유리하다.

■ 점성토 개량 공법
- **생석회 말뚝 공법** : 연약 점성토층에 생석회의 말뚝을 박아서 화학 반응을 이용하여 지반을 개량하는 공법이다.
- **Wick drain** : 포화 점토 지반의 연직 배수를 일으키기 위한 샌드 드레인의 대체 공법으로 개발됨

■ 사질토 개량 공법
- **바이브로 플로테이션(vibro flotation) 공법** : 사수와 진동을 동시에 가하고 이로 인해 생성된 공극에 모래, 자갈 등을 충전시켜 느슨한 사질토층을 개량하는 공법이다.
- **Compozer 공법** : 느슨한 사질토 지반에 널리 활용되고 점성토 지반에도 적용이 가능한 공법으로 충격 시공이어서 진동, 소음이 크고 주변 흙을 교란시키므로 시공 관리가 까다롭다.

- **다짐 말뚝 공법** : 땅속에 말뚝을 다수 박아서 말뚝의 체적만큼 흙을 배제하여 압축함으로써 간극비를 감소시켜 사질토 지반을 개량하는 공법
- **전기 충격 공법** : 고압 전류를 일으켜서 이때의 충격력에 의하여 사질토 지반을 다지는 공법
- **폭파 다짐 공법** : 느슨한 사질 지반 내에 화약을 격자형으로 배치하여 폭파의 충격이나 또는 발생 가스의 팽창 작용으로 느슨한 사질토 지반을 다지는 공법이다.
- **약액 주입 공법** : 지반 속에 응결제를 주입하여 고결시켜 지반 강도를 증가시키거나 용수, 누수를 방지하는 공법

■ 일시적 개량 공법
- **동결 공법** : 연약 지반이나 지하의 용수가 많은 지반에서 일시적으로 주위의 지반을 고결시켜 차수벽을 만드는 것으로 함수비가 작은 경우 높은 강도를 기대할 수 없다.
- **웰 포인트 공법** : 기초 지반 속의 지하수를 진공 펌프로 퍼 올려 배수하여 둘레의 지하수위를 낮추고 지반을 압밀 침하시키는 일시적 지반 개량 공법
- **deep well 공법** : 연약 지반의 일시적인 개량 공법 중 사질토 및 silt질 모래 지반에서 가장 경제적인 지하수위 저하 공법이다.
- **동결 공법** : 주위의 흙을 동결시켜 동결토의 큰 강도와 불투수성의 성질을 일시적인 가설 공사에 이용하는 공법이다.
- **대기압 공법** : 진공 펌프를 사용하여 내부의 압력을 내려 대기압 하중으로 압밀을 촉진시키는 공법

□□□ 기91,04,13
01 다음의 연약 지반 개량 공법 중에서 점성토 지반에 이용되는 공법은?

① 생석회 말뚝 공법　　② compozer 공법
③ 전기 충격 공법　　④ 폭파 다짐 공법

해설	점성토 지반	사질토 지반
	• 치환 공법	• 다짐 말뚝 공법
	• 침투압(MAIS) 공법	(sand compaction pile)
	• 프리로딩(Pre-loading) 공법	• 바이브로 플로테이션
	• 샌드 드레인(Sand drain) 공법	(Vibro flotation) 공법
	• 페이 퍼드레인(Paper drain) 공법	• 콤포저(compozer) 공법
	• 생석회 말뚝 공법	• 폭파 다짐 공법
	• 고결 공법	• 전기 충격 공법
		• 약액 주입 공법
		• 진동물다짐 공법

- 생석회 말뚝 공법 : 연약 점성토 층에 생석회의 말뚝을 박아서 화학 반응을 이용하여 개량하는 공법

□□□ 기80,81,94,03,06,07
02 다음 중 연약 점토 지반 개량 공법이 아닌 것은?

① Preloading 공법　　② Sand drain 공법
③ Paper drain 공법　　④ Vibro floatation 공법

해설 바이브로 플로테이션 공법 : 사수와 진동을 동시에 가하고 이로 인해 생성된 간극에 모래, 자갈 등을 충진시켜 느슨한 사질토층을 개량하는 공법이다.

□□□ 기81,82,84,87,92,98,08,21
03 다음 중 사질 지반(砂質)의 개량 공법에 속하지 않은 것은?

① 다짐 말뚝 공법
② 바이브로 플로테이션(vibroflotation)
③ 전기 충격 공법
④ 생석회 말뚝(Chemico pile) 공법

해설 생석회 말뚝 공법 : 연약 점성토층에 생석회의 말뚝을 박아서 화학반응을 이용하여 지반을 개량하는 공법이다.

□□□ 기 81,82,87,95,01
04 다음의 지반 개량 공법 중 주로 모래질 지반을 개량하는 데 사용되는 것은?

① 콤포저(Compozer) 공법
② 페이퍼 드레인(Paper Drain) 공법
③ 프리로딩(Preloading) 공법
④ 생석회 말뚝(Chemico pile) 공법

해설 Compozer 공법 : 느슨한 사질토 지반에 널리 활용되고 점성토 지반에도 적용이 가능한 공법

□□□ 기 03,06,09,13
05 다음의 연약 지반 개량 공법에서 일시적인 개량 공법은 어느 것인가?

① well point 공법
② 치환 공법
③ paper drain 공법
④ sand drain 공법

해설 ・일시적 지반 개량 공법 : well point 공법, deep well 공법, 대기압 공법, 동결 공법, 전기 침투 공법
・well point 공법 : 기초 지반 속의 지하수를 진공 펌프로 퍼 올려 배수하여 둘레의 지하수위를 낮추고 지반을 압밀 침하시키는 일시적인 지반 개량 공법이다.

□□□ 기 97,06,09,16,17
06 다음 중 일시적인 지반 개량 공법에 속하는 것은?

① 동결 공법
② 약액 주입 공법
③ 프리로딩 공법
④ 다짐 모래 말뚝 공법

해설 일시적 지반 개량 공법 : well point 공법, deep well 공법, 대기압 공법, 동결 공법, 전기 침투 공법

□□□ 기 06
07 다음은 그라우팅에 의한 지반 개량 공법이다. 투수 계수가 낮은 점토의 강도 개량에 효과적인 개량 공법은?

① 침투 그라우팅
② 점보 제트(JSP)
③ 변위 그라우팅
④ 캡슐 그라우팅

해설 ■JSP 공법 : 투수 계수가 낮은 점토의 강도 개량에 효과적인 그라우팅에 의한 지반 개량 공법이다.
■주입 형식
・침투 그라우팅 : 주입제가 흙의 간극을 채우는 것을 말한다.
・변위 그라우팅 : 외부의 견고한 혼합물이 간극을 채우면서 주위에 있는 흙에 압축을 가하여 지반의 변위가 일어나게 하는 것이다.
・캡슐 그라우팅 : 주입제가 흙입자를 둘러싸는 것을 말한다.

□□□ 기 08
08 다음의 지반 개량 공법 중 압밀 배수를 주로 하는 공법이 아닌 것은?

① 프리로딩 공법
② 샌드 드레인 공법
③ 진공 압밀 공법
④ 바이브로 플로테이션 공법

해설 ・바이브로 플로테이션 공법 : 사수와 진동을 동시에 가하고 이로 인해 생성된 공극에 모래. 자갈 등을 충진시켜 느슨한 사질토층을 개량하는 공법이다.
・압밀 배수 공법 : 프리로딩 공법, 페이퍼 드레인 공법, 샌드 드레인 공법, 진공 압밀 공법, 대기압 공법

□□□ 기 83,98,05,14
09 다음 연약 지반 개량 공법에 관한 사항 중 옳지 않은 것은?

① 샌드 드레인 공법은 2차 압밀비가 높은 점토와 이탄 같은 흙에 큰 효과가 있다.
② 장기간에 걸친 배수 공법은 샌드 드레인이 페이퍼 드레인보다 유리하다.
③ 동압밀 공법 적용 시 과잉 간극 수압의 소산에 의한 강도 증가가 발생한다.
④ 화학적 변화에 의한 흙의 강화 공법으로는 소결 공법, 전기 화학적 공법 등이 있다.

해설 Paper drain 공법은 2차 압밀비가 높은 점토와 이탄과 같은 흙에는 장기간 사용 시 열화 현상으로 배수 효과가 감소한다.

□□□ 기 10,14
10 연약 지반 개량 공법 중 프리로딩 공법에 대한 설명으로 틀린 것은?

① 압밀 침하를 미리 끝나게 하여 구조물에 잔류 침하를 남기지 않게 하기 위한 공법이다.
② 도로의 성토나 항만의 방파제와 같이 구조물 자체의 일부를 상재 하중으로 이용하여 개량 후 하중을 제거할 필요가 없을 때 유리하다.
③ 압밀 계수가 작고 압밀토층 두께가 큰 경우에 주로 적용한다.
④ 압밀을 끝내기 위해서는 많은 시간이 소요되므로, 공사 기간이 충분해야한다.

해설 압밀 계수가 작고 압밀토층 두께가 큰 경우에는 Preloading 공법을 적용하기가 어려우므로 sand drain 공법이나 paper drain 공법을 채택하는 것이 좋다.

11 Compozer 공법에 대한 다음 설명 중 적당하지 않은 것은?

① 느슨한 모래 지반을 개량하는 데 좋은 공법이다.
② 충격, 진동에 의해 지반을 개량하는 공법이다.
③ 효과는 의문이나 연약한 점토 지반에도 사용할 수 있는 공법이다.
④ 시공 관리가 매우 간단한 공법이다.

해설 ・느슨한 사질토 지반에 널리 활용되고 점성토 지반에도 적용이 가능한 공법이다.
・충격 시공이므로 진동. 소음이 크고 주변 흙을 교란시키므로 시공 관리가 까다롭다.

12 동결 공법에 대한 다음 설명 중 옳지 않은 것은?

① 동결된 토사의 차수성이 우수하다.
② 지하수의 흐름이 빠르면 동결은 되지 않는다.
③ 지질에 따라서 동결 팽창하는 수가 있다.
④ 함수비가 작을수록 높은 강도를 나타낼 수 있다.

해설 동결 공법은 연약 지반이나 지하의 용수가 많은 지반에서 일시적으로 주위의 지반을 고결시켜 차수벽을 만드는 것으로 함수비가 작은 경우 높은 강도를 기대할 수 없다.

13 다음의 연약 지반 개량 공법 중 지하수위를 저하시킬 목적으로 사용되는 공법은?

① 샌드 드레인(sand drain) 공법
② 페이퍼 드레인(paper drain) 공법
③ 치환(置換) 공법
④ 웰 포인트(well point) 공법

해설 웰 포인트 공법 : 기초 지반 속의 지하수를 진공 펌프로 퍼 올려 배수하여 둘레의 지하 수위를 낮추고 지반을 압밀 침하시키는 일시적 지반 개량 공법이다.

14 다음은 지반 개량 공법 중 탈수(脫水)를 주로 하는 공법이 아닌 것은?

① 웰 포인트 공법
② 샌드 드레인 공법
③ 프리로딩 공법
④ 바이브로 플로테이션 공법

해설 바이브로 플로테이션 공법 : 사수와 진동을 동시에 가하고 이로 인해 생성된 공극에 모래, 자갈 등을 충진시켜 느슨한 사질토층을 개량하는 공법이다.

15 연약 점토 지반의 개량 공법으로서 다음 중 적절하지 않은 것은?

① 샌드 드레인 공법
② 페이퍼 드레인 공법
③ 프리로딩(preloading) 공법
④ 바이브로 플로테이션(vibrofloatation) 공법

해설 바이브로 플로테이션 공법 : 사수와 진동을 동시에 가하고 이로 인해 생성된 공극에 모래, 자갈 등을 충진시켜 느슨한 사질토층을 개량하는 공법이다.

16 10m 깊이의 쓰레기층을 동다짐을 이용하여 개량하려고 한다. 사용할 햄머 중량이 20t, 하부 면적 반경 2m의 원형 블록을 이용한다면 햄머의 낙하고는?

① 15m   ② 20m
③ 25m   ④ 23m

해설 $D = \alpha \sqrt{W \cdot H}$ ($\because$ 통상 경험적으로 $\alpha = 0.5$)
$10 = 0.5\sqrt{20 \times H}$ $\therefore H = 20m$

참고 [계산기 f_x 570 ES] SOLVE 사용법
$10 = 0.5\sqrt{20 \times H}$
먼저 10 ☞ ALPHA ☞ SOLVE = ☞
$10 = 0.5\sqrt{20 \times \text{ALPHA} X}$
☞ SHIFT ☞ SOLVE ☞ = ☞ 잠시 기다리면
$X = 20$ $\therefore H = 20m$

085 Geosynthetics

■ 개념

토목 합성체인 Geosynthetics는 Geotextile의 filter 기능을 이용하여 토공 및 기초 분야에서 배수재, 필터재, 분리재 및 보강재 등으로 폭 넓게 사용되고 있다.

■ Geosynthetics의 종류
- 지오텍스타일(geotextile)
- 지오멤브레인(geomembrane)
- 지오그리드(geogrid)
- 지오콤포지트(geocomposite)

■ Geosynthetics의 기능
- 배수 기능 : 투수성이 큰 토목 섬유의 평면 내부를 따라서 물을 이동시키는 기능
- 여과 기능 : 토립자의 이동을 막고 물만 통과시키는 기능
- 보강 기능 : 토목 섬유의 인장 강도에 의해 토류 구조물의 안정성을 증진시키는 기능
- 분리 기능 : 점토, 실트 등의 세립토 사이에 설치되어서 이들 재료가 서로 혼합되는 것을 막아 주는 기능

□□□ 기 04,08,11

01 토목 섬유의 주요 기능 중 옳지 않은 것은?

① 보강(reinforcement)
② 배수(drainage)
③ 탬핑(Tamping)
④ 분리(separation)

해설 토목 섬유의 4가지 기능
- 배수 기능 : 투수성이 큰 토목 섬유의 평면 내부를 따라서 물을 이동시키는 기능
- 여과 기능 : 토립자의 이동을 막고 물만 통과시키는 기능
- 분리 기능 : 점토, 실트 등의 세립토 사이에 설치되어서 이들 재료가 서로 혼합되는 것을 막아 주는 기능
- 보강 기능 : 토목 섬유의 인장 강도에 의해 토류 구조물의 안정성을 증진시키는 기능

086 액상화

■ 액상화(liquefaction)
- 개요 : 느슨한 모래 지반이나 물로 포화된 모래 지반이 정적 또는 지진과 같은 동적 하중에 의해 지반의 강도를 잃고 물처럼 흐르는 현상

■ 액상화 방지 대책
- 지하수위 저하 : well point 공법, gravel drain 공법
- 간극 수압 제거 : vertical drain 공법, gravel drain 공법
- 밀도 증가 : vibro flotation 공법, sand compaction pile 공법

□□□ 기 05

01 액상화(liquefaction)를 방지하기 위한 공법으로 거리가 먼 것은?

① 바이브로 콤포저(vibrocompozer) 공법
② 웰 포인트(well point) 공법
③ 샌드 콤팩션 파일(sand compaction pile) 공법
④ 샌드 드레인(sand drain) 공법

해설
- 액상화 현상 : 느슨한 모래 지반이나 물로 포화된 모래 지반이 동적 하중에 의해 지반의 강도를 잃고 물처럼 흐르는 현상
- 샌드 드레인(sand drain) 공법은 점토질 지반 개량 공법에 사용된다.

부록

과년도 출제문제

【CBT 필기복원문제 실전 테스트】
CBT 시험을 대비하여 최근 필기시험 문제를
홈페이지 (www.bestbook.co.kr)에서 실전
테스트할 수 있습니다.
- 2016년 제1,2,4회
- 2017년 제1,2,4회
- 2022년 제1,2,4회
- 2023년 제1,2,4회
- 2024년 제1,2,3회

국가기술자격 필기시험문제

자격종목	시험시간	문제수	형 별	수험번호	성 명
건설재료시험기사	2시간	80	A		

※ 각 문제는 4지 택일형으로 질문에 가장 적합한 문제의 보기 번호를 클릭하거나 답안표기란의 번호를 클릭하여 입력하시면 됩니다.

※ 입력된 답안은 문제 화면 또는 답안 표기란의 보기 번호를 클릭하여 변경하실 수 있습니다.

제1과목 : 콘크리트 공학

□□□ 기18

01 콘크리트의 받아들이기 품질검사 항목 중 염소이온량 시험의 시기 및 횟수에 대한 규정으로 옳은 것은?

① 바다 잔골재를 사용할 경우 2회/일, 그 밖의 경우 1회/주
② 바다 잔골재를 사용할 경우 1회/일, 그 밖의 경우 2회/주
③ 바다 잔골재를 사용할 경우 2회/일, 그 밖의 경우 2회/주
④ 바다 잔골재를 사용할 경우 1회/일, 그 밖의 경우 1회/주

해설 염소이온량

시험 검사 방법	KSF 4009 부속서 1의 방법
시기 및 횟수	바다 잔골재를 사용할 경우 2회/일, 그 밖의 경우 1회/주
판정기준	원칙적으로 $0.3kg/m^3$ 이하

□□□ 기14,15,18

02 시방배합결과 단위 잔골재량 $670kg/m^3$, 단위 굵은 골재량 $1,280kg/m^3$을 얻었다. 현장 골재의 입도만을 고려하여 현장배합으로 수정하면 단위 굵은 골재량은?

【 현장 골재 상태 】

· 잔골재가 5mm체에 남는 양 : 2%
· 굵은 골재가 5mm체를 통과하는 양 : 4%

① $1,286kg/m^3$
② $1,297kg/m^3$
③ $1,312kg/m^3$
④ $1,320kg/m^3$

해설 입도에 의한 조정

a : 잔골재 중 5mm체에 남은 양 : 2%
b : 굵은 골재 중 5mm체를 통과한 양 : 4%

$$굵은 골재 = \frac{100S - b(S+G)}{100 - (a+b)}$$

$$= \frac{100 \times 1,280 - 2(670 + 1,280)}{100 - (2+4)} = 1,320 kg/m^3$$

□□□ 기00,18

03 한중 콘크리트에서 가열한 재료를 믹서에 투입하는 순서로 가장 적합한 것은?

① 굵은 골재 → 잔골재 → 시멘트 → 물
② 물 → 굵은 골재 → 잔골재 → 시멘트
③ 잔골재 → 시멘트 → 굵은 골재 → 물
④ 시멘트 → 잔골재 → 굵은 골재 → 물

해설 가열된 재료를 믹서에 투입하는 순서는 가열한 물과 시멘트가 접촉하여 급결하지 않도록 우선 가열한 물과 굵은 골재, 다음에 잔골재를 넣어서 믹서 안의 재료온도가 40℃ 이하가 된 후 최후에 시멘트를 넣는 것이 좋다.

□□□ 기99,07,18

04 숏크리트에 대한 설명으로 틀린 것은?

① 일반 숏크리트의 장기 설계기준강도는 재령 28일로 설정한다.
② 습식 숏크리트는 배치 후 60분 이내에 뿜어붙이기를 실시하여야 한다.
③ 숏크리트의 초기강도는 재령 3시간에서 1.0 ~ 3.0MPa을 표준으로 한다.
④ 굵은 골재의 최대치수는 25mm의 것이 널리 쓰인다.

해설 굵은 골재의 최대치수는 압송이나 리바운드 등을 고려하여 10 ~ 15mm 정도가 가장 적당하다.

□□□ 기02,04,07,18

05 레디믹스트 콘크리트에서 구입자의 승인을 얻은 경우를 제외한 일반적인 경우의 염화물함유량은 최대 얼마 이하이어야 하는가? (단, 염소 이온(Cl^-)량)

① $0.2kg/m^3$
② $0.3kg/m^3$
③ $0.4kg/m^3$
④ $0.5kg/m^3$

해설 염화물함유량의 한도는 배출지점에서 염화물이온(Cl)량에 대한 $0.3kg/m^3$ 이하로 하여야 한다. 다만 구입자의 승인을 얻을 경우는 $0.6kg/m^3$ 이하로 할 수 있다.

□□□ 기18

06 묽은 비빔 콘크리트는 블리딩이 크고 이것에 상당하는 침하가 발생한다. 콘크리트의 침하가 철근 및 기타 매설물에 의해 국부적인 방해를 받아 발생하는 침하균열을 방지하기 위한 대책으로 틀린 것은?

① 단위수량을 될 수 있는 한 적게 하고, 슬럼프가 작은 콘크리트를 잘 다짐해서 시공한다.
② 침하 종료 이전에 급격하게 굳어져 점착력을 잃지 않는 시멘트나 혼화제를 선정한다.
③ 타설속도를 가능한 빨리하고, 1회의 타설높이를 크게 한다.
④ 균열을 조기에 발견하고, 각재 등으로 두드리는 재타법(再打法)이나 흙으로 눌러서 균열을 폐색시킨다.

해설 타설속도를 늦추고 1회 타설높이를 작게 한다.

□□□ 기12,18

07 섬유보강콘크리트용 섬유로서 갖추어야 할 조건으로 잘못된 것은?

① 섬유의 탄성계수는 시멘트 결합재 탄성계수의 1/4 이하일 것
② 섬유와 시멘트 결합재 사이의 부착성이 좋을 것
③ 섬유의 인장강도가 충분히 클 것
④ 형상비가 50 이상일 것

해설 섬유 보강 콘크리트용 섬유로서 갖추어야 할 조건
· 섬유와 시멘트 결합재 사이의 부착성이 좋을 것
· 섬유의 인장 강도가 충분히 클 것
· 섬유의 탄성 계수는 시멘트 결합재 탄성 계수의 1/5 이상일 것
· 형상비가 50 이상일 것
· 내구성, 내열성 및 내후성이 우수할 것
· 시공성에 문제가 없을 것
· 가격이 저렴할 것

□□□ 기04,18

08 콘크리트의 습윤 양생에 관한 설명 중 옳지 않은 것은?

① 습윤 양생 기간 중에 거푸집판이 건조하더라도 살수를 해서는 안된다.
② 콘크리트는 친 후 경화를 시작할 때까지 직사광선이나 바람에 의해 수분이 증발하지 않도록 방지해야 한다.
③ 습윤 양생에서 습윤 상태의 보호 기간은 보통 포틀랜드 시멘트를 사용하고 일평균 기온이 15℃ 이상인 경우에 5일간 이상을 표준으로 한다.
④ 막 양생을 할 경우에는 사용전에 살포량, 시공 방법 등에 관하여 시험을 통하여 충분히 검토해야 한다.

해설 습윤 양생 기간 중에 거푸집판이 건조할 우려가 있을 때에는 살수해야 한다.

□□□ 기13,17,18

09 거푸집 및 동바리 구조계산에 대한 설명으로 틀린 것은?

① 고정하중은 철근 콘크리트와 거푸집의 중량을 고려하여 합한 하중이며, 철근의 중량을 포함한 콘크리트의 단위중량은 보통콘크리트에서는 $24kN/m^3$을 적용하고, 거푸집 하중은 최소 $0.4kN/m^2$ 이상을 적용한다.
② 활하중은 작업원, 경량의 장비하중, 기타 콘크리트 타설에 필요한 자재 및 공구 등의 시공하중, 그리고 충격하중을 포함한다.
③ 동바리에 작용하는 수평방향 하중으로는 고정하중의 2% 이상 또는 동바리 상단의 수평방향 단위 길이당 1.5N/m 이상 중에서 큰 쪽의 하중이 동바리 머리부분에 수평방향으로 작용하는 것으로 가정한다.
④ 벽체 거푸집의 경우에는 거푸집 측면에 대하여 $5.0kN/m^2$ 이상의 수평방향 하중이 작용하는 것으로 본다.

해설 벽체 거푸집의 경우에는 거푸집 측면에 대하여 $0.5kN/m^2$ 이상의 수평방향 하중이 작용하는 것으로 본다.

□□□ 기01,07,18

10 콘크리트의 압축강도 특성에 대한 설명으로 틀린 것은?

① 시멘트의 분말도가 높아지면 초기압축강도는 커진다.
② 물-시멘트비가 일정하더라도 굵은 골재의 최대치수가 클수록 콘크리트의 강도는 작아진다.
③ 일반적으로 부순돌을 사용한 콘크리트의 강도는 강자갈을 사용한 콘크리트의 강도보다 작다.
④ 콘크리트의 강도는 일반적으로 표준양생을 한 재령 28일 압축강도를 기준으로하고 댐콘크리트의 경우는 재령 91일 압축강도를 기준으로 한다.

해설 골재의 표면이 거칠수록 골재와 시멘트풀과의 부착이 좋기 때문에 일반적으로 부순돌을 사용한 콘크리트의 강도는 강자갈을 사용한 콘크리트보다 크다.

□□□ 기10,11,12,14,17,18,19,21

11 30회 이상의 시험실적으로부터 구한 콘크리트 압축강도의 표준편차가 4.5MPa이고, 품질기준강도가 40MPa인 경우 배합강도는?

① 46.1MPa
② 46.5MPa
③ 47.0MPa
④ 48.5MPa

해설 $f_{cq} > 35MPa$일 때
· $f_{cr} = f_{cq} + 1.34s = 40 + 1.34 \times 4.5 = 46.0MPa$
· $f_{cr} = 0.9f_{cq} + 2.33s = 0.9 \times 40 + 2.33 \times 4.5 = 46.5MPa$
∴ 배합강도 $f_{cr} = 46.5MPa$ (큰 값)

□□□ 기09,13,18

12 콘크리트의 다지기에서 내부진동기를 사용하여 다짐하는 방법에 대한 설명으로 옳지 않은 것은?

① 진동다지기를 할 때에는 내부진동기를 하층의 콘크리트 속으로 0.1m 정도 찔러 넣는다.
② 1개소당 진동시간은 다짐할 때 시멘트 페이스트가 표면 상부로 약간 부상하기까지 한다.
③ 내부진동기의 삽입간격은 일반적으로 1m 이상으로 하는 것이 좋다.
④ 내부진동기는 콘크리트를 횡방향으로 이동시킬 목적으로 사용해서는 안된다.

해설 내부 진동기의 찔러 넣는 간격은 진동이 유효하다고 인정되는 범위의 지름 이하인 0.50m 이하로 하는 것이 좋다.

□□□ 기99,06,08,09,10,13,15,17,18

13 서중 콘크리트에 대한 설명으로 틀린 것은?

① 하루 평균기온이 25℃을 초과하는 것이 예상되는 경우 서중 콘크리트로 시공하여야 한다.
② 서중 콘크리트의 배합온도는 낮게 관리하여야 한다.
③ 콘크리트를 타설하기 전에는 지반, 거푸집 등 콘크리트로부터 물을 흡수할 우려가 있는 부분을 습윤상태로 유지하여야 한다.
④ 콘크리트를 타설할 때의 콘크리트 온도는 25℃ 이하이어야 한다.

해설 콘크리트를 타설할 때의 콘크리트 온도는 35℃ 이하이어야 한다.

□□□ 기18

14 프리플레이스트 콘크리트에 사용하는 재료에 대한 설명으로 틀린 것은?

① 프리플레이스트 콘크리트의 주입 모르타르는 포틀랜드 시멘트를 사용하는 것을 표준으로 한다.
② 잔골재의 조립률은 2.3 ~ 3.1 범위로 한다.
③ 굵은 골재의 최소치수는 15mm 이상으로 하여야 한다.
④ 일반적으로 굵은 골재의 최대치수는 최소치수의 2 ~ 4배 정도로 한다.

해설 프리플레이스트 콘크리트에 사용하는 재료
· 잔골재의 조립률은 1.4 ~ 2.2 범위로 한다.
· 굵은 골재의 최소치수는 15mm 이상으로 하여야 한다.
· 굵은 골재의 최대치수는 부재단면 최소치수의 1/4 이하, 철근 콘크리트의 경우 철근 순간격의 2/3 이하로 하여야 한다.
· 일반적으로 굵은 골재의 최대치수는 최소치수의 2 ~ 4배 정도로 한다.

□□□ 기02,06,11,12,14,17,18,21

15 프리스트레싱 할 때의 콘크리트 강도에 대한 아래표의 설명에서 ( ) 안에 알맞은 수치는?

프리스트레싱을 할 때의 콘크리트의 압축강도는 어느 정도의 안전도를 확보하기 위하여 프리스트레스를 준 직후, 콘크리트에 일어나는 최대 압축응력의 ( )배 이상이어야 한다.

① 0.8   ② 1.0
③ 1.7   ④ 2.5

해설 프리스트레스를 준 직후의 콘크리트에 일어나는 최대압축응력의 1.7 이상이어야 한다.

□□□ 기01,03,14,18

16 콘크리트 타설시 유의사항으로 잘못된 것은?

① 콘크리트 타설 도중 블리딩 수가 있을 경우 그 물을 제거하고 그 위에 콘크리트를 친다.
② 외기온도가 25℃ 이하인 경우 허용이어치기 시간간격의 표준은 1.5시간을 표준으로 한다.
③ 2층 이상으로 나누어 콘크리트를 타설하는 경우 아래층이 굳기 시작하기 전에 윗층의 콘크리트를 친다.
④ 콘크리트의 자유낙하 높이가 너무 크면 콘크리트의 분리가 일어나므로 슈트, 펌프 배관 등의 배출구와 타설면까지의 높이는 1.5m 이하를 원칙으로 한다.

해설 허용 이어치기 시간간격의 표준

외기온도	허용 이어치기 시간간격
25℃ 초과	2.0시간
25℃ 이하	2.5시간

□□□ 기12,13,18,22

17 콘크리트의 휨 강도 시험에 대한 설명으로 틀린 것은?

① 지간은 공시체 높이의 3배로 한다.
② 재하 장치의 설치면과 공시체면과의 사이에 틈새가 생기는 경우 접촉부의 공시체 표면을 평평하게 갈아서 잘 접촉할 수 있도록 한다.
③ 공시체에 하중을 가하는 속도는 가장자리 응력도의 증가율이 매초 0.6±0.4MPa이 되도록 한다.
④ 공시체가 인장쪽 표면의 지간 방향 중심선의 3등분점의 바깥쪽에서 파괴된 경우는 그 시험 결과를 무효로 한다.

해설 공시체에 하중을 가하는 속도는 가장자리 응력도의 증가율이 매초 (0.06±0.04)MPa이 되도록 조정하여야 한다.

□□□ 기 14,16,18
18 비파괴 시험방법 중 콘크리트 내의 철근 부식 유무를 평가할 수 있는 방법이 아닌 것은?

① 자연전위법　　　　② 분극저항법
③ 전기저항법　　　　④ 전자유도법

해설 철근부식 여부를 조사할 수 있는 방법
　・자연전위법
　・분극저항법
　・전기저항법

□□□ 기 10,13,18
19 프리스트레스트 콘크리트에 대한 설명으로 틀린 것은?

① 굵은 골재 최대치수는 보통의 경우 25mm를 표준으로 한다.
② 팽창성 그라우트의 재령 28일 압축강도는 최소 25MPa 이상이어야 한다.
③ 프리텐션 방식에서는 프리스트레싱 할 때 콘크리트 압축강도가 30MPa 이상이어야 한다.
④ 팽창성 그라우트의 팽창률은 0～10%를 표준으로 한다.

해설 팽창성타입의 재령 28일의 압축강도는 20MPa 이상이어야 한다.

□□□ 기 08,14,18
20 콘크리트의 탄성계수에 대한 일반적인 설명으로 틀린 것은?

① 압축강도가 클수록 작다.
② 콘크리트의 탄성계수라 함은 할선탄성계수를 말한다.
③ 응력–변형률 곡선에서 구할 수 있다.
④ 콘크리트의 단위용적중량이 증가하면 탄성계수도 커진다.

해설 콘크리트의 압축강도가 클수록 탄성계수 값은 크다.

제2과목 : 건설시공 및 관리

□□□ 기 02,05,06,09,11,15,18
21 아래의 주어진 조건을 이용하여 3점 시간법을 적용하여 activity time을 결정하면? (조건 : 표준값=6시간, 낙관값=3시간, 비관값=8시간)

① 4.3시간　　　　② 5.7시간
③ 5.8시간　　　　④ 6.8시간

해설 3점법에 의한 시간 추정
$$t_e = \frac{1}{6}(a+4m+b) = \frac{1}{6}(3+4\times6+8) = 5.8시간$$

□□□ 산 89, 기 04,11,18
22 보통 상태의 점성토를 다짐하는 기계로서 다음 중 가장 부적합한 것은 어느 것인가?

① Tamping roller　　② Tire roller
③ Grid roller　　　　④ 진동 roller

해설 ・타이어 로울러 : 사질토, 사질 점성토, 소성이 낮은 흙에 유효하다.
　・진동 로울러(Vibro roller) : 다짐차륜을 진동시켜 사질토나 모래질에 유효하다.
　・탬핑 로울러 : 고함수비의 점성토 지반에 유효하다.
　・그리드 로울러 : 성토 표면의 다짐에 유효하다.

□□□ 기 12,15,18
23 아스팔트 포장 표면에 발생하는 소성변형(Rutting)에 대한 설명으로 틀린 것은?

① 침입도가 큰 아스팔트를 사용하거나 골재의 최대치수가 큰 경우에 발생하기 쉽다.
② 종방향 평탄성에는 심각하게 영향을 주지는 않지만 물이 고인다면 수막현상을 일으켜 주행 안전성에 심각한 영향을 줄 수 있다.
③ 하절기의 이상 고온 및 아스콘에 아스팔트량이 많은 경우 발생하기 쉽다.
④ 외기온이 높고 중차량이 많은 저속구간도로에서 주로 발생하고, 교량구간은 토공구간에 비해 적게 발생한다.

해설 소성변형(Rutting)은 아스팔트 콘크리트의 배합 시 아스팔트량이 많고 침입도가 크고 골재의 최대치수가 적은 경우 발생한다.

□□□ 기 11,14,18
24 케이슨을 침하시킬 때 유의사항으로 틀린 것은?

① 침하시 초기 3m까지는 안정하므로 경사이동의 조정이 용이하다.
② 케이슨은 정확한 위치의 확보가 중요하다.
③ 토질에 따라 케이슨의 침하 속도가 다르므로 사전 조사가 중요하다.
④ 편심이 생기지 않도록 주의해야 한다.

해설 케이슨 침하 작업 시 주의 사항
　・우물통 침하할 때 처음 3m까지는 경사 및 이동되기 쉬우므로 특히 주의할 것
　・우물통 주변에 눈금을 만들어 침하상태, 공정을 쉽게 알 수 있도록 할 것
　・하중이 과대하지 않도록 주의할 것
　・홍수에 의한 피해를 입지 않도록 조치해 둘 것

□□□ 기03,04,06,13,17,18
25 터널굴착공법인 TBM공법의 특징에 대한 설명으로 틀린 것은?

① 터널단면에 대한 분할 굴착시공을 하므로, 지질변화에 대한 확인이 가능하다.
② 기계굴착으로 인해 여굴이 거의 발생하지 않는다.
③ 1km 이하의 비교적 짧은 터널의 시공에는 비경제적인 공법이다.
④ 본바닥 변화에 대하여 적응이 곤란하다.

해설 지반의 지질 변화에 대한 확인이 불가능하다.

□□□ 기00,18
26 3.5km 거리에서 20,000m³의 자갈을 4m³ 덤프 트럭으로 운반할 경우 1일 1대의 덤프 트럭이 운반할 수 있는 양은? (단, 작업 시간은 1일 8시간 기준, 상·하차 시간 2분, 평균 속도 30km/hr로 한다.)

① 100m³   ② 120m³
③ 140m³   ④ 160m³

해설 · 사이클 타임 $C_m = \dfrac{L}{V} \times 2 + t = \dfrac{3.5}{30} \times 2 \times 60 + 2 = 16\,\text{min}$

· 작업량 $Q = \dfrac{60 \cdot q}{Cn} = \dfrac{60 \times 4}{16} = 15\,\text{m}^3/\text{hr}$

∴ 1일 1대의 덤프트럭의 운반할 양 = $15 \times 8 = 120\,\text{m}^3/\text{day}$

$\left(\because \dfrac{1}{V} = \dfrac{1}{30\text{km/hr}} = \dfrac{1\text{hr}}{30\text{km}} = \dfrac{60\text{min}}{30\text{km}} \right)$

□□□ 기00,04,13,17,18
27 자연 함수비 8%인 흙으로 성토하고자 한다. 시방서에는 다짐한 흙의 함수비를 15%로 관리하도록 규정하였을 때 매층마다 1m²당 몇 kg의 물을 살수해야 하는가? (단, 1층의 다짐두께는 20cm이고, 토량변화율 $C = 0.8$이며 원지반상태에서 흙의 단위중량은 1.8t/m³이며, 소수점 이하 셋째자리에서 반올림하여 둘째자리까지 구하시오.)

① 21.59kg   ② 24.38kg
③ 27.23kg   ④ 29.19kg

해설 · 1층의 원지반 상태의 단위체적

$V = \dfrac{1 \times 1 \times 0.2}{0.8} = 0.25\,\text{m}^3$

· 0.2m²당 흙의 중량

$W = \gamma_t V = 1.8 \times 0.25 = 0.45\,\text{t} = 450\,\text{kg}$

· 8%에 대한 함수량

$w_w = \dfrac{W \cdot w}{100 + w} = \dfrac{450 \times 8}{100 + 8} = 33.33\,\text{kg}$

∴ 15%에 대한 함수량 : $33.33 \times \dfrac{15 - 8}{8} = 29.16\,\text{kg}$

□□□ 기99,04,05,09,14,18
28 사이폰 관거(syphon drain)에 대한 다음 설명 중 옳지 않은 것은?

① 암거가 앞뒤의 수로 바닥에 비하여 대단히 낮은 위치에 축조된다.
② 일종의 집수 암거로 주로 하천의 복류수를 이용하기 위하여 쓰인다.
③ 용수, 배수, 운하 등 성질이 다른 수로가 교차하지만 합류시킬 수 없을 때 사용한다.
④ 다른 수로 혹은 노선과 교차할 때 사용한다.

해설 다공암거 : 관 내의 집수효과를 크게 하기 위하여 관 둘레에 구멍을 뚫어 지하에 매설하는 일종의 집수 암거를 말하며 하천의 복류수를 이용하기 위하여 사용한다.

□□□ 기00,08,09,14,18,21
29 토적 곡선(Mass Curve)의 성질에 대한 설명 중 옳지 않은 것은?

① 토적 곡선이 기선 위에서 끝나면 토량이 부족하고, 반대이면 남는 것을 뜻한다.
② 곡선의 저점은 성토에서 절토로의 변이점이다.
③ 동일 단면 내에서 횡방향 유용토는 제외되었으므로 동일 단면내의 절토량과 성토량을 구할 수 없다.
④ 교량 등의 토공이 없는 곳에는 기선에 평행한 직선으로 표시한다.

해설 토적 곡선이 기선(평형선)위에서 끝나면 토량이 남고, 선이 아래에서 끝나면 토량이 부족이다.

□□□ 기09,13,18
30 지중연속벽 공법에 대한 설명으로 틀린 것은?

① 주변 지반의 침하를 방지할 수 있다.
② 시공 시 소음, 진동이 크다.
③ 벽체의 강성이 높고 지수성이 좋다.
④ 큰 지지력을 얻을 수 있다.

해설 지중연속벽공법의 장점
· 소음진동이 적어 도심지공사에 적합하다.
· 영구구조물로 이용된다.
· 토지경계선까지 시공이 가능하다.
· 벽체의 강성이 높고, 지수성이 좋다.
· 최대 100m 이상 깊이 까지 시공 가능하다.
· 암반을 포함한 대부분의 지반에서 시공가능하다.

31 특수터널 공법 중 침매공법에 대한 설명으로 틀린 것은?

① 육상에서 제작하므로 신뢰성이 높은 터널 본체를 만들 수 있다.
② 단면의 형상이 비교적 자유롭다.
③ 협소한 장소의 수로에 적당하다.
④ 수중에 설치하므로 자중이 적고 연약지반 위에도 쉽게 시공할 수 있다.

해설 협소한 장소의 수로나 항행선박이 많은 곳에서는 여러 가지 장애가 생긴다.

□□□ 기10,14,18
32 항만 공사에서 간만의 차가 큰 장소에 축조되는 항은?

① 하구항(coastal harbor) ② 개구항(open harbor)
③ 폐구항(closed harbor) ④ 피난항(refuge harbor)

해설 ·하구항 : 하구에 있는 항
·개구항 : 항구가 항상 개방되어 있어 출입이 자유로운 항
·폐구항 : 간만의 차가 큰 장소에 축조되는 항
·피난항 : 항해 중인 선박이 피난을 하기 위하여 이용하는 항

□□□ 기04,06,12,15,18
33 교대에서 날개벽(Wing)의 역할로 가장 적당한 것은?

① 배면(背面)토사를 보호하고 교대 부근의 세굴을 방지한다.
② 교대의 하중을 부담한다.
③ 유량을 경감하여 토사의 퇴적을 촉진시킨다.
④ 교량의 상부구조를 지지한다.

해설 날개벽(wing) : 배면토사를 보호하고 교대 부근의 세굴방지 목적으로 구체에서 직각으로 고정하여 설치한다.

□□□ 기12,15,18
34 뉴매틱 케이슨의 기초의 일반적인 특징에 대한 설명으로 틀린 것은?

① 지하수를 저하시키지 않으며, 히빙, 보일링을 방지할 수 있으므로 인접 구조물의 침하 우려가 없다.
② 오픈 케이슨보다 침하공정이 빠르고 장애물 제거가 쉽다.
③ 지형 및 용도에 따른 다양한 형상에 대응할 수 있다.
④ 소음과 진동이 없어 도심지 공사에 적합하다.

해설 소음과 진동이 크므로 도심지 공사에는 부적합하다.

□□□ 기04,06,10,18
35 기초의 굴착에 있어서 주변부를 굴착 축조하고 그 후 남아있는 중앙부를 굴착하는 공법은?

① island 공법 ② trench cut 공법
③ open cut 공법 ④ top down 공법

해설 trench cut 공법 : 먼저 주변부인 둘레를 도랑 처럼 굴착 축조한 후 중앙부분을 굴착하는 공법으로 주로 연약한 지반의 시공과 넓은 면의 굴착에 유리한 공법이다.

□□□ 기03,10,18
36 다음은 PERT/CPM 공정관리 기법의 공기 단축 요령에 관한 설명이다. 옳지 않은 것은?

① 비용경사가 최소인 주공정부터 공기를 단축한다.
② 주공정선(C.P)상의 공정을 우선 단축한다.
③ 전체의 모든 활동이 주공정선화(C.P)화 되면 공기 단축은 절대 불가능하다.
④ 공기 단축에 따라 주공정선(C.P)이 복수화 될 수 있다.

해설 전체의 모든 활동이 주공정선(C.P)화 되어도 전주공정선에서 공기를 단축할 수 있다.

□□□ 기03,05,14,18
37 다음 중 포장 두께를 결정하기 위한 시험이 아닌 것은?

① CBR시험 ② 평판재하시험
③ 마샬시험 ④ 3축압축시험

해설 포장두께 결정을 위한 지지력 시험
·평판재하시험(PBT) : 콘크리트 포장의 두께 설계와 노상, 보조기층, 기층의 지지력 판정을 위해 이용
·노상지지력비시험(CBR) : 일반적인 포장두께를 결정하기 위해서 사용
·동탄성계수시험 : 노상토와 같이 탄성계수를 직접 구하기 어려운 경우에 사용되는 탄성물성이다.
·마샬시험 : 아스팔트 혼합물의 합리적인 배합설계와 혼합물의 소성유동에 대한 저항성을 측정하기 위해 많이 사용된다.

□□□ 기18
38 Bulldozer의 시간당 작업량은 다음 중 무엇에 반비례하는가?

① 1회 토공량(q) ② 토량환산계수(f)
③ 사이클타임(C_m) ④ 작업효율(E)

해설 $Q = \dfrac{60 \times q \times f \times E}{C_m}$

□□□ 기 00,03,05,09,10,17,18,21

39 사질토를 절토하여 45,000m³의 성토 구간을 다짐 성토하려고 한다. 사질토의 토량 변화율이 $L=1.2$, $C=0.9$일 때 운반토량은?

① 48,600m³　　　　② 50,000m³
③ 54,000m³　　　　④ 60,000m³

해설 절취토량 $= \dfrac{\text{원지반 토량}}{C} = \dfrac{45,000}{0.9} = 50,000\text{m}^3$

∴ 운반토량 = 절취토량 $\times L = 50,000 \times 1.2 = 60,000\text{m}^3$

□□□ 기 00,03,07,13,18

40 다음 중 비계를 이용하지 않는 강 트러스교의 가설 공법이 아닌 것은?

① 새들(saddle) 공법
② 캔틸레버(cantilever)식 공법
③ 케이블(cable)식 공법
④ 부선(pontoon)식 공법

해설 ■ 비계를 사용하지 않는 강 트러스교의 가설법
 ·캔틸레버식 공법
 ·케이블식 공법
 ·부선식 공법
 ·이동 빈트식 공법
■ 새들(saddle) 공법 : 주로 지간이 길지 않고 높이가 높지 않은 교량의 가설에 많이 사용된다.

제3과목 : 건설재료 및 시험

□□□ 기 92,03,10,15,18

41 목재의 강도에 대하여 바르게 설명한 것은?

① 일반적으로 휨 강도는 압축 강도보다 작다.
② 일반적으로 섬유의 평행 방향의 인장강도는 압축강도보다 크다.
③ 일반적으로 섬유의 평행 방향의 압축강도는 섬유의 직각 방향의 압축강도보다 작다.
④ 일반적으로 전단강도는 휨 강도보다 크다.

해설 ·일반적으로 휨 강도는 세로 압축강도의 1.5배이다.
 ·일반적으로 세로 인장강도는 세로 압축강도의 2.5배이다.
 ·일반적으로 가로 압축강도(섬유의 직각 방향)는 세로 압축강도(섬유의 평행 방향)의 약 10~20%이다.
 ·일반적으로 전단강도는 휨강도보다 작다.

□□□ 기 03,08,09,11,12,14,17,18

42 전체 15kg의 굵은 골재로 체가름 시험을 실시한 결과가 아래의 표와 같을 때 조립률은?

체호칭 (mm)	75	50	40	30	25	20	15	10	5
각 체에 남은양(g)	0	0	300	1,800	2,400	2,100	4,200	2,400	1,800

① 3.5　　　　② 6.47
③ 7.34　　　　④ 8.5

해설 1) 각체의 누적 잔류율 계산

체(mm)	남는량(g)	잔류율(%)	가적 잔류율(%)
75	0	0	0*
50	0	0	0
40	300	2	2*
30	1,800	12	14
25	2,400	16	30
20	2,100	14	44*
15	4,200	28	72
10	2,400	16	88*
5	1,800	12	100*
2.5	0	0	100*
1.2	0	0	100*
0.6	0	0	100*
0.3	0	0	100*
0.15	0	0	100*
합계	15,000	100	

2) $\text{F.M} = \dfrac{\sum \text{각 체에 남는 양의 누계}}{100}$

$= \dfrac{0+2+44+88+100 \times 6}{100} = \dfrac{734}{100} = 7.34$

(주의 : *부분만 FM관련 가적 잔류율)

□□□ 기 91,01,18

43 다음 중 도로포장용 스트레이트 아스팔트 재료의 품질 검사에 필요한 시험 항목이 아닌 것은?

① 증류시험　　　　② 침입도 시험
③ 톨루엔 시험　　　　④ 박막가열 시험

해설 ·도로 포장용 스트레이트 아스팔트의 품질검사 항목
 침입도시험, 신도시험, 삼염화에틸렌 가용분시험, 박막가열 후 침입도비시험, 인화점시험
·증류시험 : 컷트백 아스팔트에 사용하는 시험이다.

44 시멘트의 비중을 측정하기 위하여 르샤틀리에 비중병에 0.8cc 눈금까지 등유를 주입하고 시멘트 64g을 가하여 눈금이 21.3cc로 증가되었다. 이 시멘트의 비중은?

① 3.08   ② 3.12

③ 3.13   ④ 3.18

해설 시멘트의 비중 $= \dfrac{\text{시멘트의 무게(g)}}{\text{비중병의 눈금차(cc)}}$

$$= \dfrac{64}{21.3 - 0.8} = 3.12$$

45 염화칼슘($CaCl_2$)을 응결 경화 촉진제로 사용한 경우 다음 설명 중 틀린 것은?

① 염화칼슘은 대표적인 응결 경화 촉진제이며, 4% 이상 사용하여야 순결(瞬結)을 방지하고, 장기 강도를 증진시킬 수 있다.

② 한중 콘크리트에 사용하면 조기 발열의 증가로 동결 온도를 낮출 수 있다.

③ 염화칼슘을 사용한 콘크리트는 황산염에 대한 화학 저항성이 적기 때문에 주의할 필요가 있다.

④ 응결이 촉진되므로 운반, 타설, 다지기 작업을 신속히 해야 한다.

해설 염화칼슘을 시멘트량의 1~2%를 사용하면 조기 강도가 증대되나 2% 이상 사용하면 큰 효과가 없으며 오히려 순결, 강도 저하를 나타낸다.

46 알루미나 시멘트의 특성에 대한 설명으로 틀린 것은?

① 포틀랜드 시멘트에 비해 강도발현이 매우 빠르다.

② 내화성이 약하므로 내화물용으로 부적합하다.

③ 산, 염류, 해수 등의 화학적 침식에 대한 저항성이 크다.

④ 발열량이 크기 때문에 긴급을 요하는 공사나 한중공사의 시공에 적합하다.

해설 알루미나 시멘트의 특징

· 대단한 조강성을 갖는다.

· 해수 산 기타 화학 작용에 저항성이 크기 때문에 해수 공사에 적합하다.

· 발열량이 크기 때문에 긴급을 요하는 공사나 한중 공사의 시공에 적합하다.

· 내화성이 우수하므로 내화용(1,300℃ 정도) 콘크리트에 적합하다.

· 포틀랜 시멘트와 혼합하여 사용하면 순결성을 나타내므로 주의를 요한다.

47 발화점이 295℃ 정도이며, 충격에 둔감하고, 폭발 위력이 Dynamite보다 우수하며 흑색 화약의 4배에 달하는 폭약은 어느 것인가?

① T.N.T.   ② 니트로 글리세린

③ Slurry 폭약   ④ 칼릿(Carlit)

해설 칼릿

· 다이너마이트보다 발화점이 높고(295℃), 충격에 둔감하여 취급에 위험성이 적다.

· 폭발력은 다이너마이트보다 우수하고 흑색 화약의 4배에 달하지만 폭발 속도는 느리다.

48 다음 석재 중 조직이 균질하고 내구성 및 강도가 큰 편이며, 외관이 아름다운 장점이 있는 반면 내화성이 작아 고열을 받는 곳에는 적합하지 않은 것은?

① 화강암   ② 응회암

③ 현무암   ④ 안산암

해설 화강암의 특징

· 석질이 균일하고 내구성 및 강도가 크다.

· 외관이 아름답기 때문에 장식재로 쓸 수 있다.

· 내화성이 적어 고열을 받는 곳에는 적당치 못하다.

· 경도 및 자중이 커서 가공 및 시공이 곤란하다.

49 아스팔트 시료를 일정비율 가열하여 강구의 무게에 의해 시료가 25.4mm 내려갔을 때 온도를 측정한다. 이는 무엇을 구하기 위한 시험인가?

① 침입도   ② 인하점

③ 연소점   ④ 연화점

해설 아스팔트 연화점시험

· 환구법에 의한 아스팔트 연화점시험은 시료를 환에 주입하고 4시간 이내에 시험을 종료하여야 한다.

· 환구법에 의한 아스팔트 연화점시험에서 시료를 규정조건에서 가열하였을 때, 시료가 연화되기 시작하여 규정된 거리(25.4mm)로 처졌을 때의 온도를 연화점이라 한다.

50 양질의 포졸란을 사용한 콘크리트의 일반적인 특징으로 보기 어려운 것은?

① 워커빌리티가 향상된다.

② 블리딩 현상이 감소한다.

③ 발열량이 적어지므로 단면이 큰 콘크리트에 적합하다.

④ 초기강도는 크나 장기강도는 작아진다.

해설 포졸란를 사용한 콘크리트는 초기강도는 작으나 장기강도는 크다.

□□□ 기 03,04,07,08,18

51 굵은 골재의 밀도시험 결과가 아래의 표와 같을 때 이 골재의 표면건조 포화상태의 시료 밀도는?

【시험결과】
· 표면건조 포화상태의 질량 : 4,000g
· 절대건조상태 시료의 질량 : 3,950g
· 시료의 수중 질량 : 2,490g
· 시험온도에서 물의 밀도 : 0.997g/cm³

① 2.57g/cm³ ② 2.61g/cm³
③ 2.64g/cm³ ④ 2.70g/cm³

해설 표건 밀도 $= \dfrac{\text{표건상태의 시료질량}}{\text{표건상태의 시료질량} - \text{시료의 수중질량}} \times \text{물의 밀도}$

$= \dfrac{4,000}{4,000 - 2,490} \times 0.997 = 2.64 \text{g/cm}^3$

□□□ 기 02,07,10,15,18

52 콘크리트용 잔골재의 안정성에 대한 설명으로 옳은 것은?

① 잔골재의 안정성은 수산화나트륨으로 5회 시험으로 평가 하며, 그 손실질량은 10% 이하를 표준으로 한다.
② 잔골재의 안정성은 수산화나트륨으로 3회 시험으로 평가 하며, 그 손실질량은 5% 이하를 표준으로 한다.
③ 잔골재의 안정성은 황산나트륨으로 5회 시험으로 평가하 며, 그 손실질량은 10% 이하를 표준으로 한다.
④ 잔골재의 안정성은 황산나트륨으로 3회 시험으로 평가하 며, 그 손실질량은 5% 이하를 표준으로 한다.

해설 황산나트륨으로 5회 시험으로 평가한 손실량(%)

시험용 용액	손실 무게비	
	잔골재	굵은 골재
황산나트륨	10% 이하	12% 이하

□□□ 산 84, 기 88,03,18

53 목재에 관한 다음 설명 중 옳지 않은 것은?

① 제재후의 심재는 변재보다 썩기 쉽다
② 벌목시기는 가을에서 겨울에 걸친 기간이 가장 적당하다.
③ 목재는 세포막 중에 스며든 결합수가 감소하면 수축 변형 한다.
④ 목재의 강도는 절대 건조일 때 최대가 된다.

해설 변재는 연질이고 흡수성이 상당히 크며 심재는 단단한 조직으로 강도와 내구성이 크다. 따라서 변재는 심재보다 썩기 쉽다.

□□□ 기 14,18

54 아스팔트에 대한 설명 중 잘못된 것은?

① 레이크아스팔트는 지표의 낮은 부분에 퇴적물로 생긴다.
② 아스팔타이트는 원유를 인공적으로 증류하여 제조한 것이다.
③ 샌드아스팔트는 천연 아스팔트가 모래 속에 스며든 것이다.
④ 록아스팔트는 천연 아스팔트가 석회암, 사암 등의 다공질 암석 사이에 스며든 것이다.

해설 아스팔타이트 : 천연석유가 지층의 갈라진 틈 및 암석의 틈 사이 에 침투한 후 지열 및 공기 등의 작용에 의해 산화와 중합의 작용이 겹쳐 변질해서 생긴 것이다.

□□□ 기 11,18

55 풍화한 시멘트의 성질에 대한 설명으로 틀린 것은?

① 비중이 떨어진다.
② 강도의 발현이 저하된다.
③ 응결이 지연된다.
④ 강열 감량이 저하된다.

해설 일반적인 풍화된 시멘트의 성질
· 비중이 떨어진다.   · 응결이 지연된다.
· 강열 감량이 증가된다.   · 강도의 발현이 저하된다.

□□□ 기 14,18,22

56 석재를 사용할 경우 고려해야 할 사항으로 옳지 않은 것은?

① 석재를 다량으로 사용 시 안정적으로 공급할 수 있는지 여 부를 조사한다.
② 외벽이나 콘크리트 포장용 석재에는 가급적이면 연석은 피 하는 것이 좋다.
③ 내화구조물에는 석재를 사용하지 않는 것이 좋다.
④ 휨응력과 인장응력을 받는 곳은 가급적이면 사용하지 않는 것이 좋다.

해설 내화 구조물은 강도면보다 내화 석재를 선택하는 것이 좋다.

□□□ 기 08,18

57 강(鋼)의 화학적 성분 중에서 취성(brittleness)을 증가 시키는 가장 큰 요소는?

① 규소(Si) ② 탄소(C)
③ 인(P)   ④ 크롬(Cr)

해설 인(P)의 함유량이 많으면 보통 온도에서 진동이나 충격에 대한 저 항성이 감소되어 취성이 증가하므로 가급적 줄여야 한다.

□□□ 기16,18,21
58 콘크리트용 화학혼화제의 품질시험 항목이 아닌 것은?

① 침입도 지수(PI)　　② 감수율(%)

③ 응결시간의 차(mm)　④ 압축강도비(%)

해설 콘크리용 화학 혼화제의 품질 항목

품질항목		AE제
감수율(%)		6 이상
블리딩양의 비(%)		75 이하
응결시간의 차(분)(초결)	초결	$-60 \sim +60$
	종결	$-60 \sim +60$
압축강도의 비(%)(28일)		90 이상
길이 변화비(%)		120 이하
동결융해에 대한 저항성 (상대 동탄성계수)(%)		80 이상

□□□ 기10,11,18
59 콘크리트용으로 사용하는 부순 굵은 골재의 품질기준에 대한 설명으로 틀린 것은?

① 절대건조밀도는 2.5g/cm^3 이상이어야 한다.

② 흡수율은 5.0% 이하이어야 한다.

③ 마모율은 40% 이하이어야 한다.

④ 입형판정실적률은 55% 이상이어야 한다.

해설 골재의 물리적 성질

구 분		기호	절대 건조 밀도 g/cm^3	흡수율 %	안정성 %	마모율 %	입자 모양 판정 실적률 %
천연 골재	굵은 골재	NG	2.5 이상	3.0 이하	12 이하	40 이하	
	잔 골재	NS	2.5 이상	3.0 이하	10 이하		
부순 골재	굵은 골재	CG	2.5 이상	3.0 이하	12 이하	40 이하	55 이상
	잔 골재	CS	2.5 이상	3.0 이하	10 이하		53 이상

□□□ 기14,18
60 다음 토목섬유 중 폴리머를 판상으로 압축시키면서 격자모양의 형태로 구멍을 내어 만든 후 여러 가지 모양으로 늘린 것으로 연약지반 처리 및 지반 보강용으로 사용되는 것은?

① 지오텍스타일(geotextile)　② 지오그리드(geogrids)

③ 지오네트(geonets)　　　　④ 웨빙(webbings)

해설 지오그리드의 특징 : 폴리머를 판상으로 압축시키면서 격자 모양의 그리드 형태로 구멍을 내어 특수하게 만든 후 여러 모양으로 넓게 늘여 편 형태로 보강·분리기능이 있다.

제4과목 : 토질 및 기초

□□□ 기11,18
61 흙의 시료의 전단 파괴면을 미리 정해놓고 흙의 강도를 구하는 시험은?

① 직접전단시험　　② 평판재하시험

③ 일축압축시험　　④ 삼축압축시험

해설 직접전단시험 : 상하로 분리된 전단 상자속에 시료를 넣고 수직하중을 가한 상태로 수평력을 가하여 전단상자 상하단부의 분리면을 따라 강제로 파괴를 일으켜서 지반의 강도정수를 결정할 수 있는 방법이다.

□□□ 기92,94,13,18
62 Terzaghi의 극한 지지력 공식에 대한 설명으로 틀린 것은?

① 기초의 형상에 따라 형상 계수를 고려하고 있다.

② 지지력 계수 N_c, N_q, N_r는 내부 마찰각에 의해 결정된다.

③ 점성토에서의 극한 지지력은 기초의 근입 깊이가 깊어지면 증가된다.

④ 극한 지지력은 기초의 폭에 관계없이 기초 하부의 흙에 의해 결정된다.

해설 $q_u = \alpha c N_c + \beta \gamma_1 B N_\gamma + \gamma_2 D_1 N_q$: 극한 지지력은 기초 폭(B)과 근입 깊이(D_f)에 따라 증가하고 흙의 상태에 따라 변화한다.

□□□ 기15,18
63 아래 그림과 같은 폭(B) 1.2m, 길이(L) 1.5m인 사각형 얕은 기초에 폭(B) 방향에 대한 편심이 작용하는 경우 지반에 작용하는 최대압축응력은?

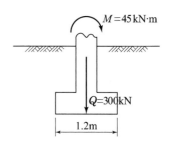

① 292kN/m^2　　　② 385kN/m^2

③ 397kN/m^2　　　④ 415kN/m^2

해설 편심거리 $e = \dfrac{M}{Q} = \dfrac{45}{300} = 0.15 \text{m}$

$e \leq \dfrac{B}{6} = \dfrac{1.2}{6} = 0.20 \text{m}$일 때

$\therefore q_{\max} = \dfrac{Q}{B.L}\left(1 + \dfrac{6e}{B}\right) = \dfrac{300}{1.2 \times 1.5}\left(1 + \dfrac{6 \times 0.15}{1.2}\right)$
$= 292 \text{kN/m}^2$

□□□ 기93,18

64 반무한 지반의 지표상에 무한길이의 선하중 q_1, q_2가 다음의 그림과 같이 작용할 때 A점에서의 연직응력 증가는?

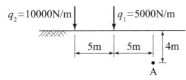

① 30.3N/m^2 ② 121.2N/m^2

③ 151.5N/m^2 ④ 181.8N/m^2

해설 선하중에 의한 연직응력의 크기

$$\sigma_{z1} = \frac{2q_1 Z^3}{\pi(x+Z)^2} = \frac{2 \times 5,000 \times 4^3}{\pi(5^2 + 4^2)^2} = 121.189 \text{N/m}^2$$

$$\sigma_{z2} = \frac{2q_1 Z^3}{\pi(x+Z)^2} = \frac{2 \times 10,000 \times 4^3}{\pi(10^2 + 4^2)^2} = 30.28 \text{N/m}^2$$

$$\therefore \sigma_z = \sigma_{z1} + \sigma_{z2} = 121.19 + 30.28$$
$$= 151.47 \text{N/m}^2 = 0.15147 \text{kN/m}^2$$

□□□ 기13,18

65 포화된 지반의 간극비를 e, 함수비를 w, 간극률을 n, 비중을 G_s라 할 때 다음 중 한계 동수경사를 나타내는 식으로 적절한 것은?

① $\dfrac{G_s + 1}{1 + e}$ ② $\dfrac{e - w}{w(1 + e)}$

③ $(1+n)(G_s - 1)$ ④ $\dfrac{G_s(1 - w + e)}{(1 + G_s)(1 + e)}$

해설 한계동수경사 $i = \dfrac{G_s - 1}{1 + e}$ 에서

· 비중 $G_s = \dfrac{S \cdot e}{w}$

· 포화도 $S = 100\%$

$$\therefore i = \frac{G_s - 1}{1 + e} = \frac{\dfrac{S \cdot e}{w} - \dfrac{w}{w}}{1 + e} = \frac{S \cdot e - w}{w(1 + e)} = \frac{e - w}{w(1 + e)}$$

□□□ 기05,18,22

66 다음 중 부마찰력이 발생할 수 있는 경우가 아닌 것은?

① 매립된 생활쓰레기 중에 시공된 관측정

② 붕적토에 시공된 말뚝 기초

③ 성토한 연약점토지반에 시공된 말뚝 기초

④ 다짐된 사질지반에 시공된 말뚝 기초

해설 · 말뚝이 점토층 위에 타입되어 있고 성토층이 압밀될 때 부마찰력이 발생한다.

· 다짐된 사질토지반에 시공된 말뚝 기초는 부마찰력이 발생하지 않는다.

□□□ 기09,18

67 어떤 점토의 압밀계수는 $1.92 \times 10^{-3} \text{cm}^2/\text{sec}$, 압축계수는 $2.86 \times 10^{-2} \text{cm}^2/\text{g}$이었다. 이 점토의 투수계수는? (단, 이 점토의 초기간극비는 0.80이다.)

① $1.05 \times 10^{-5} \text{cm/sec}$ ② $2.05 \times 10^{-5} \text{cm/sec}$

③ $3.05 \times 10^{-5} \text{cm/sec}$ ④ $4.05 \times 10^{-5} \text{cm/sec}$

해설 체적 변화 계수 $m_v = \dfrac{a_v}{1+e} = \dfrac{2.86 \times 10^{-2}}{1 + 0.8} = 0.0159 \text{cm}^2/\text{g}$

$\therefore$ 투수 계수 $k = C_v \, m_v \, \rho_w$
$$= 0.0159 \times 1.920 \times 10^{-3} \times 1$$
$$= 3.05 \times 10^{-5} \text{cm/sec}$$

($\because$ 물의 밀도 $\rho_w = 1 \text{g/cm}^3$, 물의 단위 중량 $\gamma_w = 9.81 \text{kN/m}^3$)

□□□ 기95,02,05,08,18,22

68 그림과 같은 지반에서 하중으로 인하여 수직응력($\Delta\sigma_1$)이 100kN/m^2 증가되고 수평응력($\Delta\sigma_3$)이 50kN/m^2 증가되었다면 간극 수압은 얼마나 증가되는가? (단, 간극 수압 계수 $A = 0.5$이고 $B = 1$이다.)

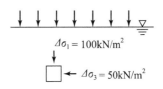

① 50kN/m^2 ② 75kN/m^2

③ 100kN/m^2 ④ 125kN/m^2

해설 간극 수압 $\Delta U = B[\Delta\sigma_3 + A(\Delta\sigma_1 - \Delta\sigma_3)]$
$$= 1 \times [50 + 0.5(100 - 50)]$$
$$= 75 \text{kN/m}^2$$

□□□ 기02,18

69 4.75mm체(#4체)통과율 90%, 0.075mm(#200체)통과율 4%이고, $D_{10} = 0.25 \text{mm}$, $D_{30} = 0.6 \text{mm}$, $D_{60} = 2 \text{mm}$인 흙을 통일분류법으로 분류하면?

① GW   ② GP

③ SW   ④ SP

해설 ■1단계 : No.200 < 50% (G나 S 조건)

■2단계 : No.4체 통과량 > 50% (S조건)

■3단계 : SW($C_u > 6$, $1 < C_g < 3$) 이면 SW 아니면 SP

· 균등계수 $C_u = \dfrac{D_{60}}{D_{10}} = \dfrac{2}{0.25} = 8 > 6$: 입도양호(W)

· 곡률계수 $C_g = \dfrac{D_{30}^{\,2}}{D_{10} \times D_{60}} = \dfrac{0.6^2}{0.25 \times 2} = 0.72$: $1 < C_g < 3$
: 입도불량(P)

$\therefore$ SP($\because$ SW에 해당되는 두 조건을 만족시키지 못함)

70 그림과 같이 옹벽 배면의 지표면에 등분포 하중이 작용할 때, 옹벽에 작용하는 전체 주동토압의 합력(P_a)과 옹벽 저면으로부터 합력의 작용점까지의 높이(h)는?

① $P_a = 28.5\text{kN/m}$,
   $h = 1.26\text{m}$

② $P_a = 28.5\text{kN/m}$,
   $h = 1.38\text{m}$

③ $P_a = 58.5\text{kN/m}$,
   $h = 1.26\text{m}$

④ $P_a = 58.5\text{kN/m}$,
   $h = 1.38\text{m}$

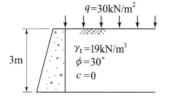

$q = 30\text{kN/m}^2$

$\gamma_t = 19\text{kN/m}^3$
$\phi = 30°$
$c = 0$

3m

해설 ■ 주동 토압의 합력

$$P_a = qHK_a + \frac{1}{2}\gamma H^2 K_a$$

· $K_a = \tan^2\left(45° - \frac{30°}{2}\right) = \frac{1}{3}$

· $P_a = 30 \times 3 \times \frac{1}{3} + \frac{1}{2} \times 19 \times 3^2 \times \frac{1}{3} = 58.5\,\text{kN/m}$

■ 합력의 작용점까지의 높이

$$h = \frac{H}{3} \cdot \frac{3q + \gamma H}{2q + \gamma H}$$

$$= \frac{3}{3} \times \frac{3 \times 30 + 19 \times 3}{2 \times 30 + 19 \times 3} = 1.26\text{m}$$

71 유선망(Flow Net)의 성질에 대한 설명으로 틀린 것은?

① 유선과 등수두선은 서로 직교한다.
② 동수경사(i)는 등수두선의 폭에 비례한다.
③ 유선망으로 되는 사각형은 이론상 정사각형이다.
④ 인접한 두 유선 사이, 즉 유로를 흐르는 침투수량은 동일하다.

해설 침투속도 및 동수경사(i)는 등수두선의 폭에 반비례한다.

72 흙의 다짐 시험에서 다짐에너지를 증가시킬 때 일어나는 결과는?

① 최적함수비는 증가하고, 최대건조 단위중량은 감소한다.
② 최적함수비는 감소하고, 최대건조 단위중량은 증가한다.
③ 최적함수비와 최대건조 단위중량이 모두 감소한다.
④ 최적함수비와 최대건조 단위중량이 모두 증가한다.

해설 다짐 에너지를 증가시키면 최적 함수비(OMC)은 감소하고 최대 건조단위중량($\gamma_{d\max}$)은 증가한다.

73 피에조콘(piezocone) 시험의 목적이 아닌 것은?

① 지층의 연속적인 조사를 통하여 지층 분류 및 지층 변화 분석
② 연속적인 원지반 전단 강도의 추이 분석
③ 중간 점토 내 분포한 sand seam 유무 및 발달 정도 확인
④ 불교란 시료 채취

해설 ■ 피에조콘(piezocone) : 콘 저항치와 마찰력을 측정하면서 간극 수압 및 간극 수압 소산이 동시 측정되는 연약 지반 조사 장비로 샘플러가 없으므로 시료 채취는 불가능하다.
■ 피에조콘(piezocone)의 특징
· 연속적인 지층 주상 또는 강도 파악
· 점성토층 내에 분포하는 Sand seam 층 파악 가능
· 지반 개량 전후의 강도 기준치 설정

74 아래 그림에서 토압 계수 $K = 0.5$일 때 응력 경로는 어느 것인가?

① ㉮
② ㉯
③ ㉰
④ ㉱

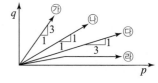

해설 1차 압밀 시험의 응력 경로는 항상 K_o 선상에 위치하고 선은 원점을 지나고 기울기 $\beta = \frac{q}{p} = \frac{1 - K_o}{1 + K_o}$ 인 직선을 나타낸다.

∴ 기울기 $\beta = \frac{q}{p} = \frac{1 - K_o}{1 + K_o} = \frac{1 - 0.5}{1 + 0.5} = \frac{1}{3}$

75 표준관입시험에서 N치가 20으로 측정되는 모래 지반에 대한 설명으로 옳은 것은?

① 내부마찰각이 약 $30° \sim 40°$ 정도인 모래이다.
② 유효상재 하중이 20t/m^2인 모래이다.
③ 간극비가 1.2인 모래이다.
④ 매우 느슨한 상태이다.

해설 N치와 내부마찰각의 관계

N치	사질토	내부마찰각	
		Peck	Meyerhof
0~4	대단히 느슨	28.5° 이하	30° 이하
4~10	느슨	28.5° ~ 30°	30° ~ 35°
10~30	중간	30° ~ 36°	35° ~ 40°
30~50	조밀	36° ~ 41°	40° ~ 45°
50 이상	대단히 조밀	41° 이상	45° 이상

∴ 중간에 내부마찰각 $\phi = 30° \sim 40°$ 정도인 모래

□□□ 기 01,06,09,14,18

76 크기가 30cm×30cm의 평판을 이용하여 사질토 위에서 평판재하시험을 실시하고 극한지지력 200kN/m²을 얻었다. 크기가 1.8m×1.8m인 정사각형 기초의 총허용하중은 약 얼마인가? (단, 안전율 3을 사용)

① 220kN　　　　　② 660kN

③ 1,296kN　　　　④ 1,500kN

해설 모래질의 지지력은 재하판의 폭에 비례한다.

· $0.3 : 20 = 1.8 : q_u$

∴ 극한 지지력 $q_u = \dfrac{1.8 \times 200}{0.3} = 1,200 \, kN/m^2$

· 극한 하중 $Q_u = q_u \times A = 1,200 \times 1.8 \times 1.8 = 3,888 \, kN$

∴ 총 허용 하중 $Q_a = \dfrac{Q_u}{F_s} = \dfrac{3,888}{3} = 1,296 \, kN$

□□□ 기 06,09,15,18

77 어떤 흙에 대한 일축압축시험 결과 일축압축 강도가 0.1MPa이고, 이 시료의 파괴면과 수평면이 이루는 각은 50°일 때 이 흙의 점착력(c_u)과 내부 마찰각(ϕ)은?

① $c_u = 60kN/m^2$, $\phi = 10°$

② $c_u = 42kN/m^2$, $\phi = 50°$

③ $c_u = 60kN/m^2$, $\phi = 50°$

④ $c_u = 42kN/m^2$, $\phi = 10°$

해설 $\theta = 45° + \dfrac{\phi}{2}$ 에서

∴ $\phi = 2\theta - 90° = 2 \times 50° - 90° = 10°$

∴ $c_u = \dfrac{q_u}{2\tan\left(45° + \dfrac{10°}{2}\right)} = \dfrac{0.1}{2\tan\left(45° + \dfrac{10°}{2}\right)}$

$= 0.042MPa = 0.042N/mm^2 = 42kN/m^2$

□□□ 기 09,18

78 깊은 기초의 지지력 평가에 관한 설명 중 잘못된 것은?

① 현장 타설 콘크리트 말뚝 기초는 동역학적 방법으로 지지력을 추정한다.

② 말뚝항타분석기(PDA)는 말뚝의 응력분포, 경사 효과 및 해머 효율을 파악 할 수 있다.

③ 정역학적 지지력 추정방법은 논리적으로 타당하나 강도정수를 추정하는데 한계성을 내포하고 있다.

④ 동역학적 방법은 항타 장비, 말뚝과 지반 조건이 고려된 방법으로 해머 효율의 측정이 필요하다.

해설 현장 타설 콘크리트 말뚝 기초는 정역학적 방법으로 지지력을 추정한다.

□□□ 기 95,07,15,18,21

79 $\gamma_{sat} = 19.62kN/m^3$인 사질토가 20°로 경사진 무한사면이 있다. 지하수위가 지표면과 일치하는 경우 이 사면의 안전율이 1 이상이 되기 위해서는 흙의 내부마찰각이 최소 몇 도 이상이어야 하는가? (단, $\gamma_w = 9.81kN/m^3$)

① 18.21°　　　　② 20.52°

③ 36.06°　　　　④ 45.47°

해설 반무한 사면에서 침투류가 지표면과 일치하는 경우(비점성토 $c=0$)

$$F_S = \dfrac{\gamma_{sub}}{\gamma_{sat}} \cdot \dfrac{\tan\phi}{\tan i} \geq 1$$

(∵ 사면이 안정하기 위해서는 $F_S \geq 1$ 이상)

$$1 = \dfrac{(19.62 - 9.81)}{19.62} \cdot \dfrac{\tan\phi}{\tan 20°} = \dfrac{1}{2} \cdot \dfrac{\tan\phi}{\tan 20°}$$

∴ $\phi = \tan^{-1}(2\tan 20°) = 36.06°$ 이상

□□□ 기 86,98,00,02,06,15,18

80 다음 중 투수계수를 좌우하는 요인이 아닌 것은?

① 토립자의 비중　　　② 토립자의 크기

③ 포화도　　　　　　④ 간극의 형상과 배열

해설 · $k = D_s^2 \cdot \dfrac{\gamma_w}{\mu} \cdot \dfrac{e^3}{1+e} \cdot C$

· 투수계수 측정은 포화상태에서 실시하므로 포화도(S)와 관계가 있다.
　∴ 포화도(S)가 증가하면 투수계수(K)는 증가한다.

· 투수계수(K)는 흙의 비중(G_s)과 관계없다.

※ 각 문제는 4지 택일형으로 질문에 가장 적합한 문제의 보기 번호를 클릭하거나 답안표기란의 번호를 클릭하여 입력하시면 됩니다.
※ 입력된 답안은 문제 화면 또는 답안 표기란의 보기 번호를 클릭하여 변경하실 수 있습니다.

제1과목 : 콘크리트 공학

□□□ 기 05,10,13,15,17,18

01 콘크리트의 압축강도를 시험하여 거푸집널을 해체하고자 할 때, 아래 표와 같은 조건에서 콘크리트 압축강도는 얼마 이상인 경우 해체가 가능한가?

- 슬래브 밑면의 거푸집널(단층구조)
- 콘크리트 설계기준 압축강도 : 24MPa

① 5MPa ② 10MPa
③ 14MPa ④ 16MPa

해설 콘크리트의 압축강도를 시험할 경우

부재	콘크리트의 압축강도(f_{cu})
기초, 보, 기둥, 벽 등의 측면	5MPa 이상
슬래브 및 보의 밑면, 아치 내면 (단층구조의 경우)	설계기준압축강도 $\times 2/3$ ($f_{cu} \geq 2/3 f_{ck}$) 다만, 14MPa 이상

$$\therefore \frac{2}{3} f_{ck} = \frac{2}{3} \times 24 = 16\text{MPa} \geq 14\text{MPa}$$

□□□ 기 12,18

02 경량골재콘크리트에 대한 일반적인 설명으로 틀린 것은?

① 경량골재는 일반 골재에 비하여 물을 흡수하기 쉬우므로 충분히 물을 흡수시킨 상태로 사용하여야 한다.
② 경량골재콘크리트는 가볍기 때문에 슬럼프가 작게 나오는 경향이 있다.
③ 운반 중의 재료분리는 보통콘크리트와는 반대로 골재가 위로 떠오르고 시멘트페이스트가 가라앉는 경향이 있다.
④ 경량골재콘크리트는 가볍기 때문에 재료분리가 발생하기 쉬워 다짐시 진동기를 사용하지 않는 것이 좋다.

해설 경량골재 콘크리트를 내부진동기로 다질 때 보통골재 콘크리트의 경우보다 진동기를 찔러 넣는 간격을 작게 하거나 진동시간을 약간 길게 해 충분히 다져야 한다.

□□□ 기 06,10,13,18

03 콘크리트의 건조수축량에 관한 다음 설명 중 옳은 것은?

① 단위 굵은 골재량이 많을수록 건조수축량은 크다.
② 분말도가 큰 시멘트일수록 건조수축량은 크다.
③ 습도가 낮고 온도가 높을수록 건조수축량은 작다.
④ 물-결합재비가 동일할 경우 단위 수량의 차이에 따라 건조 수축량이 달라지는 않는다.

해설 ① 단위 굵은 골재량이 많을수록 건조수축이 작다.
② 분말도가 큰 시멘트일수록 건조수축이 크다.
③ 습도가 낮을수록 온도가 높을수록 건조수축이 크다.
④ 물-결합재비가 동일할 경우 단위수량이 많을수록 건조수축이 커진다.

□□□ 기 18

04 경화한 콘크리트는 건전부와 균열부에서 측정되는 초음파 전파시간이 다르게 되어 전파속도가 다르다. 이러한 전파속도의 차이를 분석함으로써 균열의 깊이를 평가할 수 있는 비파괴 시험방법은?

① $T_c - T_o$법 ② 전자파 레이더법
③ 분극저항법 ④ RC-Radar법

해설 $T_c - T_o$ 법
경화된 콘크리트는 건전부와 균열부에서 측정되는 초음파 전파시간이 다르게 되어 전파속도가 다르다. 이러한 전파속도의 차이를 분석함으로써 균열의 깊이를 평가할 수 있다.

□□□ 기 10,11,12,14,18

05 콘크리트의 품질기준강도가 40MPa이고, 30회 이상의 시험실적으로부터 구한 압축강도의 표준편차가 5MPa 이라면 배합강도는?

① 45.2MPa ② 46.7MPa
③ 47.7MPa ④ 48.2MPa

해설 품질기준강도 $f_{cq} > 35\text{MPa}$일 때
- $f_{cr} = f_{cq} + 1.34s = 40 + 1.34 \times 5 = 46.7\text{MPa}$
- $f_{cr} = 0.9 f_{cq} + 2.33s = 0.9 \times 40 + 2.33 \times 5 = 47.7\text{MPa}$
$\therefore$ 배합강도 $f_{cr} = 47.7\text{MPa}$(큰 값)

정답 01 ④ 02 ④ 03 ② 04 ① 05 ③

□□□ 기 00,05,11,15,17,18
06 프리스트레스트 콘크리트의 그라우트에 대한 설명으로 틀린 것은?

① 팽창성 그라우트의 팽창률은 0 ~ 10%를 표준으로 한다.
② 블리딩률은 0%를 표준으로 한다.
③ 부재 콘크리트와 긴장재를 일체화시키는 부착강도는 재령 28일의 압축강도로 대신하여 설정할 수 있다.
④ 물−결합재비는 55% 이하로 한다.

해설 프리스트레스트 콘크리트그라우트의 물−결합재비는 45% 이하로 한다.

□□□ 기 14,18
07 다음 관리도의 종류에서 정규분포이론이 적용되지 않는 것은?

① P 관리도(불량률 관리도)
② x 관리도(측정값 자체의 관리도)
③ $\bar{x}-R$ 관리도(평균값과 범위의 관리도)
④ $\bar{x}-\sigma$ 관리도(평균값과 표준편차의 관리도)

해설 관리도의 종류

종류	관리도	적용이론
계량값 관리도	$\bar{x}-R$ 관리도	정규분포
	$\bar{x}-\sigma$ 관리도	
	x 관리도	
계수값 관리도	P 관리도	이항분포
	P_n 관리도	
	C 관리도	포아송분포
	U 관리도	

□□□ 기 06,10,15,18
08 서중 콘크리트에 대한 설명으로 틀린 것은?

① 콘크리트를 타설할 때의 콘크리트 온도는 35℃ 이하이어야 한다.
② 콘크리트는 비빈 후 즉시 타설하여야 하며, 일반적인 대책을 강구한 경우라도 2시간 이내에 타설하여야 한다.
③ 일반적으로는 기온 10℃의 상승에 대하여 단위수량은 2 ~ 5% 증가하므로 소요의 압축강도를 확보하기 위해서는 단위수량에 비례하여 단위 시멘트량의 증가를 검토하여야 한다.
④ 서중콘크리트의 배합온도는 낮게 관리하여야 한다.

해설 콘크리트는 비빈 후 지연형 감수제를 사용하는 등의 일반적인 대책을 강구한 경우라도 1.5시간 이내에 콘크리트 타설을 완료하여야 한다.

□□□ 기 12,15,18,21
09 콘크리트 타설 및 다지기 작업 시 주의해야 할 사항으로 틀린 것은?

① 연직시공일 때 슈트 등의 배출구와 타설면까지의 높이는 1.5m 이하를 원칙으로 한다.
② 내부진동기를 사용하여 진동다지기를 할 경우 삽입간격은 일반적으로 1m 이하로 하는 것이 좋다.
③ 내부진동기를 이용하여 진동다지기를 할 경우 내부진동기를 하층의 콘크리트 속으로 0.1m 정도 찔러 넣는다.
④ 타설한 콘크리트를 거푸집 안에서 횡방향으로 이동시켜서는 안된다.

해설 내부진동기의 삽입 간격은 일반적으로 0.5m 이하로 하는 것이 좋다.

□□□ 기 11,18,21
10 콘크리트의 고압증기양생에 대한 설명으로 틀린 것은?

① 고압증기양생한 콘크리트는 보통 양생한 것에 비해 철근과 부착강도가 약 2배 정도로 커진다.
② 고압증기양생은 융해성의 유리석회가 없기 때문에 백태현상을 감소시킨다.
③ 고압증기양생을 실시한 콘크리트의 크리프는 감소된다.
④ 고압증기양생한 콘크리트의 수축률은 크게 감소된다.

해설 고압증기양생의 결점은 보통 양생한 것에 비해 철근의 부착강도가 약 1/2이 되므로 철근콘크리트 부재에 적용하는 것은 바람직하지 못하다.

□□□ 기 10,12,18,21
11 급속 동결융해에 대한 콘크리트의 저항시험(KS F 2456)에서 동결 융해 사이클에 대한 설명으로 틀린 것은?

① 동결 융해 1사이클은 공시체 중심부의 온도를 원칙적으로 하며 원칙적으로 4℃에서 −18℃로 떨어지고, 다음에 −18℃에서 4℃로 상승되는 것으로 한다.
② 동결 융해 1사이클의 소요 시간은 2시간 이상, 4시간 이하로 한다.
③ 공시체의 중심과 표면의 온도차는 항상 28℃를 초과해서는 안된다.
④ 동결 융해에서 상태가 바뀌는 순간의 시간이 5분을 초과해서는 안된다.

해설 · 동결융해 사이클로서 동결융해 시험조 내부의 온도 및 유지시간은 2 ~ 4시간 사이에 4℃에서 −18℃로 급속 동결시키고 연속해서 −18℃에서 4℃로 급속 융해시킨다.
· 동결 융해에서 상태가 바뀌는 순간의 시간이 10분을 초과해서는 안된다.

12 프리플레이스트 콘크리트에 대한 일반적인 설명으로 틀린 것은?

① 잔골재의 조립률은 1.4 ~ 2.2의 범위로 한다.
② 굵은 골재의 최소치수는 15mm 이상으로 하여야 한다.
③ 대규모 프리플레이스트 콘크리트를 대상으로 할 경우 굵은 골재의 최소치수를 작게 한 것이 좋다.
④ 굵은 골재의 최대치수와 최소 치수와의 차이를 적게 하면 굵은 골재의 실적률이 낮아지고 주입모르타르의 소요량이 많아진다.

[해설] 대규모 프리플레이스트 콘크리트를 대상으로 할 경우 굵은 골재의 최소치수를 크게 하는 것이 효과적이다.

13 프리텐션 방식의 프리스트레스트 콘크리트에서 프리스트레싱을 할 때의 콘크리트 압축강도는 얼마 이상이어야 하는가?

① 21MPa ② 24MPa
④ 27MPa ④ 30MPa

[해설] 프리스트레싱 할 때의 콘크리트 압축강도는 프리텐션방식으로 시공할 경우 30MPa 이상이어야 한다.

14 콘크리트의 초기균열 중 콘크리트 표면수의 증발속도가 블리딩 속도보다 빠른 경우와 같이 급속한 수분 증발이 일어나는 경우 발생하기 쉬운 균열은?

① 거푸집 변형에 의한 균열
② 침하수축균열
③ 소성수축균열
④ 건조수축균열

[해설] 소성 수축균열(플라스틱 수축 균열)
콘크리트를 칠 때 또는 친 직후 표면에서의 급속한 수분의 증발로 인하여 수분이 증발되는 속도가 콘크리트 표면의 블리딩 속도보다 빨라질 때 콘크리트 표면에 생기는 미세한 균열을 말한다.

15 콘크리트에 섬유를 보강하면 섬유의 에너지 흡수능력으로 인해 콘크리트의 여러 역학적 성질이 개선되는데 이들 중 가장 크게 개선되는 성질은?

① 경도 ② 인성
③ 전성 ④ 연성

[해설] 섬유 보강 콘크리트는 섬유를 혼합하여 인장, 휨강도 및 충격 강도가 낮고 에너지 흡수능력이 작은 취성적 성질을 개선하기 위해서 인성이나 내 마모성 등을 높인 콘크리트이다.

16 굳지 않은 콘크리트의 성질에 대한 설명으로 잘못된 것은?

① 단위시멘트량이 큰 콘크리트일수록 성형성이 좋다.
② 온도가 높을수록 슬럼프는 감소된다.
③ 둥근 입형의 잔골재를 사용한 콘크리트는 모가진 부순 모래를 사용한 것에 비해 워커빌리티가 나쁘다.
④ 일반적으로 플라이애시를 사용한 콘크리트는 워커빌리티가 개선된다.

[해설] 둥글 둥글한 강자갈의 경우는 워커빌리티가 좋고, 모진 것이나 굴곡이 큰 골재는 유동성이 나빠져 워커빌리티가 불량하게 된다.

17 시방배합 결과 콘크리트 $1m^3$에 사용되는 물은 180kg, 시멘트는 390kg, 잔골재는 700kg, 굵은 골재는 1,100kg 이었다. 현장 골재의 상태가 아래의 표와 같을 때 현장배합에 필요한 굵은 골재량은?

> • 현장의 잔골재는 5mm체에 남는 것을 10% 포함
> • 현장의 굵은 골재는 5mm체를 통과하는 것을 5% 포함
> • 잔골재의 표면수량은 2%
> • 굵은 골재의 표면수량은 1%

① 1,060kg ② 1,071kg
③ 1,082kg ④ 1,093kg

[해설] ■입도에 의한 조정
a : 잔골재 중 5mm체에 남은 양 : 10%
b : 굵은 골재 중 5mm체를 통과한 양 : 5%
굵은 골재 $Y = \dfrac{100G - a(S+G)}{100 - (a+b)}$
$= \dfrac{100 \times 1,100 - 10(700 + 1,100)}{100 - (10+5)} = 1,082 kg/m^3$

■표면수량에 의한 환산
굵은 골재의 표면 수량 $= 1,082 \times 0.01 = 11 kg$
∴ 굵은 골재량 $= 1,082 + 11 = 1,093 kg/m^3$

18 콘크리트 재료의 계량 및 비비기에 대한 설명으로 틀린 것은?

① 계량은 현장 배합에 의해 실시하는 것으로 한다.
② 혼화재의 계량허용오차는 ±2%이다.
③ 강제식 믹서를 사용하여 비비기를 할 경우 비비기 시간은 최소 1분 30초 이상을 표준으로 한다.
④ 비비기는 미리 정해둔 비비기 시간의 3배 이상 계속하지 않아야 한다.

[해설] 비비기 시간은 강제식 믹서의 경우에는 1분 이상을 표준으로 한다.

☐☐☐ 기 16,18

19 매스콘크리트의 균열 발생검토에 쓰이는 것으로 콘크리트의 인장강도를 온도에 의한 인장응력으로 나눈 값을 무엇이라 하는가?

① 성숙도　　　　　② 온도균열지수
③ 크리프　　　　　④ 동탄성계수

해설 온도균열지수 $I_{cr(t)} = \dfrac{f_{sp(t)}}{f_{t(t)}}$

여기서, $f_{sp(t)}$: 재령 t일에서의 수화열에 의하여 생긴 부재 내부의 온도응력 최대값(MPa)
$f_{sp(t)}$: 재령 t일에서의 콘크리트의 쪼갬인장강도(MPa)

☐☐☐ 기 12,17,18

20 콘크리트의 배합설계에 대한 설명으로 틀린 것은?

① 콘크리트를 경제적으로 제조한다는 관점에서 될 수 있는 대로 최대 치수가 작은 굵은 골재를 사용하는 것이 일반적으로 유리하다.
② 단위 시멘트량은 원칙적으로 단위수량과 물-결합재비로부터 정하여야 한다.
③ 잔골재율은 소요의 워커빌리티를 얻을 수 있는 범위 내에서 단위수량이 최소가 되도록 시험에 의해 정하여야 한다.
④ 유동화 콘크리트의 경우 유동화 후 콘크리트의 워커빌리티를 고려하여 잔골재율을 결정할 필요가 있다.

해설 콘크리트를 경제적으로 제조한다는 관점에서 될 수 있는 대로 최대치수가 큰 굵은 골재를 사용하는 것이 일반적으로 유리하다.

제2과목 : 건설시공 및 관리

☐☐☐ 기 13,18,22

21 토적곡선(Mass curve)에 대한 설명 중 틀린 것은?

① 동일 단면내의 절토량, 성토량은 토적곡선에서 구할 수 있다.
② 평균운반거리는 전토량 2등분 선상의 점을 통하는 평행선과 나란한 수평거리로 표시한다.
③ 절토구간의 토적곡선은 상승곡선이 되고, 성토구간의 토적곡선은 하향곡선이 된다.
④ 곡선의 최대값을 나타내는 점은 절토에서 성토로 옮기는 점이다.

해설 토량 계산서는 차인 토량으로 계산해 놓고 누가 토량으로 토적 곡선을 그리기 때문에 동일 단면내의 유용토인 절토량, 성토량은 제외되었으므로 토적곡선에서 구할 수 없다.

☐☐☐ 기 04,06,13,18,22

22 배수로의 설계 시 유의해야 할 사항이 아닌 것은?

① 집수면적이 커야 한다.
② 집수지역은 다소 길어야 한다.
③ 배수 단면은 하류로 갈수록 커야 한다.
④ 유하속도가 느려야 한다.

해설 유하속도를 빠르게 하여 침전 가능한 물질을 유하시킬 것

☐☐☐ 기 18

23 순폭(殉爆)에 대한 설명으로 옳은 것은?

① 순폭(殉爆)이란 폭파가 완전히 이루어지는 것을 말한다.
② 한 약포 폭발에 감응되어 인접 약포가 폭발되는 것을 순폭(殉爆)이라 한다.
③ 폭파계수, 최소저항선, 천공경 등을 결정하여 표준 장약량을 결정하기 위해 설시하는 것을 순폭(殉爆)이라 한다.
④ 누두지수(n)가 1이 되는 경우는 폭약이 가장 유효하게 사용되었음을 나타내며, 이때의 폭발을 순폭(殉爆)이라 한다.

해설 순폭(殉爆, flash over)
· 폭약의 약포간 또는 장약공간의 감응기폭
· 한 약포 폭발에 감응되어 인접 약포가 폭발되는 것
· 어떠한 이유 등으로 폭발이 연쇄적으로 일어나는 상황

☐☐☐ 기 18

24 공기 케이슨 공법에 관한 설명으로 틀린 것은?

① 노동조건의 제약을 받기 때문에 노무비가 과대하다.
② 토질을 확인 할 수 있고 정확한 지지력 측정이 가능하다.
③ 소규모 공사 또는 심도가 얕은 곳에는 비경제적이다.
④ 배수를 하면서 시공하므로 지하수위 변화를 주어 인접지반에 침하를 일으킨다.

해설 지하수를 저하시키지 않으며 히빙, 보일링을 방지할 수 있으므로 인접 구조물의 침하 우려가 없다.

☐☐☐ 기 14,18

25 흙을 자연 상태로 쌓아 올렸을 때 급경사면은 점차로 붕괴하여 안정된 비탈면이 되는데 이때 형성되는 각도를 무엇이라 하는가?

① 흙의 자연각　　　② 흙의 경사각
③ 흙의 안정각　　　④ 흙의 안식각

해설 흙의 안식각 : 흙은 쌓아올려 자연 상태로 방치하면 급한 경사면은 차츰 붕괴되어 안정된 비탈을 형성한다. 이 안정된 비탈면과 원지면이 이루는 각을 흙의 안식각이라 한다.

정답 19 ② 20 ① 21 ① 22 ④ 23 ② 24 ④ 25 ④

2018년 4월 28일 시행　5-19

26 콘크리트 말뚝이나 선단폐쇄 강관말뚝과 같은 타입말뚝은 흙을 횡방향으로 이동시켜서 주위의 흙을 다져주는 효과가 있다. 이러한 말뚝을 무엇이라고 하는가?

① 배토말뚝
② 지지말뚝
③ 주동말뚝
④ 수동말뚝

해설 배토말뚝 : 콘크리트 말뚝이나 선단이 폐색된 강관말뚝(폐단말뚝)을 타입하면 주변지반과 선단 지반이 밀려서 배토되므로 배토말뚝이라 한다.

27 교대 날개벽의 가장 주된 역할은?

① 미관의 향상
② 교대하중의 부담 감소
③ 교대 배면 성토의 보호 및 세굴방지
④ 유량을 경감시켜 토사의 퇴적을 촉진시켜 교대의 보호증진

해설 날개벽(wing) : 배면 토사를 보호하고 교대 부근의 세굴 방지 목적으로 구체에서 직각으로 고정하여 설치한다.

28 0.6m^3의 백호(back hoe) 한 대를 사용하여 $20,000\text{m}^3$의 기초 굴착을 할 때 굴착일수는? (단, 백호의 사이클 타임 : 26sec, 디퍼계수 : 1.0, 토량변화계수(f) : 0.8, 작업효율(E) : 0.6, 1일 운전시간 : 8시간)

① 63일
② 68일
③ 72일
④ 80일

해설 $Q = \dfrac{3,600 \cdot q \cdot K \cdot f \cdot E}{C_m}$

$= \dfrac{3,600 \times 0.6 \times 1 \times 0.8 \times 0.6}{26} = 39.88\,\text{m}^3/\text{hr}$

$\therefore$ 굴착일수 $= \dfrac{20,000}{39.88 \times 8} = 63$일

29 말뚝이 30개로 형성된 군항 기초에서 말뚝의 효율은 0.75이다. 단항으로 계산할 때 말뚝 한 개의 허용지지력이 200kN이라면 군항의 허용지지력은?

① 4,500kN
② 2,200kN
③ 5,000kN
④ 3,500kN

해설 군항의 허용 지지력
$R_{ag} = E \cdot N \cdot R_a$
$= 0.75 \times 30 \times 200 = 4,500\text{kN}$

30 아래의 표에서 설명하는 교량은?

- PSC 박스형교를 개선한 신개념의 교량 형태
- 부모멘트 구간에서 PS강재로 인해 단면에 도입되는 축력과 모멘트를 증가시키기 위해 단면 내에 위치하던 PS강재를 낮은 주탑 정부에 external tendon의 형태로 배치하여 부재의 유효높이 이상으로 PS강재의 편심량을 증가시킨 형태의 교량

① 현수교
② Extradosed교
③ 사장교
④ Warren Truss교

해설 Extradosed교는 PSC 박스형교를 개선한 신개념의 교량 형태로 제안되었다.

31 버킷용량이 0.8m^3, 버킷계수가 0.9인 백호를 사용하여 12t 덤프트럭 1대에 흙을 적재하고자 할 때 필요한 적재시간은 얼마인가? (단, 흙의 단위무게(γ_t)=1.6t/m^3, $L=1.2$, 백호의 사이클타임=30초, 백호의 작업효율 $E=0.75$)

① 7.13분
② 7.94분
③ 8.67분
④ 9.51분

해설 $q_t = \dfrac{T}{\gamma_t} \times L = \dfrac{12}{1.6} \times 1.2 = 9\text{m}^3$

- 적재회수 $n = \dfrac{q_t}{q \times K} = \dfrac{9}{0.8 \times 0.9} = 12.5$회

$\therefore n = 13$회

$\therefore$ 적재시간 $= \dfrac{C_{ms} \times n}{60 \times E_s} = \dfrac{30 \times 13}{60 \times 0.75} = 8.67\text{min}$

32 다음 건설기계 중 굴착과 싣기를 같이 할 수 있는 기계가 아닌 것은?

① 백호
② 트랙터 쇼벨
③ 준설선(dredger)
④ 리퍼(ripper)

해설 · 백호 : 기계 위치보다 낮은 장소의 흙을 굴착하여 기계보다 높은 곳의 위치에 적재할 수 있다.
· 트랙터 쇼벨 : 트랙터의 전면에 버킷을 장치하여 이 버킷으로 굴착 및 적재를 동시에 할 수 있다.
· 준설선 : 선박위에 각종 굴삭 기계를 장착하여 수중 구조물의 기초 터파기, 항만과 항구의 준설과 함께 적재에 사용되는 기계이다.
· 리퍼 : 불도저나 트랙터 위에 장치하는 날로 토공 판으로 굴착하기 곤란하거나 발파도 곤란한 암석의 파쇄에 유용한 장비이다.

☐☐☐ 기 04,10,15,18

33 지하층을 구축하면서 동시에 지상층도 시공이 가능한 역타공법(Top−down공법)이 현장에서 많이 사용된다. 역타공법의 특징으로 틀린 것은?

① 인접건물이나 인접대지에 영향을 주지 않는 지하굴착 공법이다.

② 대지의 활용도를 극대화할 수 있으므로 도심지에서 유리한 공법이다.

③ 지하층 슬래브와 지하벽체 및 기초 말뚝기둥과의 연결 작업이 쉽다.

④ 지하주벽을 먼저 시공하므로 지하수차단이 쉽다.

해설 지하층 슬래브와 지하벽체 및 기초 말뚝 기둥과의 연결 작업이 어려워 공사비가 증가된다.

☐☐☐ 기 91,11,18

34 대선 위에 쇼벨계 굴착기인 클램셸을 선박에 장치한 준설선인 그래브 준설선의 특징에 대한 설명으로 틀린 것은?

① 소규모 및 협소한 장소에 적합하다.

② 굳은 토질의 준설에 적합하다.

③ 준설능력이 작다.

④ 준설깊이를 용이하게 조절할 수 있다.

해설 그래브 준설선의 특징
· 다른 준설선에 비하여 준설 깊이에 제한을 받지 않는다.
· 준설 깊이가 크고, 협소한 장소의 기초 굴착. 소규모 준설에 적합하다.
· 굳은 토질에 부적당하며 준설단가가 비교적 저렴하고 수저를 평평하게 할 수 없다.

☐☐☐ 기 04,09,10,18

35 댐의 기초 암반의 변형성이나 강도를 개량하여 균일성을 주기 위하여 기초 지반에 걸쳐 격자형으로 그라우팅을 하는 것은?

① 압밀(consolidation) 그라우팅

② 커튼(curtain) 그라우팅

③ 블래킷(blanket) 그라우팅

④ 림(rim) 그라우팅

해설 · 압밀(consolidation) 그라우팅 : 기초 암반의 변형성 억제, 강도 증대를 위하여 지반을 개량하는데 목적
· 커튼(curtain) 그라우팅 : 기초 암반에 침투하는 물을 방지하는 지수 목적
· 블래킷(blanket) 그라우팅 : 필댐의 비교적 얕은 기초지반 및 차수 영역과 기초지반 접촉부의 차수성을 개량할 목적으로 실시
· 림(rim) 그라우팅 : 댐의 취수부 또는 전 저수지에 걸쳐 댐 주변의 저수를 목적으로 실시

☐☐☐ 기 08,12,18

36 공사 기간의 단축은 비용경사(cost slope)를 고려해야 한다. 다음 표를 보고 비용 경사를 구하면?

표준상태		특급상태	
작업일수	공사비(원)	작업일수	공사비(원)
10일	34,000	8일	44,000

① 1,000원 ② 2,000원

③ 5,000원 ④ 10,000원

해설 비용경사 = $\dfrac{특급비용-정상비용}{정상공기-특급공기}$

$= \dfrac{44,000-34,000}{10-8} = 5,000$원

☐☐☐ 기 06,07,18

37 다음과 같은 특징을 가진 굴착장비의 명칭은?

이동차대 위에 설치한 1~5개의 붐(Boom) 끝에 드리프터를 장착하여 동시에 많은 천공을 할 수 있고, 단단한 암이나 터널 굴착에 적용하며, NATM공법에 많이 사용한다.

① Stoper ② Jumbo drill

③ Rock drill ④ Sinker

해설 점보드릴(Jumbo drill) : 한 대의 jumbo 위에는 1~5 대의 착암기를 싣고 동사에 굴착 작업을 할 수 있도록 되어있는 장비로 터널의 전단면 굴착인 NATM에 많이 사용 한다.

☐☐☐ 기 03,09,13,17,18

38 일반적인 품질관리순서 중 가장 먼저 결정해야 할 것은?

① 품질조사 및 품질검사 ② 품질표준 결정

③ 품질특성 결정 ④ 관리도의 작성

해설 품질관리의 수순
· 관리대상 품질특성값의 설정
· 품질의 표준설정
· 작업 표준설정
· 작업의 실시
· 주상도 또는 관리도 작성
· 이상원인의 조치
· 관리한계의 수정
· 관리한계 결정

□□□ 기 15,18

39 콘크리트 포장 이음부의 시공과 관계가 적은 것은?

① 슬립폼(slip form)　　② 타이바(tie bar)

③ 다우윌바(dowel bar)　④ 프라이머(primer)

해설 프라이머(primer) : 주입 줄눈재와 콘크리트 슬래브와의 부착이 잘되게 하기 위하여 주입 줄눈재의 시공에 앞서 미리 줄눈의 홈에 바르는 휘발성 재료

□□□ 기 01,06,18

40 도로주행 중 노면의 한 개소를 차량이 집중 통과하여 표면의 재료가 마모되고 유동을 일으켜서 노면이 얕게 패인 자국을 무엇이라고 하는가?

① 플러시(flush)　　　② 러팅(rutting)

③ 블로업(Blow up)　④ 블랙베이스(Black base)

해설 ·Rutting : 아스팔트 포장의 노면에서 차의 바퀴가 집중적으로 통과하는 위치에 생긴다.

· Blow up : 콘크리트 포장 시 Slab의 줄눈 또는 균열부근에서 습도나 온도가 높을 때 이물질 때문에 열 팽창을 유지하지 못해 발생하는 일종의 좌굴현상

제3과목 : 건설재료 및 시험

□□□ 기 94,07,18

41 목재의 장점에 대한 설명으로 틀린 것은?

① 무게가 가벼워서 취급이나 운반이 쉽다.

② 내구성은 석재나 콘크리트보다는 떨어지나 방수처리를 하면 상당한 내구성을 갖는다.

③ 가공이 용이하고 외관이 아름답다.

④ 재질이나 강도가 균일하다.

해설 재질과 강도가 균일하지 못하다.

□□□ 기 03,05,08,12,15,18

42 콘크리트용 혼화재로 실리카 퓸(Silica fume)을 사용한 경우 그 효과에 대한 설명으로 잘못된 것은?

① 콘크리트의 재료분리 저항성, 수밀성이 향상된다.

② 알칼리 골재반응의 억제효과가 있다.

③ 내화학약품성이 향상된다.

④ 단위수량과 건조수축이 감소된다.

해설 실리카 퓸을 혼합한 경우 블리딩이 작기 때문에 보유수량이 많게 되어 결과적으로 건조수축이 크게 된다.

□□□ 기 06,14,18

43 암석의 분류방법 중 보편적으로 사용되며 화성암, 퇴적압, 변성암으로 분류하는 방법은?

① 화학성분에 의한 방법　② 성인에 의한 방법

③ 산출상태에 의한 방법　④ 조직구조에 의한 방법

해설 성인에 의한 분류

· 화성암 : 화강암, 안산암, 섬록암, 현무암

· 퇴적암 : 응회암, 사암, 혈암, 점판암, 석회암, 화산암

· 변성암 : 편마암, 천매(편)암, 대리석

□□□ 기 07,18

44 스트레이트 아스팔트에 대한 설명으로 틀린 것은?

① 블론 아스팔트에 비해 감온성이 작다.

② 블론 아스팔트에 비해 신장성이 우수하다.

③ 블론 아스팔트에 비해 탄력성이 작다.

④ 주요 용도는 도로, 활주로, 댐 등의 포장용 혼합물의 결합재이다.

해설 스트레이트 아스팔트는 연화점이 낮아서 온도에 대한 감온성이 크다.

□□□ 기 00,06,18,22

45 콘크리트용 혼화재료에 대한 설명으로 틀린 것은?

① 방청제는 철근이나 PC강선이 부식하는 것을 방지하기 위해 사용한다.

② 급결제를 사용한 콘크리트는 초기 28일의 강도증진은 매우 크고, 장기강도의 증진 또한 큰 경우가 많다.

③ 지연제는 시멘트의 수화반응을 늦춰 응결시간을 길게 할 목적으로 사용되는 혼화제이다.

④ 촉진제는 보통 염화칼슘을 사용하며 일반적인 사용량은 시멘트 질량에 대하여 2% 이하를 사용한다.

해설 급결제를 사용한 콘크리트는 1~2일의 강도증진은 매우 크지만 장기강도는 느린 경우가 많다.

□□□ 기 01,18

46 시멘트의 분말도가 높을 경우 콘크리트에 미치는 영향에 대한 설명으로 틀린 것은?

① 응결이 빠르다.

② 발열량이 작다.

③ 초기강도가 커진다.

④ 시멘트의 워커빌리티가 좋아진다.

해설 ·응결이 빠르고 발열량이 많아진다.

· 초기강도가 크게 되며 시멘트의 워커빌리티가 좋아진다.

정답　39 ④　40 ②　41 ④　42 ④　43 ②　44 ①　45 ②　46 ②

□□□ 기11,18

47 시멘트 비중 시험(KS L 5110)의 정밀도 및 편차 규정에 대한 설명으로 옳은 것은?

① 동일 시험자가 동일 재료에 대하여 2회 측정한 결과가 ±0.03 이내이어야 한다.
② 동일 시험자가 동일 재료에 대하여 3회 측정한 결과가 ±0.05 이내이어야 한다.
③ 서로 다른 시험자가 동일 재료에 대하여 2회 측정한 결과가 ±0.03 이내이어야 한다.
④ 서로 다른 시험자가 동일 재료에 대하여 3회 측정한 결과가 ±0.05 이내이어야 한다.

[해설] 동일 시험자가 동일 재료에 대하여 2회 측정한 결과가 ±0.03 이내이어야 한다.

□□□ 기03,18

48 혼합시멘트 및 특수시멘트에 관한 설명으로 틀린 것은?

① 고로 시멘트는 초기강도는 작으나 장기강도는 포틀랜드 시멘트와 거의 비슷하나 약간 크다.
② 플라이애시 시멘트는 해수(海水)에 대한 저항성이 크고 수밀성이 좋아 수리구조물에 유리하다
③ 알루미나 시멘트는 조기강도가 적고, 발열량이 적기 때문에 여름공사(暑中工事)에 적합하다
④ 초속경(超速硬)시멘트는 응결시간이 짧고 경화시 발열이 큰 특징을 가지고 있다.

[해설] 알루미나 시멘트는 초조강성과 발열량이 크기 때문에 긴급을 요하는 공사나 한중콘크리트 시공에 적합하다.

□□□ 기14,18

49 최근 아스팔트 품질에 있어 공용성 등급(Performance Grade)을 KS 등에 도입하여 적용하고 있다. 아래 표와 같은 표기에서 "76"의 의미로 옳은 것은?

> PG 76-22

① 7일간의 평균 최고 포장 설계 온도
② 22일간의 평균 최고 포장 설계 온도
③ 최저 포장 설계 온도
④ 연화점

[해설] 아스팔트 공용성 등급

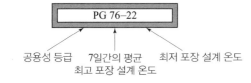

□□□ 기01,06,08,12,13,18

50 골재의 조립률이 6.6인 골재와 5.8인 골재 2종류의 굵은 골재를 중량비 8 : 2로 혼합한 혼합골재의 조립률로 옳은 것은?

① 6.24   ② 6.34
③ 6.44   ④ 6.54

[해설] $F_a = \dfrac{m}{m+n} \times F_s + \dfrac{n}{m+n} \times F_g$

$= \dfrac{8}{8+2} \times 6.6 + \dfrac{2}{8+2} \times 5.8 = 6.44$

□□□ 기12,15,18

51 콘크리트용 응결촉진제에 대한 설명으로 틀린 것은?

① 조기강도를 증가시키지만 사용량이 과다하면 순결 또는 강도저하를 나타낼 수 있다.
② 한중콘크리트에 있어서 동결이 시작되기 전에 미리 동결에 저항하기 위한 강도를 조기에 얻기 위한 용도로 많이 사용한다.
③ 염화칼슘을 주성분으로 한 촉진제는 콘크리트의 황산염에 대한 저항성을 증가시키는 경향을 나타낸다.
④ PSC강재에 접촉하면 부식 또는 녹이 슬기 쉽다.

[해설] 염화칼슘을 사용한 콘크리트는 황산염에 대한 화학저항성이 적기 때문에 주의할 필요가 있다.

□□□ 기02,18,21

52 재료에 외력을 작용시키고 변형을 억제하면 시간이 경과함에 따라 재료의 응력이 감소하는 현상을 무엇이라 하는가?

① 탄성   ② 취성
③ 크리이프   ④ 릴랙세이션

[해설] 릴랙세이션(응력완화 ; relaxation) : 재료에 응력을 가한 상태에서 변형을 일정하게 유지하면 응력은 시간이 지남에 따라 감소하는 현상으로 크리프(creep)와 반대 현상이다.

□□□ 기84,05,08,10,16,17,18

53 역청재료의 침입도 시험에서 중량 100g의 표준침이 5초 동안에 5mm 관입했다면 이 재료의 침입도는 얼마인가?

① 100   ② 50
③ 25   ④ 5

[해설] 침입도는 0.1mm를 1로 나타낸다.

∴ 침입도 $= \dfrac{5}{0.1} = 50$

54 재료의 성질 중 작은 변형에도 파괴되는 성질을 무엇이라 하는가?

① 소성
② 탄성
③ 연성
④ 취성

해설 ·인성 : 재료가 하중을 받아 파괴될 때까지의 에너지 흡수능력으로 나타난다.
·취성(脆性) : 재료가 외력을 받을 때 작은 변형에도 파괴되는 성질
·탄성(彈性) : 재료에 외력을 주어 변형이 생겼을 때 외력을 제거하면 원형으로 되돌아가는 성질
·소성(塑性) : 외력에 의해서 변형된 재료가 외력을 제거했을 때, 원형으로 되돌아 가지 않고 변형된 그대로 있는 성질

□□□ 기 13,18

55 다음에서 설명하는 토목섬유의 종류와 그 주요기능으로 옳은 것은?

> 폴리머를 판상으로 압축시키면서 격자 모양의 그리드 형태로 구멍을 내어 특수하게 만든 후 여러 모양으로 넓게 늘여 편 형태의 토목섬유

① 지오그리드－보강, 분리
② 지오네트－배수, 보강
③ 지오매트－배수, 필터
④ 지오네트－보강, 분리

해설 토목섬유의 특징

종류	형태
지오그리드	폴리머를 판상으로 압축시키면서 격자 모양의 그리드 형태로 구멍을 내어 특수하게 만든 후 여러 모양으로 넓게 늘여 편 형태
지오네트	보통 $60 \sim 90°$의 일정한 각도로 교차하는 2세트의 평행한, 거친 가닥들로 구성되며, 교차점의 가닥들을 용해, 접착한 형태
지오매트	꼬물꼬물한 모양의 다소 거칠고 단단한 장섬유들이 각 교차점에서 접착된 형태

□□□ 기 93,01,06,09,10,12,18

56 다음 중 기상작용에 대한 골재의 저항성을 평가하기 위한 시험은?

① 로스엔젤레스 마모시험
② 밀도 및 흡수율 시험
③ 안정성 시험
④ 유해물 함량시험

해설 골재의 안정성 시험은 기상작용에 대한 골재의 내구성을 알기 위해서 황산나트륨 포화 용액으로 인한 골재의 부서짐 작용에 대한 저항성을 시험하는 것이다.

□□□ 기 18

57 다음 폭약 중 아래의 표에서 설명하는 것은?

> ·다이나마이트보다 발화점이 높고 충격에 둔감하여 취급에 위험성이 적다.
> ·큰 돌의 채석, 암석, 경질토사의 절토에 적합하다.
> ·유해가스의 발생이 많고 흡수성이 크기 때문에 터널공사에는 부적당하다.

① 칼릿
② 니트로 글리셀린
③ 질산암모늄계 폭약
④ 무연화학

해설 칼릿(Carlit)
·충격에 둔감하여 다루기는 쉽고 폭발력은 우수하다.
·유해한 가스가 발생하고 흡수성이 크므로 터널공사에는 부적합하다.
·큰돌 채취나 토사를 깎는데 사용하는 폭약이다.

□□□ 기 18

58 철근 콘크리트 구조물에 사용할 굵은 골재에서 유해물인 점토덩어리의 함유량이 0.18%이었다면, 연한 석편의 함유량은 최대 얼마 이하이어야 하는가?

① 2.82%
② 3.82%
③ 4.82%
④ 5.82%

해설 ·연한 석편의 최대 함유량
연한 석편의 최대값－점토덩어리의 함유량
∴ $5(\%) - 0.18(\%) = 4.82\%$

종류	최대값	
	잔골재	굵은 골재
점토 덩어리	1.0%	0.25%
연한 석편	－	5.0%

□□□ 기 04,18

59 석재의 성질에 대한 일반적인 설명으로 틀린 것은?

① 석재는 모든 강도 가운데 인장강도가 최대이다.
② 석재의 흡수율은 풍화, 파괴, 내구성과 크게 관계가 있다.
③ 석재의 밀도는 조암광물의 성질, 비율, 조직속의 공극 등에 따라 다르다.
④ 석재는 조암광물의 팽창계수가 서로 다르기 때문에 고온에서도 파괴된다.

해설 석재의 강도 중에서 압축 강도가 제일 크며, 인장, 휨 및 전단 강도는 적기 때문에 구조용으로 사용할 경우 압축력을 받는 부분에 사용된다.

□□□ 기 09,10,15,18
60 로스앤젤레스 시험기에 의한 굵은 골재의 마모시험 결과가 아래와 같을 때 마모감량은?

【시험 결과】

· 시험 전 시료의 질량 : 1,250g
· 시험 후 1.7mm체에 남은 시료의 질량 : 870g
---

① 28.3% ② 28.9%
③ 29.7% ④ 30.4%

해설 마모감량 $R = \dfrac{m_1 - m_2}{m_1} \times 100$

$\quad = \dfrac{1,250 - 870}{1,250} \times 100 = 30.4\%$

제4과목 : 토질 및 기초

□□□ 기 12,18
61 다음 시료 채취에 사용되는 시료기(sampler) 중 불교란 시료 채취에 사용되는 것만 고른 것으로 옳은 것은?

---
(1) 분리형 원통 시료기(split spoon sampler)
(2) 피스톤 튜브 시료기(piston tube sampler)
(3) 얇은 관 시료기(thin wall tube sampler)
(4) Laval 시료기(Laval sampler)
---

① (1), (2), (3) ② (1), (2), (4)
③ (1), (3), (4) ④ (2), (3), (4)

해설 · 교란된 시료 채취용 : 분리형 원통 시료기(split spoon sampler)
· 불교란 시료 채취용 : 피스톤 튜브 시료기(piston tube sampler), 얇은 관 시료기(thin wall tube sampler), Laval 시료기(Laval sampler)

□□□ 기 09,18
62 노건조한 흙 시료의 부피가 $1,000\text{cm}^3$, 무게가 1,700g, 비중이 2.65이었다면 간극비는?

① 0.71 ② 0.43
③ 0.65 ④ 0.56

해설 간극비 $e = \dfrac{G_s \cdot \rho_w}{\rho_d} - 1$

· $\rho_d = \dfrac{W_s}{V} = \dfrac{1,700}{1,000} = 1.70\text{g/cm}^3$

∴ $e = \dfrac{2.65 \times 1}{1.70} - 1 = 0.56$

□□□ 기 90,97,98,08,18
63 무게 30kN 단동식 증기 hammer를 사용하여 낙하고 1.2m에서 pile을 타입할 때 1회 타격당 최종 침하량이 2cm이었다. Engineering News공식을 사용하여 허용 지지력을 구하면 얼마인가?

① 133kN ② 267kN
③ 808kN ④ 1,600kN

해설 허용 지지력 $Q_a = \dfrac{WH}{F_s(S + 0.25)}$

· 낙하고 $H = 1.2\text{m} = 120\text{cm}$
· 최종 침하량 $S = 2\text{cm}$
· 안전율 $F_s = 6$

∴ $Q_a = \dfrac{30 \times 120}{6(2 + 0.25)} = 267\text{kN}$

■ 동역학적 지지력공식의 안전율

공식	안전율 F_s
Sander 공식	8
Engineering news 공식	6

□□□ 기 99,05,10,18
64 Meyerhof의 극한 지지력 공식에서 사용하지 않는 계수는?

① 형상계수 ② 깊이계수
③ 시간계수 ④ 하중경사계수

해설 · 형상계수(De Beer에 의해 제안) : 구형 및 원형 기초의 지지력 계산을 위해
· 깊이계수(Hansen 제안) : 기초저면의 위, 흙의 파괴면을 따라 발생하는 전단 저항에 대한 평가
· 경사계수(Meyerhof 제안) : 하중 작용선이 수직선과 일정각도로 경사진 기초의 지지력 계산을 위해

□□□ 기 10,18
65 토질조사에 대한 설명 중 옳지 않은 것은?

① 사운딩(Sounding)이란 지중에 저항체를 삽입하여 토층의 성상을 파악하는 현장 시험이다.
② 불교란 시료를 얻기 위해서 Foil Sampler, Thin wall tube sampler 등이 사용된다.
③ 표준관입시험은 로드(Rod)의 길이가 길어질수록 N치가 작게 나온다.
④ 베인 시험은 정적인 사운딩이다.

해설 로드(rod)의 길이가 길어지면 타격에너지 손실로 실제보다 크게 나오기 때문에 로드 길이에 대해 수정을 해야 한다.

66 다음 그림과 같이 점토질 지반에 연속기초가 설치되어 있다. Terzaghi 공식에 의한 이 기초의 허용 지지력 q_a은? (단, $\phi=0$이며, 폭(B)=2m, $N_c=5.14$, $N_q=1.0$, $N_r=0$, 안전율 $F_s=3$이다.)

① 64kN/m^2
② 135kN/m^2
③ 185kN/m^2
④ 405kN/m^2

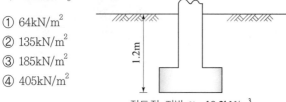

점토질 지반 $\gamma=19.2\text{kN/m}^3$
일축압축강도 $q_u=148.6\text{kN/m}^2$

해설 $q_u=\alpha c N_c+\beta \gamma_1 B N_r+\gamma_2 D_f N_q$

· $\phi=0$일 때

$$c=\frac{\text{일축압축강도}(q_u)}{2}=\frac{148.6}{2}=74.3\text{kN/m}^2$$

· 연속기초 $\alpha=1.0$, $\beta=0.5$
· $q_u=1.0\times74.3\times5.14+0.5\times19.2\times2\times0+19.2\times1.2\times1.0$
$=404.94\text{kN/m}^2$

∴ 허용지지력 $q_a=\dfrac{404.94}{3}=135\text{kN/m}^2$

67 입경이 균일한 포화된 사질지반에 지진이나 진도 등 동적하중이 작용하면 지반에서는 일시적으로 전단강도를 상실하게 되는데, 이러한 현상을 무엇이라 하는가?

① 분사현상(quick sand)
② 틱소트로피(Thixotropy)
③ 히빙현상(heaving)
④ 액화현상(Liquefaction)

해설 · 액화현상(Liquefaction)의 정의이다.
· Thixotropy : 흙의 전단특성에서 교란된 흙은 시간이 지남에 따라 손실된 강도의 일부를 회복하는 현상
· 분사현상 : 침투수압이 흙의 유효응력보다 크게 되는 경우 내부의 토사가 솟아나 오는 현상

68 어떤 지반에 대한 토질시험결과 점착력 $c=0.05$ MPa, 흙의 단위중량 $\gamma=20.0\text{kN/m}^3$이었다. 그 지반에 연직으로 7m를 굴착했다면 안전율은 얼마인가? (단, $\phi=0$이다.)

① 1.43
② 1.51
③ 2.11
④ 2.61

해설 · 한계고 $H_c=\dfrac{4c}{\gamma}\tan\left(45+\dfrac{\phi}{2}\right)=\dfrac{4c}{\gamma}$ 에서

· $H_c=\dfrac{4c}{\gamma}=\dfrac{4\times50}{20.0}=10\text{m}$
(∵ $\phi=0$일 때, $0.05\text{MPa}=50\text{kN/m}^2$)

∴ 안전율 $F_s=\dfrac{H_c}{H}=\dfrac{10}{7}=1.43$

69 다음 그림과 같이 피압수압을 받고 있는 2m두께의 모래층이 있다. 그 위의 포화된 점토층을 5m 깊이로 굴착하는 경우 분사현상이 발생하지 않기 위한 수심(h)는 최소 얼마를 초과하도록 하여야 하는가?

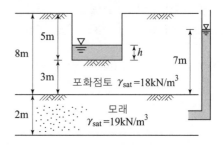

① 1.3m
② 1.5m
③ 1.9m
④ 2.4m

해설 모래층 상단을 A라고 하면
· 전응력 $\sigma_A=z\gamma_{sat}+h\gamma_w=3\times18+h\times9.81=54+9.81h$
· 간극수압 $u_A=7\times9.81=68.67\text{kN/m}^2$
· 유효응력 $\sigma_A{'}\geq0$일 때 분사현상이 일어남
$\sigma_A{'}=\sigma_A-u_A=54+9.81h-68.67\geq0$ ∴ $h=1.5\text{m}$

70 포화단위 중량이 17.66kN/m^3인 흙에서의 한계동수경사는 얼마인가? (단, $\gamma_w=9.81\text{kN/m}^3$)

① 0.8
② 1.0
③ 1.8
④ 2.0

해설 한계 동수 경사 $i_c=\dfrac{G_s-1}{1+e}=\dfrac{\gamma_{sub}}{\gamma_w}=\dfrac{\gamma_{sat}-\gamma_w}{\gamma_w}$

· $\gamma_{sub}=\gamma_{sat}-\gamma_w=17.66-9.81=7.85\text{kN/m}^3$

∴ $i_c=\dfrac{\gamma_{sub}}{\gamma_w}=\dfrac{7.85}{9.81}=0.8$

71 전단마찰각이 25° 인 점토의 현장에 작용하는 수직응력이 50kN/m^2이다. 과거 작용했던 최대 하중이 100kN/m^2이라고 할 때 대상지반의 정지토압계수를 추정하면?

① 0.40
② 0.57
③ 0.82
④ 1.14

해설 과압밀 점토에 대한 정지 토압 계수
· $K_o=(1-\sin\phi)\sqrt{OCR}$

· $OCR=\dfrac{\text{선행 압밀 하중 } P_c}{\text{현재의 유효 상재 하중 } P_o}=\sqrt{\dfrac{100}{50}}=\sqrt{2}$

∴ $K_o=(1-\sin25°)\times\sqrt{2}=0.82$

기99,04,18

72 어떤 시료에 대해 액압 0.1MPa를 가해 각 수직변위에 대응하는 수직하중을 측정한 결과가 아래 표와 같다. 파괴시의 축차 응력은?
(단, 피스톤의 지름과 시료의 지름은 같다고 보며, 시료의 단면적 $A_o = 18 \text{cm}^2$, 길이 $L = 14 \text{cm}$이다.)

ΔL (1/100mm)	0	...	1,000	1,100	1,200	1,300	1,400
P(N)	0	...	540	580	600	590	580

① 0.305MPa ② 0.255MPa
③ 0.205MPa ④ 0.155MPa

해설 축차응력 $\sigma_1 - \sigma_3 = \dfrac{P}{A}$

· 최대 수직 하중 $P_{max} = 600 \text{N}$일 때 시료의 변위량

$$\Delta L = 1,200 \times \frac{1}{100} = 12\text{mm} = 1.2\text{cm}이다.$$

· 파괴시 단면적 $A = \dfrac{A_o}{1 - \dfrac{\Delta L}{L}} = \dfrac{18}{1 - \dfrac{1.2}{14}} = 19.69 \text{cm}^2$

∴ 축차 응력 $\sigma_1 - \sigma_3 = \dfrac{600}{19.69 \times 10^2} = 0.305\text{MPa}$

$$= 305\text{kN/m}^2 = 0.305\text{N/mm}^2 = 0.305\text{MPa}$$

기18

73 흙의 공학적 분류방법 중 통일 분류법과 관계없는 것은?

① 소성도 ② 액성한계
③ No.200체 통과율 ④ 군지수

해설 ■통일 분류법 : 소성도
· 조립토에 함유된 세립분과 세립토를 분류
· No.200체 통과율
· 소성지수의 A선상에 표기 $\Pi = 0.73(W_L - 20)$
■AASHTO 분류법 : 군지수

기18

74 수조에 상방향의 침투에 의한 수두를 측정한 결과, 그림과 같이 나타났다. 이때, 수조 속에 있는 흙에 발생하는 침투력을 나타낸 식은? (단, 시료의 단면적은 A, 시료의 길이는 L 시료의 포화단위중량은 γ_{sat}, 물의 단위중량은 γ_w 이다.)

① $\Delta h \cdot \gamma_w \cdot \dfrac{A}{L}$

② $\Delta h \cdot \gamma_w \cdot A$

③ $\Delta h \cdot \gamma_{sat} \cdot A$

④ $\dfrac{\gamma_{sat}}{\gamma_w} \cdot A$

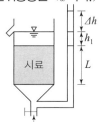

해설 침투력 $P = (i\gamma_w z)A = \left(\dfrac{\Delta h}{L}\gamma_w L\right)A = \Delta h \cdot \gamma_w \cdot A$

기04,10,11,17,18

75 점성 지반의 강성 기초의 접지압 분포에 대한 설명으로 옳은 것은?

① 기초 모서리 부분에서 최대 응력이 발생한다.
② 기초 중앙부분에서 최대 응력이 발생한다.
③ 기초 밑면의 응력은 어느 부분이나 동일하다.
④ 기초 밑면에서의 응력은 토질에 관계없이 일정하다.

해설 강성기초의 접지압 분포

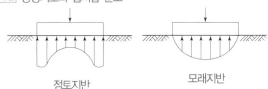

점토지반   모래지반

· 점토지반 : 기초의 모서리 부분에서 최대 응력이 발생
· 모래지반 : 기초의 중앙 부분에서 최대 응력이 발생

기82,89,01,03,09,18

76 내부 마찰각 $\phi_u = 0$, 점착력 $c_u = 45 \text{kN/m}^2$, 단위 중량이 19kN/m^3되는 포화된 점토층에 경사각 $45°$로 높이 8m인 사면을 만들었다. 그림과 같은 하나의 파괴면을 가정했을 때 안전율은? (단, ABCD의 면적은 70m^2이고, ABCD의 무게 중심은 O점에서 4.5m거리에 위치하며, 호 AC의 길이는 20m이다.)

① 1.2
② 1.8
③ 2.5
④ 3.2

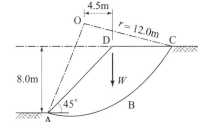

해설 $\phi_u = 0$일 때 사면의 안전율

$$F_s = \frac{L_a \cdot c_u \cdot r}{W \cdot x}$$

· $W =$ 면적×단위 중량 $= 70 \times 19 = 1,330\text{kN/m}$

∴ $F_s = \dfrac{20 \times 45 \times 12.0}{1,330 \times 4.5} = 1.80$

기12,18

77 0.2MPa의 구속응력을 가하여 시료를 완전히 압밀시킨 다음, 축차응력을 가하여 비배수 상태로 전단시켜 파괴시 축변형률 $\epsilon_f = 10\%$, 축차응력 $\Delta\sigma_f = 0.28\text{MPa}$, 간극수압 $\Delta u_f = 0.21\text{MPa}$를 얻었다. 파괴시 간극수압계수 A를 구하면? (단, 간극수압계수 B는 1.00이다.)

① 0.44 ② 0.75
③ 1.33 ④ 2.27

해설 간극 수압 계수 $A = \dfrac{\Delta u - \Delta\sigma_3}{\Delta\sigma_1 - \Delta\sigma_3} = \dfrac{\Delta u_f}{\Delta\sigma_f} = \dfrac{0.21}{0.28} = 0.75$

78 다음 중 임의 형태기초에 작용하는 등분포하중으로 인하여 발생하는 지중응력 계산에 사용하는 가장 적합한 계산법은?

① Boussinesq법   ② Osterberg법

③ Newmark 영향원법   ④ 2 : 1 간편법

해설 ・Newmark의 영향원법 : Newmark는 Boussinesq의 해를 기초로 하여 지표면에 등분포하중 q가 임의 형태로 작용할 때 지반 내의 어떤 점에서의 연직응력을 구할 때 매우 유용하게 활용하는 계산법을 고안하였다.
・2 : 1 간편법 : 깊이에 따른 연직응력의 증가량을 계산하는 가장 간단한 방법
・Boussinesq법 : 무한히 큰 균질, 등방성, 탄성인 매체의 표면에 집중하중이 작용할 때 매체내에 발생하는 응력의 증가량을 계산하는 방법
・Osterberg법 : 성토하중과 같은 대상하중에 대한 집중응력을 구하는 방법

79 아래 그림과 같이 3개의 지층으로 이루어진 지반에서 수직방향 등가투수계수는?

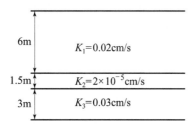

① 2.516×10^{-6}cm/s   ② 1.274×10^{-5}cm/s

③ 1.393×10^{-4}cm/s   ④ 2.0×10^{-2}cm/s

해설 $K_v = \dfrac{H}{\dfrac{H_1}{K_1} + \dfrac{H_2}{K_2} + \dfrac{H_3}{K_3}}$

$= \dfrac{600 + 150 + 300}{\dfrac{600}{0.02} + \dfrac{150}{2 \times 10^{-5}} + \dfrac{300}{0.03}}$

$= 1.393 \times 10^{-4}$ cm/sec

80 점토의 다짐에서 최적 함수비보다 함수비가 작은 건조측 및 함수비가 많은 습윤측에 대한 설명으로 옳지 않은 것은?

① 다짐의 목적에 따라 습윤 및 건조측으로 구분하여 다짐 계획을 세우는 것이 효과적이다.

② 흙의 강도 증가가 목적인 경우, 건조측에서 다지는 것이 유리하다.

③ 습윤측에서 다지는 경우, 투수계수 증가 효과가 크다.

④ 다짐의 목적이 차수를 목적으로 하는 경우, 습윤측에서 다지는 것이 유리하다.

해설 ・최적 함수비보다 작은 건조측에서 투수계수가 큰 것은 점토 입자의 배열이 불규칙하게 되어 결과적으로 큰 간극을 형성하기 때문이다.
・최적 함수비보다 약간 습윤측에서 최소 투수계수를 얻을 수 있다.
・일반적으로 흙의 강도 증가나 압축성 감소가 요구될 때에는 건조측 다짐을 실시한다.
・흙 댐의 심벽 공사와 같이 차수를 목적으로 하는 경우는 습윤측 다짐을 실시한다.

국가기술자격 필기시험문제

2018년도 기사 4회 필기시험 (1부)

	수험번호	성 명

자격종목	시험시간	문제수	형 별		
건설재료시험기사	2시간	80	A		

※ 각 문제는 4지 택일형으로 질문에 가장 적합한 문제의 보기 번호를 클릭하거나 답안표기란의 번호를 클릭하여 입력하시면 됩니다.
※ 입력된 답안은 문제 화면 또는 답안 표기란의 보기 번호를 클릭하여 변경하실 수 있습니다.

제1과목 : 콘크리트 공학

□□□ 기 08,09,18
01 서중 콘크리트에 대한 설명으로 틀린 것은?

① 콘크리트 재료는 온도가 낮아질 수 있도록 하여야 한다.
② 콘크리트를 타설할 때의 콘크리트 온도는 35℃ 이하이어야 한다.
③ 수화작용에 필요한 수분증발을 방지하기 위해 촉진제를 사용하는 것을 원칙으로 한다.
④ 콘크리트를 타설하기 전에 지반과 거푸집 등을 조사하여 콘크리트로부터의 수분 흡수로 품질변화의 우려가 있는 부분은 습윤상태로 유지하여야 한다.

해설 고온이 되면 단위 수량이 증가하여 공기가 연행되므로 양질의 감수제, AE 감수제, 고성능 AE 감수제를 사용한다.

□□□ 기 00,04,06,18
02 굵은 골재의 최대치수에 따른 콘크리트 펌프 압송관의 호칭치수에 대한 설명으로 옳은 것은?

① 굵은 골재의 최대치수가 25mm일 때 압송관의 호칭치수는 100mm 이상이어야 한다.
② 굵은 골재의 최대치수가 20mm일 때 압송관의 호칭치수는 100mm 이하이어야 한다.
③ 굵은 골재의 최대치수가 20mm일 때 압송관의 호칭치수는 125mm 이하이어야 한다.
④ 굵은 골재의 최대치수가 40mm일 때 압송관의 호칭치수는 80mm 이상이어야 한다.

해설 · 굵은 골재의 최대 치수에 따른 압송관의 최소 호칭 치수

굵은 골재의 최대치수	압송관의 호칭치수
20mm	100mm 이상
25mm	100mm 이상
40mm	125mm 이상

· 수송관의 직경의 최소치는 보통 콘크리트의 경우 100mm, 경량 콘크리트의 경우 125mm로 하며 또 굵은 골재 최대치수의 3배 이상이어야 한다.

□□□ 기 15,17,18
03 콘크리트의 블리딩 시험방법(KS F 2414)에 대한 설명으로 틀린 것은?

① 시험 중에는 실온 (20±3)℃로 한다.
② 블리딩 시험은 굵은 골재의 최대치수가 40mm 이하인 경우에 적용한다.
③ 최초로 기록한 시각에서부터 60분 동안 10분마다, 콘크리트 표면에 스며 나온 물을 빨아낸다.
④ 콘크리트를 블리딩 용기에 채울 때 콘크리트 표면이 용기의 가장자리에서 (30±3)mm 높아지도록 고른다.

해설 용기에 콘크리트를 채울 때 콘크리트 표면이 용기의 가장자리에서 (30±3)mm 낮아지도록 고른다.

□□□ 기 99,04,07,08,09,10,11,15,18,21
04 시방배합을 통해 단위수량 $174kg/m^3$, 시멘트량 $369kg/m^3$, 잔골재 $702kg/m^3$, 굵은 골재 $1,049kg/m^3$을 산출하였다. 현장골재의 입도를 고려하여 현장배합으로 수정한다면 잔골재와 굵은 골재의 양은? (단, 현장 잔골재 중 5mm 체에 남는 양이 10%, 굵은 골재 중 5mm 체를 통과한 양이 5%, 표면수는 고려하지 않는다.)

① 잔골재 : $802kg/m^3$, 굵은 골재 : $949kg/m^3$
② 잔골재 : $723kg/m^3$, 굵은 골재 : $1,028kg/m^3$
③ 잔골재 : $637kg/m^3$, 굵은 골재 : $1,114kg/m^3$
④ 잔골재 : $563kg/m^3$, 굵은 골재 : $1,188kg/m^3$

해설 입도에 의한 조정
a : 잔골재 중 5mm체에 남은 양 : 10%
b : 굵은 골재 중 5mm 체를 통과한 양 : 5%

· 잔골재량 $X = \dfrac{100S - b(S+G)}{100-(a+b)}$
$= \dfrac{100 \times 702 - 5(702+1,049)}{100-(10+5)} = 723kg/m^3$

· 굵은 골재 $Y = \dfrac{100G - a(S+G)}{100-(a+b)}$
$= \dfrac{100 \times 1,049 - 10(702+1,049)}{100-(10+5)} = 1,028kg/m^3$

정답 01 ③ 02 ① 03 ④ 04 ②

05 일반콘크리트의 배합설계에 대한 설명으로 틀린 것은?

① 제빙화학제가 사용되는 콘크리트의 물-결합재비는 45% 이하로 한다.

② 콘크리트의 탄산화 저항성을 고려하여 물-결합재비를 정할 경우 60% 이하로 한다.

③ 콘크리트의 수밀성을 기준으로 물-결합재비를 정할 경우 그 값은 50% 이하로 한다.

④ 구조물에 사용된 콘크리트의 압축강도가 설계기준압축강도보다 작아지지 않도록 현장 콘크리트의 품질변동을 고려하여 콘크리트의 배합강도를 설계기준압축강도보다 충분히 크게 정하여야 한다.

해설 콘크리트의 탄산화 저항성을 고려하여 물-결합재비를 정할 경우 55% 이하로 한다.

06 방사선 차폐용 콘크리트에 대한 설명으로 틀린 것은?

① 일반적인 경우 슬럼프는 150mm 이하로 하여야 한다.

② 주로 생물체의 방호를 위하여 X선, γ선 및 중성자선을 차폐할 목적으로 사용된다.

③ 방사선 차폐용 콘크리트는 열전도율이 작고, 열팽창률이 커야 하므로 밀도가 낮은 골재를 사용하여야 한다.

④ 물-결합재비는 50% 이하를 원칙으로 하고, 워커빌리티 개선을 위하여 품질이 입증된 혼화제를 사용할 수 있다.

해설 방사선 차폐용 콘크리트의 요구 조건
· 부재단면이 크기 때문에 수화열 발생이 적은 시멘트를 사용한다.
· 슬럼프는 150mm 이하로 하며, 물-시멘트비는 50% 이하로 한다.
· 콘크리트의 밀도는 높고 열전도율 및 열팽창율이 작아야 한다.
· 건조수축 온도 균열이 적어야 한다.

07 콘크리트의 탄산화에 대한 설명으로 틀린 것은?

① 탄산화가 진행된 콘크리트는 알칼리성이 약화되어 콘크리트 자체가 팽창하여 파괴된다.

② 철근주위를 둘러싸고 있는 콘크리트가 탄산화하여 물과 공기가 침투하면 철근을 부식시킨다.

③ 굳은 콘크리트는 표면에서 공기 중의 이산화탄소의 작용을 받아 수산화칼슘이 탄산칼슘으로 바뀐다.

④ 탄산화의 판정은 페놀프탈레인 1%의 알코올용액을 콘크리트의 단면에 뿌려 조사하는 방법이 일반적이다.

해설 탄산화로 인해 발생되는 문제는 콘크리트 자체가 아니라 철근이 녹이 슬면 체적이 팽창하여 콘크리트에 균열을 발생키며 콘크리트 표면의 탈락과 파괴를 가져온다.

08 한중콘크리트에서 주위의 온도가 2℃이고, 비볐을 때의 콘크리트의 온도가 26℃이며, 비빈 후부터 타설이 끝났을 때까지 90분이 소요되었다면, 타설이 끝났을 때의 콘크리트의 온도는?

① 20.6℃   ② 21.6℃
③ 22.6℃   ④ 23.6℃

해설 $T_2 = 0.15(T_1 - T_0) \cdot t = 0.15 \times (26-2) \times 1.5 = 5.4℃$
∴ 타설 완료시 온도 $= 26 - 5.4 = 20.6℃$
(∵ 90분 = 1.5시간)

09 경량골재 콘크리트에 대한 설명으로 틀린 것은?

① 일반적으로 기건 단위질량이 $1,800 \sim 2,100kg/m^3$ 범위의 콘크리트를 말한다.

② 콘크리트의 수밀성을 기준으로 물-결합재비를 정할 경우에는 50% 이하를 표준으로 한다.

③ 천연경량골재는 인공경량골재에 비해 입자의 모양이 좋고 흡수율이 작아 구조용으로 많이 쓰인다.

④ 경량골재 콘크리트는 보통콘크리트보다 동결융해에 대한 저항성이 상당히 나쁘므로 시공 시 유의하여야 한다.

해설 일반적으로 천연경량골재는 모양이 좋지 않고 흡수율이 크기 때문에 구조용 콘크리트재료로서 적합하지 못하다.

10 프리스트레싱할 때의 콘크리트 압축강도에 대한 설명으로 옳은 것은?

① 프리텐션 방식에 있어서 콘크리트의 압축강도는 40MPa 이상이어야 한다.

② 포스트텐션 방식에 있어서 콘크리트의 압축강도는 20MPa 이상이어야 한다.

③ 프리스트레싱을 할 때의 콘크리트의 압축강도는 프리스트레스를 준 직후, 콘크리트에 일어나는 최대 인장응력의 2.5배 이상이어야 한다.

④ 프리스트레싱을 할 때의 콘크리트의 압축강도는 프리스트레스를 준 직후, 콘크리트에 일어나는 최대 압축응력의 1.7배 이상이어야 한다.

해설 · 프리텐션 방식에서 프리스트레싱할 때의 콘크리트의 압축강도는 30MPa 이상이어야 한다.
· 프리스트레싱일 할 때의 콘크리트의 압축강도는 프리스트레스를 준 직후, 콘크리트에 일어나는 최대 압축응력의 1.7배 이상이어야 한다.

□□□ 기 99,03,07,18,19,21
11 콘크리트의 타설에 대한 설명으로 틀린 것은?

① 타설한 콘크리트를 거푸집 안에서 횡방향으로 이동시켜서는 안 된다.
② 콘크리트는 그 표면이 한 구획 내에서는 거의 수평이 되도록 타설하는 것을 원칙으로 한다.
③ 거푸집의 높이가 높아 슈트 등을 사용하는 경우 배출구와 타설 면까지의 높이는 1.5m 이하를 원칙으로 한다.
④ 콘크리트를 2층 이상으로 나누어 타설할 경우, 상층의 콘크리트 타설은 하층의 콘크리트가 굳은 후 해야 한다.

해설 콘크리트를 2층 이상으로 나누어 타설할 경우, 상층의 콘크리트 타설은 원칙적으로 하층의 콘크리트가 굳기 시작하기 전에 해야 한다.

□□□ 기 12,17,18
12 23회의 압축강도 시험실적으로부터 구한 표준편차가 5MPa이었다. 콘크리트의 품질기준강도가 40MPa인 경우 배합강도는? (단, 시험횟수 20회일 때의 표준편차의 보정계수는 1.08이고, 25회일 때의 표준편차의 보정계수는 1.03이다.)

① 47.1MPa   ② 47.7MPa
③ 48.3MPa   ④ 48.8MPa

해설 23회의 보정계수 $= 1.03 + \dfrac{1.08-1.03}{25-20} \times (25-23) = 1.05$

- 시험회수가 29회 이하일 때 표준편차의 보정
  $s = 5 \times 1.05 = 5.3\,\text{MPa}$
  (∵ 시험횟수 23회일 때 표준편차의 보정계수 1.05)
- $f_{cq} > 35\,\text{MPa}$일 때
  - $f_{cr} = f_{cq} + 1.34s = 40 + 1.34 \times 5.3 = 47.1\,\text{MPa}$
  - $f_{cr} = 0.9 f_{cq} + 2.33s = 0.9 \times 40 + 2.33 \times 5.3 = 48.3\,\text{MPa}$
  ∴ $f_{cr} = 48.3\,\text{MPa}$(큰 값 사용)

□□□ 기 09,18
13 콘크리트의 강도에 영향을 미치는 요인에 대한 설명으로 옳지 않은 것은?

① 성형시에 가압양생하면 콘크리트의 강도가 크게 된다.
② 물−결합재비가 일정할 때 공기량이 증가하면 압축강도는 감소한다.
③ 부순돌을 사용한 콘크리트의 강도는 강자갈을 사용한 콘크리트의 강도보다 크다.
④ 물−결합재비가 일정할 때 굵은 골재의 최대치수가 클수록 콘크리트의 강도는 커진다.

해설 물−시멘트비가 일정할 때 굵은 골재의 최대치수가 클수록 콘크리트의 강도는 작아진다.

□□□ 기 10,16,18
14 프리스트레스트 콘크리트(PSC)를 철근콘크리트(RC)와 비교할 때 사용재료와 역학적 성질의 특징에 대한 설명으로 틀린 것은?

① 부재 전단면의 유효한 이용
② 뛰어난 부재의 탄성과 복원성
③ 긴장재로 인한 자중과 전단력의 증가
④ 고강도 콘크리트와 고강도 강재의 사용

해설 긴장재로 인한 자중과 전단력은 감소한다.

□□□ 기 18
15 신축이음의 내용으로 적절하지 않은 것은?

① 신축이음에는 필요에 따라 이음재, 지수판 등을 배치하여야 한다.
② 신축이음은 양쪽의 구조물 혹은 부재가 구속되지 않는 구조이어야 한다.
③ 신축이음에는 인장철근 및 압축철근을 배치하여 전단력에 대하여 보강하여야 한다.
④ 신축이음의 단차를 피할 필요가 있는 경우에는 전단 연결재를 사용하는 것이 좋다.

해설 신축이음(expansion joint)
· 신축이음에는 필요에 따라 이음재, 지수판 등을 배치하여야 한다.
· 신축이음은 양쪽의 구조물 혹은 부재가 구속되지 않은 구조이어야 한다.
· 신축이음의 단차를 피할 필요가 있는 경우에는 장부나 홈을 두는 것이 좋다.
· 신축이음의 단차를 피할 필요가 있는 경우에는 전단연결재를 사용하는 것이 좋다.
· 콘크리트 구조물의 온도 변화, 건조 수축, 기초의 부등침하 등에서 생기는 균열을 방지하기 위해서 설치하는 것이다.

□□□ 기 14,18,22
16 소요의 품질을 갖는 프리플레이스트 콘크리트를 얻기 위한 주입 모르타르의 품질에 대한 설명으로 틀린 것은?

① 굳지 않은 상태에서 압송과 주입이 쉬워야 한다.
② 주입되어 경화되는 사이에 블리딩이 적으며, 팽창하지 않아야 한다.
③ 경화 후 충분한 내구성 및 수밀성과 강재를 보호하는 성능을 가져야 한다.
④ 굵은 골재의 공극을 완벽하게 채울 수 있는 양호한 유동성을 가지며, 주입 작업이 끝날 때까지 이 특성이 유지되어야 한다.

해설 모르타르가 굵은 골재의 공극에 주입될 때 재료분리가 적고 주입되어 경화되는 사이에 블리딩이 적으며 소요의 팽창을 하여야 한다.

17 고압증기양생한 콘크리트의 특징에 대한 설명으로 틀린 것은?

① 고압증기양생한 콘크리트의 수축률은 크게 감소된다.

② 고압증기양생한 콘크리트의 크리프는 크게 감소된다.

③ 고압증기양생한 콘크리트의 외관은 보통양생한 포틀랜드 시멘트 콘크리트 색의 특징과 다르며, 흰색을 띤다.

④ 고압증기양생한 콘크리트는 보통양생한 콘크리트와 비교하여 철근과의 부착강도가 약 2배정도가 된다.

해설 고압증기양생의 결점은 보통 양생한 것에 비해 철근의 부착강도가 약 1/2이 되므로 철근콘크리트 부재에 적용하는 것은 바람직하지 못하다.

18 콘크리트의 받아들이기 품질 검사항목이 아닌 것은?

① 공기량

② 평판재하

③ 슬럼프

④ 펌퍼빌리티

해설 콘크리트의 받아들이기 품질 검사

항 목		시기 및 횟수
굳지 않은 콘크리트의 상태		콘크리트 타설 개시 및 타설 중 수시로 함
슬럼프		최초 1회 시험을 실시하고, 이후 압축강도 시험용 공시체 채취 시 및 타설 중에 품질 변화가 인정될 때 실시
슬럼프 플로		
공기량		
온도		
단위용적질량		필요한 경우 별도로 정함
염화물 함유량		바닷모래를 사용한 경우 2회/일, 그 밖에 염화물 함유량 검사가 필요한 경우 별도로 정함
배합	단위수량	1회/일, 120m^{3}마다 또는 배합이 변경될 때마다
	단위 결합재량	전 배치
	물–결합재비	필요한 경우 별도로 정함
	기타, 콘크리트 재료의 단위량	전 배치
펌퍼빌리티		펌프 압송 시

19 콘크리트 구조물의 온도균열에 대한 시공상의 대책으로 틀린 것은?

① 단위시멘트량을 적게 한다.

② 1회의 콘크리트 타설 높이를 줄인다.

③ 수축이음부를 설치하고, 콘크리트 내부온도를 낮춘다.

④ 기존의 콘크리트로 새로운 콘크리트의 온도에 따른 이동을 구속시킨다.

해설 균열제어철근을 배근하여 변형을 구속한다.

20 콘크리트의 워커빌리티 측정 방법이 아닌 것은?

① 지깅 시험

② 흐름 시험

③ 슬럼프 시험

④ Vee–Bee 시험

해설 · 워커빌리티의 측정방법 : 슬럼프 시험(slump test), 흐름시험(flow test), 리몰딩 시험(remolding test), 구관입시험(ball penetration test), 다짐계수시험(compacting factor test), Vee–Bee 반죽질기시험

· 지깅 시험(jigging) : 골재의 단위무게 시험방법이다.

제2과목 : 건설시공 및 관리

21 교량의 구조는 상부구조와 하부구조로 나누어진다. 다음 중 상부구조가 아닌 것은?

① 교대(abutment)

② 브레이싱(bracing)

③ 바닥판(bridge deck)

④ 바닥틀(floor system)

해설 교량의 구성

상부 구조		하부 구조	
교량의 주체가 되는 부분으로서 교통의 하중을 직접 받쳐 주는 부분		상부 구조로부터의 하중을 지반에 전달해 주는 부분	
바닥판	· 포장, 슬래브	교각 교대	상부의 하중을 지반에 전달하는 역할
바닥틀	· 세로보, 가로보	기초	조건에 따라 말뚝 기초 또는 우물통 기초가 사용
주형, 주트러스	· 브레이싱 · 트러스, PSC상자		

22 콘크리트 포장에서 아래의 표에서 설명하는 현상은?

> 콘크리트 포장에서 기온의 상승 등에 따라 콘크리트 슬래브가 팽창할 때 줄눈 등에서 압축력에 견디지 못하고 좌굴을 일으켜 부분적으로 솟아오르는 현상

① spalling

② blow up

③ pumping

④ reflection crack

해설 Blow up : 콘크리트 포장시 Slab의 줄눈 또는 균열부근에서 습도나 온도가 높을 때 이물질 때문에 열 팽창을 유지하지 못해 발생하는 일종의 좌굴현상

□□□ 기98,05,08,12,18,22
23 흙의 성토작업에서 아래 그림과 같은 쌓기 방법에 대한 설명으로 틀린 것은?

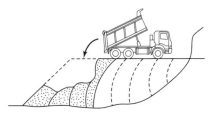

① 전방쌓기법이다.
② 공사비가 싸고 공정이 빠른 장점이 있다.
③ 주로 중요하지 않은 구조물의 공사에 사용된다.
④ 층마다 다소의 수분을 주어서 충분히 다진 후 다음 층을 쌓는 공법이다.

해설 ·전방층 쌓기 : 한번에 필요한 높이까지 전방에 흙을 투하하면서 쌓는 방법으로 공사가 빠르나 완공된 후에 침하가 크게 일어난다.
·도로, 철도공사에서의 낮은 축제에 사용되며 공사 중에는 압축되지 않으므로 준공 후 상당한 침하가 우려되지만 공사비가 싸고 공정이 빠른 성토시공 공법

□□□ 기03,05,11,18
24 다음 중 표면차수벽 댐을 채택할 수 있는 조건이 아닌 것은?

① 대량의 점토 확보가 용이한 경우
② 추후 댐 높이의 증축이 예상되는 경우
③ 짧은 공사기간으로 급속시공이 필요한 경우
④ 동절기 및 잦은 강우로 점토시공이 어려운 경우

해설 표면차수벽댐은 대량의 암석을 쉽게 확보할 수 있는 곳이나 코어용 점토의 확보가 어려운 경우에 적합하다.

□□□ 기04,18
25 직접기초의 터파기를 하고자 할 때 아래 조건과 같은 경우 가장 적당한 공법은?

> · 토질이 양호
> · 부지에 여유가 있음
> · 흙막이가 필요한 때에는 나무 널말뚝, 강널말뚝 등을 사용

① 오픈 컷 공법　　　② 아일랜드 공법
③ 언더피닝 공법　　　④ 트랜치컷 공법

해설 Open cut : 토질이 양호하고 부지에 여유가 있을 때 경제적인 공법이며, 흙막이가 필요할 때는 나무널 말뚝, 강널 말뚝을 박고 지상에서 굴착하는 공법이다.

□□□ 기12,15,17,18
26 철륜 표면에 다수의 돌기를 붙여 접지면적을 작게 하여 접지압을 증가시킨 다짐기계로 일반성토 다짐보다 비교적 함수비가 많은 점질토 다짐에 적합한 롤러는?

① 진동 롤러　　　② 탬핑 롤러
③ 타이어 롤러　　　④ 로드 롤러

해설 탬핑 롤러 : 다짐 유효 깊이가 깊고, 함수비의 조절도 되며, 함수비가 높은 점질토의 다짐에 대단히 유효하다.

□□□ 기11,18,20,21
27 로드 롤러를 사용하여 전압횟수 4회, 전압포설 두께 0.2m, 유효 전압폭 2.5m, 전압작업속도를 3km/h로 할 때 시간당 작업량을 구하면? (단, 토량환산계수는 1, 롤러의 효율은 0.8을 적용한다.)

① $300\text{m}^3/\text{h}$　　　② $251\text{m}^3/\text{h}$
③ $200\text{m}^3/\text{h}$　　　④ $151\text{m}^3/\text{h}$

해설 $Q = \dfrac{1,000 \times V \times W \times H \times f \times E}{N}$

$= \dfrac{1,000 \times 3 \times 2.5 \times 0.2 \times 1 \times 0.8}{4} = 300\,\text{m}^3/\text{hr}$

□□□ 기01,04,05,07,09,11,18
28 어떤 공사에서 하한 규격값 $SL = 12\text{MPa}$로 정해져 있다. 측정결과 표준편차의 측정값 1.5MPa, 평균값 $\bar{x} = 18\text{MPa}$이었다. 이 때 규격값에 대한 여유값은?

① 0.4MPa　　　② 0.8MPa
③ 1.2MPa　　　④ 1.5MPa

해설 편측 규정치 $\dfrac{|SL - \bar{x}|}{\sigma} = \dfrac{|12 - 18|}{1.5} = 4 \geq 3$

∴ 여유치 $= (4 - 3) \times 1.5 = 1.5\,\text{MPa}$

□□□ 기05,18
29 보통토(사질토)를 재료로 하여 36,000m³의 성토를 하는 경우 굴착 및 운반 토량(m³)은 얼마인가? (단, 토량환산계수 $L = 1.25$, $C = 0.90$)

① 굴착토량=40,000, 운반토량=50,000
② 굴착토량=32,400, 운반토량=40,500
③ 굴착토량=28,800, 운반토량=50,000
④ 굴착토량=32,400, 운반토량=45,000

해설 ·굴착 토량 : 성토 토량 $\times \dfrac{1}{C} = 36,000 \times \dfrac{1}{0.9} = 40,000\,\text{m}^3$

·운반 토량 : 성토 토량 $\times \dfrac{L}{C} = 36,000 \times \dfrac{1.25}{0.9} = 50,000\,\text{m}^3$

30 현장 콘크리트 말뚝의 장점에 대한 설명으로 틀린 것은?

① 지층의 깊이에 따라 말뚝길이를 자유로이 조절할 수 있다.
② 말뚝선단에 구근을 만들어 지지력을 크게 할 수 있다.
③ 현장 지반 중에서 제작·양생되므로 품질관리가 쉽다.
④ 말뚝재료의 운반에 제한이 적다.

해설 · 현장콘크리트말뚝은 현장 지반중에서 제작 양생되므로 품진 관리를 확인할 수 없다.
· 현장 콘크리트 말뚝은 양생기간이 필요치 않아 공사기간 등의 제한을 받지 않는다.

31 암거의 매설깊이는 1.5m, 암거와 암거상부 지하수면 최저점과의 거리가 10cm, 지하수면의 경사가 4.5°이다. 지하수면의 깊이를 1m로 하려면 암거간 매설거리는 얼마로 해야 하는가?

① 4.8m
② 10.2m
③ 15.2m
④ 61m

해설 $D = \dfrac{2(H-h-h_1)}{\tan\beta} = \dfrac{2(1.5-1-0.10)}{\tan 4.5°} = 10.2\,\text{m}$

32 아스팔트 포장의 표면에 부분적인 균열, 변형, 마모 및 붕괴와 같은 파손이 발생할 경우 적용하는 공법을 표면처리라고 하는데 다음 중 이 공법에 속하지 않는 것은?

① 실 코트(Seal Coat)
② 카펫 코트(Carpet Coat)
③ 택 코트(Tack Coat)
④ 포그 실(Fog Seal)

해설 · 표면처리 공법 : 실코트, 카페트 코트, 포그 실, 슬러리 시일
· Tack Coat : 기포설된 아스팔트 혼합물과 그 위에 포설하는 아스팔트 혼합물과의 부착을 좋게 하기 위하여 시행한다.

33 아래에서 설명하는 심빼기 발파공은?

> 버력이 너무 비산하지 않는 심빼기에 유효하며, 특히 용수가 많을 때 편리하다.

① 노 컷
② 벤치 컷
③ 스윙 컷
④ 피라미드 컷

해설 스윙 컷 : 수직갱의 바닥에 물이 많이 고였을 때 우선 밑면의 반만큼 발파시켜 놓고 물이 거기에 집중한 다음에 물이 없는 부분을 발파하는 방법

34 터널공사에 있어서 TBM공법의 장점을 설명한 것으로 틀린 것은?

① 갱내의 공기오염도가 적다.
② 복잡한 지질변화에 대한 적응성이 좋다.
③ 라이닝의 두께를 얇게 할 수 있다.
④ 동바리공이 간단해진다.

해설 암질 변화에 대한 적용성 범위 예상이 곤란하다.

35 샌드드레인(Sand drain) 공법에서 영향원의 지름을 d_e, 모래말뚝의 간격을 d라 할 때 정사각형의 모래말뚝 배열식으로 옳은 것은?

① $d_e = 1.0d$
② $d_e = 1.05d$
③ $d_e = 1.08d$
④ $d_e = 1.13d$

해설 · 정삼각형 배치 : $d_e = 1.05d$
· 정사각형 배치 : $d_e = 1.13d$

36 아래의 표와 같이 공사 일수를 견적한 경우 3점 견적법에 따른 적정 공사 일수는?

> 낙관일수 3일, 정상일수 5일, 비관일수 13일

① 4일
② 5일
③ 6일
④ 7일

해설 기대 시간치 $t_e = \dfrac{a+4m+b}{6} = \dfrac{3+4\times5+13}{6} = 6$일

37 버킷 준설선(Bucket dredger)의 특징으로 옳은 것은?

① 소규모 준설에서 주로 이용된다.
② 예인선 및 토운선이 필요없다.
③ 비교적 광범위한 토질에 적합하다.
④ 암석 및 굳은 토질에 적합하다.

해설 버킷 준설선의 특징
· 수저를 평탄하게 다듬질할 수가 있다.
· 준설 능력이 커서 준설 단가가 비교적 싸다.
· 점토부터 연암까지 비교적 광범위한 토질에 적합하다.
· 암석이나 단단한 토질에는 부적당하다.

□□□ 기 15,18,22
38 성토높이 8m인 사면에서 비탈구배가 1 : 1.3일 때 수평거리는?

① 6.2m   ② 8.3m
③ 9.4m   ④ 10.4m

해설 수평거리＝높이×비탈구배
　　　　＝8×1.3＝10.4m

□□□ 기 07,18
39 어스 앵커 공법에 대한 설명으로 틀린 것은?

① 영구 구조물에도 사용하나 주로 가설구조물의 고정에 많이 사용한다.
② 앵커를 정착하는 방법은 시멘트 밀크 또는 모르타르를 가압으로 주입하거나 앵커 코어 등을 박아 넣는다.
③ 앵커 케이블은 주로 철근을 사용한다.
④ 앵커의 정착대상 지반을 토사층으로 가정하고 앵커 케이블을 사용하여 긴장력을 주어 구조물을 정착하는 공법이다.

해설 앵커 케이블은 주로 pc강선, pc 강연선, pc강봉을 조립하여 보링공 내에 삽입한다.

□□□ 기 13,18
40 보강토 옹벽에 대한 설명으로 틀린 것은?

① 기초지반의 부등침하에 대한 영향이 비교적 크다.
② 옹벽시공 현장에서의 콘크리트 타설 작업이 필요 없다.
③ 전면판과 보강재가 제품화 되어 있어 시공속도가 빠르다.
④ 전면판과 보강재의 연결 및 보강재와 흙 사이의 마찰에 의하여 토압을 지지한다.

해설 부등침하에 대한 파괴위험이 적어 기초공사가 비교적 간단하다.

제3과목 : 건설재료 및 시험

□□□ 기 93,00,02,08,14,15,18
41 목재의 건조법 중 자연건조법의 종류에 해당하는 것은?

① 끓임법   ② 수침법
③ 열기건조법   ④ 고주파건조법

해설 ・자연 건조 : 공기 건조법, 침수법(수침법)
　　・인공 건조법 : 끓임법(자비법), 증기 건조법, 열기 건조법, 훈연 건조법, 전기건조법, 진공건조법, 고주파건조법

□□□ 기 16,18
42 석재를 모양 및 치수에 의해 구분할 때 아래 표의 내용에 해당하는 것은?

> 면이 원칙적으로 거의 사각형에 가까운 것으로, 4면을 쪼개어 면에 직각으로 잰 길이는 면의 최소변의 1.5배 이상인 것

① 각석   ② 판석
③ 견치석   ④ 사고석

해설 ・견치석 : 앞면이 거의 사각형에 가까운 것으로 길이는 4면을 쪼개어 면에 직각으로 잰 길이가 면의 최소변의 1.5배 이상이다.
　　・판석 : 두께가 15cm 미만이고, 대략 폭이 두께의 3배 이상인 판 모양의 석재로 궤도용 부석 등에 쓰인다.
　　・각석 : 나비가 두께의 3배 미만이고 나비보다 길이가 긴 직육면체형 석재이다. 주로 구조용에 쓰인다.
　　・사고석 : 면이 대략 사각형에 가까운 것으로 길이는 2면을 쪼개 내어 면에 직각으로 잰 길이가 면의 최소변의 1.2배 이상이다.

□□□ 기 11,18
43 다음 ( ) 안에 들어갈 말로 옳은 것은?

> 재료가 외력을 받아 변형을 일으킬 때 이에 저항하는 성질로서 외력에 대해 변형을 적게 일으키는 재료는 ( )이/가 큰 재료이다. 이것은 탄성계수와 관계가 있다.

① 강도(strength)   ② 강성(stiffness)
③ 인성(toughness)   ④ 취성(brittleness)

해설 강성(剛性)
　　・재료가 외력을 받을 때 변형에 저항하는 성질을 강성이라 한다.
　　・외력을 받아도 변형을 적게 일으키는 재료를 강성이 큰 재료라 한다.
　　・강성은 탄성계수와 관계가 있으나 강도와는 직접적인 관계는 없다.

□□□ 기 12,15,18
44 굵은 골재로서 최대치수가 37.5mm 정도인 것으로 체가름 시험을 하고자 할 때 시료의 최소 건조 질량으로 옳은 것은?

① 2kg   ② 4kg
③ 6kg   ④ 8kg

해설 ・굵은 골재의 최대치수 9.5mm 정도의 것 : 2kg
　　・굵은 골재의 최대치수 13.2mm 정도의 것 : 3kg
　　・굵은 골재의 최대치수 19mm 정도의 것 : 4kg
　　・굵은 골재의 최대치수 26.5mm 정도의 것 : 5kg
　　・굵은 골재의 최대치수 31.5mm 정도의 것 : 6kg
　　・굵은 골재의 최대치수 37.5mm 정도의 것 : 8kg
　　・굵은 골재의 최대치수 53mm 정도의 것 : 10kg

---

45 수지 혼입 아스팔트의 성질에 대한 설명으로 틀린 것은?

① 신도가 크다.
② 점도가 높다.
③ 감온성이 저하한다.
④ 가열 안정성이 좋다.

해설 수지 혼입 아스팔트는 고무대신에 에폭시수지를 아스팔트에 혼입하여 아스팔트의 인성, 탄성, 감온성 등을 개선 할 목적으로 한 것으로 신도가 작다.

46 콘크리트용 혼화재료로 사용되는 고로슬래그 미분말에 대한 설명 중 틀린 것은?

① 고로슬래그 미분말을 혼화재로 사용한 콘크리트는 염화물 이온 침투를 억제하여 철근부식 억제효과가 있다.
② 고로슬래그 미분말을 사용한 콘크리트는 보통콘크리트보다 콘크리트 내부의 세공경이 작아져 수밀성이 향상된다.
③ 고로슬래그 미분말은 플라이애시나 실리카퓸에 비해 포틀랜드시멘트와의 비중차가 작아 혼화재로 사용할 경우 혼합 및 분산성이 우수하다.
④ 고로슬래그 미분말의 혼합율을 시멘트 중량에 대하여 70% 혼합한 경우 탄산화 속도가 보통콘크리트의 1/2 정도로 감소되어 내구성이 향상된다.

해설 고로슬래그 미분말의 혼합률을 시멘트 중량에 대하여 70% 정도 혼합한 경우 중성화 속도가 보통콘크리트의 2배 정도가 되는 경우도 있다.

47 사용하는 시멘트에 따른 콘크리트의 1일 압축강도가 작은 것에서 큰 순서로 옳은 것은?

① 조강포틀랜드 시멘트 → 초조강포틀랜드 시멘트 → 초속경 시멘트 → 고로슬래그 시멘트
② 초속경 시멘트 → 조강포틀랜드 시멘트 → 초조강포틀랜드 시멘트 → 고로슬래그 시멘트
③ 고로슬래그 시멘트 → 조강포틀랜드 시멘트 → 초조강포틀랜드 시멘트 → 초속경 시멘트
④ 고로슬래그 시멘트 → 초속경 시멘트 → 조강포틀랜드 시멘트 → 초조강포틀랜드 시멘트

해설 ·초속경 시멘트 : 2~3시간에 큰 압축강도를 발휘한다.
·초조강포틀랜드 시멘트 : 조강포틀랜드 시멘트보다 높은 압축강도를 발휘한다.
·조강포틀랜드 시멘트 : 1일 압축강도가 13MPa 이상 발휘한다.
·고로슬래그 시멘트 : 1일 압축강도를 발휘하지 못한다.

48 다음 중 시멘트에 관한 설명이 틀린 것은?

① 시멘트의 강도시험은 결합재료로서의 결합력발현의 정도를 알기 위해 실시한다.
② 시멘트는 저장 중에 공기와 접촉하면 공기 중의 수분 및 이산화탄소를 흡수하여 가벼운 수화반응을 일으키게 되는데, 이것을 풍화라 한다.
③ 응결시간시험은 시멘트의 강도 발현속도를 알기 위해 실시한다. 초결이 빠른 시멘트는 장기강도가 크다.
④ 중용열포틀랜드시멘트는 수화열을 낮추기 위하여 화학조성 중 C_3S의 양을 적게 하고 그 대신 장기강도를 발현하기 위하여 C_2S량을 많게 한 시멘트이다.

해설 ·응결시험은 시멘트의 응결시간을 측정함으로써 콘크리트의 응결시간을 추정할 수 있기 때문에 운반, 타설. 다짐 등의 시공계획을 세울때 참고가 된다.
·우리나라의 산업규격에서는 응결의 시작(초결)과 응결의 끝(종결)을 각각 1시간 이후와 10시간 이내로 규정하고 있다.
·초결이 빠른 시멘트는 일반적으로 단기강도가 크다.

49 콘크리트용 강섬유에 대한 설명으로 틀린 것은?

① 형상에 따라 직선섬유와 이형섬유가 있다.
② 강섬유의 평균인장강도는 200MPa 이상이 되어야 한다.
③ 강섬유는 16℃ 이상의 온도에서 지름 안쪽 90° 방향으로 구부렸을 때 부러지지 않아야 한다.
④ 강섬유의 인장강도 시험은 강섬유 5ton 마다 10개 이상의 시료를 무작위로 추출해서 시행한다.

해설 강섬유의 평균 인장강도는 700MPa이다.

50 터널 굴착을 위하여 장약량 4kg으로 시험발파한 결과 누두지수(n)가 1.5, 폭파반경(R)이 3m이었다면, 최소저항선 길이를 5m로 할 때 필요한 장약량은?

① 6.67kg
② 11.1kg
③ 18.5kg
④ 62.5kg

해설 장약량 $L = CW^3$
·누두지수 $n = \dfrac{R}{W}$에서
최소저항선 $W = \dfrac{R}{n} = \dfrac{3}{1.5} = 2.0$m
·$L = CW^3$에서
발파계수 $C = \dfrac{L}{W^3} = \dfrac{4}{2.0^3} = 0.5$
∴ $L = CW^3 = 0.5 \times 5^3 = 62.5$kg

□□□ 기 88,91,03,14,17,18

51 잔골재에 대한 체가름 시험을 한 결과가 아래의 표와 같을 때 조립률은? (단, 10mm 이상 체에 잔류된 잔골재는 없다.)

체의 호칭(mm)	5	2.5	1.2	0.6	0.3	0.15	Pan
각 체에 남은 양(%)	2	11	20	22	24	16	5

① 1.0 ② 2.63
③ 2.77 ④ 3.15

해설 각체의 누적 잔류율(%)

체	각체의 누적 잔류량(%)	각체의 누적 잔류율(%)
75mm	0	0
40mm	0	0
20mm	0	0
10mm	0	0
5mm	2	2
2.5mm	11	13
1.2mm	20	33
0.6mm	22	55
0.3mm	24	79
0.15mm	16	95
PAN	5	—
합계	100	277

$$F.M = \frac{0 \times 4 + 2 + 13 + 33 + 55 + 79 + 95}{100}$$

$$= \frac{277}{100} = 2.77$$

□□□ 기 13,18

52 콘크리트용으로 사용하는 골재의 물리적 성질은 KS F 2527(콘크리트용 골재)의 규정에 적합하여야 한다. 다음 중 부순 잔골재의 품질을 위한 시험항목이 아닌 것은?

① 안정성 ② 마모율
③ 절대건조밀도 ④ 입형판정 실적률

해설 골재의 물리적 성질

구 분		기호	절대 건조 밀도 g/cm³	흡수율 %	안정성 %	마모율 %	입자 모양 판정 실적률 %
천연 골재	굵은 골재	NG	2.5 이상	3.0 이하	12 이하	40 이하	
	잔 골재	NS	2.5 이상	3.0 이하	10 이하		
부순 골재	굵은 골재	CG	2.5 이상	3.0 이하	12 이하	40 이하	55 이상
	잔 골재	CS	2.5 이상	3.0 이하	10 이하		53 이상

□□□ 기 18

53 골재의 함수상태에 대한 설명으로 틀린 것은?

① 골재의 표면수는 없고 내부 공극에는 물로 차있는 상태를 골재의 표면건조포화상태라고 한다.
② 골재의 표면 및 내부에 있는 물 전체 질량의 절대건조상태 골재 질량에 대한 백분율을 골재의 표면수율이라고 한다.
③ 표면건조포화상태의 골재에 함유되어 있는 전체 수량의 절대건조상태 골재 질량에 대한 백분율을 골재의 흡수율이라고 한다.
④ 골재를 100~110℃의 온도에서 일정한 질량이 될 때까지 건조하여 골재알 내부에 포함되어 있는 자유수가 완전히 제거된 상태를 골재의 절대건조상태라고 한다.

해설 ・골재의 표면수율 : 골재의 표면에 붙어있는 수량의 표면건조포화상태 골재 질량에 대한 백분율
・골재의 표면 및 내부에 있는 물 전체질량의 절대건조상태 골재 질량에 대한 백분율을 골재의 함수율이라고 한다.

□□□ 기 07,13,18

54 금속재료의 특징에 대한 설명으로 옳지 않은 것은?

① 연성과 전성이 작다.
② 금속 고유의 광택이 있다.
③ 전기, 열의 전도율이 크다.
④ 일반적으로 상온에서 결정형을 가진 고체로서 가공성이 좋다.

해설 연성과 전성이 풍부하다.

□□□ 기 13,15,18

55 주로 잠재수경성이 있는 혼화재료는?

① 착색재 ② AE제
③ 유동화제 ④ 고로슬래그 미분말

해설 ・주로 잠재수경성이 있는 혼화재 : 고로슬래그미분말
・잠재수경성이란 그 자체는 수경성이 없지만 시멘트 속의 알칼리성을 자극하여 천천히 수경성을 나타내는 것을 말한다.

□□□ 기 03,08,15,18

56 아스팔트의 성질에 대한 설명으로 틀린 것은?

① 아스팔트의 비중은 침입도가 작을수록 작다.
② 아스팔트의 비중은 온도가 상승할수록 저하된다.
③ 아스팔트는 온도에 따라 컨시스턴시가 현저하게 변화된다.
④ 아스팔트의 강성은 온도가 높을수록, 침입도가 클수록 작다.

해설 일반적으로 침입도가 작을수록 비중이 크다.

57 아스팔트의 분류 중 석유 아스팔트에 해당하는 것은?

① 아스팔타이트(asphaltite)

② 록 아스팔트(rock asphalt)

③ 레이크 아스팔트(lake asphalt)

④ 스트레이트 아스팔트(straight asphalt)

해설 • 천연 아스팔트

록(rock) 아스팔트, 레이크(lake) 아스팔트, 샌드(sand) 아스팔트, 아스팔타이트(asphaltite)

• 석유 아스팔트

스트레이트(straight) 아스팔트, 블로운(brown) 아스팔트, 세미 블라운 아스팔트, 용제추출 아스팔트

58 아래의 표에서 설명하는 암석은?

> • 사장석, 휘석, 각섬석 등이 주성분으로 중성 화산암석에 속한다.
> • 석질이 강경하고 강도와 내구성, 내화성이 매우 크다.
> • 판상 또는 주상의 절리를 가지고 있어 채석 및 가공이 쉬우나, 조직과 광택이 고르지 못하고 절리가 많아 큰 석재를 얻기 힘들다.
> • 교량, 하천의 호안공사 및 돌쌓기, 부순돌로서 도로용 골재 등 건설공사용으로 많이 사용된다.

① 안산암 　　　　② 응회암

③ 화강암 　　　　④ 현무암

해설 안산암(andesite)

■ 사장석, 휘석 등을 주성분으로 하는 암석으로서 판상 또는 주상의 절리를 가지고 있어 채석이 쉬운 석재이며 공사용으로 많이 사용되고 교량, 하천의 호안, 돌쌓기 등에 주로 쓰인다.

■ 특징

• 내구성, 내화성이 매우 크다. 1,000℃에서 변색할 정도이다.

• 석질이 견경하며 강도가 크다.(화강암보다는 작다.)

• 가공이 용이하여 조각에 적당하다.

• 조직과 광택이 고르지 못하고 석리가 많으므로 대재를 얻기 힘들다.

59 시멘트 콘크리트의 워커빌리티(workability)를 증진시키기 위한 혼화재료가 아닌 것은?

① AE제 　　　　② 분산제

③ 촉진제 　　　　④ 포졸란

해설 촉진제는 응결경화속도를 촉진시키므로 워커빌리티와 유동성을 감소시킨다.

60 실리카 퓸을 콘크리트의 혼화재로 사용할 경우 다음 설명 중 틀린 것은?

① 단위수량과 건조수축이 감소한다.

② 콘크리트 재료분리를 감소시킨다.

③ 수화 초기에 C-S-H 겔을 생성하므로 블리딩이 감소한다.

④ 콘크리트의 조직이 치밀해져 강도가 커지고, 수밀성이 증대된다.

해설 실리카 퓸을 혼합한 경우 블리딩이 작기 때문에 보유 수량이 많게 되어 결과적으로 건조수축이 크게 된다.

제4과목 : 토질 및 기초

61 A점토층이 전체압밀량의 99%까지 압밀이 이루어지는 데 걸린 시간이 10년이었다면 B점토층의 배수거리와 압밀계수가 다음과 같을 때 99%의 압밀이 이루어지는 데 걸리는 시간은? (단, B점토층의 배수거리(H)는 A점토층의 2배이고, 압밀계수(C_v)는 A점토층의 3배이다.)

① $\dfrac{30}{2}$ 년　　　　② $\dfrac{40}{3}$ 년

③ $\dfrac{20}{9}$ 년　　　　④ $\dfrac{40}{9}$ 년

해설 압밀시간 $t = \dfrac{T_v \cdot H^2}{C_v} = \dfrac{10 \times 2^2}{3} = \dfrac{40}{3}$ 년

62 다음 말뚝의 지지력에 대한 설명으로 틀린 것은?

① 말뚝의 지지력을 추정하는 데 말뚝 재하시험이 가장 정확하다.

② 말뚝에 부(負)마찰력이 생기면 지지력이 감소한다.

③ 항타 공식에 의한 말뚝의 허용지지력을 구할 때 안전율을 3으로 한다.

④ 연약한 점토지반에 대한 말뚝의 지지력은 항타 직후보다 시간이 경과함에 따라 증가한다.

해설 동역학적 지지력공식의 안전율

공식	안전율 F_s
Sander 공식	8
Engineering news 공식	6

☐☐☐ 기 18

63 다음 토압에 관한 설명 중 옳지 않은 것은?

① 어떤 지반의 정지토압계수가 1.75라면 이 흙은 과압밀상태에 있다.

② 일반적으로 주동토압계수는 1보다 작고 수동토압계수는 1보다 크다.

③ Coulomb 토압이론은 옹벽배면과 뒷채움 흙사이의 벽면 마찰을 무시한 이론이다.

④ 주동토압에서 배면토가 점착력이 있는 경우는 없는 경우보다 토압이 적어진다.

해설 ・ Coulomb 토압 이론 : 옹벽의 뒷면과 흙과의 마찰 고려
・ Rankine 토압 이론 : 옹벽의 뒷면과 흙과의 마찰 무시

☐☐☐ 기 97,01,02,06,18

64 시료채취기(sampler)의 관입깊이가 100cm이고, 채취된 시료의 길이가 90cm이었다. 채취된 시료 중 길이가 10cm 이상인 시료의 합이 60cm, 길이가 9cm 이상인 시료의 합이 80cm이었다면 회수율과 RQD는?

① 회수율=0.8, RQD=0.6

② 회수율=0.9, RQD=0.8

③ 회수율=0.9, RQD=0.6

④ 회수율=0.8, RQD=0.75

해설 ・ 회수율$=\dfrac{\text{회수된 시료의 길이}}{\text{관입깊이}}=\dfrac{90}{100}=0.90$

・ RQD$=\dfrac{\text{10cm 이상 회수된 부분의 길이 합}}{\text{관입깊이}}=\dfrac{60}{100}=0.6$

☐☐☐ 기 18

65 말뚝 지지력 공식에서 정적 및 동적 지지력 공식으로 구분할 때, 정적 지지력 공식으로 구분된 항목은 어느 것인가?

① Terzaghi의 공식, Hiley 공식

② Terzaghi의 공식, Meyerhof의 공식

③ Hiley 공식, Engineering News 공식

④ Engineering News 공식, Meyerhof의 공식

해설 말뚝기초의 지지력 산정방법

정역학적 공식	동역학적 공식
・ Terzaghi 공식	・ Hiley 공식
・ Meyerhof 공식	・ Weisbach 공식
・ Dörr의 공식	・ Engineering—News 공식
・ Dunham 공식	・ Sander 공식

☐☐☐ 기 13,18

66 다짐에 대한 설명 중 틀린 것은?

① 세립토가 많을수록 최적 함수비는 증가한다.

② 다짐에너지가 클수록 최적 함수비는 감소한다.

③ 세립토가 많을수록 최대건조단위 중량은 증가한다.

④ 다짐곡선이라 함은 건조단위 중량과 함수비 관계를 나타낸 것이다.

해설 세립토(점토)가 많은 흙일수록 최대건조단위중량($\gamma_{d\max}$)은 작고 최적 함수비(OMC)는 증가한다.

☐☐☐ 기 00,05,09,18

67 얕은 기초의 파괴 영역에 대한 아래 그림의 설명으로 옳은 것은?

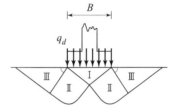

① 영역 Ⅲ은 수동영역이다.

② 파괴순서는 Ⅲ→Ⅱ→Ⅰ 이다.

③ 국부전단파괴의 형상이다.

④ 영역 Ⅲ에서 수평면과 $45° + \dfrac{\phi}{2}$ 의 각을 이룬다.

해설 ① Ⅰ영역 : 탄성영역, Ⅱ : 급진적 영역, Ⅲ : Rankine의 수동영역
② 파괴 순서는 Ⅰ→Ⅱ→Ⅲ이다.
③ 기초면이 거친 줄기초의 전반 전단파괴시의 파괴형태이다.
④ 영역 Ⅲ에서 수평면과 $45° - \dfrac{\phi}{2}$ 이다.

☐☐☐ 기 97,09,11,15,18

68 유선망의 특성에 관한 설명 중 옳지 않은 것은?

① 유선과 등수두선은 직교한다.

② 인접한 두 유선 사이의 유량은 같다.

③ 인접한 두 등수두선 사이의 동수경사는 같다.

④ 인접한 두 등수두선 사이의 수두손실은 같다.

해설 유선망의 특성
・각 유량의 침투유량은 같다.
・유선과 등수두선은 서로 직교한다.
・인접한 등수두선 간의 수두차는 모두 같다.
・인접한 두 등수두선 사이의 수두손실은 같다.
・유선망을 이루는 사각형은 이론상 정사각형이다.(폭과 길이는 같다.)
・침투속도 및 동수구배는 유선망의 폭에 반비례한다.

69 입도분석 시험결과가 아래 표와 같다. 이 흙을 통일분류법에 의해 분류하면?

> - 0.075mm체 통과율=3%
> - 2mm체 통과율=40%
> - 4.75mm체 통과율=65%
> - D_{10} =0.10mm
> - D_{30} =0.13mm
> - D_{60} =3.2mm

① GW   ② GP

③ SW   ④ SP

해설 ■1단계 : 0.075mm체(3%) < 50% (G나 S 조건)
- ■2단계 : 4.75mm(No.4체)통과량(65%) > 50% (S조건)
- ■3단계 : SW($C_u > 6$, $1 < C_g < 3$)이면 SW 아니면 SP
- 균등계수 $C_u = \dfrac{D_{60}}{D_{10}} = \dfrac{3.2}{0.10} = 32 > 6$: 입도양호(W)
- 곡률계수 $C_g = \dfrac{D_{30}^2}{D_{10} \times D_{60}} = \dfrac{0.13^2}{0.10 \times 3.2}$
$= 0.053 : 1 < C_g < 3 :$ 입도불량(P)
∴ SP(∵ SW에 해당되는 두 조건을 만족시키지 못함)

70 다음 중 피어(pier) 공법이 아닌 것은?

① 감압공법   ② Gow 공법

③ Benoto 공법   ④ Chicago 공법

해설 · 피어공법 : 피어기초는 구조물의 하중을 굳은 지반까지 전달하기 위하여 수직 구멍을 굴착하여 그 속에 현장 콘크리트를 타설하여 만든 원형기초를 말한다.
- 피어공법의 종류 : Chicago 공법, Gow 공법, Benoto 공법, Calwelde 공법, Reverse circulation 공법

71 흙댐 등의 침윤선(Seepage line)에 관한 설명으로 옳지 않은 것은?

① 침윤선은 일종의 유선이다.
② 침윤선은 일종의 등압선이다.
③ 침윤선은 일종의 자유수면이다.
④ 침윤선의 형상은 일반적으로 포물선으로 가정한다.

해설 · 침윤선은 일종의 자유수면(유선)이다.
- 침윤선의 형상은 포물선으로 가정한다.
- 침윤선상의 수두는 위치수두 뿐이다.

72 Mohr의 응력원에 대한 설명 중 틀린 것은?

① Mohr의 응력원에서 응력상태는 파괴포락선 위쪽에 존재할 수 없다.
② Mohr의 응력원이 파괴포락선과 접하지 않을 경우 전단파괴가 발생됨을 뜻한다.
③ 비압밀비배수 시험조건에서 Mohr의 응력원은 수평축과 평행한 형상이 된다.
④ Mohr의 응력원에 접선을 그었을 때 종축과 만나는 점이 점착력 C이고, 그 접선의 기울기가 내부마찰각 ϕ이다.

해설 · Mohr의 응력원이 파괴포락선과 접할 때에만 그 재료는 파괴된다.
- Mohr의 응력원이 파괴포락선 아래에 그려지면 그 재료는 아직 파괴에 이르지 않았다는 것을 의미한다.

73 포화된 점토지반에 성토하중으로 어느 정도 압밀된 후 급속한 파괴가 예상될 때, 이용해야 할 강도정수를 구하는 시험은?

① CU-test   ② UU-test

③ UC-test   ④ CD-test

해설 압밀 비배수 시험(CU시험)
- 압밀진행속도가 시공속도보다 빨라 배수가 허용되는 경우
- 점토가 어느 정도 압밀이된 상태에서 안정검토하는 경우
- 성토하중에 의해 압밀된 후 다시 추가하중을 재하한 직후의 안정검토 하는 경우

74 어느 포화된 점토의 자연함수비는 45%이었고, 비중은 2.70이었다. 이 점토의 간극비(e)는?

① 1.22   ② 1.32

③ 1.42   ④ 1.52

해설 간극비 $e = \dfrac{G_s \cdot w}{S} = \dfrac{2.70 \times 45}{100} = 1.22$
(∵ 포화된 점토의 포화도는 100%)

75 어떤 모래의 비중이 2.78, 간극율(n)이 28%일 때 분사현상을 일으키는 한계동수경사는?

① 2   ② 4.5

③ 0.78   ④ 1.28

해설 간극비 $e = \dfrac{n}{1-n} = \dfrac{28}{100-28} = 0.39$
∴ $i_c = \dfrac{G_s - 1}{1+e} = \dfrac{2.78 - 1}{1 + 0.39} = 1.28$

□□□ 기 97,03,18

76 그림과 같은 성층토(成層土)의 연직방향의 평균투수계수(k_v)의 계산식으로 옳은 것은? (단, H_1, H_2, $H_3 \cdots$: 각 토층의 두께, k_1, k_2, $k_3 \cdots$: 각토층의 투수계수)

H_1	K_1
H_2	K_2
H_3	K_3
H_4	K_4

① $k_v = \dfrac{H}{\dfrac{H_1}{k_1} + \dfrac{H_2}{k_2} + \dfrac{H_3}{k_3} + \dfrac{H_4}{k_4}}$

② $k_v = \dfrac{H}{k_1 H_1 + k_2 H_2 + k_3 H_3 + k_4 H_4}$

③ $k_v = \dfrac{1}{4}(k_1 H_1 + k_2 H_2 + k_3 H_3 + k_4 H_4)$

④ $k_v = \dfrac{1}{H}(k_1 H_1 + k_2 H_2 + k_3 H_3 + k_4 H_4)$

해설 ・수평방향 $k_h = \dfrac{1}{H}(k_1 H_1 + k_2 H_2 + k_3 H_3 + k_4 H_4)$

・연직방향 $k_V = \dfrac{H}{\dfrac{H_1}{k_1} + \dfrac{H_2}{k_2} + \dfrac{H_3}{k_3} + \dfrac{H_4}{k_4}}$

□□□ 기 18

77 기초의 지지력을 결정하는 방법이 아닌 것은?

① 평판재하시험 이용
② 탄성파시험결과 이용
③ 표준관입시험결과 이용
④ 이론에 의한 지지력 계산

해설 기초의 지지력 결정 방법
・평판재하시험 이용
・표준관입시험결과 이용
・이론에 의한 지지력 계산(정역학적, 동역학적 지지력 공식)

□□□ 기 18

78 다음 중 사면의 안정해석방법이 아닌 것은?

① 마찰원법
② 비숍(Bishop)의 방법
③ 펠레니우스(Fellenius) 방법
④ 테르자기(Terzaghi)의 방법

해설 ・사면의 안정 해석법 : 분할법(Fellenius법, Bishop의 간편법), 마찰원법, Taylor의 해법
・Terzaghi은 얕은 기초의 극한 지지력 산정 공식

□□□ 기 97,99,01,08,10,18

79 토질 종류에 따른 다짐 곡선을 설명한 것 중 옳지 않은 것은?

① 점성토에서는 소성이 클수록 최대건조단위 중량은 작고 최적함수비는 크다.
② 조립토에서는 입도분포가 양호할수록 최대건조단위 중량은 크고 최적함수비는 작다.
③ 조립토일수록 다짐 곡선은 완만하고 세립토일수록 다짐 곡선은 급하게 나타낸다.
④ 조립토가 세립토에 비하여 최대건조단위 중량이 크게 나타나고 최적함수비는 작게 나타난다.

해설 다짐 곡선의 기울기는 조립토(사질토)일수록 급하고, 세립토(점성토)일수록 완만하다.

□□□ 기 18

80 다음 삼축압축시험의 응력경로 중 압밀배수시험에 대한 것은?

①
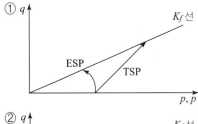

②
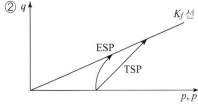

③
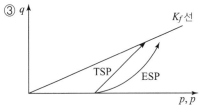

④
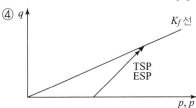

해설 ① 압밀비배수시험(정규압밀점토)
③ 압밀비배수시험(과압밀점토)
④ 압밀배수시험

2019년도 기사 1회 필기시험 (1부)				수험번호	성 명
자격종목 **건설재료시험기사**	시험시간 **2시간**	문제수 **80**	형 별 **A**		

※ 각 문제는 4지 택일형으로 질문에 가장 적합한 문제의 보기 번호를 클릭하거나 답안표기란의 번호를 클릭하여 입력하시면 됩니다.
※ 입력된 답안은 문제 화면 또는 답안 표기란의 보기 번호를 클릭하여 변경하실 수 있습니다.

제1과목 : 콘크리트 공학

□□□ 기 06,09,19,21
01 프리스트레스트 콘크리트에서 프리텐션 방식으로 프리스트레싱할 때 콘크리트의 압축강도는 최소 얼마 이상이어야 하는가?

① 30MPa
② 35MPa
③ 40MPa
④ 45MPa

해설 프리텐션방식으로 프리스트레싱 할 때의 콘크리트 압축 강도는 30MPa 이상이어야 한다.

□□□ 기 09,11,14,16,19
02 외기온도가 25℃를 넘을 때 콘크리트의 비비기로부터 타설이 끝날 때까지 최대 얼마의 시간을 넘어서는 안 되는가?

① 0.5시간
② 1시간
③ 1.5시간
④ 2시간

해설 비비기로부터 치기가 끝날 때까지의 시간

외기 온도	소요 시간
25℃ 이상일 때	1.5시간(90분)을 넘지 않을 것
25℃ 미만일 때	2시간(120분)을 넘지 않을 것

□□□ 기 03,05,07,08,10,12,19
03 굳지 않은 콘크리트 중의 전 염소이온량은 원칙적으로 몇 kg/m³ 이하로 하는 것을 표준으로 하는가?

① 0.20kg/m³
② 0.30kg/m³
③ 0.50kg/m³
④ 0.70kg/m³

해설 굳지 않은 콘크리트 중의 전 염화물 이온량은 원칙적으로 0.3kg/m³ 이하로 한다.

□□□ 기 10,11,12,14,16,17,18,19,22
04 아래 표와 같은 조건에서 콘크리트의 배합강도를 결정하면?

【 조 건 】
- 품질기준강도(f_{cq}) : 40MPa
- 압축강도의 시험회수 : 23회
- 23회의 압축강도 시험으로부터 구한 표준편차 : 6MPa
- 압축강도 시험회수 20회, 25회인 경우 표준편차의 보정계수 : 각각 1.08, 1.03

① 48.5MPa
② 49.6MPa
③ 50.7MPa
④ 51.2MPa

해설 ·23회의 보정계수 $= 1.03 + \dfrac{1.08-1.03}{25-20} \times (25-23) = 1.05$

■ 시험회수가 29회 이하일 때 표준편차의 보정
$s = 6 \times 1.05 = 6.3$MPa
(∵ 시험횟수 23회일 때 표준편차의 보정계수 1.05)

■ $f_{cq} > 35$MPa일 때
· $f_{cr} = f_{cq} + 1.34s = 40 + 1.34 \times 6.3 = 48.4$MPa
· $f_{cr} = 0.9f_{cq} + 2.33s$
$= 0.9 \times 40 + 2.33 \times 6.3 = 50.7$MPa

· 두 식에 의한 값 중 큰 값을 배합강도로 한다.
∴ 배합강도 $f_{cr} = 50.7$MPa

□□□ 기 19,21
05 아래의 표에서 설명하는 콘크리트의 성질은?

콘크리트를 타설할 때 다짐작업 없이 자중만으로 철근 등을 통과하여 거푸집의 구석구석까지 균질하게 채워지는 정도를 나타내는 굳지 않은 콘크리트의 성질

① 자기 충전성
② 유동성
③ 슬럼프 플로
④ 피니셔빌리티

해설 이를 자기 충전성이라 한다.

□□□ 기 11,15,19

06 콘크리트 강도시험용 공시체의 제작에 대한 설명으로 틀린 것은?

① 압축강도 시험을 위한 공시체의 지름은 굵은 골재의 최대 치수의 3배 이상, 100mm 이상으로 한다.

② 휨강도 시험용 공시체는 단면이 정사각형인 각주로 하고, 그 한 변의 길이는 굵은 골재의 최대 치수의 3배 이상이며 150mm 이상으로 한다.

③ 몰드를 떼는 시기는 콘크리트 채우기가 끝나고 나서 16시간 이상 3일 이내로 한다.

④ 공시체의 양생 온도는 (20±2)℃로 한다.

해설 휨강도 시험용 공시체는 단면이 정사각형인 각주로 하고, 한 변의 길이는 굵은 골재 최대치수의 4배 이상이며, 100mm 이상으로 한다.

□□□ 기 01,05,14,15,19

07 유동화 콘크리트에 대한 설명으로 틀린 것은?

① 유동화 콘크리트의 슬럼프 증가량은 50mm 이하를 원칙으로 한다.

② 유동화 콘크리트를 제조할 때 유동화제를 첨가하기 전의 기본 배합의 콘크리트를 베이스 콘크리트라고 한다.

③ 베이스 콘크리트 및 유동화 콘크리트의 슬럼프 및 공기량 시험은 $50m^3$ 마다 1회씩 실시하는 것을 표준으로 한다.

④ 유동화제는 원액으로 사용하고, 미리 정한 소정의 양을 한꺼번에 첨가하여야 한다.

해설 유동화 콘크리트의 슬럼프 증가량은 100mm 이하를 원칙으로 한다.

□□□ 기 00,01,05,08,10,13,15,16,18,19

08 현장의 골재에 대한 체분석 결과 잔골재 속에서 5mm체에 남는 것이 6%, 굵은 골재 속에서 5mm체를 통과하는 것이 11%였다. 시방배합표상의 단위잔골재량은 $632kg/m^3$ 이며, 단위굵은 골재량은 $1,176kg/m^3$ 이다. 현장배합을 위한 단위잔골재량은 얼마인가? (단, 표면수에 대한 보정은 무시한다.)

① $522kg/m^3$ ② $537kg/m^3$

③ $612kg/m^3$ ④ $648kg/m^3$

해설 입도에 의한 조정

a : 잔골재 중 5mm체에 남은 양 : 6%

b : 굵은 골재 중 5mm체를 통과한 양 : 11%

∴ 잔골재 $X = \dfrac{100S - b(S+G)}{100 - (a+b)}$

$\quad = \dfrac{100 \times 632 - 11(632 + 1,176)}{100 - (6+11)} = 522 kg/m^3$

□□□ 기 02,05,08,19

09 AE 콘크리트에서 공기량에 영향을 미치는 요인들에 대한 설명으로 잘못된 것은?

① 단위시멘트량이 증가할수록 공기량은 감소한다.

② 배합과 재료가 일정하면 슬럼프가 작을수록 공기량은 증가한다.

③ 콘크리트의 온도가 낮을수록 공기량은 증가한다.

④ 콘크리트가 응결·경화되면 공기량은 증가한다.

해설 콘크리트가 응결·경화되면 공기량은 감소한다.

□□□ 기 19,22

10 숏크리트의 시공에 대한 일반적인 설명으로 틀린 것은?

① 건식 숏크리트는 배치 후 45분 이내에 뿜어붙이기를 실시하여야 한다.

② 습식 숏크리트는 배치 후 60분 이내에 뿜어붙이기를 실시하여야 한다.

③ 숏크리트는 타설되는 장소의 대기 온도가 25℃ 이상이 되면 건식 및 습식 숏크리트 모두 뿜어붙이기를 할 수 없다.

④ 숏크리트는 대기 온도가 10℃ 이상일 때 뿜어붙이기를 실시한다.

해설 ·숏크리트는 타설되는 장소의 대기 온도가 38℃ 이상이 되면 건식 및 습식 숏크리트 모두 뿜어붙이기를 할 수 없다.

·건식 숏크리트는 배치 후 45분 이내, 습식 숏크리트는 배치 후 60분 이내에 뿜어붙이기를 실시한다.

□□□ 기 06,10,15,18,19

11 서중 콘크리트에 대한 설명으로 틀란 것은?

① 콘크리트 재료의 온도를 낮추어서 사용한다.

② 콘크리트를 타설할 때의 콘크리트 온도는 35℃ 이하이어야 한다.

③ 하루의 평균기온이 25℃를 초과하는 것이 예상되는 경우 서중 콘크리트로 시공하여야 한다.

④ 콘크리트는 비빈 후 1.5시간 이내에 타설하여야 하며, 지연형 감수제를 사용한 경우라도 2시간 이내에 타설하는 것을 원칙으로 한다.

해설 콘크리트는 비빈 후 지연형 감수제를 사용하는 등의 일반적인 대책을 강구한 경우라도 1.5시간 이내에 콘크리트 타설을 완료하여야 한다.

12 프리스트레스트 콘크리트 구조물이 철근 콘크리트 구조물보다 유리한 점을 설명한 것 중 옳지 않은 것은?

① 사용 하중하에서는 균열이 발생하지 않도록 설계되기 때문에 내구성 및 수밀성이 우수하다.
② 부재의 탄력성과 복원력이 강하다.
③ 부재의 중량을 줄일 수 있어 장대교량에 유리하다.
④ 강성이 크기 때문에 변형이 작고, 고온에 대한 저항력이 우수하다.

해설 ·철근콘크리트에 비하여 강성이 크므로 변형이 크고 및 진동하기 쉽다.
·고강도 강재는 고온에 접하면 강도가 갑자기 감소되므로 내화성에서 불리하다.

13 프리플레이스트 콘크리트에 사용하는 골재에 대한 설명으로 틀린 것은?

① 잔골재의 조립률은 2.3 ~ 3.1 범위로 한다.
② 굵은 골재의 최소 치수는 15mm 이상이어야 한다.
③ 굵은 골재의 최대 치수와 최소 치수와의 차이를 작게 하면 굵은 골재의 실적률이 작아지고 주입모르타르의 소요량이 많아진다.
④ 굵은 골재의 최소 치수가 클수록 주입 모르타르의 주입성이 개선된다.

해설 잔골재의 조립률은 1.4 ~ 2.2 범위로 한다.

14 콘크리트 제작 시 재료의 계량에 대한 설명으로 틀린 것은?

① 각 재료는 1배치씩 질량으로 계량하여야 한다.
② 혼화제의 계량허용오차는 ±2%이다.
③ 계량은 현장 배합에 의해 실시하는 것으로 한다.
④ 골재의 계량허용오차는 ±3%이다.

해설 1회분의 계량 허용 오차

재료의 종류	허용 오차
물	−2%, +1%
시멘트	−1%, +2%
혼화재	±2%
골재	±3%
혼화제	±3%

15 콘크리트 다지기에 대한 설명 중 옳지 않은 것은?

① 콘크리트 다지기에는 내부진동기 사용을 원칙으로 한다.
② 내부진동기는 콘크리트로부터 천천히 빼내어 구멍이 남지 않도록 해야 한다.
③ 내부진동기는 연직방향으로 일정한 간격을 유지하며 찔러 넣는다.
④ 콘크리트가 한 쪽에 치우쳐 있을 때는 내부진동기로 평평하게 이동시켜야 한다.

해설 타설한 콘크리트를 거푸집 안에서 횡방향으로 이동시켜서는 안 된다.

16 초음파 탐상에 의한 콘크리트 비파괴 시험의 적용가능한 분야로서 거리가 먼 것은?

① 콘크리트 두께 탐상
② 콘크리트의 균열 깊이
③ 콘크리트 내부의 공극 탐상
④ 콘크리트 내의 철근 부식 정도 조사

해설 초음파 시험
콘크리트를 통과하는 초음파진동의 속도와 파형을 측정하여 콘크리트의 강도, 콘크리트 깊이, 균열 깊이, 내부의 공극 등을 검사한다.

17 시멘트의 수화반응에 의해 생성된 수산화칼슘이 대기 중의 이산화탄소와 반응하여 콘크리트의 성능을 저하시키는 현상을 무엇이라고 하는가?

① 염해
② 동결융해
③ 탄산화
④ 알칼리ー골재반응

해설 콘크리트에 포함된 수산화칼슘($Ca(OH)_2$)이 공기 중의 탄산가스(CO_2)와 반응하여 수산화칼슘이 소비되어 알칼리성을 잃는 현상이 탄산화 현상이므로 콘크리트가 탄산화 되면 철근의 보호막이 파괴되어 부식되기 쉽다.

18 고압증기양생에 대한 설명으로 틀린 것은?

① 고압증기양생을 실시하면 황산염에 대한 저항성이 향상된다.
② 고압증기양생을 실시하면 보통 양생한 콘크리트에 비해 철근의 부착강도가 크게 향상된다.
③ 고압증기양생을 실시하면 백태현상을 감소시킨다.
④ 고압증기양생을 실시한 콘크리트는 어느 정도의 취성이 있다.

해설 고압증기 양생한 콘크리트는 보통 양생한 것에 비해 철근의 부착강도가 약 1/2이 되므로 철근콘크리트 부재에 적용하는 것은 바람직하지 못하다.

□□□ 기 09,11,12,15,16,19

19 지름 150mm, 길이 300mm인 원주형 콘크리트 공시체로 쪼갬 인장 강도 시험을 실시한 결과 공시체가 파괴될 때까지의 최대 하중이 198kN이었다면, 이 공시체의 쪼갬 인장 강도는?

① 2.5MPa
② 2.8MPa
③ 3.1MPa
④ 3.4MPa

해설
$$f_t = \frac{2P}{\pi dl}$$
$$= \frac{2 \times 198 \times 10^3}{\pi \times 150 \times 300} = 2.8\,\text{N/mm}^2 = 2.8\,\text{MPa}$$

□□□ 기 09,11,19

20 압축강도의 기록이 없는 현장에서 콘크리트 호칭강도가 28MPa인 경우 배합강도는?

① 30.5MPa
② 35MPa
③ 36.5MPa
④ 38MPa

해설 압축강도의 시험횟수가 14회 이하이거나 기록이 없는 경우의 배합강도

호칭강도 f_{cn} (MPa)	배합강도 f_{cr} (MPa)
21 미만	$f_{cr} = f_{cn} + 7$
21 이상 35 이하	$f_{cr} = f_{cn} + 8.5$
35 초과	$f_{cr} = 1.1 f_{cn} + 5.0$

∴ 배합강도 $f_{cr} = f_{cn} + 8.5 = 28 + 8.5 = 36.5\,\text{MPa}$

제2과목 : 건설시공 및 관리

□□□ 기 12,14,19

21 점성토에서 발생하는 히빙의 방지대책으로 틀린 것은?

① 널말뚝의 근입 깊이를 짧게 한다.
② 표토를 제거하거나 배면의 배수 처리로 하중을 작게 한다.
③ 연약 지반을 개량한다.
④ 부분굴착 및 트렌치 컷 공법을 적용한다.

해설 히빙(heaving)의 방지대책
· 연약지반을 개량한다.
· 흙막이공의 계획을 변경한다.
· 흙막이벽이 관입깊이를 깊게 한다.
· 트렌치(trench)공법 또는 부분굴착을 한다.
· 표토를 제거하거나 배면의 배수처리로 하중을 작게 한다.

□□□ 기 03,19

22 다음 중 깊은 기초의 종류가 아닌 것은?

① 전면 기초
② 말뚝 기초
③ 피어 기초
④ 케이슨 기초

해설 · 직접 기초 : 푸팅(확대)기초, 전면 기초
· Footing(확대) 기초 : 독립 기초, 복합 기초, 연속 기초
· 깊은 기초 : 말뚝 기초, 케이슨 기초, 피어 기초

□□□ 기 99,01,04,19

23 Terzaghi의 기초에 대한 극한 지지력 공식에 대한 설명 중 옳지 않은 것은?

① 지지력 계수는 내부 마찰각이 커짐에 따라 작아진다.
② 직사각형 단면의 형상계수는 폭과 길이에 따라 정해진다.
③ 근입 깊이가 깊어지면 지지력도 증대된다.
④ 점착력이 $\phi \fallingdotseq 0$인 경우 일축 압축시험에 의해서도 구할 수 있다.

해설 ▪Terzaghi의 극한 지지력 공식 :
$$q_u = \alpha c N_c + \beta \gamma_1 B N_\gamma + \gamma_2 D_f N_q$$
· 지지력 계수는 내부 마찰각(ϕ)이 클수록 증가한다.
· 점착력 $\phi \fallingdotseq 0$ 이면 : $q_u = 2c$

□□□ 기 05,07,09,11,15,19

24 숏크리트 시공 시 리바운드양을 감소시키는 방법으로 옳지 않은 것은?

① 분사 부착면을 매끄럽게 한다.
② 압력을 일정하게 한다.
③ 벽면과 직각으로 분사한다.
④ 시멘트량을 증가시킨다.

해설 Rebound 감소시키는 방법
· 분사 부착면을 거칠게 한다.
· 분사 압력을 일정하게 한다.
· 벽면과 직각으로 분사한다.
· 시멘트량을 증가시킨다.
· 조골재를 13mm 이하로 한다.

□□□ 기 92,19

25 다짐공법에서 물다짐공법에 적합한 흙은 어느 것인가?

① 점토질 흙
② 롬(loam)질 흙
③ 실트질 흙
④ 모래질 흙

해설 물다짐 공법은 하해, 호수에서 펌프로 관내에 물을 압입하여 큰 수두를 가진 노즐의 분출로 깎은 흙을 함유시켜 송니관으로 운송하는 성토공법으로 사질토(모래질)인 경우에 좋다.

26 품셈에서 수량의 계산 중 플래니미터에 의한 면적을 계산할 때 몇 회 이상 측정하여 평균값을 구하는가?

① 4회   ② 3회

③ 2회   ④ 1회

해설 · 플래니미터(구적기)는 3회 이상 측정하여 그 중 정확하다고 생각되는 평균값으로 한다.
· 체적계산은 의사공식에 의함을 원칙으로 하나 토사체적은 양단면적을 평균한 값에 그 단면에 거리를 곱하여 산출한다.

27 아래 표와 같은 조건에서 불도저로 압토와 리핑 작업을 동시에 실시할 때 시간당 작업량은?

> · 압토 작업만 할 때의 작업량(Q_1) : 40m³/h
> · 리핑 작업만 할 때의 작업량(Q_2) : 60m³/h

① 24m³/h   ② 37m³/h

③ 40m³/h   ④ 50m³/h

해설 $Q = \dfrac{Q_1 \times Q_2}{Q_1 + Q_2} = \dfrac{40 \times 60}{40 + 60} = 24\,\text{m}^3/\text{h}$

28 옹벽 대신 이용하는 돌쌓기 공사 중 뒤채움에 콘크리트를 이용하고, 줄눈에 모르타르를 사용하는 2m 이상의 돌쌓기 방법은?

① 메쌓기   ② 찰쌓기

③ 견치돌쌓기   ④ 줄쌓기

해설 · 찰쌓기 : 보통 2m 이상의 돌쌓기 방법으로 쌓아올릴 때 뒤채움에 콘크리트, 줄눈에 모르타르를 사용하는 것이다.
· 메쌓기 : 보통 2m 이하에 모르타르를 사용하지 않고 쌓기 때문에 뒷면의 물이 잘 배수된다.

29 흙댐을 구조상 분류할 때 중앙에 불투수성의 흙을, 양측에는 투수성 흙을 배치한 것으로 두 가지 이상의 재료를 얻을 수 있는 곳에서 경제적인 댐 형식은?

① 심벽형 댐   ② 균일형 댐

③ 월류 댐   ④ Zone형 댐

해설 Zone형 댐 : 댐의 중앙부에는 수밀성이 높은 불투수성의 흙을 양측의 상하류 비탈면은 큰 알갱이가 많은 투수성 흙을 사용하여 존형으로 된 댐으로 두 가지 재료를 얻을 수 있는 경우에 경제적이다.

30 AASHTO(1986) 설계법에 의해 아스팔트 포장의 설계 시 두께지수(SN, Structure Number) 결정에 이용되지 않는 것은?

① 각 층의 상대강도계수

② 각 층의 두께

③ 각 층의 배수계수

④ 각 층의 침입도지수

해설 $SN = \alpha_1 D_1 + \alpha_2 D_2 M_2 \cdots$
여기서, α : 각층의 상대강도계수
D : 각층의 두께
M : 각층의 배수계수

31 토적곡선(Mass curve)에 관한 설명 중 틀린 것은?

① 곡선의 저점 및 정점은 각각 성토에서 절토, 절토에서 성토의 변이점이다.

② 동일 단면내의 절토량, 성토량을 토적곡선에서 구한다.

③ 토적곡선을 작성하려면 먼저 토량 계산서를 작성하여야 한다.

④ 절토에서 성토까지의 평균 운반거리는 절토와 성토의 중심 간의 거리로 표시된다.

해설 토량 계산서는 차인 토량으로 계산해 놓고 누가 토량으로 토적 곡선을 그리기 때문에 동일 단면내의 유용토인 절토량, 성토량은 제외되었으므로 토적곡선에서 구할 수 없다.

32 불도저(bulldozer) 작업의 경우 다음의 조건에서 본바닥 토량으로 환산한 1시간당 토공 작업량(m³/h)은?
(단, 1회 굴착 압토량은 느슨한 상태로 3.0m³, 작업효율= 0.6, 토량변화율 $L=1.2$, 평균 압토 거리=30m, 전진속도=30m/분, 후진속도=60m/분, 기어변속시간=0.5분)

① 45m³/h   ② 34m³/h

③ 20m³/h   ④ 15m³/h

해설 · $C_m = \dfrac{L}{V_1} + \dfrac{L}{V_2} + t$

$= \left(\dfrac{30}{30} + \dfrac{30}{60} \right) + 0.5 = 2.0\,\text{min}$

· $Q = \dfrac{60 \times q \times f \times E}{C_m}$

$= \dfrac{60 \times 3.0 \times \dfrac{1}{1.2} \times 0.6}{2.0} = 45\,\text{m}^3/\text{hr}$

□□□ 기 92,94,02,09,19

33 저항선이 1.2m일 때 12.15kg의 폭약을 사용하였다면 저항선을 0.8m로 하였을 때 얼마의 폭약이 필요한가? (단, Hauser식을 사용한다.)

① 1.8kg　　　　　② 3.6kg

③ 5.6kg　　　　　④ 7.6kg

해설　· $L = C \cdot W^3$ 에서 : $12.15 = C \times 1.2^3$

∴ 발파계수 $C = 7.03$

· $L = C \cdot W^3 = 7.03 \times 0.8^3 = 3.60\,\text{kg}$

□□□ 기19

34 교량 가설 공법인 디비닥(Dywidag) 공법의 특징으로 옳은 것은?

① 동바리가 필요하다.

② 시공 블럭이 3~4m 마다 생기므로 관리가 어렵다.

③ 동일 작업이 반복되지만 시공속도는 느리다.

④ 긴 경간의 PC교 가설이 가능하다.

해설　디비닥(Dywidag) 공법의 특징

· 동바리를 필요로 하지 않으므로 깊은 계곡에 경제적이다.

· 3~4m씩 세그먼트를 나누어 시공하므로 상부구조 변단면 시공이 가능하다.

· 모든 작업이 동일하게 반복 수행되므로 시공속도가 빠르다.

· 긴 경간의 PC교 가설이 가능하다.

□□□ 기 00,04,13,17,19

35 자연 함수비 8%인 흙으로 성토하고자 한다. 다짐한 흙의 함수비를 15%로 관리하도록 규정하였을 때 매 층마다 1m² 당 몇 kg의 물을 살수해야 하는가? (단, 1층의 다짐 후 두께는 20cm이고, 토량 변화율 C는 0.9이며, 원지반 상태에서 흙의 단위중량은 1.8t/m³ 이다.)

① 7.15kg　　　　　② 15.84kg

③ 25.93kg　　　　④ 27.22kg

해설　· 1층의 원지반 상태의 단위체적

$V = \dfrac{1 \times 1 \times 0.2}{0.9} = 0.222\,\text{m}^3$

· 1m²당 흙의 중량

$W = \gamma_t V = 1.8 \times 0.222 = 0.40\,\text{t} = 400\,\text{kg}$

· 8%에 대한 함수량

$w_w = \dfrac{W \cdot w}{100 + w} = \dfrac{400 \times 8}{100 + 8} = 29.63\,\text{kg}$

∴ 15%에 대한 함수량 : $29.63 \times \dfrac{15 - 8}{8} = 25.93\,\text{kg}$

□□□ 기 93,03,06,09,16,19

36 말뚝의 지지력을 결정하기 위한 방법 중에서 가장 정확한 것은?

① 정역학적 공식

② 동역학적 공식

③ 말뚝의 재하시험

④ 허용지지력 표로서 구하는 방법

해설　말뚝의 재하 시험

지지력을 산정하는데 가장 확실한 방법이지만 상당한 시일과 비용이 필요하므로 대규모 공사에 바람직하다.

□□□ 기 99,03,16,19,21

37 암거의 배열방식 중 여러 개의 흡수거를 1개의 간선 집수거 또는 집수지거로 합류시키게 배치한 방식은?

① 차단식　　　　　② 자연식

③ 빗식　　　　　　④ 사이펀식

해설　빗식으로 집수지거의 길이가 짧아도 되고 배수구도 적은 수로 된다.

□□□ 기 02,05,06,09,11,15,18

38 아래의 주어진 조건을 이용하여 3점시간법을 적용하여 activity time을 결정하면? (조건 : 표준값=5시간, 낙관값=3시간, 비관값=10시간)

① 4.5시간　　　　② 5.0시간

③ 5.5시간　　　　④ 6.0시간

해설　3점법에 의한 시간 추정

$t_e = \dfrac{1}{6}(a + 4m + b) = \dfrac{1}{6}(3 + 4 \times 5 + 10) = 5.5\,\text{시간}$

□□□

39 아스팔트 포장의 기층으로서 사용하는 가열 혼합식에 의한 아스팔트 안정처리기층을 무엇이라 하는가?

① 보조기층　　　　② 블랙 베이스

③ 입도조정층　　　④ 화이트 베이스

해설　· 블랙 베이스 : 아스팔트포장의 기층으로서 사용하는 가열 혼합식에 의한 아스팔트 안정 처리 기층

· 화이트 베이스 : 아스팔트 포장의 기층으로서 사용하는 시멘트 콘크리트 슬래브

□□□

40 지름 400mm, 길이 10m의 강관파일을 항타하여 아래 조건에서 시공하고자 한다. 소요시간은 얼마인가?

> α : 토질계수 4.0　　　　　β : 해머계수 1.2
> N : 15　　　　　　　　　　F : 작업계수 0.6
> T_w : 0
> T_s : 파일 1본당 세우기 및 위치 조정시간 20분
> T_t : 파일 1본당 해머의 이동 및 준비시간 20분
> T_e : 파일 1본당 해머의 점검 및 급유 등 기타시간 20분
> $T_b = 0.05 \cdot \alpha \cdot \beta \cdot L(N+2)$ 로 가정한다.

① 124분　　　　　　　② 136분
③ 145분　　　　　　　④ 168분

해설 소요시간 $T_c = \dfrac{T_b + T_w + T_s + T_t + T_e}{F}$

$T_b = 0.05 \cdot \alpha \cdot \beta \cdot L(N+2)$

$\quad = 0.05 \times 4.0 \times 1.2 \times 10(15+2) = 40.8$분

$\therefore T_c = \dfrac{40.8 + 0 + 20 + 20 + 20}{0.6} = \dfrac{100.8}{0.6} = 168$분

제3과목 : 건설재료 및 시험

□□□ 기 00,02,04,09,19

41 역청재에 대한 설명 중 옳지 않은 것은?

① 석유 아스팔트는 원유를 증류한 잔유물을 원료로 한 것이다.
② 아스팔타이트의 성질 및 용도는 스트레이트 아스팔트와 같이 취급한다.
③ 포장용 타르는 타르를 다시 증류하여 수분, 나프타, 경유 등을 유출해 정제한 것이다.
④ 역청유제는 역청을 유화제 수용액 중에 미립자의 상태로 분포시킨 것이다.

해설 아스팔타이트는 탄성이 크고 토사를 포함하지 않아 블로운 아스팔트와 비슷한 화합물로 성질과 용도 블로운 아스팔트와 같이 취급한다.

□□□ 기 19

42 아래의 표는 어떤 혼화재료의 종류인가?

> CSA계, 석고계, 철분계

① 팽창재　　　　　　　② AE제
③ 방수제　　　　　　　④ 급결제

해설 팽창재에는 산화조제를 혼합한 철분계, 석고를 주성분으로 하는 석고계 및 칼슘설포알미늄산염(CSA)계 팽창재가 있다.

□□□ 기 06,19

43 폭약으로 사용되는 칼릿(Carlit)에 대한 설명으로 틀린 것은?

① 칼릿은 다이너마이트보다 발화점이 높다.
② 칼릿은 다이너마이트보다 충격에 둔감하여 취급이 편하다.
③ 칼릿은 폭발력이 다이너마이트보다 우수하다.
④ 칼릿은 유해가스 발생이 적고 흡수성이 적어 터널 공사에 적합하다.

해설 칼릿은 유해가스(일산화탄소, 염화수소)의 발생이 많고 흡수성이 크기 때문에 터널공사에는 부적당하다.

□□□ 기 19

44 시멘트의 분말도 시험에 관한 설명 중 옳지 않은 것은?

① 분말도 시험은 시멘트 입자의 가는 정도를 알기 위한 시험으로 분말도와 비표면적을 구한다.
② 공기 투과 장치에 의한 방법은 표준시료와 시험시료로 만든 시멘트 베드를 공기가 투과하는 데 요하는 시간을 비교하여 비표면적을 구한다.
③ 표준체에 의한 방법(KS L 5112)은 표준체 $45\mu m$로 쳐서 남는 잔사량을 계량하여 분말도를 구한다.
④ 분말도가 작은 시멘트일수록 물과의 접촉 표면적이 크며 수화가 빨리 진행된다.

해설 분말도가 큰 시멘트일수록 물과의 접촉 표면적이 크며 수화가 빨리 진행된다.

□□□ 기 01,05,09,11,13,14,19,21,22

45 마샬시험방법에 따라 아스팔트 콘크리트 배합 설계를 진행 중이다. 재료 및 공시체에 대한 측정결과가 아래와 같을 때 포화도는 약 몇 %인가?

> • 아스팔트의 밀도(G) : 1.025g/cm^3
> • 아스팔트의 함량(A) : 5.8%
> • 공시체의 실측밀도(d) : 2.366g/cm^3
> • 공시체의 공극률(V_o) : 4.2%

① 56.0%　　　　　　　② 58.8%
③ 76.1%　　　　　　　④ 77.9%

해설 아스팔트의 용적률 $V_a = \dfrac{A \cdot d}{G_a} = \dfrac{5.8 \times 2.366}{1.025} = 13.39\%$

$\therefore$ 포화도 $S = \dfrac{V_a}{V_a + V} \times 100(\%)$

$\quad = \dfrac{13.39}{13.39 + 4.2} \times 100 = 76.12\%$

□□□ 기 08,11,14,17,19
46 어떤 모래를 체가름 시험한 결과 다음 표를 얻었다. 이 때 모래의 조립률은?

체	각 체의 잔류율(%)
10mm	0
5mm	2
2.5mm	6
1.2mm	20
0.6mm	28
0.3mm	23
0.15mm	16
PAN	5
합계	100

① 2.68 ② 2.73
③ 3.69 ④ 5.28

해설 각체의 누적 잔류율(%)

체	각 체의 잔류율(%)	각체의 누적 잔류율(%)
75mm	0	0
40mm	0	0
20mm	0	0
10mm	0	0
5mm	2	2
2.5mm	6	8
1.2mm	20	28
0.6mm	28	56
0.3mm	23	79
0.15mm	16	95
합계	95	268

$$\therefore \ F.M = \frac{\Sigma 각체에 남는 양의 누계}{100} = \frac{268}{100} = 2.68$$

(∵ 조립률 계산에 PAN은 제외)

□□□ 기 12,19,22
47 스트레이트 아스팔트에 대한 설명 중 틀린 것은?

① 블론 아스팔트에 비해 투수계수가 크다.
② 블론 아스팔트에 비해 신장성이 크다.
③ 블론 아스팔트에 비해 점착성이 크다.
④ 블론 아스팔트에 비해 온도에 대한 감온성이 크다.

해설 스트레이트 아스팔트는 블론 아스팔트에 비해 투수계수가 작다.

□□□ 기 11,14,16,18,19
48 콘크리트용 강섬유의 품질에 대한 설명으로 틀린 것은?

① 강섬유의 평균 인장강도는 700MPa 이상이 되어야 한다.
② 강섬유는 표면에 유해한 녹이 있어서는 안 된다.
③ 강섬유 각각의 인장 강도는 600MPa 이상이어야 한다.
④ 강섬유는 16℃ 이상의 온도에서 지름 안쪽 90°(곡선 반지름 3mm)방향으로 구부렸을 때, 부러지지 않아야 한다.

해설 강섬유 각각의 인장강도는 650MPa 이상이어야 한다.

□□□ 기 13,19
49 다음 중 일반적인 목재의 비중은?

① 살아있는 상태의 나무비중
② 공기 건조 중의 비중
③ 물에서 포화상태의 비중
④ 절대건조 비중

해설 일반적으로 목재의 비중은 공기건조(기간)비중으로 0.3~0.90이다.

□□□ 기 19
50 금속재료의 일반적 성질에 관한 설명 중 틀린 것은?

① 선철은 철광석 용광로 내에서 환원하여 만들며 주로 제강용 원료가 되며 Si 원소가 가장 많고, C원소가 가장 적게 포함되어 있다.
② 탄소강은 0.04~1.7%의 탄소를 함유하는 Fe-C 합금으로서 C<0.3%는 저탄소강, 0.3%<C<0.6%는 중탄소강, C>0.6%는 고탄소강이라 한다.
③ 금속재료의 특징은 전기 및 열의 전도율이 크고, 연성과 전성이 풍부하다.
④ 금속재료는 철금속과 비철금속으로 나눌 수 있고, 광택이 있으며, 상온에서 결정형을 가진 고체로서 가공이 용이하다.

해설 선철은 탄소(C)함유량이 가장 많아 너무 단단하기 때문에 용융상태에서 정련하여 탄소량을 낮춘다.

□□□ 기 94,00,05,19
51 시멘트 모르타르의 압축강도 시험에서 공시체의 양생온도는?

① (10±2)℃ ② (15±2)℃
③ (23±2)℃ ④ (30±2)℃

해설 시험체에서 몰드를 떼어 내고, 수온 23°±2℃의 양생 수조에 완전히 잠기도록 넣어둔다.

52 골재의 취급과 저장 시 주의해야 할 사항으로 틀린 것은?

① 잔골재, 굵은 골재 및 종류, 입도가 다른 골재는 각각 구분하여 별도로 저장한다.

② 골재의 저장설비는 적당한 배수설비를 설치하고 그 용량을 검토하여 표면수가 일정한 골재의 사용이 가능하도록 한다.

③ 골재의 표면수는 굵은 골재는 건조 상태로, 잔골재는 습윤 상태로 저장하는 것이 좋다.

④ 골재는 빙설의 혼입방지, 동결방지를 위한 적당한 시설을 갖추어 저장해야 한다.

해설 골재의 저장설비에는 그 용량에 알맞게 적당한 배수시설을 설치하고, 표면수는 균일한 골재를 사용할 수 있도록 한다.

53 다음 설명 중 틀린 것은?

① 혼화재에는 플라이애시, 고로슬래그 미분말, 규산백토 등이 있다.

② 혼화제에는 AE제, 경화촉진제, 방수제 등이 있다.

③ 혼화재는 그 사용량이 비교적 적어서 그 자체의 부피가 콘크리트 배합의 계산에서 무시하여도 좋다.

④ AE제에 의해 만들어진 공기를 연행공기라 한다.

해설 · 혼화재 : 사용량이 시멘트 무게의 5% 이상으로 비교적 많아서 그 자체의 부피가 콘크리트의 배합 계산에 관계되는 것이다.

· 혼화제 : 사용량이 시멘트 무게의 1% 이하로 적어서 콘크리트 배합계산에 무시 되는 것이다.

54 잔골재를 각 상태에서 계량한 결과가 아래와 같을 때 골재의 유효흡수량(%)은?

· 노건조 상태 : 2,000g
· 공기 중 건조 상태 : 2,066g
· 표면건조포화 상태 : 2,124g
· 습윤 상태 : 2,152g

① 1.32% ② 2.73%

③ 2.90% ④ 7.60%

해설 유효 흡수량

$$= \frac{표면건조포화상태 - 공기 중 \ 건조상태}{노건조상태} \times 100(\%)$$

$$= \frac{2,124 - 2,066}{2,000} \times 100 = 2.90\%$$

55 다음 강재의 응력 - 변형률 곡선에 관한 설명 중 잘못된 것은?

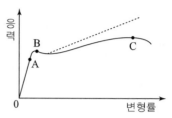

① A점은 응력과 변형률이 비례하는 최대 한도지점이다.

② B점은 외력을 제거해도 영구변형을 남기지 않고 원래로 돌아가는 응력의 최대한도 지점이다.

③ C점은 부재 응력의 최댓값이다.

④ 강재는 하중을 받아 변형되며 단면이 축소되므로 실제 응력-변형률 선은 점선이다.

해설 ■A점

· 응력변형도에서 A점까지를 탄성한도라 한다.

· 외력을 제거해도 영구변형을 남기지 않고 원래의 상태로 돌아가는 응력의 최대한도 지점이다.

■B점

· B점을 항복점이라 한다.

· 외력의 증가가 없이 변형이 증가하였을 때의 최대 응력점이다.

56 화성암은 산성암, 중성암, 염기성암으로 분류가 되는데, 이때 분류 기준이 되는 것은?

① 규산의 함유량 ② 운모의 함유량

③ 장석의 함유량 ④ 각섬석의 함유량

해설 화성암의 규산(실리카)의 함유량에 의한 분류

· 산성암 : 66% 이상

· 중성암 : 52~66%

· 염기성암 : 52% 이하

57 다음 중 일반적으로 지연제를 사용하는 경우가 아닌 것은?

① 서중 콘크리트의 시공 시

② 레미콘 운반거리가 멀 때

③ 숏크리트 타설 시

④ 연속 타설시 콜드 조인트를 방지하기 위해

해설 · 급결제는 시멘트의 응결시간을 촉진하기 위하여 사용하며 숏크리트, 물막이 공법 등에 사용한다.

· 지연제는 서중콘크리트, 여름철에 레미콘의 슬럼프 손실 및 콜드 조인트의 방지 등에 효과가 있다.

□□□ 기 94,01,06,09,19
58 주로 화성암에 많이 생기는 절리(joint)로 돌기둥을 배열한 것 같은 모양의 절리를 무엇이라 하는가?

① 주상절리　　　　　② 구상절리
③ 불규칙 다면괴상절리　④ 판상절리

해설 절리의 분류
· 주상 절리 : 돌기둥을 배열한 것 같은 모양으로 주로 화성암에 많이 생긴다.
· 구상 절리 : 암석의 노출부가 양파모양으로 되어 있는 절리이다.
· 불규칙 다면 괴상 절리 : 암석의 생성시에 냉각으로 인해 생기는 불규칙한 절리이다.
· 판상 절리 : 판자를 겹쳐 놓은 모양으로 수성암, 안산암 등에 생긴다.

□□□ 기 01,04,19,21
59 콘크리트 배합에 관한 아래 표의 (　)에 들어갈 알맞은 수치는?

> 공사 중에 잔골재의 입도가 변하여 조립률이 ±(　　) 이상 차이가 있을 경우에는 워커빌리티가 변화하므로 배합을 수정할 필요가 있다

① 0.05　　　　　② 0.1
③ 0.2　　　　　④ 0.3

해설 잔골재의 조립률이 콘크리트 배합을 정할 때 가정한 잔골재의 조립률에 비하여 ±0.20 이상의 변화를 나타내었을 때는 배합을 변경해야 한다고 규정하고 있다.

□□□ 기 09,10,16,19
60 포틀랜드 시멘트의 클링커에 대한 설명 중 틀린 것은?

① 클링커는 단일조성의 물질이 아니라 C_3S, C_2S, C_3A, C_4AF 의 4가지 주요화합물로 구성되어 있다.
② 클링커의 화합물 중 C_3S 및 C_2S는 시멘트 강도의 대부분을 지배한다.
③ C_3A는 수화속도가 대단히 빠르고 발열량이 크며 수축도 크다.
④ 클링커의 화합물 중 C_3S가 많고 C_2S가 적으면 시멘트의 강도 발현이 늦어지지만 장기재령은 향상된다.

해설 클링커의 화합물 중 C_3S양이 많을수록 조기강도가 크고, C_2S의 양이 많을수록 강도의 발현이 서서히 되며 수화열의 발생도 적게 된다.

제4과목 : 토질 및 기초

□□□ 기 98,19
61 어떤 사질 기초지반의 평판 재하 시험 결과 항복 강도가 $600kN/m^2$, 극한 강도가 $1,000kN/m^2$이었다. 그리고 그 기초는 지표에서 1.5m 깊이에 설치될 것이고 그 기초 지반의 단위 중량이 $18kN/m^3$일 때 지지력 계수 $N_q=5$이었다. 이 기초의 장기 허용 지지력은?

① $247kN/m^2$　　　② $269kN/m^2$
③ $300kN/m^2$　　　④ $345kN/m^2$

해설 · 재하 시험에 의한 허용지지력(두 값 중 작은 값)
$$q_t = \frac{q_y}{2} = \frac{600}{2} = 300\,kN/m^2$$
$$q_t = \frac{q_u}{3} = \frac{1,000}{3} = 333.3\,kN/m^2$$
$$\therefore q_t = 300\,kN/m^2$$
· 장기 허용지지력
$$q_a = q_t + \frac{1}{3}\gamma D_f N_q$$
$$= 300 + \frac{1}{3} \times 18 \times 1.5 \times 5 = 345\,kN/m^2$$

□□□ 기 81,83,99,06,19
62 흙이 동상을 일으키기 위한 조건으로 가장 거리가 먼 것은?

① 아이스 렌즈를 형성하기 위한 충분한 물의 공급이 있을 것
② 양(+)이온을 다량 함유 할 것
③ 0℃ 이하의 온도가 오랫동안 지속될 것
④ 동상이 일어나기 쉬운 토질일 것

해설 동상을 일으키기 위한 조건
· 동상을 일어나기 쉬운 토질일 것
· 0℃ 이하의 온도가 오랫동안 지속될 것
· 아이스 렌즈를 형성하기 위한 충분한 물의 공급이 있을 것
· 동결심도 하단에서 지하수면까지의 거리가 모관 상승고보다 작을 것

□□□ 기 00,19
63 다음의 투수계수에 대한 설명 중 옳지 않은 것은?

① 투수계수는 간극비가 클수록 크다.
② 투수계수는 흙의 입자가 클수록 크다.
③ 투수계수는 물의 온도가 높을수록 크다.
④ 투수계수는 물의 단위중량에 반비례한다.

해설 $k = D_s^2 \cdot \frac{\gamma_w}{\mu} \cdot \frac{e^3}{1+e} \cdot C$
∴ 투수계수(k)는 물의 단위중량(γ_w)에 비례한다.

---

64 다음 중 Rankine 토압이론의 기본가정에 속하지 않는 것은?

① 흙은 비압축성이고 균질의 입자이다.

② 지표면은 무한히 넓게 존재한다.

③ 옹벽과 흙과의 마찰을 고려한다.

④ 토압은 지표면에 평행하게 작용한다.

해설 ・옹벽과 흙과의 마찰각은 무시한다.
   ・흙 입자는 입자간의 마찰력에 의해서만 평형을 유지하며 점착력은 없다.
   ■ Rankine 토압론의 기본 가정
   ・흙은 균질한 입자이고 비압축성이다.
   ・토압은 지표면에 평행하게 작용한다.
   ・지반은 소성변형상태이며, 중력만이 작용한다.
   ・흙은 입자간의 마찰력에 의해서만 평형을 유지하며 점착력은 없다.(벽 마찰각 무시)
   ・지표면은 무한히 넓게 존재하며, 지표면에 작용하는 하중은 등분포하중이다.
   ・파괴면은 2차원적인 평면이다.

65 유효응력에 관한 설명 중 옳지 않은 것은?

① 포화된 흙인 경우 전응력에서 공극수압을 뺀 값이다.

② 항상 전응력값보다는 작은 값이다.

③ 점토지반의 압밀에 관계되는 응력이다.

④ 건조한 지반에서는 전응력과 같은 값으로 본다.

해설 ・전응력 σ=유효응력($\overline{\sigma}$)+공극수압(u)
   ・유효응력 $\overline{\sigma}$=전응력(σ)-공극수압(u)
   ∴ 유효응력은 흙입자만을 통해 받는 압력이다.
   ・모관상승영역에서의 공극수압은 (−)압력이 작용한다.
   즉, 유효응력 $\overline{\sigma}$=전응력−(−공극수압)
   ∴ 유효응력 $\overline{\sigma}$=전응력(σ)+공극수압(u)

66 보링(boring)에 관한 설명으로 틀린 것은?

① 보링(boring)에는 회전식(rotary boring)과 충격식(percussion boring)이 있다.

② 충격식은 굴진속도가 빠르고 비용도 싸지만 분말상의 교란된 시료만 얻어진다.

③ 회전식은 시간과 공사비가 많이 들뿐만 아니라 확실한 코어(core)도 얻을 수 없다.

④ 보링은 지반의 상황을 판단하기 위해 실시한다.

해설 Rotary boring
   시간과 공사비가 많이 들지만 확실한 코어(core)를 채취할 수 있다.

67 아래 그림과 같은 모래지반에서 깊이 4m 지점에서의 전단강도는? (단, 모래의 내부 마찰각 $\phi=30°$ 이며 점착력 $c=0$, 물의 단위중량 $\gamma_w=9.81kN/m^3$이다.)

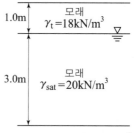

① 450kN/m²

② 28.0kN/m²

③ 232kN/m²

④ 18.6kN/m²

해설 전단강도 $\tau=c+\sigma\tan\phi$
   $\sigma=\gamma_t h_1+(\gamma_{sat}-\gamma_w)h_2$
   $\quad=\gamma_t h_1+\gamma_{sub} h_2$
   $\quad=18\times1+(20-9.81)\times3=48.57kN/m^2$
   ∴ $\tau=0+48.57\tan30°=28.0N/m^2$

68 비중이 2.67, 함수비 35%이며, 두께 10m인 포화점토층이 압밀후에 함수비가 25%로 되었다면, 이 토층 높이의 변화량은 얼마인가?

① 113cm

② 128cm

③ 135cm

④ 155cm

해설 높이 변화량 $\Delta H=\dfrac{e_1-e_2}{1+e_1}H$
   $e_1=\dfrac{G_s\cdot w}{S}=\dfrac{2.67\times35}{100}=0.93$
   $e_2=\dfrac{G_s\cdot w}{S}=\dfrac{2.67\times25}{100}=0.67$
   ∴ $\Delta H=\dfrac{0.93-0.67}{1+0.93}\times10=1.35m=135cm$

69 흙의 강도에 대한 설명으로 틀린 것은?

① 점성토에서는 내부마찰각이 작고 사질토에서는 점착력이 작다.

② 일축압축시험은 주로 점성토에 많이 사용한다.

③ 이론상 모래의 내부마찰각은 0이다.

④ 흙의 전단응력은 내부마찰각과 점착력의 두 성분으로 이루어진다.

해설 이론상 순수한 모래는 점착력이 0이고 순수한 점토에서는 내부마찰각이 0이다.

□□□ 기 99,05,10,18,19

70 Meyerhof의 일반 지지력 공식에 포함되는 계수가 아닌 것은?

① 국부전단계수 ② 근입깊이계수
③ 경사하중계수 ④ 형상계수

해설 Meyerhof는 기초에 하중이 경사되어 재될 때 다음 요소로 보완한다.
· 형상계수(De Beer에 의해 제안) : 구형 및 원형 기초의 지지력 계산을 위해
· 깊이계수(Hansen 제안) : 기초저면의 위, 흙의 파괴면을 따라 발생하는 전단 저항에 대한 평가
· 경사계수(Meyerhof제안) : 하중 작용선이 수직선과 일정각도로 경사진 기초의 지지력 계산을 위해

□□□ 기 95,00,05,19

71 흙의 다짐 시험을 실시한 결과 다음과 같았다. 이 흙의 건조밀도는 얼마인가?

① 몰드 + 젖은 시료무게 : 3,612g
② 몰드 무게 : 2,143g
③ 젖은 흙의 함수비 : 15.4%
④ 몰드의 체적 : 944cm³

① 1.35g/cm³ ② 1.56g/cm³
③ 1.31g/cm³ ④ 1.42g/cm³

해설 건조밀도 $\rho_d = \dfrac{\rho_t}{1+w}$

습윤밀도 $\rho_t = \dfrac{W}{V} = \dfrac{3,612 - 2,143}{944} = 1.556\,g/cm^3$

$\therefore \rho_d = \dfrac{1.556}{1+0.154} = 1.35\,g/cm^3$

$= 1.35\,t/m^3 = 13.5\,kN/m^3$

□□□ 기 83,90,19

72 흙댐에서 상류면 사면의 활동에 대한 안전율이 가장 저하되는 경우는?

① 만수된 물의 수위가 갑자기 저하할 때이다.
② 흙댐에 물을 담는 도중이다.
③ 흙댐이 만수 되었을 때이다.
④ 만수된 물이 천천히 빠져 나갈 때이다.

해설 · 만수 때의 수위를 갑자기 강하시키면 흙댐의 안정이 위태로워지기 때문에 안전율이 가장 저하된다.
· 흙댐이 위험한 경우

상류측	시공직 후, 수위 급강하시
하류측	시공직 후, 정상 침투시

□□□ 기 81,85,92,19,22

73 말뚝에서 부마찰력에 관한 설명 중 옳지 않은 것은?

① 아래쪽으로 작용하는 마찰력이다.
② 부마찰력이 작용하면 말뚝의 지지력은 증가한다.
③ 압밀층을 관통하여 견고한 지반에 말뚝을 박으면 일어나기 쉽다.
④ 연약지반에 말뚝을 박은 후 그 위에 성토를 하면 일어나기 쉽다.

해설 말뚝에 부마찰력이 발생하면 말뚝의 지지력은 감소한다.

□□□ 기 93,98,16,19,21,22 산 05

74 기초가 갖추어야 할 조건이 아닌 것은?

① 동결, 세굴 등에 안전하도록 최소의 근입깊이를 가져야 한다.
② 기초의 시공이 가능하고 침하량이 허용치를 넘지 않아야 한다.
③ 상부로부터 오는 하중을 안전하게 지지하고 기초지반에 전달하여야 한다.
④ 미관상 아름답고 주변에서 쉽게 구득할 수 있는 재료로 설계되어야 한다.

해설 기초의 구비 조건
· 최소 기초 깊이를 유지할 것
· 상부 하중을 안전하게 지지해야 한다.
· 침하가 허용치를 넘지 않을 것
· 기초의 시공이 가능할 것

□□□ 기 97,09,15,19

75 유선망의 특징을 설명한 것으로 옳지 않은 것은?

① 각 유로의 투수량은 같다.
② 인접한 두 등수두선 사이의 수두손실은 같다.
③ 유선망을 이루는 사변형은 이론상 정사각형이다.
④ 동수경사는 유선망의 폭에 비례한다.

해설 침투속도 및 동수경사는 유선망의 폭에 반비례한다.

□□□ 기 80,81,94,06,07,17,19

76 다음 지반 개량공법 중 연약한 점토지반에 적당하지 않은 것은?

① 샌드드레인 공법
② 프리로딩 공법
③ 치환 공법
④ 바이브로플로테이션 공법

해설 바이브로 플로테이션 공법 : 느슨한 모래지반을 개량하는 공법이다.

77 시료가 점토인지 아닌지 알아보고자 할 때 가장 거리가 먼 사항은?

① 소성지수 　　　　② 소성도표 A선
③ 포화도 　　　　　④ 200체 통과량

해설 ·입도에 따른 흙의 분류 : 자갈(2.00mm 이상), 모래(0.05 ~ 2.00mm), clay(0.005 ~ 0.001mm)
· Casagrande의 소성도표 : 액성한계(종축), 소성지수(횡축)
· 세립토 No.200(0.075mm)체 통과량이 50% 이상이고 액성한계가 50% 이하인 경우

78 세립토를 비중계법으로 입도분석을 할 때 반드시 분산제를 쓴다. 다음 설명 중 옳지 않은 것은?

① 입자의 면모화를 방지하기 위하여 사용한다.
② 분산제의 종류는 소성지수에 따라 달라진다.
③ 현탁액이 산성이면 알칼리성의 분산제를 쓴다.
④ 시험도중 물의 변질을 방지하기 위하여 분산제를 사용한다.

해설 분산제 사용 이유
입자의 면모화를 방지하고 이산화를 촉진시키기 위해 소성지수(I_p) 20을 기준으로 분산제(규산나트륨, 과산화수소)를 사용한다.

79 연약 점토지반에 성토제방을 시공하고자 한다. 성토로 인한 재하속도가 과잉간극수압이 소산되는 속도보다 빠를 경우, 지반의 강도정수를 구하는 가장 적합한 시험방법은?

① 압밀 배수시험 　　② 압밀 비배수시험
③ 비압밀 비배수시험 　④ 직접전단시험

해설 비압밀 비배수시험(UU)의 이용
· 구조물의 시공속도가 과잉간극수압의 소산속도보다 빠른 경우의 안전계산에 이용
· 포화 점토가 성토 직후에 급속한 파괴가 예상될 때 이용
· 점토지반에 성토나 구조물 등의 하중을 급격히 재하는 경우의 단기간 안정성 검토에 이용
· 최근에 매립된 포화 점성토지반 위에 구조물을 시공한 직후의 초기 안정 검토에 필요한 지반 강도정수 결정에 이용

80 100% 포화된 흐트러지지 않은 시료의 부피가 20.5cm^{3}이고 무게는 34.2g이었다. 이 시료를 오븐(Oven) 건조시킨 후에 무게는 22.6g이었다. 간극비는?

① 1.3 　　　　　　② 1.5
③ 2.1 　　　　　　④ 2.6

해설 ·물의 중량
$$W_w = W - W_s = 34.2 - 22.6 = 11.6g$$

·물의 부피
$$V_w = \frac{W_w}{\rho_w} = \frac{11.6}{1} = 11.6cm^3$$

$$\left(\because \frac{W_w}{V_w} = \rho_w = 1g/cm^3\right)$$

·토립자의 부피 $V_s = V - V_v = 20.5 - 11.6 = 8.9cm^3$
(100% 포화된 시료는 $V_w = V_v$이다.)
$$\therefore 공극비 \ e = \frac{V_v}{V_s} = \frac{11.6}{8.9} = 1.30$$

국가기술자격 필기시험문제

자격종목	시험시간	문제수	형 별	수험번호	성 명
건설재료시험기사	2시간	80	A		

※ 각 문제는 4지 택일형으로 질문에 가장 적합한 문제의 보기 번호를 클릭하거나 답안표기란의 번호를 클릭하여 입력하시면 됩니다.
※ 입력된 답안은 문제 화면 또는 답안 표기란의 보기 번호를 클릭하여 변경하실 수 있습니다.

제1과목 : 콘크리트 공학

□□□ 기 04,08,19
01 매스 콘크리트의 균열을 방지하기 위한 대책으로 잘못된 것은?

① 수화열이 적은 시멘트를 사용한다.
② 단위 시멘트량을 적게 한다.
③ 슬럼프를 크게 한다.
④ 프리쿨링을 실시한다.

해설 슬럼프를 크게 하면 매스 콘크리트의 단점인 균열 발생의 우려가 된다.

□□□ 기 12,15,19,21
02 다음은 고강도 콘크리트에 대한 설명이다. 옳지 않은 것은?

① 고강도 콘크리트는 공기연행 콘크리트로 하는 것을 원칙으로 한다.
② 고강도 콘크리트에 사용하는 골재의 품질기준에 의하면, 잔골재의 염화물 이온량은 0.02% 이하이다.
③ 고강도 콘크리트의 설계기준압축강도는 일반적으로 40MPa 이상으로 하며, 고강도 경량골재 콘크리트는 27MPa 이상으로 한다.
④ 고강도 콘크리트에 사용하는 골재의 품질기준에 의하면, 잔골재의 흡수율은 3% 이하, 굵은 골재의 흡수율은 2% 이하이다.

해설 ·고강도 콘크리트는 단위 시멘트량이 많기 때문에 시멘트 대체 재료인 플라이 애쉬, 고로 슬래그 분말 등을 쓰기도 하고, 높은 강도를 내기 위해 실리카 퓸 등을 시멘트 대신 대체 재료로 쓴다.
·고강도 콘크리트에 혼화재 사용 시 조심할 점은 제조공정상 품질의 균일성 확보가 어려운 점이 있어 시험배합을 거쳐 품질을 확인한 후 사용하여야 한다.

□□□ 기 00,01,05,08,10,13,16,19
03 시방배합표상 단위잔골재량은 $643kg/m^3$ 이며, 단위 굵은 골재량은 $1,212kg/m^3$ 이다. 현장배합을 위한 단위 잔골재량은 얼마인가? (단, 현장 골재의 체분석 결과 잔골재 중 5mm체에 남는 것이 5%, 굵은 골재 중 5mm체를 통과하는 것이 10%이다.)

① $538kg/m^3$
② $588kg/m^3$
③ $613kg/m^3$
④ $637kg/m^3$

해설 ■입도에 의한 조정
a : 잔골재 중 5mm체에 남은 양 : 5%
b : 굵은 골재 중 5mm체를 통과한 양 : 10%
잔골재 $X = \dfrac{100S - b(S+G)}{100 - (a+b)}$
$= \dfrac{100 \times 643 - 10(643 + 1,212)}{100 - (5+10)} = 538 kg/m^3$

□□□ 기 00,04,11,15,19
04 일반콘크리트의 비비기는 미리 정해둔 비비기 시간의 최대 몇 배 이상 계속해서는 안되는가?

① 2배
② 3배
③ 4배
④ 5배

해설 비비기는 미리 정해 둔 비비기 시간의 3배 이상 계속해서는 안된다.

□□□ 기 06,19
05 단면적이 $600cm^2$ 인 프리스트레스트 콘크리트에서 콘크리트 도심에 PS강선을 배치하고 초기프리스트레스 $P_i = 340,000N$을 가할 때 콘크리트의 탄성변형에 의한 프리스트레스의 감소량은 얼마인가? (단, 탄성계수비 $n = 6$이다.)

① 34MPa
② 38MPa
③ 42MPa
④ 46MPa

해설 $\Delta f_p = n \cdot \dfrac{P}{A_c}$
$= 6 \times \dfrac{340,000}{600 \times 10^2} = 34 MPa$

기19

06 소규모 공사에서 배합강도, f_{cr} = 24MPa을 얻기 위해서 f_{28} = $-21.0+21.5\dfrac{C}{W}$ 식을 사용한다면 시멘트－물비는?

① 1.94
② 2.00
③ 2.09
④ 2.15

해설 f_{28} = $-21.0+21.5\dfrac{C}{W}$ 에서

$24MPa = -21.0+21.5\dfrac{C}{W}$

$\therefore \dfrac{C}{W} = \dfrac{24+21}{21.5} = \dfrac{45}{21.5} = 2.09$

기12,16,19

07 공기연행 콘크리트의 공기량에 대한 설명으로 옳은 것은? (단, 굵은 골재의 최대치수는 40mm을 사용한 일반콘크리트로서 보통 노출인 경우)

① 4.0%를 표준으로 하며, 그 허용 오차는 ±1.0%로 한다.
② 4.5%를 표준으로 하며, 그 허용 오차는 ±1.0%로 한다.
③ 4.0%를 표준으로 하며, 그 허용 오차는 ±1.5%로 한다.
④ 4.5%를 표준으로 하며, 그 허용 오차는 ±1.5%로 한다.

해설 공기연행 콘크리트 공기량의 표준값

굵은 골재 최대치수 (mm)	공기량(%)		
	심한 노출	보통 노출	허용 오차
20	6.0	5.0	
25	6.0	4.5	±1.5%
40	5.5	4.5	

기19

08 콘크리트의 양생에 대한 설명 중 틀린 것은?

① 수밀성 콘크리트의 습윤 양생 기간은 일반 경우보다 길게 한다.
② 양생은 장기 강도에 영향을 끼치므로 28일 이후의 양생에 특히 주의한다.
③ 콘크리트를 타설한 후 급격히 온도가 상승할 경우 콘크리트가 건조하지 않도록 주의한다.
④ 콘크리트를 타설한 후 경화를 시작하기까지 직사광선을 피한다.

해설 콘크리트의 강도증진을 위해서는 될 수 있는 대로 오래 동안 습윤 상태로 유지하는 것이 좋다.

기15,19

09 콘크리트의 워커빌리티(workability)를 측정하기 위한 시험 방법 중 콘크리트에 일정한 에너지를 가하여 밀도의 변화를 수치적으로 나타내는 시험법은?

① 흐름 시험(flow test)
② 슬럼프 시험(slump test)
③ 리몰딩 시험(remolding test)
④ 다짐 계수 시험(compacting factor test)

해설 각종 워커빌리티 시험
· 리몰딩 시험 : 슬럼프 모올드 속에 콘크리트로 채우고 완판을 콘크리트 면에 얹어 놓고 약 6mm 의 상하운동을 주어 콘크리트의 표면이 내외가 동일한 높이가 될 때까지의 낙하 횟수로써 반죽질기를 나타낸다.
· 다짐계수 시험 : 슬럼프가 매우 작고 진동다짐을 실시하여 콘크리트에 일정한 에너지를 가하여 밀도의 변화를 수치적으로 나타내는 시험방법이다.

기12,19

10 결합재로 시멘트와 시멘트 혼화용 폴리머(또는 폴리머 혼화제)를 사용한 콘크리트는?

① 폴리머 시멘트 콘크리트
② 폴리머 함침 콘크리트
③ 폴리머 콘크리트
④ 레진 콘크리트

해설 · 폴리머 시멘트 콘크리트 : 결합재로 시멘트와 시멘트 혼화용 폴리머(또는 폴리머 혼화제)를 사용한 콘크리트
· 폴리머 함침 콘크리트 : 시멘트계의 재료를 건조시켜 미세한 공극에 액상 모노머를 함침 및 중합시켜 일체화 시켜 만든 것
· 폴리머 콘크리트 : 결합재로서 시멘트와 같은 무기질 시멘트를 전혀 사용치 않고 폴리머만으로 골재를 결합시켜 콘크리트를 제조한 것을 레진 콘크리트 또는 폴리머 콘크리트라 한다.

기07,19

11 콘크리트의 다짐방법으로 내부진동기를 사용한 경우와 비교할 때 원심력 다짐의 특징이 아닌 것은?

① 물－시멘트비를 줄일 수 있다.
② 강도가 감소하는 경향이 있다.
③ 재료분리가 일어나기 쉽다.
④ 원통형의 제품을 생산하기 쉽다.

해설 원심력 다짐은 원심력을 이용하는 것으로 주로 원통형 고강도 제품에 사용한다.

□□□ 기 01,05,10,16,19

12 팽창콘크리트의 팽창률에 대한 설명으로 틀린 것은?

① 콘크리트의 팽창률은 일반적으로 재령 28일에 대한 시험치를 기준으로 한다.
② 수축보상용 콘크리트의 팽창률은 $(150 \sim 250) \times 10^{-6}$을 표준으로 한다.
③ 화학적 프리스트레스용 콘크리트의 팽창률은 $(200 \sim 700) \times 10^{-6}$을 표준으로 한다.
④ 공장제품에 사용되는 화학적 프리스트레스용 콘크리트의 팽창률은 $(200 \sim 1,000) \times 10^{-6}$을 표준으로 한다.

해설 ・콘크리트의 팽창률은 일반적으로 재령 7일에 대한 시험치를 기준으로 한다.
・팽창콘크리트의 강도는 일반적으로 재령 28일의 압축강도를 기준으로 한다.

□□□ 기 19

13 해양 콘크리트 구조물이 해양 환경에 의한 철근 부식의 영향을 가장 많이 받는 위치는?

① 해중
② 해상대기중
③ 물보라 지역
④ 구조물의 내부

해설 해중
평균간조면 이하의 부분으로서 해수의 화학작용, 마모작용을 받으나 콘크리트 중의 강재부식 작용은 물보라 지역, 해상 대기중에 비하여 약한 편이다.

□□□ 기 19

14 다음 중 경화콘크리트의 강도 추정을 위한 비파괴 시험법이 아닌 것은?

① 반발경도법
② 초음파속도법
③ 조합법
④ 비중계법

해설 비중계법은 체가름을 할 수 없는 입자에 대한 입도분석시험법이다.

□□□ 기 05,08,19

15 굵은 골재 최대 치수는 질량비로서 전체 골재질량의 몇 % 이상을 통과시키는 체의 최소 호칭치수를 의미하는가?

① 80%
② 85%
③ 90%
④ 95%

해설 굵은 골재의 최대 치수 : 질량비로 90% 이상을 통과시키는 체 중에서 최소치수의 체눈의 호칭치수로 나타낸 굵은 골재의 치수

□□□ 기 13,19

16 압축강도에 의한 콘크리트의 품질검사에서 판정기준으로 옳은 것은? (단, 호칭강도로부터 배합을 정한 경우로서 $f_{cn} > 35\text{MPa}$인 콘크리트이며, 일반콘크리트 표준시방서 규정을 따른다.)

① ㉠ 연속 3회 시험값의 평균이 f_{cn}의 95% 이상
　㉡ 1회 시험값이 f_{cn}의 90% 이상
② ㉠ 연속 3회 시험값의 평균이 f_{ck}의 95% 이상
　㉡ 1회 시험값이 f_{cn}의 95% 이상
③ ㉠ 연속 3회 시험값의 평균이 f_{ck} 이상
　㉡ 1회 시험값이 $(f_{cn} - 3.5\text{MPa})$ 이상
④ ㉠ 연속 3회 시험값의 평균이 f_{cn} 이상
　㉡ 1회 시험값이 f_{cn}의 90% 이상

해설 압축강도에 의한 콘크리트의 품질 검사

$f_{cn} \leq 35\text{MPa}$	$f_{cn} > 35\text{MPa}$
㉠ 연속 3회 시험값의 평균이 호칭강도 이상 ㉡ 1회 시험값이 (호칭강도 − 3.5MPa) 이상	㉠ 연속 3회 시험값의 평균이 호칭강도 이상 ㉡ 1회 시험값이 호칭강도의 90% 이상이다.

□□□ 기 05,08,09,12,14,19

17 콘크리트의 동결융해에 대한 설명 중 틀린 것은?

① 다공질의 골재를 사용한 콘크리트는 일반적으로 동결융해에 대한 저항성이 떨어진다.
② 콘크리트의 표층박리(scaling)는 동결융해작용에 의한 피해의 일종이다.
③ 동결융해에 의한 콘크리트의 피해는 콘크리트가 물로 포화되었을 때 가장 크다.
④ 콘크리트의 초기 동결융해에 대한 저항성을 높이기 위해서는 물−시멘트비를 크게 한다.

해설 물− 시멘트비를 작게 하여 치밀한 조직의 콘크리트로 만들면 동결융해에 대한 저항성이 커진다.

□□□ 기 01,04,19

18 유동화 콘크리트의 슬럼프 증가량은 몇 mm 이하를 원칙으로 하는가?

① 50mm
② 80mm
③ 100mm
④ 120mm

해설 유동화 콘크리트의 슬럼프 증가량은 100mm 이하를 원칙으로 하며, 50～80mm를 표준으로 한다.

19 레디믹스트 콘크리트에서 보통콘크리트 공기량의 허용 오차는?

① ±1%　　　　　　② ±1.5%

③ ±2%　　　　　　④ ±2.5%

해설 레디믹스트 콘크리트에서 공기량의 허용차

콘크리트의 종류	공기량	공기량의 허용차 범위
보통 콘크리트	4.5%	±1.5%
경량 콘크리트	5.5%	

20 양단이 정착된 프리텐션 부재의 한 단에서의 활동량이 2mm로 양단 활동량이 4mm일 때 강재의 길이가 10m라면 이 때의 프리스트레스 감소량으로 맞는 것은? (단, 긴장재의 탄성계수$(E_p) = 2.0 \times 10^5$MPa)

① 80MPa　　　　　　② 100MPa

③ 120MPa　　　　　　④ 140MPa

해설 $\Delta f = E_p \cdot \dfrac{\Delta l}{l} = 2.0 \times 10^5 \times \dfrac{4}{10,000} = 80\,\text{MPa}$

제2과목 : 건설시공 및 관리

21 각종 준설선에 관한 설명 중 옳지 않은 것은?

① 그래브 준설선은 버킷으로 해저의 토사를 굴착하여 적재하고 운반하는 준설선을 말한다.

② 디퍼 준설선은 파쇄된 암석이나 발파된 암석의 준설에는 부적당하다.

③ 펌프 준설선은 사질해저의 대량준설과 매립을 동시에 시행할 수 있다.

④ 쇄암선은 해저의 암반을 파쇄하는 데 사용한다.

해설 디퍼 준설선은 굴착력이 강해 그래브 준설선과 버킷 준설선으로 굴착할 수 없는 암석, 굳은 토질, 파쇄암 등의 준설에 적합하지만 연한 토질에는 능력이 떨어지고 단가가 비싸다.

22 필형 댐(fill type dam)의 설명으로 옳은 것은?

① 필형 댐은 여수로가 반드시 필요하지는 않다.

② 암반강도 면에서는 기초 암반에 걸리는 단위 체적당 힘은 콘크리트 댐보다 크므로 콘크리트 댐보다 제약이 많다.

③ 필형 댐은 홍수 시 월류에도 대단히 안정하다.

④ 필형 댐에서는 여수로를 댐 본체(本體)에 설치할 수 없다.

해설 ・여수토가 없으면 홍수시 월류하게 되어 댐의 파괴 원인이 된다.
・필형 댐은 콘크리트 댐보다 지지력이 작아도 된다.
・필형 댐의 월류는 대단히 위험하고 파괴 원인이 된다.
・필형 댐의 여수토는 댐의 측면 부근에 설치한다.

23 다짐 장비 중 마무리 다짐 및 아스팔트 포장의 끝손질에 사용하면 가장 유용한 장비는?

① 탠덤 롤러　　　　　　② 타이어 롤러

③ 탬핑 롤러　　　　　　④ 머캐덤 롤러

해설 ・탠덤 롤러 : 머캐덤 다짐 후 끝손질 다짐 또는 아스팔트 포장의 완성다짐에 가장 유효하다.
・머캐덤 롤러 : 쇄석기층 및 자갈층 다짐에 유효하다.
・타이어 롤러 : 사질토, 소성이 낮은 흙에 유효하다.
・탬핑 롤러 : 제방이나 흙 댐의 시공에서 성토 다짐할 경우 함수비(含水比) 조절을 위하여 고함수비의 점성토 지반에 유효하다.

24 사장교를 케이블 형상에 따라 분류할 때 그 종류가 아닌 것은?

① 프랫형(Pratt)　　　　　② 방사형(Radiating)

③ 하프형(Harp)　　　　　④ 별형(Star)

해설 장대교량에 사용되는 사장교인 주부재인 케이블의 교축 방향 배치 방식에 따라 4가지 형으로 분류 : 방사(radiating)형, 하프(harp)형, 부채(fan)형, 별(star)형

25 공정관리 기법인 PERT기법을 설명한 것 중 틀린 것은?

① 공법의 주목적은 공기 단축이다.

② 신규 사업, 비반복 사업에 많이 이용된다.

③ 3점 시간 추정법을 사용한다.

④ activity 중심의 일정으로 계산한다.

해설 CPM기법은 activity 중심의 일정으로 계산한다.

□□□ 기 92,01,04,11,19,21

26 도로공사에서 성토해야 할 토량이 $36,000\text{m}^3$인데 흐트러진 토량이 $30,000\text{m}^3$가 있다. 이때 $L=1.25$, $C=0.9$라면 자연상태 토량의 부족 토량은?

① $8,000\text{m}^3$ ② $12,000\text{m}^3$

③ $16,000\text{m}^3$ ④ $20,000\text{m}^3$

해설 · 흐트러진 토량 = 완성토량 $\times \dfrac{L}{C}$

$$= 36,000 \times \frac{1.25}{0.9} = 50,000\,\text{m}^3$$

· 부족 토량(흐트러진 상태) = $50,000 - 30,000 = 20,000\,\text{m}^3$

· 자연 상태의 부족 토량 = $20,000 \times \dfrac{1}{1.25} = 16,000\,\text{m}^3$

□□□ 기 04,08,19

27 다음 조건일 때 트랙터 셔블(Tractor shovel) 운전 1시간당 싣기 작업량은? (단, 버킷 용량 1.0m^3, 버킷 계수 1.0, 사이클 타임 50초, $f=1.0$, $E=0.75$)

① $125\text{m}^3/\text{h}$ ② $90\text{m}^3/\text{h}$

③ $54\text{m}^3/\text{h}$ ④ $40\text{m}^3/\text{h}$

해설 $Q = \dfrac{3,600 \times q \times k \times f \times E}{C_m}$

$$= \frac{3,600 \times 1.0 \times 1.0 \times 1 \times 0.75}{50} = 54\,\text{m}^3$$

□□□ 기 83,91,95,01,03,19

28 단독 말뚝의 지지력과 비교하여 무리 말뚝 한 개의 지지력에 관한 설명으로 옳은 것은? (단, 마찰말뚝이라 한다.)

① 두 말뚝의 지지력이 똑같다.

② 무리 말뚝의 지지력이 크다.

③ 무리 말뚝의 지지력이 작다

④ 무리 말뚝의 크기에 따라 다르다.

해설 무리 말뚝(군항)은 전달되는 응력이 겹쳐져서 각개의 지지력은 단말뚝보다 작다.

□□□ 기 93,06,19

29 암석 시험발파의 주된 목적으로 옳은 것은?

① 폭파계수 C를 구하려고 한다.

② 발파량을 추정하려고 한다.

③ 폭약의 종류를 결정하려고 한다.

④ 발파장비를 결정하려고 한다.

해설 시험발파
발파방법과 사용약량 등을 변화시키면서 발파하여 암석의 비산상태, 장약량, 안전성이 우수한 폭파계수(C)를 정한다.

□□□ 기 16,19

30 아래의 표에서 설명하는 아스팔트 포장의 파손은?

> · 골재 입자가 분리됨으로써 표층으로부터 하부로 진행되는 탈리 과정이다.
> · 표층에 잔골재가 부족하거나 아스팔트층의 현장 밀도가 낮은 경우에 주로 발생한다.

① 영구 변형(Rutting)   ② 라벨링(Ravelling)

③ 블록 균열   ④ 피로 균열

해설 라벨링(Ravelling)의 원인
· 표면의 골재가 이탈되어 거칠어진 상태
· 아스팔트 혼합당시 골재에 흙이 포함되거나 이물질이 포함된 경우
· 아스팔트 함량 부족

□□□ 기 88,19

31 다음과 같은 점토 지반에서 연속 기초의 극한 지지력을 Terzaghi 방법으로 구하면 얼마인가? (단, 흙의 점착력 15kN/m^2, 기초의 깊이 1m, 흙의 단위중량 16kN/m^3, 지지력 계수 $N_c=5.3$, $N_q=1.0$)

① 70.5kN/m^2 ② 87.8kN/m^2

③ 95.5kN/m^2 ④ 129.8kN/m^2

해설 · Terzaghi의 극한 지지력 공식

$$q_u = \alpha c N_c + \beta \gamma_1 B N_r + \gamma_2 D_f N_q$$

· 연속기초의 $\alpha = 1.0$, $\beta = 0.5$

· 점토질일 때 $\phi = 0$, $N_r = 0$

∴ $q_u = \alpha c N_c + \beta \gamma_1 B N_r + \gamma_2 D_f N_q$

$$= 1.0 \times 15 \times 5.3 + 16 \times 1 \times 1.0 = 95.5\,\text{kN/m}^2$$

□□□ 기 00,19

32 불투수층에서 최소 침강 지하수면까지의 거리를 1m, 암거의 간격 10m, 투수계수 $k=1\times10^{-5}\text{cm/s}$라 할 때 이 암거의 단위 길이당 배수량을 Donnan식에 의하여 구하면 얼마인가?

① $2\times10^{-2}\text{cm}^3/\text{cm/s}$ ② $2\times10^{-4}\text{cm}^3/\text{cm/s}$

③ $4\times10^{-2}\text{cm}^3/\text{cm/s}$ ④ $4\times10^{-4}\text{cm}^3/\text{cm/s}$

해설 암거의 배수량(Donnan식)

$$Q = \frac{4kH_o^2}{D}$$

$$= \frac{4 \times 10^{-5} \times 100^2}{1,000} = 4 \times 10^{-4}\,\text{cm}^3/\text{cm/sec}$$

□□□ 기 89,00,03,04,06,07,08,12,13,16,18,19

33 공사일수를 3점 시간 추정법에 의해 산정할 경우 적절한 공사 일수는? (단, 낙관일수는 6일, 정상일수는 8일, 비관일수는 10일이다.)

① 6일   ② 7일

③ 8일   ④ 9일

해설 3점법에 의한 공사일수 추정

$$t_e = \frac{a+4m+b}{6} = \frac{6+4\times 8+10}{6} = 8일$$

□□□ 기 19

34 옹벽에 작용하는 토압을 산정하기 위해 Rankine의 토압론을 적용하고자 한다. Rankine 토압계산 시 이용되는 기본 가정이 아닌 것은?

① 토압은 지표에 평행하게 작용한다.

② 흙은 매우 균질한 재료이다.

③ 흙은 비압축성 재료이다.

④ 지표면은 유한한 평면으로 존재한다.

해설 ・지표면이 수평면과 i의 각도로 기울어져 있을 때에도 Rankine 이론으로 토압을 구할 수 있다.
・주동토압과 수동토압의 작용방향은 지표면과 평행하다고 가정한다.

□□□ 기 09,12,16,19,22

35 옹벽 등 구조물의 뒤채움 재료에 대한 조건으로 틀린 것은?

① 투수성이 있어야 한다.

② 압축성이 좋아야 한다.

③ 다짐이 양호해야 한다.

④ 물의 침입에 의한 강도 저하가 적어야 한다.

해설 뒤채움 재료의 필요한 성질
・투수성이 양호할 것
・압축성이 작고 다짐이 양호한 재료일 것
・물의 침입에 의한 강도 저하가 적은 안정된 재료일 것

□□□ 기 96,05,19

36 터널의 계획, 설계, 시공 시 본바닥의 성질 및 지질구조를 가장 정확하게 알기 위한 조사 방법은?

① 물리적 탐사   ② 탄성파 탐사

③ 전기 탐사   ④ 보링(Boring)

해설 보링 조사

답사, 물리적 탐사(탄성파 탐사, 전기 탐사) 등의 간접적인 방법으로는 터널 예정 지점의 지하상황을 정확하게 판단하기 어려우므로 보링에 의하여 채취한 코어의 관찰, 물리적 시험 성과 등을 종합하여 본바닥의 성질 및 지질 구조를 가정 정확하게 조사한다.

□□□ 기 01,04,05,07,08,09,19

37 본바닥의 토량 500m³을 6일 동안에 걸쳐 성토장까지 운반하고자 한다. 이 때 필요한 덤프트럭은 몇 대인가? (단, 토량 변화율 $L=1.20$, 1대 1일당의 운반횟수는 5회, 덤프트럭의 적재용량은 5m³으로 한다.)

① 1대   ② 4대

③ 6대   ④ 8대

해설 운반토량＝자연상태토량 $\times L = 500 \times 1.20 = 600\,\mathrm{m}^3$

∴ 트럭대수 $N = \dfrac{운반\ 토량}{적재량} = \dfrac{600}{6일 \times 5회 \times 5\,\mathrm{m}^3} = 4$대

□□□ 기 08,13,19

38 아스팔트계 포장에서 거북등 균열(Alligator Cracking)이 발생하였다면 그 원인으로 가장 적당한 것은?

① 아스팔트와 골재 사이의 접착이 불량하다.

② 아스팔트를 가열할 때 Overheat 하였다.

③ 포장의 전압이 부족하다.

④ 노반의 지지력이 부족하다.

해설 거북등 균열은 거북등 모양의 전면적인 균열로 노반의 지지력이 부족할 때 발생한다.

□□□ 기 19

39 성토재료로서 사질토와 점성토의 특징에 관한 설명 중 옳지 않은 것은?

① 사질토는 횡방향 압력이 크고 점성토는 작다.

② 사질토는 다짐과 배수가 양호하다.

③ 점성토는 전단강도가 작고 압축성과 소성이 크다.

④ 사질토는 동결 피해가 작고 점성토는 동결 피해가 크다.

해설 사질토는 횡방향 압력이 작고 점성토는 크다.

□□□ 기 94,19

40 말뚝 기초공사에는 많은 말뚝을 박아야 하는데 일반적인 원칙은?

① 외측에서 먼저 박는다.

② 중앙부에서 먼저 박는다.

③ 중앙부에서 좀 떨어진 부분부터 먼저 박는다.

④ ＋자형으로 먼저 박는다.

해설 ・원칙적으로 중앙부부터 박고 차례로 외측으로 박아 나간다.
・기존 구조물 부근은 그 구조물 옆부터 박아 나간다.
・지표면이 한쪽으로 경사되어 있는 곳은 육지 쪽부터 박아 나간다.

제3과목 : 건설재료 및 시험

□□□ 기 02,07,10,15,18,19

41 콘크리트용 굵은 골재의 내구성을 판단하기 위해서 황산나트륨에 의한 안정성 시험을 할 경우 조작을 5번 반복했을 때 굵은 골재의 손실질량은 얼마 이하를 표준으로 하는가?

① 5% ② 8%
③ 10% ④ 12%

해설 황산나트륨으로 5회 시험으로 평가한 손실량(%)

시험용 용액	손실 질량비	
	잔골재	굵은 골재
황산나트륨	10% 이하	12% 이하

□□□ 기 05,09,19

42 시멘트 조성 광물에서 수축률이 가장 큰 것은?

① C_3S ② C_3A
③ C_4AF ④ C_2S

해설 클링커 화합물 특성 비교

화합물	조기강도	장기강도	수축률($\times 10^{-5}$)
C_3S	대	중	79
C_2S	소	대	79
C_4AF	소	소	49
C_3A	대	소	234

□□□ 기 91,04,11,18,19

43 용어의 설명으로 틀린 것은?

① 인장력에 재료가 길게 늘어나는 성질을 연성이라 한다.
② 외력에 의한 변형이 크게 일어나는 재료를 강성이 큰 재료라고 한다.
③ 작은 변형에도 쉽게 파괴되는 성질을 취성이라 한다.
④ 재료를 두들길 때 짧게 펴지는 성질을 전성이라 한다.

해설 강성(剛性 ; rigidity)
· 재료가 외력을 받을 때 변형에 저항하는 성질을 강성이라 한다.
· 외력을 받아도 변형을 적게 일으키는 재료를 강성이 큰 재료라 한다.
· 강성은 탄성계수와 관계가 있으나 강도와는 직접적인 관계는 없다.

□□□ 기 02,04,05,08,19

44 콘크리트용 혼화재료에 관한 설명 중 틀린 것은?

① 플라이애시를 사용한 콘크리트의 경우 목표 공기량을 얻기 위해서는 플라이애시를 사용하지 않은 콘크리트에 비해 AE제의 사용량이 증가된다.
② 고로슬래그 미분말은 비결정질의 유리질 재료로 잠재수경성을 가지고 있으며, 유리화율이 높을수록 잠재수경성 반응은 커진다.
③ 실리카퓸은 평균입경이 $0.1\mu m$ 크기의 초미립자로 이루어진 비결정질 재료로 포졸란 반응을 한다.
④ 팽창재를 사용한 콘크리트 팽창률 및 압축강도는 팽창재 혼입량이 증가되면 될수록 증가한다.

해설 팽창재의 혼합량이 증가함에 따라 압축강도는 증가하지만 팽창재 혼합률이 시멘트량이 11% 보다 많아지면 팽창률이 급격히 증가하여 압축강도는 팽창률에 반비례하여 감소한다.

□□□ 기 19

45 잔골재의 밀도 및 흡수율 시험(KS F 2504)에 대한 설명으로 틀린 것은?

① 일반적으로 플라스크는 검정된 것으로써 100mL로 하는 경우가 많다.
② 절대 건조 상태의 체적에 대한 절대 건조 상태의 질량을 진밀도라고 한다.
③ 밀도는 2회 시험의 평균값으로 결정하는데 이때 시험값은 평균과의 차이가 $0.01g/cm^3$ 이하여야 한다.
④ 흡수율은 2회 시험의 평균값으로 결정하는데 이때 시험값은 평균과의 차이가 0.05% 이하여야 한다.

해설 일반적으로 플라스크는 검정된 것으로써 $500mL$로 하는 경우가 많다.

□□□ 기 09,19

46 고로슬래그 미분말을 사용한 콘크리트에 대한 설명으로 잘못된 것은?

① 수밀성이 향상된다.
② 염화물이온 침투 억제에 의한 철근 부식 억제에 효과가 있다.
③ 수화발열 속도가 빨라 조기강도가 향상된다.
④ 블리딩이 작고 유동성이 향상된다.

해설 고로슬래그 미분말을 사용한 콘크리트는 수화열에 의한 온도 상승의 억제에 대한 효과가 커서 초기강도는 작으나 28일 이후의 장기강도 향상 효과가 있다.

47 아스팔트의 특성에 대한 설명 중 틀린 것은?

① 점성과 감온성이 있다.
② 불투수성이어서 방수재료로도 사용된다.
③ 점착성이 크고 부착성이 좋기 때문에 결합재료, 접착재료로 사용한다.
④ 아스팔트는 증발감량이 작다.

해설 증발감량
 ・아스팔트는 휘발성 물질을 많이 함유하여 증발감량이 크다.
 ・증발감량은 방청제, 노면처리로 사용되는 아스팔트의 적부를 판단할 때 중요한 요소이다.

48 어떤 모래를 체가름 시험한 결과가 아래의 표와 같을 때 조립률은?

체(mm)	10	5	2.5	1.2	0.6	0.3	0.15	팬
체의 잔류율 (%)	0	2	8	20	26	23	16	5

① 2.56
② 2.68
③ 2.72
④ 3.72

해설 FM은 75mm, 40mm, 20mm, 10mm, 5mm(NO.4), 2.5mm, 1.2mm, 0.6mm, 0.3mm, 0.15mm의 10개 체를 사용한다.

체(mm)	10	5	2.5	1.2	0.6	0.3	0.15	팬
체의 잔류율(%)	0	2	8	20	26	23	16	5
각체의 누적잔유량(%)	0	2	10	30	56	79	95	100

・$F.M = \dfrac{각체의 \ 누적잔유량(\%)}{100}$

$$= \dfrac{0+2+10+30+56+79+95}{100}$$

$$= 2.72$$

49 광물질 혼화재 중의 실리카가 시멘트 수화 생성물인 수산화칼슘과 반응하여 장기 강도 증진 효과를 발휘하는 현상을 무엇이라 하는가?

① 포졸란 반응(pozzolan reaction)
② 수화 반응(hydration reaction)
③ 볼 베어링(ball bearing) 작용
④ 충전(filler) 효과

해설 이를 포졸란 반응이라 하며 내구성과 수밀성이 향상되며 강도도 증진된다.

50 목재에 대한 설명으로 틀린 것은?

① 목재의 벌목에 적당한 시기는 가을에서 겨울에 걸친 기간이다.
② 목재의 건조방법 중 끓임법은 자연건조법의 일종이다.
③ 목재의 방부처리법은 표면처리법과 방부제 주입법으로 크게 나눌 수 있다.
④ 목재의 비중은 보통 기건비중을 말하며 이때의 함수율은 15% 전후이다.

해설 ・자연 건조법 : 공기 건조법, 수침법
 ・인공 건조법 : 끓임법, 열기 건조법, 증기 건조법, 자비법

51 암석의 구조에 대한 설명 중 옳은 것은?

① 암석의 가공이나 채석에 이용되는 것으로 갈라지기 쉬운 면을 석리라 한다.
② 퇴적암이나 변성암의 일부에서 생기는 평행상의 절리를 벽개라 한다.
③ 암석 특유의 천연적으로 갈라진 금을 절리라 한다.
④ 암석을 구성하고 있는 조암광물의 집합 상태에 따라 생기는 눈모양을 층리라 한다.

해설 ・석재를 조성하고 있는 광물의 조직에 따라 생기는 눈의 모양을 석리라 한다.
 ・퇴적암이나 변성암의 일부에서 생기는 평행상의 절리를 층리라 한다.
 ・석재를 조성하고 있는 광물의 조직에 따라 생기는 눈의 모양을 석리라 한다.

52 시멘트의 저장 방법으로 옳지 않은 것은?

① 방습 구조로 된 사일로(silo) 또는 창고에 품종별로 구분하여 저장한다.
② 3개월 이상 장기간 저장한 시멘트는 사용하기 전에 시험을 실시한다.
③ 포대시멘트는 지상 100mm 이상되는 마루에 쌓아 저장한다.
④ 저장 중에 약간이라도 굳은 시멘트는 공사에 사용해서는 안 된다.

해설 포대시멘트가 저장 중에 지면으로부터 습기를 받지 않도록 하기 위해서는 창고의 마룻바닥과 지면 사이는 0.3m로 하면 좋다.

□□□ 기 13,19
53 석재의 내구성에 관한 설명으로 옳지 않은 것은?

① 알루미나 화합물, 규산, 규산염류는 풍화가 잘 되지 않는 조암광물이다.
② 동일한 석재라도 풍토, 기후, 노출 상태에 따라 풍화 속도가 다르다.
③ 흡수율이 작은 석재일수록 동해를 받기 쉽고 내구성이 약하다.
④ 조암광물의 풍화 정도에 따라 내구성이 달라진다.

해설 석재의 내구성
· 조암광물이 미립 등립일수록 내구성과 공극률이 크고, 흡수율이 큰 다공질일수록 동해를 받기 쉽고 내구성이 약하다.
· 조암광물의 풍화의 정도에 따라 내구성이 달라진다. 풍화가 잘 안 되는 조암광물은 알루미나 화합물, 규산, 규산염류 등이다.
· 동일한 석재라도 사용장소의 풍토, 기후 및 노출상태의 차이는 조암광물의 풍화의 속도에 영향을 미친다.
· 내구성을 확인하기 위해서는 퇴색시험, 팽창계수의 측정, 동결융해시험, 내산, 내알칼리, 내화시험 등 여러 가지 시험을 행하고 종합적으로 판단한다.

□□□ 기 92,00,14,19
54 컷백 아스팔트(Cutback asphalt) 중 건조가 가장 빠른 것은?

① MC
② SC
③ LC
④ RC

해설 컷백 아스팔트의 종류
· 급속 경화(RC) : 용해유의 증발 속도가 매우 빠르다.
· 중속 경화(MC) : 용해유의 증발 속도가 비교적 느리다.
· 완속 경화(SC) : 용해유의 증발속도가 늦어 경화시간이 오래 걸린다.

□□□ 기 06,10,13,14,15,19
55 토목섬유(geotextiles)의 특징에 대한 설명으로 틀린 것은?

① 인장강도가 크다.
② 탄성계수가 작다.
③ 차수성, 분리성, 배수성이 크다.
④ 수축을 방지한다.

해설 토목섬유의 특징
· 인장강도가 크다.
· 수축을 방지한다.
· 탄성계수가 크다.
· 열에 강하고 무게가 가볍다.
· 배수성과 차수성 및 분리성이 크다.

□□□ 기 06,10,13,19
56 길이가 15cm인 어떤 금속을 17cm로 인장시켰을 때 폭이 6cm에서 5.8cm가 되었다. 이 금속의 포아송 비는?

① 0.15
② 0.20
③ 0.25
④ 0.30

해설 포아송비 $\nu = \dfrac{\beta}{\epsilon} = \dfrac{\dfrac{\Delta d}{d}}{\dfrac{\Delta l}{l}} = \dfrac{\Delta d \cdot l}{\Delta l \cdot d}$

$= \dfrac{(6-5.8) \times 15}{(17-15) \times 6} = 0.25$

□□□ 기 01,06,08,12,13,18,19
57 잔골재의 조립률 2.3, 굵은 골재의 조립률 7.0을 사용하여 잔골재와 굵은 골재를 1 : 1.5의 비율로 혼합하면 이 때 혼합된 골재의 조립률은?

① 4.92
② 5.12
③ 5.32
④ 5.52

해설 $f_s = \dfrac{m}{m+n} f_s + \dfrac{n}{m+n} f_g$

$= \dfrac{1}{1+1.5} \times 2.3 + \dfrac{1.5}{1+1.5} \times 7.0 = 5.12$

□□□ 기 98,99,00,02,03,06,09,10,12,15,19,22
58 고무혼입 아스팔트(rubberized asphalt)를 스트레이트 아스팔트와 비교할 때 특징으로 옳지 않은 것은?

① 응집성 및 부착성이 크다.
② 내노화성이 크다.
③ 마찰계수가 크다.
④ 감온성이 크다.

해설 고무 혼입 아스팔트의 정점
· 감온성이 작다.
· 응집성 및 부착력이 크다.
· 탄성 및 충격저항이 크다.
· 내노화성 및 마찰계수가 크다.

□□□ 기 88,91,02,19
59 다음 중 토목공사 발파에 사용되는 것으로 폭발력이 가장 약한 것은?

① 흑색화약
② T.N.T
③ 다이너마이트(dynamite)
④ 칼릿(carlit)

해설 흑색화약은 폭발력이 다른 화약에 비해 가장 약하나 값이 싸고 보관 취급에 위험이 적다.

60 포틀랜드시멘트 주성분의 함유 비율에 대한 시멘트의 특성을 설명한 것으로 옳은 것은?

① 수경률(H.M)이 크면 초기 강도가 크고 수화열이 큰 시멘트가 생긴다.
② 규산율(S.M)이 크면 C_3A가 많이 생성되어 초기 강도가 크다.
③ 철률(I.M)이 크면 초기 강도는 작고 수화열이 작아지며 화학 저항성이 높은 시멘트가 된다.
④ 일반적으로 중용열 포틀랜드 시멘트가 조강 포틀랜드 시멘트보다 수경률(H.M)이 크다.

해설 ·규산율(S.M)이 낮으면 C_3A가 많이 생성되어 초기강도가 크다.
·철률(I.M)이 크면 초기강도는 높지만 수화열이 크고 화학저항성이 낮은 시멘트가 된다.
·수경률은 다른 성분이 일정할 경우 석고량이 많을수록 작은 값이 된다.

제4과목 : 토질 및 기초

61 말뚝의 부마찰력에 대한 설명 중 틀린 것은?

① 부마찰력이 작용하면 지지력이 감소한다.
② 연약지반에 말뚝을 박은 후 그 위에 성토를 한 경우 일어나기 쉽다.
③ 부마찰력은 말뚝 주변 침하량이 말뚝의 침하량보다 클 때 아래로 끌어내리는 마찰력을 말한다.
④ 연약한 점토에 있어서는 상대변위의 속도가 느릴수록 부마찰력은 크다.

해설 연약한 점토에서 부마찰력은 상대변위의 속도가 느릴 수록 적고, 빠를수록 크다.

62 다음 중 점성토 지반의 개량공법으로 거리가 먼 것은?

① paper drain 공법
② vibro-flotation 공법
③ chemico pile 공법
④ sand compaction pile 공법

해설 vibro-flotation공법 : 느슨한 모래지반을 개량하는 공법이다.

63 표준압밀실험을 하였더니 하중 강도가 0.24MPa에서 0.36MPa로 증가할 때 간극비는 1.8에서 1.2로 감소하였다. 이 흙의 최종침하량은 약 얼마인가?
(단, 압밀층의 두께는 20m이다.)

① 428.57cm
② 214.29cm
③ 642.86cm
④ 285.71cm

해설 최종침하량 $\Delta H = \dfrac{a_v H}{1+e_1} \Delta P$

·압축 계수 $a_v = \dfrac{e_1 - e_2}{P_2 - P_1} = \dfrac{1.8 - 1.2}{0.36 - 0.24} = 5\,\text{mm}^2/\text{N}$
·$\Delta P = 0.36 - 0.24 = 0.12\,\text{MPa}$
∴ $\Delta H = \dfrac{5 \times 20,000}{1+1.8} \times 0.12 = 4,285.7\,\text{mm} = 428.57\,\text{cm}$

64 모래지반에 30cm×30cm의 재하판으로 재하실험을 한 결과 100kN/m^2의 극한 지지력을 얻었다. 4m×4m의 기초를 설치할 때 기대되는 극한지지력은?

① 100kN/m^2
② $1,000\text{kN/m}^2$
③ $1,333\text{kN/m}^2$
④ $1,540\text{kN/m}^2$

해설 사질토에서 지지력은 재하판의 폭에 비례
$0.30 : 100 = 4 : q_d$
$q_d = \dfrac{4}{0.30} \times 100 = 1,333\,\text{kN/m}^2$

65 단동식 증기 해머로 말뚝을 박았다. 해머의 무게 25kN, 낙하고 3m, 타격 당 말뚝의 평균 관입량 1cm, 안전율 6일 때 Engineering-News 공식으로 허용지지력을 구하면?

① 2,500kN
② 2,000kN
③ 1,000kN
④ 500kN

해설 $Q_a = \dfrac{WH}{F_s(S+0.25)} = \dfrac{25 \times 300}{6(1+0.25)} = 1,000\,\text{kN}$

66 Rod에 붙인 어떤 저항체를 지중에 넣어 관입, 인발 및 회전에 의해 흙의 전단강도를 측정하는 원위치 시험은?

① 보링(boring)
② 사운딩(sounding)
③ 시료채취(sampling)
④ 비파괴 시험(NDT)

해설 이를 Sounding이라 한다.

□□□ 기 01,05,19

67 예민비가 큰 점토란 어느 것인가?

① 입자의 모양이 날카로운 점토
② 입자가 가늘고 긴 형태의 점토
③ 다시 반죽했을 때 강도가 감소하는 점토
④ 다시 반죽했을 때 강도가 증가하는 점토

해설 · 예민비

$$S_t = \frac{\text{흐트러지지 않은 시료의 일축압축강도}(q_u)}{\text{흙을 다시 이겼을 때의 일축압축강도}(q_{ur})}$$

· 예민비가 큰 점토는 흙을 다시 반죽했을 때의 일축 압축 강도가 감소하는 점토
· 예민비는 점성토에 이용되며 흐트러진 시료의 일축 압축 강도가 감소하는 성질 관계의 감소비를 말한다. 예민비가 클수록 강도의 변화가 크므로 공학적 성질이 나쁘다.

□□□ 기 19

68 아래 그림과 같은 3m×3m 크기의 정사각형 기초의 극한지지력을 Terzaghi 공식으로 구하면? (단, 내부마찰각 (ϕ)은 20°, 점착력(c)은 50kN/m², 지지력계수 N_c=18, N_γ=5, N_q=7.5, γ_w=9.81kN/m³이다.)

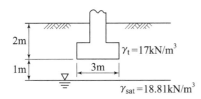

① 1,357.01kN/m²
② 1,495.02kN/m²
③ 1,572.06kN/m²
④ 1,743.08kN/m²

해설 $q_u = \alpha c N_c + \beta \gamma_1 B N_r + \gamma_2 D_f N_q$

· $d < B$

$\gamma_1 = \gamma_{sub} + \dfrac{d}{B}(\gamma_t - \gamma_{sub})$

· $\gamma_{sub} = \gamma_{sat} - \gamma_w = 18.81 - 9.81 = 9 \text{kN/m}^3$

$\gamma_1 = 9 + \dfrac{1}{3}(17-9) = 11.67 \text{kN/m}^3$

∴ $q_u = 1.3 \times 50 \times 18 + 0.4 \times 11.67 \times 3 \times 5 + 17$
$\times 2 \times 7.5 = 1,495.02 \text{kN/m}^2$

□□□ 기 80,82,84,92,97,04,06,10,14,19

69 토립자가 둥글고 입도분포가 나쁜 모래 지반에서 표준관입시험을 한 결과 N치는 10이었다. 이 모래의 내부 마찰각을 Dunham의 공식으로 구하면?

① 21°
② 26°
③ 31°
④ 36°

해설 토립자가 둥글고 입도가 불량
$\phi = \sqrt{12N} + 15 = \sqrt{12 \times 10} + 15 = 26°$

□□□ 기 11,19

70 아래 그림과 같이 지표면에 집중하중이 작용할 때 A점에서 발생하는 연직응력의 증가량은?

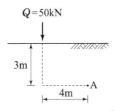

① 206N/m²
② 244N/m²
③ 272N/m²
④ 303N/m²

해설 $\Delta\sigma_z = \dfrac{3Q}{2\pi} \times \dfrac{Z^3}{R^5}$

· $R = \sqrt{3^2 + 4^2} = 5$

∴ $\Delta\sigma_z = \dfrac{3 \times 50}{2\pi} \times \dfrac{3^3}{5^5} = 0.2063 \text{kN/m}^2 = 206.3 \text{N/m}^2$

□□□ 기 80,19

71 사면의 안정에 관한 다음 설명 중 옳지 않은 것은?

① 임계 활동면이란 안전율이 가장 크게 나타나는 활동면을 말한다.
② 안전율이 최소로 되는 활동면을 이루는 원을 임계원이라 한다.
③ 활동면에 발생하는 전단응력이 흙의 전단강도를 초과할 경우 활동이 일어난다.
④ 활동면은 일반적으로 원형활동면으로 가정한다.

해설 임계 활동면(critical surface)
안전율의 값이 최소인 활동면으로 가장 불안전한 활동면을 말한다.

□□□ 기 84,97,98,09,11,15,18,19

72 유선망의 특징을 설명한 것 중 옳지 않은 것은?

① 각 유로의 침투유량은 같다.
② 유선과 등수두선은 서로 직교한다.
③ 유선망으로 이루어지는 사각형은 이론상 정사각형이다.
④ 침투속도 및 동수경사는 유선망의 폭에 비례한다.

해설 유선망의 특성
· 각 유량의 침투유량은 같다.
· 유선과 등수두선은 서로 직교한다.
· 인접한 등수두선 간의 수두차는 모두 같다.
· 인접한 두 등수두선 사이의 수두손실은 같다.
· 유선망을 이루는 사각형은 이론상 정사각형이다.(폭과 길이는 같다.)
· 침투속도 및 동수구배는 유선망의 폭에 반비례한다.

73 어떤 종류의 흙에 대해 직접전단(일면전단) 시험을 한 결과 아래 표와 같은 결과를 얻었다. 이 값으로부터 점착력(c)을 구하면? (단, 시료의 단면적은 10cm^{2}이다.)

수직하중(N)	100	200	300
전단력(N)	247.85	255.0	263.5

① 30.0N/cm^2　　　　② 27.0N/cm^2
③ 24.1N/cm^2　　　　④ 19.0N/cm^2

해설 ■수직응력 $\sigma = \dfrac{P}{A}$ N/cm^2, 전단응력 $\tau = \dfrac{S}{A}$ N/cm^2

・ $\sigma_{10} = \dfrac{P}{A} = \dfrac{100}{10} = 10$ N/cm^2

$\tau_{10} = \dfrac{S}{A} = \dfrac{247.85}{10} = 24.8$ N/cm^2

・ $\sigma_{20} = \dfrac{P}{A} = \dfrac{200}{10} = 20$ N/cm^2

$\tau_{20} = \dfrac{S}{A} = \dfrac{255.0}{10} = 25.5$ N/cm^2

■ $\tau = c + \sigma\tan\phi$
・ $24.8 = c + 10\tan\phi$ ·················· (1)
・ $25.5 = c + 20\tan\phi$ ·················· (2)
(1)×2−(2)
・ $49.6 = 2c + 20\tan\phi$ ·················· (3)
・ $25.5 = c + 20\tan\phi$ ·················· (4)
∴ $c = 24.1$ N/cm$^2 = 0.241$ MPa

74 다음은 전단시험을 한 응력경로이다. 어느 경우인가?

① 초기단계의 최대주응력과 최소주응력이 같은 상태에서 시행한 삼축압축시험의 전응력 경로이다.
② 초기단계의 최대주응력과 최소주응력이 같은 상태에서 시행한 일축압축시험의 전응력 경로이다.
③ 초기단계의 최대주응력과 최소주응력이 같은 상태에서 $K_o = 0.5$인 조건에서 시행한 삼축압축시험의 전응력 경로이다.
④ 초기단계의 최대주응력과 최소주응력이 같은 상태에서 $K_o = 0.7$인 조건에서 시행한 일축압축시험의 전응력 경로이다.

해설 초기 단계의 최대주응력과 최소주응력이 같은 상태에서 시행한 삼축압축 시험의 전응력 경로이다.

75 그림과 같이 모래층에 널말뚝을 설치하여 물막이공 내의 물을 배수하였을 때, 분사현상이 일어나지 않게 하려면 얼마의 압력($\Downarrow$)을 가하여야 하는가? (단, 모래의 비중은 2.65, 간극비는 0.65, 안전율은 3, 물의 단위중량은 9.81kN/m^{3}이다.)

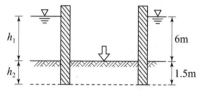

① 65kN/m^2　　　　② 162kN/m^2
③ 230kN/m^2　　　　④ 330kN/m^2

해설 널말뚝 하단에서의 안전율

$$F_s = \dfrac{\text{유효응력}(\bar\sigma) + \Delta\sigma}{\text{침투압}(P)} = \dfrac{\gamma_{sub}\, h_2 + \Delta P}{\gamma_w h_1}$$

・수중단위중량 $\gamma_{sub} = \dfrac{G_s - 1}{1 + e}\gamma_w = \dfrac{2.65 - 1}{1 + 0.65} \times 9.81$
$= 9.81$ kN/m^3

・유효응력 $\bar\sigma = \gamma_{sub}\, h_2 = 9.81 \times 1.5 = 14.72$ kN/m^2

・침투압 $P = \gamma_w h_1 = 9.81 \times 6 = 58.86$ kN/m^2

・ $3 = \dfrac{9.81 \times 1.5 + \Delta P}{58.86}$

참고 SOLVE 사용　　∴ $\Delta P = 162$ kN/m^2

76 모래의 밀도에 따라 일어나는 전단특성에 대한 다음 설명 중 옳지 않은 것은?

① 다시 성형한 시료의 강도는 작아지지만 조밀한 모래에서는 시간이 경과됨에 따라 강도가 회복 된다.
② 내부마찰각(ϕ)은 조밀한 모래일수록 크다.
③ 직접 전단시험에 있어서 전단응력과 수평변위 곡선은 조밀한 모래에서는 peak가 생긴다.
④ 조밀한 모래에서는 전단변형이 계속 진행되면 부피가 팽창한다.

해설 다시 성형한 시료의 강도는 작아지지만 조밀한 점토에서는 시간이 경과됨에 따라 강도가 회복된다.

77 흙의 다짐 효과에 대한 설명 중 틀린 것은?

① 흙의 단위중량 증가　　② 투수계수 감소
③ 전단강도 저하　　　　④ 지반의 지지력 증가

해설 흙을 다지면 흙의 단위중량이 증대되어 전단강도와 지지력이 증대되고, 공극은 감소되며 투수성은 낮아진다.

☐☐☐ 기 10,19

78 토압에 대한 다음 설명 중 옳은 것은?

① 일반적으로 정지토압 계수는 주동토압 계수보다 작다.

② Rankine 이론에 의한 주동토압의 크기는 Coulomb 이론에 의한 값보다 작다.

③ 옹벽, 흙막이벽체, 널말뚝 중 토압분포가 삼각형 분포에 가장 가까운 것은 옹벽이다.

④ 극한 주동상태는 수동상태보다 훨씬 더 큰 변위에서 발생한다.

해설 · 토압계수의 크기 : 수동토압계수 > 정지토압계수 > 주동토압계수

· Rankine 이론에 의한 주동토압의 크기는 Coulomb 이론에 의한 값보다 10%크다.

· 마찰각 $\phi = 0°$, 지표면이 수평 $i = 0$인 경우 연직 옹벽에서 Coulomb의 토압과 Rankine의 토압은 같다.

· 주동토압에 도달하는 데는 0.5%H 만큼의 매우 작은 변형률이, 완전수동상태에 도달하는 데는 25%H 정도의 큰 변형률이 발생한다.

☐☐☐ 기 81,84,93,95,19

79 흙 입자의 비중은 2.56, 함수비는 35%, 습윤단위중량은 17.21kN/m³일 때 간극률은 약 얼마인가? (단, $\gamma_w = 9.81$kN/m³이다.)

① 32%   ② 37%

③ 43%   ④ 49%

해설 간극율 $n = \dfrac{e}{1+e} \times 100$

· $\gamma_d = \dfrac{\gamma_t}{1+w} = \dfrac{17.21}{1+0.35} = 12.748$kN/m³

· $e = \dfrac{\gamma_w}{\gamma_d} G_s - 1 = \dfrac{9.81}{12.748} \times 2.56 - 1 = 0.97$

$\left(\because \gamma_d = \dfrac{G_s}{1+e} \gamma_w \right)$

$\therefore n = \dfrac{0.97}{1+0.97} \times 100 = 49\%$

☐☐☐ 기 85,92,05,19

80 다음과 같이 널말뚝을 박은 지반의 유선망을 작도하는 데 있어서 경계조건에 대한 설명으로 틀린 것은?

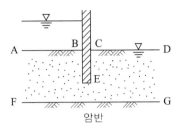

암반

① $\overline{AB}$ 는 등수두선이다.

② $\overline{CD}$ 는 등수두선이다.

③ $\overline{FG}$ 는 유선이다.

④ $\overline{BEC}$ 는 등수두선이다.

해설 $\overline{FG}$, $\overline{BEC}$는 유선이다.

※ 각 문제는 4지 택일형으로 질문에 가장 적합한 문제의 보기 번호를 클릭하거나 답안표기란의 번호를 클릭하여 입력하시면 됩니다.
※ 입력된 답안은 문제 화면 또는 답안 표기란의 보기 번호를 클릭하여 변경하실 수 있습니다.

제1과목 : 콘크리트 공학

□□□ 기 13,19

01 굵은 골재의 최대치수에 대한 설명으로 옳은 것은?

① 단면이 큰 구조물인 경우 25mm를 표준으로 한다.
② 거푸집 양 측면 사이의 최소 거리의 3/4을 초과하지 않아야 한다.
③ 개별 철근, 다발철근, 긴장재 또는 덕트 사이 최소 순간격의 3/4을 초과하지 않아야 한다.
④ 무근 콘크리트인 경우 20mm를 표준으로 하며, 또한 부재 최소 치수의 1/5을 초과해서는 안 된다.

해설 굵은 골재의 최대치수

구조물의 종류		굵은 골재의 최대치수
철근 콘크리트	일반적인 경우	20mm 또는 25mm
	단면이 큰 경우	40mm
	부재 간격 (초과하지 않을 것)	· 거푸집 양측면 사이의 최소거리의 1/5 · 슬래브 두께의 1/3 · 개별철근, 다발철근, 긴장재 또는 덕트 사이 최소 순간격의 3/4
무근 콘크리트		· 40mm · 부재 최소치수의 1/4을 초과해서는 안됨

□□□ 기 10,11,19,22

02 매스 콘크리트의 온도균열 발생에 대한 검토는 온도균열치수에 의해 평가하는 것을 원칙으로 한다. 철근이 배치된 일반적인 구조물의 표준적인 온도 균열치수의 값 중 균열발생을 제한할 경우의 값으로 옳은 것은?
(단, 표준시방서에 따른다.)

① 1.5이상
② 1.2~1.5
③ 0.7~1.2
④ 0.7 이하

해설 온도균열제어 수준에 따른 온도균열지수

· 온도균열제어 지수	온도균열지수
· 균열발생을 방지해야 할 경우	1.5 이상
· 균열발생을 제한할 경우	1.2 ~ 1.5 미만
· 유해한 균열발생을 제한할 경우	0.7 ~ 1.2 미만

□□□ 기 06,09,19

03 시방배합에서 규정된 배합의 표시 방법에 포함되지 않는 것은?

① 잔골재율
② 물－결합재비
③ 슬럼프 범위
④ 잔골재의 최대치수

해설 굵은 골재의 최대치수

□□□ 기 05,19,21

04 한중 콘크리트에 대한 설명으로 틀린 것은?

① 하루의 평균기온이 4℃ 이하로 예상될 때에 시공하는 콘크리트이다.
② 단위수량은 소요의 워커빌리티를 유지할 수 있는 범위 내에서 되도록 적게 정하여야 한다.
③ 한중 콘크리트는 소요의 압축강도가 얻어질 때까지는 콘크리트의 온도를 5℃ 이상으로 유지해야 한다.
④ 물, 시멘트 및 골재를 가열하여 재료의 온도를 높일 경우에는 균일하게 가열하여 항상 소요온도의 재료가 얻어질 수 있도록 해야 한다.

해설 온도가 높은 시멘트와 물을 접촉시키면 급결하여 콘크리트에 나쁜 영향을 줄 우려가 있으므로 시멘트의 가열은 금지한다.

□□□ 기 13,19

05 일반콘크리트 제조 시 목표하는 시멘트의 1회 계량 분량은 317kg이다. 그러나 현장에서 계량된 시멘트의 계측값은 313kg으로 나타났다. 이러한 경우의 계량오차와 합격, 불합격 여부를 정확히 판단한 것은?

① 계량오차 : −0.63%, 합격
② 계량오차 : −0.63%, 불합격
③ 계량오차 : −1.26%, 합격
④ 계량오차 : −1.26%, 불합격

해설 계량오차 $m_o = \dfrac{m_2 - m_1}{m_1} \times 100$

$= \dfrac{313 - 317}{317} \times 100 = -1.26\%$

∴ 시멘트 허용오차 ±1% < −1.26% : 불합격

□□□ 기 02,08,12,17,19

06 콘크리트 양생 중 적절한 수분공급을 하지 않아 수분의 증발이 원인이 되어 타설 후부터 콘크리트의 응결, 종결 시까지 발생할 수 있는 결함으로 가장 적당한 것은?

① 초기 건조균열이 발생한다.
② 콘크리트의 부등침하에 의한 침하수축 균열이 발생한다.
③ 시멘트, 골재입자 등이 침하함으로써 물의 분리 상승 정도가 증가한다.
④ 블리딩에 의하여 콘크리트 표면에 미세한 물질이 떠올라 이음부 약점이 된다.

해설 콘크리트의 경화를 촉진시키고 초기 수축 균열을 방지하기 위해 적절한 수분을 공급하고, 직사광선이나 바람에 의해서 수분이 증발하는 것을 방지해야 한다.

□□□ 기 09,16,19

07 설계기준압축강도가 21MPa인 콘크리트로부터 5개의 공시체를 만들어 압축강도 시험을 한 결과 압축강도가 아래의 표와 같을 때, 품질 관리를 위한 압축강도의 변동계수 값은 약 얼마인가? (단, 표준편차는 불편분산의 개념으로 구한다.)

【시험 결과】
22, 23, 24, 27, 29 (MPa)

① 11.7%　　② 13.6%
③ 15.2%　　④ 17.4%

해설 변동계수 $C_V = \dfrac{\sigma}{\mathrm{x}} \times 100$

· $\overline{\mathrm{x}} = \dfrac{22+23+24+27+29}{5} = 25\,\mathrm{MPa}$

편차제곱합

· $S = (25-22)^2 + (25-23)^2 + (25-24)^2 + (25-27)^2$
　　$+ (25-29)^2 = 34$

· $\sigma = \sqrt{\dfrac{S}{n-1}} = \sqrt{\dfrac{34}{5-1}} = 2.92$

∴ $C_V = \dfrac{2.92}{25} \times 100 = 11.7\%$

□□□ 기 09,11,12,15,19,22

08 쪼갬 인장 강도 실험(KS F 2423)으로부터 최대 하중 $P=100\,\mathrm{kN}$을 얻었다. 원주 공시체의 지름이 100mm, 길이가 200mm일 때 이 공시체의 쪼갬 인장 강도는?

① 1.27MPa　　② 1.59MPa
③ 3.18MPa　　④ 6.36MPa

해설 $f_t = \dfrac{2P}{\pi d l}$

　　$= \dfrac{2 \times 100 \times 10^3}{\pi \times 100 \times 200} = 3.18\,\mathrm{N/mm^2} = 3.18\,\mathrm{MPa}$

□□□ 기 03,05,14,19

09 섬유보강 콘크리트에 대한 설명으로 틀린 것은?

① 섬유보강 콘크리트는 콘크리트의 인장강도와 균열에 대한 저항성을 높인 콘크리트이다.
② 믹서는 섬유를 콘크리트 속에 균일하게 분산시킬 수 있는 가경식 믹서를 사용하는 것을 원칙으로 한다.
③ 섬유보강 콘크리트에 사용하는 섬유는 섬유와 시멘트 결합재 사이의 부착성이 양호하고, 섬유의 인장강도가 커야 한다.
④ 시멘트계 복합재료용 섬유는 강섬유, 유리섬유, 탄소섬유 등의 무기계 섬유와 아라미드섬유, 비닐론섬유 등의 유기계 섬유로 분류한다.

해설 섬유가 혼입되면 보통의 콘크리트보다 큰 에너지로 비빌 필요가 있기 때문에 믹서는 강제식 믹서를 사용하는 것을 원칙으로 한다.

□□□ 기 99,03,07,18,19,21

10 콘크리트의 타설에 대한 설명으로 틀린 것은?

① 한 구획 내의 콘크리트는 타설이 완료될 때까지 연속해서 타설하여야 한다.
② 타설한 콘크리트를 거푸집 안에서 횡방향으로 이동시켜서는 안 된다.
③ 외기온도가 25℃ 이하일 경우 허용 이어치기 시간간격은 2.5시간을 표준으로 한다.
④ 콘크리트를 2층 이상으로 나누어 타설할 경우, 상층의 콘크리트 타설은 원칙적으로 하층의 콘크리트가 굳은 뒤에 타설하여야 한다.

해설 콘크리트를 2층 이상으로 나누어 타설할 경우, 상층의 콘크리트 타설은 원칙적으로 하층의 콘크리트가 굳기 시작하기 전에 해야 한다.

□□□ 기 08,14,17,19

11 프리스트레스트 콘크리트와 철근콘크리트의 비교 설명으로 틀린 것은?

① 프리스트레스트 콘크리트는 철근 콘크리트에 비하여 내화성에 있어서는 불리하다.
② 프리스트레스트 콘크리트는 철근콘크리트에 비하여 강성이 커서 변형이 적고 진동에 강하다.
③ 프리스트레스트 콘크리트는 철근 콘크리트에 비하여 고강도의 콘크리트와 강재를 사용하게 된다.
④ 프리스트레스트 콘크리트는 균열이 발생하지 않도록 설계되기 때문에 내구성 및 수밀성이 좋다.

해설 PSC는 RC에 비하여 강성이 작아서 변형이 크고 진동하기 쉽다.

□□□ 기 11,19

12 30회 이상의 시험실적으로부터 구한 콘크리트 압축강도의 표준편차가 2.5MPa이고, 콘크리트의 품질기준강도가 30MPa일 때 콘크리트 배합강도는?

① 32.33MPa

② 33.35MPa

③ 34.25MPa

④ 35.33MPa

해설 $f_{cq} = 30\text{MPa} \leq 35\text{MPa}$일 때
- $f_{cr} = f_{cq} + 1.34s = 30 + 1.34 \times 2.5 = 33.35\,\text{MPa}$
- $f_{cr} = (f_{cq} - 3.5) + 2.33s$
  $= (30 - 3.5) + 2.33 \times 2.5 = 32.33\,\text{MPa}$
- ∴ 배합강도 $f_{cr} = 33.35\,\text{MPa}$(큰 값)

□□□ 기 13,19

13 고유동 콘크리트를 제조할 때에는 유동성, 재료 분리저항성 및 자기 충전성을 관리하여야 한다. 이때 유동성을 관리하기 위해 필요한 시험은?

① 깔때기 유하시간

② 슬럼프 플로시험

③ 500mm 플로 도달시간

④ 충전장치를 이용한 간극 통과성 시험

해설 고유동 콘크리트의 품질
- 굳지 않은 콘크리트의 유동성은 슬럼프 플로 600mm 이상으로 한다.
- 슬럼프 플로 500mm 도달시간은 3~20초 범위를 만족하여야 한다.

□□□ 기 17,19

14 프리스트레스트 콘크리트에서 프리스트레싱할때의 일반적인 사항으로 틀린 것은?

① 긴장재는 이것을 수성하는 각각의 PS강재에 소정의 인장력이 주어지도록 긴장하여야 한다.

② 긴장재를 긴장할 때 정확한 인장력이 주어지도록 하기 위해 인장력을 설계값 이상으로 주었다가 다시 설계값으로 낮추는 방법으로 시공하여야 한다.

③ 긴장재에 대해 순차적으로 프리스트레싱을 실시할 경우는 각 단계에 있어서 콘크리트에 유해한 응력이 생기지 않도록 하여야 한다.

④ 프리텐션 방식의 경우 긴장재에 주는 인장력은 고정장치의 활동에 의한 손실을 고려하여야 한다.

해설 긴장재를 긴장할 때 정확한 인장력이 주어지도록 하기 위해 인장력을 설계값 이상으로 주었다가 다시 설계값으로 낮추는 방법으로 시공하지 않아야 한다.

□□□ 기 08,19

15 일반적인 수중 콘크리트의 재료 및 시공 상의 주의사항으로 옳은 것은?

① 물의 흐름을 막은 정수 중에는 콘크리트를 수중에 낙하시킬 수 있다.

② 물−결합재비는 40% 이하, 단위 결합재량은 300kg/m³이상을 표전으로 한다.

③ 수중에서 시공할 때의 강도가 표준공시체 강도의 0.6~0.8배가 되도록 배합강도를 설정하여야 한다.

④ 트레미를 사용하여 콘크리트를 타설할 경우, 콘크리트를 타설하는 동안 일정한 속도로 수평 이동시켜야 한다.

해설
- 콘크리트를 수중에 낙하시키면 재료분리가 일어나고 시멘트가 유실되기 때문에 콘크리트는 수중에 낙하시켜서는 안된다.
- 물− 시멘트비는 50% 이하를, 단위시멘트량은 370kg/m³ 이상을 표준으로 한다.
- 트레미를 사용하여 콘크리트를 칠 경우 콘크리트를 수평이동 시켜서는 안된다.

□□□ 기 19

16 콘크리트 공시체의 압축강도에 관한 설명으로 옳은 것은?

① 하중재하속도가 빠를수록 강도가 작게 나타난다.

② 시험 직전에 공시체를 건조시키면 강도가 크게 감소한다.

③ 공시체의 표면에 요철이 있는 경우는 압축강도가 크게 나타난다.

④ 원주형 공시체의 직경과 입방체 공시체의 한 변의 길이가 같으면 원주형 공시체의 강도가 작다.

해설
- 하중재하속도가 빠를수록 강도가 크게 나타난다.
- 완전히 건조된 공시체가 포화된 공시체보다 강도가 크게 되는 경향이 있다.
- 공시체의 표면에 요철이 있는 경우는 압축강도가 작게 나타난다.

□□□ 기 19

17 콘크리트 압축강도 시험용 공시체를 제작하는 방법에 대한 설명으로 틀린 것은?

① 공시체는 지름의 2배의 높이를 가진 원기둥형으로 한다.

② 콘크리트를 몰드에 채울 때 2층 이상으로 거의 동일한 두께로 나눠서 채운다.

③ 콘크리트를 몰드에 채울 때 각 층의 두께는 100mm를 초과해서는 안 된다.

④ 몰드를 떼는 시기는 콘크리트 채우기가 끝나고 나서 16시간 이상 3일 이내로 한다.

해설 콘크리트를 몰드에 채울 때 각 층의 두께는 160mm를 초과해서는 안 된다.

□□□ 기16,19

18 기존 구조물의 철근부식을 평가할 수 있는 비파괴 시험 방법이 아닌 것은?

① 자연전위법　　　　② 분극저항법
③ 전기저항법　　　　④ 관입저항법

해설 철근부식 여부를 조사할 수 있는 방법
　　・자연전위법　・분극저항법　・전기저항법

□□□ 기07,13,19

19 거푸집의 높이가 높을 경우, 거푸집에 투입구를 설치하 거나 연직슈트 또는 펌프배관의 배출구를 타설면 가까운 곳까지 내려서 콘크리트를 타설하여야 한다. 이때 슈트, 펌프배관 등의 배출구와 타설 면까지의 높이는 몇 m 이하 를 원칙으로 하는가?

① 1.0m　　　　　　② 1.5m
③ 2.0m　　　　　　④ 2.5m

해설 경사슈트의 출구에서 조절판 및 깔때기를 설치해서 재료분리를 방지하기 위하여 깔때기의 하단과 콘크리트를 치는 표면 까지 간격 은 1.5m 이하로 한다.

□□□ 기00,07,10,15,19

20 구조제 콘크리트의 압축강도 비파괴 시험에 사용되는 슈미트 해머로 구조체가 경량 콘크리트인 경우에 사용하 는 슈미트 해머는?

① N형 슈미트 해머　　② L형 슈미트 해머
③ P형 슈미트 해머　　④ M형 슈미트 해머

해설 슈미트 햄머의 종류
　① N형 슈미트 해머 : 보통 콘크리트용(일반적으로 많이 사용하고 있는 것)
　② P형 슈미트 해머 : 저강도 콘크리트용(전자식 햄머)
　③ L형 슈미트 해머 : 경량 콘크리트용
　④ M형 슈미트 해머 : 매스 콘크리트용

제2과목 : 건설시공 및 관리

□□□ 기09,19

21 기계화 시공에 있어서 중장비의 비용계산 중 기계손료 를 구성하는 요소가 아닌 것은?

① 관리비　　　　　　② 정비비
③ 인건비　　　　　　④ 감가상각비

해설 기계손료 : 상각비, 정비비, 관리비

□□□ 기04,09,19,22

22 공정관리에서 PERT와 CPM의 비교 설명으로 옳은 것은?

① PERT는 반복사업에, CPM은 신규사업에 좋다.
② PERT는 1점 시간추정이고, CPM은 3점 시간추정이다.
③ PERT는 작업활동 중심관리이고, CPM은 작업단계 중심관 리이다.
④ PERT는 공기 단축이 주목적이고, CPM은 공사비 절감이 주목적이다.

해설 PERT와 CPM의 비고

PERT	CPM
공기 단축이 목적	공비 절감이 목적
신규 사업, 비반복 사업, 경험이 없는 사업 등에 활용	반복 사업, 경험이 있는 사업 등에 이용
3점 시간 추정(t_o, t_m, t_p)	1점 시간 추정(t_m)
확률론적 검토	비용 견적, 비용 구배, 일정 단축
결합점(event) 중심 관리	작업 활동(activity) 중심 관리

□□□ 기12,19

23 건설기계 규격의 일반적인 표현방법으로 옳은 것은?

① 불도저 – 총 중량(ton)
② 모터 스크레이퍼 – 중량(ton)
③ 트랙터 셔블 – 버킷 면적(m^2)
④ 모터 그레이더 – 최대 견인력(ton)

해설 토공 기계의 작업 규격

건설 기계	작업 규격
불도저	총장비 중량(ton)
모터 그레이더	토공판(Blade)의 길이(m)
모터 스크레이퍼	볼(Bowl) 용량(m^3)
트럭터 셔블	버킷 용량(m^3)

□□□ 기02,19

24 부마찰력에 대한 설명으로 틀린 것은?

① 말뚝이 타입된 지반이 압밀 진행 중일 때 발생된다.
② 지하수위의 감소로 체적이 감소할 때 발생된다.
③ 말뚝의 주면마찰력이 선단지지력 보다 클 때 발생된다.
④ 상재 하중이 말뚝과 지표에 작용하여 침하할 경우에 발생 된다.

해설 부마찰력이 생기는 원인
　・말뚝의 타입 지반이 압밀 진행 중인 경우
　・상재 하중이 말뚝과 지표에 작용하는 경우
　・지하수위의 감소로 체적이 감소하는 경우
　・팽창성 점토지반일 경우

□□□ 기07,15,19

25 다져진 토량 $37,800\text{m}^3$을 성토하는데 흐트러진 토량(운반토량)으로 $30,000\text{m}^3$이 있을 때, 부족토량은 자연 상태 토량으로 얼마인가? (단, 토량변화율 $L=1.25$, $C=0.90$이다.)

① $22,000\text{m}^3$
② $18,000\text{m}^3$
③ $15,000\text{m}^3$
④ $11,000\text{m}^3$

해설 ・완성 토량을 본바닥 토량으로 환산
$$= \text{완성 토량} \times \frac{1}{C} = 37,800 \times \frac{1}{0.9} = 4,200\text{m}^3$$
・유용토를 본바닥 토량으로 환산
$$= \text{느슨한 토량} \times \frac{1}{L} = 30,000 \times \frac{1}{1.25} = 24,000\text{m}^3$$
$$\therefore \text{부족 토량} = 42,000 - 24,000 = 18,000\text{m}^3$$

□□□ 기19,22

26 록 볼트의 정착형식은 선단 정착형, 전면접착형, 혼합형으로 구분할 수 있다. 이에 대한 설명으로 틀린 것은?

① 록 볼트 전장에서 원지반을 구속하는 경우에는 전면 접착형이다.
② 암괴의 봉합효과를 목적으로 하는 것은 선단 정착이며, 그 중 쐐기형이 많이 쓰인다.
③ 선단을 기계적으로 정착한 후 시멘트밀크를 주입하는 것은 혼합형이다.
④ 경암, 보통암, 토사 원지반에서 팽창성 원지반까지 적용범위가 넓은 것은 전면 접착형이다.

해설 ・전면 접착형 : 암괴의 봉합효과
・선단 접착형 : 내압 효과 또는 아치 형성 효과

□□□ 기19

27 아스팔트 포장에서 프라임 코트(Prime coat)의 중요 목적이 아닌 것은?

① 배수층 역할을 하여 노상토의 지지력을 증대시킨다.
② 보조기층에서 모세관 작용에 의한 물의 상승을 차단한다.
③ 보조기층과 그 위에 시공될 아스팔트 혼합물과의 융합을 좋게 한다.
④ 기층 마무리 후 아스팔트 포설까지의 기층과 보조기층의 파손 및 표면수의 침투, 강우에 의한 세굴을 방지한다.

해설 프라임 코트
■입상 재료층에 점성이 낮은 역청재를 살포, 침투시켜 보조 기층, 기층 등의 방수성을 높이고, 기층의 모세 공극을 메워 그 위에 포설하는 아스팔트 혼합물층과의 부착을 좋게 하기 위해 역청 재료를 얇게 피복하는 것
■프라임 코트 목적
・기층의 방수성 향상
・입상 기능의 모세 공극 메움
・기층과 혼합물의 부착성 향상

□□□ 기12,19,22

28 아래 그림과 같은 지형에서 시공 기준면의 표고를 30m로 할 때 총 토공량은? (단, 격자점의 숫자는 표고를 나타내며 단위는 m이다.)

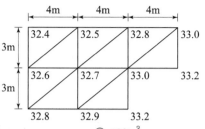

① 142m^3
② 168m^3
③ 184m^3
④ 213m^3

해설 $V = \dfrac{ab}{6}(\Sigma h_1 + 2\Sigma h_2 + 3\Sigma h_3 + 4\Sigma h_4 + 5\Sigma h_5 + 6\Sigma h_6)$
・$h_1 = (32.4-30) + (33.2-30) + (33.2-30) = 8.8$
・$h_2 = (33.0-30) + (32.8-30) = 5.8$
・$h_3 = (32.5-30) + (32.8-30) + (32.9-30) + (32.6-30)$
$\qquad = 10.8$
・$h_5 = (33-30) = 3$
・$h_6 = (32.7-30) = 2.7$
$\therefore V = \dfrac{4 \times 3}{6}(8.8 + 2 \times 5.8 + 3 \times 10.8 + 5 \times 3 + 6 \times 2.7)$
$\qquad = 168.0\text{m}^3$

□□□ 기12,14,19

29 히빙(Heaving)의 방지대책으로 틀린 것은?

① 굴착저면의 지반개량을 실시한다.
② 흙막이벽의 근입 깊이를 증대시킨다.
③ 굴착공법을 부분굴착에서 전면굴착으로 변경한다.
④ 중력배수나 강제배수 같은 지하수의 배수대책을 수립한다.

해설 히빙(heaving)의 방지대책
・연약지반을 개량한다.
・흙막이공의 계획을 변경한다.
・흙막이벽이 관입깊이를 깊게 한다.
・트렌치(trench)공법 또는 부분굴착을 한다.
・표토를 제거하거나 배면의 배수처리로 하중을 작게 한다.

□□□ 기08,19

30 돌쌓기에 대한 설명으로 틀린 것은?

① 메쌓기는 콘크리트를 사용하지 않는다.
② 찰쌓기는 뒤채움에 콘크리트를 사용한다.
③ 메쌓기는 쌓는 높이의 제한을 받지 않는다.
④ 일반적으로 찰쌓기는 메쌓기보다 높이 쌓을 수 있다.

해설 메쌓기는 비탈면이 높은 경우에 돌이 탈락할 우려가 있기 때문에 5m 이내의 비탈면에 채택되는 것이 좋다.

□□□ 기 01,10,11,12,19

31 20,000m³의 본바닥을 버킷용량 0.6m³의 백호를 이용하여 굴착할 때 아래 조건에 의한 공기를 구하면?

【조 건】
- 버킷계수 : 1.2, 작업효율 : 0.8, Cm : 25초
- 1일 작업시간 : 8시간, 뒷정리 : 2일
- 토량의 변화율 : $L=1.3$, $C=0.9$

① 24일　　　　　② 42일
③ 186일　　　　　④ 314일

해설 $Q = \dfrac{3,600 \cdot q \cdot k \cdot f \cdot E}{C_m}$

$= \dfrac{3,600 \times 0.6 \times 1.2 \times \dfrac{1}{1.3} \times 0.8}{25} = 60.80\,\mathrm{m^3/hr}$

- 굴착일수 $= \dfrac{20,000}{60.80 \times 8} = 41.12 = 42$일

□□□ 기 15,19

32 아스팔트 포장과 콘크리트 포장을 비교 설명한 것 중 아스팔트 포장의 특징으로 틀린 것은?

① 초기 공사비가 고가이다.
② 양생기간이 거의 필요 없다.
③ 주행성이 콘크리트 포장보다 좋다.
④ 보수 작업이 콘크리트 포장보다 쉽다.

해설 · 초기 공비를 합리적으로 사용할 수 있다.
· 콘크리트 포장의 초기 공사비가 고가이다.

□□□ 기 92,99,00,02,17,19

33 운동장, 광장 등 넓은 지역의 배수방법으로 적당한 것은?

① 암거 배수　　　　② 지표 배수
③ 개수로 배수　　　④ 맹암거 배수

해설 맹암거 배수 : 주로 운동장, 광장 등 넓은 지역의 배수에 이용되며 각처에서 값싸게 구입할 수 있으나 내구 연한이 짧은 것이 결점이다.

□□□ 기 95,19

34 시료의 평균값이 279.1, 범위의 평균값이 56.32, 군의 크기에 따라 정하는 계수가 0.73일 때 상부관리 한계선(UCL) 값은?

① 316.0　　　　　② 320.2
③ 338.0　　　　　④ 342.1

해설 $\mathrm{UCL} = \bar{x} + A_2\bar{R}$
$= 279.1 + 0.73 \times 56.32 = 320.21$

□□□ 기 03,08,19

35 다음 중 직접기초 굴착 시 저면 중앙부에 섬과 같이 기초부를 먼저 구축하여 이것을 발판으로 주면부를 시공하는 방법은?

① Cut 공법　　　　② Island 공법
③ Open cut 공법　　④ Deep well 공법

해설 Island공법 : 기초가 비교적 얕고 면적이 넓은 경우에 사용하는데 섬처럼 중앙부를 먼저 굴착한 후 구조물의 기초를 축조한 다음 이것을 발판으로 둘레 부분을 굴착해 나가는 공법이다.

□□□ 기 09,19,22

36 옹벽을 구조적 특성에 따라 분류할 때 여기에 속하지 않는 것은?

① 돌쌓기 옹벽　　　② 중력식 옹벽
③ 부벽식 옹벽　　　④ 캔틸레버식 옹벽

해설 구조 형식에 의한 분류
· 중력식 옹벽
· 반중력식 옹벽
· 부벽식 옹벽
· 캔틸레버식 옹벽(역 T형 옹벽, L형 옹벽, 역 L형 옹벽)

□□□ 기 16,19

37 터널의 시공에 사용되는 숏크리트 습식공법의 장점으로 틀린 것은?

① 분진이 적다.
② 품질관리가 용이하다.
③ 장거리 압송이 가능하다.
④ 대규모 터널 작업에 적합하다.

해설 습식공법은 수송시간의 제약과 압송거리가 짧다.

□□□ 기 12,19

38 방파제를 크게 보통방파제와 특수방파제로 분류할 때 특수방파제에 속하지 않는 것은?

① 공기 방파제
② 부양 방파제
③ 잠수 방파제
④ 콘크리트 단괴식 방파제

해설 방파제의 종류
· 보통방파제 : 경사 방파제, 직립 방파제, 혼성 방파제
· 특수방파제 : 공기방파제, 부양방파제, 수방파제, 잠수 방파제

☐☐☐ 기99,00,06,10,13,19

39 교량 가설의 위치 선정에 대한 설명으로 틀린 것은?

① 하천과 유수가 안정한 곳일 것
② 하폭이 넓을 때는 굴곡부일 것
③ 하천과 양안의 지질이 양호한 곳일 것
④ 교각의 축방향이 유수의 방향과 평행하게 되는 곳 일 것

[해설] 하상의 변동이 있는 곳이나 세굴 작용이 심한 하천의 굴곡부는 피한다.

☐☐☐ 기07,19

40 토목공사용 기계는 작업종류에 따라 굴삭, 운반, 부설, 다짐 및 정지 등으로 구분된다. 다음 중 운반용 기계가 아닌 것은?

① 탬퍼   ② 불도저
③ 덤프트럭   ④ 벨트 컨베이어

[해설] 탬퍼(tamper) : 전압판의 연속적인 충격으로 전압하는 기계로 갓길 및 소규모 도로 토공에 알맞다.

제3과목 : 건설재료 및 시험

☐☐☐ 기17,19

41 시멘트의 응결시험 방법으로 옳은 것은?

① 비비 시험
② 오토크렐이브 방법
③ 길모어 침에 의한 방법
④ 공기 투과 장치에 의한 방법

[해설] 시멘트의 응결시험 방법
비이카 침에 의한 방법, 길모어 침에 의한 방법

☐☐☐ 기04,19

42 반 고체 상태의 아스팔트성 재료를 3.2mm 두께의 얇은 막 형태로 163℃로 5시간 가열한 후 침입도 시험을 실시하여 원 시료와의 비율을 측정하며, 가열 손실량도 측정하는 시험법은?

① 증발감량 시험
② 피막박리 시험
③ 박막가열 시험
④ 아스팔트 제품의 증류시험

[해설] 박막 가열 시험이며 아스팔트의 열이나 공기 등의 작용에 의해서 변질되는 경향을 알기 위하여 박막 가열 시험을 한다.

☐☐☐ 기11,19

43 어떤 시멘트의 주요 성분이 아래 표와 같을 때 시멘트의 수경률은?

화학성분	조성비(%)	화학성분	조성비(%)
SiO_2	21.9	CaO	63.7
Al_2O_3	5.2	MgO	1.2
Fe_2O_3	2.8	SO_3	1.4

① 2.0   ② 2.05
③ 2.10   ④ 2.15

[해설] $수경률 = \dfrac{CaO - 0.7 \times SO_3}{SiO_2 + Al_2O_3 + Fe_2O_3}$

$= \dfrac{63.7 - 0.7 \times 1.4}{21.9 + 5.2 + 2.8} = 2.10$

☐☐☐ 기98,01,07,14,19,21

44 어떤 목재의 함수율을 시험한 결과 건조 전목재의 중량은 165g이고, 비중이 1.5일 때 함수율은 얼마인가?
(단, 목재의 절대 건조중량은 142g이었다.)

① 13.9%   ② 15.2%
③ 16.2%   ④ 17.2%

[해설] 함수율

$함수율 = \dfrac{건조전\ 중량(W_1) - 건조\ 후\ 중량(W_2)}{건조\ 후\ 중량(W_2)} = \times 100(\%)$

$= \dfrac{165 - 142}{142} \times 100 = 16.2\%$

☐☐☐ 기19

45 골재의 표준체에 의한 체가름시험에서 굵은 골재란 다음 중 어느 것인가?

① 10mm체를 전부 통과하고 5mm체를 거의 통과하며 0.15mm체에 거의 남는 골재
② 10mm체를 전부 통과하고 5mm체를 거의 통과하며 1.2mm체에 거의 남는 골제
③ 40mm체에 거의 남는 골제
④ 5mm 체에 거의 다 남는 골재

[해설] ■굵은 골재
· 5mm체에 거의 다 남는 골재,
· 5mm체에 다 남는 골재를 말한다.
■잔 골재
· 10mm체를 전부 통과하고, 5mm체를 거의 다 통과하며, 0.08mm체에 거의 다 남는 골재
· 5mm체를 다 통과하고, 0.08mm체에 다 남는 골재

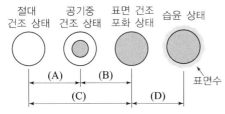

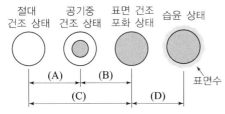

46 다음 골재의 함수상태를 표시한 것 중 틀린 것은?

① A : 기건 함수량 ② B : 유효흡수량
③ C : 함수량 ④ D : 표면수량

해설 ・흡수량 : C
・함수량 : C+D

47 토목섬유 중 지오텍스타일의 기능을 설명한 것으로 틀린 것은?

① 배수 : 물이 흙으로부터 여러 형태의 배수로로 빠져나갈 수 있도록 한다.
② 보강 : 토목섬유의 인장강도는 흙의 지지력을 증가시킨다.
③ 여과 : 입도가 다른 두 개의 층 사이에 배치되어 침투수 통과 시 토립자의 이동을 방지한다.
④ 혼합 : 도로 시공 시 여러 개의 흙층을 혼합하여 결합시키는 역할을 한다.

해설 Geosynthetics의 기능
・배수기능 ・여과기능 ・보강기능
・분리기능 : 모래, 자갈, 잡석 등의 조립토와 세립토의 혼합을 방지하는 기능
・방수 및 차단 기능 : 댐의 상류층이나 재방에 물의 침투를 막거나 지하철, 터널, 쓰레기 매립장 등에서 방수 목적으로 사용된다.

48 재료의 일반적 성질 중 아래 표에 해당하는 성질은 무엇인가?

외력에 의해서 변형된 재료가 외력을 제거했을 때, 원형으로 돌아가지 않고 변형된 그대로 있는 성질

① 인성 ② 취성
③ 탄성 ④ 소성

해설 ・인성 : 재료가 하중을 받아 파괴될 때까지의 에너지 흡수능력으로 나타난다.
・취성(脆性) : 재료가 외력을 받을 때 작은 변형에도 파괴되는 성질
・탄성(彈性) : 재료에 외력을 주어 변형이 생겼을 때 외력을 제거하면 원형으로 되돌아가는 성질
・소성(塑性) : 외력에 의해서 변형된 재료가 외력을 제거했을 때, 원형으로 되돌아가지 않고 변형된 그대로 있는 성질

49 아래의 표에서 설명하는 것은?

・시멘트를 염산 및 탄산나트륨용액에 넣었을 때 녹지 않고 남는 부분을 말한다.
・이 양은 소성반응의 완전여부를 알아내는 척도가 된다.
・보통 포틀랜드시멘트의 경우 이 양은 일반적으로 점토성분의 미소성에 의하여 발생되며 약 0.1~0.6% 정도이다.

① 수경률 ② 규산율
③ 강열감량 ④ 불용해 잔분

해설 불용해 잔분
・시멘트를 염산 및 탄산나트륨 용액으로 처리하여 녹지 않는 부분을 말한다.
・일반적으로 불용해 잔분은 0.1~0.6% 정도이다.

50 다음 암석 중 일반적으로 공극률이 가장 큰 것은?

① 사암 ② 화강암
③ 응회암 ④ 대리석

해설 석재의 흡수율

종류	흡수율(%)
화강암	0.20~1.70
응회암	1.30~2.00
사암	0.70~12.0
대리석	0.10~2.50

・흡수율이 크면 공극률이 크다. ∴ 사석이 공극률이 가장 크다.

51 플라이 애시에 대한 설명으로 틀린 것은?

① 초기의 수화반응의 증대로 초기 강도가 크다
② 사용수량을 감소시키며 유동성을 개선한다.
③ 알칼리ー골재 반응에 의한 팽창을 억제한다.
④ 화력발전소의 보일러에서 나오는 산업폐기물이다.

해설 플라이 애시를 사용한 콘크리트는 초기강도는 낮으나 장기강도의 증대함은 상당히 증가 한다.

52 다음 석재 중에서 압축강도가 가장 큰 것은?

① 사암 ② 응회암
③ 안산암 ④ 화강암

해설 압축강도 크기순서 : 화강암 >안산암 > 응회암 > 사암

53 AE 콘크리트의 AE제에 대한 특징으로 틀린 것은?

① AE제는 미소한 독립기포를 콘크리트 중에 균일하게 분포시킨다.
② AE 공기알의 지름은 대부분 0.025~0.25mm 정도이다.
③ AE제는 동결 융해에 대한 저항성을 감소시킨다.
④ AE제는 표면 활성제 이다.

해설 AE제는 동결 융해에 대한 저항성이 크게 된다.

54 다음 중 기폭약의 종류가 아닌 것은?

① 니트로글리세린　　② 뇌산수은
③ 질화납　　　　　　④ DDNP

해설 ・기폭약 : 1) 뇌산수은(뇌홍) 2) 질화납 3) DDNT
　　・폭약 : 1) 칼릿, 2) 니트로글리세린, 3) 다이나마이트

55 다음 콘크리트용 골재에 대한 설명으로 틀린 것은?

① 골재의 비중이 클수록 흡수량이 작아 내구적이다.
② 조립률이 같은 골재라도 서로 다른 입도곡선을 가질 수 있다.
③ 콘크리트의 압축강도는 물-시멘트비가 동일한 경우 굵은 골재 최대치수가 커짐에 따라 증가한다.
④ 굵은 골재 최대치수를 크게 하면 같은 슬럼프의 콘크리트를 제조하는데 필요한 단위수량을 감소시킬 수 있다.

해설 콘크리트의 압축강도는 물-시멘트비가 동일한 경우 굵은 골재 최대치수가 커짐에 부착력이 작아져 감소한다.

56 콘크리트용 혼화재료에 대한 설명으로 틀린 것은?

① 팽창재를 사용한 콘크리트의 수밀성은 일반적으로 작아지는 경향이 있다.
② 촉진제는 저온에서 강도발현이 우수하기 때문에 한중콘크리트에 사용된다.
③ 발포제를 사용한 콘크리트는 내부 기포에 의해 단열성 및 내화성이 떨어진다.
④ 착색재로 사용되는 안료를 혼합한 콘크리트는 보통콘트리트에 비해 강도가 저하된다.

해설 발포제는 건축분야에서는 부재의 경량화 또는 단열성을 높이기 위한 목적으로 사용된다.

57 일반적으로 포장용 타르로 가장 많이 사용되는 것은?

① 피치　　　　　　② 잔류타르
③ 컷백타르　　　　④ 혼성타르

해설 일반적으로 컷백타르가 포장용 타르로 널리 사용되고 있다.

58 직경 200mm, 길이 5m의 강봉에 축방향으로 400kN의 인장력을 가하여 변형을 측정한 결과 직경이 0.1mm 줄어들고 길이가 10mm 늘어났을 때 이 재료의 포아송 비는?

① 0.25　　　　　　② 0.5
③ 1.0　　　　　　④ 4.0

해설 포아송 비 $\mu = \dfrac{1}{m} = \dfrac{\dfrac{\Delta d}{d}}{\dfrac{\Delta l}{l}} = \dfrac{\dfrac{0.1}{200}}{\dfrac{10}{5,000}} = 0.25$

59 콘크리트용 골재에 요구되는 성질 중 옳지 않은 것은?

① 화학적으로 안정할 것
② 골재의 입도 크기가 동일할 것
③ 물리적으로 안정하고 내구성이 클 것
④ 시멘트 풀과의 부착력이 큰 표면조직을 가질 것

해설 대소립(大小粒)이 적당히 혼입될 것, 즉 입도가 적당할 것

60 다음 중 천연아스팔트의 종류가 아닌 것은?

① 록(Rock)아스팔트
② 샌드(Sand)아스팔트
③ 블론(Blown)아스팔트
④ 레이크(Lake)아스팔트

해설 ・천연 아스팔트 : 1) 록(rock) 아스팔트 2) 레이크(lake)아스팔트 3) 샌드(sand) 아스팔트 4) 아스팔타이트(asphaltite)
　　・석유 아스팔트 : 1) 스트레이트(straight)아스팔트 2) 블로운(brown) 아스팔트 3) 세미블론아스팔트 4) 용제추출 아스팔트

제4과목 : 토질 및 기초

□□□ 산12, 기13,16,19

61 4m×4m 크기인 정사각형 기초를 내부마찰각 $\phi = 20°$, 점착력 $c = 30kN/m^2$인 지반에 설치하였다. 흙의 단위중량(γ)=$19kN/m^3$이고, 안전율을 3으로 할 때 기초의 허용하중을 Terzaghi 지지력공식으로 구하면? (단, 기초의 깊이는 1m이고, 전반전단파괴가 발생한다고 가정하며, $N_c = 17.69$, $N_q = 7.44$, $N_r = 4.97$이다.)

① 4,780kN
② 5,240kN
③ 5,672kN
④ 6,218kN

해설 허용하중 $P = \dfrac{q_u A}{F_s}$

· $q_u = \alpha c N_c + \beta \gamma_1 B N_r + \gamma_2 D_f N_q$
$= 1.3 \times 30 \times 17.69 + 0.4 \times 19 \times 4 \times 4.97 + 19 \times 1 \times 7.44$
$= 982.36 kN/m^2$

$\therefore P = \dfrac{982.36 \times (4 \times 4)}{3} = 5,239 kN$

□□□ 기93,98,00,05,09,17,19

62 어떤 점토지반에서 베인 시험을 실시하였다. 베인의 지름이 50mm, 높이가 100mm, 파괴시 토크가 59N·m일 때 이 점토의 점착력은?

① 129kN/m²
② 157kN/m²
③ 213kN/m²
④ 276kN/m²

해설 점착력

$C_u = \dfrac{M_{max}}{\pi D^2 \left(\dfrac{H}{2} + \dfrac{D}{6}\right)} = \dfrac{59 \times 1,000}{\pi \times 50^2 \times \left(\dfrac{100}{2} + \dfrac{50}{6}\right)}$
$= 0.129 N/mm^2 = 0.129 MPa = 129 kN/m^2$

참고 $1 N/mm^2 = 1 MPa = 1,000 kN/m^2$

□□□ 기82,17,19

63 유선망은 이론상 정사각형으로 이루어진다. 동수경사가 가장 큰 곳은?

① 어느 곳이나 동일함
② 땅속 제일 깊은 곳
③ 정사각형이 가장 큰 곳
④ 정사각형이 가장 작은 곳

해설 유선망

· 유선망으로 이루어진 사각형은 정사각형으로 이루어진다.
· 동수경사 $i = \dfrac{h}{L}$ 이므로 동수경사(i)가 크면 등압선의 폭(L)은 작으므로 정사각형이 가장 작은 곳이다.

□□□ 기11,16,19

64 다음은 시험 종류와 시험으로부터 얻을 수 있는 값을 연결한 것이다. 연결이 틀린 것은?

① 비중계분석시험 − 흙의 비중(G_s)
② 삼축압축시험 − 강도정수(c, ϕ)
③ 일축압축시험 − 흙의 예민비(S_t)
④ 평판재하시험 − 지반반력계수(K_s)

해설 비중계분석시험 − No.200 이하 흙의 분류시험

□□□ 기 06,18,19

65 그림은 확대 기초를 설치했을 때 지반의 전단 파괴형상을 가정(Terzaghi의 가정)한 것이다. 다음 설명 중 틀린 것은? (단, ϕ는 내부마찰각이다.)

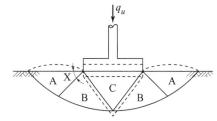

① 파괴 순서는 C→B→A이다.
② 전반전단(General Shear)일 때의 파괴 현상이다.
③ A 영역에서 각 X는 수평선과 $45° + \dfrac{\phi}{2}$ 의 각을 이룬다.
④ C 영역은 탄성역역이며, A 영역은 수동영역이다.

해설 A영역에서 각 X는 수평선과 $45° - \dfrac{\phi}{2}$ 의 각을 이룬다.

□□□ 기 09,15,19

66 다음 표는 흙의 다짐에 대해 설명한 것이다. 옳게 설명한 것을 모두 고른 것은?

(1) 사질토에서 다짐에너지가 클수록 최대건조단위중량은 커지고 최적함수비는 줄어든다.
(2) 입도분포가 좋은 사질토가 입도분포가 균등한 사질토보다 더 잘 다져진다.
(3) 다짐곡선은 반드시 영공기 간극곡선의 왼쪽에 그려진다.
(4) 양족롤러는 점성토를 다지는데 적합하다.
(5) 점성토에서 흙은 최적함수비보다 큰 함수비로 다지면 면모구조를 보이고 작은 함수비로 다지면 이산구조를 보인다.

① (1), (2), (3), (4)
② (1), (2), (3), (5)
③ (1), (4), (5)
④ (2), (4), (5)

해설 (5) 점성토에서 흙은 최적함수비보다 큰 함수비로 다지면 이산구조를 보이고 작은 함수비로 다지면 면모구조를 보인다.

☐☐☐ 기 09,13,19

67 함수비가 20%인 어떤 흙 1,200g과 함수비가 30%인 어떤 흙 2,600g을 섞으면 그 흙의 함수비는 약 얼마인가?

① 21.1% ② 25.0%

③ 26.7% ④ 29.5%

해설 함수비 $w = \dfrac{W_w}{W_s} \times 100$

・함수비 20%의 흙입자

$W_{s1} = \dfrac{W}{1+w} = \dfrac{1,200}{1+0.20} = 1,000\,g$

물의 양 : $1,200 - 1,000 = 200\,g$

・함수비 30%의 흙입자

$W_{s2} = \dfrac{W}{1+w} = \dfrac{2,600}{1+0.30} = 2,000\,g$

물의 양 : $2,600 - 2,000 = 600\,g$

$\therefore w = \dfrac{200+600}{1,000+2,000} \times 100 = 26.67\%$

☐☐☐ 기19

68 Rankine 토압이론의 가정 사항으로 틀린 것은?

① 지표면은 무한히 넓게 존재한다.
② 흙은 비압축성의 균질한 재료이다.
③ 토압은 지표면에 평행하게 작용한다.
④ 흙은 입자 간의 점착력에 의해 평형을 유지한다.

해설 흙은 입자간의 마찰각만 작용하며 점착력은 없다.

☐☐☐ 기 82,91,99,06,11,13,14,16,17,19

69 그림과 같은 점성토 지반의 토질실험결과 내부마찰각 $\phi = 30°$, 점착력 $c = 15kN/m^2$일 때 A점의 전단강도는? (단, 물의 단위중량은 $\gamma_w = 9.81kN/m^3$이다.)

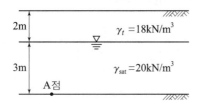

① $44.61kN/m^2$ ② $53.43kN/m^2$

③ $68.69kN/m^2$ ④ $70.41kN/m^2$

해설 전단 강도 $\tau = c + \bar{\sigma}\tan\phi$

$c = 15kN/m^2$

$\bar{\sigma} = \gamma_t h_1 + (\gamma_{sat} - \gamma_w)h_2$

$= 18 \times 2 + (20 - 9.81) \times 3 = 66.57kN/m^2$

$\therefore$ 전단강도 $\tau = 15 + 66.57\tan30° = 53.43kN/m^2$

☐☐☐ 기 08,19,21

70 연약지반 개량공법 중에서 점성토지반에 쓰이는 공법은?

① 전기충격공법
② 폭파다짐공법
③ 생석회 말뚝공법
④ 바이브로 플로테이션 공법

해설

점성토 지반	사질토 지반
・치환공법	・다짐 말뚝공법
・Pre-loading공법	・Compozer공법
・Sand drain공법	・Vibro flotation공법
・Paper drain공법	・폭파다짐공법
・전기침투 공법	・전기 충격공법
・생석회 말뚝공법	・약액 주입공법

☐☐☐ 기 06,10,11,16,19

71 현장 도로 토공에서 모래치환법에 의한 흙의 밀도시험을 하였다. 파낸 구멍의 체적이 $V = 1,960cm^3$, 흙의 질량이 3,390g이고, 이 흙의 함수비는 10%이었다. 실험실에서 구한 최대 건조 밀도가 $1.65g/cm^3$ 일 때 다짐도는?

① 85.6% ② 91.0%

③ 95.2% ④ 98.7%

해설 $C_d = \dfrac{\gamma_d}{\gamma_{d\max}} \times 100 = \dfrac{\rho_d}{\rho_{d\max}} \times 100$ [밀도개념]

・$\rho_t = \dfrac{W}{V} = \dfrac{3,390}{1,960} = 1.73g/cm^3$

・$\rho_d = \dfrac{\rho_t}{1+w} = \dfrac{1.73}{1+0.10} = 1.57g/cm^3$

$\therefore C_d = \dfrac{1.57}{1.65} \times 100 = 95.2\%$

■물의 밀도 : $\rho_w = 1g/cm^3 = 1,000kg/m^3$

■물의 단위중량 : $\gamma_w = 9.81kN/m^3$

☐☐☐ 기 80,93,05,10,19

72 상하류의 수위 차 $h = 10m$, 투수계수 $k = 1 \times 10^{-5}cm/s$, 투수층 유로의 수 $N_f = 3$, 등수두면 수 $N_d = 9$인 흙 댐의 단위 m당 1일 침투수량은?

① $0.0864m^3/day$ ② $0.864m^3/day$

③ $0.288m^3/day$ ④ $0.0288m^3/day$

해설 $Q = KH\dfrac{N_f}{N_d}$

$= 1 \times 10^{-5} \times 1,000 \times \dfrac{3}{9} \times \dfrac{60 \times 60 \times 24}{100^2} \times 1$

$= 0.0288m^3/day$

$\left(\because cm^2 = \dfrac{1}{100^2}m^2\right)$

□□□ 기 86,19

73 지중응력을 구하는 공식 중 Newmark의 영향원법을 사용했을 때 재하면적 내의 영양원 요소 수가 20개, 등분포하중이 $100kN/m^2$인 경우 연직하중증가량($\Delta\sigma_z$)은?
(단, 영향계수는 0.005이다.)

① $1kN/m^2$ ② $10kN/m^2$

③ $50kN/m^2$ ④ $100kN/m^2$

해설 $\Delta\sigma_z = I_P n q$
$$= 0.005 \times 20 \times 100 = 10kN/m^2$$

□□□ 기 06,17,19

74 액성한계가 60%인 점토의 흐트러지지 않은 시료에 대하여 압축지수를 Skempton(1994)의 방법에 의하여 구한 값은?

① 0.16   ② 0.28

③ 0.35   ④ 0.45

해설 Terzaghi와 Peck의 경험식(불교란 점토 시료)
압축 지수 $C_c = 0.009(W_L - 10) = 0.009(60-10) = 0.45$

□□□ 기 94,19

75 어떤 흙의 자연함수비가 액성한계 보다 많으면 그 흙의 상태로 옳은 것은?

① 고체 상태에 있다.   ② 반고체 상태에 있다.

③ 소성 상태에 있다.   ④ 액체 상태에 있다.

해설

□□□ 기 81,88,97,06,19

76 흙의 전단시험에서 배수조건이 아닌 것은?

① 비압밀 비배수   ② 압밀 비배수

③ 비압밀 배수   ④ 압밀 배수

해설 배수 방법에 따른 전단 실험
· 비압밀 비배수 전단 시험(UU-test)
· 압밀 비배수 전단 시험(CU-test)
· 압밀 배수 전단 시험(CD-test)

□□□ 기 00,03,07,18,19

77 간극비가 0.80이고 토립자의 비중이 2.70인 지반에 허용되는 최대 동수경사는 약 얼마인가?(단, 지반의 분사현상에 대한 안전율은 3이다.)

① 0.11   ② 0.31

③ 0.61   ④ 0.91

해설 $i_c = \dfrac{G_s - 1}{1+e} = \dfrac{2.70-1}{1+0.80} = 0.94$

$\therefore i = \dfrac{i_c}{F_s} = \dfrac{0.94}{3} = 0.31$

□□□ 기 03,05,19

78 사면파괴가 일어날 수 있는 원인으로 옳지 않은 것은?

① 흙 중의 수분의 증가

② 과잉간극수압의 감소

③ 굴착에 따른 구속력의 감소

④ 지진에 의한 수평방력의 증가

해설 강수, 폭설, 침수 등에 의한 간극수압의 상승, 자중의 증가, 강도의 저하

□□□ 기 19

79 흙의 전단강도에 대한 설명으로 틀린 것은?
(단, c_u : 점착력, q_u : 일축압축강도, ϕ : 내부마찰각이다.)

① 예민비가 큰 흙을 Quick clay라고 한다.

② 흙 댐에 있어서 수위급강하 때의 안정문제는 c' 및 ϕ'를 사용해야 한다.

③ 일축압축강도시험으로부터 구한 점착력 c_u는
$\dfrac{1}{2} \times q_u \times \tan^2\left(45° - \dfrac{\phi}{2}\right)$이다.

④ Mohr-coulomb의 파괴기준에 의하면 포화점토의 비압밀 비배수 상태의 내부마찰각은 0이다.

해설 $c_u = \dfrac{1}{2} \times q_u \times \tan\left(45° - \dfrac{\phi}{2}\right)$

□□□ 기 86,01,08,13,19,21

80 말뚝이 20개인 군항기초의 효율이 0.80이고, 단항으로 계산된 말뚝 1개의 허용 지지력이 200kN일 때 이 군항의 허용 지지력은 얼마인가?

① 1,600kN   ② 2,000kN

③ 3,200kN   ④ 4,000kN

해설 $R_{ag} = E N R_a = 0.80 \times 20 \times 200 = 3,200kN$

자격종목	시험시간	문제수	형 별		
건설재료시험기사	**2시간**	**80**	**A**		

※ 각 문제는 4지 택일형으로 질문에 가장 적합한 문제의 보기 번호를 클릭하거나 답안표기란의 번호를 클릭하여 입력하시면 됩니다.
※ 입력된 답안은 문제 화면 또는 답안 표기란의 보기 번호를 클릭하여 변경하실 수 있습니다.

제1과목 : 콘크리트 공학

□□□ 기 03,08,09,12,13,16,20

01 프리스트레스트 콘크리트에 대한 설명으로 틀린 것은?

① 프리스트레싱할 때의 콘크리트 압축강도는 프리텐션 방식으로 시공할 경우 30MPa 이상이어야 한다.
② 프리스트레스트 그라우트에 사용하는 혼화제는 블리딩 발생이 없는 타입의 사용을 표준으로 한다.
③ 서중 시공의 경우에는 지연제를 겸한 감수제를 사용하여 그라우트 온도가 상승되거나 그라우트가 급결되지 않도록 하여야 한다.
④ 굵은골재의 최대 치수는 보통의 경우 40mm를 표준으로 한다. 그러나 부재치수, 철근간격, 펌프압송 등의 사정에 따라 25mm를 사용할 수도 있다.

해설 굵은골재 최대치수는 보통의 경우 25mm를 표준으로 한다. 그러나 부재치수, 철근간격, 펌프압송 등의 사정에 따라 20mm를 사용할 수 있다.

□□□ 기 09,11,14,16,19,20

02 일반콘크리트 비비기로부터 타설이 끝날 때까지의 시간 한도로 옳은 것은?

① 외기온도에 상관없이 1.5시간을 넘어서는 안 된다.
② 외기온도에 상관없이 2시간을 넘어서는 안 된다.
③ 외기온도가 25℃ 이상일 때에는 1.5시간, 25℃ 미만일 때에는 2시간을 넘어서는 안 된다.
④ 외기온도가 25℃ 이상일 때에는 2시간, 25℃ 미만일 때에는 2.5시간을 넘어서는 안 된다.

해설 비비기로부터 치기가 끝날 때까지의 시간

외기 온도	소요 시간
25℃ 이상일 때	1.5시간(90분)을 넘지 않을 것
25℃ 미만일 때	2시간(120분)을 넘지 않을 것

□□□ 기 12,13,15,17,20

03 15회의 시험실적으로부터 구한 콘크리트 압축강도의 표준편차가 2.5MPa이고, 콘크리트의 호칭강도가 30MPa인 경우 콘크리트의 배합강도는?

① 32.89MPa
② 33.26MPa
③ 33.89MPa
④ 34.26MPa

해설 시험횟수가 29회 이하일 때 표준편차의 보정계수

시험횟수	표준편차의 보정계수
15	1.16
20	1.08
25	1.03
30 이상	1.00

$s = 2.5 \times 1.16 = 2.90$MPa
($\because$ 시험횟수 15회일 때 표준편차의 보정계수 1.16)

■ $f_{cn} \leq 35$MPa일 때 두 식에 의한 값 중 큰 값을 배합강도로 한다.

· $f_{cr} = f_{cn} + 1.34 s = 30 + 1.34 \times 2.90 = 33.89$MPa
· $f_{cr} = (f_{cn} - 3.5) + 2.33 s$
　　$= (30 - 3.5) + 2.33 \times 2.90 = 33.26$MPa

$\therefore$ 배합강도 $f_{cr} = 33.89$MPa

□□□ 기 12,16,20

04 숏크리트 시공에 대한 주의사항으로 틀린 것은?

① 숏크리트 작업에서 반발량이 최소가 되도록 하고, 리바운드된 재료는 즉시 혼합하여 사용하여야 한다.
② 숏크리트는 빠르게 운반하고, 급결제를 첨가한 후는 바로 뿜어붙이기 작업을 실시하여야 한다.
③ 대기 온도가 10℃ 이상일 때 뿜어붙이기를 실시하며, 그 이하의 온도일 때는 적절한 온도대책을 세운 후 실시한다.
④ 숏크리트는 뿜어붙인 콘크리트가 흘러내리지 않는 범위의 적당한 두께를 뿜어붙이고, 소정의 두께가 될 때까지 반복해서 뿜어붙여야 한다.

해설 숏크리트 작업에서 반발량이 최소가 되도록 하고 동시에 리바운드된 재료가 다시 혼합되지 않도록 하여야 한다.

□□□ 기 10,13,16,20

05 콘크리트 타설에 대한 설명으로 틀린 것은?

① 콘크리트를 2층 이상으로 나누어 타설할 경우, 상층의 콘크리트 타설은 원칙적으로 하층의 콘크리트가 굳기 시작하기 전에 해야 한다.

② 콘크리트 타설 도중에 표면에 떠올라 고인 블리딩수가 있을 경우에는 표면에 홈을 만들어 제거하여야 한다.

③ 한 구획 내의 콘크리트는 타설이 완료될 때까지 연속해서 타설해야 한다.

④ 콘크리트는 그 표면이 한 구획 내에서는 거의 수평이 되도록 타설하는 것을 원칙으로 한다.

[해설] 콘크리트 타설 중 블리딩수가 표면에 모이게 되면 고인물을 제거한 후가 아니면 그 위에 콘크리트를 타설해서는 안되며, 고인물을 제거하기 위하여 콘크리트 표면에 홈을 만들어 흐르게 하면 시멘트풀이 씻겨 나가 골재만 남게 되므로 이를 금하여야 한다.

□□□ 기 99,01,05,06,07,09,10,20

06 수중 콘크리트의 시공에서 주의해야 할 사항으로 틀린 것은?

① 콘크리트는 수중에 낙하시키지 않아야 한다.

② 물막이를 설치하여 물을 정지시킨 정수 중에서 타설하는 것을 원칙으로 한다.

③ 한 구획의 콘크리트 타설을 완료한 후 레이턴스를 모두 제거하고 다시 타설하여야 한다.

④ 완전히 물막이를 할 수 없어 콘크리트를 유수 중에 타설할 때 한계유속은 5m/s 이하로 하여야 한다.

[해설] 수중 콘크리트 치기에서 완전히 물막이를 할 수 없는 경우 유속은 1초간 50mm 이하로 하여야 한다.

□□□ 기 11,20

07 한중 콘크리트에 대한 설명으로 틀린 것은?

① 하루의 평균기온이 4℃ 이하가 예상되는 조건일 때는 한중 콘크리트로 시공하여야 한다.

② 재료를 가열할 경우, 물 또는 골재를 가열하는 것으로 하며, 시멘트는 어떠한 경우라도 직접 가열할 수 없다.

③ 한중 콘크리트에는 공기연행 콘크리트를 사용하는 것을 원칙으로 한다.

④ 타설할 때의 콘크리트 온도는 구조물의 단면치수, 기상조건 등을 고려하여 25~30℃의 범위에서 정하여야 한다.

[해설] 타설할 때의 콘크리트 온도는 구조물의 단면치수, 기상조건 등을 고려하여 5~20℃의 범위에서 정하여야 한다.

□□□ 기 07,12,20

08 콘크리트의 크리프에 영향을 미치는 요인에 대한 설명으로 틀린 것은?

① 온도가 높을수록 크리프는 증가한다.

② 조강시멘트는 보통시멘트보다 크리프가 작다.

③ 단위 시멘트량이 많을수록 크리프는 감소한다.

④ 물-시멘트비, 응력이 클수록 크리프는 증가한다.

[해설] 단위 시멘트량이 많을수록 크리프는 크다.

□□□ 기 08,14,20

09 콘크리트의 작업성(workability)을 증진시키기 위한 방법으로서 적당하지 않은 것은?

① 입도나 입형이 좋은 골재를 사용한다.

② 혼화재료로서 AE제나 감수제를 사용한다.

③ 일반적으로 콘크리트 반죽의 온도상승을 막아야 한다.

④ 일정한 슬럼프의 범위에서 시멘트량을 줄인다.

[해설] 단위 시멘트량이 큰 부배합이 빈배합보다 워커블하며 성형성이 좋다.

□□□ 기 00,05,11,15,17,18,20

10 프리스트레스트 콘크리트 그라우트에 대한 설명으로 틀린 것은?

① 물-결합재비는 55% 이하로 한다.

② 블리딩률은 0%를 표준으로 한다.

③ 팽창률은 팽창성 그라우트에서는 0~10%를 표준으로 하여야 한다.

④ 부재 콘크리트와 긴장재를 일체화시키는 부착강도는 재령 28일의 압축강도로 대신하여 설정할 수 있다.

[해설] 프리스트레스트 콘크리트그라우트의 물-결합재비는 45% 이하로 한다.

□□□ 기 02,06,15,20

11 경량골재 콘크리트의 특징으로 틀린 것은?

① 강도가 작다.　　② 흡수율이 작다.

③ 탄성계수가 작다.　　④ 열전도율이 작다.

[해설] 경량 콘크리트의 특징
· 자중이 가벼워서 구조물 부재의 치수를 줄일 수 있다.
· 내화성이 우수하다.
· 열전도율과 음의 반사가 작다.
· 강도와 탄성계수가 작다.
· 건조 수축과 수중 팽창이 크다.
· 다공질이고 흡수성과 투수성이 크다.

12 콘크리트 다지기에 대한 설명으로 틀린 것은?

① 내부진동기는 연직방향으로 일정한 간격으로 찔러 넣는다.
② 내부진동기를 하층의 콘크리트 속으로 0.1m 정도 찔러 넣는다.
③ 내부진동기는 콘크리트를 횡방향으로 이동시킬 목적으로 사용해서는 안 된다.
④ 콘크리트를 타설한 직후에는 절대 거푸집의 외측에 진동을 주어서는 안 된다.

해설 콘크리트를 친 직후에 거푸집의 외측을 가볍게 두드리는 것은 거푸집 구석 구석까지 콘크리트가 잘 채워지도록 하여 평평한 표면을 만드는데 유효한 방법이다.

13 콘크리트 배합설계 시 굵은 골재 최대치수의 선정방법으로 틀린 것은?

① 단면이 큰 구조물인 경우 40mm를 표준으로 한다.
② 일반적인 구조물의 경우 20mm 또는 25mm를 표준으로 한다.
③ 거푸집 양 측면 사이의 최소 거리의 1/3을 초과해서는 안 된다.
④ 개별 철근, 다발철근, 긴장재 또는 덕트 사이 최소 순간격의 3/4을 초과해서는 안된다.

해설 거푸집 양 측면 사이의 최소 거리의 1/5을 초과해서는 안 된다.

14 골재의 단위용적이 $0.7m^3$인 콘크리트에서 잔골재율이 40%이고, 잔골재의 밀도가 $2.58g/cm^3$이면 단위 잔골재량은 얼마인가?

① $710.6kg/m^3$
② $722.4kg/m^3$
③ $745.2kg/m^3$
④ $750.0kg/m^3$

해설 단위잔골재량
= 단위골재량의 절대 부피×잔골재의 밀도×1,000
= 0.70×0.40×2.58×1,000 = 722.4kg/m³

15 콘크리트의 재료분리 현상을 줄이기 위한 사항으로 틀린 것은?

① 잔골재율을 증가시킨다.
② 물-시멘트비를 작게 한다.
③ 포졸란을 적당량 혼합한다.
④ 굵은 골재를 많이 사용한다.

해설 최대치수가 너무 큰 굵은 골재를 사용하거나 단위 골재량이 너무 크면 콘크리트는 재료 분리되기 쉽다.

16 고압증기 양생한 콘크리트에 대한 설명으로 틀린 것은?

① 고압증기 양생한 콘크리트는 어느 정도의 취성을 갖는다.
② 고압증기 양생한 콘크리트는 보통 양생한 것에 비해 백태현상이 감소된다.
③ 고압증기 양생한 콘크리트는 보통 양생한 것에 비해 열팽창계수와 탄성계수가 매우 작다.
④ 고압증기 양생한 콘크리트는 보통 양생한 것에 비해 철근의 부착강도가 약 1/2이 되므로 철근콘크리트 부재에 적용하는 것은 바람직하지 못하다.

해설 콘크리트의 열팽창계수와 탄성계수는 고압증기양생에 따른 영향을 받지 않는 것으로 본다.

17 콘크리트의 받아들이기 품질검사에 대한 설명으로 틀린 것은?

① 콘크리트의 받아들이기 검사는 콘크리트가 타설된 이후에 실시하는 것을 원칙으로 한다.
② 굳지 않은 콘크리트의 상태는 외관 관찰에 의하며, 콘크리트 타설 개시 및 타설 중 수시로 검사하여야 한다.
③ 바다 잔골재를 사용한 콘크리트의 염소이온량은 1일에 2회 시험하여야 한다.
④ 강도검사는 콘크리트의 배합검사를 실시하는 것을 표준으로 한다.

해설 콘크리트의 받아들이기 검사는 콘크리트를 타설하기 전에 실시하여야 한다.

18 콘크리트의 성능저하 원인의 하나인 알칼리골재 반응에 대한 설명으로 틀린 것은?

① 알칼리골재 반응을 억제하기 위하여 단위 시멘트량을 크게 하여야 한다.
② 알칼리골재 반응은 고로슬래그 미분말, 플라이애시 등의 포졸란 재료에 의해 억제된다.
③ 알칼리골재 반응은 알칼리-실리카 반응, 알칼리-탄산염 반응, 알칼리-실리케이트 반응으로 분류한다.
④ 알칼리골재 반응이 진행되면 무근콘크리트에서는 거북이 등과 같은 균열이 진행된다.

해설 낮은 알칼리량의 시멘트 중의 알칼리량이 0.6% 이하이면 억제효과가 있기 때문에 단위 시멘트량을 적게 사용한다.

□□□ 기 12,20

19 유동화 콘크리트에 대한 설명으로 틀린 것은?

① 유동화 콘크리트의 슬럼프 값은 최대 210mm 이하로 한다.
② 유동화제는 질량 또는 용적으로 계량하고, 그 계량 오차는 1회에 1% 이내로 한다.
③ 유동화 콘크리트의 슬럼프 증가량은 100mm 이하를 원칙으로 하며, 50 ~ 80mm를 표준으로 한다.
④ 베이스 콘크리트 및 유동화 콘크리트의 슬럼프 및 공기량 시험은 50m³ 마다 1회씩 실시하는 것을 표준으로 한다.

해설 유동화제는 원액으로 사용하고, 미리 정한 소정의 양을 한꺼번에 첨가하여, 계량은 질량 또는 용적으로 계량하고, 그 계량오차는 1회에 3% 이내로 한다.

□□□ 기 13,20

20 압력법에 의한 굳지 않은 콘크리트의 공기량 시험(KS F 2421) 중 물을 붓고 시험하는 경우(주수법)의 공기량 측정기 용량은 최소 얼마 이상으로 하여야 하는가?

① 3L
② 5L
③ 7L
④ 9L

해설 · 물을 붓고 시험하는 주수법은 적어도 5L로 한다.
· 물을 붓지 않고 시험하는 무주수법은 7L로 한다.

제2과목 : 건설시공 및 관리

□□□ 기 84,00,01,07,20

21 그림과 같은 절토 단면도에서 길이 30m에 대한 토량은?

① 5,700m³
② 6,030m³
③ 6,300m³
④ 6,600m³

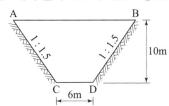

해설 · AB의 길이＝밑변＋(기울기×높이)×2
＝6+(10×1.5)×2=36m

· ABCD의 단면적＝$\dfrac{밑면＋윗면}{2}$×높이＝$\dfrac{6+36}{2}$×10=210m²

∴ 길이 30m에 대한 절취 토량＝210×30=6,300m³

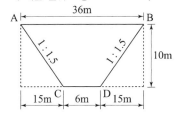

□□□ 기 17,20

22 교량의 구조에 따른 분류 중 아래에서 설명하는 교량 형식은?

주탑, 케이블, 주형의 3요소로 구성되어 있고, 케이블을 주행에 정착시킨 교량형식이며, 장지간 교량에 적합한 형식으로서 국내 서해대교에 적용된 형식이다.

① 사장교
② 현수교
③ 아치교
④ 트러스교

해설 사장교(cable stayed bridge)
· 주탑, 케이블, 주형의 3요소로 구성되어 있다.
· 현수교와 다르게 케이블을 거더에 정착시킨 교량형식
· 장지간 교량에 적합한 형식으로서 국내 서해대교에 적용된 형식

□□□ 기 07,15,19,20

23 37,800m³(완성된 토량)의 성토를 하는데 유용토가 40,000m³(느슨한 토량)이 있다. 이때 부족한 토량은 본바닥 토량으로 얼마인가? (단, 흙의 종류는 사질토이고 토량의 변화율은 $L=1.25$, $C=0.90$이다.)

① 8,000m³
② 9,000m³
③ 10,000m³
④ 11,000m³

해설 · 완성 토량을 본바닥 토량으로 환산
＝완성토량×$\dfrac{1}{C}$=37,800×$\dfrac{1}{0.9}$=42,000m³

· 유용토를 본바닥 토량으로 환산
＝느슨한 토량×$\dfrac{1}{L}$=40,000×$\dfrac{1}{1.25}$=32,000m³

∴ 부족 토량＝42,000−32,000=10,000m³

□□□ 기 02,12,15,16,20

24 딥퍼(dipper)용량이 0.8m³일 때 파워 셔블의 1일 작업량을 구하면?
(단, 사이클 타임은 30초, 딥퍼 계수는 1.0, 흙의 토량 변화율(L)은 1.25, 작업효율은 0.6, 1일 운전시간은 8시간이다.)

① 286.64m³/day
② 324.52m³/day
③ 368.64m³/day
④ 452.50m³/day

해설 $Q=\dfrac{3,600×q×k×f×E}{C_m}$

$=\dfrac{3,600×0.8×1.0×\dfrac{1}{1.25}×0.6}{30}=46.08\,m³/hr$

∴ $Q=46.08×8=368.64\,m³/day$

25 유토곡선(Mass curve)의 성질에 대한 설명으로 틀린 것은?

① 유토곡선의 최댓값, 최솟값을 표시하는 점은 절토와 성토의 경계를 말한다.
② 유토곡선의 상승부분은 성토, 하강부분은 절토를 의미한다.
③ 유토곡선이 기선아래에서 종결될 때에는 토량이 부족하고 기선위에서 종결될 때에는 토량이 남는다.
④ 기선상에서의 토량은 "0"이다.

해설 유토곡선의 상승부분은 절토, 하강부분은 성토를 의미한다.

26 폭우 시 옹벽 배면의 흙은 다량의 물을 함유하게 되는데 뒤채움 흙에 배수 시설이 불량할 경우 침투수가 옹벽에 미치는 영향에 대한 설명으로 틀린 것은?

① 수평 저항력의 증가
② 활동면에서의 양압력 증가
③ 옹벽 저면에서의 양압력 증가
④ 포화 또는 부분포화에 의한 흙의 무게 증가

해설 흙은 젖으면 유동상태가 되어서 전단력이 약해진다. 옹벽 앞뒷면 흙이 젖게 되면 주동토압이 커지고 수동토압은 작아져 수평 저항력은 감소된다.

27 준설능력이 크고 대규모 공사에 적합하여 비교적 넓은 면적의 토질준설에 알맞고 선(船)형에 따라 경질토 준설도 가능한 준설선은?

① 그래브 준설선 ② 디퍼 준설선
③ 버킷 준설선 ④ 펌프 준설선

해설 Bucket dredger의 특징
· 수저를 평탄하게 다듬질할 수가 있다.
· 준설 능력이 커서 준설 단가가 비교적 싸다.
· 점토부터 연암까지 비교적 광범위한 토질에 적합하다.
· 암석이나 단단한 토질에는 부적당하다.

28 흙의 지지력 시험과 직접적인 관계가 없는 것은?

① 평판재하시험 ② CBR 시험
③ 표준관입시험 ④ 정수위 투수시험

해설 정수위 투수시험 : 흙의 투수계수 K를 알기 위한 시험이다.

29 PERT와 CPM의 차이점에 대한 설명으로 틀린 것은?

① PERT의 주목적은 공기단축, CPM은 공사비 절감이다.
② PERT는 작업 중심의 일정계산이고, CPM은 결합점 중심의 일정계산이다.
③ PERT는 3점 시간 추정이고, CPM은 1점 시간 추정이다.
④ PERT의 이용은 신규사업, 비반복사업에 이용되고, CPM은 반복사업, 경험이 있는 사업에 이용된다.

해설 PERT는 결합점 중심관리의 일정 계산이고 CPM은 작업중심관리의 일정 계산이다.

30 강말뚝의 부식에 대한 대책으로 적당하지 않은 것은?

① 초음파법
② 전기 방식법
③ 도장에 의한 방법
④ 말뚝의 두께를 증가시키는 방법

해설 강말뚝의 부식 방지 대책
· 두께를 증가시키는 방법(일반적으로 2mm정도)
· 콘크리트로 피복하는 방법
· 도장에 의한 방법
· 전기 방식법

31 암거의 배열방식 중 집수지거를 향하여 지형의 경사가 완만하고, 같은 습윤상태인 곳에 적합하며, 1개의 간선집수지 또는 집수지거로 가능한 한 많은 흡수거를 합류하도록 배열하는 방식은?

① 자연식(Natural system)
② 차단식(Intercepting system)
③ 빗식(Gridiron system)
④ 집단식(Grouping system)

해설 · 자연식 : 자연 지형에 따라 암거가 매설되며 배수지구 내에 습지가 잠재하고 있을 경우 암거가 이들의 장소에 연락되도록 설치한다.
· 차단식 : 암거의 배열방식 중 인접한 높은 지대 또는 배수 지구를 둘러싼 높은 지대 에서의 침투수를 차단할 수 있는 위치에 암거를 설치하는 방법으로 이에 의하여 배수 지구내에 침투수가 나타나는 것을 방지하는 방식
· 집단식 : 습윤상태가 곳에 따라 여러 가지로 변화하고 있는 배수지구에서는 습윤상태에 알맞은 암거배수의 양식을 취한다. 이와같이 1지구내에 소규모의 여러 가지 양식의 암거배수를 많이 설치한 암거의 배열 방식

☐☐☐ 기 14,20,22

32 아래 그림과 같은 네트워크 공정표에서 전체 공기는?

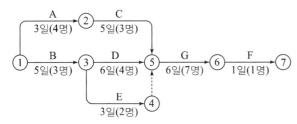

① 12일   ② 15일

③ 18일   ④ 21일

해설 공기계산

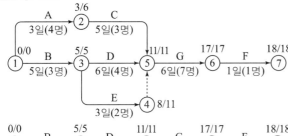

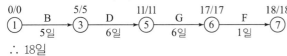

∴ 18일

☐☐☐ 기 05,11,15,20

33 15t의 덤프트럭에 1.2m³의 버킷을 갖는 백호로 흙을 적재하고자 한다. 흙의 밀도가 1.7t/m³이고, 토량변화율 $L=1.25$이고, 버킷계수가 0.9일 때 트럭 1대당 백호 적재 횟수는?

① 5회   ② 8회

③ 11회   ④ 14회

해설 적재량 $q_t = \dfrac{T}{\gamma_t} \times L = \dfrac{15}{1.7} \times 1.25 = 11.03$회

∴ 적재 횟수 $N = \dfrac{q_t}{q \times K} = \dfrac{11.03}{1.2 \times 0.9} = 10.21 = 11$회

☐☐☐ 기 11,20

34 다음에서 설명하는 조절발파 공법의 명칭은?

> 원리는 쿠션 블라스팅 공법과 같으나 굴착선에 따라 천공하여 주굴착의 발파공과 동시에 점화하고 그 최종단에서 발파시키는 것이 이 공법의 특징이다.

① 벤치 컷   ② 라인 드릴링

③ 프리스플리팅   ④ 스무스 블라스팅

해설 스무스 블라스팅 공법(smooth blasting)에 대한 설명이다.

☐☐☐ 기 99,00,02,04,06,12,20

35 댐에 관한 일반적인 설명으로 틀린 것은?

① 흙댐(Earth dam)은 기초가 다소 불량해도 시공할 수 있다.

② 중력식 댐(Gravity dam)은 안전율이 가장 높고 내구성도 크나 설계이론이 복잡하다.

③ 아치 댐(Arch dam)은 암반이 견고하고 계곡 폭이 좁은 곳에 적합하다.

④ 부벽식 댐(Buttress dam)은 구조가 복잡하여 시공이 곤란하고 강성이 부족한 것이 단점이다.

해설 중력식댐

· 안전율이 가장 높고 내구성도 풍부하다.
· 설계이론이 비교적 간단하고 시공도 용이하다.
· 기초지반은 반드시 견고한 암반 위에 축조해야 한다.
· 중력댐은 그 자중과 수압에 대항하는 것으로 기초의 전단 저항이고 안정상 중요하다.

☐☐☐ 기 13,16,20

36 아스팔트 콘크리트포장의 소성변형(rutting)에 대한 설명으로 틀린 것은?

① 아스팔트 콘크리트포장의 노면에서 차의 바퀴가 집중적으로 통과하는 위치에 생기는 도로연장 방향으로의 변형을 말한다.

② 하절기의 이상 고온 및 아스팔트량이 많은 경우 발생하기 쉽다.

③ 침입도가 작은 아스팔트를 사용하거나 골재의 최대치수가 큰 경우 발생하기 쉽다.

④ 변형이 발생한 위치에 물이 고일 경우 수막현상 등을 일으켜 주행 안전성에 심각한 영향을 줄 수 있다.

해설 침입도가 큰 아스팔트를 사용하거나 골재의 최대 치수가 작은 경우 발생하기 쉽다.

☐☐☐ 기 02,06,13,20

37 공기케이슨 공법의 장점에 대한 설명으로 틀린 것은?

① 토층의 확인이 가능하다.

② 장애물 제거가 용이하다.

③ 보일링 현상 및 히빙 현상의 방지로 인접 구조물에 대한 피해가 없다.

④ 소규모의 공사나 깊이가 얕은 경우에도 경제적이다.

해설 압축공기를 이용하여 시공하므로 기계설비가 비싸기 때문에 소규모 공사나 심도가 얕은 기초공에는 비경제적이다.

☐☐☐ 기 20

38 보강토 옹벽의 뒤채움재료로 가장 적합한 흙은?

① 점토질흙
② 실트질흙
③ 유기질흙
④ 모래 섞인 자갈

해설 뒤채움재료 : 흙과 보강재의 마찰력을 크게 하기 위하여 내부마찰각이 큰 양질의 사질토(모래섞인 자갈)가 좋다.

☐☐☐ 기 07,20

39 벤치 컷에서 벤치의 높이가 8m, 천공간격이 4m, 최소 저항선이 4m일 때 암석 굴착할 경우 장약량은? (단, 폭파계수(C)는 0.181이다.)

① 20.0kg
② 23.2kg
③ 31.2kg
④ 35.6kg

해설 장약량 $L = C \cdot S \cdot H \cdot W = 0.181 \times 4 \times 8 \times 4 = 23.2kg$

☐☐☐ 기 12,20

40 시멘트 콘크리트 포장에 대한 설명으로 틀린 것은?

① 내구성이 풍부하다.
② 재료구입이 용이하다.
③ 부분적인 보수가 곤란하다.
④ 양생기간이 짧고, 주행성이 좋다.

해설 아스팔트 포장에 비해 양생기간이 길고, 승차감이나 저소음 효과가 떨어진다.

제3과목 : 건설재료 및 시험

☐☐☐ 기 04,06,20

41 잔골재 A의 조립률이 2.5이고, 잔골재 B의 조립률이 2.9일 때, 이 잔골재 A와 B를 섞어 조립률 2.8의 잔골재를 만들려면 A와 B의 질량비를 얼마로 섞어야 하는가? (단, 질량비는 A : B로 나타낸다.)

① 1 : 1
② 1 : 2
③ 1 : 3
④ 1 : 4

해설 $A + B = 100$ ······················ (1)

$\dfrac{2.5A + 2.9B}{A + B} = 2.80$ ···················· (2)

(2)에서 $2.5A + 2.9B = 2.80A + 2.80B$

∴ $0.30A - 0.10B = 0$ ·············· (3)

(1)× 0.10 + (3)

$0.10A + 0.10B = 10$ ·············· (4)

(3)+(4)에서 A = 25%, B = 75%

∴ A : B = 25% : 75% = 1 : 3

☐☐☐ 기 11,14,17,20

42 포틀랜드 시멘트의 주성분 비율 중 수경률(Hydraulic Modulus)에 대한 설명으로 틀린 것은?

① 수경률은 CaO성분이 많을 경우 커진다.
② 수경률은 다른 성분이 일정할 경우 석고량이 많을수록 커진다.
③ 수경률이 크면 초기강도가 커진다.
④ 수경률이 크면 수화열이 큰 시멘트가 생긴다.

해설 수경률은 다른 성분이 일정할 경우 석고량이 많을수록 작은 값이 된다.

☐☐☐ 기 11,17,20

43 암석의 분류 중 성인(지질학적)에 의한 분류의 결과가 아닌 것은?

① 화성암
② 퇴적암
③ 변성암
④ 점토질암

해설 성인(지질학적)에 의한 분류
· 화성암 : 화강암, 섬록암, 안산암, 현무암
· 퇴적암 : 응회암, 사암, 혈암, 점판암, 석회암, 규조토
· 변성암 : 편마암, 천매암, 대리석

☐☐☐ 기 02,07,10,15,18,20

44 콘크리트용 잔골재의 안정성에 대한 설명으로 옳은 것은?

① 잔골재의 안정성은 수산화나트륨으로 5회 시험으로 평가하며, 그 손실질량은 10% 이하를 표준으로 한다.
② 잔골재의 안정성은 수산화나트륨으로 3회 시험으로 평가하며, 그 손실질량은 5% 이하를 표준으로 한다.
③ 잔골재의 안정성은 황산나트륨으로 5회 시험으로 평가하며, 그 손실질량은 10% 이하를 표준으로 한다.
④ 잔골재의 안정성은 황산나트륨으로 3회 시험으로 평가하며, 그 손실질량은 5% 이하를 표준으로 한다.

해설 황산나트륨으로 5회 시험으로 평가한 손실량(%)

시험용 용액	손실 질량비	
	잔골재	굵은 골재
황산나트륨	10% 이하	12% 이하

☐☐☐ 기 15,20

45 플라이애시를 사용한 콘크리트의 특성으로 옳은 것은?

① 작업성 저하
② 수화열 증가
③ 단위수량 감소
④ 건조수축 증가

해설 플라이애시는 표면이 매끄러운 구형입자로 되어 있어 콘크리트의 워커빌리티를 좋게 하고 수밀성 개선과 단위수량을 감소시킨다.

46 콘크리트용 혼화재료에 대한 설명으로 틀린 것은?

기 02,04,05,08,19,20

① 고로슬래그 시멘트를 사용한 콘크리트의 경우 목표 공기량을 얻기 위해서는 보통 콘크리트에 비하여 AE제의 사용량이 증가된다.

② 고로슬래그 미분말은 비결정질의 유리질 재료로 잠재수경성을 가지고 있으며, 유리화율이 높을수록 잠재수경성 반응은 커진다.

③ 팽창재를 사용한 콘크리트의 팽창률 및 압축강도는 팽창재 혼입량이 증가할수록 계속 증가한다.

④ 실리카 퓸은 입경이 $1\mu m$ 이하, 평균입경은 $0.1\mu m$ 정도의 초미립자로 이루어진 비결정질 재료로 시멘트 수화에서 생성되는 수산화 칼슘과 강력한 포졸란 반응을 한다.

해설 팽창재의 혼합량이 증가함에 따라 압축강도는 증가하지만 팽창재 혼합량이 시멘트량이 11%보다 많아지면 팽창률이 급격히 증가하여 압축강도는 팽창률에 반비례하여 감소한다.

47 대폭파 또는 수중폭파에서 동시 폭파를 실시하기 위하여 뇌관 대신에 사용하는 것은?

기 03,04,06,07,08,09,10,11,14,20

① 도화선   ② 도폭선
③ 첨장약   ④ 공업용 뇌관

해설 대폭파 또는 수중 폭파를 동시에 실시하기 위하여 뇌관 대신 사용하는 코드선을 도폭선이라 한다.

48 아스팔트의 침입도 시험기를 사용하여 온도 25℃로 일정한 조건에서 100g의 표준 침이 3mm 관입했다면, 이 재료의 침입도는 얼마인가?

기 05,07,08,10,13,20

① 3   ② 6
③ 30   ④ 60

해설 침의 관입량을 0.1mm 단위로 나타낸 것을 침입도 1로 한다.
$$\therefore 침입도 = \frac{3}{0.1} = 30$$

49 분말도가 큰 시멘트의 성질에 대한 설명으로 옳은 것은?

기 93,11,20

① 응결이 늦고 발열량이 많아진다.
② 초기 강도는 작으나 장기 강도의 증진이 크다.
③ 물에 접촉하는 면적이 커서 수화작용이 늦다.
④ 워커빌리티(workability)가 좋은 콘크리트를 얻을 수 있다.

해설 분말도가 큰 시멘트는 블리딩이 적고 시멘트의 워커빌리티가 좋아진다.

50 아스팔트 시료를 일정비율 가열하여 강구의 무게에 의해 시료가 25mm 내려갔을 때 온도를 측정한다. 이는 무엇을 구하기 위한 시험인가?

기 15,18,20

① 침입도   ② 인화점
③ 연소점   ④ 연화점

해설 아스팔트 연화점시험
· 환구법에 의한 아스팔트 연화점시험은 시료를 환에 주입하고 4시간 이내에 시험을 종료하여야 한다.
· 환구법에 의한 아스팔트 연화점시험에서 시료를 규정조건에서 가열하였을 때, 시료가 연화되기 시작하여 규정된 거리(25.4mm)로 처졌을 때의 온도를 연화점이라 한다.

51 강의 열처리 방법 중에서 800 ~ 1,000℃로 가열시킨 후 공기 중에서 서서히 냉각하여 강 속의 조직이 치밀하게 되고 잔류응력이 제거되게 하는 방법은?

기 15,20

① 뜨임   ② 풀림
③ 불림   ④ 담금질

해설 불림 : 결정을 균일하게 미세화하고 내부응력을 제거하여 균일한 조직을 공기 중에서 냉각시키는 방법

52 잔골재의 유해물 함유량 허용한도 중 점토덩어리인 경우 중량백분율로 최댓값은 얼마인가?

기 98,01,20

① 1%   ② 2%
③ 3%   ④ 4%

해설 점토 덩어리 유해물 함유량 한도(질량백분율)

잔골재	굵은 골재
1.0%	0.25%

53 토목섬유 중 폴리머를 판상으로 압축시키면서 격자모양의 형태로 구멍을 내어 만든 후 여러 가지 모양으로 늘린 것으로 연약지반 처리 및 지반 보강용으로 사용되는 것은?

기 14,18,20

① 웨빙(webbing)
② 지오그리드(geogrid)
③ 지오텍스타일(geotextile)
④ 지오멤브레인(geomembrane)

해설 지오그리드의 특징 : 폴리머를 판상으로 압축시키면서 격자 모양의 그리드 형태로 구멍을 내어 특수하게 만든 후 여러 모양으로 넓게 늘여 편 형태로 보강·분리기능이 있다.

54 포틀랜드 시멘트(KS L 5201)에서 1종인 보통 포틀랜드 시멘트의 비카 시험에 따른 초결 및 종결 시간에 대한 규정으로 옳은 것은?

① 초결 : 60분 이상, 종결 : 10시간 이하
② 초결 : 50분 이상, 종결 : 15시간 이하
③ 초결 : 40분 이상, 종결 : 9시간 이하
④ 초결 : 120분 이상, 종결 : 10시간 이상

해설 포틀랜드 시멘트(KS L 5201)에서 1종인 보통 포틀랜드 시멘트의 비카 시험에 따른 초결 및 종결 시간에 대한 규정
· 초결 : 60분 이상, 종결 : 10시간 이하

55 재료의 역학적 성질 중 재료를 두들길 때 얇게 펴지는 성질을 무엇이라 하는가?

① 인성
② 강성
③ 전성
④ 취성

해설 · 인성 : 재료가 하중을 받아 파괴될 때까지의 에너지 흡수능력으로 나타난다.
· 강성 : 재료가 외력을 받을 때 변형에 저항하는 성질
· 취성 : 재료가 외력을 받을 때 작은 변형에도 파괴되는 성질

56 역청 재료의 성질 및 시험에 대한 설명으로 틀린 것은?

① 인화점은 연소점보다 30~60℃ 정도 높다.
② 일반적으로 가열속도가 빠르면 인화점은 떨어진다.
③ 연화점 시험 시 시료를 환에 주입하고 4시간 이내에 시험을 종료한다.
④ 연화점 시험 시 중탕 온도를 연화점이 80℃ 이하인 경우는 5℃로, 80℃ 초과인 경우는 32℃로 15분간 유지한다.

해설 인화점은 연소점 보다 온도가 25~60℃ 정도 낮다.

57 콘크리트 내부에 미세한 크기의 독립기포를 형성하여 워커빌리티 및 동결융해에 대한 저항성을 높이기 위하여 사용하는 혼화제는?

① 고성능감수제
② 팽창제
③ 발포제
④ AE제

해설 AE제는 콘크리트 내부에서 볼베어링 같은 움직임을 하기 때문에 워커빌리티를 개선하여 단위수량을 감소시켜 블리딩 등의 재료분리를 작게 한다.

58 목재의 건조방법 중 인공건조법이 아닌 것은?

① 수침법
② 끓임법
③ 증기법
④ 열기법

해설 · 자연 건조법 : 공기 건조법, 침수법(수침법)
· 인공 건조법 : 끓임법(자비법), 증기 건조법, 열기 건조법, 훈연 건조법, 전기건조법, 진공건조법

59 단위용적질량량이 1.65kg/L인 굵은 골재의 절건 밀도가 2.65kg/L일 때 이 골재의 공극률은 얼마인가?

① 28.6%
② 30.3%
③ 33.3%
④ 37.7%

해설 $공극률 = \left(1 - \dfrac{단위용적중량}{골재의 절건밀도}\right) \times 100$

$= \left(1 - \dfrac{1.65}{2.65}\right) \times 100 = 37.74\%$

60 부순 굵은골재의 품질에 대한 설명으로 틀린 것은?

① 마모율은 30% 이하이어야 한다.
② 흡수율은 3% 이하이어야 한다.
③ 입자 모양 판정 실적률 시험을 실시하여 그 값이 55% 이상이어야 한다.
④ 0.08mm체 통과량은 1.0% 이하이어야 한다.

해설 골재의 물리적 성질

구 분		기호	절대 건조 밀도 g/cm³	흡수율 %	안정성 %	마모율 %	입자 모양 판정 실적률 %
천연 골재	굵은 골재	NG	2.5 이상	3.0 이하	12 이하	40 이하	
	잔 골재	NS	2.5 이상	3.0 이하	10 이하		
부순 골재	굵은 골재	CG	2.5 이상	3.0 이하	12 이하	40 이하	55 이상
	잔 골재	CS	2.5 이상	3.0 이하	10 이하		53 이상

제4과목 : 토질 및 기초

□□□ 기 93,17,20

61 성토나 기초지반에 있어 특히 점성토의 압밀완료 후 추가 성토 시 단기 안정문제를 검토하고자 하는 경우 적용되는 시험법은?

① 비압밀 비배수시험　　② 압밀 비배수시험
③ 압밀 배수시험　　　　④ 일축압축시험

해설

시험	시험법 적용 조건
압밀배수(CD)시험	· 사질지반의 안정검토, 점토지반의 장기안정 검토
압밀비배수(CU)시험	· 점토지반에 Pre-loading공법을 적용한 후, 급속히 성토시공을 할 때의 안정검토 · 이미 안정된 성토제방에 추가로 급속히 성토시공을 할 때의 단기 안정검토
비압밀비배수(UU)시험	· 점토지반에 급속히 성토시공을 할 때의 안정검토

□□□ 기 82,88,91,99,01,03,06,07,11,13,15,16,17,20

62 그림에서 A점 흙의 강도정수가 $c' = 30\text{kN/m}^2$, $\phi' = 30°$ 일 때, A점에서의 전단강도는? (단, 물의 단위중량은 9.81kN/m^3이다.)

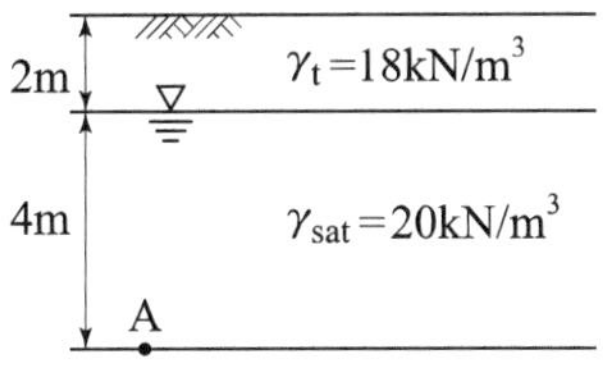

① 69.31kN/m²
② 74.32kN/m²
③ 96.97kN/m²
④ 103.92kN/m²

（그림: 2m $\gamma_t = 18\text{kN/m}^3$, 4m $\gamma_{sat} = 20\text{kN/m}^3$, A）

해설 전단강도 $\tau = c + \bar{\sigma}\tan\phi$

· 유효응력
$$\bar{\sigma} = \gamma_t h_1 + \gamma_{sub} h_2$$
$$= 18 \times 2 + (20 - 9.81) \times 4 = 76.76\text{kN/m}^2$$
$$\therefore \tau = 30 + 76.76\tan30° = 74.32\text{kN/m}^2$$

□□□ 기 00,05,08,09,13,15,16,20,21

63 지표면에 설치된 2m× 2m의 정사각형 기초에 100kN/m²의 등분포 하중이 작용하고 있을 때 5m 깊이에 있어서의 연직응력 증가량을 2 : 1 분포법으로 계산한 값은?

① 0.83kN/m²　　　② 8.16kN/m²
③ 19.75kN/m²　　　④ 28.57kN/m²

해설 $\sigma_z = \dfrac{qBL}{(B+Z)(L+Z)}$
$$= \dfrac{100 \times 2 \times 2}{(2+5)(2+5)} = 8.16\text{kN/m}^2$$

□□□ 기 97,98,04,06,12,14,20

64 아래 그림과 같은 지반의 A점에서 전응력(σ), 간극수압(u), 유효응력(σ')을 구하면? (단, 물의 단위중량은 9.81kN/m³ 이다.)

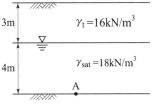

（그림: 3m $\gamma_t = 16\text{kN/m}^3$, 4m $\gamma_{sat} = 18\text{kN/m}^3$, A）

① $\sigma = 100\text{kN/m}^2$, $u = 9.8\text{kN/m}^2$, $\sigma' = 90.2\text{kN/m}^2$
② $\sigma = 100\text{kN/m}^2$, $u = 29.4\text{kN/m}^2$, $\sigma' = 70.6\text{kN/m}^2$
③ $\sigma = 120\text{kN/m}^2$, $u = 19.6\text{kN/m}^2$, $\sigma' = 100.4\text{kN/m}^2$
④ $\sigma = 120\text{kN/m}^2$, $u = 39.2\text{kN/m}^2$, $\sigma' = 80.8\text{kN/m}^2$

해설 · $\sigma = h_1 \cdot \gamma_t + h_2 \cdot \gamma_{sat} = 3 \times 16 + 4 \times 18 = 120\text{kN/m}^2$
　· $u = h_2 \cdot \gamma_w = 4 \times 9.81 = 39.2\text{kN/m}^2$
　· $\sigma' = \sigma - u = 120 - 39.2 = 80.8\text{kN/m}^2$

□□□ 기 80,03,12,20

65 흙의 다짐에 대한 설명으로 틀린 것은?

① 최적함수비로 다질 때 흙의 건조밀도는 최대가 된다.
② 최대건조밀도는 점성토에 비해 사질토일수록 크다.
③ 최적함수비는 점성토일수록 작다.
④ 점성토일수록 다짐곡선은 완만하다.

해설 다짐 방법이 일정하면 사질토에서는 최적 함수비(OMC)가 적고 점성토에서는 최적 함수비가 크다.

□□□ 기 81,82,83,97,99,03,19,20

66 100% 포화된 흐트러지지 않은 시료의 부피가 20cm³이고 질량이 36g이었다. 이 시료를 건조로에서 건조시킨 후의 질량이 24g일 때 간극비는 얼마인가?

① 1.36　　　　② 1.50
③ 1.62　　　　④ 1.70

해설 · 물의 중량
$$W_w = W - W_s = 36 - 24 = 12\text{g}$$
· 물의 부피
$$V_w = \dfrac{W_w}{\rho_w} = \dfrac{12}{1} = 12\text{cm}^3$$
$$\left(\because \dfrac{W_w}{V_w} = \rho_w = 1\text{g/cm}^3\right)$$
· 토립자의 부피 $V_s = V - V_v = 20 - 12 = 8\text{cm}^3$
(100%포화된 시료는 $V_w = V_v$ 이다.)
$$\therefore 간극비\ e = \dfrac{V_v}{V_s} = \dfrac{12}{8} = 1.50$$

67 평판 재하 실험에서 재하판의 크기에 의한 영향(scale effect)에 관한 설명으로 틀린 것은?

① 사질토 지반의 지지력은 재하판의 폭에 비례한다.
② 점토지반의 지지력은 재하판의 폭에 무관하다.
③ 사질토 지반의 침하량은 재하판의 폭이 커지면 약간 커지기는 하지만 비례하는 정도는 아니다.
④ 점토지반의 침하량은 재하판의 폭에 무관하다.

해설 재하판의 크기에 의한 영향

항목	침하량	지지력
점토지반	재하판의 폭에 비례	재하판의 폭에 무관
사질토지반	재하판의 폭에 약간 증가	재하판의 폭에 비례

∴ 점토지반의 침하량은 재하판의 폭에 비례한다.

68 압밀시험결과 시간-침하량 곡선에서 구할 수 없는 값은?

① 초기 압축비
② 압밀계수
③ 1차 압밀비
④ 선행 압밀압력

해설 압밀시험 성과표

하중단계	그래프 곡선	구하는 계수
각 하중 단계	시간 - 침하 곡선	압밀계수(C_V)
		일차 압밀비(γ)
		체적 변화계수(m_v)
		투수계수(K)
전 하중 단계	$e - \log p$ 곡선	압축지수(C_c)
		선행 압밀하중(P_o)

69 그림과 같은 점토지반에서 안정수(m)가 0.1인 경우 높이 5m의 사면에 있어서 안전율은?

① 1.0
② 1.25
③ 1.50
④ 2.0

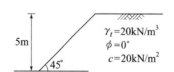

$\gamma_t = 20kN/m^3$
$\phi = 0°$
$c = 20kN/m^2$
5m, 45°

해설 안전율 $F_s = \dfrac{H_c}{H}$

· $H = 5m$

· $H_c = \dfrac{c}{\gamma m} = \dfrac{20}{20 \times 0.1} = 10m$

∴ $F_s = \dfrac{10}{5} = 2.0$

70 점착력이 $8kN/m^2$, 내부 마찰각이 $30°$, 단위중량 $16kN/m^3$인 흙이 있다. 이 흙에 인장균열은 약 몇 m 깊이까지 발생할 것인가?

① 6.92m
② 3.73m
③ 1.73m
④ 1.00m

해설 $Z_c = \dfrac{2c}{\gamma_t}\tan\left(45° + \dfrac{\phi}{2}\right) = \dfrac{2 \times 8}{16}\tan\left(45° + \dfrac{30°}{2}\right) = 1.73m$

71 어느 모래층의 간극률이 35%, 비중이 2.66이다. 이 모래의 분사현상(Quick Sand)에 대한 한계동수경사는 얼마인가?

① 0.99
② 1.08
③ 1.16
④ 1.32

해설 간극비 $e = \dfrac{n}{1-n} = \dfrac{35}{100-35} = 0.54$

∴ $i_c = \dfrac{G_s - 1}{1 + e} = \dfrac{2.66 - 1}{1 + 0.54} = 1.08$

72 Paper drain 설계 시 Drain paper의 폭이 10cm, 두께가 0.3cm일 때 Drain paper의 등치환산원의 직경이 약 얼마이면 Sand drain과 동등한 값으로 볼 수 있는가? (단, 형상계수(a)는 0.75이다.)

① 5cm
② 8cm
③ 10cm
④ 15cm

해설 $D = \alpha \dfrac{2(A+B)}{\pi}$

$= 0.75 \times \dfrac{2 \times (10 + 0.3)}{\pi} = 5cm$

73 흙의 투수성에서 사용되는 Darcy의 법칙 $\left(Q = k \cdot \dfrac{\Delta h}{L} \cdot A\right)$에 대한 설명으로 틀린 것은?

① Δh는 수두차이다.
② 투수계수(k)의 차원은 속도의 차원(cm/s)과 같다.
③ A는 실제로 물이 통하는 공극부분의 단면적이다.
④ 물의 흐름이 난류인 경우에는 Darcy의 법칙이 성립하지 않는다.

해설 · A는 시료의 전체 단면적이다.
· Darcy의 법칙은 층류 일 때 성립한다.

정답 67 ④ 68 ④ 69 ④ 70 ③ 71 ② 72 ① 73 ③

□□□ 기 88,96,14,17,20

74 말뚝 지지력에 관한 여러 가지 공식 중 정역학적 지지력 공식이 아닌 것은?

① Dörr의 공식

② Terzaghi의 공식

③ Meyerhof의 공식

④ Engineering news 공식

해설	정역학적 공식	동역학적 공식
	· Terzaghi 공식	· Hilley 공식
	· Meyerhof 공식	· Weisbach 공식
	· Dörr의 공식	· Engineering-News 공식
	· Dunham 공식	· Sander 공식

□□□ 기 90,97,03,06,09,13,16,17,20

75 다음 중 일시적인 지반 개량 공법에 속하는 것은?

① 동결공법

② 프리로딩 공법

③ 약액주입 공법

④ 모래다짐말뚝 공법

해설 일시적인 지반 개량공법 : Deep Well 공법, Well Point 공법, 진공공법(대기압공법), 동결공법

□□□ 기 99,03,06,10,19,20

76 Terzaghi의 1차원 압밀이론에 대한 가정으로 틀린 것은?

① 흙은 균질하다.

② 흙은 완전 포화되어 있다.

③ 압축과 흐름은 1차원적이다.

④ 압밀이 진행되면 투수계수는 감소한다.

해설 흙속의 물의 이동은 Darcy의 법칙에 따르며 투수계수는 일정하다.

□□□ 기 83,93,96,01,14,20

77 사운딩(Sounding)의 종류에서 사질토에 가장 적합하고 점성토에서도 쓰이는 시험법은?

① 표준 관입 시험

② 베인 전단 시험

③ 더치 콘 관입 시험

④ 이스키미터(Iskymeter)

해설 표준 관입 시험기(SPT) : 사질토에 가장 적합하나 점토 지반의 N치에 의한 강도판정과 지지력을 계산할 수 있다.

□□□ 기 03,20

78 어떤 흙의 입경가적곡선에서 $D_{10} = 0.05$mm, $D_{30} = 0.09$mm, $D_{60} = 0.15$mm이었다. 균등계수(C_u)와 곡률계수(C_g)의 값은?

① 균등계수=1.7, 곡률계수=2.45

② 균등계수=2.4, 곡률계수=1.82

③ 균등계수=3.0, 곡률계수=1.08

④ 균등계수=3.5, 곡률계수=2.08

해설 · 균등계수 $C_u = \dfrac{D_{60}}{D_{10}} = \dfrac{0.15}{0.05} = 3.0$

· 곡률계수 $C_g = \dfrac{D_{30}^2}{D_{10} \times D_{60}} = \dfrac{0.09^2}{0.05 \times 0.15} = 1.08$

□□□ 기 00,05,08,10,13,14,17,20,21

79 외경이 50.8mm, 내경이 34.9mm인 스플릿 스푼 샘플러의 면적비는?

① 112%   ② 106%

③ 53%   ④ 46%

해설 면적비

$A_a = \dfrac{D_w^2 - D_e^2}{D_e^2} \times 100$

$= \dfrac{50.8^2 - 34.9^2}{34.9^2} \times 100 = 112\%$

□□□ 기 17,20

80 얕은 기초에 대한 Terzaghi의 수정지지력 공식은 아래의 표와 같다. 4m×5m의 직사각형 기초를 사용할 경우 형상계수 α와 β의 값으로 옳은 것은?

$$q_u = \alpha c N_c + \beta \gamma_1 B N_\gamma + \gamma_2 D_f N_q$$

① $\alpha = 1.18$, $\beta = 0.32$ ② $\alpha = 1.24$, $\beta = 0.42$

③ $\alpha = 1.28$, $\beta = 0.42$ ④ $\alpha = 1.32$, $\beta = 0.38$

해설 직사각형 형상계수

$\alpha = 1 + 0.3\dfrac{B}{L} = 1 + 0.3 \times \dfrac{4}{5} = 1.24$

$\beta = 0.5 - 0.1\dfrac{B}{L} = 0.5 - 0.1 \times \dfrac{4}{5} = 0.42$

국가기술자격 필기시험문제

2020년도 기사 3회 필기시험(1부)

자격종목	시험시간	문제수	형 별	수험번호	성 명
건설재료시험기사	2시간	80	A		

※ 각 문제는 4지 택일형으로 질문에 가장 적합한 문제의 보기 번호를 클릭하거나 답안표기란의 번호를 클릭하여 입력하시면 됩니다.

※ 입력된 답안은 문제 화면 또는 답안 표기란의 보기 번호를 클릭하여 변경하실 수 있습니다.

제1과목 : 콘크리트 공학

□□□ 기 20

01 한중 콘크리트의 양생에 관한 사항 중 틀린 것은?

① 콘크리트 타설한 직후에 찬바람이 콘크리트 표면에 닿는 것을 방지하였다.

② 소요 압축강도가 얻어질 때까지 콘크리트의 온도를 5℃ 이상으로 유지하여 양생하였다.

③ 소요 압축강도에 도달한 후 2일간은 구조물을 0℃ 이상으로 유지하여 양생하였다.

④ 구조물이 보통의 노출상태였기 때문에 콘크리트 압축강도가 3MPa인 것을 확인하고 초기 양생을 중단하였다.

해설 구조물이 보통의 노출상태였기 때문에 콘크리트 압축강도가 5MPa인 것을 확인하고 양생을 종료한다.

□□□ 기 20

02 구속되어 있지 않은 무근 콘크리트 부재의 건조수축률이 500×10^{-6}일 때 콘크리트에 작용하는 응력의 크기는? (단, 콘크리트의 탄성계수는 25GPa이다.)

① 인장응력 5.0MPa

② 압축응력 12.5MPa

③ 인장응력 12.5MPa

④ 응력이 발생하지 않는다.

해설 구속되어 있지 않은 무근 콘크리트 부재는 응력이 발생하지 않는다.

□□□ 기 11,20

03 단위골재의 절대용적이 $0.70m^3$인 콘크리트에서 잔골재율이 30%일 경우 잔골재의 표건밀도가 $2.60g/cm^3$이라면 단위 잔골재량은 얼마인가?

① 485kg

② 546kg

③ 603kg

④ 683kg

해설 잔골재량＝단위 잔골재량의 절대 용적×잔골재의 밀도×1,000
＝$(0.70 \times 0.30) \times 2.60 \times 1,000 = 546kg/m^3$

□□□ 기 00,02,04,08,20

04 콘크리트의 탄산화 반응에 대한 설명 중 잘못된 것은?

① 온도가 높을수록 탄산화 속도는 빨라진다.

② 이 반응으로 시멘트의 알칼리성이 상실되어 철근의 부식을 촉진시킨다.

③ 보통 포틀랜드시멘트의 탄산화 속도는 혼합시멘트의 탄산화 속도보다 빠르다.

④ 경화한 콘크리트의 표면에서 공기중의 탄산가스에 의해 수산화칼슘이 탄산칼슘으로 바뀌는 반응이다.

해설 일반적으로 조강포틀랜트 시멘트를 사용한 경우 가장 탄산화가 느리게 진행되고, 보통 포틀랜드 시멘트는 조금 빠르며, 혼합시멘트를 사용하면 수산화 칼슘이 적기 때문에 탄산화 속도는 빠르게 된다.

□□□ 기 20

05 다음 중 치밀하고 내구성이 양호한 콘크리트를 만들기 위하여 조기에 콘크리트의 경화를 촉진시키는 가장 효과적인 양생방법은?

① 습윤양생

② 피막양생

③ 살수양생

④ 오토클레이브양생

해설 오토클레이브양생
· 표준양생의 28일 강도를 약 24시간 만에 달성할 수 있다.
· 치밀하고, 내구성이 있는 양질의 콘크리트를 만든다.

□□□ 기 91,99,20

06 비벼진 콘크리트는 현장의 거푸집까지 운반하는 방법이 아닌 것은?

① 슈트

② 드래그라인

③ 벨트 컨베이어

④ 콘크리트 펌프

해설 · 슈트 : 원칙적으로 연직 슈트를 사용하여 콘크리트를 운반한다.
· 벨트 컨베이어 : 콘크리트를 연속적으로 운반하는데 편하다.
· 콘크리트 펌프 : 콘크리트를 압송하여 운반하는 방법이다.
· 드래그라인 : 넓은 범위의 굴착에 적합한 기계이다.

정답 01 ④ 02 ④ 03 ② 04 ③ 05 ④ 06 ②

□□□ 기 20

07 해양 콘크리트의 시공에 대한 설명으로 틀린 것은?

① 보통 콘크리트는 시멘트를 사용한 경우 5일 정도는 직접 해수에 닿지 않도록 보호하여야 한다.
② 만조위로부터 위로 0.6m, 간조위로부터 아래로 0.6m 사이의 감조부분에 시공이음이 생기지 않도록 한다.
③ 굵은골재 최대치수가 20mm이고 물보라 지역인 경우, 내구성을 확보하기 위한 최소 단위결합재량은 280kg/m³이다.
④ 해상 대기 중에 건설되는 일반 현장 시공의 경우 공기연행 콘크리트의 최대 물－결합재비는 45%로 한다.

해설 내구성으로 정해지는 최소 단위결합재량(kg/m³)

굵은골재의 최대치수	20mm	25mm	40mm
물보라 지역, 간만대 및 해상 대기중	340	330	300
해중	310	300	280

∴ 굵은골재 최대치수가 20mm이고 물보라 지역인 경우 최소 단위결합재량은 340kg/m³이다.

□□□ 기 02,08,14,20

08 일반 콘크리트의 비비기에 대한 설명으로 틀린 것은?

① 비비기를 시작하기 전에 미리 믹서 내부를 모르타르로 부착시켜야 한다.
② 비비기는 미리 정해둔 비비기 시간의 3배 이상 계속 해서는 안된다.
③ 믹서 안의 콘크리트를 전부 꺼낸 후에 다음 비비기 재료를 투입하여야 한다.
④ 믹서 안에 재료를 투입한 후의 비비기 시간은 가경식 믹서의 경우 3분 이상을 표준으로 한다.

해설 믹서의 비비 시간 표준

믹 서	비비기 시간
가경식(중력식) 믹서	1분 30초(90초) 이상
강제식 믹서	1분(60초) 이상

□□□ 기 04,11,20

09 굳지 않은 콘크리트에서 재료분리가 일어나는 원인으로 볼 수 없는 것은?

① 단위 골재량이 너무 적은 경우
② 단위 수량이 너무 많은 경우
③ 입자가 거친 잔 골재를 사용한 경우
④ 굵은 골재의 최대치수가 지나치게 큰 경우

해설 단위 골재량이 너무 많을 경우

□□□ 기 20

10 압축강도에 의한 콘크리트의 품질검사의 시기 및 횟수, 판정기준에 대한 내용으로 틀린 것은?

① 배합이 변경 될 때마다 실시한다.
② 1회/일, 또는 구조물의 중요도와 공사의 규모에 따라 120m³ 마다 1회 실시한다.
③ 연속 3회 시험값의 평균이 호칭강도 이상이 되어야 합격이다.
④ 호칭강도가 30MPa이고, 1회 시험값이 27MPa인 경우 불합격이다.

해설 판정기준(합격)
■ $f_{cn} \leq 35$MPa일 때
· 연속 3회 시험값의 평균이 호칭강도 이상
· 1회 시험값이(호칭강도－ 3.5MPa) 이상
∴ 1회 시험값이 (30 － 3.5) ＝ 26.5MPa 이상이면 합격

□□□ 기 99,07,18,20

11 숏크리트에 대한 설명으로 틀린 것은?

① 일반 숏크리트의 장기 설계기준강도는 재령 28일로 설정하며, 그 값은 21MPa 이상으로 한다.
② 영구 지보재료 숏크리트를 적용할 경우 재령 28일 부착강도는 1.0MPa 이상이 되도록 한다.
③ 숏크리트의 분진농도는 10mg/m³ 이하로 하며, 뿜어붙이기 작업 개소로부터 5m지점에 측정된다.
④ 영구지보재 개념으로 숏크리트를 적용할 경우 초기강도는 3시간 1.0～3.0MPa, 24시간 강도는 5.0～10.0MPa 이상으로 한다.

해설 숏크리트의 분진농도는 5mg/m³ 이하로 하며, 뿜어붙이기 작업 개소로부터 5m지점에 측정된다.

□□□ 기 12,20

12 프리스트레스트 콘크리트 그라우트의 덕트 내의 충전성을 확보하기 위한 조건으로 틀린 것은?

① 블리딩률은 0%를 표준으로 한다.
② 비팽창성 그라우트에서의 팽창률은 －0.5～0.5%를 표준으로 한다.
④ 팽창성 그라우트에서의 팽창률은 0～10%를 표준으로 한다.
④ 물－결합재비는 55% 이하로 한다.

해설 프리스트레스트 콘크리트 그라우트의 물－결합재비는 45% 이하로 한다.

13 포장용 시멘트 콘크리트의 배합기준으로 틀린 것은?

① 설계기준 휨호칭강도(f_{28})는 4.5MPa 이상이어야 한다.
② 굵은골재의 최대치수는 40mm 이하이어야 한다.
③ 슬럼프값은 80mm 이하이어야 한다.
④ AE콘크리트의 공기량 범위는 4~6%이어야 한다.

해설 포장용 콘크리트의 배합기준

항목	기준
설계기준 휨 호칭강도(f_{28})	4.5MPa 이상
단위 수량	150kg/m³ 이하
굵은골재의 최대치수	40mm 이하
슬럼프	40mm 이하
공기량 범위	4~6%

14 크리프(Creep)의 양을 좌우하는 요소로서 가장 거리가 먼 것은?

① 재하되는 기간
② 재하되는 응력의 크기
③ 재하되는 콘크리트의 AE제 첨가 여부
④ 재하가 시작하는 시점의 콘크리트의 재령과 강도

해설 ・재하 응력 : 재하응력이 클수록 크리프 변형은 커진다.
・재령 : 재하시의 재령이 짧을수록, 재하 기간이 길수록 크리프 변형은 커진다.

15 프리스트레스트 콘크리트에 관한 다음 설명 중 잘못된 것은?

① 포스트텐션방식에서는 긴장재와 콘크리트와의 부착력에 의해 콘크리트에 압축력이 도입된다.
② 프리텐션방식에서는 프리스트레스 도입시의 콘크리트 압축강도가 일반적으로 30MPa 이상 요구된다.
④ 외력에 의해 인장응력을 상쇄하기 위하여 미리 인위적으로 콘크리트에 준 응력을 프리스트레스라고 한다.
④ 프리스트레스 도입 후 긴장재의 릴랙세이션, 콘크리트의 크리프와 건조수축 등에 의해 프리스트레스의 손상이 발생된다.

해설 프리텐션방식에서는 긴장재(PS강재)와 콘크리트 부재와의 부착력에 의해 콘크리트에 압축력이 도입된다.

16 철근이 배치된 일반적인 구조물의 표준적인 온도균열지수의 값 중 균열 발생을 방지하여야 할 경우의 값으로 옳은 것은?

① 1.5 이상
② 1.2~1.5
③ 0.7~1.2 이상
④ 0.7 이하

해설 온도 균열지수
・균열발생을 방지하여야 할 경우 : 1.5 이상
・균열발생을 제한할 경우 : 1.2 이상~1.5 미만
・유해한 균열발생을 제한할 경우 : 0.7 이상~1.2 미만

17 시방배합을 통해 단위수량 170kg/m³, 시멘트량 370kg/m³, 잔골재 700kg/m³, 굵은골재 1,050kg/m³을 산출하였다. 현장골재의 입도를 고려하여 현장배합으로 수정한다면 잔골재의 양은? (단, 현장골재의 입도는 잔골재 중 5mm체에 남는 양이 10%이고, 굵은골재 중 5mm체를 통과한 양이 5%이다.)

① 721kg/m³
② 735kg/m³
③ 752kg/m³
④ 767kg/m³

해설 입도에 의한 조정
a : 잔골재 중 5mm체에 남은 양 : 10%
b : 굵은 골재 중 5mm체를 통과한 양 : 5%

・잔골재 $= \dfrac{100S - b(S+G)}{100 - (a+b)}$

$= \dfrac{100 \times 700 - 5(700 + 1,050)}{100 - (10+5)} = 721\,kg/m^3$

18 일반 콘크리트 다지기에 대한 설명으로 틀린 것은?

① 콘크리트 다지기에는 내부진동기의 사용을 원칙으로 하나, 얇은 벽 등 내부진동기의 사용이 곤란한 장소에서는 거푸집 진동기를 사용해도 좋다.
② 내부진동기를 사용할 때 하층의 콘크리트 속으로 진동기가 삽입되지 않도록 하여야 한다.
③ 내부진동기는 연직으로 찔러 넣으며, 삽입간격은 일반 적으로 0.5m 이하로 하는 것이 좋다.
④ 내부진동기를 사용할 때 1개소당 진동시간은 다짐할 때 시멘트 페이스트가 표면상부로 약간 부상하기 까지 한다.

해설 내부진동기를 하층의 콘크리트 속으로 진동기가 0.1m정도 삽입되도록 찔러 넣는다.

□□□ 기 01,20

19 온도 균열을 완화하기 위한 시공상의 대책으로 맞지 않는 것은?

① 단위 시멘트량을 크게 한다.
② 수화열이 낮은 시멘트를 선택한다.
③ 1회에 타설하는 높이를 줄인다.
④ 사전에 재료의 온도를 가능한 한 적절하게 낮추어 사용한다.

해설 단위 시멘트량을 적게 할 것

□□□ 기 11,20

20 콘크리트의 배합강도를 결정하기 위해서는 30회 이상의 시험실적으로부터 구한 콘크리트 압축강도의 표준편차가 필요하다. 시험횟수가 29회 이하인 경우는 압축강도의 표준편차가 보정계수를 곱하여 그 값을 구하는데 시험횟수가 23회인 경우의 보정계수 값은?

① 1.10
② 1.07
③ 1.05
④ 1.03

해설 시험횟수가 29회 이하일 때 표준편차의 보정계수

시험횟수	표준편차의 보정계수
15	1.16
20	1.08
25	1.03
30 이상	1.00

$$\therefore 23의 보정계수 = 1.03 + \frac{1.08 - 1.03}{25 - 20} \times (25 - 23) = 1.05$$

제2과목 : 건설시공 및 관리

□□□ 기 05,11,14,20

21 8t 덤프 트럭으로 보통 토사를 운반하고자 할 때, 적재장비를 버킷용량 2.0m³인 백호를 사용하는 경우 백호의 적재횟수는? (단, 흙의밀도는 1.5t/m³, 토량변화율(L)=1.2, 버킷계수(K)=0.85, 백호의 사이클타임은 25초, 작업효율(E)=0.85)

① 2회
② 4회
③ 6회
④ 8회

해설 적재량 $q_t = \dfrac{T}{\gamma_t} \times L = \dfrac{8}{1.5} \times 1.2 = 6.4\,\text{m}^3$

$\therefore$ 적재 횟수 $N = \dfrac{q_t}{q \times K} = \dfrac{6.4}{2.0 \times 0.85} = 3.8 = 4$회

□□□ 기 01,20

22 건설사업의 기획, 설계, 시공, 유지관리 등 전과정의 정보를 발주자, 관련업체 등이 전산망을 통하여 교환·공유하기 위한 통합정보시스템을 무엇이라 하는가?

① Turn Key
② 건설B2B
③ 건설CALS
④ 건설EVMS

해설 · 건설 CALS : 건설공사 지원 통합 정보체계로 건설공사의 계획, 설계, 계약, 시공 및 유지관리 전 과정에서 발생하는 정보를 발주청 및 건설관련업체가 정보 통신망을 활용하여 상호 교환하고 공유하는 체계를 말한다.
· Turn Key : 시공자는 발주자가 필요로 하는 모든 것을 조달하여 발주자에게 인도하는 도급 계약 방식이다.

□□□ 기 00,04,20

23 터널 공사에서 사용하는 발파방법 중 번 컷(Burn Cut) 공법의 장점에 대한 설명 중 옳지 않은 것은?

① 폭약이 절약된다.
② 긴 구멍의 굴착이 용이하다.
③ 발파시 버럭의 비산거리가 짧다.
④ 빈 구멍을 자유면으로 하여 연직 발파를 하므로 천공이 쉽다.

해설 번 컷(Burn cut)의 장점
· 버럭의 비산거리가 짧고 긴 구멍 발파에 편리한 방법이다.
· 빈 구멍을 자유면으로 하여 평행폭파를 하므로 천공이 쉽다.
· 긴 구멍의 발파에 편리한 방법으로 약량이 절약되는 공법이다.

□□□ 기 09,17,20

24 그림과 같은 단면으로 성토 후 비탈면에 떼붙임을 하려고 한다. 성토량과 떼붙임 면적을 계산하면? (단, 마구리면의 떼붙임은 제외하며, 토량변화율은 무시한다.)

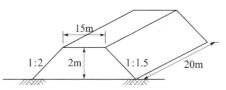

① 성토량 : 370m³, 떼붙임 면적 : 161.6m²
② 성토량 : 370m³, 떼붙임 면적 : 61.6m²
③ 성토량 : 740m³, 떼붙임 면적 : 161.6m²
④ 성토량 : 740m³, 떼붙임 면적 : 61m²

해설 · 성토 밑면 길이 = 15 + (2×2) + (1.5×2) = 22m

· 단면적 = $\dfrac{15 + 22}{2} \times 2 = 37\,\text{m}^2$

· 길이 20m에 대한 성토량 = 37 × 20 = 740m³

· 떼붙임 면적 = $\left[\sqrt{(2 \times 2)^2 + 2^2} + \sqrt{(1.5 \times 2)^2 + 2^2} \right] \times 20$
$= 161.6\,\text{m}^2$

25 운동장 또는 광장과 같은 넓은 지역의 배수는 주로 어떤 배수방법으로 하는 것이 적당한가?

① 암거 배수　　　　② 지표 배수
③ 맹암거 배수　　　④ 암거 배수

해설 맹암거 배수 : 주로 운동장, 광장 등 넓은 지역의 배수에 이용되며 각처에서 값싸게 구입할 수 있으나 내구 연한이 짧은 것이 결점이다.

26 공사 기간의 단축은 비용경사(cost slope)를 고려해야 한다. 다음 표를 보고 비용경사를 구하면?

정상계획		특급계획	
기간	공사비	기간	공사비
10일	35,000원	8일	45,000원

① 5,000원/일　　　② 10,000원/일
③ 15,000원/일　　 ④ 20,000원/일

해설 비용경사 $= \dfrac{특급비용 - 정상비용}{정상공기 - 특급공기}$

$= \dfrac{45,000 - 35,000}{10 - 8} = 5,000$ 원/일

27 벤토나이트 공법을 써서 굴착벽면의 붕괴를 막으면서 굴착된 구멍에 철근 콘크리트를 넣어 말뚝이나 벽체를 연속적으로 만드는 공법은?

① Slurry Wall 공법　　② Earth Drill 공법
③ Earth Anchor 공법　④ Open Cut 공법

해설 지하연속벽(Slurry wall 또는 Diaphragm Wall)공법의 설명이다.

28 아래의 표에서 설명하는 교량 가설공법의 명칭은?

> 캔틸레버 공법의 일종으로 일정한 길이로 분할 된 세그먼트를 공장에서 제작하여 가설현장에서는 크레인 등의 가설장비를 이용하여 상부구조를 완성하는 방법

① F.S.M　　　② I.L.M
③ M.S.S　　　④ P.S.M

해설 프리캐스트 세그먼트 공법(Precast segment method : P.S.M) 의 정의이다.

29 댐 기초의 시공에서 기초 암반의 변형성이나 강도를 개량하여 균일성을 주기 위하여 기초 전반에 걸쳐 격자형으로 그라우팅을 하는 방법은?

① 커튼 그라우팅　　　② 블랭킷 그라우팅
③ 콘택트 그라우팅　　④ 콘솔리데이션 그라우팅

해설 ·curtain그라우팅 : 기초 암반에 침투하는 물을 방지하는 지수 목적
·consolidation 그라우팅 : 기초 암반의 변형성 억제, 강도 증대를 위하여 지반을 개량하는데 목적
·blanket 그라우팅 : 필댐의 비교적 얕은 기초지반 및 차수영역과 기초지반 접촉부의 차수성을 개량할 목적으로 실시
·contact 그라우트 : 암반과 dam제체 접속부의 침투류 차수목적

30 아스팔트 포장에서 표층에 대한 설명 중에서 틀린 것은?

① 노상 바로 위의 인공층이다.
② 표면수가 내부로 침입하는 것을 막는다.
③ 기층에 비해 골재의 치수가 작은 편이다.
④ 교통에 의한 마모와 박리에 저항하는 층이다.

해설 표층
·표층은 포장의 최상부에 있다.
·가열아스팔트 혼합물로 만들어진다.
·교통차량에 의한 마모와 전단에 저항한다.
·평탄하여 잘 미끄러지지 않고 쾌적한 주행이 될 수 있다.
·빗물이 하부에 침투하는 것을 방지한다.

31 오픈케이슨(open caisson)공법에 대한 설명으로 틀린 것은?

① 전석과 같은 장애물이 많은 곳에서의 작업은 곤란하다.
② 케이슨의 침하시 주면마찰력을 줄이기 위해 진동발파공법을 적용할 수 있다.
③ 케이슨의 선단부를 보호하고 침하를 쉽게 하기 위하여 curve shoe라 불리우는 날끝을 붙인다.
④ 굴착 시 지하수를 저하시키지 않으며, 히빙, 보일링의 염려가 없어 인접 구조물의 침하우려가 없다.

해설 ·공기 케이슨 기초 : 지하수를 저하시키지 않으며, 히빙, 보일링을 방지할 수 있으므로 인접 구조물의 침하 우려가 없다.
·오픈 케이슨 기초 : 주변지반이 이완되기 쉬워 기초 지반에 보일링 현상이나 히빙 현상이 일어날 우려가 있다.

□□□ 기 10,14,20
32 토공에서 토취장 선정 시 고려하여야 할 사항으로 틀린 것은?

① 토질이 양호할 것

② 토량이 충분할 것

③ 성토장소를 향하여 상향구배(1/5~1/10)일 것

④ 운반로 조건이 양호하며, 가깝고 유지관리가 용이할 것

해설 성토 장소를 향해서 $\frac{1}{50} \sim \frac{1}{100}$ 정도의 하향구배를 이룰 것

□□□ 기 06,08,09,20
33 피어기초 중 기계에 의한 시공법이 아닌 것은?

① 베노토(benoto) 공법

② 시카고(chicago) 공법

③ 어스드릴(Earth drill)공법

④ 리버스써큐레이션(Reverse Circulation) 공법

해설 피어기초
- 인력에 의한 굴착 : Chicago공법, Gow공법
- 기계에 의한 방법 : Benoto공법, Earth Drill공법, Reverse Circulation공법

□□□ 기 06,17,20
34 아스팔트포장에서 표층에 가해지는 하중을 분산시켜 보조기층에 전달하며, 교통하중에 의한 전단에 저항하는 역할을 하는 층은?

① 기층   ② 노상

③ 노체   ④ 차단층

해설
- 차단층 : 동결에 의한 피해를 방지하거나 제어를 하기 위한 층이다.
- 노체 : 흙쌓기에 있어서 노상의 아래 부분에서부터 기초지반면까지의 흙의 부분
- 노상 : 포장층의 기초로서 포장과 일체가 되어 교통 하중을 지지하는 역할을 한다.

□□□ 기 04,08,20
35 셔블계 굴삭기 가운데 수중작업에 많이 쓰이며, 협소한 장소의 깊은 굴착에 가장 적합한 건설기계는?

① 클램셀   ② 파워셔블

③ 어스드릴   ④ 파일드라이브

해설 크램셀 : 우물통 기초와 같은 좁은 곳과 깊은 곳을 굴착하는데 적함

□□□ 기 13,20
36 교각기초를 위해 직경 10m, 깊이 20m, 측벽두께 50cm인 우물통기초를 시공 중에 있다. 지반의 극한지지력이 200kN/m², 단위면적당 주면마찰력(f_s)이 5kN/m², 수중부력은 100kN일 때, 우물통이 침하하기 위한 최소 상부하중(자중+재하중)은?

① 5,201kN   ② 6,227kN

③ 7,107kN   ④ 7,523kN

해설 $F + Q + B$
$= f_s \cdot U \cdot h + q_u \cdot A + B$
$= 5 \times (\pi \times 10) \times 20 + 200 \times \frac{\pi(10^2 - 9^2)}{4} + 100 = 6,226.1 \text{kN}$

□□□ 기 98,05,07,14,20
37 암석을 발파할 때 암석이 외부의 공기 및 물과 접하는 표면을 자유면이라 한다. 이 자유면으로부터 폭약의 중심까지의 최단 거리를 무엇이라 하는가?

① 보안거리   ② 누두반경

③ 적정심도   ④ 최소저항선

해설
- 최소저항선 : 폭약의 중심에서부터 자유면까지의 최단거리
- 누두지수 : 누두공의 반경과 최소저항의 비를 말한다.
- 누두공 : 암반의 폭파로 생긴 원추형의 파쇄공을 말한다.

□□□ 기 02,13,17,20
38 다음 중 보일링 현상이 가장 잘 발생하는 지반은?

① 모래질 지반   ② 실트질 지반

③ 점성토 지반   ④ 사질점토 지반

해설 보일링(boiling)현상은 사질토(모래질) 지반의 지하수위 이하를 굴착할 때 수위차로 인하여 발생하기 쉽다.

□□□ 기 11,18,20
39 로드 롤러를 사용하여 전압횟수 4회, 전압포설 두께 0.3m, 유효 전압폭 2.5m, 전압작업속도를 3km/h로 할 때 시간당 작업량을 구하면?
(단, 토량환산계수는 1, 롤러의 효율은 0.8을 적용한다.)

① 300m³/h   ② 450m³/h

③ 600m³/h   ④ 750m³/h

해설 $Q = \dfrac{1,000 \, V \cdot W \cdot H \cdot f \cdot E}{N}$

$= \dfrac{1,000 \times 3 \times 2.5 \times 0.3 \times 1 \times 0.8}{4} = 450 \text{m}^3/\text{hr}$

☐☐☐ 기 01,04,12,16,20
40 다져진 토량 $45,000\text{m}^3$를 성토하는데 흐트러진 토량 $30,000\text{m}^3$가 있다. 이 때, 부족토량은 자연상태 토량(m^3)으로 얼마인가? (단, 토량변화율 $L=1.25$, $C=0.9$)

① $18,600\text{m}^3$ ② $19,400\text{m}^3$
③ $23,800\text{m}^3$ ④ $26,000\text{m}^3$

해설 · 흐트러진 토량 $=$ 완성 토량$\times\dfrac{L}{C}=45,000\times\dfrac{1.25}{0.9}=62,500\,\text{m}^3$

· 부족 토량(흐트러진 상태) $=62,500-30,000=32,500\,\text{m}^3$

∴ 자연 상태의 부족 토량 $=32,500\times\dfrac{1}{1.25}=26,000\,\text{m}^3$

제3과목 : 건설재료 및 시험

☐☐☐ 기 00,02,20
41 공시체 크기 $50\times50\times300\text{mm}$의 암석을 지간 250mm로 하여 중앙에서 압력을 가했더니 $1,000\text{N}$에서 파괴 되었다. 이때 휨강도는?

① 2MPa ② 20MPa
③ 3MPa ④ 30MPa

해설 휨강도 $f_b=\dfrac{3PL}{2bd^2}$

$=\dfrac{3\times1,000\times250}{2\times50\times50^2}=3\text{N/mm}^2=3\text{MPa}$

☐☐☐ 기 12,15,17,20
42 토목섬유(Geosynthetics)의 기능과 관련된 용어 중 아래의 표에서 설명하는 기능은?

> 지오텍스타일이나 관련제품을 이용하여 인접한 다른 흙이나 채움재가 서로 섞이지 않도록 방지함

① 배수기능 ② 보강기능
③ 여과기능 ④ 분리기능

해설 Geosynthetics의 기능
· 배수기능
· 여과기능
· 보강기능
· 분리기능 : 지오텍스타일이나 관련제품을 이용하여 인접한 다른 흙이나 채움재가 서로 섞이지 않도록 방지하는 기능
· 방수 및 차단 기능 : 댐의 상류층이나 재방에 물의 침투를 막거나 지하철, 터널, 쓰레기 매립장 등에서 방수 목적으로 사용된다.

☐☐☐ 기 99,01,20
43 중용열 포틀랜드 시멘트의 장기 강도를 높여주기 위해 포함시키는 성분은?

① C_2S ② C_3A
③ CaO ④ MaO

해설 중용열 포틀랜드 시멘트 : 수화열을 낮추기 위하여 C_3S의 양을 적게하고 그 대신 장기강도를 발현하기 위하여 C_2S양을 많게한 시멘트이다.

☐☐☐ 기 03,19,20
44 습윤상태에 있어서 중량이 100g의 골재를 건조시켜 표면건조상태에서 95g, 기건상태에서 93g, 절대건조상태에서 92g이 되었을 때 유효 흡수율은?

① 2.2% ② 3.2%
③ 4.2% ④ 5.2%

해설 유효 흡수량 $=\dfrac{\text{표면건조포화상태}-\text{기건상태}}{\text{절건상태}}\times100$

$=\dfrac{95-93}{92}\times100=2.2\%$

☐☐☐ 기 20
45 아스팔트에 대한 설명으로 틀린 것은?

① 레이크 아스팔트는 천연 아스팔트의 하나이다.
② 석유 아스팔트는 증류방법에 의해서 스트레이트 아스팔트와 블론 아스팔트로 나눈다.
③ 아스팔트 유제는 유화재를 함유한 물속에 역청재를 분산시킨 것이다.
④ 피치는 아스팔트의 잔류물로서 얻어진다.

해설 타르(tar)
· 석유원유, 석탄, 수목 등의 유기물의 건류 또는 증류에 의해서 얻어진다.
· 타르의 종류 : 콜타르, 피치, 가스타르, 포장용 타르 등이 있다.

☐☐☐ 기 01,07,10,20
46 알루미늄 분말이나 아연분말을 콘크리트에 혼입시켜 수소가스를 발생시켜 PSC용 그라우트의 충전성을 좋게 하기 위하여 사용하는 혼화제는?

① 유동화제 ② 방수제
③ AE제 ④ 발포제

해설 발포제를 프리팩트 콘크리트용 그라우트나 PSC용 그라우트에 사용하면 발포작용을 하여 부착력을 증대시켜 준다.

☐☐☐ 기 02,20

47 석재 사용시 주의 사항 중 틀린 것은?

① 석재는 예각부가 생기면 부서지기 쉬우므로 표면에 요철이 없어야 한다.
② 석재를 사용할 경우에는 휨응력과 인장응력을 받는 부재에 사용하여야 한다.
③ 석재를 압축부재에 사용할 경우에는 석재의 자연층에 직각으로 위치하여 사용하여야 한다.
④ 석재를 장기간 보존할 경우에는 석재표면을 도포하여 우수의 침투방지 및 함수로 인한 동해방지에 유의하여야 한다.

해설 석재는 강도 중에서 압축강도가 제일 크기 때문에 구조용으로 사용할 경우 압축응력을 받는 부분에 사용하며, 휨응력 및 인장응력을 받는 곳은 피해야 한다.

☐☐☐ 기 10,12,15,20

48 잔골재 밀도 시험의 결과가 아래 표와 같을 때 이 잔골재의 겉보기 밀도(진밀도)는?

> • 검정된 용량을 나타낸 눈금까지 물을 채운 플라스크의 질량 : 665g
> • 표면 건조 포화 상태 시료의 질량 : 500g
> • 절대 건조 상태 시료의 질량 : 495g
> • 시료와 물로 검정된 용량을 나타낸 눈금까지 채운 플라스크의 질량 : 975g
> • 시험온도에서의 물의 밀도 : 0.997g/cm³

① 2.62g/cm³   ② 2.67g/cm³
③ 2.72g/cm³   ④ 2.77g/cm³

해설 $d_A = \dfrac{A}{B+A-C} \times \rho_w$

$= \dfrac{495}{665+495-975} \times 0.997 = 2.67 \text{g/cm}^3$

☐☐☐ 기 12,16,20

49 스트레이트 아스팔트와 비교할 때 고무혼입 아스팔트의 특징으로 틀린 것은?

① 내후성이 크다.
② 응집성 및 부착력이 크다.
③ 탄성 및 충격저항이 크다.
④ 감온성이 크고 마찰계수가 작다.

해설 고무혼입 아스팔트의 정점
 • 감온성이 작다.   • 응집성 및 부착력이 크다.
 • 탄성 및 충격저항이 크다.   • 내노화성 및 마찰계수가 크다.

☐☐☐ 기 12,20

50 아래 표에서 설명하고 있는 목재의 종류로 옳은 것은?

> • 각재를 얇은 톱으로 켜서 만든다.
> • 단단한 목재일 때 많이 사용되며 아름다운 결이 얻어진다.
> • 고급의 합판에 사용되나 톱밥이 많아 비경제적이다.
> • 공업적인 용도에는 거의 사용되지 않는다.

① M.D.F   ② 소드 베니어
③ 로터리 베니어   ④ 슬라이스트 베니어

해설 소드 베니어(sawed veneer)
 판재를 얇은 작은 톱으로 켜서 만든 단판으로 아름다운 결이 얻어진다. 고급 합판에 사용되나 톱밥이 많아 비경제적이다.

☐☐☐ 기 05,17,20

51 Hooke의 법칙이 적용되는 인장력을 받는 부재의 늘음량(길이변형량)에 대한 설명으로 틀린 것은?

① 재료의 탄성계수가 클수록 늘음량도 커진다.
② 부재의 단면적이 작을수록 늘음량도 커진다.
③ 부재의 길이가 길수록 늘음량도 커진다.
④ 작용외력이 클수록 늘음량도 커진다.

해설 Hooke의 법칙에서

$$\text{탄성계수}(E) = \frac{\text{응력}(f)}{\text{변형률}(\epsilon)} = \frac{\dfrac{P}{A}}{\dfrac{\Delta l}{l}} = \frac{P \cdot l}{A \cdot \Delta l}$$

∴ 재료의 탄성계수(E)가 클수록 늘음량(Δl)은 작아진다.

☐☐☐ 기 84,98,07,20

52 다음 콘크리트용 혼화재료에 대한 설명 중 틀린 것은?

① 감수제는 시멘트 입자를 분산시켜 콘크리트의 단위 수량을 감소시키는 작용을 한다.
② 촉진제는 시멘트의 수화작용을 촉진하는 혼화제로서 보통 나프탈린 설폰산염을 많이 사용한다.
③ 지연제는 여름철에 레미콘의 슬럼프 손실 및 콜드 조인트의 방지 등에 효과가 있다.
④ 급결제는 시멘트의 응결시간을 촉진하기 위하여 사용하며 숏크리트, 물막이 공법 등에 사용한다.

해설 • 촉진제는 시멘트의 수화작용을 촉진하는 혼화제로서 감수제 및 AE감수제의 촉진형 외에 염화칼슘이 많이 사용되고 있다.
 • 지연제의 성분은 리그닌설폰산계, 옥시카본산계 및 인산염 등의 무기화합물 등이 있다.

53 일반적으로 콘크리트용 골재에 대한 설명으로 틀린 것은?

① 잔골재의 절대건조밀도는 $0.0025g/mm^3$ 이상의 값을 표준으로 한다.
② 굵은골재의 절대건조밀도는 $0.0025g/mm^3$ 이상의 값을 표준으로 한다.
③ 잔골재의 흡수율은 5.0% 이하의 값을 표준으로 한다.
④ 굵은골재의 안정성은 황산나트륨으로 5회 시험을 하여 평가한다.

해설 잔골재의 흡수율은 3.0% 이하의 값을 표준으로 한다.

54 고로 슬래그 시멘트는 제철소의 용광로에서 선철을 만들 때 부산물로 얻은 슬래그를 포틀랜드 시멘트 클링커에 섞어서 만든 시멘트이다. 그 특성에 대한 설명을 틀린 것은?

① 내열성이 크고, 수밀성이 좋다.
② 초기 강도가 작으나 장기 강도는 큰 편이다.
③ 수화열이 커서 매스 콘크리트에는 적합하지 않다.
④ 일반적으로 내화학성이 좋으므로 해수, 하수, 공장폐수 등에 접하는 콘크리트에 적합하다.

해설 슬래그가 많이 함유됨에 따라 초기강도 및 수화발열량이 적은 반면 장기강도가 약간 커서 매스 콘크리트에 적합하다.

55 블론 아스팔트와 스트레이트 아스팔트의 성질에 대한 설명으로 틀린 것은?

① 스트레이트 아스팔트는 블론 아스팔트보다 연화점이 낮다.
② 스트레이트 아스팔트는 블론 아스팔트보다 감온성이 작다.
③ 블론 아스팔트는 스트레이트 아스팔트보다 유동성이 작다.
④ 블론 아스팔트는 스트레이트 아스팔트보다 방수성이 작다.

해설 스트레이트 아스팔트는 연화점이 낮아서 온도에 대한 감온성이 크다.

56 니트로글리세린을 20%정도 함유하고 있으며 찐득한 엿형태의 것으로 폭약 중 폭발력이 가장 강하고 수중에서도 사용이 가능한 폭약은?

① 칼릿   ② 함수폭약
③ 니트로글리세린   ④ 교질다이너마이트

해설 교질 다이너 마이트 : 폭파력이 가장 강하고 수중에서 폭발한다.

57 포졸란(pozzolan)을 사용한 콘크리트 성질에 대한 설명으로 틀린 것은?

① 수밀성이 크고 발열량이 적다.
② 해수 등에 대한 화학적 저항성이 크다.
③ 강도의 증진이 빠르고 초기강도가 크다.
④ 워커빌리티 및 피니셔빌리티가 좋다.

해설 포졸란은 발열량이 적어 초기강가 작고 장기강도, 수밀성 및 화학저항성이 크다.

58 강모래를 이용한 콘크리트와 비교한 부순 잔골재를 이용한 콘크리트의 특징을 설명한 것으로 틀린 것은?

① 동일 슬럼프를 얻기 위해서는 단위수량이 더 많이 필요하다.
② 미세한 분말량이 많아질 경우 건조수축률은 증대한다.
③ 미세한 분말량이 많아짐에 따라 응결의 초결시간과 종결시간이 길어진다.
④ 미세한 분말량이 많아지면 공기량이 줄어들기 때문에 필요 시 공기량을 증가시켜야한다.

해설 미세한 분말량이 많아지면 블리딩이 적어져 응결의 초결시간과 종결시간이 상당히 빨라지는 악영향을 나타낸다.

59 표점거리는 50mm, 지름은 14mm의 원형 단면봉으로 인장시험을 실시하였다. 축인장하중이 100kN이 작용하였을 때, 표점거리는 50.433mm, 지름은 13.970mm가 측정되었다면 이 재료의 포아송비는?

① 0.07   ② 0.247
③ 0.347   ④ 0.5

해설 포아송비

$$\mu = \frac{\frac{\Delta d}{d}}{\frac{\Delta l}{l}} = \frac{\frac{14 - 13.970}{14}}{\frac{50.433 - 50}{50}} = 0.247$$

60 다음 시멘트의 화학적 성분 중 주 성분이 아닌 것은?

① 석회   ② 실리카
③ 산화마그네슘   ④ 알루미나

해설 포틀랜드 시멘트의 화학성분은 점토에 포함되어 있는 실리카(SiO_2), 알루미나(Al_2O_3), 산화철(Fe_2O_3)와 석회석의 석회(CaO)인 3가지 주요 성분으로 구성되어 있다.

제4과목 : 토질 및 기초

□□□ 기 99,04,13,20
61 그림에서 흙의 단면적이 $40cm^2$이고 투수계수가 $0.1cm/sec$일 때 흙속을 통과하는 유량은?

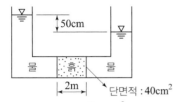

① $1m^3/hr$
② $1cm^3/s$
③ $100m^3/hr$
④ $100cm^3/s$

해설 $Q = kiA = k\dfrac{h}{L}A$

$= 0.1 \times \dfrac{50}{200} \times 40 = 1\,cm^3/sec$

□□□ 기 97,14,20
62 아래의 그림에서 각층의 손실수두 Δh_1, Δh_2, Δh_3를 각각 구한 값으로 옳은 것은?

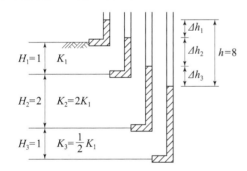

① $\Delta h_1 = 2$, $\Delta h_2 = 2$, $\Delta h_3 = 4$
② $\Delta h_1 = 2$, $\Delta h_2 = 3$, $\Delta h_3 = 3$
③ $\Delta h_1 = 2$, $\Delta h_2 = 4$, $\Delta h_3 = 2$
④ $\Delta h_1 = 2$, $\Delta h_2 = 5$, $\Delta h_3 = 1$

해설 각 층의 침투속도는 동일

$V = Ki = K_1 \dfrac{\Delta h_1}{l_1} = K_2 \dfrac{\Delta h_2}{l_2} = K_3 \dfrac{\Delta h_3}{l_3}$

$= K_1 \dfrac{\Delta h_1}{1} = 2K_1 \dfrac{\Delta h_2}{2} = \dfrac{1}{2}K_1 \dfrac{\Delta h_3}{1}$

$\therefore \Delta h_1 = \Delta h_2 = \dfrac{\Delta h_3}{2}$

$H = \Delta h_1 + \Delta h_2 + \Delta h_3 = 8$

$\therefore \Delta h_1 = 2$, $\Delta h_2 = 2$, $\Delta h_3 = 4$

□□□ 기 80,20
63 그림과 같이 수평지표면 위에 등분포하중 q가 작용할 때 연직옹벽에 작용하는 주동토압의 공식으로 옳은 것은? (단, 뒤채움 흙은 사질토이며, 이 사질토의 단위중량을 γ, 내부마찰각을 ϕ라 한다.)

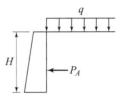

① $P_a = \left(\dfrac{1}{2}\gamma H^2 + qH\right)\tan^2\left(45° - \dfrac{\phi}{2}\right)$

② $P_a = \left(\dfrac{1}{2}\gamma H^2 + qH\right)\tan^2\left(45° + \dfrac{\phi}{2}\right)$

③ $P_a = \left(\dfrac{1}{2}\gamma H^2 + qH\right)\tan^2\phi$

④ $P_a = \left(\dfrac{1}{2}\gamma H^2 + q\right)\tan^2\phi$

해설
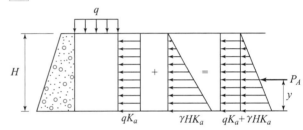

$P_a = \dfrac{1}{2}\gamma H^2 K_a + qHK_a$

$= \left(\dfrac{1}{2}\gamma H^2 + qH\right)\tan^2\left(45° - \dfrac{\phi}{2}\right)$

□□□ 기 90,00,20
64 흙의 활성도에 대한 설명으로 틀린 것은?

① 점토의 활성도가 클수록 물을 많이 흡수하여 팽창이 많이 일어난다.
② 활성도는 $2\mu m$ 이하의 점토함유율에 대한 액성지수의 비로 정의된다.
③ 활성도는 점토광물의 종류에 따라 다르므로 활성도로부터 점토를 구성하는 점토광물을 수정할 수 있다.
④ 흙입자의 크기가 작을수록 비표면적이 커져 물을 많이 흡수하므로, 흙의 활성은 점토에서 뚜렷이 나타난다.

해설 활성도(A)는 소성지수(I_P)를 2μ 이하의 점토 함유율(%)으로 나눈값으로 정의된다.

$A = \dfrac{소성지수(I_P)}{2\mu\ 이하의\ 점토함유율(\%)}$

65 포화된 점토에 대하여 비압밀비배수(UU)시험을 하였을 때의 결과에 대한 설명 중 옳은 것은? (단, ϕ : 내부마찰각 이고, c : 점착력이다.)

① ϕ와 c가 나타나지 않는다.
② ϕ와 c가 모두 "0"이 아니다.
③ ϕ는 "0"이고 c는 "0"이 아니다.
④ ϕ는 "0"이 아니지만 c는 "0"이다.

해설 비압밀 비배수 시험(UU-test)
· 포화된 점토 $S=100\%$인 경우 $\phi=0$이다.
· 내부 마찰각 $\phi=0$인 경우 전단강도 $\tau_f=c_u$로 c는 0이 아니다.

66 다음 연약지반 개량공법에 관한 사항 중 옳지 않은 것은?

① 샌드 드레인 공법은 2차 압밀비가 높은 점토와 이탄 같은 유기질 흙에 큰 효과가 있다.
② 화학적 변화에 의한 흙의 강화공법으로는 소결 공법, 전기 화학적 공법 등이 있다.
③ 동압밀공법 적용시 과잉간극 수압의 소산에 의한 강도 증가가 발생한다.
④ 장기간에 걸친 배수공법은 샌드드레인이 페이퍼 드레인보다 유리하다.

해설 페이퍼 드레인공법은 2차 압밀비가 높은 점토와 이탄과 같은 유기질 흙에는 효과 크다.

67 표준 관입 시험(SPT)을 할 때 처음 150mm관입에 요하는 N값은 제외하고 그후 300mm관입에 요하는 타격수로 N값을 구한다. 그 이유로 가장 타당한 것은?

① 흙은 보통 150mm 밑부터 그 흙의 성질을 가장 잘 나타낸다.
② 관입봉의 길이가 정확히 450mm이므로 이에 맞도록 관입 시키기 위함이다.
③ 정확히 300mm를 관입시키기가 어려워서 150mm관입에 요하는 N값을 제외한다.
④ 보링구멍 밑면 흙이 보링에 의하여 흐트러져 150mm관입 후부터 N값을 측정한다.

해설 보링 구멍 밑면 흙이 보링에 의하여 흐트러져 불교란 지반에 도달시키기 위하여 150mm 관입 후부터 N값을 측정한다.

68 흐트러지지 않은 시료를 이용하여 액성한계 40%, 소성한계 22.3%를 얻었다. 정규압밀 점토의 압축지수(C_c) 값을 Terzaghi와 Peck이 발표한 경험식에 의해 구하면?

① 0.25
② 0.27
③ 0.30
④ 0.35

해설 Terzaghi와 Peck의 경험식(불교란 점토 시료)
압축 지수 $C_c=0.009(W_L-10)$
$=0.009(40-10)=0.27$

69 모래나 점토같은 입상재료를 전단할 때 발생하는 다일러턴시(dilatancy)현상과 간극수압의 변화에 대한 설명으로 틀린 것은?

① 정규압밀점토에서는 (−) 다일러턴시에 (+)의 간극수압이 발생한다.
② 과압밀점토에서는 (+) 다일러턴시에 (−)의 간극수압이 발생한다.
③ 조밀한 점토에서는 (+) 다일러턴시가 일어난다.
④ 느슨한 모래에서는 (+) 다일러턴시가 일어난다.

해설 Dilatancy : 조밀한 모래에서 전단이 진행됨에 따라 부피가 증가되는 현상

구 분	Dilatancy
느슨한 모래	−
조밀한 모래	+
정규 압밀 점토	−
과압밀 점토	+

· 느슨한 모래에서는 (−)의 다일러턴시가 일어난다.

70 도로의 평판재하시험방법(KS F 2310)에서 시험을 끝낼 수 있는 조건이 아닌 것은?

① 재하응력이 현장에서 예상할 수 있는 가장 큰 접지압력의 크기를 넘으면 시험을 멈춘다.
② 재하응력이 그 지반의 항복점을 넘을 때 시험을 멈춘다.
③ 침하가 더 이상 일어나지 않을 때 시험을 멈춘다.
④ 침하량이 15mm에 달할 때 시험을 멈춘다.

해설 평판재하 시험의 끝나는 조건
· 침하량이 15mm에 달할 때
· 하중강도가 예상되는 최대 접지압력을 초과할 때
· 하중강도가 그 지반의 항복점을 넘을 때

□□□ 기 82,97,02,04,06,08,13,16,20

71 5m×10m 의 장방형 기초위에 $q=60kN/m^2$의 등분포하중이 작용할 때, 지표면 아래 10m에서의 수직응력을 2 : 1법으로 구한 값은?

① $10kN/m^2$　　　　　② $20kN/m^2$

③ $30kN/m^2$　　　　　④ $40kN/m^2$

해설 $\Delta \sigma_z = \dfrac{q \cdot B \cdot L}{(B+Z)(L+Z)}$

$\quad = \dfrac{60 \times 5 \times 10}{(5+10)(10+10)} = 10kN/m^2$

□□□ 기 02,06,08,10,11,17,20

72 다짐되지 않은 두께 2m, 상대밀도 40%의 느슨한 사질토 지반이 있다. 실내시험결과 최대 및 최소 간극비가 0.80, 0.40으로 각각 산출되었다. 이 사질토를 상대밀도 70%까지 다짐할 때 두께는 얼마나 감소되겠는가?

① 12.41cm　　　　　② 14.63cm

③ 22.71cm　　　　　④ 25.83cm

해설 ·상대밀도 40%에 공극비

$D_r = \dfrac{e_{max} - e_1}{e_{max} - e_{min}} \times 100$

$\quad = \dfrac{0.80 - e_1}{0.80 - 0.40} \times 100 = 40\%$

$\therefore e_1 = 0.64$

·상대밀도 70%일 때의 공극비

$D_r = \dfrac{e_{max} - e_2}{e_{max} - e_{min}} \times 100$

$\quad = \dfrac{0.80 - e_2}{0.80 - 0.40} \times 100 = 70\%$

$\therefore e_2 = 0.52$

$\therefore$ 두께감소량 $\Delta H = \dfrac{e_1 - e_2}{1 + e_1} H = \dfrac{0.64 - 0.52}{1 + 0.64} \times 200$

$\quad = 14.63cm$

□□□ 기 93,98,16,20

73 기초의 구비조건에 대한 설명 중 틀린 것은?

① 상부하중을 안전하게 지지해야 한다.
② 기초 깊이는 동결깊이 이하여야 한다.
③ 기초는 전체침하나 부등침하가 전혀 없어야 한다.
④ 기초는 기술적, 경제적으로 시공 가능하여야 한다.

해설 기초의 구비 조건
·최소 기초 깊이를 유지할 것
·상부 하중을 안전하게 지지해야 한다.
·침하가 허용치를 넘지 않을 것
·기초의 시공이 가능할 것

□□□ 기 82,91,99,03,06,07,11,13,15,16,17,20

74 그림과 같은 지반에서 유효응력에 대한 점착력 및 마찰각이 각각 $c'=10kN/m^2$, $\phi'=20°$ 일 때, A점에서의 전단강도는? (단, 물의 단위중량은 $9.81kN/m^3$이다.)

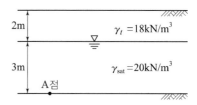

① $34.23kN/m^2$　　　　② $44.94kN/m^2$

③ $54.25kN/m^2$　　　　④ $66.17kN/m^2$

해설 전단강도 $\tau = c + \bar{\sigma} \tan \phi$

·$\bar{\sigma} = \gamma_t h_1 + \gamma_{sub} h_2$

$\quad = 18 \times 2 + (20 - 9.81) \times 3 = 66.57kN/m^2$

$\therefore \tau = 10 + 66.57 \tan 20° = 34.23kN/m^2$

□□□ 기 95,00,03,05,12,14,17,20

75 중심간격이 2.0m, 지름 40cm인 말뚝을 가로 4개, 세로 5개씩 전체 20개의 말뚝을 박았다. 말뚝 한 개의 허용지지력이 150kN이라면 이 군항의 허용지지력은 약 얼마인가? (단, 군말뚝의 효율은 Converse−Labarre 공식을 사용)

① 4,500kN　　　　　② 3,000kN

③ 2,415kN　　　　　④ 1,215kN

해설 ·$\phi = \tan^{-1} \dfrac{d}{S} = \tan^{-1} \dfrac{40}{200} = 11.3°$

·효율$(E) = 1 - \phi \left(\dfrac{m(n-1) + n(m-1)}{90mn} \right)$

$\quad = 1 - 11.3° \left(\dfrac{4(5-1) + 5(4-1)}{90 \times 4 \times 5} \right) = 0.805$

$\therefore R_{ag} = ENR_u = 0.805 \times 20 \times 150 = 2,415kN$

□□□ 기 12,20

76 흙의 다짐에 관한 설명 중 틀린 것은?

① 일반적으로 흙의 건조밀도는 가하는 다짐 에너지가 클수록 크다.
② 모래질 흙은 진동 또는 진동을 동반하는 다짐 방법이 유효하다.
③ 건조밀도−함수비 곡선에서 최적 함수비와 최대 건조 밀도를 구할 수 있다.
④ 모래질을 많이 포함한 흙의 건조밀도−함수비 곡선의 경사는 완만하다.

해설 모래질이 많이 내포된 흙은 점성토보다도 다짐 곡선의 기울기가 급하다.

□□□ 기 84,91,94,97,17,20

77 Terzaghi의 얕은 기초에 대한 수정 지지력 공식에서 형상계수에 대한 설명 중 틀린 것은?

① 연속 기초에서 $\alpha = 1$, $\beta = 0.5$

② 원형 기초에서 $\alpha = 1.3$, $\beta = 0.6$

③ 정방형 기초에서 $\alpha = 1.3$, $\beta = 0.4$

④ 직사각형 기초에서 $\alpha = 1 + 0.3\dfrac{B}{L}$, $\beta = 0.5 - 0.1\dfrac{B}{L}$

해설 Terzaghi의 수정 공식에서 형상계수

구분	연속	정방형	원형	직사각형
α	1.0	1.3	1.3	$1 + 0.3\dfrac{B}{L}$
β	0.5	0.4	0.3	$0.5 - 0.1\dfrac{B}{L}$

□□□ 기 10,14,20

78 모래지층 사이에 두께 6m의 점토층이 있다. 이 점토의 토질실험 결과가 아래 표와 같을 때, 이 점토층의 90% 압밀을 요하는 시간은 약 얼마인가?
(단, 1년은 365일로 하고, 물의 단위중량(γ_w)은 9.81kN/m^3 이다.)

- 간극비(e) = 1.5
- 압축계수(a_v) = $4 \times 10^{-3} \text{m}^2/\text{kN}$
- 투수계수(k) = $3 \times 10^{-7} \text{cm/s}$

① 50.7년
② 12.7년
③ 5.07년
④ 1.27년

해설 $t_{90} = \dfrac{0.848 H^2}{C_v}$

- 체적변화계수 $m_v = \dfrac{a_v}{1+e} = \dfrac{4 \times 10^{-3}}{1+1.5} = 1.6 \times 10^{-3} \text{ m}^2/\text{kN}$

- 투수계수 $k = C_v m_v \gamma_w$ 에서

- 압밀계수 $C_v = \dfrac{k}{m_v \gamma_w} = \dfrac{3 \times 10^{-7} \times 10^2}{1.6 \times 10^{-3} \times 9.81}$
  $= 1.911 \times 10^{-3} \text{cm}^2/\text{sec}$

$\therefore t_{90} = \dfrac{0.848 \times \left(\dfrac{600}{2}\right)^2}{1.911 \times 10^{-3}} = 39,937,206 \text{ sec} = 1.27$년

($\because$ 양면 배수)

□□□ 기 07,12,20

79 흙의 동상에 영향을 미치는 요소가 아닌 것은?

① 모관 상승고
② 흙의 투수계수
③ 흙의 전단강도
④ 동결온도의 계속시간

해설 동상량을 지배하는 주된 요소
- 동결심도 하단에서 지하수면까지의 거리가 모관 상승고보다 작을 때
- 동결온도의 계속기간
- 모관 상승고의 크기
- 흙의 투수계수

□□□ 기 91,93,20

80 다음 중 흙댐(dam)의 사면안정 검토 시에 가장 위험한 상태는?

① 상류사면의 경우 시공 중과 만수위 때
② 상류사면의 경우 시공직후와 수위 급강할 때
③ 하류사면의 경우 시공직후와 수위 급강할 때
④ 하류사면의 경우 시공 중과 만수위 때

해설

상류측이 위험한 경우	하류측이 위험한 경우
·수위 급강하시	·만수위일 때
·시공 직후	·제체내의 흐름이 정상 침투시

국가기술자격 필기시험문제

2020년도 기사 4회 필기시험 (1부)

	수험번호	성 명

자격종목	시험시간	문제수	형 별		
건설재료시험기사	2시간	80	A		

※ 각 문제는 4지 택일형으로 질문에 가장 적합한 문제의 보기 번호를 클릭하거나 답안표기란의 번호를 클릭하여 입력하시면 됩니다.
※ 입력된 답안은 문제 화면 또는 답안 표기란의 보기 번호를 클릭하여 변경하실 수 있습니다.

제1과목 : 콘크리트 공학

□□□ 기 03,09,12,20
01 프리스트레스트 콘크리트에서 굵은 골재의 최대 치수는 보통의 경우 얼마를 표준으로 하는가?

① 15mm　　　　② 25mm
③ 40mm　　　　④ 50mm

해설 PSC에서 굵은 골재의 최대 치수
· 굵은 골재 최대치수는 보통의 경우 25mm를 표준으로 한다.
· 부재치수, 철근간격, 펌프압송 등의 사정에 따라 20mm를 사용할 수도 있다.

□□□ 기 17,20
02 콘크리트의 내구성 향상 방안으로 틀린 것은?

① 알칼리금속이나 염화물의 함유량이 많은 재료를 사용한다.
② 내구성이 우수한 골재를 사용한다.
③ 물－ 결합재비를 될 수 있는 한 적게 한다.
④ 목적에 맞는 시멘트나 혼화재료를 사용한다.

해설 알칼리금속이나 염화물의 함유량이 적은 재료를 사용한다.

□□□ 기 02,20
03 콘크리트의 건조수축 특성에 대한 설명으로 틀린 것은?

① 콘크리트 부재의 크기는 콘크리트 내의 수분이동 속도와 양에 영향을 주므로 건조수축에도 영향을 준다.
② 일반적으로 골재의 탄성계수가 클수록 콘크리트의 수축을 효과적으로 감소시킬 수 있다.
③ 단위 수량이 증가할수록 콘크리트의 건조수축량은 증가한다.
④ 증기양생을 한 콘크리트의 경우 건조수축이 증가한다.

해설 일반적으로 증기 양생을 한 콘크리트가 상온에서 습윤 양생을 한 콘크리트보다 건조 수축이 작다.

□□□ 기 12,20
04 고강도 콘크리트에 대한 설명으로 틀린 것은?

① 콘크리트의 강도를 확보하기 위하여 공기 연행제를 사용하는 것을 원칙으로 한다.
② 고강도 콘크리트의 설계기준압축강도는 일반적으로 40MPa 이상으로 하며, 고강도 경량골재 콘크리트는 27MPa 이상으로 한다.
③ 고강도 콘크리트에 사용되는 굵은 골재의 최대 치수는 40mm 이하로서 가능한 25mm 이하로 하며, 철근 최소 수평 순간격의 3/4 이내의 것을 사용하도록 한다.
④ 단위 시멘트량은 소요의 워커빌리티 및 강도를 얻을 수 있는 범위 내에서 가능한 적게 되도록 시험에 의해 정하여야 한다.

해설 · 고강도 콘크리트는 단위 시멘트량이 많기 때문에 시멘트 대체 재료인 플라이 애시, 고로 슬래그 분말 등을 쓰기도 하고, 높은 강도를 내기 위해 실리카 품 등을 시멘트 대신 대체 재료로 쓴다.
· 고강도 콘크리트에 혼화재 사용시 조심할 점은 제조공정상 품질의 균일성 확보가 어려운 점이 있어 시험배합을 거쳐 품질을 확인한 후 사용하여야 한다.

□□□ 기 20
05 콘크리트의 받아들이기 품질 검사 항목 중 염소이온량 시험의 시기 및 횟수에 대한 규정으로 옳은 것은?

① 바다 잔골재를 사용할 경우 : 2회/일,
　그 밖의 경우 : 별도로 정함
② 바다 잔골재를 사용할 경우 : 1회/일,
　그 밖의 경우 : 2회/주
③ 바다 잔골재를 사용할 경우: 2회/일,
　그 밖의 경우 : 2회/주
④ 바다 잔골재를 사용할 경우 : 1회/일,
　그 밖의 경우 : 별도로 정함

해설 염소이온량 시험
· 바다 잔골재를 사용할 경우 : 2회/일
· 그 밖에 염화물 함유량 검사가 필요한 경우 별도로 정함

□□□ 기 20

06 순환골재 콘크리트에 대한 설명으로 틀린 것은?

① 순환골재 콘크리트의 공기량은 보통골재를 사용한 콘크리트보다 1% 크게 하여야 한다.

② 순환골재 콘크리트의 제조에 있어서 순환 굵은 골재의 최대 치수는 40mm 이하로 하되, 가능하면 25mm 이하의 것을 사용하는 것이 좋다.

③ 콘크리트용 순환골재의 품질을 정하는 기준 항목 중 절대건조 밀도(g/cm³)는 순환 굵은골재인 경우 2.5 이상, 순환 잔골재인 경우 2.3 이상이어야 한다.

④ 순환골재를 사용하여 설계기준압축강도 27MPa 이하의 콘크리트를 제조할 경우 순환 굵은골재의 최대 치환량은 총 굵은 골재 용적의 60%, 순환잔골재의 최대 치환량은 총 잔골재 용적의 30% 이하로 한다.

해설 순환골재 콘크리트의 제조에 있어서 순환 굵은골재의 최대치수는 20mm 또는 25mm 이하로 하되, 가능하면 20mm 이하의 것을 사용하는 것이 좋다.

□□□ 기 07,13,20

07 거푸집의 높이가 높을 경우, 연직슈트 또는 펌프배관의 배출구를 타설 면 가까운 곳까지 내려서 콘크리트를 타설해야 한다. 이 경우 슈트, 펌프배관, 버킷, 호퍼 등의 배출구와 타설 면까지의 높이는 최대 몇 m 이하를 원칙으로 하는가?

① 0.5m

② 1.0m

③ 1.5m

④ 2.0m

해설 경사슈트의 출구에서 조절판 및 깔때기를 설치해서 재료분리를 방지하기 위하여 깔때기의 하단과 콘크리트를 치는 표면 까지 간격은 1.5m 이하로 한다.

□□□ 기 12,16,20

08 수중 콘크리트에 대한 설명으로 틀린 것은?

① 일반 수중 콘크리트는 수중에서 시공할 때의 강도가 표준공시체 강도의 0.2 ~ 0.5배가 되도록 배합강도를 설정하여야 한다.

② 수중 불분리성 콘크리트에 사용하는 굵은 골재의 최대 치수는 40mm 이하를 표준으로 한다.

③ 지하연속벽에 사용하는 수중 콘크리트의 경우, 지하연속벽을 가설만으로 이용할 경우에는 단위 시멘트량은 300kg/m³ 이상으로 하여야 한다.

④ 일반 수중 콘크리트의 타설에서 완전히 물막이를 할 수 없는 경우에도 유속은 50mm/s 이하로 하여야 한다.

해설 일반 수중 콘크리트는 수중에서 시공할 때의 강도가 표준공시체 강도의 0.6~0.8배가 되도록 배합강도를 설정하여야 한다.

□□□ 기 14,20

09 콘크리트 압축강도 추정을 위한 반발경도 시험(KS F 2730)에 대한 설명으로 틀린 것은?

① 콘크리트는 함수율이 증가함에 따라 반발 경도가 크게 측정되므로 콘크리트 습윤 상태에 따른 보정을 실시하여야 한다.

② 0℃ 이하의 온도에서 콘크리트는 정상보다 높은 반발경도를 나타내므로, 콘크리트 내부가 완전히 융해된 후에 시험해야 한다.

③ 타격 위치는 가장자리로부터 100mm 이상 떨어지고 서로 30mm 이내로 근접해서는 안 된다.

④ 시험할 콘크리트 부재는 두께가 100mm 이상이어야 하며, 하나의 구조체에 고정되어야 한다.

해설 콘크리트는 함수율이 증가함에 따라 강도가 저하되고 반발 경도도 저하되므로, 표면이 젖어있지 않은 상태에서 시험을 해야 한다.

□□□ 기 11,20

10 경화한 콘크리트는 건전부와 균열부에서 측정되는 초음파 전파시간이 다르게 되어 전파속도가 다르다. 이러한 전파속도의 차이를 분석함으로써 균열의 깊이를 평가할 수 있는 비파괴 시험방법은?

① Tc― To법

② 분극저항법

③ RC― Radar법

④ 전자파 레이더법

해설 Tc― To법 : 수신자와 발신자를 균열의 중심으로 등간격 X로 배치한 경우의 전파시간 Tc와 균열이 없는 부근 2X에서의 전파시간 To로부터 균열깊이를 추정하는 방법이다.

□□□ 기 06,10,15,17,20

11 서중 콘크리트에 대한 설명으로 틀린 것은?

① 하루 평균기온이 25℃를 초과하는 것이 예상되는 경우 서중 콘크리트로 시공한다.

② 일반적으로는 기온 10℃의 상승에 대하여 단위수량은 2 ~ 5% 감소하므로 단위수량에 비례하여 단위 시멘트량의 감소를 검토하여야 한다.

③ 콘크리트를 타설하기 전에 지반과 거푸집 등을 조사하여 콘크리트로부터의 수분흡수로 품질변화의 우려가 있는 부분은 습윤 상태로 유지하는 등의 조치를 하여야 한다.

④ 콘크리트는 비빈 후 즉시 타설하여야 하며, 일반적인 대책을 강구한 경우라도 1.5시간 이내에 타설하여야 한다.

해설 일반적으로는 기온 10℃의 상승에 대하여 단위수량은 2 ~ 5% 증가하므로 소요의 압축강도를 확보하기 위해서는 단위수량에 비례하여 단위 시멘트량의 증가를 검토 하여야 한다.

□□□ 기 05,10,13,15,17,20

12 콘크리트의 압축강도를 시험하여 거푸집널을 해체하고자 할 때, 아래와 같은 조건에서 콘크리트 압축강도(f_{cu})가 얼마 이상인 경우 해체 가능한가?

> • 부재 : 슬래브의 밑면(단층구조)
> • 콘크리트의 설계기준압축강도: 24MPa

① 7MPa 이상   ② 10MPa 이상
③ 13MPa 이상   ④ 16MPa 이상

해설 콘크리트의 압축강도를 시험할 경우

부재	콘크리트의 압축강도(f_{cu})
기초, 보, 기둥, 벽 등의 측면	5MPa 이상
슬래브 및 보의 밑면, 아치 내면 (단층구조의 경우)	설계기준압축강도×2/3 ($f_{cu} \geq 2/3 f_{ck}$) 다만, 14MPa 이상

$$\therefore \frac{2}{3} f_{ck} = \frac{2}{3} \times 24 = 16\,\mathrm{MPa} \geq 14\mathrm{MPa}$$

□□□ 기 05,07,10,11,13,20

13 콘크리트 배합설계에서 압축강도의 표준편차를 알지 못하고 호칭강도(f_{cn})가 25MPa일 때 콘크리트 표준시방서에 따른 배합강도(f_{cr})는?

① 30.5MPa   ② 32.0MPa
③ 33.5MPa   ④ 35.0MPa

해설 압축강도의 시험횟수가 14회 이하이거나 기록이 없는 경우의 배합강도

호칭강도 f_{cn} (MPa)	배합강도 f_{cr} (MPa)
21 미만	$f_{cr} = f_{cn} + 7$
21 이상 35 이하	$f_{cr} = f_{cn} + 8.5$
35 초과	$f_{cr} = 1.1 f_{cn} + 5.0$

$$\therefore \text{배합강도 } f_{cr} = f_{cn} + 8.5 = 25 + 8.5 = 33.5\mathrm{MPa}$$

□□□ 기 10,13,16,17,20

14 콘크리트 시방배합설계 계산에서 단위골재의 절대용적이 689L이고, 잔골재율이 41%, 굵은 골재의 표건밀도가 2.65g/cm³일 경우 단위 굵은골재량은?

① 730.34kg   ② 1,021.24kg
③ 1,077.25kg   ④ 1,137.11kg

해설 굵은골재량 =단위 굵은골재량의 절대 부피×굵은골재의 밀도 ×1,000
= 0.689×(1−0.41)×2.65×1,000=1,077kg/m³

□□□ 기 12,17,18,20

15 콘크리트 배합에 관한 일반적인 설명으로 틀린 것은?

① 유동화 콘크리트의 경우, 유동화 후 콘크리트의 워커빌리티를 고려하여 잔골재율을 결정할 필요가 있다.
② 잔골재율은 소요의 워커빌리티를 얻을 수 있는 범위 내에서 단위수량이 최대가 되도록 시험에 의하여 정하여야 한다.
③ 공사 중에 잔골재의 입도가 변하여 조립률이 ±0.20 이상 차이가 있을 경우에는 워커빌리티가 변화하므로 배합을 수정할 필요가 있다.
④ 고성능 공기연행감수제를 사용한 콘크리트의 경우로서 물 − 결합재비 및 슬럼프가 같으면, 일반적인 공기연행 감수제를 사용한 콘크리트와 비교하여 잔골재율을 1 ~ 2% 정도 크게 하는 것이 좋다.

해설 잔골재율은 소요의 워커빌리티를 얻을 수 있는 범위 내에서 단위수량이 최소가 되도록 시험에 의해 정하여야 한다.

□□□ 기 11,15,16,20,21

16 프리스트레스트 콘크리트에서 프리스트레싱할 때의 유의사항에 대한 설명으로 틀린 것은?

① 긴장재에 대해 순차적으로 프리스트레싱을 실시할 경우는 각 단계에 있어서 콘크리트에 유해한 응력이 생기지 않도록 한다.
② 프리텐션 방식의 경우 긴장재에 주는 인장력은 고정장치의 활동에 의한 손실을 고려하여야 한다.
③ 프리스트레싱 작업 중에는 어떠한 경우라도 인장장치 또는 고정장치 뒤에 사람이 서 있지 않도록 하여야 한다.
④ 긴장재에 인장력이 주어지도록 긴장할 때 인장력을 설계값 이상으로 주었다가 다시 설계값으로 낮추어 정확한 힘이 전달되도록 시공하여야 한다.

해설 긴장재에 인장력이 주어지도록 긴장할 때 인장력을 설계값 이상으로 주었다가 다시 설계값으로 낮추는 방법으로 시공을 하지 않아야 한다.

□□□ 기 08,09,12,13,15,16,20

17 한중 콘크리트에서 주위의 기온이 영하 6℃, 비볐을 때의 콘크리트의 온도가 영상 15℃, 비빈 후부터 타설이 끝났을 때까지의 시간은 2시간이 소요되었다면 콘크리트 타설이 끝났을 때의 콘크리트 온도는 얼마인가?

① 6.7℃   ② 7.2℃
③ 7.8℃   ④ 8.7℃

해설 $T_2 = 0.15(T_1 - T_0) \cdot t = 0.15 \times (15 - (-6)) \times 2 = 6.3℃$
∴ 타설 완료시 온도=15−6.3=8.7℃

18 압력법에 의한 굳지 않은 콘크리트의 공기량 시험(KS F 2421)에 대한 설명으로 틀린 것은?

① 물을 붓지 않고 시험(무주수법)하는 경우 용기의 용적은 7L 이상으로 한다.
② 물을 붓고 시험(주수법)하는 경우 용기의 용적은 적어도 5L로 한다.
③ 인공 경량 골재와 같은 다공질 골재를 사용한 콘크리트에 대해서도 적용된다.
④ 결과의 계산에서 콘크리트의 공기량은 콘크리트의 겉보기 공기량에서 골재 수정 계수를 뺀 값이다.

해설 굳지 않은 콘크리트의 공기량 시험법(공기실 압력 방법) 보통의 골재를 사용한 콘크리트 또는 모르타르에 대해서는 적당하나 골재 수정 계수를 정확히 구할 수 없는 다공질의 골재를 사용한 콘크리트 또는 모르타르에 대해서는 적당하지 않다.

19 팽창 콘크리트의 양생에 대한 설명으로 틀린 것은?

① 콘크리트를 타설한 후에는 살수 등 기타의 방법으로 습윤 상태를 유지하며 콘크리트 온도는 2℃ 이상을 5일간 이상 유지시켜야 한다.
② 보온양생, 급열양생, 증기양생 등의 촉진 양생을 실시하면 충분한 소요의 품질을 확보할 수가 있어 품질확인을 위한 시험을 할 필요가 없어 편리하다.
③ 거푸집을 제거한 후 콘크리트의 노출면, 특히 슬래브 상부 및 외벽 면은 직사일광, 급격한 건조 및 추위를 막기 위해 필요에 따라 양생매트·시트 또는 살수 등에 의한 적당한 양생을 실시하여야 한다.
④ 콘크리트 거푸집널의 존치기간은 평균기온 20℃ 미만인 경우에는 5일 이상, 20℃ 이상인 경우에는 3일 이상을 원칙으로 한다.

해설 증기 양생, 보온 양생, 급열 양생 등의 특수 양생을 할 경우에는 소요의 품질이 얻어질 수 있는지를 시험하여 확인할 수 있도록 미리 충분한 검토를 하여야 한다.

20 콘크리트의 타설에 대한 설명으로 틀린 것은?

① 타설한 콘크리트를 거푸집 안에서 횡방향으로 이동시켜서는 안 된다.
② 한 구획내의 콘크리트는 타설이 완료될 때까지 연속해서 타설하여야 한다.
③ 콘크리트 타설 도중 표면에 떠올라 고인 블리딩수가 있을 경우에는 콘크리트 표면에 홈을 만들어 배수 처리하여야 한다.
④ 콘크리트는 그 표면이 한 구획 내에서는 거의 수평이 되도록 타설하는 것을 원칙으로 한다.

해설 콘크리트 타설 중 블리딩수가 표면에 모이게 되면 고인물을 제거한 후가 아니면 그 위에 콘크리트를 타설해서는 안되며, 고인물을 제거하기 위하여 콘크리트 표면에 홈을 만들어 흐르게 하면 시멘트풀이 씻겨 나가 골재만 남게 되므로 이를 금하여야 한다.

제2과목 : 건설시공 및 관리

21 아스팔트 콘크리트 포장과 비교한 시멘트 콘크리트 포장의 특성에 대한 설명으로 틀린 것은?

① 내구성이 커서 유지관리비가 저렴하다.
② 표층은 교통하중을 하부 층으로 전달하는 역할을 한다.
③ 국부적 파손에 대한 보수가 곤란하다.
④ 시공 후 충분한 강도를 얻는데 까지 장시간의 양생이 필요하다.

해설 표층은 콘크리트 슬래브가 교통하중에 의해 발생되는 휨 응력에 저항한다.

22 터널 굴착 공법인 TBM공법의 특징에 대한 설명으로 틀린 것은?

① 터널 단면에 대한 분할 굴착시공을 하므로, 지질변화에 대한 확인이 가능하다.
② 기계굴착으로 인해 여굴이 거의 발생하지 않는다.
③ 1km 이하의 비교적 짧은 터널의 시공에는 비경제적인 공법이다.
④ 본바닥 변화에 대하여 적응이 곤란하다.

해설 지반의 지질 변화에 대한 적용 범위가 한정된다.

□□□ 기 11,12,15,20

23 댐 기초처리를 위한 그라우팅의 종류 중 아래에서 설명하는 것은?

> 기초암반의 변형성이나 강도를 개량하여 균일성을 주기위하여 기초 전반에 걸쳐 격자형으로 그라우팅을 하는 방법이다.

① 커튼 그라우팅　　　　② 블랭킷 그라우팅
③ 콘택트 그라우팅　　　④ 콘솔리데이션 그라우팅

해설 · 커튼(curtain) 그라우팅 : 기초 암반에 침투하는 물을 방지하는 지수 목적
· 압밀(consolidation)그라우팅 : 기초 암반의 변형성 억제, 강도 증대를 위하여 지반을 개량하는데 목적
· 블래킷(blanket) 그라우팅 : 필댐의 비교적 얕은 기초지반 및 차수영역과 기초지반 접촉부의 차수성을 개량할 목적으로 실시
· 콘택트(contact) 그라우트 : 암반과 dam제체 접속부의 침투류 차수목적

□□□ 기 84,94,02,13,20

24 사질토로 25,000m³의 성토공사를 할 경우 굴착 토량(자연 상태 토량) 및 운반 토량(흐트러진 상태 토량)은 얼마인가? (단, 토량 변화율 $L=1.25$, $C=0.9$이다.)

① 굴착 토량＝35,600.2m³, 운반 토량＝23,650.5m³
② 굴착 토량＝27,777.8m³, 운반 토량＝34,722.2m³
③ 굴착 토량＝27,531.5m³, 운반 토량＝36,375.2m³
④ 굴착 토량＝19,865.3m³, 운반 토량＝28,652.8m³

해설 · 굴착(원지반)토량 : 성토 토량$\times\dfrac{1}{C}=25,000\times\dfrac{1}{0.9}$
$$=27,777.7\,\text{m}^3$$
· 운반(흐트러진) 토량 : 성토 토량$\times\dfrac{L}{C}=25,000\times\dfrac{1.25}{0.9}$
$$=34,722.2\,\text{m}^3$$

□□□ 기 09,12,16,20

25 뉴매틱 케이슨(Pneumatic Caisson)공법의 특징으로 틀린 것은?

① 소음과 진동이 커서 도시에서는 부적합하다.
② 기초 지반 토질의 확인 및 정확한 지지력의 측정이 가능하다.
③ 굴착 깊이에 제한이 없고 소규모 공사나 심도 깊은 공사에 경제적이다.
④ 기초 지반의 보일링 현상 및 히빙 현상을 방지할 수 있으므로 인접 구조물의 피해 우려가 없다.

해설 압축공기를 이용하여 시공하므로 기계설비가 비싸기 때문에 소규모 공사나 심도가 얕은 기초공에는 비경제적이다.

□□□ 기 13,16,20

26 도로 토공을 위한 횡단 측량 결과가 아래 그림과 같을 때 Simpson 제 2법칙에 의해 횡단면적을 구하면? (단, 그림의 단위는 m이다.)

① 50.74m²
② 54.27m²
③ 57.63m²
④ 61.35m²

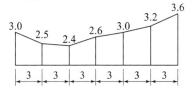

해설 [방법1]
$$A=\frac{3d}{8}[y_0+y_n+3(y_1+y_2+y_4+y_5+2(y_3)]$$
$$=\frac{3\times3}{8}[(3.0+3.6+3(2.5+2.4+3.0+3.2)+2(2.6)]$$
$$=50.74\,\text{m}^2$$

[방법2]
· $A_1=\dfrac{3d}{8}(y_o+3y_1+3y_2+y_3)$
$$=\frac{3\times3}{8}(3.0+3\times2.5+3\times2.4+2.6)=22.84\,\text{m}^2$$
· $A_2=\dfrac{3d}{8}(y_3+3y_4+3y_5+y_6)$
$$=\frac{3\times3}{8}(2.6+3\times3.0+3\times3.2+3.6)=27.90\,\text{m}^2$$
$$\therefore\ A=A_1+A_2=22.84+27.90=50.74\,\text{m}^2$$

□□□ 기 07,09,11,15,20

27 터널 보강공법 중 숏크리트의 시공에서 탈락률을 감소시키는 방법으로 틀린 것은?

① 벽면과 직각으로 분사한다.
② 분사 부착면을 거칠게 한다.
③ 배합 시 시멘트량을 감소시킨다.
④ 호스의 압력을 일정하게 유지한다.

해설 Rebound 감소시키는 방법
· 분사 부착면을 거칠게 한다.
· 분사 압력을 일정하게 한다.
· 벽면과 직각으로 분사한다.
· 배합시 시멘트량을 증가시킨다.
· 조골재를 13mm 이하로 한다.

□□□ 기 90,20

28 하수도 관로의 최소 흙두께(매설깊이)는 원칙적으로 얼마를 하도록 되어 있는가?

① 1.2m　　　　② 1.0m
③ 0.8m　　　　④ 0.6m

해설 관거의 최소 피토 두께를 1.0m 이상이어야 상부하중의 영향을 받지 않는다.

29 자연 함수비 8%인 흙으로 성토하고자 한다. 다짐한 흙의 함수비를 15%로 관리하도록 규정하였을 때 매 층마다 $1m^2$당 몇 kg의 물을 살수해야 하는가? (단, 1층의 다짐 후 두께는 20cm이고, 토량 변화율 $C=0.8$이며, 원지반 상태에서 흙의 밀도는 $1.8t/m^3$이다.)

① 21.59kg ② 24.38kg
③ 27.23kg ④ 29.17kg

해설 1층의 원지반 상태의 단위체적

$$V = \frac{1 \times 1 \times 0.2}{0.8} = 0.25m^3$$

· $0.25m^2$당 흙의 중량

$$W = \gamma_t V = 1.8 \times 0.25 = 0.45t = 450kg$$

· 8%에 대한 함수량

$$w_w = \frac{W \cdot w}{100 + w} = \frac{450 \times 8}{100 + 8} = 33.33kg$$

∴ 15%에 대한 함수량 : $33.33 \times \frac{15-8}{8} = 29.17kg$

30 불도저의 종류 중 배토판의 좌, 우를 밑으로 $10 \sim 40cm$ 정도 기울여 경사면 굴착이나 도랑파기 작업에 유리한 것은?

① U도저 ② 틸트도저
③ 레이크도저 ④ 스트레이트도저

해설 · U도저 : 불도저의 배토판을 운반토사가 측방으로 흩어지지 않도록 양단을 내측으로 구부린형
· 레이크 도저 : 배토판 대신에 레이크형이 장치된 불도저로 나무 뿌리뽑기, 뿌리제거 및 굳은 지반의 파헤치기 등에 사용
· 스트레이트도저 : 배토판을 진행 방향에 직각으로 장치하여 위쪽을 앞뒤로 기울게 할 수 있어 수직으로 흙깎기, 흙 밀어내기에 알맞으며, 가장 많이 사용

31 교량가설공법 중 동바리를 이용하는 공법이 아닌 것은?

① 새들(Saddle) 공법
② 벤트(Bent) 공법
③ 외팔보(Free Cantilever) 공법
④ 가설 트러스(Erection Truss) 공법

해설 동바리 이동공법

비계를 사용하는 공법	비계를 사용하지 않는 공법
새들(saddle) 공법	브레킷(bracket) 공법
스테이징(staging) 공법	외팔보(cantilever) 공법
벤트(bent) 공법	크레인식(crane) 공법
이렉션 트러스(erection truss) 공법	이동 벤트식(traveling bent) 공법

32 어느 토공현장의 흙의 운반거리가 60m, 전진속도 40m/min, 후진속도 80m/min, 기어변속시간 30초, 작업효율 0.8, 1회의 압토량 $2.3m^3$, 토량변화율(L)이 1.2라면 불도저의 시간당 작업량은? (단, 본바닥 토량으로 구하시오.)

① $33.45m^3/h$ ② $39.27m^3/h$
③ $45.62m^3/h$ ④ $51.93m^3/h$

해설 · 사이클타임 $C_m = \frac{l}{V_1} + \frac{l}{V_2} + t = \frac{60}{40} + \frac{60}{80} + \frac{30}{60} = 2.75min$

· 작업량 $Q = \frac{60 \times q \times f \times E}{C_m} = \frac{60 \times 2.3 \times \frac{1}{1.2} \times 0.8}{2.75}$
$= 33.45m^3/hr$

33 교대에서 날개벽(Wing)의 역할로 가장 적당한 것은?

① 교대의 하중을 부담한다.
② 교량의 상부구조를 지지한다.
③ 유량을 경감하여 토사의 퇴적을 촉진시킨다.
④ 배면(背面)토사를 보호하고 교대 부근의 세굴을 방지한다.

해설 날개벽(wing) : 배면 토사를 보호하고 교대 부근의 세굴 방지 목적으로 구체에서 직각으로 고정하여 설치한다.

34 샌드 드레인(sand drain) 공법에서 영향원의 지름을 d_e, 모래말뚝의 간격을 d 라 할 때 정삼각형의 모래 말뚝 배열 식으로 옳은 것은?

① $d_e = 1.13d$ ② $d_e = 1.10d$
③ $d_e = 1.05d$ ④ $d_e = 1.01d$

해설 · 정삼각형 배치 : $d_e = 1.05d$
· 정사각형 배치 : $d_e = 1.13d$

35 폭우 시 옹벽 배면의 흙은 다량의 물을 함유하게 되는데 뒤채움 토사에 배수 시설이 불량할 경우 침투수가 옹벽에 미치는 영향에 대한 설명으로 틀린 것은?

① 활동면에서의 양압력 발생
② 옹벽 저면에 대한 양압력 발생
③ 수동저항(passive resistance)의 증가
④ 포화 또는 부분포화에 의한 흙의 무게 증가

해설 수평 저항력이 감소된다.

□□□ 기 13,20

36 주공정선(critical path)에 대한 설명으로 틀린 것은?

① 주공정선(critical path)상에서 모든 여유는 0(zero)이다.
② 주공정선(critical path)은 반드시 하나만 존재한다.
③ 공정의 단축 수단은 주공정선(critical path)의 단축에 착 안해야 한다.
④ 주공정선(critical path)에 의해 전체 공정이 좌우된다.

해설 주공정선(critical path)은 2개 이상이 될 수 있다.

□□□ 기 07,15,20

37 PERT 공정 관리 기법에 대한 설명으로 틀린 것은?

① PERT 기법에서는 시간 견적을 3점법으로 확률 계산한다.
② PERT 기법은 결합점(Node) 중심의 일정 계산을 한다.
③ PERT 기법은 공기 단축을 목적으로 한다.
④ PERT 기법은 경험이 있는 사업 및 반복사업에 이용된다.

해설 CPM기법은 비용문제를 포함한 반복사업에 이용된다.

□□□ 기 02,07,16,20

38 유효다짐폭 3m의 10t 머캐덤 롤러(macadam roller) 1대를 사용하여 성토의 다짐을 시행할 때 평균 깔기 두께가 20cm, 평균작업 속도가 2km/h, 다짐횟수를 10회, 작업효율을 0.6으로 하면 시간당 작업량은? (단, 토량환산계수(f)는 0.8로 한다.)

① 57.6m³/h
② 76.2m³/h
③ 85.4m³/h
④ 92.7m³/h

해설 $Q = \dfrac{1,000 V \cdot W \cdot H \cdot f \cdot E}{N}$

$= \dfrac{1,000 \times 2 \times 3 \times 0.2 \times 0.8 \times 0.6}{10} = 57.6 \,\mathrm{m^3/hr}$

□□□ 기 04,07,10,12,14,15,20

39 보조기층, 입도 조정기층 등에 침투시켜 이들 층의 방수성을 높이고 그 위에 포설하는 아스팔트 혼합물과의 부착이 잘되게 하기 위하여 보조기층 또는 기층 위에 역청재를 살포하는 것을 무엇이라 하는가?

① 프라임 코트(prime coat)
② 택 코트(tack coat)
③ 실 코트(seal coat)
④ 패칭(patching)

해설 Prime coat : 입도 조정 공법이나 머캐덤 공법 등으로 시공된 기층의 방수성을 높이고, 그 위에 포설하는 아스팔트 혼합물 층과의 부착이 잘 되게 하기 위하여 기층위에 역청 재료를 살포하는 것

□□□ 기 16,20

40 지반 중에 초고압으로 가압된 경화재를 에어제트와 함께 이중관 선단에 부착된 분사노즐로 분사시켜 지반의 토립자를 교반하여 경화재와 혼합 고결시키는 공법은?

① LW 공법
② SGR 공법
③ SCW 공법
④ JSP 공법

해설 JSP(jumbo special pile)공법 : 지반 중에 초고압으로 가압된 경화재를 에어제트와 함께 이중관 선단에 부착된 분사노즐로 분사시켜 지반의 토립자를 교반하여 경화재와 혼합 고결시키는 공법

제3과목 : 건설재료 및 시험

□□□ 기 11,15,20

41 면이 원칙적으로 거의 사각형에 가까운 것으로, 4면을 쪼개어 면에 직각으로 측정한 길이가 면의 최소 변의 1.5배 이상인 석재는?

① 사고석
② 견치석
③ 각석
④ 판석

해설 석재는 모양과 치수에 대하서는 KS F 2530에 규정되어 있다.
· 사고석 : 면이 대략 사각형에 가까운 것으로 길이는 2면을 쪼개 내어 면에 직각으로 잰 길이가 면의 최소변의 1.2배 이상이다.
· 각석 : 폭이 두께의 3배 미만이고 폭보다 길이가 긴 직육면체형의 석재
· 판석 : 두께가 15cm 미만이고 폭이 두께의 3배 이상인 판 모양의 석재

□□□ 기 16,20

42 콘크리트용 천연 굵은 골재의 유해물 함유량 한도(질량백분율)에 대한 설명으로 틀린 것은?

① 연한 석편은 2.0% 이하여야 한다.
② 점토덩어리는 0.25% 이하여야 한다.
③ 0.08mm체 통과량은 1.0% 이하여야 한다.
④ 콘크리트의 외관이 중요한 경우 석탄, 갈탄 등으로 밀도 2.0g/cm³의 액체에 뜨는 것은 0.5% 이하여야 한다.

해설 굵은 골재의 유해물 함유량의 한도(중량백분율)

종류	최대치
· 점토 덩어리	0.25%
· 연한 석편	3.0%
· 0.08mm	1.0%
석탄, 갈탄 등으로 밀도 2.0g/cm³의 액체에 뜨는 것 · 콘크리트의 외관이 중요한 경우	0.5%
· 기타의 경우	1.0%

□□□ 기 93,03,12,16,20
43 아스팔트 혼합물에서 채움재(filler)를 혼합하는 목적은 다음 중 어느 것인가?

① 아스팔트의 공극을 메우기 위해서
② 아스팔트의 비중을 높이기 위해서
③ 아스팔트의 침입도를 높이기 위해서
④ 아스팔트의 내열성을 증가시키기 위해서

해설 필러(filler ; 석분)는 혼합물 중에 3~10% 정도 혼입되는데 아스팔트 결합재의 점도를 증대하는 것을 주목적으로 한다. 아스팔트와 혼합하여 골재 사이의 공극을 채워 결합재로서 작용한다.

□□□ 기 20
44 양이온계 유화 아스팔트 중 택 코트용으로 사용하는 것은?

① RS(C)-1
② RS(C)-2
③ RS(C)-3
④ RS(C)-4

해설 역청 유제의 종류

양이온계 유화아스팔트	용도
RS(C)-1	보통 침투용 및 표면처리용(동절기용 제외)
RS(C)-2	동절기 침투용 및 동절기 표면처리용
RS(C)-3	프라임코트용 및 소일 시멘트 안전처리층 양생용
RS(C)-4	택코트용

□□□ 기 90,03,05,07,08,14,20
45 어떤 재료의 포아송 비가 $\frac{1}{3}$ 이고, 탄성계수가 2×10^5MPa일 때 전단탄성계수는?

① 25,600MPa
② 75,000MPa
③ 544,000MPa
④ 229,500MPa

해설 전단탄성계수 $G=\dfrac{E}{2(1+\mu)}=\dfrac{200,000}{2\left(1+\dfrac{1}{3}\right)}=75,000$MPa

□□□ 기 12,20
46 콘크리트용 화학 혼화제(KS F 2560)에서 규정하고 있는 AE제의 품질 성능 (화학 혼화제의 요구 성능)에 대한 규정항목이 아닌 것은?

① 감수율
② 경시 변화량
③ 길이 변화비
④ 블리딩양의 비

해설 콘크리트용 화학 혼화제의 품질 항목
 1) 감수율 2) 블리딩양의 비 3) 응결시간의 차
 4) 압축강도의 비 5) 길이 변화비 6) 상대 동탄성 계수

□□□ 기 11,20
47 화약에 대한 설명으로 틀린 것은?

① 흑색화약은 원용적의 약 300배의 가스로 팽창하여 2,000℃의 열과 660MPa의 압력을 발생시킨다.
② 무연화약은 흑색화약에 비해 낮은 압력을 비교적 장기간 작용시킬 수 있다.
③ 흑색화약은 내습성이 뛰어나 젖어도 쉽게 발화하는 장점이 있다.
④ 무연화약은 연소성을 조절할 수 있으므로 총탄, 포탄, 로켓 등의 발사에 사용된다.

해설 흑색화약은 흡수성이 크며, 젖으면 발화하지 않고 수중에서는 폭발하지 않는 결점이 있다.

□□□ 기 06,20
48 표면 건조 포화 상태의 시료 1,780g을 공기 중에서 건조시켰더니 1,731g이 되었고, 이를 다시 노건조시켰더니 1,709g이 되었다. 이 골재시료의 흡수율은?

① 1.3%
② 2.8%
③ 3.9%
④ 4.2%

해설 흡수율 $=\dfrac{\text{표면건조의 시료질량}-\text{절대건조의 시료질량}}{\text{절대건조의 시료질량}}\times100$

$=\dfrac{1,780-1,709}{1,709}\times100=4.2\%$

□□□ 기 20
49 시멘트의 응결에 대한 설명으로 틀린 것은?

① 단위 수량이 많으면 응결은 지연된다.
② 온도가 높을수록 응결은 빨라진다.
③ C_3A가 많을수록 응결은 지연된다.
④ 분말도가 높으면 응결은 빨라진다.

해설 알루민산 3석회(C_3A)의 함유량이 많으면 응결이 빠르다.

□□□ 기 03,05,08,12,15,16,20
50 혼화재로서 실리카 퓸을 사용한 콘크리트의 특성으로 틀린 것은?

① 내화학약품성이 향상된다.
② 재료분리 저항성이 향상된다.
③ 소요의 단위수량이 감소된다.
④ 콘크리트의 강도가 증가된다.

해설 실리카 퓸을 혼합한 경우 블리딩이 작기 때문에 보유 수량이 많게 되어 결과적으로 건조수축이 크게 된다.

□□□ 기 93,02,08,20

51 석재의 일반적인 성질에 대한 설명으로 틀린 것은?

① 암석의 압축강도가 50MPa 이상을 경석, 10MPa 이상∼ 50MPa 미만을 준경석, 10MPa 미만을 연석이라 한다.

② 암석의 구조에서 암석특유의 천연적으로 갈라진 금을 절리, 퇴적암이나 변성암에서 나타나는 평행의 절리를 층리라 한다.

③ 석재는 강도 중에서 압축강도가 제일 크며, 인장, 휨 및 전단강도는 작기 때문에 구조용으로 사용할 경우 주로 압축력을 받는 부분에 사용된다.

④ 석재는 열에 대한 양도체이기 때문에 열의 분포가 균일하며, 1,000℃ 이상의 고온으로 가열하여도 잘 견디는 내화성 재료이다.

해설 석재는 열에 대한 불량도체이기 때문에 열의 불균일분포가 생기기 쉬우며, 이로 인하여 열응력과 조암광물의 팽창계수가 상이한 원인 등으로 1,000℃ 이상의 고온으로 가열하면 암석은 파괴한다.

□□□ 기 20

52 시멘트 클링커 화합물의 특성으로 틀린 것은?

① C_3S는 C_2S에 비하여 수화열이 크고 초기강도가 크다.

② C_2S는 수화열이 작으며 장기강도발현성과 화학저항성이 우수하다.

③ C_3A는 수화속도가 매우 빠르지만 수화발열량과 수축은 매우 적다.

④ C_4AF는 화학저항성이 양호해서 내황산염시멘트에 많이 함유되어 있다.

해설 C_3A는 수화속도가 매우 빠르고 수화발열량이 크며 건조수축도 크다.

□□□ 기 07,20

53 아스팔트의 인화점과 연소점에 대한 설명 중 틀린 것은?

① 아스팔트를 가열하여 어느 일정 온도에 도달할 때 화기를 가까이 했을 경우 인화하는데, 이때 최저온도를 인화점이라 한다.

② 아스팔트가 인화되어 연소할 때의 최고 온도를 연소점이라 한다.

③ 인화점은 연소점 보다 온도가 낮다.

④ 아스팔트의 가열 시에 위험도를 알기 위해 인화점과 연소점을 측정한다.

해설 역청재가 인화되어 5초 동안 계속 연소할 때의 최저 온도를 연소점이라 한다.

□□□ 기 13,20

54 다음에서 설명하는 토목섬유의 종류와 그 주요기능으로 옳은 것은?

> 폴리머를 판상으로 압축시키면서 격자 모양의 그리드 형태로 구멍을 내어 특수하게 만든 후 여러 모양으로 넓게 늘여 편 형태의 토목섬유

① 지오그리드 - 보강   ② 지오멤브레인 - 보강

③ 지오네트 - 차단   ④ 지오매트 - 차단

해설 토목섬유의 특징

종류	형태	주요기능
지오그리드	폴리머를 판상으로 압축시키면서 격자 모양의 그리드 형태로 구멍을 내어 특수하게 만든 후 여러모양으로 넓게 늘여 편 형태	보강/분리
지오네트	보통 $60° \sim 90°$의 일정한 각도로 교차하는 2세트의 평행한, 거친 가닥들로 구성되며, 교차점의 가닥들을 용해, 접착한 형태	배수/보강
지오매트	꼬불꼬불한 모양의 다소 거칠고 단단한 장섬유들이 각 교차점에서 접착된 형태	배수/필터

□□□ 기 20

55 콘크리트용 골재(KS F 2527)에 규정되어 있는 콘크리트용 골재의 물리적 성질에 대한 설명으로 틀린 것은? (단, 천연골재의 굵은 골재, 잔골재이다.)

① 굵은 골재의 절대건조 밀도는 $2.5g/cm^3$ 이상이어야 한다.

② 잔골재의 안정성은 15% 이하이어야 한다.

③ 잔골재의 흡수율은 3.0% 이하이어야 한다.

④ 굵은 골재의 마모율은 40% 이하이어야 한다.

해설 잔골재의 안정성은 10% 이하이어야 한다.

□□□ 기 20

56 콘크리트용 골재의 알칼리골재 반응에 대한 설명 중 틀린 것은?

① 알칼리골재 반응은 반응성 있는 골재에 의해 콘크리트에 이상팽창을 일으켜 거북등 모양의 균열을 일으키는 것이다.

② 콘크리트의 팽창량에 미치는 영향은 시멘트 중의 Na_2O량과 K_2O량의 비 및 반응성 골재의 특성에 의해 달라진다.

③ 알칼리골재 반응은 고로슬래그시멘트 및 플라이애시시멘트를 사용하여 억제할 수 있다.

④ 알칼리골재 반응을 억제하기 위하여 시멘트에 포함되어 있는 총 알칼리량을 높여야 한다.

해설 알칼리 골재반응을 줄이기 위해서는 시멘트 중의 알칼리량을 0.6% 이하로 줄여야 한다.

□□□ 기 20

57 시멘트의 강도 시험(KS L ISO 679)을 실시하기 위해 시험용 모르타르를 제작하고자 한다. 1회분의 재료로서 시멘트 450g이 사용되었다면 필요한 표준사의 질량은?

① 1103g ② 1215g
③ 1350g ④ 1575g

해설 시멘트의 강도 시험(KS L ISO 679)
배합비율 ; 시멘트 : 표준사=1 : 3
∴ 표준사의 질량=450×3=1,350g

□□□ 기 20

58 재료의 역학적 성질에 대한 설명으로 옳은 것은?

① 전성은 재료를 두들길 때 엷게 펴지는 성질이다.
② 크리프는 하중이 반복 작용할 때 재료가 정적강도보다도 낮은 강도에서 파괴되는 현상이다.
③ 연성은 하중을 받으면 작은 변형에서도 갑작스런 파괴가 일어나는 성질이다.
④ 소성은 하중을 받아 변형된 재료가 하중이 제거 되었을 때 다시 원래대로 돌아가려는 성질이다.

해설 · 연성(延性) : 재료에 인장력을 주어 가늘고 길게 늘어나는 성질
· 소성 : 하중을 받아 변형된 재료가 하중이 제거 하여도 다시 원래대로 돌아가지 않은 성질
· 크리프는 일정한 응력하에서 시간의 경과에 따라 변형이 증가되는 현상을 말한다.

□□□ 기 17,20

59 AE제를 사용한 콘크리트의 특성에 대한 설명으로 틀린 것은?

① 철근과의 부착강도가 작다.
② 동결융해에 대한 저항성이 크다.
③ 콘크리트 블리딩 현상이 증가된다.
④ 콘크리트의 워커빌리티를 개선하는 데 효과가 있다.

해설 단위 수량을 감소시켜 블리딩을 적게 할 수 있다.

□□□ 기 13,20

60 목재의 강도 중 가장 큰 것은?

① 섬유에 평행방향의 압축강도
② 섬유에 직각방향의 압축강도
③ 섬유에 평행방향의 인장강도
④ 섬유에 평행방향의 전단강도

해설 섬유에 평행방향의 인장강도는 목재의 제강도 중에서 제일 크다.

제4과목 : 토질 및 기초

□□□ 기 04,09,16,20

61 사질토에 대한 직접 전단시험을 실시하여 다음과 같은 결과를 얻었다. 내부마찰각은 약 얼마인가?

수직응력(kN/m^2)	30	60	90
최대전단응력(kN/m^2)	17.3	34.6	51.9

① 25° ② 30°
③ 35° ④ 40°

해설 [방법1]
$\tau = c + \sigma\tan\phi$에서(∵ 사질토 $c=0$)
∴ 내부마찰각 $\phi = \tan^{-1}\left(\dfrac{\tau}{\sigma}\right) = \tan^{-1}\left(\dfrac{17.3}{30}\right) = 30°$

[방법2]
[SOLVE 사용] $1.73 = 3\tan\phi$
∴ 내부마찰각 $\phi = 30°$

□□□ 기 03,20

62 습윤단위중량이 19kN/m^3, 함수비 25%, 비중이 2.7인 경우 건조단위중량과 포화도는? (단, 물의 단위중량은 9.81kN/m^{3}이다.)

① 17.3kN/m^3, 97.8% ② 17.3kN/m^3, 90.9%
③ 15.2kN/m^3, 97.8% ④ 15.2kN/m^3, 90.9%

해설 · 건조단위중량 $\gamma_d = \dfrac{\gamma_t}{1+\dfrac{w}{100}} = \dfrac{19}{1+\dfrac{25}{100}} = 15.2\text{kN/m}^3$

· 간극비 $e = \dfrac{\gamma_w}{\gamma_d}G_s - 1 = \dfrac{9.81}{15.2}\times 2.7 - 1 = 0.743$

$\left(∵ \gamma_d = \dfrac{G_s}{1+e}\gamma_w\right)$

· 포화도 $S = \dfrac{G_s \cdot w}{e} = \dfrac{2.7\times 25}{0.743} = 90.9\%$

$(∵ S \cdot e = G_s \cdot w)$

□□□ 기 14,20

63 두께 H인 점토층에 압밀하중을 가하여 요구되는, 압밀도에 달할 때까지 소요되는 기간이 단면배수일 경우 400일이었다면 양면배수일 때는 며칠이 걸리겠는가?

① 800일 ② 400일
③ 200일 ④ 100일

해설 $H^2 : 400 = \left(\dfrac{H}{2}\right)^2 : x$ ∴ $x = 100$일

□□□ 기 14,20

64 단위중량(γ_t)=19kN/m³, 내부마찰각(ϕ)=30°, 정지토압계수(K_o)=0.5인 균질한 사질토 지반이 있다. 이 지반의 지표면 아래 2m 지점에 지하수위면이 있고 지하수위면 아래의 포화 단위중량(γ_{sat})=20kN/m³이다. 이때 지표면 아래 4m 지점에서 지반 내 응력에 대한 설명으로 틀린 것은? (단, 물의 단위중량은 9.81kN/m³이다.)

① 연직응력(σ_v)은 80kN/m²이다.

② 간극수압(u)은 19.62kN/m²이다.

③ 유효연직응력($\sigma_v{}'$)은 58.38kN/m²이다.

④ 유효수평응력($\sigma_h{}'$)은 29.19kN/m²이다.

해설

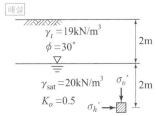

- $\sigma_v = \gamma_w h_1 + \gamma_{sat} h_2 = 19 \times 2 + 20 \times 2 = 78\,\text{kN/m}^2$
- $u = \gamma_w h_2 = 9.81 \times 2 = 19.62\,\text{kN/m}^2$
- $\sigma_v{}' = \sigma_v - u = 78 - 19.62 = 58.38\,\text{kN/m}^3$
- $\sigma_h{}' = K_o \sigma_v{}' = 0.5 \times 58.38 = 29.19\,\text{kN/m}^3$

□□□ 기 99,07,17,20

65 $\gamma_t = 19\text{kN/m}^3$, $\phi = 30°$ 인 뒤채움 모래를 이용하여 8m 높이의 보강토 옹벽을 설치하고자 한다. 폭 75mm, 두께 3.69mm의 보강띠를 연직 방향 설치간격 $S_v = 0.5\text{m}$, 수평 방향 설치간격 $S_h = 1.0\text{m}$로 시공하고자 할 때, 보강띠에 작용하는 최대 힘(T_{max})의 크기는?

① 15.33kN ② 25.33kN

③ 35.33kN ④ 45.33kN

해설 $T_{max} = \gamma_t H K_A S_v S_h$

· $K_A = \tan^2\left(45° - \dfrac{\phi}{2}\right) = \tan^2\left(45° - \dfrac{30°}{2}\right) = \dfrac{1}{3}$

∴ $T_{max} = 19 \times 8 \times \dfrac{1}{3} \times 0.5 \times 1.0 = 25.33\,\text{kN}$

□□□ 기 80,81,86,92,94,06,07,17,19,20,21

66 다음 지반 개량공법 중 연약한 점토지반에 적당하지 않은 것은?

① 프리로딩 공법 ② 샌드 드레인 공법

③ 생석회 말뚝 공법 ④ 바이브로 플로테이션 공법

해설 Vibro-flotation공법 : 느슨한 모래지반을 개량하는 공법이다.

□□□ 기 10,14,20

67 그림과 같이 $c=0$인 모래로 이루어진 무한사면이 안정을 유지(안전율≥1)하기 위한 경사각(β)의 크기로 옳은 것은? (단, 물의 단위중량은 9.81kN/m³이다.)

① $\beta \le 7.94°$

② $\beta \le 15.87°$

③ $\beta \le 23.79°$

④ $\beta \le 31.76°$

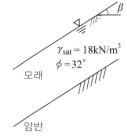

해설 점착력 $c = 0$ 이고 침투류가 지표면과 일치되어 있을 때

$$F = \frac{\gamma_{sub}}{\gamma_{sat}} \cdot \frac{\tan\phi'}{\tan\beta} \ge 1\text{에서}$$

$$= \frac{18 - 9.81}{18} \cdot \frac{\tan 32°}{\tan\beta} \ge 1$$

$$\Rightarrow 0.2843 \ge \tan\beta$$

$$\beta = \tan^{-1}(0.2843) = 15.87°$$

$$\therefore \ \beta \le 15.87°$$

□□□ 기 09,18,20

68 어떤 점토의 압밀계수는 $1.92\times10^{-7}\text{m}^2/\text{s}$, 압축계수는 $2.86\times10^{-1}\text{m}^2/\text{kN}$이었다. 이 점토의 투수계수는? (단, 이 점토의 초기간극비는 0.8이고, 물의 단위중량은 9.81kN/m³이다.)

① $0.99\times10^{-5}\text{cm/s}$ ② $1.99\times10^{-5}\text{cm/s}$

③ $2.99\times10^{-5}\text{cm/s}$ ④ $3.99\times10^{-5}\text{cm/s}$

해설 투수계수 $k = C_v m_v \gamma_w$

체적 변화 계수

$$m_v = \frac{a_v}{1+e} = \frac{2.86\times10^{-1}}{1+0.8} = 1.589\times10^{-1}\text{m}^2/\text{kN}$$

$$\therefore k = C_v m_v \gamma_w$$

$$= 1.589\times10^{-1} \times 1.92\times10^{-3} \times 9.81\times10^{-2}$$

$$= 2.99\times10^{-5}\text{cm/sec}$$

□□□ 기 04,06,10,20

69 동상 방지대책에 대한 설명으로 틀린 것은?

① 배수구 등을 설치하여 지하수위를 저하시킨다.

② 지표의 흙을 화학약품으로 처리하여 동결온도를 내린다.

③ 동결 깊이보다 깊은 흙을 동결하지 않는 흙으로 치환한다.

④ 모관수의 상승을 차단하기 위해 조립의 차단층을 지하수위보다 높은 위치에 설치한다.

해설 동결 심도내에 있는 흙을 동결하지 않는 흙으로 치환한다.

70 그림과 같은 모래시료의 분사현상에 대한 안전율을 3.0 이상이 되도록 하려면 수두차 h를 최대 얼마 이하로 하여야 하는가?

① 12.75cm

② 9.75cm

③ 4.25cm

④ 3.25cm

해설 $F_s = \dfrac{\dfrac{G_s-1}{1+e}}{\dfrac{h}{15}}$

· 공극비 $e = \dfrac{n}{100-n} = \dfrac{50}{100-50} = 1.0$

· 한계동수 경사 $i_c = \dfrac{G_s-1}{1+e} = \dfrac{2.7-1}{1+1.0} = 0.85$

· $F_s = \dfrac{0.85}{\dfrac{h}{15}} = 3$ ∴ $h = 4.25\,\text{cm}$

71 아래의 공식은 흙 시료에 삼축압력이 작용할 때 흙 시료 내부에 발생하는 간극수압을 구하는 공식이다. 이 식에 대한 설명으로 틀린 것은?

$$\Delta u = B\left[\Delta\sigma_3 + A(\Delta\sigma_1 - \Delta\sigma_3)\right]$$

① 포화된 흙의 경우 $B = 1$이다.

② 간극수압계수 A값은 언제나 (+)의 값을 갖는다.

③ 간극수압계수 A값은 삼축압축시험에서 구할 수 있다.

④ 포화된 점토에서 구속응력을 일정하게 두고 간극수압을 측정했다면, 축차응력과 간극수압으로부터 A값을 계산할 수 있다.

해설 · 정규 압밀 점토 : $A = 0.7 \sim 1.3$

· 심히 과압밀 점토 : $A = -0.5 \sim 0.0$

72 현장 흙의 밀도 시험 중 모래치환법에서 모래는 무엇을 구하기 위하여 사용하는가?

① 시험구멍에서 파낸 흙의 중량

② 시험구멍의 체적

③ 지반의 지지력

④ 흙의 함수비

해설 들밀도 시험

No.10체를 통과하고 No.200체에 남는 모래를 물로 씻어 건조 시킨 후 사용하여 시험 구멍의 부피를 구하는 방법이다.

73 유선망의 특징에 대한 설명으로 틀린 것은?

① 각 유로의 침투유량은 같다.

② 유선과 등수두선은 서로 직교한다.

③ 인접한 유선 사이의 수두 감소량(head loss)은 동일하다.

④ 침투속도 및 동수경사는 유선망의 폭에 반비례한다.

해설 유선망의 특성

· 각 유량의 침투유량은 같다.

· 유선과 등수두선은 서로 직교한다.

· 인접한 등수두선 간의 수두차는 모두 같다.

· 인접한 2개의 등수두선 사이의 수두손실은 서로 동일하다.

· 유선망을 이루는 사각형은 이론상 정사각형이다.(폭과 길이는 같다.)

· 침투속도 및 동수구배는 유선망의 폭에 반비례한다.

74 말뚝기초의 지반거동에 대한 설명으로 틀린 것은?

① 연약지반상에 타입되어 지반이 먼저 변형하고 그 결과 말뚝이 저항하는 말뚝을 주동말뚝이라 한다.

② 말뚝에 작용한 하중은 말뚝주변의 마찰력과 말뚝선단의 지지력에 의하여 주변 지반에 전달된다.

③ 기성말뚝을 타입하면 전단파괴를 일으키며 말뚝 주위의 지반은 교란된다.

④ 말뚝 타입 후 지지력의 증가 또는 감소 현상을 시간효과(time effect)라 한다.

해설 · 연약지반상에 타입되어 지반이 먼저 변형하고 그 결과 말뚝이 저항하는 말뚝을 수동말뚝이라 한다.

· 말뚝이 지표면에서 수평력을 받는 경우 말뚝이 변형함에 따라 지반이 저항하는 말뚝을 주동말뚝이라 한다.

75 두 개의 규소판 사이에 한 개의 알루미늄판이 결합된 3층 구조가 무수히 많이 연결되어 형성된 점토광물로서 각 3층 구조 사이에는 칼륨이온(K^+)으로 결합되어 있는 것은?

① 일라이트(illite)

② 카올리나이트(kaolinite)

③ 할로이사이트(halloysite)

④ 몬모릴로나이트(montmorillonite)

해설 · 일라이트 : 3층구조로 구조결합 사이에 칼륨이온(K^+)이 있어서 수축팽창은 거의 없지만 안정성은 중간 정도의 점토광물

· 몬모릴로나이트 : 3층 구조로 구조결합 사이에 치환성 양이온이 있어서 활성이 크고 시트 사이에 물이 들어가 팽창수축이 크고 공학적 안정성은 제일 약한 점토광물

□□□ 기 92,94,13,18,20
76 Terzaghi의 극한지지력 공식에 대한 설명으로 틀린 것은?

① 기초의 형상에 따라 형상계수를 고려하고 있다.
② 지지력계수 N_c, N_q, N_r는 내부마찰각에 의해 결정된다.
③ 점성토에서의 극한지지력은 기초의 근입깊이가 깊어지면 증가된다.
④ 사질토에서의 극한지지력은 기초의 폭에 관계없이 기초 하부의 흙에 의해 결정된다.

해설 $q_u = \alpha c N_c + \beta \gamma_1 B N_r + \gamma_2 D_f N_q$: 극한 지지력은 기초폭 (B)와 근입깊이(D_f)에 따라 증가하고 흙의 상태에 따라 변화한다.

□□□ 기 04,10,11,17,20
77 사질토 지반에 축조되는 강성기초의 접지압 분포에 대한 설명으로 옳은 것은?

① 기초 모서리 부분에서 최대 응력이 발생한다.
② 기초에 작용하는 접지압 분포는 토질에 관계없이 일정하다.
③ 기초의 중앙 부분에서 최대 응력이 발생한다.
④ 기초 밑면의 응력은 어느 부분이나 동일하다.

해설 강성기초
· 사질토지반 : 기초의 몸서리 부분에서 침하가 크게 발생하므로 기초의 중앙에서 최대 응력이 발생한다.
· 점토질지반 : 중앙부분에서 침하가 크게 발생하므로 기초의 모서리 부분에서 최대 응력이 발생한다.

□□□ 기 15,20
78 사운딩에 대한 설명으로 틀린 것은?

① 로드 선단에 지중저항체를 설치하고 지반내 관입, 압입, 또는 회전하거나 인발하여 그 저항치로부터 지반의 특성을 파악하는 지반조사방법이다.
② 정적사운딩과 동적사운딩이 있다.
③ 압입식 사운딩의 대표적인 방법은 Standard Penetration Test(SPT)이다.
④ 특수사운딩 중 측압사운딩의 공내횡방향 재하시험은 보링공을 기계적으로 수평으로 확장시키면서 측압과 수평변위를 측정한다.

해설 압입식 사운딩의 대표적인 방법은 콘관입시험(CPT : Cone Penetration Test)이다.

□□□ 기 10,13,20
79 어떤 시료를 입도분석 한 결과, 0.075mm체 통과율이 65%이었고, 애터버그한계 시험결과 액성한계가 40%이었으며 소성도표(Plasticity chart)에서 A선 위의 구역에 위치한다면 이 시료의 통일분류법(USCS)상 기호로서 옳은 것은? (단, 시료는 무기질이다.)

① CL
② ML
③ CH
④ MH

해설 · $P_{\#200} = 65\% > 50\%$: 세립토(실트 M, 점토 C)
· $W_L = 40\% < 50\%$: 저압축성 L(ML, CL)
· A선 위에 위치 : CL, CL−ML
∴ CL(압축성이 낮은 점토)

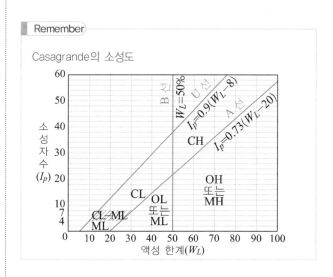

Remember

Casagrande의 소성도

□□□ 기 97,01,02,03,05,06,20
80 전체 시추코어 길이가 150cm이고 이중 회수된 코어 길이의 합이 80cm이었으며, 10cm 이상인 코어 길이의 합이 70cm이었을 때 코어의 회수율(TCR)은?

① 56.67%
② 53.33%
③ 46.67%
④ 43.33%

해설 $TCR = \dfrac{\text{회수된 코어의 길이}}{\text{관입 깊이}}$

$= \dfrac{80}{150} \times 100 = 53.33\%$

국가기술자격 필기시험문제

2021년도 기사 1회 필기시험 (1부)

	수험번호	성 명

자격종목	시험시간	문제수	형 별		
건설재료시험기사	2시간	80	A		

※ 각 문제는 4지 택일형으로 질문에 가장 적합한 문제의 보기 번호를 클릭하거나 답안표기란의 번호를 클릭하여 입력하시면 됩니다.
※ 입력된 답안은 문제 화면 또는 답안 표기란의 보기 번호를 클릭하여 변경하실 수 있습니다.

제1과목 : 콘크리트 공학

□□□ 기 11,15,16,20,21

01 프리스트레스트 콘크리트의 프리스트레싱에 대한 설명으로 틀린 것은?

① 긴장재에 대해 순차적으로 프리스트레싱을 실시할 경우는 각 단계에 있어서 콘크리트에 유해한 응력이 발생하지 않도록 하여야 한다.
② 긴장재는 이것을 구성하는 각각의 PS강재에 소정의 인장력이 주어지도록 긴장하여야 한다. 이때 인장력을 설계값 이상으로 주었다가 다시 설계값으로 낮추는 방법으로 시공하여야 한다.
③ 프리텐션 방식의 경우 긴장재에 주는 인장력은 고정장치의 활동에 의한 손실을 고려하여야 한다.
④ 프리스트레싱 작업 중에는 어떠한 경우라도 인장장치 또는 고정장치 뒤에 사람이 서 있지 않도록 하여야 한다.

해설 긴장재에 인장력이 주어지도록 긴장할 때 인장력을 설계값 이상으로 주었다가 다시 설계값으로 낮추는 방법으로 시공을 하지 않아야 한다.

□□□ 기 12,15,18,21

02 콘크리트 타설 및 다지기 작업에 대한 설명으로 틀린 것은?

① 타설한 콘크리트를 거푸집 안에서 횡방향으로 이동시켜서는 안 된다.
② 연직 시공일 때 슈트 등의 배출구와 타설면까지의 높이는 1.5m 이하를 원칙으로 한다.
③ 내부진동기를 사용하여 진동다지기를 할 경우 삽입간격은 1.0m 이하로 하는 것이 좋다.
④ 내부진동기를 사용하여 진동다지기를 할 경우 내부진동기를 하층의 콘크리트 속으로 0.1m 정도 찔러 넣는다.

해설 내부진동기를 사용하여 진동다지기를 할 경우 삽입간격은 0.5m 이하로 하는 것이 좋다.

□□□ 기 16,21

03 수중 콘크리트에 대한 설명으로 틀린 것은?

① 수중 콘크리트를 시공할 때 시멘트가 물에 씻겨서 흘러나오지 않도록 트레미나 콘크리트 펌프를 사용해서 타설하여야 한다.
② 수중 콘크리트를 타설할 때 완전히 물막이를 할 수 없는 경우에도 유속은 50mm/s 이하로 하여야 한다.
③ 일반 수중 콘크리트는 수중에서 시공할 때의 강도가 표준 공시체 강도의 1.2~1.5배가 되도록 배합강도를 설정하여야 한다.
④ 수중 콘크리트의 비비는 시간은 시험에 의해 콘크리트 소요의 품질을 확인하여 정하여야 하며, 강제식 믹서의 경우 비비기 시간은 90~180초를 표준으로 한다.

해설 일반 수중 콘크리트는 수중에서 시공할 때의 강도가 표준공시체 강도의 0.6~0.8배가 되도록 배합강도를 설정하여야 한다.

□□□ 기 13,21

04 품질기준강도(f_{cq})를 21MPa로 배합한 콘크리트 공시체 20개에 대한 압축강도시험 결과, 표준편차가 3.0MPa이었을 때 콘크리트의 배합강도는?

① 25.34MPa
② 25.05MPa
③ 24.49MPa
④ 24.08MPa

해설 시험횟수가 29회 이하일 때 표준편차의 보정계수

시험횟수	표준편차의 보정계수
15	1.16
20	1.08
25	1.03
30 이상	1.00

$s = 3 \times 1.08 = 3.24 \text{MPa}$
(∵ 시험횟수 20회일 때 표준편차의 보정계수 1.08)
■ $f_{ck} \leq 35\text{MPa}$일 때 두 식에 의한 값 중 큰 값을 배합강도로 한다.
· $f_{cr} = f_{cq} + 1.34s = 21 + 1.34 \times 3.24 = 25.34\text{MPa}$
· $f_{cr} = (f_{cq} - 3.5) + 2.33s$
$= (21 - 3.5) + 2.33 \times 3.24 = 25.05\text{MPa}$
∴ 배합강도 $f_{cr} = 25.34\text{MPa}$

□□□ 기 10,12,18,21

05 급속 동결 융해에 대한 콘크리트의 저항 시험 (KS F 2456)에서 동결 융해 사이클에 대한 설명으로 틀린 것은?

① 동결 융해 1사이클은 공시체 중심부의 온도를 원칙으로 하며 원칙적으로 4℃에서 −18℃로 떨어지고, 다음에 −18℃에서 4℃로 상승되는 것으로 한다.

② 동결 융해 1사이클의 소요 시간은 2시간 이상, 4시간 이하로 한다.

③ 공시체의 중심과 표면의 온도차는 항상 28℃를 초과해서는 안 된다.

④ 동결 융해에서 상태가 바뀌는 순간의 시간이 5분을 초과해서는 안 된다.

해설 동결 융해에서 상태가 바뀌는 순간의 시간이 10분을 초과해서는 안 된다.

□□□ 기 02,06,11,12,14,17,18,21,22

06 프리스트레싱할 때의 콘크리트 강도에 대한 아래 설명에서 ( )안에 알맞은 수치는?

> 프리스트레싱을 할 때의 콘크리트의 압축강도는 어느 정도의 안전도를 확보하기 위하여 프리스트레스를 준 직후, 콘크리트에 일어나는 최대 압축응력의 ( )배 이상이어야 한다.

① 1.5

② 1.7

③ 2.0

④ 2.5

해설 프리스트레스를 준 직후의 콘크리트에 일어나는 최대압축응력의 1.7배 이상이어야 한다.

□□□ 기 11,13,21

07 고강도 콘크리트에 대한 설명으로 틀린 것은?

① 보통중량콘크리트에서 설계기준압축강도가 40MPa 이상인 콘크리트를 고강도 콘크리트라고 한다.

② 경량골재 콘크리트에서 설계기준압축강도가 21MPa 이상인 콘크리트를 고강도 콘크리트라고 한다.

③ 기상의 변화가 심하거나 동결융해에 대한 대책이 필요한 경우를 제외하고는 공기연행제를 사용하지 않는 것을 원칙으로 한다.

④ 단위 시멘트량은 소요의 워커빌리티 및 강도를 얻을 수 있는 범위 내에서 가능한 한 적게 되도록 시험에 의해 정하여야 한다.

해설 고강도콘크리트의 설계기준강도는 일반적으로 40MPa 이상으로 하며, 고강도 경량 골재 콘크리트는 27MPa 이상으로 한다.

□□□ 기 13,15,21

08 현장 배합에 의한 재료량 및 재료의 계량값이 아래의 표와 같을 때 계량오차를 초과하여 불합격인 재료는?

구분 \ 재료	물	시멘트	플라이 애시	잔골재
현장 배합(kg)	145	272	68	820
계량값(kg)	144	270	65	844

① 물

② 시멘트

③ 플라이애시

④ 잔골재

해설 1회분의 계량 허용 오차

재료의 종류	허용 오차	계량오차 $= \dfrac{m_2 - m_1}{m_1} \times 100$
물	−2%, +1%	$\dfrac{144 - 145}{145} \times 100 = -0.69\%$
시멘트	−1%, +2%	$\dfrac{270 - 272}{272} \times 100 = -0.74\%$
혼화재	±2%	$\dfrac{65 - 68}{68} \times 100 = -4.41\%$
골재	±3%	$\dfrac{844 - 820}{820} \times 100 = +2.93\%$

∴ 혼화재(플라이애시) 허용오차 ±2% < −4.41% : 불합격

□□□ 기 93,05,07,12,13,16,21

09 콘크리트의 크리프(creep)에 대한 설명으로 틀린 것은?

① 조강 시멘트는 보통 시멘트보다 크리프가 크다.

② 재하기간 중의 대기의 습도가 낮을수록 크리프가 크다.

③ 응력은 변화가 없는데 변형은 시간에 따라 증가하는 현상을 크리프라 한다.

④ 물−시멘트비가 큰 콘크리트는 물−시멘트비가 작은 콘크리트보다 크리프가 크게 일어난다.

해설 조강 시멘트는 보통 시멘트보다 크리프가 작다.

□□□ 기 04,11,15,21

10 콘크리트 비비기에 대한 설명으로 틀린 것은?

① 재료를 믹서에 투입하는 순서는 강도시험, 블리딩시험 등의 결과 또는 실적을 참고로 해서 정하여야 한다.

② 비비기는 미리 정해 둔 비비기 시간 이상 계속해서는 안 된다.

③ 비비기 시간에 대한 시험을 실시하지 않은 경우 가경식 믹서일 때 비비기 최소시간은 1분 30초 이상을 표준으로 한다.

④ 연속믹서를 사용할 경우, 비비기 시작 후 최초에 배출되는 콘크리트는 사용해서는 안 된다.

해설 비비기는 미리 정해 둔 비비기 시간의 3배 이상 계속해서는 안된다.

□□□ 기 14,21

11 프리플레이스트 콘크리트에서 주입모르타르의 품질에 대한 설명으로 틀린 것은?

① 유하시간의 설정 값은 16~20초를 표준으로 한다.
② 블리딩률의 설정 값은 시험 시작 후 3시간에서의 값이 5% 이하가 되도록 한다.
③ 팽창률의 설정 값은 시험 시작 후 3시간에서의 값이 5~10%인 것을 표준으로 한다.
④ 모르타르가 굵은 골재의 공극에 주입될 때 재료분리가 적고 주입되어 경화되는 사이에 블리딩이 적으며 소요의 팽창을 하여야 한다.

[해설] 블리딩률의 설정값은 시험 시작 후 3시간에서의 값이 3% 이하, 고강도 프리플레이스트 콘크리트에서는 1% 이하로 한다.

□□□ 기 10,11,17,21

12 매스 콘크리트에 대한 설명으로 틀린 것은?

① 벽체구조물의 온도균열을 제어하기 위해 설치하는 수축이음의 단면 감소율은 20% 이상으로 하여야 한다.
② 철근이 배치된 일반적인 구조물에서 균열 발생을 제한할 경우 온도균열지수는 1.2~1.5이다.
③ 저발열형 시멘트를 사용하는 경우 91일 정도의 장기 재령을 설계기준압축강도의 기준 재령으로 하는 것이 바람직하다.
④ 매스 콘크리트로 다루어야 하는 구조물의 부재치수는 일반적인 표준으로서 넓이가 넓은 평판구조의 경우 두께 0.8m 이상, 하단이 구속된 벽체의 경우 두께 0.5m 이상으로 한다.

[해설] 벽체구조물의 경우 계획된 위치에서 균열 발생을 확실히 유도하기 위해서 수축이음의 단면 감소율은 35% 이상으로 하여야 한다.

□□□ 기 03,05,14,16,19,21

13 섬유보강 콘크리트에 대한 설명으로 틀린 것은?

① 섬유보강 콘크리트 1m³ 중에 포함된 섬유의 용적 백분율(%)을 섬유 혼입률이라고 한다.
② 보강용 섬유를 혼입하여 주로 인성, 균열억제, 내충격성 및 내마모성 등을 높인 콘크리트를 섬유보강 콘크리트라고 한다.
③ 섬유보강 콘크리트의 비비기에 사용하는 믹서는 가경식 믹서를 사용하는 것을 원칙으로 한다.
④ 섬유보강 콘크리트의 배합은 소요의 품질을 만족하는 범위 내에서 단위수량을 될 수 있는 대로 적게 되도록 정하여야 한다.

[해설] 섬유가 혼입되면 보통의 콘크리트보다 큰 에너지로 비빌 필요가 있기 때문에 믹서는 강제식 믹서를 사용하는 것을 원칙으로 한다.

□□□ 기 00,04,09,15,21

14 알칼리 골재반응(alkali-aggregate reaction)에 대한 설명으로 틀린 것은?

① 콘크리트 중의 알칼리 이온이 골재 중의 실리카 성분과 결합하여 구조물에 균열을 발생시키는 것을 말한다.
② 알칼리골재반응의 진행에 필수적인 3요소는 반응성 골재의 존재와 알칼리량 및 반응을 촉진하는 수분의 공급이다.
③ 알칼리골재반응이 진행되면 구조물의 표면에 불규칙한(거북이등 모양 등) 균열이 생기는 등의 손상이 발생한다.
④ 알칼리골재반응을 억제하기 위하여 포틀랜드시멘트의 등가알칼리량이 6% 이하의 시멘트를 사용하는 것이 좋다.

[해설] 반응성 골재를 사용할 경우에는 0.6% 이하인 낮은 알칼리량의 시멘트를 사용한다.

□□□ 기 10,12,16,21

15 고압증기양생을 한 콘크리트의 특징으로 틀린 것은?

① 건조수축이 증가한다.
② 철근의 부착강도가 감소한다.
③ 황산염에 대한 저항성이 증대된다.
④ 매우 짧은 기간에 고강도가 얻어진다.

[해설] 고압증기양생한 콘크리트의 건조수축은 크게 감소한다.

□□□ 기 18,21

16 콘크리트의 받아들이기 품질 검사 항목이 아닌 것은?

① 공기량
② 슬럼프
③ 평판재하
④ 펌퍼빌리티

[해설] 콘크리트의 받아들이기 품질 검사

항 목		시기 및 횟수
굳지 않은 콘크리트의 상태		콘크리트 타설 개시 및 타설 중 수시로 함
슬럼프		최초 1회 시험을 실시하고, 이후 압축강도 시험용 공시체 채취 시 및 타설 중에 품질 변화가 인정될 때 실시
슬럼프 플로		
공기량		
온도		
단위용적질량		필요한 경우 별도로 정함
염화물 함유량		바닷모래를 사용한 경우 2회/일, 그 밖에 염화물 함유량 검사가 필요한 경우 별도로 정함
배합	단위수량	1회/일, 120m³마다 또는 배합이 변경될 때마다
	단위 결합재량	전 배치
	물-결합재비	필요한 경우 별도로 정함
	기타, 콘크리트 재료의 단위량	전 배치
펌퍼빌리티		펌프 압송 시

□□□ 기 07,12,21
17 굳지 않은 콘크리트의 워커빌리티를 측정하기 위한 시험 방법이 아닌 것은?

① 슬럼프 시험 ② 구관입 시험
③ Vee-Bee 시험 ④ Vicat 장치에 의한 시험

해설 ·워커빌리티의 측정방법 : 슬럼프 시험(slump test), 흐름시험(flow test), 리몰딩 시험(remolding test), 구관입시험(ball penetration test), 다짐계수시험(compacting factor test), Vee-Bee 반죽질기시험.
·Vicat 장치에 의한 시험 : 시멘트의 응결시간 측정시간 방법

□□□ 기 10,13,16,17,20,21
18 단위 골재의 절대 용적이 0.70m^3인 콘크리트에서 잔골재율이 40%이고, 굵은 골재의 표건밀도가 2.65g/cm^3이면 단위 굵은 골재량은?

① 722.4kg/m^3 ② 742kg/m^3
③ 984.6kg/m^3 ④ $1,113\text{kg/m}^3$

해설 굵은골재량
= 단위 굵은골재량의 절대 부피×굵은골재의 밀도×1,000
$= 0.70 \times (1-0.40) \times 2.65 \times 1,000 = 1,113\text{kg/m}^3$

□□□ 기 01,04,06,21
19 일반콘크리트 배합설계 시 콘크리트의 압축강도를 기준으로 물-결합재비를 정하는 경우, 압축강도 시험에 사용하는 공시체는 재령 며칠을 표준으로 하는가?

① 7일 ② 14일
③ 21일 ④ 28일

해설 실제 구조물에서 재령 28일 이후의 강도 증진을 크게 기대 할 수가 없으므로 28일 공시체의 압축 강도를 콘크리트의 설계 기준 강도로 정하고 있다.

□□□ 기 04,21
20 레디믹스트 콘크리트(KS F 4009)에 따른 콘크리트 받아들이기 검사에서 강도 시험에 대한 설명으로 틀린 것은?

① 1회 시험결과는 3개의 공시체를 제작하여 시험한 평균값으로 한다.
② 콘크리트의 강도 시험 횟수는 450m^3를 1로트로 하여 150m^3당 1회의 비율로 한다.
③ 받아들이기 검사용 시료는 레디믹스트 콘크리트를 제조하는 배치 플랜트에서 채취하는 것을 원칙으로 한다.
④ 1회의 시험결과는 구입자가 지정한 호칭강도의 85% 이상, 3회의 시험 결과 평균값은 호칭 강도 값 이상이어야 한다.

해설 받아들이기 검사용 시료는 배출하는 지점에서 채취하는 것을 원칙으로 한다.

제2과목 : 건설시공 및 관리

□□□ 기 14,21
21 이동식 작업차 또는 가설용 트러스를 이용하여 교각의 좌, 우로 평형을 유지하면서 분할된 거더(길이 2~5m)를 순차적으로 시공하는 교량 가설공법은?

① FCM 공법 ② FSM 공법
③ ILM 공법 ④ MSS 공법

해설 ·외팔보공법(FCM) : 세그먼트 제작에 필요한 모든 장비를 갖춘 이동식 작업차를 이용하여 시공해 나가는 공법
·동바리공법(PSM) : 콘크리트 치기를 하는 경간에 동바리를 설치하여 자중 등의 하중을 일시적으로 동바리가 지지하는 방식
·연속압축공법(ILM) : 시공부위의 모멘트 감소를 위해 steel noss(추진코)사용하여 시공하는 방법
·이동식동바리공법(MSS) : 교각위에 브래킷 설치 후 그 위를 이동하며 콘크리트 타설

□□□ 기 18,21
22 콘크리트 포장에서 아래에서 설명하는 현상은?

> 콘크리트 포장에서 줄눈부에 이물질이 침입하여 기온의 상승 등에 따라 슬래브가 팽창할 때 줄눈 등에서 압축력에 견디지 못하고 좌굴을 일으켜 솟아오르는 현상

① scaling ② spalling
③ blow up ④ pumping

해설 Blow up : 콘크리트 포장시 Slab의 줄눈 또는 균열부근에서 습도나 온도가 높을 때 이물질 때문에 열 팽창을 유지하지 못해 발생하는 일종의 좌굴현상

□□□ 기 07,21
23 $37,800\text{m}^3$(완성된 토량)의 성토를 하는데 유용토가 $30,000\text{m}^3$(느슨한 토량)이 있다. 이때 부족한 토량은 본바닥 토량으로 얼마인가? (단, 흙의 종류는 사질토이고, 토량의 변화율은 $L=1.25$, $C=0.90$이다.)

① $12,000\text{m}^3$ ② $13,800\text{m}^3$
③ $16,200\text{m}^3$ ④ $18,000\text{m}^3$

해설 ·완성 토량을 본바닥 토량으로 환산
$$= 완성토량 \times \frac{1}{C} = 37,800 \times \frac{1}{0.9} = 42,000\text{m}^3$$
·유용토를 본바닥 토량으로 환산
$$= 느슨한 토량 \times \frac{1}{L} = 30,000 \times \frac{1}{1.25} = 24,000\text{m}^3$$
∴ 부족 토량 = 42,000 - 24,000 = 18,000m³

24 토량곡선(mass curve)에 대한 설명으로 틀린 것은?

① 곡선의 극소점은 성토에서 절토로 옮기는 점이고 곡선의 극대점은 절토에서 성토로 옮기는 점이다.
② 토량곡선과 기선에 평행한 선분이 만나는 두 점 사이의 성토량 및 절토량은 균형을 이룬다.
③ 절토부분에서는 곡선이 위로 향하고 성토부분에서는 곡선이 아래로 향한다.
④ 토량곡선이 기선의 위에서 끝나면 토량이 모자란 경우이다.

해설 유토 곡선이 기선(평형선)위에서 끝나면 토량이 남고, 유토곡선이 아래에서 끝나면 토량이 부족이다.

25 아래에서 설명하는 굴착공법의 명칭은?

> 굴착폭이 넓은 경우에 비탈면 개착공법과 흙막이벽 개착공법의 장점을 이용한 공법으로 굴착저면 중앙부에 기초부를 먼저 구축하고 이것을 발판으로 하여 주변부를 시공하는 공법이다.

① 역타공법　　　② 언더피닝 공법
③ 아일랜드 공법　　　④ 트렌치 컷 공법

해설 Island공법 : 기초가 비교적 얕고 면적이 넓은 경우에 사용하는데 섬처럼 중앙부를 먼저 굴착한 후 구조물의 기초를 축조한 다음 이것을 발판으로 둘레 부분을 굴착해 나가는 공법이다.

26 폭우 시 옹벽 배면에는 침투수압이 발생되는데, 이 침투수가 옹벽에 미치는 영향에 대한 설명으로 틀린 것은?

① 활동면에서의 양압력 발생
② 옹벽 저면에 대한 양압력 발생
③ 수동저항력(passive resistance)의 증가
④ 포화 또는 부분 포화에 의한 흙의 무게 증가

해설 수평 저항력이 감소된다.

27 터널 굴착공법 중 TBM공법의 특징에 대한 설명으로 틀린 것은?

① 낙석이 적다.
② 단면형상의 변경이 용이하다.
③ 여굴이 거의 발생하지 않는다.
④ 주변 암반에 대한 이완이 거의 없다.

해설 지반의 지질 변화에 대한 적용 범위가 한정된다.

28 옹벽의 안정상 수평 저항력을 증가시키기 위하여 경제성과 시공성을 고려할 경우 가장 적합한 방법은?

① 옹벽의 비탈경사를 크게 한다.
② 옹벽 배면의 흙을 포화시킨다.
③ 옹벽의 저판 밑에 돌기물(shear key)을 만든다.
④ 배면의 본바닥에 앵커 타이(Anchor tie)나 앵커벽을 설치한다.

해설 옹벽의 안정상 수평 저항력을 더 증가시킬 필요가 있을 때는 기초 밑면에 돌기물(key)를 만들면 가장 효과적이다.

29 터널계측에서 일상계측(A 계측) 항목이 아닌 것은?

① 내공변위 측정　　　② 천단침하 측정
③ 터널 내 관찰조사　　　④ 록볼트 축력 측정

해설 일상계측(계측 A)
· 내공변위 측정
· 천단침하 측정
· 터널 내 관찰조사
· Rock Bolt인발시험

30 콘크리트 말뚝이나 선단폐쇄 강관말뚝과 같은 타입말뚝은 흙을 횡방향으로 이동시켜서 주위의 흙을 다져주는 효과가 있다. 이러한 말뚝을 무엇이라고 하는가?

① 배토말뚝　　　② 지지말뚝
③ 주동말뚝　　　④ 수동말뚝

해설 배토말뚝 : 콘크리트 말뚝이나 선단이 폐색된 강관말뚝(폐단말뚝)을 타입하면 주변지반과 선단 지반이 밀려서 배토되므로 배토말뚝이라 한다.

31 뉴매틱 케이슨(Pneumatic caisson)공법의 장점에 대한 설명으로 틀린 것은?

① 오픈 케이슨보다 침하공정이 빠르고 장애물 제거가 쉽다.
② 시공 시에 토질 확인 가능 및 지지력 측정이 가능하다.
③ 압축공기를 이용하여 시공하므로 소규모 공사나 심도가 얕은 기초공사에 경제적이다.
④ 지하수를 저하시키지 않으며, 히빙 현상 및 보일링 현상을 방지할 수 있으므로 인접 구조물의 침하 우려가 없다.

해설 압축공기를 이용하여 시공하므로 기계설비가 비싸기 때문에 소규모 공사나 심도가 얕은 기초공에는 비경제적이다.

□□□ 기 03,06,21

32 딥퍼의 용량이 $0.6m^3$ 딥퍼 계수가 0.85, 작업효율이 0.9, 흙의 토량변화율(L)이 1.2, 사이클 타임이 25초인 파워 셔블의 시간당 작업량은?

① $52.45m^3/h$　　　　② $55.08m^3/h$
③ $64.84m^3/h$　　　　④ $79.32m^3/h$

해설 $Q = \dfrac{3,600 \times q \times k \times f \times E}{C_m}$

$= \dfrac{3,600 \times 0.6 \times 0.85 \times \dfrac{1}{1.2} \times 0.90}{25} = 55.08m^3/hr$

□□□ 기 10,21

33 아스팔트 포장의 특성에 대한 설명으로 틀린 것은?

① 부분파손에 대한 보수가 용이하다.
② 교통하중을 슬래브가 휨 저항으로 지지한다.
③ 양생기간이 짧아 시공 후 즉시 교통 개방이 가능하다.
④ 잦은 덧씌우기 등으로 인해 유지관리비가 많이 소요된다.

해설 시멘트 콘크리트 포장
표층의 콘크리트 슬래브가 교통하중에 의해 발생되는 휨 응력에 저항한다.

□□□ 기 94,07,17,21

34 전면에 달린 배토판의 좌, 우를 밑으로 $10 \sim 40cm$ 정도 기울어지게 하여 경사면 굴착이나 도랑파기 작업에 유리한 도저는?

① 틸트 도저　　　　② 앵글 도저
③ 레이크 도저　　　　④ 스트레이트 도저

해설 ·앵글도저 : 배토판을 진행방향에 따라 $20 \sim 30°$ 좌우로 기울어지게 이동하여 경사굴착, 도랑파기 굴착 등에 사용
·레이크 도저 : 배토판 대신에 레이크형이 장치된 불도저로 나무 뿌리뽑기, 뿌리제거 및 굳은 지반의 파헤치기 등에 사용
·스트레이트도저 : 배토판을 진행 방향에 직각으로 장치하여 위쪽을 앞뒤로 기울게 할 수 있어 수직으로 흙깎기, 흙 밀어내기에 맞으며, 가장 많이 사용

□□□ 기 04,05,21

35 암석의 발파이론에서 Hauser의 발파 기본식은? (단, $L=$ 폭약량, $C=$발과계수, $W=$ 최소저항선이다.)

① $L = C \cdot W$　　　　② $L = C \cdot W^2$
③ $L = C \cdot W^3$　　　　④ $L = C \cdot W^4$

해설 Hauser의 암석의 발파 기본식 : $L = C \cdot W^3$

□□□ 기 11,18,21

36 로드 롤러를 사용하여 전압횟수 4회, 전압포설 두께 $0.2m$, 유효 전압폭 $2.5m$, 전압작업 속도를 $3km/h$로 할 때 시간당 작업량은? (단, 토량환산계수는 1, 롤러의 효율은 0.8을 적용한다.)

① $151m^3/h$　　　　② $200m^3/h$
③ $251m^3/h$　　　　④ $300m^3/h$

해설 $Q = \dfrac{1,000 V \cdot W \cdot H \cdot f \cdot E}{N}$

$= \dfrac{1,000 \times 3 \times 2.5 \times 0.2 \times 1 \times 0.8}{4} = 300m^3/hr$

□□□ 기 16,20,21

37 아래 그림과 같은 지형에서 등고선법에 의한 전체 토량을 구하면? (단, 각 등고선간의 높이차는 $20m$ 이고, A_1의 면적은 $1,400m^2$, A_2의 면적은 $950m^2$, A_3의 면적은 $600m^2$, A_4의 면적은 $250m^2$, A_5의 면적은 $100m^2$이다.)

① $56,000m^3$
② $50,000m^3$
③ $44,400m^3$
④ $38,200m^3$

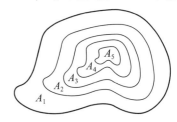

해설 · $Q_1 = \dfrac{h}{3}(A_1 + 4A_2 + A_3)$

$= \dfrac{20}{3}(1,400 + 4 \times 950 + 600) = 38,666.67\,m^3$

· $Q_2 = \dfrac{h}{3}(A_3 + 4A_4 + A_5)$

$= \dfrac{20}{3}(600 + 4 \times 250 + 100) = 11,333.33\,m^3$

∴ $Q = Q_1 + Q_2 = 38,666.67 + 11,333.33 = 50,000\,m^3$

□□□ 기 85,90,02,21

38 PERT 공정 관리 기법에 대한 설명으로 틀린 것은? (단, t_e : 기대시간, a : 낙관적 시간, m : 정상시간, b : 비관적 시간)

① 경험이 없는 공사의 공기 단축을 목적으로 한다.
② 결합점(Node) 중심의 일정 계산을 한다.
③ 3점 시간 견적법에 따른 기대시간은 $t_e = \dfrac{1}{6}(a+4m+b)$로 계산한다.
④ 3점 시간 견적법에서 시간 간의 관계는 비관적 시간 < 정상 시간 < 낙관적 시간이 성립 된다.

해설 시간치의 상호관계를 다음 식으로 표시한다.
낙관적 시간 ≤ 정상적 시간 ≤ 비관적 시간

39 지하수 침강 최소깊이가 2m, 암거매립간격이 10m, 투수계수가 1.0×10^{-5}cm/s일 때, 불투수층에 놓인 암거 1m당 1시간 동안의 배수량은 몇 리터(L)인가?
(단, Donnan식에 의해 구하시오.)

① 0.58L ② 1.00L
③ 1.58L ④ 2.00L

해설 암거의 배수량(Donnan식)

$$Q = \frac{4kH_o^2}{D}$$

· $k = 10^{-7} \times 60 \times 60$ m/hr

$$\therefore Q = \frac{4 \times 10^{-7} \times 60 \times 60 \times 2^2}{10}$$

$$= 5.76 \times 10^{-4} \text{ m}^3/\text{m}/\text{hr}$$

$$= 0.58 \text{L/hr} (\because 1\text{m}^3 = 1,000l)$$

40 댐의 그라우팅(grouting)에 관한 설명으로 옳은 것은?

① 커튼 그라우팅 (curtain grouting)은 기초 암반의 변형성이나 강도를 개량하기 위하여 실시한다.
② 콘솔리데이션 그라우팅(consolidation grouting)은 기초 암반의 지내력 등을 개량하기 위하여 실시한다.
③ 콘택트 그라우팅(contact grouting)은 시공이음으로 누수 방지를 위하여 실시한다.
④ 림 그라우팅(rim grouting)은 콘크리트와 암반사이의 공극을 메우기 위하여 실시한다.

해설 · 압밀(consolidation)그라우팅 : 기초 암반의 변형성 억제, 강도 증대를 위하여 지반을 개량하는데 목적
· 커튼(curtain) 그라우팅 : 기초 암반에 침투하는 물을 방지하는 지수 목적
· 콘택트(contact) 그라우트 : 암반과 dam제체 접속부의 침투류 차수목적
· 림(rim) 그라우팅 : 댐의 취부 또는 전저수지에 걸쳐 댐 주변의 저수를 목적으로 실시

제3과목 : 건설재료 및 시험

41 콘크리트에서 AE제를 사용하는 목적으로 틀린 것은?

① 워커빌리티를 개선시키기 위해
② 철근과의 부착력을 증진시키기 위해
③ 재료의 분리, 블리딩을 감소시키기 위해
④ 동결융해에 대한 저항성을 증가시키기 위해

해설 AE제는 철근과의 부착 강도가 적어지는 단점이 있다.

42 골재의 조립률 및 입도에 대한 설명으로 틀린 것은?

① 콘크리트용 잔골재의 조립률은 일반적으로 2.3~3.1 범위에 해당되는 것이 좋다.
② 1개의 조립률에는 무수한 입도곡선이 존재하지만, 1개의 입도곡선에는 1개의 조립률이 존재한다.
③ 골재의 입도를 수량적으로 나타내는 한 방법으로 조립률이 있으며, 표준체 12개를 1조로 하여 체가름 시험을 한다.
④ 골재는 작은 입자와 굵은 입자가 적당히 혼합되어 있을 때 입자의 크기가 균일한 경우보다 워커빌리티면에서 유리하다.

해설 골재의 입도를 수량적으로 나타내는 한 방법으로 조립률이 있으며, 표준체 10개를 1조로 하여 체가름 시험을 한다.

43 인공 경량골재에 대한 설명으로 옳은 것은?

① 밀도는 입경에 따라 다르며 입경이 클수록 작다.
② 인공 경량골재에는 응회암, 경석화산자갈 등이 있다.
③ 인공 경량골재의 품질을 밀도로 나타낼 때 절대건조상태의 밀도를 사용한다.
④ 인공 경량골재는 순간 흡수량이 비교적 적기 때문에 컨시스턴시를 상승시킨다.

해설 인공 경량골재의 특징
· 밀도는 입경에 따라 다르며 입경이 클수록 크다.
· 천연경량 골재는 응회암, 경석화산자갈, 용암 등이 있다.
· 인공경량골재는 순간 흡수량이 비교적 크기 때문에 컨시스턴시를 저하시킨다.
· 인공 경량골재의 품질을 밀도로 나타낼 때 절대건조상태의 밀도를 사용한다.

44 골재의 실적률 시험에서 아래와 같은 결과를 얻었을 때 골재의 공극률은?

골재의 단위용적질량(T) : 1,500kg/L
골재의 표건 밀도(d_s) : 2,600kg/L
골재의 흡수율(Q) : 1.5%

① 41.4% ② 42.3%
③ 43.6% ④ 57.7%

해설 · 실적률 $= \dfrac{\text{골재의 단위용적질량}}{\text{골재의 표건밀도}} (100 + \text{골재의 흡수율})$

$$= \frac{1,500}{2,600}(100 + 1.5) = 58.56\%$$

· 공극률 $= 100 - $ 실적률
$$= 100 - 58.56 = 41.44\%$$

□□□ 기 12,16,20,21
45 스트레이트 아스팔트와 비교하여 고무혼입 아스팔트 (rubberized asphalt)의 일반적인 성질에 대한 설명으로 옳은 것은?

① 탄성이 작다.　　　② 응집성이 작다.
③ 감온성이 작다.　　④ 마찰계수가 작다.

해설 고무 혼입 아스팔트의 정점
　· 감온성이 작다.
　· 응집성 및 부착력이 크다.
　· 탄성 및 충격저항이 크다.
　· 내노화성 및 마찰계수가 크다.

□□□ 기 06,21
46 어떤 석재를 건조기(105±5℃) 속에서 24시간 건조시킨 후 질량을 측정해보니 1,000g이었다. 이것을 완전히 흡수시켜 물속에서 질량을 측정해보니 800g 이었고 물속에서 꺼내 표면을 잘 닦고 질량을 측정해보니 1,200g 이었다면 이 석재의 표면 건조 포화 상태의 비중은?

① 1.50　　　　　　② 2.50
③ 2.75　　　　　　④ 3.00

해설 비중 $= \dfrac{\text{건조한 시험체의 무게}(A)}{\text{건조포화 상태의 무게}(B)-\text{물속에서의 무게}(C)}$

$= \dfrac{1,000}{1,200-800} = 2.50$

□□□ 기 91,01,21
47 다음 중 폭발력이 가장 강하고 수중에서도 폭발할 수 있는 폭약은?

① 분상 다이너마이트
② 교질 다이너마이트
③ 규조토 다이너마이트
④ 스트레이트 다이너마이트

해설 교질 다이너마이트는 폭파력이 가장 강하고 수중에서 폭발한다.

□□□ 기 01,11,21
48 다음 중 재료에 작용하는 반복하중과 가장 밀접한 관계가 있는 성질은?

① 피로(fatigue)　　　② 크리프(creep)
③ 응력완화(relaxation)　④ 건조수축(dry shrinkage)

해설 재료에 하중이 반복해서 작용하면, 재료가 정적 강도보다도 낮은 응력에서 파괴되는 현상을 피로파괴(fatigue rupture)라 하며, 이와 같이 반복하중에 의하여 강도가 떨어지는 성질을 피로라 한다.

□□□ 기 89,07,21
49 콘크리트용 골재가 갖추어야 할 성질에 대한 설명으로 틀린 것은?

① 물리, 화학적으로 안정하고 내구성이 클 것
② 크고 작은 알맹이의 혼합이 적당할 것
③ 깨끗하고 불순물이 섞이지 않을 것
④ 골재의 모양은 모나고 길어야 할 것

해설 모양이 입방체 또는 구형에 가까워야 한다.

□□□ 기 21
50 포틀랜드 시멘트(KS L 5201)에 규정되어 있는 보통 포틀랜드 시멘트의 응결시간으로 옳은 것은?

① 초결 10분 이상, 종결 1시간 이하
② 초결 30분 이상, 종결 1시간 이하
③ 초결 60분 이상, 종결 10시간 이하
④ 초결 90분 이상, 종결 10시간 이하

해설 보통 포틀랜드 시멘트의 응결시간
　· 초결 60분 이상, 종결 10시간 이하

□□□ 기 98,01,07,14,19,21
51 목재 시험편의 질량을 측정한 결과 건조 전 질량이 30g, 건조 후 질량이 25g일 때 이 목재의 함수율은?

① 10%　　　　　　② 15%
③ 20%　　　　　　④ 25%

해설 함수율 $= \dfrac{\text{건조전의 무게}(W_1)-\text{절대 건조시의 무게}(W_2)}{\text{절대 건조시의 무게}(W_2)} \times 100(\%)$

$= \dfrac{30-25}{25} \times 100 = 20\%$

□□□ 기 09,10,21
52 포틀랜드 시멘트의 클링커에 대한 설명으로 틀린 것은?

① C_3A 는 수화속도가 대단히 빠르고 발열량이 크며 수축도 크다.
② 클링커의 화합물 중 C_3S 및 C_2S는 시멘트 강도의 대부분을 지배한다.
③ 클링커는 단일조성의 물질이 아니라 C_3S, C_2S, C_3A, C_4AF 의 4가지 주요화합물로 구성되어 있다.
④ 클링커의 화합물 중 C_2S 가 많고 C_3S 가 적으면 시멘트의 강도 발현이 빨라져 초기강도가 향상된다.

해설 클링커의 화합물 중 C_3S양이 많을수록 조기강도가 크고, C_2S의 양이 많을수록 강도의 발현이 서서히 되며 수화열의 발생도 적게 된다.

□□□ 기 16,18,21

53 콘크리트용 화학 혼화제(KS F 2560)에서 규정하고 있는 화학 혼화제의 요구성능 항목이 아닌 것은?

① 감수율
② 압축강도비
③ 침입도 지수
④ 블리딩양의 비

해설 콘크리용 화학 혼화제의 품질 항목

품질항목		AE제
감수율(%)		6 이상
블리딩양의 비(%)		75 이하
응결시간의 차(분)(초결)	초결	-60 ~ +60
	종결	-60 ~ +60
압축강도의 비(%)(28일)		90 이상
길이 변화비(%)		120 이하
동결융해에 대한 저항성(상대 동탄성계수)(%)		80 이상

□□□ 기 12,16,21

54 토목섬유 중 직포형과 부직포형이 있으며 분리, 배수, 보강, 여과기능을 갖고 오탁방지망, drain board, pack drain 포대, geo web 등에 사용되는 자재는?

① 지오네트
② 지오그리드
③ 지오맴브레인
④ 지오텍스타일

해설 Geosynthetics의 종류
· 지오텍스타일 : 폴리에스테르, 폴리에틸랜, 폴리프로필랜 등의 합성 섬유를 직조하여 만든 다공성 직물이다. 직조법에 따라 부직포, 직포, 편직포, 복합포 등으로 분류된다.
· 지오멤브레인 : 액체 및 수분의 차단 기능및 분리 기능을 주기능으로 하고 있다.
· 지오그리드 : 주기능으로 보강 기능 및 분리 기능이 있다.
· 지오컴포지트 : 주기능으로 배수 기능, 필터 기능, 불리 기능, 보강 기능을 겸한다.

□□□ 기 05,09,21

55 다음 중 목면, 마사, 폐지 등을 물에서 혼합하여 원지를 만든 후 여기에 스트레이트 아스팔트를 침투시켜 만든 것으로 아스팔트 방수의 중간층재로 사용되는 것은?

① 아스팔트 타일(tile)
② 아스팔트 펠트(felt)
③ 아스팔트 시멘트(cement)
④ 아스팔트 콤파운드(compound)

해설 · 아스팔트 타일 : 아스팔트에 합성수지, 석면, 광물질의 분말 등을 가열하여 혼합한 것
· 아스팔트 컴파운드 : 아스팔트에 동식물의 섬유나 광물질의 분말을 추가하여 아스팔트의 단점을 보완한 것
· 아스팔트 펠트 : 종이 섬유와 동식물성 섬유를 섞은 벨트 원지에 스트레이트 아스팔트를 침투시킨 방수지

□□□ 기 11,21

56 콘크리트용 혼화재로 사용되는 플라이 애시가 콘크리트의 성질에 미치는 영향에 대한 설명으로 틀린 것은?

① 콘크리트의 화학저항성이 향상된다.
② 포졸란 반응에 의해 콘크리트의 수밀성이 향상된다.
③ 표면이 매끄러운 구형 입자로 되어 있어 콘크리트의 워커빌리티가 향상된다.
④ 포졸란 반응에 의해 콘크리트의 중성화 억제효과가 향상된다.

해설 포졸란 반응에 의한 콘크리트의 알칼리 골재반응 억제효과가 있다.

□□□ 기 02,21

57 도로의 표층공사에서 사용되는 가열아스팔트 혼합물의 안정도는 어떤 시험으로 판정하는가?

① 마샬 시험
② 엥글러 시험
③ 박막가열 시험
④ 레드우드 시험

해설 · 박막가열 시험 : 아스팔트가 열이나 공기 등의 작용에 의해서 변질되는 경향을 알기 위하여 박막가열 시험을 한다.
· 레드 우드와 앵글러 시험 : 점도시험에 사용된다.

□□□ 기 94,08,09,21

58 철근 콘크리트용 봉강(KS D 3504)에서 기호가 SD300으로 표시된 철근을 설명한 것으로 옳은 것은?

① 항복점이 300MPa 이상인 이형철근
② 항복점이 300MPa 이상인 원형철근
③ 인장강도가 300MPa 이상인 이형철근
④ 인장강도가 300MPa 이상인 원형철근

해설 · SD는 이형철근을 말하며 300는 항복점이 $300 N/mm^2$ 이상을 뜻한다.
· SD : 이형철근(Deformed ; 이형), SR : 원형철근(Round ; 원형)

□□□ 기 06,13,17,21

59 시멘트의 분말도와 물리적 성질에 대한 설명으로 틀린 것은?

① 분말도가 높을수록 블리딩이 많게 된다.
② 분말도가 높을수록 콘크리트의 초기 강도가 크다.
③ 분말도가 높은 시멘트는 작업이 용이한 콘크리트를 얻을 수 있다.
④ 분말도가 높으면 수축률이 커지기 쉽고 콘크리트에 균열이 발생할 우려가 있다.

해설 분말도가 높을수록 블리딩이 적게 된다.

□□□ 기 21

60 석재의 성질에 대한 설명으로 틀린 것은?

① 대리석은 강도는 강하나 풍화되기 쉽다.
② 응회암은 내화성이 크나 강도 및 내구성은 작다.
③ 안산암은 강도가 크고 가공이 용이하므로 조각에 적당하다.
④ 화강암은 강도, 내구성 및 내화성이 크므로 조각 등에 적당하다.

해설 화강암은 자중이 크고 경도가 높아 가공이나 시공이 곤란하며 내화성이 작다.

제4과목 : 토질 및 기초

□□□ 기 21

61 연약지반 위에 성토를 실시한 다음, 말뚝을 시공하였다. 시공 후 발생될 수 있는 현상에 대한 설명으로 옳은 것은?

① 성토를 실시하였으므로 말뚝의 지지력은 점차 증가한다.
② 말뚝을 암반층 상단에 위치하도록 시공하였다면 말뚝의 지지력에는 변함이 없다.
③ 압밀이 진행됨에 따라 지반의 전단강도가 증가되므로 말뚝의 지지력은 점차 증가된다.
④ 압밀로 인해 부주면마찰력이 발생되므로 말뚝의 지지력은 감소된다.

해설 · 성토로 인하여 시간이 지남에 따라 말뚝의 지지력은 크게 감소한다.
· 연약지반을 관통하여 암반까지 말뚝을 박은 경우 부마찰력이 발생하여 지지력은 감소한다.
· 압밀이 진행되므로 연약 지반이 팽창하여 말뚝의 지지력은 크게 감소한다.
· 압밀로 인하여 부마찰력이 발생하여 말뚝의 지지력은 크게 감소한다.

□□□ 기 99,21

62 어떤 지반에 대한 흙의 입도분석결과 곡률계수(C_g)는 1.5, 균등계수(C_u)는 15이고 입자는 모난 형상이었다. 이때 Dunham의 공식에 의한 흙의 내부마찰각(ϕ)의 추정치는? (단, 표준관입시험 결과 N치는 10이었다.)

① 25°　　　　② 30°
③ 36°　　　　④ 40°

해설 · 흙의 입도분석결과
$C_g = 1.5 (C_g = 1 \sim 3)$, $C_u = 15 > 10$
∴ 입도 분포가 양호
· 토립자가 모나고 입도가 양호
$\phi = \sqrt{12N} + 25$
$= \sqrt{12 \times 10} + 25 = 35°57' \fallingdotseq 36°$

□□□ 기 94,99,06,21

63 그림과 같은 지반내의 유선망이 주어졌을 때 폭 10m에 대한 침투 유량은? (단, 투수계수(K)는 2.2×10^{-2}cm/s 이다.)

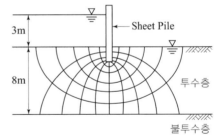

① 3.96cm³/s　　　② 39.6cm³/s
③ 396cm³/s　　　④ 3,960cm³/s

해설 $Q = KH\dfrac{N_f}{N_d}$

· 유로(流路)수 $N_f = 6$개
· 등수두선의 간격수 $N_d = 10$개
· 폭 10m = 1,000cm
$Q = 2.2 \times 10^{-2} \times 300 \times \dfrac{6}{10} \times 1,000 = 3,960\,\text{cm}^3/\text{sec}$

□□□ 기 02,04,08,21

64 흙의 내부마찰각이 20°, 점착력이 50kN/m², 습윤단위중량이 17kN/m³, 지하수위 아래 흙의 포화단위중량이 19kN/m³일 때 3m×3m 크기의 정사각형 기초의 극한지지력을 Terzaghi의 공식으로 구하면? (단, 지하수위는 기초바닥 깊이와 같으며 물의 단위중량은 9.81kN/m³이고, 지지력계수 $N_c = 18$, $N_\gamma = 5$, $N_q = 7.5$이다.)

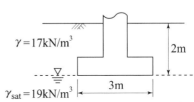

① 1,231.24kN/m²　　② 1,337.31kN/m²
③ 1,480.14kN/m²　　④ 1,540.42kN/m²

해설 ■ $q_u = \alpha c N_c + \beta \gamma_1 B N_r + \gamma_2 D_f N_q$

· 정사각형 : $\alpha = 1.3$, $\beta = 0.4$
· $0 < D_1 \le D_f$
$\gamma_1 = \gamma_{sub} = \gamma_{sat} - \gamma_w = 19 - 9.81 = 9.19\text{kN/m}^3$
∴ $q_u = 1.3 \times 50 \times 18 + 0.4 \times 9.19 \times 3 \times 5 + 17 \times 2 \times 7.5$
$= 1,480.14\text{kN/m}^2$

□□□ 기 96,00,01,08,11,21

65 그림에서 a-a′ 면 바로 아래의 유효응력은?
(단, 흙의 간극비(e)는 0.4, 비중(G_s)은 2.65, 물의 단위중량은 9.81kN/m³이다.)

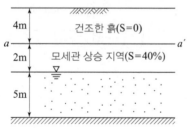

① 68.2kN/m²kN/m²   ② 82.1kN/m²

③ 97.4kN/m²   ④ 102.1kN/m²

해설 유효응력 $\bar\sigma = \sigma - u$

· $\gamma_d = \dfrac{G_s}{1+e}\gamma_w = \dfrac{2.65}{1+0.4} \times 9.81 = 18.57 \text{kN/m}^3$

· $\sigma = \gamma_d h = 18.57 \times 4 = 74.28 \text{kN/m}^2$

· $u = -\gamma_w\, h_c\, S = -9.81 \times 2 \times \dfrac{40}{100} = -7.85 \text{kN/m}^2$

$\left(\because \text{부분적으로 포화된 흙의 모관포텐셜 } u = -\gamma_w \cdot h_c \cdot \dfrac{S}{100}\right)$

$\therefore \bar\sigma = \sigma - u = 74.28 - (-7.85) = 82.13 \text{kN/m}^2$

□□□ 기 02,21

66 다짐에 대한 설명으로 틀린 것은?

① 다짐에너지는 래머(rammer)의 중량에 비례한다.
② 입도배합이 양호한 흙에서는 최대건조 단위중량이 높다.
③ 동일한 흙일지라도 다짐기계에 따라 다짐효과는 다르다.
④ 세립토가 많을수록 최적함수비가 감소한다.

해설 · 세립토(점성토)가 많을수록 최대 건조밀도는 감소하고 최적 함수비(OMC)는 증가한다.
· 조립토(모래질)가 많을수록 최대건조밀도는 증가하고 최적 함수비(OMC)는 감소한다.

□□□ 기 05,21

67 어떤 모래층의 간극비(e)는 0.2, 비중(G_s)은 2.60이었다. 이 모래가 분사현상(Quick Sand)이 일어나는 한계 동수경사(i_c)는?

① 0.56   ② 0.95
③ 1.33   ④ 1.80

해설 한계동수구배
$i_c = \dfrac{G_s - 1}{1+e} = \dfrac{2.60 - 1}{1+0.2} = 1.33$

□□□ 기 96,10,13,17,21

68 아래와 같은 상황에서 강도정수 결정에 적합한 삼축압축시험의 종류는?

> 최근에 매립된 포화 점성토지반 위에 구조물을 시공한 직후의 초기 안정 검토에 필요한 지반 강도정수 결정

① 비압밀 비배수시험(UU)   ② 비압밀 배수시험(UD)
③ 압밀 비배수시험(CU)   ④ 압밀 배수시험(CD)

해설 비압밀 비배수 시험(UU-test)
· 점토 지반에 제방을 쌓거나 기초를 설치할 때에 초기의 안정해석이나 지지력 계산에 적합한 시험
· 최근에 매립된 지반위에 구조물을 시공한 직후의 초기 안정검토에 필요한 지반 강도정수 결정에 필요한 시험방법

□□□ 기 80,81,86,91,92,94,04,06,07,17,19,21,22

69 연약지반 개량공법 중 점성토지반에 이용되는 공법은?

① 전기충격 공법
② 폭파다짐 공법
③ 생석회말뚝 공법
④ 바이브로플로테이션 공법

해설 연약지반 공법

점토질 지반 개량	사질토 지반 개량
· Sand drain 공법	· Vibroflotation 공법
· Paper drain 공법	· 폭파다짐 공법
· Preloading 공법	· 전기충격 공법
· 침투압공법	· Compozer 공법
· 전기 침투공법	· 다짐 말뚝공법
· 생석회 말뚝공법	· 약액주입 공법

□□□ 기 07,21

70 압밀시험에서 얻은 e-log$P$곡선으로 구할 수 있는 것이 아닌 것은?

① 선행압밀압력   ② 팽창지수
③ 압축지수   ④ 압밀계수

해설 압밀시험 성과표

시간-압축량(침하)곡선	e-log$P$곡선
· 초기 압축비	· 압축지수(C_c)
· 압밀계수(C_v)	· 압축계수(a_v)
· 1차 압밀비(γ_p)	· 선행압밀하중(P_c)
· 체적변화계수(m_v)	
· 투수계수(k)	

· 압밀계수 C_v : 시간-침하 곡선인 $\sqrt{t}$ 방법, $\log t$ 법에서 구한다.

□□□ 기 96,00,07,13,21

71 그림에서 지표면으로부터 깊이 6m에서의 연직응력 (σ_v)과 수평용력 (σ_h)의 크기를 구하면? (단, 토압계수는 0.6이다.)

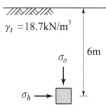

$\gamma_t = 18.7 \text{kN/m}^3$

6m

σ_v

$\sigma_h \rightarrow$

① $\sigma_v = 87.3 \text{kN/m}^2$, $\sigma_h = 52.4 \text{kN/m}^2$

② $\sigma_v = 95.2 \text{kN/m}^2$, $\sigma_h = 57.1 \text{kN/m}^2$

③ $\sigma_v = 112.2 \text{kN/m}^2$, $\sigma_h = 67.3 \text{kN/m}^2$

④ $\sigma_v = 123.4 \text{kN/m}^2$, $\sigma_h = 74.0 \text{kN/m}^2$

해설 ·연직응력 $\sigma_v = \gamma_t \cdot h = 18.7 \times 6 = 112.2 \text{kN/m}^2$

·수평응력 $\sigma_h = K_0 \cdot \sigma_v = 0.6 \times 112.2 = 67.3 \text{kN/m}^2$

□□□ 기 00,14,17,19,21

72 베인전단시험 (vane shear test)에 대한 설명으로 틀린 것은?

① 베인전단시험으로부터 흙의 내부마찰을 측정할 수 있다.

② 현장 원위치 시험의 일종으로 점토의 비배수 전단강도를 구할 수 있다.

③ 연약하거나 중간 정도의 점성토 지반에 적용된다.

④ 십자형의 베인 (vane)을 땅 속에 압입한 후, 회전모멘트를 가해서 흙이 원통형으로 전단 파괴될 때 저항모멘트를 구함으로써 비배수 전단강도를 측정하게 된다.

해설 베인전단시험(vane shear test)

·연약 점토 지반의 비배수 강도를 측정하는데 이용

·비배수 조건하에서의 사면안정해석이나 구조물의 기초에서 지지력 산정에 이용

·Vane 시험시 회전 모멘트를 측정하여 흙의 점착력을 측정할 수 있다.

□□□ 기 00,05,08,10,13,17,20,21

73 시료채취 시 샘플러(sampler)의 외경이 6cm, 내경이 5.5cm일 때, 면적비는?

① 8.3%

② 9.0%

③ 16%

④ 19%

해설 면적비 $A_a = \dfrac{D_w^2 - D_e^2}{D_e^2} \times 100 = \dfrac{6^2 - 5.5^2}{5.5^2} \times 100 = 19\%$

□□□ 기 97,98,03,10,20,21

74 도로의 평판재하 시험에서 시험을 멈추는 조건으로 틀린 것은?

① 완전히 침하가 멈출 때

② 침하량이 15mm에 달할 때

③ 재하 응력이 지반의 항복점을 넘을 때

④ 재하 응력이 현장에서 예상할 수 있는 가장 큰 접지 압력의 크기를 넘을 때

해설 평판재하 시험의 끝나는 조건

·침하량이 15mm에 달할 때

·하중강도가 예상되는 최대 접지압력을 초과할 때

·하중강도가 그 지반의 항복점을 넘을 때

□□□ 기 10,12,21

75 흙의 분류법인 AASHTO분류법과 통일분류법을 비교·분석한 내용으로 틀린 것은?

① 통일분류법은 0.075mm체 통과율 35%를 기준으로 조립토와 세립토로 분류하는데 이것은 AASHTO분류법보다 적합하다.

② 통일분류법은 입도분포, 액성한계, 소성지수 등을 주요 분류인자로 한 분류법이다.

③ AASHTO분류법은 입도분포, 군지수 등을 주요 분류인자로 한 분류법이다.

④ 통일분류법은 유기질토 분류방법이 있으나 AASHTO분류법은 없다.

해설 ·통일분류법

0.075mm 통과율이 50% 미만이면 조립토, 그 이상이면 세립토이다.

·AASHTO분류법

0.075mm통과율이 35% 이하이면 조립토, 그 이상이면 세립토이다.

□□□ 기 90,05,21

76 상·하층이 모래로 되어 있는 두께 2m의 점토층이 어떤 하중을 받고 있다. 이 점토층의 투수계수가 5×10^{-7}cm/s, 체적변화계수(m_v)가 5.0cm²/kN일 때 90% 압밀에 요구되는 시간은? (단, 물의 단위중량은 9.81kN/m³이다.)

① 약 5.6일

② 약 9.8일

③ 약 15.2일

④ 약 47.2일

해설 $t_{90} = \dfrac{T_{90}H^2}{C_v} = \dfrac{0.848H^2}{C_v}$

·$C_v = \dfrac{k}{m_v \gamma_w} = \dfrac{5 \times 10^{-7}}{5.0 \times \left(\dfrac{1}{1,000}\right) \times 9.81 \times \left(\dfrac{1,000}{100^3}\right)}$

$= \dfrac{5 \times 10^{-7} \times 100^3}{5.0 \times 9.81} = 0.010 \text{cm}^2/\text{sec}$

∴ $t_{90} = \dfrac{0.848 \times \left(\dfrac{200}{2}\right)^2}{0.010} \times \dfrac{1}{60 \times 60 \times 24} = 9.81$일

77 포화단위중량(γ_{sat})이 19.62kN/m³인 사질토로 된 무한 사면이 20°로 경사져 있다. 지하수위가 지표면과 일치하는 경우 이 사면의 안전율이 1 이상이 되기 위해서는 흙의 내부마찰 각이 최소 몇 도 이상이어야 하는가? (단, 물의 단위중량은 9.81kN/m³이다.)

① 18.21°　　　　　　② 20.52°

③ 36.06°　　　　　　④ 45.47°

해설 반무한 사면에서 침투류가 지표면과 일치하는 경우(비점성토 $c = 0$)

$$F_s = \frac{\gamma_{sub}}{\gamma_{sat}} \cdot \frac{\tan\phi}{\tan i} \geq 1$$

($\because$ 사면이 안정하기 위해서는 $F_s \geq 1$ 이상)

$$1 = \frac{(19.62 - 9.81)}{19.62} \frac{\tan\phi}{\tan 20°} = \frac{1}{2} \frac{\tan\phi}{\tan 20°}$$

$$\therefore \phi = \tan^{-1}(2\tan 20°) = 36.06° \text{ 이상}$$

78 흙 시료의 전단시험 중 일어나는 다일러턴시(Dilatancy) 현상에 대한 설명으로 틀린 것은?

① 흙이 전단될 때 전단면 부근의 흙입자가 재배열되면서 부피가 팽창하거나 수축하는 현상을 다일러턴시라 부른다.

② 사질토 시료는 전단 중 다일러턴시가 일어나지 않는 한계의 간극비가 존재한다.

③ 정규압밀 점토의 경우 정(+)의 다일러턴시가 일어난다.

④ 느슨한 모래는 보통 부(−)의 다일러턴시가 일어난다.

해설 ·Dilatancy : 조밀한 모래에서 전단이 진행됨에 따라 부피가 증가되는 현상

구분	Dilatancy
느슨한 모래	−
조밀한 모래	+
정규 압밀 점토	−
과압밀 점토	+

·정규압밀 점토에서는 (−)의 다일러턴시가 일어난다.

79 20개의 무리말뚝에 있어서 효율이 0.75이고, 단항으로 계산된 말뚝 한 개의 허용지지력이 150kN일 때 무리말뚝의 허용지지력은?

① 1,125kN　　　　　② 2,250kN

③ 3,000kN　　　　　④ 4,000kN

해설 $R_{ag} = ENR_a = 0.75 \times 20 \times 150 = 2,250 \text{kN}$

80 주동토압을 P_A, 수동토압을 P_P, 정지토압을 P_O라 할 때 토압의 크기를 비교한 것으로 옳은 것은?

① $P_A > P_P > P_O$　　② $P_P > P_O > P_A$

③ $P_P > P_A > P_O$　　④ $P_O > P_A > P_P$

해설 수동토압(P_p) > 정지토압(P_o) > 주동토압(P_A)

2021년도 기사 2회 필기시험 (1부)				수험번호	성 명
자격종목 **건설재료시험기사**	시험시간 **2시간**	문제수 **80**	형 별 **A**		

※ 각 문제는 4지 택일형으로 질문에 가장 적합한 문제의 보기 번호를 클릭하거나 답안표기란의 번호를 클릭하여 입력하시면 됩니다.

※ 입력된 답안은 문제 화면 또는 답안 표기란의 보기 번호를 클릭하여 변경하실 수 있습니다.

제1과목 : 콘크리트 공학

□□□ 기 10,11,12,14,17,18,19,21

01 아래 표와 같은 조건에서 콘크리트의 배합강도를 결정하면?

─────── 【 조 건 】 ───────

· 호칭강도(f_{cn}) : 40MPa

· 압축강도의 시험회수 : 23회

· 23회의 압축강도 시험으로부터 구한 표준편차 : 6MPa

· 압축강도 시험회수 20회, 25회인 경우 표준편차의 보정계수 : 각각 1.08, 1.03

① 48.5MPa   ② 49.6MPa

③ 50.7MPa   ④ 51.2MPa

해설 · 23회의 보정계수

$$= 1.03 + \frac{1.08 - 1.03}{25 - 20} \times (25 - 23) = 1.05$$

■ 시험회수가 29회 이하일 때 표준편차의 보정

$s = 6 \times 1.05 = 6.3 \text{MPa}$

(∵ 시험횟수 23회일 때 표준편차의 보정계수 1.05)

■ $f_{cn} > 35 \text{MPa}$일 때

· $f_{cr} = f_{cn} + 1.34s = 40 + 1.34 \times 6.3 = 48.4 \text{MPa}$

· $f_{cr} = 0.9 f_{cn} + 2.33s = 0.9 \times 40 + 2.33 \times 6.3 = 50.7 \text{MPa}$

· 두 식에 의한 값 중 큰 값을 배합강도로 한다.

∴ 배합강도 $f_{cr} = 50.7 \text{MPa}$

□□□ 기 06,08,19,21

02 양단이 정착된 프리텐션 부재의 한 단에서의 활동량이 2mm로 양단 활동량이 4mm일 때 강재의 길이가 10m라면 이 때의 프리스트레스 감소량은? (단, 긴장재의 탄성계수 (E_p)=2.0×10⁵MPa)

① 80MPa   ② 100MPa

③ 120MPa   ④ 140MPa

해설 $\Delta f = E_p \cdot \dfrac{\Delta l}{l} = 2.0 \times 10^5 \times \dfrac{4}{10,000} = 80 \text{MPa}$

□□□ 기 02,03,05,07,09,14,21

03 콘크리트의 품질관리에 쓰이는 관리도 중 정규분포이론을 적용한 계량 값의 관리도에 속하지 않는 것은?

① $\bar{x} - R$ 관리도(평균값과 범위의 관리도)

② $\bar{x} - \sigma$ 관리도(평균값과 표준편차의 관리도)

③ x 관리도(측정값 자체의 관리도)

④ P 관리도(불량률 관리도)

해설 관리도의 종류

계량값의 관리도	계수값의 관리도
· $\bar{x} - R$ 관리도(평균값과 범위의 관리도) · x 관리도(측정값 자체의 관리도) · $\bar{x} - \sigma$ 관리도(편균값과 표준편차의 관리도)	· P 관리도(불량률 관리도) · Pn 관리도(불량 개수 관리도) · C 관리도(결점수 관리도) · U 관리도(결점 발생률 관리도)

□□□ 기 07,11,21

04 한중 콘크리트에 대한 설명으로 틀린 것은?

① 공기연행콘크리트를 사용하는 것을 원칙으로 한다.

② 한중 콘크리트의 양생종료 시의 소요압축강도의 표준은 2.5MPa이다.

③ 타설할 때의 콘크리트 온도는 구조물의 단면치수, 기상조건 등을 고려하여 (5~20)℃의 범위에서 정한다.

④ 단위수량은 초기동해 저감 및 방지를 위하여 소요의 워커빌리티를 유지할 수 있는 범위 내에서 되도록 적게 한다.

해설 한중 콘크리트의 양생종료시의 소요압축강도의 표준(MPa)

구조물의 노출 \ 단면(mm)	300 이하	300 초과, 800 이하	800 초과
· 계속해서 또는 자주 물로 포화되는 부분	15	12	10
· 보통의 노출상태에 있고 (1)에 속하지 않는 경우	5	5	5

□□□ 기 21

05 연직시공이음의 시공에 대한 설명으로 틀린 것은?

① 시공이음면의 거푸집을 견고하게 지지하고 이음부분의 콘크리트는 진동기를 써서 충분히 다져야 한다.

② 구 콘크리트의 시공이음면은 쇠솔이나 쪼아내기 등에 의해 거칠게 하고, 수분을 흡수시킨 후에 시멘트풀 등을 바른 후 새 콘크리트를 타설하여 이어나가야 한다.

③ 새 콘크리트를 타설할 때는 신·구 콘크리트가 충분히 밀착되도록 잘 다져야하며, 새 콘크리트를 타설한 후에는 재진동 다지기를 하여서는 안 된다.

④ 겨울철의 시공이음면 거푸집 제거시기는 콘크리트를 타설하고 난 후 10~15시간 정도로 한다.

해설 새 콘크리트를 타설할 때는 신·구 콘크리트가 충분히 밀착되도록 잘 다져야하며, 새 콘크리트를 타설한 후에는 재진동 다지기를 하는 것이 좋다.

□□□ 기 01,03,05,06,10,21

06 물-시멘트비가 40%이고 단위 시멘트량이 400kg/m^3, 시멘트의 비중이 3.1, 공기량이 2%인 콘크리트의 단위 골재량의 절대 부피는?

① 0.48m^3 ② 0.54m^3

③ 0.69m^3 ④ 0.72m^3

해설 ·물-시멘트 비에서 $\dfrac{W}{C}=40\%$에서

∴ 단위 수량 $W=0.40\times400=160\text{kg}$

·단위 골재의 절대 체적

$V=1-\left(\dfrac{\text{단위수량}}{1,000}+\dfrac{\text{단위 시멘트량}}{\text{시멘트비중}\times100}+\dfrac{\text{공기량}}{100}\right)$

$=1-\left(\dfrac{160}{1,000}+\dfrac{400}{3.1\times1,000}+\dfrac{2}{100}\right)=0.691\text{m}^3$

□□□ 기 11,12,18,21

07 고압증기양생한 콘크리트의 특징에 대한 설명으로 틀린 것은?

① 고압증기양생한 콘크리트의 수축률은 크게 감소된다.

② 고압증기양생한 콘크리트의 크리프는 크게 감소된다.

③ 고압증기양생한 콘크리트의 외관은 보통양생한 포틀랜드 시멘트 콘크리트 색의 특징과 다르며, 흰색을 띤다.

④ 고압증기양생한 콘크리트는 보통양생한 콘크리트와 비교하여 철근과의 부착강도가 약 2배정도가 된다.

해설 고압증기양생의 결점은 보통 양생한 것에 비해 철근의 부착강도가 약 1/2이 되므로 철근콘크리트 부재에 적용하는 것은 바람직하지 못하다.

□□□ 기 99,04,07,08,09,10,11,15,18,21

08 시방배합을 통해 단위수량 174kg/m^3, 시멘트량 369kg/m^3, 잔골재 702kg/m^3, 굵은 골재 $1,049\text{kg/m}^3$을 산출하였다. 현장골재의 입도를 고려하여 현장배합으로 수정한다면 잔골재와 굵은 골재의 양은? (단, 현장 잔골재 중 5mm체에 남는 양이 10%, 굵은 골재 중 5mm체를 통과한 양이 5%, 표면수는 고려하지 않는다.)

① 잔골재 : 802kg/m^3, 굵은 골재 : 949kg/m^3

② 잔골재 : 723kg/m^3, 굵은 골재 : $1,028\text{kg/m}^3$

③ 잔골재 : 637kg/m^3, 굵은 골재 : $1,114\text{kg/m}^3$

④ 잔골재 : 563kg/m^3, 굵은 골재 : $1,188\text{kg/m}^3$

해설 입도에 의한 조정

a : 잔골재 중 5mm체에 남은 양 : 10%

b : 굵은 골재 중 5mm체를 통과한 양 : 5%

·골재량 $X=\dfrac{100S-b(S+G)}{100-(a+b)}$

$=\dfrac{100\times702-5(702+1049)}{100-(10+5)}=723\text{kg/m}^3$

·굵은골재 $Y=\dfrac{100G-a(S+G)}{100-(a+b)}$

$=\dfrac{100\times1,049-10(702+1,049)}{100-(10+5)}=1,028\text{kg/m}^3$

□□□ 기 04,06,09,12,15,21

09 매스 콘크리트에 대한 아래의 설명에서 (   ) 안에 들어갈 알맞은 수치는?

> 매스 콘크리트로 다루어야 하는 구조물의 부재 치수는 일반적인 표준으로서 넓이가 넓은 평판구조의 경우 두께 (㉮)m 이상, 하단이 구속된 벽조의 경우 두께 (㉯)m 이상으로 한다.

① ㉮ : 0.8, ㉯ : 0.5   ② ㉮ : 1.0, ㉯ : 0.5

③ ㉮ : 0.5, ㉯ : 0.8   ④ ㉮ : 0.5, ㉯ : 1.0

해설 매스콘크리트로 다루어야 하는 구조물의 부재치수는 일반적인 표준으로서 넓이가 넓은 평판구조에서는 두께 0.8m 이상, 하단이 구속된 벽에서는 두께 0.5m 이상으로 한다.

□□□ 기 04,21

10 구조물이 공용 중의 발생되는 손상을 복구하는데 있어서 보수 및 보강 공사를 시행한다. 다음 중 보수 공법에 속하지 않는 것은?

① 에폭시 주입 공법   ② 철근 방청 공법

③ 표면 피복 공법   ④ 강판 접착 공법

해설 ·강판 접착 공법은 보강공법이다.
·보수 공법 : 표면처리공법, 에폭시 주입공법, 철근방청공법, 충진공법, 치환공법

☐☐☐ 기 01,21

11 콘크리트의 슬럼프 시험에 대한 설명으로 틀린 것은?

① 콘크리트 시료를 거의 같은 양의 3층으로 나눠서 채우며 각 층을 다짐봉으로 고르게 한 후 25회씩 다진다.

② 슬럼프콘은 윗면의 안지름이 100mm, 밑면의 안지름이 200mm, 높이가 300mm인 원추형을 사용한다.

③ 다짐봉은 지름 16mm, 길이 500～600mm의 강 또는 금속제 원형봉으로 그 앞끝을 반구 모양으로 한다.

④ 슬럼프는 콘크리트를 채운 후 콘을 연직 방향으로 들어 올렸을 때 무너지고 난 후 남은 시료의 높이를 말한다.

해설 슬럼프 몰드의 높이(300mm)에서 콘크리트가 내려앉은 높이를 슬럼프값이라 한다.

☐☐☐ 기 99,03,07,18,19,21

12 콘크리트의 타설에 대한 설명으로 틀린 것은?

① 타설한 콘크리트를 거푸집 안에서 횡방향으로 이동시켜서는 안 된다.

② 콘크리트는 그 표면이 한 구획 내에서는 거의 수평이 되도록 타설하는 것을 원칙으로 한다.

③ 거푸집의 높이가 높아 슈트 등을 사용하는 경우 배출구와 타설 면까지의 높이는 1.5m 이하를 원칙으로 한다.

④ 콘크리트를 2층 이상으로 나누어 타설할 경우, 상층의 콘크리트 타설은 하층의 콘크리트가 굳은 후 해야 한다.

해설 콘크리트를 2층 이상으로 나누어 타설할 경우, 상층의 콘크리트 타설은 원칙적으로 하층의 콘크리트가 굳기 시작하기 전에 해야 한다.

☐☐☐ 기 06,09,19,21

13 프리스트레스트 콘크리트에서 프리텐션 방식으로 프리스트레싱할 때 콘크리트의 압축강도는 최소 몇 MPa 이상이어야 하는가?

① 25MPa

② 30MPa

③ 35MPa

④ 40MPa

해설 프리텐션방식으로 프리스트레싱할 때의 콘크리트 압축 강도는 30MPa 이상이 이어야 한다.

☐☐☐ 기 93,05,07,12,13,16,21

14 콘크리트의 크리프(creep)에 대한 설명으로 틀린 것은?

① 재하기간 중의 대기의 습도가 높을수록 크리프는 크다.

② 단위 시멘트량이 많을수록 크리프는 크다.

③ 부재치수가 작을수록 크리프는 크다.

④ 재하 응력이 클수록 크리프는 크다.

해설 재하기간 중의 대기의 습도가 낮을수록 크리프가 크다.

☐☐☐ 기 19,21

15 아래의 표에서 설명하는 콘크리트의 성질은?

> 콘크리트를 타설할 때 다짐작업 없이 자중만으로 철근 등을 통과하여 거푸집의 구석구석까지 균질하게 채워지는 정도를 나타내는 굳지 않은 콘크리트의 성질

① 유동성

② 자기 충전성

③ 슬럼프 플로

④ 피니셔빌리티

해설 이를 자기 충전성이라 한다.

☐☐☐ 기 03,07,10,12,16,21

16 일반콘크리트에서 비비기 시간에 대한 시험을 실시하지 않은 경우 비비기 최소시간은 강제식 믹서일 때 얼마 이상을 표준으로 하는가?

① 30초 이상

② 1분 이상

③ 1분 30초 이상

④ 2분 이상

해설 믹서의 비비기 시간 표준

믹 서	비비기 시간
가경식(중력식) 믹서	1분 30초(90초) 이상
강제식 믹서	1분(60초) 이상

☐☐☐ 기 01,05,16,21

17 유동화 콘크리트에 대한 설명으로 틀린 것은?

① 슬럼프 증가량은 100mm 이하를 원칙으로 한다.

② 유동화 콘크리트의 재유동화는 원칙적으로 할 수 없다.

③ 유동화제는 희석시켜 사용하고, 미리 정한 소정의 양을 1/3씩 3번에 나누어 첨가한다.

④ 베이스 콘크리트 및 유동화 콘크리트의 슬럼프 및 공기량 시험은 50m³ 마다 1회씩 실시하는 것을 표준으로 한다.

해설 유동화제는 원액으로 사용하고 미리 정한 소정의 양을 한꺼번에 첨가하며, 계량은 질량 또는 용적으로 계량하고, 그 계량 오차는 1회에 3% 이내로 한다.

☐☐☐ 기 21

18 폴리머 시멘트 콘크리트에 대한 설명으로 틀린 것은?

① 비비기는 기계비빔을 원칙으로 한다.

② 폴리머-시멘트 비는 (5～30)% 범위로 한다.

③ 물-결합재비는 (30～60)%의 범위에서 가능한 한 적게 정하여야 한다.

④ 시공 후 1～3일간 습윤 양생을 실시하며, 사용될 때까지의 양생 기간은 14일을 표준으로 한다.

해설 시공 후 1～3일간 습윤 양생을 실시하며, 사용될 때까지의 양생 기간은 7일을 표준으로 한다.

19 지름이 150mm, 길이가 200mm인 원주형 공시체에 대한 쪼갬 인장 강도시험 결과 최대 하중이 120kN일 때 이 공시체의 쪼갬 인장 강도는?

① 1.27MPa   ② 2.55MPa

③ 6.03MPa   ④ 7.66MPa

해설 $f_t = \dfrac{2P}{\pi dl}$

$= \dfrac{2 \times 120 \times 10^3}{\pi \times 150 \times 200} = 2.55\,\text{N/mm}^2 = 2.55\,\text{MPa}$

20 팽창 콘크리트의 팽창률에 대한 설명으로 틀린 것은?

① 콘크리트의 팽창률은 일반적으로 재령 28일에 대한 시험치를 기준으로 한다.

② 수축보상용 콘크리트의 팽창률은 $(150 \sim 250) \times 10^{-6}$을 표준으로 한다.

③ 화학적 프리스트레스용 콘크리트의 팽창률은 $(200 \sim 700) \times 10^{-6}$을 표준으로 한다.

④ 공장제품에 사용하는 화학적 프리스트레스용 콘크리트의 팽창률은 $(200 \sim 1,000) \times 10^{-6}$을 표준으로 한다.

해설 ・콘크리트의 팽창률은 일반적으로 재령 7일에 대한 시험치를 기준으로 한다.

・팽창콘크리트의 강도는 일반적으로 재령 28일의 압축강도를 기준으로 한다.

제2과목 : 건설시공 및 관리

---

21 아래와 같은 조건에서 파워셔블의 시간당 작업량은?

・버킷의 용량 $q = 0.6\text{m}^3$ ・버킷 계수 $K = 0.9$
・토량 환산계수 $f = 0.8$ ・작업효율 $E = 0.7$
・사이클 타임 $C_m = 25$초

① 0.73m³/h   ② 1.13m³/h

③ 43.55m³/h   ④ 68.04m³/h

해설 $Q = \dfrac{3,600 \times q \times k \times f \times E}{C_m}$

$= \dfrac{3,600 \times 0.6 \times 0.9 \times 0.8 \times 0.7}{25} = 43.55\,\text{m}^3/\text{hr}$

22 45,000m³의 성토공사를 위하여 토량의 변화율이 $L = 1.2$, $C = 0.9$인 현장 흙을 굴착 운반하고자 한다. 이때 운반토량은 얼마인가?

① 33,750m³   ② 45,000m³

③ 54,000m³   ④ 60,000m³

해설 절취토량 $= \dfrac{\text{원지반 토량}}{C} = \dfrac{45,000}{0.9} = 50,000\,\text{m}^3$

∴ 운반토량 $= \text{원지반 토량} \times L = 50,000 \times 1.2 = 60,000\,\text{m}^3$

23 아래 그림과 같은 유토곡선에서 A−B구간의 평균운반거리를 구하면?

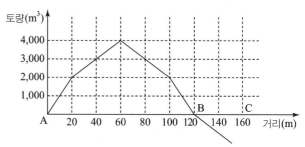

① 40m   ② 60m

③ 80m   ④ 100m

해설 ・DF의 2등분선 GH가 평균 운반거리이다.

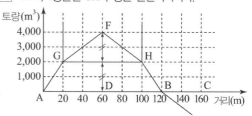

・$DF = \dfrac{4,000}{2} = 2,000\,\text{m}^3$

・토량 $2,000\text{m}^3$의 운반거리 ∴ GH 거리 $= 100 - 20 = 80\,\text{m}$

24 현장에서 하는 타설 피어공법 중에서 콘크리트 타설 후 Casing tube의 인발 시 철근이 따라 뽑히는 현상이 발생하기 쉬운 공법은?

① reverse circulation 공법

② earth drill 공법

③ benoto 공법

④ gow 공법

해설 Benoto 공법 : 케이싱을 뽑아올리는 높이에 한도가 있어 케이싱을 인발할 때 삽입된 철근이 인발되는 공상현상이 일어날 염려가 있다.

□□□ 기 01,07,21

25 굴착 단면의 양단을 먼저 버팀대공법으로 굴착하여 기초공과 벽체를 구축한 다음, 이것을 흙막이공으로 하여 중앙부의 나머지 부분을 굴착 시공하는 공법으로 주로 넓은 면의 굴착에 유리한 공법은 무엇인가?

① Island 공법
② Open cut 공법
③ Well point 공법
④ Trench cut 공법

해설 trench cut공법 : 먼저 주변부인 둘레를 도랑처럼 굴착 축조한 후 중앙부분을 굴착 하는 공법으로 주로 연약한 지반의 시공과 넓은 면의 굴착에 유리한 공법이다.

□□□ 기 06,10,21

26 여수로(Spill way)의 종류 중 댐의 본체에서 완전히 분리시켜 댐의 가장자리에 설치하고 월류부는 보통 수평으로 하는 것은?

① 슈트(Chute)식 여수로
② 사이펀(Siphon) 여수로
③ 측수로(Side channel) 여수로
④ 글로리 홀(Glory hole) 여수로

해설 슈트(Chute)식 여수토에 대한 설명이다.

□□□ 기 17,21

27 PERT기법과 CPM기법의 비교 설명 중 PERT기법에 관련된 내용이 아닌 것은?

① 공사비 절감을 주목적으로 한다.
② 비반복 사업을 대상으로 한다.
③ 신규 사업을 대상으로 한다.
④ 3점 견적법으로 공기를 추정한다.

해설 PERT와 CPM의 비교

PERT	신규 사업, 비반복 사업, 경험이 없는 사업, 3점 견적
CPM	반복 사업, 경험이 있는 사업, 1점 견적법

□□□ 기 05,06,21

28 터널의 시공법 중 침매공법의 특징에 대한 설명으로 틀린 것은?

① 수심이 깊은 곳에도 시공이 가능하다.
② 협소한 장소의 수로나 항행선박이 많은 곳에 적합하다.
③ 단면형상이 비교적 자유롭고 큰 단면으로 시공할 수 있다.
④ 육상에서 제작하므로 신뢰성이 높은 터널 본체를 만들 수 있다.

해설 협소한 장소의 수로나 항행선박이 많은 곳에서는 여러 가지 장애가 생긴다.

□□□ 기 08,12,15,21

29 어떤 공사의 공정에 따른 비용 증가율이 아래의 그림과 같을 때 이 공정을 계획보다 3일 단축하고자 하면, 소요되는 추가 비용은 약 얼마인가?

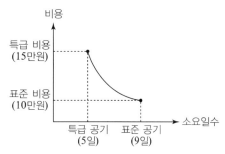

① 40,000원
② 37,500원
③ 35,000원
④ 32,500원

해설 비용경사 $= \dfrac{\text{특급비용} - \text{정상비용}}{\text{정상공기} - \text{특급공기}}$

$= \dfrac{150,000 - 100,000}{9 - 5} = 125,000$ 원

∴ 추가비용 $= 125,000 \times 3 = 37,500$ 원

□□□ 기 05,06,21

30 관내의 집수효과를 크게 하기 위하여 관 둘레에 구멍을 뚫어 지하에 매설하는 집수암거의 일종으로 하천의 복류수를 주로 이용하기 위하여 쓰이는 것은?

① 관거
② 함거
③ 다공 관거
④ 사이펀 관거

해설 · 관거(pipe culvert) : 구조물의 하부를 횡단 매설하여 배수하는 관교이며 지하 매설관이 아니다.
· 함거(box culvert) : 위아래 슬래브와 측벽을 가진 4각형 라멘 구조이고 통수량에 따라 여러 개의 문을 갖게 되며 도로, 철도와 같이 동하중이 작용하는 배수거에 대단히 유리한 구조를 함거라 한다.
· 다공관거 : 관내의 집수효과를 크게 하기 위하여 관둘레에 구멍을 뚫어 지하에 매설 하는 일종의 집수암거로 하천의 복류수를 이용할 때 쓰면 편리한 관거

□□□ 기 14,16,21

31 아스팔트포장의 파손현상 중 차량하중에 의해 발생한 변형량의 일부가 회복되지 못하여 발생하는 영구변형으로 차량통과위치에 균일하게 발생하는 침하를 보이는 아스팔트포장의 대표적인 파손현상을 무엇이라 하는가?

① 피로균열
② 저온균열
③ 루팅(Rutting)
④ 라벨링(Ravelling)

해설 소성변형(루팅 : rutting) : 아스팔트 포장의 노면에서 중차량의 바퀴가 집중적으로 통과하는 위치에 생긴다. 특히 여름철의 고온 현상에서 원인이 된다.

32 역 T형 옹벽에 대한 설명으로 옳은 것은?

① 자중만으로 토압에 저항한다.
② 자중이 다른 형식의 옹벽보다 대단히 크다.
③ 자중과 뒤채움 토사의 중량으로 토압에 저항한다.
④ 일반적으로 옹벽의 높이가 낮은 경우에 사용된다.

해설 역 T형 옹벽
· 일반적으로 옹벽의 높이가 높을 경우에 사용된다.
· 자중뿐만이 아니라 뒤채움 토사의 중량을 포함하여 토압에 저항하는 형식이다.
· 철근 콘크리트로 만들고 체적이 적고 자중이 적은 만큼 배면의 뒤채움을 중량으로 보강한 구조이다.

33 케이슨 기초 중 오픈케이슨 공법의 특징에 대한 설명으로 틀린 것은?

① 기계설비가 비교적 간단하다.
② 굴착 시 히빙이나 보일링 현상의 우려가 있다.
③ 큰 전석이나 장애물이 있는 경우 침하작업이 지연된다.
④ 일반적인 굴착 깊이는 30 ~ 40m 정도로 침하 깊이에 제한을 받는다.

해설 공기 케이슨 기초의 굴착 깊이는 일반적으로 30 ~ 40m로 제한되어 있다.

34 버력이 너무 비산하지 않는 심빼기에 유효하고, 수직도갱 밑에 물이 많이 고였을 때 적당한 심빼기 공법은?

① 노 컷
② 번 컷
③ V 컷
④ 스윙 컷

해설 스윙 컷 : 수직갱의 바닥에 물이 많이 고였을 때 우선 밑면의 반만큼 발파시켜 놓고 물이 거기에 집중한 다음에 물이 없는 부분을 발파하는 방법

35 보조기층의 보호 및 수분의 모관 상승을 차단하고 아스팔트 혼합물과의 접착성을 향상시키기 위하여 실시하는 것은?

① 프라임 코트(prime coat)
② 실 코트(seal coat)
③ 택 코트(tack coat)
④ 피치(pitch)

해설 프라임 코트의 목적
· 보조 기층 표면을 다져서 방수성을 높인다.
· 보조 기층에서 모세관 작용에 의한 물의 상승을 차단한다.
· 보조 기층과 그 위에 포설하는 아스팔트 혼합물과의 융합을 좋게 한다.

36 운반토량 $1,200m^3$을 용적이 $5m^3$인 덤프트럭으로 운반하려고 한다. 트럭의 평균속도는 10km/h이고, 상하차 시간이 각각 4분일 때 하루에 전량을 운반하려면 몇 대의 트럭이 필요한가? (단, 1일 덤프트럭 가동시간은 8시간이며, 토사장까지의 거리는 2km이다.)

① 12대
② 14대
③ 16대
④ 18대

해설 1일 소요 대수

$$M = \frac{\text{총 운반량}}{\text{트럭의 용적}(q_t) \times \text{트럭의 1일 운반회수}(N) \times \text{일수}}$$

$$\cdot N = \frac{1일 \ 작업시간}{1회 \ 왕복 \ 소요 \ 시간} = \frac{T}{\frac{60 \cdot L}{V} \times 2 + t}$$

$$= \frac{8 \times 60}{\frac{60 \times 2}{10} \times 2 + 2 \times 4} = 15회 (\because 상하차 각각 4분)$$

$$\therefore M = \frac{1200}{5 \times 15 \times 1} = 16 대$$

37 큰 중량의 중추를 높은 곳에서 낙하시켜 지반에 가해지는 충격에너지와 그 때의 진동에 의해 지반을 다지는 개량공법으로 대부분의 지반에 지하수위와 관계없이 시공이 가능하고 시공 중 사운딩을 실시하여 개량효과를 점검하는 시공법은?

① 동다짐공법
② 폭파다짐공법
③ 지하연속벽공법
④ 바이브로 플로테이션공법

해설 동다짐 공법의 특징
· 깊은 심도의 계량이 가능하다.
· 지하수가 존재하면 추의 무게를 크게 하여 효과를 높인다.
· 모래, 자갈, 세립토, 폐기물 등 광범위한 토질에 적용가능하다.

38 주탑, 케이블, 주형의 3요소로 구성되어 있고, 케이블을 거더에 정착시킨 교량 형식으로서 아래의 그림과 같은 형식의 교량은?

① 거더교
② 아치교
③ 현수교
④ 사장교

해설 사장교(cable stayed bridge)
· 주탑, 케이블, 주형의 3요소로 구성되어 있다.
· 현수교와 다르게 케이블을 거더에 정착시킨 교량형식
· 장지간 교량에 적합한 형식으로서 국내 서해대교에 적용된 형식

□□□ 기 13,21

39 성토재료의 요구조건으로 틀린 것은?

① 투수계수가 작을 것
② 압축성, 흡수성이 클 것
③ 성토 후 압밀침하가 작을 것
④ 비탈면의 안정에 필요한 전단강도를 보유할 것

[해설] 압축성, 흡수성이 작을 것

□□□ 기 11,14,16,21

40 불도저로 압토와 리핑 작업을 동시에 실시한다. 각 작업시의 작업량이 아래와 같을 때 시간당 합성작업량은?

・압토 작업만 할 때의 작업량 $Q_1 = 50m^3/h$
・리핑 작업만 할 때의 작업량 $Q_2 = 80m^3/h$

① 28.54m³/h ② 30.77m³/h
③ 32.84m³/h ④ 34.25m³/h

[해설] 합성 작업량 $Q = \dfrac{Q_1 \times Q_2}{Q_1 + Q_2} = \dfrac{50 \times 80}{50 + 80} = 30.77 m^3/hr$

제3과목 : 건설재료 및 시험

□□□ 기 01,05,09,11,13,14,19,21,22

41 아스팔트 혼합물의 마샬 안정도 시험을 실시한 결과가 아래와 같을 때 아스팔트 혼합물의 용적률 및 포화도는 얼마인가?

・아스팔트의 밀도 : $1.03g/cm^3$
・아스팔트 혼합률 : 4.5%
・실측 밀도 : $2.355g/cm^3$
・공극률 : 5.3%

① 용적률=8.65%, 포화도=62.0%
② 용적률=9.42%, 포화도=64.0%
③ 용적률=10.29%, 포화도=66.0%
④ 용적률=11.26%, 포화도=68.0%

[해설] 아스팔트의 용적률 $V_a = \dfrac{A \cdot d}{G_a} = \dfrac{4.5 \times 2.355}{1.03} = 10.29\%$

∴ 포화도 $S = \dfrac{V_a}{V_a + V} \times 100(\%) = \dfrac{10.29}{10.29 + 5.3} \times 100 = 66.0\%$

□□□ 기 04,07,21

42 아래는 굵은 골재의 밀도 시험 결과이다. 이때 골재의 표면 건조 포화 상태의 밀도는?

・절대 건조 상태의 시료 질량 : 2,000g
・표면 건조 포화 상태의 시료 질량 : 2,100g
・침지된 시료의 수중 질량 : 1,300g
・시험 온도에서의 물의 밀도 : $1g/cm^3$

① $2.63g/cm^3$ ② $2.65g/cm^3$
③ $2.67g/cm^3$ ④ $2.69g/cm^3$

[해설] 표건 밀도
$= \dfrac{\text{표건상태의 시료질량}}{\text{표건상태의 시료질량} - \text{시료의 수중질량}} \times \text{물의 밀도}$
$= \dfrac{2,100}{2,100 - 1,300} \times 1 = 2.63 g/cm^3$

□□□ 기 06,10,16,21

43 아래와 같은 특성을 가지는 시멘트는?

・발열량이 대단히 많으며 조강성이 크다.
・열분해 온도가 높으므로(1,300℃ 정도) 내화용 콘크리트에 적합하다.
・산, 염류, 해수 등의 화학적 침식에 대한 저항성이 크다.

① 고로 시멘트 ② 알루미나 시멘트
③ 플라이애시 시멘트 ④ 백색 포틀랜드 시멘트

[해설] 알루미나 시멘트의 특징
・산, 염류, 해수 기타 화학작용을 받는 곳에 저항이 크다.
・열분해 온도가 높으므로(1,300℃) 내화용 콘크리트에 적합하다.
・초조강성을 가지므로 1일 40~50MPa 정도의 압축강도를 얻을 수 있다.
・발열량이 크기 때문에 긴급을 요하는 공사나 한중콘크리트 시공에 적합하다.
・포틀랜드시멘트와 혼합하여 사용하면 순결성을 나타내므로 주의를 요한다.

□□□ 기 02,09,11,14,20,21

44 콘크리트 내부에 독립된 미세기포를 발생시켜 콘크리트의 워커빌리티 개선과 동결융해에 대한 저항성을 갖도록 하기 위해 사용하는 혼화제는?

① AE제 ② 지연제
③ 기포제 ④ 응결・경화촉진제

[해설] 연행공기는 콘크리트 내부에서 볼베어링 같은 움직임을 하기 때문에 워커빌리티를 개선하여 단위수량을 감소시켜 블리딩 등의 재료분리를 작게 한다.

---

45 시멘트의 비중시험(KS L 5110)에서 정밀도 및 편차에 대한 규정으로 옳은 것은?

① 동일 시험자가 동일 재료에 대하여 3회 측정한 결과가 ± 0.05 이내이어야 한다.
② 동일 시험자가 동일 재료에 대하여 2회 측정한 결과가 ± 0.03 이내이어야 한다.
③ 서로 다른 시험자가 동일 재료에 대하여 3회 측정한 결과가 ±0.05 이내이어야 한다.
④ 서로 다른 시험자가 동일 재료에 대하여 2회 측정한 결과가 ±0.03 이내이어야 한다.

해설 동일 시험자가 동일 재료에 대하여 2회 측정한 결과가 ±0.03 이내이어야 한다.

46 콘크리트용 잔골재로 사용하고자 하는 바다모래(해사)의 염분에 대한 대책으로 틀린 것은?

① 콘크리트용 혼화제로 방청제를 사용한다.
② 살수법, 침수법 및 자연방치법 등에 의해서 염분을 사전에 제거한다.
③ 콘크리트를 가능한 빈배합으로 하여 수밀성을 향상시킨다.
④ 염분이 많은 바다모래를 사용할 경우 콘크리트에 사용되는 철근을 아연도금 등으로 방청하여 사용한다.

해설 염분에 대한 대책
· 물－시멘트비를 제한하여 치밀한 콘크리트를 만든다.
· 피복두께를 두껍게 하여 철근의 부식을 억제한다.
· 방청제를 사용하여 철근의 부식을 억제한다.
· 아연 도금한 철근은 염해 저항력이 높다.
· 바다 모래를 살수법, 침수법 및 자연 방치법 등으로 제염한다.
· 콘크리트를 가능한 한 부배합으로 하여 수밀성을 향상시킨다.

47 콘크리트용 모래에 포함되어 있는 유기불순물 시험에 대한 설명으로 옳은 것은?

① 무수황산나트륨을 시약으로 사용한다.
② 모래시료는 2분법으로 채취하는 것을 원칙으로 한다.
③ 식별용 표준색 용액은 염소이온을 0.1% 함유한 염화나트륨 수용액과 0.5% 함유한 염화나트륨 수용액을 사용한다.
④ 시험 결과 시험 용액의 색도가 표준색 용액보다 연한 경우 콘크리트용으로 사용할 수 있다.

해설 · 모래시료는 4분법으로 채취하는 것을 원칙으로 한다.
· 수산화나트륨을 시약으로 사용한다.
· 2%의 타닌산 용액에 3%의 수산화나트륨 용액에 타서 식별용 표준색 용액을 만든다.

48 이형철근의 인장시험 데이터가 아래와 같을 때 파단 연신율은?

· 원단면적(A_o)＝190mm^2
· 표점거리(l_o)＝128mm
· 파단 후 표점거리(l)＝156mm
· 파단 후 단면적(A)＝130mm^2
· 최대인장하중(P_{max})＝11,800kN

① 19.85%　　　　② 21.88%
③ 23.85%　　　　④ 25.88%

해설 파단 연신율 $\delta = \dfrac{l - l_o}{l_o} \times 100$

$\therefore \ \delta = \dfrac{156 - 128}{128} \times 100 = 21.88\%$

49 암석의 구조에 대한 설명으로 틀린 것은?

① 석목은 암석의 갈라지기 쉬운 면을 말하며 돌눈이라고도 한다.
② 절리는 암석 특유의 천연적으로 갈라진 금으로 화성암에서 많이 보인다.
③ 층리는 암석을 구성하는 조암광물의 집합상태에 따라 생기는 눈 모양을 말한다.
④ 편리는 변성암에서 된 절리로 암석이 얇은 판자모양 등으로 갈라지는 성질을 말한다.

해설 층리 : 퇴적암이나 변성암의 일부에서 생기는 평행상의 절리를 층리라고 하며 층리의 방향은 퇴적당시의 지평면과 거의 평행하다.

50 지오텍스타일의 특징에 대한 설명으로 틀린 것은?

① 인장강도가 크다.
② 수축을 방지한다.
③ 탄성계수가 크다.
④ 열에 강하고 무게가 무겁다.

해설 지오텍스타일의 특징
· 인장강도가 크다.
· 수축을 방지한다.
· 탄성계수가 크다.
· 열에 강하고 무게가 가볍다.
· 배수성과 차수성 및 분리성이 크다.

□□□ 기 02,18,21

51 재료에 외력을 작용시키고 변형을 억제하면 시간이 경과함에 따라 재료의 응력이 감소하는 현상을 무엇이라 하는가?

① 탄성 ② 취성
③ 크리프 ④ 릴랙세이션

해설 릴랙세이션(응력완화 ; relaxation) : 재료에 응력을 가한 상태에서 변형을 일정하게 유지하면 응력은 시간이 지남에 따라 감소하는 현상으로 크리프(creep)와 반대 현상이다.

□□□ 기 04,21

52 아스팔트의 분류 중 석유 아스팔트에 해당하는 것은?

① 아스팔타이트(asphaltite)
② 록 아스팔트(rock asphalt)
③ 레이크 아스팔트(lake asphalt)
④ 스트레이트 아스팔트(straight asphalt)

해설 석유 아스팔트 : 스트레이트 아스팔트, 블로운 아스팔트

□□□ 기 98,01,07,21

53 목재의 함수율을 측정하기 위해 시험을 실시한 결과가 아래와 같을 때 함수율은 얼마인가?

> • 시험편의 건조 전 질량 : 2,750g
> • 시험편의 건조 후 질량 : 2,350g

① 15% ② 17%
③ 19% ④ 21%

해설 함수율 $= \dfrac{\text{건조 전 중량}(W_1) - \text{건조 후 중량}(W_2)}{\text{건조 후 중량}(W_2)} \times 100$

$= \dfrac{2.75 - 2.35}{2.35} \times 100 = 17.02\%$

□□□ 기 21

54 시멘트가 풍화작용과 탄산화작용을 받은 정도를 나타내는 척도로 고온으로 가열하여 시멘트 중량의 감소율을 나타내는 것은?

① 수경률 ② 규산율
③ 강열감량 ④ 불용해잔분

해설 강열감량

시멘트가 풍화작용과 탄산화작용을 받은 정도를 나타내는 척도로 고온으로 가열하여 시멘트 중량의 감소율을 나타내는 것으로 풍화의 정도를 파악하는데 사용된다.

□□□ 기 10,21

55 다음 중 천연 경량골재가 아닌 것은?

① 용암 ② 응회암
③ 팽창성 혈암 ④ 경석화산자갈

해설 • 천연경량골재 : 응회암, 경석 화산자갈, 용암 등이 있다.
• 인공경량골재 : 팽창성 혈암, 팽창성 점토, 플라이 애쉬 등이 있다.

□□□ 기 16,21

56 수중에서 폭발하며 발화점이 높고, 구리와 화합하면 위험하므로 뇌관의 관체는 알루미늄을 사용하는 기폭약은?

① 뇌산수은 ② 질화납
③ DDNP ④ 칼릿

해설 질화납(lead azide)
• 뇌홍보다 충격 감도는 둔하나, 마찰감도는 예민하다.
• 습기가 있을 때는 구리, 아연, 또는 이들의 합금과 반응 감도가 더욱 예민해진다.
• 통상 알루미늄 기폭통에 충전한다.
• 뇌관의 기폭약으로 사용한다.

□□□ 기 08,21

57 콘크리트용 혼화재료인 플라이애시에 대한 설명으로 틀린 것은?

① 플라이애시는 워커빌리티 증가 및 단위수량 감소효과가 있다.
② 초기재령에서의 강도는 크게 나타나지만 강도의 증진율이 낮다.
③ 플라이애시 중의 미연탄소분에 의해 AE제 등이 흡착되어 연행공기량이 현저히 감소한다.
④ 플라이애시는 보존 중에 입자가 응집하여 고결하는 경우가 생기므로 저장에 유의하여야 한다.

해설 플라이 애쉬를 사용한 콘크리트는 초기강도는 낮으나 장기강도는 상당히 증가한다.

□□□ 기 12,21

58 실리카 퓸을 콘크리트의 혼화재로 사용할 때 나타나는 특징으로 틀린 것은?

① 단위수량과 건조수축이 감소한다.
② 콘크리트의 재료분리를 감소시킨다.
③ 수화 초기에 C-S-H 겔을 생성하므로 블리딩이 감소한다.
④ 콘크리트의 조직이 치밀해져 강도가 커지고, 수밀성이 증대된다.

해설 실리카 퓸을 혼합한 경우 블리딩이 작기 때문에 보유수량이 많게 되어 결과적으로 건조수축이 크게 된다.

59 다음 중 화성암에 속하지 않는 것은?

① 편마암   ② 섬록암
③ 현무암   ④ 화강암

해설 ・화성암 : 화강암, 안산암, 섬록암, 현무암
・퇴적암 : 응회암, 사암, 혈암, 점판암, 석회암, 화산암
・변성암 : 편마암, 천매(편)암, 대리석

60 고무혼입 아스팔트와 스트레이트 아스팔트를 비교한 설명으로 틀린 것은?

① 감온성은 스트레이트 아스팔가 크다.
② 응집성은 스트레이트 아스팔가 크다.
③ 마찰계수는 고무혼입 아스팔가 크다.
④ 충격저항성은 고무혼입 아스팔가 크다.

해설 고무 혼입 아스팔트의 정점
・감온성이 작다.
・응집성 및 부착력이 크다.
・탄성 및 충격저항이 크다.
・내노화성 및 마찰계수가 크다.

제4과목 : 토질 및 기초

61 아래와 같은 조건에서 AASHTO분류법에 따른 군지수 (GI)는?

・흙의 액성한계 : 45%
・흙의 소성한계 : 25%
・200번체 통과율 : 50%

① 7   ② 10
③ 13   ④ 16

해설 군지수 $GI = 0.2a + 0.005ac + 0.01bd$
・$a = No.200$체 통과량$- 35 = 50 - 35 = 15\%$
　$(0 \sim 40$의 정수$)$
・$b = No.200$체 통과량$- 15 = 50 - 15 = 35\%$
　$(0 \sim 40$의 정수$)$
・$c = $액성 한계$- 40 = 45 - 40 = 5$
・$d = $소성 지수$- 10 = (45 - 25) - 10 = 10$
$\therefore GI = 0.2 \times 15 + 0.005 \times 15 \times 5 + 0.01 \times 35 \times 10$
$　　= 6.88 ≒ 7$

참고 GI값은 가장 가까운 정수로 반올림한다.

62 점토층 지반위에 성토를 급속히 하려한다. 성토 직후에 있어서 이 점토의 안정성을 검토하는데 필요한 강도정수를 구하는 합리적인 시험은?

① 비압밀 비배수시험(UU-test)
② 압밀 비배수시험(CU-test)
③ 압밀 배수시험(CD-test)
④ 투수시험

해설 ・비압밀 비배수시험(UU-test) : 점토 지반의 단기간 안정 검토
・압밀 배수시험(CD-test) : 점토 지반의 장기간 안정 검토

배수방법	적 요
비압밀비배수시험 UU-test	・포화점토가 성토직후 급속한 파괴가 예상될 때 ・점토의 단기간 안정 검토시
압밀비배수시험 CU-test	・Pre-loading후(압밀진행 후)갑자기 파괴 예상될 때 ・제방, 흙댐에서 수위가 급강하 할 때 안정 검토시
압밀배수시험 CD-test	・점토 지반의 장기간 안정 검토시 ・압밀이 서서히 진행되고 파괴도 완만하게 진행 될 때

63 노상토 지지력비(CBR)시험에서 피스톤 2.5mm 관입될 때와 5.0mm 관입될 때를 비교한 결과, 관입량 5.0mm에서 CBR이 더 큰 경우 CBR 값을 결정하는 방법으로 옳은 것은?

① 그대로 관입량 5.0mm일 때의 CBR 값으로 한다.
② 2.5mm 값과 5.0mm 값의 평균을 CBR 값으로 한다.
③ 5.0mm 값을 무시하고 2.5mm 값을 표준으로 하여 CBR 값으로 한다.
④ 새로운 공시체로 재시험을 하며, 재시험 결과도 5.0mm 값이 크게 나오면 관입량 5.0mm일 때의 CBR 값으로 한다.

해설 $CBR_{5.0} > CBR_{2.5}$ 의 경우 재시험한 결과도 $CBR_{5.0}$ 가 $CBR_{2.5}$ 보다 크게 나오면 $CBR_{5.0}$ 값을 CBR값으로 한다.

64 통일분류법에 의한 분류기호와 흙의 성질을 표현한 것으로 틀린 것은?

① SM : 실트 섞인 모래
② GC : 점토 섞인 자갈
③ CL : 소성이 큰 무기질 점토
④ GP : 입도분포가 불량한 자갈

해설 CL : 압축성이 낮은 점토
・C : 점토
・L : 액성한계가 50% 이하인 흙으로 압축성 낮음

□□□ 기 08,18,21,22

65 토립자가 둥글고 입도분포가 양호한 모래지반에서 N치를 측정한 결과 $N=19$가 되었을 경우, Dunham의 공식에 의한 이 모래의 내부 마찰각(ϕ)은?

① 20° 　　　　　② 25°

③ 30° 　　　　　④ 35°

해설 Dunham 공식

토립자의 조건	내부 마찰각
·토립자가 둥글고 입도분포가 불량(균일)	$\phi = \sqrt{12N}+15$
·토립자가 둥글고 입도분포도 양호 ·토립자가 모나고 입도분포가 불량(균일)	$\phi = \sqrt{12N}+20$
·토립자가 모가 나고 입도분포가 양호	$\phi = \sqrt{12N}+25$

∴ 흙입자가 둥글고 입도분포가 양호

$$\phi = \sqrt{12N}+20 = \sqrt{12\times 19}+20 = 35°$$

□□□ 기 88,99,13,21

66 토질시험 결과 내부마찰각이 30°, 점착력이 50kN/m², 간극수압이 800kN/m², 파괴면에 작용하는 수직응력이 3,000kN/m²일 때 이 흙의 전단응력은?

① 1,270kN/m² 　　　② 1,320kN/m²

③ 1,580kN/m² 　　　④ 1,950kN/m²

해설 전단 응력

$$\tau = c + (\sigma - u)\tan\phi$$
$$= 50 + (3,000 - 800)\tan 30°$$
$$= 1,320\,\text{kN/m}^2$$

□□□ 기 08,15,17,21

67 연속 기초에 대한 Terzaghi의 극한지지력 공식은 $q_u = cN_c + 0.5\gamma_1 BN_\gamma + \gamma_2 D_f N_q$로 나타낼 수 있다. 아래 그림과 같은 경우 극한지지력 공식의 두 번째 항의 단위중량(γ_1)의 값은? (단, 물의 단위중량은 9.81kN/m^3이다.)

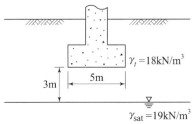

① 14.48kN/m³ 　　　② 16.00kN/m³

③ 17.45kN/m³ 　　　④ 18.20kN/m³

해설 $d < B$: 3m < 5m일 때

$$\gamma_1 = \gamma_{\text{sub}} + \frac{d}{B}(\gamma_t - \gamma_{\text{sub}})$$

· $\gamma_{\text{sub}} = \gamma_{\text{sat}} - \gamma_w = 19 - 9.81 = 9.19\,\text{kN/m}^3$

∴ $\gamma_1 = 9.19 + \dfrac{3}{5}(18 - 9.19) = 14.48\,\text{kN/m}^3$

□□□ 기 12,21

68 현장에서 채취한 흙 시료에 대하여 아래 조건과 같이 압밀시험을 실시하였다. 이 시료에 320kPa의 압밀압력을 가했을 때, 0.2cm의 최종 압밀침하가 발생되었다면 압밀이 완료된 후 시료의 간극비는? (단, 물의 단위중량은 9.81kN/m^3이다.)

- 시료의 단면적(A) : 30cm²
- 시료의 초기 높이(H) : 2.6cm
- 시료의 비중(G_s) : 2.5
- 시료의 건조중량(W_S) : 1.18N

① 0.125 　　　② 0.385

③ 0.500 　　　④ 0.625

해설 ·흙입자의 높이

$$H_s = \frac{W_s}{G_s \gamma_w A}$$
$$= \frac{1.18 \times 10^{-3}}{2.5 \times 9.81 \times 30 \times 10^{-4}} = 0.016\,\text{m} = 1.6\,\text{cm}$$

·압밀이 완료된 후 시료의 높이

$$H_v = H - H_s = 2.6 - 1.6 = 1.0\,\text{cm}$$

·초기 간극비

$$e_o = \frac{H}{H_s} - 1 = \frac{2.6}{1.6} - 1 = 0.625$$

·압밀침하량 $\Delta H = \dfrac{e_o - e_n}{1 + e_o} H$

$$0.2 = \frac{0.625 - e_n}{1 + 0.625} \times 2.6$$

참고 SOLVE 사용

∴ 완료 후 간극비 $e_n = 0.500$

□□□ 기 94,21

69 그림과 같은 지반에 재하순간 수주(水柱)가 지표면으로부터 5m이었다. 20% 압밀이 일어난 후 지표면으로부터 수주의 높이는? (단, 물의 단위중량은 9.81kN/m^3이다.)

① 1m

② 2m

③ 3m

④ 4m

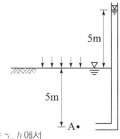

해설 ■현재의 과잉간극수압 $u_e = \gamma_w h$에서

$$h = \frac{u_e}{\gamma_w}$$

■압밀도 $U = 1 - \dfrac{u_e}{u_i}$

·초기과잉간극수압

$$u_i = \gamma_w h = 9.81 \times 5 = 49.05\,\text{kN/m}^2$$

· $u_e = u_i(1 - U) = 49.05(1 - 0.20) = 39.24\,\text{kN/m}^2$

∴ $h = \dfrac{39.24}{9.81} = 4\,\text{m}$

70 흙의 포화단위중량이 $20kN/m^3$인 포화점토층을 $45°$ 경사로 8m를 굴착하였다. 흙의 강도정수 $c_u = 65kN/m^2$, $\phi = 0°$ 이다. 그림과 같은 파괴면에 대하여 사면의 안전율은? (단, ABCD의 면적은 $70m^2$이고 O점에 ABCD의 무게중심까지의 수직거리는 4.5m이다.)

① 4.72
② 4.21
③ 2.67
④ 2.36

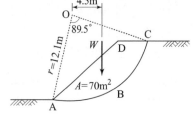

해설 $\phi_u = 0$일 때의 사면의 안전율

$$F_s = \frac{L_a \cdot c_u \cdot r}{W \cdot x}$$

· 호의 길이 $ABC = L_a$

$L_a : 89.5° = 2\pi \cdot r : 360°$

$$L_a = \frac{89.5° \times 2\pi \times 12.1}{360°} = 18.89\,m$$

· ABCD 단면의 총중량

$W = 70 \times 20 = 1,400\,kN/m$

$$\therefore F_s = \frac{18.89 \times 65 \times 12.1}{1,400 \times 4.5} = 2.36$$

□□□ 기 04,07,10,16,21

71 내부마찰각이 $30°$, 단위중량이 $18kN/m^3$인 흙의 인장균열 깊이가 3m일 때 점착력은?

① $15.6kN/m^2$
② $16.7kN/m^2$
③ $17.5kN/m^2$
④ $18.1kN/m^2$

해설 $Z_c = \frac{2c}{\gamma_t}\tan\left(45° + \frac{\phi}{2}\right)$에서

참고 SOLVE 사용

$3 = \frac{2c}{18}\tan\left(45° + \frac{30°}{2}\right)$

$\therefore$ 점착력 $c = 15.6kN/m^2$

□□□ 기 04,06,10,20,21

72 다음 중 동상에 대한 대책으로 틀린 것은?

① 모관수의 상승을 차단한다.
② 지표부근에 단열재료를 매립한다.
③ 배수구를 설치하여 지하수위를 낮춘다.
④ 동결심도 상부의 흙을 실트질 흙으로 치환한다.

해설 동결심도 상부의 흙을 비동결성 흙(자갈, 쇄석)으로 치환한다.

□□□ 기 99,07,09,13,15,16,21

73 다음 중 사운딩 시험이 아닌 것은?

① 표준관입시험
② 평판재하시험
③ 콘 관입시험
④ 베인 시험

해설 ■sounding의 분류

정적인 sounding	동적인 sounding
· 휴대용 원추 관입 시험 · 화란식 원추 관입 시험 · 스웨덴식 관입 시험 · 이스키 메터 · 베인(Vane) 시험	· 동적 원추 관입 시험 · 표준 관입 시험(S.P.T)

■평판재하시험(PBT) : 현장에서 지반의 지지력을 측정하기 위해 실시하는 실험으로 주로 강성 포장의 포장 설계를 위하여 지지력 계수 K를 결정한다.

□□□ 기 80,88,95,13,21

74 단면적이 $100cm^2$, 길이가 30cm인 모래 시료에 대하여 정수두 투수시험을 실시하였다. 이때 수두차가 50cm, 5분 동안 집수된 물이 $350cm^3$이었다면 이 시료의 투수계수는?

① 0.001cm/s
② 0.007cm/s
③ 0.01cm/s
④ 0.07cm/s

해설 정수위 투수시험

$Q = kiA = k\frac{h}{L}A$에서

$\therefore k = \frac{Q \cdot L}{\Delta h \cdot A \cdot t}$

$= \frac{350 \times 30}{50 \times 100 \times 5 \times 60} = 0.007\,cm/sec$

□□□ 기 94,03,08,10,11,18,21,22

75 그림과 같은 지반에 대해 수직방향 등가투수계수를 구하면?

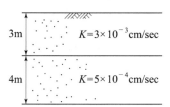

① $3.89 \times 10^{-4}cm/s$
② $7.78 \times 10^{-4}cm/s$
③ $1.57 \times 10^{-3}cm/s$
④ $3.14 \times 10^{-3}cm/s$

해설 수직방향의 평균 투수계수 K_v

$$K_v = \frac{H_1 + H_2}{\dfrac{H_1}{K_1} + \dfrac{H_2}{K_2}} = \frac{300 + 400}{\dfrac{300}{3.0 \times 10^{-3}} + \dfrac{400}{5.0 \times 10^{-4}}}$$

$= 7.78 \times 10^{-4}cm/sec$

□□□ 기 01,03,09,16,21

76 흙의 다짐곡선은 흙의 종류나 입도 및 다짐에너지 등의 영향으로 변한다. 흙의 다짐 특성에 대한 설명으로 틀린 것은?

① 세립토가 많을수록 최적함수비는 증가한다.
② 점토질 흙은 최대건조단위중량이 작고 사질토는 크다.
③ 일반적으로 최대건조단위중량이 큰 흙일수록 최적함수비도 커진다.
④ 점성토는 건조측에서 물을 많이 흡수하므로 팽창이 크고 습윤측에서는 팽창이 작다.

해설 · 세립토(점성토)가 많을수록 최대 건조밀도는 감소하고 최적 함수비(OMC)는 증가한다.
· 조립토(모래질)가 많을수록 최대건조밀도는 증가하고 최적 함수비(OMC)는 감소한다.

□□□ 기 80,81,94,03,21

77 다음 중 연약점토지반 개량공법이 아닌 것은?

① 프리로딩(Pre-loading) 공법
② 샌드 드레인(Sand drain) 공법
③ 페이퍼 드레인(Paper drain) 공법
④ 바이브로 플로테이션(Vibro flotation) 공법

해설 연약지반 공법

점토질 지반 개량	사질토 지반 개량
· Sand drain 공법	· Vibroflotation 공법
· Paper drain 공법	· 폭파다짐 공법
· Preloading 공법	· 전기충격 공법
· 침투압공법	· Compozer 공법
· 전기 침투공법	· 다짐 말뚝공법
· 생석회 말뚝공법	· 약액주입 공법

· 바이브로플로테이션 공법 : 사질토 지반의 개량 공법

□□□ 기 93,98,16,19,21,22

78 일반적인 기초의 필요조건으로 틀린 것은?

① 침하를 허용해서는 안 된다.
② 지지력에 대해 안정해야 한다.
③ 사용성, 경제성이 좋아야 한다.
④ 동해를 받지 않는 최소한의 근입깊이를 가져야 한다.

해설 기초의 구비 조건
· 최소 기초 깊이를 유지할 것.
· 상부 하중을 안전하게 지지해야 한다.
· 침하가 허용치를 넘지 않을 것
· 기초의 시공이 가능할 것

□□□ 기 02,04,06,08,10,17,21

79 흙 속에 있는 한 점의 최대 및 최소 주응력이 각각 $200kN/m^2$ 및 $100kN/m^2$일 때 최대 주응력면과 $30°$ 를 이루는 평면상의 전단응력을 구한 값은?

① $10.5kN/m^2$
② $21.5kN/m^2$
③ $32.3kN/m^2$
④ $43.3kN/m^2$

해설 $\tau = \dfrac{\sigma_1 - \sigma_3}{2} \sin 2\theta$

$= \dfrac{200 - 100}{2} \sin(2 \times 30°) = 43.3kN/m^2$

□□□ 기 04,10,11,17,18,21

80 점토 지반에 있어서 강성 기초의 접지압 분포에 대한 설명으로 옳은 것은?

① 접지압은 어느 부분이나 동일하다.
② 접지압은 토질에 관계없이 일정하다.
③ 기초의 모서리 부분에서 접지압이 최대가 된다.
④ 기초의 중앙 부분에서 접지압이 최대가 된다.

해설 강성기초의 접지압 분포

· 점토지반 : 기초의 모서리 부분에서 최대 응력이 발생
· 모래지반 : 기초의 중앙 부분에서 최대 응력이 발생

자격종목	시험시간	문제수	형 별	수험번호	성 명
건설재료시험기사	2시간	80	A		

※ 각 문제는 4지 택일형으로 질문에 가장 적합한 문제의 보기 번호를 클릭하거나 답안표기란의 번호를 클릭하여 입력하시면 됩니다.
※ 입력된 답안은 문제 화면 또는 답안 표기란의 보기 번호를 클릭하여 변경하실 수 있습니다.

제1과목 : 콘크리트 공학

□□□ 기 02,21

01 콘크리트의 워커빌리티에 영향을 미치는 요인에 대한 설명으로 틀린 것은?

① 포졸란 혼화재를 사용하면 콘크리트의 점성을 개선하는 효과가 있어 워커빌리티가 좋아진다.
② 일반적으로 단위시멘트 사용량이 많은 부배합의 경우는 빈배합의 경우보다 워커빌리티는 좋아진다.
③ 골재의 입도분포가 양호하고 입형이 둥글면 워커빌리티는 좋아진다.
④ 같은 배합의 경우라도 온도가 높으면 워커빌리티는 좋아진다.

해설 같은 배합의 경우라도 콘크리트의 온도가 높을수록 반죽 질기가 저하한다.

□□□ 기 12④,15④,19②,21

02 고강도 콘크리트에 대한 일반적인 설명으로 틀린 것은?

① 단위 시멘트량은 소요의 워커빌리티 및 강도를 얻을 수 있는 범위 내에서 가능한 한 적게 되도록 시험에 의해 정하여야 한다.
② 잔골재율은 소요의 워커빌리티를 얻도록 시험에 의하여 결정하여야 하며, 가능한 작게 하도록 한다.
③ 고강도 콘크리트의 설계기준압축강도는 보통콘크리트에서 40MPa 이상, 경량골재 콘크리트는 27MPa 이상으로 한다.
④ 고강도 콘크리트의 워커빌리티 확보를 위해 공기연행제를 사용함을 원칙으로 한다.

해설 · 고강도 콘크리트는 단위 시멘트량이 많기 때문에 시멘트 대체 재료인 플라이 애시, 고로 슬래그 분말 등을 쓰기도 하고, 높은 강도를 내기 위해 실리카 퓸 등을 시멘트 대신 대체 재료로 쓴다.
· 고강도 콘크리트에 혼화재 사용시 조심할 점은 제조공정상 품질의 균일성 확보가 어려운 점이 있어 시험배합을 거쳐 품질을 확인한 후 사용하여야 한다.

□□□ 기 21

03 콘크리트를 제조할 때 재료의 계량에 대한 설명으로 틀린 것은?

① 계량은 시방 배합에 의해 실시하여야 한다.
② 유효 흡수율의 시험에서 골재에 흡수시키는 시간은 실용상으로 보통 15 ~ 30분간의 흡수율을 유효 흡수율로 보아도 좋다.
③ 골재의 경우 1회 계량분의 계량 허용오차는 ±3%이다.
④ 혼화재의 경우 1회 계량분의 계량 허용오차는 ±2%이다.

해설 계량은 현장 배합에 의해 실시하는 것으로 한다.

□□□ 기 04,08,21

04 골재의 내구성 시험 중 황산나트륨에 의한 안정성 시험의 경우 조작을 5회 반복하였을 때 굵은 골재의 손실질량은 최대 얼마 이하를 표준으로 하는가?

① 4%   ② 7%
③ 12%   ④ 15%

해설 안정성 시험을 5회 하였을 때 골재의 손실 무게비(%)

시험 용액	골재의 손실 무게비 한도	
	잔골재	굵은 골재
황산나트륨	10% 이하	12% 이하

□□□ 기 99,06,08,13,21

05 150×150×550mm의 휨강도 시험용 장방형 공시체를 4점 재하 장치에 의해 시험한 결과 지간 방향 중심선의 4점 사이에서 재하 하중(P)이 30kN일 때 공시체가 파괴되었다. 공시체의 휨강도는 얼마인가? (단, 지간 길이는 450mm이다.)

① 4MPa   ② 4.5MPa
③ 5MPa   ④ 5.5MPa

해설 $f_b = \dfrac{Pl}{b\,d^2}$

$\quad = \dfrac{30 \times 10^3 \times 450}{150 \times 150^2} = 4\,\text{N/mm}^2 = 4\,\text{MPa}$

정답 01 ④   02 ④   03 ①   04 ③   05 ①

□□□ 기 21

06 일반콘크리트의 배합에서 물−결합재비에 대한 설명으로 틀린 것은?

① 콘크리트의 물−결합재비는 원칙적으로 60% 이하이어야 한다.

② 물−결합재비는 소요의 강도, 내구성, 수밀성 및 균열저항성 등을 고려하여 정하여야 한다.

③ 압축강도와 물−결합재비와의 관계는 시험에 의하여 정하는 것을 원칙으로 하고, 이때 공시체는 재령 7일을 표준으로 한다.

④ 배합에 사용할 물−결합재비는 기준 재령의 결합재−물비와 압축강도와의 관계식에서 배합강도에 해당하는 결합재−물비 값의 역수로 한다.

해설 압축강도와 물−결합재비와의 관계는 시험에 의하여 정하는 것을 원칙으로 하고, 이때 공시체는 재령 28일을 표준으로 한다.

□□□ 기 12,14,17,20,21

07 내부진동기의 사용 방법으로 틀린 것은?

① 내부진동기를 하층의 콘크리트 속으로 0.1m 정도 찔러 넣는다.

② 내부진동기는 연직으로 찔러 넣으며 삽입간격은 일반적으로 1.0m 이상으로 한다.

③ 내부진동기의 1개소당 진동 시간은 다짐할 때 시멘트풀이 표면 상부로 약간 부상하기 까지가 적절하다.

④ 내부진동기는 콘크리트로부터 천천히 빼내어 구멍이 남지 않도록 한다.

해설 내부진동기를 하층의 콘크리트 속으로 진동기가 0.1m 정도 삽입되도록 찔러 넣는다.

□□□ 기 21

08 수중 콘크리트에 대한 설명으로 틀린 것은?

① 수중 콘크리트는 물막이를 설치하여 물을 정지시킨 정수 중에서 타설하여야 한다.

② 수중 콘크리트는 트레미나 콘크리트 펌프를 사용해서 타설하여야 한다.

③ 일반 수중 콘크리트의 물−결합재비는 60% 이하를 표준으로 한다.

④ 수중 콘크리트는 콘크리트가 경화될 때까지 물의 유동을 방지해야 한다.

해설 일반 수중 콘크리트의 물−결합재비는 50% 이하를 표준으로 한다.

□□□ 기 05,10,13,15,17,21,22

09 콘크리트의 압축강도(f_{cu})를 시험하여 거푸집널의 해체 시기를 결정하고자 한다. 아래와 같은 조건일 경우 콘크리트의 압축강도(f_{cu})가 얼마 이상인 경우 거푸집널을 해체할 수 있는가?

> • 부재 : 슬래브 및 보의 밑면(단층구조)
> • 설계기준압축강도(f_{ck}) : 30MPa

① 5MPa   ② 10MPa

③ 13MPa   ④ 20MPa

해설 콘크리트의 압축강도를 시험할 경우

부재	콘크리트의 압축강도(f_{cu})
기초, 보, 기둥, 벽 등의 측면	5MPa 이상
슬래브 및 보의 밑면, 아치 내면 (단층구조의 경우)	설계기준강도×2/3 $(f_{cu} \geq 2/3 f_{ck})$ 다만, 14MPa 이상

$$\therefore \frac{2}{3} f_{ck} = \frac{2}{3} \times 30 = 20\,\text{MPa} \geq 14\,\text{MPa}$$

□□□ 기 21

10 프리스트레스트 콘크리트에 대한 설명으로 틀린 것은?

① 긴장재에 긴장을 주는 시기에 따라서 포스트텐션방식과 프리텐션방식으로 분류된다.

② 프리텐션방식에 있어서 프리스트레싱할 때의 콘크리트의 압축강도는 20MPa 이상이어야 한다.

③ 프리스트레싱을 할 때의 콘크리트의 압축강도는 프리스트레스를 준 직후에 콘크리트에 일어나는 최대 압축 응력의 1.7배 이상이어야 한다.

④ 그라우트 시공은 프리스트레싱이 끝나고 8시간이 경과한 다음 가능한 한 빨리 하여야 한다.

해설 프리텐션방식으로 프리스트레싱할 때의 콘크리트 압축 강도는 30MPa 이상이어야 한다.

□□□ 기 99,01,07,12,15,21

11 프리스트레스트 콘크리트의 원리를 설명하는 3가지 개념에 속하지 않는 것은?

① 내력 모멘트의 개념   ② 모멘트 분배의 개념

③ 균등질 보의 개념   ④ 하중평형의 개념

해설 PSC의 기본 개념
• 응력 개념(균등질보의 개념)
• 강도 개념(내력 모멘트 개념)
• 하중 개념(하중 평형의 개념− 등가 하중 개념)

12 일반콘크리트 배합에서 잔골재율에 대한 설명으로 틀린 것은?

① 고성능AE감수제를 사용한 콘크리트의 경우로서 물-결합 재비 및 슬럼프가 같으면, 일반적인 공기연행감수제를 사용한 콘크리트와 비교하여 잔골재율을 10∼20% 정도 작게 하는 것이 좋다.
② 콘크리트 펌프시공의 경우에는 펌프의 성능, 배관, 압송거리 등에 따라 적절한 잔골재율을 결정하여야 한다.
③ 유동화 콘크리트의 경우, 유동화 후 콘크리트의 워커빌리티를 고려하여 잔골재율을 결정할 필요가 있다.
④ 잔골재율은 소요의 워커빌리티를 얻을 수 있는 범위 내에서 단위수량이 최소가 되도록 시험에 의해 정하여야 한다.

해설 고성능 AE감수제를 사용한 콘크리트의 경우로서 물-시멘트비 및 슬럼프가 같으면, 일반적인 AE감수제를 사용한 콘크리트와 비교하여 잔골재율을 1∼2% 정도 크게 하는 것이 좋다.

13 페놀프탈레인 1% 에탄올 용액을 구조체 콘크리트 또는 코어공시체에 분무하여 측정할 수 있는 것은?

① 균열 폭과 깊이　　② 철근의 부식정도
③ 콘크리트의 투수성　④ 콘크리트의 탄산화 깊이

해설 공시체 단면을 촬영한 것에 대해 착색되지 않은 부분의 면적을 면적계로 측정하여 콘크리트의 평균 탄성화 깊이를 구한다.

14 콘크리트의 설계기준압축강도(f_{ck})가 20MPa인 콘크리트의 탄성계수는? (단, 보통중량골재를 사용한 콘크리트로 단위질량이 2,300kg/m³인 경우이다.)

① 1.58×10^4 MPa　② 2.45×10^4 MPa
③ 3.85×10^4 MPa　④ 4.45×10^4 MPa

해설 ■ $E_c = 0.077 m_c^{1.5} \sqrt[3]{f_{cm}}$
　・$m_c = 2,300 \text{kg/m}^3$
　・$f_{cm} = f_{ck} + \Delta f = 20 + 4 = 24 \text{MPa}$
　■ Δf 계산
　・$f_{ck} = 40 \text{MPa}$ 이하이면 $\Delta f = 4 \text{MPa}$
　・$f_{ck} = 60 \text{MPa}$ 이상이면 $\Delta f = 6 \text{MPa}$
　・f_{ck}가 40MPa 초과 60MPa 미만이면 직선 보간
　∴ $f_{ck} = 20 \text{MPa}$ 이면 $\Delta f = 4 \text{MPa}$
　∴ $E_c = 0.077 \times 2,300^{1.5} \sqrt[3]{24}$
　　　$= 24,499 \text{MPa} = 2.45 \times 10^4 \text{MPa}$

15 굳지 않은 콘크리트의 슬럼프(slump) 및 슬럼프시험에 대한 설명으로 틀린 것은?

① 슬럼프콘의 규격은 밑면의 안지름은 200mm, 윗면의 안지름은 100mm, 높이는 300mm이다.
② 슬럼프콘에 콘크리트를 채우기 시작하고 나서 슬럼프콘을 들어올리기를 종료할 때까지의 시간은 3분 이내로 한다.
③ 굵은 골재의 최대 치수가 30mm를 넘는 콘크리트의 경우에는 30mm가 넘는 굵은 골재를 제거한다.
④ 슬럼프콘을 가만히 연직으로 들어 올리고, 콘크리트의 중앙부에서 공시체 높이와의 차를 5mm 단위로 측정하여 이것을 슬럼프값으로 한다.

해설 굵은 골재의 최대치수가 40mm를 넘는 콘크리트의 경우에는 40mm를 넘는 굵은 골재를 제거한다.

16 한중 콘크리트에 대한 설명으로 틀린 것은?

① 하루의 평균기온이 10℃ 이하가 예상되는 조건일 때는 한중 콘크리트로 시공하여야 한다.
② 한중 콘크리트에는 공기연행콘크리트를 사용하는 것을 원칙으로 한다.
③ 재료를 가열할 경우 시멘트는 어떠한 경우라도 직접 가열할 수 없다.
④ 기상조건이 가혹한 경우나 부재두께가 얇을 경우에는 타설할 때의 콘크리트의 최저온도는 10℃ 정도를 확보하여야 한다.

해설 하루의 평균기온이 4℃ 이하가 예상되는 조건일 때는 한중 콘크리트로 시공하여야 한다.

17 오토클레이브(Autoclave) 양생에 대한 설명으로 틀린 것은?

① 양생온도 약 180℃ 정도, 증기압 약 0.8MPa 정도의 고온 고압 상태에서 양생하는 방법이다.
② 오토클레이브 양생을 실시한 콘크리트의 외관은 보통 양생한 포틀랜드시멘트 콘크리트 색의 특징과 다르며, 흰색을 띤다.
③ 오토클레이브 양생을 실시한 콘크리트는 어느 정도의 취성을 가지게 된다.
④ 오토클레이브 양생은 고강도 콘크리트를 얻을 수 있어 철근콘크리트 부재에 적용할 경우 특히 유리하다.

해설 고압증기(오토클레이브)양생한 콘크리트는 보통 양생한 것에 비해 철근의 부착강도가 약 1/2이 되므로 철근콘크리트 부재에 적용하는 것은 바람직하지 못하다.

□□□ 기 13,21

18 품질기준강도가 28MPa이고, 15회의 압축강도 시험으로부터 구한 표준편차가 3.0MPa일 때 콘크리트의 배합강도를 구하면?

① 29.32MPa ② 32.12MPa

③ 32.66MPa ④ 36.52MPa

해설 시험횟수가 29회 이하일 때 표준편차의 보정계수

시험횟수	표준편차의 보정계수
15	1.16
20	1.08
25	1.03
30 이상	1.00

$s = 3.0 \times 1.16 = 3.48 \, \text{MPa}$

(∵ 시험횟수 15회일 때 표준편차의 보정계수 1.16)

■ $f_{cq} \leq 35 \, \text{MPa}$일 때

· $f_{cr} = f_{cq} + 1.34s = 28 + 1.34 \times 3.48 = 32.66 \, \text{MPa}$

· $f_{cr} = (f_{cq} - 3.5) + 2.33s$

$\quad = (28 - 3.5) + 2.33 \times 3.48 = 32.61 \, \text{MPa}$

∴ 배합강도 $f_{cr} = 25.34 \, \text{MPa}$(큰 값)

□□□ 기 13,21

19 해양 콘크리트에 대한 설명으로 틀린 것은?

① 육상구조물 중에 해풍의 영향을 많이 받는 구조물도 해양 콘크리트로 취급하여야 한다.

② 해수는 알칼리골재반응의 반응성을 촉진하는 경우가 있으므로 충분한 검토를 하여야 한다.

③ 단위결합재량을 작게 하면 균등질의 밀실한 콘크리트를 얻을 수 있고, 각종 염류의 화학적 침식에 대한 저항성이 커진다.

④ 해수작용에 대한 저항성 향상을 위하여 고로슬래그 시멘트, 플라이 애시 시멘트 등을 사용할 수 있다.

해설 단위 시멘트량을 많게 하면 균질하고 밀실한 콘크리트가 되어 해수에 포함되어 있는 여러 가지 염류의 화학적 침식, 콘크리트 중의 강재 부식 등에 대한 저항성이 증가한다.

□□□ 기 21

20 경량골재 콘크리트에서 경량골재의 유해물 함유량의 한도로 틀린 것은?

① 경량골재의 강열감량은 5% 이하이어야 한다.

② 경량골재의 점토 덩어리 양은 2% 이하이어야 한다.

③ 경량골재의 철 오염물 시험 결과, 진한 얼룩이 생기지 않아야 한다.

④ 경량골재 중 굵은 골재의 부립률은 15% 이하이어야 한다.

해설 유해물 함유량의 한도

종류	최대치
강열감량	5%
얼룩	진한 얼룩이 생기지 않도록
유기불순물	시험용액의 색이 표준색보다 진하지 않을 것
점토덩어리	2%
굵은골재의 부립률	10%

제2과목 : 건설시공 및 관리

□□□ 기 09,21

21 항만의 방파제를 크게 경사제, 직립제, 혼성제, 특수방파제로 나눌 경우 각 방파제에 대한 설명으로 옳은 것은?

① 경사제는 주로 수심이 깊은 곳 및 파고가 높은 곳에 적용되며, 공사비와 유지 보수비가 다른 형식의 방파제와 비교하여 가장 저렴하다.

② 직립제는 연약지반에 가장 적합한 형식으로서 파랑을 전부 반사시킴으로 인해 전면해저의 세굴 염려가 없다.

③ 혼성제는 사석부를 기초로 하고 그 위에 직립부의 본체를 설치하는 형식으로 경사제와 직립제의 장점을 고려한 것이다.

④ 특수방파제는 항구 내가 안전하도록 하기 위해 파도가 방파제를 절대 넘지 않도록 설계하여야 한다.

해설 · 경사제 : 수심이 얕고, 파고가 비교적 작은 항만, 특히 소규모의 어항에 많이 축조 된다. 파고가 높은 곳에서는 피해가 많아 유지보수비가 많이 든다.

· 직립제 : 세굴의 염려가 있으므로 연약지반의 경우 소요 지지력이 부족해질 수 있으며, 수심이 같은 곳에서는 제체가 너무 크게 되므로 부적당하고, 수심이 작은 곳에 축조하는 경우가 많다.

· 항입구는 침입파가 적도록 가장 빈도가 높은 파랑 및 가장 파고가 높은 파랑에 대하여 효과적으로 항내를 차폐할 것

□□□ 기 00,03,04,07,21

22 3점 견적법에 따른 적정 공사일수는? (단, 낙관일수=5일, 정상일수=7일, 비관일수=15일)

① 6일 ② 7일

③ 8일 ④ 9일

해설 적정 공사일수

$t_e = \dfrac{a + 4m + b}{6} = \dfrac{5 + 4 \times 7 + 15}{6} = 8$일

23 성토에 사용되는 흙의 조건으로 틀린 것은?

① 취급하기 쉬워야 한다.
② 충분한 전단강도를 가져야 한다.
③ 도로성토에서는 투수성이 양호해야 한다.
④ 가급적 점토성분을 많이 포함하고 자갈 및 왕모래 등은 적어야 한다.

해설 점토성분이 많이 포함되면 팽창하고 건조하면 수축되므로 사질토가 좋으면 자연 함수비가 높은 점질토는 좋지 않다.

■ 성토에 사용되는 흙의 조건
· 다루기가 쉬워야 한다.
· 붙투수성 이어야 한다.
· 건조밀도가 크고 안정성을 큰 조립토가 좋다.
· 성토 비탈의 안정에 필요한 전단강도를 가져야 한다.

24 교량의 구조는 상부구조와 하부구조로 나누어진다. 다음 중 상부구조가 아닌 것은?

① 교대(abutment)
② 브레이싱(bracing)
③ 바닥판(bridge deck)
④ 바닥틀(floor system)

해설 교량의 구성

상부 구조		하부 구조	
· 교량의 주체가 되는 부분으로서 교통의 하중을 직접 받쳐주는 부분		· 상부 구조로부터의 하중을 지반에 전달해 주는 부분	
바닥판	· 포장, 슬래브	교각 교대	· 상부의 하중을 지반에 전달하는 역할
바닥틀	· 세로보, 가로보	기초	· 지반의 조건에 따라 말뚝 기초 또는 우물통 기초가 사용
주형, 주트러스	· 브레이싱 · 트러스, PSC상자		

25 토적곡선(Mass curve)에 대한 설명으로 틀린 것은?

① 곡선의 저점 및 정점은 각각 성토에서 절토, 절토에서 성토의 변이점이다.
② 동일 단면 내의 절토량과 성토량을 토적곡선에서 구한다.
③ 토적곡선을 작성하려면 먼저 토량 계산서를 작성하여야 한다.
④ 절토에서 성토까지의 평균 운반거리는 절토와 성토의 중심간의 거리로 표시된다.

해설 동일 단면 내에서 횡방향 유용토는 제외되었으므로 동일 단면내의 절토량과 성토량을 구할 수 없다.

26 연약 점토지반에 시트 파일을 박고 내부를 굴착하였을 때 외부의 흙 무게에 의해 굴착 저면이 부풀어 오르는 현상을 무엇이라 하는가?

① 히빙(Heaving)
② 보일링(Boiling)
③ 파이핑(Piping)
④ 슬라이딩(Sliding)

해설 · Heaving현상 : 연약점토 지반 굴착시 배면토의 중량이 굴착저면의 극한지지력을 초과하여 굴착저면이 팽창하여 부풀어 오르는 현상
· 보일링 : 모래지반에서 지하수위 이하를 굴착할 때 상향침투압이 조금 더 커지면 점착력이 없는 모래가 지하수와 함께 분출하여 굴착저면이 마치 물이 끓는 상태와 같이 되는 현상

27 $36,000\text{m}^3$(완성된 토량)의 흙 쌓기를 하는데 유용토가 $30,000\text{m}^3$(느슨한 토량=운반토량)이 있다. 이때 부족한 토량은 본바닥 토량으로 얼마인가? (단, 흙의 종류는 사질토이고, 토량의 변화율은 $L=1.25$, $C=0.9$이다.)

① $18,000\text{m}^3$
② $16,000\text{m}^3$
③ $13,800\text{m}^3$
④ $7,800\text{m}^3$

해설 · 흐트러진 토량=토량 완성토량$\times\dfrac{L}{C}$

$$=36,000\times\frac{1.25}{0.9}=50,000\,\text{m}^3$$

· 부족 토량(흐트러진 상태)$=50,000-30,000=20,000\,\text{m}^3$
· 자연 상태의 부족 토량$=20,000\times\dfrac{1}{1.25}=16,000\,\text{m}^3$

28 콘크리트 포장 이음부의 시공과 관계가 가장 적은 것은?

① 타이바(tie bar)
② 프라이머(primer)
③ 슬립폼(slip form)
④ 다우윌바(dowel bar)

해설 프라이머(primer) : 주입 줄눈재와 콘크리트 슬래브와의 부착이 잘되게 하기 위하여 주입 줄눈재의 시공에 앞서 미리 줄눈의 홈에 바르는 휘발성 재료

29 암거의 배열방식 중 여러 개의 흡수거를 1개의 간선 집수거 또는 집수지거로 합류시키게 배치한 방식은?

① 차단식
② 자연식
③ 빗식
④ 사이펀식

해설 빗식으로 집수지거의 길이가 짧아도 되고 배수구도 적은 수로 된다.

□□□ 기 21

30 보강토 옹벽에 대한 설명으로 틀린 것은?

① 옹벽시공 현장에서의 콘크리트 타설 작업이 필요 없다.
② 전면판과 보강재가 제품화 되어 있어 시공속도가 빠르다.
③ 지진 위험지역에서는 기존의 옹벽에 비하여 안정적이지 못하다.
④ 전면판과 보강재의 연결 및 보강재와 흙 사이의 마찰에 의하여 토압을 지지한다.

해설 충격과 진동에 강한 구조를 갖는 보강토 옹벽은 지진 위험지역에서는 기존의 옹벽에 비하여 안정적이다.

□□□ 기 98,00,06,21

31 1회 굴착토량이 $3.2m^3$, 토량 환산계수가 0.77, 불도저의 작업효율이 0.6, 사이클 타임이 2.5분, 1일 작업시간(불도저)이 7시간, 1개월에 22일 작업한다면 이 공사는 몇 개월 소요되겠는가? (단, 성토량은 $20,000m^3$이고, 불도저 1대로 작업하는 경우이다.)

① 약 3.7개월
② 약 4.2개월
③ 약 5.6개월
④ 약 6개월

해설 ・작업량 $Q = \dfrac{60 \cdot q \cdot f \cdot E}{C_m}$

$$= \dfrac{60 \times 3.2 \times 0.77 \times 0.6}{2.5} = 35.48\,\mathrm{m^3/hr}$$

・공사일수 $T = \dfrac{20,000}{35.48 \times 22 \times 7} = 3.66$개월=약 3.7개월

□□□ 기 89,01,05,08,21

32 작업거리가 60m인 불도저 작업에 있어서 전진속도 40m/min, 후진속도 50m/min, 기어조작시간 15초일 때 사이클 타임은?

① 2.7min
② 2.95min
③ 17.7min
④ 19.35min

해설 사이클 타임

$$C_m = \frac{l}{V_1} + \frac{l}{V_2} + t = \frac{60}{40} + \frac{60}{50} + \frac{15}{60} = 2.95\,(\mathrm{min})$$

□□□ 기 04,08,11,19,21

33 AASHTO(1986) 설계법에 의해 아스팔트 포장의 설계 시 두께지수(SN, Structure Number) 결정에 이용되지 않는 것은?

① 각 층의 두께
② 각 층의 배수계수
③ 각 층의 침입도지수
④ 각 층의 상대강도계수

해설 $SN = \alpha_1 D_1 + \alpha_2 D_2 M_2 \cdots$
여기서, α : 각 층의 상대강도계수
D : 각 층의 두께
M : 각 층의 배수계수

□□□ 기 15,21

34 발파에 의한 터널공사 시공 중 발파진동 저감대책으로 틀린 것은?

① 동시 발파
② 정밀한 천공
③ 장약량 조절
④ 방진공(무장약공) 수행

해설 전단면을 1회에 발파하지 않고 여러 단계로 분할하여 분할발파를 실시한다.

□□□ 기 21

35 부벽식 옹벽에 대한 설명으로 틀린 것은?

① 토압을 받지 않는 쪽에 부벽부재를 가지는 것을 뒷부벽식 옹벽이라고 한다.
② 뒷부벽식 T형보로 설계하여야 하며, 앞부벽은 직사각형보로 설계하여야 한다.
③ 토압에 저항하는 앞면 수직벽과 이와 직교하는 밑판 및 수직부벽으로 이루어지고 있다.
④ 밑판은 부벽을 지점으로 하는 연속판으로서 윗부분의 토사 중량과 지점반력과의 차이로서 설계하게 된다.

해설 토압을 받는 쪽에 부벽부재를 가지는 것을 뒷부벽식 옹벽이라고 한다.

□□□ 기 93,02,05,10,15,21

36 현장에서 타설하는 피어공법 중 시공 시 케이싱튜브를 인발할 때 철근이 따라 올라오는 공상(共上)현상이 일어나는 단점이 있는 공법은?

① 시카고 공법
② 돗바늘 공법
③ 베노토 공법
④ RCD(Reverse Circulation Drill) 공법

해설 Benoto 공법 : 케이싱을 뽑아올리는 높이에 한도가 있어 케이싱을 인발할 때 삽입 된 철근이 인발되는 공상현상이 일어날 염려가 있다.

□□□ 기 04,05,21

37 암석의 발파이론에서 Hauser의 발파 기본식은? (단, L=폭약량, C=발파계수, W=최소저항선)

① $L = C \cdot W$
② $L = C \cdot W^2$
③ $L = C \cdot W^3$
④ $L = C \cdot W^4$

해설 Hauser의 암석의 발파 기본식
폭약량 $L = C \cdot W^3$

38 오픈케이슨 공법의 장점에 대한 설명으로 틀린 것은?

① 공사비가 비교적 싸다.
② 기계굴착이므로 시공이 빠르다.
③ 가설비 및 기계설비가 비교적 간단하다.
④ 호박돌 및 기타 장애물이 있을시 제거작업이 쉽다.

해설 호박돌, 큰 전석 및 기타 장애물이 있을시 제거 작업이 어려워 침하작업이 지연된다.

39 콘크리트 압축강도 시험에 있어서 10개의 공시체를 측정한 결과, 평균치는 18MPa, 표준편차는 1MPa일 때의 변동계수는?

① 3.46%   ② 5.56%
③ 8.21%   ④ 11.11%

해설 변동계수 $= \dfrac{\text{표준편차}}{\text{측정값의 평균치}} \times 100$

$= \dfrac{1}{18} \times 100 = 5.56\%$

40 버킷이 용량이 0.6m^3, 버킷계수가 0.9, 토량변화율(L) = 1.25, 작업효율이 0.7, 사이클 타임이 25초인 파워 셔블의 시간당 작업량은?

① $68.0\text{m}^3/\text{h}$ ② $61.2\text{m}^3/\text{h}$
③ $54.4\text{m}^3/\text{h}$ ④ $43.5\text{m}^3/\text{h}$

해설 $Q = \dfrac{3,600 \times q \times k \times f \times E}{C_m}$

$= \dfrac{3,600 \times 0.6 \times 0.9 \times \dfrac{1}{1.25} \times 0.7}{25} = 43.5\,\text{m}^3/\text{hr}$

제3과목 : 건설재료 및 시험

41 건설재료용 석재에 대한 설명으로 틀린 것은?

① 대리석은 강도는 매우 크지만 내구성이 약하며, 풍화하기 쉬우므로 실외에 사용하는 경우는 드물고, 실내장식용으로 많이 사용된다.
② 석회암은 석회물질이 침전·응고한 것으로서 용도는 석회, 시멘트, 비료 등의 원료 및 제철시의 용매제 등에 사용된다.
③ 혈암(頁岩)은 점토가 불완전하게 응고된 것으로서, 색조는 흑색, 적갈색 및 녹색이 있으며, 부순 돌, 인공경량골재 및 시멘트 제조시 원료로 많이 사용된다.
④ 화강암은 화성암 중에서도 심성암에 속하며, 화강암의 특징은 조직이 불균일하고 내구성, 강도가 적고, 내화성이 크다.

해설 화강암의 특징
· 화강암은 화성암중에서 심성암에 속한다.
· 조직이 균일하고 내구성 및 강도가 크다.
· 내화성이 약해 고열을 받는 곳에는 적당치 못하다.

42 재료의 성질을 나타내는 용어의 설명으로 틀린 것은?

① 인장력에 재료가 길게 늘어나는 성질을 연성이라 한다.
② 외력에 의한 변형이 크게 일어나는 재료를 강성이 큰 재료라고 한다.
③ 작은 변형에도 쉽게 파괴되는 성질을 취성이라 한다.
④ 재료를 두들길 때 엷게 펴지는 성질을 전성이라 한다.

해설 강성(剛性) : 외력을 받아도 변형을 적게 일으키는 재료를 강성이 큰 재료라 하며, 강성은 탄성계수와 관계가 있으나 강도(强度)와는 직접적인 관계가 없다.

43 잔골재의 조립률 2.3, 굵은 골재의 조립률 7.0을 사용하여 잔골재와 굵은 골재를 1 : 1.5의 비율로 혼합하면 이 때 혼합된 골재의 조립률은?

① 4.92   ② 5.12
③ 5.32   ④ 5.52

해설 $f_a = \dfrac{m}{m+n} \times f_s + \dfrac{n}{m+n} \times f_g$

$= \dfrac{1}{1+1.5} \times 2.3 + \dfrac{1.5}{1+1.5} \times 7.0 = 5.12$

□□□ 기 21

44 표점거리 $L=50$mm, 지름 $D=14$mm의 원형 단면봉을 가지고 인장시험을 하였다. 축 인장 하중 $P=100$kN이 작용하였을 때, 표점거리 $L=50.433$mm와 지름 $D=13.970$mm가 측정되었다. 이 재료의 탄성계수는 약 얼마인가?

① 143,000MPa
② 75,000MPa
③ 27,000MPa
④ 8,000MPa

해설 탄성계수 $E=\dfrac{P\cdot l}{A\cdot\Delta l}$

· $\Delta l = 50.433 - 50 = 0.433$mm

· $A = \dfrac{\pi D^2}{4} = \dfrac{\pi\times 13.970^2}{4} = 153.28$mm^2

∴ $E = \dfrac{100\times 10^3\times 50}{153.28\times 0.433} = 75,335$N/mm^2 $= 75,000$MPa

□□□ 기 05,13,21

45 콘크리트용 골재의 품질판정에 대한 설명으로 틀린 것은?

① 조립률로 골재의 입형을 판정할 수 있다.
② 체가름 시험을 통하여 골재의 입도를 판정할 수 있다.
③ 골재의 입도가 일정한 경우 실적률을 통하여 골재 입형을 판정할 수 있다.
④ 황산나트륨 용액에 골재를 침수시켜 건조시키는 조작을 반복하여 골재의 안정성을 판정할 수 있다.

해설 · 체가름시험을 통하여 조립률로 골재의 입도를 수량적으로 나타냄
· 실적률을 통하여 골재의 입형을 판정
· 황산나트륨 용액에 골재를 침수시켜 건조시키는 조작을 반복하여 골재의 안정성을 판정

□□□ 기 04,07,21

46 굵은 골재의 밀도시험 결과가 아래의 표와 같을 때 이 골재의 표면 건조 포화 상태의 시료 밀도는?

[시험결과]
· 표면 건조 포화 상태 시료의 질량 : 4,000g
· 절대 건조 상태 시료의 질량 : 3,950g
· 시료의 수중 질량 : 2,490g
· 시험 온도에서 물의 밀도 : 0.997g/cm^3

① 2.57g/cm^3
② 2.60g/cm^3
③ 2.64g/cm^3
④ 2.70g/cm^3

해설 표건 밀도

$= \dfrac{\text{표건상태의 시료질량}}{\text{표건상태의 시료질량} - \text{시료의 수중질량}} \times$물의 밀도

$= \dfrac{4,000}{4,000-2,490} \times 0.997 = 2.64$g/cm^3

□□□ 기 21

47 콘크리트용 혼화재료로 사용되는 고로슬래그 미분말에 대한 설명으로 틀린 것은?

① 탄산화에 대한 내구성이 증진된다.
② 잠재수경성이 있어 수밀성이 향상된다.
③ 염화물이온 침투를 억제하여 철근부식 억제효과가 있다.
④ 포틀랜드시멘트와의 비중차가 작아 혼화재로 사용할 경우 혼합 및 분산성이 우수하다.

해설 고로슬래그 미분말의 혼합률을 시멘트 중량에 대하여 70% 정도 혼합한 경우 탄성화 속도가 보통콘크리트의 2배 정도가 되는 경우도 있다. 따라서 탄산화에 대한 내구성이 감소된다.

□□□ 기 11,21

48 플라이 애시에 대한 설명으로 틀린 것은?

① 표면이 매끄러운 구형입자로 되어 있어 콘크리트의 워커빌리티를 좋게 한다.
② 플라이애시를 사용한 콘크리트는 초기재령에서의 강도는 다소 작으나 장기재령의 강도는 증가한다.
③ 양질의 플라이애시를 적절히 사용함으로써 건조, 습윤에 따른 체적 변화와 동결융해에 대한 저항성을 향상시켜 준다.
④ 플라이애시에 포함되어 있는 함유탄소분의 일부가 AE제를 흡착하는 성질이 있어 소요의 공기량을 얻기 위한 AE제의 사용량을 줄일 수 있다.

해설 · 플라이 애시는 함유탄소분의 일부가 AE제를 흡착하는 성질을 가지고 있어 AE제 양을 상당히 많이 요구하는 경우가 있으므로 주의를 요한다.
· 플라이애시를 사용한 콘크리트의 경우 목표 공기량을 얻기 위해서는 플라이 애시를 사용하지 않은 콘크리트에 비해 AE제의 사용량이 증가된다.

□□□ 기 21

49 암석의 물리적 성질에 대한 설명으로 틀린 것은?

① 석재의 비중은 조암광물의 성질, 비율, 공극의 정도 등에 따라 달라진다.
② 암석의 흡수율은 시료의 중량에 대한 공극을 채우고 있는 물의 중량을 백분율로 나타낸다.
③ 일반적으로 석재의 비중이라면 절대 건조 비중을 말한다.
④ 암석의 공극률이란 암석에 포함된 전 공극과 겉보기체적의 비를 말한다.

해설 석재의 비중은 일반적으로 겉보기 비중을 말하며, 보통 2.65 정도이지만 암석의 종류에 따라 약간 다르다.

50 합판에 대한 설명으로 틀린 것은?

① 로터리 베니어는 증기에 가열 연화되어진 둥근 원목을 나이테에 따라 연속적으로 감아 둔 종이를 펴는 것과 같이 엷게 벗겨낸 것이다.

② 슬라이스트 베니어는 끌로서 각목을 얇게 절단한 것으로 아름다운 결을 장식용으로 이용하기에 좋은 특징이 있다.

③ 합판의 종류는 내수성과 내구성의 정도에 따라 섬유판, 조각판, 적층판, 강화적층재 등이 있다.

④ 합판의 특징은 동일한 원재로부터 많은 정목판과 나무결무늬판이 제조되며, 팽창수축 등에 의한 결점이 없고 방향에 따른 강도 차이가 없다.

해설 · 합판의 종류 : 로터리 베니어(rotary veneer), 소드 베니어(sawed veneer), 슬라이스 베니어(sliced vaneer)
· 합판 이외에 가공판으로는 조각판, 적층판, 집성재, 강화적층재 등이 있다.

51 아래는 잔골재의 입도에 대한 설명이다. ( )안에 들어갈 알맞은 값은?

> 잔골재의 조립률이 콘크리트 배합을 정할 때 가정한 잔골재의 조립률에 비하여 ( )이상의 변화를 나타내었을 때는 배합의 적정성 확인 후 배합보완 및 변경 등을 검토하여야 한다.

① ±0.1 ② ±0.2
③ ±0.3 ④ ±0.4

해설 잔골재의 조립률이 콘크리트 배합을 정할 때 가정한 잔골재의 조립률에 비하여 ±0.20 이상의 변화를 나타내었을 때는 배합을 변경해야 한다고 규정하고 있다.

52 AE제의 기능에 대한 설명으로 틀린 것은?

① 연행공기의 증가는 콘크리트의 워커빌리티 개선 효과를 나타낸다.

② 연행공기량은 재료분리를 억제하고, 블리딩을 감소시킨다.

③ 물의 동결에 의한 팽창응력을 기포가 흡수함으로써 콘크리트의 동결융해에 대한 내구성을 개선한다.

④ 갇힌공기와는 달리 AE제에 의한 연행공기는 그 양이 다소 많아져도 강도손실을 일으키지 않는다.

해설 · AE제에 의한 콘크리트 중에 생성된 공기를 연행공기라 한다.
· 연행공기가 지나치게 많아지면 콘크리트의 작업성은 좋아지나 강도가 저하되므로 AE제 사용량에 주의한다.

53 컷백(Cut back) 아스팔트에 대한 설명으로 틀린 것은?

① 대부분의 도로포장에 사용된다.

② 경화 속도가 빠른 것부터 느린 순서로 나누면 RC > MC > SC 순이다.

③ 컷백 아스팔트를 사용할 때는 가열하여 사용하여야 한다.

④ 침입도 60～120 정도의 연한 스트레이트 아스팔트에 용제를 가해 유동성을 좋게 한 것이다.

해설 컷백 아스팔트는 휘발성 용제로 컷백시킨 것이므로 화기에 주위하여야 한다.

54 역청재료의 점도를 측정하는 시험방법이 아닌 것은?

① 환구법 ② 스토머법
③ 앵글러법 ④ 세이볼트법

해설 ■ 아스팔트의 점도를 측정하는 시험법
· 앵글러(Engler)법
· 세이볼트(Saybolt)법
· 스토머(Stomer)법
■ 환구법 : 아스팔트의 연화점 시험방법이다.

55 콘크리트용 강섬유의 품질에 대한 설명으로 틀린 것은?

① 강섬유의 평균 인장강도는 700MPa 이상이 되어야 한다.

② 강섬유는 표면에 유해한 녹이 있어서는 안 된다.

③ 강섬유 각각의 인장 강도는 600MPa 이상이어야 한다.

④ 강섬유는 16℃ 이상의 온도에서 지름 안쪽 90°(곡선 반지름 3mm)방향으로 구부렸을 때, 부러지지 않아야 한다.

해설 강섬유의 인장강도는 400～2,000MPa이다.

56 폴리머시멘트 콘크리트의 특징에 대한 설명으로 틀린 것은?

① 방수성, 불투수성이 양호하다.

② 내충격성 및 내마모성이 좋다.

③ 동결융해 저항성이 양호하다.

④ 건조수축이 커서 균열발생이 쉽다.

해설 폴리머 시멘트 콘크리트
· 시멘트콘크리트는 경화시 건조에 의해 수축하지만 폴리머콘크리트는 경화반응에 의해 수축을 일으킨다.
· 결합재로서 시멘트와 물, 고무, 라텍스 등의 폴리머를 사용하여 골재를 결합시켜 만든 것으로 포장재, 방수재, 접착제 등에 사용된다.

□□□ 기 21
57 아스팔트 시료 채취량 100g을 가지고 증발감량 시험을 실시하였더니 증발 후 시료의 질량이 93g이 되었다. 이 아스팔트의 증발감량(증발 무게 변화율)은?

① +7.5% ② −7.5%
③ +7.0% ④ −7.0%

해설 · 증발 후의 무게가 증가된 경우에는 수치 앞에 (+), 감소한 경우에는 (−) 부호를 기입한다.

· 증발감량 $= \dfrac{\text{증발 후의 시료의 무게} - \text{시료의 무게}}{\text{시료의 무게}} \times 100$

$= \dfrac{93-100}{100} \times 100 = -7.0\%$

□□□ 기 21
58 시멘트에 대한 설명으로 틀린 것은?

① 제조법에는 건식법, 습식법, 반습식법 등이 있다.
② 분말도가 작을수록 수화반응이 빠르고 조기강도가 크다.
③ 포틀랜드 시멘트는 석회질 원료와 점토질 원료를 혼합하여 만든다.
④ 저장할 때는 바닥에서 30cm 이상 떨어진 마루에 적재하되 13포대 이하로 쌓아야 한다.

해설 분말도가 큰 시멘트는 수화작용이 빠르고, 초기강도의 발생이 빠르며 강도 증진율이 높다.

□□□ 기 21
59 다이너마이트 중 폭발력이 가장 강하여 터널과 암석발파에 주로 사용되는 것은?

① 교질 다이너마이트 ② 분상 다이너마이트
③ 규조토 다이너마이트 ④ 스트레이트 다이너마이트

해설 교질 다이너마이트
· 니트로 글리세린을 20% 정도 함유하고 있으며 찐득한 엿 형태의 것으로 폭약 중 폭발력이 가장 강하고 수중에서도 사용이 가능한 폭약
· 폭발력이 강하여 광산, 탄광, 토목 공사 등에 널리 쓰인다.

□□□ 기 02,06,14,21
60 콘크리트의 건조수축균열을 방지하고 화학적 프리스트레스를 도입하는데 사용되는 시멘트는?

① 팽창시멘트 ② 초속경시멘트
③ 알루미나시멘트 ④ 고로슬래그시멘트

해설 · 팽창 시멘트는 수축보상용 시멘트와 화학적 프리스트레스 도입용으로 구분되어 사용된다.
· 팽창성 콘크리트의 수축률은 보통 콘크리트에 비하여 20~30% 정도 작다.

제4과목 : 토질 및 기초

□□□ 기 91,96,01,05,07,11,21
61 흙의 다짐 시험 시 래머의 질량이 2.5kg, 낙하고 30cm, 3층으로 각 층 다짐 횟수가 25회일 때 다짐에너지는? (단, 몰드의 체적은 1,000cm³이다.)

① 0.66kg·cm/cm³ ② 5.63kg·cm/cm³
③ 6.96kg·cm/cm³ ④ 10.45kg·cm/cm³

해설 $E_c = \dfrac{W \cdot H \cdot N_B \cdot N_L}{V}$

$= \dfrac{2.5 \times 30 \times 3 \times 25}{1,000} = 5.63\,\text{kg} \cdot \text{cm/cm}^3$

□□□ 기 96,08,13,18,21
62 말뚝의 부주면마찰력에 대한 설명으로 옳은 것은?

① 부주면마찰력이 작용하면 지지력이 증가한다.
② 연약지반에 말뚝을 박은 후 그 위에 성토를 한 경우에는 발생하지 않는다.
③ 연약한 점토에 있어서는 상대변위의 속도가 느릴수록 부주면 마찰력은 크다.
④ 부주면마찰력은 말뚝 주변 침하량이 말뚝의 침하량보다 클 때 아래로 끌어내리는 마찰력을 말한다.

해설 · 말뚝에 부주면 마찰력이 발생하면 말뚝의 지지력은 감소한다.
· 연약지반에 말뚝을 박은 후 그 위에 성토를 하면 일어나기 쉽다.
· 압밀층을 관통하여 견고한 지반에 말뚝을 박으면 일어나기 쉽다.
· 연약한 점토에서 부마찰력은 상대변위의 속도가 느릴수록 적고, 빠를수록 크다.

□□□ 기 82,89,03①,19③,21
63 지표면에 연직 집중하중이 작용할 때 Boussinesq의 지중 연직응력 증가량에 대한 설명으로 옳은 것은? (단, E : 흙의 탄성계수, μ : 흙의 푸아송 비)

① E 및 μ와는 무관하다.
② E와는 무관하지만 μ에는 정비례한다.
③ μ와는 무관하지만 E에는 정비례한다.
④ E와 μ에 정비례한다.

해설 Boussinesq의 지중연직응력

$\Delta\sigma_z = \dfrac{3P}{2\pi Z^2} \dfrac{1}{\left[1 + \left(\dfrac{r}{Z}\right)^2\right]^{5/2}}$

∴ 지중연직응력의 증가는 탄성계수(E)을 고려하지 않는다.

$\Delta\sigma_r = \dfrac{P}{2\pi}\left(\dfrac{3r^2 Z}{R^5}\right) - (1-2\mu)\left(\dfrac{R \cdot Z}{R \cdot r^2}\right)$

∴ 수평응력의 증가는 푸아송비(μ)와 관계가 있다.

64 포화된 점성토 흙에 대한 일축압축시험 결과, 일축압축 강도는 100kN/m²이었다. 이 시료의 점착력은?

① 25kN/m² ② 33.3kN/m²

③ 50kN/m² ④ 100kN/m²

해설 $q_u = 2c\tan\left(45 + \dfrac{\phi}{2}\right)$ 에서

· 포화된 점성토 $\phi = 0$: $q_u = 2c$

· 일축압축강도 $q_u = 100\,kN/m^2$

∴ 점착력 $c = \dfrac{q_u}{2} = \dfrac{100}{2} = 50\,kN/m^2$

65 어떤 흙 시료의 변수위 투수시험을 한 결과가 아래와 같을 때 15℃에서의 투수계수는?

- 스탠드파이프 내경(d) : 4.3mm
- 측정 개시시간(t_1) : 09시 20분
- 측정 완료시간(t_2) : 09시 30분
- 시료의 지름(D) : 5.0cm
- 시료의 길이(L) : 20.0cm
- t_1에서 수위(H_1) : 30cm
- t_2에서 수위(H_2) : 15cm
- 수온 : 15℃

① $1.75 \times 10^{-3}\,cm/s$ ② $1.71 \times 10^{-4}\,cm/s$

③ $3.93 \times 10^{-4}\,cm/s$ ④ $7.42 \times 10^{-5}\,cm/s$

해설 $k = 2.3\dfrac{a \cdot L}{A \cdot t}\log\dfrac{H_1}{H_2}$

· $a = \dfrac{\pi d^2}{4} = \dfrac{\pi \times 0.43^2}{4} = 0.145\,cm^2$

· $A = \dfrac{\pi D^2}{4} = \dfrac{\pi \times 5.0^2}{4} = 19.63\,cm^2$

· $t = 10(분) \times 60(초) = 600\,sec$

∴ $k = 2.3\dfrac{0.145 \times 20.0}{19.63 \times 600}\log\dfrac{30.0}{15.0} = 1.70 \times 10^{-4}\,cm/s$

66 2m×3m 크기의 직사각형 기초에 60kN/m²의 등분포 하중이 작용할 때 2 : 1 분포법으로 구한 기초 아래 10m 깊이에서의 응력 증가량은?

① 2.31kN/m² ② 5.43kN/m²

③ 13.3kN/m² ④ 18.3kN/m²

해설 $\Delta\sigma_z = \dfrac{q \cdot B \cdot L}{(B+Z)(L+Z)} = \dfrac{60 \times 2 \times 3}{(2+10)(3+10)} = 2.3\,kN/m^2$

67 통일분류법으로 흙을 분류할 때 사용하는 인자가 아닌 것은?

① 군지수 ② 입도 분포

③ 색, 냄새 ④ 애터버그 한계

해설 · 통일분류법은 입도분포, 애터버그 한계(액성한계, 소성지수) 등을 주요 분류인자로 한 분류법이다.

· 소성도표에서 A선 아래 빗금부분 아래(색, 냄새) : ML, OL

· AASHTO분류법은 입도분포, 군지수 등을 주요 분류인자로 한 분류법이다.

68 압밀시험 결과 중 시간–침하량 곡선에서 구할 수 없는 값은?

① 압밀계수 ② 압축지수

③ 초기 압축비 ④ 1차 압밀비

해설 압밀시험 성과표

하중단계	그래프 곡선	구하는 계수
각 하중 단계	시간 – 침하 곡선	압밀계수(C_V)
		일차 압밀비(γ)
		체적 변화계수(m_v)
		투수계수(K)
전 하중 단계	$e - \log P$ 곡선	압축지수(C_c)
		선행 압밀하중(P_o)

69 모래의 밀도에 따라 일어나는 전단특성에 대한 설명으로 틀린 것은?

① 내부마찰각(ϕ)은 조밀한 모래일수록 크다.

② 조밀한 모래에서는 전단변형이 계속 진행되면 부피가 팽창한다.

③ 직접 전단시험에 있어서 전단응력과 수평변위 곡선은 조밀한 모래에서 정점을 보인다.

④ 시료를 재성형하면 강도가 작아지지만 조밀한 모래에서는 시간이 경과됨에 따라 강도가 회복된다.

해설 · 다시 성형한 시료의 강도는 작아지지반 조밀한 점토에서는 시간이 경과됨에 따라 강도가 회복된다.

· Thixotropy : 교란된 점토지반이 시간이 지남에 따라 손실된 강도의 일부를 회복하는 현상

· Dilatancy : 조밀한 모래에서 전단이 진행됨에 따라 부피가 증가되는 현상

□□□ 기 08,21

70 다음 중 사질토 지반의 개량공법에 속하지 않는 것은?

① 다짐 말뚝 공법

② 전기 충격 공법

③ 생석회 말뚝 공법

④ 바이브로 플로테이션(Vibro-Flotation) 공법

해설 연약지반 개량공법

점질토 지반 개량	사질토 지반 개량
· sand drain 공법	· vibrofloatation 공법
· 치환공법	· 폭파다짐 공법
· preloading 공법	· 전기 충격 공법
· 침투압공법	· compozer 공법
· 전기 침투공법	· 다짐 말뚝공법
· 생석회 말뚝공법	· 약액주입 공법

□□□ 기 93,03,08,10,14,16,21

71 그림과 같은 조건에서 분사현상에 대한 안전율은?
(단, 모래의 포화단위중량은 $19.62kN/m^3$이고, 물의 단위중량은 $9.81kN/m^3$이다.)

① 1.0

② 2.0

③ 2.5

④ 3.0

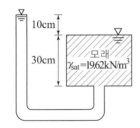

해설 $i_c = \dfrac{\gamma_{sub}}{\gamma_w} = \dfrac{19.62-9.81}{9.81} = 1$

$i = \dfrac{h}{L} = \dfrac{10}{30} = \dfrac{1}{3}$

$\therefore$ 안전율 $F = \dfrac{i_c}{i} = \dfrac{1}{\dfrac{1}{3}} = 3$

□□□ 기 99,04,06,08,11,19,21

72 토질조사에서 사운딩(Sounding)에 대한 설명으로 옳은 것은?

① 동적인 사운딩 방법은 주로 점성토에 유효하다.

② 표준관입 시험(S.P.T)은 정적인 사운딩이다.

③ 베인전단시험은 동적인 사운딩이다.

④ 사운딩은 주로 원위치 시험으로서 의미가 있고 예비조사에 사용하는 경우가 많다.

해설 · 동적인 사운딩 방법 : 사질토, 정적 사운딩 : 점성토 지반

· 표준 관입 시험(S.P.T) : 동적 사운딩 방법

· 베인전단시험은 정적인 사운딩이다.

□□□ 기 83,93,99,17④,21

73 Terzaghi의 얕은 기초 지지력 공식
$(q_u = \alpha c N_c + \beta \gamma_1 B N_\gamma + \gamma_2 D_f N_q)$에 대한 설명으로 틀린 것은?

① 계수 α, β를 형상계수라 하며 기초의 모양에 따라 결정된다.

② 지지력계수인 N_c, N_γ, N_q는 내부마찰각과 점착력에 의해서 정해진다.

③ 기초의 설치 깊이 D_f가 클수록 극한지지력도 이와 더불어 커진다고 볼 수 있다.

④ γ_1는 흙의 단위중량이며, 기초 바닥이 지하수위 보다 아래에 위치하면 수중단위중량을 써야 한다.

해설 지지력 계수 N_c, N_q, N_r는 내부 마찰각 ϕ에 의해 정해진다.

□□□ 기 21

74 분할법에 의한 사면안정 해석 시에 제일 먼저 결정되어야 할 사항은?

① 분할절편의 중량

② 가상파괴 활동면

③ 활동면상의 마찰력

④ 각 절편의 공극수압

해설 · 가장 먼저 가상파괴 활동면을 결정한다.

· 분할법(절편법) : 반경 R인 원호인 가상 활동면을 안전율이 될 때까지 변화하여 결정한다.

· 여러개의 가상 활동면으로부터 분할세편으로 분할하여 해석한다.

□□□ 기 03,10,14②,19②,21

75 모래지반에 30cm×30cm의 재하판으로 재하실험을 한 결과 $100kN/m^2$의 극한 지지력을 얻었다. 4m×4m의 기초를 설치할 때 기대되는 극한지지력은?

① $100kN/m^2$

② $1,000kN/m^2$

③ $1,333kN/m^2$

④ $1,540kN/m^2$

해설 사질토에서 지지력은 재하판의 폭에 비례

$0.30 : 100 = 4 : q_d$

$q_d = \dfrac{4}{0.30} \times 100 = 1,333 kN/m^2$

□□□ 기 04,06,14,21

76 Jaky의 정지토압계수(K_o)를 구하는 공식은?

① $K_o = 1 + \sin\phi$

② $K_o = 1 - \sin\phi$

③ $K_o = 1 - \cos\phi$

④ $K_o = 1 + \cos\phi$

해설 Jaky 공식

· 모래 및 정규압밀점토의 경우에 대해 정지토압계수를 구하는 식

· 정지토압계수 $K_o = 1 - \sin\phi$

77 그림과 같은 지층단면에서 지표면에 가해진 $50kN/m^2$의 상재하중으로 인한 점토층(정규압밀점토)의 1차 압밀 최종 침하량(S)과 침하량이 5cm일 때의 평균압밀도(U)는? (단, 물의 단위중량은 $9.8kN/m^3$이다.)

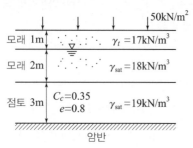

① $S=18.3cm$, $U=27\%$ ② $S=18.3cm$, $U=22\%$

③ $S=14.7cm$, $U=27\%$ ④ $S=14.7cm$, $U=22\%$

해설 점토층의 중앙부분에서 받고 있는 유효연직

$$P_o = \gamma_t H_1 + \gamma_{sub}H_2 + \gamma_{sub}\frac{H_3}{2}$$
$$= 17 \times 1 + (18-9.81) \times 2 + (19-9.81) \times 1.5 = 47.2 \, kN/m^2$$

$\therefore$ 침하량 $S = \dfrac{C_c H}{1+e} \log\left(\dfrac{P_o + \Delta P}{P_o}\right)$

$$= \frac{0.35 \times 3}{1+0.8} \log\left(\frac{47.2+50}{47.2}\right) = 0.183m = 18.3cm$$

· 압밀도 (침하량 5cm일 때)

$$U = \frac{\text{임의 시간 압밀 침하량}}{\text{1차 압밀 침하량}} \times 100$$

$$= \frac{5}{18.3} \times 100 = 27\%$$

$\therefore$ 평균 압밀도 $U_{av} = \dfrac{S_c(t)}{S_c} = \dfrac{5}{18.3} \times 100 = 27\%$

78 현장 모래지반의 습윤단위중량을 측정한 결과 $18kN/m^3$으로 얻어졌으며 동일한 모래를 채취하여 실내에서 가장 조밀한 상태의 간극비를 구한 결과 $e_{min}=0.45$, 가장 느슨한 상태의 간극비를 구한 결과 $e_{max}=0.92$를 얻었다. 현장상태의 상대밀도는 약 몇 %인가? (단, 물의 단위중량은 $9.81kN/m^3$, 모래의 비중은 2.7이고, 현장상태의 함수비는 10%이다.)

① 44% ② 54%

③ 64% ④ 74%

해설 $D_r = \dfrac{e_{max}-e}{e_{max}-e_{min}} \times 100$

· $\gamma_d = \dfrac{\gamma_t}{1+e} = \dfrac{18}{1+0.10} = 16.36 \, kN/m^3$

· $e = \dfrac{\gamma_w}{\gamma_d} G_s - 1 = \dfrac{9.81 \times 2.7}{16.36} - 1 = 0.62$

$\therefore D_r = \dfrac{0.92-0.62}{0.92-0.45} \times 100 = 64\%$

79 흙 시료 채취에 대한 설명으로 틀린 것은?

① 교란의 효과는 소성이 낮은 흙이 소성이 높은 흙보다 크다.

② 교란된 흙은 자연 상태의 흙보다 압축강도가 작다.

③ 교란된 흙은 자연 상태의 흙보다 전단강도가 작다.

④ 흙 시료 채취 직후에 비교적 교란 되지 않은 코어(core)는 부(負)의 과잉간극수압이 생긴다.

해설 교란의 효과는 소성이 높은 흙이 소성이 낮은 흙보다 크다.

80 Sand Drain공법의 지배 영역에 관한 Barron의 정사각형 배치에서 Sand Pile의 중심 간 간격을 d, 유효원의 지름을 d_e라 할 때 d_e를 구하는 식으로 옳은 것은?

① $d_e = 1.03d$ ② $d_e = 1.05d$

③ $d_e = 1.13d$ ④ $d_e = 1.50d$

해설 정삼각형 배열 : $d_e = 1.05d$, 정사각형 배열 : $d_e = 1.13d$

국가기술자격 필기시험문제

자격종목		시험시간	문제수	형 별	수험번호	성 명
건설재료시험기사	온라인TEST	2시간	80	A		

※ 각 문제는 4지 택일형으로 질문에 가장 적합한 문제의 보기 번호를 클릭하거나 답안표기란의 번호를 클릭하여 입력하시면 됩니다.
※ 입력된 답안은 문제 화면 또는 답안 표기란의 보기 번호를 클릭하여 변경하실 수 있습니다.

제1과목 : 콘크리트 공학

□□□ 기 12,22
01 현장 타설 말뚝에 사용하는 수중 콘크리트의 타설에 대한 설명으로 틀린 것은?

① 굵은 골재 최대 치수 25mm의 경우, 관지름이 200~250mm의 트레미를 사용하여야 한다.
② 먼저 타설하는 부분의 콘크리트 타설 속도는 8~10m/h로 실시하여야 한다.
③ 콘크리트 상면은 설계면 보다 0.5m 이상 높이로 여유 있게 타설하고 경화한 후 이것을 제거하여야 한다.
④ 콘크리트를 타설하는 도중에는 콘크리트 속의 트레미의 삽입 깊이는 2m 이상으로 하여야 한다.

해설 일반적으로 먼저 타설하는 부분의 경우 4~9m/h, 나중에 타설하는 부분의 경우 8~10m/h로 설시하여야 한다.

□□□ 기 99,03,05,14,22
02 PS강재에 요구되는 일반적인 성질로 틀린 것은?

① 인장 강도가 작을 것
② 릴랙세이션이 작을 것
③ 콘크리트와 부착력이 클 것
④ 어느 정도의 피로 강도를 가질 것

해설 프리스트레스가 감소한 후에도 PSC가 성립되기 위해서는 일정한 크기의 프리스트레스가 남아 있도록 높은 인장력으로 잡아 당겨 놓아야 한다.

□□□ 기 14,22
03 일반적인 경우 콘크리트의 건조수축에 가장 큰 영향을 미치는 요인은?

① 단위 굵은 골재량
② 단위 시멘트량
③ 잔골재율
④ 단위수량

해설 건조수축에는 단위 수량이 가장 큰 영향을 미친다.

□□□ 기 11,14,17,19,22
04 고압증기양생에 대한 설명으로 틀린 것은?

① 고압증기양생을 실시하면 백태현상을 감소시킨다.
② 고압증기양생을 실시하면 황산염에 대한 저항성이 향상된다.
③ 고압증기양생을 실시한 콘크리트는 어느 정도의 취성이 있다.
④ 고압증기양생을 실시하면 보통 양생한 콘크리트에 비해 철근의 부착강도가 크게 향상된다.

해설 고압증기 양생한 콘크리트는 보통 양생한 것에 비해 철근의 부착 강도가 약 1/2이 되므로 철근콘크리트 부재에 적용하는 것은 바람직하지 못하다.

□□□ 기 01,05,16,22
05 유동화 콘크리트에 대한 설명으로 틀린 것은?

① 미리 비빈 베이스 콘크리트에 유동화제를 첨가하여 유동성을 증대시킨 콘크리트를 유동화 콘크리트라고 한다.
② 유동화제는 희석하여 사용하고, 미리 정한 소정의 양을 2~3회 나누어 첨가하며, 계량은 질량 또는 용적으로 계량하고, 그 계량오차는 1회에 1% 이내로 한다.
③ 유동화 콘크리트의 슬럼프 증가량은 100mm 이하를 원칙으로 하며, 50~80mm를 표준으로 한다.
④ 베이스 콘크리트 및 유동화 콘크리트의 슬럼프 및 공기량 시험은 50m³ 마다 1회씩 실시하는 것을 표준으로 한다.

해설 유동화제는 원액으로 사용하고 미리 정한 소정의 양을 한꺼번에 첨가하며, 계량은 질량 또는 용적으로 계량하고, 그 계량 오차는 1회에 3% 이내로 한다.

□□□ 기 20,22
06 프리텐션 방식의 프리스트레스트 콘크리트에서 프리스트레싱을 할 때의 콘크리트 압축강도는 얼마 이상이어야 하는가?

① 21MPa
② 24MPa
③ 27MPa
④ 30MPa

해설 프리스트레싱할 때의 콘크리트 압축강도는 프리텐션 방식으로 시공할 경우 30MPa 이상이어야 한다.

07 23회의 시험실적으로부터 구한 압축강도의 표준편차가 4MPa이었고, 콘크리트의 호칭강도(f_{cn})가 30MPa일 때 배합강도는? (단, 표준편차의 보정계수는 시험횟수가 20회인 경우 1.08이고, 25회인 경우 1.03이다.)

① 34.4MPa ② 35.7MPa
③ 36.3MPa ④ 38.5MPa

해설 23회의 보정계수 = $1.03 + \dfrac{1.08 - 1.03}{25 - 20} \times (25 - 23) = 1.05$

■ 시험횟수가 29회 이하일 때 표준편차의 보정
$s = 4 \times 1.05 = 4.2$MPa
(∵ 시험횟수 23회일 때 표준편차의 보정계수 1.05)
· $f_{cr} = f_{cn} + 1.34s = 30 + 1.34 \times 4.2 = 35.6$MPa
· $f_{cr} = (f_{cn} - 3.5) + 2.33s = (30 - 3.5) + 2.33 \times 4.2$
$= 36.3$MPa
∴ $f_{cr} = 36.3$MPa(두 값 중 큰 값)

08 현장의 골재에 대한 체분석 결과 잔골재 속에서 5mm체에 남는 것이 6%, 굵은 골재 속에서 5mm체를 통과하는 것이 11%이었다. 시방배합표상의 단위 잔골재량이 632kg/m³, 단위 굵은 골재량이 1,176kg/m³일 때 현장배합을 위한 단위 잔골재량은? (단, 표면수에 대한 보정은 무시한다.)

① 522kg/m³ ② 537kg/m³
③ 612kg/m³ ④ 648kg/m³

해설 입도에 의한 조정
a : 잔골재 중 5mm체에 남은 양 : 10%
b : 굵은 골재 중 5mm체를 통과한 양 : 5%
잔골재 = $\dfrac{100S - b(S + G)}{100 - (a + b)}$

$= \dfrac{100 \times 632 - 11(632 + 1,176)}{100 - (6 + 11)} = 522$kg/m³

09 콘크리트 다지기에 대한 설명으로 틀린 것은?

① 콘크리트 다지기에는 내부진동기의 사용을 원칙으로 하나, 사용이 곤란한 장소에서는 거푸집 진동기를 사용할 수 있다.
② 콘크리트는 타설 직후 바로 충분히 다져서 구석구석까지 채워져 밀실한 콘크리트가 되도록 하여야 한다.
③ 진동다지기를 할 때에는 내부진동기를 하층의 콘크리트 속으로 0.1m 정도 찔러 넣는다.
④ 재진동은 콘크리트에 나쁜 영향이 생기므로 하지 않는 것을 원칙으로 한다.

해설 재진동을 할 경우에는 콘크리트에 나쁜 영향이 생기지 않도록 초결이 일어나기 전에 실시하여야 한다.

10 콘크리트 배합설계에서 잔골재율(S/a)을 작게 하였을 때 나타나는 현상으로 틀린 것은?

① 소요의 워커빌리티를 얻기 위하여 필요한 단위 시멘트량이 증가한다.
② 소요의 워커빌리티를 얻기 위하여 필요한 단위수량이 감소한다.
③ 재료분리가 발생되기 쉽다.
④ 워커빌리티가 나빠진다.

해설 · 일반적으로 잔골재율(S/a)을 작게 하면 소요의 워커빌리티의 콘크리트를 얻기 위하여 필요한 단위수량이 감소되고, 아울러 단위 시멘트량이 적어져서 경제적으로 된다.
· 잔골재율(S/a)을 어느 정도 작게 하면 콘크리트는 거칠어지고 재료의 분리가 일어나는 경향이 커지고 워커빌리티가 나쁜 콘크리트가 된다.

11 콘크리트의 운반 및 타설에 관한 설명으로 틀린 것은?

① 신속하게 운반하여 즉시 타설하고 충분히 다져야 한다.
② 공사 개시 전에 운반, 타설 등에 관하여 미리 충분한 계획을 세워야 한다.
③ 비비기로부터 타설이 끝날 때까지의 시간은 원칙적으로 외기온도가 25℃ 이상일 때는 1.0시간을 넘어서는 안 된다.
④ 운반 중에 재료분리가 일어났으면 충분히 다시 비벼서 균질한 상태로 콘크리트를 타설하여야 한다.

해설 비비기로부터 치기가 끝날 때까지의 시간

외기 온도	소요 시간
25℃ 이상일 때	1.5시간(90분)을 넘지 않을 것
25℃ 미만일 때	2시간(120분)을 넘지 않을 것

12 콘크리트의 휨 강도 시험에 대한 설명으로 틀린 것은?

① 공시체 단면 한 변의 길이는 굵은 골재 최대 치수의 4배 이상이면서 100mm 이상으로 한다.
② 공시체의 길이는 단면의 한 변의 길이의 3배 보다 80mm 이상 길어야 한다.
③ 공시체에 하중을 가하는 속도는 가장자리 응력도의 증가율이 매초 0.6±0.4MPa이 되도록 조정하여야 한다.
④ 공시체가 인장쪽 표면의 지간 방향 중심선의 4점의 바깥쪽에서 파괴된 경우는 그 시험 결과를 무효로 한다.

해설 공시체에 하중을 가하는 속도는 가장자리 응력도의 증가율이 매초 0.06±0.04MPa이 되도록 조정하여야 한다.

□□□ 기 12,13,15,17,20,22

13 콘크리트의 받아들이기 품질 검사에 대한 설명으로 틀린 것은?

① 콘크리트를 타설한 후에 실시한다.
② 내구성 검사는 공기량, 염화물 함유량을 측정하는 것으로 한다.
③ 강도검사는 압축강도 시험에 의한 검사를 실시한다.
④ 워커빌리티의 검사는 굵은 골재 최대 치수 및 슬럼프가 설정치를 만족하는지의 여부를 확인함과 동시에 재료 분리 저항성을 외관 관찰에 의해 확인하여야 한다.

해설 콘크리트의 받아들이기 품질관리는 콘크리트를 타설하기 전에 실시한다.

□□□ 기 07,17,22

14 경량골재 콘크리트에 대한 설명으로 옳은 것은?

① 내구성이 보통 콘크리트보다 크다.
② 열전도율은 보통 콘크리트보다 작다.
③ 동결융해에 대한 저항성은 보통 콘크리트 보다 크다.
④ 건조수축에 의한 변형이 생기지 않는다.

해설 ・강도와 탄성계수가 작다.
・건조수축과 수중 팽이 크다.
・열전도율과 음의 반사가 작다.
・내구성은 보통 콘크리트와 큰 차이가 없다.
・동결융해에 대한 저항성은 보통 콘크리트 보다 작다.

□□□ 기 00,22

15 한중콘크리트의 동결융해에 대한 내구성 개선에 주로 사용되는 혼화재료는?

① AE제
② 포졸란
③ 지연제
④ 플라이애시

해설 한중 콘크리트에서 AE제, 감수제 사용은 단위 수량을 줄여서 동결이 잘 되지 않도록 하며 동시에 AE공기에 의해서 동결 융해에 대한 저항성을 크게 한다.

□□□ 기 10,13,16,22

16 숏크리트의 특징에 대한 설명으로 틀린 것은?

① 용수가 있는 것에서는 시공하기 쉽다.
② 수밀성이 적고 작업 시에 분진이 생긴다.
③ 노즐맨의 기술세 의하여 품질, 시공성 등에 변동이 생긴다.
④ 임의 방향으로 시공 가능하나 리바운드 등의 재료손실이 많다.

해설 뿜어붙일 면에서 물이 나올 때(용수)는 부착이 곤란하다.

□□□ 기 14,15,22

17 콘크리트 재료의 계량 및 비비기에 대한 설명으로 옳은 것은?

① 비비기는 미리 정해 둔 비비기 시간의 4배 이상 계속하지 않아야 한다.
② 비비기 시간은 강제식 믹서의 경우에는 1분 30초 이상을 표준으로 한다.
③ 재료의 계량은 시방 배합에 의해 실시한다.
④ 골재 계량의 허용오차는 3%이다.

해설 ・비비기는 미리 정해 둔 비비기 시간의 3배 이상 계속하지 않아야 한다.
・가경식(중력식) 믹서 : 1분 30초 이상. 강제식 믹서 : 1분 이상
・계량은 현장 배합에 의해 실시하는 것으로 한다.

□□□ 기 01,04,06,11,14,15,19,22

18 시멘트의 수화반응에 의해 생성된 수산화 칼슘이 대기 중의 이산화탄소와 반응하여 콘크리트의 성능을 저하시키는 현상을 무엇이라고 하는가?

① 염해
② 탄산화
③ 동결융해
④ 알칼리-골재반응

해설 콘크리트에 포함된 수산화칼슘($Ca(OH)_2$)이 공기 중의 탄산가스(CO_2)와 반응하여 수산화 칼슘이 소비되어 알칼리성을 잃는 현상이 탄산화 현상이므로 콘크리트가 탄산화 되면 철근의 보호막이 파괴되어 부식되기 쉽다.

□□□ 기 09,11,12,15,19,22

19 $\phi 100 \times 200mm$인 원주형 공시체를 사용한 쪼갬인장 강도 시험에서 파괴하중이 100kN이면 콘크리트의 쪼갬 인장 강도는?

① 1.6MPa
② 2.5MPa
③ 3.2MPa
④ 5.0MPa

해설 $f_t = \dfrac{2P}{\pi dl} = \dfrac{2 \times 100 \times 10^3}{\pi \times 100 \times 200} = 3.2 N/mm^2 = 3.2 MPa$

□□□ 기 02,07,12,18,22

20 콘크리트의 초기균열 중 콘크리트 표면수의 증발속도가 블리딩 속도보다 빠른 경우와 같이 급속한 수분 증발이 일어나는 경우 발생하기 쉬운 균열은?

① 거푸집 변형에 의한 균열 ② 침하수축균열
③ 건조수축균열
④ 소성수축균열

해설 소성 수축균열(플라스틱 수축 균열)
콘크리트를 칠 때 또는 친 직후 표면에서의 급속한 수분의 증발로 인하여 수분이 증발되는 속도가 콘크리트 표면의 블리딩 속도보다 빨라질 때 콘크리트 표면에 생기는 미세한 균열을 말한다.

제2과목 : 건설시공 및 관리

□□□ 기 14,17,22

21 버킷의 용량이 0.8m^3, 버킷계수가 0.9인 백호를 사용하여 12t 덤프트럭 1대에 흙을 적재하고자 할 때 필요한 적재시간은? (단, 백호의 사이클타임(C_m)은 30초, 백호의 작업효율(E)은 0.75, 흙의 습윤밀도(ρ_t)는 1.6t/m^3, 토량변화율(L)은 1.2이다.)

① 7.13분
② 7.94분
③ 8.67분
④ 9.51분

해설 · $q_t = \dfrac{T}{\gamma_t} \times L = \dfrac{12}{1.6} \times 1.2 = 9\text{m}^3$

· 적재회수 $n = \dfrac{q_t}{q \times K} = \dfrac{9}{0.8 \times 0.9} = 12.5 \rightleftharpoons 13$회

∴ 적재시간 $= \dfrac{C_{ms} \times n}{60 \times E_s} = \dfrac{30 \times 13}{60 \times 0.75} = 8.67$분

□□□ 기 17,22

22 그림과 같이 20개의 말뚝으로 구성된 무리말뚝이 있다. 이 무리말뚝의 효율(E)을 Converse—Labrra식을 이용해서 구하면?

① 0.647
② 0.684
③ 0.721
④ 0.758

(그림: 4×5 배열의 말뚝, 30cm, 120cm, 120cm)

해설 $\phi = \tan^{-1}\left(\dfrac{d}{S}\right) = \tan^{-1}\left(\dfrac{0.3}{1.20}\right) = 14.04°$

$E = 1 - \phi\dfrac{m(n-1) + n(m-1)}{90mn}$

$= 1 - 14.04°\dfrac{5(4-1) + 4(5-1)}{90 \times 5 \times 4} = 0.758$

□□□ 기 14,17,22

23 RCD(Reverse Circulation Drill)공법의 특징에 대한 설명으로 틀린 것은?

① 케이싱 없이 굴착이 가능한 공법이다.
② 엔진의 소음 외에는 소음 및 진동 공해가 거의 없다.
③ 굴착 중 투수층을 만났을 때 급격한 수위 저하로 공벽이 붕괴될 수 있다.
④ 기종에 따라 약 35° 정도의 경사 말뚝 시공이 가능하다.

해설 RCD공법은 시공시 경사말뚝 시공이 불가능하다.

□□□ 기 22

24 공정관리에서 PERT와 CPM의 비교 설명으로 옳은 것은?

① PERT는 반복사업에, CPM은 신규사업에 좋다.
② PERT는 1점 시간추정이고, CPM은 3점 시간추정이다.
③ PERT는 작업활동 중심관리이고, CPM은 작업단계 중심관리이다.
④ PERT는 공기 단축이 주목적이고, CPM은 공사비 절감이 주목적이다.

해설 · PERT는 신규 사업, CPM은 반복 사업에 이용된다.
· PERT는 3점 시간 추정이고 CPM은 1점 시간 추정이다.
· PERT는 작업단계 중심관리, CPM은 작업활동 중심관리이다.

□□□ 기 09,12,16,19,22

25 옹벽 등 구조물의 뒤채움 재료에 대한 조건으로 틀린 것은?

① 투수성이 있어야 한다.
② 압축성이 좋아야 한다.
③ 다짐이 양호해야 한다.
④ 물의 침입에 의한 강도 저하가 적어야 한다.

해설 뒤채움 재료의 필요한 성질
· 투수성이 양호할 것
· 압축성이 작고 다짐이 양호한 재료일 것
· 물의 침입에 의한 강도 저하가 적은 안정된 재료일 것

□□□ 기 98,05,08,12,18,22

26 흙의 성토작업에서 아래 그림과 같은 쌓기 방법은?

① 수평층 쌓기
② 전방층 쌓기
③ 비계층 쌓기
④ 물다짐 공법

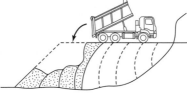

해설 전방층 쌓기
한번에 필요한 높이까지 전방에 흙을 투하하면서 쌓는 방법으로 공사가 빠르나 완공된 후에 침하가 크게 일어난다.

□□□ 기 06,11,22

27 아스팔트 포장과 콘크리트 포장을 비교 설명한 것 중 아스팔트 포장의 특징으로 틀린 것은?

① 초기 공사비가 고가이다.
② 양생기간이 거의 필요 없다.
③ 주행성이 콘크리트 포장보다 좋다.
④ 보수 작업이 콘크리트 포장보다 쉽다.

해설 시멘트 콘크리트 포장의 특징
초기 공사비가 고가이다.

□□□ 기 11,18,22

28 아래에서 설명하는 심빼기 발파공법의 명칭은?

> - 버력이 너무 비산하지 않는 심빼기에 유효하며, 특히 용수가 많을 때 편리하다.
> - 밑면의 반만큼 먼저 발파하여 놓고 물이 그 곳에 집중되면 물이 없는 부분을 발파하는 방법이다.

① 노 컷
② 번 컷
③ 스윙 컷
④ 피라미드 컷

해설 스윙 컷

수직갱의 바닥에 물이 많이 고였을 때 우선 밑면의 반만큼 발파시켜 놓고 물이 거기에 집중한 다음에 물이 없는 부분을 발파하는 방법

□□□ 기 14,20,22

29 그림과 같은 네트워크 공정표에서 구공정선(CP)으로 옳은 것은?

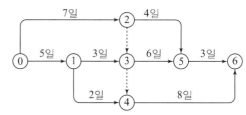

① 0 → 1 → 3 → 5 → 6
② 0 → 1 → 3 → 4 → 6
③ 0 → 2 → 5 → 6
④ 0 → 1 → 4 → 6

해설 일정계산

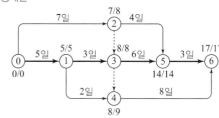

∴ CP : 0 → 1 → 3 → 5 → 6

□□□ 기 00,03,05,09,10,17,18,21,22

30 30,000m³의 성토 공사를 위하여 토량의 변화율이 $L = 1.2$, $C = 0.9$인 현장 흙을 굴착 운반하고자 한다. 이때 운반 토량은?

① 22,500m³
② 32,400m³
③ 40,000m³
④ 62,500m³

해설 절취토량 = $\dfrac{\text{원지반 토량}}{C} = \dfrac{30,000}{0.9} = 33,333.33$m³

∴ 운반토량 = 절취토량 × L = 33333.33 × 1.2 = 40,000 m³

□□□ 기 22

31 토적곡선(mass curve)의 성질에 대한 설명으로 틀린 것은?

① 토적곡선상에 동일 단면 내의 절토량과 성토량은 구할 수 없다.
② 토적곡선이 기선 아래에서 종결될 때에는 토량이 부족하고, 기선 위에서 종결될 때는 토량이 남는다.
③ 기선에 평행한 임의의 직선을 그어 토적곡선과 교차하는 인접한 교차점 사이의 절토량과 성토량은 서로 같다.
④ 토적곡선이 평형선 위쪽에 있을 때 절취토는 우에서 좌로 운반되고, 반대로 아래쪽에 있을 때는 좌에서 우로 운반된다.

해설 토적곡선이 평형선 위쪽에 있을 때 절취토는 좌에서 우로 운반되고, 반대로 아래쪽에 있을 때는 우에서 좌로 운반된다.

□□□ 기 14,22

32 디퍼 준설선(Dipper Dredger)의 특징으로 틀린 것은?

① 기계의 고장이 비교적 적다.
② 작업장소가 넓지 않아도 된다.
③ 암석이나 굳은 지반의 준설에 적합하고 굴착력이 우수하다.
④ 준설비가 비교적 저렴하고, 연속식에 비하여 작업능률이 뛰어나다.

해설 디퍼 준설선의 단점
- 준설단가가 비싸다.
- 구조비가 많이 든다.
- 연속식에 비하여 준설능력 저하

□□□ 기 09,19,22

33 옹벽을 구조적 특성에 따라 분류할 때 여기에 속하지 않는 것은?

① 돌쌓기 옹벽
② 중력식 옹벽
③ 부벽식 옹벽
④ 캔틸레버식 옹벽

해설 구조 형식에 의한 분류

중력식 옹벽, 반중력식 옹벽, 부벽식 옹벽, 캔틸레버식 옹벽(역T형 옹벽, L형 옹벽, 역 L형 옹벽)

□□□ 기 04,06,13,18,22

34 배수로의 설계 시 유의해야 할 사항으로 틀린 것은?

① 집수면적이 커야 한다.
② 유하속도는 느릴수록 좋다.
③ 집수지역은 다소 깊어야 한다.
④ 배수 단면은 하류로 갈수록 커야 한다.

해설 유속을 빠르게 하여 침전 가능한 물질을 유하시킬 것

□□□ 기 07,14,15,22

35 무한궤도식 건설기계의 운전중량이 22t, 접지길이가 270cm, 무한궤도의 폭(슈폭)이 55cm일 때 이 건설기계의 접지압은? (단, 무한궤도 트랙의 수는 2개이다.)

① 0.37kg/cm^2 ② 0.74kg/cm^2
③ 1.48kg/cm^2 ④ 2.96kg/cm^2

해설 · 접지압 : 지면에 주어지는 평균 압력

· 접지압 $= \dfrac{\text{전장비 중량}}{\text{접지면적}(2 \times \text{캐터필러폭} \times \text{접지장})}$

$= \dfrac{22,000}{2 \times 55 \times 270} = 0.74 \text{kg/cm}^2$

□□□ 기 04,08,10,17,18,22

36 터널공사에 있어서 TBM공법의 특징에 대한 설명으로 틀린 것은?

① 여굴이 거의 발생하지 않는다.
② 주변 암반에 대한 이완이 거의 없다.
③ 복잡한 지질변화에 대한 적응성이 좋다.
④ 갱내의 분진, 진동 등 환경조건이 양호하다.

해설 암질 변화에 대한 적응성 범위 예상이 곤란하다.

□□□ 기 00,04,09,22

37 흙 댐(Earth dam)의 특징에 대한 설명으로 틀린 것은?

① 성토용 재료의 구입이 용이하며 경제적이다.
② 높은 댐의 축조가 어려우며, 내진력이 약하다.
③ 여수로의 설치가 필요치 않아 공사비가 저렴하다.
④ 기초 지반이 비교적 견고하지 않더라도 축조가 가능하다.

해설 여수로가 없으면 홍수시 댐을 월류하게 되어 댐의 파괴 원인이 되어 여수로를 반드시 설치해야 한다.

□□□ 기 02,05,08,17,22

38 아스팔트 포장의 안정성 부족으로 인해 발생하는 대표적인 파손은 소성변형(바퀴자국, 측방유동)이다. 소성변형의 원인이 아닌 것은?

① 수막현상
② 중차량 통행
③ 여름철 고온 현상
④ 표시된 차선을 따라 차량이 일정위치로 주행

해설 소성변형(rutting)
아스팔트 포장의 노면에서 중차량의 바퀴가 집중적으로 통과하는 위치에 생긴다. 특히 여름철의 고온 현상에서 원인이 된다.

□□□ 기 11,22

39 콘크리트교의 가설공법 중 현장타설 콘크리트에 의한 공법의 종류에 속하지 않는 것은?

① 동바리공법(FSM 공법)
② 캔틸레버 공법(FCM 공법)
③ 이동식 비계공법(MSS 공법)
④ 프리캐스트 세그먼트공법(PSM 공법)

해설 콘크리트교의 가설공법

가설공법의 분류	가설공법의 종류
현장타설콘크리트에 의한 공법	· 동바리공법(FSM) · 캔틸레버공법(FCM) · 이동식 비계공법(MSS)
프리캐스트콘크리트 세그먼트에 의한 공법	· launching 거더에 의한 캔틸레버공법(FCM) · launching 거더에 의한 지간대지간공법 (FCM) · 압출공법(ILM)

□□□ 기 03,15,22

40 우물통의 침하 공법 중 초기에는 자중으로 침하 되지만 심도가 깊어짐에 따라 콘크리트 블록, 흙가마니 등이 사용되는 공법은?

① 분기식 침하공법 ② 물하중식 침하 공법
③ 재하중에 의한 공법 ④ 발파에 의한 침하 공법

해설 · 발파식 : 폭파에 의한 충격, 진동에 의하여 마찰저항을 감소시켜 침하시키는 공법
· 물하중식 : 케이슨 하부에 수밀성의 선반을 설치하여 물을 가득 채운 후 그 하중으로 침하시키는 공법
· 분기식 : 고압수나 공기를 노즐로 분사시켜 측벽과 토층간의 마찰력을 감소시켜 침하 시키는 방법

제3과목 : 건설재료 및 시험

□□□ 기 84,90,98,01,05,11,22

41 냉간가공을 했을 때 강재의 특성으로 틀린 것은?

① 경도가 증가한다. ② 신장률이 증가한다.
③ 항복점이 증가한다. ④ 인장강도가 증가한다.

해설 강의 냉간 가공
· 강을 냉간 가공하면 비중과 신장률이 작아진다.
· 강을 저온에서 냉간 가공하면 경도가 높아진다.
· 강을 냉간 가공하면 인장 강도와 항복점이 커진다.

□□□ 기 10,11,16,22

42 콘크리트용 혼화제에 대한 일반적인 설명으로 틀린 것은?

① AE제에 의한 연행공기는 시멘트, 골재입자 주위에서 베어링(bearing)과 같은 작용을 함으로써 콘크리트의 워커빌리티를 개선하는 효과가 있다.

② 고성능 감수제는 그 사용방법에 따라 고강도 콘크리트용 감수제와 유동화제로 나누어지지만 기본적인 성능은 동일하다.

③ 촉진제는 응결시간이 빠르고 조기강도를 증대 시키는 효과가 있기 때문에 여름철공사에 사용하면 유리하다.

④ 지연제는 사일로, 대형구조물 및 수조 등과 같이 연속 타설을 필요로 하는 콘크리트 구조에 작업이음의 발생 등의 방지에 유효하다.

해설 촉진제는 응결시간이 빠르고 조기강도의 증대 및 동결온도의 저하에 따라 한중콘크리트에 유효하다. 그러나 응결시간이 빠르기 때문에 여름철공사에 사용하면 불리하다.

□□□ 기 07,08,22

43 굵은 골재의 밀도 시험 결과가 아래와 같을 때 이 골재의 표면 건조 포화 상태의 시료 밀도는?

- 절대 건조 상태의 시료 질량 : 200g
- 표면 건조 포화 상태의 시료 질량 : 2,090g
- 침지된 시료의 수중 질량 : 1,290g
- 시험 온도에서의 물의 밀도 : 1g/cm³

① 2.50g/cm³   ② 2.61g/cm³

③ 2.68g/cm³   ④ 2.82g/cm³

해설 $D_s = \dfrac{B}{B-C} \times \rho_w = \dfrac{2,090}{2,090-1,290} \times 1 = 2.61\,\text{g/cm}^3$

□□□ 기 06,22

44 잔골재의 계량한 결과가 아래와 같을 때 흡수율은?

- 절대 건조 상태의 시료 질량 : 950g
- 공기 중 건조 상태 시료의 질량 : 970g
- 표면 건조 포화 상태 시료의 질량 : 980g
- 습윤 상태 시료의 질량 : 1,000g

① 2.06%   ② 3.06%

③ 3.16%   ④ 3.26%

해설 흡수율 $= \dfrac{m-A}{A} \times 100$

$= \dfrac{980-950}{950} \times 100 = 3.16\%$

□□□ 기 00,02,05,10,16,22

45 시멘트의 강열감량(igmition loss)에 대한 설명으로 틀린 것은?

① 강열감량은 시멘트에 약 1,000℃의 강한 열을 가했을 때의 시멘트 중량감소량을 말한다.

② 강열감량은 주로 시멘트 속에 포함된 H_2O와 CO_2의 양이다.

③ 강열감량은 클링커와 혼합하는 석고의 결정수량과 거의 같은 양이다.

④ 시멘트가 풍화하면 강열감량이 적어지므로 풍화의 정도를 파악하는데 사용된다.

해설 • 강열감량은 클링커와 혼합하는 석고의 결정수량과 거의 같은 양이다.
• 시멘트의 강열감량이 증가하면 시멘트 비중도 감소한다.
• 시멘트가 풍화하면 강열감량이 증가되므로 풍화의 정도를 파악하는데 사용되고 있다.

□□□ 기 89,09,10,15,18,22

46 로스앤젤레스 시험기에 의한 굵은 골재의 마모 시험 결과가 아래와 같을 때 마모 감량은?

- 시험 전 시료의 질량 : 5,000g
- 시험 후 1.7mm의 망체에 남은 시료의 질량 : 4,321g

① 6.4%   ② 7.4%

③ 13.6%   ④ 15.7%

해설 마모율 $= \dfrac{\text{시험 전의 시료 질량} - \text{시험 후 1.7mm체에 남는 시료의 질량}}{\text{시험 전의 시료 질량}} \times 100$

$= \dfrac{5,000-4,321}{5,000} \times 100 = 13.6\%$

□□□ 기 02,09,13,15,16,22

47 석재로서 화강암의 특징에 대한 설명으로 틀린 것은?

① 조직이 균일하고 내구성 및 강도가 크다.

② 외관이 아름다워 장식재로 사용할 수 있다.

③ 균열이 적기 때문에 비교적 큰 재료를 채취할 수 있다.

④ 내화성이 강하므로 고열을 받는 내화용 재료로 많이 사용된다.

해설 화강암의 특징
• 석질이 균일하고 내구성 및 강도가 크다.
• 외관이 아름답기 때문에 장식재로 쓸 수 있다.
• 내화성이 적어 고열을 받는 곳에는 적당하지 못하다.
• 경도 및 자중이 커서 가공 및 시공이 곤란하다.

48 스트레이트 아스팔트와 비교한 고무혼입 아스팔트 (rubberized asphalt)의 특징으로 틀린 것은?

① 응집성 및 부착력이 크다.
② 마찰계수가 크다.
③ 충격저항이 크다.
④ 감온성이 크다.

해설 고무 혼입 아스팔트의 정점
· 감온성이 작다.
· 응집성 및 부착력이 크다.
· 탄성 및 충격저항이 크다.
· 내노화성 및 마찰계수가 크다.

49 방청제를 사용한 콘크리트에서 방청제의 작용에 의한 방식 방법으로 틀린 것은?

① 콘크리트 중의 철근표면의 부동태 피막을 보강하는 방법
② 콘크리트 중의 이산화탄소를 소비하여 철근에 도달하지 않도록 하는 방법
③ 콘크리트 중의 염소이온을 결합하여 고정하는 방법
④ 콘크리트의 내부를 치밀하게 하여 부식성 물질의 침투를 막는 방법

해설 방청제의 작용
· 철근 표면의 부동태 피막을 보강하는 방법
· 산소를 소비하거나 염소이온을 결합하여 고정하는 방법
· 콘크리트의 내부를 치밀하게 하여 부식성 물질의 침투를 막는 방법

50 아래에서 설명하는 합판은?

> 끌로 각재를 얇게 절단한 것으로서, 곧은 결과 무늬 결을 자유로이 얻을 수 있어 장식용으로 이용할 수 있는 특징이 있다.

① 소드 베니어
② 로터리 베니어
③ 파티클 보드(PB)
④ 슬라이스트 베니어

해설 합판의 종류
· rotary veneer : 최근에 가장 많이 쓰이는 방법으로서, 증기에 의해 가열경화된 둥근 원목을 나이테에 따라 연속적으로 감아둔 종이를 펴는 것과 같이 얇게 벗겨 낸 것으로 넓은 폭의 합판이 얻어지며 낭비가 없다.
· 소드 베니어(sawed veneer) : 판재를 얇은 작은 톱으로 켜서 만든 단판으로 아름다운 결이 얻어진다. 고급 합판에 사용되나 톱밥이 많아 비경제적이다.
· sliced vaneer : 끌로 각재를 얇게 절단한 것으로서 곧은결과 무늬 결을 자유로이 얻을 수 있어 장식용으로 자유롭게 이용할 수 있다.

51 골재의 취급과 저장 시 주의해야 할 사항으로 틀린 것은?

① 잔골재, 굵은 골재 및 종류, 입도가 다른 골재는 각각 구분하여 별도로 저장한다.
② 골재의 저장설비는 적당한 배수설비를 설치하고 그 용량을 검토하여 표면수가 균일한 골재의 사용이 가능하도록 한다.
③ 골재의 표면수는 굵은 골재는 건조 상태로, 잔골재는 습윤 상태로 저장하는 것이 좋다.
④ 골재는 빙설의 혼입방지, 동결방지를 위한 적당한 시설을 갖추어 저장해야 한다.

해설 골재의 저장설비에는 그 용량에 알맞게 적당한 배수시설을 설치하고, 표면수는 균일한 골재를 사용할 수 있도록 한다.

52 아래는 길모어 침에 의한 시멘트의 응결시간 시험 방법 (KS L 5103)에서 습도에 대한 내용이다. 아래의 ( )안에 들어갈 내용으로 옳은 것은?

> 시험실의 상대 습도는 (㉠)이상이어야 하며, 습기함이나 습기 실은 시험체를 (㉡) 이상의 상대습도에서 저장할 수 있는 구조이어야 한다.

① ㉠ : 30%, ㉡ : 60%
② ㉠ : 50%, ㉡ : 70%
③ ㉠ : 30%, ㉡ : 80%
④ ㉠ : 50%, ㉡ : 90%

해설 ㉠ : 50%, ㉡ : 90%

53 아스팔트의 성질에 대한 설명으로 틀린 것은?

① 아스팔트의 밀도는 침입도가 작을수록 작다.
② 아스팔트의 밀도는 온도가 상승할수록 저하된다.
③ 아스팔트는 온도에 따라 컨시스턴시가 현저하게 변화된다.
④ 아스팔트의 강성은 온도가 높을수록, 침입도가 클수록 작다.

해설 아스팔트의 밀도는 침입도가 작을수록 크다.

54 토목섬유가 힘을 받아 한 방향으로 찢어지는 특성을 측정하는 시험법은 무엇인가?

① 인열강도시험
② 할렬강도시험
③ 봉합강도시험
④ 직접전단시험

해설 토목섬유보강효과는 인열강도시험에서 얻은 토목섬유의 인장강도에 의해 흙 구조물의 역학적 안정성(내구성, 균열저항성 증가)을 증진시키는 효과가 있다.

□□□ 기 19,22

55 다음 강재의 응력－변형률 곡선에 대한 설명으로 틀린 것은?

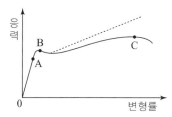

① A점은 응력과 변형률이 비례하는 최대 한도지점이다.

② B점은 외력을 제거해도 영구변형을 남기지 않고 원래로 돌아가는 응력의 최대한도 지점이다.

③ C점은 부재 응력의 최대값이다.

④ 강재는 하중을 받아 변형되며 단면이 축소되므로 실제 응력－변형률 선은 점선이다.

해설 ■A점
· 응력변형도에서 A점까지를 탄성한도라 한다.
· 외력을 제거해도 영구변형을 남기지 않고 원래의 상태로 돌아가는 응력의 최대한도 지점이다.
■B점
· B점을 항복점이라 한다.
· 외력의 증가가 없이 변형이 증가하였을 때의 최대 응력점이다.

□□□ 기 17,22

56 혼화재 중 대표적인 포졸란의 일종으로서, 석탄 화력발전소 등에서 미분탄을 연소시킬 때 불연 부분이 용융상태로 부유한 것을 냉각 고화시켜 채취한 미분탄재를 무엇이라고 하는가?

① 플라이애시   ② 고로슬래그

③ 실리카흄   ④ 소성점토

해설 플라이애시
· 화력발전소에서 미분탄을 보일러 내에서 완전히 연소했을 때 그 폐가스 중에 함유된 용융상태의 실리카질 미분입자를 전기집진기로 모은 것이다.
· 입자가 구형이고 표면조직이 매끄러워 단위수량을 감소시킨다.
· 플라이애시는 인공포졸란에 속하며 자체적으로는 수경성이 없다.

□□□ 기 04,12,14,19,22

57 화성암은 산성암, 중성암, 염기성암으로 분류가 되는데, 이때 분류 기준이 되는 것은?

① 규산의 함유량   ② 운모의 함유량

③ 장석의 함유량   ④ 각섬석의 함유량

해설 화성암의 규산(실리카)의 함유량에 의한 분류
· 산성암 : 66% 이상 · 중성암 : 52～66% · 염기성암 : 52% 이하

□□□ 기 09,17,22

58 도폭선에서 심약(心藥)으로 사용되는 것은?

① 뇌홍   ② 질화납

③ 면화약   ④ 피크린산

해설 도폭선은 흑색화약이 아닌 면화약을 심약으로 하고 마사, 면사 및 종이로 피복하여 아스팔트나 기타 방습용 도료를 입힌 것이다.

□□□ 기 10,22

59 시멘트의 응결에 영향을 미치는 요소에 대한 설명으로 틀린 것은?

① 풍화된 시멘트는 일반적으로 응결이 빨라진다.

② 온도가 높을수록 응결은 빨라진다.

③ 배합 수량이 많을수록 응결은 지연된다.

④ 석고의 첨가량이 많을수록 응결은 지연된다.

해설 시멘트가 풍화되면 응결 및 경화가 늦어진다.

□□□ 기 22

60 도로포장용 아스팔트는 수분을 함유하지 않고 몇 ℃까지 가열하여도 거품이 생기지 않아야 하는가?

① 150℃   ② 175℃

③ 220℃   ④ 280℃

해설 도로포장용 아스팔트는 수분을 함유하지 않고 175℃까지 가열하여도 거품이 생기지 않아야 한다.

제4과목 : 토질 및 기초

□□□ 기 96,08,13,18,22

61 말뚝의 부주면마찰력에 대한 설명으로 틀린 것은?

① 연약한 지반에서 주로 발생한다.

② 말뚝 주변의 지반이 말뚝보다 더 침하될 때 발생한다.

③ 말뚝주면에 역청 코팅을 하면 부주면 마찰력을 감소시킬 수 있다.

④ 부주면마찰력의 크기는 말뚝과 흙 사이의 상대적인 변위속도와는 큰 연관성이 없다.

해설 부주면마찰력의 크기
· 흙의 종류와 말뚝의 재질뿐만 아니라 말뚝과 흙의 상대적인 변위속도에 의존한다.
· 연약한 점토에서 있어서는 상대변위속도가 클수록 부마찰력이 크다.

62 말뚝기초에 대한 설명으로 틀린 것은?

① 군항은 전달되는 응력이 겹쳐지므로 말뚝 1개의 지지력에 말뚝 개수를 곱한 값보다 지지력이 크다.

② 동역학적 지지력 공식 중 엔지니어링 뉴스 공식의 안전율 (F_s)은 6이다.

③ 부주면마찰력이 발생하면 말뚝의 지지력은 감소한다.

④ 말뚝기초는 기초의 분류에서 깊은 기초에 속한다.

해설 군항(무리말뚝)은 전달되는 응력이 겹쳐지므로 말뚝 1개의 지지력에 말뚝 개수를 곱한 값보다 지지력이 작다.

63 모래시료에 대해서 압밀배수 삼축압축시험을 실시하였다. 초기 단계에서 구속응력(σ_3)은 100kN/m^2이고, 전단파괴시에 작용된 축차응력(σ_{df})은 200kN/m^2이었다. 이와 같은 모래시료의 내부마찰각(ϕ) 및 파괴면에 작용하는 전단응력(τ_f)의 크기는?

① $\phi = 30°$, $\tau_f = 115.47 \text{kN/m}^2$

② $\phi = 40°$, $\tau_f = 115.47 \text{kN/m}^2$

③ $\phi = 30°$, $\tau_f = 86.60 \text{kN/m}^2$

④ $\phi = 40°$, $\tau_f = 86.60 \text{kN/m}^2$

해설 $\sin\phi = \dfrac{\sigma_1 - \sigma_3}{\sigma_1 + \sigma_3}$ 에서 내부마찰각(ϕ)을 구한다.

$\sigma_1 = \sigma_{df} + \sigma_3 = 200 + 100 = 300 \text{kN/m}^2$

$\phi = \sin^{-1}\left(\dfrac{\sigma_1 - \sigma_3}{\sigma_1 + \sigma_3}\right) = \sin^{-1}\left(\dfrac{300 - 100}{300 + 100}\right) = 30°$

$\tau = \dfrac{\sigma_1 - \sigma_3}{2}\cos\phi = \dfrac{300 - 100}{2}\cos 30° = 86.60 \text{kN/m}^2$

$\tau = \dfrac{\sigma_1 - \sigma_3}{2}\sin 2\theta = \dfrac{300 - 100}{2}\sin 2\left(45° + \dfrac{30°}{2}\right) = 86.60 \text{kN/m}^2$

64 포화된 점토에 대하여 비압밀비배수(UU) 시험을 하였을 때 결과에 대한 설명으로 옳은 것은? (단, ϕ : 내부마찰각, c : 점착력)

① ϕ와 c가 나타나지 않는다.

② ϕ와 c가 모두 "0"이 아니다.

③ ϕ는 "0"이 아니지만 c는 "0"이다.

④ ϕ는 "0"이고 c는 "0"이 아니다.

해설 비압밀 비배수 시험(UU-test)
· 포화된 점토 $S = 100\%$인 경우 $\phi = 0$ 이다.
· 내부 마찰각 $\phi = 0$인 경우 전단강도 $\tau_f = c_u$로 c는 0이 아니다.

65 지반개량공법 중 주로 모래질 지반을 개량하는데 사용되는 공법은?

① 프리로딩 공법

② 생석회 말뚝 공법

③ 페이퍼 드레인 공법

④ 바이브로 플로테이션 공법

해설 바이브로 플로테이션 공법 : 느슨한 모래지반을 개량하는 공법이다.

점성토 지반	사질토 지반
· 치환공법	· 다짐 말뚝공법
· Pre-loading공법	· Compozer공법
· Sand drain공법	· Vibro flotation공법
· Paper drain공법	· 폭파다짐공법
· 전기침투 공법	· 전기 충격공법
· 생석회 말뚝공법	· 약액 주입공법

66 그림과 같이 3개의 지층으로 이루어진 지반에서 토층에 수직한 방향의 평균 투수계수(K_v)는?

① $2.516 \times 10^{-6} \text{cm/s}$

② $1.274 \times 10^{-5} \text{cm/s}$

③ $1.393 \times 10^{-4} \text{cm/s}$

④ $2.0 \times 10^{-2} \text{cm/s}$

(그림)
6m — $K_1 = 0.02 \text{cm/s}$
1.5m — $K_2 = 2.0 \times 10^{-5} \text{cm/s}$
3m — $K_3 = 0.03 \text{cm/s}$

해설 $K_v = \dfrac{H}{\dfrac{H_1}{K_1} + \dfrac{H_2}{K_2} + \dfrac{H_3}{K_3}}$

$= \dfrac{600 + 150 + 300}{\dfrac{600}{0.02} + \dfrac{150}{2.0 \times 10^{-5}} + \dfrac{300}{0.03}}$

$= 1.393 \times 10^{-4} \text{cm/sec}$

67 기초가 갖추어야 할 조건이 아닌 것은?

① 동결, 세굴 등에 안전하도록 최소한의 근입깊이를 가져야 한다.

② 기초의 시공이 가능하고 침하량이 허용치를 넘지 않아야 한다.

③ 상부로부터 오는 하중을 안전하게 지지하고 기초지반에 전달하여야 한다.

④ 미관상 아름답고 주변에서 쉽게 구득할 수 있는 재료로 설계되어야 한다.

해설 기초의 구비 조건
· 최소 기초 깊이를 유지할 것
· 상부 하중을 안전하게 지지해야 한다.
· 침하가 허용치를 넘지 않을 것
· 기초의 시공이 가능할 것

68 암반층 위에 5m 두께의 토층이 경사 15°의 자연사면으로 되어 있다. 이 토층의 강도정수 $c=15\text{kN/m}^2$, $\phi=30°$이며, 포화단위중량(γ_{sat})은 18kN/m^3이다. 지하수면은 토층의 지표면과 일치하고 침투는 경사면과 대략 평행이다. 이때 사면의 안전율은? (단, 물의 단위중량은 9.81kN/m^3이다.)

① 0.85　　　　② 1.15
③ 1.65　　　　④ 2.05

해설 $F_s = \dfrac{S}{\tau} = \dfrac{c' + (\sigma - u)\tan\phi}{\tau}$

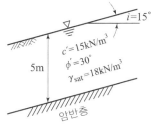

• $\sigma = \gamma_{sat}z\cos^2 i = 18 \times 5 \times \cos^2 15° = 83.97\text{kN/m}^2$
• $\tau = \gamma_{sat}z\sin i\cos i = 18 \times 5 \times \sin 15° \cos 15° = 22.5\text{kN/m}^2$
• $u = \gamma_w z\cos^2 i = 9.81 \times 5 \times \cos^2 15° = 45.76\text{kN/m}^2$
• $S = c' + (\sigma - u)\tan\phi$
　　$= 15 + (83.97 - 45.76)\tan 30° = 37.06\text{kN/m}^2$

　　$F_s = \dfrac{37.06}{22.5} = 1.65$

69 아래 그림과 같은 흙의 구성도에서 체적 V를 1로 했을 때의 간극의 체적은? (단, 간극률은 n, 함수비는 w, 흙입자의 비중은 G_s, 물의 단위중량은 γ_w)

① n
② wG_s
③ $\gamma_w(1-n)$
④ $[G_s - n(G_s - 1)]\gamma_w$

해설 $n = \dfrac{V_v}{V} \times 100$에서

∴ 간극의 체적 $V_v = nV = n \times 1 = n$

기 95,04,21,22

70 벽체에 작용하는 주동토압을 P_a, 수동토압을 P_p, 정지토압을 P_o라 할 때 크기의 비교로 옳은 것은?

① $P_a > P_p > P_o$　　　② $P_p > P_o > P_a$
③ $P_p > P_a > P_o$　　　④ $P_o > P_a > P_p$

해설 수동토압(P_p) > 정지토압(P_o) > 주동토압(P_a)

기 89,11,18,22

71 그림과 같이 폭이 2m, 길이가 3m인 기초에 100kN/m^2의 등분포 하중이 작용할 때, A점 아래 4m 깊이에서의 연직응력 증가량은? (단, 아래 표의 영향계수 값을 활용하여 구하며, $m = \dfrac{B}{z}$, $n = \dfrac{L}{z}$이고, B는 직사각형 단면의 폭, L은 직사각형 단면의 길이, z는 토층의 깊이이다.)

【영향계수(I) 값】

m	0.25	0.5	0.5	0.5
n	0.5	0.25	0.75	1.0
I	0.048	0.048	0.115	0.122

① 6.7kN/m^2
② 7.4kN/m^2
③ 12.2kN/m^2
④ 17.0kN/m^2

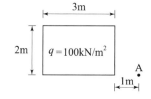

해설 • 직사각형 $[(3+1)\text{m} \times 2\text{m}]$
　$m = \dfrac{B}{z} = \dfrac{2}{4} = 0.5$
　$n = \dfrac{L}{z} = \dfrac{3+1}{4} = 1$
　∴ $I_\sigma(m.n) = 0.122$
• 직사각형 $[1\text{m} \times 2\text{m}]$에서
　$m = \dfrac{B}{z} = \dfrac{1}{4} = 0.25$
　$n = \dfrac{L}{z} = \dfrac{2}{4} = 0.5$
　∴ $I_\sigma(m.n) = 0.048$
• $\Delta\sigma_v = 100 \times (0.122 - 0.048) = 7.4\text{kN/m}^2$

기 05,18,22

72 흙의 다짐시험에서 다짐에너지를 증가시킬 때 일어나는 결과는?

① 최적함수비는 증가하고, 최대건조 단위중량은 감소한다.
② 최적함수비는 감소하고, 최대건조 단위중량은 증가한다.
③ 최적함수비와 최대건조단위중량이 모두 감소한다.
④ 최적함수비와 최대건조단위중량이 모두 증가한다.

해설 다짐 에너지를 증가시키면 최적 함수비(OMC)은 감소하고 최대건조단위중량($\gamma_{d\max}$)은 증가한다.

기 00,01,22

73 평판재하시험에 대한 설명으로 틀린 것은?

① 순수한 점토지반의 지지력은 재하판 크기와 관계없다.
② 순수한 모래지반의 지지력은 재하판의 폭에 비례한다.
③ 순수한 점토지반의 침하량은 재하판의 폭에 비례한다.
④ 순수한 모래지반의 침하량은 재하판의 폭에 관계없다.

해설 순수한 모래지반의 침하량은 재하판의 폭이 커지면 약간 커지기는 하지만 비례하는 정도는 아니다.

□□□ 기 01,03,22
74 두께 2cm의 점토시료에 대한 압밀 시험결과 50%의 압밀을 일으키는데 6분이 걸렸다. 같은 조건하에 두께 3.6m의 점토층 위에 축조한 구조물이 50%의 압밀에 도달하는데 며칠이 걸리는가?

① 1350일
② 270일
③ 135일
④ 27일

해설 $t_{50} = \dfrac{T_{50} H^2}{C_v}$

두께의 제곱(H^2)은 시간(t_{50})에 비례한다.

$2^2 : 6분 = 360^2 : t_{50}$

$\therefore t_2 = \dfrac{H_2^2}{H_1^2} \times t_1 = \dfrac{360^2}{2^2} \times 6(분) = 194,400분 = 135일$

□□□ 기 92,15,22
75 응력경로(stress path)에 대한 설명으로 틀린 것은?

① 응력경로는 특성상 전응력으로만 나타낼 수 있다.
② 응력경로란 시료가 받는 응력의 변화과정을 응력공간에 궤적으로 나타낸 것이다.
③ 응력경로는 Mohr의 응력원에서 전단응력이 최대인 점을 연결하여 구한다.
④ 시료가 받는 응력상태에 대한 응력경로는 직선 또는 곡선으로 나타낸다.

해설 응력 경로는 전응력 및 유효응력으로 표시할 수 있다.

□□□ 기 04,22
76 비교적 가는 모래와 실트가 물속에서 침강하여 고리 모양을 이루며 작은 아치를 형성한 구조로 단립구조보다 간극비가 크고 충격과 진동에 약한 흙의 구조는?

① 봉소구조
② 낱알구조
③ 분산구조
④ 면모구조

해설 봉소구조
아주 가는모래와 실트가 아치형태로 결합되어 있어 비교적 충격에 약하며, 실트나 clay가 물 속에 침강할 때 생기는 구조

□□□ 기 95,96,99,19,22
77 두께 9m의 점토층에서 하중강도 P_1일 때 간극비는 2.0이고 하중강도를 P_2로 증가시키면 간극비는 1.8로 감소되었다. 이 점토층의 최종 압밀 침하량은?

① 20cm
② 30cm
③ 50cm
④ 60cm

해설 최종 침하량
$\Delta H = \dfrac{e_1 - e_2}{1 + e_1} H = \dfrac{2.0 - 1.8}{1 + 2.0} \times 900 = 60cm$

□□□ 기 01,17,22
78 점토지반으로부터 불교란 시료를 채취하였다. 이 시료의 지름이 50mm, 길이가 100mm, 습윤 질량이 350g, 함수비가 40%일 때 이 시료의 건조밀도는?

① $1.78g/cm^3$
② $1.43g/cm^3$
③ $1.27g/cm^3$
④ $1.14g/cm^3$

해설 건조밀도 $\gamma_d = \dfrac{\gamma_t}{1 + w}$

· $V = \dfrac{\pi d^2}{4} h = \dfrac{\pi \times 5^2}{4} \times 10 = 196.35cm^3$

· $\gamma_t = \dfrac{W}{V} = \dfrac{350}{196.35} = 1.78g/cm^3$

$\therefore \gamma_d = \dfrac{1.78}{1 + 0.40} = 1.27g/cm^3$

□□□ 기 84,97,98,09,11,15,18,19,20,22
79 유선망의 특징에 대한 설명으로 틀린 것은?

① 각 유로의 침투수량은 같다.
② 동수경사는 유선망의 폭에 비례한다.
③ 인접한 두 등수두선 사이의 수두손실은 같다.
④ 유선망을 이루는 사변형은 이론상 정사각형이다.

해설 유선망의 특성
· 각 유량의 침투유량은 같다.
· 유선과 등수두선은 서로 직교한다.
· 인접한 등수두선 간의 수두차는 모두 같다.
· 인접한 두 등수두선 사이의 수두손실은 같다.
· 유선망을 이루는 사각형은 이론상 정사각형이다.(폭과 길이는 같다.)
· 침투속도 및 동수경사는 유선망의 폭에 반비례한다.

□□□ 기 08,14,18,19,21,22
80 토립자가 둥글고 입도분포가 나쁜 모래 지반에서 표준 관입시험을 한 결과 N값은 10이었다. 이 모래의 내부 마찰각(ϕ)을 Dunham의 공식으로 구하면?

① $21°$
② $26°$
③ $31°$
④ $36°$

해설 Dunham 공식

토립자의 조건	내부 마찰각
· 토립자가 둥글고 입도분포가 불량(균일)	$\phi = \sqrt{12N} + 15$
· 토립자가 둥글고 입도분포가 양호 · 토립자가 모나고 입도분포가 불량(균일)	$\phi = \sqrt{12N} + 20$
· 토립자가 모가 나고 입도분포가 양호	$\phi = \sqrt{12N} + 25$

$\therefore$ 흙입자가 둥글고 입도분포가 나쁜(불량)모래
$\phi = \sqrt{12N} + 15 = \sqrt{12 \times 10} + 15 = 26°$

국가기술자격 필기시험문제

2022년도 기사 2회 필기시험 (1부)

자격종목		시험시간	문제수	형 별	수험번호	성 명
건설재료시험기사	온라인TEST	2시간	80	A		

※ 각 문제는 4지 택일형으로 질문에 가장 적합한 문제의 보기 번호를 클릭하거나 답안표기란의 번호를 클릭하여 입력하시면 됩니다.
※ 입력된 답안은 문제 화면 또는 답안 표기란의 보기 번호를 클릭하여 변경하실 수 있습니다.

제1과목 : 콘크리트 공학

□□□ 기 14,17,22

01 콘크리트의 양생에 대한 설명으로 틀린 것은?

① 거푸집판이 건조될 우려가 있는 경우에는 살수하여 습윤 상태로 유지하여야 한다.
② 막양생제는 콘크리트 표면의 물빛(水光)이 없어진 직후에 얼룩이 생기지 않도록 살포하여야 한다.
③ 콘크리트는 양생 기간 중에 유해한 작용으로부터 보호하여야 하며, 재령 5일이 될 때까지는 물에 씻기지 않도록 보호한다.
④ 고로 슬래그 시멘트 2종을 사용한 경우, 습윤 양생의 기간은 보통 포틀랜드 시멘트를 사용한 경우보다 짧게 하여야 한다.

해설

일평균 기온 사용 시멘트	15℃ 이상	10℃ 이상	5℃ 이상
보통 포틀랜드 시멘트	5일	7일	9일
고로 슬래그 시멘트2종	7일	9일	12일

∴ 고로 슬래그 시멘트 2종을 사용한 경우, 습윤양생의 기간은 보통 포틀랜드 시멘트를 사용한 경우보다 길게 하여야 한다.

□□□ 기 10,22

02 콘크리트 압축 강도 시험에서 공시체에 하중을 가하는 속도는 압축응력도의 증가율이 매초 몇 MPa이 되도록 하여야 하는가?

① (6.0 ± 0.2)MPa
② (6.0 ± 0.04)MPa
③ (0.6 ± 0.2)MPa
④ (0.06 ± 0.04)MPa

해설 ·압축강도 시험 : (0.6 ± 0.2)MPa
·인장강도 시험 : (0.06 ± 0.04)MPa
·휨강도 시험 : (0.06 ± 0.04)MPa

□□□ 기 13,22

03 콘크리트의 시방배합이 아래의 표와 같을 때 공기량은 얼마인가? (단, 시멘트의 밀도는 3.15g/cm^3, 잔골재의 표건 밀도는 2.60g/cm^3, 굵은 골재의 표건 밀도는 2.65g/cm^{3}이다.)

【시방배합표(kg/m^3)】

물	시멘트	잔골재	굵은 골재
180	360	745	990

① 2.6%
② 3.6%
③ 4.6%
④ 5.6%

해설 ·물의 절대용적 $V_w = \dfrac{180}{0.001 \times 1,000} = 180 l$

·시멘트의 절대용적 $V_c = \dfrac{360}{0.00315 \times 1,000} = 114.286 l$

·잔골재의 절대용적 $V_s = \dfrac{745}{0.0026 \times 1,000} = 286.538 l$

·굵은골재의 절대용적 $V_g = \dfrac{990}{0.00265 \times 1,000} = 373.585 l$

·공기량의 절대용적
$V_a = 1,000 - (180 + 114.286 + 286.538 + 373.585)$
$\quad = 45.591 l$

∴ 공기량 $= \dfrac{45.591}{1,000} \times 100 = 4.60\%$

□□□ 기 14,18,22

04 소요의 품질을 갖는 프리플레이스트 콘크리트를 얻기 위한 주입 모르타르의 품질에 대한 설명으로 틀린 것은?

① 굳지 않은 상태에서 압송과 주입이 쉬워야 한다.
② 굵은 골재의 공극을 완벽하게 채울 수 있는 양호한 유동성을 가지며, 주입 작업이 끝날때까지 이 특성이 유지되어야 한다.
③ 모르타르가 굵은 골재의 공극에 주입되어 경화되는 사이에 블리딩이 적으며, 팽창하지 않아야 한다.
④ 경화 후 충분한 내구성 및 수밀성과 강재를 보호하는 성능을 가져야 한다.

해설 모르타르가 굵은 골재의 공극에 주입될 때 재료분리가 적고 주입되어 경화되는 사이에 블리딩이 적으며 소요의 팽창을 하여야 한다.

---

05 프리스트레스트 콘크리트 부재에서 프리스트레스의 손실 원인 중 프리스트레스 도입 후에 발생하는 시간적 손실의 원인에 해당하는 것은?

① 정착장치의 활동
② 콘크리트의 탄성수축
③ 긴장재 응력의 릴랙세이션
④ 포스텐션 긴장재와 덕트 사이의 마찰

해설 프리스트레스의 손실

도입시 손실	도입 후 손실
· 정착 장치의 긴장재의 활동	· 콘크리트의 크리프
· PS강재와 시스(덕트)사이의 마찰	· 콘크리트의 건조 수축
· 콘크리트의 탄성 변형(탄성 단축)	· PS 강재의 릴랙세이션

06 비파괴 시험 방법 중 콘크리트 내의 철근부식 유무를 평가할 수 있는 방법이 아닌 것은?

① 반발경도법
② 자연전위법
③ 분극저항법
④ 전기저항법

해설 ■구조물의 철근부식량 비파괴시험방법
· 자연전위법 : 대기중에 있는 콘크리트구조물의 철근 등 강재가 부식환경에 있는지의 여부
· 분극저항법 : 콘크리트 구조물 중 철근의 부식속도에 관계하는 정보를 측정
· 전기저항법 : 대기 중에 있는 콘크리트구조물을 대상으로 철근 등의 강재를 감싼 콘크리트의 부식환경 인지상황에 관하여 진단하는 방법
■반발경도법 : 콘크리트 표면 타격 때 반발경도의 정도에서 강도를 추정한다.

07 프리스트레스트 콘크리트에 대한 설명으로 틀린 것은?

① 굵은 골재의 최대 치수는 보통의 경우 25mm를 표준으로 한다.
② 프리스트레스트 콘크리트용 그라우트의 물－결합재비는 45% 이하로 하여야 한다.
③ 프리텐션 방식으로 프리스트레싱할 때 콘크리트의 압축강도는 30MPa 이상이어야 한다.
④ 프리스트레싱할 때 긴장재에 인장력을 설계값 이상으로 주었다가 다시 설계값으로 낮추는 방법으로 시공하여야 한다.

해설 긴장재를 긴장할 때 정확한 인장력이 주어지도록 하기 위해 인장력을 설계값 이상으로 주었다가 다시 설계값으로 낮추는 방법으로 시공하지 않아야 한다.

08 아래는 고강도 콘크리트의 타설에 대한 내용으로 ( ) 안에 들어갈 알맞은 값은?

> 수직부재에 타설하는 콘크리트의 강도와 수평부재에 타설하는 콘크리트 강도의 차가 ( )배를 초과하는 경우에는 수직부재에 타설한 고강도 콘크리트는 수직－수평부재의 접합면으로부터 수평부재 쪽으로 안전한 내민 길이를 확보하도록 하여야 한다.

① 1.4
② 1.6
③ 1.8
④ 2.0

해설 기둥부재에 타설하는 콘크리트 강도와 슬래브나 보에 타설하는 콘크리트의 강도가 1.4배 이상 차이가 생길 경우에는 기둥에 사용한 콘크리트가 수평 부재의 접합면에서 0.6m 정도 충분히 수평 부재쪽으로 안전한 내민 길이를 확보하면서 콘크리트를 타설하여야 한다.

09 아래는 압축강도에 의한 콘크리트의 품질검사 판정기준으로 ( )안에 들어갈 알맞은 값은? (단, 호칭강도(f_{cn})로부터 배합을 정한 경우이며, $f_{cn} > 35$MPa이다.)

판 정 기 준
① 연속 (㉠)회 시험값의 평균이 호칭강도 이상
② 1회 시험값이 호칭강도의 (㉡)% 이상

① ㉠ : 3, ㉡ : 90
② ㉠ : 5, ㉡ : 90
③ ㉠ : 3, ㉡ : 80
④ ㉠ : 5, ㉡ : 80

해설 $f_{cn} > 35$MPa일 때
· 연속 3회 시험값의 평균이 호칭강도 이상
· 1회 시험값이 호칭강도의 90% 이상이다.

10 굳지 않은 콘크리트의 워커빌리티에 대한 설명으로 옳은 것은?

① 시멘트의 비표면적은 워커빌리티에 영향을 주지 않는다.
② 모양이 각진 골재를 사용하면 워커빌리티가 개선된다.
③ AE제, 플라이애시를 사용하면 워커빌리티가 개선된다.
④ 콘크리트의 온도가 높을수록 슬럼프는 증가하며 워커빌리티가 개선된다.

해설 · 시멘트의 비표면적 2,800cm²/g 이하의 시멘트는 워커빌리티가 나쁘고 블리딩이 크다.
· 골재의 입도가 둥글수록 워커빌리티가 좋아진다.
· 콘크리트의 온도가 높을수록 슬럼프는 감소한다.

□□□ 기 14,18,22

11 시방배합 결과 콘크리트 $1m^3$에 사용되는 물은 180kg, 시멘트는 390kg, 잔골재는 700kg, 굵은 골재는 1,100kg 이었다. 현장 골재의 상태가 아래와 같을 때 현장배합에 필요한 단위 굵은 골재량은?

> · 현장의 잔골재는 5mm체에 남는 것을 10% 포함
> · 현장의 굵은 골재는 5mm체를 통과하는 것을 5% 포함
> · 잔골재의 표면수량은 2%
> · 굵은 골재의 표면수량은 1%

① 1,060kg   ② 1,071kg

③ 1,082kg   ④ 1,093kg

해설 ■ 입도에 의한 조정

a : 잔골재 중 5mm체에 남은 양 : 10%
b : 굵은 골재 중 5mm체를 통과한 양 : 5%

굵은골재 $Y = \dfrac{100\,G - a(S + G)}{100 - (a + b)}$

$= \dfrac{100 \times 1,100 - 10(700 + 1,100)}{100 - (10 + 5)}$

$= 1,082\,kg/m^3$

■ 표면수량에 의한 환산

굵은 골재의 표면 수량 = $1,082 \times 0.01 = 11kg$

∴ 굵은 골재량 = $1082 + 11 = 1,093 kg/m^3$

□□□ 기 22

12 콘크리트의 압축강도를 기준으로 거푸집널을 해체하고자 할 때 확대기초, 보, 기둥 등의 측면 거푸집널은 압축강도가 최소 얼마 이상인 경우 해체할 수 있는가?

① 5MPa 이상

② 14MPa 이상

③ 설계기준압축강도의 $\dfrac{1}{3}$ 이상

④ 설계기준압축강도의 $\dfrac{2}{3}$ 이상

해설 콘크리트의 압축강도를 시험할 경우

부재		콘크리트의 압축강도(f_{cu})
기초, 보, 기둥, 벽 등의 측면		5MPa 이상
슬래브 및 보의 밑면, 아치 내면	단층구조의 경우	설계기준압축강도의 2/3배 이상 또는 최소 14MPa 이상
	다층구조인 경우	설계기준 압축강도 이상 (필러 동바리 구조를 이용할 경우는 구조계산에 의해 기간을 단축할 수 있음. 단 이 경우라도 최소강도는 14MPa 이상으로 함)

∴ 5MPa 이상

□□□ 기 10,13,16,20,22

13 일반콘크리트 타설에 대한 설명으로 틀린 것은?

① 타설한 콘크리트를 거푸집 안에서 횡방향으로 이동시켜서는 안 된다.

② 한 구획 내의 콘크리트 타설이 완료될 때까지 연속해서 타설하여야 한다.

③ 콘크리트는 그 표면이 한 구획 내에서는 거의 수평이 되도록 타설하는 것을 원칙으로 한다.

④ 콘크리트 타설 도중 표면에 떠올라 고인 블리딩수가 있을 경우에는 콘크리트 표면에 홈을 만들어 흐르게 하여 제거한다.

해설 콘크리트 타설 중 블리딩수가 표면에 모이게 되면 고인물을 제거한 후가 아니면 그 위에 콘크리트를 타설해서는 안되며, 고인물을 제거하기 위하여 콘크리트 표면에 홈을 만들어 흐르게 하면 시멘트풀이 씻겨 나가 골재만 남게 되므로 이를 금하여야 한다.

□□□ 기 10,11,19,22

14 매스 콘크리트의 온도균열 발생에 대한 검토는 온도균열지수에 의해 평가하는 것을 원칙으로 한다. 철근이 배치된 일반적인 구조물의 표준적인 온도균열지수의 값 중 균열발생을 제한할 경우의 값으로 옳은 것은?

① 1.5 이상   ② 1.2 ~ 1.5

③ 07 ~ 1.2   ④ 0.7 이하

해설 온도균열제어 수준에 따른 온도균열지수

온도균열제어 지수	온도균열지수
균열발생을 방지해야 할 경우	1.5 이상
균열발생을 제한할 경우	1.2 ~ 1.5 미만
유해한 균열발생을 제한할 경우	0.7 ~ 1.2 미만

□□□ 기 19,22

15 숏크리트의 시공에 대한 일반적인 설명으로 틀린 것은?

① 건식 숏크리트는 배치 후 45분 이내에 뿜어붙이기를 실시하여야 한다.

② 습식 숏크리트는 배치 후 60분 이내에 뿜어붙이기를 실시하여야 한다.

③ 숏크리트는 타설되는 장소의 대기 온도가 25℃ 이상이 되면 건식 및 습식 숏크리트 모두 뿜어붙이기를 할 수 없다.

④ 숏크리트는 대기 온도가 10℃ 이상일 때 뿜어붙이기를 실시한다.

해설 · 숏크리트는 타설되는 장소의 대기 온도가 38℃ 이상이 되면 건식 및 습식 숏크리트 모두 뿜어붙이기를 할 수 없다.
· 건식숏크리트는 배치 후 45분 이내, 습식숏크리트는 배치 후 60분 이내에 뿜어붙이기를 실시한다.

□□□ 기 15,22

16 급속 동결 융해에 대한 콘크리트의 저항 시험방법에서 동결 융해 1사이클의 소요시간으로 옳은 것은?

① 1시간 이상, 2시간 이하로 한다.
② 2시간 이상, 4시간 이하로 한다.
③ 4시간 이상, 5시간 이하로 한다.
④ 5시간 이상, 7시간 이하로 한다.

해설 급속 동결융해에 대한 콘크리트의 저항시험방법에서 동결융해 1사이클의 소요시간은 2시간 이상, 4시간 이하로 한다.

□□□ 기 00,04,11,15,19,22

17 일반콘크리트의 비비기는 미리 정해 둔 비비기 시간의 최대 몇 배 이상 계속해서는 안 되는가?

① 2배
② 3배
③ 4배
④ 5배

해설 비비기는 미리 정해 둔 비비기 시간의 3배 이상 계속해서는 안 된다.

□□□ 기 13,16,22

18 콘크리트의 크리프에 대한 설명으로 틀린 것은?

① 부재의 치수가 작을수록 크리프는 증가한다.
② 단위시멘트량이 많을수록 크리프는 증가한다.
③ 조강 시멘트는 보통 시멘트보다 크리프가 작다.
④ 상대습도가 높고, 온도가 낮을수록 크리프는 증가한다.

해설 온도가 높을수록 크리프는 증가한다.

□□□ 기 10,11,12,14,15,16,22

19 22회의 압축강도 시험 결과로부터 구한 압축강도의 표준편차가 5MPa이었고, 콘크리트의 호칭강도(f_{cn})가 40MPa일 때 배합강도는? (단, 표준편차의 보정계수는 시험횟수가 20회인 경우 1.08이고, 25회인 경우 1.03이다.)

① 47.10MPa
② 47.65MPa
③ 48.35MPa
④ 48.85MPa

해설 22의 보정계수 $= 1.03 + \dfrac{25-22}{25-20} \times (1.08-1.03) = 1.06$

$\therefore s = 5 \times 1.06 = 5.3\,\text{MPa}$

■ $f_{cn} > 35\,\text{MPa}$일 때

· $f_{cr} = f_{cn} + 1.34\,s = 40 + 1.34 \times 5.3 = 47.10\,\text{MPa}$
· $f_{cr} = (f_{cn} - 3.5) + 2.33\,s = (40 - 3.5) + 2.33 \times 5.3$
  $= 48.85\,\text{MPa}$

$\therefore f_{cr} = 48.85\,\text{MPa}$(큰 값 사용)

□□□ 기 99,22

20 아래는 유동화 콘크리트의 슬럼프에 대한 내용으로 ( ) 안에 들어갈 알맞은 값은?

> 유동화 콘크리트의 슬럼프는 (㉠)mm 이하를 원칙으로 하며, 슬럼프 증가량은 유동화제의 첨가량에 따라 커지지만 너무 크게 되면 재료 분리가 발생할 가능성이 높아지므로 (㉡)mm 이하를 원칙으로 한다.

① ㉠ : 180, ㉡ : 100
② ㉠ : 210, ㉡ : 100
③ ㉠ : 180, ㉡ : 150
④ ㉠ : 210, ㉡ : 150

해설 · 유동화 콘크리트에서 일반 콘크리트 및 경량 콘크리트의 슬럼프의 최대치는 210mm이다.
· 유동화 콘크리트의 슬럼프 증가량은 100mm 이하를 원칙으로 하며 50~80mm를 표준으로 한다.

제2과목 : 건설시공 및 관리

□□□ 기 00,03,05,09,10,17,18,21,22

21 45,000m³의 성토 공사를 위하여 토량의 변화율이 $L = 1.2$, $C = 0.9$인 현장 흙을 굴착 운반하고자 한다. 이때 운반 토량은?

① 60,000m³
② 55,000m³
③ 50,000m³
④ 45,000m³

해설 절취토량 $= \dfrac{\text{원지반 토량}}{C} = \dfrac{45,000}{0.9} = 50,000\,\text{m}^3$

$\therefore$ 운반토량 $=$ 절취토량 $\times L = 50,000 \times 1.2 = 60,000\,\text{m}^3$

□□□ 기 05,06,08,09,15,18,22

22 현장 타설 콘크리트 말뚝의 장점에 대한 설명으로 틀린 것은?

① 지층의 깊이에 따라 말뚝의 길이를 자유로이 조절할 수 있다.
② 말뚝선단에 구근을 만들어 지지력을 크게 할 수 있다.
③ 현장 지반 중에서 제작·양생되므로 품질관리가 쉽다.
④ 시공 중에 발생하는 소음 및 진동이 적어 도심지 공사에도 적합하다.

해설 · 현장콘크리트말뚝은 현장 지반 중에서 제작 양생되므로 품질관리를 확인할 수 없다.
· 현장 콘크리트 말뚝은 양생기간이 필요치 않아 공사기간 등의 제한을 받지 않는다.

□□□ 기 12,19,22

23 아래 그림과 같은 지형에서 시공 기준면의 표고를 30m로 할 때 총 토공량은? (단, 격자점의 숫자는 표고를 나타내며 단위는 m이다.)

① 142m³
② 168m³
③ 184m³
④ 213m³

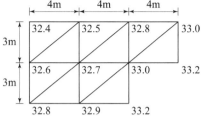

해설 $V = \dfrac{ab}{6}(\Sigma h_1 + 2\Sigma h_2 + 3\Sigma h_3 + 4\Sigma h_4 + 5\Sigma h_5 + 6\Sigma h_6)$

· $h_1 = (32.4 - 30) + (33.2 - 30) + (33.2 - 30) = 8.8$

· $h_2 = (33.0 - 30) + (32.8 - 30) = 5.8$

· $h_3 = (32.5 - 30) + (32.8 - 30) + (32.9 - 30) + (32.6 - 30)$
$= 10.8$

· $h_5 = (33 - 30) = 3$

· $h_6 = (32.7 - 30) = 2.7$

∴ $V = \dfrac{4 \times 3}{6}(8.8 + 2 \times 5.8 + 3 \times 10.8 + 5 \times 3 + 6 \times 2.7)$
$= 168.0 \text{m}^3$

□□□ 기 00,05,09,22

24 말뚝의 부주면 마찰력(negative friction)에 대한 설명으로 틀린 것은?

① 말뚝의 주변지반이 말뚝의 침하량 보다 상대적으로 큰 침하를 일으키는 경우 부주면 마찰력이 생긴다.
② 지하수위가 상승할 경우 부주면 마찰력이 생긴다.
③ 표면적이 작은 말뚝을 사용하여 부주면 마찰력을 줄일 수 있다.
④ 말뚝 직경보다 약간 큰 케이싱을 박아서 부주면 마찰력을 차단할 수 있다.

해설 지하개발 및 인근공사의 영향으로 인한 지하수위 저하하는 경우 부주면 마찰력이 발생한다.

□□□ 기 05,08,16,22

25 도로 파손의 주요 원인인 소성변형의 억제방법 중 하나로 기존의 밀입도 아스팔트 혼합물 대신 상대적으로 큰 입경의 골재를 이용하는 아스팔트 포장방법을 무엇이라 하는가?

① SBR
② SBA
③ SMR
④ SMA

해설 SMA 포장
일반 밀입도 포장과 비교하여 내유동성이 탁월하고 내구성이 우수하기 때문에 소성변형에 대한 저항성이 크고 도로의 유지 보수비용을 절감할 수 있는 장점을 가지고 있다.

□□□ 기 14,22

26 토공현장에서 흙의 운반거리가 60m, 불도저의 전진속도가 40m/min, 후진속도가 100m/min, 기어 변속시간이 0.25분이고, 1회의 압토량이 2.3m³, 작업효율이 0.65일 때 불도저의 시간당 작업량을 본바닥 토량으로 구하면? (단, 토량의 변화율 $C = 0.9$, $L = 1.25$이다.)

① 27.4m³/h
② 30.5m³/h
③ 38.6m³/h
④ 42.4m³/h

해설 $Q = \dfrac{60 \times q \times f \times E}{C_m}$

$C_m = \dfrac{L}{V_1} + \dfrac{L}{V_2} + t = \dfrac{60}{40} + \dfrac{60}{100} + 0.25 = 2.35$분

∴ $Q = \dfrac{60 \times 2.3 \times \dfrac{1}{1.25} \times 0.65}{2.35} = 30.5 \text{m}^3/\text{hr}$

□□□ 기 07,22

27 공기 케이슨 공법에 대한 설명으로 틀린 것은?

① 장애물의 제거가 용이하고 경사의 교정이 가능하다.
② 토질을 확인 할 수 있고 정확한 지지력 측정이 가능하다.
③ 소규모 공사 또는 심도가 얕은 곳에는 비경제적이다.
④ 배수를 하면서 시공하므로 지하수위 변화를 주어 인접지반에 침하를 일으킨다.

해설 공기 케이슨 기초
지하수를 저하시키지 않으며, 히빙, 보일링을 방지할 수 있으므로 인접 구조물의 침하 우려가 없다.

□□□ 기 15,22

28 운반토량 1,200m³을 용적이 8m³인 덤프트럭으로 운반하려고 한다. 트럭의 평균속도는 10km/h이고, 상·하차시간이 각각 4분일 때 하루에 전량을 운반하려면 몇 대의 트럭이 필요한가? (단, 1일 덤프트럭 가동시간은 8시간이며, 토사장까지의 거리는 2km이다.)

① 10대
② 13대
③ 15대
④ 18대

해설 1일 소요 대수

$M = \dfrac{\text{총 운반량}}{\text{트럭의 용적}(q_t) \times \text{트럭의 1일 운반회수}(N) \times \text{일수}}$

$N = \dfrac{\text{1일 작업 시간}}{\text{1회 왕복 소요 시간}} = \dfrac{T}{\dfrac{60 \cdot L}{V} \times 2 + t}$

$= \dfrac{8 \times 60}{\dfrac{60 \times 2}{10} \times 2 + 4 \times 2} = 15$회 (∵ 상하차 각각 4분)

∴ $M = \dfrac{1,200}{8 \times 15 \times 1} = 10$대

□□□ 기 02,03,04,07,14,17,20,22

29 폭우 시 옹벽 배면에 배수시설이 취약하면 옹벽저면을 통하여 침투수의 수위가 올라간다. 이 침투수가 옹벽에 미치는 영향으로 틀린 것은?

① 활동면에서의 양압력 발생
② 옹벽 저면에 대한 양압력 발생
③ 수동저항(passive resistance)의 증가
④ 포화 또는 부분포화에 의한 흙의 무게 증가

[해설] 흙은 젖으면 유동상태가 되어서 전단력이 약해진다. 옹벽 앞뒷면 흙이 젖게 되면 주동토압이 커지고 수동토압은 작아져 수평 저항력은 감소된다.

□□□ 기 04,10,15,18,22

30 역타(Top-down) 공법에 대한 설명으로 틀린 것은?

① 작업 능률이 높아 시공성이 우수하며, 공사비용이 저렴하다.
② 상부 구조물과 지하 구조물을 동시에 시공하므로 공기단축이 가능하다.
③ 건물 본체의 바닥 및 보를 구축한 후 이를 지지구조로 사용하여 흙막이의 안정성이 높다.
④ 1층 바닥을 선시공하여 작업장으로 활용하고 악천후에도 하부 굴착과 구조물의 시공이 가능하다.

[해설] 지하층 슬래브와 지하벽체 및 기초 말뚝 기둥과의 연결 작업이 어려워 공사비가 증가된다.

□□□ 기 22

31 줄눈이 벌어지거나 단차가 발생하는 것을 막기 위해 세로 줄눈 등을 횡단하여 콘크리트 슬래브의 중앙에 설치하는 이형 철근을 무엇이라 하는가?

① 타이바   ② 루팅
③ 슬립바   ④ 컬러코트

[해설] 타이바
콘크리트 포장에서 맹줄눈, 맞댄줄눈, 교합줄눈 등을 횡단하여 콘크리트 슬래브에 삽입한 이형 봉강으로 줄눈이 벌어지거나 층이 지는 것을 막는 작용을 하는 것

□□□ 기 22

32 암거 둘레의 흙이 포화된 경우 지하수위가 상승할 때 암거가 빈 상태로 되면 양압력 때문에 암거가 뜨는 일이 있다. 이를 방지하기 위한 수단으로 틀린 것은?

① 자중을 증가시킨다.
② 흙 쌓기의 양을 증가시킨다.
③ 암거의 토압과 마찰력을 감소시킨다.
④ 배수공법으로 지하수위를 저하시킨다.

[해설] 암거의 토압과 마찰력을 증가시킨다.

□□□ 기 19,22

33 록 볼트의 정착형식은 선단 정착형, 전면 접착형, 혼합형으로 구분할 수 있다. 이에 대한 설명으로 틀린 것은?

① 록 볼트 전장에서 원지반을 구속하는 경우에는 전면 접착형이다.
② 선단을 기계적으로 정착한 후 시멘트 밀크를 주입하는 것은 혼합형이다.
③ 경암, 보통암, 토사 원지반에서 팽창성 원지반까지 적용범위가 넓은 것은 전면 접착형이다.
④ 암괴의 봉합효과를 목적으로 하는 것은 선단 정착형이며, 그 중 쐐기형이 많이 사용된다.

[해설] ・전면 접착형 : 암괴의 봉합효과
・선단 접착형 : 내압 효과 또는 아치 형성 효과

□□□ 기 00,08,13,22

34 착암기로 표준암을 천공하여 60cm/min의 천공속도를 얻었다. 천공 깊이가 3m, 천공수 15공을 한 대의 착암기로 암반을 천공할 경우 소요되는 총 소요 시간은? (단, 표준암에 대한 천공 대상암의 암석저항 계수는 1.35, 작업조건계수는 0.6, 전천공시간에 대한 순천공시간의 비율은 0.65이다.)

① 2.0시간   ② 2.4시간
③ 3.0시간   ④ 3.4시간

[해설] ・천공속도 $V_T = \alpha(C_1 \times C_2) \times V$
$= 0.65(1.35 \times 0.6) \times 60 = 31.59 \text{cm/min}$

・총 천공시간
$t = \dfrac{\text{천공장}}{V_T} = \dfrac{300 \times 15}{31.59} = 142.45분 = 2.4시간$

□□□ 기 15,18,22

35 그림과 같이 성토 높이가 8m인 사면에서 비탈 경사가 1 : 1.3일 때 수평거리 x는?

① 6.2m
② 8.3m
③ 9.4m
④ 10.4m

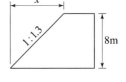

[해설] 수평거리 = 높이 × 비탈구배 $= 8 \times 1.3 = 10.4m$

□□□ 기 89,00,03,04,06,07,08,12,13,16,18,19,22

36 공사일수를 3점 시간 추정법에 의해 산정할 경우 적절한 공사 일수는? (단, 낙관일수는 6일, 정상일수는 8일, 비관일수는 10일이다.)

① 6일   ② 7일
③ 8일   ④ 9일

[해설] 3점법에 의한 공사일수 추정
$t_e = \dfrac{a + 4m + b}{6} = \dfrac{6 + 4 \times 8 + 10}{6} = 8일$

□□□ 기 07,22

37 교량 가설 공법 중 동바리를 사용하는 공법에 해당하는 것은?

① 새들식 공법　　② 크레인식 공법
③ 이동벤트식 공법　④ 캔틸레버식 공법

해설 ・동바리를 사용하는 공법 : 새들식 공법, 스테이징 공법, 이렉션 트러스 공법
・동바리를 사용하지 않는 교량가설 공법 : 브래킷 공법, 캔틸레버식 공법, 크레인식 공법, 이동벤트식 공법

□□□ 기 06,09,22

38 TBM공법에 대한 설명으로 틀린 것은?

① 폭약을 사용하지 않고, 원형으로 굴착하므로 역학적으로도 안전하다.
② 기계의 시공 충격으로 인하여 발파공법보다 동바리공이 더 많이 필요하다.
③ 기계에 의한 굴착이므로 작업환경이 양호하며 낙반 등의 사고 위험이 적다.
④ 발파공법에 비하여 특히 암질에 의한 제약을 많이 받기 때문에 지질조사가 중요하다.

해설 TBM은 발파굴착 보다 자동화된 기계로 터널 전단면을 굴착하므로 본바닥을 이완시키지 않으므로 동바리공이 경감되고 간단하다.

□□□ 기 07,12,17,22

39 관의 지름(D)이 20cm, 관의 길이(L)가 300m, 관내의 평균유속(V)이 0.6m/s일 때 원활한 배수를 위한 관 길이에 대한 낙차는? (단, Giesler의 공식에 의한다.)

① 0.86m　　② 1.35m
③ 1.84m　　④ 2.24m

해설 Giesler의 공식
관내의 평균 유속 $V = 20\sqrt{\dfrac{D \cdot h}{L}}$ 에서
∴ 암거 낙차 $h = \dfrac{V^2 \cdot L}{400 \cdot D} = \dfrac{0.6^2 \times 300}{400 \times 0.20} = 1.35\text{m}$

□□□ 기 04,06,10,11,12,22

40 CPM기법 중 더미(dummy)에 대한 설명으로 옳은 것은?

① 시간은 필요 없으나 자원은 필요한 활동이다.
② 자원은 필요 없으나 시간은 필요한 활동이다.
③ 자원과 시간이 필요 없는 명목상의 활동이다.
④ 자원과 시간이 모두 필요한 활동이다.

해설 더미
명목상의 활동으로 실제적으로는 시간과 자원이 없는 명목상의 활동으로 공정의 전후관계를 점선으로 나타낸다.

제3과목 : 건설재료 및 시험

□□□ 기 11,16,22

41 콘크리트용 인공경량골재에 대한 설명으로 틀린 것은?

① 인공경량골재의 부립률이 클수록 콘크리트의 압축강도는 저하된다.
② 흡수율이 큰 인공경량골재를 사용할 경우 프리웨팅(pre-wetting)하여 사용하는 것이 좋다.
③ 인공경량골재를 사용하는 콘크리트는 공기연행 콘크리트로 하는 것을 원칙으로 한다.
④ 인공경량골재를 사용한 콘크리트의 탄성계수는 보통골재를 사용한 콘크리트 탄성계수보다 크다.

해설 인공경량골재를 사용한 콘크리트의 탄성계수는 보통골재를 사용한 콘크리트 탄성계수보다 작다.

□□□ 기 18,22

42 터널 굴착을 위하여 장약량 4kg으로 시험 발파한 결과 누두지수(n)가 1.5, 폭파반경(R)이 3m이었다면, 최소저항선 길이를 5m로 할 때 필요한 장약량은?

① 6.67kg　　② 11.1kg
③ 18.5kg　　④ 62.5kg

해설 장약량 $L = C W^3$
・누두지수 $n = \dfrac{R}{W}$ 에서
$W = \dfrac{R}{n} = \dfrac{3}{1.5} = 2.0\text{m}$
・$L = C W^3$ 에서
$C = \dfrac{L}{W^3} = \dfrac{4}{2.0^3} = 0.5$
∴ $L = C W^3 = 0.5 \times 5^3 = 62.5\text{kg}$

□□□ 기 05,19,22

43 암석의 구조에 대한 설명으로 옳은 것은?

① 암석 특유의 천연적으로 갈라진 금을 절리라 한다.
② 퇴적암이나 변성암의 일부에서 생기는 평행상의 절리를 벽개라 한다.
③ 암석의 가공이나 채석에 이용되는 것으로 갈라지기 쉬운 면을 석리라 한다.
④ 암석을 구성하고 있는 조암광물의 집합상태에 따라 생기는 눈모양을 층리라 한다.

해설 ・석재를 조성하고 있는 광물의 조직에 따라 생기는 눈의 모양을 석리라 한다.
・퇴적암이나 변성암의 일부에서 생기는 평행상의 절리를 층리라 한다.

---

44 혼화재료 중 감수제에 대한 설명으로 틀린 것은?

① 시멘트 입자를 분산시킴으로서 단위수량을 줄인다.
② 공기연행 작용이 없는 감수제와 공기연행작용을 함께 하는 AE감수제 등으로 나누어진다.
③ 감수제를 사용하면 동결융해에 대한 저항성이 증대된다.
④ 감수제를 사용하면 동일한 워커빌리티 및 강도의 콘크리트를 얻기 위해 시멘트가 더 많이 들어가야 한다.

해설 감수제는 동일한 강도를 만들기 위한 경우라면 시멘트량을 8~10% 정도 절약 할 수 있다.

45 아래와 같은 경량 굵은 골재에 대한 밀도 및 흡수율 시험을 하고자 할 때 1회 시험에 사용되는 시료의 최소 질량은?

> • 경량 굵은 골재의 최대 치수 : 50mm
> • 경량 굵은 골재의 추정 밀도 : 1.4g/cm^3

① 2.0kg
② 2.5kg
③ 2.8kg
④ 5.0kg

해설 $m_{\min} = \dfrac{d_{\max} \cdot D_e}{25} = \dfrac{50 \times 1.4}{25} = 2.8 \text{kg}$

46 시멘트의 저장 및 사용에 대한 설명으로 틀린 것은?

① 시멘트는 방습적인 구조물에 저장한다.
② 시멘트를 쌓아올리는 높이는 13포대 이하로 하는 것이 바람직하다.
③ 저장 중에 약간 굳은 시멘트는 품질검사 후 사용한다.
④ 시멘트의 온도는 일반적으로 50℃ 이하에서 사용한다.

해설 저장중에 약간이라도 굳은 시멘트를 사용해서는 안되며 3개월 이상 장기간 저장한 시멘트는 사용전에 품질시험을 한다.

47 목재의 건조에 대한 설명으로 틀린 것은?

① 건조 시 목재의 강도 및 내구성이 증가한다.
② 목재 건조 시 방부제 등의 약제주입을 용이하게 할 수 있다.
③ 목재 건조 시 균류에 의한 부식과 벌레에 의한 피해를 예방할 수 있다.
④ 목재의 자연건조법 중 수침법을 사용하면 공기 건조의 시간이 길어진다.

해설 수침법
공기 건조 기간을 줄이기 위해 공기 건조를 하기 전에 목재를 3~4주 동안 물 속에 담가서 수액을 빼는 방법이다.

48 아래 설명에 해당하는 재료의 일반적 성질은?

> 외력에 의해서 변형된 재료가 외력을 제거했을 때, 원형으로 되돌아가지 않고 변형된 그대로 있는 성질

① 탄성
② 소성
③ 취성
④ 인성

해설 • 인성 : 재료가 하중을 받아 파괴될 때까지의 에너지 흡수능력으로 나타난다.
• 취성(脆性) : 재료가 외력을 받을 때 작은 변형에도 파괴되는 성질
• 탄성(彈性) : 재료에 외력을 주어 변형이 생겼을 때 외력을 제거하면 원형으로 되돌아가는 성질
• 소성(塑性) : 외력에 의해서 변형된 재료가 외력을 제거했을 때, 원형으로 되돌아가지 않고 변형된 그대로 있는 성질

49 다음은 비철금속 재료 중 어떤 것에 대한 설명인가?

> • 비중은 약 8.93 정도이다.
> • 전기 및 열전도율이 높다.
> • 전성과 연성이 크다.
> • 부식하면 청록색이 된다.

① 니켈
② 구리
③ 주석
④ 알루미늄

해설 구리의 성질
• 비중은 8.93 정도이다.
• 부식이 잘 안된다.
• 전기 및 열의 양도체이다.
• 전성과 연성이 커서 핀, 봉, 관 재료 등으로 가공된다.
• 습기나 이산화탄소 및 바닷물 등의 작용을 받으면 부식하여 청록색이 된다.

50 콘크리트용 혼화재료의 일반적인 성질에 대한 설명으로 틀린 것은?

① 방청제는 철근이나 PC강선이 부식하는 것을 방지하기 위해 사용한다.
② 지연제는 시멘트의 수화반응을 늦춰 응결시간을 길게 할 목적으로 사용되는 혼화제이다.
③ 촉진제는 보통 염화칼슘을 사용하며 일반적인 사용량은 시멘트 질량에 대하여 2% 이하를 사용한다.
④ 급결제를 사용한 콘크리트는 초기 28일의 강도증진은 매우 크고, 장기강도의 증진 또한 큰 경우가 많다.

해설 급결제를 사용한 콘크리트는 1~2일의 강도증진은 매우 크지만 장기강도는 느린 경우가 많다.

□□□ 기 08,22

51 시멘트의 일반적인 성질에 대한 설명으로 틀린 것은?

① 시멘트가 불안정하면 이상팽창 등을 일으켜 콘크리트에 균열을 발생시킨다.
② 시멘트의 입자가 작고 온도가 높을수록 수화속도가 빠르게 되어 초기강도가 증가된다.
③ 시멘트의 분말도가 높으면 수축이 크고 균열발생의 가능성이 크며, 시멘트 자체가 풍화되기 쉽다.
④ 시멘트의 응결 시간은 수량이 많고 온도가 낮으면 빨라지고, 분말도가 높거나 C_3A의 양이 많으면 느리게 된다.

해설 시멘트의 응결시간은 수량이 적고 온도가 높으면 빨라지고 분말도가 높거나 C_3A의 양이 많으면 빠르다.

□□□ 기 22

52 지오신세틱스 − 제2부(KS K ISO10318-2)에서 아래 그림이 나타내는 토목섬유의 주요 기능은?

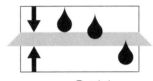

① 배수　　　　　　② 여과
③ 보호　　　　　　④ 분리

해설
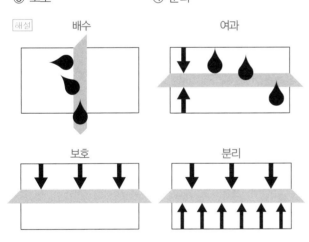

□□□ 기 09,16,22

53 제철소에서 발생하는 산업부산물로서 냉수나 차가운 공기 등으로 급랭한 후 미분쇄하여 사용하는 혼화재료는?

① 고로슬래그 미분말　　② 플라이애시
③ 실리카 품　　　　　　④ 화산회

해설 고로 슬래그 미분말은 용광로에서 선철과 동시에 생성되는 용융 슬래그를 냉수로 급냉시켜 얻은 입상의 수쇄 슬래그를 건조하여 미분쇄한 것이다.

□□□ 기 08,14,22

54 시멘트의 응결시험 방법으로 옳은 것은?

① 비비 시험
② 오토클레이브 방법
③ 길모어 침에 의한 방법
④ 공기 투과 장치에 의한 방법

해설 시멘트의 응결시험 방법
·비이카(Vicat) 침에 의한 방법 : 수경성 시멘트의 응결시간 측정 시험 방법
·길모어(Gillmore) 침에 의한 방법 : 시멘트의 응결 시간 측정 시험 방법

□□□ 기 14,18,22

55 석재를 사용할 경우 고려해야 할 사항으로 틀린 것은?

① 내화구조물에는 석재를 사용할 수 없다.
② 석재를 다량으로 사용 시 안정적으로 공급할 수 있는지 여부를 조사한다.
③ 휨응력과 인장응력을 받는 곳은 가급적이면 사용하지 않는 것이 좋다.
④ 외벽이나 콘크리트 포장용 석재에는 가급적이면 연석은 피하는 것이 좋다.

해설 내화 구조물은 강도면보다 내화 석재를 선택하는 것이 좋다.

□□□ 기 16,22

56 역청재료의 침입도 지수(PI)를 구하는 식으로 옳은 것은? (단, $A = \dfrac{\log 800 - \log P_{25}}{\text{연화점} - 25}$ 이고, P_{25}는 25℃에서의 침입도이다.)

① $\dfrac{30}{1+50A} - 10$　　② $\dfrac{25}{1+50A} - 10$

③ $\dfrac{30}{1+40A} - 10$　　④ $\dfrac{25}{1+40A} - 10$

해설 $PI = \dfrac{30}{1+50A} - 10$

□□□ 기 12,19,22

57 스트레이트 아스팔트에 대한 설명으로 틀린 것은?

① 블론 아스팔트에 비해 투수계수가 크다.
② 블론 아스팔트에 비해 신장성이 크다.
③ 블론 아스팔트에 비해 점착성이 크다.
④ 블론 아스팔트에 비해 감온성이 크다.

해설 스트레이트 아스팔트는 블론 아스팔트에 비해 투수계수가 작다.

58 마샬시험방법에 따라 아스팔트 콘크리트 배합설계를 진행 중이다. 재료 및 공시체에 대한 측정결과가 아래와 같을 때 포화도는?

> · 아스팔트의 밀도(G) : 1.030g/cm^3
> · 아스팔트의 혼합률(A) : 6.3%
> · 공시체의 실측밀도(d) : 2.435g/cm^3
> · 공시체의 공극률(V_0) : 4.8%

① 58% ② 66%
③ 71% ④ 76%

해설 포화도 $S = \dfrac{V_a}{V_a + V} \times 100$

아스팔트의 용적률
$$V_a = \frac{A \cdot d}{G_a} = \frac{6.3 \times 2.435}{1.03} = 14.89\%$$

∴ 포화도 $S = \dfrac{14.89}{14.89 + 4.8} \times 100 = 76\%$

59 콘크리트용으로 사용하는 굵은 골재의 안정성은 황산나트륨으로 5회 시험을 하여 평가한다. 이 때 손실질량은 몇 % 이하를 표준으로 하는가?

① 15% ② 12%
③ 10% ④ 7%

해설 잔골재 : 10% 이하, 굵은 골재 : 12% 이하

60 다음 중 골재의 조립률을 구하는데 사용되는 표준체의 크기가 아닌 것은?

① 40mm ② 10mm
③ 1.5mm ④ 0.3mm

해설 조립률은 75mm, 40mm, 20mm, 10mm, 5mm, 2.5mm, 1.2mm, 0.6mm, 0.3mm, 0.15mm 등 10개의 체를 1조로 한다.

제4과목 : 토질 및 기초

61 그림과 같은 지반에서 하중으로 인하여 수직응력($\Delta\sigma_1$)이 100kN/m^2 증가되고 수평응력($\Delta\sigma_3$)이 50kN/m^2 증가되었다면 간극수압은 얼마나 증가되었는가? (단, 간극수압계수 $A = 0.5$이고, $B = 1$이다.)

① 50kN/m^2
② 75kN/m^2
③ 100kN/m^2
④ 125kN/m^2

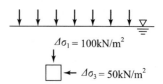

해설 간극 수압
$$\Delta U = B[\Delta\sigma_3 + A(\Delta\sigma_1 - \Delta\sigma_3)]$$
$$= 1 \times [50 + 0.5(100 - 50)] = 75\text{kN/m}^2$$

62 접지압(또는 지반반력)이 그림과 같이 되는 경우는?

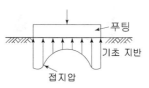

① 푸팅 : 강성, 기초지반 : 점토
② 푸팅 : 강성, 기초지반 : 모래
③ 푸팅 : 연성, 기초지반 : 점토
④ 푸팅 : 연성, 기초지반 : 모래

해설 완전히 정상인 footing(강성 기초 지반)

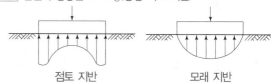

점토 지반   모래 지반

63 지표에 설치된 3m×3m의 정사각형 기초에 80kN/m^2의 등분포하중이 작용할 때, 지표면 아래 5m 깊이에서의 연직응력의 증가량은? (단, 2 : 1 분포법을 사용한다.)

① 7.15kN/m^2 ② 9.20kN/m^2
③ 11.25kN/m^2 ④ 13.10kN/m^2

해설 $\Delta\sigma_z = \dfrac{q \cdot B \cdot L}{(B+Z)(L+Z)} = \dfrac{80 \times 3 \times 3}{(3+5)(3+5)}$
$$= 11.25\text{kN/m}^2$$

□□□ 기 14,21,22

64 Terzaghi의 1차 압밀에 대한 설명으로 틀린 것은?

① 압밀방정식은 점토 내에 발생하는 과잉간극수압의 변화를 시간과 배수거리에 따라 나타낸 것이다.
② 압밀방정식을 풀면 압밀도를 시간계수의 함수로 나타낼 수 있다.
③ 평균압밀도는 시간에 따른 압밀침하량을 최종압밀침하량으로 나누면 구할 수 있다.
④ 압밀도는 배수거리에 비례하고, 압밀계수에 반비례 한다.

해설 압밀도 $U = \int (T_v) = \int \left(\dfrac{C_v\, t}{H^2} \right)$

압밀도(U)는 배수거리(H)의 제곱에 반비례하고, 압밀계수(C_v)에 비례 한다.

□□□ 기 85,99,03,06,11,17,22

65 간극비 $e_1 = 0.80$인 어떤 모래의 투수계수가 $k_1 = 8.5 \times 10^{-2}$cm/s일 때, 이 모래를 다져서 간극비를 $e_2 = 0.57$로 하면 투수계수 k_2는?

① 4.1×10^{-1}cm/s
② 8.1×10^{-2}cm/s
③ 3.5×10^{-2}cm/s
④ 8.5×10^{-3}cm/s

해설 $k_1 : k_2 = \dfrac{e_1^3}{1+e_1} : \dfrac{e_2^3}{1+e_2}$

$\therefore\ k_2 = \dfrac{\dfrac{e_2^3}{1+e_2}}{\dfrac{e_1^3}{1+e_1}} \times k_1$

$= \dfrac{\dfrac{0.57^3}{1+0.57}}{\dfrac{0.80^3}{1+0.80}} \times 8.5 \times 10^{-2} = 0.035 = 3.5 \times 10^{-2}$cm/sec

□□□ 기 15,17,22

66 사면안정 해석방법에 대한 설명으로 틀린 것은?

① 일체법은 활동면 위에 있는 흙덩어리를 하나의 물체로 보고 해석하는 방법이다.
② 마찰원법은 점착력과 마찰각을 동시에 갖고 있는 균질한 지반에 적용된다.
③ 절편법은 활동면 위에 있는 흙을 여러 개의 절편으로 분할하여 해석하는 방법이다.
④ 절편법은 흙이 균질하지 않아도 적용이 가능하지만, 흙 속에 간극수압이 있을 경우 적용이 불가능하다.

해설 절편법은 흙이 균질하지 않아도 적용이 가능하지만, 흙속에 간극수압이 있을 때 적용한다.

□□□ 기 08,13,18,21,22

67 표준관입시험(S.P.T) 결과 N값이 25이었고, 이때 채취한 교란시료로 입도시험을 한 결과 입자가 둥글고, 입도분포가 불량할 때 Dunham의 공식으로 구한 내부 마찰각(ϕ)은?

① $32.3°$
② $37.3°$
③ $42.3°$
④ $48.3°$

해설 Dunham 공식

토립자의 조건	내부 마찰각
· 토립자가 둥글고 입도분포가 불량(균일)	$\phi = \sqrt{12N} + 15$
· 토립자가 둥글고 입도분포가 양호 · 토립자가 모나고 입도분포가 불량(균일)	$\phi = \sqrt{12N} + 20$
· 토립자가 모가 나고 입도분포가 양호	$\phi = \sqrt{12N} + 25$

∴ 흙입자가 둥글고 입도분포가 불량
$\phi = \sqrt{12N} + 15 = \sqrt{12 \times 25} + 15 = 32.3°$

□□□ 기 13,16,22

68 흙의 다짐에 대한 설명으로 틀린 것은?

① 다짐에 의하여 간극이 작아지고 부착력이 커져서 역학적 강도 및 지지력은 증대하고, 압축성, 흡수성 및 투수성은 감소한다.
② 점토를 최적함수비보다 약간 건조측의 함수비로 다지면 면모구조를 가지게 된다.
③ 점토를 최적함수비보다 약간 습윤측에서 다지면 투수계수가 감소하게 된다.
④ 면모구조를 파괴시키지 못할 정도의 작은 압력으로 점토시료를 압밀할 경우 건조측 다짐을 한 시료가 습윤측 다짐을 한 시료보다 압축성이 크게 된다.

해설 일반적으로 건조측 다짐을 실시할 경우 흙의 강도증가나 압축성이 감소된다.

□□□ 기 86,90,99,03,14,17,21,22

69 지표면이 수평이고 옹벽의 뒷면과 흙과의 마찰각이 $0°$인 연직옹벽에서 Coulomb 토압과 Rankine 토압은 어떤 관계가 있는가? (단, 점착력은 무시한다.)

① Coulomb 토압은 항상 Rankine 토압보다 크다.
② Coulomb 토압과 Rankine 토압은 같다.
③ Coulomb 토압이 Rankine 토압보다 작다.
④ 옹벽의 형상과 흙의 상태에 따라 클 때도 있고 작을 때도 있다.

해설 지표면이 수평이고 벽면 마찰각 $\delta = 0$, $i = 0$인 사질토의 경우 Coulomb의 토압과 Rankine의 토압은 같다.

☐☐☐ 기 15,22

70 현장에서 완전히 포화되었던 시료라 할지라도 시료 채취 시 기포가 형성되어 포화도가 저하될 수 있다. 이 경우 생성된 기포를 원상태로 용해시키기 위해 작용시키는 압력을 무엇이라고 하는가?

① 배압(back pressure)
② 축차응력(deviator stress)
③ 구속압력(confined pressure)
④ 선행압밀압력(preconsolidation pressure)

해설 배압

　지하수위아래 흙을 채취하면 물속에 용해되어 있던 산소는 그 수압이 없어져 체적이 커지고 기포를 형성하므로 포화도는 100% 보다 떨어진다. 이러한 시료는 불포화된 시료를 형성하여 올바른 값이 되지 않게 된다. 그러므로 이 기포가 다시 용해되도록 원 상태의 압력을 받게 가하는 압력으로 삼축 압축시험에 사용된다.

☐☐☐ 기 80,81,94,03,21,22

71 다음 지반 개량공법 중 연약한 점토지반에 적합하지 않은 것은?

① 프리로딩 공법
② 샌드 드레인 공법
③ 페이퍼 드레인 공법
④ 바이브로 플로테이션 공법

해설 연약지반 공법

점토질 지반 개량	사질토 지반 개량
· sand drain 공법	· vibrofloatation 공법
· paper drain 공법	· 폭파다짐 공법
· preloading 공법	· 전기충격 공법
· 침투압공법	· compozer 공법
· 전기 침투공법	· 다짐 말뚝공법
· 생석회 말뚝공법	· 약액주입 공법

바이브로플로테이션 공법 : 사질토 지반의 개량 공법

☐☐☐ 기 80,81,84,12,17,22

72 연약지반에 구조물을 축조할 때 피에조미터를 설치하여 과잉간극수압의 변화를 측정한 결과 어떤 점에서 구조물 축조 직후 과잉간극수압이 $100kN/m^2$이었고, 4년 후에 $20kN/m^2$이었다. 이때의 압밀도는?

① 20%　　　　② 40%
③ 60%　　　　④ 80%

해설 압밀도 $U = 1 - \dfrac{u_e}{u_i}$

$= 1 - \dfrac{20}{100} = 0.80 = 80\%$

☐☐☐ 기 98,07,10,22

73 그림과 같은 정사각형 기초에서 안전율을 3으로 할 때 Terzaghi의 공식을 사용하여 지지력을 구하고자 한다. 이때 한 변의 최소길이(B)는? (단, 물의 단위중량은 $9.81kN/m^3$, 점착력(c)은 $60kN/m^2$, 내부 마찰각(ϕ)은 $0°$이고, 지지력계수 $N_c = 5.7$, $N_q = 1.0$, $N_\gamma = 0$이다.)

① 1.12m
② 1.43m
③ 1.51m
④ 1.62m

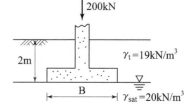

해설 $q_a > \dfrac{Q}{B^2}$에서

· $q_{ult} = \alpha c N_c + \beta \gamma B N_r + \gamma D_f N_q$
$= 1.3 \times 60 \times 5.7 + 0.4 \times (20 - 9.81) \times B \times 0 + 19 \times 2 \times 1.0$
$= 482.6 kN/m^2$

· $q_a = \dfrac{q_u}{F_s} = \dfrac{482.6}{3} = 160.87 kN/m^2$

· $q_a = 160.87 \, kN/m^2 > \dfrac{Q}{B^2} = \dfrac{200}{B^2}$

참고 SOLVE 사용 　∴ $B = 1.115 = 1.12m$

☐☐☐ 기 15,17,22

74 사면안정 해석방법에 대한 설명으로 틀린 것은?

① 일체법은 활동면 위에 있는 흙덩어리를 하나의 물체로 보고 해석하는 방법이다.
② 마찰원법은 점착력과 마찰각을 동시에 갖고 있는 균질한 지반에 적용된다.
③ 절편법은 활동면 위에 있는 흙을 여러 개의 절편으로 분할하여 해석하는 방법이다.
④ 절편법은 흙이 균질하지 않아도 적용이 가능하지만, 흙 속에 간극수압이 있을 경우 적용이 불가능하다.

해설 절편법은 흙이 균질하지 않아도 적용이 가능하지만, 흙속에 간극수압이 있을 때 적용한다.

☐☐☐ 기 05,22

75 3층 구조로 구조결합 사이에 치환성 양이온이 있어서 활성이 크고, 시트(sheet) 사이에 물이 들어가 팽창·수축이 크고, 공학적 안정성이 약한 점토 광물은?

① sand　　　　② illite
③ kaolimite　　④ montmorillonite

해설 montmorillonite

　치환성 양이온으로 활성이 크고 sheet 사이에 물이 들어가 팽창, 수축이 크며, 안정성은 제일 약하다.

□□□ 기 02,10,18,22

76 4.75mm체(4번 체) 통과율이 90%, 0.075mm체(200번 체) 통과율이 4%이고, $D_{10}=0.25$mm, $D_{30}=0.6$mm, $D_{60}=2$mm인 흙을 통일분류법으로 분류하면?

① GP
② GW
③ SP
④ SW

해설 ■1단계 : No.200(4%) < 50%(G나 S 조건)
■2단계 : 4.75mm(No.4체)통과량(90%) > 50%(S조건)
■3단계 : SW($C_u>6$, $1<C_g<3$)이면 SW 아니면 SP

·균등계수 $C_u = \dfrac{D_{60}}{D_{10}} = \dfrac{2}{0.25} = 8 > 6$: 입도양호(W)

·곡률계수 $C_g = \dfrac{D_{30}^2}{D_{10} \times D_{60}} = \dfrac{0.6^2}{0.25 \times 2} = 0.72$: $1<C_g<3$

입도불량(P)

∴ SP(∵ SW에 해당되는 두 조건을 만족시키지 못함)

□□□ 기 95,01,06,10,11,14,18,21,22

77 그림과 같이 동일한 두께의 3층으로 된 수평 모래층이 있을 때 토층에 수직한 방향의 평균 투수계수(k_v)는?

① 2.38×10^{-3}cm/s
② 3.01×10^{-4}cm/s
③ 4.56×10^{-4}cm/s
④ 5.60×10^{-4}cm/s

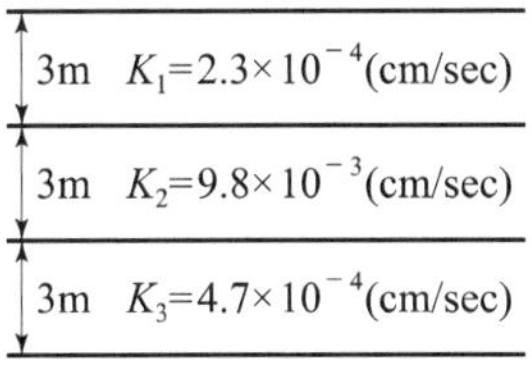

3m	$K_1 = 2.3 \times 10^{-4}$(cm/sec)
3m	$K_2 = 9.8 \times 10^{-3}$(cm/sec)
3m	$K_3 = 4.7 \times 10^{-4}$(cm/sec)

해설 $K_v = \dfrac{H}{\dfrac{H_1}{K_1} + \dfrac{H_2}{K_2} + \dfrac{H_3}{K_3}}$

$= \dfrac{300+300+300}{\dfrac{300}{2.3 \times 10^{-4}} + \dfrac{300}{9.8 \times 10^{-3}} + \dfrac{300}{4.7 \times 10^{-4}}}$

$= 4.56 \times 10^{-4}$cm/sec

□□□ 기 93,98,00,05,09,17,22

78 어떤 점토지반에서 베인 시험을 실시하였다. 베인의 지름이 50mm, 높이가 100mm, 파괴 시 토크가 59N·m일 때 이 점토의 점착력은?

① 129kN/m²
② 157kN/m²
③ 213kN/m²
④ 276kN/m²

해설 $C_u = \dfrac{M_{max}}{\pi D^2 \left(\dfrac{H}{2} + \dfrac{D}{6} \right)}$

$= \dfrac{59 \times 10^3}{\pi \times 50^2 \times \left(\dfrac{100}{2} + \dfrac{50}{6} \right)}$

$= 0.129$N/mm² $= 129$kN/m²

□□□ 기 90,97,03,06,09,16,17,20,22

79 다음 연약지반 개량공법 중 일시적인 개량공법은?

① 치환 공법
② 동결 공법
③ 약액주입 공법
④ 모래다짐말뚝 공법

해설 일시적인 지반 개량공법 : Deep Well 공법, Well Point 공법, 진공압밀공법(대기압공법), 동결공법

□□□ 기 04,22

80 도로의 평판 재하 시험에서 1.25mm 침하량에 해당하는 하중 강도가 250kN/m²일 때 지반반력 계수는?

① 100MN/m³
② 200MN/m³
③ 1,000MN/m³
④ 2,000MN/m³

해설 지지력 계수

$K = \dfrac{\text{하중강도}(q)}{\text{침하량}(y)}$

$= \dfrac{250}{1.25 \times \dfrac{1}{1,000}} = 200,000$kN/m³ $= 200$MN/m³

(∵ 1 MN = 10^6 N)

국가기술자격 필기시험문제

	수험번호	성 명

2022년도 기사 4회 필기시험 (1부)

자격종목	시험시간	문제수	형 별		
건설재료시험기사 [온라인TEST]	2시간	80	A		

※ 각 문제는 4지 택일형으로 질문에 가장 적합한 문제의 보기 번호를 클릭하거나 답안표기란의 번호를 클릭하여 입력하시면 됩니다.
※ 입력된 답안은 문제 화면 또는 답안 표기란의 보기 번호를 클릭하여 변경하실 수 있습니다.

제1과목 : 콘크리트 공학

□□□ 기 14,15,18,22

01 시방배합 결과 콘크리트 $1m^3$에 사용되는 물은 180kg, 시멘트는 390kg, 잔골재는 700kg, 굵은 골재는 1,100kg 이었다. 현장 골재의 상태가 아래의 표와 같을 때 현장배합에 필요한 굵은 골재량은?

- 현장의 잔골재는 5mm체에 남는 것을 10% 포함
- 현장의 굵은 골재는 5mm체를 통과하는 것을 5% 포함
- 잔골재의 표면수량은 2%
- 굵은 골재의 표면수량은 1%

① 1,060kg
② 1,071kg
③ 1,082kg
④ 1,093kg

해설 ■입도에 의한 조정

a : 잔골재 중 5mm체에 남은 양 : 10%
b : 굵은 골재 중 5mm체를 통과한 양 : 5%

굵은 골재 $Y = \dfrac{100G - a(S+G)}{100 - (a+b)}$

$= \dfrac{100 \times 1,100 - 10(700 + 1,100)}{100 - (10+5)} = 1,082 \text{kg/m}^3$

■표면수량에 의한 환산

굵은 골재의 표면 수량 $= 1,082 \times 0.01 = 11 \text{kg}$

∴ 굵은 골재량 $= 1,082 + 11 = 1,093 \text{kg/m}^3$

□□□ 기 11,14,15,19,22

02 공기 중의 탄산가스의 작용을 받아 콘크리트 중의 수산화 칼슘이 서서히 탄산칼슘으로 되어 콘크리트가 알칼리성을 상실하는 것을 무엇이라 하는가?

① 알칼리반응
② 염해
③ 손식
④ 탄산화

해설 콘크리트에 포함된 수산화칼슘($Ca(OH)_2$)이 공기 중의 탄산가스(CO_2)와 반응하여 수산화칼슘이 소비되어 알칼리성을 잃는 현상이 중성화 현상이므로 콘크리트가 중성화 되면 철근의 보호막이 파괴되어 부식되기 쉽다.

□□□ 기 06,14,22

03 콘크리트의 성능저하 원인의 하나인 알칼리골재 반응에 관한 설명 중 틀린 것은?

① 알칼리골재 반응은 알칼리 — 실리카 반응, 알칼리 — 탄산염 반응, 알칼리 — 실리케이트 반응으로 분류한다.
② 알칼리골재 반응을 억제하기 위하여 단위시멘트량을 크게 하여야 한다.
③ 알칼리골재 반응은 고로슬래그 미분말, 플라이애시 등의 포졸란 재료에 의해 억제된다.
④ 알칼리골재 반응이 진행되면 무근콘크리트에서는 거북이 등과 같은 균열이 진행된다.

해설 낮은 알칼리량의 시멘트 중의 알칼리량이 0.6% 이하이면 억제 효과가 있기 때문에 단위 시멘트량을 적게 사용한다.

□□□ 기 18,22

04 콘크리트의 받아들이기 품질 검사항목이 아닌 것은?

① 공기량
② 평판재하
③ 슬럼프
④ 펌퍼빌리티

해설 콘크리트의 받아들이기 품질 검사

항 목		시기 및 횟수
굳지 않은 콘크리트의 상태		콘크리트 타설 개시 및 타설 중 수시로 함
슬럼프		최초 1회 시험을 실시하고, 이후 압축강도 시험용 공시체 채취 시 및 타설 중에 품질 변화가 인정될 때 실시
슬럼프 플로		
공기량		
온도		
단위용적질량		필요한 경우 별도로 정함
염화물 함유량		바닷모래를 사용한 경우 2회/일, 그 밖에 염화물 함유량 검사가 필요한 경우 별도로 정함
배합	단위수량	1회/일, 120m³ 마다 또는 배합이 변경될 때마다
	단위 결합재량	전 배치
	물─결합재비	필요한 경우 별도로 정함
	기타, 콘크리트 재료의 단위량	전 배치
펌퍼빌리티		펌프 압송 시

정답 01 ④ 02 ④ 03 ② 04 ②

□□□ 기 05,10,17,22

05 일반 콘크리트의 비비기에 대한 설명으로 틀린 것은?

① 연속믹서를 사용할 경우, 비비기 시작 후 최초에 배출되는 콘크리트는 사용하지 않아야 한다.
② 비비기 시간에 대한 시험을 실시하지 않은 경우 가경식 믹서일 때에는 1분 이상 비비는 것을 표준으로 한다.
③ 비비기는 미리 정해둔 비비기 시간의 3배 이상 계속하지 않아야 한다.
④ 비비기를 시작하기 전에 미리 믹서 내부를 모르타르로 부착시켜야 한다.

[해설] 비비기 시간에 대한 시험을 실시하지 않은 경우 그 최소시간은 강제식 믹서일 때에는 1분 이상을 표준으로 한다.

□□□ 기 06,10,13,18,22

06 콘크리트의 건조 수축량에 관한 다음 설명 중 옳은 것은?

① 단위 굵은 골재량이 많을수록 건조 수축량은 크다.
② 분말도가 큰 시멘트일수록 건조 수축량은 크다.
③ 습도가 낮고 온도가 높을수록 건조 수축량은 작다.
④ 물 − 결합재비가 동일할 경우 단위수량의 차이에 따라 건조 수축량이 달라지지는 않는다.

[해설] · 단위 굵은 골재량이 많을수록 건조 수축량이 작다.
· 분말도가 큰 시멘트일수록 건조 수축량이 크다.
· 습도가 낮을수록 온도가 높을수록 건조 수축량이 크다.
· 물−결합재비가 동일할 경우 단위 수량이 많을수록 건조 수축이 커진다.

□□□ 기 13,22

07 벽 또는 기둥과 같이 높이가 높은 콘크리트를 연속해서 타설할 경우 콘크리트를 쳐 올라가는 속도로서 가장 적당한 것은?

① 30분에 0.5~1m 정도
② 30분에 1~1.5m 정도
③ 30분에 1.5~2m 정도
④ 30분에 2~2.5m 정도

[해설] · 호퍼 등의 배출구와 타설면까지의 높이를 1.5m 이하로 한다.
· 벽, 기둥을 타설할 때 30분에 1~1.5m 정도로 타설하는 것이 적당하다.

□□□ 기 07,12,22

08 콘크리트의 크리프에 영향을 미치는 요인 중 틀린 것은?

① 온도가 높을수록 크리프는 증가한다.
② 조강 시멘트는 보통 시멘트보다 크리프가 작다.
③ 단위 시멘트량이 많을수록 크리프는 감소한다.
④ 물−시멘트비, 응력이 클수록 크리프는 증가한다.

[해설] 단위 시멘트량이 많을수록 크리프는 크다.

□□□ 기 12,19,22

09 결합재로 시멘트와 시멘트 혼화용 폴리머(또는 폴리머 혼화제)를 사용한 콘크리트는?

① 폴리머 시멘트 콘크리트
② 폴리머 함침 콘크리트
③ 폴리머 콘크리트
④ 레진 콘크리트

[해설] · 폴리머 시멘트 콘크리트 : 결합재로 시멘트와 시멘트 혼화용 폴리머(또는 폴리머 혼화제)를 사용한 콘크리트
· 폴리머 함침 콘크리트 : 시멘트계의 재료를 건조시켜 미세한 공극에 액상 모노머를 함침 및 중합시켜 일체화 시켜 만든 것
· 폴리머 콘크리트 : 결합재로서 시멘트와 같은 무기질 시멘트를 전혀 사용치 않고 폴리머만으로 골재를 결합시켜 콘크리트를 제조한 것을 레진 콘크리트 또는 폴리머 콘크리트라 한다.

□□□ 기 09,11,14,16,19,22

10 외기온도가 25℃를 넘을 때 콘크리트의 비비기로부터 타설이 끝날 때까지 최대 얼마의 시간을 넘어서는 안 되는가?

① 0.5시간
② 1시간
③ 1.5시간
④ 2시간

[해설] 비비기로부터 치기가 끝날 때까지의 시간

외기 온도	소요 시간
25℃ 이상일 때	1.5시간(90분)을 넘지 않을 것
25℃ 미만일 때	2시간(120분)을 넘지 않을 것

□□□ 기 09,11,12,15,16,19,22

11 쪼갬인장강도시험으로 부터 최대하중 $P=150kN$을 얻었다. 원주 공시체의 직경이 150mm, 길이가 300mm 이라고 하면 이 공시체의 쪼갬인장강도는?

① 1.06MPa
② 1.22MPa
③ 2.12MPa
④ 2.43MPa

[해설] $f_t = \dfrac{2P}{\pi dl} = \dfrac{2\times150\times10^3}{\pi\times150\times300} = 2.12\,\mathrm{N/mm^2} = 2.12\,\mathrm{MPa}$

□□□ 기 99,06,08,09,10,13,15,17,18,22

12 서중 콘크리트에 대한 설명으로 틀린 것은?

① 하루 평균기온이 25℃을 초과하는 것이 예상되는 경우 서중 콘크리트로 시공하여야 한다.
② 서중 콘크리트의 배합온도는 낮게 관리하여야 한다.
③ 콘크리트를 타설하기 전에는 지반, 거푸집 등 콘크리트로부터 물을 흡수할 우려가 있는 부분을 습윤상태로 유지하여야 한다.
④ 콘크리트를 타설할 때의 콘크리트 온도는 25℃ 이하이어야 한다.

[해설] 콘크리트를 타설할 때의 콘크리트 온도는 35℃ 이하이어야 한다.

13 숏크리트에 대한 설명으로 틀린 것은?

① 일반 숏크리트의 장기 설계기준강도는 재령 28일로 설정한다.
② 습식 숏크리트는 배치 후 60분 이내에 뿜어붙이기를 실시하여야 한다.
③ 숏크리트의 초기강도는 재령 3시간에서 1.0 ~ 3.0MPa을 표준으로 한다.
④ 굵은 골재의 최대치수는 25mm의 것이 널리 쓰인다.

해설 굵은 골재의 최대치수는 압송이나 리바운드 등을 고려하여 10 ~ 15mm 정도가 가장 적당하다.

14 프리플레이스트 콘크리트에 대한 설명으로 틀린 것은?

① 잔골재의 조립률은 1.4 ~ 2.2 범위로 한다.
② 굵은 골재의 최소 치수는 15mm 이상으로 하여야 한다.
③ 프리플레이스트 콘크리트의 강도는 원칙적으로 재령 14일의 조기재령의 압축강도를 기준으로 한다.
④ 굵은 골재의 최대 치수와 최소 치수의 차이를 적게 하면 굵은 골재의 실적률이 적어지고 주입모르타르의 소요량이 많아진다.

해설 프리플레이스트 콘크리트의 강도는 원칙적으로 재령 28일 또는 재령 91일의 압축강도를 기준으로 한다.

15 매스(mass)콘크리트의 온도균열을 방지 또는 제어하기 위한 방법으로 잘못된 것은?

① 외부구속을 많이 받는 벽체 구조물의 경우에는 균열유발줄눈을 설치하여 균열발생위치를 제어하는 것이 효과적이다.
② 콘크리트의 프리쿨링, 파이프쿨링 등에 의한 온도저하 방법을 사용하는 것이 효과적이다.
③ 조강포틀랜드 시멘트 등 조기강도가 큰 시멘트를 사용하여 경화시간을 줄이는 것이 균열 방지에 효과적이다.
④ 팽창콘크리트를 사용하여 균열을 방지하는 것이 효과적이다.

해설 수화열이 적은 저열 포틀랜드 시멘트, 중용열 포틀랜드 시멘트를 사용하며, 단위 시멘트량은 될 수 있는 대로 적게 한다.

16 보통포틀랜드시멘트를 사용한 경우 콘크리트의 습윤양생 기간의 표준은? (단, 일평균기온이 10℃ 이상이고 15℃ 미만인 경우)

① 1일 이상
② 3일 이상
③ 5일 이상
④ 7일 이상

해설 습윤 양생 기간의 표준

일평균 기온	보통 포틀랜드 시멘트	조강 포틀랜트 시멘트
15℃ 이상	5일	3일
10℃ 이상	7일	4일
5℃ 이상	9일	5일

17 프리스트레스트 콘크리트의 그라우트의 품질 기준으로 옳지 않은 것은?

① 블리딩률은 5% 이하를 표준으로 한다.
② 팽창성 그라우트에서의 팽창률은 0 ~ 10%를 표준으로 한다.
③ 물− 결합재비는 45% 이하로 한다.
④ 염화물이온의 총량은 사용되는 단위 시멘트량의 0.08% 이하를 원칙으로 한다.

해설 블리딩률은 0%를 표준으로 한다.

18 다음 중 품질관리의 순서로 옳은 것은?

① 계획 − 실시 − 검토 − 조치
② 계획 − 검토 − 조치 − 실시
③ 검토 − 계획 − 조치 − 실시
④ 검토 − 계획 − 실시 − 조치

해설 PDCA 사이클 : 계획(Plan) → 실시(Do) → 검토(Check) → 조치(Action)
· 계획(Plan) : 공정표의 작성
· 실시(Do) : 공사의 지시, 감독, 작업원 교육
· 검토(Check) : 작업량, 진도 체크
· 조치(Action) : 작업법의 개선, 계획의 수정

19 블리딩에 관한 사항 중 잘못된 것은?

① 블리딩이 많으면 레이턴스도 많아지므로 콘크리트의 이음부에서는 블리딩이 큰 콘크리트는 불리하다.
② 시멘트의 분말도가 높고 단위수량이 적은 콘크리트는 블리딩이 작아진다.
③ 블리딩이 큰 콘크리트는 강도와 수밀성이 작아지나 철근콘크리트에서는 철근과의 부착을 증가시킨다.
④ 콘크리트치기가 끝나면 블리딩이 발생하며 대략 2 ~ 4시간에 끝난다.

해설 블리딩이 큰 콘크리트는 강도와 수밀성이 작아지고 철근 콘크리트에서는 철근과의 부착을 나쁘게 한다.

☐☐☐ 기 11,13,14,17,22

20 거푸집 및 동바리의 구조를 계산할 때 연직하중에 대한 설명으로 틀린 것은?

① 고정하중으로서 콘크리트의 단위중량은 철근의 중량을 포함하여 보통 콘크리트인 경우 20kN/m³을 적용하여야 한다.

② 고정하중으로서 거푸집 하중은 최소 0.4kN/m³ 이상을 적용하여야 한다.

③ 특수 거푸집이 사용된 경우에는 고정하중으로 그 실제의 중량을 적용하여 설계하여야 한다.

④ 활하중은 구조물의 수평투영면적(연직방향으로 투영시킨 수평면적)당 최소 2.5kN/m² 이상으로 한다.

[해설] 고정하중은 철근 콘크리트와 거푸집의 중량을 고려하여 합한 하중이며, 콘크리트의 단위 중량은 철근의 중량을 포함하여 보통 콘크리트에서는 24kN/m³을 적용한다.

제2과목 : 건설시공 및 관리

☐☐☐ 기 99,04,05,09,14,18,22

21 사이폰 관거(syphon drain)에 대한 다음 설명 중 옳지 않은 것은?

① 암거가 앞뒤의 수로 바닥에 비하여 대단히 낮은 위치에 축조된다.

② 일종의 집수 암거로 주로 하천의 복류수를 이용하기 위하여 쓰인다.

③ 용수, 배수, 운하 등 성질이 다른 수로가 교차하지만 합류시킬 수 없을 때 사용한다.

④ 다른 수로 혹은 노선과 교차할 때 사용한다.

[해설] 다공암거 : 관 내의 집수효과를 크게 하기 위하여 관 둘레에 구멍을 뚫어 지하에 매설하는 일종의 집수 암거를 말하며 하천의 복류수를 이용하기 위하여 사용한다.

☐☐☐ 기 99,07,16,22

22 발파시에 수직갱에 물이 고여 있을 때의 심빼기 발파공법으로 가장 적당한 것은?

① 스윙 컷(Swing Cut)

② V 컷(V Cut)

③ 피라미드 컷(Pyramid Cut)

④ 번 컷(Burn Cut)

[해설] 스윙 컷 : 수직갱의 바닥에 물이 많이 고였을 때 우선 밑면의 반만큼 발파시켜 놓고 물이 거기에 집중한 다음에 물이 없는 부분을 발파하는 방법

☐☐☐ 기 08,17,22

23 다음과 같은 절토공사에서 단면적은 얼마인가?

① 32m²
② 40m²
③ 51m²
④ 55m²

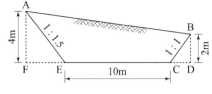

[해설]
· FE = 4×1.5 = 6m
· DC = 2×1 = 2m
· □ABDF = $\dfrac{(\text{윗변} + \text{아랫변}) \text{길이}}{2} \times$ 높이
  $= \dfrac{2+4}{2} \times (6+10+2) = 54\text{m}^2$
· △AFE = (6×4)/2 = 12m² (∵ EF = 1.5×4 = 6m)
· △BCD = (2×2)/2 = 2m² (∵ CD = 1×2 = 2m)
  ∴ 54 - (12+2) = 40m²

☐☐☐ 기 07,16,22

24 필형 댐(fill type dam)의 설명으로 옳은 것은?

① 필형 댐은 여수로가 반드시 필요하지는 않다.

② 암반강도 면에서는 기초암반에 걸리는 단위 체적당의 힘은 콘크리트 댐보다 크므로 콘크리트 댐보다 제약이 많다.

③ 필형 댐은 홍수시 월류에도 대단히 안정하다.

④ 필형 댐에서는 여수로를 댐 본체(本體)에 설치할 수 없다.

[해설]
· 여수로가 없으면 홍수시 월류하게 되어 댐의 파괴 원인이 된다.
· 필형 댐은 콘크리트 댐보다 지지력이 작아도 된다.
· 필형 댐의 월류는 대단히 위험하고 파괴 원인이 된다.
· 필형 댐의 여수로는 댐의 측면 부근에 설치한다.

☐☐☐ 기 00,10,13,15,20,22

25 벤토나이트 공법을 써서 굴착벽면의 붕괴를 막으면서 굴착된 구멍에 철근 콘크리트를 넣어 말뚝이나 벽체를 연속적으로 만드는 공법은?

① Slurry Wall 공법
② Earth Drill 공법
③ Earth Anchor 공법
④ Open Cut 공법

[해설] 지하연속벽(Slurry wall 또는 Diaphragm Wall)공법의 설명이다.

☐☐☐ 기 02,13,17,22

26 다음 중 보일링 현상이 가장 잘 생기는 지반은?

① 사질지반
② 사질점토지반
③ 보통토
④ 점토질지반

[해설] 보일링(boiling)현상은 사질토지반의 지하수위 이하를 굴착할 때 수위차로 인하여 발생하기 쉽다.

---

27 아스팔트포장의 파손현상 중 차량하중에 의해 발생한 변형량의 일부가 회복되지 못하여 발생하는 영구변형으로 차량통과위치에 균일하게 발생하는 침하를 보이는 아스팔트포장의 대표적인 파손현상을 무엇이라 하는가?

① 피로균열   ② 저온균열
③ 라벨링(Ravelling)   ④ 러팅(Rutting)

[해설] 소성변형(러팅 : rutting) : 아스팔트 포장의 노면에서 중차량의 바퀴가 집중적으로 통과하는 위치에 생긴다. 특히 여름철의 고온 현상에서 원인이 된다.

28 아래의 표와 같이 공사 일수를 견적한 경우 3점 견적법에 따른 적정 공사 일수는?

> 낙관일수 3일, 정상일수 5일, 비관일수 13일

① 4일   ② 5일
③ 6일   ④ 7일

[해설] 기대 시간치 $t_e = \dfrac{a+4m+b}{6} = \dfrac{3+4\times5+13}{6} = 6$일

29 아래의 표에서 설명하는 교량은?

> • PSC 박스형교를 개선한 신개념의 교량 형태
> • 부모멘트 구간에서 PS강재로 인해 단면에 도입되는 축력과 모멘트를 증가시키기 위해 단면 내에 위치하던 PS강재를 낮은 주탑 정부에 external tendon의 형태로 배치하여 부재의 유효높이 이상으로 PS강재의 편심량을 증가시킨 형태의 교량

① 현수교   ② Extradosed교
③ 사장교   ④ Warren Truss교

[해설] Extradosed교는 PSC 박스형교를 개선한 신개념의 교량 형태로 제안되었다.

30 토공에서 성토재료에 대한 요구조건으로 틀린 것은?

① 투수성이 낮은 흙일 것
② 시공장비에 대한 트래피커빌리티의 확보가 용이할 것
③ 노면의 시공이 쉽도록 압축성이 클 것
④ 다져진 흙의 전단강도가 클 것

[해설] 성토의 압축침하가 노면에 나쁜 영향을 미치지 않도록 압축성이 적은 흙

31 지반안정용액을 주수하면서 수직굴착하고 철근콘크리트를 타설한 후 굴착하는 공법으로 타공법에 비해 차수성이 우수하고 지반변위가 작은 토류공법은?

① 강널말뚝 흙막이벽
② 벽강관 널말뚝 흙막이벽
③ 벽식연속 지중벽 공법
④ Top down 공법

[해설] 벽식 연속지중벽 공법 : 지수벽, 구조체 등으로 이용하기 위해서 지하로 크고 깊은 트렌치를 굴착하여 철근망을 삽입한 후 concrete를 타설한 panel을 연속으로 축조해 나아가는 벽식 공법

32 토취장에서 흙을 적재하여 고속도로의 노체를 성토코자 한다. 노체에 다짐을 시행할 때 자연상태 때의 흙의 체적을 1 이라 하고, 느슨한 상태에서 1.24, 다져진 상태에서 토량변화율이 0.8이라면 본공사의 토량환산계수는?

① 0.64   ② 0.80
③ 0.70   ④ 1.25

[해설] $L = \dfrac{\text{흐트러진 상태의 토량(m}^3)}{\text{자연상태의 토량(m}^3)} = \dfrac{1.24}{1} = 1.24$

$C = \dfrac{\text{다져진 상태의 토량(m}^3)}{\text{자연상태의 토량(m}^3)} = \dfrac{0.8}{1} = 0.8$

∴ 토량 환산 계수 $f = \dfrac{C}{L} = \dfrac{0.8}{1.24} = 0.645$

33 AASHTO(1986) 설계법에 의해 아스팔트 포장의 설계 시 두께지수(SN, Structure Number) 결정에 이용되지 않는 것은?

① 각 층의 상대강도계수   ② 각 층의 두께
③ 각 층의 배수계수   ④ 각 층의 침입도지수

[해설] $SN = \alpha_1 D_1 + \alpha_2 D_2 M_2 \cdots$
여기서, α : 각층의 상대강도계수
$\quad\quad\quad D$: 각층의 두께
$\quad\quad\quad M$: 각층의 배수계수

34 원지반의 토량 500m³를 덤프 트럭(5m³ 적재) 2대로 운반하면 운반소요 일수는? (단, $L = 1.20$ 이고, 1대 1일당 운반횟수 5회)

① 12일   ② 14일
③ 16일   ④ 18일

[해설] $D = \dfrac{500\times1.20}{5\times2\times5} = 12$일

□□□ 기 04,10,15,18,22
35 지하층을 구축하면서 동시에 지상층도 시공이 가능한 역타공법(Top-Down공법)이 현장에서 많이 사용된다. 역타공법의 특징으로 틀린 것은?

① 인접건물이나 인접대지에 영향을 주지 않는 지하굴착 공법이다.
② 대지의 활용도를 극대화할 수 있으므로 도심지에서 유리한 공법이다.
③ 지하층 슬래브와 지하벽체 및 기초 말뚝 기둥과의 연결 작업이 쉽다.
④ 지하주벽을 먼저 시공하므로 지하수차단이 쉽다.

해설 지하층 슬래브와 지하벽체 및 기초 말뚝기둥과의 연결작업에 세심한 주의가 필요하고 확인 시공해야 한다.

□□□ 기 11,18,20,22
36 로드 롤러를 사용하여 전압횟수 4회, 전압포설 두께 0.3m, 유효 전압폭 2.5m, 전압작업속도를 3km/h로 할 때 시간당 작업량을 구하면? (단, 토량환산계수는 1, 롤러의 효율은 0.8을 적용한다.)

① 300m³/h
② 450m³/h
③ 600m³/h
④ 750m³/h

해설 $Q = \dfrac{1,000 V \cdot W \cdot H \cdot f \cdot E}{N}$

$= \dfrac{1,000 \times 3 \times 2.5 \times 0.3 \times 1 \times 0.8}{4} = 450\,\text{m}^3/\text{hr}$

□□□ 기 16,22
37 지름이 30cm, 길이가 12m인 말뚝을 30kN의 증기 해머로 1.5m 낙하시켜 박는 말뚝 타입 시험에서 1회 타격으로 인한 최종침하량은 5mm이었다. 이때 말뚝의 허용지지력은 약 얼마인가? (단, 엔지니어링뉴스 공식으로 단동식 증기해머 사용)

① 995kN
② 1,200kN
③ 1,400kN
④ 1,600kN

해설 $Q_a = \dfrac{W_h \cdot H}{6(S+0.254)} = \dfrac{30 \times 150}{6(0.5+0.254)} = 995\,\text{kN}$

□□□ 기 12,15,22
38 함수비가 큰 점토질 흙의 다짐에 가장 적합한 기계는?

① 로드롤러
② 진동롤러
③ 탬핑롤러
④ 타이어롤러

해설 탬핑롤러 : 제방이나 흙댐의 시공에서 성토 다짐할 경우 함수비(含水比) 조절을 위하여 고함수비의 점성토지반에 유효하다.

□□□ 기 92,94,02,09,19,22
39 저항선이 1.2m일 때 12.15kg의 폭약을 사용하였다면 저항선을 0.8m로 하였을 때 얼마의 폭약이 필요한가? (단, Hauser식을 사용한다.)

① 1.8kg
② 3.6kg
③ 5.6kg
④ 7.6kg

해설 · $L = C \cdot W^3$ 에서 : $12.15 = C \times 1.2^3$
∴ 발파계수 $C = 7.03$
· $L = C \cdot W^3 = 7.03 \times 0.8^3 = 3.60\,\text{kg}$

□□□ 기 07,09,11,15,17,22
40 오픈 케이슨기초에 대한 설명으로 틀린 것은?

① 다른 케이슨기초와 비교하여 공사비가 싸다.
② 굴착시 히빙이나 보일링 현상의 우려가 있다.
③ 침하깊이에 제한을 받는다.
④ 케이슨 저부 연약토 제거가 확실하지 않고, 지지력 및 토질 상태 파악이 어렵다.

해설 침하 깊이의 제한을 받지 않는다.

제3과목 : 건설재료 및 시험

□□□ 기 10,17,22
41 포틀랜드 시멘트 클링커 화합물에 대한 설명으로 옳은 것은?

① 포틀랜드 시멘트 클링커는 단일조성이 아니라 알라이트(Alite), 베라이트(Belite), 석회(CaO), 산화철(Fe_2O_3)이라 하는 4가지의 주요 화학물로 구성된다.
② C_3A는 수화속도가 매우 느리고 발열량이 적으며 수축도 작다.
③ C_3S 및 C_2S는 시멘트 강도의 대부분을 지배하는 것으로 그 합이 포틀랜드 시멘트에서는 70~80% 정도이다.
④ 육각형 모양을 한 알라이트는 $2CaO \cdot SiO_2(C_2S)$를 주성분으로 하며 다량의 Al_2O_3 및 MgO 등을 고용한 결정이다.

해설 · 포틀랜드 시멘트 클링커는 단일조성이 아니라 알라이트(Alite), 베라이트(Belite), 알루미네이트(aluminate), 훼라이트(ferrite) 이라 하는 4가지의 주요 화합물로 구성된다.
· C_3A는 수화속도가 대단히 빠르고 발열량이 크며 수축도 크다.
· 육각형 모양을 한 알라이트는 $3CaO \cdot SiO_2(C_2S)$를 주성분으로 하며 소량의 Al_2O_3 및 MgO 등을 고용한 결정이다.

□□□ 기 98,01,07,14,22

42 어떤 목재의 함수율을 시험한 결과 건조 전 목재의 중량은 165g이고, 비중이 1.5일 때 함수율은 얼마인가? (단, 목재의 절대 건조무게는 142g이었다.)

① 13.9% ② 15.2%
③ 16.2% ④ 17.2%

해설 함수율 $= \dfrac{건조\ 전\ 중량(W_1)-건조\ 후\ 중량(W_2)}{건조\ 후\ 중량(W_2)} \times 100$

$= \dfrac{165-142}{142} \times 100 = 16.2\%$

□□□ 기 09,11,12,15,16,19,22

43 지름이 150mm이고 길이가 300mm인 원주형공시체에 대한 쪼갬인장시험결과 최대하중이 160kN이라고 할 경우 이 공시체의 인장강도는?

① 1.78MPa ② 2.26MPa
③ 3.54MPa ④ 4.12MPa

해설 $f_t = \dfrac{2P}{\pi dl}$

$= \dfrac{2 \times 160 \times 10^3}{\pi \times 150 \times 300} = 2.26\,N/mm^2 = 2.26\,MPa$

□□□ 기 14,18,22

44 다음 토목섬유 중 폴리머를 판상으로 압축시키면서 격자모양의 형태로 구멍을 내어 만든 후 여러 가지 모양으로 늘린 것으로 연약지반 처리 및 지반 보강용으로 사용되는 것은?

① 지오텍스타일(geotextile)
② 지오그리드(geogrids)
③ 지오네트(geonets)
④ 웨빙(webbings)

해설 지오그리드의 특징 : 폴리머를 판상으로 압축시키면서 격자 모양의 그리드 형태로 구멍을 내어 특수하게 만든 후 여러 모양으로 넓게 늘여 편 형태로 보강·분리기능이 있다.

□□□ 기 13,22

45 석유계 아스팔트로서 연화점이 높고 방수 공사용으로 가장 많이 사용되는 재료는?

① 스트레이트 아스팔트 ② 블론 아스팔트
③ 레이크 아스팔트 ④ 록 아스팔트

해설 블론 아스팔트
  · 감온성이 작고 탄력성이 크며, 연화점이 높다.
  · 주로 방수 재료, 접착제, 방수 공사용 등에 사용된다.

□□□ 기 07,13,22

46 다음 석재 사용 시 주의 사항에 대한 설명 중 틀린 것은?

① 석재는 예각부가 생기면 부서지기 쉬우므로 표면에 심한 요철 부분이 없어야 한다.
② 석재는 크기가 크면 취급상 불편하기 때문에 최대 체적을 $1m^3$ 정도로 한정하여 사용하는 것이 좋다.
③ 구조재로 석재를 사용할 경우 휨 응력 부재로 사용함이 바람직하다.
④ 석재를 장시간 보존할 경우 석재 표면을 도포하여 내수성 및 내구성에 주의하여야 한다.

해설 석재는 강도 중에서 압축 강도가 제일 크기 때문에 구조용으로 사용할 경우 압축 응력을 받는 부분에 사용하며, 휨 응력 및 인장 응력을 받는 곳은 가급적 피해야 한다.

□□□ 기 16,22

47 다음 특성을 가지는 시멘트는?

> · 발열량이 대단히 많으며 조강성이 크다.
> · 열분해 온도가 높으므로(1,300℃ 정도) 내화용 콘크리트에 적합하다.
> · 해수 기타 화학작용을 받는 곳에 저항성이 크다.

① 플라이애시 시멘트 ② 고로 시멘트
③ 백색 포틀랜드 시멘트 ④ 알루미나 시멘트

해설 알루미나 시멘트의 특징
  · 대단한 조강성을 갖는다.
  · 해수 산 기타 화학 작용에 저항성이 크기 때문에 해수 공사에 적합하다.
  · 발열량이 크기 때문에 긴급을 요하는 공사나 한중 공사의 시공에 적합하다.
  · 내화성이 우수하므로 내화용(1,300℃ 정도) 콘크리트에 적합하다.
  · 포틀랜 시멘트와 혼합하여 사용하면 순결성을 나타내므로 주의를 요한다.

□□□ 기 05,08,11,13,22

48 건설 재료로 사용되는 목재 중 합판의 특성에 대한 다음 설명 중 틀린 것은?

① 함수율 변화에 의한 신축 변형은 방향성을 가지며 그 변형량이 크다.
② 통나무 판에 비해서 얇은 판으로 높은 강도를 얻을 수 있다.
③ 곡면 가공을 하여도 균열의 발생이 적다.
④ 표면 가공으로 흡음 효과를 얻을 수 있고 의장적 효과를 얻을 수 있다.

해설 단판의 섬유 방향이 서로 직각으로 되어 있어 팽창, 수축에 의한 변형이 거의 없고, 섬유 방향에 따른 강도의 차도 없다.

□□□ 기 03,04,07,08,18,22

49 굵은 골재의 밀도시험 결과가 아래의 표와 같을 때 이 골재의 표면건조 포화상태의 시료 밀도는?

【시험결과】

· 표면건조 포화상태의 질량 : 4,000g
· 절대건조상태 시료의 질량 : 3,950g
· 시료의 수중 질량 : 2,490g
· 시험온도에서 물의 밀도 : 0.997g/cm³

① 2.57g/cm³   ② 2.61g/cm³
③ 2.64g/cm³   ④ 2.70g/cm³

해설 표건 밀도 = $\dfrac{\text{표건상태의 시료질량}}{\text{표건상태의 시료질량} - \text{시료의 수중질량}} \times$ 물의 밀도

$= \dfrac{4,000}{4,000 - 2,490} \times 0.997 = 2.64 \text{g/cm}^3$

□□□ 기 13,16,21,22

50 골재의 실적률 시험에서 아래와 같은 결과를 얻었을 때 골재의 공극률은?

· 골재의 단위용적질량(T) : 1,500kg/L
· 골재의 표건 밀도(d_s) : 2,600kg/L
· 골재의 흡수율(Q) : 1.5%

① 41.4%   ② 42.3%
③ 43.6%   ④ 57.7%

해설 · 실적률 $= \dfrac{\text{골재의 단위용적질량}}{\text{골재의 표건밀도}} \times (100 + \text{골재의 흡수율})$

$= \dfrac{1,500}{2,600}(100 + 1.5) = 58.56\%$

· 공극률 = 100 - 실적률
$= 100 - 58.56 = 41.44\%$

□□□ 기 19,22

51 다음 콘크리트용 골재에 대한 설명으로 틀린 것은?

① 골재의 비중이 클수록 흡수량이 작아 내구적이다.
② 조립률이 같은 골재라도 서로 다른 입도곡선을 가질 수 있다.
③ 콘크리트의 압축강도는 물-시멘트비가 동일한 경우 굵은 골재 최대치수가 커짐에 따라 증가한다.
④ 굵은 골재 최대치수를 크게 하면 같은 슬럼프의 콘크리트를 제조하는데 필요한 단위수량을 감소시킬 수 있다.

해설 콘크리트의 압축강도는 물-시멘트비가 동일한 경우 굵은 골재 최대치수가 커짐에 부착력이 작아져 감소한다.

□□□ 기 12,22

52 시멘트의 일반적 성질에 대한 설명 중 틀린 것은?

① 시멘트와 물의 화학 반응을 수화 반응이라고 하며 열을 방출하는 발열 반응이다.
② 시멘트가 수화 반응을 하면 주요 생성물로서 탄산칼슘, 알라이트 등이 생성된다.
③ 시멘트의 응결은 수화 반응의 단계 중 가속기에서 발생하며 이때 수화열이 크게 발생한다.
④ 분말도가 큰 시멘트는 수화 작용이 빠르고 조기 강도는 높아지지만 풍화되기 쉽다.

해설 시멘트가 수화 반응을 하면 주요 생성물로서 수산화칼슘($Ca(OH)_2$), 에트링가이트(ettringite) 등이 생성된다.

□□□ 기 02,06,10,15,22

53 역청 유제에 관한 다음 설명 중 옳지 않은 것은?

① 점토계 유제는 유화제로서 벤토나이트, 점토무기수산화물과 같이 물에 녹지 않는 광물질을 수중에 분산시켜 이것에 역청재를 가하여 유화시킨 것으로서 유화액은 산성이다.
② 음이온계 유제는 적당한 유화제를 가하여 희박알칼리 수용액 중에 아스팔트 입자를 분산시켜 생성한 미립자 표면을 전기적으로 부(-)로 대전시킨 것이다.
③ 양이온계 유제의 유화액은 산성이다.
④ 역청 유제는 유제의 분해 속도에 따라 RS, MS, SS 의 세 종류로 분류할 수 있다.

해설 점토계 유제는 유화제로서 벤토나이트, 점토 무기수산화물 같이 물에 녹지 않는 광물질을 수중에 분산시켜 이것을 역청재를 가하여 유화시킨 것으로 유화액은 알칼리성이다.

□□□ 기 12,22

54 실리카퓸을 혼합한 콘크리트의 성질로서 틀린 것은?

① 콘크리트의 유동화적 특성이 변화하여 블리딩과 재료 분리가 감소된다.
② 실리카퓸은 일반적인 포졸란 재료와 비교하여 담배 연기와 같은 정도의 초미립 분말이기 때문에 조기 재령에서 포졸란 반응이 발생한다.
③ 마이크로 필러 효과와 포졸란 반응에 의해 $0.1\mu m$ 이상의 큰 공극은 작아지고 미세한 공극이 많아져 골재와 결합재 간의 부착력이 증가하여 콘크리트의 강도가 증진된다.
④ 실리카퓸은 초미립 분말로서 콘크리트의 워커빌리티를 향상시키므로 단위 수량을 감소시킬 수 있으며, 플라스틱 수축 균열을 방지하는 데 효과적이다.

해설 · 실리카퓸은 단위 수량이 증가하여 워커빌리티가 나빠진다.
· 실리카퓸을 혼합한 콘크리트에서는 블리딩이 현저히 감소하므로 플라스틱수축에 의한 균열이 발생할 가능성이 높다.

□□□ 기 00,13,22

55 다음은 아스팔트 콘크리트 혼합물의 특성에 영향을 주는 요인을 설명한 것이다. 옳지 않은 것은?

① 골재 최대 입경이 클수록 안정도는 증가한다.
② 채움재(Filler)가 많을수록 안정도는 증가한다.
③ 아스팔트 침입도가 클수록 안정도는 증가한다.
④ 골재 공극률이 클수록 안정도는 감소한다.

해설 ・일반적으로 침입도가 작을수록 비중이 크다.
・아스팔트 침입도가 작을수록 안정도는 증가한다.

□□□ 기 16,22

56 콘크리트용 화학 혼화제(KS F 2560)에서 규정하고 있는 AE제의 품질 성능에 대한 규정항목이 아닌 것은?

① 경시 변화량   ② 감수율
③ 블리딩양의 비   ④ 길이 변화비

해설 콘크리용 화학 혼화제의 품질 항목

품질항목		AE제
감수율(%)		6 이상
블리딩양의 비(%)		75 이하
응결시간의 차(분)(초결)	초결	−60 ~ +60
	종결	−60 ~ +60
압축강도의 비(%)(28일)		90 이상
길이 변화비(%)		120 이하
동결융해에 대한 저항성 (상대 동탄성계수)(%)		80 이상

□□□ 기 13,15,18,22

57 다음의 혼화재료 중 주로 잠재수경성이 있는 재료는?

① 팽창재   ② 고로 슬래그 미분말
③ 플라이 애시   ④ 규산질 미분만

해설 ・주로 잠재수경성이 있는 혼화재 : 고로슬래그미분말
・잠재수경성이란 그 자체는 수경성이 없지만 시멘트 속의 알칼리성을 자극하여 천천히 수경성을 나타내는 것을 말한다.

□□□ 기 08,12,22

58 다음 중 무연 화약의 주성분인 것은?

① 유황(S)
② 니트로셀룰로오스(Nitrocellulose)
③ 목탄(C)
④ 초석(KNO₃)

해설 무연 화약은 유연 화약의 반대로 주성분이 니트로셀룰로오스(Nitrocellulose) 또는 니트로셀룰로오스와 니트로글리세린을 주성분으로 하여 만든 것이다.

□□□ 기 90,03,05,07,08,14,22

59 어떤 재료의 포아송비가 1/3이고, 탄성 계수는 2×10^5 MPa일 때 전단 탄성 계수는?

① 25,600MPa   ② 75,000MPa
③ 544,000MPa   ④ 229,500MPa

해설 전단 탄성 계수

$$G = \frac{E}{2(1+\mu)} = \frac{200,000}{2\left(1+\frac{1}{3}\right)} = 75,000\,\text{MPa}$$

□□□ 기 06,13,19,22

60 지름이 10cm, 길이가 1m인 강봉에 축 방향으로 10t의 인장력을 주어 지름이 0.2mm가 줄고, 길이가 5mm 늘어난 경우의 이 재료의 포아송비(Poisson's Ratio)는?

① 0.40   ② 0.30
③ 0.25   ④ 0.15

해설 포아송비 $\mu = \dfrac{\text{가로 방향의 변형률}}{\text{세로 방향의 변형률}} = \dfrac{\frac{\Delta d}{d}}{\frac{\Delta l}{l}} = \dfrac{l \times \Delta d}{d \times \Delta l}$

$$= \frac{1,000 \times 0.2}{100 \times 5} = 0.40$$

제4과목 : 토질 및 기초

□□□ 기 84,86,91,93,00,08,09,12,15,22

61 접지압(또는 지반반력)이 그림과 같이 되는 경우는?

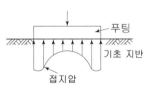

① 후팅 : 강성, 기초지반 : 점토
② 후팅 : 강성, 기초지반 : 모래
③ 후팅 : 연성, 기초지반 : 점토
④ 후팅 : 연성, 기초지반 : 모래

해설 완전히 강성인 후팅기초 지반의 접지압

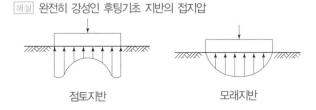

점토지반   모래지반

정답 55 ③ 56 ① 57 ② 58 ② 59 ② 60 ① 61 ①

☐☐☐ 기 03,05,19,22

62 사면파괴가 일어날 수 있는 원인으로 옳지 않은 것은?

① 흙 중의 수분의 증가
② 과잉간극수압의 감소
③ 굴착에 따른 구속력의 감소
④ 지진에 의한 수평방향력의 증가

해설 강수, 폭설, 침수 등에 의한 간극수압의 상승, 자중의 증가, 강도의 저하

☐☐☐ 기 98,02,17,22

63 두께 2m인 투수성 모래층에서 동수경사가 $\frac{1}{10}$ 이고, 모래의 투수계수가 5×10^{-2}cm/sec라면 이 모래층의 폭 1m에 대하여 흐르는 수량은 매 분당 얼마나 되는가?

① 6,000cm³/min
② 600cm³/min
③ 60cm³/min
④ 6cm³/min

해설 $Q = KiA$

$$= 5 \times 10^{-2} \times \frac{1}{10} \times 200 \times 100$$

$$= 100 \, cm^3/sec = 6,000 \, cm^3/min$$

☐☐☐ 기 86,98,00,02,06,15,18,22

64 다음 중 투수계수를 좌우하는 요인이 아닌 것은?

① 토립자의 비중
② 토립자의 크기
③ 포화도
④ 간극의 형상과 배열

해설 · $k = D_s^2 \cdot \frac{\gamma_w}{\mu} \cdot \frac{e^3}{1+e} \cdot C$

· 투수계수 측정은 포화상태에서 실시하므로 포화도(S)와 관계가 있다.
∴ 포화도(S)가 증가하면 투수계수(K)는 증가한다.
· 투수계수(K)는 흙의 비중(G_s)과 관계없다.

☐☐☐ 기 08,09,12,15,22

65 그림과 같은 옹벽 배면에 작용하는 토압의 크기를 Rankine의 토압 공식으로 구하면?

① 32.2kN/m
② 36.7kN/m
③ 46.7kN/m
④ 52.0kN/m

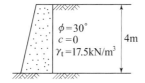

$\phi = 30°$
$c = 0$
$\gamma_t = 17.5kN/m^3$
4m

해설 $P_A = \frac{1}{2} \gamma H^2 \tan^2\left(45° - \frac{\phi}{2}\right)$

$$= \frac{1}{2} \times 17.5 \times 4^2 \times \tan^2\left(45° - \frac{30°}{2}\right) = 46.7kN/m$$

☐☐☐ 기 05,12,22

66 다음은 직접 기초의 지지력 감소 요인으로서 적당하지 않은 것은?

① 편심 하중
② 경사 허용
③ 부마찰력
④ 지하수위의 상승

해설 부마찰력은 직접 기초가 아닌 말뚝 기초에서 발생하며 지지력이 크게 감소하는 요인이 된다.

☐☐☐ 기 80,82,84,92,97,04,06,10,14,22

67 토립자가 둥글고 입도분포가 나쁜 모래 지반에서 표준관입시험을 한 결과 N치는 10이었다. 이 모래의 내부 마찰각을 Dunham의 공식으로 구하면?

① 21°
② 26°
③ 31°
④ 36°

해설 토립자가 둥글고 입도가 불량
$$\phi = \sqrt{12N} + 15 = \sqrt{12 \times 10} + 15 = 26°$$

☐☐☐ 기 17,22

68 단위중량이 18kN/m³인 점토지반의 지표면에서 5m되는 곳의 시료를 채취하여 압밀시험을 실시한 결과 과압밀비(over consolidation ratio)가 2임을 알았다. 선행압밀압력은?

① 90kN/m²
② 120kN/m²
③ 150kN/m²
④ 180kN/m²

해설 과압밀비 OCR $= \dfrac{\text{선행압밀압력}(P_c)}{\text{현재하중}(P_0)}$ 에서

· $P_o = \gamma_t h = 18 \times 5 = 90kN/m^2$

∴ $P_c = OCR \times P_o = 2 \times 90 = 180kN/m^2$

☐☐☐ 기 96,10,13,17,22

69 아래 표의 설명과 같은 경우 강도정수 결정에 적합한 삼축압축시험의 종류는?

> 최근에 매립된 포화 점성토지반 위에 구조물을 시공한 직후의 초기안정검토에 필요한 지반 강도정수 결정

① 압밀배수(CD) 시험
② 압밀비배수(CU) 시험
③ 비압밀비배수(UU) 시험
④ 비압밀배수(UD) 시험

해설 비압밀비배수(UU) 시험 : 최근에 매립된 지반 위에 구조물을 시공한 직후의 초기 안정 검토에 필요한 지반 강도정수 결정

□□□ 기 98,07,12,15,22

70 어느 점토의 체가름 시험과 액·소성시험 결과 $0.002mm$ $(2\mu m)$ 이하의 입경이 전시료 중량의 90%, 액성한계 60%, 소성한계 20% 이었다. 이 점토 광물의 주성분은 어느 것으로 추정되는가?

① Kaolinite   ② Illite

③ Calcite   ④ Montmorillonite

[해설] · 활성도 $A = \dfrac{\text{소성지수 } I_P}{2\mu m \text{ 이하의 점토 함유율(\%)}} = \dfrac{60-20}{90} = 0.44$

· $A = 0.44 < 0.75$: Kaolinite

□□□ 기 17,22

71 얕은 기초에 대한 Terzaghi의 수정지지력 공식은 아래의 표와 같다. $4m \times 5m$의 직사각형 기초를 사용할 경우 형상계수 α와 β의 값으로 옳은 것은?

$$q_u = \alpha c N_c + \beta \gamma_1 B N_\gamma + \gamma_2 D_f N_q$$

① $\alpha = 1.2$, $\beta = 0.4$ ② $\alpha = 1.28$, $\beta = 0.42$

③ $\alpha = 1.24$, $\beta = 0.42$ ④ $\alpha = 1.32$, $\beta = 0.38$

[해설] · 직사각형 형상계수

$\alpha = 1 + 0.3\dfrac{B}{L} = 1 + 0.3 \times \dfrac{4}{5} = 1.24$

$\beta = 0.5 - 0.1\dfrac{B}{L} = 0.5 - 0.1 \times \dfrac{4}{5} = 0.42$

· 형상계수 α, β

구분	연속	정사각형	직사각형	원형
α	1.0	1.3	$1 + 0.3\dfrac{B}{L}$	1.3
β	0.5	0.4	$0.5 - 0.1\dfrac{B}{L}$	0.3

(단, B : 구형의 단변길이, L : 구형의 장변 길이)

□□□ 기 07,09,10,11,22

72 실내 시험에 의한 점토의 강도 증가율(C_u/P) 산정 방법이 아닌 것은?

① 소성 지수에 의한 방법

② 비배수 전단 강도에 의한 방법

③ 압밀 비배수 삼축 압축 시험에 의한 방법

④ 직접 전단 시험에 의한 방법

[해설] 점토의 강도 증가율(C_u/P) 산정 방법

· 소성 지수에 의한 방법

· 비배수 전단 강도(UU)시험에 의한 방법

· 압밀 비배수 삼축 압축(CU, $\overline{CU}$) 시험에 의한 방법

□□□ 기 10,14,22

73 연약 지반 개량 공법 중 프리로딩 공법에 대한 설명으로 틀린 것은?

① 압밀 침하를 미리 끝나게 하여 구조물에 잔류 침하를 남기지 않게 하기 위한 공법이다.

② 도로의 성토나 항만의 방파제와 같이 구조물 자체의 일부를 상재 하중으로 이용하여 개량 후 하중을 제거할 필요가 없을 때 유리하다.

③ 압밀 계수가 작고 압밀토층 두께가 큰 경우에 주로 적용한다.

④ 압밀을 끝내기 위해서는 많은 시간이 소요되므로, 공사 기간이 충분해야 한다.

[해설] Pre-loading 공법 : 압밀 계수가 크고 점성토층의 두께가 얇은 경우에 채용

□□□ 기 82,91,99,03,06,07,11,13,15,16,17,20,22

74 그림과 같은 지반에서 유효응력에 대한 점착력 및 마찰각이 각각 $c' = 10kN/m^2$, $\phi' = 20°$ 일 때, A점에서의 전단강도는? (단, 물의 단위중량은 $9.81kN/m^3$이다.)

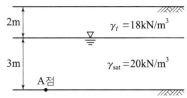

① $34.23kN/m^2$ ② $44.94kN/m^2$

③ $54.25kN/m^2$ ④ $66.17kN/m^2$

[해설] 전단강도 $\tau = c + \overline{\sigma}\tan\phi$

· $\overline{\sigma} = \gamma_t h_1 + \gamma_{sub} h_2$

$= 18 \times 2 + (20 - 9.81) \times 3 = 66.57 kN/m^2$

$\therefore \tau = 10 + 66.57\tan 20° = 34.23 kN/m^2$

□□□ 기 12,14,22

75 정규압밀점토에 대하여 구속응력 0.1MPa로 압밀배수 시험한 결과 파괴시 축차응력이 0.2MPa이었다. 이 흙의 내부마찰각은?

① $20°$ ② $25°$

③ $30°$ ④ $40°$

[해설] 내부 마찰각 $\phi = \sin^{-1}\dfrac{\sigma_1 - \sigma_3}{\sigma_1 + \sigma_3}$

· $\sigma_1 = \sigma_{df} + \sigma_3 = 0.2 + 0.1 = 0.3MPa$

· $\sigma_3 = 0.1MPa$

$\therefore \phi = \sin^{-1}\left(\dfrac{0.3 - 0.1}{0.3 + 0.1}\right) = 30°$

□□□ 기 12,14,22

76 어떤 모래의 건조단위중량이 17kN/m³이고, 이 모래의 $\gamma_{d\max}=18\text{kN/m}^3$, $\gamma_{d\min}=16\text{kN/m}^3$라면, 상대 밀도는?

① 47% ② 49%
③ 51% ④ 53%

해설 $D_r=\dfrac{\gamma_d-\gamma_{d\min}}{\gamma_{d\max}-\gamma_{d\min}}\times\dfrac{\gamma_{d\max}}{\gamma_d}\times100$

$=\dfrac{17-16}{18-16}\times\dfrac{18}{17}\times100=53\%$

□□□ 기 86,01,08,13,19,22

77 말뚝이 20개인 군항기초의 효율이 0.80이고, 단항으로 계산된 말뚝 1개의 허용 지지력이 200kN일 때 이 군항의 허용 지지력은 얼마인가?

① 1,600kN ② 2,000kN
③ 3,200kN ④ 4,000kN

해설 $R_{ag}=ENR_a=0.80\times20\times200=3,200\text{kN}$

□□□ 기 03,12,22

78 다짐에 대한 설명으로 옳지 않은 것은?

① 점토분이 많은 흙은 일반적으로 최적 함수비가 낮다.
② 사질토는 일반적으로 건조 밀도가 높다.
③ 입도 배합이 양호한 흙은 일반적으로 최적 함수비가 낮다.
④ 점토분이 많은 흙은 일반적으로 다짐 곡선의 기울기가 완만하다.

해설 점토분이 많은 흙일수록 다짐 곡선은 최적 함수비(OMC)가 크고 건조 단위 중량(γ_d)이 작은 완만한 기울기를 나타낸다.

□□□ 기 13,22

79 동결된 지반이 해빙기에 융해되면서 얼음 렌즈가 녹은 물이 빨리 배수되지 않으면 흙의 함수비는 원래보다 훨씬 큰 값이 되어 지반의 강도가 감소하게 되는데 이러한 현상을 무엇이라 하는가?

① 동상 현상 ② 연화 현상
③ 분사 현상 ④ 모세관 현상

해설 연화 현상(frost boil)에 대한 설명이다.

□□□ 기 11,19,22

80 아래 그림과 같이 지표면에 집중하중이 작용할 때 A점에서 발생하는 연직응력의 증가량은?

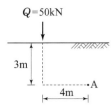

① 206N/m² ② 244N/m²
③ 272N/m² ④ 303N/m²

해설 $\Delta\sigma_z=\dfrac{3Q}{2\pi}\times\dfrac{Z^3}{R^5}$

· $R=\sqrt{3^2+4^2}=5$

∴ $\Delta\sigma_z=\dfrac{3\times50}{2\pi}\times\dfrac{3^3}{5^5}=0.2063\text{kN/m}^2=206.3\text{N/m}^2$

자격종목		시험시간	문제수	형 별	수험번호	성 명
건설재료시험기사 온라인TEST		**2시간**	**80**	**A**		

※ 각 문제는 4지 택일형으로 질문에 가장 적합한 문제의 보기 번호를 클릭하거나 답안표기란의 번호를 클릭하여 입력하시면 됩니다.
※ 입력된 답안은 문제 화면 또는 답안 표기란의 보기 번호를 클릭하여 변경하실 수 있습니다.

제1과목 : 콘크리트 공학

□□□ 기 11,15,23

01 오토클레이브(Autoclave)양생에 대한 설명으로 틀린 것은?

① 양생온도 180℃ 정도, 증기압 0.8MPa 정도의 고온고압 상태에서 양생하는 방법이다.
② 오토클레이브양생을 실시한 콘크리트의 외관은 보통양생한 포틀랜드시멘트 콘크리트 색의 특징과 다르며, 흰색을 띤다.
③ 오토클레이브양생을 실시한 콘크리트는 어느 정도의 취성을 가지게 된다.
④ 오토클레이브양생은 고강도 콘크리트를 얻을 수 있어 철근 콘크리트 부재에 적용할 경우 특히 유리하다.

해설 오토클레이브(고압증기)양생한 콘크리트는 보통 양생한 것에 비해 철근의 부착강도가 약 1/2이 되므로 철근콘크리트 부재에 적용하는 것은 바람직하지 못하다.

□□□ 기 99,01,07,12,15,23

02 프리스트레스트 콘크리트의 원리를 설명하는 3가지 방법에 속하지 않는 것은?

① 균등질 보의 개념
② 모멘트 분배의 개념
③ 내력 모멘트의 개념
④ 하중평형의 개념

해설 PSC의 기본 개념
・응력 개념(균등질보의 개념) : RC는 취성 재료이므로 인장측의 응력을 무시했으나 PSC는 탄성 재료로서 인장측 응력도 유효한 균등질 보로 생각하는 개념
・강도 개념(내력 모멘트 개념) : RC에서와 같이 압축력은 콘크리트가 받고 인장력은 PS강재가 받아 두 힘의 우력이 외력 모멘트에 저항하도록 한다는 개념
・하중 개념(하중 평형의 개념=등가 하중 개념) : 부재에 작용하는 외력(하중)의 일부 또는 전부를 프리스트레스힘으로 평형시키겠다는 개념

□□□ 기 05,10,13,15,17,18,23

03 콘크리트의 압축강도를 시험하여 거푸집널을 해체하고자 할 때, 아래 표와 같은 조건에서 콘크리트 압축강도는 얼마 이상인 경우 해체가 가능한가?

> ・슬래브 밑면의 거푸집널(단층구조)
> ・콘크리트 설계기준 압축강도 : 24MPa

① 5MPa
② 10MPa
③ 14MPa
④ 16MPa

해설 콘크리트의 압축강도를 시험할 경우

부재	콘크리트의 압축강도(f_{cu})
기초, 보, 기둥, 벽 등의 측면	5MPa 이상
슬래브 및 보의 밑면, 아치 내면(단층구조의 경우)	설계기준강도×2/3 ($f_{cu} \geq 2/3 f_{ck}$) 다만, 14MPa 이상

$$\therefore \frac{2}{3}f_{ck} = \frac{2}{3} \times 24 = 16\,\text{MPa} \geq 14\,\text{MPa}$$

□□□ 기 11,16,23

04 콘크리트의 배합강도를 결정하기 위하여 23회의 압축강도시험을 실시하여 4MPa의 표준편차를 구하였다. 아래 표의 보정계수를 참고하여 배합강도 결정에 적용할 표준편차를 구하면?

시험횟수	표준편차의 보정계수
15	1.16
20	1.08
25	1.03
30 이상	1.00

① 4.0MPa
② 4.12MPa
③ 4.2MPa
④ 4.32MPa

해설 23의 보정계수 $= 1.03 + \dfrac{1.08 - 1.03}{25 - 20} \times (25 - 23) = 1.05$

$\therefore s = 4 \times 1.05 = 4.2\,\text{MPa}$

□□□ 기 14,23

05 매스 콘크리트의 타설 온도를 낮추는 선행 냉각(pre-cooling)방법으로 적절하지 않은 것은?

① 냉수나 얼음을 따로따로 혹은 조합해서 배합수로 사용하는 방법
② 냉각한 골재를 사용하는 방법
③ 액체 질소를 사용하는 방법
④ 관로식 냉각 방법

[해설] ・선행 냉각(pre-cooling) : 매스 콘크리트의 시공에서 콘크리트를 타설하기 전에 콘크리트의 온도를 제어하기 위해 얼음이나 액체 질소 등으로 콘크리트 원재료를 냉각하는 방법
・관로식 냉각(pip-cooling) : 콘크리트의 내부 온도를 제어하기 위해 미리 묻어 둔 파이프 내부에 냉수 또는 공기를 강제적으로 순환시켜 콘크리트를 냉각하는 방법

□□□ 기 14,17,23

06 콘크리트의 양생에 대한 설명으로 틀린 것은?

① 고로 슬래그 시멘트를 사용한 경우, 습윤양생의 기간은 보통 포틀랜드 시멘트를 사용한 경우보다 짧게 하여야 한다.
② 막양생제는 콘크리트 표면의 물빛(水光)이 없어진 직후에 살포하는 것이 좋다.
③ 재령 5일이 될 때까지는 해수에 콘크리트가 씻기지 않도록 보호한다.
④ 습윤양생을 실시할 경우 거푸집판이 얇든가 또는 건조의 염려가 있을 때는 살수하여 습윤상태로 유지하여야 한다.

[해설]

일평균 기온 사용 시멘트	15℃ 이상	10℃ 이상	5℃ 이상
보통 포틀랜드 시멘트	5일	7일	9일
고로 슬래그 시멘트	7일	9일	12일

∴ 고로 슬래그 시멘트를 사용한 경우, 습윤양생의 기간은 보통 포틀랜드 시멘트를 사용한 경우보다 길게 하여야 한다.

□□□ 기 08,09,12,13,15,16,23

07 한중 콘크리트에서 주위의 기온이 영하 6℃, 비볐을 때의 콘크리트 온도가 15℃, 비빈 후부터 타설이 끝났을 때까지의 시간은 2시간이 소요되었다면 콘크리트 타설이 끝났을 때의 콘크리트 온도는?

① 6.7℃ ② 7.2℃
③ 7.8℃ ④ 8.7℃

[해설] $T_2 = 0.15(T_1 - T_0) \cdot t = 0.15 \times (15 - (-6)) \times 2 = 6.3℃$
∴ 타설 완료시 온도 = $15 - 6.3 = 8.7℃$

□□□ 기 15,23

08 프리플레이스트 콘크리트에 사용되는 굵은 골재의 최소 치수에 대한 설명으로 틀린 것은?

① 질량으로 적어도 95% 이상 남는 체중에서 최대치수의 체눈의 호칭치수로 나타낸 굵은 골재의 치수를 말한다.
② 일반적으로 굵은 골재의 최대치수는 최소치수의 2~4배 정도로 한다.
③ 굵은 골재의 최소치수는 15mm 이상으로 하여야 한다.
④ 굵은 골재의 최소치수가 작을수록 주입 모르타르의 주입성이 현저하게 개선된다.

[해설] 굵은 골재의 최대치수와 최소치수와의 차이를 적게 하면 굵은 골재의 실적률이 적어지고 주입모르타르의 소요량이 많아진다.

□□□ 기 14,23

09 콘크리트를 제조할 때 재료의 계량에 대한 설명으로 틀린 것은?

① 계량은 시방 배합에 의해 실시하여야 한다.
② 유효 흡수율의 시험에서 골재에 흡수시키는 시간은 실용상으로 보통 15~30분간의 흡수율을 유효 흡수율로 보아도 좋다.
③ 골재의 경우 1회 계량분의 계량허용오차는 ±3%이다.
④ 혼화재의 경우 1회 계량분의 계량허용오차는 ±2%이다.

[해설] 계량은 현장 배합에 의해 실시하는 것으로 한다.

□□□ 기 12,15,19,23

10 다음은 고강도 콘크리트에 대한 설명이다. 옳지 않은 것은?

① 고강도 콘크리트는 공기연행 콘크리트로 하는 것을 원칙으로 한다.
② 고강도 콘크리트에 사용하는 골재의 품질기준에 의하면, 잔골재의 염화물 이온량은 0.02% 이하이다.
③ 고강도 콘크리트의 설계기준압축강도는 일반적으로 40MPa 이상으로 하며, 고강도 경량골재 콘크리트는 27MPa 이상으로 한다.
④ 고강도 콘크리트에 사용하는 골재의 품질기준에 의하면, 잔골재의 흡수율은 3% 이하, 굵은 골재의 흡수율은 2% 이하이다.

[해설] ・고강도 콘크리트는 단위 시멘트량이 많기 때문에 시멘트 대체 재료인 플라이 애시, 고로 슬래그 분말 등을 쓰기도 하고, 높은 강도를 내기 위해 실리카 퓸 등을 시멘트 대신 대체 재료로 쓴다.
・고강도 콘크리트에 혼화재 사용 시 조심할 점은 제조공정상 품질의 균일성 확보가 어려운 점이 있어 시험배합을 거쳐 품질을 확인한 후 사용하여야 한다.

□□□ 기 02,06,10,12,16,22,23

11 블리딩에 관한 사항 중 잘못된 것은?

① 블리딩이 많으면 레이턴스도 많아지므로 콘크리트의 이음부에서는 블리딩이 큰 콘크리트는 불리하다.
② 시멘트의 분말도가 높고 단위수량이 적은 콘크리트는 블리딩이 작아진다.
③ 블리딩이 큰 콘크리트는 강도와 수밀성이 작아지나 철근콘크리트에서는 철근과의 부착을 증가시킨다.
④ 콘크리트치기가 끝나면 블리딩이 발생하며 대략 2~4시간에 끝난다.

해설 블리딩이 큰 콘크리트는 강도와 수밀성이 작아지고 철근 콘크리트에서는 철근과의 부착을 나쁘게 한다.

□□□ 기 00,02,04,08,20,23

12 콘크리트의 탄산화 반응에 대한 설명 중 잘못된 것은?

① 온도가 높을수록 탄산화 속도는 빨라진다.
② 이 반응으로 시멘트의 알칼리성이 상실되어 철근의 부식을 촉진시킨다.
③ 보통 포틀랜드시멘트의 탄산화 속도는 혼합시멘트의 탄산화 속도보다 빠르다.
④ 경화한 콘크리트의 표면에서 공기 중의 탄산가스에 의해 수산화칼슘이 탄산칼슘으로 바뀌는 반응이다.

해설 일반적으로 조강포틀랜트 시멘트를 사용한 경우 가장 탄산화가 느리게 진행되고, 보통 포틀랜드 시멘트는 조금 빠르며, 혼합시멘트를 사용하면 수산화칼슘이 적기 때문에 탄산화 속도는 빠르게 된다.

□□□ 기 06,09,19,23

13 프리스트레스트 콘크리트에서 프리텐션 방식으로 프리스트레싱할 때 콘크리트의 압축강도는 최소 얼마 이상이어야 하는가?

① 30MPa ② 35MPa
③ 40MPa ④ 45MPa

해설 프리텐션방식으로 프리스트레싱 할 때의 콘크리트 압축 강도는 30MPa 이상이어야 한다.

□□□ 기 06,09,19,23

14 시방배합에서 규정된 배합의 표시 방법에 포함되지 않는 것은?

① 잔골재율 ② 물 – 결합재비
③ 슬럼프 범위 ④ 잔골재의 최대치수

해설 굵은 골재의 최대치수

□□□ 기 08,09,18,23

15 서중 콘크리트에 대한 설명으로 틀린 것은?

① 콘크리트 재료는 온도가 낮아질 수 있도록 하여야 한다.
② 콘크리트를 타설할 때의 콘크리트 온도는 35℃ 이하이어야 한다.
③ 수화작용에 필요한 수분증발을 방지하기 위해 촉진제를 사용하는 것을 원칙으로 한다.
④ 콘크리트를 타설하기 전에 지반과 거푸집 등을 조사하여 콘크리트로부터의 수분 흡수로 품질변화의 우려가 있는 부분은 습윤상태로 유지하여야 한다.

해설 고온이 되면 단위 수량이 증가하여 공기가 연행되므로 양질의 감수제, AE 감수제, 고성능 AE 감수제를 사용한다.

□□□ 기 07,09,17,23

16 콘크리트 압축강도 시험에서 하중은 공시체에 충격을 주지 않도록 똑같은 속도로 가하여야 한다. 이 때 하중을 가하는 속도는 압축 응력도의 증가율이 매초 얼마가 되도록 하여야 하는가?

① 0.4~0.8MPa ② 1.2~2.0MPa
③ 2.0~2.6MPa ④ 2.8~3.4MPa

해설 압축강도 시험에서 공시체에 충격을 주지 않도록 가하는 압축응력의 증가율은 매초 0.6 ± 0.2MPa 되도록 한다.
∴ $(0.6-0.2)~(0.6+0.2)=0.4~0.8$MPa

□□□ 기 07,17,23

17 경량골재콘크리트에 대한 설명으로 옳은 것은?

① 내구성이 보통 콘크리트보다 크다.
② 열전도율은 보통 콘크리트보다 작다.
③ 탄성계수는 보통 콘크리트의 2배 정도이다.
④ 건조수축에 의한 변형이 생기지 않는다.

해설 ・내구성은 보통 콘크리트와 큰 차이가 없다.
・열전도율과 음의 반사가 작다.
・강도와 탄성계수가 작다.
・건조수축과 수축 팽창이 크다.

□□□ 기 07,12,20,23

18 콘크리트의 크리프에 영향을 미치는 요인에 대한 설명으로 틀린 것은?

① 온도가 높을수록 크리프는 증가한다.
② 조강시멘트는 보통시멘트보다 크리프가 작다.
③ 단위 시멘트량이 많을수록 크리프는 감소한다.
④ 물－시멘트비, 응력이 클수록 크리프는 증가한다.

해설 단위 시멘트량이 많을수록 크리프는 크다.

□□□ 기 00,18,23

19 한중 콘크리트에서 가열한 재료를 믹서에 투입하는 순서로 가장 적합한 것은?

① 굵은 골재 → 잔골재 → 시멘트 → 물
② 물 → 굵은 골재 → 잔골재 → 시멘트
③ 잔골재 → 시멘트 → 굵은 골재 → 물
④ 시멘트 → 잔골재 → 굵은 골재 → 물

해설 가열된 재료를 믹서에 투입하는 순서는 가열한 물과 시멘트가 접촉하여 급결하지 않도록 우선 가열한 물과 굵은 골재, 다음에 잔골재를 넣어서 믹서 안의 재료온도가 40℃ 이하가 된 후 최후에 시멘트를 넣는 것이 좋다.

□□□ 기 09,14,23

20 콘크리트 배합의 잔골재율에 대한 설명으로 틀린 것은?

① 고성능 공기연행감수제를 사용한 콘크리트의 경우로서 물－결합재비 및 슬럼프가 같으면, 일반적인 공기연행감수제를 사용한 콘크리트와 비교하여 잔골재율을 3~4% 정도 크게 하는 것이 좋다.
② 공사 중에 잔골재의 입도가 변하여 조립률이 ±0.20 이상 차이가 있을 경우에는 워커빌리티가 변화하므로 배합을 수정할 필요가 있다.
③ 유동화 콘크리트의 경우, 유동화 후 콘크리트의 워커빌리티를 고려하여 잔골재율을 결정할 필요가 있다.
④ 잔골재율은 소요의 워커빌리티를 얻을 수 있는 범위 내에서 단위수량이 최소가 되도록 시험에 의해 정하여야 한다.

해설 고성능 AE감수제를 사용한 콘크리트의 경우로서 물－결합재비 및 슬럼프가 같으면, 일반적인 AE감수제를 사용한 콘크리트와 비교하여 잔골재율을 1~2% 정도 크게 하는 것이 좋다.

제2과목 : 건설시공 및 관리

□□□ 기 04,06,13,18,22,23

21 배수로의 설계 시 유의해야 할 사항이 아닌 것은?

① 집수면적이 커야 한다.
② 집수지역은 다소 길어야 한다.
③ 배수 단면은 하류로 갈수록 커야 한다.
④ 유하속도가 느려야 한다.

해설 유하속도를 빠르게 하여 침전 가능한 물질을 유하시킬 것

□□□ 기 11,14,18,23

22 케이슨을 침하시킬 때 유의사항으로 틀린 것은?

① 침하시 초기 3m까지는 안정하므로 경사이동의 조정이 용이하다.
② 케이슨은 정확한 위치의 확보가 중요하다.
③ 토질에 따라 케이슨의 침하 속도가 다르므로 사전 조사가 중요하다.
④ 편심이 생기지 않도록 주의해야 한다.

해설 케이슨 침하 작업시 주의 사항
• 우물통 침하 때 처음 3m까지는 경사 및 이동되기 쉬우므로 특히 주의할 것
• 우물통 주변에 눈금을 만들어 침하상태, 공정을 쉽게 알 수 있도록 할 것
• 하중이 과대하지 않도록 주의할 것
• 홍수에 의한 피해를 입지 않도록 조치해 둘 것

□□□ 기 12,15,23

23 네트워크 관리도 작성의 기본원칙 가운데 모든 공정은 각각 독립공정으로 간주하며, 모든 공정은 의무적으로 수행되어야 한다는 원칙은?

① 공정원칙   ② 단계원칙
③ 활동원칙   ④ 연결원칙

해설 Network 작성 방법의 기본 4원칙
• 공정의 원칙 : 네트워크 관리도 작성의 기본원칙 가운데 모든 공정은 각각 독립 공정으로 간주하며, 모든 공정은 의무적으로 수행되어야 한다는 원칙
• 단계의 원칙 : activity의 시작과 끝은 반드시 event로 연결되어야 한다.
• 활동의 원칙 : 결합점(event)과 결합점 사이에는 하나의 activity로 연결되어야 한다.
• 연결의 원칙 : 네트워크의 최초 개시 결합점과 최종 종료 결합점은 하나가 되어야 한다.

□□□ 기 04,11,18,23 산 89

24 보통 상태의 점성토를 다짐하는 기계로서 다음 중 가장 부적합한 것은 어느 것인가?

① Tamping roller   ② Tire roller
③ Grid roller   ④ 진동 roller

해설 • 타이어 로울러 : 사질토, 사질 점성토, 소성이 낮은 흙에 유효하다.
• 진동 로울러(Vibro roller) : 다짐차륜을 진동시켜 사질토나 모래질에 유효하다.
• 탬핑 로울러 : 고함수비의 점성토 지반에 유효하다.
• 그리드 로울러 : 성토 표면의 다짐에 유효하다.

□□□ 기 02,04,05,07,09,12,13,14,19,23
25 불도저(bulldozer) 작업의 경우 다음의 조건에서 본바닥 토량으로 환산한 1시간당 토공 작업량(m^3/h)은?
(단, 1회 굴착 압토량은 느슨한 상태로 $3.0m^3$, 작업효율= 0.6, 토량변화율 L=1.2, 평균 압토 거리=30m, 전진속 도=30m/분, 후진속도=60m/분, 기어변속시간=0.5분)

① $45m^3/h$　　　　② $34m^3/h$

③ $20m^3/h$　　　　④ $15m^3/h$

해설 $C_m = \dfrac{L}{V_1} + \dfrac{L}{V_2} + t = \dfrac{30}{30} + \dfrac{30}{60} + 0.5 = 2.0$분

$$Q = \dfrac{60 \times q \times f \times E}{C_m} = \dfrac{60 \times 3.0 \times \frac{1}{1.2} \times 0.6}{2.0} = 45m^3/hr$$

□□□ 기 99,07,16,22,23
26 발파시에 수직갱에 물이 고여 있을 때의 심빼기 발파공 법으로 가장 적당한 것은?

① 스윙 컷(Swing Cut)

② V 컷(V Cut)

③ 피라미드 컷(Pyramid Cut)

④ 번 컷(Burn Cut)

해설 스윙 컷

수직갱의 바닥에 물이 많이 고였을 때 우선 밑면의 반만큼 발파시켜 놓고 물이 거기에 집중한 다음에 물이 없는 부분을 발파하는 방법

□□□ 기 08,12,15,21,23
27 어떤 공사의 공정에 따른 비용 증가율이 아래의 그림과 같을 때 이 공정을 계획보다 3일 단축하고자 하면, 소요되 는 추가 직접 비용은 얼마인가?

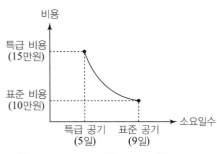

① 40,000원　　　　② 37,500원

③ 35,000원　　　　④ 32,500원

해설 비용경사 = $\dfrac{특급비용 - 정상비용}{정상공기 - 특급공기}$

$$= \dfrac{150,000 - 100,000}{9 - 5} = 12,500원$$

∴ 추가비용 = 12,500 × 3 = 37,500원

□□□ 기 12,16,19,22,23
28 옹벽 등 구조물의 뒤채움 재료에 대한 조건으로 틀린 것은?

① 투수성이 있어야 한다.

② 압축성이 좋아야 한다.

③ 다짐이 양호해야 한다.

④ 물의 침입에 의한 강도 저하가 적어야 한다.

해설 뒤채움 재료의 필요한 성질
· 투수성이 양호할 것
· 압축성이 작고 다짐이 양호한 재료일 것
· 물의 침입에 의한 강도 저하가 적은 안정된 재료일 것

□□□ 기 85,88,00,07,16,19,22,23
29 필형 댐(fill type dam)의 설명으로 옳은 것은?

① 필형 댐은 여수로가 반드시 필요하지는 않다.

② 암반강도 면에서는 기초 암반에 걸리는 단위 체적당 힘은 콘크리트 댐보다 크므로 콘크리트 댐보다 제약이 많다.

③ 필형 댐은 홍수 시 월류에도 대단히 안정하다.

④ 필형 댐에서는 여수로를 댐 본체(本體)에 설치할 수 없다.

해설 · 여수토가 없으면 홍수시 월류하게 되어 댐의 파괴 원인이 된다.
· 필형 댐은 콘크리트 댐보다 지지력이 작아도 된다.
· 필형 댐의 월류는 대단히 위험하고 파괴 원인이 된다.
· 필형 댐의 여수로는 댐의 측면 부근에 설치한다.

□□□ 기 11,15,17,19,23
30 사장교를 케이블 형상에 따라 분류할 때 여기에 속하지 않는 것은?

① 방사(radiating)형　　　② 하프(harp)형

③ 타이드(tied)형　　　　④ 팬(fan)형

해설 장대교량에 사용되는 사장교인 주부재인 케이블의 교축 방향 배 치 방식에 따라 4가지형으로 분류 : 방사(radiating)형, 하프(harp) 형, 부채팬(fan)형, 스타(star)형

□□□ 기 02,05,06,09,11,15,18,19,23
31 아래의 주어진 조건을 이용하여 3점시간법을 적용하여 activity time을 결정하면? (조건 : 표준값=5시간, 낙관 값=3시간, 비관값=10시간)

① 4.5시간　　　　② 5.0시간

③ 5.5시간　　　　④ 6.0시간

해설 3점법에 의한 시간 추정
$$t_e = \dfrac{1}{6}(a + 4m + b) = \dfrac{1}{6}(3 + 4 \times 5 + 10) = 5.5시간$$

□□□ 기 10,17,23
32 착암기로 사암을 착공하는 속도를 0.3m/min라 할 때 2m 깊이의 구멍을 10개 뚫는데 걸리는 시간은? (단, 착암기 1대를 사용하는 경우)

① 20분　　　　　② 66.6분
③ 220분　　　　④ 666분

해설 $t = \dfrac{L(천공장)}{V_T(천공속도)} = \dfrac{2.0 \times 10}{0.3} = 66.67분$

□□□ 기 12,14,19,23
33 점성토에서 발생하는 히빙의 방지대책으로 틀린 것은?

① 널말뚝의 근입 깊이를 짧게 한다.
② 표토를 제거하거나 배면의 배수 처리로 하중을 작게 한다.
③ 연약 지반을 개량한다.
④ 부분굴착 및 트렌치 컷 공법을 적용한다.

해설 히빙(heaving)의 방지대책
・연약지반을 개량한다.
・흙막이공의 계획을 변경한다.
・흙막이벽의 관입깊이를 깊게 한다.
・트렌치(trench)공법 또는 부분굴착을 한다.
・표토를 제거하거나 배면의 배수처리로 하중을 작게 한다.

□□□ 기 04,06,17,22,23
34 토공에서 성토재료에 대한 요구조건으로 틀린 것은?

① 투수성이 낮은 흙일 것
② 시공장비에 대한 트래피커빌리티의 확보가 용이할 것
③ 노면의 시공이 쉽도록 압축성이 클 것
④ 다져진 흙의 전단강도가 클 것

해설 성토의 압축침하가 노면에 나쁜 영향을 미치지 않도록 압축성이 적은 흙

□□□ 기 10,20,23
35 준설능력이 크고 대규모 공사에 적합하여 비교적 넓은 면적의 토질준설에 알맞고 선(船) 형에 따라 경질토 준설도 가능한 준설선은?

① 그래브 준설선　　② 디퍼 준설선
③ 버킷 준설선　　　④ 펌프 준설선

해설 Bucket dredger의 특징
・수저를 평탄하게 다듬질할 수가 있다.
・준설 능력이 커서 준설 단가가 비교적 싸다.
・점토부터 연암까지 비교적 광범위한 토질에 적합하다.
・암석이나 단단한 토질에는 부적당하다.

□□□ 기 03,05,11,18,23
36 다음 중 표면차수벽 댐을 채택할 수 있는 조건이 아닌 것은?

① 대량의 점토 확보가 용이한 경우
② 추후 댐 높이의 증축이 예상되는 경우
③ 짧은 공사기간으로 급속시공이 필요한 경우
④ 동절기 및 잦은 강우로 점토시공이 어려운 경우

해설 표면차수벽 댐은 대량의 암석을 쉽게 확보할 수 있는 곳이나 코어용 점토의 확보가 어려운 경우에 적합하다.

□□□ 기 09,19,23
37 기계화 시공에 있어서 중장비의 비용계산 중 기계손료를 구성하는 요소가 아닌 것은?

① 관리비　　　　　② 정비비
③ 인건비　　　　　④ 감가상각비

해설 기계손료 : 상각비, 정비비, 관리비

□□□ 기 01,20,23
38 건설사업의 기획, 설계, 시공, 유지관리 등 전과정의 정보를 발주자, 관련업체 등이 전산망을 통하여 교환·공유하기 위한 통합정보시스템을 무엇이라 하는가?

① Turn Key　　　　② 건설 B2B
③ 건설 CALS　　　④ 건설 EVMS

해설 ・건설 CALS : 건설공사 지원 통합 정보체계로 건설공사의 계획, 설계, 계약, 시공 및 유지관리 전 과정에서 발생하는 정보를 발주청 및 건설관련업체가 정보 통신망을 활용하여 상호 교환하고 공유하는 체계를 말한다.
・Turn Key : 시공자는 발주자가 필요로 하는 모든 것을 조달하여 발주자에게 인도하는 도급 계약 방식이다.

□□□ 기 02,07,16,20,23
39 유효다짐폭 3m의 10t 머캐덤 로울러(macadam roller) 1대를 사용하여 성토의 다짐을 시행할 때 평균 깔기두께 20cm, 평균작업속도 2km/hr, 다짐횟수를 10회, 작업효율 0.6으로 하면 1시간당 작업량은 약 얼마인가? (단, 토량환산계수(f)는 0.8로 한다.)

① 48.4m^3/h　　　② 52.7m^3/h
③ 57.6m^3/h　　　④ 64.3m^3/h

해설 $Q = \dfrac{1,000 \times V \times W \times H \times f \times E}{N}$

$= \dfrac{1,000 \times 2 \times 3 \times 0.2 \times 0.8 \times 0.6}{10} = 57.6\,\text{m}^3/\text{hr}$

40 토적 곡선(mass curve)의 성질에 대한 설명 중 옳지 않은 것은?

① 토적 곡선이 기선 위에서 끝나면 토량이 부족하고, 반대이면 남는 것을 뜻한다.
② 곡선의 저점은 성토에서 절토로의 변이점이다.
③ 동일 단면 내에서 횡방향 유용토는 제외되었으므로 동일 단면 내의 절토량과 성토량을 구할 수 없다.
④ 교량 등의 토공이 없는 곳에는 기선에 평행한 직선으로 표시한다.

해설 유토 곡선이 기선(평형선) 위에서 끝나면 토량이 남고, 선이 아래에서 끝나면 토량이 부족이다.

제3과목 : 건설재료 및 시험

41 시멘트의 분말도와 물리적 성질에 관한 설명 중 틀린 것은?

① 시멘트의 분말도는 높을수록 콘크리트의 초기 강도가 크다.
② 분말도가 높은 시멘트는 작업이 용이한 콘크리트를 얻을 수 있다.
③ 분말도가 높으면 수축률이 커지기 쉽고 콘크리트에 틈이 생길 가능성이 많다.
④ 분말도가 높으면 내구성이 따라서 증가한다.

해설 시멘트의 분말도가 높으면 수축이 크고 균열 발생의 가능성이 크며, 시멘트 자체가 풍화되기 쉽다. 분말도가 높을수록 콘크리트의 내구성이 나쁘다.

42 아스팔트에 대한 설명으로 틀린 것은?

① 레이크 아스팔트는 천연 아스팔트의 하나이다.
② 석유 아스팔트는 증류방법에 의해서 스트레이트 아스팔트와 블론 아스팔트로 나눈다.
③ 아스팔트 유제는 유화재를 함유한 물속에 역청재를 분산시킨 것이다.
④ 피치는 아스팔트의 잔류물로서 얻어진다.

해설 타르(tar)
· 석유원유, 석탄, 수목 등의 유기물의 건류 또는 증류에 의해서 얻어진다.
· 타르의 종류 : 콜타르, 피치, 가스타르, 포장용 타르 등이 있다.

43 콘크리트용 응결촉진제에 대한 설명으로 틀린 것은?

① 조기강도를 증가시키지만 사용량이 과다하면 순결 또는 강도저하를 나타낼 수 있다.
② 한중콘크리트에 있어서 동결이 시작되기 전에 미리 동결에 저항하기 위한 강도를 조기에 얻기 위한 용도로 많이 사용한다.
③ 염화칼슘을 주성분으로 한 촉진제는 콘크리트의 황산염에 대한 저항성을 증가시키는 경향을 나타낸다.
④ PSC강재에 접촉하면 부식 또는 녹이 슬기 쉽다.

해설 염화칼슘을 사용한 콘크리트는 황산염에 대한 화학저항성이 적기 때문에 주의할 필요가 있다.

44 조암광물에 대한 설명 중 틀린 것은?

① 석영은 무색, 투명하며 산 및 풍화에 대한 저항력이 크다.
② 사장석은 Al, Ca, Na, K 등의 규산화합물이며 풍화에 대한 저항력이 크다.
③ 백운석은 산에 녹기 쉬운 광물이다.
④ 석고는 경도가 1.5 ~ 2.0 정도이고, 입상, 편상, 섬유모양으로 결합되어 있다.

해설 사장석은 Al, Ca, Na, K 등의 규산화합물이며 풍화에 대한 저항력이 약하다.

45 아스팔트의 침입도 시험기를 사용하여 온도 25℃로 일정한 조건에서 100g의 표준침이 3mm 관입했다면, 이 재료의 침입도는?

① 3   ② 6
③ 30   ④ 60

해설 침입도는 0.1mm를 1로 나타낸다.

$$\therefore \text{침입도} = \frac{3}{0.1} = 30$$

46 시멘트 콘크리트의 워커빌리티(workability)를 증진시키기 위한 혼화재료가 아닌 것은?

① AE제   ② 분산제
③ 촉진제   ④ 포졸란

해설 촉진제는 응결경화속도를 촉진시키므로 워커빌리티와 유동성을 감소시킨다.

□□□ 기 98,01,20,23

47 잔골재의 유해물 함유량 허용한도 중 점토덩어리인 경우 중량백분율로 최댓값은 얼마인가?

① 1% ② 2%

③ 3% ④ 4%

해설 점토 덩어리 유해물 함유량 한도(질량백분율)

잔골재	굵은 골재
1.0%	0.25%

□□□ 기 11,16,23

48 아스팔트 신도시험에 대한 설명으로 틀린 것은?

① 별도의 규정이 없는 한 시험할 때 온도는 (20±0.5℃)을 적용한다.

② 별도의 규정이 없는 한 인장하는 속도는 5±0.25cm/min 을 적용한다.

③ 저온에서 시험할 때 온도는 4℃를 적용한다.

④ 저온에서 시험할 때 인장하는 속도는 1cm/min을 적용한다.

해설 별도의 규정이 없는 한 시험할 때 온도는 25±0.5℃를 적용한다.

□□□ 기 11,17,23

49 아스팔트 배합설계 시 가장 중요하게 검토하는 안정도 (stability)에 대한 정의로 옳은 것은?

① 교통하중에 의한 아스팔트 혼합물의 변형에 대한 저항성을 말한다.

② 노화작용에 대한 저항성 및 기상작용에 대한 저항성을 말한다.

③ 아스팔트 혼합물의 배합 시 잘 섞일 수 있는 능력을 말한다.

④ 자동차의 제동(Brake) 시 적절한 마찰로서 정지할 수 있는 표면조직의 능력이다.

해설 역청 혼합물은 주로 교통차량의 하중과 고온에 의하여 유동되며, 파상변형에 대한 저항성을 안정도(성)이라 한다.

□□□ 기 11,17,23

50 암석의 분류 중 성인(지질학적)에 의한 분류의 결과가 아닌 것은?

① 화성암 ② 퇴적암

③ 점토질암 ④ 변성암

해설 성인(지질학적)에 의한 분류
· 화성암 : ① 화강암 ② 섬록암 ③ 안산암 ④ 현무암
· 퇴적암 : ① 응회암 ② 사암 ③ 혈암 ④ 점판암 ⑤ 석회암 ⑥ 규조토
· 변성암 : ① 편마암 ② 천매암 ③ 대리석

□□□ 기 12,16,23

51 토목섬유 중 직포형과 부직포형이 있으며 분리, 배수, 보강, 여과기능을 갖고 오탁방지망, drain board, pack drain 포대, geo web 등에 사용되는 자재는?

① 지오텍스타일 ② 지오그리드

③ 지오네트 ④ 지오맴브레인

해설 Geosynthetics의 종류
· 지오텍스타일 : 폴리에스테르, 폴리에틸랜, 폴리프로필랜 등의 합성 섬유를 직조하여 만든 다공성 직물이다. 직조법에 따라 부직포, 직포, 편직포, 복합포 등으로 분류된다.
· 지오멤브레인 : 액체 및 수분의 차단 기능 및 분리 기능을 주기능으로 하고 있다.
· 지오그리드 : 주기능으로 보강 기능 및 분리 기능이 있다.
· 지오컴포지트 : 주기능으로 배수 기능, 필터 기능, 불리 기능, 보강 기능을 겸한다.

□□□ 기 99,00,09,11,18,23

52 염화칼슘(CaCl_2)을 응결 경화 촉진제로 사용한 경우 다음 설명 중 틀린 것은?

① 염화칼슘은 대표적인 응결 경화 촉진제이며, 4% 이상 사용하여야 순결(瞬結)을 방지하고, 장기 강도를 증진시킬 수 있다.

② 한중 콘크리트에 사용하면 조기 발열의 증가로 동결 온도를 낮출 수 있다.

③ 염화칼슘을 사용한 콘크리트는 황산염에 대한 화학 저항성이 적기 때문에 주의할 필요가 있다.

④ 응결이 촉진되므로 운반, 타설, 다지기 작업을 신속히 해야 한다.

해설 염화칼슘을 시멘트량의 1~2%를 사용하면 조기 강도가 증대되나 2% 이상 사용하면 큰 효과가 없으며 오히려 순결, 강도 저하를 나타낸다.

□□□ 기 00,02,04,09,19,23

53 역청재에 대한 설명 중 옳지 않은 것은?

① 석유 아스팔트는 원유를 증류한 잔유물을 원료로 한 것이다.

② 아스팔타이트의 성질 및 용도는 스트레이트 아스팔트와 같이 취급한다.

③ 포장용 타르는 타르를 다시 증류하여 수분, 나프타, 경유 등을 유출해 정제한 것이다.

④ 역청유제는 역청을 유화제 수용액 중에 미립자의 상태로 분포시킨 것이다.

해설 아스팔타이트는 탄성이 크고 토사를 포함하지 않아 블로운 아스팔트와 비슷한 화합물로 성질과 용도도 블로운 아스팔트와 같이 취급한다.

54 포틀랜드 시멘트의 주성분 비율 중 수경률(H.M, Hydraulic Modulus)에 대한 설명으로 틀린 것은?

① 수경률은 CaO성분이 높을 경우 커진다.
② 수경률은 다른 성분이 일정한 경우 석고량이 많을 경우 커진다.
③ 수경률이 크면 초기강도가 커진다.
④ 수경률이 크면 수화열이 큰 시멘트가 생긴다.

해설 수경률은 다른 성분이 일정할 경우 석고량이 많을수록 작은 값이 된다.

55 암석의 분류방법 중 보편적으로 사용되며 화성암, 퇴적압, 변성암으로 분류하는 방법은?

① 화학성분에 의한 방법 ② 성인에 의한 방법
③ 산출상태에 의한 방법 ④ 조직구조에 의한 방법

해설 성인에 의한 분류
 · 화성암 : 화강암, 안산암, 섬록암, 현무암
 · 퇴적암 : 응회암, 사암, 혈암, 점판암, 석회암, 화산암
 · 변성암 : 편마암, 천매(편)암, 대리석

56 시멘트 조성 광물에서 수축률이 가장 큰 것은?

① C_3S ② C_3A
③ C_4AF ④ C_2S

해설 클링커 화합물 특성 비교

화합물	조기강도	장기강도	수축률($\times 10^{-5}$)
C_3S	대	중	79
C_2S	소	대	79
C_4AF	소	소	49
C_3A	대	소	234

57 시멘트의 응결시험 방법으로 옳은 것은?

① 비비 시험
② 오토크렐이브 방법
③ 길모어 침에 의한 방법
④ 공기 투과 장치에 의한 방법

해설 시멘트의 응결시험 방법
 비이카 침에 의한 방법, 길모어 침에 의한 방법

58 강재의 가공법에 의한 분류에 속하지 않는 것은?

① 압연 ② 제강
③ 인발 ④ 단조

해설 · 압연 : 금속재료를 회전하는 롤러와 롤러 사이에 넣어 가압함으로써 두께 또는 단면적을 감소시키고 길이 방향으로 늘이는 가공
 · 인발 : Tapper 형상의 구멍을 가진 다이(die)에 소재를 끼워 넣고 반대쪽에서 잡아 당겨 원하는 치수로 가공하는 것
 · 단조 : 고체인 금속재료를 해머 등으로 두들기거나 기계적으로 가압하여 일정모양으로 만드는 것

59 콘크리트용 강섬유의 품질에 대한 설명으로 틀린 것은?

① 강섬유의 평균 인장강도는 700MPa 이상이 되어야 한다.
② 강섬유는 콘크리트 내에서 분산이 잘 되어야 한다.
③ 강섬유 각각의 인장 강도는 400MPa 이상이어야 한다.
④ 강섬유는 16℃ 이상의 온도에서 지름 안쪽 90°(곡선 반지름 3mm) 방향으로 구부렸을 때, 부러지지 않아야 한다.

해설 강섬유의 각각의 인장강도는 650MPa 이상이어야 한다.

60 목재의 건조 방법 중 인공 건조법이 아닌 것은?

① 끓임법(자비법) ② 열기 건조법
③ 공기 건조법 ④ 증기 건조법

해설 · 자연 건조법 : 공기 건조법, 침수법(수침법)
 · 인공 건조법 : 끓임법(자비법), 증기 건조법, 열기 건조법, 훈연 건조법, 전기 건조법, 진공 건조법

제4과목 : 토질 및 기초

61 내부마찰각 30°, 점착력 15kN/m², 그리고 단위중량이 17kN/m³인 흙에 있어서 인장균열(tension crack)이 일어나기 시작하는 깊이는 약 얼마인가?

① 2.2m ② 2.7m
③ 3.1m ④ 3.5m

해설 $Z_C = \dfrac{2c}{\gamma}\tan\left(45° + \dfrac{\phi}{2}\right)$
$= \dfrac{2 \times 15}{17}\tan\left(45° + \dfrac{30°}{2}\right) = 3.1\text{m}$

정답 54 ② 55 ② 56 ② 57 ③ 58 ② 59 ③ 60 ③ 61 ③

□□□ 기 06,18,19,23
62 그림은 확대 기초를 설치했을 때 지반의 전단 파괴형상을 가정(Terzaghi의 가정)한 것이다. 다음 설명 중 틀린 것은? (단, ϕ는 내부마찰각이다.)

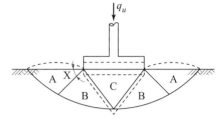

① 파괴 순서는 C→B→A이다.
② 전반전단(General Shear)일 때의 파괴 현상이다.
③ A 영역에서 각 X는 수평선과 $45° + \dfrac{\phi}{2}$ 의 각을 이룬다.
④ C 영역은 탄성역역이며, A 영역은 수동영역이다.

해설 A영역에서 각 X는 수평선과 $45° - \dfrac{\phi}{2}$ 의 각을 이룬다.

□□□ 기 05,14,23
63 다음 연약지반 개량공법에 관한 사항 중 옳지 않은 것은?

① 샌드드레인 공법은 2차 압밀비가 높은 점토와 이탄 같은 흙에 큰 효과가 있다.
② 장기간에 걸친 배수공법은 샌드드레인이 페이퍼 드레인 보다 유리하다.
③ 동압밀공법 적용시 과잉간극 수압의 소산에 의한 강도 증가가 발생한다.
④ 화학적 변화에 의한 흙의 강화공법으로는 소결 공법, 전기 화학적 공법 등이 있다.

해설 페이퍼 드레인공법은 2차 압밀비가 높은 점토와 이탄과 같은 흙에는 효과 크다.

□□□ 기 07,16,23
64 흙의 연경도(Consistency)에 관한 설명으로 틀린 것은?

① 소성지수는 점성이 클수록 크다.
② 터프니스지수는 Colloid가 많은 흙일수록 값이 작다.
③ 액성한계시험에서 얻어지는 유동곡선의 기울기를 유동지수라 한다.
④ 액성지수와 컨시스턴시지수는 흙지반의 무르고 단단한 상태를 판정하는데 이용된다.

해설 터프니스 지수 $I_t = \dfrac{I_p}{I_f}$: 터프니스 지수가 클수록 Colloid 함유율이 높다.

□□□ 기 91,96,01,05,07,11,21,23
65 흙의 다짐 시험 시 래머의 질량이 25N, 낙하고 30cm, 3층으로 각 층 다짐 횟수가 25회일 때 다짐에너지는? (단, 몰드의 체적은 $1,000\text{cm}^3$이다.)

① $56.3\text{N}\cdot\text{cm/cm}^3$ ② $59.6\text{N}\cdot\text{cm/cm}^3$
③ $104.5\text{N}\cdot\text{cm/cm}^3$ ④ $6.6\text{N}\cdot\text{cm/cm}^3$

해설 $E_c = \dfrac{W \cdot H \cdot N_B \cdot N_L}{V}$

$= \dfrac{25 \times 30 \times 25 \times 3}{1,000} = 56.3\,\text{N}\cdot\text{cm/cm}^3$

$= 563\text{kN}\cdot\text{m/m}^3$

□□□ 기 18,23
66 말뚝 지지력 공식에서 정적 및 동적 지지력 공식으로 구분할 때, 정적 지지력 공식으로 구분된 항목은 어느 것인가?

① Terzaghi의 공식, Hiley 공식
② Terzaghi의 공식, Meyerhof의 공식
③ Hiley 공식, Engineering News 공식
④ Engineering News 공식, Meyerhof의 공식

해설 말뚝기초의 지지력 산정방법

정역학적 공식	동역학적 공식
·Terzaghi 공식	·Hiley 공식
·Meyerhof 공식	·Weisbach 공식
·Dörr의 공식	·Engineering−News 공식
·Dunham 공식	·Sander 공식

□□□ 기 04,12,15,23
67 활동면위의 흙을 몇 개의 연직 평행한 절편으로 나누어 사면의 안정을 해석하는 방법이 아닌 것은?

① Fellenius 방법 ② 마찰원법
③ Spencer 방법 ④ Bishop의 간편법

해설 절편법의 종류 : Fellenius 방법, Bishop 간편법, Janbu 간편법, Spencer 방법(1967년)

□□□ 기 85,08,09,16,23
68 흙의 비중이 2.60, 함수비 30%, 간극비 0.80일 때 포화도는?

① 24.0% ② 62.4%
③ 78.0% ④ 97.5%

해설 $S \cdot e = G_s \cdot W$ 에서

포화도 $S = \dfrac{G_s \cdot W}{e} = \dfrac{2.60 \times 30}{0.80} = 97.5\,\%$

69 연약점성토층을 관통하여 철근콘크리트 파일을 박았을 때 부마찰력(Negative friction)은? (단, 이때 지반의 일축압축강도 $q_u=20kN/m^2$, 파일직경 $D=50cm$, 관입깊이 $l=10m$이다.)

① 157.1kN   ② 185.3kN

③ 208.2kN   ④ 242.4kN

해설 부마찰력 $R_{nf}=U\cdot l_c\cdot f_s$
- 말뚝의 주변장 $U=\pi\cdot D=\pi\times0.5=1.571m$
- 평균 마찰력 $f_s=\dfrac{q_u}{2}=\dfrac{20}{2}=10kN/m^2$

∴ $R_{nf}=1.571\times10\times10=157.1kN$

70 아래의 표와 같은 조건에서 군지수는?

· 흙의 액성한계 : 49%	· 흙의 소성지수 : 25%
· 10번체 통과율 : 96%	· 40번체 통과율 : 89%
· 200번체 통과율 : 70%	

① 9   ② 12

③ 15   ④ 18

해설 군지수 $G.I=0.2a+0.005ac+0.01bd$
- $a=No.200$체 통과량$-35=70-35=35\%(0\sim40$의 정수$)$
- $b=No.200$체 통과량$-15=70-15=55\%=40\%(0\sim40$의 정수$)$
- $c=$액성 한계$-40=49-40=9(0\sim20$의 정수$)$
- $d=$소성 지수$-10=25-10=15(0\sim20$의 정수$)$

∴ $G.I=0.2\times35+0.005\times35\times9+0.01\times40\times15=15$

71 성토나 기초지반에 있어 특히 점성토의 압밀완료 후 추가 성토 시 단기 안정문제를 검토하고자 하는 경우 적용되는 시험법은?

① 비압밀 비배수시험   ② 압밀 비배수시험

③ 압밀 배수시험   ④ 일축압축시험

해설

시험	시험법 적용 조건
압밀배수(CD)시험	· 사질지반의 안정검토, 점토지반의 장기안정 검토
압밀비배수(CU)시험	· 점토지반에 Pre-loading공법을 적용한 후, 급속히 성토시공을 할 때의 안정검토 · 이미 안정된 성토제방에 추가로 급속히 성토시공을 할 때의 단기 안정검토
비압밀비배수(UU)시험	· 점토지반에 급속히 성토시공을 할 때의 안정검토

72 그림과 같이 수평지표면 위에 등분포하중 q가 작용할 때 연직옹벽에 작용하는 주동토압의 공식으로 옳은 것은? (단, 뒤채움 흙은 사질토이며, 이 사질토의 단위중량을 γ, 내부마찰각을 ϕ라 한다.)

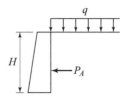

① $P_a=\left(\dfrac{1}{2}\gamma H^2+qH\right)\tan^2\left(45°-\dfrac{\phi}{2}\right)$

② $P_a=\left(\dfrac{1}{2}\gamma H^2+qH\right)\tan^2\left(45°+\dfrac{\phi}{2}\right)$

③ $P_a=\left(\dfrac{1}{2}\gamma H^2+qH\right)\tan^2\phi$

④ $P_a=\left(\dfrac{1}{2}\gamma H^2+q\right)\tan^2\phi$

해설

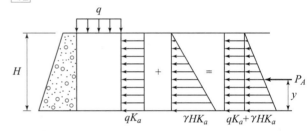

$P_a=\dfrac{1}{2}\gamma H^2K_a+qHK_a$

$=\left(\dfrac{1}{2}\gamma H^2+qH\right)\tan^2\left(45°-\dfrac{\phi}{2}\right)$

73 아래 그림과 같은 모래지반에서 깊이 4m 지점에서의 전단강도는? (단, 모래의 내부 마찰각 $\phi=30°$ 이며 점착력 $c=0$, 물의 단위중량 $\gamma_w=9.81kN/m^3$이다.)

① $450kN/m^2$

② $28.0kN/m^2$

③ $232kN/m^2$

④ $18.6kN/m^2$

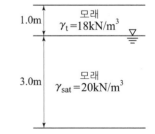

해설 전단강도 $\tau=c+\sigma\tan\phi$

$\sigma=\gamma_t h_1+(\gamma_{sat}-\gamma_w)h_2$

$=\gamma_t h_1+\gamma_{sub}\,h_2$

$=18\times1+(20-9.81)\times3=48.57kN/m^2$

∴ $\tau=0+48.57\tan30°=28.0N/m^2$

□□□ 기 93,98,00,05,09,17,23

74 Vane Test에서 Vane의 지름 50mm, 높이 100mm, 파괴시 토크가 59N·m일 때 점착력은?

① 129kN/m² ② 157kN/m²

③ 213kN/m² ④ 276kN/m²

해설 $C=\dfrac{M_{\max}}{\pi D^2\left(\dfrac{H}{2}+\dfrac{D}{6}\right)}=\dfrac{59\times 1,000}{\pi \times 50^2\times\left(\dfrac{100}{2}+\dfrac{50}{6}\right)}$

$= 0.129\,\text{N/mm}^2 = 0.129\,\text{MPa} = 129\,\text{kN/m}^2$

□□□ 기 03,17,23

75 10m 두께의 점토층이 10년 만에 90% 압밀이 된다면, 40m 두께의 동일한 점토층이 90% 압밀에 도달하는 소요되는 기간은?

① 16년 ② 80년

③ 160년 ④ 240년

해설 $\dfrac{t_1}{t_2}=\dfrac{H_1^2}{H_2^2}$ 에서

$t_2=\left(\dfrac{H_2}{H_1}\right)^2\times t_1=\left(\dfrac{40}{10}\right)^2\times 10 = 160$년

□□□ 기 11,18,23

76 흙의 시료의 전단 파괴면을 미리 정해놓고 흙의 강도를 구하는 시험은?

① 직접전단시험 ② 평판재하시험

③ 일축압축시험 ④ 삼축압축시험

해설 직접전단시험 : 상하로 분리된 전단 상자속에 시료를 넣고 수직하중을 가한 상태로 수평력을 가하여 전단상자 상하단부의 분리면을 따라 강제로 파괴를 일으켜서 지반의 강도정수를 결정할 수 있는 방법이다.

□□□ 기 09,18,23

77 노건조한 흙 시료의 부피가 1,000cm³, 무게가 1,700g, 비중이 2.65이었다면 간극비는?

① 0.71 ② 0.43

③ 0.65 ④ 0.56

해설 간극비 $e=\dfrac{G_s\cdot\rho_w}{\rho_d}-1$

· $\rho_d=\dfrac{W_s}{V}=\dfrac{1,700}{1,000}=1.70\,\text{g/cm}^3$

∴ $e=\dfrac{2.65\times 1}{1.70}-1=0.56$

□□□ 기 97,01,02,06,18,23

78 시료채취기(sampler)의 관입깊이가 100cm이고, 채취된 시료의 길이가 90cm이었다. 채취된 시료 중 길이가 10cm 이상인 시료의 합이 60cm, 길이가 9cm 이상인 시료의 합이 80cm이었다면 회수율과 RQD는?

① 회수율=0.8, RQD=0.6

② 회수율=0.9, RQD=0.8

③ 회수율=0.9, RQD=0.6

④ 회수율=0.8, RQD=0.75

해설 · 회수율 $=\dfrac{\text{회수된 시료의 길이}}{\text{관입깊이}}=\dfrac{90}{100}=0.90$

· RQD $=\dfrac{10\text{cm 이상 회수된 부분의 길이 합}}{\text{관입깊이}}=\dfrac{60}{100}=0.6$

□□□ 기 80,19,23

79 사면의 안정에 관한 다음 설명 중 옳지 않은 것은?

① 임계 활동면이란 안전율이 가장 크게 나타나는 활동면을 말한다.

② 안전율이 최소로 되는 활동면을 이루는 원을 임계원이라 한다.

③ 활동면에 발생하는 전단응력이 흙의 전단강도를 초과할 경우 활동이 일어난다.

④ 활동면은 일반적으로 원형활동면으로 가정한다.

해설 임계 활동면(critical surface)

안전율의 값이 최소인 활동면으로 가장 불안전한 활동면을 말한다.

□□□ 기 01,06,09,14,23

80 크기가 30cm×30cm의 평판을 이용하여 사질토 위에서 평판재하시험을 실시하고 극한지지력 200kN/m²을 얻었다. 크기가 1.8m×1.8m인 정사각형 기초의 총허용하중은 약 얼마인가? (단, 안전율 3을 사용)

① 220kN ② 660kN

③ 1,296kN ④ 1,500kN

해설 · 모래질의 지지력은 재하판의 폭에 비례한다.

$0.3 : 200 = 1.8 : q_u$

∴ 극한 지지력 $q_u=\dfrac{1.8\times 200}{0.3}=1,200\,(\text{kN/m}^2)$

· 극한 하중 $Q_u=q_u\times A=1,200\times 1.8\times 1.8=3,888\,\text{kN}$

∴ 총 허용 하중 $Q_a=\dfrac{Q_u}{F_s}=\dfrac{3,888}{3}=1,296\,\text{kN}$

국가기술자격 필기시험문제

2023년도 기사 2회 필기시험 (1부)

	수험번호	성 명

자격종목	시험시간	문제수	형 별		
건설재료시험기사 온라인TEST	**2시간**	**80**	**A**		

※ 각 문제는 4지 택일형으로 질문에 가장 적합한 문제의 보기 번호를 클릭하거나 답안표기란의 번호를 클릭하여 입력하시면 됩니다.
※ 입력된 답안은 문제 화면 또는 답안 표기란의 보기 번호를 클릭하여 변경하실 수 있습니다.

제1과목 : 콘크리트 공학

□□□ 기 14,15,18,23
01 시방 배합 결과 콘크리트 $1m^3$에 사용되는 물은 180kg, 시멘트는 390kg, 잔골재는 700kg, 굵은 골재는 1,100kg 이었다. 현장 골재의 상태가 아래의 표와 같을 때 현장 배합에 필요한 굵은 골재량은?

> • 현장의 잔골재는 5mm 체에 남는 것을 10% 포함
> • 현장의 굵은 골재는 5mm 체를 통과하는 것을 5% 포함
> • 잔골재의 표면 수량은 2%
> • 굵은 골재의 표면 수량은 1%

① 1,060kg   ② 1,071kg
③ 1,082kg   ④ 1,093kg

해설 • 입도에 의한 조정
a : 잔골재 중 5mm 체에 남은 양 : 10%
b : 굵은 골재 중 5mm 체를 통과한 양 : 5%
굵은 골재 $Y = \dfrac{100G - a(S+G)}{100 - (a+b)}$
$= \dfrac{100 \times 1,100 - 10(700+1,100)}{100 - (10+5)} = 1,082\,kg/m^3$
• 표면 수량에 의한 환산
굵은 골재의 표면 수량 $= 1,082 \times 0.01 = 11kg$
∴ 굵은 골재량 $= 1,082 + 11 = 1,093\,kg/m^3$

□□□ 기 14,23
02 PS강재에 요구되는 일반적인 특성을 설명한 것으로 옳지 않은 것은?

① 인장강도가 높아야 한다.
② 릴랙세이션이 커야 한다.
③ 어느 정도의 늘음과 인성이 있어야 한다.
④ 항복비가 커야 한다.

해설 릴랙세이션(relaxation)이 작아야 한다.

□□□ 기 99,06,08,09,10,13,15,17,18,19,23
03 서중 콘크리트에 대한 설명으로 틀린 것은?

① 콘크리트를 타설할 때의 콘크리트 온도는 35℃ 이하이어야 한다.
② 하루 평균기온이 25℃를 초과하는 것이 예상되는 경우 서중 콘크리트로 시공하여야 한다.
③ 콘크리트는 비빈 후 즉시 타설하여야 하며, 지연형 감수제를 사용하는 등의 일반적인 대책을 강구한 경우 이외에는 1.5시간 이내에 타설하여야 한다.
④ 일반적으로 기온 10℃의 상승에 대하여 단위수량은 2~5 퍼센트 증가하므로 소요의 압축강도를 확보하기 위해서는 단위수량에 비례하여 단위 시멘트량의 증가를 검토하여야 한다.

해설 콘크리트는 비빈 후 지연형 감수제를 사용하는 등의 일반적인 대책을 강구한 경우라도 1.5시간 이내에 콘크리트 타설을 완료하여야 한다.

□□□ 기 09,16,19,23
04 설계기준강도가 21MPa인 콘크리트로부터 5개의 공시체를 만들어 압축강도 시험을 한 결과 압축강도가 아래의 표와 같았다. 품질관리를 위한 압축강도의 변동계수값은 약 얼마인가? (단, 표준편차는 불편분산의 개념으로 구할 것)

> 22, 23, 24, 27, 29(MPa)

① 11.7%   ② 13.6%
③ 15.2%   ④ 17.4%

해설 ■변동계수 $C_V = \dfrac{\sigma}{\bar{x}} \times 100$
• $\bar{x} = \dfrac{22+23+24+27+29}{5} = 25\,MPa$
■편차제곱합
• $S = (25-22)^2 + (25-23)^2 + (25-24)^2 + (25-27)^2 + (25-29)^2 = 34$
• $\sigma = \sqrt{\dfrac{S}{n-1}} = \sqrt{\dfrac{34}{5-1}} = 2.92$
∴ $C_V = \dfrac{2.92}{25} \times 100 = 11.7\%$

□□□ 기 11,14,17,18,23

05 거푸집 및 동바리의 구조를 계산할 때 연직하중에 대한 설명으로 틀린 것은?

① 고정하중으로서 콘크리트 단위중량은 철근의 중량을 포함하여 보통 콘크리트인 경우 20kN/m³을 적용하여야 한다.

② 고정하중으로서 거푸집 하중은 최소 0.4kN/m² 이상을 적용하여야 한다.

③ 특수 거푸집이 사용된 경우에는 고정하중으로 그 실제의 중량을 적용하여 설계하여야 한다.

④ 활하중은 구조물의 수평투영면적(연직방향으로 투영시킨 수평면적)당 최소 2.5kN/m² 이상으로 하여야 한다.

해설 고정하중으로서 콘크리트의 단위중량은 철근의 중량을 포함하여 보통 콘크리트인 경우 24kN/m³를 적용하여야 한다.

□□□ 기 01,05,16,23

06 유동화 콘크리트에 대한 설명으로 틀린 것은?

① 미리 비빈 베이스 콘크리트에 유동화제를 첨가하여 유동성을 증대시킨 콘크리트를 유동화 콘크리트라고 한다.

② 유동화제는 희석하여 사용하고, 미리 정한 소정의 양을 2~3회 나누어 첨가하며, 계량은 질량 또는 용적으로 계량하고, 그 계량오차는 1회에 1% 이내로 한다.

③ 유동화 콘크리트의 슬럼프 증가량은 100mm 이하를 원칙으로 하며, 50~80mm를 표준으로 한다.

④ 베이스 콘크리트 및 유동화 콘크리트의 슬럼프 및 공기량 시험은 50m³ 마다 1회씩 실시하는 것을 표준으로 한다.

해설 유동화제는 원액으로 사용하고 미리 정한 소정의 양을 한꺼번에 첨가하며, 계량은 질량 또는 용적으로 계량하고, 그 계량 오차는 1회에 3% 이내로 한다.

□□□ 기 12,18,23

07 경량골재콘크리트에 대한 일반적인 설명으로 틀린 것은?

① 경량골재는 일반 골재에 비하여 물을 흡수하기 쉬우므로 충분히 물을 흡수시킨 상태로 사용하여야 한다.

② 경량골재콘크리트는 가볍기 때문에 슬럼프가 작게 나오는 경향이 있다.

③ 운반 중의 재료분리는 보통콘크리트와는 반대로 골재가 위로 떠오르고 시멘트페이스트가 가라앉는 경향이 있다.

④ 경량골재콘크리트는 가볍기 때문에 재료분리가 발생하기 쉬워 다짐시 진동기를 사용하지 않는 것이 좋다.

해설 경량골재 콘크리트를 내부진동기로 다질 때 보통골재 콘크리트의 경우보다 진동기를 찔러 넣는 간격을 작게 하거나 진동시간을 약간 길게 해 충분히 다져야 한다.

□□□ 기 03,06,17,23

08 품질이 동일한 콘크리트 공시체의 압축강도 시험에 대한 설명으로 옳은 것은? (단, 공시체의 높이 : H, 공시체의 지름 : D)

① 품질이 동일한 콘크리트는 공시체의 모양, 크기 및 재하방법이 달라져도 압축강도가 항상 같다.

② H/D비가 작으면 압축강도는 작다.

③ H/D비가 일정해도 공시체의 치수가 커지면 압축강도는 작아진다.

④ H/D비가 2.0에서 압축강도는 최대값을 나타낸다.

해설 • 15cm 입방체 공시체의 강도는 $\phi15 \times 30$cm의 원주형 공시체 강도의 1.16배 정도 크다.
• H/D비가 작을수록 즉 높이가 낮을수록 압축강도가 크다.
• H/D비가 일정해도 공시체의 치수가 커지면 압축강도는 작아진다.
• H/D비가 2.0에서 압축강도비의 변화는 적어진다.

□□□ 기 00,11,23

09 콘크리트 배합 설계에서 잔 골재율(S/a)을 작게 하였을 때 나타나는 현상 중 옳지 않은 것은?

① 소요의 워커빌리티를 얻기 위하여 필요한 단위 시멘트량이 증가한다.

② 소요의 워커빌리티를 얻기 위하여 필요한 단위 수량이 감소한다.

③ 재료 분리가 발생되기 쉽다.

④ 워커빌리티가 나빠진다.

해설 • 일반적으로 잔 골재율(S/a)을 작게 하면 소요의 워커빌리티의 콘크리트를 얻기 위하여 필요한 단위 수량이 감소되고, 아울러 단위 시멘트량이 감소해서 경제적으로 된다.
• 잔 골재율(S/a)을 어느 정도 작게 하면 콘크리트는 거칠어지고 재료의 분리가 일어나는 경향이 커지고 워커빌리티가 나쁜 콘크리트가 된다.

□□□ 기 04,11,15,23

10 콘크리트 비비기에 관한 설명 중 잘못된 것은?

① 되비비기는 응결이 시작된 이후 다시 비비는 경우로서 강도가 저하한다.

② 연속믹서를 사용할 경우, 비비기 시작 후 최초에 배출되는 콘크리트는 사용해서는 안된다.

③ 비비기는 미리 정해 둔 비비기 시간 이상 계속해서는 안된다.

④ 비비기를 시작하기 전에 미리 믹서에 모르타르를 부착시켜야 한다.

해설 비비기는 미리 정해 둔 비비기 시간의 3배 이상 계속해서는 안된다.

11 다음 중 품질관리의 순서로 옳은 것은?

① 계획 − 실시 − 검토 − 조치
② 계획 − 검토 − 조치 − 실시
③ 검토 − 계획 − 조치 − 실시
④ 검토 − 계획 − 실시 − 조치

해설 PDCA 사이클 : 계획(Plan) → 실시(Do) → 검토(Check) → 조치
(Action)
· 계획(Plan) : 공정표의 작성
· 실시(Do) : 공사의 지시, 감독, 작업원 교육
· 검토(Check) : 작업량, 진도 체크
· 조치(Action) : 작업법의 개선, 계획의 수정

12 외기온도가 25℃를 넘을 때 콘크리트의 비비기로부터 치기가 끝날 때까지 얼마의 시간을 넘어서는 안 되는가?

① 0.5시간
② 1시간
③ 1.5시간
④ 2시간

해설 비비기로부터 치기가 끝날 때까지의 시간

외기 온도	소요 시간
25℃ 이상일 때	1.5시간(90분)을 넘지 않을 것
25℃ 미만일 때	2시간(120분)을 넘지 않을 것

13 프리스트레스트 콘크리트의 특징으로 틀린 것은?

① 철근콘크리트에 비하여 고강도의 콘크리트와 강재를 사용한다.
② 철근콘크리트에 비하여 탄성적이고 복원성이 크다.
③ 철근콘크리트 보에 비하여 복부의 폭을 얇게 할 수 있어서 부재의 자중이 경감된다.
④ 철근콘크리트에 비하여 강성이 크므로 변형 및 진동이 작다.

해설 철근콘크리트에 비하여 강성이 작아서 변형이 크고 진동하기 쉽다.

14 굳지 않은 콘크리트에서 재료분리가 일어나는 원인으로 볼 수 없는 것은?

① 단위 골재량이 너무 적은 경우
② 단위 수량이 너무 많은 경우
③ 입자가 거친 잔 골재를 사용한 경우
④ 굵은 골재의 최대치수가 지나치게 큰 경우

해설 단위 골재량이 너무 많을 경우

15 숏크리트에 대한 설명으로 틀린 것은?

① 일반 숏크리트의 장기 설계기준강도는 재령 28일로 설정한다.
② 습식 숏크리트는 배치 후 60분 이내에 뿜어붙이기를 실시하여야 한다.
③ 숏크리트의 초기강도는 재령 3시간에서 $1.0 \sim 3.0$MPa을 표준으로 한다.
④ 굵은 골재의 최대치수는 25mm의 것이 널리 쓰인다.

해설 굵은 골재의 최대치수는 압송이나 리바운드 등을 고려하여 $10 \sim 15$mm 정도가 가장 적당하다.

16 아래의 표에서 설명하는 콘크리트의 성질은?

콘크리트를 타설할 때 다짐작업 없이 자중만으로 철근 등을 통과하여 거푸집의 구석구석까지 균질하게 채워지는 정도를 나타내는 굳지 않은 콘크리트의 성질

① 자기 충전성
② 유동성
③ 슬럼프 플로
④ 피니셔빌리티

해설 이를 자기 충전성이라 한다.

17 단면적이 600cm²인 프리스트레스트 콘크리트에서 콘크리트 도심에 PS강선을 배치하고 초기프리스트레스 $P_i = 340,000$N을 가할 때 콘크리트의 탄성변형에 의한 프리스트레스의 감소량은 얼마인가? (단, 탄성계수비 $n=6$이다.)

① 34MPa
② 38MPa
③ 42MPa
④ 46MPa

해설 $\Delta f_p = n \cdot \dfrac{P}{A_c}$

$= 6 \times \dfrac{340,000}{600 \times 10^2} = 34\text{N/mm}^2 = 34\text{MPa}$

18 압력법에 의한 굳지 않은 콘크리트의 공기량 시험(KS F 2421) 중 물을 붓고 시험하는 경우(주수법)의 공기량 측정기 용량은 최소 얼마 이상으로 하여야 하는가?

① 3L
② 5L
③ 7L
④ 9L

해설 · 물을 붓고 시험하는 주수법은 적어도 5L로 한다.
· 물을 붓지 않고 시험하는 무주수법은 7L로 한다.

□□□ 기 02,08,12,17,19,23

19 콘크리트 양생 중 적절한 수분공급을 하지 않아 수분의 증발이 원인이 되어 타설 후부터 콘크리트의 응결, 종결 시까지 발생할 수 있는 결함으로 가장 적당한 것은?

① 초기 건조균열이 발생한다.
② 콘크리트의 부등침하에 의한 침하수축 균열이 발생한다.
③ 시멘트, 골재입자 등이 침하함으로써 물의 분리 상승 정도가 증가한다.
④ 블리딩에 의하여 콘크리트 표면에 미세한 물질이 떠올라 이음부 약점이 된다.

해설 콘크리트의 경화를 촉진시키고 초기 수축 균열을 방지하기 위해 적절한 수분을 공급하고, 직사광선이나 바람에 의해서 수분이 증발하는 것을 방지해야 한다.

□□□ 기 09,18,23

20 콘크리트의 탄산화에 대한 설명으로 틀린 것은?

① 탄산화가 진행된 콘크리트는 알칼리성이 약화되어 콘크리트 자체가 팽창하여 파괴된다.
② 철근주위를 둘러싸고 있는 콘크리트가 탄산화하여 물과 공기가 침투하면 철근을 부식시킨다.
③ 굳은 콘크리트는 표면에서 공기 중의 이산화탄소의 작용을 받아 수산화칼슘이 탄산칼슘으로 바뀐다.
④ 탄산화의 판정은 페놀프탈레인 1%의 알코올용액을 콘크리트의 단면에 뿌려 조사하는 방법이 일반적이다.

해설 탄산화로 인해 발생되는 문제는 콘크리트 자체가 아니라 철근이 녹이 슬면 체적이 팽창하여 콘크리트에 균열을 발생키며 콘크리트 표면의 탈락과 파괴를 가져온다.

제2과목 : 건설시공 및 관리

□□□ 기 02,04,08,14,23

21 성토사면의 토사속에 고분자합성수지로 된 특수섬유와 모래를 혼합시킨 특수보강재를 살포하여, 인공뿌리역할을 하도록 함으로써, 사면보호기능을 하는 공법은?

① 코어프레임공법　　② 소일시멘트공법
③ 지오그리드공법　　④ 택솔공법

해설 택솔(texsol)공법 : 연속 장섬유를 사용한 보강토 공법으로 흙속에 나무 뿌리가 망상으로 퍼져 흙을 보강하는 데서 힌트를 얻어 프랑스에서 개발된 공법으로 사면안정성이 양호하다.

□□□ 기 10,15,23

22 교대의 명칭 중 구체(main body)를 가장 적절하게 설명한 것은?

① 교량의 일단을 지지하는 것
② 축제의 상부를 지지하여 흙이 교좌에서 무너지는 것을 막는 것
③ 상부구조에서 오는 전하중을 기초에 전달하고 배후 구조에 저항하는 것
④ 하중을 기초 지반에 넓게 분포시켜 교대의 안정을 도모하는 것

해설 ・교좌 : 교량의 일단을 지지하는 것
・흉벽 : 뒷면 축제의 상부를 지지하고 흙이 교좌에 무너지는 것을 막는 벽체
・구체 : 상부구조에서 오는 전하중을 기초에 전달하고 배후 토압에 저항한다.
・교대기초 : 구체의 하부를 확대하여 하중을 기초지반에 넓게 분포시켜 교대의 안전성을 높이는 부분

□□□ 기 99,00,02,07,10,13,16,23

23 다음은 아스팔트 포장의 단면도이다. 상단부터(A ~ E) 차례대로 옳게 기술한 것은?

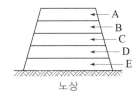

노상

① 차단층, 중간층, 표층, 기층, 보조기층
② 표층, 기층, 중간층, 보조기층, 차단층
③ 표층, 중간층, 차단층, 기층, 보조기층
④ 표층, 중간층, 기층, 보조기층, 차단층

해설 아스팔트 포장층 : 마모층 → 표층(A) → 중간층(B) → 기층(C) → 보조기층(D) → 차단층(E) → 노상 → 노체

□□□ 기 05,06,08,09,15,18,22,23

24 현장 콘크리트 말뚝의 장점에 대한 설명으로 틀린 것은?

① 지층의 깊이에 따라 말뚝길이를 자유로이 조절할 수 있다.
② 말뚝선단에 구근을 만들어 지지력을 크게 할 수 있다.
③ 현장 지반 중에서 제작·양생되므로 품질관리가 쉽다.
④ 말뚝재료의 운반에 제한이 적다.

해설 ・현장 콘크리트 말뚝은 현장 지반 중에서 제작 양생되므로 품질관리를 확인할 수 없다.
・현장 콘크리트 말뚝은 양생기간이 필요치 않아 공사기간 등의 제한을 받지 않는다.

25 숏크리트 리바운드(Rebound)량을 감소시키는 방법으로 옳은 것은?

① 시멘트량을 줄인다.
② 분사 부착면을 거칠게 한다.
③ 조골재를 19mm 이상으로 한다.
④ 벽면과 45° 각도로 분사한다.

해설 Rebound 감소시키는 방법
· 분사 부착면을 거칠게 한다.
· 분사 압력을 일정하게 한다.
· 벽면과 직각으로 분사한다.
· 시멘트량을 증가시킨다.
· 조골재를 13mm 이하로 한다.

26 TBM(Tunnel Boring Machine)에 의한 굴착의 특징이 아닌 것은?

① 안정성(安定性)이 높다.
② 여굴에 의한 낭비가 적다.
③ 노무비 절약이 가능하다.
④ 복잡한 지질의 변화에 대응이 용이하다.

해설 암질 변화에 대한 적용성 범위 예상이 곤란하다.

27 운동장, 광장 등 넓은 지역의 배수방법으로 적당한 것은?

① 개수로 배수
② 암거 배수
③ 지표 배수
④ 맹암거 배수

해설 맹암거 배수 : 주로 운동장, 광장 등 넓은 지역의 배수에 이용되며 각처에서 값싸게 구입할 수 있으나 내구 연한이 짧은 것이 결점이다.

28 터널의 특수 공법 중 원형 강제의 통을 땅속으로 압입하면서 굴진하는 방법으로 본래는 하천이나 바다 밑 등의 연약 지반이나 대수층 지반의 터널 공법으로 개발되었으나 최근에는 도시 터널의 시공에 널리 쓰이는 공법은?

① 코퍼 댐(Coffer dam) 공법
② 트렌치(Trench) 공법
③ 실드(Shield) 공법
④ 뉴매틱 케이슨(Pneumatic cassion) 공법

해설 실드 공법은 용수를 동반하는 연약 지반이나 대수층 지반에서 터널을 만들기 위하여 고안된 공법이다.

29 우물통의 침하공법 중 초기에는 자중으로 침하 되지만 심도가 깊어짐에 따라 레일, 철괴, 콘크리트블록, 흙가마니 등이 사용되는 공법은 무엇인가?

① 발파에 의한 침하공법
② 물하중식 침하공법
③ 재하중식 침하공법
④ 분기식 침하공법

해설 · 발파식 : 폭파에 의한 충격, 진동에 의하여 마찰저항을 감소시켜 침하시키는 공법
· 물하중식 : 케이슨 하부에 수밀성의 선반을 설치하여 물을 가득 채운 후 그 하중으로 침하시키는 공법
· 분기식 : 고압수나 공기를 노즐로 분사시켜 측벽과 토층간의 마찰력을 감소시켜 침하 시키는 방법

30 옹벽의 수평 저항력을 증가시키기 위해 경제성과 시공성을 고려할 경우 다음 중 가장 적합한 방법은?

① 옹벽의 비탈구배를 크게 한다.
② 옹벽 전면에 Apron를 설치한다.
③ 옹벽 기초밑판에 돌기 Key를 설치한다.
④ 옹벽 배면에 Anchor를 설치한다.

해설 옹벽의 안정상 수평 저항력을 더 증가시킬 필요가 있을 때는 기초 밑면에 돌기물(key)를 만들면 가장 효과적이다.

31 불도저로 압토와 리핑 작업을 동시에 실시한다. 각 작업 시의 작업량이 아래의 표와 같을 때 시간당 작업량은?

· 압토 작업만 할 때의 작업량 $Q_1 = 40\text{m}^3/\text{h}$
· 리핑 작업만 할 때의 작업량 $Q_2 = 60\text{m}^3/\text{h}$

① $24\text{m}^3/\text{h}$
② $30\text{m}^3/\text{h}$
③ $34\text{m}^3/\text{h}$
④ $50\text{m}^3/\text{h}$

해설 합성 작업량 $Q = \dfrac{Q_1 \times Q_2}{Q_1 + Q_2} = \dfrac{40 \times 60}{40 + 60} = 24\text{m}^3/\text{h}$

32 벤토나이트 공법을 써서 굴착벽면의 붕괴를 막으면서 굴착된 구멍에 철근 콘크리트를 넣어 말뚝이나 벽체를 연속적으로 만드는 공법은?

① Slurry Wall 공법
② Earth Drill 공법
③ Earth Anchor 공법
④ Open Cut 공법

해설 지하연속벽(Slurry wall 또는 Diaphragm Wall)공법의 설명이다.

33 오픈 케이슨 기초의 특징에 대한 일반적인 설명으로 틀린 것은?

① 기계설비가 비교적 간단하다.
② 다른 케이슨 기초와 비교하여 공사비가 싸다.
③ 침하 깊이의 제한을 받지 않는다.
④ 굴착 시 히빙이나 보일링 현상의 우려가 없다.

해설 오픈 케이슨 기초 : 주변지반이 이완되기 쉬워 기초 지반에 보일링 현상이나 히빙현상이 일어날 우려가 있다.

기 00,05,16,23

34 터널 시공시 pilot tunnel의 역할은?

① 지질조사 및 지하수 배제
② 측량을 위한 예비터널
③ 환기시설
④ 기자재 운반

해설 선진터널(pilot tunnel)의 역할
· 지질 및 지하수 등을 조사하여 본 터널의 시공비를 결정한다.
· 시공에 앞서 지하수를 빼든지 지하수위를 내리게 할 수 있다.

기 00,01,06,10,11,12,17,18,23

35 $0.6\,\text{m}^3$의 백호(back hoe) 한 대를 사용하여 $20,000\,\text{m}^3$의 기초 굴착을 할 때 굴착일수는? (단, 백호의 사이클 타임 : 26sec, 디퍼계수 : 1.0, 토량변화계수(f) : 0.8, 작업효율(E) : 0.6, 1일 운전시간 : 8시간)

① 63일   ② 68일
③ 72일   ④ 80일

해설
$$Q = \frac{3,600 \cdot q \cdot K \cdot f \cdot E}{C_m}$$
$$= \frac{3,600 \times 0.6 \times 1 \times 0.8 \times 0.6}{26} = 39.88\,\text{m}^3/\text{hr}$$
$$\therefore \text{굴착일수} = \frac{20,000}{39.88 \times 8} = 63\text{일}$$

기 05,07,12,19,23

36 옹벽 대신 이용하는 돌쌓기 공사 중 뒤채움에 콘크리트를 이용하고, 줄눈에 모르타르를 사용하는 2m 이상의 돌쌓기 방법은?

① 메쌓기   ② 찰쌓기
③ 견치돌쌓기   ④ 줄쌓기

해설 · 찰쌓기 : 보통 2m 이상의 돌쌓기 방법으로 쌓아올릴 때 뒤채움에 콘크리트, 줄눈에 모르타르를 사용하는 것이다.
· 메쌓기 : 보통 2m 이하에 모르타르를 사용하지 않고 쌓기 때문에 뒷면의 물이 잘 배수된다.

기 19,22,23

37 록 볼트의 정착형식은 선단 정착형, 전면접착형, 혼합형으로 구분할 수 있다. 이에 대한 설명으로 틀린 것은?

① 록 볼트 전장에서 원지반을 구속하는 경우에는 전면 접착형이다.
② 암괴의 봉합효과를 목적으로 하는 것은 선단 정착이며, 그 중 쐐기형이 많이 쓰인다.
③ 선단을 기계적으로 정착한 후 시멘트밀크를 주입하는 것은 혼합형이다.
④ 경암, 보통암, 토사 원지반에서 팽창성 원지반까지 적용범위가 넓은 것은 전면 접착형이다.

해설 · 전면 접착형 : 암괴의 봉합효과
· 선단 정착형 : 내압 효과 또는 아치 형성 효과

기 83,91,95,01,03,19,23

38 단독 말뚝의 지지력과 비교하여 무리 말뚝 한 개의 지지력에 관한 설명으로 옳은 것은? (단, 마찰말뚝이라 한다.)

① 두 말뚝의 지지력이 똑같다.
② 무리 말뚝의 지지력이 크다.
③ 무리 말뚝의 지지력이 작다
④ 무리 말뚝의 크기에 따라 다르다.

해설 무리 말뚝(군항)은 전달되는 응력이 겹쳐저서 각개의 지지력은 단말뚝보다 작다.

기 10,14,18,23

39 항만 공사에서 간만의 차가 큰 장소에 축조되는 항은?

① 하구항(coastal harbor)   ② 개구항(open harbor)
③ 폐구항(closed harbor)   ④ 피난항(refuge harbor)

해설 · 하구항 : 하구에 있는 항
· 개구항 : 항구가 항상 개방되어 있어 출입이 자유로운 항
· 폐구항 : 간만의 차가 큰 장소에 축조되는 항
· 피난항 : 항해 중인 선박이 피난을 하기 위하여 이용하는 항

기 08,20,23

40 강말뚝의 부식에 대한 대책으로 적당하지 않은 것은?

① 초음파법
② 전기 방식법
③ 도장에 의한 방법
④ 말뚝의 두께를 증가시키는 방법

해설 강말뚝의 부식 방지 대책
· 두께를 증가시키는 방법(일반적으로 2mm 정도)
· 콘크리트로 피복하는 방법
· 도장에 의한 방법
· 전기 방식법

제3과목 : 건설재료 및 시험

□□□ 기 11,14,23

41 일반적으로 풍화한 시멘트에서 나타나는 성질이 아닌 것은?

① 응결 지연 ② 비중 감소
③ 강열 감량 감소 ④ 강도 발현 저하

해설 일반적인 풍화된 시멘트의 성질
· 비중이 떨어진다.
· 응결이 지연된다.
· 강열 감량이 증가된다.
· 강도의 발현이 저하된다.

□□□ 기 11,14,17,18,19,23

42 전체 500g의 잔골재를 체분석한 결과가 아래 표와 같을 때 조립률은?

체호칭(mm)	10	5	2.5	1.2	0.6	0.3	0.15	Pan
잔류량(g)	0	25	35	65	215	120	35	5

① 2.67 ② 2.87
③ 3.01 ④ 3.22

해설 가적 잔유율 계산

체호칭	잔류량(g)	잔류율(%)	가적잔유율(%)
10mm	0	0	0
5mm	25	5	5
2.5mm	35	7	12
1.2mm	65	13	25
0.6mm	215	43	68
0.3mm	120	24	92
0.15mm	35	7	99
Pan	5	1	100
계	500	100	

$$\therefore \ 조립률 = \frac{0+5+12+25+68+92+99}{100} = 3.01$$

□□□ 기 13,19,23

43 다음 중 일반적인 목재의 비중은?

① 살아있는 상태의 나무비중
② 공기 건조 중의 비중
③ 물에서 포화상태의 비중
④ 절대건조 비중

해설 일반적으로 목재의 비중은 공기건조(기간)비중으로 0.3~0.90이다.

□□□ 기 03,05,07,08,10,16,23

44 콘크리트 중의 염화물 함유량은 콘크리트 중에 함유된 염화물 이온의 총량으로 표시하는데 비빌 때 콘크리트 중의 전염화물 이온량은 원칙적으로 얼마 이하로 하여야 하는가?

① $0.5kg/m^3$ ② $0.3kg/m^3$
③ $0.2kg/m^3$ ④ $0.1kg/m^3$

해설 굳지 않은 콘크리트 중의 전 염화물 이온량은 원칙적으로 0.3 kg/m^3 이하로 한다.

□□□ 기 98,01,07,14,22,23

45 어떤 목재의 함수율을 시험한 결과 건조 전 목재의 중량은 165g이고, 비중이 1.5일 때 함수율은 얼마인가? (단, 목재의 절대 건조무게는 142g이었다.)

① 13.9% ② 15.2%
③ 16.2% ④ 17.2%

해설 $함수율 = \dfrac{건조 전 중량(W_1) - 건조 후 중량(W_2)}{건조 후 중량(W_2)} \times 100$

$= \dfrac{165-142}{142} \times 100 = 16.2\%$

□□□ 기 94,99,04,07,15,23

46 아래 표와 같은 조건이 주어졌을 때 아스팔트 혼합물에 대한 공극률은?

· 시험체의 이론 최대밀도(D) : $2.427g/cm^3$
· 시험체의 실측밀도(d) : $2.325g/cm^3$

① 4.2% ② 4.7%
③ 5.3% ④ 5.8%

해설 $공극률 \ v = \left(1-\dfrac{d}{D}\right) \times 100 = \left(1-\dfrac{2.325}{2.427}\right) \times 100 = 4.2\%$

□□□ 기 01,03,06,10,19,23

47 광물질 혼화재 중의 실리카가 시멘트 수화 생성물인 수산화칼슘과 반응하여 장기 강도 증진 효과를 발휘하는 현상을 무엇이라 하는가?

① 포졸란 반응(pozzolan reaction)
② 수화 반응(hydration reaction)
③ 볼 베어링(ball bearing) 작용
④ 충전(filler) 효과

해설 이를 포졸란 반응이라 하며 내구성과 수밀성이 향상되며 강도도 증진된다.

□□□ 기 11,15,23

48 석재를 모양에 따라 분류할 경우 아래의 표에서 설명하는 것은?

> 나비가 두께의 3배 미만이며, 일정한 길이를 가지고 있는 것

① 사고석   ② 견치석
③ 각석   ④ 판석

해설 석재는 모양과 치수에 대하서는 KS F2530에 규정되어 있다.
- 활석 : 활석 또는 사고석의 면은 원칙적으로 정4각형에 가깝고 면에 직각으로 잰 공장은 면의 최소변의 1.2배 이상인 석재
- 견치석 : 앞면은 규칙적으로 거의 정4각형에 가깝고 네면에 직각으로 잰 공장은 면의 최소면의 1.5배 이상인 석재
- 각석 : 폭이 두께의 3배 미만이고 폭보다 길이가 긴 직육면체형의 석재
- 판석 : 두께가 15cm 미만이고 폭이 두께의 3배 이상인 판 모양의 석재

□□□ 기 12,15,23

49 아래의 표에서 설명하는 것은?

> - 시멘트를 염산 및 탄산나트륨용액에 넣었을 때 녹지 않고 남는 부분을 말한다.
> - 이 양은 소성반응의 완전여부를 알아내는 척도가 된다.
> - 보통 포틀랜드 시멘트의 경우 이 양은 일반적으로 점토 성분의 미소성에 의하여 발생되며 약 1.0~0.6% 정도이다.

① 강열감량   ② 불용해잔분
③ 수경률   ④ 규산율

해설 불용해 잔분
- 시멘트를 염산 및 탄산나트륨 용액으로 처리하여 녹지 않는 부분을 말한다.
- 일반적으로 불용해 잔분은 0.1~0.6% 정도이다.

□□□ 기 99,00,02,03,06,09,10,12,15,16,23

50 스트레이트 아스팔트와 비교할 때 고무화 아스팔트의 장점이 아닌 것은?

① 감온성이 크다.   ② 부착력이 크다.
③ 탄성이 크다.   ④ 내후성이 크다.

해설 고무 혼입 아스팔트의 정점
- 감온성이 작다.
- 응집성 및 부착력이 크다.
- 탄성 및 충격저항이 크다.
- 내노화성 및 마찰계수가 크다.

□□□ 기 12,17,23

51 아스팔트 시험에 대한 설명으로 틀린 것은?

① 아스팔트 침입도 시험에서 침입도 측정값의 평균값이 50.0 미만인 경우 침입도 측정값의 허용차는 2.0으로 규정하고 있다.
② 환구법에 의한 아스팔트 연화점시험은 시료를 환에 주입하고 4시간 이내에 시험을 종료하여야 한다.
③ 환구법에 의한 아스팔트 연화점시험에서 시료를 규정조건에서 가열하였을 때, 시료가 연화되기 시작하여 규정된 거리(25.4mm)로 처졌을 때의 온도를 연화점이라 한다.
④ 아스팔트의 신도시험에서 2회 측정의 평균값을 0.5cm 단위로 끝맺음하고 신도로 결정한다.

해설 아스팔트의 신도시험에서 3회 측정의 평균값을 1cm 단위로 끝맺음하고 신도로 결정한다.

□□□ 기 11,18,23

52 시멘트 비중 시험(KS L 5110)의 정밀도 및 편차 규정에 대한 설명으로 옳은 것은?

① 동일 시험자가 동일 재료에 대하여 2회 측정한 결과가 ±0.03 이내이어야 한다.
② 동일 시험자가 동일 재료에 대하여 3회 측정한 결과가 ±0.05 이내이어야 한다.
③ 서로 다른 시험자가 동일 재료에 대하여 2회 측정한 결과가 ±0.03 이내이어야 한다.
④ 서로 다른 시험자가 동일 재료에 대하여 3회 측정한 결과가 ±0.05 이내이어야 한다.

해설 동일 시험자가 동일 재료에 대하여 2회 측정한 결과가 ±0.03 이내이어야 한다.

□□□ 기 17,23

53 골재의 함수상태에 대한 설명으로 틀린 것은?

① 절대건조상태는 105±5℃의 온도에서 일정한 질량이 될 때까지 건조하여 골재 알의 내부에 포함되어 있는 자유수가 완전히 제거된 상태이다.
② 공기 중 건조상태는 골재를 실내에 방치한 경우 골재입자의 표면과 내부의 일부가 건조된 상태이다.
③ 표면건조포화상태는 골재의 표면수는 없고 골재알 속의 빈 틈이 물로 차있는 상태이다.
④ 습윤상태는 골재입자의 표면에 물이 부착되어 있으나 골재입자 내부에는 물이 없는 상태이다.

해설 습윤 상태 : 골재 알 속의 빈틈이 물로 차 있고, 또 표면에 물기가 있는 상태이다.

54 응결지연제의 사용목적으로 틀린 것은?

① 거푸집의 조기탈형과 장기강도 향상을 위하여 사용한다.
② 시멘트의 수화반응을 늦추어 응결과 경화시간을 길게 할 목적으로 사용한다.
③ 서중콘크리트나 장거리 수송 레미콘의 워커빌리티 저하방지를 도모한다.
④ 콘크리트의 연속타설에서 작업이음을 방지한다.

해설 촉진제는 콘크리트의 조기강도 발현의 촉진 및 거푸집 존치기간의 단축 또는 한랭공사시 초기동해방지 등에 유용하게 사용된다.

55 암석의 구조에 대한 서명으로 틀린 것은?

① 절리 : 암석 특유의 천연적으로 갈라진 금으로 화성암에서 많이 보임
② 석목 : 암석의 갈라지기 쉬운 면을 말하며 돌눈이라고도 함
③ 층리 : 암석을 구성하는 조암광물의 집합상태에 따라 생기는 눈 모양
④ 편리 : 변성암에서 된 절리로 암석이 얇은 판자모양 등으로 갈라지는 성질

해설 층리 : 퇴적암이나 변성암의 일부에서 생기는 평행상의 절리를 층리라고 하며 층리의 방향은 퇴적당시의 지평면과 거의 평행하다.

56 발화점이 295℃ 정도이며, 충격에 둔감하고, 폭발 위력이 Dynamite보다 우수하며 흑색 화약의 4배에 달하는 폭약은 어느 것인가?

① T.N.T.
② 니트로 글리세린
③ Slurry 폭약
④ 칼릿(Carlit)

해설 칼릿
· 다이너마이트보다 발화점이 높고(295℃), 충격에 둔감하여 취급에 위험성이 적다.
· 폭발력은 다이너마이트보다 우수하고 흑색 화약의 4배에 달하지만 폭발 속도는 느리다.

57 다음 중 기폭약의 종류가 아닌 것은?

① 니트로글리세린
② 뇌산수은
③ 질화납
④ DDNP

해설 · 기폭약 : 1) 뇌산수은(뇌홍) 2) 질화납 3) DDNT
· 폭약 : 1) 칼릿, 2) 니트로글리세린, 3) 다이나마이트

58 주로 잠재수경성이 있는 혼화재료는?

① 착색재
② AE제
③ 유동화제
④ 고로슬래그 미분말

해설 · 주로 잠재수경성이 있는 혼화재 : 고로슬래그 미분말
· 잠재수경성이란 그 자체는 수경성이 없지만 시멘트 속의 알칼리성을 자극하여 천천히 수경성을 나타내는 것을 말한다.

59 역청 재료의 성질 및 시험에 대한 설명으로 틀린 것은?

① 인화점은 연소점보다 30~60℃ 정도 높다.
② 일반적으로 가열속도가 빠르면 인화점은 떨어진다.
③ 연화점 시험 시 시료를 환에 주입하고 4시간 이내에 시험을 종료한다.
④ 연화점 시험 시 중탕 온도를 연화점이 80℃ 이하인 경우는 5℃로, 80℃ 초과인 경우는 32℃로 15분간 유지한다.

해설 인화점은 연소점 보다 온도가 25~60℃ 정도 낮다.

60 석재 사용시 주의 사항 중 틀린 것은?

① 석재는 예각부가 생기면 부서지기 쉬우므로 표면에 요철이 없어야 한다.
② 석재를 사용할 경우에는 휨응력과 인장응력을 받는 부재에 사용하여야 한다.
③ 석재를 압축부재에 사용할 경우에는 석재의 자연층에 직각으로 위치하여 사용하여야 한다.
④ 석재를 장기간 보존할 경우에는 석재표면을 도포하여 우수의 침투방지 및 함수로 인한 동해방지에 유의하여야 한다.

해설 석재는 강도 중에서 압축강도가 제일 크기 때문에 구조용으로 사용할 경우 압축응력을 받는 부분에 사용하며, 휨응력 및 인장응력을 받는 곳은 피해야 한다.

제4과목 : 토질 및 기초

기 97,03,18,23

61 그림과 같은 성층토(成層土)의 연직방향의 평균투수계수(k_v)의 계산식으로 옳은 것은? (단, H_1, H_2, $H_3\cdots$: 각 토층의 두께, k_1, k_2, $k_3\cdots$: 각토층의 투수계수)

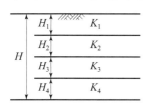

① $k_v = \dfrac{H}{\dfrac{H_1}{k_1} + \dfrac{H_2}{k_2} + \dfrac{H_3}{k_3} + \dfrac{H_4}{k_4}}$

② $k_v = \dfrac{H}{k_1 H_1 + k_2 H_2 + k_3 H_3 + k_4 H_4}$

③ $k_v = \dfrac{1}{4}(k_1 H_1 + k_2 H_2 + k_3 H_3 + k_4 H_4)$

④ $k_v = \dfrac{1}{H}(k_1 H_1 + k_2 H_2 + k_3 H_3 + k_4 H_4)$

해설 ・수평방향 $k_h = \dfrac{1}{H}(k_1 H_1 + k_2 H_2 + k_3 H_3 + k_4 H_4)$

・연직방향 $k_V = \dfrac{H}{\dfrac{H_1}{k_1} + \dfrac{H_2}{k_2} + \dfrac{H_3}{k_3} + \dfrac{H_4}{k_4}}$

기 95,01,06,12,16,23

62 다음은 정규압밀점토의 삼축압축 시험결과를 나타낸 것이다. 파괴시의 전단응력 τ와 수직응력 σ를 구하면?

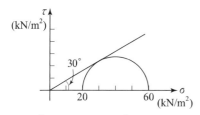

① $\tau = 17.3 \text{kN/m}^2$, $\sigma = 25.0 \text{kN/m}^2$

② $\tau = 14.1 \text{kN/m}^2$, $\sigma = 30.0 \text{kN/m}^2$

③ $\tau = 14.1 \text{kN/m}^2$, $\sigma = 25.0 \text{kN/m}^2$

④ $\tau = 17.3 \text{kN/m}^2$, $\sigma = 30.0 \text{kN/m}^2$

해설 ・$\theta = 45° + \dfrac{\phi}{2} = 45° + \dfrac{30}{2} = 60°$

・$\tau = \dfrac{\sigma_1 - \sigma_3}{2}\sin 2\theta = \dfrac{60-20}{2}\sin(2 \times 30°) = 17.3 \text{kN/m}^2$

・$\sigma = \dfrac{\sigma_1 + \sigma_3}{2} + \dfrac{\sigma_1 - \sigma_3}{2}\cos 2\theta$

$= \dfrac{60+20}{2} + \dfrac{60-20}{2}\cos(2 \times 60°) = 30 \text{kN/m}^2$

기 08,15,23

63 그림과 같이 3m×3m 크기의 정사각형 기초가 있다. Terzaghi 지지력공식 $q_u = 1.3cN_c + \gamma_1 D_f N_q + 0.4\gamma_2 B N_\gamma$을 이용하여 극한지지력을 산정할 때, 사용되는 흙의 단위중량 γ_2의 값은? (단, 물의 단위중량은 9.81kN/m^3이다.)

① 9kN/m^3

② 11.7kN/m^3

③ 14.4kN/m^3

④ 17kN/m^3

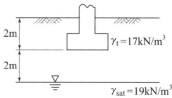

해설 $d = 2\text{m} < B = 3\text{m}$일 때

∴ $\gamma_2 = \gamma_{\text{sub}} + \dfrac{d}{B}(\gamma_1 - \gamma_{\text{sub}}) = (19 - 9.81) + \dfrac{2}{3}[17 - (19 - 9.81)]$

$= 14.4 \text{kN/m}^3$

기 14,17,23

64 옹벽배면의 지표면 경사가 수평이고, 옹벽배면 벽체의 기울기가 연직인 벽체에서 옹벽과 뒷채움 흙사이의 벽면 마찰각(δ)을 무시할 경우, Rankine토압과 Coulomb토압의 크기를 비교하면?

① Rankine토압이 Coulomb토압 보다 크다.

② Coulomb토압이 Rankine토압 보다 크다.

③ Rankine토압과 Coulomb토압의 크기는 항상 같다.

④ 주동토압은 Rankine토압이 더 크고, 수동토압은 Coulomb토압이 더 크다.

해설 Coulomb의 토압이론에서는 벽체와 흙 사이의 벽 마찰각 $\delta \neq 0$을 고려하였으나 연직벽 $\theta = 0$, 지표면이 수평 $i = 0$, 벽 마찰각 $\delta = 0$이면 Coulomb의 토압은 항상 Rankine의 토압은 같다.

기 01,05,19,23

65 예민비가 큰 점토란 어느 것인가?

① 입자의 모양이 날카로운 점토

② 입자가 가늘고 긴 형태의 점토

③ 다시 반죽했을 때 강도가 감소하는 점토

④ 다시 반죽했을 때 강도가 증가하는 점토

해설 ・예민비

$S_t = \dfrac{\text{흐트러지지 않은 시료의 일축압축강도}(q_u)}{\text{흙을 다시 이겼을 때의 일축압축강도}(q_{ur})}$

・예민비가 큰 점토는 흙을 다시 반죽했을 때의 일축 압축 강도가 감소하는 점토

・예민비는 점성토에 이용되며 흐트러진 시료의 일축 압축 강도가 감소하는 성질 관계의 감소비를 말한다. 예민비가 클수록 강도의 변화가 크므로 공학적 성질이 나쁘다.

□□□ 기 97,98,03,10,20,23

66 도로의 평판재하시험방법(KS F 2310)에서 시험을 끝낼 수 있는 조건이 아닌 것은?

① 재하응력이 현장에서 예상할 수 있는 가장 큰 접지압력의 크기를 넘으면 시험을 멈춘다.
② 재하응력이 그 지반의 항복점을 넘을 때 시험을 멈춘다.
③ 침하가 더 이상 일어나지 않을 때 시험을 멈춘다.
④ 침하량이 15mm에 달할 때 시험을 멈춘다.

해설 평판재하 시험의 끝나는 조건
 ·침하량이 15mm에 달할 때
 ·하중강도가 예상되는 최대 접지압력을 초과할 때
 ·하중강도가 그 지반의 항복점을 넘을 때

□□□ 기 95,98,99,00,17,23

67 흙의 다짐에 관한 설명 중 옳지 않은 것은?

① 조립토는 세립토보다 최적함수비가 작다.
② 최대 건조단위중량이 큰 흙일수록 최적함수비는 작은 것이 보통이다.
③ 점성토 지반을 다질 때는 진동 로울러로 다지는 것이 유리하다.
④ 일반적으로 다짐 에너지를 크게 할수록 최대 건조단위중량은 커지고 최적함수비는 줄어든다.

해설 점성토 지반을 다질 때는 탬핑 로울러, 사질토 지반을 다질 때는 진동 로울러로 다진다.

□□□ 기 83,93,96,01,14,20,23

68 사운딩(Sounding)의 종류에서 사질토에 가장 적합하고 점성토에서도 쓰이는 시험법은?

① 표준 관입 시험
② 베인 전단 시험
③ 더치 콘 관입 시험
④ 이스키미터(Iskymeter)

해설 표준 관입 시험기(SPT) : 사질토에 가장 적합하나 점토 지반의 N치에 의한 강도판정과 지지력을 계산할 수 있다.

□□□ 기 10,14,23

69 외경(D_o) 50.8mm, 내경(D_i) 34.9mm인 스플릿 스푼 샘플러의 면적비로 옳은 것은?

① 112% ② 106%
③ 53% ④ 46%

해설 면적비 $A_a = \dfrac{D_o^2 - D_i^2}{D_i^2} \times 100 = \dfrac{50.8^2 - 34.9^2}{34.9^2} \times 100 = 112\%$

□□□ 기 95,02,05,08,18,23

70 그림과 같은 지반에서 하중으로 인하여 수직응력($\Delta\sigma_1$)이 100kN/m² 증가되고 수평응력($\Delta\sigma_3$)이 50kN/m² 증가되었다면 간극 수압은 얼마나 증가되는가? (단, 간극 수압 계수 $A = 0.5$이고 $B = 1$이다.)

① 50kN/m²
② 75kN/m²
③ 100kN/m²
④ 125kN/m²

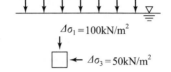

해설 간극 수압 $\Delta U = B[\Delta\sigma_3 + A(\Delta\sigma_1 - \Delta\sigma_3)]$
$= 1 \times [50 + 0.5(100 - 50)]$
$= 75\,\text{kN/m}^2$

□□□ 기 04,10,11,17,23

71 사질토 지반에 축조되는 강성기초의 접지압 분포에 대한 설명 중 맞는 것은?

① 기초 모서리 부분에서 최대 응력이 발생한다.
② 기초에 작용하는 접지압 분포는 토질에 관계없이 일정하다.
③ 기초의 중앙 부분에서 최대 응력이 발생한다.
④ 기초 밑면의 응력은 어느 부분이나 동일하다.

해설 ·강성기초 : 점토질지반 ; 중앙부분에서 침하가 크게 발생하므로 기초의 모서리 부분에서 최대 응력이 발생한다.
 ·강성기초 : 사질토지반 ; 기초의 모서리 부분에서 침하가 크게 발생하므로 기초의 중앙에서 최대 응력이 발생한다.

□□□ 기 14,23

72 흙의 내부마찰각(ϕ)은 20°, 점착력(c)이 24kN/m²이고, 단위중량(γ_t)은 19.3kN/m³인 사면의 경사각이 45°일 때 임계높이는 약 얼마인가? (단, 안정수 $m = 0.06$)

① 15m ② 18m
③ 21m ④ 24m

해설 임계높이 $H = \dfrac{c}{\gamma \cdot m} = \dfrac{24}{19.3 \times 0.06} = 21\text{m}$

□□□ 기 11,16,23

73 시험종류와 시험으로부터 얻을 수 있는 값의 연결이 틀린 것은?

① 비중계분석시험 - 흙의 비중(G_s)
② 삼축압축시험 - 강도정수(c, ϕ)
③ 일축압축시험 - 흙의 예민비(S_t)
④ 평판재하시험 - 지반반력계수(K_s)

해설 비중계분석시험 - No.200 이하 흙의 분류시험

□□□ 기 05,16,23

74 3층 구조로 구조결합 사이에 치환성 양이온이 있어서 활성이 크고 시트 사이에 물이 들어가 팽창 수축이 크고 공학적 안정성은 약한 점토 광물은?

① Kaolinite
② illite
③ montmorillonite
④ Sand

해설 montmorillonite
• 치환성 이온으로 활성이 크고 sheet사이에 물이 들어가 팽창, 수축이 크며, 안전성이 제일 약하다.
• 프랑스의 몬모릴로에 있는 갈색 점토 속에서 발견되어 호칭하고 있다.

□□□ 기 03,04,09,15,23 산 09

75 그림과 같은 옹벽배면에 작용하는 토압의 크기를 Rankine의 토압공식으로 구하면?

① 32.2kN/m
② 36.7kN/m
③ 46.7kN/m
④ 52.0kN/m

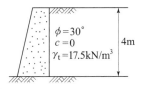

$\phi=30°$
$c=0$
$\gamma_t=17.5\text{kN/m}^3$
4m

해설 $P_A = \dfrac{1}{2}\gamma H^2 \tan^2\left(45° - \dfrac{\phi}{2}\right)$

$= \dfrac{1}{2} \times 17.5 \times 4^2 \times \tan^2\left(45° - \dfrac{30°}{2}\right) = 46.7 \,\text{kN/m}$

□□□ 기 80,93,02,04,18,23

76 입경이 균일한 포화된 사질지반에 지진이나 진도 등 동적하중이 작용하면 지반에서는 일시적으로 전단강도를 상실하게 되는데, 이러한 현상을 무엇이라 하는가?

① 분사현상(quick sand)
② 틱소트로피(Thixotropy)
③ 히빙현상(heaving)
④ 액화현상(Liquefaction)

해설 • 액화현상(Liquefaction)의 정의이다.
• Thixotropy : 흙의 전단특성에서 교란된 흙은 시간이 지남에 따라 손실된 강도의 일부를 회복하는 현상
• 분사현상 : 침투수압이 흙의 유효응력보다 크게 되는 경우 내부의 토사가 솟아나 오는 현상

□□□ 기 10,13,16,23

77 표준관입시험(S.P.T) 결과 N치가 25이었고, 이때 채취한 교란시료로 입도시험을 한 결과 입자가 둥글고, 입도분포가 불량할 때 Dunham 공식에 의해서 구한 내부마찰각은?

① 32.3°
② 37.3°
③ 42.3°
④ 48.3°

해설 토립자가 둥글고 입도분포가 불량
$\phi = \sqrt{12N} + 15 = \sqrt{12 \times 25} + 15 = 32.3°$

□□□ 기 08,19,23

78 연약지반 개량공법 중에서 점성토지반에 쓰이는 공법은?

① 전기충격공법
② 폭파다짐공법
③ 생석회 말뚝공법
④ 바이브로 플로테이션 공법

해설

점성토 지반	사질토 지반
• 치환공법	• 다짐 말뚝공법
• Pre-loading공법	• Compozer공법
• Sand drain공법	• Vibro flotation공법
• Paper drain공법	• 폭파다짐공법
• 전기침투 공법	• 전기 충격공법
• 생석회 말뚝공법	• 약액 주입공법

□□□ 기 01,08,14,23

79 통일 분류법(統一分類法)에 의해 SP로 분류된 흙의 설명으로 옳은 것은?

① 모래질 실트를 말한다.
② 모래질 점토를 말한다.
③ 압축성이 큰 모래를 말한다.
④ 입도 분포가 나쁜 모래를 말한다.

해설 SP : 입도 분포가 불량한 모래(sand poor)
SM : 실트질 모래
SC : 점토질의 모래

□□□ 기 81,83,99,06,19,23

80 흙이 동상을 일으키기 위한 조건으로 가장 거리가 먼 것은?

① 아이스 렌즈를 형성하기 위한 충분한 물의 공급이 있을 것
② 양(+)이온을 다량 함유 할 것
③ 0℃ 이하의 온도가 오랫동안 지속될 것
④ 동상이 일어나기 쉬운 토질일 것

해설 동상을 일으키기 위한 조건
• 동상을 일어나기 쉬운 토질일 것
• 0℃ 이하의 온도가 오랫동안 지속될 것
• 아이스 렌즈를 형성하기 위한 충분한 물의 공급이 있을 것
• 동결심도 하단에서 지하수면까지의 거리가 모관 상승고보다 작을 것

국가기술자격 필기시험문제

2023년도 기사 4회 필기시험 (1부)

자격종목		시험시간	문제수	형 별	수험번호	성 명
건설재료시험기사 온라인TEST		2시간	80	A		

※ 각 문제는 4지 택일형으로 질문에 가장 적합한 문제의 보기 번호를 클릭하거나 답안표기란의 번호를 클릭하여 입력하시면 됩니다.
※ 입력된 답안은 문제 화면 또는 답안 표기란의 보기 번호를 클릭하여 변경하실 수 있습니다.

제1과목 : 콘크리트 공학

□□□ 기 16,23
01 수중콘크리트에 대한 설명으로 틀린 것은?

① 수중콘크리트를 시공할 때 시멘트가 물에 씻겨서 흘러나오지 않도록 트레미나 콘크리트펌프를 사용해서 타설하여야 한다.
② 수중콘크리트를 타설할 때 완전히 물막이를 할 수 없는 경우에도 유속은 50mm/s 이하로 하여야 한다.
③ 일반 수중콘크리트는 수중에서 시공할 때의 강도가 표준공시체 강도의 1.2~1.5배가 되도록 배합강도를 설정하여야 한다.
④ 수중콘크리트의 비비는 시간은 시험에 의해 콘크리트 소요의 품질을 확인하여 정하여야 하며, 강제식 믹서의 경우 비비기 시간은 90~180초를 표준으로 한다.

해설 일반 수중콘크리트는 수중에서 시공할 때의 강도가 표준공시체 강도의 0.6~0.8배가 되도록 배합강도를 설정하여야 한다.

□□□ 기 04,07,16,23
02 프리스트레스트 콘크리트에 대한 일반적인 설명으로 틀린 것은?

① 굵은 골재 최대 치수는 보통의 경우 40mm를 표준으로 한다.
② 프리스트레스트 콘크리트그라우트에 사용하는 혼화제는 블리딩 발생이 없는 타입의 사용을 표준으로 한다.
③ 그라우트되는 다수의 강선, 강연선 또는 강봉을 배치하기 위한 덕트는 내부 단면적이 긴장재 단면적의 2배 이상이어야 한다.
④ 프리텐션 방식에서 프리스트레싱할 때의 콘크리트의 압축강도는 30MPa 이상이어야 한다.

해설 PSC에서 굵은 골재의 최대 치수
 · 굵은 골재 최대치수는 보통의 경우 25mm를 표준으로 한다.
 · 부재치수, 철근간격, 펌프압송 등의 사정에 따라 20mm를 사용할 수도 있다.

□□□ 기 99,03,07,18,23
03 콘크리트의 타설에 대한 설명으로 틀린 것은?

① 타설한 콘크리트를 거푸집 안에서 횡방향으로 이동시켜서는 안 된다.
② 콘크리트는 그 표면이 한 구획 내에서는 거의 수평이 되도록 타설하는 것을 원칙으로 한다.
③ 거푸집의 높이가 높아 슈트 등을 사용하는 경우 배출구와 타설 면까지의 높이는 1.5m 이하를 원칙으로 한다.
④ 콘크리트를 2층 이상으로 나누어 타설할 경우, 상층의 콘크리트 타설은 하층의 콘크리트가 굳은 후 해야 한다.

해설 콘크리트를 2층 이상으로 나누어 타설할 경우, 상층의 콘크리트 타설은 원칙적으로 하층의 콘크리트가 굳기 시작하기 전에 해야 한다.

□□□ 기 03,06,17,23
04 콘크리트의 균열은 재료, 시공, 설계 및 환경 등 여러 가지 요인에 의해 발생한다. 다음 중 재료적 요인과 가장 관련이 많은 균열현상은?

① 알칼리골재반응에 의한 거북등 형상의 균열
② 온도변화, 화학작용 및 동결융해 현상에 의한 균열
③ 콘크리트 피복두께 및 철근의 정착길이 부족에 의한 균열
④ 재료분리, 콜드조인트(cold joint) 발생에 의한 균열

해설 포틀랜드 시멘트 속의 알칼리 성분이 골재 중에 있는 실리카와 화학 반응하여 콘크리트가 과도하게 팽창함으로써 콘크리트에 균열을 발생시키는 알칼리 골재 반응에 의해 콘크리트에 거북등 현상의 균열을 발생시킨다.

□□□ 기 01,05,14,15,19,23
05 유동화 콘크리트의 슬럼프 증가량은 몇 mm 이하를 원칙으로 하는가?

① 50mm ② 80mm
③ 100mm ④ 120mm

해설 유동화 콘크리트의 슬럼프 증가량은 100mm 이하를 원칙으로 한다.

□□□ 기 08,17,23

06 포스트텐션 방식의 프리스트레스트 콘크리트에서 긴장재의 정착장치로 일반적으로 사용되는 방법이 아닌 것은?

① PS강봉을 갈고리로 만들어 정착시키는 방법
② 반지름 방향 또는 원주 방향의 쐐기 작용을 이용한 방법
③ PS강봉의 단부에 나사 전조가공을 하여 너트로 정착하는 방법
④ PS강봉의 단부에 헤딩(heading)가공을 하여 가공된 강재 머리에 의하여 정착하는 방법

해설 포스트텐션방식에 사용되고 있는 긴장재의 정착 장치
· 반지름 방향 또는 원주 방향의 쐐기 작용을 이용한 방법
· PS강선 또는 PS강봉의 단부에 나사 전조가공을 하여 너트로 정착하는 방법
· PS강선 또는 PS강봉의 단부에 헤딩(heading)가공을 하여 가공된 강재 머리에 의하여 정착하는 방법
· PS스트랜드의 슬리브의 외측에 나사를 깎아서 너트로 정착하는 방법

□□□ 기 03,05,14,19,23

07 섬유보강 콘크리트에 대한 설명으로 틀린 것은?

① 섬유보강 콘크리트는 콘크리트의 인장강도와 균열에 대한 저항성을 높인 콘크리트이다.
② 믹서는 섬유를 콘크리트 속에 균일하게 분산시킬 수 있는 가경식 믹서를 사용하는 것을 원칙으로 한다.
③ 섬유보강 콘크리트에 사용하는 섬유는 섬유와 시멘트 결합재 사이의 부착성이 양호하고, 섬유의 인장강도가 커야 한다.
④ 시멘트계 복합재료용 섬유는 강섬유, 유리섬유, 탄소섬유 등의 무기계 섬유와 아라미드섬유, 비닐론섬유 등의 유기계 섬유로 분류한다.

해설 섬유가 혼입되면 보통의 콘크리트보다 큰 에너지로 비빌 필요가 있기 때문에 믹서는 강제식 믹서를 사용하는 것을 원칙으로 한다.

□□□ 기 01,04,06,11,14,15,19,23

08 시멘트의 수화반응에 의해 생성된 수산화칼슘이 대기 중의 이산화탄소와 반응하여 콘크리트의 성능을 저하시키는 현상을 무엇이라고 하는가?

① 염해　　　　　　② 동결융해
③ 탄산화　　　　　④ 알칼리－골재반응

해설 콘크리트에 포함된 수산화칼슘($Ca(OH)_2$)이 공기 중의 탄산가스(CO_2)와 반응하여 수산화칼슘이 소비되어 알칼리성을 잃는 현상이 탄산화 현상이므로 콘크리트가 탄산화 되면 철근의 보호막이 파괴되어 부식되기 쉽다.

□□□ 기 12,13,15,17,20,23

09 콘크리트의 받아들이기 품질검사에 대한 설명으로 틀린 것은?

① 콘크리트의 받아들이기 검사는 콘크리트가 타설된 이후에 실시하는 것을 원칙으로 한다.
② 굳지 않은 콘크리트의 상태는 외관 관찰에 의하며, 콘크리트 타설 개시 및 타설 중 수시로 검사하여야 한다.
③ 바다 잔골재를 사용한 콘크리트의 염소이온량은 1일에 2회 시험하여야 한다.
④ 강도검사는 콘크리트의 배합검사를 실시하는 것을 표준으로 한다.

해설 콘크리트의 받아들이기 검사는 콘크리트를 타설하기 전에 실시하여야 한다.

□□□ 기 17,23

10 아래의 표에서 설명하는 워커빌리티(반죽질기)의 측정 방법은?

> · 실험실 내에서 행해지는 실험으로 충격을 받은 콘크리트 덩어리의 퍼짐 정도를 측정한다.
> · 이 시험에서 가장 잘 측정되는 것은 분리저항성에 관한 성질이지만, 부배합이나 점성이 높은 콘크리트의 유동성을 측정하는 것에도 적용되고 있다.

① 슬럼프 시험(slump test)
② 구 관입시험(Kelly ball test)
③ 흐름 시험(flow test)
④ 블리딩 시험(bleeding test)

해설 흐름시험(flow test)에 대한 설명이다.

□□□ 기 09,13,18,23

11 콘크리트의 다지기에서 내부진동기를 사용하여 다짐하는 방법에 대한 설명으로 옳지 않은 것은?

① 진동다지기를 할 때에는 내부진동기를 하층의 콘크리트 속으로 0.1m 정도 찔러 넣는다.
② 1개소당 진동시간은 다짐할 때 시멘트 페이스트가 표면 상부로 약간 부상하기까지 한다.
③ 내부진동기의 삽입간격은 일반적으로 1m 이상으로 하는 것이 좋다.
④ 내부진동기는 콘크리트를 횡방향으로 이동시킬 목적으로 사용해서는 안된다.

해설 내부 진동기의 찔러 넣는 간격은 진동이 유효하다고 인정되는 범위의 지름 이하인 0.50m 이하로 하는 것이 좋다.

12 결합재로 시멘트와 시멘트 혼화용 폴리머(또는 폴리머 혼화제)를 사용한 콘크리트는?

① 폴리머 시멘트 콘크리트 ② 폴리머 함침 콘크리트
③ 폴리머 콘크리트 ④ 레진 콘크리트

해설 ・폴리머 시멘트 콘크리트 : 결합재로 시멘트와 시멘트 혼화용 폴리머(또는 폴리머 혼화제)를 사용한 콘크리트
・폴리머 함침 콘크리트 : 시멘트계의 재료를 건조시켜 미세한 공극에 액상 모노머를 함침 및 중합시켜 일체화 시켜 만든 것
・폴리머 콘크리트 : 결합재로서 시멘트와 같은 무기질 시멘트를 전혀 사용치 않고 폴리머만으로 골재를 결합시켜 콘크리트를 제조한 것을 레진 콘크리트 또는 폴리머 콘크리트라 한다.

13 콘크리트 구조물의 전자파레이더법에 의한 비파괴시험에서 진공중에서 전자파의 속도를 C, 콘크리트의 비유전율을 ϵ_r이라 할 때 콘크리트내의 전자파의 속도 V를 구하는 식으로 옳은 것은?

① $V = C \cdot \epsilon_r \,(\text{m/s})$ ② $V = C/\epsilon_r \,(\text{m/s})$
③ $V = C \cdot \sqrt{\epsilon_r} \,(\text{m/s})$ ④ $V = C/\sqrt{\epsilon_r} \,(\text{m/s})$

해설 콘크리트 내의 전자파 속도
$$V = C/\sqrt{\epsilon_r} \,(\text{m/s})$$

14 다음 중 콘크리트의 작업성(workability)을 증진시키기 위한 방법으로서 적당하지 않은 것은?

① 입도나 입형이 좋은 골재를 사용한다.
② 일반적으로 콘크리트 반죽의 온도상승을 막아야 한다.
③ 일정한 슬럼프의 범위에서 시멘트량을 줄인다.
④ 혼화재료로서 AE제나 분산제를 사용한다.

해설 단위 시멘트량이 큰 부배합이 빈배합보다 워커블하며 성형성이 좋다.

15 비벼진 콘크리트는 현장의 거푸집까지 운반하는 방법이 아닌 것은?

① 슈트 ② 드래그라인
③ 벨트 컨베이어 ④ 콘크리트 펌프

해설 ・슈트 : 원칙적으로 연직 슈트를 사용하여 콘크리트를 운반한다.
・벨트 컨베이어 : 콘크리트를 연속적으로 운반하는데 편하다.
・콘크리트 펌프 : 콘크리트를 압송하여 운반하는 방법이다.
・드래그라인 : 넓은 범위의 굴착에 적합한 기계이다.

16 철근이 배치된 매스 콘크리트의 일반적인 구조물의 표준적인 온도균열지수의 값 중 균열 발생을 방지하여야 할 경우의 값으로 옳은 것은?

① 1.5 이상 ② 1.2~1.5
③ 0.7~1.2 ④ 0.7 이하

해설 온도균열제어 수준에 따른 온도균열지수

온도균열제어 지수	온도균열지수
・균열발생을 방지해야 할 경우	1.5 이상
・균열발생을 제한할 경우	1.2~1.5 미만
・유해한 균열발생을 제한할 경우	0.7~1.2 미만

17 콘크리트의 초기균열 중 콘크리트 표면수의 증발속도가 블리딩 속도보다 빠른 경우와 같이 급속한 수분 증발이 일어나는 경우 발생하기 쉬운 균열은?

① 거푸집 변형에 의한 균열 ② 침하수축균열
③ 소성수축균열 ④ 건조수축균열

해설 소성 수축균열(플라스틱 수축 균열)
콘크리트를 칠 때 또는 친 직후 표면에서의 급속한 수분의 증발로 인하여 수분이 증발되는 속도가 콘크리트 표면의 블리딩 속도보다 빨라질 때 콘크리트 표면에 생기는 미세한 균열을 말한다.

18 급속 동결융해에 대한 콘크리트의 저항시험방법에서 동결융해 1사이클의 소요시간으로 옳은 것은?

① 1시간 이상, 2시간 이하로 한다.
② 2시간 이상, 4시간 이하로 한다.
③ 4시간 이상, 5시간 이하로 한다.
④ 5시간 이상, 7시간 이하로 한다.

해설 급속 동결융해에 대한 콘크리트의 저항시험방법에서 동결융해 1사이클의 소요시간은 2시간 이상, 4시간 이하로 한다.

19 콘크리트를 거푸집에 타설한 후부터 응결이 종료할 때까지 발생하는 균열을 초기 균열이라고 한다. 다음 중 초기 균열을 올바르게 묶은 것은?

① 침하 수축 균열 - 온도 균열
② 침하 수축 균열 - 플라스틱 수축 균열
③ 플라스틱 수축 균열 - 온도 균열
④ 플라스틱 수축 균열 - 건조 수축 균열

해설 초기균열에는 콘크리트의 타설 후 콘크리트의 부등침하에 의하여 생기는 침하 수축균열과 표면의 급속건조에 의하여 생기는 플라스틱 수축균열이 있다.

□□□ 기 01,04,06,11,14,15,19,23

20 고압증기양생을 실시한 콘크리트의 특징에 대한 설명으로 틀린 것은?

① 고압증기양생을 실시한 콘크리트는 용해성의 유리석회가 없기 때문에 백태현상을 감소시킨다.

② 외관은 보통 양생한 포틀랜드시멘트 콘크리트색의 특징과 다르며, 주로 흰색을 띤다.

③ 보통양생한 콘크리트에 비해 철근의 부착강도가 증가된다.

④ 고압증기양생한 콘크리트는 어느 정도의 취성을 가진다.

해설 고압증기 양생한 콘크리트는 보통 양생한 것에 비해 철근의 부착 강도가 약 1/2이 되므로 철근콘크리트 부재에 적용하는 것은 바람직하지 못하다.

제2과목 : 건설시공 및 관리

□□□ 기 02,05,12,13,14,23

21 토공을 위하여 성토량 140m³ 이 필요하다. 인근 절토 현장에서 굴착하여 운반해 오려고 할 때 굴착토량(본바닥토량) 및 운반토량은? (단, $L=1.2$, $C=0.9$이다.)

① 굴착토량(본바닥 토량) : 155.6m³, 운반토량 : 186.7m³

② 굴착토량(본바닥 토량) : 186.7m³, 운반토량 : 155.6m³

③ 굴착토량(본바닥 토량) : 116.7m³, 운반토량 : 140.0m³

④ 굴착토량(본바닥 토량) : 140.0m³, 운반토량 : 116.7m³

해설 · 굴착 토량 : 성토 토량 $\times \dfrac{1}{C} = 140 \times \dfrac{1}{0.9} = 155.6\,\text{m}^3$

· 운반 토량 : 성토 토량 $\times \dfrac{L}{C} = 140 \times \dfrac{1.2}{0.9} = 186.7\,\text{m}^3$

□□□ 기 99,00,01,12,13,15,23

22 다음 중 터널공사에서 이상지압 원인으로 거리가 먼 것은?

① 편압   ② 본바닥 팽창

③ 잠재응력 해방   ④ 토압

해설 터널의 이상 지압

이상지압	원인
편압	· 터널의 흙 피복이 얇거나 지형이 급경사인 경우에 발생
본바닥의 팽창	· 지질이 벤토나이트 연암, 사문암 등인 경우 급속하게 풍화되어 생긴다.
잠재응력의 해방	· 지압이 과대하고 터널 내부응력이 작은 경우에 터널 내벽의 경암이 돌연 압출되어 붕괴되는 현상

□□□ 기 07,14,15,22,23

23 전장비 중량 22t, 접지장 270cm, 캐터필러폭 55cm, 캐터필러의 중심거리가 2m일 때 불도저의 접지압은 얼마인가?

① 0.37kg/cm²   ② 0.74kg/cm²

③ 1.11kg/cm²   ④ 2.96kg/cm²

해설 · 접지압 : 지면에 주어지는 평균압력

· 접지압 $= \dfrac{\text{전장비 중량}}{\text{접지면적}(2 \times \text{캐터필러폭} \times \text{접지장})}$

$= \dfrac{22,000}{2 \times 55 \times 270}$

$= 0.74\,\text{kg/cm}^2$

□□□ 기 05,08,14,23

24 10,000m³(자연 상태)의 사질토를 4m³의 덤프트럭으로 운반하려고 한다. 필요한 트럭의 대수는? (단, 사질토의 토량 변화율 $L=1.25$, $C=0.88$)

① 3,125대   ② 2,200대

③ 2,841대   ④ 2,000대

해설 운반 토량 = 자연 상태 $\times L = 10,000 \times 1.25 = 12,500\,\text{m}^3$

∴ 트럭 대수 $N = \dfrac{\text{운반 토량}}{\text{적재량}} = \dfrac{12,500}{4} = 3,125$대

□□□ 기 02,03,04,07,11,14,17,20,23

25 폭우 시 옹벽 배면의 흙은 다량의 물을 함유하게 되는데 뒷채움 토사에 배수 시설이 불량할 경우 침투수가 옹벽에 미치는 영향에 대한 설명으로 틀린 것은?

① 포화 또는 부분포화에 의한 흙의 무게 증가

② 활동면에서의 양압력 발생

③ 수동저항(passive resistance)의 증가

④ 옹벽저면에 대한 양압력 발생으로 안정성 감소

해설 흙은 젖으면 유동상태가 되어서 전단력이 약해진다. 옹벽 앞뒷면 흙이 젖게 되면 주동토압이 커지고 수동토압은 작아져 수평 저항력은 감소된다.

□□□ 기 04,06,12,15,18,20,23

26 교대에서 날개벽(Wing)의 역할로 가장 적당한 것은?

① 배면(背面)토사를 보호하고 교대 부근의 세굴을 방지한다.

② 교대의 하중을 부담한다.

③ 유량을 경감하여 토사의 퇴적을 촉진시킨다.

④ 교량의 상부구조를 지지한다.

해설 날개벽(wing) : 배면토사를 보호하고 교대 부근의 세굴방지 목적으로 구체에서 직각으로 고정하여 설치한다.

27 아래의 표에서 설명하는 준설선은?

> 준설능력이 크므로 비교적 대규모 준설현장에 적합하며 경토질의 준설이 가능하고, 다른 준설선보다 비교적 준설면을 평탄하게 시공할 수 있다.

① 디퍼 준설선 ② 버킷 준설선
③ 쇄암선 ④ 그래브 준설선

해설 버킷 준설선 : 준설능력이 크고 대규모 공사에 적합하여 비교적 넓은 면적의 토질 준설에 알맞고 선(船)형에 따라 경질토 준설도 가능한 준설선

28 특수제작된 거푸집을 이동시키면서 진행방향으로 슬래브를 타설하는 공법이며, 유압잭을 이용하여 전·후진의 구동이 가능하며 main girder 및 form work를 상하좌우로 조절 가능한 기계화된 교량가설공법은?

① MSS 공법 ② ILM 공법
③ FCM 공법 ④ Dywidag 공법

해설 · Dywidag공법 : 가설 작업차를 사용하여 거푸집을 조립하고 현장에서 콘크리트를 쳐서 차례로 캔틸레버식으로 교량을 완성시키는 방법
· 연속압출공법(ILM) : 시공부위의 모멘트 감소를 위해 steel noss (추진코)사용하여 시공하는 방법
· 외팔보공법(FCM) : 세그먼트 제작에 필요한 모든 장비를 갖춘 이동식 작업차를 이용하여 시공해 나가는 공법

29 댐의 기초 암반의 변형성이나 강도를 개량하여 균일성을 주기 위하여 기초 전반에 걸쳐 격자형으로 그라우팅을 하는 것은?

① 압밀(consolidation) 그라우팅
② 커튼(curtain) 그라우팅
③ 블래킷(blanket) 그라우팅
④ 림(rim) 그라우팅

해설 · 압밀(consolidation) 그라우팅 : 기초 암반의 변형성 억제, 강도 증대를 위하여 지반을 개량하는데 목적
· 커튼(curtain) 그라우팅 : 기초 암반에 침투하는 물을 방지하는 지수 목적
· 블래킷(blanket) 그라우팅 : 필댐의 비교적 얕은 기초지반 및 차수영역과 기초지반 접촉부의 차수성을 개량할 목적으로 실시
· 림(rim) 그라우팅 : 댐의 취수부 또는 전 저수지에 걸쳐 댐 주변의 저수를 목적으로 실시

30 터널 굴착 방식인 NATM의 시공순서로 올바르게 된 것은?

① 발파→천공→록 볼트→숏크리트→버력 처리→환기
② 발파→천공→숏크리트→록 볼트→버력 처리→환기
③ 천공→발파→환기→버력 처리→숏크리트→록 볼트
④ 천공→버력 처리→발파→환기→록 볼트→숏크리트

해설 천공→발파→환기→버력 처리→막장정리→숏크리트→록 볼트→계기 측정

31 말뚝의 지지력을 결정하기 위한 방법 중에서 가장 정확한 것은?

① 말뚝재하시험
② 동역학적공식
③ 정역학적공식
④ 허용지지력 표로서 구하는 방법

해설 말뚝의 재하 시험 : 지지력을 산정하는데 가장 확실한 방법이지만 상당한 시일과 비용이 필요하므로 대규모 공사에 바람직하다.

32 다짐유효 깊이가 크고 흙덩어리를 분쇄하여 토립자를 이동 혼합하는 효과가 있어 함수비 조절 및 함수비가 높은 점토질의 다짐에 유리한 다짐기계는?

① 탬핑 롤러 ② 진동 롤러
③ 타이어 롤러 ④ 머캐덤 롤러

해설 탬핑 롤러 : 다짐 유효 깊이가 크고 함수비의 조절도 되고 함수비가 높은 점질토의 다짐에 대단히 유효하다.

33 교량 가설공법 중 압출공법(ILM)의 특징을 설명한 것으로 틀린 것은?

① 비계작업 없이 시공할 수 있으므로 계곡 등과 같은 교량 밑의 장해물에 관계없이 시공할 수 있다.
② 기하학적인 형상에 적용이 용이하므로 곡선교 및 곡선의 변화가 많은 교량의 시공에 적합하다.
③ 대형 크레인 등 거치장비가 필요 없다.
④ 몰드 및 추진성에 제한이 있어 상부 구조물의 횡단면과 두께가 일정해야 한다.

해설 연속압출공법(ILM)의 단점
· 교량 선형의 제한성(직선 및 동일 평면 곡선의 교량)
· 상부 구조물의 횡단면이 일정하여야 한다.

□□□ 기 09,13,18,23

34 지중연속벽 공법에 대한 설명으로 틀린 것은?

① 주변 지반의 침하를 방지할 수 있다.
② 시공 시 소음, 진동이 크다.
③ 벽체의 강성이 높고 지수성이 좋다.
④ 큰 지지력을 얻을 수 있다.

해설 지중연속벽공법의 장점
· 소음진동이 적어 도심지공사에 적합하다.
· 영구구조물로 이용된다.
· 토지경계선까지 시공이 가능하다.
· 벽체의 강성이 높고, 지수성이 좋다.
· 최대 100m 이상 깊이 까지 시공 가능하다.
· 암반을 포함한 대부분의 지반에서 시공가능하다.

□□□ 기 11,18,22,23

35 아래에서 설명하는 심빼기 발파공은?

> 버력이 너무 비산하지 않는 심빼기에 유효하며, 특히
> 용수가 많을 때 편리하다.

① 노 컷   ② 벤치 컷
③ 스윙 컷   ④ 피라미드 컷

해설 스윙 컷 : 수직갱의 바닥에 물이 많이 고였을 때 우선 밑면의 반만
큼 발파시켜 놓고 물이 거기에 집중한 다음에 물이 없는 부분을 발파
하는 방법

□□□ 기 92,19,23

36 다짐공법에서 물다짐공법에 적합한 흙은 어느 것인가?

① 점토질 흙   ② 롬(loam)질 흙
③ 실트질 흙   ④ 모래질 흙

해설 물다짐 공법은 하해, 호수에서 펌프로 관내에 물을 압입하여 큰
수두를 가진 노즐의 분출로 깎은 흙을 함유시켜 송니관으로 운송하
는 성토공법으로 사질토(모래질)인 경우에 좋다.

□□□ 기 95,19,23

37 시료의 평균값이 279.1, 범위의 평균값이 56.32, 군의 크기에 따라 정하는 계수가 0.73일 때 상부관리 한계선 (UCL) 값은?

① 316.0   ② 320.2
③ 338.0   ④ 342.1

해설 $\mathrm{UCL} = \bar{\mathrm{x}} + A_2\bar{R}$
$= 279.1 + 0.73 \times 56.32 = 320.21$

□□□ 기 04,08,19,23

38 다음 조건일 때 트랙터 셔블(Tractor shovel) 운전 1시간당 싣기 작업량은? (단, 버킷 용량 1.0m³, 버킷 계수 1.0, 사이클 타임 50초, $f=1.0$, $E=0.75$)

① 125m³/h   ② 90m³/h
③ 54m³/h   ④ 40m³/h

해설 $Q = \dfrac{3,600 \times q \times k \times f \times E}{C_m}$
$= \dfrac{3,600 \times 1.0 \times 1.0 \times 1 \times 0.75}{50} = 54\mathrm{m}^3/\mathrm{h}$

□□□ 기 14,20,23

39 아래 그림과 같은 네트워크 공정표에서 전체 공기는?

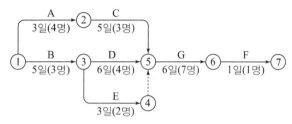

① 12일   ② 15일
③ 18일   ④ 21일

해설 공기계산

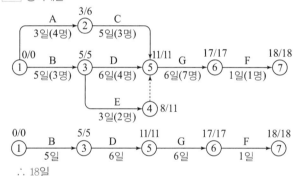

∴ 18일

□□□ 기 04,08,20,23

40 셔블계 굴삭기 가운데 수중작업에 많이 쓰이며, 협소한 장소의 깊은 굴착에 가장 적합한 건설기계는?

① 클램셸   ② 파워셔블
③ 어스드릴   ④ 파일드라이브

해설 크램셸
우물통 기초와 같은 좁은 곳과 깊은 곳을 굴착하는데 적합

제3과목 : 건설재료 및 시험

□□□ 기 01,10,23
41 폭파력이 가장 강하고 수중에서도 폭발할 수 있는 폭약은 다음 중 어느 것인가?

① 스트레이트 다이너마이트
② 교질 다이너마이트
③ 분상 다이너마이트
④ 규조토 다이너마이트

해설 교질 다이너마이트 : 폭약 중에서 폭발력이 가장 강하며 터널과 암석 발파에 주로 사용하고 수중용으로도 많이 사용한다.

□□□ 기 07,14,23
42 콘크리트용 혼화재료에 의한 포졸란 반응이 콘크리트의 성질에 미치는 영향에 대한 설명으로 틀린 것은?

① 포졸란 반응은 시멘트 수화반응에 비해 늦어 콘크리트의 초기수화열이 저감된다.
② 포졸란 반응에 의해 모세관 공극이 효과적으로 채워져 콘크리트의 수밀성이 향상된다.
③ 포졸란 반응에 의해 염분의 침투를 막을 수 있어 콘크리트의 내염성이 향상된다.
④ 포졸란 반응은 시멘트에서 생성되는 수산화칼슘을 소모하기 때문에 콘크리트의 탄산화 억제효과가 있다.

해설 고로 슬래그 미분말을 사용한 콘크리트는 시멘트 수화시에 발생하는 수산화칼슘과 고로슬래그 성분이 반응하여 콘크리트의 알칼리성이 다소 저하되기 때문에 콘크리트의 탄산화가 빠르게 진행된다.

□□□ 기 12,15,23
43 다음은 재료의 역학적 성질에 대한 설명이다. 옳게 연결된 것은?

① 경도 – 하중이 작용할 때 그 하중에 저항하는 재료의 능력
② 연성 – 하중을 받으면 작은 변형에서도 갑작스런 파괴가 일어나는 성질
③ 소성 – 하중을 받아 변형된 재료가 하중이 제거 되었을 때 다시 원래대로 돌아가려는 성질
④ 포아송(Poisson) 효과 – 재료가 하중을 받았을 때 변형이 일어남과 동시에 이와 직각방향으로도 함께 변형이 일어나는 현상

해설 ・경도(硬度) : 재료의 긁기, 절단, 마모 등에 대한 저항하는 성질
・연성(延性) : 재료에 인장력을 주어 가늘고 길게 늘어나는 성질
・소성 : 하중을 받아 변형된 재료가 하중이 제거되어도 다시 원래대로 돌아가지 않은 성질

□□□ 기 15,23
44 금속재료에 대한 설명으로 틀린 것은?

① 알루미늄은 비금속재료이다.
② 금속재료는 열전도율이 크다.
③ 금속재료는 내식성이 크다.
④ 주철은 금속재료이다.

해설 금속재료 : 철근 금속 재료(강, 주철), 구리, 알루미늄, 주석 등
비금속 재료 : 석재, 골재, 점토 제품, 시멘트 및 혼화재료

□□□ 기 02,09,13,15,23
45 화강암의 일반적인 특징에 대한 설명으로 틀린 것은?

① 조직이 균일하고 내구성 및 강도가 크다.
② 내화성이 풍부하여 내화구조물용으로 적당하다.
③ 경도 및 자중이 커서 가공 및 시공이 어렵다.
④ 균열이 적기 때문에 큰 재료를 채취할 수 있다.

해설 화강암의 특징
・석질이 균일하고 내구성 및 강도가 크다.
・외관이 아름답기 때문에 장식재로 쓸 수 있다.
・내화성이 적어 고열을 받는 곳에는 적당치 못하다.
・경도 및 자중이 커서 가공 및 시공이 곤란하다.

□□□ 기 13,16,23
46 단위용적질량이 1.68kg/L인 굵은 골재의 표건밀도가 2.81kg/L이고, 흡수율이 6%인 경우 이 골재의 공극률은?

① 36.6%
② 40.2%
③ 51.6%
④ 59.8%

해설 ・실적률 $= \dfrac{골재의\ 단위용적질량}{골재의\ 표건밀도}(100 + 골재의\ 흡수율)$

$= \dfrac{1.68}{2.81}(100 + 6) = 63.4\%$

・공극률 $= 100 -$ 실적률
$= 100 - 63.4 = 36.6\%$

□□□ 기 16,23
47 어떤 재료의 포아송 비가 1/3이고, 탄성계수는 2×10^5 MPa일 때 전단 탄성계수는?

① 25,600MPa
② 75,000MPa
③ 544,000MPa
④ 229,500MPa

해설 전단탄성계수 $G = \dfrac{E}{2(1+\nu)}$

$= \dfrac{200,000}{2\left(1+\dfrac{1}{3}\right)} = 75,000\,\text{MPa}$

□□□ 기 12,15,17,23

48 토목섬유(Geosynthetics)의 기능과 관련된 용어 중 아래의 표에서 설명하는 기능은?

> 지오텍스타일이나 관련제품을 이용하여 인접한 다른 흙이나 채움재가 서로 섞이지 않도록 방지함

① 배수기능   ② 보강기능
③ 여과기능   ④ 분리기능

해설 Geosynthetics의 기능
· 배수기능
· 여과기능
· 보강기능
· 분리기능 : 지오텍스타일이나 관련제품을 이용하여 인접한 다른 흙이나 채움재가 서로 섞이지 않도록 방지하는 기능
· 방수 및 차단 기능 : 댐의 상류층이나 제방에 물의 침투를 막거나 지하철, 터널, 쓰레기 매립장 등에서 방수 목적으로 사용된다.

□□□ 기 16,18,23

49 콘크리트용 화학혼화제의 품질시험 항목이 아닌 것은?

① 침입도 지수(PI)   ② 감수율(%)
③ 응결시간의 차(mm)   ④ 압축강도비(%)

해설 콘크리트용 화학 혼화제의 품질 항목

품질항목		AE제
감수율(%)		6 이상
블리딩양의 비(%)		75 이하
응결시간의 차(분)(초결)	초결	$-60 \sim +60$
	종결	$-60 \sim +60$
압축강도의 비(%)(28일)		90 이상
길이 변화비(%)		120 이하
동결융해에 대한 저항성 (상대 동탄성계수)(%)		80 이상

□□□ 기 17,23

50 콘크리트용 잔골재의 유해물 함유량의 한도(질량 백분율)에 대한 설명으로 틀린 것은?

① 점토 덩어리는 최대 1.0% 이하이어야 한다.
② 염화물(NaCl 환산량)은 최대 0.4% 이하이어야 한다.
③ 콘크리트의 표면이 마모작용을 받는 경우 0.08mm체 통과량은 최대 3.0% 이하이어야 한다.
④ 콘크리트의 외관이 중요한 경우 석탄, 갈탄 등으로 밀도 $2g/cm^3$의 액체에 뜨는 것은 최대 0.5% 이하이어야 한다.

해설 염화물(NaCl 환산량)은 최대 0.04% 이하이어야 한다.

□□□ 기 01,06,08,12,13,18,19,23

51 골재의 조립률이 6.6인 골재와 5.8인 골재 2종류의 굵은 골재를 중량비 8 : 2로 혼합한 혼합골재의 조립률로 옳은 것은?

① 6.24   ② 6.34
③ 6.44   ④ 6.54

해설 $F_a = \dfrac{m}{m+n} \times F_s + \dfrac{n}{m+n} \times F_g$

$= \dfrac{8}{8+2} \times 6.6 + \dfrac{2}{8+2} \times 5.8 = 6.44$

□□□ 기 13,18,23

52 콘크리트용으로 사용하는 골재의 물리적 성질은 KS F 2527(콘크리트용 골재)의 규정에 적합하여야 한다. 다음 중 부순 잔골재의 품질을 위한 시험항목이 아닌 것은?

① 안정성   ② 마모율
③ 절대건조밀도   ④ 입형판정 실적률

해설 골재의 물리적 성질

구 분		기호	절대 건조 밀도 g/cm³	흡수율 %	안정성 %	마모율 %	입자 모양 판정 실적률 %
천연 골재	굵은 골재	NG	2.5 이상	3.0 이하	12 이하	40 이하	
	잔 골재	NS	2.5 이상	3.0 이하	10 이하		
부순 골재	굵은 골재	CG	2.5 이상	3.0 이하	12 이하	40 이하	55 이상
	잔 골재	CS	2.5 이상	3.0 이하	10 이하		53 이상

□□□ 기 93,00,02,08,14,15,16,23

53 목재의 건조방법 중 인공건조법이 아닌 것은?

① 끓임법(자비법)   ② 열기건조법
③ 공기건조법   ④ 증기건조법

해설 · 자연 건조법 : 공기 건조법, 침수법(수침법)
· 인공 건조법 : 끓임법(자비법), 증기 건조법, 열기 건조법, 훈연 건조법, 전기건조법, 진공건조법, 고주파건조법

□□□ 기 99,02,06,14,23

54 고무 혼입아스팔트의 성질에 대한 설명으로 틀린 것은?

① 감온성이 작다.   ② 응집력이 크다.
③ 충격저항성이 크다.   ④ 탄성이 작다.

해설 탄성 및 충격저항이 크다.

55 강(鋼)의 조직을 미세화하고 균질의 조직으로 만들며 강의 내부 변형 및 응력을 제거하기 위하여 변태점 이상의 높은 온도로 가열한 후 대기 중에서 냉각시키는 열처리 방법은?

① 불림(normalizing)　　② 풀림(annealing)
③ 뜨임질(tempering)　　④ 담금질(quenching)

해설 불림 : 대기 중에서 냉각시켜 강의 조직을 미립화하고 균질의 조직으로 만든다.

56 주로 화성암에 많이 생기는 절리(joint)로 돌기둥을 배열한 것 같은 모양의 절리를 무엇이라 하는가?

① 주상절리　　　　　　② 구상절리
③ 불규칙 다면괴상절리　④ 판상절리

해설 절리의 분류
· 주상 절리 : 돌기둥을 배열한 것 같은 모양으로 주로 화성암에 많이 생긴다.
· 구상 절리 : 암석의 노출부가 양파모양으로 되어 있는 절리이다.
· 불규칙 다면괴상절리 : 암석의 생성시에 냉각으로 인해 생기는 불규칙한 절리이다.
· 판상 절리 : 판자를 겹쳐 놓은 모양으로 수성암, 안산암 등에 생긴다.

57 길이가 15cm인 어떤 금속을 17cm로 인장시켰을 때 폭이 6cm에서 5.8cm가 되었다. 이 금속의 푸아송 비는?

① 0.15　　　　　　　　② 0.20
③ 0.25　　　　　　　　④ 0.30

해설 포아송비 $\nu = \dfrac{\beta}{\epsilon} = \dfrac{\dfrac{\Delta d}{d}}{\dfrac{\Delta l}{l}} = \dfrac{\Delta d \cdot l}{\Delta l \cdot d}$

$= \dfrac{(6-5.8) \times 15}{(17-15) \times 6} = 0.25$

58 분말도가 큰 시멘트의 성질에 대한 설명으로 옳은 것은?

① 응결이 늦고 발열량이 많아진다.
② 초기 강도는 작으나 장기 강도의 증진이 크다.
③ 물에 접촉하는 면적이 커서 수화작용이 늦다.
④ 워커빌리티(workability)가 좋은 콘크리트를 얻을 수 있다.

해설 분말도가 큰 시멘트는 블리딩이 적고 시멘트의 워커빌리티가 좋아진다.

59 포졸란(pozzolan)을 사용한 콘크리트 성질에 대한 설명으로 틀린 것은?

① 수밀성이 크고 발열량이 적다.
② 해수 등에 대한 화학적 저항성이 크다.
③ 강도의 증진이 빠르고 초기강도가 크다.
④ 워커빌리티 및 피니셔빌리티가 좋다.

해설 포졸란은 발열량이 적어 초기강도가 작고 장기강도, 수밀성 및 화학저항성이 크다.

60 일반적으로 포장용 타르로 가장 많이 사용되는 것은?

① 피치　　　　　　　　② 잔류타르
③ 컷백타르　　　　　　④ 혼성타르

해설 일반적으로 컷백타르가 포장용 타르로 널리 사용되고 있다.

제4과목 : 토질 및 기초

61 흐트러지지 않은 연약한 점토시료를 채취하여 일축압축시험을 실시하였다. 공시체의 직경이 35mm, 높이가 80mm이고 파괴시의 하중계의 읽음값이 20N, 축방향의 변형량이 12mm일 때 이 시료의 전단강도는?

① 4kN/m²　　　　　　② 6kN/m²
③ 9kN/m²　　　　　　④ 10kN/m²

해설 · $A = \dfrac{A_o}{1 - \dfrac{\Delta h}{h}} = \dfrac{\dfrac{\pi \times 35^2}{4}}{1 - \dfrac{12}{80}} = 1131.9 \text{mm}^2$

· $q_u = \dfrac{P}{A} = \dfrac{20}{1,131.9} = 0.01767 \text{N/mm}^2$

∴ 전단 강도 $S = \dfrac{q_u}{2} = \dfrac{0.0176}{2}$
$= 0.009 \text{N/mm}^2 = 0.009 \text{MPa} = 9 \text{kN/m}^2$

62 $\phi = 33°$인 사질토에 25° 경사의 사면을 조성하려고 한다. 이 비탈면의 지표까지 포화되었을 때 안전율을 계산하면? (단, 사면흙의 $\gamma_{sat} = 18 \text{kN/m}^3$, $\gamma_w = 9.81 \text{kN/m}^3$)

① 0.63　　　　　　　　② 0.70
③ 1.12　　　　　　　　④ 1.41

해설 $F_S = \dfrac{\gamma_{sub}}{\gamma_{sat}} \dfrac{\tan\phi}{\tan\beta} = \dfrac{(18-9.81) \times \tan 33°}{18 \times \tan 25°} = 0.63$

□□□ 기 09,11,14,23

63 현장 흙의 들밀도시험 결과 흙을 파낸부분의 체적과 파낸 흙의 무게는 각각 1,800cm³, 3.95kg이었다. 함수비는 11.2%이고, 흙의 비중 2.65이다. 최대건조밀도가 2.05 g/cm³일 때 상대다짐도는?

① 95.1%   ② 96.1%

③ 97.1%   ④ 98.1%

해설

- $\rho_t = \dfrac{W}{V} = \dfrac{3.95 \times 1,000}{1,800} = 2.19 \, \text{g/cm}^3$

- $\rho_d = \dfrac{\rho_t}{1+w} = \dfrac{2.19}{1+0.112} = 1.97 \, \text{g/cm}^3$

∴ 다짐도 $= \dfrac{\rho_d}{\rho_{d\max}} \times 100 = \dfrac{1.97}{2.05} \times 100 = 96.1\%$

□□□ 기 02,18,23

64 4.75mm체(#4체)통과율 90%, 0.075mm(#200체)통과율 4%이고, $D_{10}=0.25$mm, $D_{30}=0.6$mm, $D_{60}=2$mm인 흙을 통일분류법으로 분류하면?

① GW   ② GP

③ SW   ④ SP

해설
- ■1단계 : No.200 < 50% (G나 S 조건)
- ■2단계 : No.4체 통과량 > 50% (S조건)
- ■3단계 : SW($C_u > 6$, $1 < C_g < 3$) 이면 SW 아니면 SP

- 균등계수 $C_u = \dfrac{D_{60}}{D_{10}} = \dfrac{2}{0.25} = 8 > 6$: 입도양호(W)

- 곡률계수 $C_g = \dfrac{D_{30}^2}{D_{10} \times D_{60}} = \dfrac{0.6^2}{0.25 \times 2} = 0.72$: $1 < C_g < 3$

  : 입도불량(P)

∴ SP(∵ SW에 해당되는 두 조건을 만족시키지 못함)

□□□ 기 10,14,17,23

65 말뚝기초의 지반거동에 관한 설명으로 틀린 것은?

① 연약지반상에 타입되어 지반이 먼저 변형하고 그 결과 말뚝이 저항하는 말뚝을 주동말뚝이라 한다.

② 말뚝에 작용한 하중은 말뚝주변의 마찰력과 말뚝선단의 지지력에 의하여 주변 지반에 전달된다.

③ 기성말뚝을 타입하면 전단파괴를 일으키며 말뚝 주위의 지반은 교란된다.

④ 말뚝 타입 후 지지력의 증가 또는 감소 현상을 시간효과 (time effect)라 한다.

해설
- 연약지반상에 타입되어 지반이 먼저 변형하고 그 결과 말뚝이 저항하는 말뚝을 수동말뚝이라 한다.
- 말뚝이 지표면에서 수평력을 받는 경우 말뚝이 변형함에 따라 지반이 저항하는 말뚝을 주동말뚝이라 한다.

□□□ 기 07,09,10,11,15,23

66 실내시험에 의한 점토의 강도 증가율(C_u/P)산정 방법이 아닌 것은?

① 소성지수에 의한 방법

② 비배수 전단강도에 의한 방법

③ 압밀비배수 삼축압축시험에 의한 방법

④ 직접전단시험에 의한 방법

해설 점토의 강도 증가율(C_u/P) 산정 방법
- 소성지수에 의한 방법
- 비배수 전단강도에 의한 방법
- 압밀비배수 삼축압축시험에 의한 방법
- 액성한계에 의한 방법

□□□ 기 06,09,15,23

67 어떤 흙에 대한 일축압축시험 결과, 일축압축강도는 0.1MPa, 파괴면과 수평면이 이루는 각은 50° 이었다. 이 시료의 점착력은?

① 36kN/m²   ② 42kN/m²

③ 50kN/m²   ④ 54kN/m²

해설 $\theta = 45° + \dfrac{\phi}{2}$ 에서

- $\phi = 2\theta - 90° = 2 \times 50° - 90° = 10°$

∴ $c = \dfrac{q_u}{2\tan\left(45° + \dfrac{10°}{2}\right)} = \dfrac{0.1}{2\tan\left(45° + \dfrac{10°}{2}\right)}$

$= 0.042 \text{MPa} = 0.042 \text{N/mm}^2 = 42 \text{kN/m}^2$

□□□ 기 11,18,23

68 점토의 다짐에서 최적 함수비보다 함수비가 작은 건조측 및 함수비가 많은 습윤측에 대한 설명으로 옳지 않은 것은?

① 다짐의 목적에 따라 습윤 및 건조측으로 구분하여 다짐 계획을 세우는 것이 효과적이다.

② 흙의 강도 증가가 목적인 경우, 건조측에서 다지는 것이 유리하다.

③ 습윤측에서 다지는 경우, 투수계수 증가 효과가 크다.

④ 다짐의 목적이 차수를 목적으로 하는 경우, 습윤측에서 다지는 것이 유리하다.

해설
- 최적 함수비보다 작은 건조측에서 투수계수가 큰 것은 점토 입자의 배열이 불규칙하게 되어 결과적으로 큰 간극을 형성하기 때문이다.
- 최적 함수비보다 약간 습윤측에서 최소 투수계수를 얻을 수 있다.
- 일반적으로 흙의 강도 증가나 압축성 감소가 요구될 때에는 건조측 다짐을 실시한다.
- 흙 댐의 심벽 공사와 같이 차수를 목적으로 하는 경우는 습윤측 다짐을 실시한다.

69 다음 중 Rankine 토압이론의 기본가정에 속하지 않는 것은?

① 흙은 비압축성이고 균질의 입자이다.
② 지표면은 무한히 넓게 존재한다.
③ 옹벽과 흙과의 마찰을 고려한다.
④ 토압은 지표면에 평행하게 작용한다.

[해설] · 옹벽과 흙과의 마찰각은 무시한다.
· 흙 입자는 입자간의 마찰력에 의해서만 평형을 유지하며 점착력은 없다.
■ Rankine 토압론의 기본 가정
· 흙은 균질한 입자이고 비압축성이다.
· 토압은 지표면에 평행하게 작용한다.
· 지반은 소성변형상태이며, 중력만이 작용한다.
· 흙은 입자간의 마찰력에 의해서만 평형을 유지하며 점착력은 없다.(벽 마찰각 무시)
· 지표면은 무한히 넓게 존재하며, 지표면에 작용하는 하중은 등분포하중이다.
· 파괴면은 2차원적인 평면이다.

70 유선망의 특성에 관한 설명 중 옳지 않은 것은?

① 유선과 등수두선은 직교한다.
② 인접한 두 유선 사이의 유량은 같다.
③ 인접한 두 등수두선 사이의 동수경사는 같다.
④ 인접한 두 등수두선 사이의 수두손실은 같다.

[해설] 유선망의 특성
· 각 유량의 침투유량은 같다.
· 유선과 등수두선은 서로 직교한다.
· 인접한 등수두선 간의 수두차는 모두 같다.
· 인접한 두 등수두선 사이의 수두손실은 같다.
· 유선망을 이루는 사각형은 이론상 정사각형이다.(폭과 길이는 같다.)
· 침투속도 및 동수구배는 유선망의 폭에 반비례한다.

71 평판 재하 실험에서 재하판의 크기에 의한 영향(scale effect)에 관한 설명으로 틀린 것은?

① 사질토 지반의 지지력은 재하판의 폭에 비례한다.
② 점토지반의 지지력은 재하판의 폭에 무관하다.
③ 사질토 지반의 침하량은 재하판의 폭이 커지면 약간 커지는 하지만 비례하는 정도는 아니다.
④ 점토지반의 침하량은 재하판의 폭에 무관하다.

[해설] 점토 지반의 침하량은 재하판의 폭에 비례한다.

72 모래나 점토같은 입상재료를 전단할 때 발생하는 다일 런턴시(dilatancy)현상과 간극수압의 변화에 대한 설명으로 틀린 것은?

① 정규압밀점토에서는 (−) 다일러턴시에 (+)의 간극수압이 발생한다.
② 과압밀점토에서는 (+) 다일러턴시에 (−)의 간극수압이 발생한다.
③ 조밀한 점토에서는 (+) 다일러턴시가 일어난다.
④ 느슨한 모래에서는 (+) 다일러턴시가 일어난다.

[해설] Dilatancy : 조밀한 모래에서 전단이 진행됨에 따라 부피가 증가되는 현상

구분	Dilatancy
느슨한 모래	−
조밀한 모래	+
정규 압밀 점토	−
과압밀 점토	+

· 느슨한 모래에서는 (−)의 다일러턴시가 일어난다.

73 일반적인 기초의 필요조건으로 틀린 것은?

① 동해를 받지 않는 최소한의 근입깊이를 가져야 한다.
② 지지력에 대해 안정해야 한다.
③ 침하를 허용해서는 안 된다.
④ 사용성, 경제성이 좋아야 한다.

[해설] 기초의 구비조건
· 최소기초깊이를 유지할 것
· 상부하중을 안전하게 지지해야 한다.
· 침하가 허용치를 넘지 않을 것
· 기초의 시공이 가능할 것

74 두께가 4미터인 점토층이 모래층 사이에 끼어 있다. 점토층에 $30kN/m^2$의 유효응력이 작용하여 최종침하량이 10cm가 발생하였다. 실내압밀시험결과 측정된 압밀계수(C_v)$=2\times10^{-4}cm^2/sec$라고 할 때 평균압밀도 50%가 될 때까지 소요일수는?

① 288일   ② 312일
③ 388일   ④ 456일

[해설] $t_{50} = \dfrac{0.197H^2}{C_v}$

$$= \dfrac{0.197 \times \left(\dfrac{400}{2}\right)^2}{2.0 \times 10^{-4}} = 39,400,000\,sec = 456\,일$$

□□□ 기 09,13,19,23

75 함수비가 20%인 어떤 흙 1,200g과 함수비가 30%인 어떤 흙 2,600g을 섞으면 그 흙의 함수비는 약 얼마인가?

① 21.1% ② 25.0%
③ 26.7% ④ 29.5%

해설 함수비 $w = \dfrac{W_w}{W_s} \times 100$

· 함수비 20%의 흙입자

$W_{s1} = \dfrac{W}{1+w} = \dfrac{1,200}{1+0.20} = 1,000g$

물의 양 : $1,200 - 1,000 = 200g$

· 함수비 30%의 흙입자

$W_{s2} = \dfrac{W}{1+w} = \dfrac{2,600}{1+0.30} = 2,000g$

물의 양 : $2,600 - 2,000 = 600g$

$\therefore w = \dfrac{200+600}{1,000+2,000} \times 100 = 26.67\%$

□□□ 기 83,93,99,17,23

76 테르자기(Terzaghi)의 얕은 기초에 대한 지지력 공식 $q_u = \alpha c N_c + \beta \gamma_1 B N_r + \gamma_2 D_f N_q$에 대한 사항 중 옳지 않은 것은?

① 계수 α, β를 형상 계수라 하며 기초의 모양에 따라 결정된다.
② 기초의 깊이 D_f가 클수록 극한 지지력도 이와 더불어 커진다고 볼 수 있다.
③ N_c, N_r, N_q는 지지력 계수라 하는데 내부 마찰각과 점착력에 의해서 정해진다.
④ γ_1, γ_2는 흙의 단위 중량이며 지하수위 아래에서는 수중단위 중량을 써야한다.

해설 지지력 계수 N_c, N_r, N_q는 내부 마찰각 ϕ에 의해 정해진다.

□□□ 기 11,19,22,23

77 아래 그림과 같이 지표면에 집중하중이 작용할 때 A점에서 발생하는 연직응력의 증가량은?

① 206N/m²
② 244N/m²
③ 272N/m²
④ 303N/m²

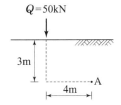

해설 $\Delta \sigma_z = \dfrac{3Q}{2\pi} \times \dfrac{Z^3}{R^5}$

· $R = \sqrt{3^2 + 4^2} = 5$

$\therefore \Delta \sigma_z = \dfrac{3 \times 50}{2\pi} \times \dfrac{3^3}{5^5} = 0.2063 kN/m^2 = 206.3 N/m^2$

□□□ 기 00,05,08,16,23

78 크기가 1m×2m인 기초에 100kN/m²의 등분포하중이 작용할 때 기초 아래 4m인 점의 압력증가는 얼마인가? (단, 2 : 1 분포법을 이용한다.)

① 6.67kN/m² ② 32.3kN/m²
③ 22.2kN/m² ④ 11.1kN/m²

해설 $\sigma_z = \dfrac{qBL}{(B+Z)(L+Z)}$

$= \dfrac{100 \times 1 \times 2}{(1+4)(2+4)} = 6.67 kN/m^2$

□□□ 기 80,81,84,12,17,23

79 연약지반에 구조물을 축조할 때 피조미터를 설치하여 과잉간극수압의 변화를 측정했더니 어떤 점에서 구조물 축조 직후 100kN/m²이었지만, 4년 후는 20kN/m²이었다. 이때의 압밀도는?

① 20% ② 40%
③ 60% ④ 80%

해설 압밀도 $U = \left(1 - \dfrac{u_e}{u_i}\right) \times 100$

$= \left(1 - \dfrac{20}{100}\right) \times 100 = 80\%$

□□□ 기 03,20,23

80 어떤 흙의 입경가적곡선에서 $D_{10} = 0.05mm$, $D_{30} = 0.09mm$, $D_{60} = 0.15mm$이었다. 균등계수(C_u)와 곡률계수(C_g)의 값은?

① 균등계수=1.7, 곡률계수=2.45
② 균등계수=2.4, 곡률계수=1.82
③ 균등계수=3.0, 곡률계수=1.08
④ 균등계수=3.5, 곡률계수=2.08

해설 · 균등계수 $C_u = \dfrac{D_{60}}{D_{10}} = \dfrac{0.15}{0.05} = 3.0$

· 곡률계수 $C_g = \dfrac{D_{30}^2}{D_{10} \times D_{60}} = \dfrac{0.09^2}{0.05 \times 0.15} = 1.08$

2024년도 기사 1회 필기시험 (1부)

수험번호	성 명

자격종목	시험시간	문제수	형 별		
건설재료시험기사 온라인TEST	**2시간**	**80**	**A**		

※ 각 문제는 4지 택일형으로 질문에 가장 적합한 문제의 보기 번호를 클릭하거나 답안표기란의 번호를 클릭하여 입력하시면 됩니다.
※ 입력된 답안은 문제 화면 또는 답안 표기란의 보기 번호를 클릭하여 변경하실 수 있습니다.

제1과목 : 콘크리트 공학

☐☐☐ 기 18,24

01 프리플레이스트 콘크리트에 사용하는 재료에 대한 설명으로 틀린 것은?

① 프리플레이스트 콘크리트의 주입 모르타르는 포틀랜드 시멘트를 사용하는 것을 표준으로 한다.
② 잔골재의 조립률은 2.3~3.1 범위로 한다.
③ 굵은 골재의 최소치수는 15mm 이상으로 하여야 한다.
④ 일반적으로 굵은 골재의 최대치수는 최소치수의 2~4배 정도로 한다.

해설 프리플레이스트 콘크리트에 사용하는 재료
· 잔골재의 조립률은 1.4~2.2 범위로 한다.
· 굵은 골재의 최소치수는 15mm 이상으로 하여야 한다.
· 굵은 골재의 최대치수는 부재단면 최소치수의 1/4 이하, 철근 콘크리트의 경우 철근 순간격의 2/3 이하로 하여야 한다.
· 일반적으로 굵은 골재의 최대치수는 최소치수의 2~4배 정도로 한다.

☐☐☐ 기 13,17,24

02 거푸집 및 동바리 구조계산에 대한 설명으로 틀린 것은?

① 고정하중은 철근 콘크리트와 거푸집의 중량을 고려하여 합한 하중이며, 콘크리트의 단위중량은 철근의 중량을 포함하여 보통 콘크리트에서는 24kN/m^{3}을 적용한다.
② 활하중은 구조물의 수평투영면적(연직방향으로 투영시킨 수평면적)당 최소 2.5kN/m^2 이상으로 하여야 한다.
③ 고정하중과 활하중을 합한 연직하중은 슬래브 두께에 관계없이 최소 5.0kN/m^2 이상을 고려하여 거푸집 및 동바리를 설계하여야 한다.
④ 목재 거푸집 및 수평부재는 집중하중이 작용하는 캔틸레버 보로 검토하여야 한다.

해설 목재 거푸집 및 수평부재는 등분포 하중이 작용하는 단순보로 검토하여야 한다.

☐☐☐ 기 04,18,24

03 콘크리트의 습윤 양생에 관한 설명 중 옳지 않은 것은?

① 습윤 양생 기간 중에 거푸집판이 건조하더라도 살수를 해서는 안된다.
② 콘크리트는 친 후 경화를 시작할 때까지 직사광선이나 바람에 의해 수분이 증발하지 않도록 방지해야 한다.
③ 습윤 양생에서 습윤 상태의 보호 기간은 보통 포틀랜드 시멘트를 사용하고 일평균 기온이 15℃ 이상인 경우에 5일간 이상을 표준으로 한다.
④ 막 양생을 할 경우에는 사용전에 살포량, 시공 방법 등에 관하여 시험을 통하여 충분히 검토해야 한다.

해설 습윤 양생 기간 중에 거푸집판이 건조할 우려가 있을 때에는 살수해야 한다.

☐☐☐ 기 09,16,19,24

04 설계기준강도가 21MPa인 콘크리트로부터 5개의 공시체를 만들어 압축강도 시험을 한 결과 압축강도가 아래의 표와 같았다. 품질관리를 위한 압축강도의 변동계수값은 약 얼마인가? (단, 표준편차는 불편분산의 개념으로 구할 것)

22, 23, 24, 27, 29 (MPa)

① 11.7% ② 13.6%
③ 15.2% ④ 17.4%

해설 ■변동계수 $C_V = \dfrac{\sigma}{\bar{x}} \times 100$

· $\bar{x} = \dfrac{22+23+24+27+29}{5} = 25\,\text{MPa}$

■편차제곱합
· $S = (25-22)^2 + (25-23)^2 + (25-24)^2$
$+ (25-27)^2 + (25-29)^2$
$= 34$

· $\sigma = \sqrt{\dfrac{S}{n-1}} = \sqrt{\dfrac{34}{5-1}} = 2.92$

∴ $C_V = \dfrac{2.92}{25} \times 100 = 11.7\%$

□□□ 기 14,18,22,24

05 소요의 품질을 갖는 프리플레이스트 콘크리트를 얻기 위한 주입 모르타르의 품질에 대한 설명으로 틀린 것은?

① 굳지 않은 상태에서 압송과 주입이 쉬워야 한다.
② 주입되어 경화되는 사이에 블리딩이 적으며, 팽창하지 않아야 한다.
③ 경화 후 충분한 내구성 및 수밀성과 강재를 보호하는 성능을 가져야 한다.
④ 굵은 골재의 공극을 완벽하게 채울 수 있는 양호한 유동성을 가지며, 주입 작업이 끝날 때까지 이 특성이 유지되어야 한다.

해설 모르타르가 굵은 골재의 공극에 주입될 때 재료분리가 적고 주입되어 경화되는 사이에 블리딩이 적으며 소요의 팽창을 하여야 한다.

□□□ 기 17,24

06 콘크리트의 탄산화에 대한 설명으로 틀린 것은?

① 탄산화는 콘크리트의 내부에서 발생하여 콘크리트의 표면으로 진행된다.
② 콘크리트의 탄산화깊이 및 탄산화속도는 구조물의 건전도 및 잔여수명을 예측하는데 중요한 요소가 된다.
③ 탄산화에 의한 물리적 열화는 콘크리트 내부철근의 녹슬음에 의한 것이 가장 크다.
④ 탄산화 깊이를 조사하기 위한 시약으로는 페놀프탈레인 용액이 사용된다.

해설 탄산화는 콘크리트의 표면에서 발생하여 콘크리트의 내부로 진행된다.

□□□ 기 09,13,16,24

07 잔골재율에 대한 설명 중 틀린 것은?

① 골재 중 5mm체를 통과한 부분을 잔골재로 보고, 5mm체에 남는 부분을 굵은 골재로 보아 산출한 잔골재량의 전체 골재량에 대한 절대용적비를 백분율로 나타낸 것을 말한다.
② 잔골재율이 어느 정도보다 작게 되면 콘크리트가 거칠어지고, 재료분리가 일어나는 경향이 있다.
③ 잔골재율은 소요의 워커빌리티를 얻을 수 있는 범위에서 단위수량이 최대가 되도록 한다.
④ 잔골재율을 작게하면 소요의 워커빌리티를 얻기 위한 단위수량이 감소되고 단위시멘트량이 적게 되어 경제적이다.

해설 잔골재율은 소요의 워커빌리티를 얻을 수 있는 범위 내에서 단위수량이 최소가 되도록 시험에 의하여 정하여야 한다.

□□□ 기 12,24

08 설계기준 압축강도가 28MPa이고, 15회의 압축강도 시험으로부터 구한 표준편차가 3.0MPa일 때 콘크리트의 배합강도를 구하면?

① 29.3MPa
② 32.1MPa
③ 32.7MPa
④ 36.5MPa

해설 ・시험회수가 29회 이하일 때 표준편차의 보정
$s = 3.0 \times 1.16 = 3.48\,\text{MPa}$
(∵ 시험횟수 15회일 때 표준편차의 보정계수 1.16)
・$f_{cr} = f_{ck} + 1.34s = 28 + 1.34 \times 3.48 = 32.7\,\text{MPa}$
・$f_{cr} = (f_{ck} - 3.5) + 2.33s = (28 - 3.5) + 2.33 \times 3.48$
$= 32.6\,\text{MPa}$
∴ $f_{cr} = 32.7\,\text{MPa}$(두 값 중 큰 값)

□□□ 기 12,13,15,17,24

09 콘크리트의 받아들이기 품질검사에 대한 설명으로 틀린 것은?

① 콘크리트의 받아들이기 검사는 콘크리트가 타설된 이후에 실시하는 것을 원칙으로 한다.
② 굳지 않은 콘크리트의 상태는 외관 관찰에 의하며, 콘크리트 타설 개시 및 타설 중 수시로 검사하여야 한다.
③ 바다 잔골재를 사용한 콘크리트의 염소이온량은 1일에 2회 시험하여야 한다.
④ 강도검사는 콘크리트의 배합검사를 실시하는 것을 표준으로 한다.

해설 콘크리트의 받아들이기 검사는 콘크리트를 타설하기 전에 실시하여야 한다.

□□□ 기 08,09,18,24

10 서중 콘크리트에 대한 설명으로 틀린 것은?

① 콘크리트 재료는 온도가 낮아질 수 있도록 하여야 한다.
② 콘크리트를 타설할 때의 콘크리트 온도는 35℃ 이하이어야 한다.
③ 수화작용에 필요한 수분증발을 방지하기 위해 촉진제를 사용하는 것을 원칙으로 한다.
④ 콘크리트를 타설하기 전에 지반과 거푸집 등을 조사하여 콘크리트로부터의 수분 흡수로 품질변화의 우려가 있는 부분은 습윤상태로 유지하여야 한다.

해설 고온이 되면 단위 수량이 증가하여 공기가 연행되므로 양질의 감수제, AE 감수제, 고성능 AE 감수제를 사용한다.

11 콘크리트의 비파괴 시험 중 초음파법에 의한 균열깊이 평가방법이 아닌 것은?

① T법 ② Tc-To법
③ BS법 ④ Pull-off법

해설 ・초음파법에 의한 균열깊이 평가방법 : T법, Tc-To법, BS법
・Pull-out법 : 콘크리트 중에 파묻힌 가력 Head를 지닌 Insert와 반력 Ring을 사용하여 원추 대상의 콘크리트 덩어리를 뽑아낼 때의 최대 내력에서 콘크리트의 압축강도를 추정하는 방법

12 콘크리트에 섬유를 보강하면 섬유의 에너지 흡수능력으로 인해 콘크리트의 여러 역학적 성질이 개선되는데 이들 중 가장 크게 개선되는 성질은?

① 경도 ② 인성
③ 전성 ④ 연성

해설 섬유 보강 콘크리트는 섬유를 혼합하여 인장, 휨강도 및 충격 강도가 낮고 에너지 흡수능력이 작은 취성적 성질을 개선하기 위해서 인성이나 내 마모성 등을 높인 콘크리트이다.

13 콘크리트의 초기균열 중 콘크리트 표면수의 증발속도가 블리딩 속도보다 빠른 경우와 같이 급속한 수분 증발이 일어나는 경우 발생하기 쉬운 균열은?

① 거푸집 변형에 의한 균열
② 침하수축균열
③ 소성수축균열
④ 건조수축균열

해설 소성 수축균열(플라스틱 수축 균열)
콘크리트를 칠 때 또는 친 직후 표면에서의 급속한 수분의 증발로 인하여 수분이 증발되는 속도가 콘크리트 표면의 블리딩 속도보다 빨라질 때 콘크리트 표면에 생기는 미세한 균열을 말한다.

14 콘크리트의 재료분리 현상을 줄이기 위한 사항으로 틀린 것은?

① 잔골재율을 증가시킨다.
② 물-시멘트비를 작게 한다.
③ 굵은 골재를 많이 사용한다.
④ 포졸란을 적당량 혼합한다.

해설 최대치수가 너무 큰 굵은 골재를 사용하거나 단위 골재량이 너무 크면 콘크리트는 재료 분리되기 쉽다.

15 다음 중 콘크리트의 크리프에 대한 설명으로 잘못된 것은?

① 콘크리트의 크리프란 일정한 지속 응력하에 있는 콘크리트의 시간적인 소성변형을 말한다.
② 일반적으로 콘크리트의 크리프는 지속 응력이 클수록 크게 된다.
③ 조강 시멘트를 사용한 콘크리트는 보통 시멘트를 사용한 경우보다 크리프가 작다.
④ 배합시 시멘트량이 많을수록 크리프가 작다.

해설 배합시 단위 시멘트량이 많을수록 크리프는 크다.

16 콘크리트의 시공이음에 대한 설명으로 틀린 것은?

① 시공이음은 부재의 압축력이 작용하는 방향과 직각이 되도록 하는 것이 원칙이다.
② 시공이음을 계획할 때는 온도 및 건조수축 등에 의한 균열의 발생도 고려해야 한다.
③ 바닥틀과 일체로 된 기둥 또는 벽의 시공이음은 바닥틀과의 경계 부근에 설치하는 것이 좋다.
④ 시공이음은 될 수 있는 대로 전단력이 큰 위치에 설치해야 한다.

해설 시공이음은 될 수 있는 대로 전단력이 적은 위치에 설치해야 한다.

17 수중콘크리트의 시공방법이 아닌 것은?

① 트레미에 의한 시공
② 콘크리트 펌프에 의한 시공
③ 밑열림상자에 의한 시공
④ 슈트에 의한 시공

해설 수중 콘크리트 시공 공법
트레미, 콘크리트 펌프, 밑열림 상자, 포대 콘크리트

18 콘크리트 강도에 영향을 주는 요소가 아닌 것은?

① 골재의 입도 ② 양생조건
③ 물-시멘트 비 ④ 거푸집의 형태와 크기

해설 콘크리트 강도에 영향을 주는 요인
・재료의 품질 : 시멘트, 골재, 혼합수, 혼화재료
・시공 방법 : 운반, 타설, 다짐 방법, 양생 조건
・강도 측정 : 콘크리트 재령, 공시체 크기, 공시체 모양
・배합 방법 : 물-시멘트비, 슬럼프값, 골재의 입도, 공기량

□□□ 기 09,11,14,16,19,24

19 외기온도가 25℃를 넘을 때 콘크리트의 비비기로부터 치기가 끝날 때까지 얼마의 시간을 넘어서는 안 되는가?

① 0.5시간   ② 1시간

③ 1.5시간   ④ 2시간

해설 비비기로부터 치기가 끝날 때까지의 시간
- 원칙적으로 외기온도가 25℃ 이상일 때는 1.5시간을 넘어서는 안 된다.
- 원칙적으로 외기온도가 25℃ 이하일 때에는 2시간을 넘어서는 안 된다.

□□□ 기 08,09,12,13,15,16,24

20 한중 콘크리트에서 주위의 기온이 영하 6℃, 비볐을 때의 콘크리트 온도가 15℃, 비빈 후부터 타설이 끝났을 때까지의 시간은 2시간이 소요되었다면 콘크리트 타설이 끝났을 때의 콘크리트 온도는?

① 6.7℃   ② 7.2℃

③ 7.8℃   ④ 8.7℃

해설 $T_2 = 0.15(T_1 - T_0) \cdot t = 0.15 \times (15 - (-6)) \times 2 = 6.3℃$
∴ 타설 완료시 온도 $= 15 - 6.3 = 8.7℃$

제2과목 : 건설시공 및 관리

□□□ 기 10,15,24

21 교대의 명칭 중 구체(main body)를 가장 적절하게 설명한 것은?

① 교량의 일단을 지지하는 것

② 축제의 상부를 지지하여 흙이 교좌에서 무너지는 것을 막는 것

③ 상부구조에서 오는 전하중을 기초에 전달하고 배후 구조에 저항하는 것

④ 하중을 기초 지반에 넓게 분포시켜 교대의 안정을 도모하는 것

해설 · 교좌 : 교량의 일단을 지지하는 것
- 흉벽 : 뒷면 축제의 상부를 지지하고 흙이 교좌에 무너지는 것을 막는 벽체
- 구체 : 상부구조에서 오는 전 하중을 기초에 전달하고 배후 토압에 저항한다.
- 교대기초 : 구체의 하부를 확대하여 하중을 기초지반에 넓게 분포시켜 교대의 안전성을 높이는 부분

□□□ 기 94,02,17,24

22 다음 중 연약 점성토 지반의 개량공법으로 적합하지 않은 것은?

① 침투압(MAIS) 공법

② 프리로딩(pre-loading) 공법

③ 샌드드레인(sand drain) 공법

④ 바이브로플로테이션(vibroflotation) 공법

해설

점성토 지반	사질토 지반
· 치환공법	· 다짐 말뚝공법
· Pre-loading공법	· Compozer공법
· Sand drain공법	· Vibro flotation공법
· Paper drain공법	· 폭파다짐공법
· 침투압(MAIS)공법	· 전기 충격공법
· 생석회 말뚝공법	· 약액 주입공법

□□□ 기 12,24

23 아래의 표에서 설명하는 심빼기 발파 공법의 명칭은?

> · 버력을 너무 비산(飛散)하지 않는 심빼기에 유효하며 수직 도갱의 도갱 밑의 발파에 사용할 때가 있으며 특히 물이 많을 때 편리하다.
> · 밑면의 반만큼 먼저 발파하여 놓고 물이 그곳에 집중되면 물이 없는 부분을 발파하는 방법이다.

① 스윙 컷   ② 벤치 컷

③ 번 컷   ④ 피라미드 컷

해설 스윙 컷 : 수직갱의 바닥에 물이 많이 고였을 때 우선 밑면의 반만큼 발파시켜 놓고 물이 거기에 집중한 다음에 물이 없는 부분을 발파하는 방법

□□□ 기 14,24

24 지하수위가 높은 사질지반 굴착시 배면과 저면의 지하수위차로 인하여 굴착저면에 발생하는 보일링(Boiling)에 대한 대책 중 틀린 것은?

① 흙막이벽의 근입을 깊게 하여 동수경사를 줄인다.

② 배수공법을 적용하여 배면의 지하수위를 낮춘다.

③ 바닥저면의 투수성을 낮춘다.

④ 흙막이벽의 강성을 높인다.

해설 보일링의 방지대책
- 배수공법에 의한 수위저하
- 흙막이의 근입깊이를 깊게 한다.
- 약액주입에 의한 저부지반의 개량
- 자갈 등에 의한 저부의 중량을 증가시킨다.

□□□ 기 01,10,11,12,24

25 20,000m³의 본바닥을 버킷 용량 0.6m³의 백호를 이용하여 굴착할 때 아래 조건에 의한 공기를 구하면?

- 버킷 계수 : 1.2   · 효율 : 0.8
- 사이클 타임 : 25초   · 토량의 변화율(L) : 1.3
- 토량의 변화율(C) : 0.9   · 1일 작업 시간 : 8시간
- 뒷정리 : 2일

---

① 24일   ② 42일
③ 314일   ④ 186일

해설 · $Q = \dfrac{3,600 \cdot q \cdot k \cdot f \cdot E}{C_m}$

$= \dfrac{3,600 \times 0.6 \times 1.2 \times \dfrac{1}{1.3} \times 0.8}{25} = 63.8\text{m}^3/\text{hr}$

· 굴착 일수 $= \dfrac{20,000}{63.8 \times 8} + 2 = 41.18 = 42$일

□□□ 기 03,04,06,13,17,18,24

26 터널굴착공법인 TBM공법의 특징에 대한 설명으로 틀린 것은?

① 터널단면에 대한 분할 굴착시공을 하므로, 지질변화에 대한 확인이 가능하다.
② 기계굴착으로 인해 여굴이 거의 발생하지 않는다.
③ 1km 이하의 비교적 짧은 터널의 시공에는 비경제적인 공법이다.
④ 본바닥 변화에 대하여 적응이 곤란하다.

해설 지반의 지질 변화에 대한 확인이 불가능하다.

□□□ 기 02,13,24

27 사질토로 25,000m³의 성토를 할 경우 굴착 및 운반 토량은 얼마인가? (단, 토량 변화율 $L=1.25$, $C=0.9$이다.)

    굴착 토량   운반 토량
① 35,600.2m³   23,650.05m³
② 27,531.5m³   36,375.2m³
③ 27,777.8m³   34,722.2m³
④ 19,865.3m³   28,652.8m³

해설 · 굴착(원지반) 토량
성토 토량 $\times \dfrac{1}{C} = 25,000 \times \dfrac{1}{0.9} = 27,777.7\text{m}^3$

· 운반(흐트러진) 토량
성토 토량 $\times \dfrac{L}{C} = 25,000 \times \dfrac{1.25}{0.9} = 34,722.2\text{m}^3$

□□□ 기 16,24

28 아래 그림과 같은 네트워크 공정표에서 표준공기를 구하면?

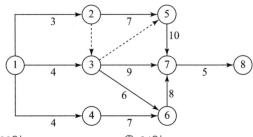

① 23일   ② 24일
③ 25일   ④ 26일

해설 ①→②→⑤→⑦→⑧ : 25일
①→④→⑥→⑦→⑧ : 24일

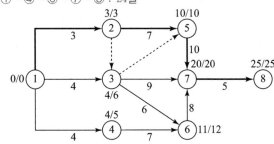

□□□ 기 89,00,06,13,16,18,22,24

29 아래의 표와 같이 공사 일수를 견적한 경우 3점 견적법에 따른 적정 공사 일수는?

낙관일수 3일, 정상일수 5일, 비관일수 13일

---

① 4일   ② 5일
③ 6일   ④ 7일

해설 기대 시간치 $t_e = \dfrac{a+4m+b}{6} = \dfrac{3+4\times5+13}{6} = 6$일

□□□ 기 11,16,24①

30 아래의 표에서 설명하는 준설선은?

준설능력이 크므로 비교적 대규모 준설현장에 적합하며 경토질의 준설이 가능하고, 다른 준설선보다 비교적 준설면을 평탄하게 시공할 수 있다.

---

① 디퍼 준설선   ② 버킷 준설선
③ 쇄암선   ④ 그래브 준설선

해설 버킷 준설선
준설능력이 크고 대규모 공사에 적합하여 비교적 넓은 면적의 토질 준설에 알맞고 선(船)형에 따라 경질토 준설도 가능한 준설선

정답 25 ②   26 ①   27 ③   28 ③   29 ③   30 ②

□□□ 기 05,17,24

31 시공기면을 결정할 때 고려할 사항으로 틀린 것은?

① 토공량이 최대가 되도록 하며, 절토·성토 균형을 시킬 것
② 연약지반, land slide, 낙석의 위험이 있는 지역은 가능한 피할 것
③ 비탈면 등은 흙의 안정성을 고려할 것
④ 암석 굴착은 적게 할 것

해설 토공량을 최소가 되도록 하고 절토, 성토를 균형 시킬 것

□□□ 기 05,11,15,24

32 8ton의 덤프트럭에 1.0m³의 버킷을 갖는 백호로 흙을 적재하고자 한다. 흙의 단위 중량이 1.6t/m³이고 토량변화율(L)은 1.2이고 버킷계수가 0.9일 때 트럭 1대의 만차에 필요한 백호 적재 회수는?

① 6회
② 7회
③ 8회
④ 9회

해설 적재량 $q_t = \dfrac{T}{\gamma_t} \times L = \dfrac{8}{1.6} \times 1.2 = 6 \mathrm{m}^3$

∴ 적재횟수 $N = \dfrac{q_t}{q \times K} = \dfrac{6}{1.0 \times 0.9} = 6.67$ ∴ 7회

□□□ 기 07,15,24

33 토공에서 시공기면을 정할 경우 성토의 절토량이 최소가 되게 하는 것이 경제적이다. 토공의 균형을 알아내기 위해 사용되는 것은?

① 유토곡선
② 토취곡선
③ 균형곡선
④ 평균곡선

해설 토적곡선(유토곡선, mass curve)은 토량 계산서의 누가 토량으로 작성되며 토공계획에 이용된다.

□□□ 기 04,07,10,11,12,14,15,24

34 아스팔트 포장의 시공에서 보조기층 마무리면에 아스팔트 혼합물을 포설하기 직전에 실시하며, 보조기층의 보호 및 수분의 모관상승을 차단하고, 아스팔트 혼합물과의 접착성을 좋게 하기 위하여 실시하는 것은?

① 택 코트
② 프라임 코트
③ 컨솔리데이션 그라우팅
④ 커튼 그라우트

해설 프라임 코트의 목적
· 보조 기층 표면을 다져서 방수성을 높인다.
· 보조 기층에서 모세관 작용에 의한 물의 상승을 차단한다.
· 보조 기층과 그 위에 포설하는 아스팔트 혼합물과의 융합을 좋게 한다.

□□□ 기 04,06,10,18,24

35 기초의 굴착에 있어서 주변부를 굴착 축조하고 그 후 남아 있는 중앙부를 굴착하는 공법은?

① island 공법
② trench cut 공법
③ open cut 공법
④ top down 공법

해설 trench cut 공법 : 먼저 주변부인 둘레를 도량 처럼 굴착 축조한 후 중앙부분을 굴착하는 공법으로 주로 연약한 지반의 시공과 넓은 면의 굴착에 유리한 공법이다.

□□□ 기 99,03,16,19,24

36 암거의 배열방식 중 여러 개의 흡수구를 1개의 간선집수거 또는 집수지거로 합류시키게 배치한 방식은?

① 차단식
② 자연식
③ 빗식
④ 사이펀식

해설 빗식으로 집수지거의 길이가 짧아도 되고 배수구도 적은 수로 된다.

□□□ 기 12,19,24

37 방파제를 크게 보통 방파제와 특수 방파제로 분류할 때 다음 중 특수 방파제에 속하지 않는 것은?

① 공기 방파제
② 부양 방파제
③ 잠수 방파제
④ 콘크리트 단괴식 방파제

해설 방파제의 종류
· 보통 방파제 : 경사 방파제, 직립 방파제, 혼성 방파제
· 특수 방파제 : 공기 방파제, 부양 방파제, 수 방파제, 잠수 방파제

□□□ 기 02,17,24

38 대형기계로 회전대에 달린 Boom을 사용하여 버킷을 체인의 힘으로 전후 이동시켜서 작업이 곤란한 장소 또는 좁은 곳의 얕은 굴착을 할 경우 적당한 장비는?

① 트랙터 쇼벨
② 리사이클플랜트
③ 벨트콘베이어
④ 스키머스코우프

해설 Skimmer scoup : 대형 기계로 작업이 곤란한 좁은 곳의 얕은 굴착에 이용된다.

□□□ 기 00,10,13,15,24

39 벤토나이트 공법을 써서 굴착벽면의 붕괴를 막으면서 굴착된 구멍에 철근 콘크리트를 넣어 말뚝이나 벽체를 연속적으로 만드는 공법은?

① Slurry Wall 공법
② Earth Drill 공법
③ Earth Anchor 공법
④ Open Cut 공법

해설 지하연속벽(Slurry wall 또는 Diaphragm Wall) 공법의 설명이다.

40 도로주행 중 노면의 한 개소를 차량이 집중 통과하여 표면의 재료가 마모되고 유동을 일으켜서 노면이 얕게 패인자국을 무엇이라고 하는가?

① 플러시(flush)
② 러팅(rutting)
③ 블로업(Blow up)
④ 블랙베이스(Black base)

해설 · Rutting : 아스팔트 포장의 노면에서 차의 바퀴가 집중적으로 통과하는 위치에 생긴다.
· Blow up : 콘크리트 포장 시 Slab의 줄눈 또는 균열부근에서 습도나 온도가 높을 때 이물질 때문에 열 팽창을 유지하지 못해 발생하는 일종의 좌굴현상

제3과목 : 건설재료 및 시험

41 잔골재에 대한 체가름 시험을 실시한 결과 각 체에 남은량(질량백분율, %)은 아래 표와 같다. 이 골재의 조립률은? (단, 10mm 이상 체잔량은 0이다.)

체구분(mm)	5	2.5	1.2	0.6	0.3	0.15	PAN
남은량(%)	2	11	20	22	24	16	5

① 2.60
② 2.73
③ 2.77
④ 3.73

해설

체의 크기(mm)	75	40	20	10	5	2.5	1.2	0.6	0.3	0.15	계
각 체의 잔류한 것의 누가 중량 분율(%)	0	0	0	0	2	13	33	55	79	95	277

$$\therefore \ 조립률 = \frac{\sum 각체에 \ 남는 \ 양의 \ 누계}{100} = \frac{277}{100} = 2.77$$

42 콘크리트 중의 염화물 함유량은 콘크리트 중에 함유된 염화물 이온의 총량으로 표시하는데 비빌 때 콘크리트 중의 전염화물 이온량은 원칙적으로 얼마 이하로 하여야 하는가?

① 0.5kg/m³
② 0.3kg/m³
③ 0.2kg/m³
④ 0.1kg/m³

해설 굳지 않은 콘크리트 중의 전 염화물 이온량은 원칙적으로 0.3 kg/m³ 이하로 한다.

---

43 목재에 대한 일반적인 설명으로 틀린 것은?

① 목재가 공극을 포함하지 않은 실제 부분의 비중을 진비중이라 하며, 일반적으로 1.48~1.56 정도이다.
② 목재는 함수율의 변화에 따라 현저한 체적변화가 생긴다.
③ 일반적으로 목재의 강도는 비중에 반비례하므로 비중을 알면 강도 및 탄성계수를 추정할 수 있다.
④ 목재의 강도 및 탄성은 하중의 작용방향과 섬유방향의 관계에 따라 현저한 차이가 생긴다.

해설 일반적으로 비중이 클수록 압축강도가 커진다.

44 석재를 모양 및 치수에 의해 구분할 때 아래 표의 내용에 해당하는 것은?

> 면이 원칙적으로 거의 사각형에 가까운 것으로, 4면을 쪼개어 면에 직각으로 잰 길이는 면의 최소변의 1.5배 이상인 것

① 각석
② 판석
③ 견치석
④ 사고석

해설 · 견치석 : 앞면이 거의 사각형에 가까운 것으로 길이는 4면을 쪼개어 면에 직각으로 잰 길이가 면의 최소변의 1.5배 이상이다.
· 판석 : 두께가 15cm 미만이고, 대략 폭이 두께의 3배 이상인 판 모양의 석재로 궤도용 부석 등에 쓰인다.
· 각석 : 나비가 두께의 3배 미만이고 나비보다 길이가 긴 직육면체형 석재이다. 주로 구조용에 쓰인다.
· 사고석 : 면이 대략 사각형에 가까운 것으로 길이는 2면을 쪼개 내어 면에 직각으로 잰 길이가 면의 최소변의 1.2배 이상이다.

45 콘크리트용 응결촉진제에 대한 설명으로 틀린 것은?

① 조기강도를 증가시키지만 사용량이 과다하면 순결 또는 강도저하를 나타낼 수 있다.
② 한중콘크리트에 있어서 동결이 시작되기 전에 미리 동결에 저항하기 위한 강도를 조기에 얻기 위한 용도로 많이 사용한다.
③ 염화칼슘을 주성분으로 한 촉진제는 콘크리트의 황산염에 대한 저항성을 증가시키는 경향을 나타낸다.
④ PSC강재에 접촉하면 부식 또는 녹이 슬기 쉽다.

해설 염화칼슘을 사용한 콘크리트는 황산염에 대한 화학저항성이 적기 때문에 주의할 필요가 있다.

□□□ 기 09,14,24

46 건설용 재료로 목재를 사용하기 위하여 목재를 건조시키는 목적 및 효과로 틀린 것은?

① 가공성을 향상시킨다.

② 균류의 발생을 방지할 수 있다.

③ 수축 균열 및 부정 변형을 방지할 수 있다.

④ 목재의 중량을 경감시킬 수 있다.

해설 목재를 건조시키는 목적과 효과
  · 강도 및 내구성이 증진된다.
  · 방부제 등의 약액 주입을 쉽게 한다.
  · 사용 후의 수축 및 균열을 방지한다.
  · 목재의 중량 경감으로 취급과 운반이 쉽다.
  · 균류에 의한 부식과 벌레의 피해를 예방한다.

□□□ 기 12,15,17,24

47 토목섬유(Geosynthetics)의 기능과 관련된 용어 중 아래의 표에서 설명하는 기능은?

> 지오텍스타일이나 관련제품을 이용하여 인접한 다른 흙이나 채움재가 서로 섞이지 않도록 방지함

① 배수기능   ② 보강기능

③ 여과기능   ④ 분리기능

해설 Geosynthetics의 기능
  · 배수기능
  · 여과기능
  · 보강기능
  · 분리기능 : 지오텍스타일이나 관련제품을 이용하여 인접한 다른 흙이나 채움재가 서로 섞이지 않도록 방지하는 기능
  · 방수 및 차단 기능 : 댐의 상류층이나 재방에 물의 침투를 막거나 지하철, 터널, 쓰레기 매립장 등에서 방수 목적으로 사용된다.

□□□ 기 98,99,00,02,03,06,09,10,12,15④,19②

48 고무혼입 아스팔트(rubberized asphalt)를 스트레이트 아스팔트와 비교할 때 다음 설명 중 옳지 않은 것은?

① 응집력 및 부착력이 크다.

② 마찰계수가 크다.

③ 충격저항이 크다.

④ 감온성이 크다.

해설 고무 혼입 아스팔트의 정점
  · 감온성이 작다.
  · 응집성 및 부착력이 크다.
  · 탄성 및 충격저항이 크다.
  · 내노화성 및 마찰계수가 크다.

□□□ 기 93,03,12,16,24

49 아스팔트 혼합재에서 채움재(filler)를 혼합하는 목적은 다음 중 어느 것인가?

① 아스팔트의 비중을 높이기 위해서

② 아스팔트의 침입도를 높이기 위해서

③ 아스팔트의 공극을 매우기 위해서

④ 아스팔트의 내열성을 증가시키기 위해서

해설 필러(filler : 석분)는 혼합물 중에 3 ~ 10% 정도 혼입되는데 아스팔트 결합재의 점도를 증대하는 것을 주목적으로 한다. 아스팔트와 혼합하여 골재 사이의 공극을 채워 결합재로서 작용한다.

□□□ 기 04,07,12,17,24

50 일반적으로 알루미늄 분말을 사용하며 프리플레이스트 콘크리트용 그라우트 또는 건축분야에서 부재의 경량화 등의 용도로 사용되는 혼화제는?

① AE제   ② 방수제

③ 방청제   ④ 발포제

해설 발포제의 용도
  · 프리플레이스트 콘크리트용 그라우트, PC용 그라우트 등에 사용
  · 발포제에 의하여 그라우트를 팽창시켜 골재나 PS강재의 간극을 잘 채워 부착을 좋게 한다.
  · 건축분야에서는 부재의 경량화 또는 단열성을 높이기 위한 목적으로 사용

□□□ 기 11,18,24

51 풍화한 시멘트의 성질에 대한 설명으로 틀린 것은?

① 비중이 떨어진다.

② 강도의 발현이 저하된다.

③ 응결이 지연된다.

④ 강열 감량이 저하된다.

해설 일반적인 풍화된 시멘트의 성질
  · 비중이 떨어진다.   · 응결이 지연된다.
  · 강열 감량이 증가된다.   · 강도의 발현이 저하된다.

□□□ 기 17,24

52 아래 표의 시험기는 암석의 어떤 특성을 파악하기 위한 것인가?

> Los Angeles 시험기, Deval 시험기

① 반발경도   ② 압입경도

③ 마모저항성   ④ 압축강도

해설 로스앤젤레스 시험기 및 데빌시험기
  철구를 사용하여 굵은 골재의 마모에 대한 저항을 측정하는 것이다.

53 다음 골재의 함수상태를 표시한 것 중 틀린 것은?

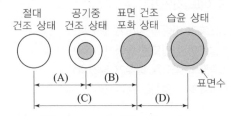

① A : 기건 함수량   ② B : 유효흡수량

③ C : 함수량   ④ D : 표면수량

해설 · 흡수량 : C

· 함수량 : C+D

54 강의 열처리 방법 중에서 800~1,000℃로 가열시킨 후 공기 중에서 서서히 냉각하여 강 속의 조직이 치밀하게 되고 잔류응력이 제거되게 하는 방법은?

① 뜨임   ② 풀림

③ 불림   ④ 담금질

해설 불림 : 결정을 균일하게 미세화하고 내부응력을 제거하여 균일한 조직을 공기 중에서 냉각시키는 방법

55 다음 중 무연 화약의 주성분인 것은?

① 유황(S)

② 니트로셀룰로오스(Nitrocellulose)

③ 목탄(C)

④ 초석(KNO₃)

해설 무연 화약은 유연 화약의 반대로 주성분이 니트로셀룰로오스 (Nitrocellulose) 또는 니트로셀룰로오스와 니트로글리세린을 주성분으로 하여 만든 것이다.

56 포틀랜드 시멘트의 주성분 비율 중 수경률(H.M, Hydraulic Modulus)에 대한 설명으로 틀린 것은?

① 수경률은 CaO성분이 높을 경우 커진다.

② 수경률은 다른 성분이 일정한 경우 석고량이 많을 경우 커진다.

③ 수경률이 크면 초기강도가 커진다.

④ 수경률이 크면 수화열이 큰 시멘트가 생긴다.

해설 수경률은 다른 성분이 일정할 경우 석고량이 많을수록 작은 값이 된다.

57 시멘트 콘크리트의 워커빌리티(workability)를 증진시키기 위한 혼화재료가 아닌 것은?

① AE제   ② 분산제

③ 촉진제   ④ 포졸란

해설 촉진제는 응결경화속도를 촉진시키므로 워커빌리티와 유동성을 감소시킨다.

58 암석의 분류 중 성인(지질학적)에 의한 분류의 결과가 아닌 것은?

① 화성암   ② 퇴적암

③ 점토질암   ④ 변성암

해설 성인(지질학적)에 의한 분류

· 화성암 : ① 화강암 ② 섬록암 ③ 안산암 ④ 현무암

· 퇴적암 : ① 응회암 ② 사암 ③ 혈암 ④ 점판암 ⑤ 석회암 ⑥ 규조토

· 변성암 : ① 편마암 ② 천매암 ③ 대리석

59 역청재료의 침입도 시험에서 중량 100g의 표준침이 5초 동안에 5mm 관입했다면 이 재료의 침입도는 얼마인가?

① 100   ② 50

③ 25   ④ 5

해설 침입도는 0.1mm를 1로 나타낸다.

$$\therefore 침입도 = \frac{5}{0.1} = 50$$

60 길이가 15cm인 어떤 금속을 17cm로 인장시켰을 때 폭이 6cm에서 5.8cm가 되었다. 이 금속의 포아송 비는?

① 0.15   ② 0.20

③ 0.25   ④ 0.30

해설 포아송비 $\nu = \dfrac{\beta}{\epsilon} = \dfrac{\dfrac{\Delta d}{d}}{\dfrac{\Delta l}{l}} = \dfrac{\Delta d \cdot l}{\Delta l \cdot d}$

$$= \frac{(6-5.8) \times 15}{(17-15) \times 6} = 0.25$$

제4과목 : 토질 및 기초

□□□ 기 13,24

61 포화된 지반의 간극비를 e, 함수비를 w, 간극률을 n, 비중을 G_s라 할 때 다음 중 한계 동수 경사를 나타내는 식으로 적절한 것은?

① $\dfrac{G_s+1}{1+e}$ 　② $(1+n)(G_s-1)$

③ $\dfrac{e-w}{w(1+e)}$ 　④ $\dfrac{G_s(1-w+e)}{(1+G_s)(1+e)}$

해설　$i_c = \dfrac{G_s-1}{1+e}$ 에서

$G_s = \dfrac{S \cdot e}{w}$, 포화도 $S=100\%$

$\therefore i_c = \dfrac{G_s-1}{1+e} = \dfrac{\dfrac{S \cdot e}{w} - \dfrac{w}{w}}{1+e} = \dfrac{S \cdot e - w}{w(1+e)} = \dfrac{e-w}{w(1+e)}$

기 91,00,10,12,14,24

62 흐트러지지 않은 연약한 점토시료를 채취하여 일축압축 시험을 실시하였다. 공시체의 직경이 35mm, 높이가 80mm이고 파괴시의 하중계의 읽음값이 20N, 축방향의 변형량이 12mm일 때 이 시료의 전단강도는?

① 4kN/m^2 　② 6kN/m^2

③ 9kN/m^2 　④ 10kN/m^2

해설　· $A = \dfrac{A_o}{1-\dfrac{\Delta h}{h}} = \dfrac{\dfrac{\pi \times 35^2}{4}}{1-\dfrac{12}{80}} = 1,131.9\text{mm}^2$

· $q_u = \dfrac{P}{A} = \dfrac{20}{1,131.9} = 0.01767\text{N/mm}^2$

$\therefore$ 전단 강도 $S = \dfrac{q_u}{2} = \dfrac{0.0176}{2}$

$\qquad = 0.009\text{N/mm}^2 = 0.009\text{MPa} = 9\text{kN/m}^2$

기 00,05,13,16,24

63 5m×10m의 장방형 기초 위에 $q=60\text{kN/m}^2$의 등분포 하중이 작용할 때, 지표면 아래 10m에서의 수직응력을 2 : 1법으로 구한 값은?

① 10kN/m^2 　② 20kN/m^2

③ 30kN/m^2 　④ 40kN/m^2

해설　$\sigma_z = \dfrac{q \cdot B \cdot L}{(B+Z)(L+Z)}$

$\qquad = \dfrac{60 \times 5 \times 10}{(5+10)(10+10)} = 10\text{kN/m}^2$

□□□ 기 84,94,13,14,20,21,24

64 압밀 시험에서 시간 – 압축량 곡선으로부터 구할 수 없는 것은?

① 압밀 계수(C_v) 　② 압축 지수(C_c)

③ 체적 변화 계수(m_v) 　④ 투수 계수(k)

해설

시간 – 압축량(침하) 곡선	$e - \log p$ 곡선
· 압축 계수(a_v)	· 압축 지수(C_c)
· 압밀 계수(C_v)	· 선행 압밀 하중(P_o)
· 체적 변화 계수(m_v)	
· 투수 계수(k)	
· 1차 압밀비(γ)	

□□□ 기 09,16,24

65 그림에서 안전율 3을 고려하는 경우, 수두차 h를 최소 얼마로 높일 때 모래시료에 분사현상이 발생하겠는가?

① 12.75cm

② 9.75cm

③ 4.25cm

④ 3.25cm

해설　$F_s = \dfrac{\dfrac{G_s-1}{1+e}}{\dfrac{h}{15}}$

· 공극비 $e = \dfrac{n}{100-n} = \dfrac{50}{100-50} = 1.0$

· 한계동수경사 $i_c = \dfrac{G_s-1}{1+e} = \dfrac{2.7-1}{1+1.0} = 0.85$

· $F_s = \dfrac{0.85}{\dfrac{h}{15}} = 3$　$\therefore h = 4.25\text{cm}$

참고　SOLVE 사용

□□□ 기 03,20,24

66 어떤 흙의 입경가적곡선에서 $D_{10}=0.05\text{mm}$, $D_{30}=0.09\text{mm}$, $D_{60}=0.15\text{mm}$이었다. 균등계수(C_u)와 곡률계수(C_g)의 값은?

① 균등계수=1.7, 곡률계수=2.45

② 균등계수=2.4, 곡률계수=1.82

③ 균등계수=3.0, 곡률계수=1.08

④ 균등계수=3.5, 곡률계수=2.08

해설　· 균등계수 $C_u = \dfrac{D_{60}}{D_{10}} = \dfrac{0.15}{0.05} = 3.0$

· 곡률계수 $C_g = \dfrac{D_{30}^2}{D_{10} \times D_{60}} = \dfrac{0.09^2}{0.05 \times 0.15} = 1.08$

□□□ 기 14,17,24

67 베인전단시험(vane shear test)에 대한 설명으로 옳지 않은 것은?

① 베인전단시험으로부터 흙의 내부마찰각을 측정할 수 있다.
② 현장 원위치 시험의 일종으로 점토의 비배수전단강도를 구할 수 있다.
③ 십자형의 베인(vane)을 땅속에 압입한 후, 회전모멘트를 가해서 흙이 원통형으로 전단파괴될 때 저항모멘트를 구함으로써 비배수 전단강도를 측정하게 된다.
④ 연약점토지반에 적용된다.

해설 베인전단시험(vane shear test)
· 연약 점토 지반의 비배수 강도를 측정하는데 이용
· 비배수 조건하에서의 사면안정해석이나 구조물의 기초에서 지지력 산정에 이용
· Vane 시험시 회전 모멘트를 측정하여 비배수 강도를 구한다.

□□□ 기 15,24

68 사면안정 해석방법에 대한 설명으로 틀린 것은?

① 일체법은 활동면 위에 있는 흙덩어리를 하나의 물체로 보고 해석하는 방법이다.
② 절편법은 활동면 위에 있는 흙을 몇 개의 절편으로 분할하여 해석하는 방법이다.
③ 마찰원방법은 점착력과 마찰각을 동시에 갖고 있는 균질한 지반에 적용된다.
④ 절편법은 흙이 균질하지 않아도 적용이 가능하지만, 흙속에 간극수압이 있을 경우 적용이 불가능하다.

해설 절편법은 흙이 균질하지 않아도 적용이 가능하지만, 흙속에 간극수압이 있을 때 적용한다.

□□□ 기 기17,24

69 아래 그림과 같은 무한 사면이 있다. 흙과 암반의 경계면에서 흙의 강도정수 $c=18\text{kN/m}^2$, $\phi=25°$이고, 흙의 단위중량 $\gamma=19\text{kN/m}^3$인 경우 경제면에서 활동에 대한 안전율을 구하면?

① 1.55
② 1.60
③ 1.65
④ 1.70

해설 무한사면의 경계면에서 활동에 대한 안전율

$$F_s = \frac{c}{\gamma H \sin\beta \cos\beta} + \frac{\tan\phi}{\tan\beta}$$
$$= \frac{18}{19 \times 7\sin 20° \cos 20°} + \frac{\tan 25°}{\tan 20°}$$
$$= 1.70$$

□□□ 기 95,02,05,08,18,24

70 그림과 같은 지반에서 하중으로 인하여 수직응력($\Delta\sigma_1$)이 100kN/m^2 증가되고 수평응력($\Delta\sigma_3$)이 50kN/m^2 증가되었다면 간극 수압은 얼마나 증가되는가? (단, 간극 수압 계수 $A=0.5$이고 $B=1$이다.)

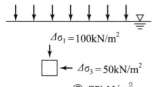

① 50kN/m^2
② 75kN/m^2
③ 100kN/m^2
④ 125kN/m^2

해설 간극 수압 $\Delta U = B[\Delta\sigma_3 + A(\Delta\sigma_1 - \Delta\sigma_3)]$
$$= 1 \times [50 + 0.5(100-50)]$$
$$= 75\text{kN/m}^2$$

□□□ 기 01,06,09,14,18,24

71 크기가 30cm×30cm의 평판을 이용하여 사질토 위에서 평판재하시험을 실시하고 극한지지력 200kN/m^2을 얻었다. 크기가 1.8m×1.8m인 정사각형 기초의 총 허용하중은 약 얼마인가? (단, 안전율 3을 사용)

① 220kN
② 660kN
③ 1,296kN
④ 1,500kN

해설 모래질의 지지력은 재하판의 폭에 비례한다.
· $0.3 : 200 = 1.8 : q_u$
∴ 극한 지지력 $q_u = \frac{1.8 \times 200}{0.3} = 1,200\text{kN/m}^2$
· 극한 하중 $Q_u = q_u \times A = 1,200 \times 1.8 \times 1.8 = 3,888\text{kN}$
∴ 총 허용 하중 $Q_a = \frac{Q_u}{F_s} = \frac{3,888}{3} = 1,296\text{kN}$

□□□ 기 12,16,19,24

72 유효응력에 관한 설명 중 옳지 않은 것은?

① 포화된 흙인 경우 전응력에서 공극수압을 뺀 값이다.
② 항상 전응력값보다는 작은 값이다.
③ 점토지반의 압밀에 관계되는 응력이다.
④ 건조한 지반에서는 전응력과 같은 값으로 본다.

해설 · 전응력 σ = 유효응력($\bar{\sigma}$) + 공극수압(u)
· 유효응력 σ = 전응력(σ) − 공극수압(u)
∴ 유효응력은 흙입자만을 통해 받는 압력이다.
· 모관상승영역에서의 공극수압은 (−)압력이 작용한다.
즉, 유효응력 $\bar{\sigma}$ = 전응력 − (− 공극수압)
∴ 유효응력 $\bar{\sigma}$ = 전응력(σ) + 공극수압(u)

□□□ 기 95,98,02,16,24

73 포화된 점토지반 위에 급속하게 성토하는 제방의 안정성을 검토할 때 이용해야 할 강도정수를 구하는 시험은?

① CU−test
② UU−test
③ $\overline{CU}$−test
④ CD−test

해설 · 비압밀비배수시험(UU−test) : 점토지반의 단기간 안정 검토
· 압밀배수시험(CD−test) : 점토지반의 장기간 안정 검토

배수방법	적 요
UU−test	· 포화점토가 성토직후 급속한 파괴가 예상될 때 · 점토의 단기간 안정 검토시
CU−test	· Pre-loading 후(압밀진행 후) 갑자기 파괴가 예상될 때 · 제방, 흙댐에서 수위가 급강하할 때 안정 검토시
CD−test	· 점토지반의 장기간 안정 검토시 · 압밀이 서서히 진행되고 파괴도 완만하게 진행될 때

□□□ 기 93,98,16,19,24

74 기초가 갖추어야 할 조건이 아닌 것은?

① 동결, 세굴 등에 안전하도록 최소의 근입깊이를 가져야 한다.
② 기초의 시공이 가능하고 침하량이 허용치를 넘지 않아야 한다.
③ 상부로부터 오는 하중을 안전하게 지지하고 기초지반에 전달하여야 한다.
④ 미관상 아름답고 주변에서 쉽게 구득할 수 있는 재료로 설계되어야 한다.

해설 기초의 구비 조건
· 최소 기초 깊이를 유지할 것
· 상부 하중을 안전하게 지지해야 한다.
· 침하가 허용치를 넘지 않을 것
· 기초의 시공이 가능할 것

□□□ 기 97,01,02,03,05,06,20,24

75 전체 시추코어 길이가 150cm이고 이중 회수된 코어 길이의 합이 80cm이었으며, 10cm 이상인 코어 길이의 합이 70cm이었을 때 코어의 회수율(TCR)은?

① 56.67%
② 53.33%
③ 46.67%
④ 43.33%

해설 $TCR = \dfrac{회수된\ 코어의\ 길이}{관입\ 깊이}$

$= \dfrac{80}{150} \times 100 = 53.33\%$

□□□ 기 96,00,07,13,21,24

76 그림에서 지표면으로부터 깊이 6m에서의 연직응력(σ_v)과 수평응력(σ_h)의 크기를 구하면? (단, 토압계수는 0.6이다.)

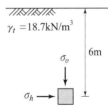

$\gamma_t = 18.7\text{kN/m}^3$

6m

σ_v

$\sigma_h \rightarrow$

① $\sigma_v = 87.3\text{kN/m}^2$, $\sigma_h = 52.4\text{kN/m}^2$
② $\sigma_v = 95.2\text{kN/m}^2$, $\sigma_h = 57.1\text{kN/m}^2$
③ $\sigma_v = 112.2\text{kN/m}^2$, $\sigma_h = 67.3\text{kN/m}^2$
④ $\sigma_v = 123.4\text{kN/m}^2$, $\sigma_h = 74.0\text{kN/m}^2$

해설 · 연직응력 $\sigma_v = \gamma_t \cdot h = 18.7 \times 6 = 112.2\text{kN/m}^2$
· 수평응력 $\sigma_h = K_0 \cdot \sigma_v = 0.6 \times 112.2 = 67.3\text{kN/m}^2$

□□□ 기 97,98,03,10,20,21,24

77 도로의 평판재하 시험에서 시험을 멈추는 조건으로 틀린 것은?

① 완전히 침하가 멈출 때
② 침하량이 15mm에 달할 때
③ 재하 응력이 지반의 항복점을 넘을 때
④ 재하 응력이 현장에서 예상할 수 있는 가장 큰 접지 압력의 크기를 넘을 때

해설 평판재하 시험의 끝나는 조건
· 침하량이 15mm에 달할 때
· 하중강도가 예상되는 최대 접지압력을 초과할 때
· 하중강도가 그 지반의 항복점을 넘을 때

□□□ 기 93,00,04,06,08,15,24

78 내부마찰각 30°, 점착력 15kN/m², 그리고 단위중량이 17kN/m³인 흙에 있어서 인장균열(tension crack)이 일어나기 시작하는 깊이는 약 얼마인가?

① 2.2m
② 2.7m
③ 3.1m
④ 3.5m

해설 $Z_C = \dfrac{2c}{\gamma} \tan\left(45° + \dfrac{\phi}{2}\right)$

$= \dfrac{2 \times 15}{17} \tan\left(45° + \dfrac{30°}{2}\right) = 3.1\text{m}$

79 어느 모래층의 간극률이 35%, 비중이 2.66이다. 이 모래의 분사현상(Quick Sand)에 대한 한계동수경사는 얼마인가?

① 0.99　　　　　　② 1.08

③ 1.16　　　　　　④ 1.32

해설 간극비 $e = \dfrac{n}{100-n} = \dfrac{35}{100-35} = 0.54$

$\therefore i_c = \dfrac{G_s - 1}{1+e} = \dfrac{2.66-1}{1+0.54} = 1.08$

80 주동토압을 P_A, 수동토압을 P_P, 정지토압을 P_O라 할 때 토압의 크기를 비교한 것으로 옳은 것은?

① $P_A > P_P > P_O$　　　② $P_P > P_O > P_A$

③ $P_P > P_A > P_O$　　　④ $P_O > P_A > P_P$

해설 수동토압(P_P) > 정지토압(P_O) > 주동토압(P_A)

국가기술자격 필기시험문제

2024년도 기사 2회 필기시험 (1부)

자격종목	시험시간	문제수	형 별	수험번호	성 명
건설재료시험기사 온라인TEST	2시간	80	A		

※ 각 문제는 4지 택일형으로 질문에 가장 적합한 문제의 보기 번호를 클릭하거나 답안표기란의 번호를 클릭하여 입력하시면 됩니다.
※ 입력된 답안은 문제 화면 또는 답안 표기란의 보기 번호를 클릭하여 변경하실 수 있습니다.

제1과목 : 콘크리트 공학

기 13,16,22,24
01 콘크리트의 크리프에 대한 설명으로 틀린 것은?

① 부재의 치수가 작을수록 크리프는 증가한다.
② 단위시멘트량이 많을수록 크리프는 증가한다.
③ 조강 시멘트는 보통 시멘트보다 크리프가 작다.
④ 상대습도가 높고, 온도가 낮을수록 크리프는 증가한다.

해설 온도가 높을수록 크리프는 증가한다.

기 99,08,12,24②
02 S-N곡선은 콘크리트의 어떤 성질을 나타내는 데 사용되는가?

① 피로
② 부착 강도
③ 크리프
④ 충격 강도

해설 · S-N곡선 : 횡축에 반복회수 log N, 종축에 응력진폭을 나타낸다.
· S-N곡선으로 재료의 피로한도를 나타낸다.
· 큰 하중을 되풀이해서 받는 구조물의 설계시공에는 피로를 고려해야 한다.

기 17,24
03 콘크리트의 슬럼프시험에 대한 설명으로 틀린 것은?

① 다짐봉은 지름 16mm, 길이 500～600mm의 강 또는 금속제 원형봉으로 그 앞 끝을 반구모양으로 한다.
② 슬럼프 콘에 콘크리트 시료를 거의 같은 양의 3층으로 나눠서 채운다.
③ 콘크리트 시료의 각 층을 다질 때 다짐봉의 깊이는 그 앞 층에 거의 도달할 정도로 한다.
④ 슬럼프는 1mm 단위로 표시한다.

해설 슬럼프는 5mm 단위로 표시한다.

기 01,04,06,11,14,15,19,22,24
04 시멘트의 수화반응에 의해 생성된 수산화칼슘이 대기 중의 이산화탄소와 반응하여 콘크리트의 성능을 저하시키는 현상을 무엇이라고 하는가?

① 염해
② 탄산화
③ 동결융해
④ 알칼리-골재반응

해설 콘크리트에 포함된 수산화칼슘($Ca(OH)_2$)이 공기 중의 탄산가스(CO_2)와 반응하여 수산화칼슘이 소비되어 알칼리성을 잃는 현상이 탄산화 현상이므로 콘크리트가 탄산화 되면 철근의 보호막이 파괴되어 부식되기 쉽다.

기 04,11,20,24
05 굳지 않은 콘크리트에서 재료분리가 일어나는 원인으로 볼 수 없는 것은?

① 단위 골재량이 너무 적은 경우
② 단위 수량이 너무 많은 경우
③ 입자가 거친 잔 골재를 사용한 경우
④ 굵은 골재의 최대치수가 지나치게 큰 경우

해설 단위 골재량이 너무 많을 경우

기 14,15,22,24
06 콘크리트 재료의 계량 및 비비기에 대한 설명으로 옳은 것은?

① 비비기는 미리 정해 둔 비비기 시간의 4배 이상 계속하지 않아야 한다.
② 비비기 시간은 강제식 믹서의 경우에는 1분 30초 이상을 표준으로 한다.
③ 재료의 계량은 시방 배합에 의해 실시한다.
④ 골재 계량의 허용오차는 3%이다.

해설 · 비비기는 미리 정해 둔 비비기 시간의 3배 이상 계속하지 않아야 한다.
· 가경식(중력식) 믹서 : 1분 30초 이상, 강제식 믹서 : 1분 이상
· 계량은 현장 배합에 의해 실시하는 것으로 한다.

정답 · 01 ④ 02 ① 03 ④ 04 ② 05 ① 06 ④

07 아래 표의 조건과 같을 경우 콘크리트의 압축강도(f_{cu})를 시험하여 거푸집널의 해체시기를 결정하고자 한다. 콘크리트의 압축강도(f_{cu})가 몇 MPa 이상인 경우 거푸집널을 해체할 수 있는가?

> • 설계기준압축강도(f_{ck})가 30MPa
> • 슬래브 및 보의 밑면 거푸집(단층 구조)

① 5MPa　　　　　　② 10MPa
③ 14MPa　　　　　　④ 20MPa

해설 콘크리트의 압축강도를 시험할 경우

부재	콘크리트의 압축강도(f_{cu})
기초, 보, 기둥, 벽 등의 측면	5MPa 이상
슬래브 및 보의 밑면, 아치 내면 (단층 구조의 경우)	설계기준압축강도×2/3 ($f_{cu} \geq 2/3 f_{ck}$) 다만, 14MPa 이상

$$\therefore \frac{2}{3} f_{ck} = \frac{2}{3} \times 30 = 20\text{MPa} \geq 14\text{MPa}$$

08 다음 중 시방 배합을 현장 배합으로 수정할 경우에 고려할 사항은?

① 골재의 입도와 표면수
② 구조물의 형상과 치수
③ 골재의 형상과 염분 함유량
④ 콘크리트의 내구성과 수밀성

해설 현장 골재의 입도와 표면 수량 상태에 따라 시방 배합을 현장 배합으로 수정해야 한다.

09 프리스트레스트 콘크리트 구조물이 철근 콘크리트 구조물보다 유리한 점을 설명한 것 중 옳지 않은 것은?

① 사용 하중하에서는 균열이 발생하지 않도록 설계되기 때문에 내구성 및 수밀성이 우수하다.
② 부재의 탄력성과 복원력이 강하다.
③ 부재의 중량을 줄일 수 있어 장대교량에 유리하다.
④ 강성이 크기 때문에 변형이 작고, 고온에 대한 저항력이 우수하다.

해설 • 철근콘크리트에 비하여 강성이 크므로 변형이 크고 및 진동하기 쉽다.
• 고강도 강재는 고온에 접하면 강도가 갑자기 감소되므로 내화성에서 불리하다.

10 굵은 골재 최대 치수는 질량비로서 전체 골재질량의 몇 % 이상을 통과시키는 체의 최소 호칭치수를 의미하는가?

① 80%　　　　　　② 85%
③ 90%　　　　　　④ 95%

해설 굵은 골재의 최대 치수 : 질량비로 90% 이상을 통과시키는 체 중에서 최소치수의 체눈의 호칭치수로 나타낸 굵은 골재의 치수

11 길모아 장치에 의한 시험은 무엇을 알기 위한 시험인가?

① 시멘트 분말도　　　② 시멘트 응결시간
③ 시멘트 팽창도　　　④ 시멘트 비중

해설 시멘트의 응결시험 : 비카 침에 의한 수경성 시멘트의 응결 시간 시험 방법과 길모어 침에 의한 시멘트의 응결 시간 시험 방법이 있다.

12 30회 이상의 시험실적으로부터 구한 콘크리트 압축강도의 표준편차가 4.5MPa이고, 품질기준강도가 40MPa인 경우 배합강도는?

① 46.1MPa　　　　② 46.5MPa
③ 47.0MPa　　　　④ 48.5MPa

해설 $f_{cq} > 35\text{MPa}$일 때
• $f_{cr} = f_{cq} + 1.34s = 40 + 1.34 \times 4.5 = 46.0\text{MPa}$
• $f_{cr} = 0.9f_{cq} + 2.33s = 0.9 \times 40 + 2.33 \times 4.5 = 46.5\text{MPa}$
∴ 배합강도 $f_{cr} = 46.5\text{MPa}$ (큰 값)

13 서중 콘크리트에 대한 설명으로 틀린 것은?

① 하루 평균기온이 25℃를 초과하는 것이 예상되는 경우 서중 콘크리트로 시공한다.
② 일반적으로는 기온 10℃의 상승에 대하여 단위수량은 2~5% 감소하므로 단위수량에 비례하여 단위 시멘트량의 감소를 검토하여야 한다.
③ 콘크리트를 타설하기 전에 지반과 거푸집 등을 조사하여 콘크리트로부터의 수분흡수로 품질변화의 우려가 있는 부분은 습윤 상태로 유지하는 등의 조치를 하여야 한다.
④ 콘크리트는 비빈 후 즉시 타설하여야 하며, 일반적인 대책을 강구한 경우라도 1.5시간 이내에 타설하여야 한다.

해설 일반적으로는 기온 10℃의 상승에 대하여 단위수량은 2~5% 증가하므로 소요의 압축강도를 확보하기 위해서는 단위수량에 비례하여 단위 시멘트량의 증가를 검토 하여야 한다.

□□□ 기 10,11,14,17,19,22,24

14 고압증기양생에 대한 설명으로 틀린 것은?

① 고압증기양생을 실시하면 황산염에 대한 저항성이 향상된다.
② 고압증기양생을 실시하면 보통 양생한 콘크리트에 비해 철근의 부착강도가 크게 향상된다.
③ 고압증기양생을 실시하면 백태현상을 감소시킨다.
④ 고압증기양생을 실시한 콘크리트는 어느 정도의 취성이 있다.

해설 고압증기 양생한 콘크리트는 보통 양생한 것에 비해 철근의 부착 강도가 약 1/2이 되므로 철근콘크리트 부재에 적용하는 것은 바람직하지 못하다.

□□□ 기 06,09,19,21,24

15 프리스트레스트 콘크리트에서 프리텐션 방식으로 프리스트레싱할 때 콘크리트의 압축강도는 최소 몇 MPa 이상이어야 하는가?

① 25MPa
② 30MPa
③ 35MPa
④ 40MPa

해설 프리텐션방식으로 프리스트레싱할 때의 콘크리트 압축 강도는 30MPa 이상이 이어야 한다.

□□□ 기 06,19,24

16 단면적이 $600cm^2$인 프리스트레스트 콘크리트에서 콘크리트 도심에 PS강선을 배치하고 초기프리스트레스 $P_i = 340,000N$을 가할 때 콘크리트의 탄성변형에 의한 프리스트레스의 감소량은 얼마인가? (단, 탄성계수비 $n = 6$이다.)

① 34MPa
② 38MPa
③ 42MPa
④ 46MPa

해설 $\Delta f_p = n \cdot \dfrac{P}{A_c}$

$= 6 \times \dfrac{340,000}{600 \times 10^2} = 34\,MPa$

□□□ 기 02,05,08,19,24

17 AE 콘크리트에서 공기량에 영향을 미치는 요인들에 대한 설명으로 잘못된 것은?

① 단위시멘트량이 증가할수록 공기량은 감소한다.
② 배합과 재료가 일정하면 슬럼프가 작을수록 공기량은 증가한다.
③ 콘크리트의 온도가 낮을수록 공기량은 증가한다.
④ 콘크리트가 응결·경화되면 공기량은 증가한다.

해설 콘크리트가 응결·경화되면 공기량은 감소한다.

□□□ 기 99,07,18,20,24

18 숏크리트에 대한 설명으로 틀린 것은?

① 일반 숏크리트의 장기 설계기준강도는 재령 28일로 설정하며, 그 값은 21MPa 이상으로 한다.
② 영구 지보재료 숏크리트를 적용할 경우 재령 28일 부착강도는 1.0MPa 이상이 되도록 한다.
③ 숏크리트의 분진농도는 $10mg/m^3$ 이하로 하며, 뿜어붙이기 작업 개소로부터 5m지점에 측정된다.
④ 영구지보재 개념으로 숏크리트를 적용할 경우 초기강도는 3시간 $1.0 \sim 3.0MPa$, 24시간 강도는 $5.0 \sim 10.0MPa$ 이상으로 한다.

해설 숏크리트의 분진농도는 $5mg/m^3$ 이하로 하며, 뿜어붙이기 작업 개소로부터 5m지점에 측정된다.

□□□ 기 08,11,13,17,24

19 압축강도에 의한 콘크리트 품질관리에 대한 설명으로 틀린 것은?

① 일반적인 경우 조기재령에 있어서의 압축강도에 의해 실시한다.
② 1회의 시험값은 현장에서 채취한 시험체 3개의 압축강도 시험값의 평균값으로 한다.
③ 시험값에 의하여 콘크리트의 품질을 관리할 경우에는 관리도 및 히스토그램을 사용하는 것이 좋다.
④ 압축강도 시험실시의 시기 및 횟수는 1일 1회 또는 구조물의 중요도와 공사규모에 따라 $500m^3$ 마다 1회, 배합의 변경될 때마다 1회로 한다.

해설 압축강도 실험실시의 시기 및 횟수는 하루에 치는 콘크리트마다 적어도 1회, 또는 구조물의 중요도와 공사의 규모에 따라 $120m^3$ 마다 1회, 또는 배합이 변경될 때마다 한다.

□□□ 기 99,15,24

20 구조물의 보강 공법에 해당되지 않는 것은?

① 주입 공법
② 세로보 증설공법
③ 브레이싱 보강 공법
④ 강판 덧붙이기 공법

해설 · 보수 공법 : 주입공법, 단면복구공법, 표면처리공법, 강판접착 공법
· 보강 공법 : 세로보 증설공법, 브레이싱 보강공법, 강판 덧붙이기 공법

제2과목 : 건설시공 및 관리

□□□ 기 14,18,24
21 흙을 자연 상태로 쌓아 올렸을 때 급경사면은 점차로 붕괴하여 안정된 비탈면이 되는데 이때 형성되는 각도를 무엇이라 하는가?

① 흙의 자연각   ② 흙의 경사각
③ 흙의 안정각   ④ 흙의 안식각

해설   흙의 안식각 : 흙은 쌓아올려 자연 상태로 방치하면 급한 경사면은 차츰 붕괴되어 안정된 비탈을 형성한다. 이 안정된 비탈면과 원지면이 이루는 각을 흙의 안식각이라 한다.

□□□ 기 98,05,08,12,18,22,24
22 흙의 성토작업에서 아래 그림과 같은 쌓기 방법에 대한 설명으로 틀린 것은?

① 전방쌓기법이다.
② 공사비가 싸고 공정이 빠른 장점이 있다.
③ 주로 중요하지 않은 구조물의 공사에 사용된다.
④ 층마다 다소의 수분을 주어서 충분히 다진 후 다음 층을 쌓는 공법이다.

해설   · 전방층 쌓기 : 한 번에 필요한 높이까지 전방에 흙을 투하하면서 쌓는 방법으로 공사가 빠르나 완공된 후에 침하가 크게 일어난다.
· 도로, 철도공사에서의 낮은 축제에 사용되며 공사 중에는 압축되지 않으므로 준공 후 상당한 침하가 우려되지만 공사비가 싸고 공정이 빠른 성토시공 공법

□□□ 기 02,04,08,14,24
23 성토사면의 토사 속에 고분자합성수지로 된 특수섬유와 모래를 혼합시킨 특수보강재를 살포하여, 인공뿌리역할을 하도록 함으로써, 사면보호기능을 하는 공법은?

① 코어프레임공법   ② 소일시멘트공법
③ 지오그리드공법   ④ 택솔공법

해설   택솔(texsol)공법 : 연속 장섬유를 사용한 보강토 공법으로 흙속에 나무 뿌리가 망상으로 퍼져 흙을 보강하는 데서 힌트를 얻어 프랑스에서 개발된 공법으로 사면안정성이 양호하다.

□□□ 기 12,15,24
24 아래의 표에서 설명하는 흙막이 굴착공법의 명칭은?

> 비탈면 개착공법과 흙막이벽이 자립할 수 있을 정로로 굴착하고, 그 이하는 비탈면 개착공법과 같이 내부를 굴착하여 구조체를 먼저 구축하고, 그 구조체에서 경사 버팀대나 수평 버팀대로 흙막이 벽을 지지하고 외곽부분을 굴착하여 외주부분의 구조체를 구축하는 방법

① 트렌치 컷 공법   ② 역타 공법
③ 언더피닝 공법   ④ 아일랜드 공법

해설   Island공법 : 기초가 비교적 얕고 면적이 넓은 경우에 사용하는데 섬처럼 중앙부를 먼저 굴착한 후 구조물의 기초를 축조한 다음 이것을 발판으로 둘레 부분을 굴착해 나가는 공법이다.

□□□ 기 12,15,24
25 항타말뚝은 주로 해머를 이용하여 말뚝을 지반에 근입시킨다. 다음 중 항타말뚝에 사용되는 디젤해머의 특징에 대한 설명으로 틀린 것은?

① 취급이 비교적 간단하다.
② 부대설비가 적어 작업성과 기동성이 있다.
③ 배기가스 및 소음공해가 있다.
④ 연약지반에서 매우 유용하다.

해설   연약지반에서는 능률이 떨어진다.

□□□ 기 05,06,08,09,15,18,24
26 현장 콘크리트 말뚝의 장점에 대한 설명으로 틀린 것은?

① 지층의 깊이에 따라 말뚝길이를 자유로이 조절할 수 있다.
② 말뚝선단에 구근을 만들어 지지력을 크게 할 수 있다.
③ 현장 지반 중에서 제작·양생되므로 품질관리가 쉽다.
④ 말뚝재료의 운반에 제한이 적다.

해설   · 현장콘크리트말뚝은 현장 지반 중에서 제작 양생되므로 품질관리를 확인할 수 없다.
· 현장 콘크리트 말뚝은 양생기간이 필요치 않아 공사기간 등의 제한을 받지 않는다.

□□□ 기 15,24
27 다짐 장비는 다짐의 원리를 이용한 것이다. 다짐기계의 다짐방법의 분류에 속하지 않는 것은?

① 진동식 다짐   ② 전압식 다짐
③ 충격식 다짐   ④ 인장식 다짐

해설   다짐 방법의 분류 : 진동식 다짐, 전압식 다짐, 충격식 다짐

□□□ 기 03,14,24②

28 해저 터널의 굴착에 특히 유효한 shield공법의 적당한 지질은?

① 풍화 암
② 연암
③ 보통 흙
④ 연약 지반

해설 쉴드 공법은 용수를 동반하는 연약지반이나 대수층 지반에서 터널을 만들기 위하여 고안된 공법이다.

□□□ 기 10,17,24

29 장약공 주변에 미치는 파괴력을 제어함으로써 특정방향에만 파괴효과를 주어 여굴을 적게 하는 등의 목적으로 사용하는 조절폭파공법의 종류가 아닌 것은?

① 라인 드릴링
② 벤치 컷
③ 쿠션 블라스팅
④ 프리스플리팅

해설 · 벤치 컷(Bench cut) : 다량의 암석을 계단 모양으로 굴착하여 점차 후퇴하면서 발파 작업을 하는 암석 굴착 방법
· 조절 폭파 공법 : 라인 드릴링공법, 프리 스플리팅공법, 쿠션, 스무스 블라스팅

□□□ 기 02,04,09,14,16,22,24

30 지반안정용액을 주수하면서 수직굴착하고 철근콘크리트를 타설한 후 굴착하는 공법으로 타공법에 비해 차수성이 우수하고 지반변위가 작은 토류공법은?

① 강널말뚝 흙막이벽
② 벽강관 널말뚝 흙막이벽
③ 벽식 연속지중벽 공법
④ Top down 공법

해설 벽식 연속지중벽 공법 : 지수벽, 구조체 등으로 이용하기 위해서 지하로 크고 깊은 트렌치를 굴착하여 철근망을 삽입한 후 concrete 를 타설한 panel을 연속으로 축조해 나아가는 벽식 공법

□□□ 기 00,01,03,10,13,16,24

31 아스팔트 포장의 시공에 앞서 실시하는 시험포장의 결과로 얻어지는 사항과 관계가 없는 것은?

① 혼합물의 현장배합 입도 및 아스팔트 함량의 결정
② 플랜트에서의 작업표준 및 관리목표의 설정
③ 시공관리 목표의 설정
④ 포장두께의 결정

해설 · 시험 포장 결과로부터 결정사항
· 혼합물의 현장 배합 입도 및 아스팔트 함량의 결정
· 플랜트에서의 작업표준 및 관리 목표의 설정
· 시공관리의 목표설정(포설 온도, 전압 온도, 전압 기종, 전압 순서와 회수, 속도)

□□□ 기 99,04,05,09,14,18,24

32 사이폰 관거(syphon drain)에 대한 다음 설명 중 옳지 않은 것은?

① 암거가 앞뒤의 수로 바닥에 비하여 대단히 낮은 위치에 축조된다.
② 일종의 집수 암거로 주로 하천의 복류수를 이용하기 위하여 쓰인다.
③ 용수, 배수, 운하 등 성질이 다른 수로가 교차하지만 합류시킬 수 없을 때 사용한다.
④ 다른 수로 혹은 노선과 교차할 때 사용한다.

해설 다공암거 : 관 내의 집수효과를 크게 하기 위하여 관 둘레에 구멍을 뚫어 지하에 매설하는 일종의 집수 암거를 말하며 하천의 복류수를 이용하기 위하여 사용한다.

□□□ 기 83,88,93,05,06,07,13,17,21,24

33 옹벽의 안정상 수평 저항력을 증가시키기 위한 방법으로 가장 유리한 것은?

① 옹벽의 비탈경사를 크게 한다.
② 옹벽의 저판 밑에 돌기물(Key)을 만든다.
③ 옹벽의 전면에 Apron을 설치한다.
④ 배면의 본바닥에 앵커 타이(Anchor tie)나 앵커벽을 설치한다.

해설 옹벽의 안정상 수평 저항력을 더 증가시킬 필요가 있을 때는 기초 밑면에 돌기물(key)를 만들면 가장 효과적이다.

□□□ 기 15,18,24

34 콘크리트 포장 이음부의 시공과 관계가 적은 것은?

① 슬립폼(slip form)
② 타이바(tie bar)
③ 다우월바(dowel bar)
④ 프라이머(primer)

해설 프라이머(primer) : 주입 줄눈재와 콘크리트 슬래브와의 부착이 잘되게 하기 위하여 주입 줄눈재의 시공에 앞서 미리 줄눈의 홈에 바르는 휘발성 재료

□□□ 기 13,18,24

35 보강토 옹벽에 대한 설명으로 틀린 것은?

① 기초지반의 부등침하에 대한 영향이 비교적 크다.
② 옹벽시공 현장에서의 콘크리트 타설 작업이 필요 없다.
③ 전면판과 보강재가 제품화 되어 있어 시공속도가 빠르다.
④ 전면판과 보강재의 연결 및 보강재와 흙 사이의 마찰에 의하여 토압을 지지한다.

해설 부등침하에 대한 파괴위험이 적어 기초공사가 비교적 간단하다.

36 교량 가설의 위치 선정에서 유의해야 할 사항으로 틀린 것은?

① 하천과 양안의 지질이 양호한 곳일 것
② 하폭의 넓을 때는 굴곡부일 것
③ 교각의 축 방향이 유수의 방향과 평행하게 되는 곳일 것
④ 하천과 유수가 안정한 곳일 것

해설 하상의 변동이 있는 곳이나 세굴 작용이 심한 하천의 굴곡부는 피한다.

37 콘크리트 중력댐에 대한 설명으로 옳은 것은?

① 자중이 크므로 견고한 지반이 필요하다.
② 댐의 상단에서 직접 홍수량을 방류하는 형식을 비월류식이라 한다.
③ 일종의 필댐이다.
④ 댐의 총 자중은 총 수평력 보다 작아야 한다.

해설 콘크리트 중력댐은 댐체의 자중만으로 수압에 저항하며, 기초 암반의 조건은 자중이 크므로 견고한 지반이 필요하기 때문에 필댐보다 엄격해야 한다.

38 흙댐을 구조상 분류할 때 중앙에 불투수성의 흙을, 양측에는 투수성 흙을 배치한 것으로 두 가지 이상의 재료를 얻을 수 있는 곳에서 경제적인 댐 형식은?

① 삼벽형 댐
② 균일형 댐
③ 월류 댐
④ Zone형 댐

해설 Zone형 댐 : 댐의 중앙부에는 수밀성이 높은 불투수성의 흙을 양측의 상하류 비탈면은 큰 알갱이가 많은 투수성 흙을 사용하여 존형으로 된 댐으로 두 가지 재료를 얻을 수 있는 경우에 경제적이다.

39 주 공정선(critical path)의 성질에 다음 설명 중 옳지 않은 것은?

① 현장 소장으로서 중점 관리해야 할 활동의 연속을 뜻한다.
② 크리티칼 패스의 지연은 곧 공기연장을 뜻한다.
③ 자재나 장비를 최우선적으로 투입해야 하는 공정이다.
④ 활동의 연속이 최단 공기를 갖게 되며 자원배당시 조정이 가능한 활동이다.

해설 활동의 연속이 최장 공기를 갖게 되며 자원배당시 조정이 불가능한 활동이다.

40 배수로의 설계 시 유의해야 할 사항이 아닌 것은?

① 집수면적이 커야 한다.
② 집수지역은 다소 길어야 한다.
③ 배수 단면은 하류로 갈수록 커야 한다.
④ 유하속도가 느려야 한다.

해설 유하속도를 빠르게 하여 침전 가능한 물질을 유하시킬 것

제3과목 : 건설재료 및 시험

41 어떤 재료의 포아송비가 1/3이고, 탄성 계수는 2×10^5MPa일 때 전단 탄성 계수는?

① 25,600MPa
② 75,000MPa
③ 544,000MPa
④ 229,500MPa

해설 전단 탄성 계수

$$G = \frac{E}{2(1+\mu)} = \frac{200,000}{2\left(1+\dfrac{1}{3}\right)} = 75,000\,\mathrm{MPa}$$

42 용어의 설명으로 틀린 것은?

① 인장력에 재료가 길게 늘어나는 성질을 연성이라 한다.
② 외력에 의한 변형이 크게 일어나는 재료를 강성이 큰 재료라고 한다.
③ 작은 변형에도 쉽게 파괴되는 성질을 취성이라 한다.
④ 재료를 두들길 때 짧게 펴지는 성질을 전성이라 한다.

해설 강성(剛性 ; rigidity)
· 재료가 외력을 받을 때 변형에 저항하는 성질을 강성이라 한다.
· 외력을 받아도 변형을 적게 일으키는 재료를 강성이 큰 재료라 한다.
· 강성은 탄성계수와 관계가 있으나 강도와는 직접적인 관계는 없다.

43 목재의 특징에 대한 설명 중 틀린 것은?

① 함수율에 따라 수축팽창이 크다.
② 가연성이 있어 내화성이 작다.
③ 온도에 의한 수축, 팽창이 크다.
④ 부식이 쉽고 충해를 입는다.

해설 온도에 의한 수축이 작고 탄성, 인성이 크다.

□□□ 기 06,14,18,24

44 암석의 분류방법 중 보편적으로 사용되며 화성암, 퇴적암, 변성암으로 분류하는 방법은?

① 화학성분에 의한 방법   ② 성인에 의한 방법
③ 산출상태에 의한 방법   ④ 조직구조에 의한 방법

해설 성인에 의한 분류
- 화성암 : 화강암, 안산암, 섬록암, 현무암
- 퇴적암 : 응회암, 사암, 혈암, 점판암, 석회암, 화산암
- 변성암 : 편마암, 천매(편)암, 대리석

□□□ 기 04,07,21,24

45 굵은 골재의 밀도시험 결과가 아래의 표와 같을 때 이 골재의 표면 건조 포화 상태의 시료 밀도는?

[시험결과]
- 표면 건조 포화 상태 시료의 질량 : 4,000g
- 절대 건조 상태 시료의 질량 : 3,950g
- 시료의 수중 질량 : 2,490g
- 시험 온도에서 물의 밀도 : 0.997g/cm³

① 2.57g/cm³   ② 2.60g/cm³
③ 2.64g/cm³   ④ 2.70g/cm³

해설 표건 밀도

$$= \frac{표건상태의 \ 시료질량}{표건상태의 \ 시료질량 - 시료의 \ 수중질량} \times 물의 \ 밀도$$

$$= \frac{4,000}{4,000 - 2,490} \times 0.997 = 2.64g/cm^3$$

□□□ 기 12,17,24

46 아스팔트 시험에 대한 설명으로 틀린 것은?

① 아스팔트 침입도 시험에서 침입도 측정값의 평균값이 50.0 미만인 경우 침입도 측정값의 허용차는 2.0으로 규정하고 있다.
② 환구법에 의한 아스팔트 연화점시험은 시료를 환에 주입하고 4시간 이내에 시험을 종료하여야 한다.
③ 환구법에 의한 아스팔트 연화점시험에서 시료를 규정조건에서 가열하였을 때, 시료가 연화되기 시작하여 규정된 거리(25.4mm)로 처졌을 때의 온도를 연화점이라 한다.
④ 아스팔트의 신도시험에서 2회 측정의 평균값을 0.5cm 단위로 끝맺음하고 신도로 결정한다.

해설 아스팔트의 신도시험에서 3회 측정의 평균값을 1cm 단위로 끝맺음하고 신도로 결정한다.

□□□ 기 06,10,16,21,24

47 아래와 같은 특성을 가지는 시멘트는?

- 발열량이 대단히 많으며 조강성이 크다.
- 열분해 온도가 높으므로(1,300℃ 정도) 내화용 콘크리트에 적합하다.
- 산, 염류, 해수 등의 화학적 침식에 대한 저항성이 크다.

① 고로 시멘트   ② 알루미나 시멘트
③ 플라이애시 시멘트   ④ 백색 포틀랜드 시멘트

해설 알루미나 시멘트의 특징
- 산, 염류, 해수 기타 화학작용을 받는 곳에 저항이 크다.
- 열분해 온도가 높으므로(1,300℃) 내화용 콘크리트에 적합하다.
- 초조강성을 가지므로 1일 40~50MPa 정도의 압축강도를 얻을 수 있다.
- 발열량이 크기 때문에 긴급을 요하는 공사나 한중콘크리트 시공에 적합하다.
- 포틀랜드시멘트와 혼합하여 사용하면 순결성을 나타내므로 주의를 요한다.

□□□ 기 02,05,06,08,11,13,15,16,19,24

48 시멘트의 저장 방법으로 옳지 않은 것은?

① 방습 구조로 된 사일로(silo) 또는 창고에 품종별로 구분하여 저장한다.
② 3개월 이상 장기간 저장한 시멘트는 사용하기 전에 시험을 실시한다.
③ 포대시멘트는 지상 100mm 이상되는 마루에 쌓아 저장한다.
④ 저장 중에 약간이라도 굳은 시멘트는 공사에 사용해서는 안 된다.

해설 포대시멘트가 저장 중에 지면으로부터 습기를 받지 않도록 하기 위해서는 창고의 마룻바닥과 지면 사이는 0.3m로 하면 좋다.

□□□ 기 08,10,17,24

49 콘크리트용 혼화재료인 플라이애시에 대한 다음 설명 중 틀린 것은?

① 플라이애시는 보존 중에 입자가 응집하여 고결하는 경우가 생기므로 저장에 유의하여야 한다.
② 플라이애시는 인공포졸란 재료로 잠재수경성을 가지고 있다.
③ 플라이애시는 워커빌리티 증가 및 단위수량 감소효과가 있다.
④ 플라이애시 중의 미연탄소분에 의해 AE제 등이 흡착되어 연행공기량이 현저히 감소한다.

해설 플라이애시는 인공포졸란에 속하며 자체적으로는 수경성이 없다.

□□□ 기 03,05,08,12,15,18,24

50 콘크리트용 혼화재로 실리카 퓸(Silica fume)을 사용한 경우 효과에 대한 설명으로 잘못된 것은?

① 콘크리트의 재료분리 저항성, 수밀성이 향상된다.
② 알칼리 골재반응의 억제효과가 있다.
③ 내화학약품성이 향상된다.
④ 단위수량과 건조수축이 감소된다.

해설 실리카 퓸을 혼합한 경우 블리딩이 작기 때문에 보유수량이 많게 되어 결과적으로 건조수축이 크게 된다.

□□□ 기 94,99,04,07,15,24

51 아래 표와 같은 조건이 주어졌을 때 아스팔트 혼합물에 대한 공극률은?

> • 시험체의 이론 최대밀도(D) : 2.427g/cm^3
> • 시험체의 실측밀도(d) : 2.325g/cm^3

① 4.2%
② 4.7%
③ 5.3%
④ 5.8%

해설 공극률 $v = \left(1 - \dfrac{d}{D}\right) \times 100 = \left(1 - \dfrac{2.325}{2.427}\right) \times 100 = 4.2\%$

□□□ 기 02,07,18,24

52 발화점이 295℃ 정도이며, 충격에 둔감하고, 폭발 위력이 Dynamite보다 우수하며 흑색 화약의 4배에 달하는 폭약은 어느 것인가?

① T.N.T.
② 니트로 글리세린
③ Slurry 폭약
④ 칼릿(Carlit)

해설 칼릿
• 다이너마이트보다 발화점이 높고(295℃), 충격에 둔감하여 취급에 위험성이 적다.
• 폭발력은 다이너마이트보다 우수하고 흑색 화약의 4배에 달하지만 폭발 속도는 느리다.

□□□ 기 88,91,02,19,24

53 다음 중 토목공사 발파에 사용되는 것으로 폭발력이 가장 약한 것은?

① 흑색화약
② T.N.T
③ 다이너마이트(dynamite)
④ 칼릿(carlit)

해설 흑색화약은 폭발력이 다른 화약에 비해 가장 약하나 값이 싸고 보관 취급에 위험이 적다.

□□□ 기 14,18,20,24

54 토목섬유 중 폴리머를 판상으로 압축시키면서 격자모양의 형태로 구멍을 내어 만든 후 여러 가지 모양으로 늘린 것으로 연약지반 처리 및 지반 보강용으로 사용되는 것은?

① 웨빙(webbing)
② 지오그리드(geogrid)
③ 지오텍스타일(geotextile)
④ 지오멤브레인(geomembrane)

해설 지오그리드의 특징 : 폴리머를 판상으로 압축시키면서 격자 모양의 그리드 형태로 구멍을 내어 특수하게 만든 후 여러 모양으로 넓게 늘여 편 형태로 보강·분리기능이 있다.

□□□ 기 11,14,16,18④,19①,21,24

55 콘크리트용 강섬유의 품질에 대한 설명으로 틀린 것은?

① 강섬유의 평균 인장강도는 700MPa 이상이 되어야 한다.
② 강섬유는 표면에 유해한 녹이 있어서는 안 된다.
③ 강섬유 각각의 인장 강도는 600MPa 이상이어야 한다.
④ 강섬유는 16℃ 이상의 온도에서 지름 안쪽 90°(곡선 반지름 3mm)방향으로 구부렸을 때, 부러지지 않아야 한다.

해설 강섬유의 평균인장강도는 700MPa 이상이 되어야 하며, 각각의 인장강도는 650MPa 이상이어야 한다.

□□□ 기 13,16,24

56 단위용적질량이 1.68kg/L인 굵은 골재의 표건밀도가 2.81kg/L이고, 흡수율이 6%인 경우 이 골재의 공극률은?

① 36.6%
② 40.2%
③ 51.6%
④ 59.8%

해설
• 실적률 $= \dfrac{골재의\ 단위용적질량}{골재의\ 표건밀도}(100 + 골재의\ 흡수율)$
$= \dfrac{1.68}{2.81}(100 + 6) = 63.4\%$
• 공극률 $= 100 - $ 실적률
$= 100 - 63.4 = 36.6\%$

□□□ 기 07,13,18,24

57 금속재료의 특징에 대한 설명으로 옳지 않은 것은?

① 연성과 전성이 작다.
② 금속 고유의 광택이 있다.
③ 전기, 열의 전도율이 크다.
④ 일반적으로 상온에서 결정형을 가진 고체로서 가공성이 좋다.

해설 연성과 전성이 풍부하다.

정답 50 ④ 51 ① 52 ④ 53 ① 54 ② 55 ③ 56 ① 57 ①

□□□ 기 05,12,17,24

58 시멘트 콘크리트 결합재의 일부를 합성수지, 유제 또는 합성고무 라텍스 소재로 한 것을 무엇이라 하는가?

① 가스켓   ② 케미칼 그라우트
③ 불포화 폴리에스테르   ④ 폴리머 시멘트 콘크리트

[해설] 폴리머 시멘트 콘크리트 : 결합재로서 시멘트와 물, 고무, 라텍스 등의 폴리머를 사용하여 골재를 결합시켜 만든 것으로 포장재, 방수재, 접착제 등에 사용된다.

□□□ 기 17,24

59 강재의 화학적 성분 중에서 경도를 증가시키는 가장 큰 성분은 무엇인가?

① 탄소(C)   ② 인(P)
③ 규소(Si)   ④ 알루미늄(Al)

[해설] ・탄소(C)의 함유량이 증가하면 인장 강도와 경도가 증가하고 신장 또는 수축이 감소한다.
・강의 경도는 탄소량이 0.9%까지는 탄소량의 증가에 따라서 감소한다.

□□□ 기 05,17,20,24

60 Hooke의 법칙이 적용되는 인장력을 받는 부재의 늘음량(길이변형량)에 대한 설명으로 틀린 것은?

① 재료의 탄성계수가 클수록 늘음량도 커진다.
② 부재의 단면적이 작을수록 늘음량도 커진다.
③ 부재의 길이가 길수록 늘음량도 커진다.
④ 작용외력이 클수록 늘음량도 커진다.

[해설] Hooke의 법칙에서

$$탄성계수(E) = \frac{응력(f)}{변형률(\epsilon)} = \frac{\frac{P}{A}}{\frac{\Delta l}{l}} = \frac{P \cdot l}{A \cdot \Delta l}$$

∴ 재료의 탄성계수(E)가 클수록 늘음량(Δl)은 작아진다.

제4과목 : 토질 및 기초

□□□ 기 90,96,00,02,11,14,24

61 그림에서 정사각형 독립기초 2.5m×2.5m가 실트질 모래 위에 시공되었다. 이때 근입깊이가 1.50m인 경우 허용지지력은 약 얼마인가? (단, $N_c = 35$, $N_r = N_q = 20$, 안전율은 3)

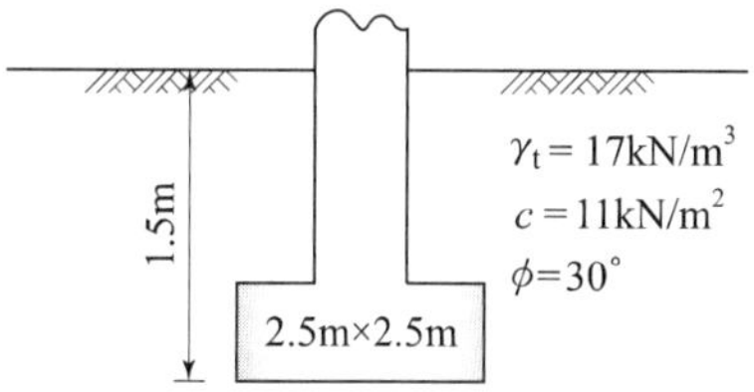

① 250kN/m²
② 300kN/m²
③ 350kN/m²
④ 450kN/m²

(그림: 1.5m 깊이, $\gamma_t = 17kN/m^3$, $c = 11kN/m^2$, $\phi = 30°$, 2.5m×2.5m)

[해설] $q_u = \alpha c N_c + \beta \gamma_1 B N_r + \gamma_2 D_f N_q$

・$\alpha = 1.3$, $\beta = 0.4$

・$q_u = 1.3 \times 11 \times 35 + 0.4 \times 17 \times 2.5 \times 20 + 17 \times 1.5 \times 20$
$= 1,350.5 \, kN/m^2$

∴ 허용지지력 $q_a = \dfrac{q_u}{F_s} = \dfrac{1,350.5}{3} = 450 kN/m^2$

□□□ 기 13,18,19,20,21,24

62 100% 포화된 흐트러지지 않은 시료의 부피가 20cm³이고 무게는 36g이었다. 이 시료를 건조로에서 건조시킨 후의 무게가 24g일 때 간극비는 얼마인가?

① 1.36   ② 1.50
③ 1.62   ④ 1.70

[해설] ・$W_w = W - W_s = 36 - 24 = 12g$

・물의 부피 $V_w = \dfrac{W_w}{\rho_w} = \dfrac{12}{1} = 12cm^3$

(100% 포화일 때 $V_w = V_v$)

∴ 공극비 $e = \dfrac{V_v}{V_s} = \dfrac{V_v}{V - V_v} = \dfrac{12}{20 - 12} = 1.50$

□□□ 기 97,00,01,03,12,14,24

63 연약점성토층을 관통하여 철근콘크리트 파일을 박았을 때 부마찰력(Negative friction)은? (단, 이때 지반의 일축압축강도 $q_u = 20kN/m^2$, 파일직경 $D = 50cm$, 관입깊이 $l = 10m$이다.)

① 157.1kN   ② 185.3kN
③ 208.2kN   ④ 242.4kN

[해설] 부마찰력 $R_{nf} = U \cdot l_c \cdot f_s$

・말뚝의 주변장 $U = \pi \cdot D = \pi \times 0.5 = 1.571m$

・평균 마찰력 $f_s = \dfrac{q_u}{2} = \dfrac{20}{2} = 10kN/m^2$

∴ $R_{nf} = 1.571 \times 10 \times 10 = 157.1kN$

□□□ 기 08,13,18,21,22,24

64 표준 관입 시험(S.P.T) 결과 N 치가 25이었고, 그때 채취한 교란 시료로 입도 시험을 한 결과가 입자가 둥글고, 입도 분포가 불량할 때 Dunham 공식에 의해서 구한 내부 마찰각은?

① 32.3° ② 37.3°
③ 42.3° ④ 48.3°

해설 토립자가 둥글고 입도 분포가 불량할 때
$\phi = \sqrt{12N} + 15 = \sqrt{12 \times 25} + 15 = 32.3°$

□□□ 기 98,07,12,15,22④,24

65 어느 점토의 체가름 시험과 액·소성시험 결과 0.002mm $(2\mu m)$ 이하의 입경이 전시료 중량의 90%, 액성한계 60%, 소성한계 20% 이었다. 이 점토 광물의 주성분은 어느 것으로 추정되는가?

① Kaolinite ② Illite
③ Calcite ④ Montmorillonite

해설 · 활성도 $A = \dfrac{\text{소성지수 } I_P}{2\mu m \text{ 이하의 점토 함유율(\%)}} = \dfrac{60-20}{90} = 0.44$

· $A = 0.44 < 0.75$: Kaolinite

□□□ 기 94,08,12,15,24

66 Sand drain의 지배영역에 관한 Barron의 정삼각형 배치에서 샌드 드레인의 간격을 d, 유효원의 직경을 de 라 할 때 de 를 구하는 식으로 옳은 것은?

① $de = 1.128d$ ② $de = 1.028d$
③ $de = 1.050d$ ④ $de = 1.50d$

해설 정삼각형 배치 : $d_e = 1.050d$
정사각형 배치 : $d_e = 1.128d = 1.13d$

□□□ 기 04,10,11,17,24

67 사질토 지반에 축조되는 강성기초의 접지압 분포에 대한 설명 중 맞는 것은?

① 기초 모서리 부분에서 최대 응력이 발생한다.
② 기초에 작용하는 접지압 분포는 토질에 관계없이 일정하다.
③ 기초의 중앙 부분에서 최대 응력이 발생한다.
④ 기초 밑면의 응력은 어느 부분이나 동일하다.

해설 · 강성기초 : 점토질지반 ; 중앙부분에서 침하가 크게 발생하므로 기초의 모서리 부분에서 최대 응력이 발생한다.
· 강성기초 : 사질토지반 ; 기초의 모서리 부분에서 침하가 크게 발생하므로 기초의 중앙에서 최대 응력이 발생한다.

□□□ 기 96,98,00,01,03,05,16,24

68 최대주응력이 100kN/m², 최소주응력이 40kN/m²일 때 최소주응력 면과 45°를 이루는 평면에 일어나는 수직응력은?

① 70kN/m² ② 30kN/m²
③ 60kN/m² ④ $40\sqrt{2}$ kN/m²

해설 $\sigma = \dfrac{\sigma_1 + \sigma_3}{2} + \dfrac{\sigma_1 - \sigma_3}{2}\cos 2\theta$

$= \dfrac{100+40}{2} + \dfrac{100-40}{2}\cos(2 \times 45°) = 70\text{kN/m}^2$

□□□ 기 81,95,99,02,04,14,17,24

69 말뚝 지지력에 관한 여러 가지 공식 중 정역학적 지지력 공식이 아닌 것은?

① Dörr의 공식 ② Terzaghi의 공식
③ Meyerhof의 공식 ④ Engineering−News 공식

해설

정역학적 공식	동역학적 공식
· Terzaghi 공식	· Hiley 공식
· Meyerhof 공식	· Weisbach 공식
· Dörr의 공식	· Engineering−News 공식
· Dunham 공식	· Sander 공식

□□□ 기 80,93,02,04,18,24

70 입경이 균일한 포화된 사질지반에 지진이나 진도 등 동적 하중이 작용하면 지반에서는 일시적으로 전단강도를 상실하게 되는데, 이러한 현상을 무엇이라 하는가?

① 분사현상(quick sand) ② 틱소트로피(Thixotropy)
③ 히빙현상(heaving) ④ 액화현상(Liquefaction)

해설 · 액화현상(Liquefaction)의 정의이다.
· Thixotropy : 흙의 전단특성에서 교란된 흙은 시간이 지남에 따라 손실된 강도의 일부를 회복하는 현상
· 분사현상 : 침투수압이 흙의 유효응력보다 크게 되는 경우 내부의 토사가 솟아나 오는 현상

□□□ 기 96,02,07,09,16,24

71 폭 10cm, 두께 3mm인 Paper Drain 설계시 Sand drain의 직경과 동등한 값(등치환산원의 지름)으로 볼 수 있는 것은? (단, 형상계수 $\alpha = 0.75$)

① 2.5cm ② 5.0cm
③ 7.5cm ④ 10.cm

해설 $D = \alpha \dfrac{2(A+B)}{\pi} = 0.75 \times \dfrac{2(10+0.3)}{\pi} = 5.0\text{cm}$

□□□ 기 06,17,19,20,24

72 흐트러지지 않은 시료를 이용하여 액성한계 40%, 소성한계 22.3%를 얻었다. 정규압밀 점토의 압축지수(C_c) 값을 Terzaghi와 Peck이 발표한 경험식에 의해 구하면?

① 0.25 ② 0.27
③ 0.30 ④ 0.35

해설 Terzaghi와 Peck의 경험식(불교란 점토 시료)

압축 지수 $C_c = 0.009(W_L - 10)$
$$= 0.009(40 - 10) = 0.27$$

□□□ 기 01,06,09,14,18,24

73 크기가 30cm×30cm의 평판을 이용하여 사질토 위에서 평판재하시험을 실시하고 극한지지력 200kN/m²을 얻었다. 크기가 1.8m×1.8m인 정사각형 기초의 총 허용하중은 약 얼마인가? (단, 안전율 3을 사용)

① 220kN ② 660kN
③ 1,296kN ④ 1,500kN

해설 모래질의 지지력은 재하판의 폭에 비례한다.
· $0.3 : 200 = 1.8 : q_u$
$$\therefore 극한 지지력 \; q_u = \frac{1.8 \times 200}{0.3} = 1,200 kN/m^2$$
· 극한 하중 $Q_u = q_u \times A = 1,200 \times 1.8 \times 1.8 = 3,888 kN$
$$\therefore 총 허용 하중 \; Q_a = \frac{Q_u}{F_s} = \frac{3,888}{3} = 1,296 kN$$

□□□ 기 11,18,24

74 점토의 다짐에서 최적 함수비보다 함수비가 작은 건조측 및 함수비가 많은 습윤측에 대한 설명으로 옳지 않은 것은?

① 다짐의 목적에 따라 습윤 및 건조측으로 구분하여 다짐계획을 세우는 것이 효과적이다.
② 흙의 강도 증가가 목적인 경우, 건조측에서 다지는 것이 유리하다.
③ 습윤측에서 다지는 경우, 투수계수 증가 효과가 크다.
④ 다짐의 목적이 차수를 목적으로 하는 경우, 습윤측에서 다지는 것이 유리하다.

해설 · 최적 함수비보다 작은 건조측에서 투수계수가 큰 것은 점토 입자의 배열이 불규칙하게 되어 결과적으로 큰 간극을 형성하기 때문이다.
· 최적 함수비보다 약간 습윤측에서 최소 투수계수를 얻을 수 있다.
· 일반적으로 흙의 강도 증가나 압축성 감소가 요구될 때에는 건조측 다짐을 실시한다.
· 흙 댐의 심벽 공사와 같이 차수를 목적으로 하는 경우는 습윤측 다짐을 실시한다.

□□□ 기 95,00,03,05,12,14,17,20,24

75 중심간격이 2.0m, 지름 40cm인 말뚝을 가로 4개, 세로 5개씩 전체 20개의 말뚝을 박았다. 말뚝 한 개의 허용지지력이 150kN이라면 이 군항의 허용지지력은 약 얼마인가? (단, 군말뚝의 효율은 Converse-Labarre 공식을 사용)

① 4,500kN ② 3,000kN
③ 2,415kN ④ 1,215kN

해설 · $\phi = \tan^{-1} \frac{d}{S} = \tan^{-1} \frac{40}{200} = 11.3°$
· 효율(E) $= 1 - \phi \left(\dfrac{m(n-1) + n(m-1)}{90mn} \right)$
$$= 1 - 11.3° \left(\frac{4(5-1) + 5(4-1)}{90 \times 4 \times 5} \right) = 0.805$$
$$\therefore R_{ag} = ENR_a = 0.805 \times 20 \times 150 = 2,415 kN$$

□□□ 기 80,81,94,03,21,24

76 다음 중 연약점토지반 개량공법이 아닌 것은?

① 프리로딩(Pre-loading) 공법
② 샌드 드레인(Sand drain) 공법
③ 페이퍼 드레인(Paper drain) 공법
④ 바이브로 플로테이션(Vibro flotation) 공법

해설 연약지반 공법

점토질 지반 개량	사질토 지반 개량
· Sand drain 공법	· Vibroflotation 공법
· Paper drain 공법	· 폭파다짐 공법
· Preloading 공법	· 전기충격 공법
· 침투압공법	· Compozer 공법
· 전기 침투공법	· 다짐 말뚝공법
· 생석회 말뚝공법	· 약액주입 공법

· 바이브로플로테이션 공법 : 사질토 지반의 개량 공법

□□□ 기 84,97,98,09,11,15,18,19,24

77 유선망의 특징을 설명한 것 중 옳지 않은 것은?

① 각 유로의 침투유량은 같다.
② 유선과 등수두선은 서로 직교한다.
③ 유선망으로 이루어지는 사각형은 이론상 정사각형이다.
④ 침투속도 및 동수경사는 유선망의 폭에 비례한다.

해설 유선망의 특성
· 각 유량의 침투유량은 같다.
· 유선과 등수두선은 서로 직교한다.
· 인접한 등수두선 간의 수두차는 모두 같다.
· 인접한 두 등수두선 사이의 수두손실은 같다.
· 유선망을 이루는 사각형은 이론상 정사각형이다. (폭과 길이는 같다.)
· 침투속도 및 동수구배는 유선망의 폭에 반비례한다.

78 단동식 증기 해머로 말뚝을 박았다. 해머의 무게 25kN, 낙하고 3m, 타격 당 말뚝의 평균 관입량 1cm, 안전율 6일 때 Engineering—News 공식으로 허용지지력을 구하면?

① 2,500kN ② 2,000kN
③ 1,000kN ④ 500kN

해설 $Q_a = \dfrac{WH}{F_s(S+0.25)} = \dfrac{25 \times 300}{6(1+0.25)} = 1,000\text{kN}$

79 포화된 점토에 대하여 비압밀비배수(UU)시험을 하였을 때의 결과에 대한 설명 중 옳은 것은? (단, ϕ : 내부마찰각 이고, c : 점착력이다.)

① ϕ와 c가 나타나지 않는다.
② ϕ와 c가 모두 "0"이 아니다.
③ ϕ는 "0"이고 c는 "0"이 아니다.
④ ϕ는 "0"이 아니지만 c는 "0"이다.

해설 비압밀 비배수 시험(UU-test)
· 포화된 점토 S=100%인 경우 $\phi = 0$이다.
· 내부 마찰각 $\phi = 0$인 경우 전단강도 $\tau_f = c_u$로 c는 0이 아니다.

80 토질시험 결과 내부마찰각이 30°, 점착력이 50kN/m², 간극수압이 800kN/m², 파괴면에 작용하는 수직응력이 3,000kN/m²일 때 이 흙의 전단응력은?

① 1,270kN/m² ② 1,320kN/m²
③ 1,580kN/m² ④ 1,950kN/m²

해설 전단 응력
$\tau = c + (\sigma - u)\tan\phi$
$= 50 + (3,000 - 800)\tan30°$
$= 1,320\,\text{kN/m}^2$

※ 각 문제는 4지 택일형으로 질문에 가장 적합한 문제의 보기 번호를 클릭하거나 답안표기란의 번호를 클릭하여 입력하시면 됩니다.
※ 입력된 답안은 문제 화면 또는 답안 표기란의 보기 번호를 클릭하여 변경하실 수 있습니다.

제1과목 : 콘크리트 공학

□□□ 기 10,12,18,21,24

01 급속 동결 융해에 대한 콘크리트의 저항 시험(KS F 2456)에서 동결 융해 사이클에 대한 설명으로 틀린 것은?

① 동결 융해 1사이클은 공시체 중심부의 온도를 원칙으로 하며 원칙적으로 4℃에서 −18℃로 떨어지고, 다음에 −18℃에서 4℃로 상승되는 것으로 한다.
② 동결 융해 1사이클의 소요 시간은 2시간 이상, 4시간 이하로 한다.
③ 공시체의 중심과 표면의 온도차는 항상 28℃를 초과해서는 안 된다.
④ 동결 융해에서 상태가 바뀌는 순간의 시간이 5분을 초과해서는 안 된다.

해설 동결 융해에서 상태가 바뀌는 순간의 시간이 10분을 초과해서는 안 된다.

□□□ 기 00,11,15,22,24

02 콘크리트 배합설계에서 잔골재율(S/a)을 작게 하였을 때 나타나는 현상으로 틀린 것은?

① 소요의 워커빌리티를 얻기 위하여 필요한 단위 시멘트량이 증가한다.
② 소요의 워커빌리티를 얻기 위하여 필요한 단위수량이 감소한다.
③ 재료분리가 발생되기 쉽다.
④ 워커빌리티가 나빠진다.

해설 ·일반적으로 잔골재율(S/a)을 작게 하면 소요의 워커빌리티의 콘크리트를 얻기 위하여 필요한 단위수량이 감소되고, 이울러 단위 시멘트량이 적어져서 경제적으로 된다.
·잔골재율(S/a)을 어느 정도 작게 하면 콘크리트는 거칠어지고 재료의 분리가 일어나는 경향이 커지고 워커빌리티가 나쁜 콘크리트가 된다.

□□□ 기 02,20,24

03 콘크리트의 건조수축 특성에 대한 설명으로 틀린 것은?

① 콘크리트 부재의 크기는 콘크리트 내의 수분이동 속도와 양에 영향을 주므로 건조수축에도 영향을 준다.
② 일반적으로 골재의 탄성계수가 클수록 콘크리트의 수축을 효과적으로 감소시킬 수 있다.
③ 단위 수량이 증가할수록 콘크리트의 건조수축량은 증가한다.
④ 증기양생을 한 콘크리트의 경우 건조수축이 증가한다.

해설 일반적으로 증기 양생을 한 콘크리트가 상온에서 습윤 양생을 한 콘크리트보다 건조 수축이 작다.

□□□ 기 08,14,20,24

04 콘크리트의 작업성(workability)을 증진시키기 위한 방법으로서 적당하지 않은 것은?

① 입도나 입형이 좋은 골재를 사용한다.
② 혼화재료로서 AE제나 감수제를 사용한다.
③ 일반적으로 콘크리트 반죽의 온도상승을 막아야 한다.
④ 일정한 슬럼프의 범위에서 시멘트량을 줄인다.

해설 단위 시멘트량이 큰 부배합이 빈배합보다 워커블하며 성형성이 좋다.

□□□ 기 09,18,24

05 콘크리트의 강도에 영향을 미치는 요인에 대한 설명으로 옳지 않은 것은?

① 성형시에 가압양생하면 콘크리트의 강도가 크게 된다.
② 물−결합재비가 일정할 때 공기량이 증가하면 압축강도는 감소한다.
③ 부순돌을 사용한 콘크리트의 강도는 강자갈을 사용한 콘크리트의 강도보다 크다.
④ 물−결합재비가 일정할 때 굵은 골재의 최대치수가 클수록 콘크리트의 강도는 커진다.

해설 물−시멘트비가 일정할 때 굵은 골재의 최대치수가 클수록 콘크리트의 강도는 작아진다.

06 굵은 골재의 최대치수에 대한 설명으로 옳은 것은?

① 단면이 큰 구조물인 경우 25mm를 표준으로 한다.
② 거푸집 양 측면 사이의 최소 거리의 3/4을 초과하지 않아야 한다.
③ 개별 철근, 다발철근, 긴장재 또는 덕트 사이 최소 순간격의 3/4을 초과하지 않아야 한다.
④ 무근 콘크리트인 경우 20mm를 표준으로 하며, 또한 부재 최소 치수의 1/5을 초과해서는 안 된다.

[해설] 굵은 골재의 최대치수

구조물의 종류		굵은 골재의 최대치수
철근 콘크리트	일반적인 경우	20mm 또는 25mm
	단면이 큰 경우	40mm
	부재 간격 (초과하지 않을 것)	· 거푸집 양측면 사이의 최소거리의 1/5 · 슬래브 두께의 1/3 · 개별철근, 다발철근, 긴장재 또는 덕트 사이 최소 순간격의 3/4
무근 콘크리트		· 40mm · 부재 최소치수의 1/4을 초과해서는 안됨

07 콘크리트의 응결시간 측정에 사용하는 기구로 적당한 것은?

① 길모아 침 시험장치
② 비카트 침 시험장치
③ 프록터 관입시험장치
④ 구관입 시험장치

[해설] ■관입 저항침에 의한 콘크리트의 응결 시간 시험방법
슬럼프가 0보다 큰 콘크리트에서 체로 쳐서 얻은 모르타르에 대한 관입 저항을 측정함으로써 콘크리트의 응결시간을 측정하는 시험 방법
■시멘트의 응결시간 측정 방법
· 길모아 침 시험장치
· 비카트 침 시험장치

08 압력법에 의한 굳지 않은 콘크리트의 공기량 시험(KS F 2421) 중 물을 붓고 시험하는 경우(주수법)의 공기량 측정기 용량은 최소 얼마 이상으로 하여야 하는가?

① 3L
② 5L
③ 7L
④ 9L

[해설] · 물을 붓고 시험하는 주수법은 적어도 5L로 한다.
· 물을 붓지 않고 시험하는 무주수법은 7L로 한다.

09 콘크리트의 배합강도를 결정하기 위하여 23회의 압축강도시험을 실시하여 4MPa의 표준편차를 구하였다. 아래 표의 보정계수를 참고하여 배합강도 결정에 적용할 표준편차를 구하면?

시험횟수	표준편차의 보정계수
15	1.16
20	1.08
25	1.03
30 이상	1.00

① 4.0MPa
② 4.12MPa
③ 4.2MPa
④ 4.32MPa

[해설] 23의 보정계수 $= 1.03 + \dfrac{1.08 - 1.03}{25 - 20} \times (25 - 23) = 1.05$

$\therefore s = 4 \times 1.05 = 4.2\text{MPa}$

10 믹서로 콘크리트를 혼합하는 경우 콘크리트의 혼합시간과 압축강도, 슬럼프 및 공기량의 관계를 설명한 것으로 틀린 것은?

① 혼합시간이 짧으면 압축강도가 작을 우려가 있다.
② 혼합시간을 너무 길게 하면 골재가 파쇄되어 강도가 저하될 우려가 있다.
③ 어느 정도 이상 혼합하면 소정의 슬럼프가 얻어지며 추가의 혼합에 의한 슬럼프의 변화는 크지 않다.
④ 공기량은 적당한 혼합시간에서 최소값을 나타내며 혼합시간이 길어지면 다시 증가하는 경향이 있다.

[해설] 공기량은 적당한 혼합 시간에서 최대의 값이 얻어지며 다시 장시간 교반을 하면 일반적으로 감소한다.

11 콘크리트 다지기에 대한 설명 중 옳지 않은 것은?

① 콘크리트 다지기에는 내부진동기 사용을 원칙으로 한다.
② 내부진동기는 콘크리트로부터 천천히 빼내어 구멍이 남지 않도록 해야 한다.
③ 내부진동기는 연직방향으로 일정한 간격을 유지하며 찔러 넣는다.
④ 콘크리트가 한 쪽에 치우쳐 있을 때는 내부진동기로 평평하게 이동시켜야 한다.

[해설] 타설한 콘크리트를 거푸집 안에서 횡방향으로 이동시켜서는 안 된다.

□□□ 기 19,24

12 콘크리트의 양생에 대한 설명 중 틀린 것은?

① 수밀성 콘크리트의 습윤 양생 기간은 일반 경우보다 길게 한다.
② 양생은 장기 강도에 영향을 끼치므로 28일 이후의 양생에 특히 주의한다.
③ 콘크리트를 타설한 후 급격히 온도가 상승할 경우 콘크리트가 건조하지 않도록 주의한다.
④ 콘크리트를 타설한 후 경화를 시작하기까지 직사광선을 피한다.

해설 콘크리트의 강도증진을 위해서는 될 수 있는 대로 오래 동안 습윤 상태로 유지하는 것이 좋다.

□□□ 기 16,24

13 콘크리트 받아들이기 품질관리에 대한 설명으로 틀린 것은? (단, 콘크리트표준시방서 규정을 따른다.)

① 콘크리트 슬럼프시험은 압축강도 시험용 공시체 채취시 및 타설 중에 품질변화가 인정될 때 실시한다.
② 염화물 함유량 시험은 바다 잔골재를 사용할 경우는 1일에 2회 실시하고, 그 밖의 경우는 염화물 함유량 검사가 필요한 경우 별도로 정한다.
③ 콘크리트 받아들이기 품질검사는 콘크리트가 타설되고 난 후에 실시하는 것을 원칙으로 한다.
④ 굳지 않은 콘크리트의 상태에 대한 검사는 외관 관찰로서 콘크리트 타설 개시 및 타설 중 수시로 실시한다.

해설 콘크리트 받아들이기 품질검사는 콘크리트가 타설하기 전에 실시하는 것을 원칙으로 한다.

□□□ 기 05,19,21,24

14 한중 콘크리트에 대한 설명으로 틀린 것은?

① 하루의 평균기온이 4℃ 이하로 예상될 때에 시공하는 콘크리트이다.
② 단위수량은 소요의 워커빌리티를 유지할 수 있는 범위 내에서 되도록 적게 정하여야 한다.
③ 한중 콘크리트는 소요의 압축강도가 얻어질 때까지는 콘크리트의 온도를 5℃ 이상으로 유지해야 한다.
④ 물, 시멘트 및 골재를 가열하여 재료의 온도를 높일 경우에는 균일하게 가열하여 항상 소요온도의 재료가 얻어질 수 있도록 해야 한다.

해설 온도가 높은 시멘트와 물을 접촉시키면 급결하여 콘크리트에 나쁜 영향을 줄 우려가 있으므로 시멘트의 가열은 금지한다.

□□□ 기 03,08,09,12,13,16,20,24

15 프리스트레스트 콘크리트에 대한 설명으로 틀린 것은?

① 프리스트레싱할 때의 콘크리트 압축강도는 프리텐션 방식으로 시공할 경우 30MPa 이상이어야 한다.
② 프리스트레스트 그라우트에 사용하는 혼화제는 블리딩 발생이 없는 타입의 사용을 표준으로 한다.
③ 서중 시공의 경우에는 지연제를 겸한 감수제를 사용하여 그라우트 온도가 상승되거나 그라우트가 급결되지 않도록 하여야 한다.
④ 굵은골재의 최대 치수는 보통의 경우 40mm를 표준으로 한다. 그러나 부재치수, 철근간격, 펌프압송 등의 사정에 따라 25mm를 사용할 수도 있다.

해설 굵은골재 최대치수는 보통의 경우 25mm를 표준으로 한다. 그러나 부재치수, 철근간격, 펌프압송 등의 사정에 따라 20mm를 사용할 수 있다.

□□□ 기 02,06,11,12,14,17,18,21,22,24

16 프리스트레싱할 때의 콘크리트 강도에 대한 아래 설명에서 ( )안에 알맞은 수치는?

프리스트레싱을 할 때의 콘크리트의 압축강도는 어느 정도의 안전도를 확보하기 위하여 프리스트레스를 준 직후, 콘크리트에 일어나는 최대 압축응력의 ( )배 이상이어야 한다.

① 1.5
② 1.7
③ 2.0
④ 2.5

해설 프리스트레스를 준 직후의 콘크리트에 일어나는 최대압축응력의 1.7배 이상이어야 한다.

□□□ 기 15①,24③

17 플랜트에서 재료를 계량하여 트럭 믹서에 싣고 운반 중에 물을 넣어 비비는 레디 믹스트콘크리트는?

① 콘크리트 플레이서
② 슈링크 믹스트콘크리트
③ 센트럴 믹스트콘크리트
④ 트랜싯 믹스트콘크리트

해설 레디믹스트 콘크리트
· 센트럴 믹스트 콘크리트 : 완전히 비벼진 콘크리트를 운반 중에 교반하면서 현장까지 운반하는 방법
· 슈링크 믹스트 콘크리트 : 어느 정도 콘크리트를 비빈 후 운반하면서 혼합하여 콘크리트를 공급하는 방법
· 트랜싯 믹스트 콘크리트 : 재료를 싣고 운반하면서 교반 혼합하여 공사 현장에 도착하여 완전한 콘크리트를 공급하는 방법

□□□ 기 02,03,05,07,09,14,21,24

18 콘크리트의 품질관리에 쓰이는 관리도 중 정규분포이론을 적용한 계량 값의 관리도에 속하지 않는 것은?

① $\bar{x} - R$ 관리도(평균값과 범위의 관리도)

② $\bar{x} - \sigma$ 관리도(평균값과 표준편차의 관리도)

③ x 관리도(측정값 자체의 관리도)

④ P 관리도(불량률 관리도)

해설 관리도의 종류

계량값의 관리도	계수값의 관리도
· $\bar{x} - R$ 관리도(평균값과 범위의 관리도)	· P 관리도(불량률 관리도)
	· Pn 관리도(불량 개수 관리도)
· x 관리도(측정값 자체의 관리도)	· C 관리도(결점수 관리도)
· $\bar{x} - \sigma$ 관리도 (편균값과 표준편차의 관리도)	· U 관리도(결점 발생률 관리도)

□□□ 기 02,06,15,20,24

19 경량골재 콘크리트의 특징으로 틀린 것은?

① 강도가 작다.　　② 흡수율이 작다.

③ 탄성계수가 작다.　④ 열전도율이 작다.

해설 경량 콘크리트의 특징

· 자중이 가벼워서 구조물 부재의 치수를 줄일 수 있다.

· 내화성이 우수하다.

· 열전도율과 음의 반사가 작다.

· 강도와 탄성계수가 작다.

· 건조 수축과 수중 팽창이 크다.

· 다공질이고 흡수성과 투수성이 크다.

□□□ 기 14,17,24

20 콘크리트 비파괴 시험방법 중 철근 부식상태를 평가할 수 있는 시험법은?

① 초음파속도법　　② 전자유도법

③ 전자파 레이더법　④ 자연전위법

해설 자연전위법 : 대기 중에 있는 콘크리트 구조물의 철근 등 강재가 부식환경에 있는지의 여부, 즉 조사 시점에서의 부식 가능성에 대하여 진단하는 것이고, 구조물 내에서 부식 가능성이 높은 위치를 찾아내는 것을 목적으로 사용된다.

제2과목 : 건설시공 및 관리

□□□ 기 15,18,22,24

21 성토높이 8m인 사면에서 비탈구배가 1 : 1.3일 때 수평거리는?

① 6.2m　　② 8.3m

③ 9.4m　　④ 10.4m

해설 수평거리＝높이×비탈구배
＝$8 \times 1.3 = 10.4$m

□□□ 기 09,17,24

22 그림과 같은 단면으로 성토 후 비탈면에 떼붙임을 하려고 한다. 성토량과 떼붙임 면적을 계산하면? (단, 마구리면의 떼붙임은 제외함)

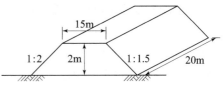

① 성토량 : 370m^3, 떼붙임 면적 : 61m^2

② 성토량 : 740m^3, 떼붙임 면적 : 161m^2

③ 성토량 : 740m^3, 떼붙임 면적 : 61m^2

④ 성토량 : 370m^3, 떼붙임 면적 : 161m^2

해설 · 성토 밑면 길이＝$15 + (2 \times 2) + (1.5 \times 2) = 22$m

· 단면적＝$\dfrac{15 + 22}{2} \times 2 = 37\,\text{m}^2$

∴ 길이 20m에 대한 성토량＝$37 \times 20 = 740\,\text{m}^3$

∴ 떼붙임 면적
＝$\left(\sqrt{(2 \times 2)^2 + 2^2} + \sqrt{(1.5 \times 2)^2 + 2^2} \right) \times 20 = 161.6\,\text{m}^3$

□□□ 기 12,14,19,24

23 점성토에서 발생하는 히빙의 방지대책으로 틀린 것은?

① 널말뚝의 근입 깊이를 짧게 한다.

② 표토를 제거하거나 배면의 배수 처리로 하중을 작게 한다.

③ 연약 지반을 개량한다.

④ 부분굴착 및 트렌치 컷 공법을 적용한다.

해설 히빙(heaving)의 방지대책

· 연약지반을 개량한다.

· 흙막이공의 계획을 변경한다.

· 널말뚝의 관입깊이를 깊게 한다.

· 트렌치(trench)공법 또는 부분굴착을 한다.

· 표토를 제거하거나 배면의 배수처리로 하중을 작게 한다.

정답　18 ④　19 ②　20 ④　21 ④　22 ②　23 ①

□□□ 기 00,03,05,09,10,17,18,21,24

24 사질토를 절토하여 45,000m³의 성토 구간을 다짐 성토하려고 한다. 사질토의 토량 변화율이 $L=1.2$, $C=0.9$일 때 운반토량은?

① 48,600m³ ② 50,000m³
③ 54,000m³ ④ 60,000m³

해설 절취토량 $= \dfrac{\text{원지반 토량}}{C} = \dfrac{45,000}{0.9} = 50,000\text{m}^3$

∴ 운반토량 = 절취토량 $\times L = 50,000 \times 1.2 = 60,000\text{m}^3$

□□□ 기 18,21,24

25 콘크리트 말뚝이나 선단폐쇄 강관말뚝과 같은 타입말뚝은 흙을 횡방향으로 이동시켜서 주위의 흙을 다져주는 효과가 있다. 이러한 말뚝을 무엇이라고 하는가?

① 배토말뚝 ② 지지말뚝
③ 주동말뚝 ④ 수동말뚝

해설 배토말뚝 : 콘크리트 말뚝이나 선단이 폐색된 강관말뚝(폐단말뚝)을 타입하면 주변지반과 선단 지반이 밀려서 배토되므로 배토말뚝이라 한다.

□□□ 기 93,02,05,10,15,24

26 현장에서 타설하는 피어공법 중 시공 시 케이싱 튜브를 인발할 때 철근이 따라 올라오는 공상(共上)현상이 일어나는 단점이 있는 것은?

① 시카고 공법
② 돗바늘 공법
③ 베노토 공법
④ RCD(Reverse Circulation Drill)공법

해설 Benoto 공법 : 케이싱을 뽑아 올리는 높이에 한도가 있어 케이싱을 인발할 때 삽입 된 철근이 인발되는 공상현상이 일어날 염려가 있다.

□□□ 기 05,08,16,24

27 국내 도로 파손의 주요 원인은 소성변형으로 전체 파손의 큰 부분을 차지하고 있다. 최근 이러한 소성변형의 억제 방법 중 하나로 기존의 밀입도 아스팔트 혼합물 대신 상대적으로 큰 입경의 골재를 이용하는 아스팔트 포장방법을 무엇이라 하는가?

① SBS ② SBR
③ SMA ④ SMR

해설 SMA는 5mm 이상 되는 비교적 굵은 골재의 맞물림 작용이 최대화 되도록 유도한 혼합물이다.

□□□ 기 04,06,12,15,18,24

28 교대에서 날개벽(Wing)의 역할로 가장 적당한 것은?

① 배면(背面)토사를 보호하고 교대 부근의 세굴을 방지한다.
② 교대의 하중을 부담한다.
③ 유량을 경감하여 토사의 퇴적을 촉진시킨다.
④ 교량의 상부구조를 지지한다.

해설 날개벽(wing) : 배면토사를 보호하고 교대 부근의 세굴방지 목적으로 구체에서 직각으로 고정하여 설치한다.

□□□ 기 12,15,17,24

29 다짐유효 깊이가 크고 흙덩어리를 분쇄하여 토립자를 이동 혼합하는 효과가 있어 함수비 조절 및 함수비가 높은 점토질의 다짐에 유리한 다짐기계는?

① 탬핑 롤러 ② 진동 롤러
③ 타이어 롤러 ④ 머캐덤 롤러

해설 탬핑 롤러 : 다짐 유효 깊이가 크고 함수비의 조절도 되고 함수비가 높은 점질토의 다짐에 대단히 유효하다.

□□□ 기 07,09,11,15,19,24

30 숏크리트 리바운드(Rebound)량을 감소시키는 방법으로 옳은 것은?

① 시멘트량을 줄인다.
② 분사 부착면을 거칠게 한다.
③ 조골재를 19mm 이상으로 한다.
④ 벽면과 45° 각도로 분사한다.

해설 Rebound양을 감소시키는 방법
· 분사 부착면을 거칠게 한다.
· 분사 압력을 일정하게 한다.
· 벽면과 직각으로 분사한다.
· 시멘트량을 증가시킨다.
· 조골재를 13mm 이하로 한다.

□□□ 기 12,16,24

31 옹벽 등 구조물의 뒤채움 재료에 대한 조건으로 틀린 것은?

① 투수성이 있어야 한다.
② 압축성이 좋아야 한다.
③ 다짐이 양호해야 한다.
④ 물의 침입에 의한 강도 저하가 적어야 한다.

해설 뒤채움 재료의 필요한 성질
· 투수성이 양호할 것
· 압축성이 작고 다짐이 양호한 재료일 것
· 물의 침입에 의한 강도 저하가 적은 안정된 재료일 것

32 다음과 같은 특징을 가진 굴착장비의 명칭은?

> 이동차대 위에 설치한 1∼5개의 붐(Boom) 끝에 드리프
> 터를 장착하여 동시에 많은 천공을 할 수 있고, 단단한 암
> 이나 터널 굴착에 적용하며, NATM공법에 많이 사용한다.

① Stoper   ② Jumbo drill
③ Rock drill   ④ Sinker

해설 점보드릴(Jumbo drill) : 한대의 jumbo 위에는 1∼5대의 착암기
를 싣고 동시에 굴착 작업을 할 수 있도록 되어있는 장비로 터널의
전단면 굴착인 NATM에 많이 사용 한다.

33 어스 앵커 공법에 대한 설명으로 틀린 것은?

① 영구 구조물에도 사용하나 주로 가설구조물의 고정에 많이
사용한다.
② 앵커를 정착하는 방법은 시멘트 밀크 또는 모르타르를 가압
으로 주입하거나 앵커 코어 등을 박아 넣는다.
③ 앵커 케이블은 주로 철근을 사용한다.
④ 앵커의 정착대상 지반을 토사층으로 가정하고 앵커 케이블
을 사용하여 긴장력을 주어 구조물을 정착하는 공법이다.

해설 앵커 케이블은 주로 pc강선, pc 강연선, pc강봉을 조립하여 보링공
내에 삽입한다.

34 댐의 그라우트(grout)에 관한 설명 중 옳은 것은?

① 커튼 그라우트(curtain grout)는 기초암반의 변형성이나
강도를 개량하기 위하여 실시한다.
② 콘솔리데이션 그라우트(consolidation grout)는 기초암반
의 지내력 등을 개량하기 위하여 실시한다.
③ 콘택트 그라우트(contact grout)는 기초암반의 지내력 등
을 개량하기 위하여 실시한다.
④ 림 그라우트(rim grout)는 콘크리트와 암반사이의 공극을
메우기 위하여 실시한다.

해설 • 압밀(consolidation)그라우팅 : 기초 암반의 변형성 억제, 강도
증대를 위하여 지반을 개량하는데 목적
• 커튼(curtain) 그라우팅 : 기초 암반에 침투하는 물을 방지하는 지
수 목적
• 콘택트(contact) 그라우트 : 암반과 dam제체 접속부의 침투류 차수
목적
• 림(rim)그라우팅 : 댐의 취부 또는 전저수지에 걸쳐 댐 주변의 저수
를 목적으로 실시

35 발파시에 수직갱에 물이 고여 있을 때의 심빼기 발파공
법으로 가장 적당한 것은?

① 스윙 컷(Swing Cut)
② V 컷(V Cut)
③ 피라미드 컷(Pyramid Cut)
④ 번 컷(Burn Cut)

해설 스윙 컷 : 수직갱의 바닥에 물이 많이 고였을 때 우선 밑면의 반만
큼 발파시켜 놓고 물이 거기에 집중한 다음에 물이 없는 부분을 발파
하는 방법

36 필댐의 특징에 대한 설명으로 틀린 것은?

① 제체 내부의 부등침하에 대한 대책이 필요하다.
② 제체의 단위면적당 기초지반에 전달되는 응력이 적다.
③ 여수로는 댐 본체와 일체가 되므로 경제적으로 유리하다.
④ 댐 주변의 천연재료를 이용하고 기계화 시공이 가능하다.

해설 필형 댐
• 여수로는 댐의 측면 부근에 설치한다.
• 여수로가 없으면 홍수시 월류하게 되어 댐의 파괴 원인이 된다.

37 다음은 PERT/CPM 공정관리 기법의 공기 단축 요령에
관한 설명이다. 옳지 않은 것은?

① 비용경사가 최소인 주공정부터 공기를 단축한다.
② 주공정선(C.P)상의 공정을 우선 단축한다.
③ 전체의 모든 활동이 주공정선화(C.P)화 되면 공기 단축은
절대 불가능하다.
④ 공기 단축에 따라 주공정선(C.P)이 복수화 될 수 있다.

해설 전체의 모든 활동이 주공정선(C.P)화 되어도 전주공정선에서 공기
를 단축할 수 있다.

38 암거의 매설깊이는 1.5m, 암거와 암거상부 지하수면 최저
점과의 거리가 10cm, 지하수면의 경사가 4.5°이다. 지하
수면의 깊이를 1m로 하려면 암거간 매설거리는 얼마로 해야
하는가?

① 4.8m   ② 10.2m
③ 15.2m   ④ 61m

해설 $D = \dfrac{2(H-h-h_1)}{\tan\beta} = \dfrac{2(1.5-1-0.10)}{\tan4.5°} = 10.2m$

□□□ 기 00,03,07,13,18,24

39 다음 중 비계를 이용하지 않는 강 트러스교의 가설 공법이 아닌 것은?

① 새들(saddle) 공법
② 캔틸레버(cantilever)식 공법
③ 케이블(cable)식 공법
④ 부선(pontoon)식 공법

해설 ■ 비계를 사용하지 않는 강 트러스교의 가설법
- 캔틸레버식 공법
- 케이블식 공법
- 부선식 공법
- 이동 빈트식 공법
■ 새들(saddle) 공법 : 주로 지간이 길지 않고 높이가 높지 않은 교량의 가설에 많이 사용된다.

□□□ 기 08,12,18,24

40 공사 기간의 단축은 비용경사(cost slope)를 고려해야 한다. 다음 표를 보고 비용 경사를 구하면?

표준상태		특급상태	
작업일수	공사비(원)	작업일수	공사비(원)
10일	34,000	8일	44,000

① 1,000원　　　② 2,000원
③ 5,000원　　　④ 10,000원

해설 비용경사 $= \dfrac{\text{특급비용} - \text{정상비용}}{\text{정상공기} - \text{특급공기}}$

$= \dfrac{44,000 - 34,000}{10 - 8} = 5,000$원

제3과목 : 건설재료 및 시험

□□□ 기 01,11,21,24

41 다음 중 재료에 작용하는 반복하중과 가장 밀접한 관계가 있는 성질은?

① 피로(fatigue)　　　② 크리프(creep)
③ 응력완화(relaxation)　　④ 건조수축(dry shrinkage)

해설 재료에 하중이 반복해서 작용하면, 재료가 정적 강도보다도 낮은 응력에서 파괴되는 현상을 피로파괴(fatigue rupture)라 하며, 이와 같이 반복하중에 의하여 강도가 떨어지는 성질을 피로라 한다.

□□□ 기 12,15,24

42 다음은 재료의 역학적 성질에 대한 설명이다. 옳게 연결된 것은?

① 경도 - 하중이 작용할 때 그 하중에 저항하는 재료의 능력
② 연성 - 하중을 받으면 작은 변형에서도 갑작스런 파괴가 일어나는 성질
③ 소성 - 하중을 받아 변형된 재료가 하중이 제거 되었을 때 다시 원래대로 돌아가려는 성질
④ 포아송(Poisson) 효과 - 재료가 하중을 받았을 때 변형이 일어남과 동시에 이와 직각방향으로도 함께 변형이 일어나는 현상

해설 ·경도(硬度) : 재료의 긁기, 절단, 마모 등에 대한 저항하는 성질
·연성(延性) : 재료에 인장력을 주어 가늘고 길게 늘어나는 성질
·소성 : 하중을 받아 변형된 재료가 하중이 제거되어도 다시 원래대로 돌아가지 않은 성질

□□□ 기 09,14,17,24

43 건설용 재료로 목재를 사용하기 위하여 목재를 건조시키는 목적 및 효과로 틀린 것은?

① 가공성을 향상시킨다.
② 균류의 발생을 방지할 수 있다.
③ 수축균열 및 부정변형을 방지할 수 있다.
④ 목재의 중량을 경감시킬 수 있다.

해설 목재를 건조시키는 목적과 효과
· 균류에 의한 부식과 벌레의 피해를 예방한다.
· 사용 후의 수축 및 균열을 방지한다.
· 강도 및 내구성이 증진된다.
· 목재의 중량 경감으로 취급과 운반이 쉽다.
· 방부제 등의 약액주입을 쉽게 한다.

□□□ 기 03,18,24

44 혼합시멘트 및 특수시멘트에 관한 설명으로 틀린 것은?

① 고로 시멘트는 초기강도는 작으나 장기강도는 포틀랜드 시멘트와 거의 비슷하나 약간 크다.
② 플라이애시 시멘트는 해수(海水)에 대한 저항성이 크고 수밀성이 좋아 수리구조물에 유리하다
③ 알루미나 시멘트는 조기강도가 적고, 발열량이 적기 때문에 여름공사(暑中工事)에 적합하다
④ 초속경(超速硬)시멘트는 응결시간이 짧고 경화시 발열이 큰 특징을 가지고 있다.

해설 알루미나 시멘트는 초조강성과 발열량이 크기 때문에 긴급을 요하는 공사나 한중콘크리트 시공에 적합하다.

---

45 다음 석재 중 조직이 균질하고 내구성 및 강도가 큰 편이며, 외관이 아름다운 장점이 있는 반면 내화성이 작아 고열을 받는 곳에는 적합하지 않은 것은?

① 화강암 ② 응회암
③ 현무암 ④ 안산암

해설 화강암의 특징
· 석질이 균일하고 내구성 및 강도가 크다.
· 외관이 아름답기 때문에 장식재로 쓸 수 있다.
· 내화성이 적어 고열을 받는 곳에는 적당치 못하다.
· 경도 및 자중이 커서 가공 및 시공이 곤란하다.

46 고로 슬래그 시멘트는 제철소의 용광로에서 선철을 만들 때 부산물로 얻은 슬래그를 포틀랜드 시멘트 클링커에 섞어서 만든 시멘트이다. 그 특성으로 맞지 않는 것은?

① 포틀랜드 시멘트에 비해 응결시간이 느리다.
② 조기 강도가 작으나 장기 강도는 큰 편이다.
③ 수화열이 크므로 매스 콘크리트에는 적합하지 않다.
④ 일반적으로 내화학성이 좋으므로 해수, 하수, 공장폐수 등에 접하는 콘크리트에 적합하다.

해설 슬래그가 많이 함유됨에 따라 조기강도 및 수화발열량이 적은 반면 장기강도가 약간 커서 매스 콘크리트에 적합하다.

47 고로슬래그 미분말을 사용한 콘크리트에 대한 설명으로 잘못된 것은?

① 수밀성이 향상된다.
② 염화물이온 침투 억제에 의한 철근 부식 억제에 효과가 있다.
③ 수화발열 속도가 빨라 조기강도가 향상된다.
④ 블리딩이 작고 유동성이 향상된다.

해설 고로슬래그 미분말을 사용한 콘크리트는 수화열에 의한 온도 상승의 억제에 대한 효과가 커서 초기강도는 작으나 28일 이후의 장기강도 향상 효과가 있다.

48 시멘트 콘크리트의 워커빌리티(workability)를 증진시키기 위한 혼화재료가 아닌 것은?

① AE제 ② 분산제
③ 촉진제 ④ 포졸란

해설 촉진제는 응결경화속도를 촉진시키므로 워커빌리티와 유동성을 감소시킨다.

49 잔골재 밀도 시험의 결과가 아래 표와 같을 때 이 잔골재의 상대 겉보기 밀도는?

> · 검정된 용량을 나타낸 눈금까지 물을 채운 플라스크의 질량 : 665g
> · 표면 건조 포화 상태 시료의 질량 : 500g
> · 절대 건조 상태 시료의 질량 : 495g
> · 시료와 물로 검정된 용량을 나타낸 눈금까지 채운 플라스크의 질량 : 975g
> · 시험온도에서의 물의 밀도 : 0.997g/cm³

① 2.62g/cm³ ② 2.67g/cm³
③ 2.72g/cm³ ④ 2.77g/cm³

해설
$$d_A = \frac{A}{B+A-C} \times \rho_w$$
$$= \frac{495}{665+495-975} \times 0.997 = 2.67 \text{g/cm}^3$$

50 아스팔트 시료를 일정비율 가열하여 강구의 무게에 의해 시료가 25mm 내려갔을 때 온도를 측정한다. 이는 무엇을 구하기 위한 시험인가?

① 침입도 ② 인화점
③ 연소점 ④ 연화점

해설 아스팔트 연화점시험
· 환구법에 의한 아스팔트 연화점시험은 시료를 환에 주입하고 4시간 이내에 시험을 종료하여야 한다.
· 환구법에 의한 아스팔트 연화점시험에서 시료를 규정조건에서 가열하였을 때, 시료가 연화되기 시작하여 규정된 거리(25.4mm)로 처졌을 때의 온도를 연화점이라 한다.

51 토목섬유(geotextiles)의 특징에 대한 설명으로 틀린 것은?

① 인장강도가 크다.
② 탄성계수가 작다.
③ 차수성, 분리성, 배수성이 크다.
④ 수축을 방지한다.

해설 토목섬유의 특징
· 인장강도가 크다.
· 수축을 방지한다.
· 탄성계수가 크다.
· 열에 강하고 무게가 가볍다.
· 배수성과 차수성 및 분리성이 크다.

□□□ 기 14,21,24

52 이형철근의 인장시험 데이터가 아래와 같을 때 파단 연신율은?

- 원단면적(A_o)=190mm^2
- 표점거리(l_o)=128mm
- 파단 후 표점거리(l)=156mm
- 파단 후 단면적(A)=130mm^2
- 최대인장하중(P_{max})=11,800kN

① 19.85%　　　　② 21.88%

③ 23.85%　　　　④ 25.88%

해설 파단 연신율 $\delta = \dfrac{l-l_o}{l_o} \times 100$

$$\therefore \ \delta = \frac{156-128}{128} \times 100 = 21.88\%$$

□□□ 기 12,15,18,24

53 굵은 골재로서 최대치수가 37.5mm 정도인 것으로 체가름 시험을 하고자 할 때 시료의 최소 건조 질량으로 옳은 것은?

① 2kg　　　　② 4kg

③ 6kg　　　　④ 8kg

해설
- 굵은 골재의 최대치수 9.5mm 정도의 것 : 2kg
- 굵은 골재의 최대치수 13.2mm 정도의 것 : 3kg
- 굵은 골재의 최대치수 16mm 정도의 것 : 3kg
- 굵은 골재의 최대치수 19mm 정도의 것 : 4kg
- 굵은 골재의 최대치수 26.5mm 정도의 것 : 5kg
- 굵은 골재의 최대치수 31.5mm 정도의 것 : 6kg
- 굵은 골재의 최대치수 37.5mm 정도의 것 : 8kg
- 굵은 골재의 최대치수 53mm 정도의 것 : 10kg

□□□ 기 19,21,24

54 아래는 잔골재의 입도에 대한 설명이다. ( )안에 들어갈 알맞은 값은?

잔골재의 조립률이 콘크리트 배합을 정할 때 가정한 잔골재의 조립률에 비하여 ( ) 이상의 변화를 나타내었을 때는 배합의 적정성 확인 후 배합보완 및 변경 등을 검토하여야 한다.

① ±0.1　　　　② ±0.2

③ ±0.3　　　　④ ±0.4

해설 잔골재의 조립률이 콘크리트 배합을 정할 때 가정한 잔골재의 조립률에 비하여 ±0.20 이상의 변화를 나타내었을 때는 배합을 변경해야 한다고 규정하고 있다.

□□□ 기 16,22,24

55 다음 특성을 가지는 시멘트는?

- 발열량이 대단히 많으며 조강성이 크다.
- 열분해 온도가 높으므로(1,300℃ 정도) 내화용 콘크리트에 적합하다.
- 해수 기타 화학작용을 받는 곳에 저항성이 크다.

① 플라이애시 시멘트　　② 고로 시멘트

③ 백색 포틀랜드 시멘트　④ 알루미나 시멘트

해설 알루미나 시멘트의 특징
- 대단한 조강성을 갖는다.
- 해수 산 기타 화학 작용에 저항성이 크기 때문에 해수 공사에 적합하다.
- 발열량이 크기 때문에 긴급을 요하는 공사나 한중 공사의 시공에 적합하다.
- 내화성이 우수하므로 내화용(1,300℃ 정도) 콘크리트에 적합하다.
- 포틀랜 시멘트와 혼합하여 사용하면 순결성을 나타내므로 주의를 요한다.

□□□ 기 16,24

56 재료의 일반적 성질 중 다음에 해당하는 성질은 무엇인가?

외력에 의해서 변형된 재료가 외력을 제거했을 때, 원형으로 되돌아가지 않고 변형된 그대로 있는 성질

① 인성　　　　② 취성

③ 탄성　　　　④ 소성

해설
- 인성 : 재료가 하중을 받아 파괴될 때까지의 에너지 흡수능력으로 나타난다.
- 취성(脆性) : 재료가 외력을 받을 때 작은 변형에도 파괴되는 성질
- 탄성(彈性) : 재료에 외력을 주어 변형이 생겼을 때 외력을 제거하면 원형으로 되돌아가는 성질
- 소성(塑性) : 외력에 의해서 변형된 재료가 외력을 제거했을 때, 원형으로 되돌아가지 않고 변형된 그대로 있는 성질

□□□ 기 16,24

57 강을 제조방법에 따라 분류한 것으로 볼 수 없는 것은?

① 평로강　　　　② 전기로강

③ 도가니강　　　④ 합금강

해설
- 제조 방법에 따라 : 평로제강법, 전로제강법, 전기로제강법, 도가니제강법
- 화학성분에 따라 : 탄소강, 합금강

58 다음 중 기폭약의 종류가 아닌 것은?

① 니트로글리세린   ② 뇌산수은

③ 질화납   ④ DDNP

해설 ・기폭약 : 1) 뇌산수은(뇌홍), 2) 질화납, 3) DDNT
 ・폭약 : 1) 칼릿, 2) 니트로글리세린, 3) 다이나마이트

59 대폭파 또는 수중폭파에서 동시 폭파를 실시하기 위하여 뇌관 대신에 사용하는 것은?

① 도화선   ② 도폭선
③ 첨장약   ④ 공업용 뇌관

해설 대폭파 또는 수중 폭파를 동시에 실시하기 위하여 뇌관 대신 사용하는 코드선을 도폭선이라 한다.

60 일반적으로 포장용 타르로 가장 많이 사용되는 것은?

① 피치   ② 잔류타르
③ 컷백타르   ④ 혼성타르

해설 일반적으로 컷백타르가 포장용 타르로 널리 사용되고 있다.

제4과목 : 토질 및 기초

61 그림과 같은 점성토 지반의 토질시험 결과 내부마찰각 $\phi = 30°$, 점착력 $c = 15\text{kN/m}^2$일 때 A점의 전단강도는? (단, $\gamma_w = 9.81\text{kN/m}^3$)

① 44.61kN/m²
② 53.43kN/m²
③ 68.69kN/m²
④ 70.41kN/m²

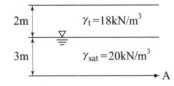

해설 전단 강도 $\tau = c + \bar{\sigma}\tan\phi$
 유효 응력 $\bar{\sigma} = \gamma_t h_1 + (\gamma_{sat} - \gamma_w)h_2$
 $= 18 \times 2 + (20 - 9.81) \times 3 = 66.57\text{kN/m}^2$
 $\therefore$ 전단 강도 $\tau = 15 + 66.57\tan30° = 53.43\text{kN/m}^2$

62 내부마찰각이 30°, 단위중량이 18kN/m^3인 흙의 인장 균열깊이가 3m일 때 점착력은?

① 15.6kN/m²   ② 16.7kN/m²
③ 17.5kN/m²   ④ 18.1kN/m²

해설 인장 균열 깊이 $z_c = \dfrac{2c}{\gamma}\tan\left(45° + \dfrac{\phi}{2}\right)$에서

$\therefore$ 점착력 $c = \dfrac{z_c \cdot \gamma}{2\tan\left(45° + \dfrac{\phi}{2}\right)}$

$= \dfrac{3 \times 18}{2\tan\left(45° + \dfrac{30°}{2}\right)} = 15.6\text{kN/m}^2$

63 그림의 유선망에 대한 설명 중 틀린 것은? (단, 흙의 투수계수는 $2.5 \times 10^{-3}\text{cm/sec}$)

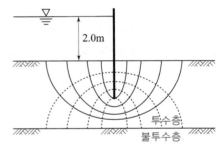

① 유선의 수=6
② 등수두선의 수=6
③ 유로의 수=5
④ 전침투유량 $Q = 0.278\text{cm}^3/\text{sec}$

해설 ・유선의 수=6, 유로의 수 $N_f = 5$
 ・등수두선의 수=10, 등수두면의 수 $N_d = 9$
 ・$Q = KH\dfrac{N_f}{N_d} = 2.5 \times 10^{-3} \times 200 \times \dfrac{5}{9} = 0.278\text{cm}^3/\text{sec}$

64 $\gamma_t = 18\text{kN/m}^3$, $c_u = 30\text{kN/m}^2$, $\phi = 0$의 점토지반을 수평면과 50°의 기울기로 굴착하려고 한다. 안전율을 2.0으로 가정하여 평면활동이론에 의해 굴착깊이를 결정하면?

① 2.80m   ② 5.60m
③ 7.12m   ④ 9.84m

해설 안정수 $N_S = \dfrac{c}{F_s \gamma H} = \dfrac{1}{4}\tan\left(\dfrac{\beta}{2}\right) = \dfrac{1}{4}\tan\left(\dfrac{50°}{2}\right) = 0.117$

$\therefore H = \dfrac{c}{N_s \gamma F_s} = \dfrac{30}{0.117 \times 18 \times 2.0} = 7.12\text{m}$

□□□ 기 94,03,06,10,11,14,24

65 그림과 같은 지반에 대해 수직방향 등가투수계수를 구하면 얼마인가?

① 3.89×10^{-4} cm/sec

② 7.78×10^{-4} cm/sec

③ 1.57×10^{-3} cm/sec

④ 3.14×10^{-3} cm/sec

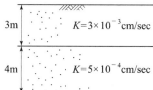

3m $K = 3 \times 10^{-3}$ cm/sec

4m $K = 5 \times 10^{-4}$ cm/sec

해설 $K_v = \dfrac{H}{\dfrac{H_1}{K_1} + \dfrac{H_2}{K_2}}$

$= \dfrac{300 + 400}{\dfrac{300}{3.0 \times 10^{-3}} + \dfrac{400}{5.0 \times 10^{-4}}} = 7.78 \times 10^{-4}$ cm/sec

□□□ 기 09,15,16,24

66 두께 5m의 점토층을 90% 압밀하는데 50일이 걸렸다. 같은 조건하에서 10m의 점토층을 90% 압밀하는데 걸리는 시간은?

① 100일　　　　　② 160일

③ 200일　　　　　④ 240일

해설 · $t_{90} = \dfrac{T_v H^2}{C_v}$ 에서

압밀 요소 시간(t)은 배수길이 H^2에 비례한다.

· $\dfrac{t_1}{t_2} = \dfrac{H_1^2}{H_2^2}$ 에서

∴ $t_2 = \left(\dfrac{H_2}{H_1}\right)^2 \times t_1 = \left(\dfrac{10}{5}\right)^2 \times 50 = 200$ 일

□□□ 기 15,17,24

67 아래 그림과 같은 지표면에 2개의 집중하중이 작용하고 있다. 30kN의 집중하중 작용점 하부 2m 지점 A에서의 연직하중의 증가량은 약 얼마인가?
(단, 영향계수는 소수점 이하 넷째자리까지 구하여 계산하시오.)

① 3.71kN/m²

② 8.90kN/m²

③ 14.2kN/m²

④ 19.4kN/m²

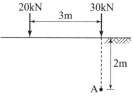

20kN　　　30kN

3m

2m

A

해설 $\sigma_{z1} = \dfrac{3Q}{2\pi} \dfrac{Z^3}{R^5} = \dfrac{3 \times 20}{2\pi} \times \dfrac{2^3}{(\sqrt{3^2 + 2^2})^5} = 0.125$ kN/m²

$\sigma_{z2} = \dfrac{3Q}{2\pi Z^2} = \dfrac{3 \times 30}{2\pi \times 2^2} = 3.581$ kN/m²

∴ $\sigma_z = \sigma_{z1} + \sigma_{z2} = 0.125 + 3.581 = 3.71$ kN/m²

□□□ 기 00,05,09,18,24

68 얕은 기초의 파괴 영역에 대한 아래 그림의 설명으로 옳은 것은?

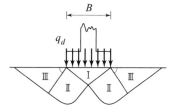

B

q_d

III　　II　　I　　II　　III

① 영역 III은 수동영역이다.

② 파괴순서는 III → II → I 이다.

③ 국부전단파괴의 형상이다.

④ 영역 III에서 수평면과 $45° + \dfrac{\phi}{2}$ 의 각을 이룬다.

해설 ① I 영역 : 탄성영역, II : 급진적 영역, III : Rankine의 수동영역
② 파괴 순서는 I → II → II 이다.
③ 기초면이 거친 줄기초의 전반 전단파괴시의 파괴형태이다.
④ 영역 III에서 수평면과 $45° - \dfrac{\phi}{2}$ 이다.

□□□ 기 90,91,96,01,13,16,24

69 어떤 퇴적층에서 수평방향의 투수계수는 4.0×10^{-4} cm/sec이고, 수직방향의 투수계수는 3.0×10^{-4} cm/sec이다. 이 흙을 등방성으로 생각할 때, 등가의 평균투수계수는 얼마인가?

① 3.46×10^{-4} cm/sec　　② 5.0×10^{-4} cm/sec

③ 6.0×10^{-4} cm/sec　　④ 6.93×10^{-4} cm/sec

해설 $K = \sqrt{K_h K_v}$

$= \sqrt{4 \times 10^{-4} \times 3.0 \times 10^{-4}} = 3.46 \times 10^{-4}$ (cm/sec)

□□□ 기 09,11,14,24

70 현장 흙의 들밀도시험 결과 흙을 파낸부분의 체적과 파낸 흙의 무게는 각각 1,800cm³, 3.95kg이었다. 함수비는 11.2%이고, 흙의 비중 2.65이다. 최대건조밀도가 2.05 g/cm³일 때 상대다짐도는?

① 95.1%　　　　　② 96.1%

③ 97.1%　　　　　④ 98.1%

해설 · $\rho_t = \dfrac{W}{V} = \dfrac{3.95 \times 1,000}{1,800} = 2.19$ g/cm³

· $\rho_d = \dfrac{\rho_t}{1+w} = \dfrac{2.19}{1+0.112} = 1.97$ g/cm³

∴ 다짐도 $= \dfrac{\rho_d}{\rho_{d\max}} \times 100 = \dfrac{1.97}{2.05} \times 100 = 96.1\%$

71 다음 표는 흙의 다짐에 대해 설명한 것이다. 옳게 설명한 것을 모두 고른 것은?

> (1) 사질토에서 다짐에너지가 클수록 최대건조단위중량은 커지고 최적함수비는 줄어든다.
> (2) 입도분포가 좋은 사질토가 입도분포가 균등한 사질토보다 더 잘 다져진다.
> (3) 다짐곡선은 반드시 영공기 간극곡선의 왼쪽에 그려진다.
> (4) 양족롤러는 점성토를 다지는데 적합하다.
> (5) 점성토에서 흙은 최적함수비보다 큰 함수비로 다지면 면모구조를 보이고 작은 함수비로 다지면 이산구조를 보인다.

① (1), (2), (3), (4) ② (1), (2), (3), (5)
③ (1), (4), (5) ④ (2), (4), (5)

해설 (5) 점성토에서 흙은 최적함수비보다 큰 함수비로 다지면 이산구조를 보이고 작은 함수비로 다지면 면모구조를 보인다.

72 시료채취기(sampler)의 관입깊이가 100cm이고, 채취된 시료의 길이가 90cm이었다. 채취된 시료 중 길이가 10cm 이상인 시료의 합이 60cm, 길이가 9cm 이상인 시료의 합이 80cm이었다면 회수율과 RQD는?

① 회수율=0.8, RQD=0.6
② 회수율=0.9, RQD=0.8
③ 회수율=0.9, RQD=0.6
④ 회수율=0.8, RQD=0.75

해설
· 회수율= $\dfrac{회수된 시료의 길이}{관입깊이} = \dfrac{90}{100} = 0.90$

· RQD = $\dfrac{10cm \text{ 이상 회수된 부분의 길이 합}}{관입깊이} = \dfrac{60}{100} = 0.6$

73 흙의 다짐 시험 시 래머의 질량이 2.5kg, 낙하고 30cm, 3층으로 각 층 다짐 횟수가 25회일 때 다짐에너지는? (단, 몰드의 체적은 1,000cm³이다.)

① 0.66kg·cm/cm³ ② 5.63kg·cm/cm³
③ 6.96kg·cm/cm³ ④ 10.45kg·cm/cm³

해설 $E_c = \dfrac{W \cdot H \cdot N_B \cdot N_L}{V}$

$= \dfrac{2.5 \times 30 \times 3 \times 25}{1,000} = 5.63 \text{kg·cm/cm}^3$

74 흙의 전단시험에서 배수조건이 아닌 것은?

① 비압밀 비배수 ② 압밀 비배수
③ 비압밀 배수 ④ 압밀 배수

해설 배수 방법에 따른 전단 실험
· 비압밀 비배수 전단 시험(UU-test)
· 압밀 비배수 전단 시험(CU-test)
· 압밀 배수 전단 시험(CD-test)

75 기초폭 4m인 연속기초에서 기초면에 작용하는 합력의 연직성분은 100kN이고 편심거리가 0.4m일 때, 기초지반에 작용하는 최대압력은?

① 20kN/m² ② 40kN/m²
③ 60kN/m² ④ 80kN/m²

해설 $\sigma_{max} = \dfrac{V}{B}\left(1 + \dfrac{6e}{B}\right) = \dfrac{100}{4}\left(1 + \dfrac{6 \times 0.4}{4}\right) = 40 \text{kN/m}^2$

76 두 개의 규소판 사이에 한 개의 알루미늄판이 결합된 3층 구조가 무수히 많이 연결되어 형성된 점토광물로서 각 3층 구조 사이에는 칼륨이온(K^+)으로 결합되어 있는 것은?

① 일라이트(illite)
② 카올리나이트(kaolinite)
③ 할로이사이트(halloysite)
④ 몬모릴로나이트(montmorillonite)

해설 · 일라이트 : 3층구조로 구조결합 사이에 칼륨이온(K^+)이 있어서 수축팽창은 거의 없지만 안정성은 중간 정도의 점토광물
· 몬모릴로나이트 : 3층 구조로 구조결합 사이에 치환성 양이온이 있어서 활성이 크고 시트 사이에 물이 들어가 팽창수축이 크고 공학적 안정성은 제일 약한 점토광물

77 현장 흙의 밀도 시험 중 모래치환법에서 모래는 무엇을 구하기 위하여 사용하는가?

① 시험구멍에서 파낸 흙의 중량
② 시험구멍의 체적
③ 지반의 지지력
④ 흙의 함수비

해설 들밀도 시험
No.10체를 통과하고 No.200체에 남는 모래를 물로 씻어 건조 시킨 후 사용하여 시험 구멍의 부피를 구하는 방법이다.

□□□ 기 10,13,20,24

78 어떤 시료를 입도분석 한 결과, 0.075mm체 통과율이 65%이었고, 애터버그한계 시험결과 액성한계가 40%이었으며 소성도표(Plasticity chart)에서 A선 위의 구역에 위치한다면 이 시료의 통일분류법(USCS)상 기호로서 옳은 것은? (단, 시료는 무기질이다.)

① CL

② ML

③ CH

④ MH

해설 · $P_{\#200} = 65\% > 50\%$: 세립토(실트 M, 점토 C)

· $W_L = 40\% < 50\%$: 저압축성 L(ML, CL)

· A선 위에 위치 : CL, CL−ML

∴ CL(압축성이 낮은 점토)

> **Remember**
>
> Casagrande의 소성도
>
>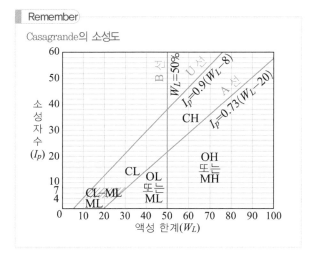

□□□ 기 17,20,24

79 얕은 기초에 대한 Terzaghi의 수정지지력 공식은 아래의 표와 같다. 4m×5m의 직사각형 기초를 사용할 경우 형상계수 α와 β의 값으로 옳은 것은?

$$q_u = \alpha c N_c + \beta \gamma_1 B N_r + \gamma_2 D_f N_q$$

① $\alpha = 1.18$, $\beta = 0.32$

② $\alpha = 1.24$, $\beta = 0.42$

③ $\alpha = 1.28$, $\beta = 0.42$

④ $\alpha = 1.32$, $\beta = 0.38$

해설 직사각형 형상계수

$\alpha = 1 + 0.3\dfrac{B}{L} = 1 + 0.3 \times \dfrac{4}{5} = 1.24$

$\beta = 0.5 - 0.1\dfrac{B}{L} = 0.5 - 0.1 \times \dfrac{4}{5} = 0.42$

□□□ 기 83,93,99,17④,21,24

80 Terzaghi의 얕은 기초 지지력 공식($q_u = \alpha c N_c + \beta \gamma_1 B N_r + \gamma_2 D_f N_q$)에 대한 설명으로 틀린 것은?

① 계수 α, β를 형상계수라 하며 기초의 모양에 따라 결정된다.

② 지지력계수인 N_c, N_r, N_q는 내부마찰각과 점착력에 의해서 정해진다.

③ 기초의 설치 깊이 D_f가 클수록 극한지지력도 이와 더불어 커진다고 볼 수 있다.

④ γ_1는 흙의 단위중량이며, 기초 바닥이 지하수위 보다 아래에 위치하면 수중단위중량을 써야 한다.

해설 지지력 계수 N_c, N_q, N_r는 내부 마찰각 ϕ에 의해 정해진다.

| memo |

건설재료시험기사 4주완성 필독서(필기)

定價 38,000원

저 자 박광진 · 이상도
       김지우 · 전지현

발행인 이 종 권

2014年 1月 28日 초 판 발 행
2015年 1月 27日 1차개정판발행
2016年 1月 25日 2차개정판발행
2017年 1月 13日 3차개정판발행
2018年 1月   9日 4차개정판발행
2019年 1月   7日 5차개정판발행
2020年 2月   5日 6차개정판발행
2021年 1月 13日 7차개정판발행
2022年 1月 10日 8차개정판발행
2023年 1月 26日 9차개정판발행
2024年 1月   5日 10차개정판발행
2025年 1月 24日 11차개정판발행

發行處 **(주) 한솔아카데미**

(우)06775 서울시 서초구 마방로10길 25 트윈타워 A동 2002호
TEL : (02)575-6144/5   FAX : (02)529-1130
〈1998. 2. 19 登錄 第16-1608號〉

※ 본 교재의 내용 중에서 오타, 오류 등은 발견되는 대로 한솔아
카데미 인터넷 홈페이지를 통해 공지하여 드리며 보다 완벽한
교재를 위해 끊임없이 최선의 노력을 다하겠습니다.

※ 파본은 구입하신 서점에서 교환해 드립니다.

www.inup.co.kr / www.bestbook.co.kr

ISBN 979-11-6654-600-6 13530

한솔아카데미 발행도서

건축기사시리즈
①건축계획
이종석, 이병억 공저
432쪽 | 27,000원

건축기사시리즈
②건축시공
김형중, 한규대, 이명철 공저
570쪽 | 27,000원

건축기사시리즈
③건축구조
안광호, 홍태화, 고길용 공저
796쪽 | 27,000원

건축기사시리즈
④건축설비
오병칠, 권영철, 오호영 공저
564쪽 | 27,000원

건축기사시리즈
⑤건축법규
현정기, 조영호, 한웅규, 김주석 공저
622쪽 | 27,000원

건축기사 필기 10개년 핵심 과년도문제해설
안광호, 백종엽, 이병억 공저
1,028쪽 | 45,000원

건축기사 4주완성
남재호, 송우용 공저
1,412쪽 | 47,000원

건축산업기사 4주완성
남재호, 송우용 공저
1,136쪽 | 43,000원

7개년 기출문제
건축산업기사 필기
한솔아카데미 수험연구회
868쪽 | 37,000원

건축설비기사 4주완성
남재호 저
1,284쪽 | 45,000원

건축설비산업기사
4주완성
남재호 저
824쪽 | 39,000원

10개년 핵심
건축설비기사 과년도
남재호 저
1,148쪽 | 39,000원

건축기사 실기
한규대, 김형중, 안광호, 이병억 공저
1,672쪽 | 52,000원

건축기사 실기
(The Bible)
안광호, 백종엽, 이병억 공저
980쪽 | 40,000원

건축기사 실기 14개년
과년도
안광호, 백종엽, 이병억 공저
688쪽 | 31,000원

건축산업기사 실기
한규대, 김형중, 안광호, 이병억 공저
696쪽 | 33,000원

건축산업기사 실기
(The Bible)
안광호, 백종엽, 이병억 공저
300쪽 | 27,000원

실내건축기사 4주완성
남재호 저
1,320쪽 | 39,000원

실내건축산업기사
4주완성
남재호 저
1,096쪽 | 32,000원

시공실무
실내건축(산업)기사 실기
안동훈, 이병억 공저
422쪽 | 31,000원

건축사 과년도출제문제
1교시 대지계획
한솔아카데미 건축사수험연구회
346쪽 | 33,000원

건축사 과년도출제문제
2교시 건축설계1
한솔아카데미 건축사수험연구회
192쪽 | 33,000원

건축사 과년도출제문제
3교시 건축설계2
한솔아카데미 건축사수험연구회
436쪽 | 33,000원

건축물에너지평가사
①건물 에너지 관계법규
건축물에너지평가사 수험연구회
852쪽 | 32,000원

건축물에너지평가사
②건축환경계획
건축물에너지평가사 수험연구회
516쪽 | 30,000원

건축물에너지평가사
③건축설비시스템
건축물에너지평가사 수험연구회
708쪽 | 32,000원

건축물에너지평가사
④건물 에너지효율설계 · 평가
건축물에너지평가사 수험연구회
648쪽 | 32,000원

건축물에너지평가사
2차실기(상)
건축물에너지평가사 수험연구회
940쪽 | 45,000원

건축물에너지평가사
2차실기(하)
건축물에너지평가사 수험연구회
905쪽 | 50,000원

토목기사시리즈
①응용역학
안광호, 김창원, 염창열, 정용욱
공저
540쪽 | 27,000원

토목기사시리즈
②측량학
남수영, 정경동, 고길용 공저
392쪽 | 27,000원

토목기사시리즈
③수리학 및 수문학
심기오, 노재식, 한웅규 공저
396쪽 | 27,000원

토목기사시리즈
④철근콘크리트 및 강구조
정경동, 정용욱, 고길용, 김지우
공저
464쪽 | 27,000원

토목기사시리즈
⑤토질 및 기초
안진수, 박광진, 김창원, 홍성협
공저
588쪽 | 27,000원

토목기사시리즈
⑥상하수도공학
노재식, 이상도, 한웅규, 정용욱
공저
544쪽 | 27,000원

10개년 핵심 토목기사
과년도문제해설
김창원 외 5인 공저
1,076쪽 | 46,000원

토목기사 4주완성
핵심 및 과년도문제해설
이상도, 고길용, 안광호, 한웅규,
홍성협, 김지우 공저
1,054쪽 | 44,000원

토목산업기사 4주완성
8개년 과년도문제해설
이상도, 정경동, 고길용, 안광호,
한웅규, 홍성협 공저
752쪽 | 40,000원

토목기사 실기
김태선, 박광진, 홍성협, 김창원,
김상욱, 이상도 공저
1,496쪽 | 52,000원

토목기사 실기
과년도문제해설
김태선, 이상도, 한웅규, 홍성협,
김상욱, 김지우 공저
708쪽 | 37,000원